U0338433

"十二五"
国家重点图书

国家科学技术学术著作出版基金资助项目

# 中国生态系统保育与生态建设

李文华 等编著

Ecological Conservation and
Ecological Construction in China

化学工业出版社

·北京·

我国自然环境复杂，生态系统类型多样，在经济高速发展和社会变化剧烈的背景下，出现了极其复杂的经济-生态-社会复合关系，如何妥善地处理这一关系，从而有效地实现我国的可持续发展，是我们面临的重大课题。

本书基于生态系统保育的相关理论，对我国重要的陆地生态系统的保育与建设、相关生态建设实践的总结和生态产业发展等重要问题进行了全面深入的探讨，这对我国的生态文明建设和生态产业发展都将具有一定的实践指导价值。

本书具有较强的知识性和参考性，可供环境科学与工程、生态工程等领域的工程技术人员、科研人员和管理人员参考，也可供高等学校相关专业师生参阅。

**图书在版编目（CIP）数据**

中国生态系统保育与生态建设/李文华等编著 . —北京：化学工业出版社，2015.11
ISBN 978-7-122-25394-1

Ⅰ.①中… Ⅱ.①李… Ⅲ.①生态环境建设-研究-中国 Ⅳ.①X321.2

中国版本图书馆 CIP 数据核字（2015）第 242464 号

---

责任编辑：刘兴春      文字编辑：荣世芳

责任校对：宋　玮      装帧设计：王晓宇

---

出版发行：化学工业出版社（北京市东城区青年湖南街 13 号 邮政编码 100011）
印　　刷：北京永鑫印刷有限责任公司
装　　订：三河市胜利装订厂
787mm×1092mm 1/16 印张 40 字数 998 千字 2016 年 9 月北京第 1 版第 1 次印刷

---

购书咨询：010-64518888（传真：010-64519686） 售后服务：010-64518899
网　　址：http://www.cip.com.cn
凡购买本书，如有缺损质量问题，本社销售中心负责调换。

---

定　价：268.00 元

# 《中国生态系统保育与生态建设》

主任：李文华

编委：（以姓氏拼音为序）

包维楷　侯向阳　李　飞　李世东　刘某承　卢兵友

卢　琦　娄安如　罗天祥　闵庆文　石培礼

许中旗　薛达元　杨　修　张林波　张宪洲

# 前言

## FOREWORD

跨入 21 世纪，历史翻开了新的一页。 回顾过去，展望未来，我们的心情是复杂的：一方面，我们为我国 20 世纪的经济迅猛发展、科学技术飞速进步而自豪；另一方面，我们也为人口增加、消费增长和技术进步的负面影响带来的生态与环境问题备感忧虑。 值得庆幸的是，经过长期的迷茫与探索，人们终于找到了一条正确的道路，那就是基于生态学理念的可持续发展。 人们越来越强烈地意识到只有尽快地转变经济增长方式，加强生态系统管理与环境保护，才有可能实现适度地满足当代人民日益增长的物质和文化需要，同时也为我们的子孙后代保存和创造出生存和持续发展的条件。

实现可持续发展需要多学科的共同努力和各阶层的广泛参与，需要有正确的发展理念和科学理论指导，更需要有效技术系统的保障。 生态学作为一门学科的诞生虽然只有一个半世纪的历史，但是生态学所固有的与环境问题密切关联的学科定位、基于系统理论的科学问题分析思想，非线性的系统演变逻辑思维模式，时间和空间信息整合分析方法，以及长期定位和网络化的科学观测数据和知识积累，使得它能在面对当前复杂的社会和环境问题时，发挥出其中流砥柱的独特作用。 我们自豪地看到，在面对当代生态环境问题的科学研究、社会可持续发展概念的提出和发展，以及把可持续发展从概念付诸于行动的历史过程中，生态学工作者都是积极的倡导者、参与者和核心力量。 与此同时，在参与这场伟大变革的过程中，生态学也拓宽了自身的研究领域，丰富了研究内容，改进了研究方法，生态学自身也从一个被视为生物学中不受重视的分支学科，完成其涅槃式的转变，当之无愧地跻身于当代科学之林。

传统生态学作为生物学科分支主要是研究生物与环境的关系，可是当代生态学则以解决人类生存发展中的生态环境问题为己任，开始更多地关注人类福祉与生态系统的相互关系，甚至人类种群与地球生态系统的相互关系，期望通过对不同尺度和不同区域的生态系统结构与功能、格局与过程的相互关系的综合研究，理解生态系统变化与资源环境和人类福祉的基本关系，人类活动驱动下的生态系统变化及其对地球系统的影响，生态系统与全球变化的相互关系及其对人类福祉的影响。

我国人口众多，自然资源相对匮乏，生态环境脆弱，又处在经济高速增长和城镇化不断加快的阶段，自然资源短缺、生物多样性减少、生态系统功能退化、水土流失、沙漠化、生物安全等生态问题已成为发展的瓶颈。 因此，应弘扬生态文明的理念，运用整个人类的生态文明成果，解决我国社会经济发展与生态环境冲突的问题。 为此，我国的生态学家积极推动可持续发展理论研究、可持续发展战略实施，并参与可持续发展社区的建设。 我国的一些著名生态学家参与了世界环境与发展委员会（WCED）和世界自然保护联盟（IUCN）等的工作，参加了《我们共同的未来》等一系列重要文献的起草工作，并在国内进行了积极的宣传。 我国生态学工作者对可持续发展评价指标体系与评价方法进行了系统研究，参与制订了国家 21 世纪议程框架设计和部门与区域 21 世纪议程实施方案。 中国科学院 1999 年系统出版了中国可持续发展能力报告，其中对中国各省、市、自治区的可持续发展综合能力进行了综合评价和分类排序，用绿色 GDP 的理论及指标对可持续发展进行评价，在社会上引起了重要的反响。 我国生态学家还与水利、农业、林业、土地利用和环境科学等有关方面的专家一起进行中国可持续发展水资源战略和中国可持续发展林业战略研究，把可持续发展和生态系统服务的理论应用到综合国力的评价中来。

在区域水平上，生态学家积极参与了西部大开发中有关生态建设方面的工作。 其中包括西部可持续发展战略研究、水资源的合理利用和生态需水的研究以及荒漠化治理研究等方面，取得了明显的成就，突出表现在：阐明了沙漠物质的来源、沙丘形成发育和运动规律；从历史时期沙漠的变化规律，分析了沙漠化的演变趋势以及人类活动对沙漠化的影响；研究了中国主要沙漠的自然条件差异，为因地制宜地治理沙漠提供了科学依据，为农田沙害的治理、铁路及公路沙害的治理和防护林建设提供了系列措施；总结了大量的沙区水土资源利用及新绿洲建设的成功经验。 在我国南方地区进行的退化生态系统的恢复和热带人工复合生态系统的建造与管理，在北方地区进行的天然林的保育与可持续管理以及脆弱的生态高度带的保护与合理利用，成为研究的重点。

20 世纪 90 年代以后，国家和地方掀起了以县、市、省为单元的生态建设的新高潮。 我国生态学工作者在这方面起到了倡导的作用，并身体力行地投入到了城市建设的规划、设计、论证与评估等工作中。 我国在这方面逐步形成的理论、思想与实践，不仅有力地推动着我国区域生态建设的发展，同时在国际上也得到很高的评价和广泛的认可。 在产业生态学方面，我国学者与工农业生产相结合，根据我国的特点，使之得到迅速地发展。 特别是我国的生态农业，植根于我国传统的农业基础之上，应用生态学和生态经济学原理，创造出了多种成功的经验，对于我国农业的可持续发展，甚至对于具有类似条件的发展中国家都具有示范作用。

近年来，我国的生态学研究加强了与社会科学结合的研究工作，对生态文明建设给予越来越多的关注。 生态文明的核心理念是自觉地尊重自然规律，自觉地珍爱自然，积极地保护生态，其基本宗旨是以自然资源、生态和环境为基础，遵守自然规律、经济规律和社会发展规律，实现人与自然、人与社会、人与人的和谐相处，实现经济系统与自然生态环境系统的良性循环，维持人类社会的全面发展和持续繁荣。

生态文明建设的四项基本任务是优化国土空间开发格局、全面促进资源节约、加大自然生态系统和环境保护力度、加强生态文明制度建设。 因此，了解生态系统变化状况，认识生态系统变化规律，开发生态保护和环境治理新技术，集成区域生态系统管理优化模式，是生态文明建设的科学基础。 早在新中国成立初期，我国学者就针对农林业生产的国家需求，基于国土资源和光温水等自然资源区域分异规律，开展农业和林业区划；20 世纪 70 ~

80 年代开始自然保护区规划，三北防护林区、天然林保护区、生物多样性保护地等生态保护区域的规划建设等工作；21 世纪初，国土主体功能区的概念逐渐清晰；近年来，关于生态系统服务功能的分析评估、过程机理与格局变化以及经济社会主体功能区的研究也不断深入，随之对全国的生态功能区区划工作也取得了重要进展。 国土空间开发格局优化的理念是基于景观和区域尺度生态系统内部各地理单元的各类生态系统之间相互关联、共生互作的生态学原理，通过不同区域不同功能生态系统优化组合的综合利用，在空间和时间两个尺度实现对供给人类福祉的最大化和持续性。 但是为了解决生态系统自然区域分异与社会经济发展区域分布之间的矛盾，维护国民公平的发展权，就必需建立起以生态补偿为核心的生态文明制度，通过经济调控手段，实现优化空间开发格局的目标。 十多年来，生态学界对生态补偿机制给予了高度关注，已经在城市水源地保护、流域综合治理、应对气候变化的生态系统碳汇管理等方面做了一些实验和探索。 经过生态学界的不断呼吁，近年来国家不断加大生态保护与建设工程投资与财政转移支付，并大力实施扶贫和生态移民补偿等政策和措施，其实这些都是国家财政制度下的生态补偿机制之一。

当前，我国正处于生态学研究和生态保护与建设的快速发展时期，我们有责任将近二三十年来围绕国家发展战略和重大需求所开展的生态学理论与应用研究进行系统总结，这样做，既是力图为未来生态学研究和生态保护实践提供借鉴，也是期望从一个侧面向世界展示我国生态学研究与应用所取得的成果。 因此，我和我的学生们及一些合作非常密切的同事，将我们多年来围绕生态保育与生态建设的理论和应用研究进行了认真梳理和系统总结，编写成了本书。 其中内容既包括各种重要陆地生态系统如森林、草地、湿地、荒漠、农田和城市生态系统的研究，也包括区域生态示范区、重点生态工程建设和生态产业发展等一些生态建设实践，同时还对生态系统保育与建设的指导原则和理论基础、保障机制及全球变化对生态建设的影响等进行了论述。

由于生态学包含的分支学科很多，且在其发展过程中不断融汇与分化，也由于作者知识面、接触面以及编著时间的局限，同时由于本书主要关注围绕国家发展战略和重大需求所开展的保育生态学研究和生态建设的实践问题，因此必然还有很多生态学研究领域的重要工作未能被囊括在本书之内，在此谨表示深深的遗憾和歉疚。

李文华
2015 年 4 月

# 目录

>> CONTENTS

## 第九章　城市生态问题与生态城市建设

## 第十章　生态示范创建实践

## 第十一章　我国重点生态工程建设实践

## 第十三章　生态产业建设

## 第十四章　生态建设保障机制建设

## 第十五章　全球变化与生态建设

# 第一章

# 中国生态系统保育与建设的指导原则

## 第一节　科学发展观[1]

我国人口众多，资源相对不足，生态环境脆弱，特别是近 20 年来在经济高速发展的情况下，出现了许多生态和环境问题。尽管国家在改善生态和环境方面做了很大的努力，但总体恶化的趋势并未得到真正的扭转，生态与环境问题无论在类型、规模、结构还是性质上都发生了深刻的变化，对生态系统、人体健康、经济发展、社会稳定乃至国家安全造成了更加深远的影响，成为我国经济社会可持续发展和全面建设小康社会的巨大障碍和瓶颈。因此，党中央在总结长期以来我国社会主义建设实践的经验教训的基础上，深刻分析和把握我国现阶段发展要求，并在汲取世界各国发展经验教训、借鉴国外发展理论有益成果的基础上，提出了以人为本，全面、协调、可持续发展的科学发展观。

### 一、科学发展观的由来和形成背景

随着经济的发展，人类的创造力和对环境的冲击与破坏超过了以往任何一个时代，其影响程度、规模和速度非常巨大，有些生物和化学循环已经等于甚至超过自然界的固有进程并

---

[1]　本节作者为李文华(中国科学院地理科学与资源研究所)、何露(住房和城乡建设部城乡规划管理中心)。

具有全球性的后果，具有长期而不可逆转的特征。发达国家为了继续高消费，发展中国家为了生存，正在消耗大量的地球资源。许多研究表明，目前人类的消耗已经超过了地球的承载能力，同时导致环境不断恶化。世界各国的发展实践表明，发展不仅仅是经济增长，更应该是经济、政治、文化、社会全面协调发展，应该是人与自然和谐的持续发展。

进入 21 世纪，随着经济体制深刻变革、社会结构深刻变动、利益格局深刻调整、思想观念深刻变化，中国经济社会发展呈现出一系列新的阶段性特征。我国已进入发展的关键时期、改革的攻坚时期和社会矛盾的凸显时期。同时，随着人口迅速膨胀、经济快速增长以及消费持续增加，水资源、土地资源和生态环境等多种因素的压力也在不断增长，中国的生态赤字还在不断扩大，这在东部地区更加严重。要适应新的阶段性特征，解决新问题、新矛盾，必须改变传统的发展思路和发展模式，以新的思路、新的方法推进现代化建设，更加自觉地走科学发展、文明发展、和谐发展的道路。

在这样的背景下，2003 年 10 月召开的十六届三中全会正式提出了科学发展观。全会通过的《中共中央关于完善社会主义市场经济体制若干问题的决定》指出："坚持以人为本、全面协调可持续的科学发展观，促进经济社会和人的全面发展。"

2004 年 3 月，在中央人口资源环境工作座谈会上，胡锦涛提出要实现全面建设小康社会的奋斗目标，开创中国特色社会主义事业新局面，必须坚持贯彻"三个代表"重要思想和十六大精神，牢固树立和认真落实科学发展观；要深刻认识科学发展观对做好人口资源环境工作的重要指导意义，切实做好新形势下的人口资源环境工作。

2007 年 10 月，胡锦涛在党的十七大报告中进一步深刻阐述了科学发展观的时代背景、实践基础、科学内涵、精神实质和根本要求，同时对科学发展观做出了最权威的评价。党的十七大通过的《中国共产党章程》把科学发展观写入了党章，成为全党全国各族人民行动的指南。

## 二、科学发展观的内涵和意义

党的十七大以来，科学发展观作为马克思主义中国化的最新成果，内涵和外延不断得到丰富和发展，在中国特色社会主义理论和实践中的地位得到进一步提升，突出了转变经济发展方式在科学发展中的地位和作用。

坚持以人为本，就是要以实现人的全面发展为目标，从人民群众的根本利益出发谋发展、促发展，让发展的成果惠及全体人民；全面发展，就是要以经济建设为中心，全面推进经济、政治、文化建设，实现经济发展和社会全面进步；协调发展，就是要统筹城乡发展、统筹区域发展、统筹经济社会发展、统筹人与自然和谐发展、统筹国内发展和对外开放，推进生产力和生产关系、经济基础和上层建筑相协调，推进经济、政治、文化建设的各个环节、各个方面相协调；可持续发展，就是要促进人与自然的和谐，实现经济发展和人口、资源、环境相协调，坚持走生产发展、生活富裕、生态良好的文明发展道路，保证一代接一代地永续发展。

胡锦涛在 2004 年 3 月的中央人口资源环境工作座谈会上，对科学发展观指导我国人口资源环境工作的意义进行了阐述。他强调，人口资源环境工作，都是涉及人民群众切身利益的工作，一定要把最广大人民的根本利益作为出发点和落脚点。要着眼于充分调动人民群众的积极性、主动性和创造性，着眼于满足人民群众的需要和促进人的全面发展，着眼于提高人民群众的生活质量和健康素质，切实为人民群众创造良好的生产生活环境，为中华民族的长远发展创造良好的条件。胡锦涛指出，我们要始终把控制人口、节约资源、保护环境放在重要的战略位置，把工作抓得紧而又紧、做得实而又实。要把握全局，突出重点，全面推进，着眼于加快解决关系人民群众切身利益的人口资源环境问题，力求每年都有新的进展。人口和计划生育工作要加强人口发展战略研究，制定人口中长期发展规划，创新计划生育工作的思路和机制，建立健全对农村部分计划生育家庭的奖励扶助制度。国土资源工作要落实最严格的耕地保护制度，加强国土资源调查评价工作，进一步加强地质灾害防治工作。环境保护工作要加强环境监管，加快重点流域、重点区域的环境治理，加强农村环境保护和生态环境保护。水利工作要加强供水工程建设，提高对水资源在时间和空间上的调控能力，积极建设节水型社会，切实做好防汛抗旱工作。

## 三、用科学发展观指导生态建设

科学发展观与生态学研究强调的"系统、协调、循环、再生"思想，在指导生态建设工作中的意义是一脉相承的。

以人为本的思想，恰恰体现了当代生态学研究的重新定位。在生态学发展初期，倾向于纯自然主义和局限于对自然规律的观察、描述。20世纪60年代以后，人口、经济与资源、环境的不协调发展造成的全球性问题日益激化，当代生态学研究积极参与解决人类发展与自然不相协调所造成的一系列问题，一个突出特点就是把人类社会与自然环境的关系包括在其研究范畴之内，将人类本身置于社会-经济-自然复合系统之中，研究社会面临的问题，越来越注意与群众相结合，与社会发展和生产实际的需要相结合，并成为政府的决策和行动的基础。

全面系统的思想，在指导生态建设工作中有着重要的意义。要求生态建设工作从系统观、整体论出发，用社会-经济-自然复合生态系统的观点，总揽全局，统筹兼顾，达到经济、社会、自然的协调发展，这是完全符合生态学和生态经济学的基本原理的。生态与环境治理和保护，根本上是从维护人类健康，改善人类生活质量，推动人类社会可持续发展的角度出发的。总揽全局，统筹区域发展，统筹城乡发展，统筹经济社会发展，统筹人与自然和谐发展，统筹国内发展和对外开放，达到经济资产和生态资产的持续增长与累积，人的心理和生理健康及生态系统服务功能与代谢过程健康，物质文明、精神文明、生态文明共同发展，实现从自然经济的农业社会、市场经济的城市社会向生态经济的可持续发展社会的过渡。

协调发展的思想，在指导区域生态建设中有着重要的意义。区域生态建设的内容，从各地执行的情况来看，不同地区提出的方面不尽相同，但一般来说都包括生态产业、生态环境和生态文明三方面内容。发展经济是区域生态建设的核心，与过去单纯追求经济增长的目标不同，区域生态建设强调发展模式的转型，强调发展循环经济和产业结构的调整，建设可持续利用的自然资源保障体系。生态环境是区域生态建设的基础和制约因素。区域生态建设着眼于建立稳定、和谐、高质量的生态环境体系，重视人与自然和谐的人口生态体系，推进生态人居建设，努力建设优美舒适、协调和谐的人居环境。生态文化是实现区域生态发展的保证，应建设符合可持续发展的文化理念、价值观念以及管理体制。可以看出区域生态建设的理念正是以人为本，全面、协调、可持续发展的科学发展观在不同尺度区域的具体体现，也为可持续发展提供了一个平台和切入点。

可持续的思想，强调转变生产方式，大力发展循环经济，使资源得到最有效利用，废弃物排放得到最大限度的减少，将可持续发展的理念付之行动，实现经济社会的可持续发展。从根本上转变着眼短期利益、急功近利的观念，自觉地变革破坏生态与环境的粗放型生产经营模式，代之以有利于生态与环境的集约型生产经营模式，发展既创造经济效益又创造生态与环境效益的产业，寓生态保护于经济发展之中。这与产业生态学提倡的效法自然生态系统能量流动和物质循环的规律是一致的——变不可持续的"资源-产品-废弃物"单向线性经济为"资源-产品-再生资源"反馈流动式经济，实现企业工艺层面上的清洁生产、行业层面上产业的丛生和物流的"闭路再循环"，也与我国当前正在探索并大力发展的循环经济是紧密结合的。

此外，生态建设的全面、协调、可持续发展，必须重视科技创新，注重依靠科技创新和高新技术的应用，突破生态与环境治理中的种种难点，大幅度提高治理效率和效益，这是生态建设与整治的基本保障和支持。过去 20 年来，我国生态与环境科研基本处于被动跟踪状态，尚未形成适合国情的完善的生态与环境科技体系，缺乏系统的、基于国情的重大生态、环境问题的研究和关键技术开发，缺少原创性基础研究、大跨度学科交叉的系统综合研究及长期、连续、动态的基础数据，偏重末端治理，忽视全过程和区域性控制。为此，我们需要量化生态价值，发展生态价值化的理论与绿色核算体系；推进循环经济，建立环境与经济双赢的可持续生产与消费模式；应对全球变化，开发与区域相应的理论与适应技术；加速区域治理，建立人与自然相协调的区域发展模式；适应市场经济，发展政府调节与市场导向相结合的环保产业；保障人体健康，开发促进全民健康的生态与环境科技。

诚然，生态与环境问题是极其庞杂的，寻求其解决之道也是异常艰辛的，通过某一个理论、某一项研究或某一项成果将我国的生态与环境问题说透彻并给出全部的解决方法，是不大现实的。然而，不积跬步，无以至千里；不积小流，无以成江海。每一项有关生态环境的研究必将在全社会掀起一次广泛、深入、深刻的生态与环境问题的再教育、再认识，实现思想认识的新飞跃和经济社会发展思路的新转换，从而推动和保障生态与环境建设事业的跨越式发展，使之与经济发展、社会文明、全面建设小康社会的奋斗目标相适应、相协调！

# 第二节　生态文明观[1]

## 一、生态文明观的由来和形成背景

人类文明的延续、发展和进步注定了生态文明的产生。生态文明是人类社会高度发展进化的一个新阶段，是一种工业文明之后的高级的文明形态。生态文明是人与自然关系的一种全新状态，它标志着人类在改造客观物质世界的同时，不断从主观上克服改造过程中的负面效应，积极改善和优化人与自然、人与人的关系，建设有序的生态运行机制和良好的生态环境，体现了人类处理自身活动与自然界关系的进步。

1995 年 9 月，党的十四届五中全会将可持续发展战略纳入"九五"和 2010 年中长期国民经济和社会发展计划，明确提出"必须把社会全面发展放在重要战略地位，实现经济与社会相互协调和可持续发展"。进入新世纪后，对可持续发展的认识不断提高，在党的十六大报告中把建设生态良好的文明社会列为全面建设小康社会的四大目标之一；十六届三中全会

---

❶　本节作者为李文华(中国科学院地理科学与资源研究所)，何露(住房和城乡建设部城乡规划管理中心)。

在总结以往经验的基础上又提出了包括统筹人与自然和谐发展的科学发展观，使我们对生态文明的认识又上升到一个新的高度，对于我国实现全面建设小康社会的目标具有重大而深远的意义。

我国人口众多，环境脆弱。长期以来的发展是以生态破坏、环境污染、资源和能源的高投入和高消耗为代价的，特别是我国现在正处于大规模、高速度的发展时期，这种潜在的危机更值得我们有足够的精神准备。应该指出，我国政府对环境问题是高度重视的，尤其是改革开放以来，在总结国内外经验和教训的基础上，提出了科学发展观，胡锦涛在中国共产党第十七次全国代表大会上提出将"建设生态文明"作为中国实现全面建设小康社会奋斗目标的新要求，明确提出要"建设生态文明，基本形成节约能源资源和保护生态环境的产业结构、增长方式、消费模式。循环经济形成较大规模，可再生能源比重显著上升。主要污染物排放得到有效控制，生态环境质量明显改善。生态文明观念在全社会牢固树立"。

## 二、生态文明观的内涵和意义

生态文明的核心是统筹人与自然的和谐发展，建设生态文明，既继承了中华民族的优良传统，又反映了人类文明的发展方向。生态文明遵循的是可持续发展原则，树立人和自然的平等观，把发展与生态保护紧密联系起来，在保护生态环境的前提下发展，在发展的基础上改善生态环境，实现人类与自然的协调发展。

培育和建设生态文明，并不是人类消极地回避自然，而是积极地与自然实现和谐，最大限度地实现人类自身的利益。它在摒弃当今工业文明弊病的同时，也强调发展的力度和速度、资源利用的效率和效益，强调竞争、共生与自生机制，特别是自组织、自调节的活力，强调人类文明的连续性。

目前中国正处于工业化和城市化加速阶段，人均资源占有量不足，环境恶化趋势未得到根本性扭转，生态文明建设对于中国这样的发展中国家来说，是一项带有全局性、紧迫性、长期性的战略任务，是实现全面建设小康社会目标、保证国民经济协调持续发展、建立人与自然和谐关系、实现中国社会经济可持续发展的必然选择，对我国的经济社会协调健康发展具有重要的指导意义。

我国创造性地提出了生态文明，是对可持续发展的重大贡献，同时也是我国建设现代化过程的重要选择。生态文明是物质文明与精神文明在自然与社会生态关系上的具体表现，是生态建设的原动力，它具体表现在管理体制、政策体制、价值观念、道德规范、生产方式及消费行为等方面的体制合理性、决策科学性、资源节约性、环境友好性、生活俭朴性、行为自觉性、公众参与性和系统和谐性。其核心是如何影响人的价值取向和行为模式，启迪一种融合东方"天人合一"思想的生态境界，引导一种健康、文明的生产和消费方式。同时，我国还指出生态文明是人与环境和谐共处、持续生存、稳定发展的文明，是对人与自然关系历史的总结和升华，其内涵包括：人与自然和谐的文化价值观；生态系统可持续前提下的生产观和满足自身需要又不损害自然的消费观。因而，生态文明的核心是统筹人与自然的和谐发展，建设生态文明，既继承中华民族的优良传统，又反映了人类文明的发展方向。此外，联合国在对生态环境问题和各项行动计划总结之后，把可持续发展思想由理论变成了各国人民的行动纲领和行动计划，而我国现阶段所提出的生态文明与国家可持续发展的理念相一致。

### 三、用生态文明观指导生态建设

近年来，人们越来越多地意识到生态文明建设对可持续发展的重要性。在全国生态省、生态市和生态县建设的大潮中，生态文明建设已经与生态环境建设、生态产业建设共同成为区域可持续发展中相互联系、相互制约的整体。

生态文明是从思想上对可持续发展理念的深入认识和发展，对我国社会经济发展和生态环境保护具有重要的作用，从而保证我国能够顺利地进入到生态文明阶段，保证社会、经济和环境的可持续发展。因此，我们需要以科学发展观为指导思想，以可持续发展为目标，在开展绿色经济和循环经济的过程中，全面地实施生态文明建设。针对我国现在社会发展过程中所面临的问题，在进行生态文明建设的过程中，需要从以下几个方面进行落实，从而实现可持续发展的目标。

#### 1. 用系统观点指导区域发展

生态文明建设强调从系统的观点出发，全面考虑自然、社会、经济等综合因素。应该说我国在这方面还是进行了许多有创意性的实践与尝试的，例如生态省和生态市以及最近在我国开展的生态文明城市的建设及其指标体系的研究，就是综合考虑了生态经济、生态环境、生态人居和生态文化多个层面的指标进行考虑的。尽管这方面的指标在实践中还存在一些问题有待完善，但是在这方面的努力和方向却是符合区域生态文明建设要求。

#### 2. 敬畏自然，师法自然

在人类的发展历程中应当顺应自然界的发展规律，尊重自然，重视自然，而不应该刻意地破坏和改变自然。生态文明就是倡导人们从思想上自觉地敬畏自然、保护自然、师法自然，以尊重和维护自然平衡发展为前提，以生态化的生产方式和消费方式为手段，实现人与自然、人与社会的和谐相处和可持续发展。我国幅员辽阔，自然、社会、经济条件复杂，社会发展和生态文明建设存在很大的差异性，因此，我们在生态文明建设中，应因地制宜地利用自然，并巧夺天工地运用自然规律，探索出与自然和谐相处的可持续发展的道路。

#### 3. 科学认识和保护生态系统的服务功能

生态系统不仅提供人们多种服务功能，同时也是生命的支持系统。生态文明建设需要我们在科学地认识生态系统服务功能的基础上，充分发挥生态系统的各项服务功能，同时更重要的是对生态系统的服务功能进行进一步的保护和加强，进而实现我国社会的可持续发展。并在逐步认识到生态系统服务价值的基础上，逐步建立起绿色核算制度，在衡量生态系统的生产价值时，要把他们的生态和环境的服务价值逐步纳入经济的综合评价体系之中。

#### 4. 建立循环经济的发展模式，实现生态文明

循环经济是以资源的高效利用和循环利用为核心，以"减量化、再利用、资源化"为原则，以低消耗、低排放、高效率为基本特征的社会生产和再生产活动。在工业文明的基础上建设生态文明，在产业内部实施绿色生产，构建生态产业，在国民经济内部实施循环经济，保证经济的良性、持续发展。我国生态农业的发展模式也是一种重要的循环经济方式，在保护、改善农业生态环境的前提下，它将自然系统、农业系统和社会-经济系统相结合，将农、林、牧、副、渔各业相结合，又与生产加工业相联系，实现物质和能量的高效和循环利用。

#### 5. 倡导绿色消费，实现可持续发展

消费是人类社会经济活动的重要组成部分，是人与自然进行能量与物质变换的过程，不同的消费模式会对自然界的资源环境产生重大的影响，因此，要实现可持续发展，就必须研

究、构建和实施符合生态文明的消费模式——绿色消费。它是从满足生态需要出发，以保护消费者健康权益为主旨，符合人类健康和环境保护标准的各种消费行为和消费方式，倡导消费者选择未被污染或有助于公众健康的绿色产品，同时，还注重对废旧物品的处置，减少对环境的污染，从而使消费者形成绿色消费的观念，实现可持续发展。

### 6. 进行生态补偿，实现社会的公平性

生态文明是自然、社会、经济相和谐和统一的文明，它不仅要求人与自然和谐共生，还要求人与人之间、人与社会经济之间、不同代际之间和不同区域之间的和谐与统一。为了保持各利益相关方的利益，保证地区和谐发展，还须进行生态补偿。生态补偿是以保护和可持续利用生态系统服务为目的，以经济手段为主调节相关者的利益关系。在进行生态补偿时，需要在基本原则的指导下，建立总体框架，根据不同生态系统和不同区域，确定补偿的对象、补偿的标准和补偿的方式，通过利益相关者的协调和法规实现社会发展的公平性。

### 7. 重视能力建设

生态文明建设，不仅需要转变生产方式和消费方式、建立补偿制度等，还需加强教育、培训，对广大群众进行思想教育、专业知识和技能方面的培养，使其在开展生态文明建设的过程中，具有所需要的理论知识和专业技能，实现我国的可持续发展。

### 8. 进行经济体制改革和建立法律政策保障

在实施生态文明建设的过程中，我们需要重新审视我国现阶段的经济体制，针对现阶段所面临的问题和不足，对其进行相应的体制改革，在保证社会可持续发展和保护生态环境的基础上，建立符合我国经济发展的体制。同时，还要针对我国可持续发展的各个方面和评价目标来建立符合我国国情的评价指标。此外，还需要政府权力机关制定相关的法律法规和政策对生态文明建设和可持续发展的各项措施和行动加以规范和约束，充分重视法律和政策在建设生态文明中的作用，建立和健全生态法律制度体系，将生态伦理的理念转化为制约和影响人们决策和行为的制度结构和法律规范。

## 第三节　可持续发展观[1]

### 一、可持续发展观的形成

#### 1. 古代朴素的可持续发展思想

可持续性的概念源远流长，这在东西方哲学及劳动人民的生产实践中都有明确的体现，许多方面至今仍有重要的指导意义或借鉴作用。这些古代朴素的可持续发展思想突出地表现在对资源的利用、保育和对环境的保护上。

资源的持续利用是持续发展的基础，没有资源的持续利用，就不可能有持续发展。我国早在 2200 多年前的春秋战国时代，先儒们就有明确的对可更新资源持续利用的思想。在中国春秋战国时期就有保护正在怀孕和产卵的鸟兽鱼鳖以利"永续利用"的思想和封山育林定期开禁的法令。著名思想家孔子主张"钓而不纲，弋不射宿"（指只用竹竿钓鱼而不用网捕鱼，只射飞鸟而不射巢中的鸟）（《论语·述而》）。春秋时在齐国为相的管仲，从发展经济、富国强兵的目标出发，十分注意保护山林川泽及其生物资源，反对过度采伐。他说："为人

---

❶　本节作者为李文华、闵庆文（中国科学院地理科学与资源研究所）。

君而不能谨守其山林菹泽草莱，不可以为天下王。"（见《管子·地数》）战国时期的荀子也把自然资源的保护视作治国安邦之策，特别注重遵从生态学的季节规律（时令），重视自然资源的持续保存和永续利用。"与天地相参"可以说是中国古代生态意识的目标和理想（张坤民，1987）。

环境保护在很早时候就引起人们的注意。1975 年在湖北云梦睡虎地 11 号秦墓中发掘出 1100 多枚竹简，其中的《田律》清晰地体现了可持续发展的思想，"春二月，毋敢伐树木山林及雍堤水。不夏月，毋敢夜草为灰，取生荔……毋毒鱼鳖，置阱罔，到七月而纵之。"这是中国和世界最早的环境法律之一。

西方的一些经济学家如马尔萨斯、李嘉图和穆勒等也较早地认识到人类消费的物质限制，即人类的经济活动范围存在着生态边界。

**2. 现代可持续发展运动的兴起与战略思想的形成**

发展是人类社会永恒的主题，也是当代人类面临的重大课题之一。虽然自人类社会形成以来就一直实践着发展，但对发展理论的研究则是近 40 年来的新事物。第二次世界大战后，受战后重建的刺激，世界经济迅速增长，发展经济学研究空前活跃，这一时期西方经济学家极力鼓吹的是追求最大限度的经济发展，如 W. 罗斯托将人类社会的发展分成五个阶段：传统阶段—"起飞"准备阶段—"起飞"阶段和成熟阶段—群众高额消费阶段—追求生活质量阶段。这是"发展等于经济增长"的典型描述。

20 世纪 60～70 年代，不论在工业化国家或是发展中国家，传统的经济发展理论都受到了严峻的挑战。西方工业化国家在经济高速发展的同时，国内社会问题日趋严重，暴力犯罪、种族歧视、社会不公正等现象严重地干扰着社会的发展，人们并没有体会到与经济高速增长同时而至的社会的高度发达，从而对传统的发展经济学提出质疑；在发展中国家，由于人口剧增及单纯经济增长模式推行的挫折和失败，也使人们对其表示失望。

与此同时，人们已经开始对经济增长可能造成的环境后果有所觉察，R. 卡尔逊（Carson）的《寂静的春天》（1962）提醒人们在追求经济增长的同时，也应解决由此引起的环境污染问题。这篇提倡环境保护的警世之作引起了全世界的共同关注。20 世纪 60 年代中期，鲍尔丁（Boulding）提出"宇宙飞船经济理论"，指出：地球好比一个宇宙飞船，随着人口不断增加，经济不断增长，最后导致资源耗尽，船舱全部被废物污染。这种"单程式经济"的发展，必然导致地球最终被毁灭，人类失去生存的环境。他主张人类必须走"循环式经济"的道路。可持续发展的思想已初见端倪。将地球资源、环境视为有极限，认为若人类发展的需求超过了此极限，就会造成人类社会瓦解的论著还有不少，其中的代表作是罗马俱乐部的《增长的极限》（1972）。这一阶段的发展理论研究虽然取得了很大进展，但并未建立起为全世界不同发展水平国家共同认可的理论，同时也缺少全球一致的协调发展的行动，因此可以认为是可持续发展思想的孕育时期。

1972 年在瑞典首都斯德哥尔摩召开了联合国人类环境会议，发表了《人类环境宣言》，以联合国的名义第一次将环境问题和社会经济发展联系起来，提出了 26 条人类在环境问题上的共同原则和信念。这次会议是人类对环境问题认识上的转折点，也是可持续发展战略思想形成的第一个里程碑。在 1980 年，世界自然保护同盟提出"可持续发展"以及同年联合国大会关于"确保全球发展"的呼吁之后，可持续发展战略思想逐步确立起来。

### 3. 可持续发展理论的发展与行动的实施

尽管从 20 世纪 60 年代起，经济发展所带来的环境问题已经引起了人们特别是科学家的注意，并在 1972 年就通过了人类环境宣言，在 1980 年就提出了可持续发展的概念，但世界环境与发展的矛盾不仅未见缓解，而且变得更加尖锐。直到 1987 年，由挪威首相布伦特兰夫人为首的专家委员会，在对全球进行历时 900 天的考察后，发表了《我们的共同未来》（WCED，1987）的长篇报告。报告中列举了世界上发生的令人震惊的环境事件及环境恶化趋势，指出人类如果不反省自己的政策和行为，这个世界的发展是不可持续的。正是基于这样的认识，该委员会在《我们的共同未来》中提出了较为完整、全面、系统的可持续发展概念，同时也标志着可持续发展进入了新的发展阶段——理论发展阶段。

1989 年苏联解体后，东西方两大阵营相互对峙的局面不复存在，第二次世界大战之后形成的"冷战"宣告结束，世界各国尤其是各国的政治家，终于有机会、有条件重新审视过去的各种重大问题。1992 年在巴西里约热内卢召开的联合国环境与发展大会，是在全球环境继续恶化、经济发展问题更趋严重的背景下召开的，它的召开及所达成的共识标志着国际社会对环境与发展问题认识的深化，为加强国际社会在这一领域中合作打下了良好的基础。这次大会是人类转变传统发展模式和生活方式，走可持续发展道路的一个里程碑，标志着可持续发展从概念到行动的转变。

### 4. 可持续发展思想的演化轨迹

可持续发展是一个综合的概念，它有着极为丰富的内涵，其核心就在于社会伦理学中的代内与代际的公平、经济学中的经济增长与资源环境的协调，反映在哲学上，也就是人与自然的关系问题。本部分将从人类文明观的演化和人与自然关系演化方面，进一步分析可持续发展的演化轨迹。需要说明的是，这两个方面并不是孤立的，而是相互联系的。

（1）人类文明观的演进轨迹：采猎文明—农业文明—工业文明—生态文明　从生产和生活的形态来看，人类社会的发展经历过狩猎-采集型社会、农业社会、工业社会和近年来所说的后工业社会。相应地，人类社会的文明观已经经历了采猎文明、农业文明、工业文明，正在走向信息文明同时也孕育着生态文明（邓英陶，1989；刘宗超，1997）。从社会伦理与环境伦理上说，人类的文明观表现在人类之间的关系、人类与其他生物的关系、人类与生存环境的关系、人类与自然资源的关系等的认识，历史上绝大多数地区文明衰落的根本原因在于它们赖以生存的自然环境恶化。

采猎文明时期，人类主要以采集狩猎为主，火的使用就已开始了大气污染的历史，而水源因动植物腐烂而被污染的历史则由来已久，因饮水中毒致死的事则经常发生。人类当时无生产力可言，也根本没有储存食物的知识，过着"饥则求食、饱则弃余"的生活，无计划地滥用资源，往往因严冬和春天食不果腹而死。由于植物和动物的季节性和地域性的差异，这就规定了采集和渔猎的时间和空间制约，食物的短缺使得群落迁徙，每到一处滥用资源、采光吃光，可谓是"一扫而光，竭泽而渔"，同时由于火种失控，焚烧森林的事也经常发生。这种由于食物匮乏而造成的生态危机是当时人类根本没有科学技术和生产力造成的，其特征是区域性的和小时空的，影响范围小，恢复时间短。

农业文明是由农耕文明发展而来，农耕文明的特征是主要依靠动物能作为能源，也适当通过水流的能量进行作坊经营和水轮灌溉，有时也适当利用风力。在农业文明初级阶段，东西方虽然发展水平、经营方式稍有差别，但基本方面都是相同的。工具都为铁制、铁木制结合，农业系统主要利用自然力，靠农业内部循环维持平衡，自然经济自给自足，依据物候节律耕种，技术主要依赖经验。初级农业文明的基本特点是循环利用的有机农业，农牧结合相互促进的综合农业。农业文明时期，人类为了克服食物来源的不足，进行了种种探索，通过植物栽培和动物饲养建立了原始农业，"刀耕火种"是当时生产力水平的真实写照。原始农业尽管很简单，但它却给人类带来比采猎阶段更为稳定的食物来源，逐渐发展到初级物质生产者已能生产出"剩余产品"的阶段，于是出现了由这些剩余产品所供养的城镇。城镇出现的意义在于有利于科学技术的产生、有利于以科学技术为基础逐渐形成农业发展的基础条件。

随着世界人口增长和农业投入报酬递减，到了20世纪末和21世纪初，传统农业不足以提供足够粮食的压力促使传统农业逐渐转向工业化农业，转向对工业的依赖：一是依赖拖拉机和配套农具；二是依赖人造肥料、农药（各种杀虫剂、除草剂等）；三是依赖农业科技成果；四是依赖农业的商品化和专业化。

工业文明脱胎于农业文明，是一种"部分人类中心"文明。它以"人是自然的主人"为依据，依靠科学技术和不断发展的生产力，在无限度地索取和利用自然资源的基础上使经济增长，并以大量的物质流量，最大限度地满足当代人的物质贪欲，而无视后代人的利益。工业文明时代的发展特征是将面临一个丧失功能的生物圈。工业文明观是一种"人类中心"价值观、经济观和发展观，它掩盖了人类在自然界中所处的地位的实质，通过"人类中心"而达到"少数富人中心和少数富国中心"的目的，从工业文明的增长理论看，不要说不影响后代人和未来人发展他们需求的能力，就连活着的大部分同代人也没有得到满足，占世界人口1/4的工业文明人口占据了3/4的世界财富，这种不均衡首先就违背了生态伦理和可持续发展思想。工业文明的价值观是在人类长期发展中形成的，工业文明是对农业文明阶段人类生存环境挑战的应战，以满足人类基本需求为目标而发展经济，根本谈不上全面需求。

工业文明创造了巨大的物质财富，极大地提高了社会生产力，但是随之出现的工业代谢型污染以及与工业文明相配合的资源管理模式引发了全球性生态危机。在工业文明的形成中已经孕育了生态文明，生态文明将与信息文明并列，成为21世纪人类文明的主导文明，人类将最终走向生态文明时代。

生态文明的萌芽最早产生于农业文明时期。工业文明对人类生存与发展所做出的最大贡献是降生了一对孪生兄弟——生态文明与信息文明。正是技术悲观论者对工业文明的反思以及对工业文明价值观的批判，为生态文明观的提出奠定了哲学基础和价值观。生态文明观在理解人与自然的关系时，把人作为自然的一员，主张生产和生活活动要遵循生态学原理，克服技术异化，给技术以生态价值取向，建立人与自然和谐相处、协调发展的关系，建立良好的生态环境；同时在资源增殖的基础上开发利用自然资源，发展经济，建立具有经济发展—环境保护—社会公正与稳定等基本功能的世界政治经济秩序，依靠不断发展的绿色科学技术，进行适度规模的社会生产消费，满足人的物质需求、精神需求和生态需求，从而提高人类整体生活素质，实现社会—经济—自然复合生态系统的永续利用。

生态文明的价值观是一种"社会—经济—自然"的整体价值观和生态经济价值观，人类的一切活动都要服从这一复合系统的整体利益，既能满足人与自然的协调发展，又能满足人的物质需求、精神需求和生态需求（生态需求是指满足人休养、生息、娱乐、审美、健康的空气和饮水，以及舒适的环境等方面的需求）（刘宗超，1997）。有人形象地把农业文明称之为"黄色文明"，把18世纪以来工业革命以及随之而来的环境危机称之为"黑色文明"，而把生态文明称为"绿色文明"（周鸿，1997）。

（2）人与自然关系演化轨迹：受制于天—人定胜天—天人合一　人与自然的关系是人类

生存与发展的基本关系，追求人与自然的和谐是实现社会经济持续、稳定、协调发展的基本原则和根本特征，也是人类活动的共同价值选择和最终归宿。

可持续发展反映了两个最基本的关系：一是人与人之间的关系；另一就是人与自然之间的关系。人与自然中自然是一切存在物的总和，而人是高度智慧动物的集合。人与自然共同构成了一个系统，在其中人与自然各有重心。当人的重心向自然偏斜时，会形成以自然为中心，即地心；当自然的重心被迫向人倾斜时，则会形成以人为中心，即人心；只有当两个重心彼此重合，具有相同的中心，才是一种和谐的人与自然的关系，即同心；二者互相远离的过程，可视为离心；二者相互接近的过程，可视为向心；而当其中的一方面消失或不存在时，则为无心，即无中心。人与自然的关系史就是沿着"无心—地心—人心—离心—向心—同心"的轨迹发展演化的（杨德才，1998）。

从人对自然资源的认识、开发利用与保育的情况，也可以看出可持续发展的演化轨迹。人类的进步与文明，都是建立在不断地认知和开发利用自然资源的基础之上的（封志明，1998）。人作用于自然，使其某些要素（物质或能量）为人类所利用，成为资源。人类从自然界中萃取的资源，其种类、数量、规模和范围都取决于人口的数量、人类的科学水平和生活水平，即整个人类社会的发展状况。

与农业文明相对应的自然崇拜时期，以利用可更新资源为特征，人类利用的基本上是可更新资源，其更新的时间尺度可以用年来度量，与人类个体生存的时间尺度基本一致。在这一长久的自然崇拜时期，虽然金属工具和简单机械有了广泛应用，但耕地、草场、森林、水域等可更新资源仍是主要的生产对象和生存基础，对资源的认识也因宗教的禁锢和对自然的神化而受到约束。

以利用不可更新资源为特征的人本位与技术革命时期，开始于中世纪末期，人本主义思潮推动了科技进步，引发了源于欧洲并迅速席卷全球的工业革命，人类生产力水平产生了巨大飞跃。煤炭不仅能驱动蒸汽机，而且能够使人类大规模开发地下矿产资源。工业化开始后，不可更新资源纷纷进入社会化生产过程，成了工业文明时代的重要资源，但同时也导致了人口、资源、环境与发展等一系列的"全球性问题"。事实上，以欧洲为代表的 400 年的繁荣在相当程度上是建立在掠夺、殖民和利用先进技术开采欧洲以外的资源的基础上的（Randall，1981），而且，在很大程度上这种繁荣是建立在生态系统不断的和不可逆转的改变的基础上，这种繁荣在生态上是不能持续的。

以资源可持续利用为特征的现代协调发展时期则始自 20～30 年前，人们对人口、资源、环境与发展问题日益觉醒，人类"只有一个地球"，面对的也是"共同的未来"。人类对资源的开发利用已开始从原先的"掠夺式"转向"永续利用"与"持续发展"的战略轨道。一个持续发展的社会，不仅有赖于自然资源的持续供给能力，而且有赖于其生产、生活和生态功能的协调，更有赖于自然资源系统的自调节能力和社会经济系统的自组织能力（李文华，1994）。

显然，人类发展的历史，从某种意义上说就是开发利用自然资源的历史。大体经历了从"掠夺式开发"到"限制式开发"，最后到"保育式开发"这种具有持续发展思想的新的利用方式。

## 二、可持续发展的概念与内涵

### 1. 可持续发展的定义

可持续发展一词在国际文件中最早出现于 1980 年由世界自然保护联盟（IUCN）在世

界野生生物基金会（WWF）的支持下制订发布的《世界自然保护大纲》。同期，联合国大会于 1980 年 3 月 5 日向全世界发出呼吁："必须研究自然的、社会的、经济的以及利用自然资源过程中的基本关系，确保全球的持续发展"。可持续发展真正引起全世界的广泛关注则始自 1987 年出版的著名的《我们的共同未来》（WCED，1987），持续发展的思想像一条红线贯穿于全书之中。进入 20 世纪 90 年代以后，特别是 1992 年联合国环境与发展大会前后，全球范围对可持续发展问题展开了热烈讨论。国内外一些学者已发出创建"可持续发展学"的呼吁。

（1）从社会属性定义可持续发展　1991 年由世界自然保护联盟（IUCN）、联合国环境规划署（UNEP）和世界野生动物基金会（WWF）共同发表了《保护地球：可持续生存战略》，将可持续发展定义为："在生存于不超出维持生态系统承载能力之情况下，改善人类的生活品质"（IUCN-UNEP-WWF，1991），并且提出人类可持续生存的 9 条基本原则，强调了人类的生产方式与生活方式要与地球承载能力保持平衡，保护地球的生命力和生物多样性。同时提出了人类可持续发展的价值观和 30 种行动方案，着重论述了可持续发展的最终落脚点是人类社会，即改善人类的生活质量，创造美好的生活环境。认为只有在"发展"的内涵中包括有提高人类健康水平、改善人类生活质量和获得必需资源的途径，并创建一个保障人们平等、自由、人权的环境，才是真正的"发展"。

（2）从经济属性定义可持续发展　认为可持续发展的核心是经济发展。巴伯在其著作（Barbier，1987）中，把可持续发展定义为"在保护自然资源的质量和其所提供服务的前提下，使经济发展的净利益增加到最大限度。"还有的学者提出，可持续发展是"今天的资源不应减少未来的实际收入"（Pearce 等，1990）。当然，定义中的经济发展已不是传统的以牺牲资源与环境为代价的经济发展，而是"不降低环境质量和不破坏世界自然资源基础的经济发展"（WRI，1993）。

（3）从自然属性定义可持续发展　生态学家首先提出了"生态持续性"（Ecological Sustainability）的概念，旨在说明自然资源及其开发利用程度间的平衡。1991 年，国际生态学联合会（INTECOL）和国际生物科学联合会（IUBS）联合举行的关于可持续发展问题的专题研讨会，进一步发展并深化了可持续发展概念的自然属性，将可持续发展定义为"保护和加强环境系统的生产和更新能力"，即可持续发展是不超越环境系统再生能力的发展。另外，从生物圈概念出发定义可持续发展，是从自然属性方面表述可持续发展的另一种代表，即认为可持续发展是寻求一种最佳的生态系统以支持生态的完整性和人类愿望的实现，使人类的生存环境得以持续（闵庆文等，1998）。

（4）从复合生态系统角度定义可持续发展　我国学者中有相当一部分人主张从自然—社会—生态的三维结构复合系统定义可持续发展，即可持续发展既不是单指经济发展或社会发展，也不是单指生态持续性，而是指以人为中心的社会—经济—自然复合生态系统的可持续发展（王如松，1998）。即"可持续发展是能动地调控自然—社会—经济复合系统，使人类在不超越资源与环境承载能力的条件下，促进经济发展、保持资源永续和提高生活质量。"（刘培哲，1994）根据这一定义，发展就是人类对这一复合系统的调控过程。可持续发展没有绝对的标准，因为人类社会的发展是没有止境的。它反映的是复合系统的运作状态和总体趋势。只有调控的机制能促进经济发展、发展不超越资源与环境的承载能力、发展的结果利于提高人们的生活质量和创建人类美好的社会，才能称得上是可持续发展。

（5）从科技属性定义可持续发展　有的学者从技术的角度扩展了可持续发展定义，认为

"可持续发展就是转向更清洁、更有效的技术，尽可能接近'零排放'或'密闭式'工艺方法，以此减少能源和其他自然资源的消耗"。还有的学者提出"可持续发展就是建立极少产生废料和污染物的工艺或技术系统"（WRI，1993），认为污染并不是工业活动不可避免的结果，而是技术水平差、效率低的表现，主张发达国家与发展中国家之间进行技术合作，缩小技术差距，提高发展中国家的经济生产力。

（6）布伦特兰的定义　布伦特兰的定义是"既满足当代人的需求，又不对后代人满足其自身需求的能力构成危害的发展"（WCED，1987）。它包括两个关键性的概念：一是人类需求，特别是世界上穷人的需求，即"各种需要"的概念；二是环境限度，如果它被突破，必将影响自然界支持当代和后代人生存的能力。这一概念在最一般的意义上得到了广泛的接受和认可，并在1992年联合国环境与发展大会上得到共识。但也有学者认为这个定义单纯强调了可持续发展的时间维，忽视了可持续发展的空间维。这种空间维，在水平方向上从全球到区域变化，在垂直方向上从自然圈层到人类活动的各部门变换。这些空间既相对独立又相互作用，垂直空间的相互作用是不言自明的。水平空间的相互作用，在区域尺度上表现为全球变化的区域影响，在全球尺度上表现为区域变化的全球影响（杨开忠，1994）。

### 2. 可持续发展的内涵

（1）可持续发展首先是一种思想，一种引导人类社会发展的选择或倡导，并非一个具有严格科学定义、专用于某一学科领域的专有名词，它是一种特别从环境和资源角度提出的关于人类长期发展的战略和模式，而不是在一般意义上所指的一个发展进程要在时间上连续运行、不被中断。不同的学科领域具有各自不尽相同的理解和定义。尽管理解不同，但人们均认为，可持续发展是人类走向未来的必由之路，是当今世界共同追求的目标。

（2）可持续发展是一个综合概念，这种综合性表现在包括了自然资源与生态环境的持续性、经济发展的持续性和社会进步的持续性三个方面（Barbier，1987）。它以自然资源的可持续利用和良好的生态环境为基础，以经济的可持续发展为前提，以谋求社会的全面进步为根本目标（承继成，1994），强调以人为本，力争人地和谐、经济高效、社会公平、代际兼顾，倡导人口、经济、社会、环境、资源相互协调，注重提高包括人口素质、经济效益、生态环境质量在内的综合发展水平（徐飞等，1998）。因此，可持续发展是社会、经济、资源与环境问题的统一体。

（3）可持续发展是一个动态的发展过程，而不是发展的某一个状态。可持续发展并不是要求某一种经济活动永远进行下去，而是要求不断地进行内部的和外部的变革（张坤民，1997）。

（4）可持续发展并不否定经济的增长，尤其是穷国的经济增长，但需要重新审视如何推动和实现经济的增长（张坤民，1997）。

（5）可持续发展的主要特征表现在持久（资源的消耗量低于资源的再生量与技术替代量之和）、稳定（发展的波动幅度在能够承受的安全限度以内）、协调（各生产部门、各种产品以及同一产品的不同品种能够达到结构合理）、综合（在产品及服务的供求平衡下，全面综合地发展，不依赖外援）、可行（即方案措施可行、经济有效、可为社会接受）等5个方面（王宏广，1995）。

（6）可持续发展的中心目标可以概括为7个方面，即恢复经济增长、改善增长的质量、满足人类的基本需求、确保稳定的人口、保护和加强自然资源基础、改善技术发展方向、在决策中协调经济同资源环境的关系（IUCN-UNEP-WWF，1991）。

### 3. 可持续发展的基本原则

根据有关研究可以综合得到可持续发展的几个基本原则（赵景柱，1992；刘培哲，1994；徐飞等，1998）。

（1）和谐性（Harmony）　从系统论的观点看，作为生命系统的人类和作为支撑系统的自然一起构成了一个复合系统。在这个系统中，人和自然存在一种正相关的物质、能量的交换关系。可持续发展理论内含着一种对自然的新态度，其基点就是人同自然协调，而不是征服自然、主宰自然。

（2）公平性（Fairness）　可持续发展必须是一种公平的发展，它包括在时空两方面的公平。即在时间上，要给当代人和后代人以同等的发展机会，此时的发展不应给彼时的发展造成危害，此即代际公平；在空间上，要使各国和各地人民都有同等的发展机会，一地的发展不应削弱其他地区发展的能力，此即代内公平。

（3）发展性（Development）　可持续发展的核心是发展，发展既是可持续的出发点，也是其归宿点。只有当经济增长率达到一定水平才可能消除贫困，提高人民生活水平，才能为持续发展提供必要的物质基础和条件，才有能力持续发展。"发展才是硬道理"正是这一基本原则的最形象描述。

（4）限制性（Limitation）　可持续发展受到来自人类自身和来自自然界两方面因素的限制，如人类技术经济水平和社会组织管理水平，及自然资源与承载能力的限制。

（5）需求性（Demand）　可持续发展强调"人类需求和欲望是满足发展的主要目标"，显然这里的需求包括物质和精神两方面。

（6）持续性（Sustainability）　即人类的经济建设和社会发展不能超越自然资源与生态环境的承载能力，这就要求将经济发展与资源环境的承载能力相协调，经济增长越快，越应加强对资源的保育和对环境的保护，努力把生态问题发生的频率和失调的范围控制在资源存量和环境状况的基准线或警戒线之内。

（7）共同性（Common）　现代经济是市场全球化、竞争全球化的经济，国家之间、地区之间的相互依赖程度不断提高。在开放的背景下，可持续发展必须是各个国家和地区的共同发展。全球性问题应当由全球共同解决。

（8）人本性（Humanity）　1994年在开罗召开的世界人口与发展大会，其主题为"人口、持续的经济增长与可持续发展"，会议明确提出"可持续发展的中心是人"。人的发展不仅是发展的目的和标志，还是发展的先决条件。可持续发展的关键在于人，在于人的素质的提高和生育观、消费观的转变，在于人的伦理观、价值观、文明观、自然观和发展观的升华，以及在此基础上对政府行为、市场行为和公众行为的协调和调控。

### 参 考 文 献

[1]　Barbier，E. B. The concept of sustainable development，Enviro. Conservation，1987，14：101-110.

[2]　IUCN-UNEP-WWF. Caring for the Earth：A Strategy for Sustainable Living，IUCN，Switzerland，1991.

[3]　Pearce D，et al.，Economics of Natural Resources the environment，Harvester Wheatsheaf，New York，1990.

[4]　Randall A. Resource Economics，Grid Publishing Inc.，Columbus，Ohio，1981.

[5]　WCED. Our Common Future（the Brundland Report）. Oxford：Oxford University Press，1987.

[6]　WRI. World Resources 1992-1993. Washington D. C.：The World Resource Institute，1993.

[7]　承继成. 关于可持续发展的目标//叶文虎，承继成主编. 可持续发展之路. 北京：北京大学出版社，1994，53-56.

[8]　邓宏海. 农业生态工程在我国农业现代化中的应用. 农村生态环境，1987，11（3）：55-59.

［9］　封志明. 资源科学的历史观：人类—自然关系的演进历程. 大自然探索，1998，17（1）：22-26.

［10］　李文华. 持续发展与资源对策. 自然资源学报，1994，（2）：1-12.

［11］　刘培哲. 可持续发展——通向未来的新发展观. 中国人口·资源与环境，1994，4（3）：13-17.

［12］　刘宗超. 生态文明观与中国可持续发展走向. 北京：中国科学技术出版社，1997.

［13］　闵庆文. 欧阳志云. 可持续发展的生态学思考. 农村生态环境，1998，14（2）：40-44.

［14］　牛文元. 持续发展导论. 北京：科学出版社，1994.

［15］　王宏广. 我国农业可持续发展的对策//胡涛，陈同斌主编. 中国的可持续发展研究——从概念到行动. 北京：中国环境科学出版社，1994，148-160.

［16］　徐飞，王浣尘. 略论可持续发展——渊源及内涵. 系统工程理论方法应用，1997，6（1）：27-33.

［17］　杨德才. 人类探索可持续发展的轨迹及其启示——人与自然关系的演变. 大自然探索，1998，17（3）：96-100.

［18］　杨开忠. 一般持续发展论. 中国人口·资源与环境，1994，4（1-2）：13-14.

［19］　张坤民. 可持续发展论. 北京：中国环境科学出版社. 1997.

［20］　赵景柱. 社会—经济—自然复合生态系统持续发展评价指标的理论研究. 生态学报，1995，15（3）：327-330.

［21］　周鸿. 文明的生态学透视——绿色文化. 合肥：安徽科学技术出版社，1997.

［22］　孙钰. 生态文明建设与可持续发展——访中国工程院院士李文华. 环境保护.

［23］　张凯. 发展循环经济是迈向生态文明的必由之路. 环境保护，2003，（5）：3-5.

［24］　谢青松. 生态文明建设的道德支持与法律保障. 云南社会科学，2008，（S1）：265-266.

# 第二章

# 中国生态系统保育与建设的理论基础

## 第一节　生态系统服务[1]

### 一、概念

　　虽然人类对生态系统服务的科学研究才刚刚起步，但是我们的祖先早已意识到了生态系统对人类社会发展的支持作用（Marsh，1864；Aldo Leopold，1949）。20世纪40年代以来，生态系统概念与理论的提出与发展，促进了人们对生态系统结构和功能的认识和了解，并为后来生态系统服务的深入研究奠定了科学基础。1970年SCEP在"Study of Critical Environmental Problems"中首次使用了生态系统服务的概念，同时列举了生态系统对人类的环境服务功能，包括害虫控制、昆虫传粉、渔业、土壤形成、水土保持、气候调节、洪水控制、物质循环和大气组成；Holder和Ehrlich（1974）、Westman（1977）先后进行了全球环境服务功能、自然服务功能的研究，指出生物多样性的丧失直接影响着生态系统服务功能；至此，生态系统服务功能概念得以产生，并逐渐为人们所公认和普遍使用。

　　由于对生态系统服务功能研究的历史较短，目前尚无统一且完整的概念。根据经济学和

---

❶　本节作者为李文华、张彪（中国科学院地理科学与资源研究所）。

生态学的研究和界定，可以认为生态系统服务功能是指来自生态系统的物流、能流和信息流，代表人类从中获得的直接和间接利益，包括生态系统提供的各种产品和生态过程中形成的维持生命系统的环境条件和效用。

## 二、特征

生态系统服务的生态经济特征主要包括以下几个方面。

### 1. 整体有用性

生态系统是由各组成要素构成的整体，生态系统服务的使用价值或者说有用性的发挥是建立在生态系统的整体性基础上的，是其整体功能的发挥。

### 2. 空间固定性

生态系统服务的使用价值只能在其影响的空间尺度范围内发生作用，其位置具有固定性，其范围具有有限性。

### 3. 用途多样性

生态系统的服务功能是多样的，各种功能发挥作用的大小存在差异，不像市场上流通的商品其使用价值都是比较单一的。

### 4. 持续有效性

尽管生态系统的服务功能随着生态系统的自然演替而发展变化，但一般来说，自然演替的过程比较缓慢，如果没有受到外部干扰，生态系统服务是可以长期存在和持续利用的。

### 5. 公共物品性

由于环境物品的特殊属性，生态系统服务功能具有非竞争性和非排他性。

### 6. 外部性

由于人类的行为对生态系统产生负面的外部效应，导致生态系统服务功能和价值受到损害，间接地对人类的社会经济系统产生不利影响，增加了社会成本。

## 三、分类

由于生态系统服务代表人类从中获得的直接和间接效用，所以从经济学上来说生态系统服务是可以描述、测度和估价的，也有不同的分类方法，如可再生的生态系统服务和不可再生的生态系统服务。

国内学者近几年普遍接受的生态系统服务分类是 Costanza 等在 1997 年对全球生态系统服务价值进行评估时提出的：将全球生物圈分为远洋、海湾、海草/海藻、珊瑚礁、大陆架、热带森林、温带/北方森林、草原/牧场、潮汐带/红树林、沼泽/洪泛平原、湖泊/河流、沙漠、苔原、冰川/岩石、农田、城市 16 个生态系统类型，并将生态系统服务分为气体调节、气候调节、扰动调节、水调节、水供给、控制侵蚀和保持沉积物、土壤形成、养分循环、废物处理、传粉、生物控制、避难所、食物生产、原材料、基因资源、休闲、文化 17 个类型，列举了生态系统服务与生态系统功能之间的对应关系，认为二者之间不存在一一对应的关系，即生态系统服务可由两种或多种功能共同产生，而生态功能也可提供一种或多种服务。他们的研究是目前对生态系统服务的研究最有影响的结果，最近的研究均以此生态系统服务分类方法开展对生态系统服务价值的评估。

我国一些学者也借鉴 Costanza 的分类方法提出了自身见解。南京大学杨丽等将生态系统服务分为 12 大类，包括太阳能的固定和转化、生物生产、调节气候及大气组成、调节物质循环、土壤形成与肥力的维持、涵养水源与控制侵蚀、环境净化与废物处理、传粉播种、生物控制、生物多样性的产生与维持、调节干扰、文化娱乐源泉；孙刚等将生态系统服务分为9大类，包括生物生产、调节物质循环、土壤的形成与保持、调节气象气候及气体组成、净化环境、生物多样性的维持、传粉播种、防灾减灾、社会文化源泉。还有其他一些分类方法，覆盖的范围大体一致。不过，这些分类方法分得过细，加上目前的科学技术难以提供精确的方法具体区分上述功能的界限，并且有些功能存在明显的重叠现象，因此很容易导致价值评估的重复计算和结果评估过高。

除此之外，还有很多学者进行了分类研究：

① 1992年，Groot提出服务功能分为4类，即调节功能、承载功能、生产功能、信息功能。

② 1993年Freeman提出另一种四分法，即：为经济系统输入原材料、维持生命系统、提供舒适性服务以及分解、转移和容纳经济活动的副产品。

③ 张象枢等提出的服务功能，包括：物质性资源功能、环境容量资源功能、舒适性资源功能和自维持资源功能。

④ 李金昌等提出分为两类：物质功能和生态功能。

这些分类方法过于宽泛，因此在进行价值评估时，难以明确具体的评估对象，进而难以寻求合适的评估方法，从而导致价值评估的不准确。

## 四、评估方法

从目前的研究进展来说，按照估算支付意愿的角度不同，可以把估计生态系统服务功能的价值评估方法分为以下三种。

① 显示支付意愿法：当人们购买某种事物（如在湿地附近购买住房）和花费时间和金钱去某地的时候（如去钓鱼和赏鸟），这些行为就显示了他们的支付意愿，表明其支付意愿至少等于他们的实际支出。不过，也有可能他们的支付意愿超过他们的实际支付，如市场定价法。

② 表达（陈述）支付意愿法：许多生态系统服务功能不能通过市场进行交易（如美景），以致不能通过人们的实际行为来显示他们的支付意愿。简单询问他们的支付意愿有时候是可取的。意愿调查法是昂贵和充满矛盾的，只有在具体背景下询问具体的服务时，才可能产生有用的结果，如调查结果法。

③ 推断支付意愿法：就是根据生态系统提供的功能来寻求、推断和衡量人们为避免这些功能丢失的支付意愿，如防洪、保持水质、减少波能的丧失等。

### 1. 市场定价法

在有些情况下，生态系统提供的物品和服务可以在市场上进行交易，如木材、湿地系统的泥炭资源等。因此，可以使用市场价格充当这些产品货币价值的一种近似指标值。也就是说，用市场定价法估计那些可以在市场上进行交易买卖的生态系统产品和服务的价值。总之，研究人员通过消费者剩余和生产者剩余来计算净经济剩余，从而实现对于这些物品的价值评估。

市场定价法中使用的价格是产品或者服务在商业市场上的主导价格或者平均价格。当然使用这种方法的假设前提是：市场是完全竞争的，市场价格代表的是某种商品或者服务的边际价格。

　　总之，市场定价法比较直观，可以直观地评估生态系统服务功能的某些价值，它的结果直接反映在国家收益账户上，受到国家和地方社区的重视，也是当前公众可以普遍接受的评估方法。

### 2. 生产效应法

　　生产效应法是费用效益分析的一种基本方法。其基本原理是将生态环境质量作为一种生产要素，生态环境质量的变化可以通过生产过程导致生产率和生产成本的变化，进而影响产量和利润的变化，由此来推算生态环境质量的改善或破坏对经济的影响。它主要用来估计那些可以为商业市场产品作为投入物的生态系统服务功能的经济价值。原因在于生态系统服务功能常常关系到生产市场产品的成本。比如，清洁水可以代替化学制品以及过滤设备等，从而降低整个生产过程的投入成本。

　　总之，如果自然资源是生产函数中的一种因素，那么资源的数量或者质量的改变都导致其作为投入物生产的商业产品的生产成本和生产率的变化，这会进一步影响最终产品的价格和供给量，从而反过来影响这些投入物的经济收益，在这种情况下就可以使用生产效应法。目前此法被广泛应用于人类资源利用活动产生的生态环境破坏对自然系统或人工系统影响的评价。对自然系统的影响如对农业、渔业、林业、水资源等的影响；对人工系统的影响如对建筑物、材料等的影响。

### 3. 人力资本法和疾病成本法

　　生态环境恶化对人体健康造成的影响主要有以下三方面：一是污染致病、致残或早逝，从而减少个人和社会的收入；二是医疗费用的增加；三是精神或心理上的代价。因此，很多对生态系统服务功能的评估就从这个角度出发来进行价值评估。实际上，从这个角度来说，人力资本法、疾病成本法和生产效应法更为接近，都是考察投入要素的变化对于产出的影响，进而来评估某种生态系统服务功能的价值。

　　人力资本法就是通过估算生态环境变化对于劳动力的体力和智力的影响来评估环境价值。它使用健康、教育以及培训等指标来衡量，也就是利用市场价格、工资、医疗费用等来确定个人对社会的潜在贡献和个人遭受健康损失时的成本，并以此来估算生态环境变化对人体健康影响的损益。该方法主要通过流行病学研究、受控试验以及观察生态环境质量对人体健康的可能影响，寻找可用的信息和证据来进行生态环境影响的经济价值评估。因此，从这个角度来说，它也是一种剂量反应法，通过某种剂量反应行为来建立函数估计生态系统服务功能的价值。

　　人力资本法和疾病成本法主要用于各种生态环境质量变化对人体健康所造成的影响评价。但是对于噪声等污染的评估就难以使用，因为在很多情况下噪声的增加不能导致居民治疗费用的增加，并且也不会影响到生产函数。也就是说，人力资本法、疾病成本法只能在可以明确健康和个体污染物之间剂量反应关系的基础上才能使用，否则会导致高估，因为存在整体-部分误差。

### 4. 机会成本法

　　机会成本法与生产效应法密切相关，从经济学角度来说，机会成本法和生产效应法是同一性质的：因为在环境政策和行为控制生态环境质量时，生产率就代表了采取生态环境政策和行为的社会机会成本。任何一种资源的使用都存在许多互相排斥的备选方案，选择了一种使用机会，就放弃了另一使用机会，也就失去了后一种使用获得效益的机会。因此，就可以把失去使用机会的方案中获得的最大经济效益，称为该资源使用选择方案的机会成本。也就是说，机会成本指的是某个评估对象的社会价值减去投入物的社会价值，因为投入物还可以用于其他领域，产生其他类型的收益。

该方法简单实用，容易被公众理解和接受，但是它无法用来评估非使用价值，以及无法评估某些具有明显外部性并且外部性收益难以通过市场化进行衡量的公共物品。

### 5. 享乐定价法

享乐定价法的理论主要是以个人对于商品或者服务的效用为基础的。在很多情况下，分离某种商品的组成部分是可能的，因此可以通过构建某种商品因子的函数来表明个人对于某种商品的支付意愿。享乐定价法就是指人们赋予环境质量的价值可以通过愿意为优质环境所支付的价格来推断。也就是，经常用来估计那些影响市场商品的环境舒适度因素的价值。它的假设前提就是人们不仅仅考虑商品本身，更多地考虑商品及其周围的特性。因此，商品价格反映了一系列特征属性的价值，比如环境舒适度以及人们在购买商品时认为重要的因素。

总之，尽管享乐定价模型比较复杂，但是在估计商品的组成因子收益时是一个非常好的方法，并且它还可以对产生深远环境影响的政策进行分析。

享乐定价法在发展中国家很少应用。由于发展中国家缺乏购买房屋的传统，市场不完善，房屋统计资料大量缺乏，同时，文化因素会严重影响土地价格，使其难以进入经济模型中，因此，很难使用这种享乐定价法来进行个别房地产的评估。

### 6. 旅行费用法

旅行费用法的经济学基础就是以消费者的需求函数来进行分析和研究的，即通过传统的消费者以替代品和互补品为基础的需求函数，来进行非市场物品的需求评估，进而得出其价值。旅行费用法用于估计那些可以用于娱乐的生态系统或者地域的价值，由于对于某个地区的旅行来说，很难找到互补物，因此可以使用旅行成本来推断该地区的娱乐价值。

这种方法的逻辑原理是1947年的Harold Hotelling在报告中提出的（Prewitt，1949），随后在20世纪50～60年代发展了该种方法的方法论。从这以后，很多研究都使用了这种方法。

旅行费用法的基本假设前提：人们去某个地区的时间和旅行费用就代表了进入这个地点的价格。也就是用人们的旅行花费来代表人们的支付意愿，这类似于不同价格水平下人们对于某种商品的支付意愿。并且，随着进入成本的降低，到该地区旅行的人数呈上升趋势，这符合传统需求函数的规律。

旅行费用法分为以下几种：①区域旅行费用法，也可称为环带旅行费用法、地域性旅行费用法，它主要使用推断资料，其资料主要来自于旅游者的统计数据；②个人旅行费用法，使用更为详尽的旅游者的资料；③随机效用法，使用更为准确的统计调查资料和复杂的统计技术。

总之，由于旅行费用法是以标准的经济衡量技术来做模型的，并且它使用的信息主要来自于实际发生的行为而不是假定场景，因此这种方法一般不会造成争议。旅行费用法通常用来估计生态系统产生的娱乐价值，它是一种显示偏好的方法，在资料和信息缺乏的当前是一个评估娱乐价值的比较好的方法。

### 7. 防护成本法，重置成本法，替代成本法

面临可能的环境变化，人们总是试图用各种方法来补偿。也就是说，如果人们愿意花费成本来避免生态系统服务功能的丧失，或者重置生态系统服务功能，这些行为就说明这些投

入成本至少反映了人们愿意为保护这些生态系统的服务功能而进行相关支出。

防护成本（避免损失成本）法、重置成本法和替代成本法都是用来估计避免丧失服务的成本以及重置这些服务的成本，或者提供替代服务的成本为基础来估算生态系统服务功能的价值。这些方法没有提供严格建立在人们的支付意愿上的经济价值的衡量。反之，它们认为上述成本提供了有用的生态系统服务的价值范畴。

总之，这三种方法是相关方法，它们都是用来通过避免服务丧失形成的成本、重置环境资产的成本以及提供替代物的成本来估计生态系统服务功能的价值。因为这些方法是建立在使用成本来估计收益的基础上的，所以它们估计的结果不能从技术上正确反映生态系统的价值，也就是说，生态系统的价值要通过人们愿意为了某种商品放弃其他商品的最大价值量（一般小于商品的成本）来估计。这些方法包含了一个假设前提，即成本的支出是有价值的，但是这个假设在现实生活中不一定正确。不过，总的来说，这种方法具有合理成分，因为它们要求的资料容易获得且比较准确。这些方法非常适合实际发生了避免损失的行为和重置行为的情况下的评估。

### 8. 意愿调查法

意愿调查价值评估法是典型的陈述偏好法。为了在实践中得到准确的答案，意愿调查建立在两个条件上，即环境收益具有"可支付性"的特征和"投标竞争"特征。然后它试图通过直接向有关人群样本提问，来发现人们是如何给一定的环境变化定价的。由于这些环境变化以及反映它们价值的市场都是假设的，故其又被称为假象评价法。因此，与直接市场评价法和揭示偏好法不同，意愿调查法不是基于可观察到的或间接的市场行为，而是基于调查对象的回答，他们的回答告诉我们在假设的情况下将采取什么行为。

意愿调查价值评估通常将一些家庭或个人作为样本，询问他们对于一项环境改善或一项防止环境恶化措施的支付意愿，或者要求住户或个人给出一个对人受环境恶化而接受赔偿的愿望。实际上，直接询问调查对象的支付意愿或接受赔偿意愿是意愿调查法的特点。

据意愿调查法的概念可知，其经济学基础就是产权理论。如果个人对于某种物品不具有产权，那么他获得最大效用的衡量方法，就是计算他为获得该物品的最大效用所愿意的最大支付数量；如果某个人拥有对某种物品的产权，那么他获得最大效用的衡量方法就是计算为获得来自该物品的最大效用所接受的最小赔偿意愿。

总之，意愿调查法是昂贵、复杂、需要长时间的一种价值评估方法。为了收集有用的资料和提供有意义的结果，意愿调查法必须正确设计、事前检验和实施。意愿调查法的问题必须集中于具体的环境服务和受访人能理解的具体背景信息提供。意愿调查法是唯一给非使用价值提供货币衡量的途径的一种评估方法。但是意愿调查是通过人们的所说，而不是人们的所为来进行评估，这是该方法的最大优点也是它的最大缺点。

### 9. 成果参照法

成果参照法就是利用现有的研究成果和信息来完成对于另一研究地域的生态系统服务功能的经济价值的评估。成果参照法是通过采用一个地域的研究成果来估计其他地域的价值。它常常在其他方法在目前太昂贵或者没有时间去做初始研究的时候采用，但是也必须进行一些价值的衡量。被参照的研究成果是否准确在此方法中是相当重要的。

这种方法的应用成本相当低，可以节约时间和经费。由于该方法可以通过比较已发表的研究成果，因此可以找出其中的合理性，从而为进行下一步研究提供方法参考。进行总价值评估时，使用这种方法更方便快捷。两个评估对象之间越相似，误差就越小。

但是，该方法要求评估对象的相似度要高，因此，寻找合适的参照系是非常困难的。并且一旦选择参照系失误就会导致评估结果不准确，难以取得公众的信赖。有些研究成果难以进行调整，因此，就算该研究成果是评估对象较好的参照系，也不可能使用。生态系统服务功能的评估案例非常少，并且目前也缺乏充分全面的现行评估案例，这为寻找合适的参照系造成了严重的障碍。参照系缺乏的考虑因素，也会造成现有的评估缺乏这些因素，也就是说，成果参照法结果的准确度依赖于原始研究的准确度。技术上的问题：①单位价值的评估可能很快就会过期，从而不适用于目前的评估；②效益函数的形式也可能不符合现实情况，从而导致评估结果出现问题。

# 第二节　生态承载力[1]

当前，可持续发展已成为人类社会的共识。由于生态系统的健康、资源的持续供给和环境的长期具有容纳量是支持人类生存和发展的基本保证，可持续发展应建立在生态承载力的基础上也被人们广泛赞同（李文华和刘某承，2007）。

中国过去的 60 年是发展的 60 年。1949 年以来，中国的人口翻了一番，中国的人均生态占用量增长了 6 倍。新中国成立初期，中国的生态占用量居全球第 114 位，现在中国的生物承载力需求超出美国以外的任何国家。幸运的是，除了高需求以外中国也有如此大的可用承载力。

由于区域自然条件、发展程度、人口分布以及宏观政策等因素的差异，中国不同地区的人均生态占用量和人均生态承载力供给量存在很大差异，而且这些地区人均生态占用量的差距呈现出扩大的趋势。摸清不同地区的生态占用量和生态承载力供给，是区域生态建设的前提与基础。

## 一、生态承载力概念的演化与发展

承载力原是一个力学概念，其本意是指物体在不受破坏时可承受的最大负荷能力，现已成为描述发展限制程度的最常用的概念。生态学最早将此概念引入到本学科领域内是 1921 年，帕克和伯吉斯在人类生态学杂志中提出了承载力的概念，即"某一特定环境条件下（主要指生存空间、营养物质、阳光等生态因子的组合），某种个体存在数量的最高极限"。在实践中的最初应用领域是畜牧业，为有效管理草原和取得最大经济效益，一些学者将承载力理论引入到草原管理中，随之草地承载力、最大载畜量等相关概念被提出。

随着人地矛盾不断加剧，承载力概念发展并应用到自然-社会系统中，提出了"土地资源承载力"概念，即在一定生产条件下土地资源的生产力和一定生活水平下所承载的人口限度。20 世纪 70 年代以后，人口、经济、资源等全球性问题日益突出，"水资源承载力"、"矿产资源承载力"等单要素承载力的研究也应运而生，随即又发展出较为综合的"资源承载力"。之后随着环境污染等问题出现，1986 年 Catton 定义了"环境承载力"的概念。

与资源短缺和环境污染不可分割的另一问题是生态破坏，如草原退化、水土流失、荒漠化、生物多样性丧失等，这些变化引起了人们对资源消耗与供给能力、生态破坏与可持续问题的思考。20 世纪 90 年代初，加拿大生态经济学家 Rees 和 Wackernagel 提出"生态足迹"

---

❶　本节作者为李文华、刘某承（中国科学院地理科学与资源研究所）。

（Ecological Footprint）的概念，使承载力的研究从生态系统中的单一要素转向整个生态系统。与此同时国外对于生态承载力的研究，也逐渐从静态转向动态，从定性转为定量，从单一要素转向多要素乃至整个生态系统，生态承载力的概念也日趋完善。

生态破坏的明显特点是生态系统的完整性遭到损害，从而使生存于生态系统之内的人和各种动植物面临生存危险。生态承载力概念的诞生，可以说是对资源与环境承载力概念的扩展与完善。

## （一）生态承载力的内涵

承载力概念的演化与发展，体现了人类社会对自然界的认识不断深化，在不同的发展阶段和不同的资源条件下，产生了不同的承载力概念和相应的承载力理论。可持续发展被提出来以后，科学家们又提出可持续发展应建立在可持续承载力的基础之上，但可持续发展应建立在怎样的承载力基础之上并没有统一的认识。国外相关研究报道大多数都是从种群生态学角度出发的，生态承载力指的是生态系统所能容纳的最大种群数量。中国的研究也基本处于起步阶段，其研究始于 20 世纪 90 年代初，见表 2-1。

表 2-1　生态承载力内涵发展情况

| 作者 | 问题角度 | 涵　义 |
|---|---|---|
| 杨贤智（1990） | 生态环境恶化 | 生态环境承载力有狭义与广义之分，狭义的用环境要素的容量来表示；广义的生态环境承载力则包括自然资源、社会经济和污染承受能力等指标 |
| 王中根，夏军（1999） | 环境承载力理论 | 区域生态环境承载力是指在某一时期某种环境状态下，某区域生态环境对人类社会经济活动的支持能力，它是生态环境系统物质组成和结构的综合反映 |
| 王家骥（2000） | 生态系统的多重稳定性 | 生态承载力是自然体系调节能力的客观反映 |
| 高吉喜（2001） | 生态系统整体 | 生态承载力是指生态系统的自我维持、自我调节能力，资源与环境的供容能力及其可维育的社会经济活动强度和具有一定生活水平的人口数量 |
| Ress，Wackernagel（1992） | 生态足迹 | 生态承载力通常被定义为一个地区所能提供给人类的生态生产性土地的面积总和 |

## （二）生态承载力的定量研究方法

承载力研究是随着人口膨胀、土地退化、环境污染和生态退化等现象，及其在资源合理配置、环境评价以及社会发展等领域的应用而产生、发展的。但是，由于单要素承载力研究具有各行业的单因素特点，使其带有一定的片面性。生态承载力的出现在一定程度上弥补了这种不足，但对承载力的理解仍存在专业的限制，因而生态承载力的定量研究方法也带有各领域的特点。

### 1. 自然植被净第一性生产力估测法

净第一性生产力反映了自然体系的恢复能力，特定的生态区域内第一性生产者的生产能力在一个中心位置上下波动，而这个生产能力是可以测定的。同时，与背景数据进行比较，偏离中心位置的某一数据可视为生态承载力的阈值。

由于对各种调控因子的侧重及对净第一性生产力调控机理解释的不同，世界上产生了很多模拟第一性生产力的模型，大致可分为气候统计模型、过程模型和光能利用率模型三类。我国一般采用气候统计模型，如王家骥等利用该法对黑河流域生态承载力进行了估测。

### 2. 资源与需求的差量法

王中根等认为区域生态承载力体现了一定时期、一定区域的生态环境系统，对区域社会经济发展和人类各种需求（生存需求、发展需求和享乐需求）在量（各种资源量）与质（生态环境质量）方面的满足程度。

因此，衡量区域生态环境承载力应从该地区现有的各种资源量与当前发展模式下社会经济对各种资源的需求量之间的差量关系，以及该地区现有的生态环境质量与当前人们所需求的生态环境质量之间的差量关系入手。

### 3. 综合评价法

2001 年高吉喜提出了生态承载力的 AHP 综合评价模型（高吉喜，2001），认为承载力概念可通俗地理解为承载媒体对承载对象的支持能力。如果要确定一个特定生态系统的承载情况，必须首先知道承载媒体的客观承载能力大小以及被承载对象的压力大小，然后才可了解该生态系统是否超载或低载。

生态弹性力是生态承载力的支持条件，资源供给和环境吸纳是生态承载力的约束条件，承载力对象对承载媒体的压力是生态承载力的直接反映。他利用这三层要素构建 AHP 综合评价模型，作为生态承载力三个层次的评价，并最终得到一个综合的承载指数，用于衡量区域生态承载力的综合状况。

### 4. 状态空间法

所谓状态空间法，本质上是一种时域分析方法，它不仅描述了系统的外部特征，而且揭示了系统的内部状态和性能。状态空间是欧氏几何空间用于定量描述系统状态的一种有效方法，通常由表示系统各要素状态向量的三维状态空间轴组成。

在研究生态承载力时，三维状态空间轴分别代表人口、经济社会活动、区域资源环境，空间中的点为承载状态点，不同的点表示不同情况下的承载状态。利用状态空间法中的承载状态点，可表示一定时间尺度内区域的不同承载状况。利用状态空间中的原点同系统状态点所构成的矢量模数表示区域承载力的大小。由承载状态点构成承载曲面，高于承载曲面的点表示超载，低于承载曲面的点表示可载，在承载曲面上的点表示满载。

### 5. 生态足迹法

生态足迹法通过对生态赤字的研究揭示区域承载力状况。生态足迹是 Rees 在 1992 年提出（Rees，1992），并在 1996 年由 Wackermagel 完善的（Wackermagel，Rees，1996）一种度量可持续发展程度的生物物理方法，是一种基于土地面积的量化指标。

生态足迹分析法从需求面计算生态足迹的大小，从供给面计算生物承载力的大小，经对二者的比较，评价研究对象的可持续发展状况。在计算中，不同的资源和能源消费类型均被折算为耕地、草地、林地、建筑用地、化石燃料用地和水域六种生物生产土地面积类型（这六种土地类型在空间上被假设是互斥的）。考虑到六类土地面积的生态生产力不同，因此将计算得到的各类土地面积乘以一个均衡因子。为了便于直接对比，使用不同国家或地区的某类生物生产面积所代表的局部产量与世界平均产量的差异，即"产量因子"来调整。

上述几种生态承载力的计算方法各有长短，详细比较见表 2-2。

生态足迹模型具有易于计算、可比性强、易于理解等优点，该模型不仅可以应用于区域间生态承载力现状评价，而且可以应用于区域间生态状况的比较、区域生态承载力时空动态预测，目前被广泛用于系统的压力与状态评估、人口享有和占用自然资本及其服务功能的公平性评估、自然配置的时空适当性评估（谢高地等，2006）。

表 2-2　生态承载力定量计算模型比较

| 使用者 | 名　称 | 特　点 |
|---|---|---|
| 王家骥(2000) | 自然植被净第一性生产力估测法 | 以生态系统内自然植被的第一性生产力估测值确定生态承载力的指示值。不能反映生态环境所能承受的人类各种社会经济活动能力 |
| 王中根,夏军(1999) | 资源与需求的差量法 | 根据资源存量与需求量以及生态环境现状和期望状况之间的差量来确定承载力状况,该方法比较简单,但不能表示研究区域的社会经济状况及人民生活水平 |
| 高吉喜(2001) | 综合评价法 | 选取一些发展因子和限制因子作为生态承载力的指标,用各要素的监测值与标准或期望值比较,得出各要素的承载率,然后按照权重法得出综合承载率,考虑因素较全面、灵活,适用于评价指标层次较多的情况,但所需原始数据较多 |
| 余丹林、毛汉英(2003) | 状态空间法 | 该法可以较准确地判断某区域某时间段的承载力状况。但定量计算较为困难,构建承载力曲面较困难,所需原始数据较多 |
| Rees，Wackernagel (1992) | 生态足迹 | 由一个地区所能提供给人类的生态生产性土地的面积总和来确定地区生态承载力,不能反映社会、社会经济活动等因素 |

## 二、中国生态承载力的时间变化

可持续发展要求人类的需求在大自然的再生能力范围之内。如果一个国家的资源消耗大于其自身生态系统可以提供的数量,将会出现生态赤字。弥补赤字仅有两种方式:一是依赖于国外生物承载力的进口和消耗全球共有自然资产;二是耗竭本国的自然资产。从 20 世纪 80 年代中期,中国总体出现生态赤字。现今,中国的农地和林地有生态盈余,对它们的需求在国家可以供应的范围之内,但这些储备随着时间变迁也在减少。畜牧地和渔业空间小的存储在 20 世纪 80 年代中后期也已经转变为生态赤字。随着时间的变化最显著的是能源消费足迹的急剧增加,鉴于中国的燃煤电力是碳密集型行业,电力部门对减少碳足迹将扮演重要角色。

(一) 中国 1949~2008 年生态供需变化

按照生态足迹计算框架 (刘某承,2010),基于《新中国五十年统计资料汇编》、《中国统计年鉴》(1981~2008)、2008 年中国国民经济和社会发展统计公报、FAO 数据库、中国科学院地理科学与资源研究所数据库等,本文计算了中国 1949~2008 年共 60 年的生态足迹 (图 2-1)。

总的来看,新中国成立 60 年来人均生态足迹和生物承载力呈现相反变化趋势。人均生态足迹保持持续上升的趋势,年均增长率约为 3.53%。人均生物承载力在波动中持续下降,虽然 2004 年以来有所回升,但 2008 年承载力仍很低。

其中,1949~1978 年为资源消费慢增长阶段。该时期内人口迅速增长,但经济增长缓慢,除了新中国成立初期和 1963~1965 年经济整顿时期年人均 GDP 增长达 6.9% 以外,其余年份人均 GDP 增长速度仅为 1.5%,与此相对应的资源消费水平的平均增长速度为 1.9%;1978~2008 年为资源消费快增长阶段。随着改革开放以来经济的高速增长,人民生活水平也随之提高,同时资源的消费增长同样达到较高水平,除了 1998~2001 年由于金融危机的影响增长速度缓慢之外,其余年份的资源消费水平的平均增速高达 3.25% 左右,其中尤以能源消费增长最快,畜牧产品和水产品从 1990 年以来也开始加速增长。

整体看来,新中国成立初到 1985 年的 37 年为生态盈余期;1985 年起,由于改革开

放以来中国经济的高速增长对自然生态系统的占用，整体上处于生态赤字期，2008 年人均生态赤字达到了 1.2614hm²/cap，如图 2-1 所示。

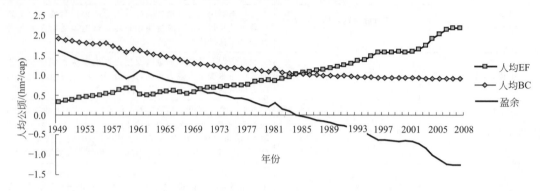

图 2-1　中国 1949～2008 年人均生态足迹和生物承载力变化

## （二）生态供需变化的阶段性特征分析

生态足迹和生物承载力的变化是经济、消费、技术等多因素共同作用的结果，而促使经济、消费、技术变化的因素又是多方面的。对生态足迹和生物承载力计算结果进行深入分析，可以发现其变化存在明显的阶段性特征。

### 1. 基于生态足迹指数的分析

生态足迹指数（Ecological Footprint Index，EFI）指特定区域生物承载力与生态足迹之差占生物承载力的百分比，可视为该区域未来生态可持续发展能力的潜力（吴隆杰，2005），计算公式如下：

$$EFI = \frac{BC - EF}{BC} \times 100\% \tag{2-1}$$

图 2-2 是 1949～2008 年中国 EFI 变化的基本情况。从图中可以看出，新中国成立 60 年来全国生态足迹指数在波动中急剧下降，从 1949 年的 83.80% 下降到 2008 年的 −137.78%，总体下降了 221.58 个百分点，年均下降 3.76 个百分点。

图 2-2　中国 1949～2008 年 EFI 变化趋势

表 2-3 是基于生态足迹指数判断的 60 年来中国发展的生态可持续状况。从表 2-3 中可以看出，1949～1969 年，中国整体上处于强可持续状态，20 年中生态足迹不及生物承载力的一半；1970～1984 年，中国整体上处于弱可持续状态；随着改革开放，中国经济飞速发展、

人民生活水平快速提高，对资源、生态的占用也迅速增加，1985 年中国生态足迹的增长首次超过本国的生物承载力，转入不可持续状态，EFI 为−4.02％；此后多年生态超载不断加剧，2008 年中国对生态系统的占用已经超出其自身再生能力的 1.25 倍还多。这意味着当前已不是在依靠自然的"利息"生存，而是在消耗大自然的"本金"。对生态系统持续增长的压力正在导致生物栖息地的破坏或恶化，以及某些生态系统生产能力的永久丧失，从而威胁到生物多样性和人类的自身利益。

表 2-3　60 年来中国发展的生态可持续性（基于 EFI）

| 等级 | 年份 | EFI | 自然资本可持续利用程度 |
| --- | --- | --- | --- |
| 1 | 1949～1969 年 | 50％＜EFI≤100％ | 强可持续 |
| 2 | 1970～1984 年 | 0＜EFI≤50％ | 弱可持续 |
| 3 | 1985～2003 年 | −100％＜EFI≤0 | 不可持续 |
| 4 | 2004～2008 年 | EFI≤−100％ | 严重不可持续 |

　　中国的生态足迹指数若保持过去 60 余年的下降趋势，2030 年 EFI 将达到−216.65％，此时中国的生态足迹将超出生物承载力的 1.5 倍多。

### 2. 基于生态足迹效率的分析

　　从人均 GDP 增长与人均生态足迹增长的关系看，经济增长意味着物质生产规模的扩大、生活质量和生活水平的提高，与此相应的是物质消费水平的提高。比较二者的变化趋势可以看出（图 2-3），新中国成立 60 余年来，中国人均 GDP 和人均生态足迹均呈现增长的趋势，即随着人均 GDP 的增大，人均生态足迹相应增加。

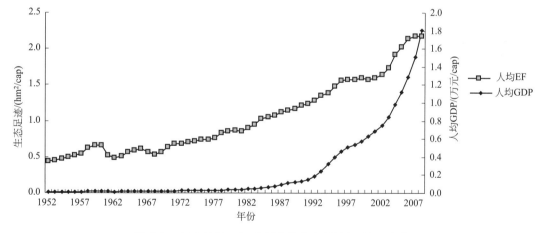

图 2-3　中国 1952～2008 年人均生态足迹与 GDP 变化

　　但人均生态足迹和人均 GDP 并不是同比例增长的。从图 2-3 中可以看出，经过一定的阶段之后，人均生态足迹的变化会趋向平稳，而人均 GDP 却呈显著增加的趋势。为了探讨人均生态足迹和人均 GDP 相对变化的快慢，本文以 EF/BC 为纵坐标，代表中国经济增长对本国生态系统的需求和压力，以人均 GDP 为横坐标构建散点图（图 2-4），每一个点对应当年的经济状况和生态状况。那么，可以用任意两点连线的斜率来代表人均生态足迹和人均 GDP 的增长情况：斜率大于 1，表明这两个年份之间人均生态足迹的变化超过人均 GDP 的变化；斜率小于 1，则表明人均 GDP 的变化更大一些。因此，从 20 世纪 80 年代初开始人均 GDP 的增长速度开始显著快于人均生态足迹的增长。

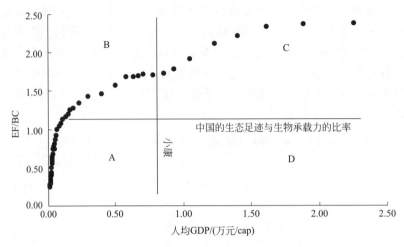

图 2-4    中国 1952～2008 年人均生态占用与经济增长走势图

同时，在图 2-4 中若以人均 800 美元的小康线和人均生态足迹与人均生物承载力的持平线为界限，可以将二维坐标图分为四个象限。从图中可以看出新中国成立 60 年来中国的经济增长和生态环境状况的整体走势。整体来看，60 年来中国向着经济高度发展、资源迅速消耗的方向发展；其中，1949～1983 年处于 A 区，即生态有盈余、经济不发达区，34 年间中国的生态足迹迅速增加，但经济增长缓慢；1984～1997 年处于 B 区，即生态赤字、经济欠发达区，13 年间中国的资源利用效率有了长足的增长，人均 GDP 增长的速度显著高于生态足迹；1998 年后处于 C 区，10 年来中国的经济保持了高速增长的态势，而对生态和资源的占用增长却趋于平缓（表 2-4）。

表 2-4    60 年来中国经济增长与资源压力

| 年份 | 指　　　标 | 描　　　述 |
| --- | --- | --- |
| 1949～1983 | EF/BC＜1,人均 GDP＜800 美元 | 生态盈余,经济落后 |
| 1984～1997 | EF/BC＞1,人均 GDP＜800 美元 | 生态赤字,经济欠发达 |
| 1998～2008 | EF/BC＞1,人均 GDP＞800 美元 | 生态赤字,小康水平 |

虽然很难判断 A、B、C 三个阶段哪个更好，但如果说生存是第一位的，只有当人们的物质生活达到一定水平时才会开始追求生存的质量，才会考虑生态与环境问题，那么以此来判断，60 余年来整体上是向着好的方向发展，虽然新中国成立初期尚有一定生态盈余，但那时人们的生活水平较低，现在虽然对生态的占用达到历史最高，但一方面经济得到了发展，另一方面生态占用的增长水平已经缓慢下来。

### 3. 生态供需变化的阶段性

在前两节的基础上，综合生态足迹指数和生态足迹效率，可以将新中国成立 60 余年来全国区域发展生态供需变化划分为表 2-5 所列的 5 个阶段。

表 2-5    60 余年来中国生态供需变化的阶段划分

| 年份 | 指　　　标 | 特　　　征 |
| --- | --- | --- |
| 1949～1969 年 | 50%＜EFI≤100%,人均 GDP＜800 美元 | 自然资本利用强可持续,经济落后 |
| 1970～1984 年 | 0＜EFI≤50%,人均 GDP＜800 美元 | 自然资本利用弱可持续,经济落后 |
| 1985～1997 年 | EF/BC＞1,人均 GDP＜800 美元 | 自然资本利用不可持续,经济欠发达 |
| 1998～2003 年 | －100%＜EFI≤0,人均 GDP＞800 美元 | 自然资本利用不可持续,小康水平 |
| 2004～2008 年 | EFI≤－100%,人均 GDP＞800 美元 | 自然资本利用严重不可持续,小康水平 |

## 三、中国生态承载力的空间变化

由于自然及人文等因素的差异，中国的人均生态足迹占用和人均生物承载力供给存在着空间异质性，这种资源消费的空间异质性与区域经济发展的不平衡反映了中国人均生态足迹的跨地区占用。

### （一）2008 年中国生态供需的空间分布

按照生态足迹计算框架（刘某承，2010），根据各省（市、区）2009 年统计年鉴，可以计算中国大陆各省、直辖市和自治区（特别行政区除外）2008 年的人均生态足迹和生物承载力。

中国 2008 年各省（市）人均生态足迹需求计算结果如图 2-5 所示。上海市的人均占用量最高，达到 3.1994hm²/cap，其次是北京市、天津市等，海南省人均最低，为 1.5174hm²/cap，其次为贵州省、陕西省等。由图 2-5 可以看出，中国人均生态足迹存在显著的地区差异：华北和东北地区最高，其次为华东、中南、西北地区，西南地区的人均占用量最低，其中，占用量最高的上海市是占用量最低的海南省的 2.11 倍。

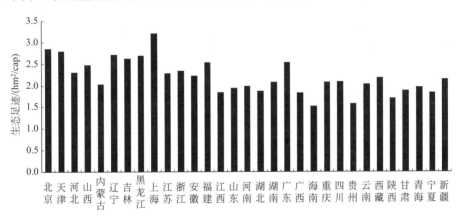

图 2-5　中国 2008 年各省（市）人均生态足迹需求

中国 2008 年各省（市）人均生物承载力供给计算结果如图 2-6 所示。黑龙江省的人均供给最高，达到 1.8690hm²/cap，其次是内蒙古、新疆等，北京市人均最低，为 0.3470hm²/cap，其次为上海市、重庆市等。由图 2-6 可以看出，中国人均生物承载力存在显著的地区差异：东北地区最高，其次为华东、西北、中南、西南地区，华北地区的人均生物承载力最低，其中，供给最多的黑龙江省是供给最低的北京市的 5.39 倍。这种空间差异是因为生物承载力不仅取决于实际生物生产性空间的面积，而且与单位面积的生物生产力相关，同时由于人口分布的空间差异性，使得人均生物承载力的空间分布与自然状况的空间格局出现差异。

通过人均生态足迹和人均生物承载力的比较，表明目前中国已经大范围出现了严重的生态赤字（图 2-7）。2008 年，上海、北京、天津 3 个直辖市处于严重的生态赤字区，人均生态赤字超过 2.0hm²/cap，上海市更是高达 2.7761hm²/cap；山西、辽宁、河北、四川、重庆、广东、湖南、安徽、河南、江苏、云南、吉林、青海、西藏、陕西、甘肃、浙江、江西、贵州 19 个省（市、自治区）处于较严重的生态赤字区，人均生态赤字在 1.0～2.0hm²/cap 之间；湖北、福建、黑龙江、广西、山东、宁夏、新疆 7 个省（自治区）处于中度的生

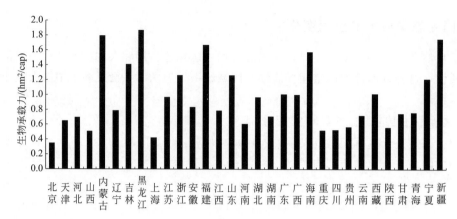

图 2-6　中国 2008 年各省（市）人均生物承载力供给

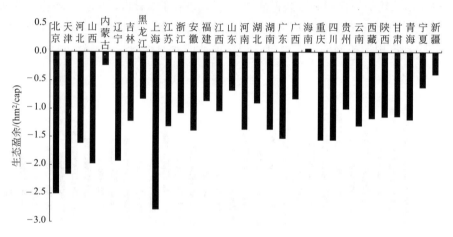

图 2-7　中国 2008 年各省（市）人均生态盈余

态赤字区，人均生态赤字在 0.5～1.0hm²/cap 之间；内蒙古自治区处于轻度的生态赤字区，人均生态赤字在 0.1～0.5hm²/cap 之间，为 0.2308hm²/cap；而出现生态盈余的区域只有海南 1 省，仅为 0.0552hm²/cap。

## （二）各地区人均生态供需的变化特征

按照生态足迹计算框架（刘某承，2010），根据各省（市）各年统计年鉴，可以计算中国大陆各省、直辖市和自治区（特别行政区除外）20 年来的人均生态足迹和生物承载力。需要说明的是，1997 年重庆直辖市设立，此后本文计算的中国大陆地区（特别行政区除外）包括 31 个省（市）。

### 1. 各地区人均生态需求的变化特征

近 20 年来我国不同地区的人均生态足迹在变化程度上存在很大差异：人均生态足迹总体上表现出增长的趋势，但各省（市）的增幅显著不同（图 2-8）。人均生态足迹在发达和沿海省（市）增长量较大，在农业大省增加缓慢。浙江、广东、福建和上海 4 个省（市）的人均生态足迹增加量最为显著，均超过了 1.0hm²/cap。人均生态足迹增幅较小的区域有山西、湖南、重庆、四川、陕西和新疆，20 年间人均生态足迹增加在 0.5hm²/cap 以下。

这反映出，人均生态足迹快速增长的区域有两种不同的情况：一种是工业化和城市化进程较快，工业发展迅速的区域增加量较高；另一种是 1988 年之前经济基础薄弱、人民生活

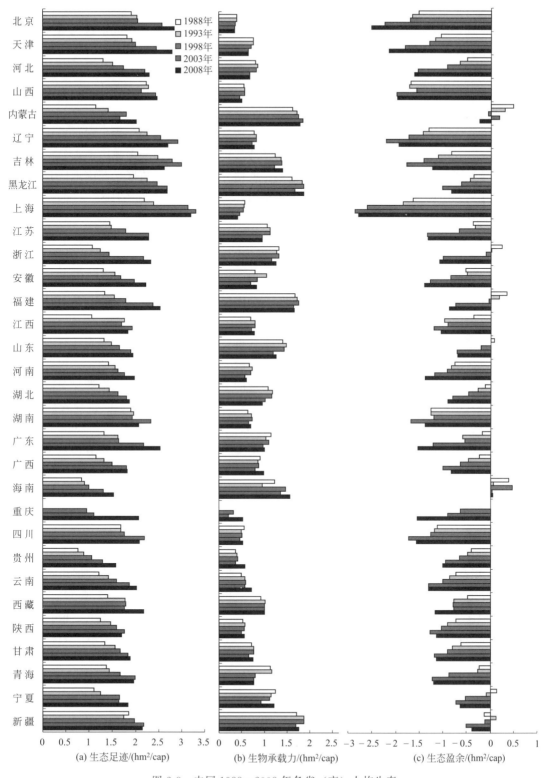

图 2-8　中国 1988～2008 年各省（市）人均生态
足迹变化（不包括台湾省等地）

水平和消费水平较低的地区增长幅度较大。这两类区域随着经济快速增长和消费水平的大幅度提高，人均生态足迹相应大幅度增加。

从总体看，人均生态足迹的极大值区在北京、上海和天津三个直辖市，这说明大城市的消费水平比中小城市和农村要高得多。由于消费大量的矿物燃料、金属、木材、肉食和多种加工产品，加上城市中生产和生活留下的大量废弃物，需要大量的生物生产性空间来处理，使得大城市人均生态足迹显著高于其他地区。广西、江西、海南、陕西以及贵州为人均生态足迹的低值区。

从六大经济区人均生态足迹的变化来看，东北地区和华北地区的人均生态足迹在不同时段均为最高，这主要是由于东北地区的重工业经济基础，而北京市和天津市两大城市位于华北地区，导致了这两个地区人均生态足迹最大；人均生态足迹的低值区是西南地区和西北地区；华东地区和中南地区的人均生态足迹大致相当，均高于西南和西北地区。

### 2. 各地区人均生态供给的变化特征

近20年来中国不同地区的人均生物承载力变化具有显著的区域差异，人均生物承载力总体上表现出缓慢下降的趋势，但各省（市）的变化状态不同（图2-8）。主要有以下3种情况：①三大直辖市的生物承载力持续降低；②海南、黑龙江、云南、贵州、吉林和内蒙古6省（自治区）的人均生物承载力呈现小幅增长；③大部分省（市）人均生物承载力呈现波动状态。

土地利用结构的变化是导致生物承载力变化的重要因素之一。在中国，农地资源是主要的生物生产性空间，因此它的存量和变化是导致中国人均生物承载力变化的主要根源。近年来，随着人口的增长、城市化的加快，对建筑用地的需求持续上升，农地资源显著减少。

从各省（市）耕地资源的变化来看，1988～2008年大部分省（市）的耕地资源都有不同程度的减少。减少最快的是沿海省（市）；其次是中部省（市）。在1988～1995年间，农业结构调整造成的耕地损失占总耕地损失的1/2以上。这部分耕地损失主要有两种情况：一是退耕还林还草；二是开辟果园或开挖鱼塘。尽管从全国的趋势来看个别年份耕地面积是净增加的，但那些自然条件较好的省份自1988年以来一直维持着净减少的趋势。而自然条件较差的边远省（市），如内蒙古、新疆、云南、广西、贵州、甘肃、宁夏等省或自治区，1990年以后耕地却基本上是净增加的。

### 3. 各地区人均生态盈余状况的变化特征

近20年来中国不同地区的人均生态盈余状况的变化都具有一致的趋势，即生态盈余不断缩小，生态赤字不断扩大（图2-8）。其中，广东、浙江、福建、上海4省（市）人均生态赤字上涨最多，均为1.2hm²/cap以上；湖南省人均生态盈余减少最小，为0.1hm²/cap左右；内蒙古、浙江、福建、山东、宁夏和新疆6省（自治区）在近20年中由生态盈余区转变为生态赤字区。

从不同年代中国处于生态盈余或赤字区的省（市）个数看，伴随着人口和经济的快速增长，中国的生态赤字区不断扩大，生态盈余区不断缩小（表2-6）。1988年，中国有23个省（市）处于生态赤字区，但没有1个省（市）处于严重生态赤字区，同时，有2个省（市）处于生态持平区，5个省（市）处于生态盈余区；而1998年，生态赤字区扩大到了27个省（市），2008年又扩大到30个省（市），同时，2008年处于生态盈余区的省（市）仅有1个。

导致中国生态赤字增加的主要根源在于人口的迅速增长和消费水平的快速提高。中国人均生态空间本来就小，有限的生态空间既要保障新增人口的消费需求，又要改善人民的生活质量，生态空间竞争的矛盾十分突出。继续有效控制人口增长，提高生物生产性土地的单位

表 2-6　中国 1998～2008 年处于生态盈余/赤字区的省（市）个数

| 生态区分类 | 标准/(hm²/cap) | 1988 年 | 1993 年 | 1998 年 | 2003 年 | 2008 年 |
|---|---|---|---|---|---|---|
| 生态赤字区 | −3.0～−0.1 | 23 | 24 | 27 | 29 | 30 |
| 严重赤字区 | −3.0～−2.0 | 0 | 0 | 1 | 3 | 3 |
| 较严重赤字区 | −2.0～−1.0 | 7 | 8 | 9 | 17 | 19 |
| 中度赤字区 | −1.0～−0.5 | 6 | 9 | 13 | 8 | 7 |
| 轻度赤字区 | −0.5～−0.1 | 10 | 7 | 4 | 1 | 1 |
| 基本持平区 | −0.1～0.1 | 2 | 2 | 3 | 1 | 0 |
| 生态盈余区 | 0.1～0.5 | 5 | 4 | 1 | 1 | 1 |

面积生产力，提高资源、能源的利用效率，是中国减轻生态赤字压力的重要手段；而建立良好的生产、生活和消费方式将会减少资源消耗量，对于中国的可持续发展具有重要的作用和意义。

**4. 各地区生态可持续性分析**

用生态足迹指数（EFI）对中国各省（自治区、直辖市）过去 20 年的发展进行生态可持续分析，计算得到图 2-9。可以看出，1988～2008 年中国不同地区的生态可持续存在较大差异。总的来说，一些气候条件、资源条件较好地区的生态足迹指数较大，如华南、华东和东北地区；经济发展较慢、对资源占用较少地区的生态足迹指数也不小，如西北地区；人口众多或经济较发达的地区，如华北地区以及上海、重庆两市的指数较小。

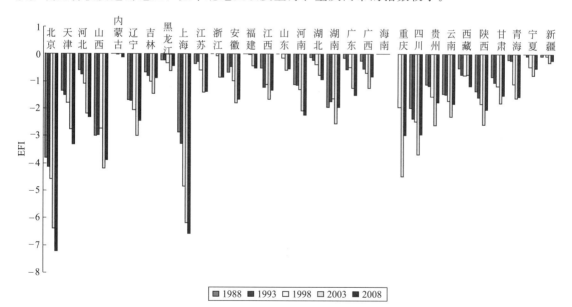

图 2-9　1988～2008 年中国各省（市）（自治区、直辖市）EFI 变化

从 2008 年中国不同地区生态足迹指数看，只有海南一省的生态状况处于可持续状态（EFI＞0），且仅为 4%；内蒙古、新疆、黑龙江、宁夏、福建、山东、广西、浙江、吉林和湖北 10 个省（自治区）处于不可持续状态（−100%＜EFI≤0），其余 20 个省（自治区、直辖市）处于严重不可持续状态（EFI≤−100%），尤其是北京、上海、山西和天津 4 省（直辖市）均低于−300%。其中北京 EFI 更是低达−721%，这意味着至少需要 8.25 个北京地区才能支撑该区域对自然资源和生态的占用。

从 20 年来不同地区生态足迹指数的变化看，各个地区的生态足迹指数都在不断减小，但却各有特点：5 个省（自治区）由生态可持续状态（EFI＞0）变为不可持续状态（EFI≤0），如内蒙古、浙江、福建、山东和宁夏；11 个省（自治区、直辖市）的生态足迹指数持续快速减小，减小幅度均超过 100%，如广东、湖北、青海、江苏、河北、广西、新疆、安徽、天津、西藏和上海，这些区域要么是经济发达地区，要么是底子薄但发展快的地区；其余 16 个省（自治区、直辖市）的生态足迹指数变化较小，特别是湖南省，尽管 20 年间生态足迹指数不断波动，但 2008 年和 1988 年的生态足迹指数相差不大。

从不同年代中国处于不同生态可持续程度的省（自治区、直辖市）个数看，伴随着人口和经济的快速增长，中国的生态赤字区不断扩大，生态盈余区不断缩小（表 2-7）。1988 年，中国有 24 个省（自治区、直辖市）处于生态不可持续或严重不可持续区，有 6 个省（自治区、直辖市）处于生态可持续区；而 1998 年，生态不可持续区扩大到了 30 个省（自治区、直辖市），仅有海南 1 省处于生态可持续状态；但这种快速变化的趋势在 2008 年得到一定程度的遏制。与 2003 年相比，2008 年有 21 个省（自治区、直辖市）的生态足迹指数有了不同程度的提高，虽然不同地区上升的幅度迥然不同，但也证明了我国在生态建设方面的成绩。

表 2-7　中国 1988～2008 年处于不同生态可持续性的省（自治区、直辖市）个数（基于 EFI）

| 生态可持续程度 | EFI | 1988 年 | 1993 年 | 1998 年 | 2003 年 | 2008 年 |
|---|---|---|---|---|---|---|
| 强可持续 | 50%＜EFI≤100% | 0 | 0 | 0 | 0 | 0 |
| 弱可持续 | 0＜EFI≤50% | 6 | 6 | 1 | 2 | 1 |
| 不可持续 | −100%＜EFI≤0 | 13 | 11 | 13 | 8 | 10 |
| 严重不可持续 | EFI≤−100% | 11 | 13 | 17 | 21 | 20 |

# 第三节　循环经济

## 一、研究背景

人类社会进入到工业文明时代以来，其生产力水平与社会文化得到了空前发展，但是，却产生了环境资源过度被消耗与生态系统服务功能遭受破坏的问题。20 世纪 60 年代，循环经济理论作为崭新的经济模式被提出，成为了人类社会向生态文明转型的必然选择。

### 1. 循环经济理论的发展

鲍尔丁（Kenneth E. Boulding）是美国经济学家，也是循环经济思想萌芽代表。1966年，他在《Earth as A Spaceship》以及《Economics of the Coming Spaceship Earth》中提出了"宇宙飞船经济理论"。该理论将环境与人类的关系比喻为相对封闭的、有限的"宇宙飞船"与"飞船乘员"共命运的关系。人口和经济的无序增长会使船内有限的资源耗尽，而生产和消费过程中排出的废料将污染飞船，如果继续这种增长方式，宇宙飞船将毁灭。该理论呼吁把人和自然环境视为息息相关的整体，而不是让人类做自然界的占有者；污染物不应该直接排放，而需要再利用，如此，人类的经济活动才能可持续。之后，学术界发表了大量关于生态经济、产业生态领域的研究，同时社会各界开展了多种类型的循环经济实践。

在循环经济运行模式产生之前，人类社会在经济发展过程中经历了传统经济运行模式与"生产末端治理"运行模式。循环经济理念是 20 世纪 90 年代进入我国，并引起了学者、政

❶　本节作者为李文华、熊英（中国人民大学）。

府人员等社会各界人士的关注，如何开展循环经济建设的研究和讨论得到了极大重视。目前在我国已形成了 7 种循环经济模式，分别是工业生态整合模式、清洁生产模式、产业间多级生态链连接模式、生态农业园模式、家庭型循环经济模式、可再生资源利用为核心的区域循环经济模式、商业化回收处理模式等。不同经济发展模式下生产系统与环境系统之间关系如图 2-10 所示。

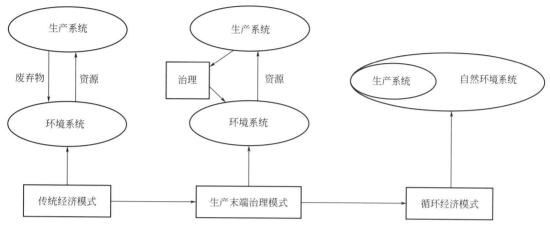

图 2-10　不同经济发展模式下生产系统与环境系统之间关系

循环经济颠覆了传统资源掠夺型和环境末端治理型线性经济发展模式，它推崇人与自然的和谐发展，要求把生产活动改造成"资源-产品-再生资源"的循环链条，扭转"资源-产品-废弃物"的单程耗费方式。所有的物质和能量会通过不断进行的循环得到高效和持久的利用，从而把经济活动对自然环境的影响降低到尽可能小的程度，其特征是低开采、高利用、低排放。

### 2. 循环经济的内涵与原则

循环经济，是基于自然生态理论和市场经济规律结合的具有高效资源代谢过程、完整系统耦合结构及整体、循环、自生功能的网络型、进化型复合经济。1990 年，英国环境经济学家 D. Pearce 和 R. K. Turner 在其《自然资源和环境经济学》（Economics of Natures and the Environment，1990）一书中首次给出了"循环经济"（Circular Economy）的定义：循环经济就是按照自然生态物质循环方式运行的经济模式，它要求用生态学规律来指导人类社会的经济活动。曲格平先生（2002）认为推行循环经济就必须规范人类的经济活动，使得经济活动和人类行为和谐地融入到自然生态系统的物质和能量循环中。

循环经济以资源节约和循环利用为特征，期望推动社会达到生产发展、生活富裕、生态良好的状态。循环经济以减量化（Reduce）、再利用（Reuse）和再循环（Recycle）为基本行为准则，以生态产业链为发展载体，以清洁生产为重要手段，目的是实现物质资源的高效使用和经济与生态的可持续发展。循环经济的"3R"原则，反映了在工业化过程中从排放废物到净化废物，再到利用废物，最后实现减少资源消耗和减少废物排放的重大飞跃。循环经济的三大原则见表 2-8。

### 3. 循环经济理念在生态系统保育与建设中的作用

经济的高速发展推动了人类社会的重大进步，建立了以发展为核心的现代文明，但是产业的过快发展是片面地以经济利益最大化为目标，造成了生产系统与环境系统之间的矛盾，对自然生态系统造成了严重的破坏。因此，要实现生产系统与环境系统之间的和谐共存，就

表 2-8    循环经济的三大原则

| "3R"原则 | 应用环节 | 应用方式 | 应用目标 |
|---|---|---|---|
| "减量化"(Reduce) | 投入 | 提高资源利用效率;减少进入生产和消费过程的物质量 | 从源头节约资源使用和减少废弃物的排放 |
| "再利用"(Reuse) | 过程 | 产品多次使用或修复、翻新或再制造后继续使用,尽量延长产品的使用周期 | 提高产品和服务的利用效率,减少一次用品的污染 |
| "再循环"(Recycle) | 输出 | 将废弃物最大限度地转化为资源 | 既减少自然资源的消耗,又减少污染物的排放 |

需要完整地扭转传统发展模式,在这种背景下,推动循环经济的建设具有十分重大的战略意义和现实意义。

## 二、循环经济发展政策

发展循环经济需要政策手段作为保障,因此构建和完善循环经济政策体系是发展循环经济的重要环节。我国循环经济的理论研究与生产实践都在迅速展开,对现行的政策措施进行分析,可以帮助我们正确地认识循环经济政策机制在我国生态系统保育与建设中的作用。

到目前,我国已经形成了以《循环经济促进法》为基本法,《固体废物污染环境防治法》、《清洁生产促进法》、《可再生能源法》等法律法规为分支的循环经济法律体系(见表 2-9)。国家"十二五"规划中也把发展循环经济放在突出的位置,提出要在全国范围内推广循环经济典型模式。

我国循环经济政策体系在不断健全,从原先的重视资源末端回收管理向现在的资源源头、全程使用控制及再生利用角度转换,并进一步指引到逐步实现资金与技术的配套,也从工业领域发展到农业项目。

表 2-9    我国循环经济政策体系

| 规定类型 | 实施时间 | 名称 | 颁布机构 |
|---|---|---|---|
| 法律 | 1989 年 | 《环境保护法》 | 全国人大常委会 |
| | 2000 年 | 《大气污染防治法》(修订) | 全国人大常委会 |
| | 2003 年 | 《环境影响评价法》 | 全国人大常委会 |
| | 2005 年 | 《固体废物污染环境防治法》(修订) | 全国人大常委会 |
| | 2006 年 | 《可再生能源法》 | 全国人大常委会 |
| | 2008 年 | 《水污染防治法》(修订) | 全国人大常委会 |
| | 2008 年 | 《节约能源法》(修订) | 全国人大常委会 |
| | 2009 年 | 《循环经济促进法》 | 全国人大常委会 |
| | 2011 年 | 《水土保持法》(修订) | 全国人大常委会 |
| | 2012 年 | 《清洁生产促进法》(修订) | 全国人大常委会 |
| 行政法规 | 1998 年 | 《建设项目环境保护管理条例》 | 国务院 |
| | 2005 年 | 《关于加快发展循环经济的若干意见》 | 国务院 |
| | 2008 年 | 《废弃电器电子产品回收处理管理条例》 | 国务院 |
| 部门规章 | 1997 年 | 《关于推行清洁生产的若干建议》 | 国家环保总局 |
| | 2003 年 | 《关于加快推行清洁生产意见》 | 国家发改委、环保总局、科技部、财政部、建设部、农业部、水利部、教育部、国土资源部、税务总局、质检总局 |

续表

| 规定类型 | 实施时间 | 名称 | 颁布机构 |
|---|---|---|---|
| 部门规章 | 2004 年 | 《清洁生产审核暂行办法》 | 国家发改委、环保总局 |
| | 2005 年 | 《中国节水技术政策大纲》 | 国家发改委、科技部、水利部、建设部、农业部 |
| | 2005 年 | 《关于推进循环经济发展的指导意见》 | 国家环保总局 |
| | 2007 年 | 《关于加强生态示范创建工作的指导意见》 | 国家环保总局 |
| | 2007 年 | 《再生资源回收管理办法》 | 商务部、发改委、公安部、建设部、工商总局、环保总局 |
| | 2010 年 | 《关于支持循环经济发展的投融资政策措施意见的通知》 | 国家发改委、人民银行、银监会、证监会 |
| | 2011 年 | 《关于加强国家生态工业示范园区建设的指导意见》 | 环保部、商务部、科技部 |
| | 2011 年 | 《大宗固体废物综合利用实施方案》 | 国家发改委 |
| | 2011 年 | 《"十二五"资源综合利用指导意见》 | 国家发改委 |
| | 2011 年 | 《"十二五"农作物秸秆综合利用实施方案》 | 国家发改委、农业部、财政部 |
| | 2011 年 | 《关于印发循环经济发展专项资金支持餐厨废弃物资源化利用和无害化处理试点城市建设实施方案的通知》 | 国家发改委、财政部 |
| | 2012 年 | 《循环经济发展专项资金管理暂行办法》 | 财政部、国家发展改革 |
| | 2012 年 | 《关于推进园区循环化改造的意见》 | 国家发改委、财政部 |
| | 2012 年 | 《关于开展服务业清洁生产试点城市建设的通知》 | 国家发改委、财政部 |
| | 2013 年 | 《关于组织开展循环经济示范城市（县）创建工作的通知》 | 国家发展改革委 |
| | 2013 年 | 《关于开展 2013 年农业清洁生产示范项目建设的通知》 | 国家发改委、财政部、农业部 |
| 规划 | 2011 年 | 《国民经济和社会发展"十二五"规划》 | 全国人大 |
| | 2011 年 | 《国家环境保护"十二五"规划》 | 环保部 |
| | 2011 年 | 《国家环境保护"十二五"科技发展规划》 | 环保部 |
| | 2012 年 | 《工业清洁生产推行"十二五"规划》 | 工信部、科技部、财政部 |
| | 2013 年 | 《循环经济发展战略及近期行动计划》 | 国务院 |

注：截至 2013 年 12 月 07 日。

　　我国关于循环经济政策的立法成果颇丰，但由于循环经济在我国的发展尚处于初级阶段，在现有的政策体系下，还需充分发挥市场机制对资源配置的作用。通过建立和完善环境税费制度、政信贷鼓励制度、环境标志制度、押金制度等手段，来使外部不经济性内部化。循环经济需要以市场为平台，其建设内容必须纳入市场经济的轨道中。

## 三、产业系统与自然生态系统共生网络的建设

　　循环经济不仅意味着生产消费过程中物质的闭路循环，更是表示一种新型的生态经济结构、功能和过程。分析经济增长存在局限条件下物质循环和价值流动问题是循环经济领域的研究重点。可持续发展的未来要建立在产业系统与自然环境系统和谐发展的综合系统之上。

在循环经济理念的指导下，探讨产业系统与自然环境之间的相互作用和相互影响，依照自然生态系统循环和演化发展的规律建立的产业生态发展模式，将有效解决资源浪费、污染严重等问题，最终达到经济效益、社会效益和环境效益等的协调可持续。

循环经济作为一种新型经济运行方式，循环型产业网络是其发展的高阶形态。产业系统与自然生态系统的耦合需要基于自然生态系统承载能力，按循环经济规律，将产业共生、价值互补、利益共享的若干循环型个体和循环型产业链结合在一起形成生态产业共生网络（Eco-industrial Symbiosis Network，EISN）。生态产业共生网络是在一个最优的地理尺度上耦合物质循环流动和价值循环运动的一种类似食物链的关系网络，与单个个体或产业链相比，能实现更多的资源节约、降低成本和环境保护的效益。

### 1. 生态产业共生网络的特征

（1）成员的价值互补性　生态产业共生网络的成员互不相同但却价值互补，从而实现了价值的重新创造，形成新的价值链条。各成员根据生产技术水平和生产废弃物的特征，在价值互补的前提下交易，从而实现资源共享和副产品交换的共生，以实现资源的有效配置。

（2）动态性　生态产业共生网络的发展是从低级走向高级的，成员之间的关联也是从松散到紧密的演进。然而，网络组织的复杂性和不确定性使得各成员个体的行为、决策以及成员间的关系是在不断变化的，同时成员与外部环境间进行的物质与能量交换也会日益变化，这就使得共生网络各节点的相互影响是非线性的。

（3）开放性　生态产业共生网络都应该是开放的，个体会不断地进入或者退出网络，从而影响网络的成长或衰退。网络个体之间以及与外部环境之间都在不断进行着副产品、信息等资源的交换和交流，从而形成网络的演进。

（4）系统性　生态产业共生网络在各节点成员密切配合的情况下，是个有机构造的整体，能够带来比个体利益加总更多的利益。网络内任一节点都能或多或少地影响系统功能的发挥，因此需要建立起个体间密切的业务交流，维持网络内的生态平衡，以达到网络组织的共生效益。

### 2. 共生网络形成机理与成长动因

网络的形成和演化机制是共生网络建设的核心问题。生态产业共生网络的形成是成员基于价值互补性而结合起来的，是以可持续发展理念作为共同知识规则，无需外界指令的自组织过程，它能自行创生和自行演化。通过网络成员的理性选择，网络系统逐步从无序走向有序，网络成员是否参与共生网络的决策，关键在于边际成本与边际收益的均衡。网络共生关系不仅能降低生产成本、交易成本，还能使参与的节点获得集群经济效益，为个体提供一个资源环境约束问题下实现经济利益最大化的均衡制度安排。

产业共生网络自身结构的复杂性和不确定性决定了成员间的行为、决策和关系是动态变化的。共生网络有其生命周期，包括初步成长、成熟乃至衰退或更新的过程，在这个过程中，有 2 个因素起到了关键作用，即自增长机制与择优选择机制。自增长机制保障了共生网络的开放性与制度创新，合作、多样的关系增强了网络的风险适应能力；择优机制则说明节点之间的合作并不是随机无规则的连接，后来节点选择参与共生网络并选择合作伙伴的主要参考标准是互补性资源、信誉程度等因素。共生网络的成长趋势可以通过自增长机制和择优机制进行预测。

### 3. 生态产业共生网络建设的主要内容

生态产业共生网络对推动资源优化配置发挥着重要作用，同时网络的培养与发展是一项长期的工程，其中维护产业共生网络的稳定性与设计网络成长的治理机制是最重要的工作。生态产业共生网络的稳定性是指处于平衡状态中的产业生态系统在干扰出现的情况下，保持自身状态的能力。稳定性不仅与共生网络的组成、结构、功能有关，而且受外界环境的干扰特征影响。稳定性的涵义有很多层面。

① 抵抗性：共生网络在受外界干扰的情况下保持现状的能力。

② 修复性：共生网络受到不同程度的损坏后自行修复的能力。

③ 兼容性和集合稳定性：兼容性指低层次非平衡过程被整合到高层次稳定过程的现象，而系统在高层次上表现出的"准"平衡性称为集合稳定性。

投机行为的存在和链网结构的刚性极大地威胁着生态产业共生网络的稳定性。共生网络中的投机行为主要是指参与交易的节点为了追求自身的利益而采取的"偷懒"、"搭便车"等败德行为。而共生网络内物流、能流传输的刚性往往使得网络中物质和能量传输的方式和途径固定、物流和能流在共生企业间的流向和流量固定，因此降低了网络的操作柔性。

节点间的竞合关系是网络治理的出发点，完善的网络治理机制通过对各节点间关系的协调和整合，防止和应对投机行为、链网结构刚性等风险的出现，维持共生网络在稳定状态下持续地成长和发展，并实现个体间交易合作的成本最小化。主要的治理手段有：①增加网络成员的多样性；②加大资产专用性投资，提高网络的紧密度；③培育共生网络的中间性组织，降低网络运行的交易成本，例如提供交易平台、技术服务、信息披露等；④形成信誉机制和惩罚机制，对不合作的行为或违约行为进行惩罚。

## 四、促进循环经济发展的建议

全球范围内环境问题日益突出，各种人类赖以生存的资源正慢慢枯竭，无力支撑传统经济模式，而循环经济为消解环境与经济发展之间的尖锐矛盾提供了新模式。循环经济对经济发展的定位是更注重发展的质量，以推动社会发展与环境保护的双目标。在我国循环经济发展过程中需要注意以下几点。

（1）循环经济需要自下而上地推动　循环经济也需要遵守市场的竞争与效率原则，因此产业生态的系统转型需要在技术、体制和文化等众多方面进行理念培育和系统优化。我国大多数生态产业园或者循环经济城市的培育发展过程，大多只走完了设计规划这一环节，而实践环节进展困难。这些循环模式的建设往往是为了打造地方领导的政绩，在设计上显示出了先进性，但是往往难以落实。生态产业共生网络的建设需以发展的多样性和技术、产品、市场的柔性为基础，从而共生网络实现风险的抵御和稳步的发展。而生态产业共生网络的建设是一个长期的过程，需要经过市场竞争不断的磨合才能够逐渐完善。

（2）合理评估自然资源的价值　循环经济共生网络的形成是一个资源和环境的外部性内部化的过程，这就需要资源价格、环境产权不断合理明晰。我国还未建立完善的自然资源和环境产权的价格制度，资源的低（无）价值导致了资源的过度消耗，促使了掠夺性开发。要推行循环经济发展战略，需要将自然资源和生态环境作为稀缺性要素来管理，并提高该类资源的生产率。

建设循环经济发展模式，需合理评估自然资源的价值，将传统的对人力生产率的关注扭转为重视资源生产率，在尊重生态环境的基础上发展循环经济产业共生网络的自组织能力。具体来说，需要调整目前的环境资源价格体系、强化环境税等手段，以推动产业技术升级、产业结构调整。此外，需要利用政府补贴或税收优惠措施，奖励从事资源综合利用和环境保护的企业。

（3）建立配套监督与评价制度　为促进循环经济的发展，要对监督体系的构建充分重视，以确保相关政策的执行。除了发挥政府的监管职能，还应加强企业自我管理，使企业能够依据环境标准贯彻落实企业生产责任制，实施企业与政府的共管监督。同时积极营造社会监督氛围，鼓励公众参与，推动公众的监督作用。

通过立法手段完善环境绩效评估制度，对违法者采取有效的惩罚，并通过国家强制力来保证企业履行自身的环境义务，以达到促进循环经济发展之目的。

# 第四节　低碳经济[1]

## 一、低碳经济提出的背景

"低碳经济"最早见诸于政府文件是在 2003 年的英国能源白皮书《我们能源的未来：创建低碳经济》。作为第一次工业革命的先驱和资源并不丰富的岛国，英国充分意识到了能源安全和气候变化的威胁。因此，"低碳经济"提出的大背景，是全球气候变暖对人类生存和发展的严峻挑战。随着全球人口和经济规模的不断增长，能源使用带来的环境问题及其诱因不断地为人们所认识，不止是光化学烟雾和酸雨等的危害，大气中二氧化碳（$CO_2$）浓度升高带来的全球气候变化也已被确认为不争的事实。在此背景下，"碳足迹"、"低碳经济"、"低碳技术"、"低碳发展"、"低碳生活方式"、"低碳社会"、"低碳城市"、"低碳世界"等一系列新概念、新政策应运而生。而能源与经济以至价值观实行大变革的结果，可能将为逐步迈向生态文明探索出一条新路，即摒弃 20 世纪的传统增长模式，直接应用新世纪的创新技术与创新机制，通过低碳经济模式与低碳生活方式，实现可持续发展。

低碳经济自提出以来，就受到国际组织和各国政府的高度关注。联合国环境规划署确定 2008 年"世界环境日"的主题为"转变传统观念，推行低碳经济"；日本提出要打造成为全球第一个"低碳社会"；美国于 2007 年向国会提交了一项包括"低碳经济法案"的法律草案；我国原国家主席胡锦涛于 2007 年 9 月 8 日在亚太经合组织（APEC）第 15 次领导人会议上，明确主张"发展低碳经济"，并重点提及"发展低碳经济"、研发和推广"低碳能源技术"、"增加碳汇"、"促进碳吸收技术发展"。

## 二、低碳经济的概念与内涵

尽管 2003 年英国能源白皮书提出了低碳经济概念，但并未对这一名词进行明确界定，国内学者进行了许多积极深入的研究。比如牛文元（2009）与贺庆棠（2009）等认为，低碳经济是绿色生态经济，是低碳产业、低碳技术、低碳生活和低碳发展等经济形态的总称；付允等（2008）认为，低碳经济是以低能耗、低污染、低排放和高效能、高效率、高效益为基础，以低碳发展为方向，以节能减排为方式，以碳中和技术为方法的绿色经济发展模式；付加锋等（2010）提出，低碳经济是指碳生产力和人文发展均达到一定水平的一种经济形态，具有低能耗、低污染、低排放和环境友好的特点。总之，作为前沿的经济理念，低碳经济目前尚无公认明确的定义，而且与生态经济、循环经济、绿色经济等诸多概念有相关之处，但

---

[1] 本节作者为李文华、张彪（中国科学院地理科学与资源研究所）。

是多数学者在如下说法上达成共识：低碳经济是以低能耗、低排放、低污染为基础的经济模式。

低碳经济的实质包括低碳技术、低碳能源、低碳产业、低碳城市和低碳政策5个要素（袁男优，2010；胡大立和丁帅，2010）。低碳技术也是清洁能源技术，主要是提高能源利用效率、优化能源结构的技术，广泛涉及石油、化工、电力、交通、建筑、冶金等多个领域，包括煤的清洁高效利用、油气资源和煤层气的高附加值转化、可再生能源和新能源开发、传统技术的节能改造、$CO_2$捕集和封存等。低碳技术是实现低碳能源、低碳产出、消费以及社会低碳的支撑和保障。低碳能源指高能效、低能耗、低污染、低碳排放的能源，包括可再生能源、核能和清洁煤，其中可再生能源包括太阳能、风力、水力、海洋能、地热及生物质等，由此可见，低碳经济发展的核心是低碳能源。低碳能源是低碳经济的初始环节，发展低碳经济的重要途径之一就是要改变现有的能源结构，加速从"碳基能源"向"低碳能源"和"氢基能源"转变，使现有的"高碳"能源结构逐渐向"低碳"的能源结构转变，以有利于低碳经济的快速发展。低碳经济发展的载体是低碳产业，经济结构影响能源消耗，优化产业结构是发展低碳经济的重要途径。低碳经济发展的水平取决于低碳产业承载能力的大小（低碳产业发展规模的大小、质量的好坏），低碳产业的传递和催化作用体现在：低碳产业的发展将带动现有高碳产业的转型发展，催生新的产业发展机会，形成新的经济增长点。低碳城市是指在经济社会发展过程中，以低碳理念为指导，以低碳技术为基础，以低碳规划为抓手，从生产、消费、交通、建筑等方面推行低碳发展模式，实现碳排放与碳处理动态平衡的城市。它以绿色能源、绿色交通、绿色建筑、绿色生产、绿色消费为要素；以碳中和、碳捕捉、碳储存、碳转化、碳利用、碳减排为手段。低碳政策包括低碳经济发展目标的明确、法律规章的完善、体制机制的革新等方面，它是低碳经济发展的保障。主要包括：①充分发挥市场机制的作用，实现低碳经济的市场化操作，如建立温室气体排放交易等市场机制，通过设定排放上限，依靠碳排放交易来激励提高对能效和清洁技术开发的投资；②建立低碳经济技术标准体系，提高能源效率和发展可再生能源，不断提高建筑物的能效，执行更高的产品标准，并将低碳能源技术应用于可再生能源发电中；③建立政府主导的政策激励机制，如设立碳基金，发挥政府在扶持和鼓励开发低碳技术领域的重要作用。

## 三、低碳经济评价方法

如何全面、客观地评价一个国家或经济体的低碳经济发展水平成为低碳经济深化研究迫切需要解决的问题，我国主要通过构建相应的评价指标体系进行评价（胡大立和丁帅，2010）。付加锋等（2010）认为低碳经济与发展阶段、资源禀赋、消费模式和技术水平等驱动因素密切相关，从低碳产出、低碳消费、低碳资源、低碳政策和低碳环境5个方面选取评价指标，然后通过对单项指标加权并综合合成，形成发展程度的综合得分，以区分多个区域（或经济体）的等级次序。其中，低碳产出指标包括碳生产力和能源加工转换效率两项，碳生产力被认为是衡量低碳化的核心指标，指单位碳排放所创造的GDP。为突出区域产业结构的差异，可对碳生产力的计算方法进行产业结构系数修正。能源加工转换效率是能源系统流程中的一个生产环节，它是衡量能源加工转换装置和生产工艺先进与落后等的重要指标。碳消费水平旨在从消费侧来衡量一国（或经济体）的碳排放水平。居民消费碳排放和政府消费碳排放可作为综合性指标来界定消费模式对碳排放的影响，前者指居民住户在一定时期内对于货物和服务的全部最终消费支出所产生的碳排放，后者指政府部门为全社会（包括居民住户）提供的公共服务和免费或较低价格服务的消费支出所产生的碳排放。这两个指标可以根据最终消费支出占 GDP 的比重（即最终消费率）与单位经济总量的含碳强度（即单位 GDP 碳排放）的比值加以核算。低碳资源指标包含三个核心指标，即零碳能源比重、能源碳排放系数和碳汇密度。水能、风能、太阳能、生物质能等可再生能源和核能属于零碳排放的能源；能源碳排放系数是指由能源结构加权平均计算的单位能源消费的碳排放；碳汇密度是应对气候变化和推动节能减排，实现低碳化的重要物质基础，采用单位面积碳汇量表达。低碳政策指标主要考察是否具有低碳经济发展战略规划，是否建立碳排放监测、统计和监管体系，公众的低碳经济意识如何，环保节能标准的执行情况，以及是否征收碳税等，可以反映一个国家低碳经济转型的努力程度。废弃物碳排放强度和工业三废处理指数可以作为衡量低碳环境的两个重要指标，前者反映了废弃物总的产生量与废弃物处置所产生的碳排放之间的关系，后者反映了工业污染物的治理水平，可采用加权平均值计算三废处理指数。

作为一种新的经济形态，低碳经济始于应对全球变化的大背景。目前对低碳经济发展水平进行评价还没有一个十分有效的标准方法，在指标选取、权重确定等方面需要推敲和改进，仅是对低碳经济发展潜力的一种相对评估，但仍可为定量评价和改进低碳经济发展与政策制定提供参考依据。

## 四、国外低碳经济启示

在全球气候变暖的趋势下，西方发达国家纷纷推出低碳经济发展战略与政策（任力，2009）。低碳经济的重点在于改造传统高碳产业，加强低碳技术创新，积极发展可再生能源与新型清洁能源，并应用市场机制与经济杠杆，促使企业减碳以及加强国际范围内的减碳协作等。

纵观各发达国家的低碳政策，他们大多把重点放在改造传统高碳产业，加强低碳技术创新上，但又各具有侧重点。低碳技术的研发中，欧盟的目标是追求国际领先地位，开发出廉价、清洁、高效和低排放的世界级能源技术。英、德两国将发展低碳发电站技术作为减少二氧化碳排放的关键。日本政府为了达到低碳社会的目标，采取了综合性的措施与长远计划，改革工业结构，资助基础设施以鼓励节能技术与低碳能源技术创新的私人投资。美国政府发展清洁煤更是不遗余力，自 2001 年以来，政府已投入 22 亿美元，用于将先进清洁煤技术从研发阶段向示范阶段和市场化阶段推进。政府通过"煤研究计划"支持能源部国家能源技术实验室进行清洁煤技术研发。

在可再生能源和清洁能源方面，英国政府低碳的重要举措是发展风能与生物质能，把可再生能源技术的研究开发和示范放在首位。意大利政府为支持可再生能源的发展，从 1992 年对可再生能源发电厂的电价实行保护价收购，扶持可再生能源的发展。欧盟强调可再生能源比例的提高，日本在清洁能源方面强调核电与太阳能的作用，澳大利亚着力于支持新能源普及和相关技术发展。

同时，应用市场机制与经济杠杆，促使企业减碳。发展低碳经济的国家，大多制定更严格的产品能耗效率标准与耗油标准，促使企业降碳。如对建筑物进行能源认证，推广节能产品，逐步淘汰白炽灯等，政府机构内部开展节能运动等。英国于 2002 年正式实施排放交易机制，成为世界上第一个在国内实行排放市场交易的国家，德国、美国、日本、澳大利亚也采取了上述相类似的排污机制，使得污染物排放量的绝对数目有明显减少。许多国家建立起了低碳经济的财政与税收政策，促进企业发展可再生能源。

对于大气这个全球最大的公共物品，单靠一个国家是无法完成减碳任务的。所以，西方各国纷纷加强相互协作。英国政府将与8个工业强国和欧盟伙伴一道研发遏制气候变化技术，实现碳排放减少的目标。德国同许多国家，尤其是发展中国家都开展了气候保护领域的合作，近年来加强了与美国的协作，发起欧盟与美国间的"跨大西洋气候和技术行动"，重点是统一标准、制定共同的研究计划等。澳大利亚还通过2亿澳元的"国际森林碳计划"参与国际缓解气候变化的努力，为降低发展中国家森林采伐和森林退化造成的温室气体排放提供支持。

## 五、我国低碳经济发展途径

我国低碳经济发展的可能途径主要集中在能源结构调整、低碳城市建设、创新低碳技术、优化产业结构、提高固碳潜力、推进低碳制度6个方面。

### 1. 优化能源结构，提高能源效率

首先，应降低煤在我国能源结构中的比例，提高煤炭净化比重。对我国而言，加速国家能源消费从传统煤炭矿种为主向现代石油和天然气矿种为主的结构转变是必然选择。这不仅是减少国家碳排放的有效途径，也是国家工业化和城市化发展的正常趋势。其次，要提高能源效率，重点改善城市的能源消费结构和效率。以较少的能源消耗，创造更多的物质财富，不仅对保障能源供给、推进技术进步、提高经济效益有直接影响，而且也是减少 $CO_2$ 排放的重要手段。同时要全力发展低碳和无碳能源，促进能源供应的多样化。

### 2. 推动节能减排，建设低碳城市

转变发展模式，走城市低碳新路。城市应形成以创新为主要驱动力的低碳经济发展模式，坚持把节能减排作为低碳经济的约束性指标，在煤炭、石油、冶金、建材、化工、交通六大高耗能行业强制推行低碳经济技术，走城市可持续发展之路。城市发展模式还应以集群经济为核心推进产业结构创新，以循环经济为核心推进节能减排创新，以知识经济为核心推进内涵发展创新。要从基底上改变城市能源供给，加速从碳基能源向低碳能源和氢基能源转变，以彻底实现城市的低碳和零碳发展。同时，还要注重低碳化的城市公共交通系统和绿色建筑建设。

### 3. 推进低碳技术，强化科技创新

我国获得低碳技术有两种途径：一是通过清洁发展机制（CDM）引进发达国家的成熟技术；第二种途径是自主研发，即通过原始创新和集成创新，重点攻关中短期内可以获得较大效益的低碳技术，并由此建立起自己的低碳技术创新体系。对我国而言，发展低碳经济和低碳能源技术的实质是可再生能源的开发和化石能源的洁净、高效利用，重点是煤炭的洁净高效转化利用和节能减排技术。要从体制上增强自主研发能力，加快现有低碳技术推广和应用，以及关键低碳技术的自主创新；在充分利用国外成果和借鉴国际经验的基础上，实现高起点跨越式的低碳技术发展。

### 4. 推进清洁生产，优化产业结构

调整工业结构，推进高碳产业向低碳逐步转型，大力推进清洁能源产业化。要以生物质能、核能、风能、氢能、太阳能、燃料电池等为主要方向，积极发展清洁及可再生能源，加大产业化力度。积极发展低碳装备制造业，提升内燃机、环保成套设备、风力发电、大型变压器、轨道交通配套装备、船舶制造等装备制造业的研发设计、工艺装备、系统集成化水平，积极发展小排量、混合动力等节能环保型汽车，加快低碳装备制造业和节能汽车产业发

展步伐。大力发展高新技术产业，降低农业对化石能源的依赖，走低碳农业的新路子。发展低碳农业的路径是大幅度地减少化肥和农药使用量，降低农业生产过程对化石能源的依赖，走有机生态农业之路。充分利用农业的剩余能量，合理利用作物秸秆资源，推广太阳能和沼气技术。还要大力发展现代服务业，减少国民经济发展对工业增长的过度依赖。

### 5. 开发固碳潜力，推动生物固碳

生物固碳技术主要包括三个方面：一是保护现有碳库，即通过生态系统管理技术，加强农业和林业的管理，从而保持生态系统的长期固碳能力；二是扩大碳库来增加固碳，主要是改变土地利用方式，并通过选种、育种和种植技术，增加植物的生产力，增加固碳能力；三是可持续地生产生物产品，如用生物质能替代化石能源等。我国应大力提高森林固碳、草地固碳、农田固碳、退化土地固碳和湿地固碳潜力。

### 6. 加强法律建设，推进低碳制度创新

其一，发展低碳经济，建立有利于低碳经济发展的政策法律体系和市场环境必不可少。强化清洁、低碳能源开发和利用的鼓励政策，通过经济、法律等途径引导和激励国内外各类经济主体参与开发利用可再生能源，促进能源的清洁发展；其二，应大力推动中国可再生能源发展的机制建设，培育持续稳定增长的可再生能源市场，改善健全可再生能源发展的市场环境与制度创新；其三，应加快推进中国能源体制改革，建立有助于实现能源结构调整和可持续发展的价格体系。应结合我国建设资源节约型、环境友好型社会和节能减排的工作需求，尽快开始研究制定国家低碳经济发展战略，尽快研究制定适合我国低碳经济发展的碳排放强度评价体系和碳排放可量化标准，指导和引领政府、企业、居民的低碳行动方向和行为方式。建立发展低碳经济的长效机制和科学的制度安排，包括建立低碳领域的技术创新机制，从制度上为企业节能减排创造条件，建立具有中国特色的碳交易制度。

## 参 考 文 献

[1] 国家统计局. http：//www. stats. gov. cn/tjgb/ndtjgb/qgndtjgb/t20090226＿402540710. htm.

[2] FAO. http：//faostat. fao. org/site/291/default. aspx.

[3] 中国科学院地理科学与资源研究所. http：//www. naturalresources. csdb. cn/index. asp.

[4] Holder J，Ehrlich P R. Human population and the global environment. American Scientist，1974，62：282-292.

[5] Odum E P. Fundamentals of Ecology. Saunders；Philadephia，PA，1971.

[6] 郭秀锐，毛显强，冉圣宏. 国内环境承载力研究进展. 中国人口·资源与环境，2000，10（3）：28-30.

[7] 高鹭，张宏业. 生态承载力的国内外研究进展. 中国人口·资源与环境，2007，17（2）：19-26.

[8] William E Rees. Ecological footprint and appropriated carrying capacity：what urban economics leaves out. Environ Urbanization，1992，4：121-130.

[9] Wackermagel M，William E Rees. Our Ecological Footprint，Reducing Human Impact on the Earth. New Society Publishers，Gabriela Island，Philadelphia，1996.

[10] 高吉喜. 可持续发展理论探索. 北京：中国环境科学出版社，2001.

[11] 邓波，洪跋曾，龙瑞军. 区域生态承载力量化方法研究评述. 甘肃农业大学学报，2003，38（3）：281-289.

[12] 王家骥，姚小红，李京荣等. 黑河流域生态承载力估测. 环境科学研究，2000，13（2）：44-46.

[13] 王中根，夏军. 区域生态环境承载力的量化方法研究. 长江职工大学学报，1999，（4）.

[14] 袁晓兰，刘富刚，孙振峰. 德城区区域承载力的状态空间法研究. 德州学院学报，2005，21（4）：50-54.

[15] 余丹林，毛汉英，高群. 状态空间衡量区域承载状况初探——以环渤海地区为例. 地理研究，2003，22（2）：201-210.

[16] 牛文元. 低碳经济是落实科学发展观的重要突破口. 中国报道，2009-3-19（3）.

[17] 贺庆棠. 低碳经济是绿色生态经济. 中国绿色时报，2009-8-4（2）.

[18] 付允. 低碳经济的发展模式研究. 中国人口资源与环境，2008，18（3）：14-19.

[19] 付加锋，庄贵阳，高庆先. 低碳经济的概念辨识及评价指标体系的构建. 中国人口资源与环境，2010，20（8）：38-43.

[20] 袁男优. 低碳经济的概念内涵. 城市环境与城市生态，2010，23（1）：43-46.

[21] 胡大立，丁帅. 低碳经济评价指标体系研究. 科技进步与对策，2010，27（22）：160-164.

[22] 任力. 国外发展低碳经济的政策及启示. 发展研究，2009，（2）：23-27.

[23] Marsh G P Man and Nature. Cambridge：The Harvard University Press，1965.

[24] Aldo Leopold. A Sand County Almanac and Sketches Here and There. New York：Oxford University Press. 1949.

[25] SCEP（Study of Critical Environmental Problems）. Man's Impact on the Global Environment. Berlin：Springer-Verlag. 1970.

[26] 韩宝平，孙晓菲，白向玉，魏颖. 循环经济理论的国内外实践. 中国矿业大学学报（社会科学版），2003，（1）：58-64.

[27] 诸大建. 上海建设循环经济型大都市的思考. 中国人口·资源与环境，2004，14（1）：67-72.

[28] Kenneth E. Boulding. Earth as A Spaceship［R/OL］. http：//esf. eolorado. edu/quthors/Boulding. Kenneth. 1965.

[29] Kenneth E. Boulding. The Economics of The Coming Spaceship Earth. Baltimore MD：Johns Hopkins University Press，1966.

[30] 王青云，李金华. 关于循环经济的理论辨析. 中国软科学，2004，（7）：157-160.

[31] 周宏春. 循环经济学. 北京：中国发展出版社，2006.

[32] 陈丽娜. 区域循环经济的理论研究与实证分析. 武汉：武汉理工大学博士学位论文，2006.

[33] Lowe EA. Eco-Industrial Park Handbook for Asian Developing Countries. A Report to Asian Development Bank，Environment Department. Oakland，CA：Indigo Development. 2001：10-35.

[34] 王如松. 复合生态与循环经济. 北京：气象出版社. 2003.

[35] 王如松. 循环经济建设的生态误区、整合途径和潜势产业辨析. 应用生态学报，2005，16（12）：2439-2446.

[36] David W Pearce，R Kerry Turner. Economics of Natural Resources and the Environment. UK：Harvester Wheat-sheaf Hemel Hempstead，Hertfordshire，1990.

[37] 曲格平. 发展循环经济是21世纪的大趋势. 中国环保产业，2001，（2）：6-7.

[38] 冯之浚. 循环经济导论. 上海：人民出版社，2004.

[39] 李健，周慧. 循环型农业生态系统运行模式的研究. 软科学，2007，21（4）：119-122.

[40] 陈红枫. 国外循环经济立法对我国的启示. 江淮论坛，2007，（3）：63-67.

[41] 邱国侠，田万程. 我国循环经济法律规制问题剖析. 法制与社会，2013，（5）：95-97.

[42] 王如松. 循环经济建设的生态误区、整合途径和潜势产业辨析. 应用生态学报，2005，16（12）：2439-2446.

[43] 邓伟根，王贵明. 产业生态学导论. 北京：中国社会科学出版社，2006.

[44] 吕敏，宋华岭. 基于复杂网络的循环经济系统产业链分析. 山东工商学院学报，2013，27（2）：55-60.

[45] 杨雪锋. 循环型产业网络的演进机理研究. 武汉大学学报，2009，62（1）：77-84.

[46] Korhonen，J. Four Ecosystem Principles for an Industrial Ecosystem . Journal of Cleaner Production，2001，9（3）：253-259.

[47] 王兆华. 生态工业园工业共生网络研究. 大连理工大学博士论文，2002.

[48] 蔡小军，李双杰，刘启浩. 生态工业园共生产业链的形成机理及其稳定性研究. 软科学，2006，20（3）：12-14.

[49] 武春友，邓华，段宁. 产业生态系统稳定性研究述评. 中国人口·资源与环境，2005，15（5）：20-25.

[50] 童莉. 生态工业园区产业链设计及其系统稳定性研究——以烟台、乌鲁木齐为例. 北京化工大学博士学位毕业论文，2006.

[51] 顾江. 生态系统稳定性统计模型分析运用. 数量经济技术经济研究，2001，（1）：98-100.

[52] 孙儒泳，李庆芬，牛翠娟等. 生态学. 北京：科学出版社，2000.

[53] 邓华. 我国产业生态系统稳定性影响因素研究. 大连理工大学博士论文，2006.

# 第三章

# 森林生态系统保育与建设

## 第一节　森林生态系统状况[1]

　　森林是以乔木为主体，包括灌木、草本植物以及其他生物在内，占有相当大的空间，密集生长，并能显著影响周围环境的一种生物群落。森林与其周围的非生物环境进一步构成具有一定结构和功能的森林生态系统。森林生态系统是陆地上最大的生态系统，也是生物圈中最重要的生态系统。与陆地上其他的生态系统相比，森林生态系统具有最丰富的物种多样性、最复杂的空间结构、最大的生物量。森林不仅能提供能源和大量的木材、饲料、经济林果、药材等林副产品，同时通过物质和能量的交换对周围的环境产生很大的影响，具有涵养水源、保持水土、降低风速、防风固沙、净化空气、消除污染以及生态旅游等功能。此外，森林在保存物种的多样性和栖息地以及保持生物圈的动态平衡中占有重要的地位，森林是各大类气候带中最丰富、最珍贵的物种基因库，也是人类探索、研究、发掘生物资源及自然遗产的重要基地。总之，森林既是绿色的资源宝库，又是人类生产、生活的基础，是人类赖以生存和社会得以健康发展的重要资源，更是包括人类在内的所有生物生存的绿色屏障。人类的长远发展与森林生态系统密不可分，如何保护、改善和利用森林生态系统，是我们必须认

---

❶　本节作者为李世东(国家林业局信息办)。

真考虑的重大问题。

## 一、森林生态系统区域分布特征明显，类型多样

　　中国位于欧亚大陆东部，北抵寒温带大陆、南达热带海洋，地域辽阔，地形多种多样，地貌类型齐全，气候的地域地带分异很大，自然条件复杂多样，地域差异明显，因而孕育了丰富多彩又独具特色的生物种群和生态系统。由于受水分和热量条件及其分布状况的影响，中国森林生态系统的类型齐全，包括由热带雨林到亚寒带针叶林的各种类型，由北向南依次分布着寒温带针叶林森林生态系统、温带针阔混交林森林生态系统、暖温带落叶阔叶林森林生态系统、亚热带常绿阔叶林森林生态系统、热带季雨林森林生态系统和热带雨林森林生态系统 6 个水平地带性分布区和青藏高原区、温带草原区山地森林、温带荒漠区山地森林（内蒙古、新疆）等非地带性分布区（中国森林编委会，1997）。

　　森林垂直分布的高度可达终年积雪线的下限，由平原到高山，由于气候、土壤、地形及其他因素影响，形成复杂的森林生物垂直带。

　　受自然条件和社会经济发展状况的影响，中国森林地理分布很不均匀，呈现出"四多四少"的特点。

　　① 400mm 等降水量线以东地区的森林分布多，400mm 等降水量线以西的干旱半干旱地区分布少。中国森林主要分布在 400mm 等降水量线以东的广大地区，分布的基本图式为：第一条线由大兴安岭山地开始，向南依次为大兴安岭针叶林带，小兴安岭、长白山针叶、落叶阔叶混交林带，华北落叶阔叶林带，华中落叶阔叶和常绿阔叶林带，华南热带季雨林和雨林带；第二条线由青藏高原东缘向华南沿海及琼、台等岛屿倾斜分布，随着海拔高度的降低，植被依次为高山灌丛草甸，亚高山针叶林，中山针阔混交林和落叶阔叶林，云贵高原及其边缘的常绿阔叶林，台、粤、桂、滇南的热带季雨林和雨林。在年降雨量小于400mm 的广大西北半干旱、干旱地区，森林仅存在于阿尔泰山、天山、祁连山少数山地的亚高山地段。

　　② 东北、西南、东南地区森林资源多，西北、华北地区森林资源少。我国林区分为东北内蒙古林区、西南高山林区、东南低山丘陵林区、西北高山林区和热带林区。我国大部分森林分布在东北和西南这两大国有林区以及东南部亚热带和热带地区。东北的大小兴安岭和长白山地区（东北 3 省和内蒙古东部地区）是我国最大的天然林区，面积约占全国森林面积的 1/4，蓄积量约占全国林木蓄积量的 1/3。西南高山峡谷林区（西南横断山地区、雅鲁藏布江地区和喜马拉雅山南坡）也是重要的天然林区，森林面积与林木蓄积量分别占全国的1/4 以上。东南部台湾、福建、江西等省的亚热带、热带森林面积也不少，但人工林和次生林所占比重较大，其面积和蓄积量均占全国的 6%。而在广大的西北地区、内蒙古中西部和黄河中下游的晋、冀、豫地区，森林资源极少，西北一些省（自治区）覆盖率不及 1%。特别是占我国国土面积 30% 的西北地区（包括甘肃、宁夏、青海、新疆），其森林面积、森林蓄积都很稀少，是目前我国森林资源最少的地区。

　　③ 山区森林资源多且以天然林为主，平原森林资源少且以人工林居多。中国的森林多分布于大江大河上游及山区、深山区，如西南林的藏东南、川西及白龙江、秦岭林区地处长江中上游水源区，东北林区的长白山和大小兴安岭林区是松花江水源区，且多以天然林为主，具有重要的水源涵养作用；而在平原区则主要以农业为主，以人工化的防护林网较为发达，但面积、蓄积量少。

④ 边疆省区多，内地省区少。从森林资源的面积、蓄积和覆盖率来看，各省区市间差异也很大。森林面积以黑龙江省最多，内蒙古自治区次之。林木蓄积量占全国比重最大的为黑龙江省，其次为西藏、云南、四川等。除京、津、沪外，占全国森林面积和蓄积比重最小的是宁夏、江苏和山东。从全国森林覆盖率的情况看，各省差异比较大，覆盖率在 50% 以上的有台湾、福建、江西、浙江等，东部地区森林覆盖率平均为 34.27%，中部地区为 27.18%，西部地区只有 12.54%，而自然条件恶劣、生态状况较差、占国土面积近 1/3 的西北 5 省区森林资源分布很少。

## 二、森林生态系统空间结构复杂，功能多样

在森林生态系统中，众多绿色植物生长在一起，形成多层次结构，例如寒温带针叶林和干旱地区的森林，往往是纯林或单层林，其结构除主林层树木外，林下有灌木层及地被植物层，至少分为 3 层。热带湿润地区的热带雨林，结构更为复杂，往往形成许多树种混生的、复杂的、多层次的复层混交林，其最上层是高达数十米至 100m 的树木，仅乔木即可分成 3～4 层，在乔木层下的灌木层和草本层界限不很明显，藤本植物纵横交错，同时还有众多附生植物，极为丰富。森林生态系统的结构分为垂直结构和水平结构两个方面。

（1）垂直结构　成层性是森林植物群落的基本特点之一，每一层都由不同的植物组成。不同地区和不同立地的植物群落，垂直结构有所不同。典型的森林主要包括下述四个层次。一是林冠层，也称乔木层，它是通过光合作用固定光能的主要场所，对其他层影响比较大。在热带森林里，在林冠层以上，有时可以划分出突出木层，它由位于林冠层以上生长稀疏而高度突出的树木构成。二是下木层，主要由灌木组成，它们一般比较耐阴。三是草本层，主要由禾草类、阔叶草类和蕨类植物组成，这层植物的发达程度取决于土壤的水分和营养状况以及林冠层和下木层的密度，往往随立地条件的不同而有很大的变化。四是苔藓层，主要由苔藓、地衣类等非维管束植物组成，非常低矮，基本贴近地面，都很耐阴。草本层和苔藓层可合称为活地被物层。在森林群落中，由于各层在群落中的地位和作用不同，常可分为主要层（或优势层）和次要层（或从属层）。主要层和次要层彼此相互作用，但前者对后者的影响要大于后者对前者的影响。在多数情况下，群落的最高层往往就是主要层，但是在有些情况下，较低的层次也可成为主要层。例如，热带稀树草原中的草本层和沼泽森林中由泥炭藓构成的苔藓层就是主要层，而上层散生的乔木层则是次要层，因为这些下层植物的发育和多度主要不受上层树木的影响，而乔木及其他幼树的发育则要受下层植物的影响。典型的层次分化，常因年龄阶段的差异而变得复杂起来。例如森林群落中的乔木树种，成熟阶段的个体处于乔木层中，而其幼年阶段的个体则处于下木层、草本层甚至苔藓层中。

（2）水平结构　森林群落在水平空间的构成上也是有变化的，小尺度的变化可以表现在有的地方是小的林中空地，而相邻的地方就是高大的树木群体，也有的地方是快速生长中的树木群体。这类生长阶段不同的树木群体互成镶嵌状态。之所以呈现这种现象，是因为林中的老树达到一定年龄以后，就会因病虫害、树干腐烂等发生风倒或者死亡，由此就形成森林空隙。森林空隙的形成，可为幼小个体的发育和成长创造条件，随着年龄的增加，这些树木逐步长大起来。林冠空隙的发展可以划分为：形成阶段、建成阶段和成熟阶段不同的阶段。这样从群落整体而言，就是由处于不同发展阶段的空隙所组成的镶嵌体。从大的尺度来看，森林的构成具有更显著的斑块性。如果在一个面积很大的天然林林区，到一个高山顶部举目四望，就会看到，眼前的森林就像一个万花筒，五颜六色，斑斓错落。这是因为森林是由不

同的树种构成的，而每个树种的林冠对光的反射特点有所不同。森林群落的这种斑块性源于一系列的自然条件（气候、土壤和地形）、树木的繁殖能力和繁殖方式等多种因素。

森林生态系统经历了漫长的发展历史，群落结构复杂，内部物种丰富，群落中各个成分之间及其与环境之间相互依存和制约，保持着系统的稳定。森林生态系统具有很高的自调控能力，能自行调节和维持系统的稳定结构与功能，保持着系统结构复杂、生物量大的属性。这些特点也表明，系统内部的能量、物质与物种流动途径畅通，系统的生产潜力得到充分发挥，对外界的依赖程度很小，保持着能量、物质的输入、存留和输出等各个生态过程的稳定。

森林生态系统具有巨大的生产力，拥有最大的生物产量。现在世界森林面积约为$40.3 \times 10^8 hm^2$，占陆地面积的30%左右，陆地生态系统中生物量总计约为$18320 \times 10^8 t$，其中森林生物总量达$16480 \times 10^8 t$，占整个陆地生物总量的90%左右。全部陆地生态系统每年提供的净生产量约为$1070 \times 10^8 t$，其中森林提供的干物质占65%。因此，森林在制造有机物、维持生物圈的动态平衡中占据非常重要的地位。

森林生态系统对周围环境有巨大的影响力。森林是陆地上最大的生态系统，在生物圈中扮演着重要的角色，它对生物圈中的水分循环、碳氧及其他气体循环、土壤中各种元素的生物地球化学循环以及太阳能的光合作用都有显著影响，起着重要的作用。森林的减少，必将影响着地球的生态平衡，影响到人类的生存。可以说，森林生态系统问题是全球环境问题的核心。

森林是陆地生态系统的主体，是人类进化的摇篮。随着全球气候变化、环境恶化和生物多样性的下降，人们对森林生态系统的认识也在不断深化，人类开始意识到森林的重要性不仅在于为人类的生活和生产提供了大量的资源能源，还在于其在调节气候、固碳释氧、涵养水源、保持水土、维持生物多样性、美化环境等方面表现出更大的作用，被誉为"地球之肺"，人类的长远发展与森林生态系统的健康发展密不可分。

## 三、森林生态系统组成完整，物种丰富

森林生态系统是典型的、完全的生态系统，包括一个生态系统应具备的四种基本组成成分：非生物环境、生产者、消费者、分解者。非生物环境是生物生活的场所，也是生物能量的来源。生产者主要是乔木树种，通常还有灌木、草本植物、蕨类、苔藓等。消费者主要包括昆虫、鸟类、蛇类以及其他动物，尤其一些大型森林动物如熊、虎等。分解者包括细菌、真菌、放线菌及土壤原生动物和一些小型无脊椎动物。生物部分和非生物部分对于生态系统来说是不可分离的。如果没有环境，生物就没有生存的空间，也得不到能量和物质，因而也难以生存下去；仅有环境而没有生物成分也无法成为生态系统。

中国的生物多样性居全球第八位，居北半球的第一位，中国生物区系跨越两大界，即动物地理学上的古北界和东洋界，植物地理学上的泛北界和古亚热带界，是世界上植物种类最丰富的国家之一。据调查统计，全国有高等植物32000多种，其中种子植物24550种，与世界各国相比，仅次于马来西亚（45000种）和巴西（40000种），居世界第三位。在种子植物中，被子植物有24357种，占世界总数的10.8%；裸子植物有193种，占世界总数的28.5%。此外，我国蕨类植物种数占世界总数的22%，苔藓植物种数占世界总数的10%。

中国是世界上森林树种特别是珍贵稀有树种最多的国家之一，构成中国森林的树种极其繁多，据统计，全国乔灌木树种约有8000种，其中乔木约2000种，而材质优良、树干高大

通直、经济价值高、用途广的乔木树种约有1000余种，既有针叶树种又有阔叶树种。针叶类的松、杉是北半球的主要树种，全球约有30属，而中国就有20属、近200种。其中有8个属为中国特有属，分别为水杉属、银杉属、金钱松属、水松属、台湾杉属、油杉属、福建柏属和杉木属。针叶树种主要分布在从大小兴安岭到喜马拉雅山，从台湾到新疆阿尔泰山的寒温性针叶林、温性针叶林、温性针阔叶混交林、暖性针叶林、热性针叶林各类型生态系统中。阔叶树种更为丰富，达200属之多，其中有大量特有属，如珙桐属、杜仲属、旱莲属、山荔枝属、香果树属和银鹊树属等。在种类繁多的树种中，有很多珍贵稀有树种，如水杉、银杏、银杉、红豆杉、金钱松、雪松、竹叶松、竹柏、福建柏、珙桐、山荔枝、香果树、紫檀、降香黄檀、樟木、楠木、红木、柚木、桃花心木、红椿、绿楠、青钩栲、木荷、胡桃楸、水曲柳、黄波罗、杉木、树蕨等。阔叶树主要分布于包括落叶阔叶林、常绿落叶阔叶混交林、常绿阔叶林、季雨林、雨林和红树林等各森林生态系统内。

中国也是世界上竹类资源最为丰富的国家之一，素有"竹子王国"之称，全国有竹类40多个属近500种，竹林分布遍及全国20个省（自治区、直辖市），其中以毛竹分布最为广泛，面积大、蓄积量多、经济价值高和用途广。毛竹分布范围东起台湾，西至云南，南至广东、广西，北至安徽、河南，面积占中国竹林总面积的78%，约有250×10⁴hm²。

中国森林生态系统中有繁多的经济树种，包括木本粮油林、果木林、特用经济林、其他经济林和林副产品。中国的经济林分布最广，从南到北，从东到西，凡是有森林分布的地方，几乎都生长有各种各样的经济林，它在中国国民经济中占有重要的地位。

## 四、森林资源绝对量高，人均水平低

根据第七次全国森林资源清查结果，全国林地面积30378.19×10⁴hm²，其中，有林地面积18138.09×10⁴hm²，灌木林地面积365.34×10⁴hm²，疏林地面积482.22×10⁴hm²，未成林造林地面积1046.54×10⁴hm²，苗圃地面积45.40×10⁴hm²，无立木林地709.61×10⁴hm²，宜林地4403.54×10⁴hm²，其他林地187.81×10⁴hm²。在有林地中，林分面积15558.99×10⁴hm²，占85.78%；经济林2041.00×10⁴hm²，占11.25%；竹林538.10×10⁴hm²，占2.97%。

全国活立木总蓄积为11455393.79×10⁴m³，其中：森林蓄积11336259.46×10⁴m³，疏林蓄积11423.77×10⁴m³，散生木蓄积74468.12×10⁴m³，四旁树蓄积33242.44×10⁴m³。中国的林木蓄积主要集中分布在西南和东北地区，仅西藏、四川、云南、黑龙江、内蒙古、吉林6省（自治区）的森林蓄积占66.88%。尤其是西南地区，大部分森林蓄积为人员不可及的成过熟林蓄积，林木枯损量大，基本上维持生长与枯损平衡状态。而生态极其脆弱的陕西、甘肃、青海、宁夏、新疆西北5省（自治区）森林蓄积不足7%。这种状况不利于森林资源可持续经营，已经成为森林资源可持续发展的障碍。

根据第七次全国森林资源清查结果（表3-1），中国森林面积持续增长，与上次清查相比，森林面积增加2054×10⁴hm²，森林覆盖率由上次清查的18.21%增加到本次的20.36%，增长了2.15个百分点，年均增加0.43个百分点；森林蓄积稳步增长，全国森林蓄积比上次清查净增11.23×10⁸m³，相当于为全国每人增加0.84m³的森林储备量，特别是人工林蓄积增长明显加快，净增4.56×10⁸m³，占森林蓄积净增量的40.6%。中国森林面积达1.95×10⁸hm²，森林蓄积量达137.21×10⁸m³，绝对数值均非常可观，在世界上具有重要的地位。

表 3-1　历次森林清查结果主要指标状况表

| 清查期 | 活立木蓄积<br>/$10^4 m^3$ | 森林面积<br>/$10^4 hm^2$ | 森林蓄积量<br>/$10^4 m^3$ | 森林覆盖率<br>/% |
|---|---|---|---|---|
| 第一次(1973~1976 年) | 953227.00 | 12186.00 | 865579.00 | 12.70 |
| 第二次(1977~1981 年) | 1026059.88 | 11527.74 | 902795.33 | 12.00 |
| 第三次(1984~1988 年) | 1057249.86 | 12465.28 | 914107.64 | 12.98 |
| 第四次(1989~1993 年) | 1178500.00 | 13370.35 | 1013700.00 | 13.92 |
| 第五次(1994~1998 年) | 1248786.39 | 15894.09 | 1126659.14 | 16.55 |
| 第六次(1999~2003 年) | 1361810.00 | 17490.92 | 1245584.58 | 18.21 |
| 第七次(2004~2008 年) | 1491300.00 | 19545.00 | 1372100.00 | 20.36 |

　　我国森林资源无论是面积还是蓄积量，其绝对量在世界上都占有一定地位。中国森林面积占世界的 4.5%，居俄罗斯、巴西、加拿大、美国之后，列全球第五位；蓄积量占世界的 3.2%，居俄罗斯、巴西、美国、加拿大、刚果（金）之后，列世界第六位。世界森林生物量为 $4404.79 \times 10^8 t$，其中发达国家为 $1125.98 \times 10^8 t$，占 25.6%；发展中国家为 $3278.82 \times 10^8 t$，占 74.4%；巴西森林生物量高达 $1060.53 \times 10^8 t$，居世界之首，第 2 位是俄罗斯，为 $503.02 \times 10^8 t$；中国为 $160.09 \times 10^8 t$，列世界第 8 位。

　　但是，中国人口众多，地区差异性大，局部生态状况仍在恶化，提高人民生活水平和改善生态状况对森林资源的需求与日俱增，森林资源总量相对不足。森林覆盖率为 20.36%，仅相当于世界平均水平的 2/3，居世界第 139 位；人均森林面积 $0.145 hm^2$，不足世界人均占有量的 1/4；人均森林蓄积量为 $10.151 m^3$，只占世界平均水平的 1/7。中国用占世界不足 5% 的森林资源，既要满足占世界 22% 人口的生产、生活和国家经济建设的需要，又要维护世界 7% 的土地的生态安全，显然是不足的。从维护良好的生态状况，满足人民生产、生活和国家经济建设需要，有效发挥森林多种效益的要求看，中国的森林资源还是非常贫乏的。

## 五、森林资源质量有所改善，总体质量不高

　　近年来，通过积极培育和严格保护等措施，我国森林的数量快速增加，质量、结构明显改善，功能和效益正逐步朝着协调的方向发展。从第七次全国森林资源清查结果看，全国森林每公顷蓄积量增加 $1.15 m^3$，每公顷年均生长量增加 $0.30 m^3$，混交林比例上升 9.17 个百分点。有林地中，公益林的比例上升 15.64 个百分点，达到 52.41%。林木平均生长速度加快，森林质量有所改善；龄组结构、树种结构渐趋合理；我国林种结构得到了调整，防护林、特用林比例大幅度增加。

　　从森林生态学的角度分析，森林单位面积蓄积量、单位面积生长量、单位面积株数、平均郁闭度、平均胸径、群落结构、树种结构、森林灾害、森林健康状况等是评价森林质量的重要指标。综合利用这些指标，采用层次分析法和专家咨询法，对我国森林的质量按照好、中、差三个等级进行评估。结果显示，森林质量等级好的面积占 16.66%，中等的面积占 60.96%，差的面积占 22.38%。经综合评价，森林质量指数为 0.57，质量整体上处于中等水平。从各省（自治区、直辖市）来看，全国第七次清查森林资源质量等级达到良以上的有 2 个省，评分值最高的西藏达 0.696，其次是吉林省为 0.662，中等的有 25 个省，较差的有北京、上海、河北和宁夏 4 个省（自治区、直辖市），与第六次清查相比，质量指数有所提高的有 15 个省，由差等变为中等的有天津市和山西省。

　　就我国的全部森林资源来讲，幼龄林、中龄林的比例过大，成熟林、过熟林比例太低，

森林生态系统的整体质量还不高，与社会需求之间的矛盾仍相当尖锐，保护和发展森林任重而道远。

与世界森林资源相比，中国森林资源质量不高，增长缓慢。林分平均蓄积量、平均郁闭度等指标远低于世界林业发达国家。林木龄组结构不尽合理，人工林经营水平不高，树种单一现象仍比较严重，这说明中国的林地生产力还处于较低水平，森林质量仍亟待提高。

## 六、森林生态系统的林种与树种结构发生了变化

据第七次全国森林资源清查，中国各林种结构渐趋合理，其面积与蓄积量发生了变化，其中，用材林面积有所减少，第六次清查用材林面积为 $7863 \times 10^4 hm^2$，蓄积量 $55.13 \times 10^8 m^3$，而第七次清查用材面积为 $6416.16 \times 10^4 hm^2$，蓄积量 $42.27 \times 10^8 m^3$，用材面积与蓄积量分别减少了 18.4% 和 23.3%。同时，防护林面积有所增加，由第六次的 $5475 \times 10^4 hm^2$ 增加到第七次的 $8308.38 \times 10^4 hm^2$，蓄积量也由 $55.01 \times 10^8 m^3$ 增加到 $73.5 \times 10^8 m^3$。防护林和特种用途林面积比例已由上次清查的 41% 增加到本次清查的 52.41%，上升了 11 个百分点。天然林面积、蓄积量都明显增加。全国天然林面积已达 $11969.25 \times 10^4 hm^2$，占有林地面积的 65.99%；蓄积量 $1140207.18 \times 10^4 m^3$，占森林蓄积的 85.33%。天然林分单位面积蓄积量为 $98.64 m^3$。

这说明我国在实施林业可持续发展战略和重点生态工程战略时，对现有天然林及其他各林种及其功能进行了调整，特别是对国有林区森林进行了停止采伐或限额采伐，使一部分森林的功能发生了转变，由用材林转变为生态公益林，使林种结构发生了变化，以生态建设为主的林业发展战略初见成效。

龄组结构和树种结构也发生了变化。中国地域辽阔，南北方森林树种生长发育差异很大，在同一地区同一树种，由于起源不同，生长也有较大差异。根据树种的生物学特性和生长过程及经营利用方向的不同，林分按年龄大小划分为幼龄林、中龄林、近熟林、成熟林和过熟林。目前，幼龄林面积 $5261.86 \times 10^4 hm^2$，蓄积 $148777.11 \times 10^4 m^3$；中龄林面积 $5201.47 \times 10^4 hm^2$，蓄积 $386141.65 \times 10^4 m^3$；近熟林面积 $2305.37 \times 10^4 hm^2$，蓄积 $264983.39 \times 10^4 m^3$；成熟林面积 $1871.25 \times 10^4 hm^2$，蓄积 $315872.22 \times 10^4 m^3$；过熟林面积 $919.04 \times 10^4 hm^2$，蓄积 $220485.09 \times 10^4 m^3$。在乔木林面积中，幼、中龄林面积比例较大，占 67.25%，表明森林资源发展后劲较大。按优势树种（组）统计，面积比重排名前 10 位的有栎类、马尾松、杉木、桦木、落叶松、杨树、云南松、云杉、柏木、冷杉，面积合计 $8260.69 \times 10^4 hm^2$，占全国的 55.40%；蓄积量合计 $760345.78 \times 10^4 m^3$，占全国的 56.90%。

## 七、森林生态系统人工林面积大，但整体水平不高

新中国成立以来，中国政府高度重视人工林的培育，采取了一系列政策措施，有力地促进了造林绿化工作的开展。中国的人工林建设发展很快，人工林的面积呈现持续增长的态势。人工林面积由第一次清查时的 $2369 \times 10^4 hm^2$ 增长到第七次的 $6168.84 \times 10^4 hm^2$，从第一次到第七次清查，人工林面积增长 1.6 倍。通过几十年的不懈努力，中国人工林建设取得了巨大成就，人工林面积居世界第一。

但是，中国人工林经营水平普遍不高，加上人工林大部分还处在幼龄林和中龄林阶段，中幼龄林面积比例占 75.62%，人工林单位面积蓄积 $49.01 m^3/hm^2$，相当于林分平均水平的 57%，其中有些省区如山西、内蒙古、陕西、宁夏，人工林林分每公顷蓄积量少于

$30m^3$。人工林分平均胸径11.7cm，比林分平均胸径低16%，其中浙江、广西人工林分平均胸径还不足10cm。全国人工林面积中，杉木、马尾松、杨树3个树种面积所占比例将近1/2，针叶林达到了近70%，人工林树种单一的现象十分普遍。单一化的树种结构，造成了病虫害发生率增高，地力衰退严重，生物多样性下降，不利于人工林持续健康发展，人工林的多功能效益也难以充分体现。加强人工林的科学经营，加大集约经营力度，提高林地生产力，已迫在眉睫。

世界人工林主要集中分布在10个国家，中国的面积高居第一，占世界人工林总面积的28.7%。其次为印度，人工林面积$3257.8×10^4hm^2$，占17.4%。尽管我国人工林面积居世界第一位，但其中3/4以上为中幼龄林，其生产力较低，平均每年生长量仅$2.0\sim3.0m^3/hm^2$，远低于国际平均水平$7\sim15m^3/hm^2$。且大多为单一树种的纯林，因而其防护功能和生态稳定性远低于天然林。

我国60余年森林发展的总趋势是有林地面积有所增加，活立木蓄积不断增加，林分蓄积呈持续增长，其主要原因是中国人工造林发展迅速。中国林业发展后劲较大，森林资源向有利于可持续利用的趋势发展。应当说，在世界森林资源总体呈下降趋势的今天，中国从20世纪90年代初消灭了森林资源赤字，开始走向森林面积和森林蓄积量"双增长"，这是中国对改善全球生态状况所做出的重要贡献。

# 第二节　森林生态系统服务功能[1]

生态系统是生物圈的基本组织单元，它不仅为人类提供各种商品，同时在维持生命的支持系统和环境的动态平衡方面起着不可取代的重要作用。但随着人口的急剧增加、资源的过度消耗和环境污染的日益加剧，自然生态系统遭到了巨大冲击与破坏，全球性和区域性的生态危机日益显现，有人估计全球生态系统功能的60%已经退化。从生态系统服务功能的现状来看，不同类型的生态系统服务功能的状况有较大的区别，除以生产服务为主的部分（如作物、渔业、旅游等生产功能）有所加强外，其余的以调节作用为主的生态系统功能（如基因资源、天然食品、生物燃料、淡水供应、空气调节、地区气候调节、水的净化、病虫害调控、自然灾害的减缓以及美学等方面）的功能则明显退化和减少。人类对生态系统的破坏已经具有全球性的特点与规模。充分地了解森林生态系统的功能和价值，并加以合理的保护、利用与恢复，成为应对全球气候变化和维护可持续发展的当务之急。

森林是陆地生态系统的主体，以其丰富的生物多样性、复杂的结构和生态过程，以及调节气候、涵养水源、保持水土、防风固沙等多种功能，对改善生态环境，维持生态平衡，保护人类生存发展的"基本环境"起着决定性和不可替代的作用。森林生态系统大多分布在经济欠发达地区，而森林生态效益的受益者主要是江河中下游地区，一般属于我国经济较发达地区。居住在生态公益林区的林农群众为了全社会的利益牺牲自己的发展机会，而人们却在无偿使用森林的生态效益，事实上就出现了"少数人负担，全社会受益，穷人贡献，富人享受"的不公平现象。根据"谁受益，谁补偿；谁破坏，谁恢复"的原则，生态系统服务功能的受益者应该对保护者予以一定的生态补偿，以维护公平的利益分配和维护保护者应有的权益，这样做不仅有利于促进生态保护和恢复，而且有利于区域经济的协调发展和贫困问题的解决。因此，全面了解并恰当估价森林生态系

---

[1]　本节作者为李芬（深圳市建筑科学研究院有限公司）。

统服务，并为生态补偿提供重要的科学依据，成为当前社会普遍关注的热点问题。

## 一、森林生态系统服务功能研究进展

早在 19 世纪后期，在国外的生态学及其分支学科中就已有关于生态系统服务功能的报道，但是由于科学水平和技术手段的限制，当时的认识只能停留在定性的描述阶段。20 世纪 70 年代初，"Study of Critical Environmental Problems" 首次使用 "Ecosystem Service"（生态系统服务功能）一词来描述生态环境对人类社会的支持作用，并经过 Holdren 和 Ehrlich 等人的探讨和扩展后（Holdren J 等，1974；Westman W E，1977；Ehrlich P R 等，1992），逐渐为人们所公认和普遍使用。20 世纪 90 年代以后，国外的一些生态学家和生态经济学家又对生态系统服务经济价值的综合测算进行了探索，尤其是 Daily（1997）、Costanza（1997）以及联合国千年评估计划（MA）做出了杰出的贡献（Daily G C，1997；Costanza R 等，1997；Millennium Ecosystem Assessment，2003）。

第 13 届世界林业大会上，"森林为人类提供的服务（Forests in the Service of People）"作为大会的 7 个热点问题之一得到了与会人员的高度关注，而 "环境服务价值评估与利益共享（Valuation of Environmental Services and Benefit Sharing）"分论坛分别就价值评估的意义、森林与水的竞争关系、城市森林的服务价值、生物多样性保育、热带雨林的水源涵养功能等问题进行研讨。

虽然早在古代，中国学者对生态系统的服务功能就有了感性认识与实践，但是从科学的高度对生态系统服务的价值研究开展较晚。但是近年来我国在这一领域研究进展较快，不仅对生态系统服务价值评估的理论与方法进行了研究与探索，而且开展了大规模的生态系统服务价值评估案例的具体实践，并取得了重要进展。

生态系统功能的研究是价值评估的基础，价值评估是将生态系统功能进行货币化的评价过程。国内一些生态学和生态经济学者对森林生态系统服务及其价值评估理论、方法和实践应用等方面进行了初步探索（侯元兆等，1998；周晓峰等，1999；薛达元等，1999），特别是 21 世纪以来，在不同地区、不同尺度和不同类型的生态系统服务方面开展了大量工作（欧阳志云等，2000；赵同谦等，2004；余新晓等，2005；靳芳等，2005；李文华等，2007），同时水源涵养、水土保持、固碳释氧、大气净化和景观游憩等单项服务功能及其价值也受到重视。大量研究积累了丰富的资料，取得了一些有价值的研究成果，这些工作对于正确认识生态资产、积极实施生态保护措施起到了极大的促进作用。

总的看来，近年来中国森林生态系统服务研究呈现以下几个特点：一是研究领域不断拓展，开始主要是针对森林生态系统的直接经济价值的研究，近年来对于森林其他生态效益价值评估的研究也越来越多；二是研究范围不断扩大，从区域到全国研究案例越来越多；三是评估方法正逐步规范化，2008 年 5 月国家林业局出台了中华人民共和国林业行业标准——《森林生态系统服务功能评估规范》（LY/T 1721—2008），对森林生态系统服务功能评估的数据来源、评估指标体系和评估公式等加以规范化，为生态系统服务评估方法的规范化标准化研究做出了有益的尝试。

## 二、森林生态系统服务功能评估方法

### 1. 概述

森林生态系统服务功能评估采用森林生态系统服务功能评估的理论和方法，以全国森林资源连续清查成果和森林生态系统定位研究站的长期观测数据集为基础，以中华人民共和国林业行业标准《森林生态系统服务功能评估规范》（LY/T 1721—2008）为依据，综合运用生态学、水土保持学、经济学等理论方法，以遥感、地理信息系统、过程机理模型等为工具，采用分布式计算方法与NPP实测法，由点上剖析推至面上分析，从物质量和价值量两个方面对全国森林的生态服务功能进行了评估。

物质量评估主要是对生态系统提供的服务的物质数量进行评估，即根据不同区域、不同生态系统的结构、功能和过程，从生态系统功能机制出发，利用适宜的定量方法确定提供服务的物质数量。物质量的特点是评估结果比较直观，能够较客观地反映生态系统的生态过程，进而反映生态系统的可持续性。

价值量评估主要是利用一些经济学方法对生态系统提供的服务进行评估。价值量评估的特点是评估结果为货币量，将不同生态系统与一项生态系统服务进行比较，也能将某一生态系统的各单项服务综合起来，运用价值量评估方法得出的货币结果引起人们对区域生态系统服务的足够重视，其评价研究能促进环境核算，将其纳入国民经济核算体系，最终实现绿色GDP，从而促进可持续发展。

中华人民共和国林业行业标准《森林生态系统服务功能评估规范》（LY/T 1721—2008）规定了涵养水源、保育土壤、固碳释氧、积累营养物质、净化大气环境、森林防护、生物多样性保护和森林游憩8项功能14个指标。由于森林防护、降低噪声和森林游憩等指标计算方法尚未成熟，因此研究中未涉及森林防护、降低噪声和森林游憩的功能和价值评估。森林生态服务功能评估指标体系见图3-1。

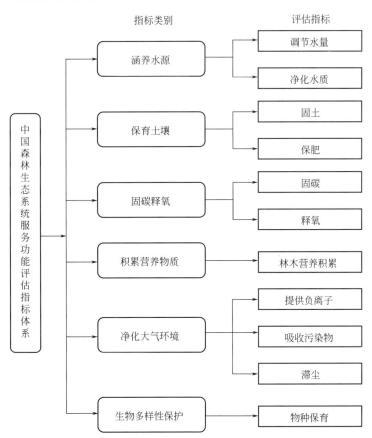

图 3-1　森林生态服务功能评估指标体系

### 2. 森林生态系统服务功能评估指标

（1）涵养水源功能　森林涵养水源功能主要是指由于森林生态系统特有的水文生态效应，而使森林具有的蓄水、调节径流、缓洪补枯和净化水质等功能。主要表现在截留降水、缓和地表径流、抑制土壤蒸发、涵蓄土壤水分、改善水质、补充地下水、调节河川流量等方面。

（2）保育土壤功能　森林保育土壤功能主要是指森林中活地被物和凋落物层的存在，使得降水被层层截留，清除了水涵对表土的冲击和地表径流的侵蚀作用。网状分布的林木根系固持土壤，减少土壤侵蚀和土壤肥力损失，改善了土壤结构等方面的功能。

森林保育土壤功能主要表现为减少土壤侵蚀、保持土壤肥力、防沙治沙、防灾减灾（如山崩、滑坡、泥石流）、改良土壤等方面。

（3）固碳释氧功能　森林是地球生物圈的支柱，植物通过光合作用吸收空气中的 $CO_2$，利用太阳能生成碳水化合物，同时释放出氧气。由光合作用方程式可知，植物利用 28.3kJ 的太阳能吸收 264g $CO_2$ 和 803g $H_2O$，产生 180g 葡萄糖和 192g $O_2$，其中 180g 葡萄糖转化成 162g 多糖（纤维素或淀粉），其呼吸作用正与光合作用相反。

（4）积累营养物质功能　森林植被在其生长过程中不断地从周围环境中吸收氮、磷、钾等营养物质，并储存在体内各器官，这些营养元素一部分通过生物地球化学循环以枯枝落叶的形式归还土壤，一部分以树干淋洗和地表径流等形式流入江河湖泊，另一部分以林产品形式输出生态系统，再以不同形式释放到周围环境中。

（5）净化大气环境功能　净化大气环境功能是指森林生态系统通过吸收、过滤、阻隔、分解等过程将大气中的有毒物质（如二氧化硫、氟化物、氮氧化物、粉尘、重金属等）降解和净化，降低噪声，并提供负离子、萜烯类物质（如芬多精）等的功能。

（6）森林防护功能　森林有多种防护作用，如水土保持、防风固沙、涵养水源、防灾减灾等。由于涵养水源、水土保持功能前面都有具体指标，这里仅指农田防护林和沿海防护林防风固沙、降低自然灾害的功能。

（7）生物多样性保护功能　森林对生物多样性保护功能是指森林生态系统为生物物种提供生存与繁衍的场所，从而对其起到保育作用的功能。生物多样性包括动物、植物、微生物及其所拥有的基因及生物的生存环境，是人类社会生存和可持续发展的基础。通常生物多样性分为 3 个部分，即生态系统多样性、物种多样性和遗传（基因）多样性。

（8）森林游憩功能　森林游憩功能是指森林生态系统为人类提供休闲和娱乐的场所，使人消除疲劳、身心愉悦、有益健康的功能。

### 3. 森林生态服务功能价值评估

中国森林生态服务功能总价值为 13 分项之和，公式为：

$$U = \sum_{i=1}^{13} U_i \tag{3-1}$$

式中　$U$——中国森林生态系统服务功能年总价值，元/a；

$U_i$——中国森林生态系统服务功能各分项年价值，元/a。

采用权威部门公布的 15 个社会公共数据，其主要来源如下。

水库库容造价：根据 1993～1999 年《中国水利年鉴》平均水库库容造价为 2.17 元/ $m^3$。2005 年价格指数为 2.816，即得到单位库容造价为 6.1107 元/t。

居民用水价格：采用网格法得到 2007 年全国各大中城市的居民用水价格的平均值，为

2.09 元/t。

磷酸二铵含氮量：磷酸二铵化肥含氮量为 14％，来自化肥说明。

磷酸二铵含磷量：磷酸二铵化肥含磷量为 15.01％，来自化肥说明。

氯化钾含钾量：氯化钾化肥含钾量为 50％，来自化肥说明。

磷酸二铵价格：采用农业部《中国农业信息网》（http：//www.agri.gov.cn/）2007 年春季平均价格，为 2400 元/t。

氯化钾价格：采用农业部《中国农业信息网》（http：//www.agri.gov.cn/）2007 年春季平均价格，为 2200 元/t。

有机质价格：采用农业部《中国农业信息网》（http：//www.agri.gov.cn/）2007 年草炭土春季平均价格为 200 元/t，草炭土中含有机质 62.5％，折合为有机质价格为 320 元/t。

固碳价格：欧美发达国家和地区正在实施温室气体排放税收制度，对 $CO_2$ 的排放征税。环境经济学家们多使用瑞典的碳税收率 150 美元/t（折合人民币为 1200 元/t），因此本报告也采用这个价格。

氧气价格：采用中华人民共和国卫生部网站（http：//www.moh.gov.cn）中 2007 年春季氧气平均价格，为 1000 元/t。

负离子价格：负离子价格根据台州科利达电子有限公司生产的适用范围 $30m^2$（房间高为 3m）、功率为 6W、负离子浓度 $10^6$ 个/$cm^3$、使用寿命为 10 年、价格 65 元/个的 KLD-2000 型负离子发生器而推断获得，其中负离子寿命为 10min、电费为 0.4 元/千瓦时。

二氧化硫治理费用：采用国家发展与改革委员会等四部委 2003 年第 31 号令《排污费征收标准及计算方法》中北京市高硫煤二氧化硫排污费收费标准，为 1.20 元/kg。

氟化物治理标准：采用国家发展与改革委员会等四部委 2003 年第 31 号令《排污费征收标准及计算方法》中氟化物排污费收费标准，为 0.69 元/kg。

氮氧化物治理标准：采用国家发展与改革委员会等四部委 2003 年第 31 号令《排污费征收标准及计算方法》中氮氧化物排污费收费标准，为 0.63 元/kg。

降尘清理费用：采用国家发展与改革委员会等四部委 2003 年第 31 号令《排污费征收标准及计算方法》中一般性粉尘排污费收费标准，为 0.15 元/kg。

## 三、森林生态系统服务功能评估结果

### 1. 森林生态服务功能物质量评估

第七次全国森林资源清查期间（2004～2008），中国森林生态系统服务功能的物质量评估结果见表 3-2。中国森林生态系统涵养水源量为 $4947.66×10^8 m^3/a$；固土 $70.35×10^8 t/a$，减少土壤中 N 损失 $0.13×10^8 t/a$，减少土壤中 P 损失 $0.07×10^8 t/a$，减少土壤中 K 损失 $1.14×10^8 t/a$，减少土壤中有机质损失 $2.30×10^8 t/a$；固碳 $3.59×10^8 t/a$（折算或吸收 $CO_2 13.16×10^8 t/a$，其中土壤固碳 $0.58×10^8 t/a$），释氧 $12.24×10^8 t/a$；林木积累 N$981.43×10^4 t/a$，积累 P$152.81×10^4 t/a$，积累 K$542.38×10^4 t/a$；提供负离子 $1.68×10^{27}$ 个/a，吸收 $SO_2 297.45×10^8 kg/a$，吸收氟化物 $10.81×10^8 kg/a$，吸收氮氧化物 $15.13×10^8 kg/a$，滞尘 $50014.13×10^8 kg/a$。

本报告中的中国森林包括第七次森林资源清查规定的有林地（乔木林、经济林、竹林）和灌木林地。其中，灌木林涵养水源量为 $1112.62×10^8 m^3/a$；固土 $16.92×10^8 t/a$，减少 N 损失 $250.38×10^4 t/a$，减少 P 损失 $118.77×10^4 t/a$，减少 K 损失 $2703.89×10^4 t/a$，减少有

表 3-2　　中国森林生态系统服务功能物质量评估表

| 功能类别 | 指标 | 物质量 | 功能类别 | 指标 | 物质量 |
|---|---|---|---|---|---|
| 涵养水源 | 调节水量 | $4947.66\times10^8\,m^3/a$ | 积累营养物质 | 林木积累 N | $981.43\times10^4\,t/a$ |
| 保育土壤 | 固土 | $70.35\times10^8\,t/a$ | | 林木积累 P | $152.81\times10^4\,t/a$ |
| | 减少 N 损失 | $0.13\times10^8\,t/a$ | | 林木积累 K | $542.38\times10^4\,t/a$ |
| | 减少 P 损失 | $0.07\times10^8\,t/a$ | 净化大气环境 | 提供负离子 | $1.68\times10^{27}$ 个$/a$ |
| | 减少 K 损失 | $1.14\times10^8\,t/a$ | | 吸收 $SO_2$ | $297.45\times10^8\,kg/a$ |
| | 减少有机质损失 | $2.30\times10^8\,t/a$ | | 吸收 HF | $10.81\times10^8\,kg/a$ |
| 固碳释氧 | 固碳 | $3.59\times10^8\,t/a$(其中土壤固碳量为 $0.58\times10^8\,t/a$) | | 吸收 $NO_x$ | $15.13\times10^8\,kg/a$ |
| | 释氧 | $12.24\times10^8\,t/a$ | | 滞尘 | $50014.13\times10^8\,kg/a$ |

机质损失 $4711.67\times10^4\,t/a$；固碳 $5511.83\times10^4\,t/a$（折算成吸收 $CO_2$ $2.02\times10^8\,t/a$），释氧 $11187.40\times10^4\,t/a$；林木积累 N$114.26\times10^4\,t/a$，积累 P$15.91\times10^4\,t/a$，积累 K$58.53\times10^4\,t/a$；提供负离子 $8.87\times10^{25}$ 个$/a$，吸收 $SO_2$ $49.41\times10^8\,kg/a$，吸收氟化物 $1.82\times10^8\,kg/a$，吸收氮氧化物 $3.12\times10^8\,kg/a$，滞尘 $6118.10\times10^8\,kg/a$。

### 2. 森林植被生物量和碳储量评估

中国森林植被生物量和碳储量评估中，森林植被是指乔木林、疏林地、灌木林（不包括乔木林下的灌木）、竹林、散生木和四旁树。森林植被的生物量和碳储量的测算包括地上和地下部分。计算范围不包括我国的台湾省、香港特别行政区和澳门特别行政区。测算的基本方法是：以第七次全国森林资源连续清查体系的调查成果为依据，分省、分树种，采用二元生物量回归模型作为生物量计算方法；以树种含碳率作为生物量转换为碳储量的系数，获得碳储量。

（1）森林植被生物量　据第七次全国森林资源清查，中国森林植被生物量总量为 $157.7\times10^8\,t$。其中乔木林占 84.91%；疏林地、散生木和四旁树占 8.04%；灌木林占 4.54%；竹林占 2.52%。中国森林植被生物量总量主要分布在西南和东北地区，占全国森林植被总生物量的 59.95%，这些地区乔木林单位面积生物量大于全国平均水平。全国乔木林总生物量中，天然林占 83.29%，人工林占 16.71%。以栎类、杉木、杨树、马尾松、白桦和落叶松为优势树种（组）的森林生物量较大，平均分别占全部生物量的 5% 以上，这 6个树种的生物量合计占全国总生物量的近 40%。

（2）森林植被碳储量　中国森林植被碳储量总量为 $78.11\times10^8\,t$，相当于燃烧 $109\times10^8\,t$ 标准煤二氧化碳的排放量。其中乔木林占 85.29%；疏林地、散生木和四旁树占 7.59%；灌木林占 4.58%；竹林占 2.54%。中国森林植被碳储量主要集中在东北和西南两大地区，占全国森林植被碳储量的 60%。全国乔木林总碳储量中，天然林占 83.05%，人工林占 16.95%。以栎类、杉木、杨树、落叶松和白桦为优势树种（组）的森林碳储量较大，均占全部碳储量的 5% 以上，这 5个树种的碳储量占全国总碳储量的 33%。

### 3. 森林生态系统服务功能价值评估

（1）涵养水源功能　中国森林生态系统年涵养水源量为 $4947.66\times10^8\,m^3$，相当于 12个三峡水库 2009年蓄水至 175m 水位后的库容量。中国森林生态系统涵养水源年价值量为 4.06 万亿元。

（2）保育土壤功能　中国森林生态系统年固土量达到了 $70.35\times10^8\,t$，相当于全国每平方公里土地减少 730t 土壤流失。如按土层深度 40cm 计算，每年森林可减少土地损失

$351.75 \times 10^4 \, hm^2$。森林年保肥量为 $3.64 \times 10^8 \, t$，如按含氮量 14% 计算，折合氮肥 $26 \times 10^8 \, t$。中国森林生态系统保育土壤年价值量为 0.99 万亿元。

（3）固碳释氧功能　是中国森林生态系统的年固碳量为 $3.59 \times 10^8 \, t$，年释氧量为 $12.24 \times 10^8 \, t$，中国森林生态系统固碳释氧年价值量为 1.56 万亿元。

（4）积累营养物质功能　森林植被的积累营养物质功能对降低下游面源污染及水体富营养化有重要作用。中国森林生态系统每年林木积累营养物质量达到 $0.17 \times 10^8 \, t$，年价值量为 0.21 万亿元。

（5）净化大气环境功能　中国森林年吸收大气污染物量达到了 $0.32 \times 10^8 \, t$，年滞尘量达到 $50.01 \times 10^8 \, t$，相当于数以亿计的空气净化设备。中国森林生态系统净化大气环境的年价值量为 0.79 万亿元。

（6）生物多样性保护功能　森林生态系统具有强大的生物多样性保护价值，为数以万计的植物和动物提供了生存和繁衍场所，中国森林生态系统生物多样性保护年价值为 2.40 万亿元。

## 四、森林生态系统服务功能评估发展趋势

综上所述，国内外虽然提出了不少评价指标体系，但在评价标准方面仍存在很多问题，亟待建立一套以生态经济理论和系统分析原理为指导、定性与定量相结合的原则和方法，能客观、全面、准确并定量化反映生态服务功能的评价指标或指标体系。研究综述还发现，现行的国民经济核算体系只体现生态系统为人类提供的直接产品的价值，而未能体现其作为生命支持系统的间接价值。生态系统服务评价研究将为促进环境核算及其纳入国民经济核算体系而最终实现绿色 GDP 做出积极贡献。生态系统服务评价研究以现行社会通行的和人们熟知的经济价值形式描述了生态系统服务的重要程度，以货币的形式显示自然生态系统为人类提供服务的价值，可以有效地帮助人们定量地了解生态系统服务的价值，从而提高人们对生态系统服务的认识程度，进而提高人们的环境意识。

因此，建立有效的森林生态系统服务评价体系是我国林业实现跨越式发展的迫切需要，将使我国林业建设步入一个新的阶段。

### 1. 区分"潜在的"生态系统服务价值和"现实的"生态系统服务价值

森林生态系统服务具有各种各样的功能，从价值上可以区分为"潜在的"功能价值和"现实的"功能价值。潜在功能价值是指各类生态系统客观存在的各种功能，这些功能在现有的经济体核算中可能并无体现，如授粉、释放氧气、杀菌、制药等功能。虽然这些生态系统服务功能价值巨大且具有非常重要的作用，但是在现实的社会经济生活中，会出现天文数字、无人买单的现象。而且这部分的价值评估复杂，具备一定的随机性、模糊性。然而在现实生活中，已经有一部分进入了经济核算体系中的生态系统服务功能，如森林生态旅游、水土保持功能、煤矿土地的保护功能等。这些现实的生态系统服务功能价值虽然由于是经济的外部性造成的，并没有在直接保护的部门中体现出来，却在另外的部门中得到体现，如旅游局收取了森林生态旅游的费用，水利部收取了水土保持功能的费用。我们把这部分价值与潜在的生态系统服务功能价值相区别，而把它称为"现实的"生态服务功能价值。这类功能价值的补偿可以通过部门间的协调加以解决。

因此，在将生态系统服务的价值纳入经济核算体系或生态补偿标准制定的过程中时，应秉持由简到繁、由确定到不确定的原则。例如现阶段可以重点研究这些已经能够通过市场实

现的或是社会普遍关注的功能，如水源涵养、水土保持、固碳等，辨识其价值流向及在价值实现过程中相关部门的成本投入，为生态补偿提供现实可行的科学依据。

### 2. 生态系统服务形成机制研究

生态系统服务是人类从生态系统维持自身的生境、生物、生态系统的特征或过程中直接或间接获得的利益，而生态系统的结构与过程是相互作用、相互影响的，研究这两方面相互作用的关系是弄清生态系统服务形成机制的基础，也可为生态系统服务功能的维持与保育提供方法与对策。同时对于不同生态类型的各种服务价值研究，生态系统功能评价是区域规划的基础和重要依据。通过生态系统服务功能的评价，可以明确区域内的生态系统重要性差异及其空间分布特征，确定生态系统不同类型服务功能的重要地区及其分布，确定区域优先保护生态系统和优先保护地区，从而科学合理地进行区域生态区划和生态规划，在时间和空间尺度上实现资源的合理利用和区域可持续发展。

### 3. 探索不同尺度下的空间数据耦合和应用方法

区域服务功能评价过程中指标参数选取的精度和合理性是我们评价过程中不得不考虑的问题。目前所运用的利用小尺度外推到大尺度的方式是否合适，在何种尺度下生态系统服务功能评价最为合适，在评价过程中，不同尺度下的数据和参数如何转换和使用，多学科有机结合和集成创新以及生态系统服务价值的研究有赖于生态学的基础研究，应着眼于对地球生命维持系统具有特殊意义的生态系统的生态过程，加强自然研究与经济学、社会学等学科的交融。生态系统服务价值的实现和补偿不仅依赖于价值估算的技术发展，而且有待于现有市场价格体系和人们价值观的改革。

### 4. 加强森林生态系统服务功能价值评估的方法和手段研究

目前国外已采用 GUMBO、SWAT、UFORE 以及 CITY Green 等相关软件，并在地理信息系统支持下对森林服务功能进行了监测与评估，其精度与便捷性都得到了提高，然而目前国内对森林生态效益评价研究的技术支持手段还较为落后，大多采用 NLCD，其精度较差，而且不能很好地分析，难以做到动态管理和评估。为此，在今后的研究过程中关于生态系统服务功能评估的手段与方法有待进一步提高。

### 5. 促进森林生态补偿机制的建立

当前，我国森林生态效益补偿标准仅为 75 元/hm$^2$，不仅与森林生态效益价值有很大的距离，而且与造林成本还存在一定的差距。今后，应随着我国经济发展，财政能力的增强，逐步提高生态补偿的标准，从而达到真正意义上的森林生态补偿。

森林生态效益具体的补偿标准应考虑以下几个因素：①营造林的直接投入。测算用于森林的直接经济投入，包括新造林的造林成本、现有林的管护成本。②为了保护森林生态功能而放弃经济发展的机会成本。由于生态效益保护的要求，当地必须放弃一些林业产业发展机会，从而影响当地经济社会发展水平。③森林生态系统服务功能的效益。在确定生态效益补偿标准时，应考虑生态系统服务功能的效益。

当森林生态补偿机制取得一定的基础后，补偿标准的制定还需进一步考虑以下因素。

（1）地域因素　不同的地域生态系统具有不同生态系统服务功能。在制定森林生态效益补偿标准时应考虑地域生态系统的重要性及生态系统服务功能的差异性，对具有极重要的生态系统服务功能的区域，如水源涵养、水土保持、生物多样性保护、调蓄洪水等区域则进行重点生态效益补偿。

（2）林种、树种　不同的林种、树种具有不同的造林成本，其发挥的生态效益也不同。

同一树种，不同的林龄、林分质量所发挥的生态效益也不同。因此，通过综合考虑林种、树种、林龄、林分质量，科学地确定森林生态效益补偿的标准。

（3）造林方式　现阶段我国的造林方式有封山育林、飞播造林、人工造林等，根据不同的造林方式，要综合考虑其造林成本。

（4）地方经济发展水平　不同的地区经济发展水平具有差异性。制定森林生态效益补偿标准应结合地区经济发展水平，因地制宜，给出合理的补偿标准。

# 第三节　主要的森林生态问题[1]

我国森林资源和国土安全常年面临病虫害、火灾和酸雨的威胁，生物多样性减少，森林退化与人工林生态问题形势严峻，保障林业建设成果使其健康可持续发展成为我国经济发展、生态环境和新农村建设的重大需求。

## 一、森林病虫害

根据国家林业局的统计和评估，森林病虫害作为"无烟的火灾"给我国林业建设造成了严重的危害。据统计，近年来我国森林病虫害年均发生面积达 $1151.8 \times 10^4 hm^2$，直接经济损失和生态服务价值损失总计为 1101.1 亿元，其中因病虫害造成的年均直接经济损失达 245 亿元，生态服务功能损失 856.1 亿元。2010 年和 2011 年全国林业有害生物中度、重度发生面积年均 $359 \times 10^4 hm^2$，为同期造林面积的 59%。据不完全统计，我国森林病虫害的发生面积 20 世纪 50 年代为 $100 \times 10^4 hm^2$，60 年代为 $140 \times 10^4 hm^2$，90 年代上升至 $1100 \times 10^4 hm^2$。21 世纪初森林病虫害面积有所下降，但近几年又呈上升趋势。2011 年森林病虫害的发生面积 $1168.1 \times 10^4 hm^2$，比 2000 年增长了 37.12%（表 3-3）。总的来说，我国常发性森林病虫害发生面积居高不下，危险性病虫害扩散蔓延迅速，多种次要害虫在一些地方上升为主要害虫，经济林病虫危害严重，对中国森林资源、生态环境和自然景观构成巨大威胁，同时也制约了山区经济发展和林农脱贫致富进程。

表 3-3　中国森林生态系统发生森林病虫害面积

| 年份 | 合计/$hm^2$ | 森林病害发生面积/$hm^2$ | 森林虫害发生面积/$hm^2$ |
| --- | --- | --- | --- |
| 2000 | 8518580 | 934520 | 6692820 |
| 2001 | 8390270 | 804950 | 6683720 |
| 2002 | 8412496 | 744980 | 6792324 |
| 2003 | 8887362 | 757456 | 7184617 |
| 2004 | 9448370 | 757870 | 7440330 |
| 2005 | 9844202 | 1014022 | 7492856 |
| 2006 | 11007000 | 1039000 | 8299000 |
| 2007 | 12097000 | 1109000 | 8877000 |
| 2008 | 11418000 | 1168000 | 8432000 |
| 2009 | 11420000 | 1031000 | 8503000 |
| 2010 | 11642000 | 1291000 | 8523000 |
| 2011 | 11681000 | 1197000 | 8459000 |

20 世纪 50 年代，森林生态状况较好，人类对森林干扰较少，森林生态系统处于相对稳

---

[1]　本节作者为王斌（中国林业科学研究院亚热带林业研究所）。

定状态，病虫害发生面积小，成灾种类也少。至 20 世纪 80 年代，由于天然林遭到过度砍伐，破坏了森林生态系统的稳定性，人工林树种单一、管理粗放、林木长势弱、生物多样性程度低、物种间相互制约能力差等，为森林病虫害发生和蔓延创造了条件，使得森林病虫害发生面积逐年递增，扩大迅速。此外，国内、国际间的交流日益频繁，危险性病虫杂草长距离的人为传播加剧。松材线虫、美国白蛾、松突圆蚧、松针褐斑病等重大病虫害的流行最初均是由于有害生物随国外林产品进口引起的。外来入侵种最主要的危害是采用各种方式杀死或排挤当地土著物种，从而引起生态系统中物种的单一化，进而导致很多相应的生态问题。如松材线虫病 1982 年在南京首次发现，现已扩散到江苏、安徽、广东、浙江、山东等地，发病面积已达 $7 \times 10^4 hm^2$，严重威胁南方几千万公顷松林的安全。森林病虫害的防治工作也处于被动救灾状态，防治手段不能适应森林病虫害防治工作的客观要求，防治效率低。病虫害暴发后，一味依赖化学农药防治，不仅杀伤大量天敌，使病虫产生抗药性，而且造成森林生态环境恶化。

面对国民经济和社会发展对森林资源需求的持续增长，形成可持续控制病虫灾害的理论和技术体系，有效控制病虫灾害，保障林业建设成果迫在眉睫。森林生态系统对病虫害具有独特的自我控制和补偿能力，特别是自我恢复能力。随着天然林生态系统越来越显示出对病原物和害虫自我调控的稳定特性和优势，森林病虫害综合治理被赋予了新的内涵。因此，设计和调节森林生态系统的结构和功能，通过系统自组织潜能保持系统各组分的平衡，建立控制病虫害的生态调控模式，是天然林保护与恢复、人工林可持续经营的重要基础。

## 二、森林火灾

森林火灾是一种突发性强、破坏性大、处置救助较为困难的自然灾害，是森林的主要灾害之一。由于森林火灾对森林资源和生态环境的破坏十分严重，可造成范围广泛、时间久远、影响深刻的损失甚至灾难，联合国已将大面积森林火灾列为人类社会的八大自然灾害之一。我国是森林火灾多发的国家。我国森林资源缺乏，森林火灾发生频率很高，森林受害率是世界平均值的 6 倍。防治林火、减少损失、保护环境是国家的重大需求。据 2004 年的统计，在几个主要林业国家中，森林覆被率中国最低，日本和瑞典是我国的 5 倍多。国土面积与中国相当的加拿大和美国，森林面积分别是中国的 60 倍和 40 多倍。同等森林面积年森林火灾次数，在这几个国家中，中国仅高于瑞典、加拿大和澳大利亚，处于中等水平。但同等森林面积年过火面积中国却是世界之冠，比美国还要高。最低为瑞典，是中国的 1/60。从年火烧森林覆被率看，中国仅次于澳大利亚，比美国和加拿大高，比最低的瑞典高80 倍。

火灾是森林的大敌。据全国不完全统计，1950～1979 年间，全国共发生森林火灾 45 万次，年均发生森林火灾的成灾面积约 35 万多公顷，相当于同期全国造林保存面积的 1/3。1987 年发生的大兴安岭特大森林火灾，受灾面积达 $133 \times 10^4 hm^2$，受害林木总蓄积量 $3960 \times 10^4 m^3$，使该地区森林后备资源至少 7～10 年才能恢复。近年来在各地坚持不懈地开展森林防火工作，森林火灾发生次数、火场总面积和受灾森林面积总体呈下降趋势。2011 年全国共发生森林火灾 5550 起，相比 2000 年仅略有降低，但比火灾次数最高的 2008 年下降了 61%；火灾受害森林面积约 $2.7 \times 10^4 hm^2$，比 2000 年下降了 69.5%，比受灾面积最大的 2003 年下降了 94%（表 3-4）。2011 年全国森林火警、一般火灾与重大火灾分别较 2010 年下降了 37.6%、12.2% 和 59.1%，全年无特大火灾发生。

表 3-4　中国森林生态系统森林火灾发生情况

| 年份 | 火灾次数 | 火警 | 一般火灾 | 重大火灾 | 特大火灾 | 火场总面积/hm² | 受灾森林面积/hm² | | |
| --- | --- | --- | --- | --- | --- | --- | --- | --- | --- |
| | | | | | | | 受灾面积 | 天然林 | 人工林 |
| 2000 | 5934 | 2722 | 3144 | 60 | 8 | 167098 | 88390 | 46960 | 40529 |
| 2001 | 4933 | 2984 | 1929 | 17 | 3 | 192734 | 46181 | 32289 | 11721 |
| 2002 | 7527 | 4450 | 3046 | 24 | 7 | 131823 | 47631 | 17031 | 17123 |
| 2003 | 10463 | 5582 | 4860 | 14 | 7 | 1123751 | 451020 | 294272 | 33531 |
| 2004 | 13466 | 6894 | 6531 | 38 | 3 | 344211 | 142238 | 74471 | 59106 |
| 2005 | 11542 | 6574 | 4949 | 16 | 3 | 290633 | 73701 | 30435 | 36306 |
| 2006 | 8170 | 5467 | 2691 | 7 | 5 | 562304 | 408255 | 333585 | 18900 |
| 2007 | 9260 | 6051 | 3205 | 4 | 0 | 125128 | 29286 | 1578 | 23303 |
| 2008 | 14144 | 8458 | 5673 | 13 | 0 | 184495 | 52539 | 2922 | 45455 |
| 2009 | 8859 | 4945 | 3878 | 35 | 1 | 213636 | 46156 | 5124 | 36058 |
| 2010 | 7723 | 4795 | 2902 | 22 | 4 | 116243 | 45800 | 20209 | 21049 |
| 2011 | 5550 | 2993 | 2548 | 9 | 0 | 63416 | 26950 | 1696 | 23916 |

　　森林火灾破坏森林结构，降低林分密度，使森林发生逆行演替。许多珍贵针阔叶树种演变为次生低价值树种，高密度的森林被低密度的灌丛所代替，许多实生、长寿命树种被多代萌生短寿命树种所代替，这种现象在各地林区屡见不鲜。甚至由于森林火灾后病虫害大发生，火灾后许多火烧木遭受到小蠹虫、天牛的危害，林木价值很快降低，在 2～3 年内火烧木转变为大量可燃物，造成森林火灾频发的恶性循环。火灾后，被火烧伤根系和根基部的树木，出现根基腐朽和干基腐朽，严重影响木材质量和森林的清洁状况。森林火灾不仅烧毁林木、破坏郁闭度、烧毁地被物，使土地裸露，而且大大降低了林区水土保持、涵养水源、调节气候作用。森林火灾使森林贮存的大量能量突然释放，破坏了森林生态系统，造成森林生态系统内生物因子、生态因子的混乱，这需要几十年或更长时间才能得到恢复。森林火灾产生大量的烟雾，污染环境，引起人类生存环境的变化。大量二氧化碳与水起化学反应，在水中产生大量碳酸气，对鱼类生存不利。森林火灾还危害林内的动植物，烧毁林下经济植物和药用植物，烧死珍稀植物和珍贵的鸟兽。有效地扑救森林火灾，需要从机理上理解林火规律，进而发展新的防灭火技术。20 世纪 80 年代起，我国的火灾科研工作紧跟国际潮流，开展了火灾科学理论创新和技术创新研究，取得了较快发展，解决了森林火灾发生和发展过程中的一些关键问题，同时把基础研究成果向中下游延伸，发展出当前林火防治领域的实用技术。这些技术已经产生了重大的经济效益、生态效益和社会效益。

### 三、酸雨危害

　　酸雨是指 pH 值小于 5.6 的雨雪或其他形式的降水，主要是人为的向大气中排放大量酸性物质造成的。酸雨给地球生态环境和人类社会经济都带来严重的影响和破坏。研究表明，酸雨对土壤、水体、森林、建筑、名胜古迹等人文景观均带来严重危害（图 3-2），不仅造成重大经济损失，更危及人类生存和发展。目前，全球已形成三大酸雨区。在我国覆盖四川、贵州、广东、广西、湖南、湖北、江西、浙江、江苏和青岛等省、市部分地区，面积达200 多万平方公里的酸雨区是世界三大酸雨区之一。我国酸雨区面积扩大之快、降水酸化率之高，在世界上是罕见的。世界上另两个酸雨区是以德国、法国、英国等国为中心，波及大半个欧洲的北欧酸雨区和包括美国和加拿大在内的北美酸雨区。这两个酸雨区的总面积大约1000 多万平方公里，降水的 pH 值小于 0.5，有的甚至小于 0.4。

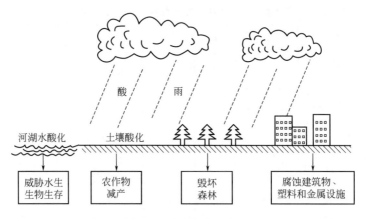

图 3-2　酸雨危害示意

　　我国的酸雨地区主要集中在长江以南,尤以西南地区最为严重。虽然我国目前还没有对全国范围内遭受酸雨危害的森林面积和程度进行过系统调查和监测,但在局部地区的统计结果却令人担忧。在受酸雨危害最严重的四川盆地和贵州省,森林受害面积分别达到 $27.56 \times 10^4 hm^2$ 和 $14.05 \times 10^4 hm^2$。初步估计,约在 20 世纪 70 年代初酸雨就对四川盆地和贵州中部森林产生影响,若危害按 15 年计算,森林的木材产量减产 50 多 $\times 10^4 m^3$,造成的经济损失近 30 亿元。另据推测,我国南方 7 省区,受酸沉降危害的森林面积累计达 $1.2821 \times 10^6 hm^2$,其中马尾松 $7.908 \times 10^5 hm^2$,杉木 $4.913 \times 10^5 hm^2$。受害面积分别占该地区森林总面积和用材林面积的 4.18% 和 6.52%,每年的总材积损失为 $1.0145 \times 10^6 m^3$。

　　酸雨可对森林植物产生很大危害。根据国内对 105 种木本植物影响的模拟实验,当降水 pH 值小于 3.0 时,可对植物叶片造成直接的损害,使叶片失绿变黄并开始脱落。叶片与酸雨接触的时间越长,受到的损害越严重。野外调查表明,在降水 pH 值小于 4.5 的地区,马尾松林、华山松和冷杉林等出现大量黄叶并脱落,森林成片地衰亡。例如重庆奉节县的降水 pH 值小于 4.3 的地段,20 年生马尾松林的年平均生长量降低 50%。酸雨还可使森林的病虫害明显增加。在四川重酸雨区马尾松林的病情指数为无酸雨区的 2.5 倍。酸雨对森林的危害也因树种而异。亚热带东部地区 108 种树种对酸雨和 $SO_2$ 复合污染危害的敏感性试验结果表明:敏感的树种有 27 种,中等敏感的树种有 55 种,抗性的树种有 26 种,在敏感树种中有我国特有的珍贵树种水杉、银杏和珙桐等。森林年平均生长率损失因酸雨程度又有差异,马尾松林在贵州是 16.7%,在四川达 22.15%。

　　目前已初步了解到酸雨对植被的潜在影响主要有两种方式:直接影响和间接影响。直接影响是指:酸雨能伤害叶片表层结构和膜结构,影响细胞对物质的选择性吸收;干扰植物正常的代谢过程;影响繁殖过程;由于氢离子的代换作用而加速阳离子的淋失。间接影响是通过改变土壤性质而造成的,包括:土壤酸化引起盐基离子的淋溶,从而造成养分的缺乏;某些重金属元素如铝的活化伤害植物根系;增加的氮素输入引起土壤养分不平衡,并导致菌根数量下降;影响微生物过程和有机物的分解。然而,酸雨对森林这两方面的影响在现实情况下是很难完全区分开的,往往表现为一种综合作用。植物受害的外在表现为生长、发育和繁殖受阻,种间相互作用被改变,植物对逆境的抵抗力下降。在上述研究结果中,原联邦德国 Gottingen 大学的 Ulrich 所提出的土壤酸化-铝毒理论较为系统地论述了酸雨对森林的危害机制,并为大多数学者所接受。

## 四、生物多样性减少

当今世界面临着人口、资源、环境、粮食和能源五大危机，这些问题均与生物多样性变化有着密切关系，由于人类活动范围的不断扩大和活动强度加剧，以及因此而造成的环境恶化和生态系统功能的退化，生物多样性正受到前所未有的威胁，现在地球上物种的灭绝速度是自然灭绝速度的 1000 倍。目前，生物多样性的问题已不再仅仅是科学家所关心的问题，它已引起国际社会的广泛关注，生物多样性的保护和持续利用已成为人类可持续发展的中心议题。生态系统作为生物多样性的家园，是生物多样性栖息地保护的关键所在，生物多样性与生态系统健康二者互为因果、相互制约，构成了当前生态学研究的两大热点。

森林是陆地生态系统的主体，在全球三大陆地生态系统——农田、森林、草场中，森林占有特别重要的地位，是世界生物多样性的分布中心。据统计，世界森林面积占土地面积的 22%，却集中了 70% 以上的物种。尤其是热带森林面积仅占全球面积的 7%，集中了 50% 以上的物种，拥有世界 80% 以上的昆虫、90% 以上的灵长类动物。目前，由于森林、草场、湿地、河流湖泊等野生物种生境退化或遭破坏，世界上野生动植物种类和数量不断减少。有关统计资料也显示，世界热带森林年平均毁林面积达 $1700 \times 10^4 hm^2$，使大量的野生动、植物物种消失，如热带非洲原生野生动物的丧失率为 65%，热带亚洲达 67%。因此，开展森林生物多样性保护的任务十分迫切，也是当前生物多样性保护的重中之重。

据统计，目前全世界生存的裸子植物约有 850 种，隶属于 79 属和 15 科，而我国有 10 科 34 属，约 250 种，分别占全世界现存裸子植物、科、属种的 66.6%、43.0% 和 29.4%，是世界上裸子植物最丰富的国家。在中国的裸子植物中有许多是北半球其他地区早已灭绝的古残遗种或孑遗种，并常为特有单型属或少型属。由于多数裸子植物树干端直、材质优良和出材率高，所以其所组成的针叶林常作为优先采伐的对象，20 世纪 50 年代中国最大的针叶林区——东北大小兴安岭及长白山的天然林被不同程度地开发利用，60 年代至 70 年代另一大针叶林区——西南横断山区的天然林又相继被强烈采伐，仅在交通不便的深山和河谷深切的山坡陡壁，以及自然保护区内尚存天然针叶林。华中、华南和华东地区天然针叶林多被砍伐，代之而起的是人工马尾松林、杉木林和柏木林。随着各类天然林的采伐和破坏，原有生态环境发生改变，加快了林下生物消失和濒危的速度。同时，具有重要观赏价值和经济价值的裸子植物也遭到严重破坏。

全世界约有被子植物 400 多科，10000 多属，260000 多种，占据地球大部分陆地空间，是世界植被的主要组成成分。世界上被子植物物种最丰富的国家是地处热带的巴西和哥伦比亚，中国国土的主要部分不在热带，但被子植物种数仍居世界第三，约 300 余科，近 3100 属，30000 多种，科、属、种数目分别占世界被子植物的 75%、31% 和 12%。中国人口众多，开发历史悠久，在被子植物中，材质优良的森林树种和药用、经济植物从来就是开发的重要对象，因此中国被子植物的物种多样性受到严重破坏。根据已有资料估计，中国被子植物约有 4000 种受到各种各样的威胁，列入珍稀濒危保护的植物约 1000 种，其中分布区极狭、植株很少的极危种有缘毛红豆（*Ormosia howii*）、绒毛皂荚（*Gleditsia sinensis*）、羊角槭（*Acer yangjuechi*）、盐桦（*Betula halophila*）、普陀鹅耳枥（*Carpinus putoensis*）、天目铁木（*Ostrya rehderiana*）、漆柄木（*Bhesa sinensis*）等。由于大气污染和森林采伐，中国许多地方的蕨类、地衣和苔藓植物多样性也面临威胁。

森林生物多样性减少对生态系统的结构和功能产生了严重的不良影响，危及物种特别是

珍稀濒危物种的生存，造成生物多样性的丧失。另外，森林生物多样性减少还对本地经济、社会构成了巨大危害。从生态角度看，物种的减少不利于本地生态系统的稳定；从经济和社会角度看，容易造成农业减产、自然灾害频繁发生、社会不稳定等后果。根据《中国生物多样性国情研究报告》提供的资料：生物多样性的减少，一方面是由于人类社会经济活动的增加，加重了环境的压力，尤其是人类本身的扩张，不得不大面积地砍伐森林，造成土地扩张和不合理的土地利用，使动植物的栖息地减少，引起生物多样性的减少；另一方面，生物多样性的减少，使人类失去了进一步发展的基础，又不得不进一步加剧土地的开发，使动植物的栖息地变得更少，进入一种恶性循环之中。

## 五、森林退化

世界范围内的森林退化已是一个十分严峻而不争的事实，因而成为 21 世纪全球环境发展的七大难题之一。全球性森林退化引发的各种环境危机已成为困扰世界各国经济和社会发展的重要因子。统计资料表明，目前世界森林面积约为 $3.5 \times 10^9 hm^2$，占陆地面积的27%～29%。其中 $2.0 \times 10^9 hm^2$ 分布在发展中国家。据估计，世界上曾经有 $6.5 \times 10^9 hm^2$ 森林，但在最近 8000 年内减少了 40%，其中近 $2.0 \times 10^9 hm^2$ 是 20 世纪以来人为干扰的直接结果。森林采伐/毁林，将林地变为农业用地、牧业用地、新移民区、基础设施和水坝、水库等是森林永久消失的最主要原因。这种由于森林采伐/毁林导致的森林大面积退化现象，20 世纪 80 年代才引起人们关注，进入 21 世纪，森林采伐/毁林已得到全球各界的高度重视。

我国退化森林生态系统不仅分布十分广泛，而且对于不同分布区的不同森林生态系统来说，其退化表现形式复杂多样。对于寒温带森林生态系统，其退化主要表现为针叶林（如落叶松）遭到破坏，被一些阔叶树种（如栎类、桦类及榛等）所取代，形成落叶阔叶林或落叶灌丛。暖温带森林生态系统退化形式则表现为落叶乔木被落叶小乔木（如山杨、刺槐等）、落叶灌木（如酸枣、荆棘、黄栌和胡枝子等）或草本植物（如蒿、黄背草等）所取代形成杂木林、灌丛或退化成荒山草坡等。亚热带森林生态系统退化特征是受人口众多、农业相对发达、废林垦荒现象比较严重等的影响，原始森林生态系统几乎都遭到破坏而退化成为灌丛或其他杂木林，严重的地区还退成草山草坡甚至土地裸露，成为我国水土流失发展较快的地区。西南石灰岩山区森林生态系统原本相当脆弱，再加上地方经济相对落后，人们为了眼前利益大肆开发，森林生态系统退化成灌丛或草地，严重地区甚至岩石裸露形成石漠化。西南亚高山森林生态系统在森林遭到破坏后，往往被干旱河谷灌丛所取代，而且很难恢复。如在滇西北林区，除中甸、德钦保存有部分原始林外，大部分地区已被灌丛、草坡和少数次生林代替。热带森林生态系统的退化主要表现为原始热带雨林遭到破坏后，被热带疏林和热带灌丛所取代，还有一部分被人工林代替。森林破坏的严重后果不仅使木材和林副产品短缺，珍稀动植物减少甚至灭绝，还会造成生态系统恶化。

森林的生态功能是由其结构所决定的，森林退化，结构破坏，必然削弱其功能。由于森林退化，造成生态平衡的失调，使得森林的保持水土、涵养水源、调节径流、防风固沙、调节小气候等生态功能降低甚至丧失（图 3-3）。四川阿坝州森林资源经过几十年持续采伐，资源已经枯竭，原本郁郁葱葱的山岭成为荒山秃岭，水土流失加剧。四川甘孜州 20 世纪 80 年代水土流失面积居全省第一位，流失区平均侵蚀模数 $204 \times 10^4 kg/km^2$，每年注入长江的泥沙量约 7 亿吨，90 年代后以上状况有增无减。长江中上游地区，森林覆盖率在 20 世纪初约 30%，由于大量采伐森林，新中国成立初下降到 20% 左右，20 世纪 60 年代初期曾一度下降到10%左右，现恢复到约19%。随着森林面积的减少和森林质量的下降，尤其是长江上游天然林资源的急剧减少，使其涵养水源、保持水土等生态防护功能大大减退，导致水土流失面积进一步扩大，江河含沙输沙量急剧增加。森林植被减少的直接后果是水土流失面积扩大，抵御洪涝灾害的能力减弱。长江流域水土流失使长江干流泥沙剧增，淤积严重，泄洪能力降低，最终导致了1998年的特大涝灾。嫩江、松花江流域的洪灾与小兴安岭的森林采伐与破坏也不无关系。

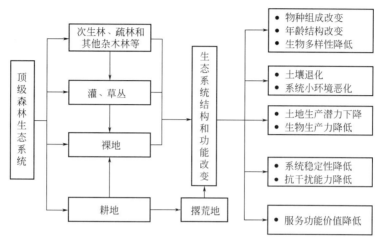

图 3-3　森林生态系统退化过程

　　新中国成立后，我国在森林资源保护与人工植树造林方面均取得了一定的成绩，特别是人工造林成绩斐然。尤其是六大林业生态工程的实施，实现了面积、蓄积与覆盖率的提高，森林质量的总体改善，对抑制局域性生态恶化发挥了重要的作用。但是从整体分析，森林生态系统的现状仍不容乐观，超限采伐、林地流失、边治理边破坏等问题依然十分严重。造成我国森林生态系统退化的原因是多方面的，主要有商业性采伐、农业侵占、薪柴采集、放牧、基础建设开发、自然灾害、生物入侵、森林经营水平不高等，但主要集中于采伐和垦殖方面。长期以来，对森林的认识基本上是建立在自然资源取之不尽、用之不竭的理念上，因而林业的发展以生产木材产品为目标的林业产业始终占据主导地位，造成重采轻造、重采轻育等偏向，把森林看作是"原料库"，只向森林索取而不重视培育，对森林资源的过度消耗和忽视生态林业的建设造成了大量问题，危及我国森林生态系统的安全和持续发展。此外，一些决策的失误也可导致森林生态系统的大面积消失。如在新中国成立后实行的"以粮为纲"的农业生产方式，使得各地开始大规模地开荒垦地。在山区，人们大片毁林造田，"向荒山要粮"，造成大面积的林地被开垦为农田，结果是林地消失了，农田产量也没能持续下来。

## 六、人工林生态问题

　　中国通过开展大规模的国土绿化行动，积极发展和严格保护森林，实现了森林面积和蓄积"双增长"。人工造林每年以7000万亩以上的速度推进（1亩＝666.7m²，下同），使人工林保存总面积达到8亿亩，人工林年均增量和保存总面积分别占世界的53.2%和40%，居世界第一。但是，中国人工林经营水平普遍不高，大部分省（自治区、直辖市）都集中营造某一树种，人工林树种单一现象十分普遍。单一化的树种结构，造成了病虫害发生率增高，地力衰退严重，生物多样性下降，不利于人工林持续健康发展，人工林的多功能效益也难以充分体现。

我国人工造林中纯林占 90% 以上，其中又以针叶纯林为主。例如湖南省在新中国成立后新造的用材林中，杉木占 71.6%，松类占 26.1%，阔叶树仅占 1.8%。由于针叶的灰分含量低，又不容易分解腐烂，致使地力不断退化，林地生产力持续下降，培育的林木一代不如一代。根据生态学的观点，森林的年龄结构和组成结构越复杂，森林就越稳定，就越不容易遭受病虫危害。而人工针叶纯林往往年龄一致，林相整齐划一，森林自然抗性大大降低甚至缺失，许多病虫害的天敌无法生存，常常爆发难以控制的病虫害。近年来南方松毛虫、北方杨树天牛的威胁连连不断，说明这一严重的生态学问题确实存在。由于针叶纯林结构简单，导致林地干燥，枯枝落叶减少，故其在涵养水源、保持水土、防风固沙、净化空气等方面的作用远远不及针阔混交林和天然林，而且还容易导致火灾的发生和蔓延。如南方红土丘陵区有的县经济林比重过大，特别是需要年年翻耕土壤的油茶、油桐林比重过大，优质防护林、用材林很少，致使森林覆盖率虽然达到了 30% 左右的水平，但水土流失、水旱灾害却仍然严重。

有些地方人工造林整地方式不够科学合理，在工程造林实施生态建设的同时又造成某种程度的生态破坏，或就地埋下生态失调的祸根。如有的山区搞全垦造林，彻底改造原有植被，使造林初期的地表完全裸露，诱发严重的水土流失，也使土壤中的有机质和营养元素大量流失。浙江省开化县近 10 年来大规模人工全垦造林，纯针叶林达 81%，有些地方甚至"非杉木即荒山"，把疏林山、阔叶林山都当作荒山炼山整地搞绿化，造成了严重的水土流失，结果导致开化全县通航河流只剩下几公里，比 20 世纪 60 年代减少 90%，许多深潭现已变成干滩，野生资源也大量减少。这样的造林方式如不改变，不代之以植被保护型造林技术措施，从生态角度看就得不偿失，并有后患之忧。按照造林学的要求，全垦整地仅限于坡度小于 15° 的缓坡地，但在我国南方广大林区，这一限制几乎形同虚设，在坡度 30° 以上的坡地上全垦整地的情况到处可见。全垦整地造成生境巨变，水土流失严重。据中国林科院在湖南株洲朱亭的调查，坡度 30°，采用全垦整地时，每公顷年固体径流量达 3.144t，是水平带垦的 52 倍，是穴垦的 137 倍。

对造林地进行炼山是南方林区常用的造林地清理方法。炼山虽然能彻底清除杂草灌木，有利于造林施工，但严重地破坏了生态环境。火烧区域内动植物种类和数量损失很大，原有的生物多样性不复存在，从而导致人工林的稳定性下降；炼山烧掉了有价值的地被物，妨碍土壤结构改良，加剧水土流失，破坏生态平衡。据测定，严重的火烧导致土壤表层大孔隙度减少，容积密度增加，表层板结使渗水率下降 70%；炼山后造成淋溶现象加剧，钾元素淋溶可达 80%~90%，磷元素达 90% 以上，其他元素也损失严重。

长期的自然选择进化，使天然林具有很强的自恢复能力和稳定维持能力，正是天然林的这种多层面的异质性，维持了天然林的健康性。大量的天然林被人工林所取代，很明显的结果就是异质性的降低。这不仅表现在生态系统内部如物种单一、树木年龄相同、层次简单等，也表现在景观水平上斑块结构的简单均一。人工林所表现出的诸多问题，很大程度上是由于其较高的同质性所导致的。以往在植树造林过程中，虽然也强调混交林的营造，但因成本相对较高，同时也存在一些技术困难，因此，所形成的人工混交林并不多。另外，过去混交林的营造只注重简单的株混、行混或带混，未在大的时空尺度上给予更多的考虑。同质性很高的人工植被类型的大面积出现，使我国在进行生态治理的同时，又创造了诸多不健康的生态系统，造成了许多新的生态问题，其后果不容忽视。

# 第四节　森林生态保护与建设实践[1]

　　森林是国家重要的自然资源和战略资源，也是国民经济可持续发展、人民生活水平提高、民族文明昌盛的物质基础。旧中国饱受战争和自然灾害的长期影响，森林特别是天然林资源遭受严重破坏，森林质量下降，生态状况日趋恶化，到 1949 年我国森林覆盖率仅为8.6％。新中国成立以后，森林进入了恢复发展时期，森林资源数量和质量发生了显著变化，林业对国民经济发展做出了巨大贡献。特别是 21 世纪以来，党中央、国务院实施了以生态建设为主的林业发展战略，全面推进集体林权制度改革和强林富民政策措施，大幅度增加林业投入，森林质量稳步提高，多功能多效益逐步显现，呈现出良好的发展态势。

## 一、大力推进林业重点工程建设

　　森林资源数量多、质量高是建立完备的森林生态体系和发达的林业产业体系的基础和根本，也是实现林业和区域社会持续发展最根本、最有效的措施。为促进两大体系的建立，国家加大林业投入力度，全面推进天然林保护工程、"三北"和长江等重点防护林体系建设工程、退耕还林工程、京津风沙源工程、野生动植物保护及自然保护区建设工程、速生丰产用材林基地建设工程、湿地保护工程、石漠化治理工程等林业重点工程建设。各级地方政府以林业重点工程为依托，紧紧围绕本地区森林生态系统所面临的问题，以促进生产发展、生态良好、生活富裕为目标，加快政策调整，用好资金，发展后续产业，建设区域性生态工程和产业基地，积极稳妥地推进林业重点工程，建立起与区域国民经济发展和人民生活改善要求相适应的乔灌草搭配、点线面协调、带网片结合，具有多种功能的森林生态网络和林业产业体系框架。

## 二、深入开展全民义务植树

　　开展全民义务植树运动，是我们党和政府在发展林业和推进生态建设进程中的一项伟大创造，是充分发挥社会主义政治制度优越性的重要运用。党和政府一直将群众性植树运动作为解决生态问题的一个主要途径和重要手段，主要领导亲自倡导、组织、发动。

　　早在建立江西赣南革命根据地和陕北延安抗战期间，我们党就组织发动群众每年春季植树造林，绿化当地荒山秃岭。1932 年 3 月，经毛泽东同志签署颁布了《中华苏维埃共和国临时中央政府人民委员会对于植树运动的决议》，发动苏区群众每年春季植树造林。抗战期间，毛泽东同志提出要制订群众植树计划，并号召延安人民每户种活 100 株树。

　　新中国成立后，党和政府对国土绿化事业更为重视，各界群众热情踊跃参加植树劳动，城乡造林绿化事业蓬勃开展，山川面貌日益改善。1981 年夏天，我国四川、陕西等地先后发生历史上罕见的特大洪涝灾害，给人民群众生命财产和国家经济建设造成巨大损失。为根治洪涝等自然灾害，加快生态建设步伐，在邓小平同志的亲自倡导下，同年 12 月 13 日五届全国人大四次会议通过了《关于开展全民义务植树运动的决议》。次年，国务院出台《关于开展全民义务植树运动的实施办法》，以国家法律形式将这项群众性植树活动确定下来。

　　从此，全民义务植树作为各级党组织的政治任务和我国适龄公民的法定义务，以其特有

---

❶　本节作者为闫平（国家林业局调查规划设计院）。

的公益性、全民性、义务性、法定性在中华大地蓬勃开展起来，开创了我国国土绿化事业的新纪元。2003 年 6 月，中共中央、国务院颁发《关于加快林业发展的决定》，将"坚持全国动员，全民动手，全社会办林业"作为新时期加快林业发展的基本方针，将全民义务植树与林业重点工程并列为新时期林业建设的两个重点，明确提出丰富义务植树形式，实行属地管理，建立健全义务植树登记考核制度的要求，在新形势下进一步树立了全民义务植树的社会地位，为新时期推进全民义务植树深入开展提供了政策保障。

中央领导同志的带头参加，对全民义务植树运动起到了关键的示范、引领和推动作用。自 2002 年开始，全国绿化委员会、中共中央直属机关绿化委员会、中央国家机关绿化委员会、首都绿化委员会每年组织开展"共和国部长义务植树活动"，10 年来共有 1500 多名（次）部级领导参加，栽植树木 2.1 万多棵，在北京市朝阳、丰台、门头沟、房山、通州、大兴等区县建立了九处"共和国部长林"，面积 550 亩。全国人大、政协、中国人民解放军也于每年组织开展人大、政协领导、百名将军义务植树活动，在各自的系统都发挥了积极的示范和表率作用。地方各级党政军领导，在各地植树季节来临之际纷纷带头参加义务植树，有力推动了当地群众性植树活动的深入开展。

全民义务植树的开展，在中华大地上形成了一道独特的风景，也产生了巨大的综合效益。特别是党的十六大以来，全民义务植树运动进一步蓬勃发展。10 多年来，参加人数达 50.33 亿人次，植树 216.06 亿株，取得了物质文明、精神文明和生态文明建设的丰硕成果，受到国际社会的广泛赞誉。坚持全国动员、全民动手，坚持各级领导带头参加，坚持发动各界群众普遍参与，全民义务植树运动已经成为世界上参与人数最多、持续时间最长、影响范围最大的生态文明实践活动。为世界林业发展史增添了光辉的一页。

加快了宜林荒山荒地绿化步伐。进入 21 世纪，国家先后启动实施了天然林资源保护、退耕还林、京津风沙源治理等一系列重点生态工程。各地坚持将工程实施区域作为义务植树的主战场，通过发动群众进行义务整地、栽植树木及抚育、管护等多种形式，保障重点工程造林任务的顺利完成，充分发挥了生态建设的"侧翼"作用，为实现我国森林资源快速增长、保障国土生态安全做出了积极贡献。

促进了身边增绿。伴随新城镇、新农村建设，各地区各部门抢抓绿化发展机遇，通过义务植树广泛建植城乡公园绿地、营造环城（村）林，城乡社区、街道绿化普遍得到加强，公园绿地迅速增加，人居环境绿化美化水平明显提升，绿化模范市、森林城、园林乡村不断涌现。与 10 年前相比，全国城市建成区绿化覆盖面积由 77.27 万公顷提高到 161.2 万公顷，增长 1 倍多；绿化覆盖率由 29.75% 提高到 38.62%，提高近 9 个百分点；人均公园绿地由 5.36m² 提高到 11.18m²，增加近 6m²。一大批乡村呈现出生产发展、农民富裕、生态良好的社会主义新农村风貌。

树立了全社会生态文明观念。随着全民义务植树运动的深入开展，"植树造林，造福当代、荫及子孙"、"植树就是积德，造林就是造福"等生态福祉观受到广泛认同，全民生态意识明显提高，植树自觉性显著增强，实现了由"要我植树"到"我要植树"的重大转变。绿化祖国，人人有责，成为人们的普遍共识，实现生态良好、人与自然和谐，成为全社会的共同追求。

提升了国家形象。随着全民义务植树运动的深入开展，生态兴国、生态立省、生态立市、生态立县，推行绿色兴政、促进绿色增长，实现科学发展的执政观念得到普遍树立。把植树造林、绿化祖国提到了维护生态安全、建设生态文明、推动科学发展的战略高度，不断开辟具有中国特色的国土绿化之路，形成了全国动员、全民动手、全社会办林业的良好局面。全民义务植树，动员了亿万人民群众，用自己的双手，绿化国土，美化家园，充分体现了中国共产党和中国政府对生态建设的高度重视，展示了全体中国人民伟大的爱国热情和社会责任感，树立了中国作为负责任大国积极应对气候变化的良好形象。

实践证明，坚持开展全民义务植树，是加快林业发展、改善生态的迫切需要，是促进绿色增长、实现科学发展的必然选择，无论是过去、现在还是将来，都具有强大的生命力。回眸过去，在实施以生态建设为主的林业发展战略，积极应对气候变化行动中，全民义务植树扮演了重要角色，成就辉煌；展望未来，在深入推进生态文明建设，实现绿色增长中，全民义务植树必将发挥不可替代作用，任重道远。

## 三、切实加强森林抚育经营

森林经营是现代林业建设的永恒主题，对提高森林质量、应对气候变化、促进绿色增长意义重大。森林抚育补贴是推进森林经营工作的重大政策，在我国林业的发展史上具有里程碑式的意义。中央林业工作会议明确了新时期林业的新地位、新使命、新任务，并要求建立森林抚育补贴制度、开展中央财政森林抚育补贴试点。国家林业局、财政部认真贯彻中央林业工作会议精神，于 2009 年底启动了森林抚育补贴试点工作，补贴对象是除天保工程禁伐区以外的国有林，以及集体和个人所有的重点生态公益林中的人工林的抚育经营，补贴标准是 1500 元/hm$^2$。抚育补贴政策的目标主要有两条：一是提高森林质量和林地生产力；二是促进国有林场和森工企业的林业职工就业，促进林农增收。

近年来，在财政部的大力支持下，抚育补贴试点取得了显著的进展。试点资金由最初的 5 亿元增加到 2012 年的 56.76 亿元，抚育任务由 33.3 万公顷增加到 340 万公顷，试点范围由最初的 13 个省（自治区、直辖市）和森工集团发展到实现全国覆盖，天保工程区补贴标准由 1500 元/hm$^2$ 提高到 1800 元/hm$^2$，集体和个人所有森林的抚育对象由重点公益林扩大到公益林。

森林抚育补贴试点启动 4 年以来，表现出强大的生命力，从目前情况来看，各试点省份及试点单位按照有关政策要求，认真编制审批实施方案和作业设计，切实组织技术培训和抚育公示，周密开展施工作业和成效监测，严格进行资金管理和检查验收，积极总结经验和典型模式，克服了各种自然灾害造成的施工困难，森林抚育补贴试点工作得到有力推进，试点目标基本实现，对提高森林质量、改善农村生态面貌、促进林农职工就业增收成效显著，是生态林业和民生林业的最佳结合。

（1）林分结构明显改善　抚育后的森林，清除了杂灌木、病腐木、枯立木、被压木、霸王树、非目的树种，森林景观、树种结构、林木生长环境明显改善，森林通透性、林木密度趋于合理，健康状况明显好转，火险等级明显降低，将对提高森林木材生产能力起到积极的作用。虽然目前还没有全面的成效监测数据支持，但典型案例和初步分析已经有了较好的说服力。一是林分结构明显改善。2009 年 13 个试点省份间伐作业面积为 31.2 万公顷，占 93.0%，修枝、割灌面积为 2.3 万公顷，占 7.0%。这一数据表明，森林抚育补贴试点工作有效地起到了优化林分结构的作用。黑龙江省鸡西市人工林抚育间伐后，株数密度由 153 株/亩降到 103 株/亩，降低了 32%，平均胸径由 10.6cm 提高到 11.6cm，增加了 10.1%。二是林地生产潜力得到发挥。广西对桉树实施抚育后，每亩年均生长量可以达到 1.5～3.3m$^3$。黑龙江省哈尔滨市丹清河实验林场近 12 年来累计抚育经营森林 1.6 万公顷，抚育经营前后，森林的生长状况发生了巨大变化：林分的平均净生长率由 1.9% 提高到

4.3%，为抚育前的 2.2 倍；年均生长量由 2.3m³/hm² 提高到 6.2m³/hm²，为抚育前的 2.69 倍；平均蓄积由 96.6m³/hm² 提高到 136.8m³/hm²，增幅达 42%，超过了世界平均水平，堪称全国森林抚育经营的典范。保守测算，2009 年抚育的 33 万公顷林分，10 年后仅新增森林蓄积折算价值可达 16 亿元，是中央财政补贴投入的 3.2 倍。

（2）增加了林区职工和林农劳务收入　各试点单位把抚育任务主要安排给林业职工、村集体或林农，财政投入的 85% 最终转变为劳务收入。经对 2009 年森林抚育补贴试点统计，完成 33.3 万公顷森林抚育任务，可提供季节性就业岗位约 17 万个，用工量达 1020 万个工日，实现人均年增收 3000 元左右。其中，内蒙古森工 2009 年森林抚育共用工 114.3 万个工日，新增季节性岗位 12740 个，参与抚育的林业职工人均年增收 1966 元；湖南省森林抚育增加劳动用工 14.05 万个，为 2533 人提供季节性就业岗位，提高了项目区林农本地就业率，产生直接经济效益 400 万元，人均增收 1579 元。森林抚育补贴试点项目的实施，在改善林分质量的同时，拉动了产业发展，直接促进了林业职工和林农的就业增收，其社会效益是无法完全靠金钱来衡量的。

（3）带动了林业产业发展　通过森林抚育经营，带动了一批以抚育剩余物为原料的新兴产业的发展，如生物质颗粒、食用菌培养基、人造板、制香、木旋、工具把、机制炭等，延长了林业产业链，综合效益大，发展前景好。吉林森工红石林业局森林抚育在直接促进林业职工增收的同时，还为林产工业生产提供 2176t 枝桠材，可生产中密度纤维板 1088m³，增加经济附加值 150 多万元。大兴安岭林业集团公司 2009 年完成 4.7 万公顷中幼龄林抚育任务，产生剩余物 5.8 万立方米，全部用于支持生物质颗粒、食用菌培养基、人造板等产业发展，解决了林业产业加工原料不足的问题。

## 四、不断加大自然保护力度

（1）野生动物保护　进入 21 世纪以来，在国家实施一系列生态建设重大工程的有利形势下，全国野生动物保护显著加强。安排了近 2000 个项目加强朱鹮、虎、豹、金丝猴、长臂猿等 160 多种珍稀濒危野生动物野外种群及其栖息地的监测和保护，60% 以上的珍稀濒危野生动物野外种群稳中有升，还建立、完善各类野生动物救护繁育基地 250 多处，对 200 多种珍稀濒危野生动物建立了稳定的人工种群，并不断扩大，为野化放归、重建和恢复野外种群奠定了基础。其中，朱鹮从 2002 年的约 500 只发展到 1800 多只，扬子鳄从 2002 年约 8000 条发展到 14000 条以上。实施了朱鹮、梅花鹿、麋鹿、黄腹角雉、鳄蜥等 13 种濒危野生动物人工繁育个体放归自然或扩大放归自然。累计环志候鸟 793 种 300 万余只。安排专项经费 4600 万元开展国家重点保护陆生野生动物损害补偿补助试点，促使试点区域对国家重点保护野生动物造成损失的补偿比例从以前的 15%～30% 提高到 90% 以上，特别是对人身伤害的补偿 100% 到位。

（2）野生植物保护　2000 年以来，野生植物保护事业取得了很大进步。自 2001 年国家启动实施"全国野生动植物保护及自然保护区建设工程"以来，使野生植物资源破坏的势头得到遏制，苏铁、兰科等珍稀濒危野生植物的种群数量出现了上升趋势。同时，针对野生植物资源需求扩大的趋势，国家林业局制定系列政策，积极鼓励和引导野生植物资源的人工培育，使野外野生资源种群的生存压力得到一定程度的缓解。2002 年珍稀野生植物培植基地有 156 处，现在全国已建立野生植物种质资源保存和种源培育基地 500 多处，收集保存了珍稀兰科植物 800 多种和苏铁类植物 240 余种以及其他多种珍稀濒危野生植物；2002 年前很少进行野生植物野外回归实验，如今已对 38 种植物成功进行了野外回归，并于 2012 年启动了极小种群野生植物拯救保护工程规划的实施和第二次全国重点保护野生植物资源调查的工作。

（3）自然保护区建设　2002 年以来，全国林业系统共新建自然保护区 645 处，不但使自然保护区数量和面积大幅增加，保护对象和范围大为扩展，而且使自然保护区基础设施明显改善，管护能力得到了极大提高。截至 2011 年年底，全国林业系统已建立了包括森林生态系统、湿地生态系统、荒漠生态系统、野生动植物等多种类型的自然保护区 2126 处（其中经国务院批准的国家级自然保护区 263 处），总面积 1.23 亿公顷，约占国土面积的 12.77%，其数量和面积分别占我国自然保护区的 80% 以上，在我国自然保护区中居主体地位，有效地保护了我国 90% 的陆地生态系统类型、85% 的野生动物种群和 65% 的高等植物群落，以及全国天然林面积的 20%、天然湿地面积的 50.3% 和 30% 的典型荒漠地区。此外，各地还因地制宜，建立了自然保护小区 5 万多处，总面积 150 多万公顷，与自然保护区互为补充，形成有机的保护体系。截至目前，在林业系统已初步形成了布局较为合理、类型较为齐全、功能较为完备的自然保护区网络，成为我国生态体系框架的重要组成部分，在保护野生动植物和生物多样性、维护生态平衡、改善生态环境中发挥了巨大作用。

## 五、高度重视森林防火

我国的森林防火工作始于新中国成立初期。新中国成立以前，我国的森林防火事业一片空白，火灾发生任其自燃自灭。新中国成立后，党和政府十分重视森林资源的保护管理工作，森林防火事业逐步开展，森林火灾的危害总体呈下降趋势。我国森林防火工作大体经历了 5 个发展历程。①起步开展阶段（1949～1956 年）。新中国成立初期，我国平均每年发生森林火灾 2 万多起，受害森林面积 150 多万公顷，森林火灾受害率为 13.8%。②初步建设阶段（1957～1965 年）。1957 年 1 月，林业部成立了护林防火办公室，主管全国护林防火工作。地方各级护林防火组织逐步建立，林区县、区、乡无森林火灾竞赛活动在全国普遍开展起来，森林防火进入了“以群防群护为主，群众与专业护林相结合”的时期。③削弱停顿阶段（1966～1976 年）。在此期间，森林防火事业陷于停顿，不少地方护林防火组织机构瘫痪，专职人员下放，重点林区刚刚兴建的护林防火设施停建，森林火灾十分严重。④恢复发展阶段（1977～1986 年）。党的十一届三中全会以来，森林防火事业同其他事业一样，开始恢复生机。1979 年 2 月 23 日，五届全国人大常委会第六次会议原则通过《森林法（试行）》，从法律上对森林防火作出了规定。⑤历史转折阶段（1987 年至今）。以 1987 年“5·6”大火为转折，我国森林防火工作得到全面加强，预防和处置森林火灾的组织体系进一步健全，各部门、各行业在森林防火工作中的职能作用进一步发挥，森林火灾应急管理工作步入规范化、法制化、科学化的新阶段，森林火灾次数和损失大幅下降。

党中央、国务院历来高度重视林业和森林防火工作。2006 年，国务院办公厅专门发文，批准成立国家森林防火指挥部。2009 年，由国家森林防火指挥部、国家林业局编制，经国务院批准，下发《全国森林防火中长期发展规划》，这对提升我国森林火灾综合防控能力有非常重要的意义。2009 年 1 月，国务院颁布施行修订后的《森林防火条例》，进一步完善森林防火责任制，强化各项管理制度，健全森林防火组织体系，加强应急管理机制。国务院或国家森林防火指挥部每年春秋季都召开全国森林防火工作会议，全面部署森林防火工作。在党中央、国务院的高度重视和正确领导下，在地方各级党委政府的大力支持下，近年来，我国森林防火工作取得了令人瞩目的成就。

近 10 年来，森林火灾次数，特别是重特大森林火灾次数大幅下降，森林火灾受害面积不断减少，森林火灾造成的损失明显减少，森林覆盖率持续上升。据统计，2003～2011 年，全国年均发生森林火灾 9909 起、受害森林面积 14.2 万公顷、人员伤亡 136 人，分别比历史（1950～2002 年）平均水平下降了 26％、80％和 9％；森林火灾年均受害率为 0.7％，远低于 3.5％的历史平均水平，同时也远低于同期世界林业发达国家的水平，相当于每年减少了4/5 的森林火灾碳排放量，保持了 4.5 亿吨的固碳能力。

我国森林防火工作虽然取得了令人欣喜的成就，但森林防火工作依然面临着严峻的形势和巨大的考验。近年来，受全球气候变化影响，特别是受厄尔尼诺、拉尼娜等影响，美国、俄罗斯、以色列、希腊、印度尼西亚等国先后发生重大森林火灾，给当地的经济建设和生态环境造成了巨大损失，甚至影响了政治经济生活的稳定。从国内情况来看，近年来，我国森林火灾次数总量仍比较大，受害森林面积和因森林火灾伤亡人数仍未明显减少，特别是2009 年以来，我国部分地区干旱少雨，森林火险等级居高不下。

国外发生的重大森林火灾和我国森林防火的现实状况给我国的森林防火工作敲响了警钟，让我们清醒地意识到我国的森林防火工作面临的形势极为严峻。必须进一步增强忧患意识，深入分析，科学评估我国森林防火工作的形势和任务，切实加强森林防火工作，提高对森林防火工作的重视程度，提高森林防火工作的科学化水平，坚决克服因取得一些成绩而产生的松懈麻痹思想，加强森林防火队伍建设，增强森林火灾的应急处置能力。

## 六、努力做好林业有害生物防治

国家林业局按照党中央、国务院和国家林业局党组的决策部署，紧紧围绕"发展现代林业、建设生态文明、推动科学发展"这一主题，坚持"预防为主、科学治理、依法监管、强化责任"的方针，树立森林健康理念，强化为决策和生产"两个服务"，推进由重除治向重预防、由化学防治向无公害防治、由治标向治本的"三个转变"，完善监测预警、检疫御灾、防治减灾、支撑保障"四个体系"，通过落实政府责任制、深化目标管理、实施工程治理和联防联治等一系列"组合拳"，林业有害生物防治工作取得显著成效。2003～2011 年，全国主要林业有害生物成灾率由 0.50％下降到 0.47％以下，无公害防治率由 40％提高到 80％以上，测报准确率由 75％提高到 85％以上，林木种苗产地检疫率由 80％提高到 98％以上，为保护森林资源、维护生态安全、促进绿色增长提供了有力保障。

重大林业有害生物灾情得到有效控制。2002 年以来，根据全国林业有害生物防治工作的总体部署，按照"突出重点、点面结合、整体推进、注重成效"的原则，狠抓重大林业有害生物的治理，组织实施国家级工程治理、试点示范和联防联治，取得了显著成效。特别是把松材线虫病防治作为"一号工程"，实行技术指导分片包干负责制。到 2011 年年底，松材线虫病疫区数量 30 年来首次下降，根除了 1 个省级疫点、25 个县级疫点。美国白蛾基本实现了有虫不成灾，陕西省根除疫情，北京周边地区发生面积和危害程度明显下降，为北京奥运会和国庆 60 周年等大型活动顺利举办提供了重要保障。红脂大小蠹发生危害程度明显减轻，杜绝了死树现象，发生面积由 2003 年的 52.7 万公顷下降到 2011 年的 4.7 万公顷，成为我国成功控制外来有害生物的典范。松毛虫发生面积由最高年份的 306.7 万公顷减少至现在的 100 万公顷以下，部分地区达到了有虫不成灾。西北林业鼠（兔）害治理区鼠口密度、被害株率、被害枯死率明显下降。杨树天牛治理区发生面积由 2003 年 18 万公顷下降到现在的 9.3 万公顷，平均被害株率由 44.4% 下降到 15.6%，平均虫口密度由 10.9 头/株下降到 4.6 头/株。

## 参 考 文 献

[1] Aplle M E, Olszyk D M, Ormrod D P, et al. Morphology and stomatal function of Douglas fir needles exposed to climate change: Elevated $CO_2$ and temperature. IntJ Plant Sci, 2000, (161): 127-132.

[2] Arft A M, Walker M D, Gurevitch J, et al. Response patterns of tundra plant species to experimental warming: A meta-analysis of the International Tundra Experiment. EcolMonogr, 1999, (69): 491-511.

[3] Boone R D, Nadelhoffer K J, Canary J D, et al. Roots exert a strong influence on the temperature sensitivity of soil respiration. Nature, 1998, (396): 570-572.

[4] Costanza, R, d'Arge R, de Groot, R S, et al. The value of the world's ecosystem services and natural capital. Nature, 1997, (387), 253-260.

[5] Daily G C. Natures Services: Societal Dependence on Natural Ecosystems. Washington D C: Island Press, 1997.

[6] Ehrlich P R, Ehrlich A H. The value of biodiversity. AMBIO, 1992, 21 (3): 219-226.

[7] Holdren J, Ehrlich P. Human population and global environment. American Scientist, 1974, (62): 282-297.

[8] Millennium Ecosystem Assessment. Ecosystems and human weil-being: a framework for assessment. Report of the Conceptual Framework Working Group of the Millennium Ecosystem Assessment. Washington: Island Press, 2003.

[9] Study of critical environment problem. man's Impact on the global environment. Berlin: Spring-Verlag, 1970.

[10] Westman W E. How much are nature's service worth? Science, 1977, (197): 960-964.

[11] 蔡邦成, 温林泉, 陆根法. 生态补偿机制建立的理论思考. 生态经济, 2005, (1): 47-50.

[12] 陈屹. 森林生态系统服务功能价值评估方法及其研究. 改革与开放, 2010, (8): 112-113.

[13] 葛颜祥, 吴菲菲, 王蓓蓓等. 流域生态补偿: 政府补偿与市场补偿比较与选择. 资源经济, 2007, (4): 48-55.

[14] 侯元兆, 王琪. 中国的森林资源价值核算研究. 北京: 中国环境科学出版社, 1998.

[15] 侯元兆. 中国森林环境价值核算. 北京: 中国林业出版社, 1995.

[16] 靳芳, 鲁绍伟, 余新晓等. 中国森林生态系统服务功能及其价值评价. 应用生态学报, 2005, 16 (8): 1531-1536.

[17] 靳乐山, 李小云, 左停. 生态环境服务付费的国际经验及其对中国的启示. 生态经济, 2007, (12): 156-158, 163.

[18] 李世东, 李文华. 中国森林生态治理方略研究. 北京: 科学出版社, 2008.

[19] 李世东, 陈幸良, 马凡强等. 新中国生态演变 60 年. 北京: 科学出版社, 2010.

[20] 李世东, 樊宝敏, 林震等. 现代林业与生态文明. 北京: 科学出版社, 2011.

[21] 李世东, 胡淑萍, 唐小明. 森林植被碳储量动态变化研究. 北京: 科学出版社, 2013.

[22] 李文华, 李飞. 中国森林资源研究. 北京: 中国林业出版社, 1996.

[23] 李文华, 李芬, 李世东, 刘某承. 森林生态效益补偿的研究现状与展望. 自然资源学报, 2006, 21 (5): 677-688.

[24] 李文华, 李世东, 李芬, 刘某承. 森林生态补偿机制若干重点问题研究. 中国人口资源与环境, 2007, 17 (2): 12-18.

[25] 李文华. 生态系统服务功能研究. 北京: 气象出版社, 2002.

[26] 鲁绍伟. 中国森林生态服务功能动态分析与仿真预测. 北京林业大学, 2006.

[27] 刘春江, 薛惠锋, 王海燕等. 生态补偿研究现状与进展. 环境保护科学, 2009, 35 (1): 77-80.

[28] 刘旭芳, 李爱年. 论生态补偿的法律关系. 时代法学, 2007, 5 (1): 54-59.

[29] 欧阳志云, 王如松, 赵景柱. 生态系统服务功能及其生态经济价值评价. 应用生态学报, 1999, 10 (5): 635-640.

[30] 欧阳志云. 海南岛生态系统服务功能及空间特征研究 // 赵景柱等主编. 社会-经济-自然复合生态系统可持续发展研究. 北京: 中国环境科学出版社, 1999: 270-284.

[31] 孙新章, 周海林, 张新民. 中国全面建立生态补偿制度的基础与阶段推进论. 资源科学, 2009, 31 (8): 1349-1354.

[32] 王国华. 森林资源生态补偿资金来源及补偿方式. 林业勘查设计, 2008, (1): 37.

[33] 王景升, 李文华, 任青山等. 西藏森林生态系统服务价值. 自然资源学报, 2007, 22 (5): 831-841.

[34] 王清军, 蔡守秋. 生态补偿机制的法律研究. 南京社会科学, 2006, (7): 73-80.

［35］　薛达元，包浩生，李文华. 长白山自然保护区森林生态系统间接经济价值评估. 中国环境科学，1999，19（3）：246-252.

［36］　余新晓，秦永胜. 北京山地森林生态系统服务功能及其价值初步研究. 生态学报，2002，22（5）：783-786.

［37］　张惠远，刘桂环. 我国流域生态补偿机制设计. 环境保护，2006，（19）：49-54.

［38］　赵同谦，欧阳志云. 中国森林生态系统服务功能及其价值评价. 自然资源学报，2004，18（3）：480-491.

［39］　中国可持续发展林业战略研究项目组. 中国可持续发展林业战略研究总论. 北京：中国林业出版社，2002.

［40］　中国森林生态服务功能评估项目组. 中国森林生态服务功能评估. 北京：中国林业出版社，2009.

［41］　周晓峰. 森林生态功能与经营途径. 北京：中国林业出版社，1999.

［42］　陈亮，王绪高. 生物多样性与森林生态系统健康的几个关键问题. 生态学杂志，2008，27（5）：816-820.

［43］　国家环保局. 中国生物多样性国情研究报告. 北京：中国环境科学出版社，1998.

［44］　国家林业局森林资源管理司. 第七次全国森林资源清查及森林资源状况. 林业资源管理，2010，1：1-8.

［45］　李德全. 浅谈我国森林火灾发生的特点. 林业科技情报，2011，43（1）：4-5.

［46］　宋玉双，苏宏钧，于海英等. 2006～2010 年我国林业有害生物灾害损失评估. 中国森林病虫，2011，30（6）：1-4.

［47］　张星耀，吕全，梁军等. 中国森林保护亟待解决的若干科学问题. 中国森林病虫，2012，31（5）：1-12.

［48］　张颖. 森林生物多样性减少的机理和保护对策研究. 绿色中国，2005，24（12）：22-25.

［49］　朱教君，李凤芹. 森林退化/衰退的研究与实践. 应用生态学报，2007，18（7）：1601-1609.

# 第四章

# 草地生态保育与建设

## 第一节 草地生态系统状况❶

### 一、中国草地的分布和类型

#### （一）中国草原面积和类型

  草地是中国陆地上面积最大的生态系统类型，总面积达 $4.0 \times 10^8 hm^2$，面积居世界第二位，约占世界草地面积的 13%，占全国国土面积的 41% 左右，其中，可利用面积 $3.10 \times 10^8 hm^2$，占草地总面积的 77.5%。北方以天然草原为主，南方以草山草坡为主。草原面积前 10 位的省（自治区）是西藏、内蒙古、新疆、青海、四川、甘肃、云南、广西、黑龙江和湖南，共 3.3 亿公顷，占全国草原面积的 82.5%。草原面积占本省区国土面积 50% 以上的省（自治区）有西藏、内蒙古、青海和宁夏等（中华人民共和国畜牧兽医司，1996）。

  我国草原东起东北平原，越过大兴安岭，经辽阔的蒙古高原，而后经鄂尔多斯高原、黄土高原，直达青藏高原的南缘，绵延约 4500km，南北跨越约 23 个纬度（陈佐忠，2002）。

  我国不仅草原面积广，而且草原类型也十分丰富。共有 18 个草原类、813 个草原型，其中高寒草甸类、温性荒漠类、高寒草原类、温性草原类和低地草甸类草原面积居前五位，分别为 $6372 \times 10^4 hm^2$、$4506 \times 10^4 hm^2$、$4162 \times 10^4 hm^2$、$4110 \times 10^4 hm^2$ 和 $2522 \times 10^4 hm^2$，

---

❶ 本节作者为石培礼、熊定鹏（中国科学院地理科学与资源研究所）。

约占全国草原总面积的 55%（中华人民共和国畜牧兽医司，1996）。

全国 18 种草地类型按面积大小排序如下：高寒草甸类（16.26%），温性荒漠类（11.50%），高寒草原类（10.62%），温性草原类（10.49%），低地草甸类（6.44%），温性荒漠草原类（4.83%），热性灌草丛类（4.44%），山地草甸类（4.26%），温性草甸草原类（3.70%），热性草丛类（3.63%），暖性灌草丛类（3.00%），温性草原化荒漠类（2.72%），高寒荒漠草原类（2.44%），高寒荒漠类（1.92%），高寒草甸草原类（1.75%），暖性草丛类（1.70%），沼泽类（0.73%），干热稀树灌草丛类（0.22%）。未划分草地类型的零星草地占 9.33%。其中，高寒草甸类、温性荒漠类、高寒草原类、温性草原类四大类草地之和占全国草地面积的 48.87%（中华人民共和国畜牧兽医司，1996）。

## （二）中国草原地带分布和分区

草地的水平分布总格局为：东半部即太平洋季风气候区以森林为主，在森林屡遭破坏的地方，从南到北依次有热性草丛、热性灌草丛、暖性草丛和暖性灌草丛类、山地草甸草原的地带更替；西北部的大陆性气候区，草地受水分条件制约的经向地带性影响，自东向西呈现温性草甸草原、温性草原、温性荒漠草原、温性草原化荒漠、温性荒漠类草地逐渐更替的地带性分布规律；新疆北部由于多少受西来湿气影响，水分状况有由西向东递减的特征，但总体仍是干旱荒漠气候。青藏高原草地受东南季风和南部孟加拉湾暖湿气流影响，从东南向西北呈现高寒草甸、高寒草甸草原、高寒草原、高寒荒漠草原、高寒荒漠类草地的地带性更替分布（中华人民共和国畜牧兽医司，1996）。

我国草原跨越热带、亚热带、温带、高原寒带等多种自然地带。年降雨量从东南的 2000mm，向西北逐渐减少至 50mm 以下，海拔高度从 −100m 至 8000m 以上。按照草原地带性分布特点，可以将我国草原分为北方干旱半干旱草原区、青藏高寒草原区、东北华北湿润半湿润草原区和南方草地区四大生态功能区域，它们在我国国家生态安全战略格局中占据着十分重要的位置（中华人民共和国农业部，2011）。

北方干旱半干旱草原区位于我国西北、华北北部以及东北西部地区，分布在河北、山西、内蒙古、辽宁、吉林、黑龙江、陕西、甘肃、宁夏和新疆 10 个省（自治区），是我国北方重要的生态屏障。在构建"两屏三带"为主体的生态安全战略格局中，北方防沙带主要位于该区。全区域草原面积占全国草原总面积的 41.7%。该区域气候干旱少雨、多风，冷季寒冷漫长，草原类型以荒漠化草原为主，生态系统十分脆弱（中华人民共和国农业部，2011）。

青藏高寒草原区位于我国青藏高原，包括西藏、青海全境及四川、甘肃和云南部分地区，是长江、黄河、雅鲁藏布江等大江大河的发源地，是我国水源涵养、水土保持的核心区，享有中华民族"水塔"之称，也是我国生物多样性最丰富的地区之一。青藏高原生态屏障是我国"两屏三带"生态安全战略格局的主体部分。全区域有草原面积 $13908 \times 10^4 hm^2$，占全国草原总面积的 35.4%。区域内大部分草原在海拔 3000m 以上，气候寒冷，牧草生长期短，草层低矮，产草量低，草原类型以高寒草原为主，生态系统极度脆弱（中华人民共和国农业部，2011）。

东北华北湿润半湿润草原区主要位于我国东北和华北地区，分布在北京、天津、河北、山西、辽宁、吉林、黑龙江、山东、河南和陕西 10 省（直辖市）。在东北森林草原带是我国"两屏三带"为主体的生态安全屏障区的重要部分。全区域有草原面积 $2961 \times 10^4 hm^2$，占全国草原总面积的 7.5%。该区域是我国草原植被覆盖度较高、天然草原品质较好、产量较高的地区，也是草地畜牧业较为发达的地区，发展人工种草和草产品加工业潜力很大（中华人民共和国农业部，2011）。

南方草区位于我国南部，涉及上海、江苏、浙江、安徽、福建、江西、湖南、湖北、广东、广西、海南、重庆、四川、贵州和云南15省（自治区、直辖市）。在"两屏三带"为主体的生态安全战略格局中，南方丘陵山地发挥着华南和西南地区生态安全屏障的作用。全区域有草原面积 $6419×10^4 hm^2$，占全国草原总面积的16.3%。区域内水热资源丰富，牧草生长期长，产草量高，但草资源开发利用不足，部分地区面临石漠化威胁，水土流失严重（农业部草原监测报告，2011）。

## 二、中国草地资源与生产力评价

### （一）中国草地资源等级评价

苏大学据1∶100万中国草地资源图规定的草地资源等级评价标准进行评价。按草地面积衡量，我国中等品质草地占全国草地总面积的39.7%，优质草地占37%，低质草地占23.3%。按草地产草量衡量，我国草地以低产草地为主。低产草地占全国草地面积的61.6%，其次是中产草地，面积占20.9%，高产草地的面积占17.5%。以草地品质与草地产草量综合评定，全国草地以中质低产草地面积最大，占全国草地面积的近25%；其次是优质低产草地，占21.3%；低质低产草地占15.4%；草地面积最小的是低质高产和低质中产型草地，只分别占全国草地面积的3.4%和4.4%（苏大学，1994）。

### （二）中国草地的生产力和牧草品质评价

朴世龙利用中国草地资源清查资料，并结合同期的遥感影像，建立了基于最新修正的归一化植被指数（NDVI）中国草地植被生物量估测模型（朴世龙等，2004）。中国草地植被总地上生物量为146.16TgC，主要集中在北方干旱、半干旱地区和青藏高原；总地下生物量为898.60TgC，是地上生物量的6.15倍；而总生物量是1044.76TgC，占世界草地植被的2.1%～3.7%，其平均密度约为 $315.24gC/m^2$，低于世界平均水平。中国草地植被单位面积地上生物量水平分布趋势为：东南地区高，西北地区低，与水热条件的分布趋势一致。

中国北方草地类型中，荒漠草原、典型草原和草甸草原的地上生物量分别为 $56.6g/m^2$、$133.4g/m^2$ 和 $196.7g/m^2$，地上生物量和地下生物量均呈现自西南向东北增加的空间分布特征，降水是导致内蒙古温带草地生物量空间变异的主要因子（马文红等，2008）。

青藏高原区，草地地上生物量平均值为 $68.8g/m^2$，其中高寒草甸和高寒草原平均值分别为 $90.8g/m^2$ 和 $50.1g/m^2$。草地生产力从青藏高原东部往西部有降低趋势，总体随降水量的降低而直线降低，与生长季温度没有显著的相关关系。降水量是植物生产力最为重要的影响因素，此外，受降水的影响，土壤质地和温度对生产力也有一定的影响（Yang 等，2009）。

在大陆性气候的新疆地区，荒漠草原的平均地上生物量为 $77.6g/m^2$，草甸草原最大，为 $194.0g/m^2$，而典型草原（$118.2g/m^2$）和高寒草原（$106.0g/m^2$）介于两者生物量之间；在草甸类型中，山地草甸地上生物量（$260.9g/m^2$）显著高于高寒草甸（$129.1g·m^2$），新疆草地生物量约占全国草地的10%（安尼瓦尔·买买提等，2006）。

南方草地总面积约 $7.96×10^7 hm^2$，大多为零星草山草坡，其中可利用草地面积为 $6.58×10^7 hm^2$，约占该区草地面积的82.7%。天然草地植被主要为山地草丛、灌草丛类以

及少量的低地草甸和山地草甸，干草产草为 $150\sim250g/m^2$（滕永青等，2007）。

由此看来，在我国北方草地区，各类草地生产力以青藏高原最低，内蒙古和新疆两地的各类草地平均生物量相当，但内蒙古的荒漠草原生物量较低。但从区域产草量来看，青藏高原草地的产草量较内蒙古草地高，主要是由于高寒草甸有较高的产草量，产草量最高的是西藏嵩草（*Kobresia tibetica*）草甸和芨芨草（*Achnatherum splendens*）草原。

从牧草品质来看，青藏高原牧草具有高粗蛋白、高无氮浸出物、低粗纤维、低粗脂肪的特点，营养价值更高。牧草品质最好的则是高山嵩草（*Kobresia pygmaea*）草甸和矮生嵩草（*Kobresia humilis*）草甸。大尺度上，气候因子中仅年均温（MAT）对粗纤维有显著作用，而土壤因子对牧草品质有着更直接的作用。牧草的营养价值和产草量之间存在相关关系，随着产草量的升高，牧草表现出粗纤维含量增加、粗蛋白和粗脂肪含量下降的趋势，反映出产草量较大时对营养元素的"稀释"现象（石岳等，2013）。南方草地干物质中粗蛋白含量较低，仅有 $3.5\%\sim10.5\%$，粗纤维却高达 $35\%\sim50\%$，因此，虽然南方草地具有较高的生产力，但牧草质量普遍较低（滕永青等，2007）。

## 三、中国草地资源的管理与利用取得的成就

据调查统计，中国约有 $90\%$ 的可利用天然草原存在不同程度的退化，其中盖度降低、沙化、盐碱化等中度以上明显退化的草原面积占 $50\%$（杜青林，2006）。为了有效保护和建设草原、遏制草原退化、发挥草原的多功能作用，自 2000 年以来，中国启动了一系列草原保护建设工程，推广和应用了多项草原保护建设技术。20 世纪 80 年代中国政府推行了草地家庭承包责任制。2000 年以来，国家还相继启动实施了天然草原植被恢复与建设、牧草种子基地、草原围栏、退牧还草、京津风沙源治理、草原奖励机制等一系列草原保护和建设工程（侯向阳，2009）。

草地建设与保护工程和技术通过典型县示范和全国推广，目前人工草地建植技术、天然草原改良技术、南方草地高效利用技术和草地信息技术取得了显著进展，其中前两项综合技术已经在退牧还草等国家重大生态工程中应用和推广（侯向阳，2009）。

在人工草地建设方面，一系列苜蓿、饲用玉米和禾本科牧草新品种获得推广。在人工草地建植和管理技术研究方面，主要在牧草混播、种子包衣、根瘤菌筛选和利用、节水灌溉等方面取得进展。建立了不同类型混播牧草组合和播种利用模式，筛选出适合国产苜蓿品种的优良根瘤菌菌株以及共生组合。在北方温带地区，基本确定了苜蓿经济灌水量和水肥耦合规律（侯向阳，2009）。

在天然草地改良方面，在系统研究草原受损和退化机理的基础上，研究和运用围栏自然恢复、松土浅翻补播、施肥、低扰动改良等技术，结合毒杂草和鼠虫害治理，改善草原生态环境，恢复草原植被，提高了草原生产力。在放牧系统优化技术方面，确定以水定草、以草定畜为优化利用的主要原则，建立合理的割草制度和放牧制度。天然草原补播改良技术已被推广到全国大部分草原地区，而且借助退牧还草和退耕还林还草项目得到进一步深入与加强，为大面积改良中度和重度退化草场提供了重要途径（侯向阳，2009）。

长期以来南方草地利用率不高，近 10 年来在南方草地高效利用方面取得了一些研究成果。如在草丛草地和农隙地草地采取适度放牧方式减缓退化，在灌丛及疏林草地进行生态改良，调整草地建植结构，提高草地利用率。筛选和培育优良豆科牧草，解决南方草地蛋白质资源短缺和牧草的品质问题（侯向阳，2009）。

　　遥感和地理信息系统技术被广泛用于全国草原产草量估算、草原火灾、鼠虫灾、雪灾动态监测和预警预报、建立咨询和决策专家支持系统，为草原保护、建设和管理提供科技支撑（侯向阳，2009）。

# 第二节　草地生态系统服务功能[1]

## 一、草地生态系统服务功能的类型

　　生态系统服务是指生态系统与生态过程所形成及所维持的人类赖以生存的自然环境条件与效用（Daily，1997；欧阳志云，1999）。它包括提供自然资源和维持地球生命支持系统两个方面的多种功能。草地生态系统是一种重要的陆地生态系统，其生态系统服务主要表现在物质生产、碳汇、土壤保持、生物多样性维持、水源涵养、气候调节和养分循环等几个方面。

### （一）草原生态系统的物质生产功能

　　草原生态系统的初级物质生产是草原生态系统中所有消费者和分解者的物质和能量来源。一般用净初级生产力和生物量来对生态系统的物质生产功能进行评价。李博系统总结了锡林河流域主要草地类型的净生产力（表4-1）。

表 4-1　锡林河流域不同类型草原初级生产力的比较　　　　　单位：g/m²

| 植被类型 | | 地上产量 | 地下产量 | 净第一性生产 |
|---|---|---|---|---|
| 草原植被 | 线叶菊草原 | 80～150 | 287～412.6 | 428.7～812 |
| | 贝加尔针茅草原 | 160～124 | | |
| | 羊茅草原 | 50～90 | 217～305.6 | 412.8～432.9 |
| | 羊草草原 | 150～250 | 519～706.5 | 904.7～1121.3 |
| | 大针茅草原 | 87～125 | 187.4～305.4 | 378.4～452.05 |
| | 克氏针茅草原 | 80～100 | 184.6～281.4 | 297.8～417.5 |
| | 冷蒿草原 | 45.1～80 | 157～308.4 | 358.4～417.3 |
| 草甸植被 | 拂子茅草甸 | 132～179.5 | | |
| | 无芒雀麦草甸 | 195～274 | 548.3～819.5 | 1178.6～1218.4 |
| | 茇茇草甸 | 96～109 | | 1057～1193.4 |
| | 马蔺草甸 | 147～195 | 504.3～913.7 | 937.5～1093.8 |
| 沼泽植被 | 芦苇沼泽 | 191～273 | 417.4～725.6 | |
| 沙地植被 | 沙蒿半灌木 | 28.4～47.2 | | 996.91～1327.4 |

　　注：李博，1988。

　　影响草原生态系统生产力和生物量的外部因素主要是环境因子和人类活动。对天然羊草草原和贝加尔针茅草原的研究表明，降水是影响草原群落生物量的主导因子，同时，温度能够影响草原植物对水分的利用效率（彭玉梅等，1997）。王玉辉等在研究内蒙古羊草草原植物群落地上初级生产力与降水的关系时发现，影响群落地上初级生产力最显著的因子是前一年10月至当年8月的累积降水，而与年降水和月降水无显著相关（王玉辉等，2004）。除环境因子外，人类活动对草地生态系统的生产力和生物量也有明显影响。王艳芬等的研究结果也表明，典型草原地上生物量随放牧率的增大而直线下降（王艳芬等，1999）。同时，一些

---

　　[1]　本节作者为许中旗（河北农业大学）。

研究也表明，在放牧条件下，草原植物的生长存在超补偿现象，即适当放牧可以促进草原植物的生长，从而使草原的净初级生产力得到提高（李永宏和汪诗平，1999）。

## （二）草原生态系统的碳汇功能

草原生态系统的生物量约为全球植被生物量的 36%，其总碳储量约占陆地生态系统碳储量的 12.7%（齐玉春，2003），所以它在全球碳循环中占有非常重要的地位。

草地土壤的碳储量约占草地总碳储量的 90%，土壤碳库的微小变化都会对大气 $CO_2$ 浓度产生重要影响（齐玉春，2003）。土壤碳储量取决于土壤植物残体的进入量与土壤微生物分解损失量的平衡状况，所以对这两个过程产生影响的因素都会对土壤的碳储量产生影响。王淑平研究认为，土壤有机碳与降雨量呈明显的正相关关系，温度对土壤有机碳的影响则较为复杂，适宜的温度有利于土壤有机碳的积累（王淑平，2002）。

由人类活动所导致的土地利用变化对草原土壤碳储量具有明显影响。草地开垦通常会导致土壤有机碳的大量释放（李凌浩，1998）。草地开垦为农田后会损失掉原来土壤碳总量的 30%～50%（Davidson 等，1993；李凌浩，1998）。据 Houghton 的估计，从 1850 年到 1980 年的 130 年间，由于开垦导致的温带草原土壤碳损失量为 15.7Pg，约占同期陆地生态系统土壤碳损失总量的 40%（Houghton，1995）。过度放牧可使草地初级生产固定碳素的能力降低，家畜采食也会减少碳素由植物枯落物向土壤的输入。40 年的过度放牧使内蒙古锡林河流域羊草表层土壤（0～20cm）中的碳储量降低了 12.4%（Li，1997）。与草地开垦相比，过度放牧对草原土壤有机碳储量的影响较为缓慢，其影响效应出现的时间至少在 20 年以上（Li，1997）。

## （三）草原生态系统的土壤保持功能

草地具有明显的水土保持功能。有研究表明，生长 3～8 年的林地，拦截地表径流的能力为 34%，而生长两年的草地拦截地表径流的能力为 54%，高于林地 20 个百分点（中华人民共和国农业部畜牧兽医司，1996）。Jones 等在美国 Texas 地区进行了小麦、高粱、休耕地与原生草地的土壤侵蚀量对比研究（Jones 等，1985）。研究结果表明，原生草地的土壤侵蚀量几乎微不足道，而麦地的土壤侵蚀量则达到近 1200kg/hm²，高粱地的侵蚀量大于 2700kg/hm²，休耕地的土壤侵蚀量也超过了 1700kg/hm²（Salati 等，1997）。张华等研究沙质草地植被防风抗蚀生态效应时发现，在草地植被恢复以后，0～20cm 气流层内的总输沙量由 88.8g/(h·cm²) 降至固定沙地的 1.16g/(h·cm²)（张华等，2004）。董治宝等在研究内蒙古后山地区土壤风蚀情况时发现，农田的风蚀量为未开垦草原土壤风蚀量的 1.8～4.0 倍（董治宝等，1997）。

## （四）草原生态系统的物种多样性维持功能

草原生态系统是许多动植物的栖息地，它的物种多样性非常丰富。据不完全统计，中国草原区共有种子植物 3600 余种，分属 125 个科。其中，内蒙古草原区共采集到种子植物 1519 种，分属 94 个科、541 个属。在全国植物区系中，约占总科数的 30%，总属数的 20%，总种数的 6.5%（中国生物多样性研究报告，1998）。另据周寿荣统计，我国有 225 属 1200 余种禾本科植物，分布在不同的天然草地生态系统中（周寿荣，1998）。Salati 指出，草原生态系统维持了一个贮存大量基因物质的基因库，是作物和牲畜的主要起源中心（Salati，1997）。

近年来，由于超载过牧、毁草开荒等原因致使草地生态系统的物种多样性受到了极大的威胁。现在普遍认为，在中等程度的环境干扰或逆境（包括放牧强度）下，草地生态系统能够维持较高的物种多样性，其原因在于适度的干扰能够抑制优势种的优势度，有利于不同物种的共存（Mclendon & Teclente，1991）。如李永宏（1993）的研究也表明，随着放牧压力增大，群落的植物种丰富度有所降低，但其均匀度和多样性在中度放牧的群落中最高。

## （五）草原生态系统的气候调节功能

草地生态系统主要通过两种途径对气候产生影响：第一，它对温室气体的调节作用；第二，它具有不同于裸地的下垫面特征。大量研究表明，草地生态系统对 $CO_2$、$CH_4$、$N_2O$ 三类温室气体都有明显的调节作用。草地生态系统对大气 $CO_2$ 浓度的调节作用与草地生态系统碳库碳储量的变化密切相关。草地生态系统对 $CH_4$、$N_2O$ 的调节作用现在较为一致的认识是：天然草地生态系统是 $N_2O$ 的排放源，是 $CH_4$ 的吸收汇（齐玉春，2003；陈佐忠和汪诗平，2000）；土地利用方式的变化和火烧、施肥等人类活动会减少对 $CH_4$ 的吸收和增加 $N_2O$ 的排放。草地的粗糙度、对太阳辐射的反射率以及地表水利用性等下垫面特征都与裸地有所不同，所以草地生态系统有明显的气候调节作用。草地植被层的存在大大增加了地面的粗糙度，粗糙度的增加可使近地面的大气乱流加强，大气乱流又可促进热量、水汽和动能在垂直方向上的传输，从而影响空气的温度、湿度和风速等气象要素的变化（罗哲贤和屠其璞，1993）。与裸地相比，草地对太阳辐射的反射率大大降低（20%～30%）。反射率小，说明更多的太阳辐射为下垫面所吸收。同时，由于有植被覆盖，草地地表向下传输的热量减少。这样，两方面的作用使草地的辐射温度比裸地要明显降低，地面长波辐射也明显减少（许中旗等，2005）。目前，有关草地生态系统对温室气体调节作用的研究比较多见，而对草地作为特殊下垫面的作用则研究较少，同时这方面的研究主要以模型研究为主（罗哲贤和屠其璞，1993；YOokouchi，1984），缺乏长期的野外定位观测对比研究。

## （六）草地生态系统的水源涵养功能

草地植被的存在一方面可以通过有机质的分解增加土壤有机质含量，改善土壤结构；另一方面还可以通过根系在土壤中的穿插提高土壤的孔隙度。这两方面的作用都可以明显提高草地土壤的水源涵养能力。草地生态系统的水源涵养能力在山地、丘陵及河流的源头等地区显得尤为重要，在这些地区，它可以起到很好的调节径流、消洪补枯的作用。王根绪等（2003）对原河源区高寒草甸草地土壤含水量的研究表明，植被覆盖度与土壤水分之间具有显著的相关关系，在保持其原有的植物建群和较高覆盖度时，土壤上层具有较高持水能力，水源涵养功能明显。刘明国等关于草本植物改土实验研究表明，种植草本植物后土壤容重下降 3.1%～10.1%，孔隙率增大 2.34%～6.72%，透水速度提高 55%～73.14%，分散率、侵蚀率分别下降 0.45%～12.9% 和 11.97%～21.4%（刘明国等，1998）。

## （七）草地生态系统的养分循环功能

生态系统中的植物从周围环境中吸收它们生长所需要的各种元素，然后在体内进行积累与再分配，其中一部分通过动物的取食在食物链间进行传递，而另外一部分最终以凋落物的形式将各种营养元素归还给环境，各种元素在生态系统组分间进行传递的过程称为生态系统的生物地球化学循环。各种养分的生物地球化学循环是生态系统最基本的功能之一，也是生态系统的本质特征。

目前，有关草原生态系统养分循环的研究主要集中在土壤与植物养分元素的存量和通量研究两个方面。陈佐忠等对大针茅草原生态系统养分元素的积累和分配进行了总结，氮、磷、钾、镁的积累量都是植物地下部分高于地上部分，其中，氮和镁在地下部分的积累量更是占到了总量 90％ 以上；氮、磷、钾、镁的总积累量分别为 23.455g/m²、0.2968g/m²、5.0314g/m²、1.9857g/m²（陈佐忠等，2002）。

对于大多数草地生态系统来说，氮素都是限制草地生产力的最重要因素之一。黄德华对羊草草原的研究结果为，植物地上地下部分共积累氮素 199.6kg/hm²，其中只有 17.2％ 的氮贮存于地上部分，而地下部分 67.4％ 的氮素贮存于死根中（黄德华，1996）。植物地下部分贮存的氮素有 70％ 分布于 0～30cm 的根系中，而 30～100cm 根系中的氮小于 30％。由于地上生物量与地下生物量的年度差异很大（李博，1988），所以贮存于其中的氮素变异也很大。草地生态系统的氮素输入过程主要是生物固氮和雨水补给。根据陈佐忠等估算，豆科植物在羊草和大针茅草原中的固氮量为 1.1～8.84kg/hm² 和 0.88～7.14kg/hm²（陈佐忠等，2002）。

## 二、草地生态系统服务价值评价研究

对于草地生态系统服务的研究可以说由来已久，如前面所总结的物质生产功能、碳汇功能及水土保持功能等，但是，有关草地生态系统服务价值的研究却是近几年才开始的。Costanza 在对全球生态系统服务价值进行评价时，也对全球草地生态系统的服务功能价值进行了估算。他的计算结果为，全球草地生态系统每年提供的服务功能价值为 $906 \times 10^9$ 美元，占全球总价值的 2.72％，占陆地生态系统总价值的 7.3％。在 Cosatnza 的研究中，草地生态系统的服务功能只计算了三项的价值，而其他类型服务功能的价值并未进行估算。显然，未计算在内的原因并不是作者认为草地生态系统不具备这些功能，而更可能的原因是缺乏可以参考的研究作为估算的依据（Costanza，1997）。

我国学者近年来在草地生态系统服务价值评价方面也做了有益的探索和尝试。谢高地参考 Costanza 的评价方法，依据 1/1000000 中国草地资源图，逐项计算了中国不同草地生态系统类型的各项服务功能价值，全国草地生态系统每年的服务价值为 $1497.91 \times 10^8$ 美元。在对不同草地生态系统的服务功能价值进行计算时，作者提出了生物量订正的方法。即某一类草地生态系统服务价值等于生态系统服务价值对照基准价值乘以一个生物量校正系数，该系数为该类草地的生物量与我国草地单位面积平均生物量之比。该方法在一定程度上解决了在缺少生态过程研究的条件下对同类生态系统服务价值进行评价的问题（谢高地，2001）。该方法的思路可能来源于 Costanza 等研究发现的一个规律：无论是陆生生态系统还是水生生态系统，生态系统服务价值与生态系统的净生产力成正比（Costanza 等，1997）。另外，谢高地采用类似的方法对青藏高原的森林、草地、农田、湿地、水面、荒漠 6 类生态系统类型的服务功能价值进行了研究，得出青藏高原生态系统每年的生态服务价值为 $9363 \times 10^8$ 元人民币。在研究中，综合我国 200 多位生态学者的生态问卷调查结果，制定出了我国生态系统生态服务价值当量因子表，并在此基础上建立了中国陆地生态系统单位面积服务价值表。生态系统生态服务价值当量因子是生态系统产生的生态服务的相对贡献大小，一个当量因子为 1hm² 全国平均产量的农田每年自然粮食产量的经济价值，并确定 1 个生态服务价值当量因子的经济价值量等于当年全国平均粮食单产市场价值的 1/7（谢高地，2003）。

赵同谦等对我国草地生态系统的侵蚀控制、截留降水、土壤 C 累积、废弃物降解、营养物质循环和生境提供 6 类功能进行了评价，得出 6 类服务功能的年生态经济价值（人民币）分别为 $228.21 \times 10^8$ 元、$692.0 \times 10^8$ 元、$6575.06 \times 10^8$ 元、$228.35 \times 10^8$ 元、$832.62 \times 10^8$ 元和 $246.77 \times 10^8$ 元，6 类功能的总价值为 $8803.01 \times 10^8$ 元（赵同谦等，2004）。闵庆文等利用能值理论对青海草地生态系统服务的价值进行了核算，结果表明，青海高原草地生态系统主要服务功能的宏观价值为 $204\times10^8$ 美元，而主要自然资本的价值为 $400\times10^8$ 美元（闵庆文等，2004）。王静等对玛曲县由于过牧造成的直接和间接经济损失进行了估算：食物生产 $1.50\times10^8$ 元，调节大气 $1.04\times10^9$ 元，营养物质循环与贮存 $0.99\times10^8$ 元，控制侵蚀 $1.02\times10^7$ 元，涵养水源 $3.94\times10^8$ 元，环境污染净化 $2.9\times10^7$ 元，总经济损失达到 $1.72\times10^9$ 元，其中，间接经济损失占 91.3%（王静等，2006）。郑淑华对太仆寺旗和沽源县境内的典型草原的固定 $CO_2$、释放 $O_2$、土壤侵蚀控制、涵养水源、营养物质循环 5 项生态系统服务进行初步评估，结果表明，由这 5 项功能构成的生态系统服务的间接价值在草原区为 17223 元/$(hm^2\cdot a)$，在农区为 16668 元/$(hm^2\cdot a)$，草原区的间接价值比农区的高 3.33%（郑淑华，2009）。呼伦贝尔草地生态系统每年提供的服务总价值为 $2601.24\times10^8$ 元，其中有机物质生产价值 $70.82\times10^8$ 元，调节大气价值 $429.58\times10^8$ 元，涵养水源价值 $1230.17\times10^8$ 元，土壤保持价值 $819.90\times10^8$ 元，营养物质循环价值 $13.48\times10^8$ 元，废弃物降解价值 $0.42\times10^8$ 元，休闲旅游价值 $36.87\times10^8$ 元。草地生态系统的生态价值远大于其经济价值，在各种服务功能中，营养物质循环和土壤保持价值所占比重最大。

以上研究从经济价值的角度使人们对各种草地生态系统的生态功能有了量的概念和崭新的认识，但是，相关的研究多为静态价值评价。将草地资源的利用与生态系统服务价值评价相联系可能更有价值。俞文政的研究表明，20 世纪 50～90 年代，青海湖流域内草甸类、草原类、灌丛类、沼泽类草地生态系统分布面积明显减少，受荒漠类草地面积大幅增加等综合因素的影响，青海湖流域草地生态系统服务价值显著减少，流域草地生态系统服务价值减少 893 亿元，年均减少 0.23 亿元（俞文政，2005）。许中旗利用锡林河流域草地资源变化的卫星图像对 1987～2000 年 13 年间的生态系统服务价值变化进行了研究，结果表明，由于草地的退化使得锡林河流域各类生态系统每年提供的服务总价值下降了 31.6%，其中草原生态系统服务价值从 $5.13\times10^8$ 美元降至 $4.38\times10^8$ 美元（许中旗，2005）。

总的来看，我国草地生态系统服务价值评价研究虽然仍处于起步阶段，但是，在评价方法的探索方面还是取得了一些重要的进展。同时，目前有关的研究也存在一些不足之处。首先，已有的研究主要侧重于较大尺度上的草地生态系统服务价值评价研究，而在小尺度上基于生态系统服务产生过程的价值评价研究几乎没有，这样导致价值评价结果缺乏应有的说服力。其次，评价研究中对不同草地生态系统所处的具体生态环境条件未能给予充分的考虑。因为，同样是草地生态系统，其所处的具体环境条件不同，那么，它所提供的服务功能也是不同的。如处于半干旱区的典型草原生态系统，防止土壤的风蚀是其重要的服务功能，而水源涵养的功能则并不突出；而对于湿润地区存在于坡地上的草地生态系统来说，水源涵养是其重要的服务功能，而防止土壤风蚀的作用则不明显。这些服务功能的差异在已有的研究中未能得到应有的重视。再次，已有的服务功能的价值评价多是静态评价，对于因为气候及人为干扰的影响所导致的服务功能价值变化的研究则比较少见，而只有这样的研究才能给予决策者更有价值的信息。

## 三、典型草原生态系统服务及其对人类干扰的响应

由于草地生态系统无时无刻不受到生态条件及人类活动的影响，因此草地生态系统服务是不断变化的，特别是在强烈人为干扰的影响下，草地生态系统提供的各种服务会发生深刻

变化，甚至是不可逆的。本部分以典型草原为例，论述放牧、禁牧及开垦对典型草原几种典型生态系统服务（物质生产功能、水土保持功能、碳截存功能、大气调节功能、物种多样性维持）的影响。

## （一）禁牧对典型草原生物量和生产力的影响

从表4-2可以看出，典型草原地上及地下生物量的变化规律一致，由高到低的排序依次为：禁牧17年＞禁牧7年＞禁牧2年＞放牧，其总生物量分别为3771.69g/m²、3248.33g/m²、2711.06g/m²、2348.50g/m²。这表明，禁牧有利于典型草原生物量的提高，而且禁牧时间越长，生物量越高。另外，从表4-3中可以看出，禁牧草原净生产力普遍高于放牧草原，禁牧2年、禁牧7年、禁牧17年和放牧草原总净生产力分别为984.47g/(m²·a)、937.18g/(m²·a)、839.84g/(m²·a)、781.02g/(m²·a)。

由以上结果还可以看出，禁牧17年的典型草原的净初级生产力低于禁牧2年和7年的典型草原，这说明并不是禁牧时间越长，典型草原净初级生产力越高。草原经过17年的禁牧可以认为已处于或接近顶级阶段，而禁牧2年草原由于刚刚排除放牧对它的干扰，正处于群落恢复的过程中，由于放牧而未被完全占据的生态位为草原植物的迅速生长提供了充足的资源空间，所以具有较高的净初级生产力。

表4-2 不同禁牧时间典型草原的生物量

| 类型 | 生物量/(g/m²) | | | 地下/地上 |
|---|---|---|---|---|
| | 地上 | 地下 | 总和 | |
| 放牧 | 50.21 | 2298.29 | 2348.50 | 45.8 |
| 禁牧2年 | 86.92 | 2624.14 | 2711.06 | 30.2 |
| 禁牧7年 | 100.05 | 3148.28 | 3248.33 | 31.5 |
| 禁牧17年 | 168.61 | 3603.08 | 3771.69 | 21.4 |

不同禁牧时间典型草原物质生产功能价值见表4-3。生态系统物质生产功能价值由高到低的顺序为禁牧17年＞禁牧7年＞禁牧2年＞放牧草原，其价值量分别为1011.68元/(hm²·a)、600.32元/(hm²·a)、521.52元/(hm²·a)、301.28元/(hm²·a)，这说明禁牧可以明显提高草原生态系统的物质生产功能价值，而且，随着禁牧时间的增加，其价值量在不断增加。

表4-3 不同禁牧时间典型草原净初级生产力及其物质生产功能价值

| 类型 | 根系净生产力/[g/(m²·a)] | 地上部分净生产力/[g/(m²·a)] | 总净生产力/[g/(m²·a)] | 物质生产价值/[元/(hm²·a)] |
|---|---|---|---|---|
| 放牧 | 730.81 | 50.21 | 781.02 | 301.28 |
| 禁牧2年 | 897.55 | 86.92 | 984.47 | 521.52 |
| 禁牧7年 | 837.13 | 100.05 | 937.18 | 600.32 |
| 禁牧17年 | 671.23 | 168.61 | 839.84 | 1011.68 |

## （二）人为干扰对典型草原侵蚀功能的影响

### 1.禁牧对原状土侵蚀率及侵蚀量的影响

禁牧可以明显降低草原的风蚀率，而且禁牧时间越长，风蚀率越低。禁牧17年草场即使在20m/s的风速下，其风蚀率也仅为0.037kg/(min·m²)，放牧草场的风蚀率则为0.426kg/(min·m²)，后者为前者的11.5倍。另外，禁牧2年草场在禁牧时间为1年时其风蚀率与放牧草场相比已有明显的下降，放牧草场在 8m/s、12m/s、16m/s 和 20m/s 风速下的风蚀率分别为 $0.019kg/(min \cdot m^2)$、$0.054kg/(min \cdot m^2)$、$0.402kg/(min \cdot m^2)$、$0.426kg/(min \cdot m^2)$，禁牧 2 年草场则为 $0.006kg/(min \cdot m^2)$、$0.006kg/(min \cdot m^2)$、$0.107kg/(min \cdot m^2)$ 和 $0.167kg/(min \cdot m^2)$，这说明禁牧对提高草原的抗风蚀能力具有非常明显的作用。农田的风蚀速率远远高于草原。风速为 16m/s 和 20m/s 时，农田的风蚀速率分别为放牧草场的 1.5 倍和 8 倍，为禁牧 17 年草场的 18.6 倍和 91.8 倍。这说明，草原开垦为农田后，其抗风蚀能力有明显的下降。

在按所设计的各种风速吹蚀过后，风蚀量以农田为最高，其次为放牧草场，然后依次为禁牧 7 年草场、禁牧 2 年草场、禁牧 17 年草场，其侵蚀量值依次为 $14.032kg/m^2$、$4.022kg/m^2$、$2.133kg/m^2$、$1.144kg/m^2$、$0.311kg/m^2$。

### 2. 不同干扰条件下典型草原养分损失价值

从表 4-4 可以看出，人为干扰对由风蚀所导致的典型草原养分元素损失价值量有明显影响。总的来看，在相同风速下，速效氮、速效磷、速效钾及有机碳损失的价值量由大到小的排序都为：新开垦农田＞农田＞放牧草场＞禁牧 2 年草场＞禁牧 17 年草场。这表明禁牧可以明显减少由风蚀所导致的养分损失的价值量，禁牧可明显提高典型草原的土壤保持功能价

表 4-4　不同干扰典型草原在不同风速下养分损失价值量

| 干扰 | 养分 | 8m/s | 12m/s | 16m/s | 20m/s |
| --- | --- | --- | --- | --- | --- |
| | | 价值量 /[元/(hm² · min)] | 价值量 /[元/(hm² · min)] | 价值量 /[元/(hm² · min)] | 价值量 /[元/(hm² · min)] |
| 禁牧 17 年 | 速效氮 | 0.008 | 0.016 | 0.238 | 0.265 |
| | 速效磷 | 0.000 | 0.001 | 0.008 | 0.009 |
| | 速效钾 | 0.005 | 0.009 | 0.14 | 0.156 |
| | 有机碳 | 0.156 | 0.312 | 4.641 | 5.158 |
| | 合计 | 0.169 | 0.338 | 5.027 | 5.588 |
| 禁牧 2 年 | 速效氮 | 0.038 | 0.038 | 0.721 | 1.127 |
| | 速效磷 | 0.001 | 0.001 | 0.025 | 0.039 |
| | 速效钾 | 0.021 | 0.021 | 0.396 | 0.618 |
| | 有机碳 | 0.859 | 0.859 | 16.478 | 25.743 |
| | 合计 | 0.919 | 0.919 | 17.62 | 27.527 |
| 放牧 | 速效氮 | 0.109 | 0.314 | 2.319 | 2.456 |
| | 速效磷 | 0.005 | 0.013 | 0.098 | 0.103 |
| | 速效钾 | 0.068 | 0.196 | 1.447 | 1.532 |
| | 有机碳 | 3.453 | 9.955 | 73.554 | 77.888 |
| | 合计 | 3.635 | 10.478 | 77.418 | 81.979 |
| 农田 | 速效氮 | 0.046 | 0.277 | 2.551 | 14.126 |
| | 速效磷 | 0.003 | 0.016 | 0.15 | 0.831 |
| | 速效钾 | 0.021 | 0.124 | 1.144 | 6.336 |
| | 有机碳 | 0.73 | 4.388 | 40.388 | 223.639 |
| | 合计 | 0.8 | 4.805 | 44.233 | 244.932 |
| 新开垦农田[①] | 速效氮 | 0.073 | 0.437 | 4.024 | 22.282 |
| | 速效磷 | 0.003 | 0.016 | 0.148 | 0.882 |
| | 速效钾 | 0.043 | 0.256 | 2.353 | 13.031 |
| | 有机碳 | 1.767 | 10.591 | 97.428 | 539.505 |
| | 合计 | 1.886 | 11.300 | 103.953 | 575.7 |

① "新开垦农田"为假想的一种干扰情景，模拟草原刚刚被开垦的情况，其特征为：侵蚀率与农田相同，而其土壤养分含量为各草原生态系统的平均值。

值。如 16m/s 风速下，禁牧 2 年草原和禁牧 17 年草原的养分损失的总价值量分别为 17.62 元/(hm² · min) 和 5.027 元/(hm² · min)，而放牧草原则为 77.418 元/(hm² · min)，后者分别为前二者的 4.4 和 15.4 倍。同时，结果还表明，开垦导致养分损失价值量的升高，16m/s 的风速下，新开垦农田养分损失价值量为 103.953 元/(hm² · min)，为放牧草原的 1.34 倍。

### 3. 不同干扰条件下产生废弃地的价值损失

因风蚀所产生的废弃地的价值损失见表 4-5。总的来看，在不同风速下，价值损失大小的排序与养分元素的情况类似：新开垦农田＞农田＞放牧＞禁牧 2 年＞禁牧 17 年。

从表 4-5 中可以看出，对于实行禁牧的草原来说，因风蚀产生废弃地所造成的价值损失是很小的，在 20m/s 的风速下，禁牧 17 年和禁牧 2 年草原的价值损失只有 0.03 元/(hm² · min) 和 0.13 元/(hm² · min)，而新开垦农田和农田分别为 2.75 元/(hm² · min) 和 2.04 元/(hm² · min)，放牧草原为 0.33 元/(hm² · min)。因此，禁牧可以明显减小因风蚀所导致的产生废弃地的损失，而开垦则使产生废弃地的损失明显提高，尤其是开垦的初期损失更大。

**表 4-5　不同人为干扰下典型草原产生的废弃地的价值量损失**

| 干扰 | 8m/s | | 12m/s | | 16m/s | | 20m/s | |
|---|---|---|---|---|---|---|---|---|
| | 侵蚀量/[hm²/(hm² · min)] | 价值量/[元/(hm² · min)] | 侵蚀量/[hm²/(hm² · min)] | 价值量/[元/(hm² · min)] | 侵蚀量/[hm²/(hm² · min)] | 价值量/[元/(hm² · min)] | 侵蚀量/[hm²/(hm² · min)] | 价值量/[元/(hm² · min)] |
| 禁牧 17 年 | $3.98 \times 10^{-6}$ | 0.001 | $7.96 \times 10^{-6}$ | 0.002 | $1.19 \times 10^{-4}$ | 0.03 | $1.33 \times 10^{-4}$ | 0.03 |
| 禁牧 2 年 | $1.88 \times 10^{-5}$ | 0.004 | $1.88 \times 10^{-5}$ | 0.004 | $3.61 \times 10^{-4}$ | 0.09 | $5.64 \times 10^{-4}$ | 0.13 |
| 放牧 | $6.08 \times 10^{-5}$ | 0.015 | $1.75 \times 10^{-4}$ | 0.042 | $1.29 \times 10^{-3}$ | 0.31 | $1.37 \times 10^{-3}$ | 0.33 |
| 农田 | $2.79 \times 10^{-5}$ | 0.007 | $1.67 \times 10^{-4}$ | 0.040 | $1.54 \times 10^{-3}$ | 0.37 | $8.52 \times 10^{-3}$ | 2.04 |
| 新开垦农田 | $3.77 \times 10^{-5}$ | 0.009 | $2.26 \times 10^{-4}$ | 0.054 | $2.08 \times 10^{-3}$ | 0.50 | $1.15 \times 10^{-2}$ | 2.75 |

### 4. 不同干扰条件下风蚀导致的总价值损失

典型草原生态系统因风蚀所导致的总的价值损失包括养分价值损失和产生废弃地价值损失，不同干扰条件下风蚀所导致的总价值损失如表 4-6 所列。在 12m/s、16m/s 的风速下，总价值损失排序为新开垦农田＞放牧＞农田＞禁牧 2 年＞禁牧 17 年；而在 20m/s 的风速下，排序为新开垦农田＞农田＞放牧＞禁牧 2 年＞禁牧 17 年。以上结果说明：禁牧可以明显减少因风蚀所引起的价值损失，而开垦和放牧则会增加价值损失，开垦所导致的损失最大。

**表 4-6　人为干扰对因风蚀引起的总价值的损失的影响**　　　　　单位：元/(hm² · min)

| 干扰 | 风速 | | | |
|---|---|---|---|---|
| | 8m/s | 12m/s | 16m/s | 20m/s |
| 禁牧 17 年 | 0.170 | 0.340 | 5.057 | 5.618 |
| 禁牧 2 年 | 0.923 | 0.923 | 17.710 | 27.657 |
| 放牧 | 3.650 | 10.520 | 77.728 | 82.309 |
| 农田 | 0.807 | 4.845 | 44.603 | 246.972 |
| 新开垦农田 | 1.895 | 11.354 | 104.453 | 578.390 |

## （三）人为干扰对典型草原碳汇功能的影响

### 1.人为干扰对土壤有机碳密度的影响

就 0～20cm 深的土壤来看（图 4-1），开垦样地的土壤碳密度最低，为 2.27kg/m²；其次为放牧，碳密度为 3.7kg/m²；禁牧 2 年、禁牧 7 年和禁牧 17 年的土壤碳密度则分别为 4.01kg/m²、4.23kg/m² 和 4.47kg/m²，开垦样地比放牧和禁牧 2 年、禁牧 7 年及禁牧 17 年样地分别低 39%、43%、46% 和 49%。该结果表明，开垦导致了典

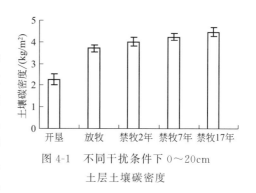

图 4-1 不同干扰条件下 0～20cm 土层土壤碳密度

型草原 0～20cm 深土壤碳密度的明显下降，而禁牧可以提高该层土壤的碳密度，而且禁牧时间越长，土壤碳密度越高；在放牧的情况下，该层土壤碳密度也处于较低的水平。

### 2.人为干扰对生态系统总碳储量的影响

就基于 0～50cm 深土壤碳密度计算的总的碳储量来看，放牧样地和各禁牧样地明显高于开垦样地，开垦样地总碳储量为 4.72kg/m²，放牧、禁牧 2 年、禁牧 7 年和禁牧 17 年样地分别为 8.78kg/m²、8.82kg/m²、9.09kg/m² 和 9.44kg/m²（表 4-7），它们分别为开垦样地的 1.86、1.87、1.93 和 2.0 倍。禁牧 17 年样地的总碳储量明显高于放牧样地、禁牧 7 年和禁牧 2 年禁牧样地，而后三者之间差别不明显。就基于 0～20cm 深土壤碳密度计算的总的碳储量来看，其从大到小的排列顺序为禁牧 17 年＞禁牧 7 年＞禁牧 2 年＞放牧＞开垦，它们的值分别为 5.74kg/m²、5.22kg/m²、4.83kg/m²、4.39kg/m²、2.67kg/m²。

表 4-7 不同干扰条件下典型草原总碳储量的比较　　　单位：kg/m²

| 类型 | 总碳储量 1[①] | 总碳储量 2 | 类型 | 总碳储量 1[①] | 总碳储量 2 |
|---|---|---|---|---|---|
| 开垦 | 4.72±0.60c | 2.67±0.29e[②] | 禁牧 7 年 | 9.09±0.19b | 5.22±0.21b |
| 放牧 | 8.78±0.27b | 4.39±0.23d | 禁牧 17 年 | 9.44±0.17a | 5.74±0.31a |
| 禁牧 2 年 | 8.82±0.17b | 4.83±0.18c | | | |

① 总碳储量 1 为基于 0～50cm 土层土壤有机碳储量计算的总碳储量；总碳储量 2 为基于 0～20cm 土层土壤有机碳储量计算的总碳储量。

② 尾部标有不同字母的数值表示其间差异显著（$P<0.05$）。

### 3.禁牧典型草原碳吸收功能价值量评价

无论是采用干物质碳含量法还是光合方程法，碳吸收量及其价值的排序都是一致的，均以禁牧 2 年的典型草原最高，其次为禁牧 7 年的典型草原，最后是放牧草原和禁牧 17 年草原，二者相差不大（表 4-8，表 4-9）。禁牧 17 年草原的净生产力高于放牧草原，但其枯落物的积累量高，其衰减量也较高，所以二者的作用相抵，导致两种草原碳的吸收量相当。

表 4-8 放牧及禁牧典型草原生态系统的碳吸收量及其价值（干物质碳含量法）

| 类型 | 干物质净增量 /[t/(hm²·a)] | 碳净增量 /[t/(hm²·a)] | 碳税法 /[元/(hm²·a)] | 造林成本法 /[元/(hm²·a)] | 平均值[①] /[元/(hm²·a)] |
|---|---|---|---|---|---|
| 放牧 | 7.58±0.51b | 2.59±0.17b | 3212.55±216.41c | 674.84±45.3c | 1943.70±130.86c |
| 禁牧 2 年 | 9.17±0.47a | 3.12±0.16a | 3874.69±198.59a | 813.94±41.58a | 2344.31±120.09a |
| 禁牧 7 年 | 8.31±0.39a | 2.80±0.13a | 3478.50±163.19b | 730.71±34.17b | 2104.60±98.68b |
| 禁牧 17 年 | 7.56±0.58b | 2.58±.20b | 3207.08±245.82c | 673.69±51.46c | 1940.39±148.64c |

① 平均值是指碳税法和造林成本法的平均值。

**表 4-9　放牧及禁牧典型草原生态系统的碳吸收量及其价值**（光合方程式法）

| 类型 | 干物质净增量<br>/[t/(hm²·a)] | 碳净增量<br>/[t/(hm²·a)] | 碳税法<br>/[元/(hm²·a)] | 造林成本法<br>/[元/(hm²·a)] | 平均值<br>/[元/(hm²·a)] |
|---|---|---|---|---|---|
| 放牧 | 7.58±0.51b | 3.37±0.23b | 4183.62±281.61c | 878.83±59.16c | 2531.22±170.38c |
| 禁牧 2 年 | 9.17±0.47a | 4.07±0.21a | 5060.49±259.09a | 1063.03±54.42a | 3061.76±156.76a |
| 禁牧 7 年 | 8.31±0.39a | 3.69±0.17b | 4587.65±215.06b | 963.70±45.18b | 2775.68±130.13b |
| 禁牧 17 年 | 7.56±0.58b | 3.36±0.26b | 4173.46±320.16c | 876.70±67.25c | 2525.08±193.71c |

## （四）干扰对典型草原土壤养分的影响

### 1. 土壤全氮和速效氮含量的比较

从表 4-10 可以看出，表层 0～10cm、10～20cm 和 20～30cm 三层土壤全氮和速效氮的含量由大到小的排列顺序都为禁牧 17 年＞禁牧 7 年＞禁牧 2 年＞放牧＞农田。这表明，典型草原的开垦导致了土壤全氮和速效氮含量的降低，不同草原浅层土壤的全氮含量都为农田土壤的 2 倍以上。禁牧使土壤氮素含量有增加的趋势，而且随禁牧时间的增加，土壤氮素含量也逐渐增加。

30～40cm 和 40～50cm 两层土壤的氮素含量仍然以农田土壤为最低，但是草原土壤的氮素含量变化却没有表现出与表层土壤相同的变化趋势。这可能是由于外来干扰对表层土壤的影响更为直接和明显，而对深层土壤的影响则较为微弱所致。草原植物的根系主要分布于土壤表层 0～20cm 的土层中，枯落物对土壤的影响也主要限于土壤的表层，因此人类活动对表层土壤的影响更为强烈。

### 2. 全磷和速效磷含量的比较

与氮素不同，土壤磷含量与人为干扰的关系更为复杂（表 4-10）。就草原生态系统来看，不同时期禁牧草原土壤的全磷含量要高于放牧草原，而且总的来看，禁牧时间越长，土壤全磷含量越高。农田浅层土壤的全磷含量要高于放牧草原和禁牧 2 年草原，但是低于禁牧 7 年和禁牧 17 年草原；而深层土壤的全磷含量则低于所有草原类型。

**表 4-10　不同人为干扰条件下典型草原土壤养分的比较**

| 层次 | 养分 | 农田 | 放牧 | 禁牧 2 年 | 禁牧 7 年 | 禁牧 17 年 |
|---|---|---|---|---|---|---|
| 0～10cm | 全氮/(g/kg) | 0.89±0.07 | 1.76±0.17 | 2.18±0.11 | 2.39±0.12 | 2.37±0.26 |
| | 速效氮/(mg/kg) | 116.46±39.08 | 161.45±30.32 | 189.38±39.77 | 195.65±26.40 | 200.25±19.97 |
| | 全磷/(mg/kg) | 399.55±31.90 | 351.72±63.53 | 394.67±97.76 | 570.22±70.50 | 575.82±95.96 |
| | 速效磷/(mg/kg) | 18.23±3.92 | 18.06±2.74 | 17.34±4.17 | 18.48±3.62 | 18.67±4.07 |
| | 全钾/(g/kg) | 22.86±0.66 | 24.64±3.63 | 25.68±3.97 | 24.93±4.18 | 26.93±3.18 |
| | 速效钾/(mg/kg) | 106.18±8.68 | 204.75±55.14 | 211.14±84.17 | 208.83±45.85 | 239.23±93.53 |
| | 有机质/% | 1.51±0.14 | 3.19±0.19 | 3.54±0.15 | 3.94±0.22 | 4.20±0.21 |
| 10～20cm | 全氮/(g/kg) | 0.81±0.08 | 1.57±0.19 | 1.97±0.10 | 1.97±0.10 | 2.23±0.41 |
| | 速效氮/(mg/kg) | 103.23±35.25 | 135.58±32.35 | 154.20±27.89 | 161.67±24.42 | 185.25±46.45 |
| | 全磷/(mg/kg) | 422.03±24.73 | 357.57±49.83 | 358.85±76.41 | 593.20±95.69 | 520.13±92.95 |
| | 速效磷/(mg/kg) | 9.10±4 | 11.76±2.84 | 14.42±4.48 | 13.69±3.23 | 16.79±2.17 |
| | 全钾/(g/kg) | 23.40±0.7 | 23.69±4.45 | 22.28±3.42 | 23.82±5.55 | 25.19±3.71 |
| | 速效钾/(mg/kg) | 80.68±6.37 | 129.80±29.47 | 132.13±44.86 | 149.37±16.88 | 140.80±46.63 |
| | 有机质/% | 1.43±0.19 | 2.94±0.15 | 3.51±0.23 | 3.45±0.10 | 3.91±0.23 |
| 20～30cm | 全氮/(g/kg) | 0.73±0.1 | 1.52±0.19 | 1.60±0.08 | 1.58±0.13 | 1.97±0.20 |
| | 速效氮/(mg/kg) | 76.08±10.3 | 120.14±24.07 | 131.97±30.07 | 134.23±26.75 | 154.7±11.36 |
| | 全磷/(mg/kg) | 387.33±43.76 | 394.00±91.45 | 488.87±60.41 | 589.03±89.95 | 528.95±93.27 |
| | 速效磷/(mg/kg) | 3.81±0.71 | 9.89±2.39 | 11.93±4.97 | 12.72±2.54 | 13.28±2.97 |
| | 全钾/(g/kg) | 24.10±0.57 | 23.87±3.01 | 20.38±3.72 | 24.04±4.95 | 23.42±3.62 |
| | 速效钾/(mg/kg) | 69.87±6.2 | 115.02±33.58 | 91.92±32.97 | 124.76±22.89 | 104.96±26.53 |
| | 有机质/% | 1.07±0.22 | 2.77±0.05 | 2.71±0.11 | 2.83±0.12 | 2.93±0.15 |

续表

| 层次 | 养分 | 农田 | 放牧 | 禁牧 2 年 | 禁牧 7 年 | 禁牧 17 年 |
|---|---|---|---|---|---|---|
| 30～40cm | 全氮/(g/kg) | 0.61±0.15 | 1.54±0.15 | 1.28±0.22 | 1.31±0.11 | 1.57±0.28 |
| | 速效氮/(mg/kg) | 59.00±3.59 | 121.61±26.67 | 155.9±18.41 | 107.59±11.16 | 122.65±10.51 |
| | 全磷/(mg/kg) | 387.00±60.96 | 441.52±72.21 | 517.58±65.92 | 523.35±59.02 | 569.77±39.18 |
| | 速效磷/(mg/kg) | 2.98±0.35 | 9.70±4.07 | 11.39±8.05 | 12.28±6.11 | 12.65±5.61 |
| | 全钾/(g/kg) | 23.39±1.45 | 22.94±1.99 | 21.01±4.41 | 22.98±3.92 | 23.71±5.52 |
| | 速效钾/(mg/kg) | 64.49±7.12 | 115.58±32.35 | 92.29±37.56 | 125.16±30.19 | 112.90±35.77 |
| | 有机质/% | 2.46±0.10 | 2.09±0.18 | 2.11±0.23 | 2.12±0.18 | 0.89±0.2 |
| 40～50cm | 全氮/(g/kg) | 0.46±0.06 | 1.34±0.05 | 1.11±0.14 | 1.11±0.06 | 1.20±0.25 |
| | 速效氮/(mg/kg) | 50.46±7.76 | 93.69±16.48 | 88.00±22.74 | 87.28±8.86 | 100.00±9.45 |
| | 全磷/(mg/kg) | 465.05±58.00 | 471.30±94.18 | 487.98±42.87 | 493.45±81.12 | 552.48±95.87 |
| | 速效磷/(mg/kg) | 2.15±0.36 | 10.57±2.65 | 11.67±7.29 | 8.97±5.68 | 11.62±7.08 |
| | 全钾/(g/kg) | 22.27±2.09 | 21.70±2.94 | 21.70±3.14 | 22.79±3.16 | 23.25±3.93 |
| | 速效钾/(mg/kg) | 60.68±12.12 | 114.05±37.96 | 100.78±32.89 | 127.69±37.07 | 104.45±35.29 |
| | 有机质/% | 0.68±0.07 | 2.09±0.05 | 1.72±0.13 | 1.72±0.13 | 1.52±0.10 |

就速效磷的情况来看，表层 0～10cm 深土壤的速效磷在不同干扰类型间相差不大外，20～30cm 和 30～40cm 层土壤的速效磷含量由高到低的顺序大致为禁牧 17 年＞禁牧 7 年＞禁牧 2 年＞放牧＞农田，而 40～50cm 土壤的速效磷含量与氮素含量一样没有表现出与人为干扰相对应的变化规律。农田表层土壤速效磷含量与各草原类型相当的原因可能在于人为施用过磷肥的缘故。磷元素在土壤中的移动性较差，因此，虽然农田土壤表层有效磷含量较高，但是下层土壤含量仍处于较低的水平。

### 3. 全钾和速效钾含量的比较

不同干扰条件下，典型草原土壤的全钾含量没有明显的差别（表 4-10），农田表层土壤（0～10cm）的全钾含量略低于草原土壤，而深层土壤则相差不大。就土壤速效钾含量的变化来看，表层土壤 0～10cm 和 0～20cm 土壤速效钾含量从大到小的排列顺序分别为禁牧 17 年草原＞禁牧 2 年草原＞禁牧 7 年草原＞放牧草原＞农田和禁牧 7 年草原＞禁牧 17 年草原＞禁牧 2 年草原＞放牧草原＞农田。这表明，开垦导致了土壤速效钾含量的降低，草原表层土壤速效钾含量平均都为农田的 2 倍以上；禁牧可以提高草原土壤的速效钾含量，0～10cm 土层，三种禁牧草原土壤速效钾含量分别比放牧草原提高 3%、2% 和 17%；10～20cm 则分别提高 2%、15% 和 8%。

### 4. 有机质含量的比较

不同土壤有机质含量见表 4-10，在任何一个土壤层次上，都以农田土壤的有机质含量最低，就 0～10cm 的土壤来看，各类草原有机质含量分别为农田的 2.11 倍、2.34 倍、2.61 倍和 2.78 倍；10～20cm 的土壤，则分别为 2.06 倍、2.45 倍和 2.41 倍和 2.73 倍。

对于草原生态系统来说，不同土壤层次有机质含量对人为干扰的反应不同。就浅层土壤（0～10cm、10～20cm）来看，各禁牧草原土壤有机质含量明显高于放牧草原，而且随禁牧时间的增加土壤有机质有逐渐增加的趋势，三种禁牧草原分别为放牧草原的 1.11 倍、1.24 倍、1.32 倍（0～10cm）和 1.19 倍、1.17 倍、1.33 倍（10～20cm）。20～30cm 土壤有机质变化仍存在此规律，它们之间的差距在减小。深层土壤（30～50cm）有机质变化则与人为干扰没有表现出明显的规律性。这一结果再次说明，人为干扰对土壤的影响主要体现在浅层土壤上，而对深层土壤的影响较小。作物和草原植物各部分养分元素含量见表 4-11。

**表 4-11　作物和草原植物各部分养分元素含量**

| 项目 | N/% | P/(mg/kg) | K/(mg/kg) | 项目 | N/% | P/(mg/kg) | K/(mg/kg) |
|---|---|---|---|---|---|---|---|
| 农田枯落物 | 1.68 | 2462.00 | 4637.00 | 农作物根系 | 1.78 | 1942.50 | 4062.50 |
| 草原枯落物 | 1.09 | 592.10 | 4023.33 | 农作物地上部分 | 1.37 | 1249.00 | 6914.00 |
| 草原根系 | 1.23 | 783.01 | 4066.75 | 草原植物地上部分 | 2.69 | 1726.00 | 12106.50 |

注：草原植物各部分养分测定采用混合样品。

### 5. 禁牧对典型草原物质循环功能价值的影响

就各种元素来看，无论是氮、磷还是钾，养分循环的物理量和价值量都是禁牧草原明显高于放牧草原，而几种禁牧草原之间差别较小，其从大到小的顺序为禁牧 2 年＞禁牧 7 年＞禁牧 17 年＞放牧（表 4-12）。禁牧草原生态系统物质循环价值量高于放牧草原的原因在于禁牧可以提高草原生态系统的净生产力。禁牧 2 年的典型草原的价值量略高于禁牧 17 年和禁牧 7 年草原同样是由于禁牧 2 年草原的净生产力较高的缘故。

**表 4-12　放牧及禁牧典型草原生态系统养分循环功能价值**

| 类型 | 氮（N） | | 磷（P） | | 钾（K） | | 合计/[元 /(hm²·a)] |
|---|---|---|---|---|---|---|---|
| | 质量/[kg /(hm²·a)] | 价值量/[元 /(km²·a)] | 质量/[kg /(hm²·a)] | 价值量/[元 /(km²·a)] | 质量/[kg /(hm²·a)] | 价值量/[元 /(km²·a)] | |
| 放牧 | 103.40 | 369.28 | 6.60 | 8.85 | 35.80 | 62.90 | 441.03 |
| 禁牧 2 年 | 133.80 | 477.80 | 8.50 | 11.45 | 47.00 | 82.62 | 571.87 |
| 禁牧 7 年 | 129.90 | 463.87 | 8.30 | 11.12 | 46.20 | 81.10 | 556.09 |
| 禁牧 17 年 | 127.90 | 456.86 | 8.20 | 10.96 | 47.70 | 83.83 | 551.65 |

## （五）禁牧对典型草原物种多样性的影响

### 1. 禁牧对典型草原主要物种组成的影响

不同利用状态下典型草原的主要物种组成见表 4-13。从表 4-13 可以看出，在 4 种不同利用状态下，典型草原（不包括河床地段）相对重要值最高的 5 种牧草中只出现了 6 个物种，它们分别是克氏针茅、羊草、知母、糙隐子草、矮葱、猪毛菜。在放牧、禁牧 2 年和禁牧 7 年的典型草原中，克氏针茅和羊草占有绝对优势，二者的相对重要值之和都超过或接近了 50%，其中又以克氏针茅的优势更大一些。禁牧 17 年典型草原同样以克氏针茅和羊草占有绝对优势，但是羊草的优势更大。

**表 4-13　不同利用状态下典型草原的主要优势种及其相对重要值**

| 排序 | 放牧 | | 禁牧 2 年 | | 禁牧 7 年 | | 禁牧 17 年 | | 放牧（河床） | | 禁牧 7 年（河床） | |
|---|---|---|---|---|---|---|---|---|---|---|---|---|
| | 物种 | RIV | 物种 | RIV | 物种 | RIV | 物种 | RIV | 物种 | RIV | 物种 | RIV |
| 1 | 克氏针茅 | 32 | 克氏针茅 | 26 | 克氏针茅 | 32 | 羊草 | 45 | 寸草苔 | 25 | 羊草 | 29 |
| 2 | 羊草 | 20 | 羊草 | 23 | 羊草 | 19 | 克氏针茅 | 24 | 羊草 | 25 | 糙隐子草 | 13 |
| 3 | 知母 | 16 | 糙隐子草 | 15 | 知母 | 10 | 矮葱 | 7 | 克氏针茅 | 9 | 寸草苔 | 10 |
| 4 | 糙隐子草 | 9 | 矮葱 | 10 | 糙隐子草 | 10 | 糙隐子草 | 5 | 猪毛菜 | 8 | 克氏针茅 | 8 |
| 5 | 猪毛菜 | 7 | 猪毛菜 | 9 | 矮葱 | 7 | 知母 | 3 | 狗尾草 | 8 | 野韭 | 7 |
| 合计 | | 84 | | 83 | | 78 | | 84 | | 75 | | 67 |

注：RIV（Relative Important Value）为相对重要值；物种 $i$ 的相对重要值 $RIV_i$＝（物种 $i$ 的重要值/所有物种重要值之和）×100%。

在放牧和禁牧 7 年的典型草原的河床地段，重要值最高的 5 个物种与上述几种典型草原不同，在河床地段，羊草仍然占有较大的优势，但克氏针茅的优势度则较低，其重要值都低于 10%。同时，寸草苔在 2 种利用状态的河床地段中都占较大的优势，其相对重要值分别达到了 25% 和 10%（表 4-13），这与河床地段的土壤水分条件较好有密切关系。

### 2. 禁牧对典型草原物种多样性的影响

无论是 Simpson 指数，还是 Shannon-Wiener 指数，都以禁牧 7 年典型草原为最高，然后依次为禁牧 2 年、放牧和禁牧 17 年的典型草原。这表明，在禁牧最初的几年中，随着禁牧时间的延长，物种多样性逐渐增加，但是，随着禁牧时间的进一步增加，物种多样性反而会有所下降。

物种丰富度是指单位面积典型草原中出现的物种数目，禁牧 7 年典型草原的物种丰富度最高（8.60）；其次为禁牧 2 年典型草原（7.30）；放牧草场略低（7.10）；禁牧 17 年草场最低（仅为 5.70）。物种丰富度的变化与均匀度指数及物种多样性指数的变化趋势相同，即在禁牧的最初几年物种丰富度有增加的趋势，随着禁牧时间的延长，物种丰富度又有所下降。

# 第三节　主要的草地生态问题[1]

## 一、草地生态问题概述

我国可利用草场面积约 $33.65 \times 10^4 \text{hm}^2$，占世界总量的 7.1%。由于长期的超载过牧、低投入和缺乏科学管理，我国草地生态系统退化的问题严重，退化面积不断扩大，已经成为制约草地畜牧业及社会经济可持续发展的"瓶颈"因素，同时也已经成为十分严重的生态环境问题。

20 世纪 60 年代，我国草地生态系统已经出现了退化。20 世纪 70 年代中期草地退化面积占草地总面积的 15%，20 世纪 90 年代扩大到 50.2%，并且以每年 $(133 \sim 200) \times 10^4 \text{hm}^2$ 的速度扩大（吴精华，1995）。据农业部 2000 年的统计结果，全国 50%～60% 的天然草地存在着不同程度的退化趋势。其中，覆盖度降低、沙化、水土流失、盐渍化等中度以上明显退化的草地面积约有 $8700 \times 10^4 \text{hm}^2$，约占全国草地面积的 22%，主要分布在西北、西南、内蒙古等传统牧区，这些地区草地退化面积占全国总退化草地面积的 95% 以上，这些地区分布着全国 85% 的草地资源。

草地退化的直接表现是植株变得低矮稀疏，产草量下降；豆科、禾本科等优良牧草数量减少，有毒有害、适口性差和营养价值低的植物增加，牧草质量下降。更严重的超载过牧使地表结构受到破坏，土壤遭受侵蚀，土质变粗，直至荒漠化。随着天然草地面积日益减小，牲畜日益增加，终年用于放牧的牧区天然草地将进一步退化，甚至部分将失去利用价值，成为沙地、裸地或盐碱滩（中华人民共和国农业部畜牧兽医司等，1996）。新中国成立以来，共有 $2.35 \times 10^4 \text{km}^2$ 草地变成流沙，平均每年减少 $520 \text{km}^2$（刘黎明等，2003）。

2005 年，农业部草地监理中心首次全面组织开展了全国草地监测工作。监测内容主要包括草地植被状况、草地生态环境状况、草地利用状况和草地保护建设工程效益状况等。监测采取地面调查与 3S 技术相结合，重点地区调查与兼顾其他地区相结合的方法进行。监测结果表明：全国草地生态状况"局部改善、总体恶化"的趋势还未得到有效遏制；草地退化、沙化、盐渍化、石漠化严重；开垦草地、乱征乱占草地、乱采乱挖草地野生植物等破坏草地生态的现象时有发生（李世东，2006）。

---

[1]　本节作用为杨光梅（上海虹桥商务区新能源投资发展有限公司）。

## 二、草地主要生态问题分析

### (一) 案例区选址依据

为分析草地主要生态问题及原因，笔者选取锡林郭勒草地作为典型性案例区，进行了深入研究。锡林郭勒草地是我国境内最有代表性的丛生禾草棗根茎禾草（针茅、羊草）温性真草地，也是欧亚大陆草地区、亚洲东部草地亚区保存比较完整的原生草地部分。草地位于内蒙古自治区中部地区，地处东经 $110°50'\sim119°58'$，北纬 $41°30'\sim46°45'$，总面积 20.26 万平方公里，是区域总面积的 97.8%，其中可利用面积 $1760\times10^4 hm^2$，占草地总面积的 87%。这里的草地类型多样，可分为 5 大类，即草甸草地、典型草地、荒漠草地、沙地植被及其他类型草地。

其中，草甸草地以低山丘陵、高平原与宽谷平原为主，面积 $225\times10^4 hm^2$，占草地总面积的 11%。草甸草地主要植物为多年生草本植物，代表性优质牧草为贝加尔针茅、线叶菊、羊草等。典型草地面积 $705\times10^4 hm^2$，占草地总面积的 35%，是构成锡林郭勒草地的主体部分。在典型草地植物群落中旱生丛生禾草居多，代表性优质牧草有大针茅、克氏针茅、糙隐子草、冰草、羊草、冷蒿及百里香等。荒漠草地面积 $280\times10^4 hm^2$，占草地总面积的 14%。荒漠草地是草地植被中最旱生的类型，植物群落主要由旱生丛生小禾草组成，并混生有小半灌木与葱属植物。代表性优质牧草有石生针茅、糙隐子草等。

沙地草场主要分布在西南及南部的浑善达克沙地，面积 $240\times10^4 hm^2$，占草地总面积的 12%。其植被是发育在纯沙性母质土壤上的各种植物群落，代表性优质牧草有沙生冰草、小叶锦鸡儿等（郭克贞，2004）。

### (二) 草地主要生态问题分析结果

长期生活在草地中的牧民积累了很多适合草地生态的经验和技巧，对草地有着最直接的了解和认识，他们最懂得草地，最会利用草地，对草地的依赖性也最强。同时牧民受到草地退化的影响最大，对草地退化的原因有着切身体会。因此对牧民进行直接调查，了解牧民对草地退化状况和退化原因的认识，具有重要的实践意义，能为更好地保护草地、制定草地生态恢复措施政策提供决策依据。

基于上述考虑，作者深入调查了锡林郭勒草地地区牧民对草地生态问题的认知情况，同时结合统计资料及历史和现状文献资料分析，揭示草地的退化现状及造成退化的原因。调查选取锡林浩特市、西乌珠穆沁旗、东乌珠穆沁旗、阿巴嘎旗、苏尼特右旗、苏尼特左旗、镶黄旗、正镶白旗、正蓝旗、太仆寺旗等以牧业为主的九旗、一市（锡林郭勒盟共有九旗、一县、二市），随机选取 300 户牧民进行问卷调查。问卷调查方式一是通过牧民较为集中的蒙古族传统活动那达慕大会，集中对部分牧民进行调查；二是对牧民进行入户调查。

#### 1. 草地生态现状调研结果

问卷调查了牧民对自己生活的草场状况的认识，其中 13.5% 的牧民认为所在草场状况良好，17.9% 的牧民认为所在草场退化沙化严重，24.5% 的牧民认为所在草场仍然在继续退化，43.8% 的牧民认为所在草场从退化状态已经开始恢复。因此可以发现被调查的 86% 的牧民草场处于退化状态或者从退化状态开始恢复，目前 43.8% 的牧民认为草场开始恢复，说明草地恢复措施已经显示出了一定的效果。问卷分别调查了牧民草场较好时期的牧草高度和亩产量以及当前阶段的牧草高度和产量，根据调查结果计算了牧草高度和产量的下降百分率（图 4-2），其中牧草高度下降超过 60% 的牧户占调查总人数的近 80%，牧草高度下降超过 80％的牧户占调查总人数的 44％，牧草高度平均下降 70.8％。近 90％牧民家庭牧草产量下降超过 40％，更有近 30％的牧民家庭牧草产量下降超过 90％或牧草产量为零。因此，可以看出草地的退化对牧草的生产具有重要的影响，导致牧草的高度和产量急剧下降，对牧民的养殖造成严重影响。

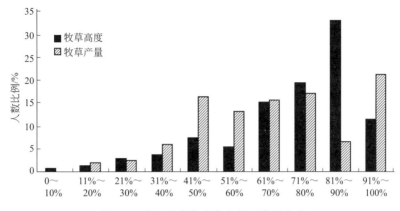

图 4-2　草地牧草高度和产量下降百分率

### 2. 草地退化原因的调研结果

调查问卷列出了已有研究提出的草地退化原因供牧民选择（可以多项选择），同时牧民可以增加自己认为的原因进行补充（表 4-14）。

表 4-14　牧民对所在草地退化原因认识分析结果

| 草地退化原因 | 自然原因 | 载畜量过大 | 挖药材 | 开垦种粮 | 牧户太多 | 开发 | 生物多样性下降 |
|---|---|---|---|---|---|---|---|
| 人数 | 263 | 136 | 50 | 22 | 6 | 16 | 1 |
| 比例/％ | 92.0 | 47.6 | 17.5 | 7.7 | 2.1 | 5.6 | 0.5 |

结果发现草地退化的可能原因包括自然原因（如干旱、蝗灾、鼠害等）、载畜量过大、挖药材、开垦种粮、牧户太多、经济开发、生物多样性下降（上述原因中牧户太多、生物多样性下降是根据牧民的描述概括）。其中 92.0％的牧民选择自然原因，47.6％的牧民选择载畜量过大，17.5％的牧民选择挖草药，部分牧民认为开垦草地种粮、开发、牧户太多、生物多样性下降等也造成了草地退化，但是所占比例较少。

### （三）草地主要生态问题的影响因素分析

#### 1. 气候干旱化

降水和温度是决定一个地区湿润（或干燥）程度的主要因子。降水量与湿润度呈正相关，而温度与湿润度呈负相关。根据《中国降水年册（1991～2004）》及《中国温度年册（1991～2004）》数据（其中缺 2003 年数据），将内蒙古锡林郭勒盟东乌珠穆沁旗、阿巴嘎旗、苏尼特右旗朱日和、西乌珠穆沁旗王盖庙、锡林浩特市 5 个气象台站的年平均温度、年总降水量进行平均，计算锡林郭勒草地地区年平均温度及年平均总降水量，分析其变化趋势。

从图 4-3 可以看出，锡林郭勒地区从 1991 年开始平均气温出现明显的波动上升趋势，而降水量出现明显的波动下降趋势，这是造成干旱的直接原因。具体分析雨热变化的趋势发现，以 1998 年为界线，1998 年前降水量与温度变化趋势相反，使两者对锡林郭勒草地地区湿润程度的影响出现相互制约的作用。1998 年降水量和温度均显著提高，实现雨热同步，据实地调查，1998 年锡林郭勒草地状况达到历史最好水平，从牧草长势到牲畜数量都到达了历史最高水平。但是从 1999 年开始，降水量急剧下降，并且持续下降，是造成草地退化加剧的最直接原因，而温度 1999 年达到了历史最高水平，与降水量下降共同作用，造成了罕见的旱灾。2000 年，当地温度急剧下降，一定程度上缓解了旱情，但是降水量持续下降，到 2001 年达到历史最低水平，使锡林郭勒草地承受了三年的旱灾，对当地的草地生态系统和以草地为主的畜牧业经济系统造成了致命打击。

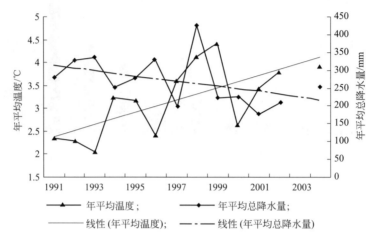

图 4-3　锡林郭勒草地地区年平均气温与年平均总降水量比较

### 2. 超载过牧

载畜量过大是造成草地退化的最重要的人为因素。气候状况恶化的 1999 年，锡林郭勒草地牧业年度牲畜总头数达到 1800 万头（只），全盟牲畜载畜量已达到 2460 万个羊单位，而全盟草地理论载畜量为 1650 万个羊单位，牲畜超载 810 万个羊单位。其中正镶白旗可利用草场面积 762 万亩，理论载畜量为 69 万个羊单位。1999 年度全旗牲畜总头数达到 84 万头（只），实际载畜量达到 118 万个羊单位，牲畜超载 49 万个羊单位，牲畜头数大大超过草地生产能力。

根据对草地地区的实地调查和已有研究资料的分析，对锡林郭勒草地地区载畜量过大的原因进行了进一步分析（图 4-4），牲畜总数的增加和可放牧草场面积的缩小是造成载畜量过大的直接原因。而牲畜总量的增加与从事牧业的总户数增加和户均牲畜数量增加直接相关。牧业总户数的增加主要由于大量的移民进入草地。

内蒙古社科院牧经所 2002 年对内蒙古 8 个牧业旗的调查数据显示，从 20 世纪 60 年代到 2002 年 8 个牧业旗县土著牧民并没有增长，基本保持原来的人数，有的旗县还略有下降。而从统计年鉴上看锡林郭勒盟人口净增长 348%，这些增长的人口大部分属于从 20 世纪 60 年代初期相继进入草地的移民。这些移民进驻草地后，除开垦草地种草种粮、从事手工业外，包产到户都转向了牲畜饲养。他们大部分没有草场，就与当地牧民争草场放牧。除上述移民外，机关、企事业单位、军队和当地的干部都占用了大批好的草场进行牲畜养殖。

在气候状况恶化的 1999 年之前，户均牲畜数量同样处于增长趋势。经过对当地情况及牧民状况的调查发现，政府政策导向和家庭子女教育费用提高是户均牲畜数量增加的直接影响因素。畜牧业是锡林郭勒盟的基础产业，对全盟的经济具有决定性意义。地方政府一度为了加速地方的经济发展，以提高出栏率为目标，鼓励当地牧民扩大饲养规模，各地纷纷对有

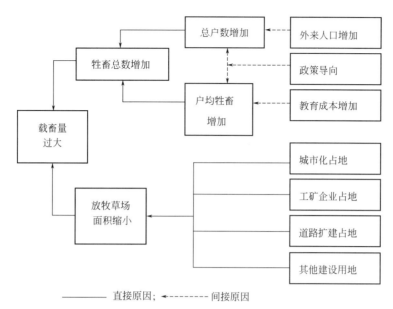

图 4-4　载畜量过大的直接原因和间接原因分析

突出表现的饲养大户进行奖励和表彰，极大地刺激了牧民增加饲养数量的积极性。

牧民的家庭收入与牲畜的数量成正相关，在以经济增长为导向的大背景下，为了提高家庭收入，牧民也倾向于扩大养殖规模，尤其是随着高校从免费到收费的改革，高等教育学费从几百元提高到几千元，教育支出成为牧民家庭最主要的预期支出。1985 年草场承包到户，可以自主决定草场养殖规律，为了已有的教育负担和未来的教育负担，牧民纷纷增加养殖牲畜数量，从而导致户均牲畜数量成倍增加。

同时随着草场的退化、城市化占地、工矿企业占地、道路扩建等，可利用草场面积逐年缩减，导致牲畜增加对草地生态系统的压力不断加剧。气候变化的异常，加剧了草地的退化进程，最终导致崩溃性后果。

**3. 其他因素**

挖药材、开垦种粮食在许多地方被认为是引起草地生态退化的主要原因之一，但是在锡林郭勒草地地区，上述原因的影响较小，而借发展经济、开发建设之名破坏草地的情况有愈演愈烈的趋势。锡林郭勒草地蕴藏着多种矿产资源，其中煤炭、石油、天然气等的藏量尤为丰富，而这些矿产资源的开发，不可避免地引起草地生态系统结构和生态过程的破坏，同时公路修建、快速城市化发展（杨光梅等，2007）等都占用了大量优良的牧场，改变了草地生态系统格局。

生物多样性下降主要是导致生态系统自身的调节能力下降，破坏草地生态系统的稳定性的原因。在草地生态系统中，各种生物之间的关系绝不是一条简单的直线食物链关系，而是多条食物链相互交织在一起的网状关系。食物网把草地生态系统中的各种生物直接或间接地联系在一起，假若食物网中的某一条食物链发生了障碍，就可以通过其他食物链来进行调节和补偿，以此达到生态系统的稳定。但草地生态系统自身的调节能力却不是万能的，一旦外界的破坏超出了其自身调节的范围，生态系统就会退化衰竭，甚至是完全崩溃。

## 三、草地退化的经济损失分析

有关调查资料表明，目前锡林郭勒草地面积 1970.7×$10^4$ hm$^2$，退化草地面积 1260.2×

$10^4 hm^2$，占全盟总草地面积的64%，其中轻度退化面积$527\times10^4 hm^2$，占26.74%，中度退化面积$430\times10^4 hm^2$，占21.82%，重度退化面积$148\times10^4 hm^2$，占7.51%，极度退化面积$155.2\times10^4 hm^2$，占7.88%（王苏民等，2002）。

根据草场生态功能的特点和资料的可靠性，选择典型指标，将锡林郭勒草地退化沙化评估指标分成三类：直接经济损失、间接经济损失、恢复费用的增加，分别运用市场价值法、影子工程法对退化的经济损失货币化、定量化，对于一些限于资料难以替代的功能，借助相关研究成果进行估算（表4-15）。经过计算得到锡林郭勒草地地区草地退化直接经济损失为$11.09\times10^8$元（表4-16），未包括草地退化造成的草籽、珍稀动植物、药材等资源损失的经济价值，未包含由于草地退化造成第二、第三产业损失的估算，为直接经济损失估算的最低值，该数值占第一产业国内生产总值的38.9%。而间接经济损失$12.24\times10^8$元，仅选择了对社会经济的影响较大以及市场化程度较高的四种服务的间接价值进行估算，也是间接损失的最低估算。

**表 4-15　草场退化经济损失的主要参数与对应估算方法**

| 项目 | 功能选择 | 估算方法 |
| --- | --- | --- |
| 直接经济损失 | 牧草资源<br>牧业生产 | 参考李建国等(2004)标准<br>参考闵庆文(2004)标准 |
| 间接经济损失 | 控制土壤侵蚀<br>涵养水源价值<br>娱乐与文化价值<br>气候调节 | 参考Costanza等(1997)标准<br>参考Costanza等(1997)标准<br>参考Costanza等(1997)标准<br>参考Costanza等(1997)标准 |
| 恢复费用 | 恢复成本 | 参考李肃清等(2003)标准 |

综合上述计算（表4-16），可得到内蒙古锡林郭勒草地退化造成的经济损失最低估算为$41.44\times10^8$元，约是2003年锡林郭勒盟第一产业国内生产总值$28.54\times10^8$元的1.5倍，占国内生产总值$100.68\times10^8$元的41.16%。锡林郭勒草地地区草地退化的直接经济损失与间接经济损失相当，恢复费用在三者中所占的比例最大，占总经济损失的43.70%，占第一产业国内生产总值的63.45%，占国民生产总值的17.99%，说明为了进行草地的恢复，锡林郭勒地区需要拿出第一产业生产总值的一半以上作为草地恢复费用，或者国内生产总值的18%作为草地恢复费用。而且草地的恢复需要时间，根据调查显示：在雨量中等的情况下，利用有效的恢复措施，草地恢复需要3～6年时间。如果在草场建设投入不足、草场继续退化的情况下，由于草场退化造成的损失继续增加，草地的恢复费用累计增加，同时由于草场退化造成的产业影响呈现级联放大状态，势必最终对锡林郭勒地区的经济发展和社会进步造成致命打击（杨光梅等，2007b）。

**表 4-16　锡林郭勒草地退化经济损失**

| 项目 | 金额<br>/$10^8$元 | 占总经济损失的<br>百分比/% | 占第一产业国内生产<br>总值的百分比/% | 占国内生产总值的百分比/% |
| --- | --- | --- | --- | --- |
| 直接经济损失 | 11.09 | 26.76 | 38.86 | 11.02 |
| 间接经济损失 | 12.24 | 29.54 | 42.89 | 12.16 |
| 恢复费用 | 18.11 | 43.70 | 63.45 | 17.99 |
| 总经济损失 | 41.44 | 100.00 | 145.20 | 41.16 |

草地生态系统是草原地区社会、经济、环境的基础，以天然牧场为基础的草地畜牧业是锡林郭勒盟的主体经济，锡林郭勒盟也是国家重要的畜牧业基地之一。而草地生态系统的退

化正在侵蚀这一基础，造成了严重的经济损失，也对社会经济造成众多负面影响。草地生态系统对社会、经济的贡献和草地退化造成的严重后果，需要引起更多的关注和思考，要选择与草地生态系统相适应的经济、社会发展体系，实现社会、经济、生态系统的良性、持续发展。

# 第四节　草地生态保护与建设实践[1]

## 一、中国草地生态保护建设的重要意义

### （一）维护国土生态安全

在我国年降雨量不足 400mm 且面积广袤的干旱半干旱地区，只有草原能够坚守并持续发挥着巨大的生态保护功能，维护国家生态安全。生态保护功能的充分发挥，必须依赖草地生态系统的健康和稳定。但是，由于长期过度放牧利用，草地生态系统处于持续衰减状态，草原植被矮疏，牧草产量大幅下降，地表裸露，水分养分散失，生态功能显著下降，陷入了生态恶化-环境破坏-生态加剧恶化的恶性循环，沙尘暴等灾害频发，给中国和东亚尤其是京、津等我国北方地区的生态环境带来巨大影响和危害。2013 年 2 月 27～28 日，年内第一次沙尘暴就席卷了新疆、甘肃、内蒙古、宁夏、陕西、山西、河北、北京等省（自治区、直辖市）的 126 个县，受较大影响的土地面积达 52 万平方公里，人口约 2600 万，耕地面积约 423 万公顷，经济林地面积约 24 万公顷，草地面积约 4100 万公顷（中国气象网，2013）。因此，只有不断保护和建设良性的草地生态系统，才能使国家的生态安全避免受到严重威胁。

### （二）保障国家粮食安全

草原是有机安全畜产品的重要生产基地。我国 42.61% 的羊肉、19.01% 的牛肉、29.56% 的牛奶、48% 的绒毛均产自草原。随着现代人民生活水平的不断提高，草原牧区绿色的、高蛋白的肉奶食品越来越受到重视和欢迎，在膳食结构中的比例不断攀升，因此，草原畜牧业生产成为我国食品安全战略的重要组成部分。目前，由于草地生态系统恶化，草原生产力持续衰减，每年有大量牧草损失，草原超载程度居高不下，据农业部草原监测报道，目前我国牧区草原平均超载 36.1%，草原畜牧业生产进入超载-生产力衰减-加剧超载的恶性循环当中，草原畜牧业进入了可持续发展的瓶颈期。只有通过保护和建设草地生态系统，提高草原生产力，才能摆脱困境，解决草畜平衡问题，在维持和不断提高草原生态功能的同时，持续提供优质畜产品，保障牧区和城市居民优质安全高蛋白食品的供应。

### （三）促进牧区又好又快发展

保护和建设草地生态系统是增加牧民收入的重要手段。牧民纯收入的 75% 以上来源于畜牧业生产，而且是牧民长期稳定的经济收入来源和生活保障。所以，保护和建设草地生态系统，发展草原畜牧业是保障牧民收入持续增长的基础。草原畜牧业是牧区的基础产业，天然牧草是草原畜牧业的基本生产资料，是最经济稳定、占家畜日粮 80% 以上的饲草来源，而且成本低、质量好。所以，草地生态系统的好坏是草原畜牧业可持续发展的决定性因素。保护和建设草地生态系统是牧区可持续发展的根本保障。草地资源是牧区主要的可再生资源，所以，要想实现草原牧区人口、社会、经济、资源的协调可持续发展，须不断保护和建设草地生态系统。

---

[1]　本节作者为侯向阳、张勇、纪磊（中国农业科学院草原研究所）。

**（四）维护边疆稳定和民族团结**

牧区是利用广大天然草原并主要采取放牧方式经营畜牧业的地区，草原牧区是我国少数民族传统的聚居地，牧区有54个边境县，全国1.2亿少数民族人口中，有70％以上生活在草原上，有长达1.2万公里的边境线在北部边疆草原牧区，占全国陆地边境线的54.5％（马有祥，2012）。"十五"期间，全区牧民人均收入增长幅度低于种粮农民2.53个百分点，"十一五"以来则低3.83个百分点。但在生活支出方面，由于牧民大多居住在偏远地区，生活成本相对较高（刘加文，2010），由此导致草原地区的经济发展与人民生活水平远落后于全国其他地区，这种差距如不断增大，容易滋生不和谐因素，对维护我国西部地区的民族团结、政治大局的稳定是很不利的。所以，草地生态的保护和建设是事关三牧、维护民族团结、社会和谐稳定和边疆安全的重大战略任务。

## 二、中国草地生态保护与建设的发展历程

**（一）改革开放前以草地建设为主**

改革开放前的草地生态保护与建设，起始于中华人民共和国成立，至中国共产党十一届三中全会前的1978年。

新中国成立之初，政务院1953年公布的《关于内蒙古自治区及绥远、青海、新疆等地若干牧业区畜牧业生产的基本总结》指出，"保护培育草原，划分与合理使用牧场、草场"，制定慎重稳进、发展畜牧业生产的方针（中国兽医杂志，1953）；1957年，在牧区畜牧业生产座谈会议上，党中央号召发展畜牧业，提出畜牧业在国民经济中占有重要作用。此外，党中央批转的农业部《关于发展畜牧业生产的指示》和国家民族事务委员会《关于牧业社会主义改造的指示》，进一步完善了牧区社会主义改造和发展生产的方针，促进了牧区社会经济的发展。

1963年，党中央批转了中央民委党组《关于少数民族牧业区工作和牧业区人民公社若干政策的规定（草案）的报告》（简称"牧区四十条"）。党中央和国务院还召开了全国牧区工作会议，做出坚持"以牧为主"、严禁开荒等重要决定，有力地促进了畜牧业经济的恢复和发展。1966年开始大肆开垦破坏草原，草地生态环境受到严重破坏。

1975年，邓小平同志主持中央工作期间，召开了全国畜牧工作会议。此后，国务院相继批转了《全国牧区畜牧业工作座谈会纪要》，重申了"以牧为主、草业先行"的方针和保护草原、建设草原、发展草业、发展畜牧业生产等政策规定（全国牧区工作会议纪要，1987）。

**（二）改革开放后关注草地保护**

此阶段始于20世纪80年代，至21世纪初。《中华人民共和国草原法》及草畜双承包等法规和政策都对草地保护和建设发挥了重要作用。

党的十一届三中全会以后，党中央立足于生态和经济的统一，把治理国土与发展生产结合起来考虑，发出了种草种树、发展牧业、改造山河、治穷致富的号召（贾慎修，1985）。

1985年，全国人民代表大会通过了《中华人民共和国草原法》，把草原保护、利用和建设提高到国土整治的重要地位，明确了草原的所有权，确定了所有权和使用权可以分离的原则。此外，地方省区也发布了当地的"草原管理条例"或保护草原的通令、布告等，为进一步落实草原政策、草原管理和制度建设发挥重要作用。《中华人民共和国草原法》的实施建立了草地生态保护与建设的法制体制，而通过承包制的推行，巩固了草地生态保护与建设的生产体制。1982年起开始实行的"草场共有、承包经营、牲畜作价、户有户养"的"草畜

双承包"政策，将生产者的责、权、利结合，将经营家畜和经营草原结合，不仅有效保护了草原资源，而且激发起牧民建设草原、改造自然的热情。随着草原使用权的固定划分和草原所有证的颁发，草库伦建设的发展及"草畜双承包"的实行，草原牧区生产经营方式进一步向围栏、轮牧、圈养等保护生态的新饲养方式转变，畜牧业由数量增加型向质量效益型转变（洪绂曾，2011）。

1987 年国务院发布的《全国牧区工作会议纪要》中指出，牧草是畜牧业的基础，必须加强管理，合理利用，保护和建设草原，发展草业，逐步做到草畜平衡发展。

1999 年，国务院常务会议通过的《全国生态环境规划》指出，草原是我国生态环境的重要屏障，生态环境建设的主攻方向是：保护好现有林草植被，大力开展人工种草和改良草场（种），配套建设水利设施和草地防护林网，加强草原鼠虫灾防治，提高草场的载畜能力。禁止草原开荒种地。实行围栏、封育和轮牧，建设"草库伦"，搞好草畜产品加工配套。

实行草地承包经营制度使农牧民摆脱了传统粗放的生产方式，逐步走向科学养畜、建设养畜的畜牧业可持续发展道路（卢欣石，2002）。

## （三）进入新世纪兼顾生态生产

进入到 21 世纪，中国草地生态保护与建设进入到全新发展阶段，由经营性草地畜牧业生产开始向生态、生产并重的现代生态畜牧业转变。

2000 年中央部署实施西部大开发战略，促进草地经营进入新阶段。草地从此引起国家重视，对草地生态保护建设提出了具体要求。2002 年，国务院《关于加强草原保护与建设的若干意见》（国发［2002］19 号）中明确指出，加强草原保护与建设刻不容缓，把草原保护与建设工作提到经济社会发展的突出位置。同年，全国人民代表大会常务委员会通过了新修订的《中华人民共和国草原法》，为全面推进依法治草奠定重要基础，对草地资源保护与利用、建设现代生态畜牧业具有重要意义。

2001 年 6 月，农业部制定《全国草原生态保护建设规划》，从整体上对草原的战略地位、草原生态保护建设的成就与存在的问题、草原生态保护建设的基本思路、配套政策与措施进行了详细的规划。

进入 21 世纪，我国草地建设开始逐渐打破传统草地畜牧业格局模式，国家先后启动了退耕还林还草工程、天然草原植被恢复、草原围栏、草种基地建设等项目。

2007 年中央一号文件明确提出要"探索建立草原生态补偿机制"，农业部和有关部门认真开展调研，并在西藏自治区开展草原生态保护奖励机制试点。2010 年 10 月 12 日，温家宝主持召开国务院常务会议，决定建立草原生态保护补助奖励机制，促进牧民增收。同年，国务院批准实施了《全国草原保护建设利用总体规划》，共规划实施退牧还草工程、沙化草原治理工程、西南岩溶地区草地治理工程、草业良种工程、草原防灾减灾工程、草原自然保护区建设工程、游牧民人草畜三配套工程、草地开发利用工程和牧区水利工程九大工程，重点工程共涉及 1100 多个县。

21 世纪前十年，国家对草原的投入将近 300 亿元（马有祥，2012）。2011 年，中央财政安排专项资金 136 亿元，在内蒙古、新疆、西藏、青海、四川、甘肃、宁夏和云南 8 个主要草原牧区省（自治区）及新疆生产建设兵团实施草原补奖政策，2012 年政策实施范围又扩大到辽宁、吉林、黑龙江、河北和山西五省的所有牧区和半牧区县，自此，草原补奖政策已覆盖全国 268 个牧区、半牧区县。这是新中国成立以来在我国草原牧区实施的投入规模最大、覆盖面最广、牧民受益最多的一项政策。截至 2012 年年底，共计安排围栏建设任务

$6060.6\times10^4\,hm^2$，其中禁牧围栏 $2606.5\times10^4\,hm^2$、休牧围栏 $3188\times10^4\,hm^2$、划区轮牧围栏 $262.3\times10^4\,hm^2$，退化草原补播改良 $1452.9\times10^4\,hm^2$（全国草原监测报告 2011，2012）。

2011 年，国务院发布的《促进牧区又好又快发展的若干意见》中指出，草原牧区在我国经济社会发展大局中具有重要的战略地位，草原牧区发展必须树立"生产生态有机结合、生态优先"的基本方针，走出一条经济社会又好又快发展的新路子。同年召开的全国牧区会议更进一步强调，加强草原保护与建设，加快发展现代草原畜牧业，推动牧区实现"保生态、保生产、保增收"的目标。

中国的草地生态保护建设经历了从以草业经营为主到生态生产兼顾的可持续发展。"十二五"以来，我国连续出台促进草原牧区发展的重大政策，国务院印发《关于促进牧区又好又快发展的若干意见》，召开全国牧区工作会议，建立草原生态补助奖励机制，加大草原生态工程建设力度，我国草地保护和建设正在迈入更高水平发展阶段。当前，中国的草地生态保护与建设正走向快速、健康发展的道路，在未来的发展过程中必将切实发挥其重要的生态、生产功能，为解决"三牧"问题，建设和谐牧区，建设"美丽中国"发挥重要的战略作用。

## 三、中国草地系统建设实践的主要成就

### （一）中国草原自然保护区发展与建设实践

草地自然保护区是指对有代表性的自然生态系统、珍稀濒危的野生动植物的天然集中分布区，有重要科研、生产、旅游等特殊保护价值的草地，依法划出一定面积予以特殊保护和管理的区域。我国草地自然保护区建设始于 20 世纪 50 年代，20 世纪 80 年代开始迅速发展，我国草地自然保护区的设置始于 80 年代中期。迄今我国共建立草地类自然保护区 11处，总面积 $206.9\times10^4\,hm^2$，占我国草地总面积的 0.5%。内蒙古锡林郭勒草原自然保护区是我国建立最早的草原自然保护区。目前我国共有各级草原草甸自然保护区 39 个，面积 $21.8\times10^4\,hm^2$。中国草地自然保护区简况见表 4-17。

表 4-17　中国草地自然保护区简况

| 名称 | 位置 | 面积/hm² | 主要保护对象 |
| --- | --- | --- | --- |
| 内蒙古锡林郭勒草原自然保护区 | 锡林浩特市 | 1078600 | 典型草原生态系统 |
| 甘肃安西荒漠戈壁草地自然保护区 | 安西县 | 800000 | 荒漠戈壁生态系统及野生动植物 |
| 黑龙江月牙湖草地类自然保护区 | 虎林县 | 5133 | 小叶章为主的草甸草原生态系统 |
| 宁夏云雾山草原自然保护区 | 固原县 | 4000 | 黄土高原长芒草草原生态系统 |
| 吉林腰井子草原自然保护区 | 长岭县 | 23800 | 羊草及羊草草甸 |
| 山西五台山草地自然保护区 | 台怀镇 | 3333 | 亚高山草甸草地生态系统 |
| 辽宁那木斯莱草原自然保护区 | 彰武县 | 7103 | 沙生草地生态系统 |
| 新疆天山中部巩乃斯山地草甸类草地自然保护区 | 新源县 | 66667 | 山地草甸生态系统 |
| 新疆奇台荒漠半荒漠草地自然保护区 | 奇台县 | 12600 | 平原荒漠生态系统及牧草资源 |
| 新疆福海金塔斯山地草原类草地自然保护区 | 福海县 | 9733 | 山地草原生态系统及牧草资源 |
| 山东黄河三角洲草地自然保护区 | 垦利县 | 58000 | 野大豆及湿草地生态系统 |

注：引自农业部草原监理中心网站。

### （二）中国草原保护工程发展与建设实践

改革开放以来我国加大了对草原保护的建设，投资实施了十余项草原保护建设工程项目，范围涉及全国各省（自治区、直辖市）。从 20 世纪 90 年代开始我国实施了牧区开发示范工程项目、南方草山草坡开发示范工程项目、草原防火项目、天然草原恢复与建设项目、

牧草种子基地项目、草原围栏项目、草种繁育基地项目、京津风沙源治理项目、退牧还草工程、西南熔岩地区草地治理试点工程、游牧民定居工程。

由于长期的开垦和超载过牧，草原生态环境持续恶化。21世纪初，全国90%的可利用天然草原不同程度退化，其中覆盖度明显降低，沙化、盐渍化达到中度以上的退化草原面积已占半数。为遏制西部地区天然草原快速退化的趋势，促进草原生态修复，从2003年开始，国家在内蒙古、新疆、青海、甘肃、四川、西藏、宁夏、云南8省（自治区）和新疆生产建设兵团启动了退牧还草工程，旨在通过草地围栏建设、补播改良、禁牧、休牧、划区轮牧等多种措施来恢复草原植被、提高草地生产力、最终改善草原生态，促进生态环境与草原畜牧业持续、健康与协调发展。

退牧还草工程规划期限为2002～2015年，分两期实施：第一期工程为2002～2010年，第二期工程为2011～2015年。退牧还草工程主要安排在内蒙古东部、蒙甘宁西部、青藏高原、新疆四大片草原退化严重地区，工程实施以来，通过禁牧封育、补播草种等方式，草原植被得到恢复，生态环境得到明显改善。根据2010年农业部监测结果，退牧还草工程区平均植被盖度为71%，比非工程区高出12个百分点，种群高度、鲜草产量和可食性鲜草产量分别比非工程区高出37.9%、43.9%和49.1%，生物多样性、群落均匀性、土壤饱和持水量、土壤有机质含量均有明显提高，草原涵养水源、防止水土流失、防风固沙等生态功能增强。

退牧还草政策的本质在于利用国家的宏观调控机制，以一定的经济利益激励来获得生态效益的回报，从长远发展来看，通过对退牧还草政策的不断完善，将能够实现生态、经济协调发展的目标。现阶段，我国专家学者已在政策研究方面开展了不少工作，研究多集中于政策对牧区生态、经济和社会发展影响的长效机制方面，如在生态补偿政策方面进行的探讨，以及一些与生态补偿问题密切相关的政策建议，为建立、丰富和完善我国退牧还草政策提供了重要的参考价值。

## （三）中国草原灾害监测及防控实践

草原灾害监测包括生物灾害和非生物灾害的监测两大部分。草原生物灾害包括虫害、病害、鼠害、有毒有害植物监测等，非生物灾害监测包括火灾、雪灾、旱灾等自然灾害监测。

由于气候变暖、草原退化和天敌减少，草原鼠虫灾害频发。针对草原鼠虫灾害，中央财政在2006～2011年共投入草原鼠害防治补助经费1.8亿元，完成防治面积3844×10⁴hm²/次；中央财政共投入经费5.4亿元，用于补助草原虫害防治工作，共完成防治面积2907×10⁴hm²/次。在草原鼠虫灾害防治方面，全国畜牧总站和重点省区草原站（治蝗办）自2005年开始，每年春季组织召开"草原鼠虫害发生趋势分析会议"，汇总调查数据，会商发生趋势，发布趋势分析报告。《全国草原虫灾应急防治预案》、《草原蝗虫调查规范》、《草原鼠荒地治理技术规范》、《草原蝗虫宜生区划分与监测技术导则》等技术规范的相继出台，以及重点省区组建大型机械专业防治队，均对草原鼠虫害防治工作发挥了重要作用。

草原火灾具有事发突然、损害广泛、处置紧迫等特点。据统计，新中国成立以来仅牧区就发生草原火灾5万多次，累计受灾面积2亿多公顷，造成经济损失600多亿元，平均每年10多亿元。引发火灾的最主要原因是人为因素，其次为自然因素和外火蔓延。农业部依据我国各地区草原面积、草原类型、气候环境、地理环境、历年火灾发生情况、草原火灾发生的危险程度和影响范围等因素，划定了全国草原火险区。当前，我国草原火灾防治工作在预案体系、法规制度、管理体制、运行机制的"一案三制"框架下，草原防火成绩显著（马有祥，2012）。

草原干旱灾害是草原畜牧业主要的气象灾害，其发生频率高，持续时间长，波及范围大，对牧区社会经济有严重影响。同时，草原干旱灾害发生容易诱发草原火灾及草原鼠虫灾害。应对草原旱灾，应当适当延长休牧时间，加大牲畜出栏力度，在草畜平衡的基础上确保草大于畜，以减轻草场压力。

草原雪灾亦称白灾，是因长时间大量降雪造成大范围积雪成灾的自然现象。主要是指依靠天然草场放牧的畜牧业地区，由于冬半年降雪量过多和积雪过厚，雪层维持时间长，影响正常放牧活动的一种灾害。雪灾主要发生在稳定积雪地区和不稳定积雪山区，偶尔出现在瞬时积雪地区。中国牧区的雪灾主要发生在内蒙古草原、西北和青藏高原的部分地区。根据我国雪灾的形成条件、分布范围和表现形式，将雪灾分为雪崩、风吹雪灾害（风雪流）和牧区雪灾3种类型。在草原雪灾防治方面，牧区社会的基础设施建设，特别是畜牧业基础设施建设的水平不断提高，草原的交通能力增强，物质供给能力增加，牧户打草和储草量相应得到提高，这都很大程度减缓了雪灾对牧区的影响。但要最大限度减低草原雪灾程度，根本途径还需改变传统的天然草原放牧方式，走草原生态畜牧业发展道路。

（四）中国草地资源监测与管理实践

草地资源是重要的可再生资源，其上有饲用植物、药用植物、经济植物、珍稀野生动植物。我国草原面积近 $4 \times 10^8 \mathrm{hm}^2$，约占国土面积的41.7%。按草原地带性分布特点，我国草原形成了北方干旱半干旱草原区、青藏高寒草原区、东北华北湿润半湿润草原区和南方草地区四大主要区域。我国每年都要对全国的草地资源进行监测和普查。

当前，我国的草地生态系统监测主要通过两种途径进行：定位监测和大范围宏观监测。定位观测是草地生态系统监测的基本途径，在我国开展得也比较早。2005年，中华人民共和国科学技术部发布的《关于组织申报新建生态环境国家野外科学观测研究站的通知》（国科基函〔2005〕10号）中明确了我国36个野外台站为国家野外站，其中在我国各草原区建立的9个定位观测基地中的6个被明确为国家野外站。目前，我国草地定位研究基地涵盖了典型的草地生态系统类型，如草甸草原区的"呼伦贝尔草甸草原生态系统野外观测试验站"、典型草原区域的"内蒙古锡林郭勒草原生态系统国家野外科学观测研究站"、荒漠区的"新疆策勒荒漠草地生态系统国家野外科学观测研究站"、"新疆阜康荒漠生态系统国家野外科学观测研究站"及"甘肃民勤荒漠草地生态系统国家野外科学观测研究站"、高寒草甸区域的"青海海北高寒草地生态系统国家野外科学观测研究站"、沙地生态系统的"宁夏沙坡头沙漠生态系统国家野外科学观测研究站"以及建于农牧交错带的"河北沽源草地生态系统国家野外科学观测研究站"等。

早在20世纪60年代初期，我国开始采用大比例尺的航空照片进行草地调查与分类，但大规模的工作始于20世纪80年代，最具代表性的是将LandsatTM影像应用到草地资源调查、分类和制图等研究与监测中。同时，我国还开展了在宏观大尺度、长期的草地资源调查与监测工作，在"3S"技术的支持下，快速、准确、高效地获取大尺度草地生态系统图像资料与数据，借助地面调查、建模、空间分析等数据分析手段，对监测区域草地资源现状，如草地类型、面积、物候、长势、生物量等指标进行监测，为草地资源的合理利用及宏观管理提供科技支撑。

（五）中国草地资源收集与育种实践

中国幅员辽阔，草原广袤，地跨5个气候带或亚带，生态环境复杂，草原类型多样，植被类型丰富。其中，中国特有种有7科100属320种；主要栽培牧草的野生种及野生近缘种有7科61属102种（包括亚种、变种和变型）。1987～2010年通过全国草品种审定委员会审定登记的草品种434个，其中，育成品种161个，地方品种49个，国外引进品种138个，野生栽培品种86个，在生产中发挥了明显的经济效益、社会效益和生态效益。牧草种质资源的重要性：种质资源不仅用于育种工作，还用于染色体工程、细胞工程、基因工程；种质资源是人类的宝贵财富，牧草种质资源的搜集、保存、鉴定及开发利用是牧草育种和生物多样性研究的重要工作；拥有尽量多的种质资源，对扩大育种原始材料的遗传变异、创造新的变异类型、扩大新品种的遗传基础和选育新品种均有极为重要的作用。

保存种质资源的目的是维持样本的一定数量与保持各样本的生活力及原有的遗传变异性。我国保存种子主要采用的是低温种质库。目前我国有三座种质资源库，国家作物种质库，是全国作物种质资源长期保存中心，也是国家作物种质资源保存研究中心。于1986年10月在中国农业科学院落成，其容量可保存种质40余万份。至2006年年底，国家库长期保存的种质份数达39万余份，按植物分类学统计，国家库保存资源种类隶属35科192属725种。80%库存资源是从国内收集的，其中国内地方品种资源占60%，稀有、珍稀和野生近缘植物约占10%。其贮存数量居世界第一位。

国家复份库位于西宁市青海省农业科学院，负责国家长期种质库贮存种质的备份安全保存。各作物的国家中期库负责该作物种质的中期保存、特性鉴定、繁殖和分发。种质圃及试管苗库负责无性繁殖作物及多年生作物种质的保存、特性鉴定、繁殖和分发。

全国畜牧兽医总站畜禽牧草种质资源保存利用中心1997年2月成立，该牧草种质资源保存利用中心是全国牧草保种体系的中心库，现已保存草种质材料1.5万份，隶属于75科455属1177种（变种）。此外，在全国各地还建有16座地方中期库。

## （六）中国草地生态保护制度建设实践

我国草原生态保护制度始于草原法制建设，1963年内蒙古在全国首先颁布了《内蒙古自治区草原管理条例》并建立了草原监督管理所。1985年我国通过了第一部《中华人民共和国草原法》，使我国草原保护利用有法可依。2003年我国新修订的《草原法》实施，同时农业部草原监理中心正式成立，形成了中央、省、地、县四级草原监理体系。

自2011年起，国家在内蒙古、新疆（含新疆生产建设兵团）、西藏、青海、四川、甘肃、宁夏和云南8个主要草原牧区省（自治区），全面建立草原生态保护补助奖励机制。草原生态保护补助奖励机制是我国在草原生态保护方面安排资金规模最大、覆盖面最广、补贴内容最多的一项政策。草原生态保护补助奖励机制政策措施主要包括禁牧补助、草畜平衡奖励、牧民生产性补贴和加大对牧区教育发展和牧民培训的支持力度。

法律法规的颁布，对于改善草原生态环境，提高广大农牧民生活水平，促进牧区社会进步、经济发展和政治稳定具有重要的意义。

## （七）中国草原保护管理队伍建设实践

2003年，中华人民共和国《草原法》修订后颁布，农业部设立农业部草原监理中心，各草原省区也分别建立相应的草原监理部门。我国各级草原监理机构和广大草原监理人员在草原法律法规宣传、草原执法、草原资源保护监测、草原防火减灾等方面做了大量工作，取得了显著成效，为维护法律尊严、保护草原生态、保障农牧民合法权益做出了重要贡献，各级草原监理机构已经成为依法保护草原的主要力量。

截至2012年年底，全国县级以上草原监督管理机构达854个，草原监督管理人员达

9604 人。据统计，目前实施草原补奖政策的八省区和新疆兵团共有村级草原管护员 6.6 万多人，队伍已初步建立（农业部草原监理中心，2013）。

## 四、加强中国草地系统保护与建设

### （一）建立和完善草原保护制度

完善我国草原保护的法制建设，进一步细化保护和科学利用内容，完善草原承包制度。依法发放草原所有权和使用权证，建立以政府为主导的草原承包工作机制，加快完善草原承包到户制度。同时建立健全草畜平衡、禁牧休牧轮牧、人工种草等草原生态保护制度，完善草原生态补偿机制。

### （二）加大灾害的预警与防治

进一步扩大建立草原生态保护区，建立完善的草原监测综合站点，对草原生物和非生物灾害进行及时的防治和防止。通过全国草原监测网络实时掌握我国草原生态状况，全面控制草原生态恶化。

### （三）强化草原监督管理

加快各级草原监管部门的建设，提升和完善草原生态监测装备水平。加大草地执法人员培训力度，使执法和科普同时进行。提高草原监督工作的质量和水平，深入基层、深入牧户、深入企业开展草原普法和草地生态保护宣传监督。

### （四）转变草原畜牧业经营方式

草地生态系统工程主要是以草地畜牧业为主，经营方式单一，此外它还应该包含草地农业、草地非牧开发产业，如药用植物、食用植物、保健植物、工业原料植物等。草地经济发展也要注重自然保护区建设和旅游区建设等，所以要推进草地牧业产业化，发展生态畜牧业，统筹资源与环境保护及可持续发展，转变传统的草原畜牧业经营方式，要向生产专业化、布局区域化、经营一体化、服务社会化、管理企业化的标准迈进。

### （五）推进草原科技创新

推进草原科技创新的首要任务是建设高水平的科技人才队伍，积极引进高素质、高技术人才，特别是加强向基层草原科技工作单位引进文化水平较高的科技人员。在学习国外草地生态保护理念的同时，结合我国草原生态实际情况发展创新草原科技。

## 参 考 文 献

[1] Costanza R，d'Arge R，de Groot R，et al. The value of the world's ecosystem services and natural capital. Nature，1997，387：253-260.

[2] Costanza R，et al. The value of the world's ecosystem services and natural capital. Nature，1997，386：253-260.

[3] Daily G C. Natures Service：Social Dependence on Nature Ecosystems. Washington：Island Press，1997.

[4] Davidson E A，Ackeman I L. Change in soil carbon inventories following cultivation of previously untilled soils. Biogeochemistry，1993，20：161-193.

[5] Houghton R A. Changes in the storage of terrestrial carbon since 1850 // Lai R，et al. Soils and Global Change. Florida：CRC Press，Inc. Boca Raton，1995，45-65.

[6] Li L，Chen Z. Changes in soil soil carbon storage due to over-grazing in Leymus chinensis steppe in Xilin river basin of Inner Mongolia. J. of Environmental Science，1997，9（4）：486-490.

[7] Mclendon T，Teclente E F. Nitrogen and phosphorus effects on secondary succession dynamics on a semiarid sagebrush site. Eco logy，1991，72（6）：2016-2024.

[8]　Salati O E, Paruelo J M. Ecosystem services in grasslands // Daily G C. Nature Services: Societal Dependence on Natural Ecosystems. Washinton D C: Island Press, 1997: 237-254.

[9]　Y Ookouchi, et al. Evaluation of soil moisture effects on the generation and modification of mesoscale circulations. Mon Wea Rev, 1984, (112): 2281-2292.

[10]　Yang Y, Fang J Y, Pan Y, Ji C. Aboveground biomass in Tibetan grassland. Journal of Arid Environments, 2009, 73, 91-95.

[11]　陈敏, 曹建军, 武高林等. 黄河水源区首曲湿地草地生态系统服务价值初步估算. 草业科学, 2010, 26 (5): 10-14.

[12]　陈佐忠, 汪诗平. 中国典型草原生态系统. 北京: 科学出版社, 2000: 1-412.

[13]　董治宝, 陈广庭. 内蒙古后山地区土壤风蚀问题初论. 土壤侵蚀与水土保持学报, 1997a, 3 (2): 84-90.

[14]　杜青林. 中国草业可持续发展战略. 北京: 中国农业出版社, 2006.

[15]　郭克贞, 史海滨, 苏佩凤等. 锡林郭勒草原生态需水初步研究. 中国农村水利水电, 2004, 8: 82-85.

[16]　洪绂曾. 中国草业史. 北京: 中国农业出版社, 2011.

[17]　侯向阳. 中国草原保护建设技术进展及推广应用效果. 中国草地学报, 2009, 31: 4-12.

[18]　黄德华, 王艳芬, 陈佐忠. 内蒙古羊草草原均腐土营养元素的生物积累. 草地学报, 1996, 4 (4): 231-237.

[19]　贾慎修. 大力种草, 发展草地科学. 中国草原, 1985, 1-3.

[20]　李博, 雍世鹏, 李忠厚. 锡林河流域植被及其利用. 草原生态系统研究 (第3集). 北京: 科学出版社, 1988: 84-183.

[21]　李建国, 王冬艳, 杨德明等. 吉林省西部草场退化的经济损失评估. 生态科学, 2004, 23 (4): 327-330.

[22]　李凌浩. 土地利用变化对草原生态系统土壤碳贮量的影响. 植物生态学报, 1998, 22 (4): 300-302.

[23]　李世东. 中国生态状况报告 2005. 北京: 科学出版社, 2006.

[24]　李素清. 山西省草原退化的经济损失分析及其生态恢复对策. 太原师范学院学报 (自然科学版), 2003, 2 (3): 82-86.

[25]　李永宏, 汪诗平. 放牧对草原植物的影响. 中国草地, 1999, (3): 11-19.

[26]　李毓堂. 草地资源开发与未来中国可持续发展战略. 中国草地, 2001, 23, 64-66.

[27]　刘加文. 牧民增收增效是维护草原生态安全的重要保证. 中国牧业通讯, 2010, 12: 13-15.

[28]　刘黎明, 赵英伟, 谢花林. 我国草地退还的区域特征及其可持续利用管理. 中国人口·资源与环境, 2003, 13 (4): 46-50.

[29]　刘明国, 何富广, 王世英. 辽西地区草本植物改土防蚀效益研究. 土壤通报, 1998, 29 (5): 198-200.

[30]　卢欣石. 中国草情. 北京: 开明出版社, 2002.

[31]　罗哲贤, 屠其璞. 人类活动与气候变化. 北京: 气象出版社, 1993.

[32]　马文红, 杨元合, 贺金生, 曾辉, 方精云. 内蒙古温带草地生物量及其与环境因子的关系. 中国科学 C 辑: 生命科学, 2008, 38, 84-92.

[33]　马有祥. 草原发展政策新标志. 中国畜牧业, 12012, 6: 18-20.

[34]　孟林, 高洪文. 中国退化草地现状及其恢复方略. 现代草业科学进展——中国国际草业发展大会暨中国草原学会第六届代表大会论文集, 2002, 304-307.

[35]　闫庆文, 刘寿东, 杨霞. 内蒙古典型草原生态系统服务功能价值评估研究. 草原学报, 2004, 3: 165-169.

[36]　农业部草原监理中心. 2012 年草原监理工作盘点. 中国畜牧业, 2013, 3: 16-21.

[37]　欧阳志云, 王如松, 赵景柱. 生态系统服务及其经济价值评价. 应用生态学报, 1999, 10 (5): 635-640.

[38]　彭玉梅. 天然羊草地与贝加尔针茅草地地上生物量与营养动态的研究. 中国草地, 1997, 5: 25-28.

[39]　朴世龙, 方精云, 贺金生, 肖玉. 中国草地植被生物量及其空间分布格局. 植物生态学报, 2004, 28: 491-498.

[40]　齐玉春. 内蒙古温带草地生态系统生物地球化学循环中主要温室气体通量与碳平衡 (学位论文). 北京: 中国科学院地理科学与资源研究所, 2003.

[41]　石益丹, 李玉浸, 杨殿林等. 呼伦贝尔草地生态系统服务价值评估. 农业环境科学学报, 2007, 26 (6): 2099-2103.

[42]　石岳, 马殷雷, 马文红, 梁存柱, 赵新全, 方精云, 贺金生. 中国草地的产草量和牧草品质: 格局及其与环境因子之间的关系. 科学通报, 2013, 58: 226-239.

[43]　苏大学. 中国草地资源 的区域分布与生产力结构. 草地学报, 1994, 2: 71-77.

[44]　孙雪峰, 张振万, 雍世鹏. 内蒙古锡林郭勒草原植被结构的遥感图像分析. 植物生态学报, 1990, 14 (3):

247-257.

[45] 滕永青，李斌斌，孙娟，玉永雄. 中国草地畜牧业飞速发展的机遇与挑战. 中国草业发展论坛论文集，2007，123-125.

[46] 王根绪，沈永平，钱鞠. 高寒草地植被覆盖变化对土壤水分循环影响研究. 冰川冻土，2003，25（6）：653-659.

[47] 王静，尉元明，孙旭映. 过牧对草地生态系统服务价值的影响——以甘肃省玛曲县为例. 自然资源学报，2006，21（1）：109-117.

[48] 王淑平，周广胜，吕育才等. 中国东北样带（NECT）土壤碳、氮、磷的梯度分布及其与气候因子的关系. 植物生态学报，2002，26（5）：513-517.

[49] 王苏民，林而达，余之详. 环境演变对中国西部发展的影响及对策. 北京：科学出版社，2002：64-67.

[50] 王艳芬，汪诗平. 不同放牧率对内蒙古典型草原牧草地上现存量和净初级生产力及品质的影响. 草业学报，1999，8（1）：15-20.

[51] 王玉辉，周广胜. 内蒙古羊草草原植物群落地上初级生产力时间动态对降水变化的响应. 生态学报，2004，24（6）：1140-1145.

[52] 吴精华. 中国草原退化的分析及其防治对策. 生态经济，1995，5：1-6.

[53] 谢高地，鲁春霞，肖玉. 青藏高原高寒草地生态系统服务价值评估. 山地学报，2003，21（1）：50-55.

[54] 谢高地，张亿锂，鲁春霞等. 中国草地生态系统服务价值. 自然资源学报，2001，16（1）：47-53.

[55] 许中旗，李文华，闵庆文等. 锡林河流域生态系统服务价值变化研究. 自然资源学报，2005，20（1）：99-104.

[56] 许中旗，王立军，刘文忠等. 森林植被影响气候变化的机制. 河北林果研究，2005，20（1）：7-10.

[57] 杨光梅，闵庆文，李文华. 锡林郭勒草原退化的经济损失估算及启示. 中国草地学报，2007b，29（1）：44-49.

[58] 杨光梅，闵庆文. 内蒙古城市化现状及其对资源环境胁迫作用分析. 干旱区地理，2007，30（1）：141-148.

[59] 俞文政，常庆瑞，寇建村等. 青海湖流域草地类型变化及其生态服务价值研究. 草业科学，2005，22（9）：14-17.

[60] 赵同谦，欧阳志云，贾良清等. 中国草地生态系统服务间接价值评价. 生态学报，2004，24（6）：1101-1110.

[61] 郑淑华，王堃，赵萌莉等. 北方农牧交错区草地生态系统服务间接价值的初步评估——以太仆寺旗和沽源县境内为例. 草业科学，2009，26（9）：18-23.

[62] 中华人民共和国农业部. 全国草原监测报告. 2006.

[63] 中华人民共和国农业部. 2011年全国草原监测报告. 中国畜牧业，2012，9：18-19.

[64] 中华人民共和国农业部. 2012年全国草原监测报告. 中国畜牧业，2013，8：14-29.

[65] 中华人民共和国畜牧兽医司，全国畜牧兽医总站. 中国草地资源. 北京：科学出版社，1996.

[66] 中央民族事务委员会第三次（扩大）会议关于内蒙古自治区及绥远、青海、新疆等地若干牧业区畜牧业生产的基本总结. 中国兽医杂志，1953，4：98-105.

[67] 安尼瓦尔·买买提，杨元合，郭兆迪，方精云. 新疆草地植被的地上生物量. 北京大学学报（自然科学版），2006，42：521-526.

# 第五章

# 湿地生态系统保育与建设[1]

## 第一节　中国湿地生态系统状况[1]

湿地生态系统具有独特的水文过程，是陆地生态系统与水域生态系统之间的生态交错区，是自然界最富生物多样性的生态景观和人类最重要的生存环境之一，被称为"地球之肾"，与海洋、森林并称为地球三大生态系统。湿地生态系统提供着调蓄洪水，补给地下水，污染物降解，净化水体，沉积物和营养物质转化，维持生物多样性，提供丰富的动植物产品，防御风暴，稳定海岸线，减缓和适应气候变化，休闲和旅游等众多生态系统服务功能。

### 一、中国湿地概况

中国湿地面积居亚洲第一位，在全球范围内仅次于俄罗斯、加拿大和美国，居第四位。湿地资源丰富、分布广泛、类型齐全，《湿地公约》划分的 31 类天然湿地和 9 类人工湿地在中国均有分布。中国湿地的主要类型包括沼泽湿地、湖泊湿地、河流湿地、河口湿地、海岸滩涂、水库、池塘、稻田等自然和人工湿地。根据全国首次湿地资源调查结果，中国湿地的面积为 384800km²，其中自然湿地面积为 362000km²，人工库塘面积为 22800km²。自然湿地

❶　本节作者为王玉玉(北京林业大学自然保护区学院)。

中滨海湿地面积为 59400km$^2$，河流湿地面积为 82000km$^2$，湖泊湿地面积为 83500km$^2$，沼泽湿地面积为 137000km$^2$。中国湿地尽管面积很大，但是只占国土面积的 4%，远远低于世界 6% 的平均水平。中国湿地类型见表 5-1。

表 5-1　中国湿地类型

| 近海和海岸湿地 | 内陆湿地 | 人工湿地 |
| --- | --- | --- |
| (1)海洋区域(水深 6m 以内浅水域) | (1)永久性河流 | (1)水库 |
| (2)潮下层(包括海草层) | (2)季节性河流 | (2)农田中池塘/蓄水池 |
| (3)珊瑚礁 | (3)内陆三角洲 | (3)鱼虾塘 |
| (4)岩石性海岸 | (4)河流泛滥平原 | (4)盐田/盐碱地 |
| (5)砂石海岸 | (5)永久性淡水湖 | (5)沙石厂 |
| (6)河口水域 | (6)季节性或间断性淡水湖 | (6)污水处理厂 |
| (7)潮间带海域 | (7)咸水湖/沼泽 | (7)稻田 |
| (8)潮间沼泽 | (8)长期淡水沼泽/池塘 | (8)季节性洪泛的农业用地 |
| (9)红树林/潮间带森林 | (9)季节性或阶段性淡水沼泽/池塘 | |
| (10)海岸性咸淡水湖 | (10)灌木为主的湿地 | |
| (11)三角洲湖和淡水沼泽 | (11)淡水沼泽森林 | |
| | (12)泥炭藓沼泽 | |
| | (13)林木泥炭地 | |
| | (14)苔原/高山湿地 | |
| | (15)淡水泉 | |
| | (16)地热湿地 | |
| | (17)高原湿地 | |

在中国境内从寒温带到热带、从内陆到沿海、从平原到高原均有湿地分布，且有丰富多样的组合类型。中国湿地分布在 8 个主要区域，即东北湿地，长江中下游湿地，杭州湾北滨海湿地，杭州湾以南沿海湿地，云贵高原湿地，蒙新干旱、半干旱湿地和青藏高原高寒湿地。东部地区河流湿地多；东北部地区沼泽湿地多，集中分布在三江平原、大兴安岭、小兴安岭和长白山地区；长江中下游地区和青藏高原湖泊湿地多；青藏高原和西北部干旱地区又多为咸水湖和盐湖；海南到福建北部的沿海地区分布着红树林和亚热带及热带人工湿地；滨海湿地以杭州湾为界，杭州湾以南以岩石性海滩为主，杭州湾以北除山东半岛、辽东半岛的部分地区为岩石性海滩外，多为沙质和淤泥质海湾。中国绝大部分湿地分布在黑龙江、内蒙古、青海、西藏四省，占总面积的 55%（Niu 等，2012）。

根据全国首次湿地资源调查数据，我国湿地高等植物共有 225 科 815 属 2276 种，分别占全国高等植物科、属、种数的 63.7%、25.6% 和 7.7%。其中，中华水韭、宽叶水韭、水松、水杉、莼菜、长喙毛茛泽泻共 6 种属国家一级重点保护野生植物，另有 11 种湿地植物属国家二级重点保护野生植物。全国湿地植被有 7 个植被型组、16 个植被型、180 个群系。全国湿地野生动物共有 25 目 68 科 724 种，种类繁多，资源十分丰富。其中，水鸟是湿地野生动物中最具有代表性的类群。我国有湿地水鸟 12 目 32 科 271 种，其中属国家重点保护的水鸟有 10 目 18 科 56 种，属国家保护的有益或者有重要经济、科学研究价值的水鸟有 10 目 25 科 195 种。按居留型可分为夏候鸟、冬候鸟、留鸟和旅鸟 4 类，其中大部分是候鸟和旅鸟。在亚洲 57 种濒危鸟类中，中国湿地内就有 31 种，占 54%；全世界鹤类有 15 种，中国有记录的就有 9 种，占 60%；全世界雁鸭类有 166 种，中国湿地就有 50 种，占 30%。鱼类是湿地脊椎动物中种类最多、数量最大的生物类群，也是最重要的湿地野生动物资源之一。调查表明，我国有湿地鱼类 1000 多种，占全国鱼类种数的 1/3。湿地两栖动物共有 3 目 11 科 300 种，其中国家重点保护的有 2 目 3 科 7 种。我国已知的 412 种爬行动物中，有 3 目 13 科 122 种属于湿地野生动物，其中属国家重点保护的有 3 目 6 科 13 种。我国湿地兽类有 7 目 12 科 31 种，其中国家重点保护的有 5 目 9 科 23 种，生物多样性丰富（国家林业局，2000）。

## 二、中国湿地生态系统现状

中国是湿地资源最丰富的国家之一，但是随着经济发展、人口膨胀，湿地环境日益受到威胁。土地开垦、引水、富营养化、污染、过度捕捞、过度利用以及外来入侵种的引入是湿地退化和丧失的直接驱动力，中国的湿地面临着严峻的挑战，主要表现在 4 个方面：①面积减少；②功能退化；③污染严重；④基础薄弱，即基础设施薄弱。

### 1. 湿地面积减少

造成天然湿地减少的原因有：盲目开垦和改造、环境污染、生物资源过度利用以及水资源不合理利用等。据不完全统计，新中国成立以来约开垦天然湿地 97330km$^2$，年均开垦 1946km$^2$；近 40 年我国滨海滩涂湿地减少了 50%，湖泊数量减少约 13%。从 1978 年到 2008 年，中国的湿地面积持续显著下降。1990~2000 年间，中国湿地面积丧失了 50360km$^2$，而人工湿地增加 12365km$^2$。内陆湿地面积由 318326km$^2$ 减少到 257922km$^2$，减少 19%，内陆湿地中，河流面积减少 3019km$^2$，湖泊面积减少 5016km$^2$，内陆沼泽减少最多，达到 53094km$^2$。滨海湿地由 14335km$^2$ 减少到 12015km$^2$，减少 16%。滨海湿地中，潮间带/浅滩/海滩减少最多，达到 1358km$^2$（宫鹏等，2010）。从 2000 年到 2008 年，河流和湖泊类型湿地是中国湿地损失最主要的构成（Niu 等，2012）。近 10 年中国湿地损失率从 5523km$^2$/a 下降到 831km$^2$/a（Niu 等，2012）。从全国的总体统计数据看，湿地面积的变化在数量上以自然湿地的减少和人工湿地的增加为主要特征，同时自然湿地的减少远大于人工湿地的增加。自然湿地的减少一部分转化为人工湿地，而其余大部分被转化成农业用地。

以长江中下游的天然湿地为例，1825 年，洞庭湖的面积为 6270km$^2$，到 1835 年减少为 4700km$^2$，1949 年面积为 4250km$^2$，到 2002 年，洞庭湖就变成了 2650km$^2$，比新中国成立初期减少了 38%，从中国第一大淡水湖变成了目前的第二大淡水湖。洲滩和围垦而成的耕地不断向湖心推进，原来汪洋一片的洞庭湖已被洲滩和耕地分割为东洞庭湖、南洞庭湖、西洞庭湖三部分（庄大昌等，2003）。1953 年鄱阳湖水面面积约为 5050km$^2$，经过 1954~1957 年的首次围垦，1958~1960 年的水利兴修，1961~1965 年的第二次围垦等多次围垦，直至 1979 年鄱阳湖的围垦才基本停止。在 1998 年"退田还湖"方针实施后，鄱阳湖天然湿地面积才有所增加。从 1953 年到 2000 年，鄱阳湖天然湿地面积共减少了约 1000km$^2$（闵骞，2000）。

新中国成立以来，江汉平原围湖造田 6000km$^2$，江汉湖群面积已从 8330km$^2$ 下降到 2270km$^2$，其中面积大于 0.5km$^2$ 湖泊总面积从 20 世纪 50 年代初的 4707.5km$^2$ 下降到 20 世纪 80 年代初的 2656.8km$^2$，湖泊面积缩小了 43.6%。

### 2. 湿地功能退化

湿地的生态功能包括提供物质资料、调节环境、净化滤过污染物及有机质等、调控洪水时空变化、维持生物多样性、抵制环境破坏、提供生物栖息地等（刘振东等，2005）。湿地功能的退化是由于湿地生态系统的结构性、整体性和自然性遭到破坏，进而使得其抗干扰能力下降，不稳定性和脆弱性增大，生物多样性和生产力降低。湿地退化，其生物群落结构和生态景观结构将发生巨大的变化，食物网结构简化，生物数量减少，种群结构退化，景观结

构组成不协调，难以有效调节湿地系统健康。

中国大部分海域和内陆水域的经济鱼类年产量下降，鱼类种类数量单一，种群结构低龄化、个体小型化。2000 年以后鄱阳湖鱼类捕捞量比 20 世纪 60 年代减少了 36.3%，当年鱼和 1 龄鱼占 87.5%。

内陆湿地围垦与沿海滩涂湿地资源开发破坏了湿地的地表形态，削弱了湿地对洪水的调蓄功能，增加了防洪排涝负担；缩减了生物栖息空间，影响了渔业资源的自然增殖，也影响到水禽的栖息、繁衍；导致水域面积减少，从而影响该地区气候调节功能的改变；围垦使物种多样性指数下降。

### 3. 污染严重

所有湿地均受到其周边地区的农业、工业与生活消费所带来的点源和面源污染的影响，以经济发达地区最为严重。湿地水质下降，有毒有害污染物增加，湿地水质净化功能丧失，生物多样性降低。氮、磷的污染物排放大量增加，目前中国有 85.4% 的湖泊水质达到了富营养化水平（杨桂山等，2012）。

据调查 20 世纪 80 年代前期太湖水以 II 类至 III 类水为主，尚处于清洁状态，后期以 III 类水为主；到 20 世纪 90 年代中期以 III 类至 IV 类水为主，局部 V 类水，属轻度污染，后期以 IV 类至 V 类水为主，局部已劣于 V 类水；2000 年以后，全太湖水以 V 类水为主，属重污染，其中太湖西岸、梅梁湾、竺山湾水质较差，已劣于 V 类水。2007 年梅梁湾蓝藻水华大规模爆发引起了国内外的高度关注。

"八五"期间对季节性过水湖泊鄱阳湖水质进行调查，发现整个湖区水质均能达到 II 类水标准，仅有个别湖面在不同的季节出现过超标现象。"九五"期间水质监测结果显示，全湖平均有 64.2% 的断面为 II 类水，30.5% 的断面为 III 类水，超标断面为 5.3%。根据 2005～2007 年江西省水资源公报的数据，鄱阳湖 2007 年水质明显下降，III 类及优于 III 类水占 73.7%，劣于 III 类水占 26.3%，注入长江的出湖水质为 III 类水；2006 年鄱阳劣于 III 类水占 17.9%，与 2005 年相比，2006 年鄱阳劣于 III 类水比例上升了一倍，水质明显下降，且趋势仍在继续。虽然鄱阳湖总体总氮、总磷污染程度较太湖、巢湖等湖泊轻，但部分湖区也已出现了水华现象。

### 4. 基础设施薄弱

目前我国的湿地仍是多部门管理，在湿地保护和合理利用方面各单位多从本部门的任务和需要出发，造成湿地保护与开发利用、环境保护与生产任务、工程建设与生态功能等多种矛盾，目前尚缺乏具有权威性和有效性的管理协调机构，以致这种矛盾难以协调。缺少湿地评估和跟踪监测机制，同时由于湿地主要依靠政府管理，忽视了社区共管的作用，从而使大多数湿地保护的宣传与教育处于滞后状态。

目前我国对湿地生态环境保护的研究还处在初始阶段，已建的湿地自然保护区中大部分缺乏有效的科学规划和规章制度，没有对保护对象开展动态研究并据此实施针对性的管理措施，其管理工作也大多停留在一般看护上，缺少对湿地保护区功能的综合研究，对湿地开发利用的指导不够。

虽然自 20 世纪 70 年代末以来与湿地保护有关的法律和法规不断颁布，但相关法律所涉及湿地保护的内容只是与其主题有关的方面，如《海洋环境法》、《环境保护法》、《水土保持法》、《水法》和《草原法》，而与湿地生物多样性保护密切相关的却是效力等级较低的法规，如《水产资源繁殖保护条例》、《水生野生动物保护实施条例》和《自然保护区条例》等。与此同时，《渔业法》、《土地管理法》等法律中的部分规定又对湿地保护存在负面影响（黄心一，陈家宽，2012）。这些法律、法规并没有完全针对湿地，并存在概念不统一、不同法规的具体规定不协调、湿地保护区的土地权属未完全理顺以及与生态环境保护的需要不适应等问题，且有些条款内容互相矛盾。法律制度保障缺失直接导致湿地生态环境保护缺乏法律依据，无法可依，执法不严。

我国湿地生态环境保护工作尚无固定的资金来源，无法满足湿地生态环境保护和科研的需要。国家直接拨款的基建投资，每年用于自然资源保护的仅占 3％ 左右，这样一个比例显然与实际需要存在很大差距（刘权，马铁民，2004）。

## 三、中国湿地生态系统保护

20 世纪 50 年代至今，中国对湿地的态度从大规模开垦转变为合理开发利用，保护与恢复为主，开展了大量相关科学研究并取得了一定成果（表 5-2）。自 1992 年正式加入《湿地公约》以来，中国政府逐步加强了对湿地保护的工作力度。2000 年 11 月颁布了由国家林业局牵头，17 个部门共同参与编制的《中国湿地保护行动计划》，这是中国湿地保护与可持续利用的一个纲领性文件。2004 年 6 月国务院办公厅发出了《关于加强湿地保护管理的通知》，这是我国政府首次明文规范湿地保护和管理工作，表明湿地保护已经纳入国家议事日程，具有里程碑式的意义。通知中提出了以湿地自然保护区为主体，通过建设湿地保护小区、各种类型的湿地公园、湿地多用途管理区或划定野生动植物栖息地等多种形式加强湿地保护管理工作。2003 年 8 月，国家林业局会同国家发改委等 9 个单位完成了《全国湿地保护工程规划（2002～2030）》，2004 年 9 月国务院批复了该规划，中国湿地保护与管理步入快速发展时期，目前以 41 处国际重要湿地（表 5-3）、550 多处湿地自然保护区、400 多处湿地公园为主体的全国湿地保护体系基本形成。

**表 5-2  1950 年至今中国湿地利用方式与科学研究重点**

| 时间 | 湿地利用方式 | 研究重点 | 主要成果 |
|---|---|---|---|
| 20 世纪 50～70 年代 | 大范围湿地开垦 | 沼泽湿地 | 1958 年中国科学院确定沼泽为新成立的长春地理研究所(现中国科学院东北地理与农业生态研究所)的主攻方向,开展三江平原沼泽调查与研究<br>东北师范大学地理系与长春地理研究所合作开展若尔盖高原沼泽湿地调查与研究<br>《若尔盖高原沼泽》,1964 年出版<br>《三江平原沼泽》,1983 年出版<br>《中国沼泽》,1983 年出版<br>《中国沼泽志》,1999 年出版 |
| 20 世纪 80～90 年代 | 湿地综合开发利用的实验研究 | 湿地资源合理利用<br>湿地生态系统管理<br>湿地立法与保护 | 《中国自然保护纲要》,1987 年发布<br>全国海岸带和海涂资源综合调查(1980～1986 年)<br>《中国湿地》,1990 年出版<br>《中国湿地研究》,1995 年出版<br>中国科学院湿地研究中心 1995 年成立<br>全国海岛资源综合调查(1989～1993 年) |
| 1992 年至今 | 湿地合理利用与恢复 | 湿地恢复<br>湿地保护与利用<br>湿地评估 | 《中国 21 世纪议程》(1994 年)<br>《中国生物多样性保护行动计划》(1994 年)<br>《中国自然保护区发展规划纲要(1996～2010 年)》<br>全国首次湿地资源调查(1996～2003 年)<br>《中国湿地保护行动计划》(2000 年)<br>《全国湿地保护工程规划(2002～2030 年)》(2003 年)<br>《全国湿地保护工程实施规划(2005～2010 年)》(2004 年)<br>全国第二次湿地资源调查(2009～2011 年) |

**表 5-3　中国国际重要湿地名录**

自 1992 年中国加入《湿地公约》以来,先后指定了 41 处湿地为国际重要湿地,总面积达到 $400 \times 10^4 hm^2$

第一批被列入的 7 个国际重要湿地:黑龙江扎龙自然保护区、吉林向海自然保护区、海南东寨港国家级自然保护区、青海湖鸟岛自然保护区、湖南东洞庭湖国家级自然保护区、江西鄱阳湖国家级自然保护区、香港米埔和内后海湾国际重要湿地

第二批被列入的 14 个国际重要湿地:上海崇明东滩自然保护区、辽宁大连斑海豹栖息地湿地、江苏大丰麋鹿国家级自然保护区、内蒙古呼伦湖湿地、广东湛江红树林湿地、黑龙江洪河湿地、广东惠东港口海龟国家级自然保护区、内蒙古鄂尔多斯湿地、黑龙江三江湿地、广西山口红树林湿地、湖南南洞庭湖湿地、湖南西洞庭湖湿地、黑龙江兴凯湖国家级自然保护区、江苏盐城自然保护区

第三批被列入的 9 个国际重要湿地:辽宁双台河口湿地、云南大山包湿地、云南碧塔海湿地、云南纳帕海湿地、云南拉市海湿地、青海鄂陵湖湿地、青海扎陵湖湿地、西藏麦地卡湿地、西藏玛旁雍错湿地

第四批被列入的 6 个国际重要湿地:上海长江口中华鲟湿地自然保护区、广西北仑河口国家级自然保护区、福建漳江口红树林国家级自然保护区、湖北洪湖湿地国家级自然保护区、广东海丰湿地、四川若尔盖湿地国家级自然保护区

第五批被列入的 1 个国际重要湿地:浙江杭州西溪国家湿地公园

第六批被列入的 4 个国际重要湿地:黑龙江七星河国家级自然保护区、黑龙江南瓮河国家级自然保护区、黑龙江珍宝岛湿地国家级自然保护区、甘肃尔海则岔国家级自然保护区

### 1. 指定国际重要湿地

建立国际重要湿地名录的目标是:①在各缔约国建立一个国际重要湿地的国家网络,充分体现湿地多样性及其关键的生态与水文功能;②通过指定和管理适宜的湿地,致力于维持全球生物多样性;③促进缔约国、《湿地公约》的国际伙伴以及当地权益者在国际重要湿地的选择、指定和管理上展开合作;④以国际重要湿地网络为手段,在国家、跨国、区域和国际水平上,促进涉及有关环境条约的合作(湿地公约履约指南)。指定国际重要湿地是履行《湿地公约》的重要内容,也是促进缔约国境内重要湿地保护管理的重大举措。第十次《湿地公约》缔约方大会要求各国开展其境内国际重要湿地生态特征的描述工作(Ramsar 2008),作为国际重要湿地监测的基准数据,以及作为评估湿地保护与管理有效性的基础。然而,截至目前,我国还没有完成对任何一块国际重要湿地的生态特征描述,尚未结合湿地保护与管理的实际需求,建立起可供核查的连续监测指标体系。湿地生态特征包括在特定时间点湿地生态系统组分、生态系统过程和生态系统服务三大部分的结合(Ramsar,2005)(图 5-1)。湿地生态特征描述是获取指定国际重要湿地的关键信息,编制国际重要湿地管理计划,开展湿地监测与评估,实施有效管理的重要组成部分。评价一块国际重要湿地管理的有效性或管理水平的高低,应开展国际重要湿地生态特征的现状与历史对比评价分析。因此,对于每一块国际重要湿地均迫切需要系统地描述其生态特征,从而为今后的保护管理提供基准信息(关蕾等,2011)。

### 2. 湿地类型自然保护区

湿地自然保护区的保护对象为珍稀水禽、动植物资源以及湿地环境和湿地地区的生物多样性,对有代表性的湿地生态系统依法划出一定面积,予以特殊保护和管理。湿地保护区对于保护生物多样性,促进科研、文教、旅游等事业发展以及对经济建设的可持续发展等具有重要作用。1994 年,国务院颁布了《自然保护区管理条例》,规定了自然保护区建立、建设和管理的具体细则。上述法律、法规为湿地保护区的建设与管理奠定了基础。中国对湿地保护区的管理基本承袭了传统自然保护区在行政上自上而下的单一管理模式,这使得湿地保护区管理存在弊端,如多头管理、难以协调、产权不明、界限不清等问题。湿地保护区由于其地理位置的特殊性,处于水陆交汇处,野生动物及其栖息地常随着季节变化而发生改变,加上湿地类型保护区地貌复杂,使得湿地类型自然保护区的保护效果存在着较大的争议(郑姚闽等,2012;杨军等,2012)。需要根据不同类型的湿地保护区提出适合自身保护对象的

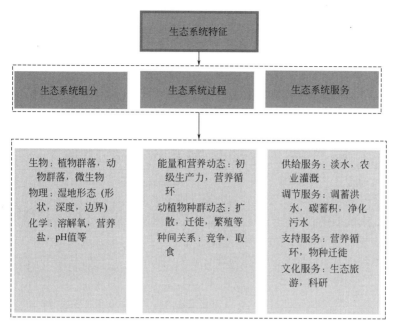

图 5-1 湿地生态系统特征描述

管理模式，制定专门的湿地保护法，确定湿地土地所有权，建立湿地生态特征评价制度、湿地生态补偿制度以及法律责任制度等。

### 3. 湿地公园建设

为了协调保护与发展的矛盾，构建合理的湿地保护体系，自 2005 年起，中国启动了湿地公园的试点建设。自 2005 年杭州西溪国家湿地公园进行试点建设以来，我国相继批准了 400 多处湿地为国家湿地公园。湿地公园是指以保护湿地生态系统、合理利用湿地资源为目的，可供开展湿地保护、恢复、宣传、教育、科研、监测、生态旅游等活动的特定区域。湿地公园是中国湿地保护和生态建设的重要内容。"保护优先、科学修复、合理利用、持续发展"是湿地公园建设所要遵循的原则。2008 年林业行业标准《国家湿地公园建设规范》的颁布实施为全国湿地公园蓬勃发展明确了建设内容。然而在湿地公园建设广泛开展的同时，管理方面的问题也开始凸显，如何科学规范地进行湿地公园管理成为亟需解决的问题，2008 年颁布实施的林业行业标准《国家湿地公园评估标准》为湿地公园的有效管理提供了依据。目前中国的湿地保护已经不再局限于建立湿地保护区和与水禽有关的湿地管理，而是重视景观和生态系统范围的保护与管理，进行跨地区与全球范围的广泛合作。

## 四、对策与建议

① 借鉴国际经验，建立湿地生态系统特征监测体系，一方面可以预防由于开发利用项目生态环境影响评价与监督机制不健全可能带来的危害；另一方面可以对于湿地生态恢复效果进行监测，完善中国湿地保护与合理利用管理体制。

② 开展湿地保护与恢复工程是恢复已退化或遭到破坏的湿地生态系统的重要对策。保护、恢复或重建湿地生态系统，是减缓气候变化的切实可行组分。保持湿地及其生态服务功能所维系的自然水文状况的质与量，包括水流的频度与时间，是确保湿地及其服务功能未来可持续性的一个重要途径（Millennium Ecosystem Assessment，2005）。

③ 完善湿地自然保护区系统是国家框架下重要的湿地保护手段，在条件适合的保护区可通过建设基于保护对象生活史的保护网络来增强保护成效。

④ 完善湿地保护的法律体系，在遇到保护与经济发展相冲突时，没有完善的法律依据和缺乏高效力的法律保障让保护工作处在极其不利的位置。因此应尽快变更各法律法规中的冲突条款，出台直指湿地生态系统和生物多样性保护的湿地综合保护法律。

⑤ 积极探索湿地自然保护与社会经济发展的相互关系与协调发展模式。

# 第二节　湿地生态系统服务功能[1]

生态系统服务功能是指来自生态系统的物流、能流和信息流，代表人类从中获得的直接和间接利益，包括生态系统提供的各种产品和生态过程中形成的维持生命系统的环境条件和效用。湿地因其多功能特征被人们誉为"地球之肾"。按照联合国千年生态系统评估（MA）对生态系统服务的分类，将湿地的生态系统服务功能分为供给服务、调节服务、支持服务和文化服务。

## 一、供给服务

### 1. 水资源供给

河流、湖泊、水库是淡水贮存和保持的重要场所，为人类饮水、农业灌溉用水、工业用水以及城市生态环境用水等提供保障，是其他动物（家畜、家禽及其他野生动物）的必需之物；同时，所有植物的生长和新陈代谢都离不开淡水。大量水库是为农业灌溉而兴建的，在农业灌溉和保障粮食安全方面，水库发挥着巨大作用。坑塘多分布于村庄内，对地下水起到调节和补给作用，能较好地解决因干旱造成的人畜吃水困难。

### 2. 产品供给

湖泊、水库生态系统通过初级生产和次级生产，生产了丰富的水生植物和水生动物产品，为人类生存提供了物质保障，包括初级生产的原材料及畜牧养殖业的饲料、优质的碳水化合物和蛋白质。人们利用水库生态系统的物质生产功能，开发了多种养殖形式，如大水面合理放养、移植增殖、库湾和小型水库精养、网箱集约化养鱼、流水养鱼、休闲渔业等。滩涂生态系统提供的食物包括粮食、油料、水果、蔬菜、水产品、畜产品、食盐等，提供的原材料包括木材、燃料、饲料及农副产品等。农田沟渠可以提供鱼、虾、泥鳅等水产品，沟渠中生长的芦苇等水生植物收割后可以作为原料或燃料。

### 3. 航运通道

河水的浮力特性为承载航运提供了优越的条件，水运事业借此快速发展，人们甚至修造人工运河发展水运。此外，河流具有排沙功能，可将泥沙沉积在河口地区，从而产生大片滩涂陆地。水库建设改善了航运条件，随着大规模的水电工程建设，水库上游区域的航运条件显著改善。随着水位升高，河的宽度和深度增加，水流速度降低，某些不利航行的急流险滩消失，通航河段的长度、宽度、吨位增加。通过水库调节削减洪峰，中等水位期将延长，枯水期的流量得到保证。因此，下游通航期延长，航运的保证率增加。

### 4. 能源供给

水能是最清洁的能源。河流因地形地貌的落差产生并储蓄了丰富的势能，水力发电是该

❶ 本节作者为张灿强（农业部农村经济研究中心）。

势能的有效转换形式，众多的水力发电站借此而兴建，为人类提供了大量能源。中国不论是水能资源蕴藏量，还是可能开发的水能资源，都居世界第一位。截至 2007 年，中国水电总装机容量已达到 $1.45 \times 10^8 \, kW$，水电能源开发利用率从改革开放前的不足 $10\%$ 提高到 $25\%$。截至 2010 年年底中国水电含抽水蓄能 $2.1606 \times 10^8 \, kW$，占全国总装机容量的 $23\%$。

## 二、调节服务

### 1. 水文调节

（1）蓄水　湖泊、河流、坑塘等是天然的蓄水库，湿地是地面水流的接收系统，地面水流也可起源于湿地而流入下游。湿地土壤有特殊的水文物理性质，湿地土壤的草根层和泥炭层孔隙度达 $72\% \sim 93\%$，饱和持水量达 $830\% \sim 1030\%$，每公顷沼泽湿地可蓄水 $8100 \, m^3$，是一个巨大的生物蓄水库。研究表明三江平原沼泽湿地以其土壤容重小、孔隙度大、持水能力强的特点使其具有巨大的蓄水能力（刘兴土，2007）。

（2）均化洪水　湿地可以改变洪峰高低和泄洪过程，我国长江、淮河下游的湖泊调节河川径流效果最为显著，如鄱阳湖南面承纳赣、修、饶、信、抚五河之水，背面经湖口入长江，五水经鄱阳湖调节后，一般可削减洪峰流量 $15\% \sim 30\%$，从而减轻了对长江的威胁。1954 年特大洪水，最大来水量为 $4.85 \times 10^4 \, m^3/s$，最大出湖量仅 $2.24 \times 10^4 \, m^3/s$，削减率高达 $53\%$。刘兴土（2007）通过黑龙江省水利厅提供的 $1956 \sim 2000$ 年挠力河宝清站和菜嘴子站的洪峰流量实测值，以及菜嘴子站洪峰流量的还原值进行对比分析，表明沼泽湿地均化洪水过程的作用十分显著，洪峰最大削减比例达 $76.2\%$。

（3）补充地下水　当水由湿地渗入或流到地下蓄水系统时，蓄水层的水就得到了补充，湿地则成为补给地下水蓄水层的水源。从湿地流入蓄水层的水随后可成为浅层地下水系统的一部分，因而得以保持。浅层地下水可为周围供水，维持水位，或最终流入深层地下水系统成为长期的水源。在干旱、半干旱地区，湿地调节地表水量、补给地下水的功能显得尤为重要（Uluocha，2004）。

### 2. 水质净化

污染物质进入河流以后即在水流的推动下向下游运动，形成污染物的"平流"运动，同时又不断地向着比其浓度低的周围河水扩散，在"平流"和"扩散"运动的共同作用下，产生了污染物质从排出口往下游逐渐稀释的现象。此种稀释是在水动力学的角度研究污染物在水体中的机械搬运，实际上，污染物质进入河流后，在物理、化学和生物因素的共同作用下，由沉降、挥发等物理现象和生物化学变化而造成浓度递减的过程，称之为"水体自净"。

农田、城市地区的径流往往携带过量的化肥、农药、重金属及其他污染物，而湿地植物减缓水流速度，有利于附着有毒物和营养物的悬浮颗粒沉降和排除。有毒物和营养物随沉积物沉降以后，通过植物吸收，经化学和生物化学过程的储存、固定和转化，减少了对下游地表水和地下水的污染。湿地的反硝化作用可以在无成本条件下使亚硝酸根转化成气态氮，减少水系和地下水中的亚硝酸根含量，提高水质。根据英国的研究，河流湿地可以移走 $3 \, kg/(hm^2 \cdot a)$ 亚硝酸根。在美国，由森林等植被构成的河岸缓冲区被农业部推荐为控制非点源污染的最佳管理措施（Best Management Practice，BMP）之一。1991 年美国农业部及其他部门和私人机构起草了关于河岸森林缓冲带的指导方针，由此产生了名为"河岸森林缓冲带——为保护和提高水资源的功能与设计"的手册。1999 年自然资源保护局进一步制订了

"过滤带保护标准"和"河岸森林缓冲带标准",为河岸带生态系统的建设和管理提供了依据。表 5-4 汇总了世界不同地区河岸湿地对非点源污染的削减作用(张灿强,2011)。

**表 5-4　河岸湿地生态系统对总氮、硝态氮和总磷的削减率**

| 研究区域 | 数量/[kg/(hm²·a)] | | | 削减率/% | 参数说明② |
| --- | --- | --- | --- | --- | --- |
| | 输入 | 输出 | 固定① | | |
| **总氮** | | | | | |
| Rhode River,MD | 83 | 9 | 74 | 89.2 | NO₃,NH₄,Org-N in SRO,GW,P,PSF,PQF |
| Little River,GA | 39 | 13 | 26 | 66.7 | NO₃,NH₄,Org-N in GW,P,SF |
| PorijÕgi Estonia | 68 | 13.2 | 54.8 | 80.6 | NH₄-N,NO₂-N,NO₃-N,TKN in SRO,GW,SF,P |
| Viiratsi Estonia | 72.9 | 9.0 | 63.9 | 87.7 | NH₄-N,NO₂-N,NO₃-N,TKN in SRO,GW,SF,P |
| **硝态氮** | | | | | |
| Rhode River,MD | 45 | 6.4 | 38.6 | 85.8 | NO₃ in GW,SF(baseflow only) |
| Little River,GA | 22 | 2.1 | 19.9 | 90.5 | NO₃ in GW,SF |
| Beaverdam Creek,NC | 35 | 5.1 | 29.9 | 85.4 | NO₃ in GW,SRO,SF |
| **总磷** | | | | | |
| Rhode River,MD | 3.6 | 0.7 | 2.9 | 80.6 | Total P in SRO,GW,P,PSF,PQF |
| Little River,GA | 5.1 | 3.9 | 1.2 | 23.5 | Total P in GW,P,SF |
| PorijÕgi Estonia | 2.5 | 0.62 | 1.88 | 75.2 | PO₄-P,TKP in SRO,GW,SF |
| Viiratsi Estonia | 3.0 | 0.38 | 2.62 | 87.3 | PO₄-P,TKP in SRO,GW,SF |

① 固定量=输入量−输出量。

② SRO 表示地表径流输入;GW 表示地下水输入;P 表示降水输入;SF 表示径流输出;PSF 表示分区缓流;PQF 表示分区速流。

### 3. 气候调节

滩涂生态系统中绿色植物通过光合作用,不断吸收 $CO_2$,放出 $O_2$,而异养生物则不断消耗 $O_2$,产生 $CO_2$,两者之间相互平衡,使得地球大气成分维持稳定。同时,滩涂生态系统对于区域性气候具有直接的调节作用。河流与大气有大面积的接触,降雨通过水汽蒸发和蒸腾作用,又回到天空,可对气温、云量和降雨进行调节,在一定尺度上影响着气候。河流生态系统中的生物通过吸收大气中的 $CO_2$,释放 $O_2$,将生成的有机物质贮存在自身组织中,从而达到调节气候的作用。湖泊水体具有较大的热容量,可通过吸收和放热调节气温的变化,减少昼夜温差,从而在湖的周围形成一个适宜的局部小气候。湖泊生态系统中的水、陆生植物吸收大气中的 $CO_2$,释放 $O_2$,将生成的有机物质贮存在自身组织中,实现大气组分调节,从而达到气候调节的作用。水库在一定尺度上影响局部气候,如水库筑坝形成的大型人工湖,改善了局部小气候环境,有利于库周围区域农业的发展。

## 三、支持服务

### 1. 土壤形成

滩涂生态系统的成土过程,经历了裸滩-草滩-农用地(耕地、养殖地),盐沼植被在土壤形成中起了重要作用。由于互花米草根系发达,可以使土壤空隙度增大,导致土壤容重低于无植被的裸滩;滩面丰富的落叶枯枝残体及浅滩海洋动物残体,增加了草滩有机物沉积;有机物的增加有利于土壤通气、保水、保肥,提高土壤的肥力。上游地区修建的集雨坑塘,一方面可消除水库坝下河段沙源地,减少河流泥沙量;另一方面可拦截上游来水来沙,防止水土流失,并且可以减少下游水库的入库泥沙量,延长下游水库的使用寿命。

### 2. 养分循环

湿地生态系统养分循环的功能主要表现在固定氮、磷、钾和其他营养元素方面。营养物质在农田沟渠流动过程中可以通过底泥截留吸附、植物吸收和微生物降解净化等多种机制被持留、吸收、固定或脱离排水沟渠。浮游植物在进行光合作用的同时，按照一定的比例吸收碳、氮和磷等元素。

### 3. 保护堤岸

湿地中生长着多种多样的植物，这些湿地植被可以抵御海浪、台风和风暴的冲击力，防止对海岸的侵蚀，同时它们的根系可以固定、稳定堤岸和海岸，保护沿海工农业生产。如果没有湿地，海岸和河流堤岸就会遭到海浪的破坏。

### 4. 防止盐水入侵

沼泽、河流、小溪等湿地向外流出的淡水限制了海水的回灌，沿岸植被也有助于防止潮水流入河流。但是如果过多抽取或排干湿地，破坏植被，淡水流量就会减少，海水可大量入侵河流，减少了人们生活、工农业生产及生态系统的淡水供应。

### 5. 生物多样性保护

湿地位于陆面与水体的交界处，一方面湿地具有水生态系统的某些性质，如藻类、底栖无脊椎动物、游泳生物、厌氧机制和水的运动；另一方面，湿地也具有维管束植物，其结构与陆地生态系统植物类似，由此湿地具有巨大的食物链，为众多野生动植物提供独特的生境，是鸟类的重要栖息地，也是鱼类的产卵和索饵场。湿地具有高度丰富的物种多样性，是重要的物种基因库。如以沼泽湿地植物的密度来表示生物多样性的丰富程度，我国沼泽湿地植物的密度（0.0056 种/km²）是我国植物密度（0.0028 种/km²）的 2 倍，甚至比植物种类最丰富的巴西（0.0046 种/km²）还高（吕宪国，2004）。

### 6. 生境维持

河岸带是野生动物重要的栖息地，其中养育着许多野生动物，包括微生物、节肢动物、无节肢动物、两栖动物、鱼类和鸟类，它们在河岸带完成某些生命活动或作为觅食等其他场所。河岸带也是重要的基因源和物种库，由于河岸带经常遭受洪水、泥石流、风蚀、病虫害、人类活动等干扰，加之水分充沛，太阳能较高，微小地形复杂多样，河岸带生态系统蕴藏着丰富的动植物物种。如美国俄勒冈州西部的河岸带，大约占整个景观的 10%～15%，但其植物种类却占整个景观所有种的 70%～80%。河岸带的另一重要作用便是廊道功能。具有宽而浓密的河流廊道可控制来自景观基底的溶解物质，为两岸内部种提供足够的生境和通道，并能更好地减少来自周围景观的各种溶解物污染，保证水质；不间断的河岸植被廊道能维持诸如水温低、含氧高的水生条件，有利于某些鱼类生存。沿河两岸的植被覆盖，可以减缓洪水影响，并为水生植物链提供有机质，为鱼类和泛滥平原稀有种提供生境。河岸带廊道的独特功能归纳起来有：增加物种种类的多样性，相邻地区之间物质和能量的交换，为区域物种提供安全地带或其他资源，为生物提供分散和迁移的路径（宁远，1997）。

## 四、文化服务

### 1. 休闲游憩

湿地生态系统的休闲旅游功能表现在提供生态旅游、钓鱼运动和其他户外娱乐活动的场所。农田中纵横交错的沟渠系统在提供生物栖息地的同时，也增加了农田景观多样性，具有田园风光美感享受和旅游休闲功能。河流生态系统景观独特，具有很好的休闲娱乐功能。河流纵向上游森林、草地景观和下游湖滩、湿地景观相结合，使其景观多样性明显，横向高地、河岸、河面、水体镶嵌格局使其景观特异性显著。同时，河流生态系统的文化孕育功能对人类社会的生存发展也具有重要的作用。以湖泊为载体的水上活动不仅具有强身健体的功能，又具有休闲放松的作用，所以湖泊已成为众多旅游者重要的休闲娱乐观光场所。现代大都市的形象也要求提高城市水文化，增加水景面积，使人工水系与自然水景相互交融，让人更多地接近自然，享受自然。人们借助水库生态系统的景观休闲服务功能，在闲暇节日进行休闲活动，有助于促进身心健康，提高生活的质量。许多水库都已成为著名的风景区，吸引了大量旅游者来参观，促进了旅游业的发展。

### 2. 文化教育

复杂的湿地生态系统、丰富的动植物群落、珍贵的濒危物种等，在自然科学教育和研究中都具有十分重要的作用。有些湿地还保留了具有宝贵历史价值的文化遗址，是历史文化研究的重要场所。

# 第三节　主要的湿地生态问题[1]

## 一、中国湿地生态系统面临的主要生态问题

按照湿地公约对湿地类型的划分，中国湿地的主要类型包括沼泽湿地、湖泊湿地、河流湿地、河口湿地、海岸滩涂、浅海水域、水库、池塘、稻田等自然湿地和人工湿地。

中国东部地区河流湿地多，东北部地区沼泽湿地多，而西部干旱地区湿地明显偏少；长江中下游地区和青藏高原湖泊湿地多，青藏高原和西北部干旱地区又多为咸水湖；海南岛到福建北部的沿海地区分布着独特的红树林及亚热带和热带地区人工湿地。青藏高原具有世界海拔最高的大面积高原沼泽和湖群，形成了独特的生态环境。

然而近几百年来，中国湿地遭到了严重破坏。虽说湿地干涸是自然进程的必然结果，但当前不少湿地的迅速消灭与人类不合理的经济活动有紧密联系。目前，中国湿地保护面临的主要问题包括湿地面积减少、环境恶化、生态功能退化等。

### 1. 湿地面积持续减少，湿地景观丧失

自 20 世纪 50 年代以来，全国有 50% 的滨海湿地、13% 的湖泊湿地被围垦；56% 的天然红树林丧失；长江中下游的围垦使湿地面积减少了 34%。全国第二大淡水湖——洞庭湖湿地面积已由新中国成立初的 4350km$^2$ 下降到目前的 2625km$^2$；被誉为"千湖之省"的湖北省湖泊数量已减少到 200 多个。据中国科学院在 2012 年"世界湿地日"发布的报告，近 30 年来，我国湿地保护区内湿地面积净减少达 8152km$^2$，占湿地自然保护总面积的 4.5%，其中沼泽湿地减少最多，达 5686km$^2$。

### 2. 湿地环境恶化，生态功能明显下降

据《2010 年中国水资源公报》对 3902 个水功能区的水质达标评价，全年水质达标率仅 46%。2010 年对 99 个湖泊和 420 座水库进行营养状态评价，65.7% 的湖泊和 30.7% 的水库呈富营养状态。又据《2011 年中国环境状况公报》中水环境质量显示，长江、黄河、珠江、松花江、淮河、海河、辽河、浙闽片河流、西南诸河和内陆诸河十大水系监测的 469 个国控断面中，IV～V 类和劣 V 类水质断面比例分别 25.3% 和 13.7%。近岸海域水质同样不容乐观。据第一次全国湿地资源调查结果，在 376 块重点调查湿地中，1/4 的湿地正面临着生物

---

❶　本节作者为杨艳刚（交通运输部公路科学研究所）。

资源过度利用的威胁。由于在生活、生产和生态用水的分配中，湿地生态用水始终处于弱势地位，一些水利工程建设和生产生活用水对湿地生态造成的影响常被忽略，极少考虑湿地生态用水需求，造成湿地生态缺水非常严重。

## 二、主要自然湿地类型面临的生态问题

不同气候区，不同湿地类型面临的生态问题也不尽相同，下面分别针对主要的自然湿地类型阐述其面临的生态问题。

### 1. 沼泽湿地

沼泽湿地包括沼泽和沼泽化草甸（简称沼泽湿地），是最主要的湿地类型。我国沼泽湿地面积 $1370.03 \times 10^4 hm^2$，占天然湿地面积的 37.85%。沼泽湿地在我国各省（自治区、直辖市）均有分布，但是在寒温带、温带湿润地区分布比较集中。大小兴安岭、长白山地、三江平原、长江与黄河的河源区，河湖泛洪区，入海河流三角洲及沙质或淤泥质海岸地带沼泽湿地是主要的湿地类型。

沼泽湿地面临的主要环境问题为湿地开垦、环境污染、生物多样性减少等。以我国三江平原湿地为例介绍典型沼泽湿地面临的生态问题。三江平原湿地包括的三江自然保护区、洪河自然保护区、兴凯湖自然保护区等国际重要湿地，是许多濒危物种的主要栖息地，也是候鸟南北迁徙的重要停歇地。自 20 世纪 50 年代，特别是 80 年代以来，三江平原经历了大面积开垦，该区域的湿地面积急剧减少，造成洪涝灾害和旱灾频繁发生，严重威胁三江平原地区的生态安全和社会经济可持续发展。

三江平原在开垦以前，森林茂密、沼泽难行，自清代起开始开发至 1949 年，三江平原沼泽和沼泽化草甸湿地总面积为 $443 \times 10^4 hm^2$，开垦荒地达 $82 \times 10^4 hm^2$，但仍然保持着原始的自然景观。进入 20 世纪 50 年代后，随着人口的不断增加，粮食需求量增大，三江平原的开发进入急速发展时期。从整体来看，半个多世纪以来共经历了 4 次开发高潮。

第一次是 1949～1960 年，12 年间开垦耕地 $72.17 \times 10^4 hm^2$。第二次从 20 世纪 60 年代初～1977 年，耕地面积迅速增至 $212 \times 10^4 hm^2$，土地垦殖率上升至 19.15%；70 年代中期，三江平原基本上保持着沼泽连片、雁鸭成群的原始湿地景观。第三次是从 1978～1985 年，耕地猛增至 $297.13 \times 10^4 hm^2$，土地垦殖率达到 27.13%；到 1980 年耕地面积达 $311 \times 10^4 hm^2$，沼泽和沼泽化草甸湿地面积已减少到 $220 \times 10^4 hm^2$。第四次是从 80 年代中期到现在，新开垦 $173.13 \times 10^4 hm^2$，使全区耕地面积达 $473.13 \times 10^4 hm^2$。湿地面积从新中国成立初期的 $443 \times 10^4 hm^2$ 减少到 2000 年的 $88.19 \times 10^4 hm^2$。短短的 50 年，湿地面积锐减 83%。到 2006 年，湿地面积进一步缩减到 $44.19 \times 10^4 hm^2$。

湿地开垦直接造成沼泽湿地生态系统锐减。由于湿地面积的减少，森林植被的破坏，生态环境发生了改变，极大地破坏了湿地的水文条件，致使水旱灾害增加，地下水位下降，沼泽普遍缺水，湿地涵养水源、净化空气、调节气候、蓄水防洪及维持生物多样性的功能降低。另外，由于湿地全部处在大型现代化农场群的耕地之中，使得湿地水质也日趋恶化。湿地开垦对三江平原湿地生态环境的影响主要表现在以下三个方面。

① 洪涝灾害频繁。大面积开垦河漫滩沼泽，使其均化洪水过程的功能丧失，洪涝灾害的发生频率及危害增大。在 1949～1969 年间，该区旱灾发生频率为 23.18%，涝灾发生频率为 33.13%；而 1970～1990 年间，旱、涝灾害的发生频率则分别增至 33.13%、47.19%。

② 生物多样性受到严重破坏。由于湿地开发导致生态质量下降，严重破坏了野生动植物的生存环境，致使种群数量减少，分布区缩小，越来越多的生物物种特别是珍稀物种因失去生存空间而逐渐处于濒危或灭绝状态。据统计，三江平原地区丹顶鹤由 1984 年的 309 只下降到 1995 年的 65 只，11 年减少了 244 只；大天鹅、白鹳的繁殖群已不足 50 只，雁鸭类数量减少了 90% 以上；白尾海雕、水车前等日趋减少，冠麻鸭、梅花鹿已经绝迹。湿地生态系统片断化、破碎化、岛屿化现象较为严重，湿地生物多样性遭到严重破坏。过度开发造成小叶樟、芦苇等资源的破坏。垦区沼泽湿地中生长的植物以小叶樟、芦苇占多数，长期以来，由于只重视粮食开发，有些地区违背自然规律和经济规律，毁苇草开垦，这种割苇放牧、断水种地、放水捕鱼的做法，不但使粮食收成不高，而且造成芦苇等资源的破坏。

③ 湿地水质污染严重、水土流失加剧。水是维持湿地环境最重要的因子。三江平原地区有大小河流 100 多条，水质污染日趋严重。特别是大面积发展水田后，农药、化肥用量的大幅度增加，导致水中高锰酸盐指数、氨态氮、挥发酚和总铁严重超标，湿地水质受到很大的破坏。湿地生态环境的恶化改变了三江平原的自然条件，导致土地沙化严重，现有沙化面积约 $70 \times 10^4 \mathrm{hm}^2$，占该区土地总面积 61.4%，土地沙化已引起植物组成的变化，喜沙或沙生、旱生植物增多，草地草质退化；风蚀、风害加剧，大风日数增加，局部地区出现了扬尘或沙尘天气，甚至出现了历史上没有过的黑暴，生态环境质量日趋恶化。

**2. 河流湿地**

人口过度增长，工业化、城市化快速发展对河流湿地影响显著，目前，河流湿地主要生态问题包括水质污染、人工捕捞及水电工程破坏水生生物多样性等问题。

(1) 河流水污染　　当前，国内水环境污染十分严重，尤其是江河流域普遍遭到污染，且呈发展趋势。水利部对全国 700 余条河流约 $10 \times 10^4 \mathrm{km}$ 河长开展的水资源质量评价结果表明：水质污染严重而不能用于灌溉（即劣于 V 类）的河段约占 10.6%，水体已丧失使用价值，受到污染（相当于 IV、V 类）的河段约占 46.5%。城市河流污染形势更为严重。监测数据显示，在 14 个大中城市河段中，63.8% 的河段污染较重，为 IV 类至劣于 V 类水质。在 47 个环保重点河段中，29.8% 属于 V 类水质。辽河流域、海河流域、淮河流域的城市地表水水质尤其差。全国 7 大水系国家环境公报数据表明，辽河、海河污染严重，淮河水质很差，黄河水质不容乐观，松花江水质较差，珠江、长江水质总体良好。

水污染造成的灾害影响范围大，历时长，其危害往往要在一个相当长的时期后才能表现出来，而且水污染会加重水资源的短缺，使生态环境恶化。近年来，一些水资源丰富的地区和城市形成了所谓的污染型缺水。河道中的水由于被污染，出现了有水不能用的局面，水污染问题加剧了水资源危机。

沿流域的地区和城市由于河流水质被污染，居民饮用水的安全性受到重大威胁。在饮用水源中已发现有机污染物 2000 余种。水资源污染造成了农业、渔业、工业的巨大经济损失。据统计，全国受污染农田面积达 1000 多万公顷，减产污染粮食 $120 \times 10^8 \mathrm{kg}$，因污染造成的各种鱼类死亡达 $4550 \times 10^4 \mathrm{kg}$。河流污染造成了巨大的经济损失，据不完全估算，仅海河流域每年用水污染造成的经济损失就高达 40 亿元。中国科学院最新公布结果表明：环境污染和生态破坏造成的经济损失高达 1875 亿元，而仅水污染造成的损失就占 76.2%，达 1428.8 亿元。

(2) 人工捕捞导致生物多样性减少　　无节制的人工捕捞对河流生态系统鱼类资源的破坏是最为严重的。以珠江流域为例，1949 年以前，珠江流域并无大规模的水坝和其他水利工程，水质污染基本不存在，但是，鱼类资源量和种群数量已经呈现出大规模衰减，珍贵鱼种特别是河海洄游类鱼种更是越来越鲜见，说明无节制的人工捕捞是造成鱼类资源衰退的主要原因。

1957 年 4 月国务院颁布《水产资源繁殖保护暂行条例》，对鱼类保护对象、采捕标准、渔法、渔具的限制和禁渔区、禁渔期等都做了原则性的规定。20 世纪 50 年代珠江流域的水产保护取得了显著成效，保护的重点在资源繁殖上。20 世纪 60 年代初至 70 年代炸鱼、电鱼开始蔓延，鸬鹚作业、拦江网等有损资源的渔法、渔具禁而不止，大大减少了渔业资源。

1979 年，国务院再次颁布《水产资源繁殖保护条例》，流域内各省区逐步组建渔政管理机构，健全渔政管理队伍。1986 年颁布《中华人民共和国渔业法》，同年 7 月 1 日实施"捕捞许可证制度"，1993 年国务院颁布《中华人民共和国水生野生动物保护实施条例》。20 世纪 80 年代后期，珠江水系部分水域水产资源有所回升，但滥捕和捕捞过度行为并没有完全得到遏制。

（3）水电工程引发的河流湿地生态问题　水电工程对河流"生命"和生态系统的影响也是相当严重的。大多数大型水电工程都是在天然河道上修建，随着其修建改变了河流生态环境多样性的特点，对河流湿地生态系统造成显著影响。在水电工程建设完成后，将蜿蜒曲折的天然河流改造成直线或折线型的人工河流或人工河网，既改变了纵横交错的河流形态，也减少了下游河流湿地的面积，对于梯级开发的水利水电工程，更是将河流切割成非连续化的多个河段。水电工程修建完成后，会导致下游河道水流大幅度下降甚至断流，引发其周围地下水位下降、河流入海口水位下降，导致河口淤积或海水倒灌及河流自净能力下降等。水电工程的修建也会改变河流的自然形态，导致局部河流水深、含沙量等的变化，进而将导致下游的水文泥沙发生变化。

水利水电工程的另一个重要生态影响是对河流内水生生物多样性的影响。以三峡水库为例，其蓄水成库将影响到白豚、白鲟、中华鲟、长江鲟、江豚和胭脂鱼六种国家珍稀濒危水生生物。自 2003 年三峡大坝下闸蓄水以来，长江水温有所下降，泥沙量逐渐减少，河流周年径流量改变。在夏季泄洪时，江水中的氧气、氮气等气体含量发生变化，造成鱼类大量死亡，泄洪越多的年份，对鱼类的影响越大。由于"变江为湖"，许多适合急流生长的鱼逐渐向上游迁移，进而改变了鱼类种群的结构。

最重要的是，葛洲坝、三峡大坝的建设，阻断了鱼类洄流产卵的通道，造成不少逆流而上产卵的鱼类撞坝而亡。据了解，中华鲟的生存空间已由原来的 800km 江段 16 个不同区域压缩到一个面积狭小的区域，而其群体数量也从过去 3000～5000 尾，减少到现在的不足 300 尾。

### 3. 湖泊湿地

湖泊湿地的主要生态问题分为水资源问题与水环境问题两个方面，本节以受人为活动及自然环境演变影响显著的太湖为例，阐述湖泊湿地面临的主要生态问题。

（1）水资源问题　太湖是我国第 3 大淡水湖泊，水资源储存量大，是上海、苏州、无锡等大中城市的水源地。此外太湖地区水网密布，河网面积为 2492.78km$^2$，占太湖流域总面积的 71%，占全区水域面积的 47.7%。随着流域内人口的快速增长和社会经济的高速发展，自 20 世纪 70 年代以来太湖流域湖泊水域面积减少，河湖水质恶化，造成局部地区出现水质性缺水现象。这些水资源问题影响了湖区生态环境与社会经济的可持续发展。

自 20 世纪 70 年代以来太湖流域主要湖泊的水域面积一直处于萎缩状态。1971～2002

年期间，水域面积减少 188187km²，平均每年减少水域面积 5880km²，但不同时期水域面积减小的幅度表现出很大差异。1971～1988 年期间，水域面积减少 159196km²，平均每年水域面积减少 8844km²，其中太湖上游地区湖泊水域面积减少量占同期减少量的 91%。究其原因，泥沙淤积、湖泊围垦和围湖造田是造成湖泊水面减少的主要原因（李新国，2006）。

（2）水环境问题　　自 20 世纪 80 年代起，太湖地区工农业生产迅猛发展，人口高密度分布，造成了湖泊水资源短缺、水环境恶化和生态系统退化的局面，特别是富营养化问题，已严重威胁到流域社会经济的可持续发展和人类健康。整体而言，目前太湖已处于中度富营养状态，部分区域呈严重富营养化。主要污染物是 TP、TN 和 COD，尤其是 TP 污染严重（成芳，2010）。

①　河网水系污染严重。太湖流域是典型的平原河网地区，流域河道总长 12 万公里，河道密度每平方公里达到 3.3km。2005 年对 2700km 河道的评价中，全年期河道水质为Ⅳ、Ⅴ类的占总河长的 89%，劣于Ⅴ类的达到 61%。环太湖周围有 215 条通湖大小河流，绝大多数入湖水质为Ⅴ类或劣Ⅴ类。

②　湖泊内源污染加重。太湖湖体水动力性差，交换周期长，导致湖内污染物积累日益加重。据水利部太湖流域管理局《太湖底泥疏浚规划报告》研究结果，太湖湖底淤积面积 1547km²，占全太湖面积的 66%，其中竺山湖、梅梁湖、贡湖和东太湖及入湖河口底泥污染最为严重，普遍淤深 0.8～1.5m，成为太湖水体污染的主要内源。此外，太湖中氮的内源释放贡献量约占全湖氮总负荷量的 22.5%，磷的内源释放贡献量约占全湖磷总负荷的 25.1%，严重的内源污染是太湖富营养化的一个重要根源。

③　水库周边污染源危害水质。水库污染物主要来源于库区的工业废水、农田排水、城镇污水、大气沉降物以及养殖水体的过量施肥投饵。污染物主要包括耗氧有机物质、植物营养物、重金属、农药、石油类、酚类、氰化物、热、酸碱及一般无机盐类、病原微生物等。由于太湖地区经济的快速发展，入湖污染物排放量日益增加，超过了水体自净能力，导致水质恶化，降低或破坏了水的使用价值，扰乱了生态系统的稳定性及正常功能。

④　化肥施用过量导致污染负荷加大。太湖流域农业集约化程度较高，农田非点源污染物质也是导致太湖水体富营养化的重要原因。与第二次全国土壤普查时相比，太湖流域的农田养分含量都有较大幅度的提高。

⑤　围网养殖加剧水体富营养化。近年来，太湖渔业养殖规模急速扩张，沼泽化趋势明显。太湖地区围网养殖带来的问题主要是投放饵料过剩，作为有机物的饵料沉入湖底腐烂降解后，加剧水体富营养化。测定结果显示，围网养殖饵料利用率仅为 30%～40%，而围网养殖水域的氨、氮浓度明显高于非养殖水域（秦忠，2010）。

（3）水土流失问题　　太湖地区丘陵约占总面积的 20%，雨量丰沛，且降雨强度较大；该区域土地利用强度高，土壤侵蚀十分严重。据水利部太湖流域管理局统计，2007 年太湖流域山丘区水土流失面积 1957.6km²，占流域总土地面积的 5.3%，水土流失以微度流失为主，分布在太湖平原河网地区。在流域水土流失面积中，轻度侵蚀面积 1491.7km²，占总流失面积的 76.2%；中度侵蚀面积 367.5km²，占总流失面积的 18.8%；强烈侵蚀面积 76.0km²，占总流失面积的 3.9%，极强烈及以上侵蚀面积 22.4km²，占总流失面积的 1.1%。

#### 4. 河口三角洲湿地

受工农业生产迅速发展、区域开发力度加大、围填海等人为因素，以及海岸蚀泡、海平面上升等自然因素的影响，河口三角洲湿地生态环境问题日渐突出。

（1）湿地水资源缺乏　河口三角洲水资源主要包括当地水资源和入海河流水资源。大多数三角洲湿地当地水资源量较少，地下水可开采量少，且以微咸水或盐卤水为主，能饮用和灌溉的浅层和深层淡水分布面积小，因此，入海河流是三角洲唯一可大规模开发利用的淡水资源。由于上游河段的污染以及来水量的减少，使得由上游注入河口湿地的水量明显减少、水质恶化。

（2）湿地与近岸生态退化　河口三角洲湿地上游来水量的减少可导致土壤盐碱化加剧、地下水位下降、地面蒸发量减少和生境退化等一系列生态问题，而一些依赖于湿地生存的动植物（特别是鸟类和水生生物）也由于湿地水环境功能的下降明显减少。此外，围填海活动也是造成河口湿地生态系统退化的主要原因，据国家海域使用动态监视监测管理系统的监测结果显示，到 1990 年，全国实际围填海面积为 8241km²；而到了 2008 年，全国实际围填海面积则达到 13380km²，平均每年新增围填海面积约 285km²。围填海使曲折的岸线变直，海湾变成了陆地。海岸线变化导致海岸水动力系统变化剧烈，大大减弱了海洋的环境承载力。由于海洋自身涌动能力降低，海冰灾害加剧。海滩和沙坝消失，海浪对沿海地区的冲击进一步增大，海水倒灌现象增加。围填海工程往往采取取土、吹填、掩埋等方式，造成海域环境变化，底栖生物数量减少，群落结构改变，生物多样性降低。鱼类的产卵场和索饵场遭到破坏，渔业资源难以延续，同时也阻断了陆海的生态交汇。由于失去了泥沙夹带的重要饵料来源，海洋生物的正常生殖繁衍受到影响，大量洄游鱼类游移它处，造成海洋生物链断裂，进而给近岸生态系统造成无法弥补的损失。另外，近 20 多年来，湿地受人为干扰的程度也在不断加剧，人工湿地面积增加，天然湿地面积减少。由于人为干扰强度的加大，河口三角洲湿地与近岸生态系统的整体结构与功能呈现出退化状态。

（3）岸线侵蚀与自然灾害　黄河三角洲为沿海冲积平原，平均海拔较低，且为新形成大陆，地质松软，自然地面下降速率约为 3mm/a。受上游径流量和岸线变化等自然因素的影响，海水倒灌引起的侵蚀作用使得整个湿地面积增加不大甚至处于减少状态。据国家海洋局 2000 年的海平面公报，最近几年来中国沿海海平面上升速率已达 3mm/a，河口三角洲滨海湿地面临的海平面上升威胁很大。海平面上升又可能引发更为频繁的自然灾害（如风暴潮和洪涝虫害等），进而导致湿地抵御自然灾害和环境污染风险的能力大大降低。

（4）湿地污染加剧　近年来由于工农业生产迅速发展、区域开发力度加强以及对湿地保护认识和规划滞后等原因，湿地生态系统正承受着来自工农业和人类生活的污染（主要为重金属、农药和氮、磷等污染）。以黄河三角洲为例，据 2009 年山东省海洋环境质量公报，黄河三角洲生态系统处于亚健康状态，其湿地水土环境污染较为突出。根据统计数据，黄河 2009 年排放入海的污染物量分别为 $COD_{Cr}$ 433065t、营养盐 4650t、石油类 6472t、重金属 579t 和砷 152t，陆源污染物大量入海，在一定程度上导致了湿地和近岸水体的富营养化、生态功能退化和生物多样性丧失，并对附近海域浮游生物群落的结构和功能产生重要影响。

### 5. 高寒湿地

以位于青藏高原的若尔盖湿地、三江源湿地以及众多的高原湖泊为代表的高寒湿地，其生态环境存在的问题主要体现在湿地的人为过度干扰、湿地盐渍化和沙化现象。

（1）人为过度干扰　人为干扰主要体现在道路建设干扰、围湿造田、过度放牧、环境污染等几个方面。

① 道路建设干扰。在青藏高原地区许多道路都是沿河流和湖泊修建，如拉萨河流域、

雅鲁藏布江流域、朋曲流域、叶如藏布流域及纳木错等湖泊。道路修建给物种栖息地的保存和建设带来严重不利影响，不仅分隔了植物生长的原生境，同时也缩小了物种生存的空间范围，这使得外界对该生境内物种的干扰程度增大（尤其是沿路周围），严重威胁了区域物种的生存。道路修建过程形成的废水、废渣等严重污染着湿地的水环境。同时，修路也造成了对湿地植被带的严重破坏，进而形成沿路地带的水分流失、生境旱化，逐渐形成了适应于旱生植物的生长环境，进而在沿路地带形成以黄芪、棘豆、火绒草等植物为优势种的旱生群落类型分布在湿地边缘，并呈现向湿地内部入侵的趋势，造成了对湿地原生植被的侵害。

② 围湿造田。湿地是该地区水分最为集中的地带。因此，这里具有丰富的生物资源和得天独厚的水环境，也是居民集中分布的地方，在居民聚居地周围，常分布着以青稞、油菜为主的农田植被类型，这些农田多是开垦在河流两岸的湿地上，一方面使得湿地植被分布的面积减少；另一方面，种田行为（种植与收获等）本身也是对湿地的一种污染。然而，这种"围湿造田"方式是长期以来当地居民的主要经济收入来源。因此，围湿造田也是一直威胁湿地生态环境却又目前没有解决的问题之一。

③ 过度放牧。据调查，目前西藏湿地植被也存在因放牧引起的退化问题，尤以拉萨地区和日喀则地区最为突出。湿地原生植被已出现板块化的火绒草、黄芪和棘豆等为代表的旱生植物群落，而这些植物本来在湿地中并不是作为优势种出现的，由于牲口对原有建群种嵩草、苔草等植物的大量啃食，造成建群种的"青黄不接"，火绒草、黄芪等旱生植物凭借其强势的生活力占据了原有的生存空间，并逐渐形成优势种，进而形成了湿地中成片分布、交错出现的旱生群落斑块，分布在河流湿地区域边缘，呈逐渐侵入湿地草甸的趋势。随着畜牧业发展，载畜量增加，湿地生态系统承受的压力在逐渐增加。

④ 环境污染。自然资源景观的开发以及旅游业的发展，给湿地的生态环境保护工作带来了较大压力。旅游活动产生的垃圾（尤其是电池、塑料袋等）污染了土壤和水体，部分污染物随着河流转移到下游地区，形成了污染迁移，造成了污染面的扩大化，这在一定程度上影响了植物的分布范围和个体生长质量。

（2）湿盐渍化问题　　盐渍化问题是青藏高原湿地普遍面临的问题之一，尤其是湖泊湿地的盐渍化问题更为严重。高原湖泊几乎均为内陆湖泊，盐碱成分高，随着全球气候的变暖，一些湖泊出现了水分补给不足、水位下降的问题，进而出现土壤的盐析现象，形成了表层土壤盐渍化。青藏高原高寒湿地盐渍化问题在河流湿地类型中也较为严重。湿地的大面积盐渍化，不仅仅与气候变化有关，也与道路的修建、围湿造田和过度放牧等人为干扰有关。

（3）沙化问题　　土壤沙化是喜马拉雅北坡高原区和阿里地区最主要的生态环境问题之一，湿地周围沙化程度虽然相对其他区域较轻，却是湿地生态环境退化的重要表现之一。每年的4～5月份，由于区域风沙较大，进一步加剧了该区域湿地的沙化现象。由此可见，风沙侵蚀是湿地退化的重要因素之一。

## 三、小结

我国主要自然湿地生态系统目前面临着围湖（湿）造地造成其面积锐减、水电工程改变湿地水文情势、水资源匮乏、水质恶化以及上述变化造成的生物多样性减少等生态问题，部分湿地已经或正在消亡。目前湿地生态系统面临的生态问题已十分严峻，湿地生态保护刻不容缓。

# 第四节　湿地生态保护与建设实践[1]

## 一、鄱阳湖湿地生态保护与建设实践

### 1. 鄱阳湖概况

鄱阳湖（北纬 $28°22'\sim29°45'$，东经 $115°47'\sim116°45'$）地处江西省北部，长江中下游南岸，汇纳江西省境内的赣江、抚河、饶河、修水、信江"五河"来水，是我国最大的淡水湖。鄱阳湖为季节性湖泊，水位变化显著，年内变幅超过 10m，年际间最大变幅达 16.69m（刘信中和叶居新，2000），历史最大水域面积超过 $5000km^2$（王晓鸿等，2006），具有"洪水一片，枯水一线"的独特自然地理特征。这种显著的水文条件变化，形成了水陆交替规律性变化，为湖滩草洲湿地生态系统发育提供了良好条件，年内周期性干湿交替的洲滩面积约占全湖正常水位面积的 82%（鄱阳湖研究，1988）。

鄱阳湖湿地是典型的季节性内陆淡水湖泊湿地，包括天然湿地和人工湿地。天然湿地包括鄱阳湖水体和大大小小的洲滩；人工湿地指鄱阳湖四周靠圩堤保护免遭洪水危害的 430 余座大小圩区，以水稻田、人工湖和水塘为主，间有岗地、道路和村落景观。

鄱阳湖被列入我国十大生态功能保护区，也是世界自然基金会划定的全球重要生态区。鄱阳湖是中国第一批加入拉姆萨尔湿地公约的湿地，是代表中国加入世界生命湖泊网的唯一成员，在我国乃至全球生态格局中具有十分重要的地位，提供众多生态服务功能，承担着调洪蓄水、调节气候、降解污染等多种生态功能，拥有丰富的鱼类、鸟类等物种资源，在保护全球生物多样性方面具有不可替代的作用（王晓鸿等，2004）。

鄱阳湖水质长年保持在 Ⅲ 类以上，是长江的重要调节器，年均入江水量达 $1450\times10^8m^3$，约占长江径流量的 15.6%，超过黄、淮、海三河入海水量的总和。其生态系统服务功能价值估算为每年达 $138.01\times10^8$ 元（鄢帮有，2004；谌贻庆和甘筱青，2004）。

鄱阳湖湿地是良好的生物栖息地，动植物资源丰富，有湿地高等植物 600 余种，其中国家重点保护植物有 12 种。有野生动物 636 种，列入国家重点保护名录的有 66 种，野生动物中兽类 17 种，鸟类 332 种，两栖类 40 种，爬行类 44 种，淡水鱼类 203 种。湖区典型的湿地鸟类有 159 种，其中列入国家 Ⅰ 级重点保护的有 10 种，国家 Ⅱ 级重点保护的有 44 种。根据历年环湖调查统计，鄱阳湖越冬候鸟总数一般都维持在 30 万只左右，2006 年达到 70 万只；其中白鹤越冬种群数量近 10 年都稳定在 3000 只以上，占世界总数的 95% 以上；东方白鹳数量超过国际鸟类组织统计的世界总数。

### 2. 鄱阳湖生态保护和建设的主要措施

（1）制定湿地保护政策法规　为保护鄱阳湖生态环境，近年来，江西省出台了一系列政策，甚至制订了针对鄱阳湖湿地保护的专门性法律。

1986 年，江西省人民政府颁发《关于制止酷渔滥捕、保护增殖鄱阳湖渔业资源的命令》，每年对鄱阳湖部分水域轮流进行冬季禁港休渔，冬季禁港休渔成为保护增殖鄱阳湖渔业资源的一项重要举措。

1996 年 11 月，江西省政府发布《江西省鄱阳湖自然保护区候鸟保护规定》，在全国自

---

[1]　本节作者为严玉平（江西省山江湖开发治理委员会办公室）。

然保护区率先实行"一区一法"。

2003年11月，江西省人大通过《江西省鄱阳湖湿地保护条例》，这是我国第二部地方性湿地立法，对促进鄱阳湖湿地保护与可持续发展发挥了积极作用。

2006年1月，江西省政府办公厅下发《关于加强湿地保护管理的通知》，对建立湿地保护管理协调机制、抢救性保护天然湿地、实施湿地保护工程项目、规范湿地资源利用行为等提出了明确的要求。

此外，先后出台《江西省渔业许可证、渔船牌照实施办法》、《江西省环境污染防治条例》、《江西省征收排污费办法》、《江西省建设项目环境保护条例》等相关地方性法规，以保护鄱阳湖生态环境。

（2）构建以湿地生态系统保护为目的自然保护区网络　自1983年江西省批准建立鄱阳湖自然保护区始，鄱阳湖湿地自然保护区建设发展迅速。30年来，建立了鄱阳湖南矶湿地国家级自然保护区，都昌候鸟、江豚等7个省级自然保护区，白沙洲、康山等10个县级自然保护区，以及林业系统保护区13个。鄱阳湖湖区建立以保护湿地生态、湿地野生动植物为主的自然保护区面积达$22.4\times10^4\,hm^2$。此外，国家还在湖口设立了白鳍豚保护站，江西省在鄱阳湖的$4\times10^4\,hm^2$天然水域设立鱼类繁殖保护区。

鄱阳湖区是国家林业局野生动植物保护管理体系试点地区，目前，鄱阳湖区建有3个市级保护站、12个县级保护站、54个乡级保护站。

至此，鄱阳湖保护区构建了较为完善的湿地生态系统保护网络，鄱阳湖湿地生态系统显现出良好的生态功能和自然景观，为白鹤等珍禽提供了良好的越冬场所。

① 江西鄱阳湖国家级自然保护区。位于鄱阳湖西北部，成立于1983年，1988年批准晋升为国家级自然保护区，面积$2.24\times10^4\,hm^2$，以湿地珍稀候鸟及其栖息地为主要保护对象，1992年列入国际重要湿地名录。之后，该保护区成为《中国生物多样性保护行动计划》中最优先的生物多样性保护地区，先后加入了东北亚鹤类保护网络和中国生物圈保护区网络。区内湿地生态系统结构完整，生物资源丰富，有鸟类310种、贝类40种、兽类45种、浮游动物46种、爬行类48种、浮游植物50种、鱼类136种、昆虫类227种、高等植物476种。

主要进行保护专项行动，联合执法，进行资源保护；实施包括全球环境基金（GEF）、世界自然基金会（WWF）和国内资金支持的项目，推动了保护区监测能力和江西省湿地自然保护区体系建设；进行湿地保护教育宣传和标准示范保护站等基础建设。

② 鄱阳湖南矶湿地国家级自然保护区。成立于1997年，2008年批准为国家级自然保护区，面积$3.33\times10^4\,hm^2$，位于鄱阳湖主湖区南部，是赣江三大支流的河口与鄱阳湖大水体之间的水陆过渡地带。区内动植物资源丰富，植物资源有115科304属443种；动物资源有浮游动物111种，底栖动物62种，水生昆虫168种，鱼类58种，其中江湖洄游型鱼类占40%，两栖动物11种，爬行动物23种，哺乳动物22种。

主要开展的活动：与当地乡政府及其所辖村建立共管机构，开展社区共管，化解资源利用冲突；在保护区内巡护、突击检查，进行资源保护，保护区外，联合工商、交通、铁路等部门，对非法收购、销售、携带、贩运野生动物行为联合执法；开展生态监测，掌握生物变化动态，进行生境管理。

（3）实施扩大蓄洪分洪功能的"退田还湖"工程　数百年来，鄱阳湖区不断围湖造田，以发展种植业。仅1954~1976年期间鄱阳湖湿地共围垦$1246km^2$（鄢帮有，2010），湖区成为我国重要的粮食生产基地。湖区耕地面积扩张，鄱阳湖湿地逐渐萎缩，导致湿地生态服务功能减少，突出表现为洪水调蓄能力下降，湖区洪涝灾害显著加重。

1998 年长江流域发生特大洪涝灾害之后，中央出台《关于灾后重建、整治江湖、兴修水利的若干意见》，江西省编制了针对鄱阳湖《江西省"平垸行洪、退田还湖、移民建镇"今冬明春移民安置规划报告（1998～1999）》、《江西省"平垸行洪、退田还湖、移民建镇"3～5 年规划》、《江西省"平垸行洪、退田还湖、移民建镇"3～5 年规划补充说明》系列文件，开始实施退田还湖工程。1998～2004 年，共对鄱阳湖区 273 座圩堤实施了退田还湖，圩区还湖总面积 830.3km$^2$，有效容积 45.7×10$^8$m$^3$，因退田还湖迁移圩区居民 90.4 万人。工程完工后，鄱阳湖面积基本恢复到 1954 年的水平，蓄洪能力由原来的 298×10$^8$m$^3$ 增加到 359×10$^4$m$^3$。退田还湖对湿地保护和恢复提供了最为关键的基础条件。

鄱阳湖区退田还湖实行退人不退田的"单退"和退人又退田的"双退"两种方式，其中单退 178 座、双退 95 座。工程实施，要求规模在 667hm$^2$ 以上的单退圩区，进洪水位为相应湖口水位 21.68m；规模在 667hm$^2$ 以下的圩区，进洪水位为相应湖口水位 20.50m。在双退区，为减少居民由于生计重新实施湿地破坏活动，推广避洪农业和复合农业生态模式，保障种植农业收成，提高农民收入。在保护区内，发展如观鸟等湿地休闲活动，给当地居民提供就业机会。

（4）基于流域尺度实施"山江湖工程"　1983 年，为解决鄱阳湖流域严重的环境恶化和经济落后等问题，合理开发有限资源，保护生态环境，维护鄱阳湖"一湖清水"，江西省人民政府启动"江西省山江湖开发治理工程"（简称山江湖工程）。基于流域内山、江、湖三个单元通过水流，依次构成相互依存、相互影响、相互作用的完整生态经济系统的认识，山江湖工程采用"治湖必须治江、治江必须治山，治山必须治穷，治穷必须治愚"的指导思想和"立足生态，着眼经济，系统开发，综合治理"的战略，遵循可持续发展原则，把鄱阳湖流域作为一个有机整体，进行全面有步骤的综合开发治理和建设，以此全面保护鄱阳湖湿地生态环境。

山江湖工程是江西省实施时间最长、涉及面积最广、参与人数最多，至今仍在实施的生态经济工程，经历了三个阶段。

第一阶段：生态环境整治时期（1983～2000 年）。主要任务是基本控制水土流失，减轻洪涝干旱灾害，有效控制环境污染，防止生态环境进一步恶化。从治穷入手，相继在鄱阳湖流域山区、丘陵区和鄱阳湖区建立了 9 大类 20 多个科技先导试验示范基地和 100 多个推广点，形成了小流域综合开发治理、参与式农村扶贫开发、农村小额信贷扶贫、红壤丘陵立体开发、"猪-沼-果"生态农业开发、大水面综合开发、湖区治虫治穷、湖区沙化土地综合治理、农田林网绿化、生态城市和农村生态社区建设十大技术模式，为全流域不同类型的开发治理提供了样板。

第二阶段：探索生态与经济协调发展时期（2001～2008 年）。主要任务以实现青山常在、绿水长流、资源永续利用、经济发达和生活富裕为发展目标，重点探索生态建设与经济发展相协调的途径。贯彻"既要金山银山，更要绿水青山"的发展理念，实施植树造林、退耕还林、退田还湖、生态功能保护区建设、环境污染治理等一系列生态环境工程，推进社会主义新农村建设，发展生态产业和循环经济，开展"山区稀土产业可持续发展"、"铜工业循环经济"、"生态文化和生态产业"五个国家级可持续发展实验区和"小流域综合治理"、"南方丘陵地区红壤综合治理"、"矿区植被恢复"、"山区资源高效利用和绿色产业"、"城乡结合部可持续发展"、"有机硅产业循环经济"、"可持续农业技术信息推广传播"等类型的江西省山江湖可持续发展实验区建设，为流域不同类型地区实施可持续发展战略提供试验和示范。

第三阶段：生态经济区建设时期（2009年至今）。以"科学发展、进位赶超、绿色崛起"为指导，以鄱阳湖生态经济区建设为龙头，控制能源消耗总量，推进节能减排，加强资源集约利用、高能耗高污染行业治理、流域生态功能保护与恢复和战略性新兴产业发展，实现鄱阳湖"一湖清水"。

"十二五"期间，开展"五河"源头区生态修复、"五河"干流水资源综合管理、农村环境综合整治、城镇和工业园区污水处理、湿地保护与生态修复、生态产业推进等工程。"五河"源头区生态修复工程，重点解决矿区环境退化、森林生态系统功能低下、水土流失严重、水环境污染加剧等主要生态与环境问题，维护鄱阳湖"一湖清水"，保障鄱阳湖流域生态安全；"五河"干流水资源综合管理工程，通过"五河"干流水资源优化配置、水资源集约利用和污水防治，建立市县界面的水量水质监测体系，调控水资源时空分布格局，缓解水资源供需矛盾，提高水资源利用效率，改善水生态环境，增强水资源生态承载力；鄱阳湖湿地生态系统保护与恢复工程，通过开展退化湿地修复、湿地种质资源库建设和候鸟栖息地保护等措施，稳定自然湿地面积，维护湿地生物多样性和生态环境，增强湿地生态系统的服务功能；农村环境综合整治，实施农业面源污染控制、农村废弃物处理与资源化利用、农村水环境整治、污染土壤修复等农村环境综合整治，减少农业面源污染对鄱阳湖环境的影响。

### 3. 生态保护和建设后现状

（1）湖泊湿地水文调节能力持续减低的趋势得到缓解　1998年特大洪灾后，"退田还湖"工程的全面实施使鄱阳湖湿地急剧缩小的态势得到了根本遏制。进入21世纪后，随着退田还湖和平垸行洪工程阶段目标的完成，大面积有圩堤保护的农田已被水域替代。湖面面积恢复到接近20世纪50年代初的5100km²（图5-2），鄱阳湖湿地调控洪水和缓解干旱的功能显著提高。

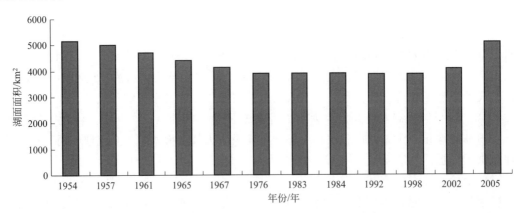

图5-2　鄱阳湖20世纪50～90年代湖面积动态

（2）湖泊湿地水质仍有退化趋势　20世纪90年代，鄱阳湖水质呈缓慢下降趋势，Ⅰ、Ⅱ类平均占85%；进入21世纪以后，在流域内经济跨跃式发展的过程中，尽管枯水期连续多年出现超低水位，枯水期相对延长，水质出现缓慢下降，2009年和2010年Ⅰ、Ⅱ类水只占50%甚至更低，但湖体水质总体上以Ⅲ类为主，保持在轻度富营养化状态（图5-3）。

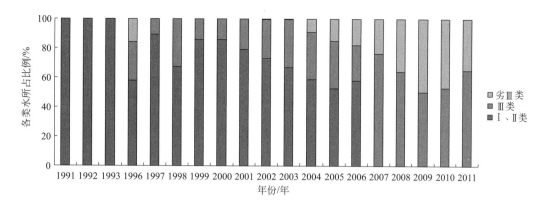

图 5-3 近年来鄱阳湖水质变化动态

（注：2007 年后，Ⅰ、Ⅱ、Ⅲ类水所占监测断面比例合并为Ⅲ类）

（3）湖泊湿地生物多样性保护显现成果 尽管保护区以外湿地仍呈现出局部破坏，由于沿湖区域设立的自然保护区数量和面积增加，区内湿地生物多样逐渐提高。针对围垦、过度捕捞和非法猎杀等行为的长期影响，每年实施禁渔休渔制度，虽然鄱阳湖生物多样性资源短期内无法明显改善，但正逐渐缓慢恢复。

21 世纪以后，鄱阳湖水量显著减少，连续多年出现枯水期水位偏低、持续时间长的现象，特别是在 2004 年、2008 年出现历史最低水位，干旱逐年严峻，湿地植被的类型、结构、格局也发生了明显变化。苔草等喜湿的优质草种被南荻等耐干旱植物所替代，湿生和水生植被有退化成沙化植被的迹象，挺水植物不断向低地延伸的趋势明显加快。鄱阳湖湿地植被的这种变化，还需进一步针对气候变化采取相应措施加以克服和适应性调整。

## 二、洱海湿地的生态保护与建设实践

### 1. 洱海概况

洱海位于中国云南省大理市，跨东经 $100°05'\sim100°17'$，北纬 $25°36'\sim25°58'$，是由西洱河塌陷形成的高原湖泊。洱海属澜沧江流域，流域面积 2565km²，流域内河流河网多，入湖河流 117 条，入湖水量年均值 $8.17\times10^8$m³，湖水自西洱河流出，流合漾濞江，汇入澜沧江。洱海长 42.0km，宽 8.4km，在正常水位 1974.0m（海防高程，下同）时水面面积249.8km²，平均水深 10.5m，最大水深 20.9m，库容约 $2188\times10^9$m³，湖水停留时间为2.75 年。

洱海水生生物资源丰富，其鱼类 34 种（土著种 17 个，引进种 17 个），虾类 2 种，腹足类 13 种，瓣鳃类 9 种，浮游动物 108 种，底栖动物 9 种，水生维管束植物 50 种，浮游植物192 种。洱海栖息水禽 59 种，约 25000 只，其中候鸟 46 种，雁形目鸭科水禽有 19 种（钱德仁，1989；褚新洛，1989；龚震达等，1997；沈兵，1998；胡小贞等，2005）。洱海生物量大，种群密度高，是我国物种密度最高的地区之一，是云南省高原湖泊中生物量最大的湖泊（沈兵，1998）。洱海所处区域开发较早，社会经济较为发达，处于开放和半开放状态，随着流域经济社会的快速发展，洱海周边地区的工业、农业面源及生活垃圾污染，一度对洱海构成了严重威胁。1996 年 9 月、2003 年 7 月洱海发生了两次大面积蓝藻暴发，水质急剧恶化。尤其以 2003 年水质恶化最为严重，全年有 3 个月水质下降到Ⅳ类标准，洱海保护治理一度成为社会关注的焦点。

## 2. 洱海生态保护和建设的主要措施

洱海位于城市近郊，处于贫中营养状态向富营养化过渡阶段，通过采取各项措施，目前已成为我国保护得最好的湖泊之一，环境保护部认为它是我国湖泊治理较为成功的典型。近年来，树立"洱海清、大理兴"的理念，坚持"循法自然、科学规划、全面控源、行政问责、全民参与"的方针，全面实施洱海生态修复和污染物控制等工程。

（1）建立流域综合管理机构　云南省政府重视洱海治理保护工作，于1984年成立了保护管理洱海滩地的专门机构——大理市洱海保护管理局。1988年云南省出台《云南省大理白族自治州洱海管理条例》，为确保洱海保护条例的贯彻和落实，管理局升格为正处级，由大理市政府直接管理，环境保护是该机构的重要职能，管理条例赋予其宣传、执法、规划、水量调度、监督、行政处罚等一系列权力。当地政府制定《大理州洱海滩地管理实施办法》等6个规范性文件，建立环保、渔政、水政、林政、公安联合巡逻综合执法机制，加大洱海监管力度，依法治海和管海。

大理州政府建立洱海流域管理的长效机制，通过"理顺体制、依法管理、科学规划、措施有力、责任落实"来切实推进洱海的保护。为此，将环境保护与地方官员政绩考核相联系，确保环境目标的实现。具体为，大理州政府与大理市、洱源县和8个州级有关部门的主要领导签订了洱海保护目标责任书，将任务、目标层层分解，实行风险金抵押和一票否决。建立河（段）长负责制管理模式，明确环湖各镇镇长为其行政范围内入湖河道管理的河长，各镇聘请河道管理员对各河段进行责任管理，确保了各项治理任务的领导到位、措施到位、工作到位。

1981年，云南省政府建立苍山洱海自然保护区，1994年晋升为国家级自然保护区，主要保护对象为高原淡水湖泊水体湿地生态系统、第四纪冰川遗迹高原淡水湖泊、南北动植物过渡带自然景观（以苍山冷杉-杜鹃林为特色的高山垂直带植被和以大理弓鱼为主要成分的特殊鱼类区系）。区内已鉴定的高等植物有2849种，其中国家重点保护植物26种，鱼类31种，其中特有种8种，底栖动物33种，水禽类59种。

（2）科学制订水位控制高程，实施洱海生态工程　洱海水位对洱海湖内生物群落和洱海自然生态起决定性作用，自洱海有水位记录的1951年始，前后5次，经反复实践，科学论证，2004年在《云南省大理白族自治州洱海管理条例》中规定洱海运行最低和最高水位分别为1964.30m和1966.00m。以此为依据，实行高水位运行，科学调度洱海水资源。

实施了一系列生态工程。一是规范渔业生产，实施洱海"双取消"工作，取消过度的洱海网箱养鱼、机动渔船动力设施；二是扩大湿地面积，实施环洱海"三退三还"工程，共退出耕地816hm²，其中退塘还湖288hm²，退耕还林485hm²，退房还湿地43hm²；三是植被恢复和建立自然保护区，完成环洱海生态湖滨带58km，恢复湿地面积1040hm²；四是实施"半年全湖封湖禁渔"措施。

在洱海北部建立18km²的水生野生动物自然保护区，全面实施洱海生态湿地和沉水植物恢复建设工程、东区70km湖滨带生态修复工程，实施洱海南部湖心平台1km²的沉水植物恢复实验工程。

（3）实施污染物控制和生态修复相结合的系统治理工程　流域内实行污染源控制与生态修复相结合，工程措施与管理措施相结合，以城镇生活污水处理、湖滨带生态恢复建设、入湖河流和农村面源污染治理为重点的一系列工程，有效地防治湖泊水污染，改善水环境。

生活污水处理方面，流域内完成了49.7km截污干管工程和153.9km污水收集管网建设，建成日处理 50000t 和日处理 5000t 污水处理厂各一座。目前，还在进一步完善综合管网、环洱海截污干渠、污水处理系统。

农业面源污染治理方面，在 $4.87×10^4 hm^2$ 耕地上推广测土配方、控氮减磷、优化平衡施肥，降低氮、磷化肥亩用量 15%～20%；建设禽畜粪便集中处理中温沼气站，实施农村绿色能源建设，大范围推广沼气池；实施农村垃圾和污水处理工程，在流域内建立完善了农村垃圾收集中转网络和村落污水处理系统。

生态修复方面，洱海流域实施完成 $24.7km^2$ 小流域水土流失治理，完成退耕还林建设 $3467hm^2$，$3067hm^2$ 公益林建设，$6.47×10^4 hm^2$ 森林配有专人管护；根据土地承载量，取缔过量的山羊等养殖业，有效改善了洱海流域的生态环境。

（4）实施洱海北部生态经济示范镇建设 针对洱海北部"一河两江"（罗时江、弥苴河、永安江）入湖水量占洱海入湖水量的 70%，污染负荷占 65% 的现状，大理市委、市人民政府在洱海北部喜洲、上关、双廊、挖色建设四个生态经济示范镇。同时启动"一河两江" $227hm^2$ 湿地工程。其中罗时江湿地工程 $87hm^2$，包括 $50hm^2$ 的湿地区和 $37hm^2$ 的园林绿化区，包含湿地生态保育区、湿地生态观光带、湿地休闲娱乐区、湿地生态科教区和乔灌木隔离带；弥苴河湿地工程 $67hm^2$；永安江湿地工程 $73hm^2$。

### 3. 生态保护和建设后现状

一系列的洱海保护治理措施和工作使滨湖带面积增加，洱海污染负荷有效减轻，富营养化进程放缓，水质恶化趋势得到了初步遏制，流域生态环境逐步改善，洱海治理保护取得阶段性成效。主要表现为洱海水质总体偏好，2004～2007 年连续 4 年洱海全湖水质从原来局部下降到Ⅳ类恢复到总体达到并保持Ⅲ类，2008 年有 8 个月水质达到Ⅱ类，2009～2011 年，保持在Ⅲ类水质；面源污染控制较好，主要入湖河流水质明显改善，进入湖体的污染物得到控制；湖滨湿地带得到恢复，洱海自净能力提高。

## 参 考 文 献

[1] 关蕾，刘平，雷光春. 国际重要湿地生态特征描述及其监测指标研究. 中南林业调查规划，2011，30（2）：1-9.

[2] 刘平，关蕾，吕偲，张明祥，雷光春. 中国第二次湿地资源调查的技术特点和成果应用前景. 湿地科学，2011，9（3）：284-289.

[3] 郑姚闽，张海英，牛振国，宫鹏中国国家级湿地自然保护区保护成效初步评估. 科学通报，2012，57（1）：1-24.

[4] 杨军，张明祥，雷光春.《中国国家级湿地自然保护区保护成效初步评估》中的偏差. 科学通报，2012，57（15）：1367-1370.

[5] 宫鹏，牛振国，程晓，赵魁义，周德民，虢建宏，梁璐，王晓风，李丹丹，黄华兵，王毅，王坤，李文宁，王显威，应清，杨镇钟，叶玉芳，李展，庄大方，迟耀斌，周会珍，闫军. 中国 1990 和 2000 基准年湿地变化遥感. 中国科学：地球科学，2010，40（6）：768-775.

[6] 黄心一，陈家宽. 新时期我国湿地自然保护区需解决的主要问题及相关建议. 生物多样性，2012，20（6）：774-778.

[7] 刘权，马铁民. 中国湿地保护策略研究. 中国水利，2004，17：10-12.

[8] 庄大昌，丁登山，董明辉. 洞庭湖湿地资源退化的生态经济损益评估. 地理科学，2003，23（6）：680-685.

[9] 国家林业局. 中国湿地保护行动计划. 北京：中国林业出版社，2000.

[10] Niu Z G, Zhang H Y, Wang X W, et al. Mapping wetland changes in China between 1978 and 2008. Chinese Science Bulletin，2012，57：2813-2823.

[11] Millennium Ecosystem Assessment 2005. Ecosystems and human well-being：wetlands and water synthesis. World Resources Institute，Washington，DC. .

[12] Ramsar Convention. A Conceptual Framework for the wise use of wetlands and the maintenance of their ecological character. Resolution Ⅸ，2005，1 Annex A，COP9.

［13］　Ramsar Convention. Describing the ecological character of wetlands，and data needs and formats for core inventory：harmonized scientific and technical guidance. Resolution X，2008，15，COP10.

［14］　刘兴土. 三江平原沼泽湿地的蓄水与调洪功能. 湿地科学，2007，5（1）：64-68.

［15］　Uluocha N O，Okeke I C. Implications of wetlands degradation for water resources management：Lessons from Nigeria. GeoJournal，2004，61（2）：151-154.

［16］　张灿强，张彪，李文华等. 森林生态系统对非点源污染的控制机理与效果及其影响因素. 资源科学，2011，33（2）：236-241.

［17］　吕宪国. 湿地生态系统保护与管理. 北京：化学工业出版社，2004.

［18］　Boon P J，Calow P，Petts G E. 河流保护与管理. 宁远，沈承珠，谭炳卿等译. 北京：中国科学技术出版社，1997，75.

［19］　鄱阳湖研究编委会. 鄱阳湖研究. 上海：上海科学技术出版社，1988.

［20］　鄢帮有. 鄱阳湖湿地生态系统服务功能价值评估. 资源科学，2004，26（3）：61-68.

［21］　谌贻庆，甘筱青. 鄱阳湖区国内旅游市场开发. 南昌大学学报（理科版），2004，28（4）：405-408.

［22］　刘信中，叶居新. 江西湿地. 北京：中国林业出版社，2000：26-27.

［23］　王晓鸿，鄢帮有，吴国琛. 山江湖工程. 北京：科学出版社，2006.

［24］　鄢帮有，严玉平. 新中国成立60年来鄱阳湖的生态环境变迁与生态经济区可持续发展探析. 鄱阳湖学刊，2009，（2）：5-14.

［25］　钱德仁. 洱海水生植被考察//云南洱海科学论文集，昆明：云南民族出版社，1989：45-66.

［26］　褚新洛，周伟. 洱海的鱼类//云南洱海科学论文集，昆明：云南民族出版社，1989：1-28.

［27］　龚震达，段兴德，冯锡光等. 大理苍山洱海自然保护区的小型兽类. 动物学研究，1997，18（2）：197-204.

［28］　沈兵. 大理苍洱自然保护区——生物多样性保护及其开发利用. 生物多样性，1998，6（2）：151-156.

［29］　胡小贞，金相灿，杜宝汉等. 云南洱海沉水植被现状及其动态变化. 环境科学研究，2005，18（1）：1-4.

# 第六章

# 荒漠生态系统保育与建设

## 第一节　荒漠生态系统状况[1]

### 一、荒漠生态系统概念与特征

#### 1. 基本概念

荒漠作为一种自然地理景观的名称，是指那些具有稀少降水和强盛蒸发力而极端干旱的、强度大陆性气候的地区或地段，地表植被通常十分稀疏，甚至无植被，土壤中富含可溶性盐分（吴征镒，1980）。根据地貌特征和地表物质组成，荒漠分为沙漠、砾漠、岩漠、泥漠和盐漠5种类型（周成虎，2006）。

荒漠生态系统是指在气候十分恶劣、水热极不平衡的条件下发育形成的以荒漠为基质，由旱生、超旱生的小乔木、灌木、半灌木和小半灌木以及与其相适应的动物和微生物等构成的生物群落，与其生境共同形成物质循环和能量流动的动态系统，是陆地生态系统中最为脆弱又非常重要的子系统之一，主要分布于地球上气候干燥、降水稀少、蒸发量大、植被贫乏的干旱、半干旱气候区。依生态系统的观点来看，荒漠生态系统的水热因素极度不平衡，水

---

❶ 本节作者为卢琦（中国林业科学研究院荒漠化研究所）。

分收入极少而消耗强度极大，夏季热量过剩而冬季严寒。在荒漠中的生物构成中，动植物以及微生物的种类比较单一而且贫乏，生物组成结构的营养级较少，食物链相对简单。

在各种类型的荒漠中，沙漠是最主要的一种类型，我国八大沙漠、四大沙地（表6-1）主要分布于东经75°～125°、北纬35°～50°之间的内陆盆地和高原，形成一条西起塔里木盆地西端，东迄松嫩平原西部，横贯西北、华北和东北地区，东西长达4500km、南北宽约600km的断续弧形荒（沙）漠带（包括沙地、沙漠、戈壁等）。这一荒（沙）漠带在纬向范围内分属于极端干旱荒漠、干旱荒漠、干旱荒漠草原、半干旱草原、半湿润森林草原五个生态气候亚带；纵向范围内分属于高原亚寒带、暖温带、中温带和寒温带四个气候带，是我国中纬度地区脆弱生态带的主要组成部分。

**表6-1　中国八大沙漠、四大沙地及其面积**（吴传钧，1994）

| 沙漠名称 | 面积/$10^4 km^2$ | 沙地名称 | 面积/$10^4 km^2$ |
|---|---|---|---|
| 塔克拉玛干沙漠 | 33.76 | 科尔沁沙地 | 4.23 |
| 古尔班通古特沙漠 | 4.88 | 毛乌素沙地 | 3.21 |
| 巴丹吉林沙漠 | 4.43 | 浑善达克沙地 | 2.14 |
| 腾格里沙漠 | 4.27 | 呼伦贝尔沙地 | 0.72 |
| 柴达木沙漠及风蚀地 | 3.49 | | |
| 库木塔格沙漠 | 2.28 | | |
| 库布齐沙漠 | 1.61 | | |
| 乌兰布和沙漠 | 0.99 | | |
| 总计 | 55.71 | | 10.30 |

### 2. 主要特征

我国荒漠区深居欧亚大陆腹地，约占全国陆地面积的1/4，是我国特殊的自然地理单元，也是世界干旱区中别具一格的地理景观。该区呈山脉与盆地相间的地貌格局，远离海洋，呈现明显的西风气候特征，除高大山脉（如天山、祁连山等）的上部降水较多外，大面积地区为荒漠戈壁和流动沙丘所占据，年降水量在200mm以下，干燥度大于4，为亚洲中部极端干旱区的一部分。另外，丰富的雪冰资源发育了相对独立的内陆河，形成了独特的内陆水分循环模式；内陆河又养育了山前绿洲，形成了山地、绿洲、荒漠共存的世界独特的地理景观格局。该区地域宽广，自然环境复杂，资源、气候和生物特征显著（陈亚宁，2009）。

（1）自然资源特征　我国荒漠区光热、能源、矿产资源、土地资源丰富，历来是我国重要的农垦地区之一。长期以来，人类根据这里的自然条件，因势利导，在荒漠地带开垦了全国10%的耕地，建立了众多的绿洲，对促进生产发展，繁荣少数民族经济、文化和巩固国防起了十分重要的作用。西北干旱荒漠区已成为我国21世纪具备巨大开发潜力的国家建设战略后备基地。

（2）水资源特征　内陆河区水资源形成的主要特色是水循环多在独立的水系内进行，在全球水循环的背景下，分成若干个水利学上互不相干的内陆河大小流域，其中较大的有塔里木河、玛纳斯河、黑河流域等集水区域，每个流域都有自己的径流形成区（山地）、水系（天然河道或人工渠）和尾闾（内陆湖泊）以及自己在大气中的山谷风环流，具有相对独立的水文系统。内陆河上游山区径流是绿洲区主要的水资源，其补给来源是雨水及冰雪融化；河道承接大量的冰雪融水，径流的地表水与地下水两种形式相互转化，期间不断蒸发、渗漏，最终消失或形成湖泊；绿洲区是径流消耗、地表水转化为地下水的区段，大量的径流滋养了绿洲农业生态系统，创造了富有生气活力的高效绿洲农业；绿洲下游是径流排泄、积累和蒸散区，水资源滋润着天然绿洲、内陆河尾闾湖及低湿地生态系统。

（3）气候特征　气候特点主要如下：

① 日照时间长。全年日照时间一般为 2500～3600h，有些地区可达 3000～4000h。

②热量丰富，温差较大。年平均气温变化大，一般为 30～50℃，绝对年温差甚至达到 50～60℃以上；日温差变化也极其大，热沙漠可达 35～40℃，冷沙漠也达 25℃左右；夏秋午间地表温度可达 60～80℃，夜间又可降至 10℃以下。

③ 多风沙。此区域常出现旱风，它的最显著特点就是高温、低湿、风速大等，过程中还夹带起砂石形成沙尘暴。夏季风速常达 5～6 级，每年风沙日一般在 20～100 天，特别在流沙地区，风沙更为普遍。这个特点给人们生产生活安全带来严重的影响，造成房倒屋塌，甚至吹翻火车、中断交通等。

④ 气候干燥，雨量稀少。年平均降水量低于 250mm，有的地区甚至达不到 100mm，更为严重的是蒸发量很大，全年水分亏缺值在 1000mm 以上。

（4）土壤特征　干旱荒漠区土壤一般较薄，处于干燥状态，成土作用微弱，母质较粗。表层有机质含量普遍很低，整个剖面均含有碳酸盐。绿洲区土壤分布受水热条件及植物类型的限制更加明显，一般从山麓到河流尾闾区形成与之相适应的灰钙土、灰漠土、灰棕漠土、棕漠土的分布规律。在祁连山东段以山丹为界，河西走廊平原腹地以温带荒漠灰棕漠土为主，在祁连山南段以安西为界，走廊则以暖温带荒漠棕漠土为主，该类土壤一直延伸到南疆塔里木盆地，再由此向东，逐渐过渡到极干旱的吐-哈盆地，主要地带性土壤为石膏盐盘棕漠土，代表了极强的荒漠土，再向北，北疆地区荒漠化程度自北向南加强，准格尔盆地北部广泛分布棕钙土，而向南过渡到淡棕土。荒漠绿洲植被与土壤均具有非地带性特征，土壤类型为荒漠型灰钙土和灰棕漠土。土壤类型随地表水流向呈现自上而下的规律性变化，古老冲洪积扇上部一般分布有地带性的荒漠灰钙土和灰漠土，自扇缘溢出带向下，土壤迅速由草甸土或沼泽土演替为盐化草甸土，并最终出现典型盐土。在山前冲积扇下部和冲积平原上分布有灌溉绿洲栽培的农作物、林果等，由于长期灌溉形成绿洲土。

（5）植被特征　中国荒漠区的地理和气候带差异明显，有水平方向上东西和南北的差异，也有不同海拔高度的垂直差异，因而形成了不同的生物群落，组成荒漠植被的生活型有矮半乔木、灌木、半灌木、半矮灌木、多年生旱生草本植物、一年生短命植物和多年生短命植物。荒漠植被是旱生性最强的一类植物群落，以旱生和超旱生的半乔木、灌木和半灌木或者肉质植物占优势，分布在极端干旱地区，具有明显的地带性特征。中国西北荒漠植被的建群种和优势种中，本地特有种及主要分布种占很大比重（总数在 100 种以上）。从所包含的种的数量及其在生态系统中所起的作用看，藜科、蒺藜科、柽柳科、菊科以及蓼科应该是中国西北荒漠中起主导作用的科，中国荒漠区系中的其他特征科还有锁阳科（*Cynomoriaceae*）、瓣鳞花科（*Frankeniaceae*）、半日花科（*Cistaceae*）和裸果本科（*Gymnocarpaceae*）。

荒漠生态系统的植被十分稀疏，生物量和生物多样性都很低，个体数量少，食物链也很简单，整个生态系统极为脆弱。尽管如此，荒漠生态系统中仍然蕴藏着大量的物种，生物多样性依然重要。

（6）生物多样性特点

① 植物多样性特点。与其他陆地生态系统相比，荒漠植被物种的特点有贫乏性、古老性、独特性和濒危性（赵建民，2003）。荒漠生态系统的物种相对贫乏，在中国西北的荒漠

区域种子植物总数仅 600 余种；荒漠植物中有大量古老残遗种类；荒漠生态系统区系的古老性以及生态条件的极端严酷决定了中国荒漠植物的独特性，形成了一大批本地特有属和特有种（李毅等，2008）。著名的特有属有四合木属（*Tetraena*）、绵刺属（*Potaninia*）、革苞菊属（*Tugarinowia*）、百花蒿属（*Stilpnolepis*）和连蕊芥属（*Synstemon*）5 个属。它们不是单种属就是寡种属，形态特殊，分布区狭小，系统分类地位也多难以确定。豆科的沙冬青属（*Ammopiptanthus*）仅含两个种：一种是沙冬青（*A. mongolicus*），分布于阿拉善荒漠东部；另一种是矮沙冬青（*A. nanus*），分布于塔里木盆地西南隅和昆仑山北麓局部小面积地方，它们是中国西北荒漠中仅有的常绿阔叶灌木，是老第三纪亚热带常绿阔叶林的旱化残遗种，在中国西北地区最为特殊。

②动物多样性特点。世界不同大陆的荒漠，由于生态条件的某些相似性，致使物种普遍存在着趋同现象。中国荒漠动物和世界其他荒漠区动物有许多相似的地方：啮齿类和爬行类丰富，两栖类很少，但有蹄类很多。中国荒漠发展了丰富独特的有蹄类区系，其中许多是家畜的祖先，例如野马（*Equusprzwalskii*）、野驴（*Equsshemionus*）、野骆驼（*Camelusbactrianus*）、新疆马鹿（*Cervuselaphusyarkandensis*）、高鼻羚羊（*Saigatatarica*）、普氏原羚（*Procapraprzewalskii*）、鹅喉羚（*Gazellasubguttarosa*）以及从干旱山区下到荒漠边缘的北山羊（*Capraibex*）、盆羊（*Ovisammon*）、岩羊（*Pseudoisnayaur*）等。啮齿类，特别是其中的跳鼠科（12 种），仓鼠科的沙鼠亚科（7 种）在荒漠生态系统中相当引人注目。与邻近的湿润区相比，鸟和兽的种类相差不大，但鸟类中多猛禽（12 种）。爬行类在中国西北荒漠生态系统中广泛分布，种类和数量都很丰富，最常见的有多种沙蜥（*Phrynocephalus* spp.）和麻蜥（*Eremias* spp.）。在新疆西部荒漠中分布有独特的四爪陆龟（*Testudohorsfieldi*）。沙蜥属为古北区特有属，全世界共有 30 余种，中国分布有 12 种。荒漠两栖类最为贫乏，只有仅分布于新疆西部的绿蟾蜍（*Bufoviridis*）和广布的花背蟾蜍（*B. raddei*）。中国荒漠昆虫种类较为贫乏，以中亚成分占优势，但也形成一定数量的特有类群，如癞蝗科（*Pamphagidae*）在新疆有 5 个特有属，斑翅蝗科（*Oedipodidae*）的束颈蝗属（*Sphingonotus*）在新疆有 14 个特有种。中国西北荒漠若干代表时动物见表 6-2。

表 6-2　中国西北荒漠若干代表性动物

| 类别 | 种 | 拉丁文 | 备注 |
|---|---|---|---|
| 有蹄类 | 普氏原羚 | *Procapra przewalskii* | 中国特有 |
|  | 蒙古野驴 | *Equus hemionus* | 中国、蒙古特有 |
|  | 蒙古野马 | *Equus przewalskii* | 中国、蒙古特有 |
|  | 野骆驼 | *Camelus bactrianus* | 中国、蒙古特有 |
|  | 莎车马鹿（亚种） | *Cervus elaphus yarkandensis* | 塔里木特有 |
| 肉食类 | 荒漠熊 | *Ursus arctos pruinosus* | 中国、蒙古特有 |
| 兔形目 | 莎车兔（种） | *Lepus yarkandensis* | 塔里木特有 |
| 啮齿类 | 小五趾跳鼠 | *Allactaga elater* | 中国、蒙古特有，向西分布至准噶尔东部 |
|  | 巨泡五趾跳鼠 | *A. bullata* |  |
|  | 蒙古羽尾跳鼠 | *Stylodipus andrewsi* | 中国、蒙古特有 |
|  | 科氏三趾心颅跳鼠 | *Sapingotus kozlovi* | 中国、蒙古特有，分布于塔里木 |
|  | 长耳跳鼠 | *Euchoreutes naso* | 中国、蒙古特有 |
|  | 郑氏沙鼠 | *Meriones chengi* | 分布于吐鲁番 |
|  | 短耳沙鼠 | *Brachiones przewalskii* | 中国、蒙古特有，分布于塔里木 |
|  | 赤颊黄鼠 | *Citellus erythrogenys* |  |
|  | 荒漠毛趾鼠 | *Phodopus roborowskii* | 分布于新疆、青海、内蒙古 |

续表

| 类别 | 种 | 拉丁文 | 备　注 |
|---|---|---|---|
| 爬行类 | 四爪陆龟 | *Testudo horsfieldi* | 中亚、伊犁谷地 |
| | 荒漠沙蜥 | *Phrynocephalus przewalskii* | |
| | 变色沙蜥 | *P. versicolor* | |
| | 荒漠麻蜥 | *Eremias przewalskii* | |
| | 虫纹麻蜥 | *E. vermiculata* | |
| | 西域沙虎等 | *Teratosincus przeualskii* ect. | |

生态系统多样性特点：从生态系统层次看，中国西北荒漠生态系统的类型仍然相当多样，并不像人们所想象的那么单调。初步统计，沙质荒漠有 8 个生态系统，砾质-砂砾质荒漠（戈壁）有 13 个，石质-碎石质荒漠有 10 个，黏土荒漠（盐漠）有 7 个。此外，在荒漠河岸及其他隐域生境还有 9 个生态系统。

## 二、荒漠生态系统类型与分布

荒漠生态系统类型是发育在降水稀少、强烈蒸发、极端干旱环境下，植物群落稀疏的生态系统类型。我国荒漠生态系统在空间上存在明显的分布规律，主要位于干旱区内，包括阿拉善高原、河西走廊、准噶尔盆地、塔里木盆地和柴达木盆地，以及青藏高原的北部和西部的个别区域。荒漠生态系统按照降水量可划分为三种类型，即半荒漠、普通荒漠和极旱荒漠，年降水量分别为 100～200mm、50～100mm、50mm 以下；按土壤基质类型还可以分为沙质荒漠（沙漠）、砾石荒漠（砾漠）、石质荒漠（石漠）、黄土状或壤土荒漠（壤漠）、龟裂地或黏土荒漠、风蚀劣地（雅丹）荒漠与盐土荒漠（盐漠）等；根据建群层片的生活型，荒漠可分为小乔木荒漠，灌木荒漠，半灌木、小灌木荒漠和垫状小半灌木高寒荒漠。此外，一般在对荒漠生态系统进行研究时，将荒漠生态系统分为沙漠（荒漠裸地）、绿洲、戈壁（包括山地）三种类型（图 6-1）区别开来。

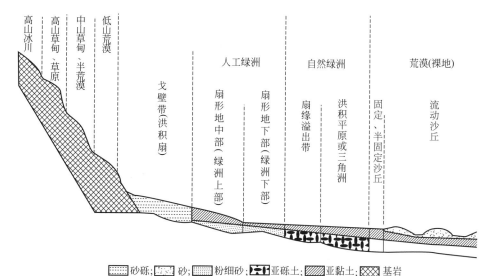

图 6-1　荒漠生态系统类型组成示意图（引改自刘凤章，2011）

任鸿昌等（2004）以资源环境数据库中的植被空间分布信息为本底，结合最新的调查和遥感资料，利用 GIS、RS 和统计学方法，以植被群落和环境特征为主体，把中国荒漠生态

系统分为 5 种基本生态类型，15 个生态系统类型，并对其自然分布特征和空间分异格局进行了详细分析（表 6-3）。

作为世界温性荒漠的主要分布区，我国荒漠生态系统的分布规律和主要特点可概括如下：

① 从分布的地理位置来看，深居我国内陆。在乌鞘岭和贺兰山以西地区，沙漠和戈壁的分布比较集中，约占全国沙漠、戈壁总面积的 90%。乌鞘岭和贺兰山以东地区，沙漠和戈壁的分布较为零散，面积也比较小，约占全国沙漠、戈壁总面积的 10%。

② 从分布的气候条件来看，主要分布于干旱少雨、风大而频繁的地区，四季风力一般都在 5~6 级以上。年降水量都在 450mm 以下，其中贺兰山以西的广大地区，降水量都在 150mm 以下，很多地区低于 100mm，塔克拉玛干沙漠中部和东部年降水量均在 25mm 以下。

③ 从分布的地貌部位来看，我国的沙漠除一部分分布在一些内陆高原及冲积平原上以外，绝大部分都分布在内陆的巨大盆地中，如分布于塔里木盆地中的塔克拉玛干大沙漠，准噶尔盆地中的古尔班通古特沙漠，另外还有柴达木盆地沙漠、共和盆地沙漠等。这些盆地的原始地面大部分为河流冲积或湖积平原，目前沙漠中还可以见到古代河流及湖泊的痕迹，都以深厚松散的沙质沉积物为主，如古尔班通古特沙漠南缘沙质沉积物厚度一般可达 100~200m。沙质沉积物在干旱多风的气候条件下，极易被风力吹扬，为沙丘的形成提供了重要的物质来源。

**表 6-3　中国荒漠生态系统类型及其分布**（任鸿昌，2004）

| 生态类型 | 生态系统 | 面积($\times 10^4 km^2$)/占荒漠生态系统总面积的百分比/% | 主要分布区域 |
| --- | --- | --- | --- |
| 半矮灌木荒漠 | 含头草低山岩漠 | 9.6 | 鄂尔多斯高原、塔里木盆地西端、准噶尔盆地 |
| | 假木贼砾漠 | 4.4 | |
| | 琵琶柴砾漠 | 15.2 | |
| | 蒿属-短期生草壤漠 | 2.8 | |
| 合计 | — | 32.0/26.2 | |
| 半乔木荒漠 | 梭梭沙漠 | 5.0 | 古尔班通古特沙漠、天山山脉南麓、阿拉善高原北段、柴达木盆地 |
| | 梭梭柴-琵琶柴壤漠 | 1.7 | |
| | 梭梭砾漠 | 8.5 | |
| 合计 | | 15.2/12.4 | |
| 多汁盐生半矮灌木荒漠 | 盐爪爪盐漠 | 1.4/1.2 | 塔克拉玛干沙漠东北端、柴达木盆地东南端、贺兰山以北 |
| 灌木-半灌木荒漠 | 膜果麻黄砾漠 | 23.7 | 鄂尔多斯高原、青藏高原北部、塔里木盆地西端、准噶尔盆地 |
| | 骆驼绒砂砾漠 | 1.6 | |
| | 三瓣蔷薇-沙冬青-四合木砂砾漠 | 1.2 | |
| | 油蒿-白沙蒿沙漠 | 10.7 | |
| | 沙拐枣沙漠 | 2.2 | |
| | 极稀疏柽柳沙漠 | 7.8 | |
| 合计 | — | 47.2/38.5 | |
| 高寒匍匐半矮灌木荒漠 | 垫状驼绒藜-藏亚菊砾漠 | 26.5/21.7 | 青藏高原北部、昆仑山、阿尔金山 |
| 总计 | — | 122.3/100 | |

# 第二节　荒漠生态系统服务功能[1]

作为一个生态系统，不论大小和类型，都是由生物（生产者、消费者和分解者）和非生物环境两大要素组成的统一整体，具有一定的结构和功能。荒漠生态系统多处在干旱多风的极端气候条件下，其土壤成土过程极为缓慢，处于原始的成土阶段。但是，在生态系统内部同样进行着物质和能量交换，生态系统通过各要素之间相互联系、相互作用、相互制约并与其外部环境之间的紧密交互联系保持了自身的有序性和恒定性；并在外界干扰和自然演替的作用下，呈现出动态的特点；不同系统之间也相互作用、相互制约，形成一定的空间格局。

荒漠生态系统作为我国西北地区最主要的生态系统类型，也是中国陆地生态系统的重要组成部分，蕴藏着大量珍稀、特有物种和珍贵的野生动植物基因资源，具有独特的结构和功能。这些功能不仅为生活在干旱区的人们提供着基本的赖以生存和发展的物质基础，也为维持社会稳定、经济发展和区域乃至全球的生态安全提供了重要保障。

## 一、荒漠生态系统服务功能类型及划分

多年来，人类对荒漠生态系统生态服务的认识还处于初始阶段，致使一提到荒漠，多数人马上想到的就是荒漠的危害——沙尘暴，至于荒漠还有哪些好处则往往一无所知。其实荒漠生态系统具有多种生态服务功能，如防风固沙、凝结水、净化水质、形成新土壤、固碳、调节陆地温湿度、沙尘中和酸雨、沙尘增加海洋生物 NPP、沙尘降低太阳辐射从而减缓气候变暖、生物多样性保育和景观游憩等，但由于这些服务都是停留在定性描述阶段而未被公众广泛了解。

荒漠生态系统与其他类型的生态系统一样，其服务功能主要表现为：创造与维持地球生态支持系统，提供和保存生物进化所需要的丰富的物种与遗传资源，促进二氧化碳的固定、有机质的合成，维持整个大气化学组分的平衡与稳定，维持水及营养物质的循环，支持土壤的形成与保护，调节气候、净化环境，吸收和降解有害有毒物质，减轻自然灾害以及形成的自然景观等方面。

张克斌等（2006）在论述荒漠化对生态系统的影响问题时，引用了南部非洲千年生态系统评估（SAFMA）报告中的研究结果，将包含荒漠的干旱生态系统服务功能概括为供应功能、调节功能、文化功能和支持功能（表 6-4）。这一归纳结果基本包含了上述内容，是比较概括、全面和系统的。

Richardson（2005）、Kroeger 和 Manalo（2007）是为数不多的国际上评估荒漠生态系统服务价值的两份研究。其中，Richardson 基于公开出版的研究成果和数据，估算了加利福尼亚荒漠中 4 个郡的荒地的经济价值。他把荒地的经济价值细分为 8 类，即直接使用价值（direct use benefits）、社会影响（community impacts）、场外收益（off-site benefits）、科学价值（scientific benefits）、教育价值（educational benefits）、生态系统服务价值（ecosystem services benefits）、生物多样性价值（biological diversity benefits）和被动利用价值（passive use benefits）。Kroeger 和 Manalo 估算了美国 Mojave 荒漠的经济价值，包括直接使用价值、间接使用价值（生态系统服务价值）和被动利用价值，这两份研究的估算结果见表 6-5。

---

[1]　本节作者为卢琦（中国林业科学研究院荒漠化研究所）。

**表 6-4　干旱生态系统主要服务功能**

| 供应功能 | 调节功能 | 文化功能 | 支持功能 |
|---|---|---|---|
| 生态系统通过生物生产提供食物、纤维、饲料、燃料、生化材料等 | 水分净化、调节 | 休闲、旅游功能 | 土壤形成、发展（保持和形成） |
| 淡水资源 | 受粉、种子传播 | 文化同一性、多样性 | 初级生产、养分循环 |
| | 调节气候（区域范围内通过植被，全球范围内通过碳汇） | 文化景观、遗产<br>本土知识<br>精神、审美功能 | 维持生物多样性 |

**表 6-5　Richardson、Kroeger 和 Manalo 对荒漠生态系统**
**经济价值的评估**　　　　　　　　　　　单位：百万美元

| 项　　目 | Richardson（2005） | Kroeger 和 Manalo（2007） |
|---|---|---|
| 直接使用价值 | 848.00 | 1162.10 |
| 生态系统服务价值 | 71.40 | 123.45 |
| 非使用价值 | 405.60 | 136.30 |
| 其他价值 | 1.80 | — |
| 合计 | 1326.80 | 1421.85 |

近些年来，国内有些学者也在尝试着评估荒漠生态系统服务价值。欧阳志云等（1999）在评估我国陆地生态系统服务价值时，就估算了我国荒漠生态系统的有机质生产、固定 $CO_2$、释放 $O_2$ 与营养物质循环的生态服务价值。谢高地等（2003）参考 Costanza 等（1997）对全球生态系统服务价值评估的成果，同时综合对国内 200 多位生态学专家的问卷调查结果，按照联合国《千年生态系统评估》的生态系统服务分类（即供给服务、调节服务、支持服务、文化服务），建立了包括荒漠生态系统在内的中国生态系统单位面积服务价值表。黄湘（2006）提出了荒漠生态系统评估指标体系。5 年之后，谢高地等（2008）基于 2006 年对国内 700 多位生态学专业人员的问卷调查结果，进一步改进了中国生态系统单位面积服务价值表（表 6-6），该表的出现促进了国内学者对荒漠生态系统服务价值评估的案例研究。黄青等（2007）对且末绿洲生态系统、张华等（2007）对科尔沁沙地生态系统、杨春利和白永平（2009）对民勤绿洲生态系统、张飞等（2009）对渭干河-库车河三角绿洲生态系统、柴仲平等（2010）对石河子市生态系统、彭建刚等（2010）对奇台绿洲荒漠交错带生态系统、岳东霞等（2011）对民勤绿洲农田生态系统的服务价值的评估，都基于这份生态系统单位面积服务价值表。

需要说明的是，这份中国荒漠生态系统单位面积服务价值表适用于评估全国范围内整个荒漠生态系统的服务价值，但是很可能不适用于特定地区的荒漠生态系统，这是因为不同地区在自然条件（如植被、土壤、水文）和社会经济发展状况（如收入水平、教育水平）等方面通常存在显著差异。因此，在评估特定地区的荒漠生态系统服务价值时，就非常有必要根据该地区的实际情况来修正荒漠生态系统单位面积服务价值系数。上述的国内研究都是在评估某个地区的荒漠生态系统服务价值，而且都没有修正而是直接利用荒漠生态系统单位面积服务价值系数，由此可以推断，这些研究评估出的荒漠生态系统服务价值必然存在或多或少的偏差。还有少数学者没有直接利用这些系数，例如杨丽雯等（2006）对和田流域天然胡杨林生态服务价值的评估、任鸿昌等（2007）对西部地区荒漠生态系统服务价值的评估以及崔向慧（2009）对全国荒漠生态系统服务价值的评估。崔向慧（2009）对全国荒漠生态系统的生产产品、防护效益等服务价值进行了详细分析。

① 生产产品价值。生态系统利用太阳能，将无机化合物，如 $CO_2$、$H_2O$ 等合成有机物质是生态系统一个十分重要的功能，它支撑着整个生态系统，是所有消费者（包括人）及还原者的食物基础；我国荒漠生态系统可以为当地居民提供粮食、肉、奶、燃料以及建筑材料等重要的生活生产产品。

② 固碳制氧价值。荒漠生态系统中的植被通过光合作用，大量吸收和固定最主要的温室气体 $CO_2$，转化为有机物。

③ 营养物质循环价值。生态系统是营养元素循环的场所。生态系统养分积累的服务价值取决于荒漠生态系统的面积、质量、单位面积生态系统养分持留量和时间以及市场化肥价格。

④ 防护效益价值。在荒漠地区，生态系统最重要的一项功能就是防风作用，它可以改变沙区气候环境，促进沙区植被和昆虫区系的发展演替过程，使物种变得丰富；另一方面，可以改善沙土的理化性质，减少风蚀，阻止流沙的扩展；同时对于沙尘暴等自然灾害的防护也具有重要作用，主要从降低风沙流动、减少和避免土壤破碎和风蚀以及促进成土过程等方面加强了抗风沙功能。

⑤ 水土保持价值。荒漠区因土壤侵蚀，每年损失大量的表土，其经济损失表现在三个方面：一是因水土流失而造成土地荒废；二是流失土壤中大量的养分；三是造成河流等泥沙淤积。

⑥ 旅游服务价值。荒漠生态系统由于其独特的自然地理环境，生态系统类型多样，地貌形态典型，使其在景观上呈现独特性，开发了众多旅游景点，有山、水、花、草、古迹，具有相当的观赏价值。荒漠生态系统生态旅游服务价值有两方面的涵义：一是旅客的直接消费价值，体现了荒漠生态系统生态旅游服务价值的经济表现程度；二是荒漠生态系统生态旅游最大负荷能力的经济价值，体现了生态系统本身具有的生态旅游服务功能的总体价值，总体价值是动态的，是随生态系统的结构、功能及其资源量动态变化而变化的。

⑦ 生物多样性维持价值。荒漠生态系统独特的气候条件和地理条件为动植物的繁衍和栖息提供了良好的生境，成为上百种野生动物、上千种野生植物的栖息乐园，特别是孑遗物种的保存更是具有不可估计的价值。

⑧ 其他服务价值。荒漠生态系统服务功能还包括调节气温、水分调节、植物花粉的传播与种子的扩散、有害生物的控制等许多方面。

表6-6　中国荒漠生态系统单位面积生态服务价值的估算　　　　单位：元/$(hm^2 \cdot a)$

| 项目 | | 谢高地等（2003） | | 谢高地等（2008） | |
|---|---|---|---|---|---|
| | | 生态服务价值当量 | 生态服务价值 | 生态服务价值当量 | 生态服务价值 |
| 供给服务 | 食物生产 | 0.01 | 8.80 | 0.02 | 8.98 |
| | 原材料生产 | 0.00 | 0.00 | 0.04 | 17.96 |
| 调节服务 | 气体调节 | 0.00 | 0.00 | 0.06 | 26.95 |
| | 气候调节 | 0.00 | 0.00 | 0.13 | 58.38 |
| | 水文调节 | 0.03 | 26.50 | 0.07 | 31.44 |
| | 废物处理 | 0.02 | 17.70 | 0.26 | 116.77 |

续表

| 项目 | | 谢高地等（2003） | | 谢高地等（2008） | |
|---|---|---|---|---|---|
| | | 生态服务价值当量 | 生态服务价值 | 生态服务价值当量 | 生态服务价值 |
| 支持服务 | 保持土壤 | 0.01 | 8.80 | 0.17 | 76.35 |
| | 维持生物多样性 | 0.34 | 300.80 | 0.40 | 179.64 |
| 文化服务 | 提供美学景观 | 0.01 | 8.80 | 0.24 | 107.78 |
| 合计 | | 0.42 | 371.40 | 1.39 | 624.25 |

注：生态服务价值＝生态服务价值当量×单个生态服务价值当量的价值。谢高地等（2003）把单个生态服务当量的价值设定为 2002 年全国平均粮食单产市场价值的 1/7（880 元/hm²），谢高地等（2008）则把单个生态服务当量的价值设定为 2007 年粮食生产的影子地租（449.1 元/hm²）。

## 二、荒漠生态系统服务评估与价值核算方法

荒漠生态系统服务评估方法包括评估指标体系构建和计量方法两部分。

### 1. 中国荒漠生态系统服务评估指标体系的构建

荒漠生态系统服务功能评估指标是进行评估的基础和工具，指标体系提供了描述、监测和评估荒漠生态系统服务功能实物量与价值量的基本框架，因此评估指标体系的构建是荒漠生态系统服务功能评估工作的首要环节。

卢琦、郭浩等（2012）根据荒漠生态系统服务特点，结合我国荒漠生态系统背景特征，采用频度分析法结合专家咨询法，首次把荒漠生态系统服务划分为防风固沙、土壤保育、水资源调控、固碳、生物多样性保育和景观游憩 6 个方面 12 个评估指标（图 6-2）。

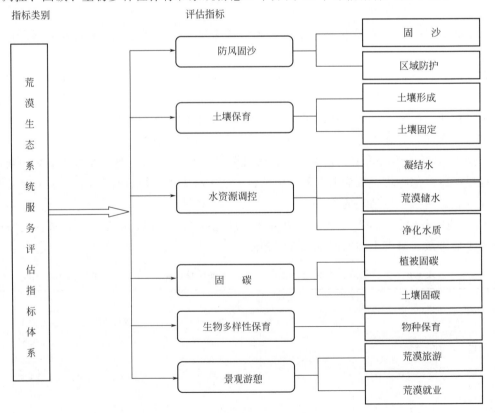

图 6-2　荒漠生态系统服务评估指标体系

**表 6-7　荒漠生态系统服务评估公式及参数说明**

| 指标类别 | 评估指标 | 评估种类 | 评估公式 | 参数说明 |
|---|---|---|---|---|
| 防风固沙 | 固沙 | 实物量 | $G_{固沙} = A_{有植被}(Q_{无植被} - Q_{有植被})$ | $G_{固沙}$为荒漠生态系统固沙总量,t/a;$A_{有植被}$为有植被覆盖或结皮的荒漠生态系统面积,hm²;$Q_{无植被}$为无植被覆盖或结皮条件下荒漠生态系统单位面积输沙量,t/(hm²·a);$Q_{有植被}$为有植被覆盖或结皮的荒漠生态系统单位面积输沙量,t/(hm²·a) |
| | | 价值量 | $V_{固沙} = C_{固沙}G_{固沙}$ | $V_{固沙}$为荒漠生态系统固沙的总价值,元;$C_{固沙}$为单位质量沙尘清理费用或荒漠沙尘造成的经济损失,元/t |
| | 区域防护 | 实物量 | $G_{畜牧} = A_{牧场}R_{畜牧}B_{畜牧}$<br>$G_{农作物} = A_{农田}R_{农田}B_{农作物}$ | $G_{畜牧}$为由于牧场防护林存在每年增加的荒漠生态系统畜牧业总产量,t/a;$A_{牧场}$为牧场防护林面积,hm²;$R_{畜牧}$为畜牧产量增加率,%;$B_{畜牧}$为牧场单位面积畜牧业平均产量,t/(hm²·a);$G_{农作物}$为由于农田防护林存在每年增加的荒漠生态系统农作物总产量,t/a;$A_{农田}$为农田防护林面积,hm²;$R_{农田}$为农作物产量增加率,%;$B_{农作物}$为农田单位面积农作物平均产量,t/(hm²·a) |
| | | 价值量 | $V_{区域防护} = C_{畜牧}G_{畜牧} + C_{农作物}G_{农作物}$ | $V_{区域防护}$为由于牧场防护林和农田防护林存在增加的荒漠生态系统畜牧业和农作物价值,元/a;$C_{畜牧}$为单位质量畜牧产品价格,元/t;$C_{农作物}$为单位质量农作物价格,元/t |
| 土壤保育 | 土壤形成 | 实物量 | $G_{土壤形成} = AM_{土壤}R_{土壤}$ | $G_{土壤形成}$为荒漠生态系统通过风力或水力等搬运作用每年流失每年流失平均每年流失的土壤数量,t/a;$A$为荒漠面积,hm²;$M_{土壤}$为单位面积荒漠平均每年流失土壤的比例,%;$R_{土壤}$为荒漠每年土壤形成新土壤的数量,t/(hm²·a) |
| | | 价值量 | $V_{土壤形成} = C_{土地}G_{土壤形成}/\rho$ | $V_{土壤形成}$为荒漠每年形成土壤的价值,元;$C_{土地}$为土壤形成损失土壤单位体积土壤所需费用,元;$\rho$为土壤容重,t/m³ |
| | 土壤固定 | 实物量 | $G_{土壤固定} = A_{有植被}(M_{无植被} - M_{有植被})$ | $G_{土壤固定}$为荒漠生态系统有植被覆盖或结皮的荒漠固土量,t/a;$A_{有植被}$为有植被覆盖或结皮的荒漠面积,hm²;$M_{无植被}$为无植被覆盖单位面积荒漠土壤平均流失量,t/(hm²·a);$M_{有植被}$为有植被覆盖单位面积荒漠土壤平均流失量,t/(hm²·a) |
| | | 价值量 | $V_{保肥} = G_{土壤固定}(NC_1/R_1 + PC_1/R_2 + KC_2/R_3 + 100MC_3)$ | $V_{保肥}$为荒漠生态系统保肥价值,元;N为荒漠土壤平均含氮量,%;$C_1$为磷酸二铵化肥价格,元/t;$R_1$为磷酸二铵化肥含氮量,%;P为荒漠土壤平均含磷量,%;$C_2$为磷酸二铵化肥价格,元;$R_2$为磷酸二铵化肥含磷量,%;K为荒漠土壤平均含钾量,%;$R_3$为氯化钾化肥含钾量,%;M为荒漠土壤有机质含量,%;$C_3$为有机质价格,元/t |
| 水资源调控 | 凝结水 | 实物量 | $G_{凝结水} = AW_{凝结水}$ | $G_{凝结水}$为荒漠生态系统每年的凝结水量,m³;A为荒漠面积,hm²;$W_{凝结水}$为荒漠生态系统每年凝结水增加的凝结水量,m³/(hm²·a) |
| | | 价值量 | $V_{凝结水} = C_{水}G_{凝结水}$ | $V_{凝结水}$为荒漠生态系统每年凝结水的总价值,元;$C_{水}$为水价,元/t |
| | 荒漠储水 | 实物量 | $G_{荒漠储水} = Y_{地表水} + Y_{地下水}$ | $G_{荒漠储水}$为荒漠生态系统的总水资源量,m³;$Y_{地表水}$为地表水资源量,m³/a;$Y_{地下水}$为地下水资源量,m³ |
| | | 价值量 | $V_{荒漠储水} = C_{水库}Y_{地表水} + C_{地下水库}Y_{地下水}$ | $V_{荒漠储水}$为荒漠生态系统储水经济价值,元;$C_{水库}$为地上水库建设单位各投资(包括占地、工程建造价补偿、工程建造价维护费用等),元;$C_{地下水库}$为地下水库建设单位年各投资(包括占地、工程建造价补偿、工程建造价维护费用等),元/m³ |

续表

| 指标类别 | 评估指标 | 评估种类 | 评估公式 | 参数说明 |
|---|---|---|---|---|
| 水资源调控 | 净化水质 | 实物量 | $G_{净化水质}=Y_{地下水}$ | $G_{净化水质}$ 为荒漠生态系统净化年化质量，m³/a；$Y_{地下水}$ 为地下水资源量，m³/a |
| | | 价值量 | $V_{净化水质}=C_{污水}G_{净化水质}$ | $V_{净化水质}$ 为荒漠生态系统净化水质总价值，元/a；$C_{污水}$ 为单位面积污水净化费用，元/t |
| 固碳 | 植被固碳 | 实物量 | $G_{植被固碳}=1.63R_{碳}AB_{年}$ | $G_{植被固碳}$ 为荒漠生态系统植被年固碳量，t/a；$R_{碳}$ 为 $CO_2$ 中碳的含量，为 27.27%；$A$ 为荒漠面积，hm²；$B_{年}$ 为荒漠植被净生产力，t/(hm²·a)；$V_{被固碳}$ 为荒漠生态系统植被被年固碳价值，元/ |
| | | 价值量 | $V_{植被固碳}=C_{固碳}G_{被固碳}$ | a；$C_{固碳}$ 为固碳价格，元/t |
| | 土壤固碳 | 实物量 | $G_{土壤固碳}=AF_{土壤固碳}$ | $G_{土壤固碳}$ 为荒漠生态系统土壤年固碳量，t/a；$A$ 为荒漠面积，hm²；$F_{土壤固碳}$ 为单位面积荒漠土壤年固碳量，t/(hm²·a)；$V_{土壤固碳}$ 为荒漠生态系统土壤固碳价值，元/a；$C_{固碳}$ 为荒漠固碳价格， |
| | | 价值量 | $V_{土壤固碳}=C_{固碳}G_{土壤固碳}$ | 元/t |
| 生物多样性保育 | 物种保育 | 实物量 | $G_{物种}=D_1+D_2$ | $G_{物种}$ 为荒漠生态系统物种（包括动物和植物）种类的总数量，个；$D_1$ 为荒漠植物物种种类的数量，个；$D_2$ 为荒漠动物物种种类个 |
| | | 价值量 | $V_{物种}=\sum_{i=1}^{D_1}C_iS_i+\sum_{j=1}^{D_2}C_jS_j$ | 数，个；$V_{物种}$ 为荒漠生态系统物种保育的总价值，元/a；$S_i$ 为荒漠植物物种第 $i$ 个种类的平均价值，元/个；$C_i$ 为荒漠植物物种第 $i$ 个种类的数量，个；$S_j$ 为荒漠动物物种第 $j$ 个种类的平均价值，元/个；$C_j$ 为荒漠动物物种第 $j$ 个种类的数量，个 |
| 景观游憩 | 荒漠旅游 | 实物量 | 荒漠生态系统荒漠旅游每年旅游总人数 | $V_{旅游}$ 为荒漠生态系统荒漠旅游每年的价值，元/a；$A$ 景区 为荒漠景区景区总面积，hm²；$N_人$ 为荒漠人均 |
| | | 价值量 | $V_{旅游}=A_{景区}N_人E\dfrac{R_{旅游}}{S}$ 其中：$N_人=(S/s)\times(T/t)\times D/S_{景区}$ | 单位面积荒漠景区合理环境容量范围内每年适宜的旅游人次，人次/（hm²·a）；$E$ 为荒漠人平均每次旅游支付的门票费用，元/人次；$R_{旅游}$ 为景区为旅游游览费用占旅游总收入的比例，%；$S$ 为景区适宜开展旅游的面积，m²；$s$ 为景区内人均占用面积，m²/人；$T$ 为景区每天开放时间，h；$t$ 为景区内人均游览时间，h；$D$ 为一年内适宜开放的天数，d；$S_{景区}$ 为景区面积，hm² |
| | 荒漠就业 | 实物量 | 荒漠生态系统内景观与遗产方面提供的就业人数 | $V_{就业}$ 为荒漠生态系统景观与遗产方面每年给当地居民带来的工资收入，元/a；$N_人$ 为第 $i$ 个 |
| | | 价值量 | $V_{就业}=\sum_{i=1}^{n}W_i$ | 就业人员的年平均工资，元/（a·人）；$n$ 为景观与遗产方面的就业人数，人 |

## 2. 中国荒漠生态系统服务实物量和价值量计量方法研究

对应中国荒漠生态系统服务评估指标体系的 12 个指标，在多项研究基础上，经过筛选、创建，提出了 24 个中国荒漠生态系统服务实物量和价值量评估公式（表 6-7）。为使更多人理解和掌握荒漠生态系统服务的方法，评估公式力求简单明了和易于操作，使其能够在最大范围内发挥更大作用。除此以外，通过研究论证又增加了沙尘生物地球循环方面实物量和价值量评估方法。为形成统一的服务价值评估规范，根据上述评估指标和方法，制定并发布了中华人民共和国林业行业标准《荒漠生态系统服务评估规范》（LY/T 2006—2012），从而为荒漠生态系统服务的深入研究奠定了坚实基础，表明我国在荒漠生态系统服务评估方面已迈入世界先进行列。

## 3. 荒漠生态系统功能评估与服务价值核算

依托中国荒漠生态系统定位观测研究网络（英文简称 CDERN）17 个台站长期定位观测研究的基础数据，结合国家林业局第四次（2009 年）全国荒漠化和沙化监测结果，点面结合、多源多维集成，综合运用生态学、植物学、气象学、水土保持学、经济学、旅游学、统计学、遥感等多学科交叉的理论和技术方法，对沙漠、沙地、戈壁等主要荒漠类型提供的七大生态服务功能的实物量和价值量进行了较为全面、系统的定量分析和评估。

（1）荒漠生态系统的范围界定　　根据联合国千年生态系统评估（Millennium Ecosystem Assessment，2005）的定义，旱区（drylands）包括所有陆地上作物、饲草、木材及其他生态系统服务的生产受到水供应量限制的区域，旱区包含分布于亚湿润干旱区、半干旱区、干旱区和极干旱区的土地。这种划分的依据是干旱指数，即年均降水量与年均潜在蒸散量的比值。

以上述划分为依据，利用 1950～1990 年间全国 671 个气象站的长时间序列气象数据，分别采用 Thornthwaite 和 Penman 计算可能蒸散量的方法计算了干旱指数的分布，然后根据中国气候区划和中国植被区划等对中国的旱区进行了划分（吴波等，2007），得到中国旱地生态系统区域总面积约 $452 \times 10^4 \, \text{km}^2$（表 6-8）。将中国沙漠分布图与旱区分布图进行叠加，得到沙漠、戈壁和沙地面积 $165 \times 10^4 \, \text{km}^2$。

荒漠生态系统服务功能评估就是以我国旱地生态系统（包括亚湿润干旱区、半干旱区、干旱区和极端干旱区四个气候类型区）作为控制区域（总面积约 $452 \times 10^4 \, \text{km}^2$），对其中的 $165 \times 10^4 \, \text{km}^2$（涵盖 8 大沙漠，4 大沙地及戈壁）的荒漠生态系统进行评估。

表 6-8　中国旱区面积

| 旱区 | 亚湿润干旱区 | 半干旱区 | 干旱区 | 极干旱区 | 合计 |
|---|---|---|---|---|---|
| 干旱指数 | 0.50～0.65 | 0.20～0.50 | 0.05～0.20 | <0.05 | |
| 面积/km² | 569480.1 | 1302694.6 | 1557315.4 | 1094599.1 | 4524089.2 |
| 占全国比例/% | 5.9 | 13.6 | 16.2 | 11.4 | 47.1 |

（2）中国荒漠生态系统服务实物量评估　　2009 年度的评估结果表明，中国荒漠地区植被固沙量 $440.49 \times 10^8 \, \text{t}$；荒漠植被的农田防护作用增加荒漠地区种植的农作物产量 $6.15 \times 10^8 \, \text{t}$；荒漠植被的牧场防护作用增加的牲畜肉产量相当于 1.77 亿只羊的出肉量；荒漠地区的沙尘经风力搬运后形成土壤 $176.49 \times 10^8 \, \text{m}^3$；沙漠和沙地每年产生凝结水 $76.53 \times 10^8 \, \text{m}^3$；荒漠地区 2009 年有地表水 $104.99 \times 10^8 \, \text{m}^3$，有地下水 $129.06 \times 10^8 \, \text{m}^3$；植被固碳 $1.91 \times 10^8 \, \text{t}$，土壤固碳 $0.12 \times 10^8 \, \text{t}$，沙尘落入海洋固碳 $10.35 \times 10^8 \, \text{t}$；植被生物碳总量为 $10.13 \times 10^8 \, \text{t}$，土壤有机碳总量为 $332.77 \times 10^8 \, \text{t}$，荒漠生态系统碳总量为 $342.90 \times 10^8 \, \text{t}$；2009 年我

国荒漠地区沙尘向海洋输送 Fe 量 $4.83 \times 10^4$ t。同时，荒漠生态系统也为 12419 种动物、2280 种植物提供了生存和繁衍场所。其中包括受威胁物种 1807 种、极危物种 244 种、濒危物种 774 种、易危物种 498 种和近危物种 291 种，而且，荒漠特殊的景观资源和文化遗址每年为 2.69 万人提供了就业机会（表 6-9）。

表 6-9　2009 年中国荒漠生态系统服务实物量

| 植被固沙量/$\times 10^8$ t | 粮食增产/$\times 10^8$ t | 增加牲畜/亿只羊 | 形成土壤/$\times 10^8$ m³ | 凝结水/$\times 10^8$ m³ | 地表水/$\times 10^8$ m³ |
|---|---|---|---|---|---|
| 440.49 | 6.15 | 1.77 | 176.49 | 76.53 | 104.99 |
| 地下水/$\times 10^8$ m³ | 植被固碳量/$\times 10^8$ t | 土壤固碳量/$\times 10^8$ t | 输送 Fe 量/$\times 10^4$ t | 动物/种 | 植物/种 |
| 129.06 | 1.91 | 0.12 | 4.83 | 12419 | 2280 |
| 受威胁物种/种 | 极危物种/种 | 濒危物种/种 | 易危物种/种 | 近危物种/种 | 荒漠就业/万人 |
| 1807 | 244 | 774 | 498 | 291 | 2.69 |

可以看出，各省、自治区荒漠区域的固沙量从大到小的顺序为：内蒙古自治区＞新疆维吾尔自治区＞甘肃省＞西藏自治区＞陕西省＞宁夏回族自治区＞河北省＞山西省＞青海省＞吉林省＞辽宁省＞黑龙江省。

各省、自治区荒漠区域植被和土壤固碳量从大到小的顺序为：内蒙古自治区＞新疆维吾尔自治区＞青海省＞河北省＞甘肃省＞西藏自治区＞吉林省＞陕西省＞辽宁省＞黑龙江省＞宁夏回族自治区＞山西省。

（3）中国荒漠生态系统服务价值量核算　评估结果表明，2009 年中国荒漠生态系统产生的生态服务价值为 53786.56 亿元。其中：荒漠植被的防风固沙价值 26334.28 亿元，占总价值的 48.96%；土壤保育价值 5728.22 亿元，占总价值的 10.65%；水资源调控价值 6724.09 亿元，占总价值的 12.50%；固碳价值 14838.65 亿元，占总价值的 27.59%；生物多样性保育价值 116.21 亿元，占总价值的 0.22%；景观游憩 45.11 亿元，占总价值的 0.08%（表 6-10 和图 6-3）。

表 6-10　2009 年期间中国荒漠生态系统服务价值量

| 评估类别 | 防风固沙 | 土壤保育 | 水资源调控 | 固碳 | 生物多样性保育 | 景观游憩 | 总计 |
|---|---|---|---|---|---|---|---|
| 价值量/亿元 | 26334.28 | 5728.22 | 6724.09 | 14838.65 | 116.21 | 45.11 | 53786.56 |
| 比例/% | 48.96 | 10.65 | 12.50 | 27.59 | 0.22 | 0.08 | 100.00 |

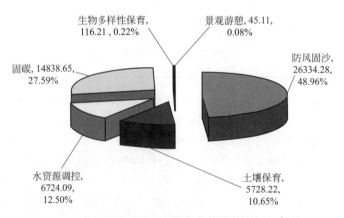

图 6-3　中国荒漠区域生态服务价值量分布图（亿元）

从防风固沙价值看，内蒙古自治区、新疆维吾尔自治区和西藏自治区位于前三位，第4～12名分别是甘肃省、陕西省、山西省、黑龙江省、河北省、宁夏回族自治区、青海省、吉林省和辽宁省。

从土壤保育价值看，新疆维吾尔自治区、内蒙古自治区和河北省位于前三位，第4～12名分别为甘肃省、西藏自治区、陕西省、宁夏回族自治区、青海省、山西省、吉林省、黑龙江省和辽宁省。

从植物固碳和土壤固碳的总价值看，内蒙古自治区、新疆维吾尔自治区和青海省位于前三位，第4～12名分别为河北省、甘肃省、西藏自治区、吉林省、陕西省、辽宁省、黑龙江省、宁夏回族自治区和山西省。

从生物多样性保育价值看，新疆维吾尔自治区、青海省和西藏自治区位于前三位，第4～12名分别为内蒙古自治区、甘肃省、宁夏回族自治区、陕西省、黑龙江省、山西省、吉林省、河北省和辽宁省。

# 第三节　主要的荒漠生态问题[1]

荒漠环境的独特性形成了与其自然环境相适应的、极其敏感而脆弱的生态系统。在严酷的自然生境条件下，荒漠生态系统要通过小的密度和生物量来维持平衡状态，平衡状态一旦被打破，会引起快速退化，结果表现为植被迅速消亡，形成高强度的风蚀或流沙，成为不毛之地，但若恢复到自然状态却相当困难而缓慢，往往是不可逆转的。

长期以来，在西北干旱荒漠区干旱日趋严重和人口日益增加的背景下，人类对荒漠生态系统的干扰和影响越来越大，致使资源开发和环境保护之间的矛盾日益突出，生态系统破坏事件层出不穷，生态问题十分严重。例如，在土地资源开发利用方面的某些不合理，引起干旱荒漠区敏感而脆弱的自然生态平衡遭受破坏，使得沙漠化发展，盐渍化加重，森林遭受破坏，草场退化，河流缩短，湖泊萎缩、干涸，水质盐化，生态系统面临前所未有的严峻挑战。

## 一、主要的荒漠生态问题

### 1. 荒漠化面积扩大，风沙危害加重

在西北干旱区，最主要的生态问题是土地荒漠化以及由此带来的风沙危害。造成荒漠化的直接原因以植被破坏，水资源利用不当，盲目开垦和过度放牧等人为因素为主。在荒漠区，荒漠化的主要表现形式有：风沙流和沙丘运动，侵占了原有的非沙漠土地；人类的不合理经济活动，如弃荒、过牧、樵采、河流和湖泊的断流干涸等改变了地表状况，加剧了风蚀风积，形成新的沙地；固定、半固定沙漠因植被破坏带来的沙漠活化。中国荒漠面积广大，截至2009年年底，我国荒漠化土地面积为 $262.37 \times 10^4 km^2$，沙化土地面积为 $173.11 \times 10^4 km^2$。局部地区仍在不断扩展。塔里木盆地南缘、古尔班通古特沙漠南缘、河西走廊、柴达木东部和阿拉善东南都是荒漠化强烈发展的地区。

### 2. 湖泊萎缩干涸，水域面积缩小

水域面积缩小主要表现为河流的断流、解体和湖泊的萎缩、干涸。干旱荒漠区河流主要

---

❶　本节作者为卢琦（中国林业科学研究院荒漠化研究所）。

是内陆河，水量小、流程短。由于近年来人工水系的不断发展，使得河流下游水量锐减甚至断流。湖泊水域面积缩小的同时，湖水矿化度升高、水质恶化，直接危及农业和水产业，进一步加剧了水资源危机。例如，我国最大的内陆河塔里木河，由于原流区的大量截流，到达下游的水量由 20 世纪 50 年代的 $13.5 \times 10^8 \, m^3$ 减至目前的 $2.84 \times 10^8 \, m^3$，下游一些水库基本断流，断流里程达 320km。中国最大的内陆淡水湖——博斯腾湖，在 20 世纪 60 年代～80年代的 20 年间，湖水矿化度就由 0.4g/L 上升到 1.8g/L 以上，目前仍维持在 1.0g/L 以上的微咸水平，严重威胁着库尔勒地区居民饮水和工农业用水，河水水质的恶化也直接危及农业和水产业，进一步加剧了水资源危机。

### 3. 天然林面积减少，荒漠植被受损严重

由于水资源利用不合理，上、中游用水过量，造成下游依赖河水补给的大面积天然林或人工林衰退以至枯死。例如，塔里木河由于上游农业灌溉大量用水，使下游河水流量剧减以至断流，导致英苏至库尔干 100km 地段内胡杨林面积由 $4.5 \times 10^4 \, hm^2$ 减少到 $1.6 \times 10^4 \, hm^2$；黑河由于中游河西走廊农业灌溉拦截大量用水，使下游水量由 20 世纪 60 年代的 $12 \times 10^8 \, m^3$ 减至 80 年代的不足 $5 \times 10^8 \, m^3$，导致下游胡杨林由 20 世纪 40 年代的 $5 \times 10^4 \, hm^2$ 减少到 $2.27 \times 10^4 \, hm^2$，红柳林由 $15 \times 10^4 \, hm^2$ 减少到 $10 \times 10^4 \, hm^2$，沙枣林已残留很少。石羊河下游水量的减少，使民勤绿洲以人工林、天然胡杨林、红柳林为主的植被退化率已达 2/3。

### 4. 超载过度放牧，草场退化严重

过度放牧会引起草地退化，主要表现为两方面。一方面，草原植物种群的盖度随着放牧强度的增加而降低。过度放牧会使植物群落种类成分发生变化，地上和地下生物量下降，植被盖度变小，光合作用能力降低，从而影响到植物的生长发育和繁殖能力。地表植被数量的减少和盖度的降低削弱了植被原有的生态功能，给土壤的特性和结构带来不利影响，如有机质含量的降低，孔隙度的减少等，土壤质量的退化最终引起土地沙漠化的蔓延，进而破坏植物组成和功能，加速草原生态环境的恶化。另一方面，畜蹄践踏使土壤的形状发生不利变化。放牧过重的退化草地水土流失严重，土壤向贫瘠方向发展，且越是贫瘠的土壤，越容易受到植物的影响。同时也会造成土壤渗透力和蓄水能力减弱，土壤水分蒸发量加大，盐碱化程度增大。据统计干旱荒漠区的天然草地都存在着超载过度的放牧问题，新疆的载畜量为适宜载畜量的 101.1%，河西走廊为 120%，柴达木盆地为 114.6%。由于放牧区牲畜数量的剧增，草场压力加剧，草原得不到恢复，造成草原退化、草场质量下降，阻碍畜牧业的可持续发展。

### 5. 种群数量减少，生物多样性面临威胁

近年来，由于气候变异以及人类活动加剧，荒漠区野生动植物物种丰富区的面积不断减少，珍稀野生动植物栖息地环境恶化、种群数量减少，种质资源及野生亲缘种丧失，珍贵药用野生植物数量锐减，特别是干旱区荒漠生态系统生物多样性受到严重威胁。据统计，由于人类活动，特别是对资源的过度开发利用，已经造成干旱地区多达 20% 的生态系统的退化和荒漠化的加剧，2311 个物种濒危，每年农业产品损失 40 多亿美元。在各种破坏因素的作用下，中国荒漠地区的植物和动物，有些已在近几十年内灭绝了，例如植物有盐桦（*Betula halophila*）、三叶甘草（*Glycyrrhiza triphylla*），动物中已证实灭绝的有新疆虎、蒙古野马、高鼻羚羊（中国境内灭绝）和新疆大头鱼（*Aspiorhynchus laticeps*）（近二三十年内灭绝）等。

## 二、生态问题形成原因分析

尽管荒漠在一般人心目中是地广人稀，受人类影响相对较小。然而，实际上中国西北荒漠许多部分环境已受到严重破坏，那里生物资源被剧烈摧残，生物多样性在急剧减小，严重影响了荒漠生态系统的稳定。干旱区荒漠生态系统退化及产生的生态问题是自然原因和人为因素协同作用的结果。干旱区独特的自然条件造就了其脆弱的生态环境，而人类开荒造田、过度放牧等过度开发利用自然资源，增加了对环境的压力，导致生态退化、灾害频繁，破坏了人们赖以生存和可持续发展的基础。

### 1. 自然因素

西北干旱荒漠区约占全国陆地面积的 1/4，是我国特殊的自然地理单元，也是世界干旱区中别具一格的地理景观。它深居欧亚大陆腹地，呈山脉与盆地相间的地貌格局，远离海洋，呈现明显的西风气候特征，除高大山脉（如天山、祁连山等）的上部降水较多外，大面积地区为荒漠戈壁和流动沙丘所占据，年降水量在 200mm 以下，干燥度大于 4，为亚洲中部极端干旱区的一部分，气候干旱、降水稀少、蒸发强烈、风多沙大，在干旱和大风的双重作用下，风沙活动加剧，很容易造成土地的沙化。同时由于干旱区土壤盐渍化比较普遍，影响植物群落的生长发育，对植被系统的生存也构成严重威胁，最终导致荒漠生态系统的植被十分稀疏，生物量和生物多样性都很低，个体数量少，食物链也很简单，整个生态系统极为脆弱。

### 2. 人为因素

在长期的生产实践活动中，人类在不断加深对自然界的认识和影响的同时，也极大地改变了西北干旱荒漠区原有自然生态环境的分布格局和面貌。人类不合理的开发利用活动，使土地退化问题不断加剧，生态环境进一步恶化。随着人口的增长，不仅带来对食物、燃料等基本生活资料的需求的增长，同时也增加了对土地和生态环境的压力。

（1）人口剧增，经济发展落后  由于干旱荒漠区人口的增加，给原本脆弱的生态环境带来了巨大的压力，再加上区域经济发展落后、水土资源开发不协调等因素，明显加剧了水资源的耗用和土地荒漠化的进程。据统计，近 50 年来，河西走廊地区的人口增加了 1.5 倍以上，人口密度已超过 15 人/km$^2$；人口的增加导致生产建设规模扩大，从而给环境产生了巨大的压力。

（2）水资源开发和利用不合理  西北干旱区水资源十分有限，在水土资源开发利用过程中生态与经济的矛盾十分突出。由于人工渠道的建设及不合理的截流，导致下游地区河道断流，地下水位大幅下降，河岸植被退化，荒漠化面积扩大。此外，由于农田大水漫灌，土壤水分渗漏严重，加之管理不善，土地不平整，重灌轻排，水利设施的配套跟不上土地开发速度，造成局部地下水位上升，土壤盐分积累，使耕地次生盐渍化、沼泽化普遍发生。

（3）对植物资源掠夺式地樵采和挖药  荒漠生态系统在固定流沙、降低风速和改善环境方面起着不可替代的作用，其中有许多荒漠草本和小半灌木是营养丰富的牧草，不少种类具有药用价值。由于受到经济利益的驱动，人类挖药、樵采等破坏性的采掘活动屡禁不止，造成梭梭、红柳等固沙植物，珍贵药材如甘草、麻黄、锁阳等遭到严重破坏，荒漠区的生物资源遭受剧烈摧残，区域荒漠化问题更加严峻。例如，新疆准噶尔盆地荒漠地区居民平均每户每年要烧 2t 梭梭柴（梭梭和白梭梭），需砍掉 6～7hm$^2$ 的天然梭梭林，使古尔班通古特沙漠南缘的梭梭林受到严重破坏，沙丘大量活化。塔里木盆地原有 53×10$^4$hm$^2$ 胡杨林，十几年内面积减小了一半以上。内蒙古阿拉善荒漠的梭梭林，自 1958 年起的 20 年内被砍去了 60%。

（4）部分地区不合理的农业开垦　荒漠化地区盲目开垦荒地，不仅使新开荒的土地因干旱不能持续利用而撂荒，而且破坏了原有植被，沙质表土裸露，为风蚀创造了条件，造成土壤风蚀严重。更为直接的后果是，盲目开荒使许多野生植物资源直接受到破坏，缩小了野生动物的栖息地，促使它们数量减少，有些已趋于灭绝。

（5）近年来石油和其他矿藏大规模勘探和开采，以及道路和城镇的建设，以多种不同的方式（破坏栖息地，阻断野生动物的迁徙路线，扰乱它们的正常宁静生活等）对野生动植物构成威胁，同时对荒漠植被造成毁灭性破坏。

干旱荒漠区是地球上一类特殊的生态地理区域，它既是人类生存发展的潜在空间，又是地球生态灾害的源头区域。干旱荒漠区独特的气候条件决定了其生态退化的风险较高，而近代人类活动的强烈干预恰恰加速了这种进程，具体表现为生态环境受到严重破坏、河道断流、植被大面积衰败死亡、林间沙地活化和沙尘天气增多等，人类生存环境正在受到严重威胁。

我国西北干旱荒漠区多为少数民族聚集区和经济欠发达地区。随着国家经济建设重点西移，西部已成为我国经济增长的重要支点。然而，西部支撑资源开发的生态环境却极为脆弱。因此，如何在利用优势资源提高生产的同时，有效遏制干旱荒漠区生态的进一步退化，使受损生态系统得到恢复，实现社会-经济-自然复合生态系统的可持续发展，让荒漠造福于人类，成为众多科学家和决策者们不断探索和亟待解决的问题。

## 第四节　荒漠生态保护与建设实践❶

伴随着 20 世纪 80 年代世界各国生态恢复研究热潮的兴起，干旱荒漠区生态保育与恢复研究也蓬勃发展起来。荒漠生态保护法律与政策、荒漠生态保育与恢复技术、荒漠化防治技术也得到了普遍实践与应用，并且取得了显著成效。

### 一、荒漠生态保护法律和政策

自 20 世纪 70 年代以来，为了应对荒漠区土地利用导致的生态破坏和土地荒漠化问题，中国先后颁布实施了近 20 部涉及荒漠生态建设和保护的相关法律及一系列法规和标准，形成了以《防沙治沙法》为核心，以《水土保持法》、《土地管理法》、《环境保护法》和《草原法》为重要支撑的法律体系。特别是 1994 年中国签署《联合国防治荒漠化公约》后，就着手完善防治荒漠化法律体系。经过多年的努力，《防沙治沙法》于 2001 年 8 月 31 日正式颁布。该法确立了防沙治沙的基本原则、责任、义务、管理体制、主要制度、保障措施以及违反《防沙治沙法》应当承担的法律责任，为快速健康推进防沙治沙工作奠定了坚实的基础。《防沙治沙法》的颁布与实施，进一步理顺了防沙治沙管理体制，规范了沙区经济行为，使中国的荒漠化防治工作完成了从人治到法制的世纪跨越，成为中国乃至世界上第一部防沙治沙的专项法案，翻开了环境立法的新篇章，对世界其他国家具有积极的启示和借鉴意义。中国制定和颁布实施的上述立法体系，在干旱荒漠区的生态保护与建设实践中发挥了重要作

---

❶　本节作者为卢琦（中国林业科学研究院荒漠化研究所）。

用。主要表现在 3 个方面：①促进了干旱区生态保护与经济社会的协调发展；②为荒漠生态保护与建设的规范管理提供了坚实基础；③保障了荒漠生态保护与建设各项制度和措施的有效高效实施。当然，由于法律法规大都是针对自然环境中的某一特定要素制定的，没有考虑到自然生态环境的有机整体性和各生态要素的相互依存关系，还存在一定的缺陷和不足，特别是缺少一部综合性的生态保护法。

在政策方面，中国政府将"可持续发展"作为国家发展的重大战略，把保护环境确定为基本国策，实施经济、社会、资源、环境和人口相协调的发展战略。并将防治荒漠化作为保护环境和实现可持续发展的重要行动纳入国家国民经济和社会发展计划，先后制订了《中国21 世纪议程》、《中国环境保护 21 世纪议程》、《中国 21 世纪议程林业行动计划》、《全国生态环境规划》、《生物多样性行动保护计划》、《全国生态脆弱区保护规划纲要》、《中国履行联合国防治荒漠化公约国家行动方案》、《全国防沙治沙规划（2011～2020 年）》、《西部地区重点生态区综合治理规划纲要（2012～2020 年）》等重要文件，坚持经济建设和环境建设同步规划、同步实施、同步发展。

干旱区荒漠生态保护与建设作为一项长期的社会性、公益性事业，一直受到各级政府部门的高度重视，中国各级政府为此制定并出台了许多政策和规划。1999 年 6 月，中国政府正式启动西部大开发战略，其中一个重要目标就是确保西部地区自然资源的可持续经营。20世纪 90 年代末，中央政府启动了退耕还林（草）、封山禁牧、京津风沙源治理和移民等一系列生态治理政策，启动了内陆河流域综合治理与试验示范项目、草原保护和建设工程以及水土保持项目等一批有关防沙治沙的工程项目，在国家层面上确立并实施了以生态建设为主的林业发展战略。国家实施重大生态治理政策以来，在政府加强对土地利用管理和监督的过程中，农户的生态意识发生了很大变化，土地沙漠化快速蔓延的趋势得到遏制，呈现出"治理与破坏相持"的局面。与国家的政策相配套，地方政府在省（直辖市、自治区）层面上实施了"禁牧、移民搬迁、结构调整"等生态治理政策，形成了"国家投资、地方实施、农户参与"的治理模式。这些政策的实施范围涉及全国 97％以上的县（市、区、旗），其中，内蒙古自治区的退耕还林涉及 96 个旗、县，累计完成退耕还林任务 $3.5 \times 10^7$ 亩。通过实施退牧还草、围栏封育、退耕还林（草）等生态治理政策，我国土地荒漠化快速蔓延的趋势在整体上得到遏制，为实现沙化土地整体逆转发挥了重要作用，有力地保障了荒漠生态保护与建设工作的顺利进行。

此外，我国还从 1995 年 6 月 17 日第一个世界防治荒漠化和干旱日开始，每年 6 月 17日举办宣传活动，使全社会防治荒漠化意识显著提高，人民群众的科学治沙意识普遍增强，为荒漠生态保护与建设的实施提供了良好的群众基础。

## 二、荒漠生态保护措施与技术

### 1. 荒漠自然保护区建设

在广袤的荒漠区建立自然保护区是保护荒漠生态、生物多样性和自然资源的最有效措施之一。我国荒漠生态系统类型自然保护区建设始于 1983 年建立的新疆阿尔金山自然保护区，截至 2011 年，全国共建立此类型自然保护区 33 个，面积达 $40.92 \times 10^4 \mathrm{km}^2$，占我国荒漠总面积的 24.85％。我国已建的荒漠生态系统类型自然保护区虽然数量不多，仅占保护区总数的 1％，但面积很大，约占全国自然保护区总面积的 45％。这些保护区在维持和改善我国西北地区的自然环境、保护野生动物和植被资源、保护脆弱的荒漠生态系统、维护生态平衡以及改善区域生态环境中，发挥了巨大作用。荒漠区的动植物资源及其栖息地，特别是国家重点保护的珍稀濒危野生动植物物种，都在保护区内得到了有效保护。如以极旱荒漠生态系统为主要保护对象的甘肃安西极旱荒漠国家级自然保护区，自1987年批准建立以来，不仅有效保护了区内的红沙、珍珠、泡泡刺、合头草四大荒漠植被类型，13种国家重点保护植物，雪豹、野驴、北山羊、金雕等26种国家重点保护野生动物，而且建立了戈壁植物园，移栽培育了荒漠珍稀濒危植物7科18种5万多株，有效地发挥了示范作用。

由于荒漠地区自然条件恶劣，荒漠生态系统十分脆弱，一旦破坏，很难恢复，特别是西北地区将是21世纪我国能源和经济建设的重点区域，从加强我国荒漠生态保护和实现荒漠区可持续发展的长远战略出发，还有必要在加强现有自然保护区建设和管理的同时，新建一批自然保护区，扩大荒漠生态系统保护面积。另外，还应利用自然保护区这一平台，积极开展科学研究，开展生态旅游和其他综合利用示范，协调保护与发展的关系。

### 2. 沙化土地封禁保护区建设

考虑到沙漠是重要的荒漠生态系统类型之一，保持一个相对稳定的沙漠生态系统对保护陆地生态平衡十分重要，而封禁既是保持沙漠自然生态系统稳定，也是恢复已严重退化的沙区植被最有效、最经济的办法。因此，《防沙治沙法》将设立沙化土地封禁保护区作为一项重要规定，对不具备治理条件或者因为保护生态需要不宜治理和开发利用的连片沙化土地实行封禁保护。《防沙治沙法》中有关条款规定如下。①在沙化土地封禁保护区范围内，禁止一切破坏植被的活动。②禁止在沙化土地封禁保护区范围内安置移民。对沙化土地封禁保护区范围内的农牧民，县级以上地方人民政府应当有计划地组织迁出，并妥善安置。沙化土地封禁保护区范围内尚未迁出的农牧民的生产生活，由沙化土地封禁保护区主管部门妥善安排。③未经国务院或者国务院指定的部门同意，不得在沙化土地封禁保护区范围内进行修建铁路、公路等建设活动。

封禁保护，就是对地质时期形成的沙漠、沙地和戈壁，实行全面的封禁；将沙漠周边人为破坏严重、沙化扩展加剧、当前暂不具备治理条件的沙化土地划定为若干个沙化土地封禁保护区，消除放牧、开垦、挖采等人类活动的影响，保护和促进林草植被的自然恢复，遏制沙化扩展。国内外经验表明，实施封禁保护后，沙区植被在若干年内能够自然恢复，即使是没有植被覆盖的沙地，表面也会形成一种保护性"结皮"，将沙尘盖住，从而显著减少沙尘源区或路径区的起沙和起尘量，减轻沙尘暴的频次和强度。受自然、人力等诸多因素影响，我国形成了西起新疆塔里木盆地，东至东北松嫩平原西部的"万里风沙带"。根据第四次全国荒漠化和沙化监测结果显示，目前我国沙化土地面积为 $173.11 \times 10^4 \text{km}^2$，占国土总面积的 18.03%。其中约有 $50 \times 10^4 \text{km}^2$ 属于可治理区域，还有约 $120 \times 10^4 \text{km}^2$ 属于不具备治理条件的区域。这些不具备治理条件的沙化土地，大多位于我国的沙尘源区和沙尘暴的移动路径上，由于当地降雨量很小，植被破坏容易、恢复艰难，只有封禁保护，才能使当地生态得以恢复。

通过建立封禁保护区，可有效降低人畜对区域生态环境的破坏，对于改善当地生态环境，促进地方经济可持续发展，缓解对周边地区的沙害压力，减少沙尘暴的发生，保护沙区内的珍稀濒危物种、生物多样性等都具有重要意义。为稳妥、有序地推进沙化土地封禁保护区建设，加快我国防沙治沙进程，改善沙区生态状况，构建北方防沙治沙生态屏障，根据《中华人民共和国防沙治沙法》的有关要求，国家财政部和国家林业局决定从2013年起开展沙化土地封禁保护补助试点工作。同时，2013年颁布实施的《全国防沙治沙规划（2011~

2020 年）》也提出，将对我国沙化土地实施封禁保护，范围涉及内蒙古、西藏、陕西、甘肃、宁夏、青海和新疆 7 个省（自治区），主要分布于内蒙古中西部、甘肃河西走廊西北部、新疆塔里木盆地和准噶尔盆地以及东疆地区、青海柴达木盆地和共和盆地、陕西西北部、宁夏西北部、藏西等干旱及半干旱地区。实行封禁保护后，我国北方广阔的沙区将成为"无人区"或"无人活动区"，对于全国的生态环境和当地的经济社会发展影响巨大。

### 3. 封育修复技术

封育修复是一种有效的保护环境和资源的自然恢复方式，就是在原有植被遭到破坏或有条件生长植被的生态区域，实施一定的保护措施（如设置围栏），建立必要的保护组织（护林站），禁止人类活动的干扰，比如封山，禁止垦荒、放牧、砍柴等人为的破坏活动，给植物以繁衍生息的时间，使天然植被逐渐恢复，从而起到防风固沙的作用。荒漠区封育技术措施主要包括封育类型确定、封育的方法、封禁制度的建立和人工促进措施等几个方面的内容。

（1）封育类型　主要包括全封、半封和轮封。全封又叫死封，就是在封育初期禁止一切不利于林草生长繁育的人为活动，如开垦、放牧、砍柴、割草等。半封又叫活封，分为按季节封育和按植物种封育两类。轮封就是将整个封育区划片分段，实行轮流封育。在不影响育林育草固沙的前提下，划出一定范围，暂时允许群众樵采、放牧，其余地区实行封禁。通过轮封，使整个封育区都达到植被恢复的目的，这种办法能较好地照顾和解决目前生产和生活的实际需要，特别适于草场轮牧。

（2）封育方法　确定封育区的位置、范围（或宽度），并根据封育的目的和立地状况确定封育的类型和期限。为防止牲畜侵入和人为干扰，在划定的封育区边界上通常要建立防护设施，如垒土（石）墙、挖深沟、设枝条栅栏、刺丝围栏、电围栏等。在封育面积较大的情况下，还要建立防护哨所、瞭望台等其他防护设施，并竖立标牌、修建道路。

（3）封育制度建立　建立封育制度是关系封育成效好坏的重要内容之一，一般包括宣传制度、组织管理制度以及管护和奖惩制度等。

（4）人工促进措施　在有条件的地方，采用一定的人工措施，可提高恢复速度，丰富植物种类，起到事半功倍的作用。人工促进措施主要包括人工压沙或设沙障、引水灌溉、合理平茬、人工雨季播种、飞机播种、重点地段的人工造林等。

实践证明，封育恢复植被非常有效，成本最低，是植物治沙中投资少、见效快的一项治沙措施。据计算，封育成本仅为人工造林的 1/40（灌溉）～1/20（旱植），为飞播造林的 1/3。在我国沙区，尤其是降雨量比较多的地区，采用封沙育林育草技术，几年内即可使流沙地达到固定、半固定状态。2000 年制定的我国防沙治沙工程十年规划中，要求全国封育治沙面积达 $266.7 \times 10^4 \, \text{hm}^2$，占治沙总面积的 40%，比人工造林（占 20%）和飞机播种（占 10%）两项之和还多，由此可见封沙育林育草措施的重要性。

### 4. 荒漠生物多样性保护实践

我国干旱荒漠区幅员辽阔，自然条件差异大，生态环境复杂多样，动植物资源非常丰富，并且具有抗旱、抗盐碱、抗病虫害等抵抗极端环境的特殊性，是丰富的具有特殊功能的生物基因库。我国政府一直重视生物多样性保护工作，于 1993 年批准了《生物多样性公约》，三十年来开展了一系列履行国际公约和保护生物多样性工作。除了建立自然保护区对荒漠区的物种个体、种群或群落进行"就地保护"（in situ conservation）外，还通过建设沙生植物园、野生动物繁育中心等对荒漠区的重点物种特别是濒危物种开展了"迁地保护"（ex situ conservation）。通过这一手段，挽救了许多濒危物种，而且在迁地保护中，通过调整种群结构、遗传改良、疾病防治和营养管理等人工措施，减弱了随机因素对小种群的影响，使其有效种群达到最大。保护和恢复干旱荒漠区的生物多样性，不仅改善了生态环境，维持了荒漠地区的社会经济可持续发展，同时也为我国未来开发利用生物基因资源做出了巨大贡献。

我国具有一定规模和影响的荒漠植物园有两个，即甘肃民勤沙生植物园和新疆吐鲁番沙漠植物园。建立在巴丹吉林大沙漠东南缘的甘肃民勤沙生植物园，占地面积 4.7 万平方公里，引种栽培的沙生、旱生植物及乡土植物共计 470 余种（其中珍稀濒危植物 13 种），收藏植物标本 700 余种，是中国第一座沙漠植物园。民勤沙生植物园以沙生、旱生植物的引种驯化为中心，主要从事发掘沙区野生植物资源、选育良科、繁殖推广等工作，已经成为目前国内最具规模的荒漠植物种质资源立体基因库。1976 年建立的中科院吐鲁番沙漠植物园，在中国西北广大荒漠地区进行荒漠野生植物资源引种繁育，露地栽培荒漠植物近 700 种，迁地保育荒漠植物的各种属数已经占我国荒漠地区分布总数的 80%。荒漠珍稀濒危保护植物 43 种，特有种 47 种，特色植物类群有桎柳属、沙拐枣属、沙冬青属等，不少种属是我国荒漠特有种类。吐鲁番沙漠植物园已成为我国西北荒漠区植物种质资源迁地保护和荒漠植物生物多样性保护的研究基地。

中国荒漠地区目前已建立了多个以保护野生动物为目的的野生动物困养设施和繁育中心，在灭绝物种（野马、高鼻羚羊）的引进和增加濒危物种（蒙古野驴、野骆驼）的种群数量方面正在发挥作用。

① 新疆野马繁殖研究中心于 1986 年批准成立，是我国最早建立的八个重点保护拯救工程之一。中心的主要任务是通过人工饲养繁殖扩大种群，进行野化研究实验，最终放归大自然，重建野生种群。1986 年起，先后从英国、美国、德国引进野马 24 匹，繁殖野马达 300 多匹，繁殖成活率 85% 以上，居世界领先水平。现已发展成亚洲最大的野马繁殖基地。2001 年 8 月实现了我国首次野放试验，先后放归 62 匹野马，野外繁殖 45 匹野马，野放试验取得探索性成功，得到国内外的认可。

② 青海野生动物救护繁育中心位于西宁市大南山西部，该中心除有野生动物的活动场所外，还设置了动物救护、康复以及繁殖的场所。青海野生动物救护繁育中心野生动物种类达到 200 种以上，总数达 2500～3000 头（只），国家一类、二类濒危保护动物繁殖种群达到 15 种以上，大大提高了野生动物的收容、拯救和繁育能力，使青海省野生动物资源得到有效的保护和发展。

③ 甘肃武威濒危野生动物繁育中心位于腾格里沙漠，面积达 $17×10^4 hm^2$，核心建设区 $1×10^4 hm^2$，是拯救、保护、繁育、研究濒危珍稀动物的基地。该中心内有神州野生动物园，园中有从国内外引进的濒危珍稀动物，其中国家一、二级保护动物有金丝猴、赛加羚羊、普氏野马、野驴、海星鼠、白唇鹿等。近年来，在保护濒危动物的过程中，该中心又建成了 10 万亩的半放野区围栏（1 亩＝666.7m²，下同），1000 亩的饲草料基地，已完成治理沙漠面积 15 万亩；建成经济林、酿酒葡萄、沙生苗木、中华速生杨、三倍体毛白杨、刺柏、云杉、杏苗基地 1100 亩，为压沙造林、保护濒危动物创造了良好的条件。

## 三、荒漠生态治理技术与工程

中国的荒漠生态治理技术研究起步于 20 世纪 50 年代中期，先后对八大沙漠、四大沙地进行了综合科学考察，并建立了许多定位、半定位的治沙试验站，积累了大量基础数据和资料。"六五"、"七五"、"八五"期间，在科技部等部门的大力支持下，各科研院对所在沙地水分运移规律、沙区乔灌草的选育和扩繁、农田防护林和防风固沙林建设、铁路和公路防沙、退化植被恢复重建、飞播造林以及土地沙化监测与评价等方面开展了一系列研究，特别是全国防沙治沙工程实施以来，在不同沙化类型区，根据不同区域的自然条件，研发和集成了许多防沙治沙实用技术与模式，并在防沙治沙生产实践中得到广泛应用，产生了巨大的生态和社会经济效益。

### 1. 荒漠生态治理技术及成效

我国的防治荒漠化研究工作始于 20 世纪 50 年代末期。经过 60 多年的开发、试验、示范和技术集成，取得了一批先进的技术成果，创造了许多先进、适用的技术。这些技术主要包括：①固沙与阻沙技术，主要有工程防沙技术（如高立式沙障阻沙、草方格固沙）、化学固沙技术（如沥青乳液覆盖沙面固沙）、生物防治技术（营造防护林、飞播造林、封沙育林育草）；②沙区节水技术，主要有渠道防渗、低压管道输水、喷灌、微喷灌、田间节水等技术；③荒漠化土地综合治理与开发技术，农业方面主要有引水拉沙造田、老绿洲农田改造、沙地衬膜水稻栽培、盐碱土改良、抗风蚀农业耕作、日光温室、地膜覆盖栽培和无土栽培等技术，牧业方面主要有合理轮作、饲草加工、草场改良和温室养殖等技术，农牧综合技术主要有"小生物圈"技术、"多元系统"技术和"生态网"技术等。以上述技术为依托，经过优化集成，形成了一批适合不同地区、不同行业、各具特色的防沙治沙模式。主要包括：赤峰模式——半湿润区荒漠化土地治理与开发模式、榆林模式——半干旱区荒漠化土地治理与开发模式、临泽模式——干旱区绿洲土地荒漠化防治模式、和田模式——极端干旱区绿洲土地荒漠化防治模式、沙坡头模式——干旱区铁路防沙固沙模式、塔里木模式——极端干旱区沙漠公路防沙治沙模式、东胜模式——半干旱区煤田矿区荒漠化土地整治模式、贵南模式——青藏高原半干旱区旱作农业风蚀防治模式等。

"九五"和"十五"期间，科技部将荒漠化治理技术研究与示范列入国家科技攻关计划，经过近 10 年的科技攻关，获得了一大批实用技术与模式，并在北方 8 个省（市、区）建成各具特色的试验示范区 18 个，完成试验示范任务 31.8 万多亩，推广面积 700 多万亩，获得新产品 20 项，新技术、新工艺 112 项，新材料 54 种，研制成功设备 1 套，获国家专利 26 项。仅"九五"科技攻关获得的技术，就有 25 项在生产上直接推广应用，有 7 项成果得到了商品化，获综合经济效益 1.7 亿多元。代表性成果包括绿洲开发生态风险分析评价方法、高寒干旱区荒漠化土地治理技术、河西走廊盐渍化土地"三系统"治理技术、沙质荒漠化指标体系及动态评估技术、生态安全下沙区土地利用结构优化模式、利用放射性核素示踪法测定和评价土壤风蚀技术、生物防护体系水分-生物管理和咸水调灌技术等，共在国内外发表论文、著作 640 多篇（本），这些防沙治沙的技术储备为"十一五"防沙治沙科技攻关奠定了坚实的基础。

### 2. 荒漠化重点治理工程

我国地域辽阔，荒漠生态系统类型多样，社会经济状况差异大，根据实际情况，陆续启动实施了"三北"防护林建设工程（1978 年）、全国防沙治沙工程（1991 年）等林业生态工程，对我国防沙治沙事业产生了强有力的推动作用。进入 21 世纪，国家又先后启动实施了京津风沙源治理工程（2001 年）和以防沙治沙为主攻方向的三北防护林体系建设四期工程，我国的防沙治沙步入了以大工程带动大发展的新阶段。我国荒漠化防治重点工程分为三个层次：一是国家级重点荒漠化防治工程，主要包括京津风沙源治理、"三北"防护林工程（四

期）、草地沙化防治和退牧还草工程三大工程；二是区域性的荒漠化防治工程，包括新疆和田地区生态建设工程、拉萨市及周边地区造林绿化工程、青藏高原冰冻融保护项目；三是示范区建设，在全国建设星罗棋布的防沙治沙示范区、示范点。

（1）京津风沙源治理工程　京津风沙源治理工程建设范围西起内蒙古的达尔罕茂明安联合旗，东至内蒙古的阿鲁科尔沁旗，南起山西的代县，北至内蒙古的东乌珠穆沁旗，东西横跨近 700km，南北纵跨近 600km，涉及北京、天津、河北、山西、内蒙古 5 省（自治区、直辖市）的 75 个县（市、区、旗），总面积为 $45.8 \times 10^4 km^2$。工程主要对沙化草原、浑善达克沙地、农牧交错地带沙化土地和燕山丘陵山地水源保护区沙地进行重点治理。重点是加强植被建设和保育，完成工程建设任务 $1628 \times 10^4 hm^2$，其中营造林（含退耕还林）$498 \times 10^4 hm^2$，草地治理 $934 \times 10^4 hm^2$，小流域综合治理 $196 \times 10^4 hm^2$。治理沙化土地 $774 \times 10^4 hm^2$。同时，适度安排生态移民任务。

（2）三北防护林建设四期工程　三北防护林建设四期工程涉及三北地区，包括北京、天津、河北、山西、内蒙古、辽宁、吉林、黑龙江、陕西、甘肃、宁夏、青海、新疆 13 省（自治区、直辖市）的 590 多个县。工程区沙化土地面积 $130 \times 10^4 km^2$。工程主要对沙化最为严重的半干旱农牧交错区、绿洲外围、水库周围和毛乌素、科尔沁和呼伦贝尔三大沙地进行治理。规划期内，重点是植被建设和保育，完成营造林 $648.8 \times 10^4 hm^2$，治理沙化土地 $365 \times 10^4 hm^2$。在有效保护好工程区内现有 $2787 \times 10^4 hm^2$ 森林资源的基础上，完成造林 $950 \times 10^4 hm^2$，森林覆盖率净增 1.84 个百分点，建成一批较为完备的区域性防护林体系，初步扭转三北地区生态恶化的势头。三北地区的沙化土地得到初步治理，基本遏制了沙化趋势，风沙危害程度和沙尘暴发生频率有所降低。

（3）退耕还林、退牧还草工程　退耕还林、退牧还草工程覆盖所有沙化类型区。主要对由于人工樵采、过度开垦、过度放牧、陡坡耕种等原因造成植被破坏、水土流失加剧和土地沙化、草原退化的地区实行退耕还林、退牧还草。规划期内，完成沙化土地治理 $140 \times 10^4 hm^2$，同时，通过退牧还草，恢复和增加草原植被，增强抵御风沙危害的能力。草原沙化防治工程覆盖所有类型区，主要通过围栏封育、划区轮牧等措施保护现有草地，通过人工种草、飞播牧草、草场改良等措施，以建促保。在高寒地区，主要通过退牧育草、治虫灭鼠、人工种草等措施恢复和保护江河源头生态系统；在光热水条件较好的地区，实行草田轮作，加快高产优质人工草场建设。

（4）区域性建设项目　根据全国不同沙化类型区的自然、气候特点和经济状况，在不同沙化类型区的典型区域布设一批防沙治沙综合示范区。通过优化现有生态建设布局，以及通过机制创新、科技创新、制度创新、模式创新等，探索防沙治沙的多种有效实现形式及新形势下防沙治沙与地方经济发展、群众脱贫致富相结合的有效途径，以点带面推动全国防沙治沙工作全局。2003 年国家林业局全面启动了防沙治沙综合示范区工作，首批启动 29 个示范区，其中包括 2 个跨区域示范区、6 个地市级示范区、21 个县级示范区。2007 年增列宁夏灵武市等 8 个示范区。建设期限为 5～6 年，目的是扩大辐射面，探索新形势下不同沙化类型区防沙治沙的政策措施、技术模式和管理体制，推进全国防沙治沙工作。

新中国成立以来，由于党和政府的高度重视，我国的荒漠生态治理特别是防沙治沙工作取得了巨大成就，在防沙治沙的应用基础和应用技术研究方面取得了长足进步。我国荒漠生态治理正逐步走向多学科、多部门的协作，科学研究与工程建设相结合，并与国际接轨，跨入国际先进行列。

## 四、荒漠自然资源保护及开发利用技术

我国干旱荒漠区经过多年的探索，利用沙区光、热、风、土地资源优势，充分发挥荒漠区特有的工业原料林、饲料林、中药材、食用植物资源优势，通过调整产业结构，在地表水资源允许的条件下，开发出了适合当地经济发展和生态保护、自然资源保护及开发利用的技术和模式，大力发展沙产业，促进了区域经济发展，增加了农牧民收入，实现了生态保护、经济发展双赢，对于更好地保护沙区自然资源和生态环境起到了重要作用。

### 1. 生物资源保护与利用技术

干旱荒漠区的生物资源主要指植物资源、动物资源和其他特殊的生物资源，如荒漠生物结皮中的苔藓、地衣、藻类等叶状体植物和微生物，以及沙漠固氮生物资源和大型真菌资源等。

（1）植物资源保护与利用技术　植物资源按用途可划分为：食用植物资源（如沙枣、大白刺果等）、药用植物资源（如麻黄、苁蓉等）、工业用植物资源（如胡杨、罗布麻等）、防护和改造环境用植物资源（如怪柳、沙拐枣等）、种质植物资源等。干旱荒漠区生态环境脆弱，植物资源应重点保护和合理利用。荒漠植物资源的保护和合理利用技术可归结为两方面。一方面是荒漠植物人工种植技术：转变砍伐和挖掘野生植物资源的利用方式，通过科学的种植技术，开展部分可利用植物资源的人工栽培（产业化栽培），是可实现保护和合理利用荒漠植物资源的有效途径；例如，从20世纪80年代开始，内蒙古阿拉善地区就开展肉苁蓉人工培育技术研究，推广面积达 $1334hm^2$，最近规划了近 $2\times10^4 hm^2$ 的培育基地，获得了成功，并开始对外推广应用。另一方面是优良品种培育技术：对荒漠区野生植物的遗传资源开展科学研究和试验，培育为人类所需要并能大量生产的栽培优良品种，是保护和合理利用植物资源的一个重要方向；例如，从1985年开始，中国林业科学研究院开展了"沙棘遗传改良的系统研究"，经过10多年的努力，目前已经选育出了一批优良品种，这些品种适应范围广，单位面积产量可提高10～20倍，有些品种单株产果量可相当于野生沙棘的亩产量，该研究成果获得了国家科技进步一等奖。

（2）动物资源保护与利用　干旱荒漠区养育了大量与区域自然环境相适应的野生动物资源，有野生和引种饲养脊椎动物700余种，其中哺乳动物（兽类）有154种。有蒙古野驴、新疆野马、普氏原羚等珍稀濒危物种，也有白尾地鸦、野骆驼等特有物种。荒漠野生动物资源也存在一定的开发利用价值，具有食用、毛皮、革用、羽用、药用以及观赏和饲养等其他用途。我国荒漠区也开展了一些兽类的驯养和培育技术研究，通过对马鹿、鹌鹑、野羊等的人工饲（驯）养，牛蛙、野鸭等的引种散放等措施，实现了一定规模的产业化发展。

（3）沙漠大型真菌资源利用　在沙漠区，还有一些可供食用和药用的大型真菌资源，如阿魏菇和羊肚菌等，具有丰富的蛋白质、氨基酸、维生素等。目前这些资源在得到有效保护的基础上已进行了开发与应用，在新疆实现了产业化发展，在北京等地也进行了异地培植。

### 2. 气候资源的开发利用

太阳能、风能将是未来新能源利用的重要方面，对完善我国能源结构有着十分重要的意义。我国荒漠区有丰富的光能、热量和风能资源，为发展沙产业创造了良好条件。

（1）太阳能资源的开发利用　在我国西北干旱荒漠区开发和利用太阳能是解决当地缺少能源的重要途径，不仅可以减少对其他能源的交通运输负担，而且可以保护荒漠区的生态环

境（如减少樵采、降低污染等），对于固定流沙、改善气候和环境条件起到重要作用。正如钱学森院士指出，"在我国近 20 亿亩干旱区戈壁、沙漠及半干旱沙地选日照充足而又风沙不大的 1 亿亩作为太阳能发电区，年平均电功率即可达 10 多亿千瓦"，相当于 30 个三峡水库的装机总容量。可见，沙区太阳能开发潜力极大。太阳能的利用形式包括：①把太阳辐射能直接转换成热能，如太阳能热水器、太阳灶、温室、地膜、太阳房等；②太阳能电池发电，可通过半导体材料直接将太阳辐射能转换成电能，如电信部门通信光缆的中继站、铁路沿线的信号灯等都可用太阳能电池提供电源。我国太阳能利用多以光伏发电技术与太阳热能综合利用技术为主，应大力开发推广太阳能低温热利用。例如从 2003 年开始，利用 3 年时间，在塔克拉玛干沙漠周边地区建设了 20 多座太阳能电站，解决了 1000 多户居民的用电问题；另外我国使用最多的太阳能热水器，2000 年底达到 $2600 \times 10^4 \mathrm{m}^2$ 以上；甘肃、西藏、青海等地推广应用了 20 多万台太阳灶；1999 年西藏 7 个无电县城安装了光伏系统，解决了机关和居民照明、通信等用电问题。太阳能开发利用前景广阔，应把太阳能利用作为西部干旱区经济可持续发展的战略选择之一。

（2）风能资源的开发利用　近 10 年的实际情况表明，风能是全世界增长最快的能源，风能技术已经成功地吸引了多国公司的关注和投资。我国陆上可开发的风能总量约为 2.7kW，大多集中在内蒙古、新疆、甘肃和宁夏等地区的沙漠、戈壁地带。其中内蒙古和新疆两地风能蕴藏总量约占全国的 70% 以上，可装机容量达 $1.90 \times 10^8 \mathrm{kW}$。截至 2008 年 10 月，内蒙古风电并网装机规模已超过 $206.68 \times 10^4 \mathrm{kW}$，约占全国的 37%，居全国首位。内蒙古自治区绿色能源发展规划提出，通过建设大基地、融入大电网、对接大市场，使全区风力发电装机到"十二五"末达到 $3000 \times 10^4 \mathrm{kW}$，超过三峡水库的装机容量。我国最大的风电站为新疆达坂城二风电场，其风电装机容量已达到 $18.80 \times 10^4 \mathrm{kW}$，由于使用风机综合造价低廉，与传统电力的价格竞争优势已初步显现。

### 3. 水资源开发利用技术与措施

在我国西北干旱区，虽然总体上以干旱气候背景为主，但由于其幅员辽阔，高原和高山众多，因此既有独特的内陆水循环过程，同时又是全球水循环的重要组成部分。长期以来，该地区水资源依靠自然界独特的水分循环过程基本保持着脆弱的平衡关系。在西北干旱地区，水资源主要以冰川、降水、径流、湖泊（水库）蓄水以及地下水、土壤水等形式存在。

近年来，由于气候变化和人类对水资源的过度开发利用，流域用水矛盾日益尖锐，下游地区入境地表径流大幅度减少，生态环境严重恶化（冯尔兴和李新文，2005）。为了解决水资源开发利用过程中存在的问题和矛盾，各级政府和当地居民也开发了一系列水资源开发利用技术与措施，主要包括节水灌溉技术、土壤改良技术、集雨补灌技术、旱作农业技术、水资源优化配置技术、沙地温室节水技术以及径流形成区水资源保护技术、地下水资源保护技术等，这些技术和措施都不同程度地取得了成效，对保护当地脆弱的荒漠生态系统起到了积极作用。

参 考 文 献

[1]　吴征镒. 中国植被. 第二版. 北京：科学出版社，1995.
[2]　周成虎. 地貌学词典. 北京：中国水利水电出版社，2006.
[3]　吴传钧，郭焕成. 中国土地利用. 北京：科学出版社，1994.
[4]　陈亚宁. 干旱荒漠区生态系统与可持续管理. 北京：科学出版社，2009.
[5]　刘凤章. 干旱荒漠区油田开发与生态系统服务功能研究. 油气田环境保护，2001，21（3）：60-63.

[6]　潘晓玲，党荣理，伍光和. 西北干旱荒漠区植物区系地理与资源利用. 北京：科学出版社，2001.

[7]　任鸿昌，吕永龙，姜英等. 西部地区荒漠生态系统空间分析. 水土保持学报，2004，24（5）：54-59.

[8]　赵建民，陈海滨，李景侠. 西北干旱荒漠区植物多样性的保护与可持续发展. 西北林学院学报，2003，18（1）：29-31.

[9]　潘伯荣，尹林克. 我国干旱荒漠区珍稀濒危植物资源的综合评价及合理利用. 干旱区研究，1991，8（3）：29-39.

[10]　张克斌，杨晓辉. 联合国全球千年生态系统评估——荒漠化状况评估概要. 中国水土保持学报，2006，4（2）：47-52.

[11]　Costanza R D，Arge R，Rudolf D G，et al. The value of the world's ecosystem services and natural capital. Nature，1997，387：253-260.

[12]　Daily G C Eds. Natures service. societal dependence on nature ecosystems. Washington D C：Island Press，1997.

[13]　Naeem S. Biodiversity：biodiversity equals instability? Nature，2002，16（6876）：23-24.

[14]　Robert B Richardson. The economic benefits of California desert wildlands：10 years since the California desert protection act of 1994. 2005.

[15]　Timm Kroeger，Paula Manalo. Economic Benefits Provided by Natural Lands：Case Study of California's Mojave Desert，2007，7.

[16]　Turner R K，Paavola J，Cooper P，Forber S，Jessamy V，Georgiou S. Valuing nature：Lessons learned and future research directions. Ecological Economics，2003，46：493-510.

[17]　任鸿昌，孙景梅，祝令辉，孟庆华. 西部地区荒漠生态系统服务价值评估. 林业资源管理，2007，67-69.

[18]　黄湘，李卫红. 荒漠生态系统服务及其价值研究. 环境科学与管理，2006，31（7）：64-70.

[19]　赵同谦. 中国陆地生态系统服务及其价值评价研究. 北京：中国科学院生态环境研究中心博士学位论文，2004.

[20]　中国生物多样性国情研究报告编写组编. 中国生物多样性国情研究报告. 北京：中国环境科学出版社，1998.

[21]　卢琦，吴波. 中国荒漠化灾害评估及其经济价值核算. 中国人口资源与环境，2002，12（2）：29-33.

[22]　联合国千年评估报告（安南项目报告）. 千年生态系统评估项目工作组. 2005.

[23]　欧阳志云，王如松，赵景柱. 生态系统服务功能及其生态经济价值评价. 应用生态学报，1999，10（5）：635-640.

[24]　陈仲新，张新时. 中国生态系统效益的价值. 科学通报，2000，45（1）：17-22.

[25]　张志强，徐中民，程国栋. 生态系统服务与自然资本价值评估. 生态学报，2001，21（11）：1918-1926.

[26]　王伟，陆健健. 生态系统服务功能分类与价值评估探讨. 生态学杂志，2005，24（11）：1314-1316.

[27]　欧阳志云，王如松. 生态系统服务功能、生态价值与可持续发展. 世界科技研究与发展，2000，22（5）：45-50.

[28]　吴正. 中国沙漠及其治理. 北京：科学出版社，2009.

[29]　卢琦. 中国沙情. 北京：开明出版社，2000.

[30]　周志宇，朱宗元，刘钟龄等. 干旱荒漠区受损生态系统的恢复重建与可持续发展. 北京：科学出版社，2010.

[31]　唐麓君. 治沙造林工程学. 北京：中国林业出版社，2005.

[32]　卢琦，杨有林，王森等. 中国治沙启示录. 北京：科学出版社，2004.

[33]　卢琦，杨有林. 全球沙尘暴警示录. 北京：中国环境科学出版社，2001.

[34]　朱震达. 中国沙漠、沙漠化、荒漠化及其治理的对策. 北京：中国环境科学出版社，1996.

[35]　陈建生，汪集旸. 试论巴丹吉林沙漠地下水库的发现对西部调水计划的影响. 水利经济，2004，22（3）：28-32.

[36]　褚卫东. 三北防护林体系建设生态经济效益探讨. 林业资源管理，2005，（3）：25-28.

[37]　杜虎林，肖洪浪，郑威等. 塔里木沙漠油田南部区域地表水与地下水化学特征. 中国沙漠，2008，28（2）：388-394.

[38]　国家林业局. 中国荒漠化和沙化状况公报. 2011.

# 第七章

# 生物多样性保护与自然保护区建设

## 第一节　生物多样性概况[1]

### 一、生物多样性的概念与意义

生物多样性是指所有来源的活的生物体中的变异性，这些来源包括陆地、海洋和其他水生生态系统及其所构成的生态综合体等，包含物种内部、物种之间和生态系统的多样性（《生物多样性公约》中文文本）。通俗地讲，生物多样性就是指地球上陆地、水域、海洋中所有的生物（包括各种动物、植物、微生物），以及它们拥有的遗传基因和它们所构成的生态系统之间的丰富度、多样性、变异性和复杂性的总称。生物多样性概念一般有四个层次的内涵，即遗传多样性、物种多样性、生态系统多样性和景观多样性。

生物多样性是人类赖以生存的条件，是经济社会可持续发展的物质基础，是生态安全和粮食安全的保障。生物多样性具有多方面的价值和功能。其价值可以分为下列两个方面：一是直接价值，从多样的生物资源中人类得到了所需的全部食品、许多药物和工业原料；二是间接价值，主要与生态系统的功能有关，表现在涵养水源、保持水土、调节气候、抵御自然

❶ 本节作者为张丹（中国科学院地理科学与资源研究所）。

灾害、分解污染物、贮存营养元素并促进养分循环和维持进化过程等方面，同时还提供了多方面的生态服务。

## 二、中国生物多样性现状

中国是世界上生物多样性最为丰富的 12 个国家之一，居北半球第一位。中国有高等植物 34984 种，居世界第三位，仅次于巴西和哥伦比亚；中国是世界上裸子植物最多的国家；中国有脊椎动物 6445 种，占世界总种数的 13.7％，其中特有种达 667 种；中国是世界上鸟类种类最多的国家，共有鸟 1244 种，占世界总种数的 13.1％。

物种多样性高，特有属、种较多是中国生物多样性的一个显著特点。保留了许多在北半球其他地区早已灭绝的古老孑遗种类，还保留了一些在发生上属于原始的或孤立的特有种类。如中国有银杏、银杉、水杉、桫椤、台湾杉、金钱松、水松、福建柏、珙桐、望天树和金花茶等 1000 多种孑遗或特产珍稀植物。有大熊猫、金丝猴、台湾猴、羚牛、藏羚羊、海南坡鹿、白鳍豚、丹顶鹤、褐马鸡、朱鹮、长尾雉、黑颈鹤、金雕、扬子鳄、大鲵、中华鲟等 600 多种特有脊椎动物。

同时，中国又是生物多样性受到最严重威胁的国家之一。据《中国物种红色名录》(2004) 评估：中国无脊椎动物受威胁（极危、濒危和易危）的比例为 34.74％，脊椎动物受威胁的比例为 35.92％，裸子植物为 69.91％，被子植物为 86.63％，远远超过了以往估计的水平（汪松和解焱，2004）。野外灭绝或疑似灭绝的有华南虎、白鳍豚、滇螈等物种。据最新分析，中国涉及绝灭等级的植物有 52 种；受威胁植物有 3767 种，约占评估植物总数的 10.9％；需要重点关注和保护的高等植物达 10102 种，占评估植物总数的 29.3％（环境保护部和中国科学院，2013）。

中国大部分国土处在中纬度，亚热带和温带地区约占 80％，境内地势起伏显著，山地高原面积大，季风环流强盛，河流湖泊众多，土壤、植被类型丰富，浅海大陆架宽广，岛屿星罗棋布，自然地理环境条件复杂多样，地区差异明显，具有适合多种生物类群生存和繁殖的各种生境，再加上地质时期特殊的自然历史条件形成的许多古老物种的避难所或新生物种的发源地，形成了丰富多彩而又独具特色的生物种群和生态系统。根据《中国生态功能区划》，对国家生态安全具有重要作用的生物多样性保护生态功能区主要包括长白山山地、秦巴山地、浙闽赣交界山区、武陵山山地、南岭地区、海南岛中南部山地、桂西南石灰岩地区、西双版纳和藏东南山地热带雨林季雨林区、岷山-邛崃山横断山区、北羌塘高寒荒漠草原区、伊犁-天山山地西段、三江平原湿地、松嫩平原湿地、辽河三角洲湿地、黄河三角洲湿地、苏北滩涂湿地、长江中下游湖泊湿地、东南沿海红树林等。

自 2000 年以来，中国森林资源持续快速增长，沙化土地面积减少，湿地面积有所增长，草地面积继续减少。虽然部分地区生态环境状况有所改善，但全国生态环境状况总体恶化的趋势尚未得到根本遏制。

## 三、存在问题

地球的独特之处在于其生命体的存在，生命体的奇特之处在于其生物多样性。地球上存在有大约 9 百万种植物、动物、单细胞生物、菌类，以及 70 亿的人口。20 多年前，在第一次地球峰会（Earth Summit）上，绝大多数国家表示，人类活动在以惊人的速度瓦解地球的生态系统。虽然越来越多的动植物被列入保护名录，自然保护区和国家公园的设立也在世界各地得到长足发展，然而，现实却颇具讽刺意味：自 1992 年《生物多样性公约》签署以来，全球生物多样性仍然在以越来越快的速度锐减。这种认识引发了关于生物多样性丧失会如何改变生态系统功能，以及为人类社会提供商品和服务的能力的讨论。

中国生物多样性面临的威胁是多方面的，但最主要的还是人为因素。土地利用改变和对自然资源的过度利用，水利水电建设等经济活动对自然生境的破坏，环境污染，外来物种入侵和气候变化等，都给生物多样性带来了严重的威胁。

（1）土地利用改变　20 世纪 50～90 年代的湿地开垦造成湿地面积大幅度减少。近年来，虽然内陆水域面积有所增长，但滩涂围垦面积仍在扩大（An 等，2007）。2008～2012 年，全国填海造地面积达 650.62km²。由于滩涂围垦，中国的红树林资源减少了约 2/3，直接使部分重要保护物种的栖息和繁殖场地遭到破坏。

自 20 世纪 50 年代以来，中国共开垦草地约 19.30 万平方公里，占中国现有草地面积的 4.8％左右，全国现有耕地的 18.2％源于草地开垦（樊江文等，2002）。近些年来，草地开垦的事件仍然有所发生。中国草原过度放牧的现象非常严重，全国重点天然草原的牲畜平均超载率为 28％，有的地区甚至超载 300％（农业部草原监理中心，2012 年）。长期过度放牧破坏了草原植被，造成草原退化、沙化，目前，全国 90％的草原存在不同程度的退化和沙化。

（2）资源过度开发　中国海洋捕捞渔业在整个渔业体系中举足轻重。20 世纪 80 年代初，中国海洋年捕捞量 400×10⁴ t 左右，到 90 年代末实施伏季休渔时已达到 1500×10⁴ t 左右，目前总捕捞量的水平基本稳定在 1500×10⁴ t 左右（农业部渔业局，2011）。高强度捕捞加剧了海洋渔业资源的衰退，这种退化表现在大型捕食性鱼类减少，小型鱼、低龄鱼、低值鱼比例增加，鱼类性成熟提前，渔业资源已经变成低层次和低营养级。中国的淡水捕捞量在亚洲也占有重要比重（FAO2012），目前也面临着同样的问题，对五大淡水湖之一的巢湖研究发现近年来由于捕捞强度的加大，渔获物平均营养级位在逐步下降（Zhang 等）。

（3）环境污染　中国快速的经济发展带来比较严重的环境污染问题。污染对生物多样性的影响比较大，主要体现在以下几个方面：一是污染物的直接毒害作用，阻碍生物的正常生长发育，使生物丧失生存或繁衍的能力；二是污染物在生态系统中的富集和积累作用，通过食物链逐级放大，使食物链高层的生物难以存活或繁育；三是污染引起生境的改变，使生物丧失了生存的环境。例如昆明滇池从 20 世纪 50 年代以来，由于水体污染导致富营养化，高等水生植物种类丧失了 36％，鱼类种类丧失了 25％，整个湖泊的物种多样性水平显著降低，生态系统的结构趋于单一（吕利军等，2009）。

（4）外来物种入侵　外来物种入侵是导致生物多样性丧失的主要原因之一，中国是世界上遭受外来物种入侵危害最严重的国家之一（徐海根和强胜，2011）。中国外来物种入侵已呈现传入数量增多、传入频率加快、蔓延范围扩大、危害加剧、损失加重等趋势。根据最新调查成果，全国目前有外来入侵物种 500 余种（徐海根和强胜，2011）。外来物种入侵已对中国生物多样性和生态环境造成严重的危害，每年造成的环境和经济损失约占国内生产总值的 1.36％（2000 年测算值）。

（5）气候变化　气候变化会造成生物物候期的改变，导致物种地理分布的变化，增加物种的灭绝速率（吴军等，2011）。强度趋于增大的极端气候事件对生物多样性也产生着直接的胁迫作用。

# 第二节　生物多样性调查与研究进展[1]

## 一、引言

生物多样性与人类的生活和福利密切相关，它不仅给人类提供了丰富的食物、药物资源，而且在保持水土、调节气候、维持自然平衡等方面起着不可替代的作用，表现为经济效益、生态效益和社会效益三者的高度统一，是人类社会可持续发展的生存支持系统（李延梅等，2009）。

由于社会经济的快速发展，资源过度利用、气候变化、外来物种入侵等对生物多样性造成严重威胁（Ayyad，2003；David，2001），物种正在以前所未有的速度丧失，面对全球环境变化，丧失速度在增加（Ahrends，2011），生物多样性丧失已经成为仅次于气候变化的重大环境问题，受到国际社会的广泛关注。随着生物多样性威胁程度逐渐被认识，在全球范围内的保护行动也在增加。2002 年召开的《生物多样性公约》第六次缔约方大会，确定了"到 2010 年大幅度降低生物多样性丧失的速度"的目标。为了有效保护物种和生态系统，需要可靠的生物多样性分布信息（Ahrends，2011）。

为了实现这一目标，许多国家和国际组织对生物多样性及其相关问题进行了研究，也采取了许多保护生物多样性的行动。如欧盟、加拿大、美国、澳大利亚、新西兰、日本、巴西、印度、菲律宾等都把生物物种资源调查、监测和评估作为一项基础性工作，纷纷开展了生物多样性本底调查，制定生物多样性监测评价的指标、方法和相关技术标准，实施了一系列生物多样性监测计划。甚至一些国家的基金组织还发起了一些全球性的生物多样计划，如"国际海洋生物普查计划（Census of Marine Life，CoML）"等。

监测是评估生物多样性保护进展的有效途径（马克平，2011）。而调查是监测、评估等其他一系列保护工作的前提基础，特别是摸清本国物种资源家底，可为保护和持续利用生物多样性提供科学基础。欧盟把物种调查和监测作为一项法定的基础性工作，规定应对受保护的栖息地和物种进行调查和监测，并定期报告监测结果。日本政府根据《自然环境保全法》第 4 条要求每 5 年对地形、地质、植被和野生动物进行一次基础调查和监测，迄今已进行了 6 次基础调查与监测。

查明国家生物多样性本底并建立适当的动态监测机制是生物多样性保护的一项重要的基础工作，也是《生物多样性公约》第 7 条（查明与监测）的基本要求（薛达元，2011）。

中国是世界上生物多样性最丰富的国家之一，拥有森林、灌丛、草甸、草原、荒漠、湿地等地球陆地生态系统，以及黄海、东海、南海、黑潮流域大海洋生态系统；包括 10 个植被型组，29 个植被型，560 余个群系；拥有高等植物 34984 种，居世界第三位；脊椎动物 6445 种，占世界总种数的 13.7％；已查明真菌种类约 1 万种，占世界总种数的 14％；据不完全统计有栽培作物 1339 种，家养动物品种 576 个（吴征镒，1980；中国生物多样性保护战略与行动计划编写组，2011）。中国是世界上植被类型最齐全的国家之一，生态系统类型独特，物种特有性高，具有高利用价值的遗传资源丰富，中国的生物多样性在全球生物区系中占有重要位置。

---

❶　本节作者为薛达元、武建勇（中央民族大学生命与环境学院）。

中国生物多样性保护工作起步较晚，但在近20多年，生物多样性保护工作引起党中央、国务院的高度重视。国务院于1987年公布的中国第一部自然保护方面的纲领性文件《中国自然保护纲要》，把生物多样性保护问题纳入其中，规定了我国生物多样保护的总体战略和基本原则；"八五"期间，政府把生物多样性保护技术前期研究列为国家科技攻关课题，并把生物多样性保护生态学的基础研究项目作为国家科委"八五"重大基础性研究项目；为更好地履行《生物多样性公约》，中国政府于1994年6月正式发布了《中国生物多样性保护行动计划》，标志着中国的生物多样性保护工作全面展开；《中国21世纪议程——中国21世纪人口、环境与发展白皮书》（1994年）把生物多样性保护作为独立的一章，并把生物多样性保护列入第一批优先项目计划中；国务院于1996年发布的《关于加强环境保护的决定》，也明确提出积极保护生物多样性、发展自然保护区的要求；"十一五"期间，国家出台的《全国生态保护"十一五"规划》对生物多样性保护提出了明确要求，强调要切实做好保护生物多样性工作（刘张璐等，2010；薛达元和包浩生，1997）。

特别是鉴于我国生物物种资源丧失和流失问题还很突出，为全面加强生物物种资源的保护和管理，国务院办公厅于2004年3月发布了《关于加强生物物种资源保护和管理的通知》，通知要求开展生物物种资源调查，做好生物物种资源编目工作，制定生物物种资源保护利用规划，加强生物物种资源保护基础能力建设等（李振龙，2004）。2007年底，经国务院批准，编制发布了《全国生物物种资源保护与利用规划纲要》，规划纲要在分析我国12个领域的物种资源现状、存在问题、目标任务、保护与利用措施的基础上，提出加强物种资源保护与管理的10项行动，其中行动7为开展全国生物物种资源和生态系统本底调查。

2010年9月国务院审议批准的《中国生物多样性保护战略与行动计划》（2011～2030年）对全国生物多样性本底调查又提出了新的目标和战略任务。战略与行动计划将作为今后20年乃至更长时期的行动纲领，指导全国的生物多样性保护和可持续利用工作（薛达元，2011；张风春等，2010）。战略与行动计划为中国制定了今后五年、十年和二十年的近期、中期和远期生物多样性保护与可持续利用的战略目标。近期目标（到2015年）的具体指标包括完成8～10个生物多样性保护优先区域的本地调查与评估；中期目标（到2020年）的具体指标包括生物多样性保护优先区域的本地调查与评估全面完成。战略与行动计划根据总体目标和战略任务，综合确定了我国生物多样性保护的10个优先领域及30个优先行动。在优先领域开展生物多样性调查、评估和监测中的具体行动包括了开展生物物种资源和生态系统本底调查、开展生物多样性综合评估。

在国家相关政策指引和社会各界的大力支持下，经过各级政府、部门的共同努力，我国生物多样性保护事业取得了长足发展，生物多样性调查作为生物多样性保护的一项根本性基础工作也取得了重要进展。

## 二、中国生物多样性调查与研究进展

国内外生物学家早在200多年就开始了对我国生物区系的调查与标本采集。对我国生物多样性的全面调查主要在20世纪50年代陆续展开。20世纪60～70年代，中国组织了大规模的全国植被及各类自然生态系统的调查，于1980年编辑出版了《中国植被》。同时，从1979年起，陆续出版了《中国自然地理》丛书，包括植物地理、海洋地理、地貌地理等；20世纪80年代出版了《中国湖泊资源》、《中国沼泽》、《中国的河流》等；1990年又出版了《中国的草原》和《中国的森林》；部分省区还陆续出版了各自的植被志，如《广东植被》

（1976）、《内蒙古植被》（1985）、《青海植被》（1987）、《云南植被》（1987）、《宁夏植被》（1988）和《西藏植被》（1989）等。

从 20 世纪 50 年代以来，中国科学院和各有关部门组织了一系列大规模区域性生物资源的综合考察，包括对华南热带亚热带、云南热带、新疆、三北地区、青藏高原、横断山脉、南岭、武陵山等陆地生态系统及生物资源的综合考察；西南、西北高原湖泊、长江、珠江、黄河、黑龙江等淡水生物系统及生物资源的综合考察；"全国中草药材资源普查"等。

在调查的基础上，出版了《中国植物志》、《中国动物志》、《中国孢子植物志》、《中国经济植物志》、《中国经济动物志》、《中国鸟类大纲》、《全国中草药彩色图谱》等，有 20 多个省（区）编辑出版了地方植物志。

在农作物种质资源调查方面也取得重要进展，已完成 39 万余份作物种质资源的农艺性状鉴定、整理编目和入库工作。并已编辑出版了水稻、大豆、小麦等 10 多种作物的品种志或品种资源目录，还编辑出版了《中国猪品种志》、《中国牛品种志》、《中国羊品种志》、《中国家禽品种志》、《中国马驴品种志》，各省也分别编辑出版了农作物和畜禽地方品种志书。

我国大规模的物种资源调查主要发生在 20 世纪 60～70 年代，80 年代以后，物种资源及遗传资源的调查主要集中在特别区域或特别类型的物种及遗传资源调查，而全国范围大规模的物种资源综合调查尚未开展。如 20 世纪 90 年代，国家林业局组织开展了全国野生植物和野生动物资源调查，主要集中在对列入国家重点保护名录的数百个物种进行种群现状调查。农业部在 20 世纪 90 年代，完成了大巴山（含川西南）和黔南桂西山区作物种质资源考察，以及三峡库区和"京九"开发山区作物种质资源考察。

2004 年起，由环境保护部（原国家环保总局）组织开展的"全国生物物种资源联合执法检查和调查"项目算是我国近 20 年最具规模、系统的生物多样性调查工作。项目第一阶段（2004～2009 年）组织全国 100 多个高校和科研院所的 1000 多名研究人员陆续对重点地区和重点物种及遗传资源开展了调查工作，调查资源类型包括农作物及家畜家禽种质资源和水生生物、观赏植物、药用植物、野生动植物、微生物等。

特别是项目第二阶段（2010～2011 年）组织数十家单位的数百名研究人员开展的云南、广西、贵州三省（区）26 县（市、区）县域生物多样性综合调查，为开展大规模的生物多样性普查提供了很好的示范，是落实《中国生物多样性保护战略与行动计划》（2011～2030年）对生物多样性保护提出的新要求的具体体现。

## （一）重点物种资源及遗传资源调查

### 1. 国家重点野生动植物物种资源调查

（1）国家重点保护野生植物物种资源调查　国家林业局（原国家林业部）（2009）组织全国 3000 余名专家和技术人员，历时 5 年（1997～2001 年），国家投入经费 1000 万元，各省以各种形式的配套经费达 2500 万元，以省（自治区、直辖市）为总体，对 189 种（含变种）国家重点保护植物进行了调查，基本摸清了 189 种国家重点保护野生植物的种群数量、分布面积、生境、所处群落类型、乔木树种蓄积量以及保护利用等状况，发现了多个重要物种的新分布点（区），建立了 189 个调查物种的资源数据库。首次将 GPS 和 GIS 等高新技术应用于全国性珍稀濒危野生植物资源调查研究，尝试采用国际通用的国际自然保护联盟（IUCN）关于物种濒危等级的划分标准，依据调查结果，确定了各物种的濒危等级。

国家重点保护野生植物调查结果表明，盐桦（*Betula halophila*）、金平桦（*Betula jinpingensis*）、秤锤树（*Sinojachia xylocarpa*）3 树种调查未找到；原产地野生仅存 1～10 株

的木本植物有 12 种；原产地野生仅存 11～100 株的木本植物有 9 种；仅存 50000 株以下的国家重点保护野生植物共 85 种，重点保护植物保护工作形势严峻（顾云春，2001）。

　　（2）国家重点野生动物物种资源调查　从保护的急迫需要出发，国家林业局（原国家林业部）（2009）1995 年，以国家重点保护野生动物、《濒危野生动植物种国际贸易公约》附录物种、我国加入的其他公约或协定中规定保护的物种、国家保护的有益的或者有重要经济和科学研究价值的野生动物、环境指示种及生态关键种为原则选择确定了 252 种野生动物，组织专家历时 10 年进行了种群数量、分布、栖息地状况及主要受威胁因素的调查，首次掌握了 191 个物种的基础数据和 61 个物种的种群动态，基本掌握了野生动物驯养繁育状况，绘制了野生动物分布图，建立了野生动物资源数据库。此外，对分布范围狭窄而集中、习性特殊、数量稀少、样带调查不能达到要求的种类或常规调查难以实施的地区，进行了专项调查，其中，国家林业局直接组织了鹤类、黑嘴鸥、大鸨、盘羊、麝类、虎、扬子鳄 7 项专项调查，各地结合实际情况，共组织了 200 多项专项调查。

　　调查的两栖类中，海蛙仅在海南的 3 个自然保护区中残存少量个体；版纳鱼螈仅分布于云南和广西，种群数量约 10000 条；棕黑疣螈仅分布于云南，数量约 73000 只；双团棘胸蛙（*Nanorana yunnanensis*）、滇蛙的数量不足 100 万只；仅有虎纹蛙、黑眶蟾蜍、中华大蟾蜍等 5 种种群数量超过 1000 万只。

　　调查的爬行类中，四爪陆龟仅分布于我国新疆，种群数量约 1700 只；伊江巨蜥仅存 100 条；扬子鳄、鳄蜥仅有几百条；莽山烙铁头（*Zhaoermia mangshanensis*）仅存 500 条左右；横斑锦蛇（*Elaphe perlacea*）仅 10000 条；温泉蛇（*Thermophis baileyi*）13000 条；大部分蛇类的种群数量只有几十万条或几百万条。

　　在调查的 85 种迁徙鸟类中，雪雁（*Anser caerulescens*）、埃及雁（*Alopochen aegyptiaca*）、云石斑鸭（*Marmaronetta angustirostris*）、小绒鸭（*Polysticta stelleri*）、丑鸭（*Histrionicus histrionicus*）、长尾鸭（*Clangula hyemalis*）、白背兀鹫（*Gyps bengalensis*）、赤颈鸭（*Anas penelope*）8 种鸟类在冬季调查和夏季调查中均未发现；斑脸海番鸭（*Melanitta fusca*）、树鸭（*Dendrocygna javanica*）、小鸨（*Otis tetrax*）等 10 种鸟在冬季调查中未发现；红胸黑雁（*Branta ruficollis*）、黑雁（*Branta bernicla*）等 7 种鸟的冬季数量不超过 100 只；冬季数量超过 10000 只的迁徙鸟类只有 28 种，占所调查迁徙鸟类的 32.9%。夏季调查结果表明，红胸黑雁、黑海番鸭（*Melanitta nigra*）、花脸鸭（*Anas formosa*）、斑背潜鸭（*Aythya marila*）等 9 种雁鸭类夏季没有发现；玉带海雕（*Haliaeetus leucoryphus*）、黑脸琵鹭（*Platalea minor*）、黑雁、斑脸海番鸭、斑头秋沙鸭（*Mergus albellus*）仅发现几只或几十只；种群数量介于 100 只和 1000 只之间的迁徙鸟类有 13 种；种群大于 10000 只的迁徙鸟类有 24 种，占所调查迁徙鸟类的 28.2%；种群数量大于 10 万只的迁徙鸟类有 10 种，占调查迁徙鸟类的 11.8%。

　　在调查的 20 种灵长类动物中，白臀叶猴（*Pygathrix nemaeus*）没有发现；白掌长臂猿（*Hylobates lar*）仅有 25 只；倭蜂猴（*Nycticebus pygmaeus*）仅有 90 只；白颊长臂猿（*Nomascus leucogenys*）仅有 165 只；戴帽叶猴（*Trachypithecus pileatus*）仅有 250 只，已经非常濒危；白头叶猴（*Presbytis leucocephalus*）、蜂猴（*Nycticebus coucang*）、白眉长臂猿（*Hylobatesmoloch*）、黔金丝猴（*Rhinopithecus brelichi*）、菲氏叶猴（*Presbytis phayrei*）、长尾叶猴（*Semnopithecus entellus*）、黑长臂猿（*Hylobates concolor*）7 种的种群数量不足 1000 只；豚尾猴（*Macaca nemestrina*）、滇金丝猴（*Rhinopithecus bieti*）、黑

叶猴（*Presbytis francoisi*）、熊猴（*Macaca assamensis*）4 种的数量分别为 1700 只、2150 只、3000 只、8200 只；川金丝猴（*Rhinopithecus roxellanae*）、藏酋猴（*Macaca thibetana*）、短尾猴（*Macaca arctoides*）的数量分别为 12000 只、17000 只、23000 只；只有猕猴（*Macaca mulatta*）的数量达到 10 万只。在调查的 17 种食肉目动物中，除大熊猫（*Ailuiopodidae melanoleuca*）另有专项报告进行分析外，云豹（*Neofelis nebulosa*）、豹（*Panthera pardus*）、雪豹（*Uncia uncia*）、金猫（*Catopuma temminckii*）、小熊猫（*Ailurus fulgens*）、貂熊（*Gulo gulo*）的数量均不足 10000 只；东北虎（*Panthera tigris altaica*）、印支虎（*Panthera tigris corbetti*）、孟加拉虎（*Panthera tigris*）的数量仅分别为 14 只、17 只、10 只左右；棕熊（*Ursus arctos*）、紫貂（*Martes zibellina*）、猞猁（*Felis lynx*）、黑熊（*Ursus thibetanus*）、豺（*Cuon alpinus*）、狼（*Canis lupus*）6 种的数量介于 15000～35000 只之间。

调查成果为有效保护、合理利用、科学管理我国野生动物资源提供了科学依据，为国家制定有关决策、履行国际公约或协定、开展国际交流与科学研究奠定了基础，是我国野生动物保护管理工作的一个重要里程碑。

**2. 重点地区农业遗传资源调查**

农作物种质资源是粮食与农业植物种质资源的重要组成部分，广义的农作物包括了粮食、经济、园艺、饲草、绿肥、林木、药材、花草等一切人类栽培的植物（刘旭等，2008）。我国大规模的作物种质资源的考察收集开始于 20 世纪 70 年代后期，在之后的 20 年里组织了 30 余项大中型考察，挖掘出一批抗性强、品质好、质量高的优良遗传资源（侯向阳和高卫东，1999）。早在 20 世纪中叶，世界各国就已经开始进行植物（包括作物和森林植物）种质资源的收集和保存工作（林富荣和顾万春，2004）。中国是花卉资源的大国，自 20 世纪 70 年代初期，花卉种质资源工作受到重视，花卉工作者对我国的野生花卉资源进行了广泛的调查研究，包括辽宁、浙江、陕西、河北、内蒙古、新疆等省（自治区）的区域性野生花卉资源调查及一些专类或专科、专属植物资源调查，如攀援植物、小型盆花、水生花卉、高山花卉、虎耳草科、毛茛科观赏植物等，基本弄清了我国观赏植物资源的家底，引种筛选了一大批有前景的园林绿化植物种类、花卉育种材料和新型的花卉作物，一些野生花卉已经批量生产或建成专类花卉种质资源圃（潘会堂和张启翔，2000）。李晓贤等（2003）依据野外调查结果和有关文献资料，运用统计和比较的方法，对滇西北地区野生花卉的多样性进行了研究，结果表明，滇西北野生花卉有 83 科 324 属 2206 种，包括草本花卉 1463 种，木本花卉 743 种。

2002～2009 年，中国农业科学院作物研究所组织全国农业科研单位、大专院校和农业环保系统的专家对列入《国家重点保护野生植物名录》中的农业野生近缘植物的 191 个植物物种进行了调查，在广泛收集各物种已有的记载资料基础上，调查这些物种在各地的分布状况，以便掌握这些作物野生近缘植物的濒危状况，基本查清了这些物种的分布区域（到县级）、生态环境、植被状况、伴生植物、形态特征、保护价值、濒危状况等基本状况，经过整理和分析，编写了《国家重点保护野生植物要略》（王述民等，2011）。

2004 年起，环境保护部（原国家环保总局）组织不同部门专家学者陆续开展了对农作物、林木、花卉、药用植物等资源类型的调查。

（1）农作物种质资源调查　调查收集了陕西省的种质资源，重点涵盖珍稀、特有、优异以及濒危物种资源；云南西双版纳傣族自治州、德宏傣族、景颇族自治州、红河哈尼族、彝族自治州和思茅市少数民族地区地方传统的农作物品种资源；云南省怒江州、迪庆州和临沧市等地区的主要农作物种质资源。

在云南和陕西调查收集农作物种质资源共 2452 份，其中有 1027 份是新发现、尚未入库保存的资源。其中，具有科学研究和利用价值的种质资源 116 份；濒危、特异资源 50～60 份，包括彩色马铃薯等；水稻品种多份，如毫比相（又称鸡血糯）、祭魂谷（雅欢毫）等，都是新发现的具有重要价值的种质资源。

对调查和收集的重要农作物种质资源进行详细的整理、编目，并编写了《陕西省主要农作物种质资源调查收集目录》、《云南少数民族地区主要农作物种质资源调查收集目录》和《云南省怒江州、迪庆州、临沧市等地区主要农作物种质资源目录》。

（2）林木种质资源调查　2004 年起，环境保护部（原国家环境保护总局）组织中国林业科学研究院、中国科学院植物研究所、北京林业大学等单位，调查了中国 131 个重要树种和 50 个野生果树的主要分布点和遗传多样性现状，分析了各树种遗传多样性分布中心和核心种质，绘制了分布图，评估了我国自然保护区对我国林木树种遗传多样性的保护现状。通过调查，基本摸清了我国特有林木和果树中典型种的资源家底，充实了重点资源的相关信息。此外，还对北京市的野生果树进行了示范普查。

（3）花卉种质资源调查　2004～2008 年间，环境保护部（原国家环境保护总局）会同北京林业大学组织科研人员对我国主要分布地区的重点野生花卉种质资源进行了实地调查，包括专类调查和区域性的普查，重点调查了 20 多个专类 370 余种野生观赏植物种类和重要栽培观赏植物资源，对重点观赏植物种类的分布情况、观赏价值、利用价值、生长情况、分布中心等进行了系统调查和研究。

（4）药用植物种质资源调查　重点对濒危药材、与维护生态平衡紧密相关的药材、种质外流的药材、临床常用药材、名贵药材、道地药材、资源急剧减少的紧缺药材、具有较大开发价值的原料药、具有显著功效的民族药、民间药、新发现药材等 133 种药用生物的分布和资源蕴藏量进行了调查。调查发现了一些野生资源的新分布地和种内变异类型，开创了应用遥感等 3S 技术监测药用生物资源动态变化的技术。

（5）畜禽品种资源调查　对西藏特有的 10 多个牦牛和绵羊种质资源及其分布进行了广泛调查，发现了一批新的牦牛和绵羊品种资源，可用于家畜生产和育种研究。对西北五省 70 多个畜禽品种资源的分布和种群数量进行了比较详细的调查，基本查清了这些畜禽品种资源的濒危和受威胁现状，并发现了新疆拜城油鸡等新的品种类群。

## （二）重点地区的野生生物物种资源调查

### 1. 重点地区野生植物物种资源调查

根据国家级和地区级濒危及保护植物名录，结合多年实际调查结果，对 220 种植物在滇、黔、桂喀斯特地区 50 多个县市范围内的种群数量、地理分布、生境状况、利用状况和濒危状况等方面进行了调查，并对国家保护花卉物种资源的市场贸易情况进行了广泛调查。调查结果表明，极危（CR）和濒危（EN）等级的物种比例较大，极小种群的物种较多，物种丧失与流失情况严重。此外，对湖北省分布的《国家重点保护野生植物名录》（第一批）和《中国珍稀濒危保护植物名录》中近 80 种植物的分布、种群等进行了示范调查，并提出了保护建议与对策。

### 2. 重点地区野生动物物种资源调查

对西南热带喀斯特地区和西南温带-亚热带喀斯特代表区域进行了野生动物物种资源实地调查，综合 49841 条文献记录、61973 条标本记录完成了西南喀斯特地区 1204 种陆生脊椎动物的编目。此外，还对西南地区三种金丝猴的分布和种群数量进行了调查。

### 3. 淡水生物物种资源调查

调查了三峡库区鱼类等水生生物资源的分布与种群数量，并分析了蓄水后主要鱼类资源的变化；对怒江中上游、澜沧江、新疆塔里木河、额尔齐斯河和乌伦古湖，以及松花江、嫩江干支流及附属水体水生生物资源进行调查，摸清了上述水体水生生物的本底现状，基于文献调研和专家意见，提出了各流域的优先保护物种名录。

### 4. 海洋生物物种资源调查

中国海洋的生物多样性研究是中国科学院青岛海洋生物研究室 1950 年成立后开始大规模系统进行的，经过半个多世纪的努力，迄今已有千篇论文和约 200 部专著出版（刘瑞玉，2011）。1997～2000 年开展的中国海专属经济区大陆框架环境和资源调查，出版了专著报告多卷；2003 年国务院批准立项，国家海洋局实施了"我国近海海洋综合调查与评价"（908 专项），涉及海洋生物的调查；2004 年参加了"国际海洋生物普查"计划，取得了显著进展。

"全国生物物种资源联合执法检查与调查项目"对莱州湾生物物种资源现状进行了系统调查，根据调查结果计算了莱州湾主要生物物种现存生物量，评估了莱州湾主要生物物种资源状况，编制了莱州湾优先保护物种名录，分析了关键物种的致危机制，并提出了相应的保护策略；对北部湾（广西段和广东段）潮间带海洋生物物种资源进行了调查和样品采集，基本摸清了北部湾（广西段和广东段）潮间带水生生物物种资源的家底，编制了水生生物物种名录，根据北部湾（广西段和广东段）潮间带生物物种资源调查结果，结合主要生物的生物学特性以及环境、化学和人类活动等因素，分析了关键物种的濒危机制，提出了相应保护策略。

## （三）馆藏菌种资源调查

微生物的分布最为广泛、多样性最为丰富。在物质循环、维系生物圈平衡方面，微生物与其他生命形式相互作用，发挥着无法取代和无法比拟的重要作用。微生物是生物中重要的分解代谢类群，是一类不同于动植物资源、生产性能优越、开发前景广阔的生物资源，是人类赖以生存和持续发展的自然资源的重要组成部分。

### 1. 微生物菌种保藏中心菌种资源调查

"全国生物物种资源联合执法检查和调查项目"组织专家对包括全国 7 个微生物菌种保藏中心在内的 12 个重点单位的馆藏菌种资源进行了调查，结果表明 12 家单位共保存各类微生物菌种资源 12.9 万株，隶属 3608 个微生物物种。在国家科技平台建设专项经费的资助下出版了《中国菌种目录》（周宇光，2007）。《中国菌种目录》收录了中国普通微生物菌种保藏管理中心（CGMCC）、中国农业微生物菌种保藏管理中心（ACCC）、中国工业微生物菌种保藏管理中心（CICC）、中国医学微生物菌种保藏管理中心（CMCC）、中国兽医微生物菌种保藏管理中心（CVCC）、中国药用微生物菌种保藏管理中心（CPCC）、中国林业微生物菌种保藏管理中心（CFCC）7 个保藏中心的微生物菌（毒）种约 21000 株。

### 2. 全国高校微生物菌种资源调查

"全国生物物种资源联合执法检查和调查项目"组织专家 2007 年首先对中国西南地区、华中地区 20 余所高校的微生物菌种资源进行了调查；2008 年又对华南地区、华东地区、西北地区 40～50 所高校的微生物菌种资源进行了调查；2009 年重点调查了东北、华北地区 50 所以上高校的微生物菌种资源。

通过 3 年的广泛调查，获得了比较系统的调查数据，其调查覆盖面达全国可能拥有微生物菌种资源高校数的 95％以上，基本了解了全国高校微生物菌种资源的拥有量、保存状态、研发进展等信息，基本摸清了高校微生物菌种资源的家底，对数万株微生物菌种资源数据进行了修正、审定和编目。

### 3. 全国省级农林科研院所微生物菌种资源调查

"全国生物物种资源联合执法检查和调查项目"组织专家对全国省级以上科研单位保藏的微生物菌种资源进行了较全面的调查，调查工作覆盖了我国大陆地区 31 个省（自治区、直辖市），其中省级农林科研单位共有省级农业科学院 25 个、农林科学院 4 个、农牧科学院 1 个、林业科学研究院或研究所 26 个；中央级农林科研单位主要是中国农业科学院分布于各地的 30 多个研究所、中国热带作物科学院和中国林业科学研究院；省级生物类综合性科研单位共有省级科学院微生物研究所 9 个、生物研究所 9 个以及工业微生物或微生物相关食品药物研究所 8 个。调查结果表明，中央级和省级农业科学院的相关研究所和省级微生物研究所、工业和医药微生物研究单位一般都保藏有微生物菌种，省级生物学研究所和省级林业研究单位以及其他生物类有关研究单位则只有部分单位保藏有少量微生物菌种，其他的单位则没有保藏微生物菌种。

所有已经调查的全国省级以上科研单位共保藏微生物菌种约 11 万株，其中已经定名的微生物菌种 40930 株，分属于 798 属 3621 种。共获得菌种数据信息 50 余万项，绝大多数调查数据均经过核查、核实，进行了认真反复的修订。在此基础上，进行了我国科研单位保藏微生物菌种资源的编目。

### （四）县域生物多样性系统综合示范调查

#### 1. 区域选择原则

《中国生物多样性保护战略与行动计划》（2011～2030 年）已明确了全国 32 个陆地生物多样性优先区（关键区），查明优先区内的生物多样性现状和受威胁因素是目前全国生物物种资源调查工作的首要任务。

我国西南地区生物多样性极其丰富，而且资源本底数据不足。《中国生物多样性保护战略与行动计划》（2011～2030 年）已明确云南、贵州和广西三省（区）的横断山南段地区、苗岭-金钟山-凤凰山地区（桂西黔南地区）、西双版纳地区、南岭地区、武陵山区、桂西南地区等地为全国生物多样性优先区。特别是滇、黔、桂三省（区）是全国生物多样性特别丰富的地区，也是世界著名的喀斯特地区，这一地区的石灰岩成片发育，分布面积广阔，不但岩溶地貌奇特，而且植物区系组成极其特殊，丰富程度居世界第一位。这一地区的植物区系具有海洋性起源的岛屿植物区系特点，富含系统发育原始的古特有和古老的子遗类型，并兼具长期隔离条件下近期形成的新特有成分。滇、黔、桂地区也是我国植物区系三大特有中心之中最具特色的一个，同时也是野生植物资源家底最为不清、植物区系研究最为薄弱的一个地区。迅速开展滇、黔、桂石灰岩地区野生植物资源调查、生物学评价和保护对策的研究极为迫切。另一方面，这一地区经济贫困，保护与发展的矛盾比较尖锐，生物多样性面临严重威胁，保护任务艰巨且十分迫切。此外，本地区也是少数民族集中聚居的地方，民族众多，生物多样性相关的传统知识特别丰富，民族文化多样性与生物多样性相互交织，形成共同进化与发展的态势，全面系统地调查本地区的物种资源及生物多样性，对研究我国丰富的民族文化也有重要意义。

为此，2010～2011 年，首先集中力量对横断山南段优先区的部分地区（滇西北地区）、大明山地区优先区部分地区（桂西南石灰岩地区）和南岭地区优先区部分地区（贵州黔东南地区）三处优先区进行了系统的生物多样性综合调查。

### 2. 组织实施

由环境保护部南京环境科学研究所协助环境保护部自然生态保护司，组织了中科院、林业、中医药、教育等部门数十家单位、上百人的专家队伍，在滇西北地区、桂西南石灰岩地区、黔东南地区共26县（市、区），首次系统地开展了以县域为单元的生物多样性现状本底调查。

项目组依据涉及的调查对象组织了由不同专业背景专家组成的调查组，主要分为植物组、动物组和大型真菌组，植物组的调查对象主要包括种子植物、蕨类植物和苔藓植物等；动物组的调查对象主要包括两栖类、爬行类、鸟类和兽类，以及无脊椎动物的重要类群；大型真菌组主要负责滇西北18县（市、区）的大型真菌物种资源调查。

调查工作主要参照《全国生物物种资源调查技术规范（系列）》（环境保护部2010年第27号公告），以物种本底为主，以县域为单位进行生物多样性数据记录、标本采集与保存、资料分析和调查成果的汇总。此外，在一个县内，根据植被类型和分布格局设定不同的样带和样方，每类植被群系设立3个以上的固定样方，为后期的监测工作提供了基础数据资料。

物种分布记录以标本和专业分类学文献为据，标本亦以县为单位进行登记和保存，标本上须注明本次项目所采集，并统一编号。为减少标本制定工作，对于常见的物种或已有许多标本且能确定种名的物种拟简化为拍照方式，但照相机需要配备GPS定位装置。鉴于动物标本采集的特殊性，对于动物标本的采集将根据实际情况酌情处理。

在上述调查工作的基础上，依据《编目规范》整理完成县域不同生物类群的编目，并建立数据库。

### 3. 主要成果

至2011年底，项目组已完成云南、广西和贵州三省（自治区）26个县（市、区）的生物多样性本底示范调查，包括滇西北18个县、黔东南4个县和桂西南4个县，调查工作取得了如下主要成果。

① 根据调查工作的需要，起草编写了《全国生物物种资源调查技术规范》（系列）（试行），系列规范包括《野生植物物种资源调查技术规范》、《野生陆生脊椎动物调查技术规范》、《大型真菌物种资源调查技术规范》等，指导开展了云南、贵州、广西26个县（市、区）的生物多样性调查，并在调查工作中得到进一步完善，为开展更大规模的区域生物多样性调查奠定了基础。

② 在原有资料记载和实地调查的基础上，以《中国植被》（中国植被编辑委员会，1980）、《云南植被》（吴征镒、朱彦丞主编，1987）和《贵州森林》（1992，贵州森林编辑委员会）等资料关于植被分类的原则和系统为参考，完成了县域以群系为基本单位的植被类型调查，包括植被类型、植被亚型、群系，建立了县域群系组成名录。依据植被群系标定了永久样方，详细测定记录相关指标，为长期监测提供基础数据。

③ 根据本次实地调查结果，参考历年馆藏标本记录、重要分类学文献记载等，系统整理完成了26县（市、区）县域动植物物种编目，共编目植物物种64372种（条），编目陆生脊椎动物10000余种（条）；首次系统全面调查整理了云南滇西北18县（市、区）大型真菌资源现状，编目大型真菌3677种（条）。对上述调查整理数据建立了相应的数据库。

④ 各调查组提交以保护与管理为导向的分析研究报告及案例研究报告，详细分析在物种资源区系调查和社会经济及市场调查中发现的有关物种受威胁状况和因素，特别是通过典

型案例的研究和调查数据的支撑，揭示了物种资源丧失和流失的数量、途径和经济损害等，挖掘了在法规、政策和管理方面的漏洞与问题，提出了加强保护与管理的建议。此项研究报告要求以调查组为单位，将该组调查的所有县域的情况汇总为一份报告。

（五）生物多样性编目及数据库建设

中国生物物种多样性编目已经取得显著进展。《中国植物志》于 2004 年 10 月全部完成，包括 80 卷，126 册；2010 年又启动了跨境的《泛喜马拉雅植物志》的编研工作；《中国动物志》已出版 125 卷；《中国孢子植物志》目前已完成 84 卷，正式出版 70 卷；《云南植物志》于 2006 年完成了全部 21 卷的出版工作（马克平等，2010）。

2004 年中国科学院启动了中国生物物种编目工作，在与国际"物种 2000"计划的合作下，《中国生物物种名录》光盘于 2008 年首次正式发布，以后每年发布更新版。2011 年版名录收录的物种（亚种）总数达到 65690 个，异名 89336 个，别名 30664 个，其中，包括植物界 35487 种、动物界 20745 种等。"物种 2000"中国节点是国际物种 2000 组织的五个地区节点之一，中国也是唯一正式发布和定期更新生物物种名录的国家。

"全国生物物种资源联合执法检查和调查项目"对我国 6 万多种生物（含重复）及数十万份种质资源进行了编目，包括 34291 种高等植物，6008 种原产花卉植物和 963 种引进花卉植物，1797 种药用生物，2124 种水生生物，2054 种脊椎动物，6149 种保藏的微生物菌种（含 85688 菌株），810 种农作物种及其 49 万多份种质资源，1820 种林木和野生果树以及 1040 个林木品种，7000 多种近海海洋生物等，是我国第一次大规模地对各类物种资源进行系统性编目，也是近年来全国物种资源信息最为全面、资料最新和最为权威的编目。

同时，项目还建立了国家生物物种资源数据库平台（图 7-1～图 7-4），并以网站的方式呈现，目前为管理人员、专业人员提供我国物种资源编目数据的展示、查询、统计及其他项目成果的浏览功能。共收集整理 2004～2009 年调查数据成果 100Gb 左右，包括调查报告、编目数据库、照片等系列材料，共建立数据库 35 个，总信息量 167820 条。此外，其他调查工作也都建立了相应的数据库。

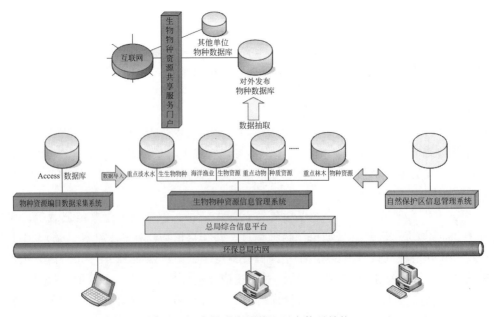

图 7-1　生物物种资源管理平台体系结构

图 7-2  物种资源调查数据采集系统界面

图 7-3  生物物种资源管理平台主要功能

## （六）生物多样性保护现状调查研究与保护成效分析

### 1. 保护设施建设现状

建立保护区、植物园、动物园是生物多样性就地与迁地保护的主要手段。据统计，自 1956 年建立第一个自然保护区以来，全国已建立各种类型、不同级别的自然保护区 2640 个（截至 2011 年底），总面积约 $14971 \times 10^4 hm^2$，其中陆域面积 $14333 \times 10^4 hm^2$（http://jcs. mep. gov. cn/ hjzl/zkgb/2011zkgb/201206/t20120606231056. htm）。但值得注意的是近年来我国自然保护区发展速度减缓，特别是 2007～2009 年 3 年内全国自然保护区数量仅增加了 10 个，保护区总面积前所未有地出现了下降趋势，3 年共减少了 $413.5 \times 10^4 hm^2$，主要原因是部分

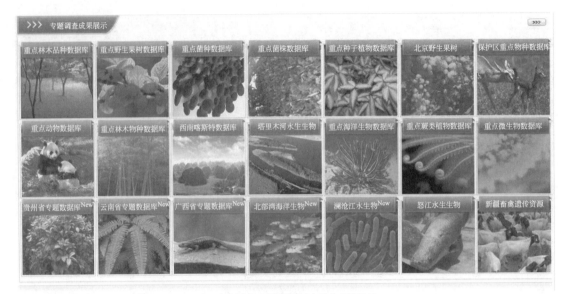

主办单位:环境保护部自然生态保护司
技术支持:环境保护部信息中心

图 7-4　生物物种资源管理平台专题分类

自然保护区大幅度调整了范围,同时也说明我国的自然保护区建设已从抢救性建立、数量和面积规模快速增长阶段,进入了质量提高阶段(王智等,2010)。

截至 2007 年 9 月,中国有各类植物园(树木园)234 座,其中植物园有 180 多个,占世界植物园总数的 7.5% 左右,中国植物园引种保存的植物达到中国植物区系成分的 60%~70%,约有 2 万种(张佐双和赵世伟,2008;郭忠仁,2008)。

中国目前有 180 余个动物园和公园的动物展区(园中园),还有 20 处野生动物园,一些城市正在新建动物园,一些城市已经或正在将城市里的动物园迁移到郊外,扩建为野生动物园,如昆明动物园、西安动物园、南昌动物园(方红霞等,2010)。

### 2. 保护成效调查研究与分析

建立自然保护区是生物多样性保护的有效手段之一,为了保护中国丰富的生物多样性,中国已经建立了大量的自然保护区,评价保护区的布局与管理对于生物多样性的有效保护无疑是十分重要的。陈雅涵等(2009)通过收集截至 2007 年中国建立的 2047 个保护区的有关资料,利用地理信息系统技术,分析了这些保护区的分布现状和生物多样性保护状况,包括保护的植被类型、野生保护物种以及热点地区,结果表明中国自然保护区的覆盖面积占中国陆地面积的比例(15.2%)已经超过世界平均水平(13.4%),根据不同方案划分的生物多样性热点保护地区仍存在一些保护空缺地,如新疆北部、四川与长江以南地区,因此,我国的保护区布局有待进一步改进。Quan 等(2011)对中国 535 个保护区的管理现状进行了调查评估。

而苑虎等(2010)通过收集截至 2008 年我国建立的国家级自然保护区资料,结合 CVH 标本数据库,建立了"国家级自然保护区保护植物物种"数据库,分析了对《国家重点保护野生植物名录(第一批)》中所列物种的就地保护状况,结果表明,在全国尺度上,国家级自然保护区共保护国家重点保护野生植物 237 种(含变种),占总保护物种数的 80.07%,其中 I 级保护植物有 56 种。在省级尺度上,云南、广西、四川、贵州、湖南 5 省(自治区)

国家级自然保护区分布的国家重点保护野生植物数量最多。

"全国生物物种资源联合执法检查和调查项目"对国家重点保护野生动植物在保护区内的分布情况和动物园对动物的饲养情况进行了调查。调查发现，455 种国家重点保护野生动物中，有 386 种在自然保护区内有不同程度的分布，约占总数的 84.84%；306 种国家重点保护野生植物中，有 264 种在自然保护区内有不同程度的分布，约占总数的 86.27%；调查了全国 68 家主要动物园，查明动物园饲养的动物达 789 种，10 多万头（只），比 20 年前有明显增加；查明全国有 255 种经济动物得到人工饲养和开发利用。而据 20 世纪 90 年代统计，中国的动物园共饲养动物 600～700 种，其中，饲养了 600 余种约 10 万只中国哺乳动物、鸟类、两栖爬行类、鱼类等（郑淑玲，1994）。北京动物园、上海动物园、广州动物园饲养的动物种类都超过了 400 种（王宗祎，1996）。

此外，2007 年，中国建立了西南野生种质资源库（GBOWS），到 2009 年，有 31999 份种质材料被收集，大部分收集于中国西南地区，4866 种被鉴定（Li 和 Pritchard，2009）。

## （七）生物多样性濒危等级评估及评价体系建立

### 1. 生态系统受威胁等级评估

生态系统受威胁等级评估是认识生物多样性丧失的重要手段。在 2008 年的第四次世界自然保护大会上，国际自然保护联盟（IUCN）成立了专门工作组，着手建立类似于物种灭绝风险的定量评估方法，对生态系统受威胁等级进行评估（Rodriguez，2010）。最终的目标是在局地、区域和全球尺度上确定生态系统的受威胁等级，建立生态系统红色名录。

2011 年 4 月 10～11 日，中国科学院生物多样性委员会举办了"生态系统受威胁程度评估办法的培训班"，邀请 IUCN 生态系统受威胁程度评估工作的负责人 Jon Paul Rodríguez 博士对学员进行了培训。陈国科和马克平（2012）以辽河三角洲为例，利用 Rodríguez 等提出的目前最完善的生态系统受威胁等级综合评估标准体系，完成了辽河三角洲滨海芦苇湿地、草地、翅碱蓬（*Suaeda salsa*）盐化草甸和丘陵灌丛 4 种主要自然植被的受威胁等级评估。

### 2. 野生动植物濒危等级评价及指标体系研究

（1）国家重点保护野生植物分布格局与受威胁等级评估　珍稀濒危野生植物作为生物多样性的重要组成部分，是保护生物学研究的核心内容之一。物种受威胁等级的评估是确定物种优先保护顺序和制定濒危物种保护策略的重要依据，是生物多样性保护工作中的一个重要步骤。《国家重点保护野生植物名录》是我国迄今为止最权威的一个保护植物名录，所列物种分为Ⅰ、Ⅱ两个保护级别，但划分依据不同于国际上普遍采用的 IUCN 红色名录等级和标准。

张颖波和马克平（2008）基于文献资料和标本记录，对《国家重点保护野生植物名录》中物种（已经发布的第一批和未发布的第二批）在全国尺度上的区系成分组成和地理分布特征进行了系统分析，结果表明，重点保护野生植物物种水平地理分布极不均匀，主要集中在我国的西南地区和台湾，其中云南、四川、广西、西藏、贵州、台湾为保护植物分布的热点地区；垂直分布范围很广，主要集中于 800～1600m 的低山和中山的海拔范围内。张殷波等（2011）基于植物标本信息和大量的文献资料记录，对国家重点保护植物的地理分布资料进行收集和整理，并建立国家重点保护野生植物的地理分布数据库，利用 IUCN 红色名录的等级和标准以及该标准在地区水平上的应用指南，对《国家重点保护野生植物名录》（包括已经发布的第一批和未发布的第二批）中的所有 2177 个物种进行了濒危等级的初步评估，然后聘请专家对评估结果进行审核和修订，最终确定了国家重点保护野生植物的濒危等级，将评估结果与现有的保护等级进行了比较和分析，结果显示 296 种国家Ⅰ级保护植物中有 283 种被评估为"受威胁"等级，1881 种国家Ⅱ级保护植物中有 1581 种被评估为"受威胁"等级。

（2）中国野生高等植物濒危等级评估及指标体系研究　　"全国生物物种资源联合执法检查和调查项目"委托中国科学院植物研究所进行了中国高等植物红色名录编研工作。在反复学习和深刻理解 IUCN 红色名录标准和等级（特别是濒危等级的 5 条标准）的基础上，提出了中国高等植物红色名录评估指南及等级，与 IUCN 红色名录标准和等级相比，特别关注了稀有物种。中国高等植物红色名录等级体系见图 7-5。

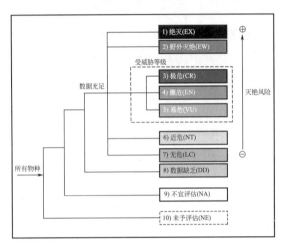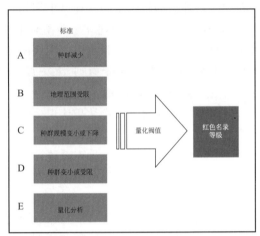

图 7-5　中国高等植物红色名录等级体系

编研组以权威的《中国高等植物名录（CNPC）》为蓝本，在添加狭域分布、前人评估结果等基础信息的基础上，对中国高等植物物种进行了重点与非重点评估的区分，通过设计与发放、收回、检查和修改信息表等方法，组织了 27 个省（市）84 家单位 249 名科研人员提供被评估各类群的分布、居群信息、资源利用和栽培等方面的信息。

经过整理，编研组共利用 6000 余篇（册）文献（2/3 为专家提供，多为电子版文件）以及近两百万份用于物种分布凭证及分布面积计算的数字化标本信息，完成了中国野生高等植物（变种以上等级）的等级评估，不包括栽培种、外来种和杂交种，我国港、澳、台特有种以当地评估为准。

在完成的野生高等植物的等级评估中，每个等级都被赋予标准、理由、资料和评估作者信息。初步确定有约 4300 种被评估为濒危物种，每个物种都附有评估说明书，包括等级、前人评估等级、分布、生境、濒危理由、参考文献、资料提供人及评估人和复核人信息。编研组还对各种致危因素对濒危物种的影响以及不同植被类型面临的主要致危因素等进行了分析（图 7-6、图 7-7）。

（3）中国野生动物濒危等级评估及指标体系研究　　"全国生物物种资源联合执法检查和调查项目"还委托中国科学院动物研究所对中国陆生脊椎动物进行了濒危等级评价研究。在 IUCN 红色名录评估标准的基础上，参考了《华盛顿公约》（CITES）附录名录、国家重点保护动物名录等名录的制定标准，结合中国的国情，提出了《野生动物物种濒危等级评估方法（试用稿）》，将中国野生动物濒危状况分为无危级、关注级、受胁级、濒危级、功能性灭绝级、灭绝级

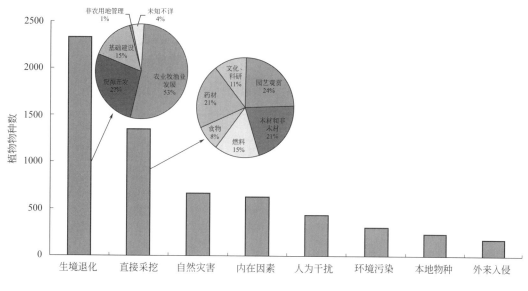

图 7-6　植物物种面临的威胁因素

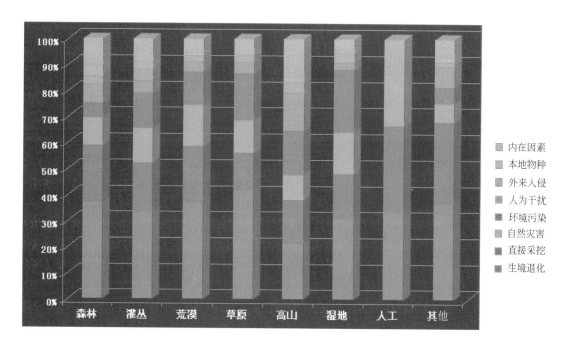

图 7-7　不同植被中植物物种面临的威胁因素

（含局部灭绝）以及无数据 7 类。利用提出的标准完成了中国陆生脊椎动物的濒危等级评价工作，共评估了我国陆生脊椎动物 2637 种，包括两栖类 298 种、爬行类 402 种、鸟类 1330 种和哺乳类 607 种，初步提出陆生脊椎动物灭绝级（Ex）5 种，功能性灭绝级（PE）30 种，濒危级（En）343 种，受胁级（T）459 种，关注级（C）439 种，无危级（Lc）1032 种，数据缺乏（DD）329 种（蒋志刚和罗振华，2012）。

（八）物种资源保护与管理联合执法检查

2003 年下半年至 2004 年，国家环保总局会同农业部、国家林业局、科技部、教育部、知识产权局、中科院等 10 多个部门对全国生物物种资源保护与管理进行了联合执法检查。各相关部门首先对本部门相关执法情况进行了系统自查，然后组织了 6 个联合执法检查组，分赴全国 12 个省（区、市）对 55 个单位进行了执法检查，对海关、口岸、农贸市场、高等学校、科研机构的物种资源流失状况进行了深入检查，查出了许多工作漏洞，特别是立法不健全和执法不力的问题，对加强生物物种资源管理意义重大。全国各省（区、市）也在 2003～2004 年按照环境保护部（原国家环保总局）的部署进行了广泛的自查，取得显著成效。

2009 年 8 月，环境保护部联合质检总局动植物司对辽宁省、山东省部分口岸的生物物种资源出入境查验工作进行执法调研。调研发现，当前生物物种资源出入境查验工作取得了一定进展，但仍存在一些突出问题，例如动植物查验工作无法可依、缺少查验物种名录、查验设备较差等，亟需采取有效措施加以解决。

（九）政策体系研究

根据《国务院办公厅关于加强生物物种资源保护和管理的通知》的要求，在开展生物物种资源调查的基础上，2005～2007 年，环境保护部（原国家环境总局）会同科技部、农业部、林业局、中科院、中医药局以及发展改革委、财政部等部门制定了《全国生物物种资源保护与利用规划纲要》（2006～2020 年），提出 12 个领域的 10 项行动和 55 项优先项目。经国务院同意，该规划纲要已于 2007 年 10 月由环境保护部等 17 部委发布，并由各相关部门和地方政府实施。

2007～2009 年，环境保护部牵头组织 10 多个相关部门推荐的 60 多个各学科专家，研究并更新了《中国生物多样性保护战略与行动计划》（2011～2030 年），提出新时期我国生物多样性保护的战略方针、战略目标、战略任务、实现战略目标的行动计划和一系列优先项目。

还进行了《生物遗传资源管理条例》的立法研究，重点针对遗传资源获取与惠益分享的管理，提出相关的管理制度，此项工作还在进行之中。2005～2007 年进行的"生物资源知识产权保护国家战略"的研究，其成果已列入国务院于 2008 年 6 月批准发布的《国家知识产权战略》。

## 三、展望

要保护好生物多样性，就必须进行全面而深入的调查研究，长期、持续和更广泛的生物多样调查和监测将成为生物多样性保护工作的重要方面（曲建升等，2009）。过去几十年各相关部门在相关领域不同程度地开展了生物多样性调查，但纵观我国过去的物种资源调查，由于经费和人力资源十分有限，调查范围仅仅限于个别地区或少数物种类群，对全国缺乏系统的和全面的调查，很多物种分布数据没有掌握，本底不是很清楚。如我国半数以上的自然保护区没有完整的物种编目，基础数据的缺乏（包括物种数目、种群大小、分布等）直接影响到对物种的有效保护与管理（Sang，2011）。由于生物多样性监测数据的缺乏，目前我国生物多样性评价大多以省（直辖市、自治区）为单元（朱万泽等，2009），而发达国家的物种资源调查常常是以经纬度范围采用拉网式的普查，如瑞典是以 $25km^2$ 为一方格，德国是以 $100km^2$ 为一方格。物种本底数据是科学保护与决策的基础（Vellak，2010；Ornellas，2011），发达国家这种细致的本底调查方法，对物种资源的长期监测很有意义，值得我们借鉴。

2010年9月15日，国务院第126次常务会议审议批准了《中国生物多样性保护战略与行动计划》（2011～2030年），该《战略与行动计划》系统地提出开展生物多样性的调查、评估与监测，并提出了具体优先行动。因此，建议中国在未来的生物多样性保护工作中，优先开展以下工作。

### 1. 开展物种资源普查

集中一段时间，利用全国的专家资源，在充足资金的支持下，开展全国范围大规模的物种资源普查工作，利用10年时间完成优先区生物多样性综合调查，尽快摸清我国生物物种资源的家底。普查是以县域为具体单元，采用全球定位系统（GPS）定位，查清每个县域内分布的物种资源及其种群数量，进而通过建立数据库和监测体系，动态掌握物种资源的变化趋势。

### 2. 加强物种资源保护与监测

进一步加强物种资源及其生境的保护，而且需要更多地关注珍稀濒危物种以外的其他物种，有重点地建立一批保护物种资源及其生境的自然保护区，完善物种资源就地保护网络，同时深化自然保护区的管理质量。

在现有植物园、树木园、动物园的基础上，合理规划建立全国物种资源迁地保护计划。对农业生物的种质资源和重要基因资源则采取迁地保护为主、就地保护为辅的战略，在现有的农作物种质资源库的基础上，深化种质资源保护的质量和有效性，发展试管苗库保存等新技术。

加强对生物多样性的监测，尤其是对重要物种资源的监测。在现有各部门分散监测设施和网络的基础上，打造一个内容综合、部门协调一致和高水平的物种监测网络，包括对珍稀濒危物种个体、种群、资源量和威胁因素的监测，以及对非法贸易的监测等。要将"3S"技术（地球定位系统、地理信息系统和遥感技术）等新技术用于物种资源的监测和评估。

建立外来入侵种、有害病原微生物及动物疫源疫病的监测预警体系，以便及时获得关键信息，从源头控制有害病原微生物及动物疫源疫病的发生和蔓延，确保动物种群安全和人体健康安全。

加强生物多样性保护与应对气候变化间的协同增效。研究和模拟预测代表性物种对气候变化的响应，以及濒危物种与气候变化的响应关系。在履行国际公约的过程中，要加强《生物多样性公约》与《联合国气候变化框架公约》之间的协同增效。

### 3. 加强物种资源管理的立法与执法

在过去20多年间，中国有关生物多样性保护的立法取得了较快进展，但与生物多样性管理的实际需求还相距较远，立法中存在着许多亟待完善的问题，主要表现在：①现有法规多以规范物种资源利用和管理为主，而对资源保护、防止流失的内容比较薄弱；②法规实施不力，缺乏制度和监督机制；③地方性立法薄弱，缺乏地方特色；④缺少公平惠益分享机制。

为了完善中国生物多样性保护的法规体系，当前特别需要重新审视不同法规之间的关系，确立生物多样性保护的立法体系框架。主要任务有：①要梳理现有法规有关生物多样性保护的内容，调整各法规之间的冲突和不一致的内容；②根据现有法规，从立法体系上考虑需要补充和完善的法规，并体现在法律、条例、部门规章及地方法规多个层次的系统性；③对遗传资源及相关传统知识获取与惠益分享、外来入侵种防治、气候变化影响等新的领域需要进行立法研究和相关理论探讨。

为控制遗传资源的流失，当前要特别抓紧建立"遗传资源及相关传统知识获取与惠益分享"的法规制度。要制定相关法规和制度，对资源获取实施"事先知情同意程序"，在共同商定的条件下，对资源利用产生的惠益实现公平分享，同时加强对进出境物种资源及其利用情况的跟踪与核查。

与此同时，要加强现有法规的执法力度，提高对珍稀濒危物种国际非法贸易的打击力度，特别是加强对我国西南地区野生兰花的非法贸易的市场管理和边境口岸走私活动的打击。要加强对公众的宣传教育，提高公众保护物种资源的意识，特别是要加强对科技人员的宣传教育，防止在对外合作研究中物种资源的流失。

## 第三节　生物多样性保护实践[1]

### 一、我国生物多样性保护工作的发展进程

在我国长期的封建统治阶段，生产力发展缓慢，生产方式落后，对资源盲目滥用，从而造成了资源的严重破坏。在唐代以前，川、黔、湘、鄂几省的交界地区，有15个州、郡尚用犀角作为贡品，犀牛由于长期被捕杀，加之自然环境的变化，北宋后期便趋于灭绝。历次的战争、砍树、焚林、掘堤、毁堰以及近代帝国主义列强对我国生物资源肆无忌惮的掠夺，进一步加剧了自然资源的破坏。

新中国成立之后，我国便逐渐开始重视对自然资源和环境的保护。早在1950年，原林业部就颁布了以护林为主的林业工作方针，特别是封山育林的贯彻执行，使自然保护工作首先在林业方面开展起来。1956年6月30日，由秉志、钱崇澍等5位著名科学家在第一届全国人大三次会议上提出的关于"请政府在全国各省（区）划定天然林禁伐区保存自然植被以供科学研究的需要"的提案获得通过。中国建立了第1个自然保护区——广东肇庆鼎湖山自然保护区，标志着我国自然保护区建设工作的开端。1962年，国务院发布了《关于积极保护和合理利用野生动物资源的指示》，并公布了第一批国家重点保护动物名单。我国于1972年参加斯德哥尔摩联合国人类环境大会后，对环境问题给予逐步的重视，国务院也于1974年成立了环境保护领导小组，以中国政府的名义加入联合国环境规划署。1980年，我国加入《濒危野生动植物种国际贸易公约》，开始对濒危野生动植物的国际贸易进行控制和规范。1984年，《中华人民共和国森林法》颁布实施。1987年，国务院环境委员会颁发了《中国自然保护纲要》，这是我国第一部保护自然资源和自然环境的宏观指导性文件。它明确表达了我国政府对保护自然环境和自然资源的态度和政策，是我国保护自然资源和生态环境的宣言书、指导书、总规范。随后，我国的生物多样性保护工作逐渐走上正轨，相关法规政策相继出台。

### 二、我国对于国际生物多样性保护行动的参与

国际公约是指国际间有关政治、经济、文化、技术等方面的多边条约。由于生物多样性的贡献具有国际意义，生物物种会在国家间迁徙或迁移以及存在生物及其制品的国际贸易，对生物多样性的威胁常常是国际范围的，所以人们需要通过国际协定和公约来进行物种及其

---

❶　本节作者为张丹(中国科学院地理科学与资源研究所)。

栖息地的保护，协调国家和地区之间的生物多样性保护以及贸易。联合国环境规划署（UN-EP）、联合国粮食及农业组织（FAO）以及世界自然保护联盟（IUCN）等国际团体，积极推动了全球的生物多样性保护工作。

### 1. 濒危野生动植物种国际贸易公约

《濒危野生动植物种国际贸易公约》（Convention on International Trade in Endangered Species of Wild Faunaand Flora，CITES）也称《华盛顿公约》，于 1973 年 3 月 3 日在华盛顿签署，并于 1975 年 7 月 1 日正式生效，是当今唯一对全球野生动植物贸易实施控制的国际公约。我国于 1980 年 12 月 25 日加入该公约，并于 1981 年 4 月 8 日正式生效。

CITES 以保护生物多样性和主张持续利用为基础，旨在通过公约缔约国的共同努力，对野生动植物种的国际间贸易进行严格的控制和监督，防止因过度的国际贸易和开发利用而危及物种在自然界的生存。CITES 要求实行许可证制度，并将其管辖的物种分为三类，分别列入三个附录中，采取不同的管理办法，其中附录Ⅰ包括所有受到和可能受到贸易影响而有灭绝危险的物种，附录Ⅱ包括所有目前虽未濒临灭绝，但如对其贸易不严加管理，就可能变成有灭绝危险的物种，附录Ⅲ包括成员国认为属其管辖范围内，应该进行管理以防止或限制开发利用，而需要其他成员国合作控制的物种。

根据公约的有关规定，我国政府在原林业部下设立了中华人民共和国濒危物种进出口管理办公室（濒管办），在中国科学院设立了中华人民共和国濒危物种科学委员会（濒委会），分别承担公约规定的管理机构和科学机构的职责，并相继设立了北京、上海、广州、福州、成都等 13 个办事处。国家授权濒管办代表政府发放野生动植物及其产品的出口、进口以及再出口证明书，并代表我国政府与公约所属机构及缔约国公约管理机构进行事务联系，会同有关部门统一制定履行公约的对外政策，参与研究处理与公约相关的重大国际事务和我国港、澳、台履约的有关事务。濒委会负责就公约附录所列进出口事宜向管理机构提供科学咨询意见。

为了给野生动植物保护和履行公约工作提供良好的条件和基础，我国相继出台了一系列的法律法规，主要有《野生动物保护法》、《野生植物保护条例》、《陆生野生动物保护实施条例》、《水生野生动物保护实施条例》。国家濒管办与海关总署制定并发布了《进出口野生动植物种商品目录》，凡列入该商品目录管理范围的野生动植物或其部分产品的进出口，在进出口报关前必须取得国家濒管办或其授权的办事处核发的允许进出口证明书。2006 年，由国务院颁布了《濒危野生动植物进出口管理条例》，充分体现了我国对履行公约的高度重视，并在一定程度上弥补了野生动植物国内贸易立法的空白，具有里程碑式的重要意义。

我国还制定并发布了《国家重点保护野生动物名录》、《国家重点保护野生植物名录》。中国不仅在保护和管理该公约附录Ⅰ和附录Ⅱ中所包括的野生动植物物种方面负有重要的责任，而且中国《国家重点保护野生动物名录》中所规定保护的野生动物，除了公约附录Ⅰ、附录Ⅱ中已经列入的以外，其他均隶属于附录Ⅲ。我国还规定，公约附录Ⅰ、附录Ⅱ中所列的原产地在中国的物种，按《国家重点保护野生动物名录》所规定的保护级别执行，非原产于中国的，根据其在附录中隶属的情况，分别按照国家Ⅰ级或Ⅱ级重点保护野生动物进行管理。

在加入公约的 30 多年时间里，我国根据相关法律，坚决控制濒危野生动植物的非法贸易活动，先后禁止和取缔了大量濒危野生动植物的贸易，对濒危野生动植物的保护起到了非常积极的作用。

### 2. 生物多样性公约

《生物多样性公约》（Convention on Biological Diversity，CBD）于 1992 年 6 月 5 日，由 150 多个国家政府的首脑在巴西里约热内卢举行的联合国环境与发展大会上签署，1993 年 12 月 29 日正式生效。中国于 1992 年 6 月 11 日签署该公约，1992 年 11 月 7 日批准，1993 年 1 月 5 日交存加入书。我国积极出席《生物多样性公约》缔约国大会以及《生物安全议定书》的谈判，参与了与履约有关的其他一些重要会议和活动。

《生物多样性公约》是一项有法律约束力的公约，旨在保护生物多样性、持续利用其组成部分、以公平合理的方式分享由利用遗传资源而产生的惠益。公约涵盖了所有的生态系统、物种和遗传资源，把传统的保护努力和可持续利用生物资源的经济目标联系起来，不仅提出了一种科学的物种保护理念，而且还规定了各缔约国在生物多样性保护方面的权利和义务，更为保护区这一在自然生态和物种保护工作上承担着举足轻重作用的机构指明了发展的方向。

为了协调并加强中国履行《生物多样性公约》的工作，国务院批准成立了由国务院环境保护行政主管部门牵头，国务院 24 个部门参加的中国履行《生物多样性公约》工作协调组，以及由 17 个部门参加的生物物种资源保护部际联席会议制度，有力地保障了我国生物多样性保护工作的开展。国家还设立了生物安全管理办公室，基本形成了农业、林业等转基因生物安全的管理体系。

1994 年 6 月，经国务院环境保护委员会同意，原国家环境保护局会同相关部门发布了《中国生物多样性保护行动计划》。根据《生物多样性公约》的原则和义务，并针对中国当前和今后一段时间全国生物多样性保护与持续利用的需求，行动计划提出七个领域的目标，分别是：强化对中国生物多样性的基础研究、完善国家自然保护区及其他保护地网络、保护对生物多样性有重要意义的野生物种、保护作物和家畜的遗传资源、自然保护区以外的就地保护、建立全国范围的生物多样性信息和监测网、协调生物多样性保护与持续发展，其中包括 26 项具体的行动方案。

行动计划发布后，我国政府又先后发布了《中国自然保护区发展规划纲要（1996～2010 年）》、《全国生态环境建设规划》、《全国生态环境保护纲要》和《全国生物物种资源保护与利用规划纲要》（2006～2020 年）。相关行业主管部门也分别在自然保护区、湿地、水生生物、畜禽遗传资源保护等领域发布实施了一系列规划和计划，如《中国生物多样性保护林业行动计划》、《中国湿地保护行动计划》、《中国农业部门生物多样性保护行动计划》、《中国海洋生物多样性保护行动计划》、《大熊猫移地保护行动计划》等。

1994～2010 年间，《生物多样性保护行动计划》确定的主要目标已基本实现，我国的生物多样性保护工作机制逐步完善，生物多样性基础调查、科研和监测能力得到提升，就地保护工作成绩显著，迁地保护也得到了进一步加强，生物安全管理得到加强，国际合作与交流取得进步。

近年来，随着转基因生物安全、外来物种入侵、生物遗传资源获取与惠益共享等问题的出现，生物多样性保护日益受到国际社会的高度重视。目前，我国生物多样性下降的总体趋势尚未得到有效遏制，资源过度利用、工程建设以及气候变化严重影响着物种生存和生物资源的可持续利用，生物物种资源流失严重的形势没有得到根本改变。

为落实公约关于制定并及时更新国家战略、计划或方案的相关规定，进一步加强我国的生物多样性保护工作，有效应对我国生物多样性保护面临的新问题、新挑战，环境保护部会同 20 多个部门和单位编制了《中国生物多样性保护战略与行动计划》（2011～2030 年），确定了我国未来 20 年生物多样性保护的总体目标、战略任务、优先领域及优先行动优先领域包括：完善生物多样性保护与可持续利用的政策与法律体系；将生物多样性保护纳入部门和区域规划，促进持续利用；开展生物多样性调查、评估与监测；加强生物多样性就地保护；科学开展生物多样性迁地保护；促进生物遗传资源及相关传统知识的合理利用与惠益共享；加强外来入侵物种和转基因生物安全管理；提高应对气候变化的能力；加强生物多样性保护领域的科学研究和人才培养；建立生物多样性保护公众参与机制与伙伴关系。

### 3. 关于特别是作为水禽栖息地的国际重要湿地公约

湿地具有涵养水源、净化水质、调蓄洪水等极为重要的生态功能，是生物多样性的重要发源地之一，它是许多珍稀野生动植物赖以生存的基础，对维护生态平衡、保护生物多样性具有特殊的意义。多年来，全球湿地伴随着全球化进程的加快而不断遭到破坏。因此，保护湿地成为一个世界性的问题。

《关于特别是作为水禽栖息地的国际重要湿地公约》（Convention on Wetlands of International Importance Especially as Waterfowl Habitat，CWIIEWH，简称《湿地公约》）于 1971 年 2 月 2 日在伊朗拉姆萨签订，因此又称《拉姆萨公约》。该公约于 1975 年 12 月 21 日正式生效，其致力于通过国家行动和国际合作，保护湿地及其生物多样性。经该公约确定的国际重要湿地是在生态学、植物学、动物学、湖沼学或水文学方面具有独特的国际意义的湿地。

1992 年我国加入《湿地公约》，标志着中国湿地保护事业开始起步。2001 年，国家林业局启动了全国野生动植物保护及保护区建设工程，湿地保护被列为工程的重要内容。2006 年，国家将湿地保护工程、三江源自然保护区建设纳入了国民经济和社会发展"十一五"规划，这标志着国家正式以工程措施推动全国湿地保护管理工作。2007 年 2 月，国家林业局正式组建了中华人民共和国国际湿地公约履约办公室，承担组织、协调全国湿地保护和有关国际公约履约的具体工作。2007 年 9 月，国务院批准成立中国履行《湿地公约》国家委员会，由国家林业局、外交部等 16 个部门组成，其中国家林业局为主任委员单位，外交部、水利部、农业部、国家环保总局、国家海洋局为副主任委员单位。该委员会的主要职能是：协调和指导国内相关部门开展履行《湿地公约》的相关工作；研究制订国家履行《湿地公约》的有关重大方针、政策；协调解决与履约相关的重大问题；研究审议《湿地公约》有关国际谈判的重要议题对策和方案，协调履行公约规定并执行有关国际会议决议；协调湿地领域国际合作项目的申请和实施。

目前我国已有 41 处湿地被列入国际重要湿地名录，建立了各种级别的湿地自然保护区 500 多个、湿地公园 400 多个，已初步形成了以湿地自然保护区为主体，水源保护区、海洋功能特别保护区、湿地多用途管制区、湿地野生动物禁猎区、湿地公园、湿地风景名胜区等多种管理形式相结合的湿地保护网络体系。

### 4. 保护迁徙野生动物物种公约

《保护迁徙野生动物物种公约》（Convention on the Conservation of Migratory Species of Wild Animals，CMS）也称为波恩公约，于 1979 年 6 月 23 日在德国波恩通过，1983 年 12 月 1 日生效。其目标在于保护陆地、海洋和空中的迁徙物种的活动空间范围，是为保护国家管辖边界以外野生动物中的迁徙物种而订立的国际公约。公约规定：应订立具体的国际协定，以处理有关迁徙物种的养护和管理问题；设立科学理事会就科学事项提供咨询意见；在两个附录中分别列出了濒危的迁徙物种和须经协议的迁徙物种。

### 5. 其他相关协定

我国在生物多样性保护方面，还与其他国家签订了一些双边和多边协定，包括1981年3月3日，我国政府与日本政府签订了《中华人民共和国和日本国政府保护候鸟及其栖息环境的协定》，1986年10月20日，我国政府与澳大利亚政府签订了《中华人民共和国和澳大利亚政府保护候鸟及其栖息环境的协定》。1990年，我国政府与蒙古政府签订了《关于保护自然环境的合作协定》，1994年3月29日，我国国家环境保护局与蒙古国自然与环境部和俄罗斯联邦自然保护和自然资源部签订了《关于建立中、蒙、俄共同自然保护区的协定》。

## 三、我国生物多样性保护的政策体系

目前，我国已经形成了一系列与生物多样性保护有关的法律、法规和部门规章（表7-1）。《宪法》中有关于自然资源所有权、保障自然资源的合理利用和保护珍贵动植物的规定，《刑法》中对于破坏环境资源罪也进行了规定。在野生动植物保护方面，现有的法律法规包括《野生动物保护法》、《野生植物保护条例》、《陆生野生动物保护实施条例》、《水生野生动物保护实施条例》、《野生药材资源保护管理条例》、《农业野生植物保护办法》。在种质资源保护方面，现有的法律法规包括《种子法》、《种子管理条例》、《主要农作物品种审定办法》、《进出口农作物种子（苗）管理暂行办法》、《农作物种子生产经营许可证管理办法》、《农作物种子生产经营管理暂行办法》、《农作物种子标签管理办法》。在生态系统保护方面，现有的法律法规包括《环境保护法》、《森林法》、《草原法》、《海洋环境保护法》、《风景名胜区暂行条例》。对新出现的转基因生物安全问题，国务院也于2001年紧急出台了《农业转基因生物安全管理条例》，以及与之配套的《农业转基因生物安全评价管理办法》、《农业转基因生物进口安全管理办法》、《农业转基因生物标识管理办法》、《农业转基因生物加工审批办法》。在外来物种的控制方面，相关的法律法规包括《进出境动植物检疫法》、《动物防疫法》、《进出境动植物检疫法实施条例》、《家畜家禽防疫条例》、《引进陆生野生动物外来物种种类及数量审批管理办法》。

表7-1　　中国生物多样性保护的法律法规体系

| 生物多样性保护相关法律 | |
| --- | --- |
| 《渔业法》(1986) | 《海洋环境保护法》(2000) |
| 《环境保护法》(1989) | 《草原法》(2003) |
| 《水土保持法》(1991) | 《种子法》(2004) |
| 《进出境动植物检疫法》(1992) | 《野生动物保护法》(2004) |
| 《森林法》(1998) | 《动物防疫法》(2008) |
| 生物多样性保护行政法规 | |
| 《水产资源繁殖保护条例》(1979) | 《自然保护区条例》(1994) |
| 《风景名胜区管理条例(暂行)》(1985) | 《进出境动植物检疫法实施条例》(1996) |
| 《家畜家禽防疫条例》(1985) | 《野生植物保护条例》(1997) |
| 《野生药材资源保护管理条例》(1987) | 《植物新品种保护条例》(1997) |
| 《实验动物管理条例》(1988) | 《农药管理条例》(1997) |
| 《种子管理条例》(1991) | 《饲料和饲料添加剂管理条例》(2001) |
| 《城市绿化条例》(1992) | 《农业转基因生物安全管理条例》(2001) |
| 《植物检疫条例》(1992) | 《病原微生物实验室生物安全管理条例》(2004) |
| 《陆生野生动物保护实施条例》(1992) | 《兽药管理条例》(2004) |
| 《水生野生动物保护实施条例》(1993) | 《濒危野生动植物进出口管理条例》(2006) |

| 生物多样性保护部门规章 | |
| --- | --- |
| 《进出口农作物种子(苗)管理暂行办法》(1997) | 《农业转基因生物加工审批办法》(2006) |
| 《农作物种子标签管理办法》(2001) | 《病原微生物实验室生物安全环境管理办法》(2006) |
| 《农作物商品种子加工包装规定》(2001) | 《开展林木转基因工程活动审批管理办法》(2006) |
| 《农业野生植物保护办法》(2002) | 《农药管理条例实施办法》(2008) |
| 《肥料登记管理办法》(2004) | 《森林和野生动物类型自然保护区管理办法》(1985) |
| 《水产苗种管理办法》(2005) | 《海洋自然保护区管理办法》(1995) |
| 《主要农作物品种审定办法》(2007) | 《自然保护区土地管理办法》(1995) |
| 《农作物种子生产经营许可管理办法》(2011) | 《森林和野生动物类型自然保护区档案管理办法》(1996) |
| 《基因工程安全管理办法》(1993) | 《水生动植物自然保护区管理办法》(1997) |
| 《农业生物基因工程安全管理实施办法》(1997) | 《自然保护区专项资金使用管理办法》(2001) |
| 《烟草基因工程研究及其应用管理办法》(1998) | 《国家级自然保护区监督检查办法》(2006) |
| 《农业转基因生物安全评价管理办法》(2001) | 《国家重点保护野生药材物种名录》(1987) |
| 《农业转基因生物进口安全管理办法》(2001) | 《国家重点保护野生动物名录》(1989) |
| 《农业转基因生物标识管理办法》(2001) | 《国家重点保护野生植物名录》(1999) |
| 《进出境转基因产品检验检疫管理办法》(2001) | 《国家保护的有益的或者有重要经济、科学研究价值的陆生野生动物名录》(2000) |
| 《转基因食品卫生管理办法》(2002) | |
| 《兽药注册办法》(2005) | 《国家重点保护经济水生动植物资源名录》(2007) |

自然保护区作为生物多样性就地保护的重要手段,相关的法制建设也得到国家的极大重视。1994年10月国务院颁布的《中华人民共和国自然保护区条例》,是我国自然保护区立法中的一个重要里程碑,是我国第一个关于自然保护区的正式的综合性法规。除此之外,相关的法律法规还包括《森林和野生动物类型自然保护区管理办法》、《海洋自然保护区管理办法》、《自然保护区土地管理办法》、《森林和野生动物类型自然保护区档案管理办法》、《水生动植物自然保护区管理办法》、《国家级自然保护区监督检查办法》。目前,全国大部分省区都有相关的地方法规,如根据《自然保护区条例》制定的本地区的管理条例、管理办法或是根据中央各个部门发布的管理办法制定的实施细则。

## 四、我国生物多样性保护工作进展

### 1. 生物多样性调查与物种濒危等级评估

生物多样性本底信息的调查以及动态监测机制是生物多样性保护的一项重要的基础工作,也是《生物多样性公约》第7条的基本要求。国内外生物学家早在200多年前就开始对中国的生物区系进行调查与标本采集,但对中国生物多样性进行的全面调查主要是在20世纪50年代以后陆续展开。20世纪60~70年代,中国组织了大规模的全国植被及各类自然生态系统的调查,出版了各类志书。自20世纪90年代以来,国家林业局、环境保护部(原国家环保总局)、农业部、国家海洋局、中科院等有关部门,先后组织了多项全国性或区域性的生物物种资源调查,建立了相关数据库,出版了《中国植物志》、《中国动物志》、《中国孢子植物志》等物种编目志书。为指导和规范全国生物物种资源调查工作,环保部和国家林业局均制定并发布了全国生物物种资源调查相关技术规定,例如环保部的《全国植物物种资源调查技术规定(试行)》和《全国动物物种资源调查技术规定(试行)》,以及国家林业局的《全国陆生野生动物调查与监测技术规程》、《全国重点保护野生植物资源调查技术规程》和《全国湿地资源调查与监测技术规程》。

珍稀濒危野生动植物是生物多样性的重要组成部分,物种濒危等级评估是确定物种优先保护顺序和制定濒危物种保护策略的重要依据，是生物多样性保护工作中的一个重要步骤。早在20世纪80年代，我国就引入IUCN红色名录等级和标准开展物种濒危状况评估工作，先后出版了《中国珍稀濒危保护植物名录》(1987)、《中国植物红皮书》(第一册)(1992)、《中国濒危动物红皮书》(1998)、《中国物种红色名录》(2004)。

上述版本红色名录具有较深远的影响，但也存在一些明显的问题，如评估对象不全，代表性不够，评估依据的信息较少，且多为21世纪初和20世纪七八十年代的资料，未能及时反映近年来中国野生动植物资源的消长情况及最新研究进展。2006~2012年，环境保护部联合中国科学院动物研究所、植物研究所组织全国专家，在IUCN红色名录评估标准的基础上，建立了适合中国国情的物种受威胁程度评价体系，并完成了中国陆生野生脊椎动物和高等植物受威胁状况的评价工作，《中国生物多样性红色名录——高等植物卷》的编制工作于2008年启动，现已完成并于2013年9月2日发布。《中国生物多样性红色名录——脊椎动物卷》的编制工作也于2013年5月16日启动。《中国生物多样性红色名录》的发布，将对政府的生物多样性管理和中国社会各界环境保护意识的提高具有重要的意义。

### 2. 生物多样性和生物安全信息交换机制的建立

《生物多样性公约》缔约方大会要求成员国建立国家生物多样性信息交换所机制(CHM)以向不同国家和地区提供生物多样性保护信息获取的渠道，支持生物多样性保护的决策，发展关于交换和总结生物多样性信息的全球机制。

在中国履行《生物多样性公约》办公室和生物安全管理办公室的组织下，中国已建成生物多样性和生物安全信息交换机制。用户通过中国国家生物多样性信息交换所，可以方便地获取《生物多样性公约》和缔约方大会决议的官方文本，中国生物多样性保护战略和行动计划以及中国对于《生物多样性公约》的履行动态，国家生物多样性保护的法律法规和相关公约文本。生物多样性信息交换所机制实现了数据库与Web服务器的动态连接，建成了中国生物多样性元数据查询和录入工具、全国自然保护区多媒体信息查询工具、全国自然保护区统计信息查询工具。同时，生物多样性信息交换所还组建了动物、植物和微生物等研究领域的信息节点，以及教育部、科技部、建设部、农业部等8个生物多样性保护相关部门的信息节点，实现了对来自不同研究领域以及部门的基础数据信息的汇总和综合，促进了不同部门间生物多样性信息的共享和交流，为生物多样性保护决策提供了依据。通过中国国家生物安全信息交换所，用户可以方便地获取国家生物安全相关的政策、法规、标准、规范与公告，农业转基因生物的申请指南，《生物安全议定书》和缔约方大会决议的官方文本，以及国外生物安全的管理体制、法律法规和技术规范等信息。国家生物安全信息交换所同样实现了数据库与Web服务器的动态连接，建成了国内外转基因生物商业化生产数据查询工具、国内外转基因生物田间试验数据查询工具、各国转基因生物审批数据查询工具、安全评价生物学背景数据查询工具、国外生物安全方法与文献数据查询工具、国内生物安全文献数据查询工具。

### 3. 就地保护与迁地保护

根据《野生动物保护法》、《森林法》以及《野生植物保护条例》的相关规定，我国主要采取就地保护和迁地保护的形式来保护野生动植物资源。就地保护的方式主要包括建立自然保护区、森林公园以及风景名胜区等。1956年我国建立了第1个自然保护区——广东肇庆鼎湖山自然保护区，标志着我国就地保护工作的开端。截至2012年底我国已建立各种类型、不同级别的自然保护区2669个，总面积约$14979 \times 10^4 \text{hm}^2$，其中陆域面积$14333 \times 10^4 \text{hm}^2$，其中国家级自然保护区 363 个，初步形成了类型比较齐全、布局比较合理、功能比较健全的自然保护区网络。国家级风景名胜区 225 处，国家湿地公园试点 213 处，国家地质公园 218 处。此外，我国还建立了国家级海洋特别保护区 21 处。近 20 年来，我国的迁地保护工作也得到了进一步加强。野生动植物迁地保护和种质资源移地保存得到较快发展，全国已建动物园（动物展区）240 多个，植物园（树木园）234 座。至 2008 年底，我国已建成农作物种质资源国家长期库 2 座、中期库 25 座；国家级作物种质资源圃 32 个；国家牧草种质资源基因库 1 个，中期库 3 个，种质资源圃 14 个；国家级畜禽种质资源基因库 6 个，保存农业植物种质资源量达 39 万份。此外，我国林木种质资源、药用植物种质资源、水生生物遗传资源、微生物资源、野生动植物基因等种质资源库建设工作也初具规模。

### 4. NGO 与生物多样性保护

NGO（Non-Governmental Organization），即非政府组织，指不以营利为目的、主要开展公益性或互益性社会服务活动的独立的民间组织，具有非营利性、非政府性和志愿公益性等基本属性。环境 NGO 是以环境保护为主旨，不以营利为目的，不具有行政权力并为社会提供环境公益性服务的民间组织，是公众参与环境保护的重要平台，在一定程度上弥补了市场和政府在生态环境资源配置领域的缺陷。1994 年中国第一个环保 NGO "自然之友" 成立之后，"地球村"、"绿家园"、"绿包北京" 相继成立。到今天，中国的环保 NGO 已经走过了 20 年的时间。他们从政策倡导、弱势群体救助到公众环境保护教育、绿色文化推广，所从事的活动涉及了环境保护的方方面面。在我国的生物多样性保护领域，环保 NGO 也发挥着积极的作用，对我国滇西北天然林和滇金丝猴以及可可西里藏羚羊的保护做出了重要的贡献。国际上与自然保护相关的 NGO 也为中国动植物资源的物种调查、保护、立法和科研做出了重要的贡献，具代表性的有世界自然基金会（WWF）、国际爱护动物基金会（IFAW）、世界动物保护协会（WSPA）、国际野生生物保护学会（WCS）、野生救援组织（WA）、野生动植物保护国际（FFI）以及亚洲动物基金会（AAF），在我国的主要项目涉及大熊猫、黑熊、亚洲象、藏羚羊、东北虎、扬子鳄以及濒危灵长目等物种的保护。

## 五、我国生物多样性保护工作未来的发展方向

### 1. 完善生物多样性保护与可持续利用的法律体系

目前，我国在生物多样性保护领域，立法整体效力层次偏低，多头立法现象严重。如野生植物的保护，在法律效力层次上尚未有专门立法，而《宪法》、《环境保护法》等基本法一般只做出原则性的保护野生动植物的规定，并没有针对野生动植物具体该如何保护做出详细规定。且立法体系的立法内容存在不统一的情况，法律法规之间不协调。在一些方面仍没有明确的规定或者存在政策上的空白，如关于遗传资源的获取和惠益分享、传统知识的保护以及从生物多样性保护的角度出发来进行外来入侵物种的管理。

基于如上现状，建议全面梳理现有法律、法规中有关生物多样性保护的内容，调整不同法律法规之间的冲突和不一致的内容，提高法律、法规的系统性和协调性。研究制定自然保护区管理、湿地保护、遗传资源管理和生物多样性影响评估等方面的法律法规，加强外来物种入侵和生物安全方面的立法，探索促进生物资源保护与可持续利用的激励政策。最后，还应加强国家和地方有关生物多样性法律法规的执法体系建设。

### 2. 完善生物多样性的管理机制

生物多样性的管理机制是指生物多样性管理机构在实现生物多样性保护目标过程中的活

动或运作方式，包括信息机制、资金机制和实施机制等方面。

（1）信息机制的完善　信息机制包括信息的收集、传递、处理、存储、利用、评估的过程和标准。20 世纪 50 年代以来，我国的诸多部门相继开展了多项生物多样性的调查工作，但主要集中在重点区域或对重要类群的调查，大规模的生物多样性综合调查工作尚未全面展开，我国生物多样性本底仍然不清，物种分布数据信息缺失严重，新物种、中国新纪录或省级新分布物种大量存在。且不同部门监测的范围、对象和方法存在不一致的情况，尚无专门的部门对信息进行统一处理、对信息的有效性进行评估。根据生物多样性调查数据，我国较早开展了物种濒危等级的评价研究工作。已经完成的不同版本的濒危物种名录都是依据当时掌握的资料评价完成的，只反映了当时的受威胁情况。随着对其分布数据等各项评价指标的进一步掌握和保护成效的取得，濒危物种名录需要不断更新。

建议进一步开展以县域为基本单元，在生态系统、物种和遗传资源三个层次进行生物多样性综合性本底调查和编目，开展《中国生物多样性保护战略与行动计划》确定的生物多样性保护优先区域的生物多样性本底综合调查，对我国少数民族地区体现生物多样性保护与持续利用的传统作物、畜禽品种资源、民族医药、传统农业技术、传统文化和习俗进行系统调查和编目。建立生态系统和物种资源的监测标准体系，推进生物多样性监测工作的标准化和规范化。制定部门间统一协调的生物多样性数据管理计划，构建生物遗传资源信息共享体系。建立生物多样性数据信息的更新机制，定期组织全国野生动植物资源调查。建立健全濒危物种评估机制，定期发布国家濒危物种名录。开发生物多样性预测预警模型，建立预警技术体系和应急响应机制，实现长期、动态监控。

（2）资金机制的完善　资金机制是生物多样性保护政策能否有效实施的基本保证，包括资金的供需平衡机制、资金的使用和管理机制。目前，我国生物多样性保护工作的资金来源主要是政府投入，资金不足的问题仍十分严重。我国自然保护区的资金机制现状是"分级所有，分级投资；地方为主，预算不保"，面临着普遍的资金不足的情况。由于国家对自然保护区的投资缺乏统一的标准，导致对自然保护区的投资相对随意。在资金投入有限的情况下，使部分保护区无法满足日常巡护、防火、宣传、办公、社区工作和科研等多项工作的需要，管理机构将精力放在了创收自养上，相对弱化了保护管理的职能。

建议拓宽生物多样性保护投入的渠道，加大国家和地方的资金投入，充分发挥市场机制的作用，引导社会、信贷、国际资金参与生物多样性保护，形成多元化的投融资机制。对于自然保护区，应该建立起"分级所有，分级出资；纳入预算，中央为主"的筹资机制，整合生物多样性保护现有分散资金，提高使用效率。建立生物多样性保护专项资金使用的监督管理制度，严格规范自然保护区的支出结构，保证其投入效率，根据保护区内的资源属性进行有区别的投入，确保新增的资金投入主要用于保护区的事业费。

（3）实施机制的完善　实施机制是政策在实际贯彻执行的过程中，各个实施部门的内在作用方式和相互联系。目前，我国的生物多样性保护政策的实施主体是政府，各主管部门根据自己的管理需要制定了行政规章和制度，形成了明显的条块分割式的管理格局，各个部门的责任划分不明晰，工作存在交叉重叠，影响了整体的效率。由于各部门的管理目标、手段和能力不同，生物多样性保护政策实施的效果也有很大差别。对于已经拟定的规划和行动计划的实施，尚缺乏系统的评估监督机制。

地方人民政府是本行政区域内生物多样性保护工作的责任主体，要建立各自的生物多样性保护协调机制，分解保护任务，落实责任制。全面提高中国履行《生物多样性公约》工作协调组和生物物种资源保护部际联席会议的组织协调能力，各相关部门要明确职责分工，加强协调配合和信息沟通，切实形成工作合力，加强对地方政府生物多样性保护工作的指导。建立战略与行动计划实施的评估机制，由环境保护部会同有关部门对国家和地方生物多样性保护战略与行动计划的执行情况进行监督、检查和评估。

### 3. 强化生物多样性就地保护，合理开展迁地保护

坚持以就地保护为主，迁地保护为辅，两者相互补充。合理布局自然保护区空间结构，加强《中国生物多样性保护战略与行动计划》中确定的保护优先区域内的自然保护区建设。开展全国自然保护区管理现状调查，建立全国自然保护区遥感监测体系和信息管理系统。加强自然保护区管护设施和能力建设，建立自然保护区质量管理评估体系，切实加强自然保护区管理。研究建立生物多样性保护与减贫相结合的激励机制，促进地方政府及基层群众参与自然保护区建设与管理。加强保护区外生物多样性的保护并开展试点示范。

对于自然种群较小和生存繁衍能力较弱的物种，采取就地保护与迁地保护相结合的措施，其中，农作物种质资源以迁地保护为主，畜禽种质资源以就地保护为主。加强生物遗传资源库建设。

### 4. 推进生物遗传资源及相关传统知识的惠益共享

加强生物遗传资源的开发利用技术、价值评估与管理制度的研究。抢救性保护和传承相关传统知识，完善传统知识保护制度。探索建立生物遗传资源及传统知识获取与惠益共享的政策、制度、管理机制和管理机构，协调生物遗传资源及相关传统知识保护、开发和利用的利益关系，确保各方利益。完善专利申请中的生物遗传资源来源披露制度，建立获取生物遗传资源及相关传统知识的"共同商定条件"和"事先知情同意"程序，保障生物物种出入境查验的有效性。建立生物遗传资源出入境查验和检验体系。

### 5. 提高应对生物多样性新威胁和新挑战的能力

加强外来入侵物种入侵机理、扩散途径、应对措施和开发利用途径研究，建立外来入侵物种监测预警及风险管理机制，积极防治外来物种入侵。加强转基因生物环境释放、风险评估和环境影响研究，完善相关技术标准和技术规范，确保转基因生物环境释放的安全性。加强应对气候变化生物多样性保护技术研究，探索相关管理措施。制定生物多样性保护应对气候变化的行动计划。建立病源和疫源微生物监测预警体系，提高应急处置能力，保障人畜健康。

### 6. 进一步提高公众参与意识，加强国际合作与交流

开展多种形式的生物多样性保护宣传教育活动，提高公众的保护意识，引导公众积极参与生物多样性保护。完善公众参与生物多样性保护的有效机制，形成举报、听证、研讨等形式多样的公众参与制度。建立公众和媒体监督机制，监督相关政策的实施。

建立生物多样性保护伙伴关系，广泛调动国内外利益相关方参与生物多样性保护的积极性，充分发挥民间公益性组织和慈善机构的作用，共同推进生物多样性保护和可持续利用。强化公约履行，积极参与相关国际规则的制定。进一步深化国际交流与合作，引进国外先进技术和经验。

## 第四节　自然保护区建设[1]

自然保护区，是指对有代表性的不同自然地带的自然生态系统、珍稀濒危野生动植物物

---

❶　本节作者为张丹(中国科学院地理科学与资源研究所)。

种的天然集中分布区、有特殊意义的自然遗迹等保护对象所在的陆地、陆地水体或者海域，依法划出一定面积予以特殊保护和管理的区域。众所周知，生物资源和生态环境是人类生存和发展的基本条件，是经济、社会发展的基石。自然保护区是人类文明发展到一定阶段的产物，是人类对自然的认识进一步加深的结果。建设自然保护区是保护自然资源和生物多样性、维持生态平衡、促进人类与自然协调持续发展的有效途径（贺慧等，2002）。中国是世界自然资源和生物多样性最丰富的国家之一，中国生物多样性保护对世界生物多样性保护具有十分重要的意义，也是中国的一项基本国策（杨朝飞，1992）。近年来，随着全球生物多样性保护活动的兴起和人们环境保护意识的提高，我国的自然保护区建设取得了较大进展。

　　自然保护区的定义分为广义和狭义两种。广义的自然保护区，是指受国家法律特殊保护的各种自然区域的总称，不仅包括自然保护区本身，而且包括国家公园、风景名胜区、自然遗迹地等各种保护地区。狭义的自然保护区，是指以保护特殊生态系统、进行科学研究为主要目的而划定的自然保护区，即严格意义的自然保护区。通常说的自然保护区是指狭义的自然保护区。根据国际自然保护联盟（IUCN）的定义，自然保护区系指以保护和维持生物多样性和自然资源及相关的文化资源为目的，并通过法定的或其他有效方式进行管理的特定的陆地或海域。

## 一、中国自然保护区的发展与现状

### 1. 发展历程

　　我国自然保护区建设起步较晚。在近 60 年的时间里，我国的自然保护区建设的发展可概括为始建、停滞、恢复、全面规划和迅速增长以及科学规划建设与经验管理 5 个阶段。

　　（1）始建阶段（1956～1965 年）　1956 年全国人民代表大会通过一项提案，提出了建立自然保护区问题。同年 10 月林业部草拟了《天然森林禁伐区（自然保护区）划定草案》，并在广东省肇庆市建立了我国第一个自然保护区——鼎湖山自然保护区。1962～1964 年我国政府先后发布了建立自然保护区的相关通知和条例，为我国自然保护区的设立提供依据。到 1965 年，我国建成的功能比较完善的自然保护区共有 19 个，总面积为 $64.88 \times 10^4 \text{hm}^2$。这一时期，我国自然保护区事业得到了初步的发展，为今后自然保护区的建立奠定了基础。

　　（2）停滞阶段（1966～1971 年）　由于特殊的历史原因，我国自然保护区的发展在这一阶段处于停滞甚至是倒退状态。一些自然保护区遭到了严重的破坏，我国最初的 19 个自然保护区也所剩无几。

　　（3）恢复阶段（1972～1978 年）　1972 年，人类第一届环境与发展会议召开，同年，联合国教科文组织制定了保护世界文化和自然遗产公约，目的在于保护有全球特殊价值的遗产或自然区域。随着国际社会对环境保护的重视程度日益提高，自然保护区在全世界也得到了迅速发展。我国从 1972 年开始恢复发展自然保护区，相继建立了一批新的自然保护区。1973 年 8 月召开了全国环境保护会议，讨论并通过了原农林部提出的《中国省级保护区规划》。1975 年国务院对自然保护区建设工作作出了重要指示，强调在珍稀动物主要栖息、繁殖地区要划建自然保护区，加强自然保护区的建设。到 1978 年，保护区的数量已经发展到了 34 个，总面积 126.50 万公顷。这一时期内，我国开始恢复了自然保护区的建设，但速度非常缓慢。

　　（4）全面规划和迅速增长阶段（1979～2000 年）　从 1979 年开始，我国自然保护区经历了一个比较快速的发展阶段。至 1984 年底，自然保护区增至 274 个，1987 年发展到 481

个，1995 年发展到 799 个，1997 年增至 926 个，1999 年底，全国自然保护区的数量突破了 1000 个。2000 年自然保护区的数量增加到 1227 个，总面积达到 $9821 \times 10^4 hm^2$。这一阶段是我国自然保护区全面建设的阶段，各个省份和地区都建立了不同类型和级别的自然保护区。另外，从 1979～1994 年我国相继颁布并实施了《环境保护法（试行）》、《水产资源保护条例》、《中华人民共和国森林法（试行）》、《森林和野生动物类型自然保护区管理办法》、《野生动物保护法》和《中华人民共和国自然保护区条例》等相关法律法规，这为我国自然保护区的发展提供了重要的法律保护，更有效地保护了自然保护区内的生态系统和自然资源。

（5）科学规划建设与经验管理阶段（2001 年后） 进入 21 世纪以后，我国自然保护区增长依然比较快速。但在发展自然保护区数量的同时，我国也日益重视自然保护区质量的提高，即用科学的方法对自然保护区进行规划建设和经营管理。中国的自然保护区建设已从抢救性建立、数量和面积规模快速增长阶段进入了质量提高阶段（王智等，2010），自然保护区建设正在实现由数量规模型向质量效益型的转变。此外，森林公园、风景名胜区、水产种质资源保护区、水利管理区、自然保护小区、地质公园、农田保护区、军事禁区及生态示范区等保护形式对于生物多样性就地保护都具有积极的补充意义。目前我国国家级和大部分省级、市级自然保护区都具有较完善的设施和整体的规划，管理和经营日趋成熟。我国自然保护区的累积数量和累积面积见图 7-8。

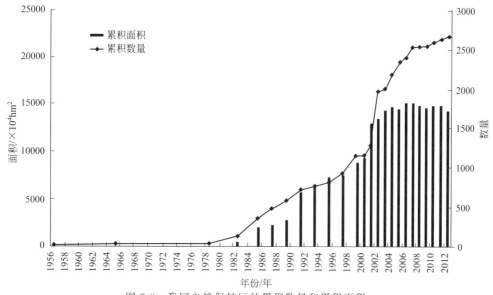

图 7-8 我国自然保护区的累积数量和累积面积

## 2. 发展现状

截至 2012 年年底，我国已建立各种类型、不同级别的自然保护区 2669 个，总面积约 $14979 \times 10^4 hm^2$，其中陆域面积约 $14338 \times 10^4 hm^2$，国家级自然保护区 363 个，面积约 $9415 \times 10^4 hm^2$，占全国自然保护区总面积的 62.85％。有 32 处自然保护区加入联合国教科文组织"人与生物圈"保护区网络，有 41 处列入国际重要湿地名录，有 10 多处成为世界自然遗产地。初步形成了类型比较齐全、布局比较合理、功能比较健全的自然保护区网络（国家环保部网站）。中国至少 90％的陆地生态系统类型、85％的野生动物种群和 65％的高等植物群落，以及 45％的天然湿地、20％的天然林和 30％的荒漠地区被置于自然保护区的保护之下（国家环保部网站）。

2006 年，国家林业局在全国林业系统选择了一批不同类型、以国内外高度关注的重点物种或生态系统为保护对象、权属清晰、建设与管理工作基础较好的自然保护区为重点，进行示范自然保护区建设，并下发了《国家林业局关于开展示范保护区建设工作的通知》（林护发〔2006〕208 号）。首批开展建设的示范自然保护区有 51 处。通过组织开展示范自然保护区建设，将逐步探索和形成一套完整、科学、合理的符合我国国情的自然保护区建设与发展体系，对全国自然保护区进行分级管理、分类指导，从而提高全国自然保护区的管理水平。

开展自然保护区群及网络建设，是适应全球气候变化，减少生物多样性的进一步丧失，维持生态系统整体性的重要举措。我国近年来开展了一些有益的尝试，包括政府主导的大熊猫自然保护区网络体系，政府与国际组织联合推动的东亚-澳大利亚迁徙网络，中央政府与地方政府及国际组织联合开展的长江流域湿地保护区网络等。保护区网络的设计、建设可以提高生物多样性就地保护的有效性和生态弹性，确保能在大的时间尺度满足生物多样性深化的生态途径，增强应对全球气候变化的能力。

除了自然保护区以外，生物多样性的就地保护方式还有很多种。我国生物多样性的就地保护以自然保护区为主体，自然保护区总面积占各类型保护地总面积的 90%。根据 IUCN 的分类体系，在中国保护地中比较常见的还有森林公园、湿地公园、地质公园、自然遗产地、风景名胜区等，国家公园则处于试点阶段。截至 2012 年年底，全国共建立森林公园 2855 处，规划总面积 1738.21×10^4 hm^2。其中，国家级森林公园 764 处，国家级森林公园旅游区 1 处，面积 1205.11×10^4 hm^2；省级森林公园 1315 处，县（市）级森林公园 775 处。9 个省的森林公园总数超 100 处，国家湿地公园总数达到 298 处，国家级风景名胜区 225 个。随着社会经济的不断发展，公民对自然游、生态游、文化游的需求不断增加，早期建设的国家森林公园、国家级风景名胜区，以及近几年开始建设的国家湿地公园、国家地质公园等可能会得到更大的发展。2012 年全国不同类型自然保护区情况见表 7-2。

## 二、保护目的与意义

首先，自然保护区能为人类提供生态系统的天然"本底"，各种生态系统是生物与环境间长期相互作用的产物。现今世界上各种自然生态系统和各种自然地带的自然景观，正在迅速地遭到人类的干扰和破坏。自然保护区保留了一定面积的、各种类型的、具有代表性的天然生态系统或原始景观地段，都是极为珍贵的自然界的原始"本底"，它对于衡量人类活动结果的优劣提供了评价的准则，同时也对探讨某些自然地域生态系统和今后合理发展的方向指出了一条途径，以便人类能够按照需要而定向地控制其演化方向。

表 7-2　2012 年全国不同类型自然保护区情况

| 类型 | 数量 | | 面积 | |
|---|---|---|---|---|
| | 总数量/个 | 占总数/% | 总面积/×10^4 hm^2 | 占总面积/% |
| 自然生态系统类 | 1882 | 70.51 | 10373.66 | 69.26 |
| 森林生态系统类型 | 1397 | 52.34 | 3062.57 | 20.45 |
| 草原与草甸生态系统类型 | 43 | 1.61 | 215.83 | 1.44 |
| 荒漠生态系统类型 | 33 | 1.24 | 4092.42 | 27.32 |
| 内陆湿地和水域生态系统类型 | 335 | 12.55 | 2926.21 | 19.54 |
| 海洋与海岸生态系统类型 | 74 | 2.77 | 76.63 | 0.51 |

| 类型 | 数量 | | 面积 | |
|---|---|---|---|---|
| | 总数量/个 | 占总数/% | 总面积/$10^4 hm^2$ | 占总面积/% |
| 野生生物类 | 664 | 24.88 | 4434.50 | 29.60 |
| 　野生动物类型 | 523 | 19.60 | 4248.17 | 28.36 |
| 　野生植物类型 | 141 | 5.28 | 186.33 | 1.24 |
| 自然遗迹类 | 123 | 4.61 | 170.60 | 1.14 |
| 　地质遗迹类型 | 91 | 3.41 | 115.18 | 0.77 |
| 　古生物遗迹类型 | 32 | 1.20 | 55.42 | 0.37 |
| 合计 | 2669 | 100 | 14978.76 | 100 |

第二，自然保护区是各种生态系统以及生物物种的天然贮存库，也是拯救濒危生物物种的庇护所。现今世界上物种的确切数量究竟是多少，直到目前还不十分清楚，尽管生物分类学家们在研究物种方面进行了大量的工作，但由于多种原因，迄今对生物种类还缺乏系统可靠的资料。随着科学技术的发展以及人类的需求不断提高，许多过去从未用过的野生物种，已陆续发现它们在工业、农业、医药以及军事方面的新用途。但遗憾的是由于人为干扰和自然环境的改变，许多物种正在迅速灭绝。有些物种在未深入研究它们的用途之前，甚至有的还未来得及定名就濒于灭绝或已经消失，其数量之大是极其惊人的。自然保护区正是为人类保存了这些物种及其赖以生存的生态环境，现在许多重要的动植物资源及完整的生态系统相继被发现，就是在自然保护区中调查研究出来的。特别是目前世界上许多物种，由于环境的变化或人为的干扰，过去曾经一度繁茂分布，现在濒临灭绝的状态，自然保护区的建立和合理的管理，将有助于这些生物的保护及其繁衍。从这个意义上说，自然保护区无疑是一个物种资源及生态系统的天然贮存库。

第三，自然保护区是科学研究的天然实验室。自然保护区里保存有完整的生态系统，丰富的物种、生物群落及其赖以生存的环境。这就为进行各种有关生态学的研究提供了良好的基地，成为设立在大自然中的天然实验室。由于自然保护区的长期性和天然性的特点，对于进行一些连续的、系统的观测和研究，准确地掌握天然生态系统中物种数量的变化、分布及其活动规律，对自然环境长期演变的监测以及珍稀物种的繁殖及驯化等方面的研究，提供了特别有利的条件。

第四，自然保护区是向群众进行有关自然和自然保护宣传教育的活的自然博物馆和自然讲坛。除少数为进行科研而设置的绝对保护地域外，一般保护区都可以接纳一定数量的旅游者到保护区进行参观游览。通过在保护区内精心设计的导游路线和视听工具，利用自然保护区这一天然的大课堂，增加人们生物、地理学的知识。自然保护区内通常都设有小型的展览馆，通过模型、图片、录音、录像等设施，宣传有关自然和自然保护的知识，因此人们把自然保护区又称为活的自然博物馆。

第五，某些自然保护区可为旅游提供一定的场地。由于自然保护区保存了完好的生态系统和珍贵而稀有的动植物或地质剖面，对旅游者有很大的吸引力，特别是有些以保护天然风景为主要目的的自然保护区，更是旅游者向往之地。在不破坏自然保护区的条件下，可划出一定的地域有限制地开展旅游事业。随着人民物质生活的改善，自然保护区在这方面的潜在价值将日益明显地表现出来。

第六，自然保护区由于保护了天然植被及其组成的生态系统，在改善环境、保持水土、涵养水源、维持生态平衡方面具有重要的作用。特别是在河流上游、公路两侧及陡坡上划出的水源涵养林，它是自然保护区的一种特殊类型，能直接起到环境保护的作用。当然，要维持大自然的生态平衡，仅靠少数几个自然保护区是远远不够的，但它却是自然保护综合措施网络中的一个重要环节。

## 三、管理与存在的问题

### 1. 管理体制

自然保护区管理体制是规定中央、地方、部门各自管理范围、职责权限、利益及其相互关系的准则，其核心是管理机构的设置、各管理机构职权的分配及各机构间的相互协调。我国自然保护区经过 50 余年的发展，管理体制从林业部门管理（1956 年至 20 世纪 90 年代初期）转变为环保部门综合监督与其他部门管理相结合，目前已形成了极具中国特色的分级、分类、分部门的管理体制。依据《中华人民共和国自然保护区条例》第 11 条、第 21 条规定："自然保护区分为国家级自然保护区和地方级自然保护区""国家级自然保护区，由其所在地的省、自治区、直辖市人民政府有关自然保护区行政主管部门或者国务院有关自然保护区行政主管部门管理""地方级自然保护区可以分级管理"。从横向上看，根据自然保护区的资源属性，各自然保护区分别由林业、水利、农业、海洋等相关行政部门在各自管辖范围内负责管理。从纵向上看，我国现有自然保护区一般按照审批的政府层级不同分为国家级、省级、地市级和县级 4 个行政级别。但自然保护区的行政级别并不等同于分级管理级别，行政级别主要体现在审批和业务指导权限上，而分级管理级别是通过建立自然保护区管理机构体现的，实际上同一行政级别的自然保护区可能由不同层级的政府部门设立管理机构进行管理。以国家级自然保护区为例，除卧龙、白水江、佛坪 3 个自然保护区由国家林业局直接管理外，其他国家级自然保护区分别归属省、地市、县甚至乡镇等各级政府管理。国务院批建国家级自然保护区后，并没有承担或委托国家主管部门直接管理国家级自然保护区。

### 2. 法制建设

目前，我国自然保护区管理法规已经形成了以宪法为依据、以环境基本法为基础、以单项专门法为主干、以国际条约为补充的自然资源保护体系的基本框架。国家也不断完善保护区的管理行政规章和保护区晋级的申报和审批制度，规范了保护区的评审标准，各地又加大了执法力度，使得自然保护区的建设和管理日臻完善。新中国成立以来，中国颁布了一系列生物多样性保护的相关法律、法规和部门规章，如《森林法》、《野生动物保护法》、《农业法》、《环境保护法》、《渔业法》、《草原法》以及《自然保护区条例》等，为中国自然保护的建设和发展奠定了基础。但是中国目前缺少自然保护方面的基本法（陈廷辉，2011），同时也缺乏基于此的国家系统规划（Liu 等，2003）。其导致的严重后果至少包括两个方面：一方面，自然保护区域的法律地位（特别是土地权属）不明确，造成管理和执法困难；另一方面，一些保护区域依现行法律同时由多部门分别管理，容易造成管理缺失或因互相推诿而造成管理效率低下。随着地方经济发展，保护区与社区冲突加剧，与民争利既不利于保护区的有效管理，也不利于扩大保护区外的生物多样性保护。因此，国家自然保护区管理的近期主要任务是修改完善有关法律法规，从法律层次明确保护与发展的关系，限制一些对自然保护区有重大负面影响的发展项目，提高社会公众对自然保护事业的意识，做到自然保护区有法可依。

### 3. 保护方式

我国人口众多，自然植被少。保护区不能像有些国家那样采用原封不动、任其自然发展的纯保护方式，而应采取保护、科研、教育、生产相结合的方式，而且在不影响保护区的自然环境和保护对象的前提下，还可以和旅游业相结合。因此，我国的自然保护区内部大多划分成核心区、缓冲区和外围区 3 个部分。这种保护区内分区的做法，不仅保护了生物资源，而且又成为教育、科研、生产、旅游等多种目的相结合的、为社会创造财富的场所。

核心区是保护区内未经或很少经人为干扰过的自然生态系统的所在，或者虽然遭受过破坏，但有希望逐步恢复成自然生态系统的地区。这一地区以保护种源为主，又是取得自然本底信息的所在地，而且还是为保护和监测环境提供评价的来源地，核心区内严禁一切人为干扰。缓冲区是指环绕核心区的周围地区，只准进入从事科学研究观测活动。外围区，即实验区，位于缓冲区周围，是一个多用途的地区。可以进入从事科学试验、教学实习、参观考察、旅游以及驯化、繁殖珍稀、濒危野生动植物等活动，还包括一定范围的生产活动，可有少量居民点和旅游设施。

利用生态补偿，实现自然保护区与周边社区的和谐发展。国家生态功能区将自然保护区划为禁止开发区，配套有国家《生态补偿条例》，各种类型的自然保护区和国家重点保护的野生动植物栖息地均会纳入生态补偿的范围，促进区内群众生产生活水平的提高。

同时，建立自然保护区涉及了区内原有集体林地和自留山等资源所有人的权益。在开展生态补偿的同时，对保护区核心区内的集体所有、个人使用的主要保护对象栖息地采取赎买、租赁、置换等方式取得所有权或使用权，从根本上解决自然保护区的土地与自然资源管理和使用权限问题。

# 第五节　遗传资源及相关传统知识的惠益分享[1]

## 一、引言

遗传资源在实物意义上是指任何含有遗传功能单位（基因和 DNA 水平）的材料，在分类意义上包括具有实际或潜在遗传价值的植物、动物和微生物物种以及种以下分类单位。生物多样性的价值主要体现在利用现代生物技术对遗传资源进行生物勘探，进而开发出新的品种资源和各类生物技术产品。因而，遗传资源是生物多样性的核心组成部分。一般而言，生物多样性丰富的发展中国家是遗传资源的提供国，而生物技术先进的发达国家是遗传资源的使用者。

长期以来，生物遗传资源及其相关的传统知识一直视为人类共同遗产，可以任意获取。发达国家作为遗传资源及相关传统知识的主要使用方，凭借先进的生物技术，极力希望更多地得到和开发利用遗传资源及相关传统知识，并以知识产权的方式谋取更多利益。而发展中国家作为遗传资源及相关传统知识的主要提供方，强调遗传资源的国家主权，试图通过建立"事先知情同意程序"等限制对其遗传资源及相关传统知识的盗用、滥用和非法获取，并希望通过"共同商定条件"，公平公正地分享由于利用遗传资源及相关传统知识而产生的惠益。

1992 年 6 月在联合国环境与发展大会上通过并于 1993 年 12 月生效的《生物多样性公约》，第一次"确认各国对其自然资源拥有的主权权利，因而可否取得遗传资源的决定权属于国家政府，并依照国家法律行使"。明确了"遗传资源的取得须经提供这种资源的缔约国

---

[1]　本节作者为薛达元(中央民族大学生命与环境科学学院)。

事先知情同意"，并要求每一缔约国应"酌情采取立法、行政或政策性措施，以期与提供遗传资源的缔约国公平分享研究和开发此种资源的成果以及商业和其他方面利用此种资源所获得的利益。此种分享应按照共同商定的条件。"为了使这一原则得到具体落实，自 2000 年来，在《生物多样性公约》下开展了建立遗传资源及相关传统知识的获取与惠益分享国际制度的谈判，并在 2010 年 10 月达成专门处理这一问题的《名古屋议定书》。此外，遗传资源与传统知识议题在 WTO/TRIPS（世界贸易组织/与贸易相关的知识产权协定）、WIPO（世界知识产权组织）等国际论坛上也是焦点议题，受到越来越多的关注。

中国是世界上生物多样性最为丰富的国家之一，也是遗传资源及相关传统知识特别丰富的国家。中国作为《生物多样性公约》缔约方和 WTO 及 WIPO 的成员国，一直参与了这些国际论坛的相关议题谈判。然而，这是一个非常复杂的问题，不仅涉及生物学科和资源管理学科，还涉及知识产权以及政治、经济、社会、宗教、文化等多方面的问题。过去几年中，针对国际生物多样性保护发展趋势，环境保护部、科技部、农业部、商务部、国家林业局、国家知识产权局、国家中医药管理局、国家质检总局等相关部门已在遗传资源及相关传统知识获取与惠益分享领域开展了大量调查和研究工作，并开展了相关的政策和立法研究。

## 二、遗传资源获取与惠益分享的国际谈判

### （一）《生物多样性公约》有关获取与惠益分享国际制度的谈判

#### 1. 目标与相关条款

确保遗传资源及相关传统知识的获取与惠益分享（Access and Benefit-Sharing，ABS）是《生物多样性公约》（Convention on Biological Diversity，CBD）（以下简称《公约》或 CBD）的三大目标之一。《公约》在第 1 条明确地提出：本公约的目标是保护生物多样性、持续利用其组成部分以及公平合理地分享由利用遗传资源而产生的惠益；实施手段包括遗传资源的适当取得及有关技术的适当转让。《公约》第 15 条提出，国家对遗传资源拥有主权，获取遗传资源须得到资源提供国家的"事先知情同意"，并在共同商定的条件下做出惠益分享的安排。《公约》第 8 条（j）款提出，鼓励公平分享因利用土著和地方社区体现在其传统生活方式中与保护和持续利用生物多样性相关的知识、革新和做法而产生的惠益。

#### 2.《波恩准则》的产生

2002 年 4 月在荷兰海牙召开的《公约》第六次缔约方会议（COP-6）通过了《关于获取遗传资源并公正和公平分享通过其利用所产生惠益的波恩准则》（又称《波恩准则》）。该准则是帮助缔约方和利益相关方履行《公约》获取与惠益分享条款的规范文件。但是，由于《波恩准则》只是一个自愿性指南，不是一个具有法律约束力的法律文书，广大发展中国家对此并不满足，他们普遍希望在《生物多样性公约》的框架下，制定一个具有法律约束力的用于处理遗传资源及相关传统知识获取与惠益分享的国际制度。为此，2002 年在南非召开的"可持续发展全球高峰会议"号召在《生物多样性公约》框架内，就制定一项促进公平和公正地分享利用遗传资源产生惠益的国际制度而进行谈判。2002 年 12 月第 57 届联合国大会和 2005 年联合国全球高峰会议重申了这一要求。之后，就建立"ABS 国际制度"进行了漫长而艰巨的谈判。

#### 3. ABS 国际制度的谈判

ABS 国际制度谈判的实质性进展始于 COP-7（2004 年 2 月，马来西亚吉隆坡），此次会议通过了 ABS 能力建设行动计划，并以 Ⅷ/19D 号决定授权 ABS 工作组着手谈判 ABS 国际

制度。COP-8（2006 年 3 月，巴西库里提巴）责成 ABS 工作组于 2010 年 COP-10 召开之前，尽早完成关于 ABS 国际制度的谈判。COP-9（2008 年 5 月，德国波恩）通过了 ABS 国际制度谈判的路线图，并指示 ABS 工作组完成谈判，提交一项/一套制度供 COP-10 审议。但是由于各方坚持己见，谈判十分艰巨。经过紧张而密集的谈判，终于在 2010 年 10 月 18～29 日于日本名古屋召开的《生物多样性公约》第 10 次缔约方会议上，通过了具有历史意义的《生物多样性公约关于获取遗传资源和公正公平地分享其利用所产生惠益的名古屋议定书》（以下简称《名古屋议定书》）。

## （二）名古屋议定书的主要内容

### 1. 关于遗传资源的惠益分享

《名古屋议定书》第 5 条（公平公正的惠益分享）第 1 款规定：根据《公约》第 15 条第 3 款和第 7 款，应与提供遗传资源的缔约方——此种资源的原产国或根据《公约》已获得遗传资源的缔约方以公正和公平的方式分享利用遗传资源以及嗣后应用和商业化所产生的惠益。分享时应遵循共同商定条件。《议定书》第 5 条基本上体现了发展中国家的要求，使"惠益分享"成为有法律约束力的缔约方义务。根据此条规定，只有原产国的遗传资源或根据 CBD 合法获得的遗传资源才有资格分享惠益，并且可以要求分享这些收集遗传资源嗣后的应用和商业化所产生的惠益，这就给中国追踪其流失国外资源的嗣后应用所产生惠益的公平分享提供了空间。

但是，议定书存在一个明显的不足，即没有规定如何处理在议定书生效前已经获取的遗传资源的惠益分享问题。因为发展中国家包括中国的许多遗传资源早在几十年前或数百年前就已被西方国家获取，并保存在他们的种质资源库、植物园或动物园中。

### 2. 关于遗传资源的获取

《名古屋议定书》第 6 条（遗传资源的获取）确认，遗传资源的获取需经该资源原产国缔约方或依据公约获得该资源的缔约方的"事先知情同意"。这是一个具有深远意义的规定，再次确认了国家对遗传资源的主权，这基本上满足了发展中国家的要求。

议定书第 6 条在确认"事先知情同意"（PIC）程序的同时，也要求提供资源的缔约方酌情采取必要的立法、行政或政策措施，明确以下方面：国家法律上的确定性、明晰性和透明性；提供如何申请 PIC 的信息；规定答复的时间周期；签发证明符合"事先知情同意"和"共同商定条件"的许可证书；获取资源和共同商定条件的规则与程序等。这就要求提供国建立 PIC 程序，并确保相关信息的公开透明和获取程序的方便可行，这可能会给资源提供国政府相关主管部门增加工作量。

### 3. 关于遵约

遵约问题也是《名古屋议定书》的核心问题。再好的文本如果缺少有效的遵约措施，也是没有意义的。而这次达成的议定书文本最为遗憾的就是遵约措施的弱化。发展中国家提出 3 个方面的遵约措施：第一是披露，即要求在申请专利时披露其使用遗传资源及相关传统知识的来源和原产地；第二是建立国际公认的证书制度，由提供资源的国家签发，作为证明该资源合法身份的"护照"；第三是在资源使用方国家建立若干检查点，以核查该缔约方是否遵守了"事先知情同意"（PIC）和"共同商定条件"（MAT），特别强调这种检查点需要设立在国家专利局。但是，以欧盟为代表的发达国家和地区始终不能接受发展中国家的要求，特别是有关资源披露和设立检查点的要求。

经妥协的《名古屋议定书》最后文本，忽略了披露的义务，弱化了设置检查点的要求，

仅仅对"国际公认证书"内容有明确规定。议定书第 13 条（监测遗传资源的利用）规定，此等证书用于：①提供给 ABS 信息交换所的许可证或等同文件应成为国际公认的遵守证书；②证书的信息包括颁发证书的当局、颁发日期、提供者、证书的独特标识、被授予 PIC 的人或实体、证书涵盖的主题或遗传资源、已订立 PIC 的确认、获得 PIC 的确认、商业和非商业用途。

### 4. 关于传统知识的获取与惠益分享

根据《生物多样性公约》第 8（j）条，对"传统知识"可理解为：第一是来自土著和地方社区，第二是体现传统生活方式而与生物多样性的保护和持续利用相关。土著与地方社区（ILCs）的代表非常强调他们拥有遗传资源及传统知识的权利，获取这类遗传资源和相关传统知识首先是要得到 ILCs 的"事先知情同意"，并与 ILCs 共同商定惠益分享的条件。由于 ILCs 属于弱势群体，《名古屋议定书》充分体现了对传统知识的重视和对 ILCs 的尊重。

首先，议定书第 3 条（范围）规定："本议定书还适用于与《生物多样性公约》范围内的遗传资源相关的传统知识以及利用此种知识所产生的惠益"。第二，在惠益分享方面，议定书第 4 条第 4 款规定："各缔约方应酌情采取立法、行政或政策措施，以确保同持有与遗传资源相关传统知识的 ILCs 公平公正地分享利用此种知识所产生的惠益，这种分享应该依照共同商定的条件进行"。第三，在获取方面，议定书第 5 条之二（与遗传资源相关传统知识的获取）明确规定："根据国内法，各缔约方应酌情采取各项措施，以确保对于与遗传资源相关的传统知识的获取得到了其持有者 ILCs 的事先知情同意、认可或参与，并订立了共同商定的条件"。此外，议定书还在第 9 条（与遗传资源相关的传统知识）专门要求各缔约方在履行议定书时，考虑 ILCs 的习惯法、ILCs 的有效参与（包括妇女的参与）、社区行为守则、共同商定最低条件、惠益分享示范合同条款等。

### 5. 有关衍生物问题

衍生物是利用遗传资源的最主要形式之一，例如医药开发的许多产品正是利用了遗传基因表达和自然代谢产生的衍生物，而不是遗传资源本身。衍生物是否能够包括在获取与惠益分享的范围内，是《名古屋议定书》谈判中最关键的问题，关系到重大的经济利益。

《名古屋议定书》在其第 2 条（术语）中将"遗传资源利用"和"衍生物"都做了定义。前者是指对遗传材料的基因与生物化学组成进行研究和开发，包括使用生物技术的研究与开发；后者是指由生物或遗传资源自然发生的基因表达或代谢过程产生的生物化学化合物，即使其中不含有遗传功能单位。而在议定书文本中，两者均以"遗传资源利用"出现，而不再使用"衍生物"一词。

上述定义基本上满足了发展中国家的要求，这意味着获取包含 DNA 的提取物以及以研究和开发为目的的生物材料及其包含的所有生物化学组成都在本议定书的范围内，即都可以纳入获取与惠益分享的范围。照此定义，目前 90% 以上的生物药物、化妆品、保健品及其他生物制品的开发，都应属于"遗传资源利用"的范围。针对中国的情况，国外生物技术公司或制药公司对中国的生物勘探与产品开发，都应该纳入国家规定的获取与惠益分享的管理程序，这将有利于维护国家、单位和地方社区的利益。

### 6. 其他重要成果

议定书还有许多其他重要条款。议定书第 10 条（国家联络点和国家主管当局）要求："各缔约方应指定一个关于获取和惠益分享的国家联络点"；"各缔约方应指定一个或一个以上关于获取和惠益分享的国家主管当局"。第 11 条（获取和惠益分享信息交换所和信息分享）规定，缔约方应向获取和惠益分享信息交换所提供本议定书要求提供的任何信息。第 18 条（能力）要求，各缔约方应合作进行能力建设、能力发展，增强人力资源和体制能力，以在发展中国家缔约方，特别是其中的最不发达国家和小岛屿发展中国家以及经济转型国家有效执行本议定书。这类能力还包括资金的需求、立法和执法的能力、行政和政策措施能力、研究和生物勘探能力、互联网能力、监测和跟踪遵约程度的能力等。其他条款还涉及技术转让、财务机制、缔约方会议、附属机构等。

### （三）WTO 有关遗传资源及相关传统知识惠益分享问题的谈判与进展

#### 1. TRIPS 有关知识产权的规定

《与贸易相关的知识产权协定》（Trade-Related Aspects of Intellectual Property Rights，TRIPS）是 WTO（世界贸易组织）法律框架的三大支柱之一。TRIPS 强调各成员应承认知识产权的私权性质，给予知识产权最基本而强有力的国际保护。由于 TRIPS 没有排除基因的可专利性，发达国家的生物技术公司正在越来越多地获得基因专利的保护，而这些基因资源多半是从遗传资源丰富的发展中国家搜集和获取的。然而，TRIPS 并不要求申请人在进行生物勘探时取得有关政府和社区的同意，也不要求专利的拥有者与遗传资源的来源地共同分享利益，这一点与 CBD 的原则相悖，因此 TRIPS 正致力于与 CBD 之间的协调。

#### 2. 有关遗传资源及相关传统知识专利保护的谈判

2005 年 12 月在中国香港召开的 WTO 部长级会议的决议中，要求总干事在不损害成员立场的情况下，围绕 CBD 与 TRIPS 的关系等突出问题加强咨询，并向贸易谈判委员会（TNC）和总理事会进行汇报，以使总理事会考察相关进展。在 2006 年 6 月召开的理事会上，巴西、印度、秘鲁、巴基斯坦、泰国、坦桑尼亚、古巴和中国等发展中国家提出修改现有 TRIPS 中有关生物资源专利保护的条款，提出在专利申请中需要披露遗传资源来源，要求申请人出示由遗传资源提供国开具的具有法律效力的资源获取及公平惠益分享协议书。这一提案后来得到 70 多个发展中国家的支持，然而美国、日本及欧盟等发达国家和地区并不同意修改 TRIPS，为此展开多年的谈判。实际上，问题的焦点在于是否将披露遗传资源和传统知识来源作为专利申请的前提条件之一，即这一要求是否应该具有专利法意义上的强制力，这将涉及生物技术公司的根本利益，当然会受到使用遗传资源且生物技术发达的国家的强烈反对。由于涉及各方的重大利益，谈判尚未取得重大突破。

#### 3. TRIPS 与《名古屋议定书》的协调

2011 年 4 月 15 日，巴西、中国、哥伦比亚、厄瓜多尔、印度、印度尼西亚、肯尼亚（代表非洲集团）、毛里求斯（代表非洲-加勒比-太平洋集团）、秘鲁和泰国的 WTO 代表团发布了一项讨论结果（TN/C/W/59）——"有关加强《TRIPS 协议》和《生物多样性公约》之间相互支持的决议草案"，提交给贸易协商委员会，以作为正在进行的多哈谈判的一部分。该提案重点关注强制性披露遗传资源及相关传统知识的原产地，并要求申请者提供国家认证的"遵约证书"副本。这参考了《名古屋议定书》第 17.3 条的内容，即"国际认证的遵约证书应作为证据以证明遗传资源是在获得了事先知情同意和建立了共同商定条件之后获得的，符合资源提供国国内的获取与惠益分享立法或管理条例。"

### （四）WIPO 有关遗传资源及相关传统知识惠益分享问题的谈判与进展

#### 1. IGC 的建立与任务

为协调 CBD 的 ABS 问题原则，世界知识产权组织（WIPO）于 2000 年 10 月成立了

"知识产权与遗传资源、传统知识及民间文学艺术表达政府间委员会（IGC）"，致力于讨论和解决与遗传资源、传统知识和民间文艺有关的知识产权保护问题，其主要任务是就有关传统知识和遗传资源来源信息披露的要求制定可行的机制。因为在世界范围内，与生物技术相关的专利授权数量不断增加，而这些专利都涉及遗传资源的使用。发展中国家坚持以有约束力的国际条约明确遗传资源保护的"国家主权原则、知情同意原则和惠益分享原则"，以便对抗发达国家对这些重要战略资源的掠夺和盗用。发达国家总体上与发展中国家的立场对立，但它们内部意见也不完全一致。例如，日本和美国认为没有必要单独设立国际条约，欧盟认为最好使用现有的知识产权条约来解决这个问题。

### 2. WIPO/IGC 有关传统知识和遗传资源知识产权的谈判及进展

IGC 的讨论焦点与《生物多样性公约》相当类似，即在申请专利保护时，是否要求披露传统知识和遗传资源的来源，以促进惠益分享的实施。在发展中国家看来，在专利制度中增加这样的要求是实现 CBD 有关遗传资源国家主权、知情同意和惠益分享三原则的一个重要环节，也是对遗传资源利用的一种有效制约。但是这一要求受到发达国家和地区（欧盟、美国和日本等）的坚决抵制。虽然经过数年的谈判，但 WIPO 有关遗传资源及相关传统知识产权的讨论至今仍然停留在务虚阶段，并未能真正进入修改国际专利制度的实质过程。因此，普遍认为，现行的世界知识产权制度体系很难改变遗传资源及相关传统知识产权保护的现状，发展中国家对 WIPO 论坛的作用将失去信心。

### 3.《名古屋议定书》对 WIPO/IGC 工作的促进作用

在 IGC 谈判 10 年之后，2011 年 7 月 19～22 日召开的 IGC/GRTKF 第 19 次会议形成一个决定，并提交给予 2011 年 9 月 26 日至 10 月 5 日召开的 WIPO 第 49 届大会批准。这为 2012 年 WIPO 大会召开关于保护遗传资源（GR）、传统知识（TK）和传统文化表达（TCEs）的国际法律文书的外交会议铺平了道路。2012 年 WIPO 大会之前召开了 IGC 的 3 个主题会议，即遗传资源、传统知识和传统文化表达。有关遗传资源、传统知识和民间文艺的国际法律文书的案文从这 3 个 IGC 会议产生，并提交给 2012 年的 WIPO 大会。WIPO 大会审议其案文，决定召开一次外交会议，并考虑在预算允许的条件下有必要召开更多的会议。然而，对于 WIPO 是否将来建立任何有关保护遗传资源、传统知识和民间艺术的特殊制度仍然是一个公开讨论的问题，2012 年是检验 WIPO 在强制要求披露遗传资源和生命专利方面的一个重要时间。

### （五）FAO/ITPGRFA 有关遗传资源惠益分享的实践

#### 1. FAO 与 CBD 的一致性

为了与《生物多样性公约》有关遗传资源主权原则相一致，1993 年 11 月，联合国粮农组织（FAO）第 27 届大会在意大利首都罗马通过了关于修改《关于植物遗传资源的国际约定》（1983 年缔结）的第 7 号决议，要求粮农组织就以下问题展开谈判：①根据《生物多样性公约》的要求，修改《植物遗传资源国际约定》；②考虑在双方共同商定的条件下获取植物遗传资源，包括非原生境收集的植物遗传资源问题；③农民权的实现问题。2001 年 11 月 3 日，粮农组织第 31 届大会通过了《粮食和农业植物遗传资源国际条约》（ITPGRFA），以取代运作了 18 年之久的《植物遗传资源国际约定》，成为这一领域具有国际法效力的规范。特别有意义的是，ITPGRFA 是第一个与《生物多样性公约》原则相一致的相关国际协定。ITPGRFA 于 2004 年 6 月 29 日正式生效。中国目前尚不是 ITPGRFA 的缔约方，正在加入该条约的过程之中。

## 2. ITPGRFA 有关惠益分享的规定

为了持续的农业与粮食安全，实现对粮食和农业植物遗传资源的保护与可持续利用，并公平合理地分享因利用遗传资源而产生的利益，该条约进一步强调，本条约目标的实现，有赖于条约自身同联合国粮食和农业组织及《生物多样性公约》之间的紧密结合。ITPGRFA 有如下特点。

① 主体思想：承认各国对其粮农植物遗传资源的主权。为可持续发展农业和确保粮食安全，保存和可持续利用植物遗传资源，并公平合理地分享由此产生的利益。

② 目标：建立遗传资源获取和惠益的多边体系，各缔约方在符合本国法律的前提下，将属于公共领域的植物遗传资源纳入该体系，方便世界各国获得。

③ 材料范围：64 种（类）作物纳入首批清单，大豆、花生、油棕榈等未纳入。

④ 惠益分享：包括信息获取、技术转让、能力建设、商业化货币利益。

⑤ 知识产权：对获得的原始状态材料、遗传组成不得提出限制其方便获得的任何知识产权和其他权利的要求。

⑥ 主要机制：促进获取和惠益分享的机制是《标准材料转让协定》，该协定规定了获取这些遗传资源和惠益分享的条件。《标准材料转让协定》旨在将载于 ITPGRFA 附件一中的 35 种（类）粮食作物和 29 种（类）牧草饲料作物的惠益分享标准化。

## 3.《标准材料转让协议》的实施

《标准材料转让协议》（SMTA）是根据 ITPGRFA 条款制定的，多边体系中材料的获取和有关利益的分享将依据《标准材料转让协定》（SMTA）进行。SMTA 规定了一种完全可操作的国际商业惠益分享机制，根据这一机制，条约多边体系植物遗传资源的获得者必须将一定百分比的新商业产品总销售捐助给在某种条件下根据条约成立的国际惠益分享信托基金。需要指出的是，尽管 ITPGRFA 适用于所有粮农植物遗传资源，但遗传资源获取的前提是"仅供粮农方面研究、培育和训练的利用和保护之目的，不包括化学、制药和/或其他非粮食/原料行业用途"。自 2007 年初起，《标准材料转让协定》便在全球范围内推广应用，这是一件非常有意义的里程碑事件，标志着遗传资源获取与惠益分享多边体系的正式建立和运作。

# 三、遗传资源获取与惠益分享相关的国家政策法规

## （一）现有相关政策

### 1. 国家"十二五"规划提出保护生物多样性

中国于 2011 年初发布的《国民经济和社会发展"十二五"规划纲要》（2011～2015年），在其第 25 章（促进生态保护和修复）中提出：保护生物多样性；加大生物物种资源保护与管理力度，有效防范物种资源丧失与流失。

### 2. 保护遗传资源与传统知识是《国家知识产权战略纲要》的战略重点

2008 年 6 月 5 日，国务院正式发布了《国家知识产权战略纲要》（以下简称《纲要》）。在《纲要》第二部分"指导思想和战略目标"中，将"遗传资源、传统知识和民间文艺的有效保护与合理利用"列入近五年的战略目标。

完善遗传资源保护、开发和利用制度，防止遗传资源流失和无序利用。协调遗传资源保护、开发和利用的利益关系，构建合理的遗传资源获取与惠益分享机制。保障遗传资源提供者的知情同意权。

建立健全传统知识保护制度。扶持传统知识的整理和传承，促进传统知识发展。完善传统医药知识产权的管理、保护和利用协调机制，加强对传统工艺的保护、开发和利用。

**3. 建立 ABS 国家制度是《中国生物多样性保护战略与行动计划》的核心内容**

《中国生物多样性保护战略与行动计划（2011～2030）》（CNBSAP）于 2010 年 5 月 18 日由李克强总理主持的国务院会议原则通过；之后，CNBSAP 又于 2010 年 9 月 15 日由温家宝总理主持的国务院第 126 次常务会议审议通过，并批准实施。CNBSAP 提出中国生物多样性保护的基本原则是"保护优先，持续利用，全民参与，惠益共享"。CNBSAP 还将"实现遗传资源及相关传统知识的惠益共享"列为中国生物多样性保护 8 项重大战略任务之一，其具体任务如下。

战略任务 6：推进生物遗传资源及相关传统知识惠益共享。借鉴国际先进经验，开展试点示范，加强生物遗传资源价值评估与管理制度研究，抢救性保护和传承相关传统知识，完善传统知识保护制度，探索建立生物遗传资源及传统知识获取与惠益共享制度，协调生物遗传资源及相关传统知识保护、开发和利用的利益关系，确保各方利益。

优先行动 8：开展生物遗传资源和相关传统知识的调查编目。

① 以边远地区和少数民族地区为重点，开展地方农作物和畜禽品种资源及野生食用、药用动植物和菌种资源的调查和收集整理，并存入国家种质资源库。

② 重点调查重要林木、野生花卉、药用生物和水生生物等种质资源，进行资源收集保存、编目和数据库建设。

③ 调查少数民族地区与生物遗传资源相关的传统知识、创新和实践，建立数据库，开展惠益共享的研究与示范。

优先行动 21：建立生物遗传资源及相关传统知识保护、获取和惠益共享的制度和机制。

① 制定有关生物遗传资源及相关传统知识获取与惠益共享的政策和制度。

② 完善专利申请中的生物遗传资源来源披露制度，建立获取生物遗传资源及相关传统知识的"共同商定条件"和"事先知情同意"程序，保障生物物种出入境查验的有效性。

③ 建立生物遗传资源获取与惠益共享的管理机制、管理机构及技术支撑体系，建立相关的信息交换机制。

优先项目 4：建立生物遗传资源获取与惠益共享制度。

内容：开展国家生物遗传资源获取与惠益共享制度研究，制定相关法规和管理制度，并开展试点示范。项目为期 10 年。

优先项目 11：少数民族地区传统知识调查与编目。

内容：对我国少数民族地区体现生物多样性保护与持续利用的传统作物、畜禽品种资源、民族医药、传统农业技术、传统文化和习俗进行系统调查和编目，查明少数民族地区传统知识保护和传承现状，建立我国少数民族传统知识数据库，促进传统知识保护、可持续利用和惠益共享。项目为期 10 年。

**（二）现有相关法规的建立**

**1. 新修订的《中华人民共和国专利法》**

2008 年底由全国人大新修订的《中华人民共和国专利法》（2009 年 10 月 1 日起生效），要求在专利申请时披露所使用遗传资源的来源和原产地。其中第 5 条、第 6 条如下。

第 5 条　对违反法律、行政法规的规定获取或者利用遗传资源，并依赖该遗传资源完成的发明创造，不授予专利权。

第 26 条　依赖遗传资源完成的发明创造，申请人应当在专利申请文件中说明该遗传资源的直接来源和原始来源；申请人无法说明原始来源的，应当陈述理由。

### 2.《中华人民共和国专利法》实施细则

2001 年 6 月 15 日中华人民共和国国务院令第 306 号公布，根据 2002 年 12 月 28 日《国务院关于修改〈中华人民共和国专利法实施细则〉的决定》第一次修订，根据 2010 年 1 月 9 日《国务院关于修改〈中华人民共和国专利法实施细则〉的决定》第二次修订。

第 26 条　专利法所称遗传资源，是指取自人体、动物、植物或者微生物等含有遗传功能单位并具有实际或者潜在价值的材料；专利法所称依赖遗传资源完成的发明创造，是指利用了遗传资源的遗传功能完成的发明创造。

就依赖遗传资源完成的发明创造申请专利的，申请人应当在请求书中予以说明，并填写国务院专利行政部门制定的表格。

第 109 条　国际申请涉及的发明创造依赖遗传资源完成的，申请人应当在国际申请进入中国国家阶段的书面声明中予以说明，并填写国务院专利行政部门制定的表格。

### 3.《中华人民共和国畜牧法》

2005 底通过，2006 年实施的《中华人民共和国畜牧法》首次提出，在畜禽遗传资源获取时实施"惠益共享"方案。其中第 16 条如下。

第 16 条　向境外输出或者在境内与境外机构、个人合作研究利用列入保护名录的畜禽遗传资源的，应当向省级人民政府畜牧兽医行政主管部门提出申请，同时提出国家共享惠益的方案；受理申请的畜牧兽医行政主管部门经审核，报国务院畜牧兽医行政主管部门批准。

### 4.《中华人民共和国畜禽遗传资源进出境和对外合作研究利用审批办法》

2008 年 10 月 1 日生效的《中华人民共和国畜禽遗传资源进出境和对外合作研究利用审批办法》对畜禽资源获取的条件和惠益分享提出了更为具体的内容。

（1）输出畜禽遗传资源的条件　第 6 条规定，向境外输出列入畜禽遗传资源保护名录的畜禽遗传资源，应当具备下列条件：①用途明确；②符合畜禽遗传资源保护和利用规划；③不对境内畜牧业生产和畜禽产品出口构成威胁；④国家共享惠益方案合理。其中，再次明确提及"国家共享惠益"的要求。

（2）输出畜禽遗传资源的程序　拟向境外输出列入畜禽遗传资源保护名录的畜禽遗传资源的单位，应当向其所在地的省、自治区、直辖市人民政府畜牧兽医行政主管部门提出申请，并提交下列资料：①畜禽遗传资源买卖合同或者赠与协议；②与境外进口方签订的国家共享惠益方案。

（3）畜禽遗传资源国际合作的条件　在境内与境外机构、个人合作研究利用列入畜禽遗传资源保护名录的畜禽遗传资源，应当具备下列条件：①研究目的、范围和合作期限明确；②符合畜禽遗传资源保护和利用规划；③知识产权归属明确、研究成果共享方案合理；④不对境内畜禽遗传资源和生态环境安全构成威胁；⑤国家共享惠益方案合理。在境内与境外机构、个人合作研究利用畜禽遗传资源的单位，应当是依法取得法人资格的中方教育科研机构、中方独资企业。

（4）畜禽遗传资源国际合作的程序　拟在境内与境外机构、个人合作研究利用列入畜禽遗传资源保护名录的畜禽遗传资源的单位，应当向其所在地的省、自治区、直辖市人民政府畜牧兽医行政主管部门提出申请，并提交下列资料：①项目可行性研究报告；②合作研究合同；③与境外合作者签订的国家共享惠益方案。

（5）畜禽遗传资源国际合作的禁止性要求　禁止向境外输出或者在境内与境外机构、个人合作研究利用我国特有的、新发现未经鉴定的畜禽遗传资源以及国务院畜牧兽医行政主管部门禁止出口的其他畜禽遗传资源。

### （三）现有的管理与协调机制

#### 1. 生物物种资源保护部际联席会议制度

该协调机制于 2003 年建立，是为加强生物物种资源保护与管理而专门设立的一个部际协调机制。该机制由环保部牵头，环保部部长为会议协调人，其他 16 个部门的主管副部长为成员。至 2011 年已召开 6 次会议。该联席会议是专门为加强物种及遗传资源保护而设立的，是目前我国研究和处理生物资源获取与惠益分享事务的最重要的决策机构。

#### 2. 中国履行《生物多样性公约》工作协调组

该协调组于 1993 年建立，是专门为履行《生物多样性公约》而设立的部际协调机制。该机制由环保部门牵头，其他相关部门参加。刚开始由 10 个部门组成，后增加三次，现已达到 24 个成员部门。该履约协调机构每年召开数次会议，主要研究中国参与《生物多样性公约》及其《卡塔赫纳生物安全议定书》和《名古屋议定书》等国际谈判的策略，以及中国履行相关国际公约和议定书所需要开展的国内行动。

#### 3. 中国生物多样性十年（2011～2020 年）国家委员会

2010 年为联合国生物多样性年，全世界各国都建立了生物多样性年国家委员会。中国建立了以李克强总理为主席，环保部部长为副主席，其他 20 多个国务院相关部门和地方政府为成员单位的中国生物多样性年国家委员会。

为履行联合国"生物多样性十年（2011～2020 年）计划"，在原先中国生物多样性年国家委员会的基础上，又建立了"中国生物多样性十年国家委员会"，仍然由李克强总理任主席，原有的成员单位继续作为成员单位，参加"中国生物多样性十年国家委员会"的工作。

## 四、现有的研究工作

### （一）关于中国遗传资源提供国地位的研究

在参加《生物多样性公约》有关遗传资源及相关传统知识获取与惠益分享国际制度的谈判中，首先需要明确中国的地位，是遗传资源提供国？还是使用国？环境保护部南京环境科学研究所及中央民族大学等单位在执行科技部支撑课题——履行《生物多样性公约》技术支撑体系时，针对这一问题做了较为系统的研究。

#### 1. 中国过去和现在都是世界上重要的遗传资源提供国

中国是世界上生物多样性最为丰富的国家之一，是北半球生物多样性最为丰富的国家。中国农业历史悠久，是许多农作物和畜禽资源的起源中心，具有丰富的遗传资源。众所周知，在过去的一二百年间，西方国家在中国搜集了大量的物种和遗传资源，极大地丰富了世界各国的基因库，并为世界园林和农业发展作出了重大贡献。

不容置疑，中国过去是世界上重要的遗传资源提供国。但是，在当前《生物多样性公约》和《名古屋议定书》的框架下，中国是否还是遗传资源提供国的地位？弄清此问题，对于中国在相关国际谈判中采取何种策略具有重大意义。

研究认为，由于联合国粮农组织下的《粮食与农业植物遗传资源国际条约》（2004 年生效）已经涉及作物遗传资源的获取与惠益分享，《生物多样性公约》下的《名古屋议定书》已经将粮食与农业遗传资源排除在适用范围之外，因此《名古屋议定书》的重点适用范围将是用于生产药物、保健品和化妆品的野生植物。而中国野生植物物种数达 34984 种，列全球第三位（环境保护部，2011）。另外，中国目前的生物技术水平还有待提高，实际从国外获取物种和遗传资源的数量以及利用的效益也不显著。从这两点分析，中国目前应该是遗传资源提供国地位，在国际相关谈判中应该采取与遗传资源提供国地位相适应的立场。

### 2. 中国将来仍然是遗传资源提供国地位

尽管中国过去和现在是遗传资源提供国，但是普遍认为中国生物技术发展迅速，将在不远的将来赶上或超过西方发达国家，到那时中国是否会改变为遗传资源的使用国地位。研究这个问题首先需要确定中国的生物技术水平是否能够在 20 年内赶上西方欧美发达国家，如果能够在 20 年后赶上欧美发达国家，再考虑中国那时是否还是遗传资源使用国地位。

研究认为，虽然中国在生物技术方面投入很大，在由于基础研究薄弱，总体上在 20 年内不能达到发达国家水平，有些领域接近国际先进水平，有些领域差距加大，外资公司和合资公司技术水平普遍较高。由此认为，20 年内中国与欧美发达国家的生物技术水平仍有较大距离。

研究组通过对过去 10 年《中国中药杂志》和《中国药学杂志》发表的文章分析，从上千篇药物研究文章使用材料和申请专利量的统计分析确定中国研究人员从事研究工作所使用的遗传材料绝大多数产于自己国家，而国外公司和研究机构申请专利和研究中使用中国物种资源的量很大。可以推断，即使中国的生物技术能力在 20 年后赶上西方发达国家，但还是以使用本国资源为主。

### （二）关于中国遗传资源流失的调查与研究

#### 1. 植物引种的资源流失研究

通过对国内外几个大型植物园引种现状的调查发现，从数量上看，国外植物园引种中国植物远远多于中国植物园引种国外的植物种类；从质量上看，国外植物园引种的中国植物多为野生原种，而国内植物园引种的国外植物中有相当数量为品种，且很多品种都包含有中国植物种质。国外植物不仅保存了我国珍贵的植物资源，而且一些种类被用于新品种培育的原始材料等。

据不完全统计，在 1949 年前的 100 多年时间里，先后有 14 个国家 232 人到过我国的 26 个省（直辖市、自治区）进行标本采集和植物资源调查，导致中国有大量物种及遗传资源流失国外。以林木资源为例，据不完全统计，全国共引出（流失）森林植物 168 科 392 属 3364 种，其中约 1100 种被批量引出，在国外成功栽培或用于育种材料的有 900～1100 种。中国特有的或濒危的物种几乎都被国外引种（薛达元，2005）。

此外，国外植物园、树木园栽培的植物中，有相当数量的种类来自中国（约占园内植物的 10%），如美国哈佛大学阿诺德树木园有活植物 4099 种，引自中国的木本植物有 54 科 142 属 434 种；莫顿树木园共保存活植物 3300 多种，其中引自中国的木本植物有 59 科 153 属 416 种。

#### 2. 中国花卉植物资源的流失研究

中国花卉曾经成为风靡一时的欧美园林和家庭花园的猎取物，环境保护部南京环境科学研究所的部分研究人员通过网络和数据库对国外引种中国的花卉资源进行了调查和研究。结果表明，仅在 1839～1938 年的一百年时间里，北美就从中国引种了 1800 余种，意大利引种约 1000 种，法国花木的 50% 来源于中国，荷兰也有 40% 的花木来自中国。欧美各国引种中国植物共达 3000 种以上。通过对英国皇家爱丁堡植物园引种中国植物名录的整理分析，发

现爱丁堡植物园在近 100 多年的时间里共从我国安徽、北京、台湾、甘肃、福建、广东、广西、贵州、河北、香港、湖北、江苏、江西、吉林、湖南、辽宁、青海、陕西、四川、新疆、西藏、云南、浙江等地区（收集植物种类较多的地区为云南、四川、西藏、台湾）引种存活的植物有 112 科 425 属 1700 多种。其中，包含有 10 种及以上的科有 33 个，种类最多的为杜鹃花科，有 360 余种，其次为蔷薇科，有 200 余种，百合科和毛茛科都将近 100 种（武建勇等，2011）。

### 3. 对外合作研究中的物种资源流失研究

自改革开放以来，对外学术交流更加广泛，遗传资源流失也更加严重。在国外资助资金的诱惑下，许多研究人员携带大量遗传材料出国，参与国外合作研究，将国内研究人员多年甚至几代人的研究成果拱手相送。曾有中国农科院某研究所的一个研究生将大量大豆种质材料带到国外，西南某高校的一位研究人员一次带走 300 多份作物育种中间材料。国外来华考察和遗传资源搜集活动也十分频繁，带走大量物种标本和遗传材料。由于缺少追踪和监测能力，我国遗传资源在国外的开发利用情况难以统计。此外，由于保护意识不高，过去我国一些农业代表团出访，常常将我国重要的作物种质资源作为礼物送给访问的国家，也造成一些重要种质资源的流失。

## （三）中国药用植物在国外的专利检索研究

### 1. 对 26 种中国原产药用植物国外专利申请与制控权的检索研究

通过专利检索查询中国遗传资源在国外的开发利用情况是一种较为有效的方法。几年前由第三世界网络资助的一项案例研究主要集中在 26 种中药植物（包括菌类），这些植物和菌类被广泛应用在传统中药，但是在国外也得到广泛应用。该研究工作基于检索这 26 种中药植物研究已经出版的国际和国内的专利信息、科学文献和商业信息，主要检索了美国专利局、中国专利局和欧洲专利局的数据库，这些网络数据库信息同时包括了相同或者类似的专利（同族专利）在别国（例如日本和巴西）以及其他地区（例如非洲）的申请实施情况。在所检索的 26 种植物中，有 23 种植物被国外机构或个人在国内外申请相关专利或被国内机构在国外申请相关专利。与这 23 种植物相关的专利有近 158 个，所有权分属 17 个国家的公司或个人。这 158 个专利被在世界上不同国家（地区）申请 588 国次。

### 2. 对 325 种中国原产药用植物国外专利申请与制控权的检索研究

国家知识产权局医药生物发明审查部在环保部的经费支持下，于 2011 年对中国传统医药被国外生物技术公司申请专利的情况进行了系统调查。课题研究的目的在于通过对近十年来中国原产植物药材被日本、美国、韩国以及欧洲（英国、法国、德国、俄罗斯、欧洲专利组织）的代表性公司开发利用的情况，以及对近 5 年来日本、韩国公司利用汉方开发药品申请专利保护的态势进行调查和分析，找出外国公司对我国中药材和汉方研发的特点和发展态势，为政府相关部门制定中医药传统知识保护政策和法规提供技术支撑。

课题组采用文献调研和个案研究的方式，对近十年来外国代表性公司针对中国 325 种中药材（2010 版《中华人民共和国药典》）的研发在中国和外国申请专利的数据（总申请量）进行统计和分析，从而了解中国原产中药材被外国公司利用的状况和态势；并对每种药材在全球申请专利和获得授权现状（包括在中国申请和授权的现状）进行了统计分析。其次，对 10 种重点中药材近 10 年来被国外公司申请专利的数量、领域分布的动态变化和获得的经济效益的情况进行了研究分析。此外，针对近 5 年来日本、韩国两个国家的代表性公司依据中国汉方开发出药品申请专利的情况进行了统计，并分析了日本、韩国公司利用汉方开发药品获取专利保护的现状、发展态势和特点。此项研究为了解国外公司对我国中药材和汉方的研发策略提供了详实资料，并对我国中医药知识产权保护尤其是专利保护具有重要的参考价值。

### （四）少数民族传统知识保护与惠益分享研究

中央民族大学和环境保护部南京环境科学研究所等单位已开展了中国生物多样性相关传统知识分类、少数民族传统知识案例调查、文献化编目与数据库建设以及传统知识保护政策与法规制度等方面的研究。

#### 1. 传统知识分类体系研究

关于生物多样性相关传统知识的定义和范畴，国际上尚没有统一的规定。根据国际公约和中国国情，中央民族大学薛达元教授首次提出并建立了传统知识概念与分类体系。根据《生物多样性公约》第 8（j）条，其传统知识是与生物多样性的保护及可持续利用相关的知识、创新和做法，并主要来源于土著与地方社区。依此概念，并根据中国许多传统知识已经文献化的特点，将生物多样性相关传统知识分为 5 个类型：①农业遗传资源及其开发利用的传统知识；②民族传统医药及相关理论、方剂、炮制技术、诊疗技术、养生、保健等知识；③利用生物资源的传统技术创新、生产方式与生活习惯；④与生物资源保护与利用相关的传统文化、习俗及习惯法；⑤反映当地资源、环境和传统文化特色的地理标志产品（薛达元，2009）。进而根据此分类体系，对各少数民族的传统知识进行系统编目和数据库建设。

#### 2. 少数民族地区传统知识保护案例及惠益分享示范研究

中央民族大学等自 2005 年起在全国 10 多个少数民族聚集省份开展了 60 多个典型案例研究，特别是少数民族遗传资源及相关传统知识保护与惠益分享的案例研究，撰写了大量案例调查与研究报告，并于 2009 年出版了传统知识研究系列丛书（6 册）（薛达元，2009）。目前，一批研究成果正在准备出版。

案例研究主要集中在我国西南地区的贵州、云南、广西等少数民族地区。例如在黔东南地区针对遗传资源相关传统知识获取与惠益分享进行了实地调查和研究，如黎平县双江乡黄岗村香米（香禾糯）案例；榕江县黔东南小香鸡案例；从江县瑶族药浴传统医药案例；凯里市三棵树镇南花村苗寨传统文化保护与惠益分享示范；布依族蓝靛传统染料案例；等等。云南的案例研究主要是西双版纳傣族稻谷资源的品种变迁和遗传资源丧失的案例；云南元阳县哈尼族梯田稻作传统技术的案例；云南怒江州独龙族刀耕火种传统耕作技术的案例；云南大理白族传统扎染技术案例等。

目前，案例研究已经发展到少数民族社区传统知识获取与惠益分享的示范研究，已选择在黔东南和湘西等民族地区，针对一些已商业开发的传统作物和畜禽品种资源进行惠益分享的示范研究。即通过地方政府和地方社区的努力，规范商业公司在利用传统遗传资源和相关传统知识时，要充分考虑提供此类资源的当地少数民族和地方社区的利益，主要体现在：获取资源时要遵照"事先知情同意"程序；要在"共同商定条件"下以合同等方式明确与提供资源的少数民族和社区公平分享由于开发利用此种遗传资源和传统知识而产生的惠益。

#### 3. 传统知识整理、编目与数据库建设研究

在传统知识调查和编目方面，目前，已对全国 30 个少数民族传统知识开展了系统调查和整理，并正在对其中 20 多个少数民族的传统知识进行文献化编目和数据库建设，已基本完成编目的民族包括羌族、苗族、土家族、东乡族、傣族、赫哲族、羌族、蒙古族、白族、畲族、哈尼族、朝鲜族、景颇族、黎族、彝族、水族、布依族、仡佬族、壮族、瑶族、佤

族、基诺族、拉祜族、藏族等。在 2015 年前可完成全国 55 个少数民族生物多样性相关传统知识的编目和数据库建设，进而形成传统知识国家数字图书馆。该数据库的结构是根据薛达元提出的传统知识分类系统，将传统知识分为 5 个大类，23 个小类（图 7-9），在每一个小类下进行若干个传统知识词条的编目。

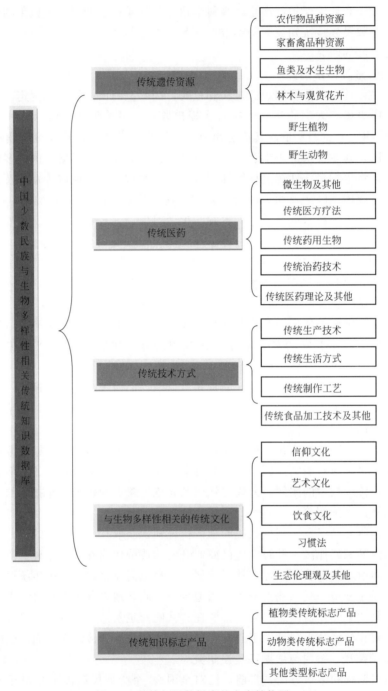

图 7-9　传统知识数据库的内容结构图

### 4. 传统知识保护政策和特殊制度研究

在传统知识保护政策和法规制度研究方面也已开展了大量工作。在环境保护部生态司和环境保护部对外合作办的资助下，中央民族大学与环境保护部南京环境科学研究所、武汉大学、中国政法大学等单位合作，正在进行传统知识保护与惠益分享特殊制度的研究，此特殊制度是指保护传统知识的专门制度及具体措施。根据传统知识的特征和保护宗旨，保护传统知识的最佳方式是将传统知识的特殊权利制度、登记制度、披露制度、法定合同制度、知识产权制度以及尊重传统习俗制度结合起来，综合运用。应当注意的是，这些制度是传统知识保护的主要制度，但并非全部制度。

其中最为重要的是特殊权利制度。所谓特殊权利，是指土著和当地社区针对其传统知识而享有的独特的、自成一体的权利总体。这种特殊权利，以对传统知识的本质和特点的全面理解和把握为基本前提，其在性质上完全不同于现行的知识产权。所谓特殊权利制度，是指一国通过专门立法明确承认和保护土著和地方社区对其传统知识的特殊权利。特殊权利制度是确立和运用传统知识登记制度、披露制度、法定合同制度、知识产权制度以及尊重传统习俗制度的前提和基础。而中国的少数民族虽然不能等同于国外的土著，但是他们拥有丰富的传统知识和传统文化，保持了传统的生产和生活方式，具有土著和地方社区的基本特征，研究制定传统知识特殊制度对于保护和弘扬我国广大少数民族的传统文化和传统知识是基本可行的。

### 5. 尊重传统知识的"道德行为守则"研究

2010 年 CBD 第 10 次缔约方大会在 X/42 决议中通过了《确保尊重土著和地方社区文化和知识遗产的特加里瓦伊埃里道德行为守则》（简称《道德行为守则》）（附件二），并邀请各缔约方将其作为一种典范，"以指导制定关于研究、获取、利用、交流和管理关于传统知识、创新和做法的示范道德行为守则，以促进生物多样性的保护和可持续利用"。各国政府可以依照国际做法制定国家和地方层次的"道德行为守则"。

中央民族大学等正在开展"尊重少数民族传统知识的道德行为守则"的研究。道德行为守则与 ABS 法规制度和传统知识特殊制度一样，是有效保护传统知识的三驾马车之一。现行法律制度并不能包罗万象，有许多行为是靠道德来规范和约束的，特别是在尊重传统文化和宗教伦理方面，有时已超出法律的管制范围。但是，道德行为守则的实施一般是没有时间限制的，范围也很广泛，常常与法规制度相辅相成，形成广泛的传统知识特殊制度体系。虽然道德行为守则没有法律约束力，但对于不法使用遗传资源和传统知识的机构和个人仍然具有道德约束力。传统知识的持有人可以通过道德行为守则对生物剽窃行为和不尊重传统知识的现象进行批评和谴责，给对方形成压力，产生保护的效果。

## 五、展望

生物资源是生物多样性的核心组成部分，是人类生存和发展的战略性资源。目前农业生物技术的发展，主要以培育具有高产、优质、抗病、抗逆的新品种为核心，重点是评估和挖掘具有优良性状的基因，通过有性杂交和转基因技术，获得优良品种，以提高粮食产量，确保粮食安全。此外，生物医药公司通过生物化学的研究手段，寻找对于疾病具有控制和治疗作用的化学活性成分，并开发成药品和保健品，以确保人类的健康。

随着现代生物技术的发展，对生物遗传资源的依赖程度将越来越高。生物资源被看作是化石能源之后人类最后的一块"淘金场"，一些发达国家本身生物资源贫乏，主要通过各种途径从国外引进，并通过生物技术的开发，获得专利产品，再从中牟取暴利。21 世纪是生物科学的世纪，谁拥有先进的生物技术，并充分占有和有效利用生物遗传资源，谁就取得生存和发展的主动权。

物种及遗传资源丰富的国家基本上是发展中国家，而拥有生物技术优势而开发利用生物资源的国家基本上是发达国家。发展中国家对这种不公平现象极为不满，在过去的 10 多年中利用《生物多样性公约》这个平台，与发达国家进行了针锋相对的斗争，主要体现在要求建立一项确保能够公平公正地分享遗传资源惠益的国际制度。经过 10 年的谈判，于 2010 年10 月在日本举行的《生物多样性公约》第 10 次缔约国大会上通过了《关于获取遗传资源以及公正和公平地分享其利用所产生的惠益的名古屋议定书》，这是生物多样性保护历程中的一个重要里程碑。

履行国际公约的最重要环节是加强国家相关立法。国际法一般都是博弈双方妥协的产物，许多方面都不能做到具体和明确，这就给国家立法留下了广阔的空间。虽然自 20 世纪 80 年代以来，我国已陆续制定并修订了诸多与生物资源保护有关的重要法律法规和行政规章，并取得相当大的进步。不过，在现有法律法规中，生物资源的惠益分享问题并没有受到重视，在今后的立法过程中也将遇到许多挑战。例如，在遗传资源获取方面，涉及国内和国外机构或个人的获取是否应享受同等的国民待遇？国家能否针对不同的对象制定不同的政策？在惠益分享方面，不仅形式和分配方式等需要共同商定，谁代表资源提供者享受惠益也存有争论（秦天宝，2006；张小勇，2007；Posey 等，2003）。

实施"获取与惠益分享"法规在技术上也有限制。许多发达国家数十年乃至数百年来一直注重搜集全世界的遗传资源，这些遗传资源绝大多数都是在《生物多样性公约》生效之前获取的，当这些资源再转给第三方利用时如何监控和实施惠益分享也是难以解决的技术难题（Muller，2006；Feit 等，2005）。许多遗传资源被获取后并非直接使用，而是仅利用了部分基因，并与许多不同来源的亲本材料混为一体，在遗传学上已经难以辨别，即使技术上能够解决，成本也会很高，使分享的惠益大打折扣。

此外，要加强宣传教育，提高管理部门、科研机构、专家、地方社区和普通公众对物种和遗传资源保护的意识，尽可能减少或杜绝物种和遗传资源的流失，特别是科研机构和专家个人在开展对外合作研究中要严格遵守国家的相关规定，在发表科研成果和申请专利时要披露遗传资源的来源和原产地国家，反对"生物剽窃现象"。在地方社区层次，要提高当地社区和群众履行获取与惠益分享政策和法规的能力，以切实维护少数民族、当地社区和农民的利益。

# 第六节　农业生物多样性保护与利用[1]

## 一、农业生物多样性的概念及内涵

1986 年，自生物多样性（biodiversity）提出以来（Banham，1993），时隔 8 年，农业生物多样性（agrobiodiversity）这一概念才在正式出版物中出现（Brookfield 等，1994）。此后，有不少国内外学者对农业生物多样性进行了定义。

农业生物多样性，指从品种（种内）、半栽培和采集管理种（物种层次），到具有多物种的农业生态系统以及由此而形成的农地景观和相关的技术、文化、政策（Guo 等，1996）。

---

[1]　本节作者为张丹(中国科学院地理科学与资源研究所)。

从发展角度看，农业生物多样性是在人类引用、采集野生动植物到半栽培、半野生动植物，再到栽培作物，最后形成农业生态系统和农地景观（郭辉军等，2000）。

从研究层次看，农业生物多样性有 4 个层次，即作物品种遗传多样性（种内多样性）、物种多样性（包括半家化栽培种、栽培种和受到管理的野生种）、农业生态系统多样性和农地景观多样性（陈海坚，2006；董玉红；2006；郭辉军等，2000），这是对农业生物多样性的广义的理解。

狭义的农业生物多样性是指物种水平上的多样性，即所有的农作物、牲畜和它们的野生近缘种以及与之相互作用的授粉者、共生成分、害虫、寄生植物、肉食动物和竞争者等的多样性（Qualset 等，1995；朱立民，1996），也可以指与食物及农业生产相关的所有生物的总称（Vandermeer 等，1995；Wood 等，1997；戴兴安，2003），它还包括农业生态系统之外的对农业生产有利的，可以提高生态系统功能的物种及其它栖息地（Wood 等，1997；Jackson 等，2007）。

就农业本身而言，农业生物多样性也可分为农业产业结构多样性、农业景观多样性、农田生物多样性、农业种质资源与基因多样性几个尺度水平（图 7-10）（章家恩，1999；李玉，2002）。农业产业结构多样性用以描述包括农、林、牧、副、渔各业的组成比例与结构变化，它反映着某一区域农业生产的总体状况；农业景观多样性主要是农业景观的异质性，包括农业土地利用景观类型及其分布格局的变异性，以及农业生态系统类型的多样性；农田物种多样性主要指农田生态系统中农作物、杂草、害虫、天敌等的生物多样性；农业种质资源与基因多样性主要包括栽培作物及其野生近缘动植物的遗传基因与种质资源多样性等（章家恩，1999）。

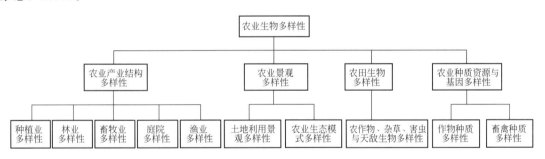

图 7-10 农业生物多样性的层次和类型（引自章家恩，1999）

而从人类活动层次看，农业生物多样性还可划分为人类农业文明多样性（农业生产方式多样性、农民生活方式多样性、农民传统文化多样性）、农区自然和人工生物多样性（栽培物种的多样性、基因多样性、人工生态系统多样性和景观多样性）以及相关的技术、政策和物质信息流动的多样性（陈海坚等，2005）。

## 二、农业生物多样性的评价

农业生物多样性的评价是有效保护农业生物多样性、合理利用其资源、保证其可持续发展的关键。

一般地，农业生物多样性的研究有四个角度（郭辉军等，2000）：①按不同的生物分类群进行研究；②按不同的用途分类进行研究，如粮食作物、油料作物、纤维作物等；③按不同的人类和人种对生物资源的使用角度进行研究；④按不同地区和不同级别的社会组织单元进行研究。目前，农业生物多样性的评价大都以第四种方式为主，以第一种和第三种方式为辅开展，并以农户为单元进行农业生物多样性评价，一方面，户级水平农业生物多样性评价通过归纳和总结，可以形成景观水平和社区水平的农业生物多样性评价结果；另一方面，通过分析，可以形成不同类群和不同用途的农业生物多样性评价结果。

### 1. 景观水平农业生物多样性评价

复杂的农业景观系统中植物物种多样性的评价方法（Zarin 等，2000），是由全球环境基金会（GEF）/联合国环境规划署（UNEP）/联合国大学（UNU）人、土地与环境（PLEC）项目计划农业生物多样性评价专家指导小组，在已有各种实地研究方法（Brookfield 和 Stocking，1999；Brookfield 等，1999；Guo 等，1996；Zarin，1995）上建立起来的一套评价方法，其主要步骤如下。

（1）研究主题和研究目标的区域的确定：①确定研究区域；②确定研究目的；③现有资料分析；④研究点聚焦。

（2）野外实地调查：①研究区域的动植物区系研究；②社区土地资源边界和农户资源边界的资源图绘制；③土地利用类型图绘制；④选择不同的土地管理类型的典型样地调查。

（3）分析和报告：①不同土地管理类型的生产力比较分析；②农业生物多样性分析；③经济效益分析；④研究结果的应用。

### 2. 户级水平农业生物多样性评价

一个地区的经济发展和环境状况，取决于组成该地区的社区的经济发展和环境状况，而一个社区的经济和环境状况又取决于组成该社区的农户的经济和环境状况，因此，农户资源管理、经济发展和生物多样性保护是一个国家资源、环境的基本单元。只有农户发展和保护好各自土地上的农业生物多样性，才能实现一个社区、一个地区和国家的生物多样性保护和可持续发展。因此，农户应当是农业生物多样性评价和就地保护的基本单元。郭辉军以在云南开展的农业生物多样性研究为基础，在景观水平农业生物多样性评价方法的基础上，进一步提出了户级水平的农业生物多样性评价方法（郭辉军等，2000）。在景观水平农业生物多样性调查基础上开展户级水平农业生物多样性评价调查，可对一个农户的所有类型同时调查，也可以按不同类型同时对所有农户进行专题调查（社会经济调查的农户应当与样地调查农户相同），主要包括：①农户选择和抽样；②单一农户社会经济状况调查；③各抽样农户土地资源类型及其分布草图绘制；④各抽样农户不同资源管理类型农业生物多样性样地选择；⑤各抽样农户不同类型资源管理的农业生物多样性现场调查；⑥单一农户农业生物多样性和社会经济汇总分析；⑦所有抽样农户农业生物多样性和社会经济汇总分析和比较（包括某一类型不同农户间或一个农户不同类型间比较）；⑧社区农业生物多样性综合报告编制、改良和就地保护措施方案的制定；⑨调查报告、改良和就地保护报告提交社区讨论。

由于农户参与的程度极高，户级水平农业生物多样性评价便于直接调查农户如何管理、利用生物资源和土地资源，以及农户利用资源的数量和方式。因此，以样方调查为基础，同时进行大量的资源管理和利用的户级水平农业生物多样性评价是对景观水平的最重要的补充。一些研究者进行了几种农业生态系统的农业生物多样性户级水平研究，结论相似（郭辉军等，2000；刀志灵等，2000，2001；崔景云等，2000，2001；付永能等，2000，2001；杜雪飞等，2001；彭华等，2001）。

### 3. 景观水平与户级水平农业生物多样性评价的衔接

景观水平农业生物多样性评价是以整个社区土地范围为基本单元和出发点，以不同的土地利用和管理类型为对象来选择样地，自然科学的研究成分较重，样地在同一类型中具有随机性。而户级水平农业生物多样性评价以农户为出发点和基本单元，随机性体现在农户抽样方面，二者之间的衔接点在于：户级水平农业生物多样性评价在对农户进行随机抽样后仍然落实在对农户的不同土地利用类型进行研究，通过一个农户所有类型汇总后，再对所有抽样农户汇总，成为整个社区的农业生物多样性评价（不是简单相加，而是对农业生物多样性在管理、技术方面有重要的、新的发现）。因此，二者的衔接点即通过不同农户同一类型的比较、综合、归纳研究可以汇总为整个社区景观水平的农业生物多样性研究。户级水平农业生物多样性评价进一步汇总、综合归纳，最后形成社区景观水平农业生物多样性评价。此外，通过农户间样方的综合、比较、归纳和分析还可以提供不同用途和不同分类群的农业生物多样性结果。

### 4. 农业生物多样性的评价方法

农业生物多样性的研究，一方面反映了人类利用自然生物多样性的成就；另一方面反映了人类对自然干扰的强度，是人与自然相互作用的一个重要指标。农业生物多样性分析包括农业生物多样性各个系统层次的分析，并以植物群落中的自然生物多样性分析为基础。

（1）农业物种多样性分析　郭辉军等（1998）基于农业生物多样性的研究目的、对象的差别，在上述某些公式的基础上做了改进，并将人类直接利用、管理和活动的因素作为主导因子，对云南省农业生物多样性进行了研究。其分析主要包括以下内容。

① 植物区系分析。植物区系分析的主要目的是分析哪些是世界广布种，哪些是区域性特有种，为一个社区农业生物多样性保护划分优先登记提供依据。具体方法参照吴征镒先生有关研究成果（吴征镒，1983，1991）。

② 物种利用率分析。指一定区域内当地社区利用（包括野生采集、半栽培、栽培种类、品种以及不同用途的物种数）的总数和该区域内物种总数的比例。

③ 类型内物种多样性（α多样性）。在进行物种多样性分析时，每一样方的所有物种名称、个体数量、蓄积量、当地社区利用及其数量必须列出，才能进行有效准确的分析。除庭园外，每一样方的面积必须相同（20m×20m）。初步分析指标包括每一样方物种总数及每一物种的数量，同一类型之间相同物种数量和名称，不同类型之间相同物种的数量和名称，以便确定常见种和特有种，同一物种在不同土地管理类型中的作用，以及同一土地管理类型的物种变化趋势。同时，也可以将每一土地管理类型中人们管理和利用的种类列出，采取同样的计算方法进行农业生物多样性分析。

从农业生物多样性角度看，类型内的农业物种多样性为当地人利用和管理的物种与类型内物种多样性的比例。因此，在进行分析之前，必须进行极为细致的现场实地访问调查，土地资源拥有者参与农业生物多样性的评价过程极为重要。其次，农业生物多样性研究的对象是土地资源管理类型，而不是群落类型。因此，我们有必要进行二次分析，即自然生物多样性分析和农业生物多样性分析。

a. 物种丰富度：某一土地管理类型某一样方中被利用物种的总数。属数也是衡量的重要指标。

b. 相对丰度：某一被利用种类的个体数量。

c. 物种丰富度指数：单位面积内被利用物种的数目（即物种密度）或一定数量的个体或生物量中被利用物种的数目（即数量丰度）。

$$dGlg = S_g / (S \cdot \ln A)$$

$$dMog = S_g/(S \cdot N)$$

式中，dGlg 为农业物种丰富度；$S_g$ 为被利用物种数目；$S$ 为物种数目；$N$ 为所有物种的个体数；$A$ 为样地面积。

④ 类型间多样性（β多样性）。与生态学上的 β 多样性（即沿着环境梯度的变化物种替代的程度）不同，农业生物多样性的 β 多样性是指由于人类为一定目的而从事的活动和技术管理方式而形成的不同土地资源管理类型间物种和利用程度的差别。采用 Whittaker（1960）的二元属性数据测定法对农业生物多样性进行研究（Whittaker，1972）：

$$\beta_{usg} = (S_g/S/(m_a - 1)$$

式中，$\beta_{usg}$ 为多样性指数；$S_g$ 为被利用物种数目；$S$ 为物种数目；$m_a$ 为各样方的平均物种数。物种组成完全相同的样方 $\beta_{wg}$ 指数为 1，完全不同的样方 $\beta_{wg}$ 指数为 2。

这一指数主要反映了某一定研究区域内，某一土地资源管理类型相对于整个区域内各种土地资源管理类型物种丰富度的差异（即同一类型的差别），但不能反映不同土地管理类型间在种类构成上的差别。因此，有必要分析不同土地管理方式的相似度系数。

$$C_i = j/(a + b - j)$$
$$C_s = 2j/(a + b)$$

式中，$C_i$ 为 Jaccard 相似系数；$C_s$ 为 Sorenson 相似系数；$j$ 为 2 个样方共有种数；$a$ 为样方 A 物种数；$b$ 为样方 B 物种数。

作为农业生物多样性评价，比较两个样方共有物种中被利用的物种的数目（$g$）以及不同物种中有相同用途的物种数目具有较大意义。由此可以看出当地人们对不同土地管理类型的目的差异。

$$C_g = g/j$$
$$C_g = g/(a + b - j)$$

（2）张丹等（2010a）基于经典生物多样性模型以及信息增益的方法构建了评价农业物种多样性的模型，并对贵州省从江县的农业生物多样性进行了研究。

① 基于经典生物多样性模型的农业物种多样性评价模型的构建

a. 多样性的信息度量——Shannon-Wiener 指数。假设可以把一个个体无限的总体分成 $S$ 类，即 $A_1$、$A_2$，…，$A_s$，每个个体属于且仅属于其中一类。随机抽取一个个体属于 $A_i$（$i=1，2，…，S$）类的概率为 $P_i$，因此有 $\sum P_i = 1$。我们希望找出 $P_i$ 的一个函数，比如 $H(P_1、P_2，…，P_s)$ 作为总体（例如群落）多样性的一个度量，并且它满足下述条件（Peilou，1985）。

对于给定的 $S$，当 $P_i = 1/S$ 时，有最大值，用 $L(S)$ 代表，于是

$$L(S) = H'(1/S, 1/S, \cdots, 1/S) \tag{7-1}$$

如果假定还有不含个体的 $S+1$ 类、$S+2$ 类、…，这将不影响总体的多样性指数的大小，即：

$$H'(P_1, P_2, \cdots, P_s, 0, \cdots, 0) = H'(P_1, P_2, \cdots, P_s) \tag{7-2}$$

假设总体经受另一分类过程（$B$），当其分类是独立的情况下，则

$$H'(AB) = H'(A) + H'(B) \tag{7-3}$$

当 $B$ 分类在 $A$ 分类内部进行时，则有

$$H'(AB) = H'(A) + H'A(B) \tag{7-4}$$

可以证明，满足上述 3 个条件性质的唯一函数是（Peilou，1985）：

$$H'(P_1,P_2,\cdots,P_s)=-C\sum P_i \lg P_i \tag{7-5}$$

式中，$P_i$ 是一个个体属于第 $i$ 类的概率，$C$ 是常数，一般取 $C=1$。式(7-5) 假定个体是取自一个无限大的总体，若对有限的总体样本而言，$P_i$ 的真值未知，要用 $N_i/N$ 作为有偏估计值。于是式(7-5) 应为 (Magurran，1988)：

$$H'=-\sum P_i \lg P_i-(S-1)/N+(1-\sum P_i^{-1})/(12N^2)+\sum (P_i^{-1}-P_i^{-2})/(12N^3) \tag{7-6}$$

事实上，式(7-6) 中等式右端除第一项外，其它各项是非常小的，实际工作可忽略不计 (Peet，1974)，近似地表示为：

$$H'=-\sum P_i \lg P_i \tag{7-7}$$

此式即为 Shannon 和 Wiener 分别提出的信息不确定性测度公式。生态学家一般称式(7-7) 为 Shannon 或 Shannon-Wiener 多样性指数。如果从群落中随机地抽取一个个体，它将属于哪个种是不定的，而且物种数目越多，其不定性也越大。因此，有理由将多样性等同于不定性，并且两者采用同一度量 (Peilou，1985)。

式(7-5) 满足的 3 个条件在生态学意义上可以理解为：第 1 条保证了对于种数一定的总体，各种间数量分布均匀时，多样性最高；第 2 条表明，两个物种个体数量分布均匀的总体，物种数目越多，多样性越高；第 3 条表明多样性可分离成几个不同的组成部分，即多样性具有可加性，为生物群落等级特征引起的多样性测度提供了可能 (马克平等，1994)。

b. 等级多样性 (Hierarchical diversity)。生命系统是一个复杂的等级系统。在群落水平上这种等级属性表现得尤为明显，因为群落是由处于不同分类等级上相互作用的生物体构成的集合。在考察或比较群落的多样性时，生物的等级属性是应该考虑的。

假设我们比较两个群落，两者物种数目和各物种相对多度相同，则不管用哪一种多样性指数测度，都不能比较出两个群落的差别。但是，如果一个群落中所有种都属于同一个属，而另一个群落中每个种都属于不同的属，很显然，后者的多样性程度要高于前者。若从遗传多样性角度考虑更是如此。

Pielou (1967) 提出用信息多样性指数测度等级多样性的方法 (Lloyd，1968)，显然式(7-5) 满足的第三个条件中的第三条为等级多样性的测度提供了可能。

考虑一个全面普查的群落，其个体成员已分类成属和种。令个体分类成属为 $G$ 分类，并假设共有 $g$ 个属，第 $i$ 属中个体数为 $N_i$ ($i=1，2，\cdots，g；\sum N_i=N$)。个体按种的分类称为 $S$ 分类，并假定在第 $i$ 属中有 $S_i$ 种，在第 $i$ 属的第 $j$ 种中有 $N_{ij}$ 个个体 ($j=1$，$2，\cdots，S_i；\sum N_{ij}=N_i$)。

设定 $H(G)$ 为群落的属多样性；$H(GS)$ 为群落的种多样性，即总体多样性；$H_i(S)$ 为第 $i$ 属内的种多样性，并且

$$HG(S)=\sum (N_i/N)H_i(S) \tag{7-8}$$

表示在所有 $g$ 个属中，种多样性的加权平均。显然，由式(7-3) 知

$$H(GS)=H(G)+H_G(S) \tag{7-9}$$

同样，对于测量大群落多样性的 Shannon-Wiener 指数 $H'$ 来说，有

$$H'(GS)=H'(G)+H'_G(S) \tag{7-10}$$

借鉴 Shannon-Wiener 多样性指数和等级多样性概念，我们分析群落中或一个样方内的农业物种多样性，将其个体成员按是否够能被利用的分类称为 $G$ 分类，此处依然借用"属"的说法，共有 2 个属，即可利用和不可利用，第 $i$ 属中个体数为 $N_i$ ($i=1，2；\sum N_i=N$)。个体按种的分类称为 $S$ 分类，并假定在第 $i$ 属中有 $S_i$ 个种，在第 $i$ 属的第 $j$ 种中有 $N_{ij}$ 个个

体（$j=1$，2，…，$S_i$；$\sum N_{ij}=N_i$）。

则

$H$（$G$）为群落或样方内的属多样性；

$H$（$GS$）为群落或样方内的种多样性，即总体多样性；

$H_1$（$S$）为可利用的多样性，即农业物种多样性：

$$H_1(S)=-\sum_{i=1}^{N} P'_i \log_2 P'_i \tag{7-11}$$

虽然式(7-11)能很好地表示农业物种多样性，但在没有计算 $H$（$GS$）或 $H_2$（$S$）的情况下，不能很好地反应一个群落或样方中可利用的物种与全部物种的关系。

② 基于信息增益的农业物种多样性评价模型的构建。上述农业生物多样性指数评价主要是从用途分类的角度自上向下分级分类考察其多样性，这里我们将信息增益的概念引入到生物多样性评价的体系中，直接从待分析的分类特征本身出发，考虑该特征给总体群落的多样性带来的信息增益，从而得到总体群落在该分类特征下的多样性。

Shannon-Wiener 多样性指数实际上是信息熵在生态学中的应用。假设有一变量 $X$，它可能的取值有 $n$ 多种，分别是 $X_1$，$X_2$，…，$X_n$，每一种取到的概率分别为 $P_1$，$P_2$，…，$P_n$，那么 $X$ 的熵就定义为：

$$H(X)=-\sum_{i=1}^{n} P_i \log_2 P_i \tag{7-12}$$

同样的，对分类系统来说，类别 $C$ 是变量，它的可能取值为 $C_1$，$C_2$，…，$C_n$，而每一个类别出现的概率为 $P$（$C_1$），$P$（$C_2$），…，$P$（$C_n$），因此 $n$ 就是类别的总数，此时分类系统的熵为：

$$H(C)=-\sum_{i=1}^{n} P(C_i) \log_2 P(C_i) \tag{7-13}$$

信息增益是针对一个一个的特征而言的，就是看一个特征 $t$，系统有它和没它的时候信息量各是多少，两者的差值就是这个特征给系统带来的信息量，即增益。系统含有特征 $t$ 的时候，系统的信息量即为式（7-13）。

当系统不含有特征 $t$ 时，即当一个特征 $t$ 不能变化时，条件熵为：

$$H(C|X)=P_1 H(C|X=x_1)+P_2 H(C|X=x_2)\cdots+P_n H(C|X=x_n)$$
$$=\sum_{i=1}^{n} P_i H(C|X=x_i) \tag{7-14}$$

用 $T$ 代表特征，$t$ 代表 $T$ 出现，则：

$$H(C|T)=P(t)H(C|t)+P(\bar{t})H(C|\bar{t}) \tag{7-15}$$

式中，$P$（$t$）为 $T$ 出现的概率，$P$（$\bar{t}$）为 $T$ 不出现的概率，由

$$H(C|t)=-\sum_{i=1}^{n} P(C_i|t) \log_2 P(C_i|t) \tag{7-16}$$

$$H(C|\bar{t})=-\sum_{i=1}^{n} P(C_i|\bar{t}) \log_2 P(C_i|\bar{t}) \tag{7-17}$$

因此特征 $T$ 带给系统的信息增益

$$IG(T)=H(C)-H(C|T)=-\sum_{i=1}^{n} P(C_i) \log_2 P(C_i)+$$
$$P(t)\sum_{i=1}^{n} P(C_i|t) \log_2 P(C_i|t)+P(\bar{t})\sum_{i=1}^{n} P(C_i|\bar{t}) \log_2 P(C_i|\bar{t}) \tag{7-18}$$

式中，$P$（$C_i$）表示种 $C_i$ 出现的概率，即第 $i$ 个物种个数占物种总数的比；$P$（$t$）表示可利用物种数出现的概率，即可利用物种总数除以总的物种数；$P$（$C_i|t$）表示可利用物

种出现时 $C_i$ 出现的概率，即第 $i$ 个可利用物种个数占可利用物种总数的比；$P(C_i \mid \bar{t})$ 表示没有可利用物种时类别 $C_i$ 出现的概率，这里为 0。

## 三、农业生物多样性的利用

探索提高农田生态系统多样性、利用生物与生物之间的相互作用关系控制病虫草害、减少农业化学品的投入和增强农业的稳定性方面的研究日益受到人们的关注（Reganold 等，2001）。作物的间作、套作、多个品种混合种植、农田引入其他物种（如鱼、鸭、蟹等）是构成农田复合系统、增加农业生物多样性的有效途径（章家恩等，2005；王寒等，2007）。

### 1. 利用农业生物多样性提高资源利用效率

通过对 10 个间作系统的水分利用及水分利用效率的分析表明，作物间作比单作时水分利用的变化幅度增加 6%～15%，而水分利用效率的变化幅度增加为 25%～99%，说明间作对水分的截获与单作差别不大，但间作的水分利用效率一般远远大于单作，即间作提高了水分的利用效率（Morris 等，1993）。对小麦/大豆、小麦/蚕豆、玉米/蚕豆间作复合系统的研究表明，其明显促进了种间对氮、磷的吸收（Zhang 等，2003）。在小麦/蚕豆间作复合系统中，蚕豆固氮向间作小麦发生了转移，转移的量相当于蚕豆吸氮总量的 5%，增强了小麦和蚕豆对氮的互补作用（肖焱波等，2005）；在玉米/花生间作复合系统中，间作增加了花生根瘤数，提高单株根瘤固氮酶的活性（房增国等，2005）；在小麦/白羽扇豆、高粱/木豆、玉米/花生间作复合系统中，磷高效的白羽扇豆、木豆和花生可促进磷低效的小麦、高粱和玉米对磷的吸收（Dakora 等，2002；Otani 等，1996；Ae 等，1996）。此外，研究还表明，玉米/花生间作时，可显著提高花生新叶叶绿素，玉米还能分泌铁载体活化土壤 $Fe^{3+}$，提高铁的有效性，从而促进花生对铁的吸收（Zhang 等，2004；Zuo 等，2000；房增国等，2005）。

### 2. 利用农业生物多样性控制病虫草害

对病虫草害的影响是作物的种间效应的另一表现。研究表明，小麦/蚕豆、大麦/蚕豆和油菜/蚕豆间作对蚕豆赤斑病、锈病的平均防效分别为 24.8%、19.4% 和 21.06%，对麦类锈病、白粉病的平均防效为 23.5%、19.8% 和 23.1%（朱有勇，2004）。绿豆/玉米间作，玉米纹枯病和小斑病的发病率及病情指数均显著低于单作玉米（叶方等，2002）。玉米与魔芋多样性种植对魔芋软腐病有较好的控制效果（朱有勇，2004）。作物间套作在一定程度上可减低草害的发生，豌豆和大麦间作杂草群落结构发生变化，杂草密度显著降低（Poggio，2005）。

在对一系列的文献进行分析后，Helenius（1991）指出，利用作物多样性控制单食性害虫比防治多食性害虫更有效。如利用复合种植模式成功降低单食性害虫的事例几乎是成功防治多食性害虫的两倍。但同时，Helenius 也提出警告，如果农田生态系统中植食性昆虫区系以多食性害虫为主，则有可能引起虫害加重。在涉及单作-间作系统中寄生天敌的种群数量、寄生率这一研究内容时，Coll（1998）比较了 42 篇文献的研究结果。他发现，2/3 的研究结果显示间作系统中寄生性天敌种类更丰富、寄生率更高。但是，1/3 的研究结果表明单作-间作系统中的寄生性天敌数量与寄生率没有显著差异，在间作系统中，寄生性天敌的种类略有增加。在所报道的 31 种寄生性天敌中，间作时 54% 的种类种群密度增加、寄生率提高。这说明，作物种类配置、地理环境和实验方法因素的差异影响了实验结果的一致性。

在稻田中增加农田生物多样性能明显控制杂草的危害（Hakan，2001；Liu 等，1998）。

与水稻单作比较，稻鱼共生系统杂草生物量明显减低（王培文等，1985；卢升高等，1988；Rothuis，1999）。稻鸭共生系统对稻田杂草也有很好的控制效果。鸭取食杂草，鸭在稻田活动嘴和脚还能起到拔草的作用，鸭子的浑水作用能有效抑制杂草种子的萌发（徐世宏等，2004）。运用群落生态学方法对稻田单作、稻鱼共生系统、稻鸭共生系统中的稻田杂草群落特征进行研究表明：稻鱼鸭共生系统显著降低了田间杂草的发生密度，对稻田杂草鸭舌草 [*Monochoia vaginalis*（*Burm. f.*）]、节节菜 [*Rotala indica*（*Willd.*）*Koehne*] 的效果达到 100%，总体控草效果显著优于其他的稻作方式；稻鱼鸭共生系统中杂草的物种丰富度及 Shannon-Wiener 多样性指数显著低于稻田单作，Pielou 均匀度指数高于稻田单作，表明群落物种组成有了很大的改变，降低了原来优势杂草的发生危害。Sorensen 群落相似性指数的定量分析表明稻鱼鸭共生系统能显著影响某些主要杂草的危害程度（张丹等，2010b）。

### 3. 利用农业生物多样性提高土壤质量

作物间、套作可降低土壤中硝酸盐的积累和对地下水的污染，蚕豆与燕麦或春小麦间作能降低土壤剖面的硝酸盐积累（房增国等，2005）。玉米与水旋花间作可使土壤剖面（0～1m）的硝酸盐含量降低（Zhang 等，2003）。在小麦/玉米/蚕豆带状种植系统中，间作小麦（小麦/玉米）的土壤剖面 $NO_3^-$ 含量比净作小麦降低 40%，间作蚕豆（蚕豆/玉米）的土壤剖面 $NO_3^-$ 含量比净作蚕豆降低 31%；从作物收获后土壤剖面的 $NO_3^-$ 含量看，单作小麦和单作蚕豆最高，其次是间作小麦和间作蚕豆，间作玉米（玉米/蚕豆和玉米/小麦）的 $NO_3^-$ 含量最低，说明小麦/玉米和玉米/蚕豆间作降低了土壤剖面中硝酸盐的积累（Zhang 等，2003）。

稻鱼共生系统中，土壤的物理和化学性质得到明显改善（卢升高等，1988）。稻鱼共生系统田面土壤有机质含量由 3.18% 提高至 4.61%，TN 由 0.213% 提高至 0.307%，TP 由 0.144% 提高至 0.151%，且速效养分水平及土壤物理状况具有不同程度的改善（黄毅斌等，2001）。

稻-鱼-鸭共生系统能够使土壤物理性状得到一定程度的改善。例如，可以提高 0～20cm 土层的温度，使土壤昼夜温差增大（郑钦玉等，1994），可以使土壤容重降低 0.01g/$cm^3$，使大于 0.25mm 的团聚体增加 2.65%～3.12%，使土壤结构系数增加 2.56%～6.63%；同时，稻田土壤氧化还原状况也得到了明显改善。由于土壤肥力的提高以及土壤通气状况的改善，可以促进水稻对 N、P、K 养分的吸收（杨志辉等，2004）。

稻-鱼-鸭共生系统也可以增加土壤肥力，土壤有机质、TN、TP、TK 分别增加 25.7%、25.8%、39.2%、5.4%，速效 N、$P_2O_5$、$K_2O$ 养分增大（郑钦玉等，1994）。杨志辉等对稻鸭共生系统进行的田间试验也表明，与常规稻田相比，实行稻-鸭生态复合种养，其土壤有机质、TN、碱解 N、速效 P、速效 K 都有所增加，增加幅度分别为 11.3%～29.3%、3.0%～15.1%、5.9%～9.6%、3.8%～9.7%、23.4%～27.3%（杨志辉等，2004）。

## 四、农业生物多样性的保护

在利用农业生物多样性的同时，也要保证农业生物多样性的可持续发展。只有通过自然科学与社会科学综合性的研究，才能实现这个目标，这与自然资源综合管理（Integrated Natural Resource Management，INRM）的观念相一致。INRM 提出要使提高农业产量、人类福利与生态系统弹性三者平衡（Tomich 等，2004；Tomich 等，2007；Sayer 等，2003），研究人员、农民和其他利益相关要共同参与，采用生态学和社会经济学综合的研究方法探索不同管理情境下的生态系统服务。以生物多样性的多功能性作为核心的实地研究和适应性管理也支持采用以农业生物多样性为基础的农业生产方式（FAO，2003）。

　　然而，多方参与机制并不容易建立或维持，实现环境效益、社会效益和经济效益"三赢"也只是一个崇高的理想（Adams 等，2004；Foley 等，2005）。以综合保护与发展项目（Integrated Conservation and Development Projects，ICDP）为例，ICDP 认为只要通过合理的规划和创建基金的投入，并将收益平均分给当地人，就可以在发展经济的同时，保护自然环境（McShane 等，2004）。然而，ICDP 常常失败，一方面是由于项目的目标过于乐观；另一方面是由于项目的前提假设太脆弱。在局部水平，"双赢"往往会掩盖利益相关方之间不相容的目标，导致贫困加剧（Adams 等，2004）。相反，注重研究生态和社会经济过程对减少贫困和保护环境之间关系的影响，被认为是实现"双赢"更有效的途径（WRI，2005）。农业生物多样性可以提供产品和服务，是穷人发家致富的根本保证，因此要首先理解保护主要生物多样性资产的原因。此外，给当地或者区域更多的权利和责任，有利于农户和农村地区依赖生物多样性和生态系统服务提高收入。从长远来看，此法可以保证自然资本的可持续利用。

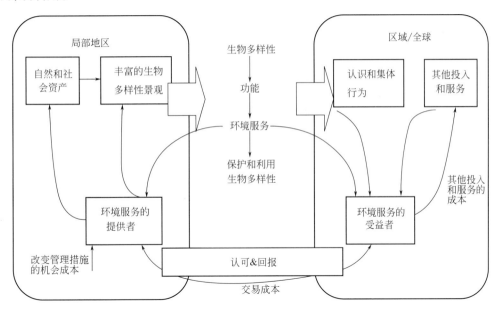

图 7-11　农业生物多样性环境服务受益者与提供者之间的关系及影响机制

（引自 van Noordwijk 等，2004）

　　在非贫困地区，即使农业生物多样性的直接使用价值不明确，保护和提高农业生物多样性也常常被看做是土地管理的一方面。从长远看，如果人们能很好地交流，集思广益地规划，共同实施保护活动，自然资源可持续管理就可能实现（Pretty 等，2004）。社会资产由社会结构的某些方面组成，而且他们促进了个体达成个人有关自然和环境的目标和兴趣。社会资本的主要特征是：信任、互惠、规范及网络（Pretty 等，2001），研究社会与自然资本联系的过程对农业生物多样性保护非常重要（Katz，2000；Uphoff 等，2000；Pretty 等，2004；Rodríguez 等，2004）。

　　建立更好的激励、监督制度来促进农业生物多样性保护与可持续利用，例如，基于市场的环境补偿机制（MEA，2005；Pascual 等，2007）。对环境服务进行补偿越来越引起政府部门以及非政府组织的关注，这种补偿机制需要了解农业生物多样性的长期价值及谈判框架。非政府组织在开发和保护农业生物多样性方面发挥着重要的作用，例如，协调农民与环境补偿者之间的关系，促进有利于保护生物多样性的产品的增值（Pagiola 等，2004；Rodríguez 等，2004；van Noordwijk 等，2004）。此外，农业之外的利益相关方，如旅游者、渔民，若农业生物多样性的丧失会影响其收入和生活，则其都应该给农业生物多样性保护一定的补偿。社会资本在环境补偿中越来越重要，这是因为社会信任鼓励了个体为公共利益的长期投资，产生了规模效益，带来更大的经济效益和生态效益（Pretty 等，2004；Rosa 等，2004）。由图 7-11 可见，毗邻甚至较远地区的环境服务受益者对提供者的认可及经济补偿，可以激励环境服务提供者持续保护农业生物多样性。

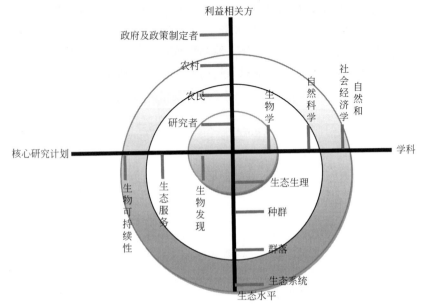

图 7-12　农业生物多样性交叉研究（引自 Jackson 等，2007）

注：内圈，利用生物学的研究方法，研究生物的生理生态过程及分布机制（生物发现，biodiscovery）；
中圈，利用自然科学的研究方法，研究生物多样性与生态系统功能及服务的关系（生态服务，ecoservices）；
外圈，利用自然和社会经济学综合的研究方法，研究保护和利用生物多样性的影响因素
（生物可持续性，biosustainability）。还可以有其他的组合方式

国际生物多样性科学研究计划（DIVERSITAS）是一个国际性的、非政府的科学计划，旨在通过自然科学与社会科学综合的研究方法，建立支持生物多样性保护与可持续利用的科学基础，有三个核心研究目标（Jackson 等，2005；Perrings 等，2006）。依照 DIVERSITAS 计划，农业生物多样性的主要研究应为：评价目前的农业生物多样性及其变化的人为驱动因子（biodiscovery）；明确农业生物多样性不同层次（如基因、物种、群落、生态系统和景观）的生态系统服务（ecoservices）；评估不同保护和利用农业生物多样性的模式（biosustainability）。综合以上三点（图 7-12），将为农业生物多样性保护和利用提供科学的指导。跨学科综合研究和多方参与是农业生物多样性研究的保障，其研究结果为长远土地利用的决定和政策制定提供了科学的依据（Bawa，2006）。虽然没有一个研究项目能包含交叉研究的所有成分，但该研究策略比目前典型的农业可持续发展方法要有效得多。

农业生物多样性的保护途径主要有以下几种。

### 1. 迁地保护

迁地保护即将种质保存于该植物原产地以外的地方，包括种子储藏（seed storage）、花

粉储藏（pollen storage）、田间基因库或种质圃（field genebanks）、试管内器官或细胞保存（in vitro conservation）、植物园和树木园（botanical gardens and arboreta）以及DNA储藏等方法。

在20世纪80年代中期，世界主要农作物的迁地保护已取得了巨大的成功（Maxted等，1997），对各类主要农作物品种资源已进行了全球范围内大规模和系统的收集、整理和评价，同时还建立了各类大型的种质库（germplasm bank）来对收集的资源进行迁地保护。

我国作物遗传资源迁地保护工作从20世纪70年代后期起，先后在全国建起十余个中期保存库和两个长期种质库。至2002年底，国家长期库保存的种质份数达33.4万余份，隶属35科192属712个物种，其贮存数量居世界第一位。此外，对多年生作物和无性繁殖作物，建立了30个种质圃，2个试管苗种质库，保存种质达45338份（卢新雄等，2003）。

但是农业生物多样性的迁地保护，特别是种质库保护有着以下一些不足：①迁地种质库保护在进化上是一种静态的保护，贮藏于种质库的资源处于冷冻"休眠"状态，因而丧失了它们可能在其原生境中随环境的改变而产生的适应性进化和产生新遗传变异的机会；②对于那些"顽拗型"（recalcitrant type）种子（即成熟后很快就失去生命力的种子）和靠营养器官繁殖的种质资源，种质库保存很难或无法操作；③由于种质库的容量有限，只能贮藏品种资源的部分遗传多样性，而且在种质资源迁地的栽种、繁殖、评价过程中，又造成大量遗传多样性的丧失，保存的材料已不能代表其原品种的遗传多样性；④保护的目的在于利用，对于资源原产地的农民和社区而言利用更为重要，而迁地保护使资源远离种质资源的原产地使用者，很难达到"取之于民，用之于民"的目的（Prance，1997）。再者，许多种质资源一旦入库贮存以后，未能很好地进行动态管理和合理交流，使这些有价值的资源变成了"博物馆的死档案"。

### 2. 就地保护

作为农业生物多样性迁地保护的重要补充，就地保护是指对植物在其原生境进行的保护，然而，很多自然生物多样性就地保护的方法对于农业生物多样性保护未必有效。如目前的大多数自然保护区，除了对部分采集管理种和少数作物野生近缘种有效外，对多数栽培作物品种、半驯化种、多物种农业生态系统基本上没有意义。于是，农业生物多样性农家保护（on-farm conservation）的理念被提了出来，农家保护是一种就地保护的方法，特指对农作物品种的就地保护（卢宝荣等，2002）。

农家保护这一概念曾有过不少的定义（Altieri等，1987；Brush，1995；Maxted等，1997），但意思都比较接近，其中下面的定义比较能够全面地反映农家保护的内涵和意义。农家保护是指：农民在作物得以进化的农业生态系统中继续对已具有多样性的作物种群进行种植和管理的过程（The continued cultivation and management of a diverse set of crop populations byfarmers in the agro-ecosystems where a crop has evolved）（Bellon，1996），这些作物种群还包括了农作物栽培品种以及与农作物在同一生态系统中共同生长和进化的作物野生近缘种和杂草类型（weedy type）。农家保护主要是通过农民的农事活动和管理来得以实现的，在农业生态系统中进行，被保护的种质资源可在其生境中随着环境的变化而继续进化，使其多样性不断以丰富。同时，在一些有野生近缘种及其杂草类型共同生长的环境，栽培品种和野生近缘种之间的基因交流偶有发生，这就提高了产生栽培品种新遗传变异的概率，从而丰富了品种资源的遗传多样性。

有不少研究者对作物品种多样性的农家保护机制和理论方法进行了探索（Brush，

1992；Bellon，1996；Maxted 等，1997；Qualset 等，1997），也有对不同农作物品种的农家保护方法的探索和尝试，然而，大多数有关农作物品种农家保护的研究仅局限于对小规模的农户和不发达的地区。迄今为止，世界范围内还没有关于农作物地方品种的农家保护卓有成效的案例报道，特别是在现代农业生态环境中的研究实例和成功的个案更为鲜见，其关键原因就是未能将生物多样性保护的实际操作很好地与农民的长期切身利益结合起来。许多国际和国家一级的研究项目为了鼓励农民积极开展农家保护活动，对社区和农民都给予一定的经济补贴或是以其他的形式来补偿农民由于保护地方品种多样性而损失的部分经济利益，但是这种短期的经济利益补偿很难维持长久的生物多样性保护行动。

### 3. 景观规划

在对农业生物多样性的研究和保护过程中，人们逐渐认识到农业生物多样性的保护不能只针对物种，还要保护其所在的整个生态系统，乃至整个农业景观。因此通过合理规划农业景观结构，实现农业生物多样性保护，已引起研究者的重视（刘云慧等，2008）。主要方法有：保护非农作生境，注意自然、半自然生境的保护并维持其在景观中的较高比例；注意农业用地以及种植作物类型的多样化，防止集约化生产导致的过度均一化景观；注意树篱、河流等有利于生物迁徙和运动的廊道的保护和建设，保持农业景观的连接度，防止生境隔绝导致的局部种群灭绝。同时，由于不同类型农业用地的生物多样性状况不同，合理规划农用地类型或农用地类型之间的转换也非常重要。

在地块间尺度上，通过构建带状非农作性生境连接不同的地块、构建形成高异质性的农田镶嵌体已成为有效的景观途径，尤其是构建农田边缘地带在欧洲地区得到了高度重视和广泛应用（Buskirk 等，2004；Macdonald 等，2007；宇振荣等，2008）。如德国和荷兰的自然保护计划都极为重视农田边界的管理，采用多种措施鼓励农民建立农田边界（Melman，1994）。目前，欧洲的国家已成功地建立了多种类型的人工播种的农田边缘带，包括播种的多年生草地、草地和野生开花植物的混生植物带、野生开花植物和自然再生植物的混生植物带等（Marshall 等，2002）。在规划农田边缘带以实现农田生物多样性保护为目标时，有必要根据实地情况，合理地规划农田边缘带的植被构成、位置和宽度等因素，这些因素对其多样性保护功能具有重要影响。此外，地块间种植作物的多样化也是促进田间较高生物多样性的重要景观途径。

在地块内尺度上，景观结构对于生物多样性的影响主要体现为由种植作物结构、种植作物缀块空间分布、种植作物多样性所导致的空间异质性对生物的影响。因此，在地块间尺度，可通过规划种植密度、作物的空间分布以及采取间作、套作、轮作、混作等种植方式，以实现物种多样性的保护和农田系统的稳定性。如在冬小麦地中保留没有条播的缀块或增加播种行距，使云雀在繁殖季节的大部分时间内能够成功地筑巢和取食，从而提高其在农田景观中的密度（Wilson 等，2005）；在稻田中采用水稻多品种多作物混栽，不仅在同一区域实现了生物多样性，挽救了一批濒临灭绝的传统品种，而且减少了水稻病害发生，可极大地减少化学农药的使用量，在某种程度上减少了化学农药对其他生物的危害（Zhu 等，2000）。

目前，通过景观规划途径实现农业生物多样性保护的相关研究主要为规划途径的实施提供宏观尺度的指导，在规划的具体实施过程中，在各个尺度上仍然有许多需要深入探讨的问题；另一方面，上述规划措施的实施和应用，尤其是景观尺度和地块间尺度上规划措施的实施和应用离不开宏观政策的制定和指导，包括制定区域和景观尺度的自然保护计划和土地利用规划以及与此相关的实施和鼓励措施。

# 参 考 文 献

[1] 陈国科, 马克平. 生态系统受威胁等级的评估标准和方法. 生物多样性, 2012, 20 (1): 66-75.

[2] 陈雅涵, 唐志尧, 方精云. 中国自然保护区分布现状及合理布局的探讨. 生物多样性, 2009, 17 (6): 664-674.

[3] 方红霞, 罗振华, 李春旺等. 中国动物园动物种类与种群大小. 动物学杂志, 2010, 45 (3): 54-66.

[4] 顾云春. 中国国家重点保护野生植物现状. 中南林业调查规划, 2003, 22 (4): 1-7.

[5] 国家林业局主编. 中国重点保护野生植物资源调查. 北京: 中国林业出版社, 2009.

[6] 朱有勇. 小生物多样性持续控制作物病害理论与技术. 昆明: 云南科技出版社, 2004.

[7] 郭忠仁. 提高中国科学院植物园创新能力的思路. 中国植物园, 2008, 11: 68-75.

[8] 侯向阳, 高卫东. 作物野生近缘中的保护和利用. 生物多样性, 1999, 7 (4): 327-331.

[9] 蒋志刚, 罗振华. 物种受威胁状况评估: 研究进展和中国的案例. 生物多样性, 2012, 20 (5): 612-622.

[10] 李延梅, 牛栋, 张志强等. 国际生物多样性研究科学计划与热点述评. 生态学报, 2009, 29 (4): 2115-2123.

[11] 李振龙. 国务院办公厅发布《关于加强生物种资源保护与管理的通知》. 中国水产, 2004, 5: 22.

[12] 李晓贤, 陈文允, 管开云等. 滇西北野生观赏花卉调查. 云南植物研究, 2003, 25 (4): 435-446.

[13] 林富荣, 顾万春. 植物种质资源设施保存研究进展. 世界林业研究, 2004, 17 (4): 19-23.

[14] 刘瑞玉. 中国海物种多样性研究进展. 生物多样性, 2011, 19 (6): 614-626.

[15] 刘旭, 郑殿升, 董玉琛等. 中国农作物及其野生近缘植物多样性研究进展. 植物遗传资源学报, 2008, 9 (4): 411-416.

[16] 马克平, 娄治平, 苏荣辉. 中国科学院生物多样性研究回顾与展望. 中国科学院院刊, 2010, 25 (6): 634-644.

[17] 马克平. 监测是评估生物多样保护进展的有效途径. 生物多样性, 2011, 19 (2): 125-126.

[18] 潘会堂, 张启翔. 花卉种质资源与遗传育种研究进展. 北京林业大学学报, 2000, 22 (1): 81-86.

[19] 曲建升, 李延梅, 王雪梅等. 生物多样性研究发展态势与挑战. 科学观察, 2009, 4 (6): 1-8.

[20] 王述民, 李立会, 黎裕等. 中国粮食和农业植物遗传资源状况报告 (Ⅰ). 植物遗传资源学报, 2011, 12 (1): 1-12.

[21] 王智, 柏成寿, 徐王谷等. 我国自然保护区建设管理现状与挑战. 环境保护, 2010, 4: 18-20.

[22] 王宗祎. 野生动物易地保护情况调研阶段报告——动物园与野生动物保护 // 中国环境与发展国际合作委员会编. 保护中国的生物多样性. 北京: 中国环境科学出版社, 1996.

[23] 吴征镒主编. 中国植被. 北京: 科学出版社, 1980.

[24] 薛达元, 包浩生. 我国生物多样性保护研究的若干进展和今后发展领域. 地球科学进展, 1997, 12 (3): 224-229.

[25] 薛达元. 《中国生物多样性保护战略与行动计划》的核心内容与实施战略. 生物多样性保护, 2011, 19 (4): 387-388.

[26] 苑虎, 张殷波, 覃海宁等. 中国国家重点保护野生植物的就地保护现状. 生物多样性, 2009, 17 (3): 280-287.

[27] 张风春, 杨小玲, 钦立毅. 《中国生物多样性保护战略与行动计划》解读. 环境保护, 2010, 19: 8-10.

[28] 张殷波, 马克平. 中国国家重点保护野生植物的地理分布特征. 应用生态学报, 2008, 19 (8): 1670-1675.

[29] 张殷波, 苑虎, 喻梅. 国家重点保护野生植物受威胁等级的评估. 生物多样性, 2011, 19 (1): 57-62.

[30] 张佐双, 赵世伟. 中国植物园的使命. 中国植物园, 2008, 11: 1-3.

[31] 郑淑玲. 中国动物园在野生动物的易地保护中的作用 // 李渤生, 詹志勇主编. 绿满东亚. 北京: 中国环境科学出版社, 1994.

[32] 中国生物多样性保护战略与行动计划编写组. 《中国生物多样性保护战略与行动计划》(2011～2030年). 北京: 中国环境科学出版社, 2011.

[33] 周宇光主编. 中国菌种目录. 北京: 化学工业出版社, 2007.

[34] 朱万泽, 范建荣, 王玉宽等. 长江上游生物多样性保护重要性评价——以县域为评价单元. 生态学报, 2009, 29 (5): 2603-2611.

[35] Ahrends A, Rahbek C, Bulling M T, et al. Conservation and the botanist effect. Biological Conservation, 2011, 144: 131-140.

[36] Ayyad M A. Case studies in the conservation of biodiversity: degradation and threats. Journal of Arid Environments, 2003, 54: 165-182.

［37］ Boufford D E. Introduced species and the 21$^{st}$ century floras. Journal of Japanese Botany, 2001, 76: 245-262.

［38］ Jones J P G, Collen B, Atkinson G, et al. The Why, what, and how of global biodiversity indicators beyond the 2010 target. Conservation Biology, 2011, 25 (3): 450-457.

［39］ Li D Z, Pritchard H W. The science and economics of ex situ plant conservation. Trends in Plant Science, 2009, 14 (11): 614-621.

［40］ Quan J, Ouyang Z Y, Xu W H, et al. Assessment of the effectiveness of nature reserve management in China. Biodiversity and Conservation, 2011, 20: 779-792.

［41］ Rodriguez J P, Rodriguez-Clark K M, Baillie J E M, et al. Establishing IUCN red list criteria for threatened ecosystems. Conservation Biology, 2011, 25 (1): 21-29.

［42］ Sang W G, Ma K P, Axmacher J C. Securing a future for China's wild plant resources. Bio Science, 2011, 61 (9): 720-725.

［43］ Ornellas P D, Milner-Gulland E J, Nicholson E. The impact of data realities on conservation planning. Biological Conservation, 2011, 144: 1980-1988.

［44］ Vellak K, Nele I, Ain V, Meelis P. Vascular plant and bryophytes species representation in the protected areas network on the national scale. Biodiversity and Conservation, 2010, 19: 1353-1364.

［45］ 侯立冰, 丁晶晶, 丁玉华, 任义军, 刘彬. 江苏大丰麋鹿种群及管理模式探讨. 野生动物, 2012, 33 (5): 254-257.

［46］ 李鹏飞, 温华军, 沙平, 张玉铭, 杨涛. 石首麋鹿国家级自然保护区湿地生境退化与保护对策. 绿色科技, 2012, 6: 249-251.

［47］ 白加德, 张林源, 钟震宇, 董洁. 中国麋鹿种群发展现状及其研究进展. 中国畜牧兽医, 2012, 39 (11): 225-230.

［48］ 和太平, 彭定人, 黎德丘, 孙革, 赵泽红, 邓荣艳. 广西雅长自然保护区兰科植物多样性研究. 广西植物, 2007, 27 (4): 590-595.

［49］ 冯昌林, 邓振海, 蔡道雄, 吴天贵, 贾宏炎, 白灵海, 赵祖壮, 苏勇. 广西雅长林区野生兰科植物资源现状与保护策略. 2012, 30 (3): 285-292.

［50］ 王朝林, 邵民. 安徽野生扬子鳄保护现状. 安徽林业, 2008, 1: 48.

［51］ 周永康, 余本付, 吴孝兵, 聂继山. 我国扬子鳄种群及栖息地保护现状. 动物学杂志, 2012, 47 (1): 133-136.

［52］ 严少君, 杨卫贞, 俞益武. 扬子鳄自然栖息地生态修复的研究. 福建林业科技, 2009, 36 (2): 83-87.

［53］ 陈文贵, 李夏, 刘超, 王莉, 于晓平. 陕西省宁陕朱鹮再引入种群之现状. 野生动物, 2013, 34 (1): 23-24.

［54］ 张智, 丁长青. 中国朱鹮就地保护与研究进展. 科技导报, 2008, 26 (14): 48-53.

［55］ 王家祥, 陈友桃, 黄娟, 乔卫华, 张万霞, 杨庆文. 中国普通野生稻 (Oryza rufipogon Griff.) 原生境保护与未保护居群的遗传多样性比较. 作物学报, 2009, 35 (8): 1474-1482.

［56］ 杨庆文, 秦文斌, 张万霞, 乔卫华, 于寿娜, 郭青. 中国农业野生植物原生境保护实践与未来研究方向. 植物遗传资源学报, 2013, 14 (1): 1-7.

［57］ 雷启义, 张文华, 孙军, 杨敏贤, 周江菊. 黔东南糯禾遗传资源的传统管理与利用. 植物分类与资源学报, 2013, 35 (2): 195-201.

［58］ 陈三阳, 裴盛基, 许建初. 西双版纳勐宋哈尼族传统管理与利用棕榈藤类资源的研究. 云南植物研究, 1993, 15 (3): 285-290.

［59］ Shuqing An, Harbin Li, Baohua Guan, et al. China's natural wetlands: past problems, current status, and future challenges. Ambio, 2007, 36 (4).

［60］ Min Zhang, Congxin Xie, Lars-Anders Hansson, Wanming Hu, Jiapu Che. Trophic level changes of fishery catches in Lake Chaohu, Anhui Province. China: Trends and causes. Fisheries Research, 2012.

［61］ Liu J, Ouyang Z, Pimm SL, Raven PH, Wang X, Miao H, Han N. Protecting China's biodiversity. Science, 2003, 300: 1240-1241.

［62］ 陈廷辉. 自然保护区立法的利益博弈. 北京林业大学学报 (社会科学版), 2011, 1: 1.

［63］ 贺慧, 李景文, 胡涌等. 试论保护区及其周边社区的可持续发展. 北京林业大学学报, 2002, (1): 41-46.

［64］ 王智, 柏成寿, 徐网谷等. 我国自然保护区建设管理现状及挑战. 环境保护, 2010, (4): 18-20.

[65]　杨朝飞.中国自然保护区的发展与挑战.生态与自然保护，1992，(2)：30-34.

[66]　环境保护部等.中国生物多样性保护战略与行动计划（2011～2030）.北京：中国环境科学出版社，2011.

[67]　龙春林，杨昌岩.传统社会林业研究.昆明：云南科技出版社，2003.

[68]　裴盛基，龙春林.民族文化与生物多样性保护.北京：中国林业出版社，2008.

[69]　裴盛基，淮虎银.民族植物学.上海：上海科学技术出版社，2007，

[70]　秦天宝.遗传资源获取与惠益分享的法律问题研究.武汉：武汉大学出版社，2006.

[71]　秦天宝.遗传资源获取与惠益分享的立法典范——印度 2002 年《生物多样性法》述评.生态经济，2007，10：9-12，26.

[72]　秦天宝.论遗传资源获取与惠益分享中的事先知情同意制度.现代法学，2008，3：80-91.

[73]　武建勇，薛达元，周可新.皇家爱丁堡植物园引种中国植物资源多样性及动态.植物遗传资源学报，2011，12（5）：738-743.

[74]　武建勇，薛达元，周可新.中国植物遗传资源引进、引出或流失的历史与现状.中央民族大学学报（自然科学版），2011，20（2）：49-53.

[75]　薛达元，崔国斌，蔡蕾等.遗传资源、传统知识与知识产权.北京：中国环境科学出版社，2009.

[76]　薛达元.民族地区遗传资源获取与惠益分享案例研究.北京：中国环境科学出版社，2009.

[77]　薛达元.民族地区医药传统知识传承与惠益分享.北京：中国环境科学出版社，2009.

[78]　薛达元，秦天宝.生物多样性获取与惠益分享——履行生物多样性公约的经验（IUCN 出版物）.北京：中国环境科学出版社，2006.

[79]　薛达元.中国生物遗传资源现状与保护.北京：中国环境科学出版社，2005.

[80]　薛达元.《中国生物多样性保护战略与行动计划》的核心内容与实施战略.生物多样性，2011，19（4）：387-388.

[81]　薛达元.《名古屋议定书》的主要内容及其潜在影响.生物多样性，2011，19（1）：113-119.

[82]　薛达元，郭泺.中国民族地区遗传资源及传统知识的保护与惠益分享.资源科学，2009，31（6）：919-925.

[83]　薛达元，郭泺.论传统知识的概念与保护.生物多样性，2009，17（2）：135-142.

[84]　薛达元.遗传资源获取与惠益分享：背景、进展与挑战.生物多样性，2007，15（5）：563-568.

[85]　薛达元，蔡蕾.《生物多样性公约》遗传资源获取和惠益分享国际制度谈判进展.环境保护，2007，11B：72-74.

[86]　薛达元.论遗传资源保护的国家战略.自然资源学报，1997，12（1）：55-59.

[87]　张丽荣，成文娟，薛达元.《生物多样性公约》国际履约的进展与趋势.生态学报，2009，29（10）：5636-5643.

[88]　张小勇.遗传资源的获取和惠益分享与知识产权.北京：知识产权出版社，2007.

[89]　张树兴.论我国少数民族传统知识的知识产权保护.云南民族大学学报（哲学社会科学版），2008，25（4）：76-79.

[90]　赵富伟，薛达元.遗传资源获取与惠益分享制度的国际趋势及国家立法问题探讨.生态与农村环境学报，2008，24（2）：92-96.

[91]　朱雪忠.传统知识的法律保护初探.华中师范大学学报（人文社会科学版），2004，43（3）：31-40.

[92]　Carrizosa S，Brush SB，Wright BD，et al. Accessing Biodiversity and Sharing the Benefits：Lessons from Implementing the Convention on Biological Diversity. IUCN. UK：Gland，Switzerland and Cambridge，2004.

[93]　Damodaran A. Traditional knowledge，intellectual property rights and biodiversity conservation：critical issues and key challenges. Journal of Intellectual Property，2008，13：509-513.

[94]　Feit U，von den Driesch M，Lobin W. Access and Benefit- Sharing of Genetic Resources. Bonn，Germany：Bundesamt für Naturschutz，2005.

[95]　Muller MR. The Protection of Traditional Knowledge：Policy and Legal Advances in Latin American. IUCN. 2006.

[96]　Posey DA，Dutfield G. Beyond Intellectual Property：Toward Traditional Resources Rights for Indigenous People and Local Communities. Translated by Xu JC，Zhang LY，Qian J，Yang ZW. Kunming：Yunnan Science and Technology Press，2003.

[97]　Schüklenk U，Kleinsmidt A. North-south benefit sharing arrangements in bioprospecting and genetic research：a critical ethical and legal analysis. Developing World Bio-ethics，2006，6：122-134.

[98]　Siebenhuner B，Dedeurwaerdere T，Brousseau E. Intro-duction and overview to the special issue on biodiversity conservation，access and benefit-sharing and traditional knowledge. Ecological Economics，2005，53：439-444.

［99］　United Nations Environment Programme. The 2010 Biodiversity Target：A Framework for Implementation——Decision from the Seventh Meeting of the Conference of the Parties to the Convention on Biological Diversity，Kuala Lumpur，Malaysia，2004，9-20.

［100］　Venkataraman K，Swarna SL. Intellectual property rights，traditional knowledge and biodiversity of India. Journal of Intellectual Property Rights，2008，13：326-335.

［101］　Xue DY，Cai LJ. China's legal and policy frameworks for access to genetic resources and benefit-sharing from their use. RECIEL，2009，18（1）：91-99.

［102］　Xue DY. The categories and benefit-sharing of traditional knowledge associated with biodiversity. Journal of Resources and Ecology，2011，2（1）：289-299.

［103］　李俊清. 保护生物学. 北京：科学出版社，2012.

［104］　侯方森.《濒危野生动植物种国际贸易公约》解析及其在我国的履行. 2006年全国博士生学术论坛，2006.

［105］　环境保护部等. 中国生物多样性保护行动计划. 北京：中国环境科学出版社，1994.

［106］　环境保护部等. 中国生物多样性保护战略与行动计划. 北京：中国环境科学出版社，2011.

［107］　薛达元，武建勇，周可新，赵富伟. 全国生物物种资源调查与研究进展. 中国科技成果，2012，（11）：7-9.

［108］　赵学敏. 强化野生动植物与湿地保护的重大举措——全国首次野生动植物、湿地和第三次大熊猫资源调查情况综述. 绿色中国：理论版，2004，（6）：4-8.

［109］　武建勇，薛达元，赵富伟，王艳杰. 中国生物多样性调查与保护研究进展. 生态与农村环境学报，2013，（2）：146-151.

［110］　和莉莉，吴钢. 我国环境NGO的发展及其在推进可持续发展中的作用. 环境保护，2008，（14）：57-60.

［111］　宋欣州. 中国环保NGO，存在带来改变. 绿色中国，2006，（1）：22-25.

［112］　卢燕华. 保护生物多样性，INGO在行动. 广西林业，2012，（3）.

［113］　刘桂环，孟蕊，张惠远. 中国生物多样性保护政策解析. 环境保护，2009，（13）：12-15.

［114］　宋国君. 环境政策分析. 北京：化学工业出版社，2008.

［115］　Adams WH，Aveling R，Brockington D，et al. Biodiversity conservation and the eradication of poverty. Science，2004，306：1146-1149.

［116］　Ae N，Otani T，Makino T，et al. Role of cell wall of groundnut roots in insolubilizing sparingly soluble phosphorus in soil. Plant and Soil，1996，186：197-204.

［117］　Altieri MA，Merrick LC. In situ conservation of crop genetic resources through maintenance of traditional farming systems. Econ Bot，1987，41：86-96.

［118］　Banham W. Biodiversity：What is it? Where is it? How and why is it threatened? New Series Discussion Papers No. 33. Development and Project Planning Centre. University of Bradford. 1993.

［119］　Bawa K. Globally dispersed local challenges in conservation biology. Conserv Biol，2006，20：696-699.

［120］　Bellon M. The dynamics of crop infraspecific diversity：A conceptual framework at the farmer level. Econ Bot，1996，50：26-39.

［121］　Brookfield H，Padoch C . Appreciating agrodiversity：a look at the dynamism and diversity of indigenous farming practices. Environment，1994，36（5）：271-289.

［122］　Brookfield H，Stocking M，Brookfield M. Guidelines on agrodiversity assessment in demonstration site areas. PLEC News and Views，1999，13：17-31.

［123］　Brookfield H，Stocking M. Agrodiversity：definition，description and design. Global Environmental Change，1999，9：77-80.

［124］　Brush SB. In situ conservation of landraces in centers of crop diversity. Crop Sci，1995，35：346-354.

［125］　Dakora D F，Phillips D A. Root exudates as mediators of mineral acquisition in low-nutrient environments. Plant and Soil，2002. 245：35-47.

［126］　Foley JA，DeFries R，Asner GP，et al. Global consequences of land use. Science，2005，309：570-574.

［127］　Food and Agriculture Organization（FAO）. World Agriculture：Towards 2015/2030. An FAO perspective. Jelle Bruinsma，Rome，2003.

［128］　Guo HJ，Dao ZL，Brookfield H. Agrodiversity and biodiversity on the ground and among the people：methodology from Yunnan . PLEC News and Views，1996，6：14-22.

[129] Hakan B. Pesticide use in rice and rice-fish farms in the Mekong Delta，Vietnam. Crop Protection，2001，（20）：897-905.

[130] Helenius J. Insect numbers and pest damage in intercrops vs. nomocrops：Concepts and evidence from a system of faba bean，oats and Rhopalosiphum padi（Homoptera：Aphidae）. Journal of Sustainable Agricultre，1991，1：57-80.

[131] Jackson L，Bawa K，Pascual U，et al. Agrobiodiversity：A new science agenda for biodiversity in support of sustainable agroecosystems. Diversitas report No. 4. Paris，France，2005.

[132] Jackson LE，Pascual U，Hodgkin T. Utilizing and conserving agrobidiversity in agricultural landscapes. Agriculture，Ecosystems and Environment，2007，121：196-210.

[133] Katz EG. Social capital and natural capital：a comparative analysis of land tenure and natural resources. Land Econ，2000，76：114-133.

[134] Liu J K，Cai Q H. Integrated aquaculture in Chinese lakes and paddy fields. Ecological Engineering，1998，（11）：49-59.

[135] Lloyd M，et al. On the reptile and amphibian species in a Bornean rain forest. Amer Natur，1968，102：497-515.

[136] Magurran A E. Ecological diversity and its measurement. New Jersey：Princeton University Press，1988.

[137] Maxted N，Ford-Lloyd BV，Hawkes JG. Plant Genetic Conservation——the in situ Approach. Chapman and Hall，London，New York，Tokyo Melourne Madras，1997.

[138] McShane TO，Wells MP. Getting Biodiversity Projects to Work. New York：Columbia University Press，2004.

[139] Millennium Ecosystem Assessment（MEA）. Ecosystems and Human Well-being：Biodiversity Synthesis. Washington，DC：World Resources Institute，2005.

[140] Morris RA，Garrity DP. Resource capture and utilization in intercropping：water. Field Crops Research，1993，34：303-317.

[141] Otani T，Ae N，Tanaka H. Phosphorus（P）uptake mechanism of crops grown in soil with low P status Ⅱ. Significance of organic acid in root exudates of pigeon pea. Soil Science and Plant Nutrition，1996，42（3）：553-560.

[142] Pagiola S，Agostini P，Gobbi J，et al. Paying for biodiversity conservation services in agricultural landscapes. Environment Department Paper No. 96. Environmental Economics Series. World Bank，Washington，2004.

[143] Pascual U，Perrings CP. The economics of biodiversity loss in agricultural landscapes. Agric Ecosyst Environ，2007，（121）：256-268.

[144] Peet RK. The measurement of species diversity. Ann Rev Ecol System，1974，5：285-307.

[145] Peilou EC. 数学生态学. 第二版. 卢泽愚译. 北京：科学出版社，1991.

[146] Perrings C，Jackson L，Bawa K，et al. Biodiversity in agricultural landscapes：saving natural capital without losing interest. Conserv，Biol，2006，20：263-264.

[147] Poggio S L. Structure of weed communities occurring in monoculture and intercropping of field pea and barley. Agriculture，Ecosystems & Environment，2005，109（1-2）：48-58.

[148] Pretty J，Smith D. Social capital in biodiversity conservation and management. Conserv Biol，2004，18：631-638.

[149] Pretty JN，Ward H. Social capital and the environment. World Dev，2001，29：209-227.

[150] Qualset CO，Damania AB，Zanatta ACA，et al. Locally based crop plant conservation. // Maxted N，Ford-Lloyd BV，Hawkes JG. Plant Genetic Conservation——the in situ Approach. Chapman and Hall，London，New York，Tokyo Melourne Madras，1997.

[151] Qualset CO，McGuire PE，Wargurton ML. Agrobiodiversity：key to agricultural productivity. Calif Agric，1995，49（6）：45-49.

[152] Reganold J P，Glover J D，Andrews P K，et al. Sustainability of three apple production systems. Nature，2001，410：926-930.

[153] Rodriguez LC，Pascual U. Land clearance and social capital in mountain agro-ecosystems：the case of Opuntia scrubland in Ayacucho. Peru Ecol Econ，2004，49：243-252.

[154] Rosa H，Kandel S，Dimas L. Compensation for environmental services and rural communities：lessons from the

Americas，Int. Forestry Rev，2004，6：187-194.

[155]　Rothuis AJ，Vromant N，Xuan VT，et al. The effect of rice seeding rate on rice and fish production，and weed abundance in direct-seeded rice-fish culture. Aquaculture，1999，(172)：255-274.

[156]　Sayer J，Campbell B. The Science of Sustainable Development：Local Livelihoods and the Global Environment. Cambridge：Cambridge University Press，2003.

[157]　Tomich TP，Chomitz K，Francisco H，et al. Policy analysis and environmental problems at different scales：asking the right questions. Agric Ecosyst Environ，2004，104：5-18.

[158]　Tomich TP，Timmer DW，Velarde SJ，et al. Integrative science in practice：process perspectives from ASB，the partnership for the tropical forest margins. Agric Ecosyst Environ，2007，121：269-286.

[159]　Uphoff N，Wijayaratna C M. Demonstrated benefits from social capital：The productivity of farmer organizations in Gal Oya，Sri Lanka. World Dev，2000，28：1875-1890.

[160]　Van Noordwijk M，Chandler FJ，Tomich TP. An Introduction to the Conceptual Basis of RUPES：Rewarding Upland Poor for the Environmental Services They Provide. Bogor：ICRAF-Southeast Asia，2004.

[161]　Vandermeer J，Perfecto I. Breakfast of Biodiversity：The Truth about Rainforest Destruction. Oakland，CA：Food First Books，1995.

[162]　Wood DJ，Lenne M. The conservation of agrobiodiversity on-farm：questioning the emerging paradigm. Biodivers Conserv，1997，6：109-129.

[163]　World Resources Institute (WRI). The Wealth of the Poor：Managing Ecosystems to Fight Poverty. 2005.

[164]　Zarin D J. Diversity measurement methods for the PLEC Clusters . PLEC News and Views，1995，4：11-21.

[165]　Zhang F S，Li L. Using competitive and facilitative interactions in intercropping systems enhances crop productivity and nutrient-use efficiency. Plant and Soil，2003，248：305-312.

[166]　Zhang F，Shen J，Li L，et al. An overview of rhizosphere processes related with plant nutrition in major cropping system in China. Plant and Soil，2004，260：89-99.

[167]　Zuo Y M，Zhang F S，Li X L，et al. Studies on the improvement in iron nutrition of peanut by intercropping with maize on a calcareous soil. Plant and Soil，2000，220：13-25.

[168]　陈海坚，黄昭奋，黎瑞波等. 农业生物多样性的内涵与功能及其保护. 华南热带农业大学学报，2006，11 (2)：24-27.

[169]　崔景云，付永能，郭辉军等. 热带地区农户庭园户级水平农业生物多样性评价——以西双版纳大卡老寨为例. 云南植物研究，2000 (增刊)：81-90.

[170]　崔景云，付永能，郭辉军等. 热带地区农户薪炭林户级水平农业生物多样性评价——以西双版纳大卡老寨为例. 云南植物研究，2001 (增刊)：84-92.

[171]　戴兴安. 论农业生物多样性的功能与价值. 中国可持续发展，2003，6 (19)：35-39.

[172]　刀志灵，郭辉军，陈文松. 贡山地区户级水平混农林系统农业生物多样性评价——以百花岭汉龙社为例. 云南植物研究，2001 (增刊)：134-139.

[173]　刀志灵，郭辉军，陈文松等. 贡山集体林农业生物多样性评价——以百花岭村汉龙为例. 云南植物研究，2000 (增刊)：74-80.

[174]　董玉红，欧阳竹，刘世梁. 农业生物多样性与生态系统健康及其管理措施. 中国生态农业学报，2006，14 (3)：16-20.

[175]　杜雪飞，崔景云. 民族民间医药与农业生物多样性保护——以西双版纳大卡老寨为例. 云南植物研究，2001 (增刊)：164-169.

[176]　房增国，左元梅，李隆等. 玉米-花生混作对系统内氮营养的影响研究. 中国生态农业学报，2005，13 (3)：63-64.

[177]　付永能，崔景云，陈爱国等. 热带地区橡胶林和旱谷地户级水平农业生物多样性评价——以西双版纳大卡老寨为例. 云南植物研究，2000 (增刊)：91-101.

[178]　付永能，崔景云，郭辉军等. 西双版纳大卡老寨哈尼族轮歇地农业生物多样性评价. 云南植物研究，2001 (增刊)：75-83.

[179]　郭辉军，陈爱国，刀志灵等. 农业生物多样性评价与分析方法//郭辉军，龙春林. 农业生物多样性评价与保护.

昆明：云南科技出版社，1998.

[180] 郭辉军，李恒，刀志灵等. 社会经济发展与生物多样性相互作用机制研究——以高黎贡山为例. 云南植物研究，2000（增刊）：42-51.

[181] 郭辉军，Christine Padoch，付永能等，农业生物多样性评价与就地保护. 云南植物研究，2000，增刊，Ⅻ：27-41.

[182] 黄毅斌，翁伯奇，唐建阳等. 稻-萍-鱼体系对稻田土壤环境的影响. 中国生态农业学报，2001，9（1）：74-76.

[183] 李玉. 吉林省农业生物多样性与农业的可持续发展. 吉林农业大学学报，2002，22（专辑）：1-5.

[184] 卢宝荣. 稻种遗传资源多样性的开发利用和保护. 生物多样性，1998，6（1）：63-72.

[185] 卢升高，黄冲平. 稻田养鱼生态经济效益的初步分析. 生态学杂志，1998，7（4）：26-29.

[186] 卢新雄，陈晓玲. 我国作物种质资源保存与研究进展. 中国农业科学，2003，36（10）：1125-1132.

[187] 马克平，刘玉明. 生物群落多样性的测度方法 Ⅰ. 多样性的测度方法（下）. 生物多样性，1994，2（4）：231-239.

[188] 彭华. 中国西南地区植物资源与农业生物多样性. 云南植物研究，2001（增刊）：28-36.

[189] 王寒，唐建军，谢坚等. 稻田生态系统多个物种共存对病虫草害的控制. 应用生态学报，2007，18（5）：1132-1136.

[190] 王培文，黄云. 稻鱼共生生态系统初探. 农村生态环境，1985（1）：37-41.

[191] 肖焱波，李隆，张福锁. 小麦/蚕豆间作体系中的种间相互作用及氮转移研究. 中国农业科学，2005，38（5）：965-973.

[192] 徐世宏，朗宁，李如平等. 稻草还田免耕抛秧稻田养鸭生态技术研究. 杂交水稻，2005，20（4）：36-39.

[193] 杨志辉，黄璜，王华. 稻-鸭复合生态系统稻田土壤质量研究. 土壤通报，2004，35（2）：117-121.

[194] 叶方，黄国勤. 红壤旱地不同农田生态系统结构对玉米病虫害的影响. 中国生态农业学报，2002，10（1）：50-55.

[195] 张丹，成升魁，何露等. 农业生物多样性测度指标的建立与应用——以贵州省从江县为例. 资源科学，2010a，32（6）：1042-1049.

[196] 张丹，闵庆文，成升魁等. 不同稻作方式对稻田杂草群落的影响. 应用生态学报，2010b，21（6）：1603-1608.

[197] 章家恩，陆敬雄，黄兆祥等. 稻鸭共作生态系统的实践与理论问题探讨. 生态科学，2005，24（1）：49-51.

[198] 章家恩. 中国农业生物多样性及其保护. 农村生态环境，1999，15（2）：36-40.

[199] 郑钦玉，王光明，朱自均等. 稻鸭鱼种养模式的生态效应研究. 西南农业大学学报，1994，16（4）：373-375.

[200] 朱立民. 浅谈生物多样性概念及意义. 天津农业科学，1996，2（4）：42-43.

# 第八章

# 农业生态系统保育与建设

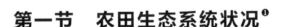

## 第一节　农田生态系统状况[1]

　　农田生态系统是以农田为基础，由以作物为主体的生物成分和以土壤、水分、空气、光热等为主体的非生物成分所共同组成，以满足人类生存需要为目标，利用农田生物与非生物环境之间以及农田生物种群之间的关系来进行食物、纤维和其他农产品生产的半自然生态系统（李维炯等，1996；尹飞等，2006）。该系统是在自然生态系统的基础上，迭加了人类的经济活动而形成的社会—经济—自然复合生态系统，具有多种经济、生态、社会功能，具有自然、社会双重属性（陈进红等，1998；彭涛等，2004）。

　　农田是陆地生态系统中重要的生态系统之一，它与森林、草地、湿地等生态系统一样，为人类社会提供了生存所需的食物以及多种生态系统服务。但是，与其他生态系统不同，农田生态系统在人类活动的强烈干预下，也对人类社会和自然环境产生了各种消极的影响（Zhang 等，2007；Zhang 等，2012）。

---

❶　本节作者为张丹(中国科学院地理科学与资源研究所)。

## 一、农田生态系统结构与类型

目前，中国耕地总面积为 $1.22 \times 10^8 hm^2$，占国土面积的 12.68%（国家统计局，2013），绝大部分位于大河形成的大平原，如黄淮海平原、松嫩平原、辽河平原、长江中下游平原、渭河平原、成都平原、珠江三角洲等地；其次是散布在地形起伏不大的黄土高原和南方红壤丘陵区；另外，一些荒漠和高山地区也零星分布着农田（唐登银，2005）。

农田生态系统结构是指人们可以有效控制和建造的生物种群结构。种群结构是指各种生物种群在系统内从空间到时间上的分布规律，它不但包括在平面和立面上的分布，同时也包括时间上的分布和食物链的组成（云正明，1986）。一般地，农田生态系统结构包括"平面结构"、"垂直结构"、"时间结构"和"食物链结构"四种层次独立而又相互联系的概念：①平面结构，是指在一定区域内，各作物种群或生态类型所占面积比例与分布的特征；②垂直结构，是指农田中各作物种群在立面上的组合分布状况，它不仅包括地上部分，也包括地下部分；③时间结构，是指在一定区域内，各作物种群生长发育及生物量积累，与当地自然资源协调吻合的状况；④食物链结构，是指在系统的食物链中引入新的环节或加大已有环节，使食物链结构由简单到复杂。

农田根据其水热状况调控的差异分为旱地（雨养农田）生态系统、水浇地生态系统、稻田生态系统、水旱轮作生态系统及保护地（塑料大棚和温室）生态系统；根据其种植作物可分为一年生作物农田生态系统、多年生作物农田生态系统或者休耕农田生态系统；根据其接茬方式可分为连作农田生态系统、一年一熟的逐年轮作农田生态系统、一年多熟的复种或轮作农田生态系统以及换茬式轮作农田生态系统；根据作物空间配置结构可分为间作农田生态系统、混作农田生态系统与套作农田生态系统（闻大中，1995；肖玉等，2013）。

为全面深刻地认识中国农田生态系统的类型，唐登银等（2005）尝试提出四级分类系统：第一级分类，以人类长期适应自然条件形成的大农业格局划分为三大区域；第二级分类，以热量状况进行划分；第三级分类，以水分条件进行划分；第四级分类，以地貌及土壤类型进行划分。第四级及以下再按地形、土壤性质及作物配置方式等进行细分。

按热量状况中国可划分为 11 个生态带，再根据水分条件划分为 19 个农田生态地区，这19 个农田生态地区可按地貌及土壤类型进一步划分为第四级 48 个农田生态区（表 8-1）。从上述中国农田生态分区，可看出中国各类农田生态系统所处的自然环境复杂多样。

表 8-1　中国农田生态系统类型

| 区域 | 农田生态热量带 | | 农田生态地区 |
|---|---|---|---|
| 东部农业区DB | Ⅰ寒温带(耐寒作物带) | DBⅠA | ①大兴安岭北部 |
| | Ⅱ中温带(一年一熟带) | DBⅡA | 三江平原；②东北东部山地；③东北东部山前平原 |
| | | DBⅡB | ①松辽平原中部；②大兴安岭中部；③三河山麓平原丘陵 |
| | Ⅲ暖温带(两年三熟/一年两熟带) | DBⅢA | 辽南胶东山地丘陵 |
| | | DBⅢB | ①鲁中山地丘陵；②华北平原；③华北山地丘陵；④晋南关中盆地 |
| | Ⅳ北亚热带(中晚熟品种一年两熟带) | DBⅣA | ①淮南与长江中下游平原；②汉中盆地 |
| | Ⅴ中亚热带(水稻一年两熟带) | DBⅤA | ①江南丘陵；②江南与南岭山地；③贵州高原；④四川盆地；⑤云南高原；⑥东喜马拉雅南翼 |
| | Ⅵ南亚热带(水稻一年三熟带) | DBⅥA | ①台湾中北部山地平原；②闽、粤、桂丘陵平原；③滇中山地丘陵 |
| | Ⅶ热带(热带作物带) | DBⅦA | ①台湾南部低地；②雷琼山地丘陵；③滇南谷地丘陵；④琼南低地与东沙、中沙、西沙群岛；⑤南沙群岛 |

| 区域 | 农田生态热量带 | | 农田生态地区 |
|---|---|---|---|
| 蒙新农牧区 MX | Ⅱ中温带（一年一熟带） | MXⅡC | ①松辽平原西南部；②大兴安岭南部；③内蒙古高平原东部 |
| | | MXⅡD | ①内蒙古高平原西部及河套平原；②阿拉善与河西走廊；③准噶尔盆地；④阿尔泰山地与塔城盆地；⑤伊犁盆地 |
| | Ⅲ暖温带（两年三熟/一年两熟带） | MXⅢC | 晋中、陕北、甘东高原丘陵 |
| | | MXⅢD | 塔里木与吐鲁番盆地 |
| 青藏农牧区 QZ | H₁高原亚寒带（高原草甸放牧带） | QZH₁B | 果洛那曲丘状高原 |
| | | QZH₁C | ①青南高原宽谷；②羌塘高原湖盆 |
| | | QZH₁D | 昆仑高山高原 |
| | H₂高原温带（高原一年一熟带） | QZH₂A/B | 川西藏东高山深谷 |
| | | QZH₂C | ①青东祁连山地；②藏南山地 |
| | | QZH₂D | ①柴达木盆地；②昆仑山北翼；③阿里山地 |

备注：表中 DB、MX、QZ 为区域代码；Ⅰ、Ⅱ、Ⅲ……为寒冷到炎热的热量带的代码；A、B、C、D 分别为湿润、亚湿润、半干旱、干旱地区的代码；H₁、H₂ 分别代表高原亚寒带和高原温带（改自唐登银等，2005）。

## 二、农田生物多样性与农田生态系统稳定性

农田生物多样性是农田生态系统功能及其提供生态系统服务的基础。农田生物群落包括作物、杂草、动物和微生物等。稻田生态系统是许多两栖类、爬行类以及鸟类动物的重要栖息地之一，如多种鹤类、鸥鹭类、雁鸭类、鹬类（包括及其珍稀的朱鹮）都喜欢在稻田栖息，秧鸡还选择稻田作为重要的繁殖地。目前，已知稻田重要杂草有 200 多种，无脊椎动物的数量巨大，难以做出估计。中国稻田蜘蛛有 372 种，隶属 109 属 22 科（王洪全等，1996）。已发现的稻田害虫天敌有 1303 种，分属 137 科、613 属，其中寄生性天敌 419 种，捕食性天敌 820 种，病原性天敌 64 种。仅福建武夷山稻田生境内就有节肢动物 256 种，其中害虫 51 种，寄生昆虫 88 种，捕食性昆虫 75 种，中性昆虫 42 种（刘其全，2007）。

旱地也是许多野生生物的栖息地之一。不少动物属于林地-草地-农田三栖类型，包括有些珍贵动物也常在农区出没（如大熊猫等），黑颈鹤甚至选择西藏"一江两河"地带的河谷农田作为越冬期主要的觅食场和夜宿地。许多野生生物已成为旱地农作物伴生的物种，如有记录的农田杂草植物有 73 科、560 多种，对农作物有害的病虫鸟兽等有害生物有 1300 多种，天敌生物近 2000 种，其中仅棉田的重要天敌蜘蛛就有 21 科、89 属、205 种（中国生物多样性国情研究报告编写组，1997）。目前，土壤生物多样性很大程度上是未知的，根据土壤生物体型大小被分为微生物区系（1～100μm，如细菌，真菌）、微动物区系（5～120μm，如原生动物、线虫）、中等动物区系（80μm～2mm，如弹尾类，螨虫）以及大动物区系（0.5～50mm，如蚯蚓、白蚁）（Barrios，2007）。

根据农田生物对农业生产的不同功能，将农田生物群落划分为：生产生物群落，包括作物、树木和有益生物，如水稻、小麦、鱼类、鸭等；资源生物群落，对授粉、生物控制、分解等有利的生物，如蜜蜂、蝴蝶、蛙类、蚯蚓等；有害生物群落，包括杂草、害虫、病原体、鼠类等（周海波，2012）。

农田生物多样性受地理环境、人类活动、社会经济等因素的影响，包括农田及其周边环境的生物多样性状态、农田作物多样性的持续时间、农田管理强度等。为了提高作物产量，

人类只允许农田生产一种作物或者几种作物间作和套作，而且为了追求高产量，一些高产作物品种被大量种植，从作物类型到品种越来越单一。全世界的农业用地主要种植 12 种谷类、23 种蔬菜、大约 35 种水果和坚果作物（Fowler and Mooney，1990）。

单一种植模式（monoculture）已引起严重的农作物品种"基因流失"（genetic erosion），农作物对病虫草害的抵抗能力降低，对农药和化肥的依赖性提高，以及环境污染等问题（Kleijn 等，2001；Evenson 等，2003），最终造成了农田生态系统的不稳定。生态学研究表明：生物间的相互作用和生物多样性的维持是生态系统稳定性的重要基础（Tilmanetal，1996；Matian，2000）。与自然生态系统相似，农田生态系统也需要遗传、物种的生物多样性维持其持续发展（Kleijn 等，2001）。

农田引入其他物种（如鱼、鸭、蟹等）构成农田复合系统是增加农田生物多样性的有效途径。农田生物多样性的合理构建，可促使农田生态系统内各种反馈机制的形成，增强系统内各子系统间的协同作用，能加强农田生态系统自我调节土壤肥力的功能（王华等，2003；杨志辉，2004），增强自我抵抗有害生物入侵的能力（张丹等，2010；张丹等，2011a），且能改善系统的生存环境，进而提高系统的稳定性。

### 1. 农田生态系统稳定性的概念

目前对生态系统稳定性的研究，主要集中在自然生态系统，因此，应首先对自然及农田生态系统稳定性之间的特性加以区别。在自然生态系统稳定性研究中，多数生态学家常用的是静态（constancy）这一术语（Hill，1987；冯耀宗，2002）。而农田生态系统，则是通过人工的播种、种植、栽培、管理直至收获这一连续不断的动态过程的反复进行来反映系统的稳定性，不能用"静态"的概念保持在某一平衡点。因此"静态"与"动态"的区别是自然生态系统与农田生态系统稳定性研究中的第一个重要区别。第二，自然生态系统稳定性研究，主要针对系统结构组成的稳定，稳定性通常主要用于描述系统中物种数量或单个物种种群密度的振荡（Hill，1987）。而农田生态系统的结构，如系统中种类的多少、种群密度、层次布局等，主要受人的控制，因此农田生态系统稳定性的研究，主要针对系统内各物种间的协调性。第三，农田生态系统是从具有特定的气候、土壤条件、生物生产能力和稳定结构的自然生态系统中开垦出来的，是被驯化的生态系统。从动态的及长期的观念出发，农田生态系统本身对环境的反作用，也应该是农田生态系统稳定性的另一个重要方面。

基于农田生态系统稳定性涵义的特殊性，农田生态系统稳定性的概念，应该体现动态的、发展的、整体的、因子间相互联系的这些主要特点。即农田生态系统的稳定性是系统的自组织能力，抗性以及生物间、生物与非生物各要素间相互作用等系统动态平衡状况的综合特性（张丹，2012b）。

### 2. 农田生态系统结构稳定性

农田生态系统中物种的种类、数目都较少，食物链短且网络性较差，因此整个系统的稳定性不高。当向农田引入其他物种构成农田复合系统时，增加了系统的农业生物多样性。若引种适宜，农业生物多样性配置合理，可促进生物占据更多的生态位，资源利用率更高（Tilman 等，1997）。同时，还可促使农田复合系统内营养层次增多，食物链增长，食物网更为复杂，为能量流动提供了多种选择途径，使各营养水平间能量流动趋于更稳定（Tilman，1994），从而提高系统的稳定性。反之，若单纯增加农业生物多样性，而没有很好地考虑生物与生物、生物与环境之间的相互适应性，物种之间关联性差，甚至生态位重叠，引起强烈竞争，只会增加系统混乱度，使系统更加脆弱。

### 3. 农田生态系统功能稳定性

在农田生态系统中，除了提供粮食、纤维、燃料和经济收入，农业生物多样性还发挥着许多生态功能，如保持营养物质的自然循环、水文调节、分解有毒物质以及调控环境中的微生物等。当向农田引入其他物种构成农田复合系统时，增加了系统的农业生物多样性。若引种适宜，农业生物多样性配置合理，由于种间的相互作用（positive interactions between species）（Bertness 等，1997），农田复合系统的功能就会增强，提高系统的自我调节功能，促进系统功能趋于稳定。

在众多生态系统稳定性的研究中，几乎都涉及抗干扰这一指标。在传统的干扰定义中，将其定义为：使生态系统的结构或功能特征产生突然变化，从而扰乱生态系统的平衡状态的非常规事件（Hill，1987）。农田复合系统中的抗干扰能力，即是系统抵抗自然灾害的能力，主要依赖于系统功能的稳定性。因而，对农田复合系统功能稳定性的评价可以看作是对系统抵抗自然灾害能力的评价。

### 4. 农田生态系统效益稳定性

在农田生态系统中，由于农业生物多样性简化，导致农作物对病虫草害的抵抗能力降低，对农药和化肥的依赖度提高，由此而引发一系列环境污染等问题：过量施用农药使有害物质沿食物链进入人体内对人类健康构成威胁；化肥施用不当引起土壤板结、酸化等问题；化肥农药引起的非点源污染等（吕耀等，2007）。当向农田引入其他物种构成农田复合系统时，增加了系统的农业生物多样性。合理的农业生物多样性配置能充分利用资源、阻隔病虫的传播，减少系统对化肥农药的依赖，从而减少对系统内部或外部环境的负面影响，最终促进系统的稳定。

在大量的系统稳定性的研究工作中，很难找到系统内部或外部环境状况与系统稳定性之间相互关系的研究。然而，从动态的及长期的观点出发，系统本身对环境的反作用，应该是系统稳定性的一个重要方面。系统内部或外部的环境可因系统的改变而改变，如果向良性方向转变，则说明系统稳定性高，如果向恶性方向转变，则说明系统稳定性差。

# 第二节　农田生态系统服务功能[1]

2000 年以来，随着全球城市化进程的加快，生态系统服务的稀缺性变得越来越突出，农田生态系统的服务功能受到了越来越多的重视。农田生态系统服务功能是指农田生态过程和人类活动所形成的人类赖以生存的自然环境条件与效用（谢高地，2013）。农田生态系统作为人类强烈干预下的半自然半人工生态系统，其服务功能与其他自然生态系统相比具有自身的特点，主要表现在以下方面。

（1）目的性　具有高度的目的性是农田生态系统的本质特点，也是其产生的根源和存在的基础，农田生态系统最主要的目的是进行农产品生产，满足人类社会生存和发展的需要。

（2）开放性　农田生态系统属于开放性的生态系统，通过粮、油、饲等形式，系统向外界输出大量能量，同时人类又通过化石燃料、人畜力、有机肥等辅助能向系统补充能量，使得农田生态系统具有独特的、开放式的物质循环和能量流动过程。

（3）高效性　人类为了获取更多的农产品，通过选育高产作物品种、施肥、灌水、防治

---

❶　本节作者为张丹（中国科学院地理科学与资源研究所）。

病虫草害等措施，创造作物适宜的生长环境，显著提高了目标产品的产量，使农田生态系统具有比自然生态系统更多的初级生产力（Bjorklund J，1999）。

（4）易变性　农田生态系统的运行既要遵循自然生态规律，又要服从社会和经济的共同需要。在国家农业政策和市场经济规律的指导下，人类采取多种管理措施，以获得最多的符合市场需要的农产品和最大的经济效益，致使农田生态系统结构及生态过程的变动性远高于自然生态系统。

（5）脆弱性与依赖性　农田植物区系主要由一个或少数几个作物种群及田间杂草组成，再加上近些年大量使用杀虫剂和除草剂，农田生态系统中生物多样性较低，营养结构简单，自我调节能力很小，所以，农田生态系统对人类管理活动的依赖性很大（尹飞，2006）。

农田生态系统是陆地生态系统的重要组成部分，农田生态系统除了具有主要的农产品生产功能，还具有净化空气、涵养水源、保持水土、消纳废物等生态功能，认知启迪、怡情养性等社会功能，这些功能对于人类社会的可持续发展具有重要的作用。在过去的50年中，世界范围内40％的农田出现退化（谢高地，2013），同时，大规模农药、化肥的使用也对农田生态系统及其环境造成了负面影响。这不但削弱了农田生态系统提供服务功能的能力，更引发了一系列生态安全问题，威胁到人类社会的发展。因此，对农田生态系统服务功能进行深入研究，定量评估其服务功能的价值，对于科学认识农田生态系统的功能，合理开发利用农业资源，管理农田生态系统，实现农业的永续发展具有重要意义。

## 一、农田生态系统服务功能研究进展

农业生产最重要的目标是从农田生态系统获得粮食、纤维和燃料等产品（Swinton等，2007）。在生产这些产品的过程中，农田生态系统还提供并依赖其他的生态系统服务，主要包括三类：支持、调节和文化服务，在人类福祉形成中也发挥了重要作用。随着1997年Costanza等（1997）研究的发表，越来越多研究者开始重视生态系统服务的研究，其中涉及农田生态系统服务的研究也越来越多，主要集中在以下几个方面。

产品供给是农田生态系统对人类最重要的贡献。Wood等（2000）分析了世界农业生态系统的定量和定性信息，评估了农业生态系统的状态，主要包括以下物品和服务：食物、饲料和纤维，水服务，生物多样性以及碳储存。评价结果显示，1997年农业生态系统食物生产的价值为13000亿美元，提供了人类消费的94％的蛋白质和99％的热量；土壤盐碱化导致生产力下降的损失为110亿美元；全球17％的灌溉耕地生产了全世界30％～40％的粮食；在高投入的农业生态系统中生物多样性较高，而低投入的生态系统通过不断将自然栖息地转换为耕地导致生物多样性显著损失；农业生态系统分担了全球碳储存的18％～24％。

农田生态系统具有碳汇功能，虽然作物碳汇功能在大部分研究中被忽略，但农田土壤的碳汇功能得到了认可。Pretty和Ball（2001）认为使用免耕技术能增加农田生态系统的碳蓄积能力，国际碳贸易中将碳价格设为$2.5～5$美元/tC，估计英国种植业和畜牧业的碳累积能给农民带来$0.18$亿～$1.47$亿英镑的收入，并提出如果决策者认识到农业系统提供许多其他的公共物品，并给它们定价以增加对农业的总支付费用，将有助于鼓励农民采纳大量可持续的农业措施。肖玉等（2004；2005a）评价了稻田生态系统的气体调节功能，其中包括碳固定，研究了稻田生态系统气体调节功能的形成和累积过程，分析了施肥对稻田生态系统气体调节功能的影响。

农田通过地表覆盖和水土保持措施可保持土壤。Rui和Zhang（2010）通过长期田间实验发现，作物残留和施加农家肥可以将土壤有机碳含量增加 0.41mg/(hm² · a) 和 0.34mg/(hm² · a)。

孙新章等（2007）评价了在不同地表覆盖和水土保持措施下中国农田生产系统每年保持土壤的数量为 101.9 亿吨，其中，西南地区、黄土高原区和东北地区的农田土壤保持功能最为突出。中国农田每年保持土壤养分的价值为 4408.50 亿元，减少耕地废弃价值为 164.09 亿元，减轻淤积的价值为 53.74 亿元，总计 4626.33 亿元，相当于 2000～2002 年我国种植业平均产值的 32.08%。

农田生态系统还促进了营养元素在土壤和植物之间的转化。肖玉等（2005b；2005c）还提出了稻田氮素循环和转换功能评估框架，评估了稻田氮素循环和转化的物质量和价值量，分析了稻田生态系统氮素形成和累积过程。Tong 等（2009）通过 1986～2003 年的长期田间实验发现，施加 N 肥、P 肥、K 肥、少量有机肥和大量有机肥处理的稻田比不施肥稻田土壤总氮增加 5.2%～27.1%。

农田具有水源涵养功能，特别是稻田生态系统。黄璜（1997）认为稻田及相邻的沟渠、山塘构成一个隐形的水库，夏季暴雨期间隐形水库可抗洪蓄水，提供临时水库的功能。在 6 月底至 7 月中旬，湖南省境内利用隐形水库可蓄存 $53.4 \times 10^8 m^3$ 水量。吴瑞贤和张嘉轩（1996）以短期降雨径流模式来评估水田的蓄洪功能，结果发现，田埂高度对于调节洪峰流量及延迟出水时间有相当大的影响。

此外，土壤作为农田生态系统最重要的物质基础在农田生态系统服务的评价中受到了特别的关注。Wall 等（2010）认为土壤是陆地生态系统的核心组成，作为地球表面的具有生物活力的皮肤，土壤在全球生物地球化学循环中起着重要作用。土壤对生态系统服务的供给非常重要，如养分循环、碳汇和粮食与纤维生产。土壤可被看做产生自然资源或者生态系统服务流量的自然资产存量（Costanza and Daily，1992）。土壤是生物多样性库，它们为成千上万的参与害虫控制或者废物处理的物种提供栖息地；土壤具有资源作用，土壤可以作为泥炭和黏土原料的来源。

同时，也有一些研究者综合评估了农田生态系统服务及其价值。欧阳志云等（1999）估算了中国陆地生态系统的生态服务功能，其中农田生态系统年固定 $CO_2$ 和释放 $O_2$ 的量分别为 $17.1 \times 10^8 t$ 和 $12.6 \times 10^8 t$，其经济价值分别为 7730 亿元/年和 28400 亿元/年；农田生态系统 N、P 和 K 的总储存量分别为 $11.85 \times 10^4 t$、$0.08 \times 10^4 t$ 和 $7.95 \times 10^4 t$，年固定量分别为 $14.01 \times 10^4 t/a$、$0.09 \times 10^4 t/a$ 和 $7.95 \times 10^4 t/a$。谢高地等（2003）以 Costanza 等（1997）对全球生态系统服务价值评估的部分成果为参考，综合了我国专业人士进行的生态问卷调查结果，得出了中国陆地生态系统单位面积服务价值表，其中农田生态系统具有气体调节、气候调节、水源涵养、土壤形成与保护、废物处理、生物多样性保护、食物生产、原材料生产和娱乐文化功能，得出我国不同农田生态系统服务功能平均年价值量为 6114.3 元/hm²，并估算出青藏高原农田生态系统的价值为 185.8 亿元/a。谢高地等（2005）在 Costanza 等（1997）研究基础上根据中国农田生态系统现状构建了农田生态系统服务评估当量因子表，估算出我国农田生态系统因自然生态过程和人类种植业活动过程的共同作用，为人类每年提供 19509.1 亿元生态服务和经济产品总价值，其中 41.9% 是由农田生态系统自然过程提供和产生的，58.1% 是由人类种植业活动过程产生的。目前我国统计系统计量的年度种植总价值中仅计量了人类种植业活动过程产生的经济价值和部分由自然生态过程产生的生态服务价值，得到计量和反映的仅为 64.7%，未计量的生态服务价值为 35.3%，年达 6881.06 亿元。

农田生态系统在生产过程中对环境也产生了负面影响，从而对人类福利造成了损害，特别是集约农业的日益发展。Pretty 等（2000）估算了英国农业生产的外部性，包括杀虫剂、硝酸盐以及磷和土壤对饮用水的污染，对野生动植物、栖息地、灌木树篱和干垒墙的破坏，气体排放，土壤侵蚀和有机碳损失，食物中毒等，农业生产外部性每年总费用是 11.5 亿～39.1 亿英镑。稻田作为农业温室气体 $CH_4$ 和 $N_2O$ 的主要来源而受到广泛关注（Itohetal，2011；Leeetal，2010）。Bousquet 等（2006）研究认为，天然湿地和稻田排放 $CH_4$ 占所有 $CH_4$ 排放的 34%。Liang 等（2007）通过田间实验发现，稻田氨挥发、径流和渗漏的氮损失量占总施氮量的比例分别为 27.9%、6.6% 和 9.6%。

随着对农田生态系统提供的生态系统服务及其对环境造成损害的认识的深入，越来越多的研究开始关注全面农田生态系统对人类福祉的影响，其供给的服务应该包括正服务（对人类有利）和负服务（对人类有害），同时应该关注农田周边生态系统对农田生态系统的支持作用。杨志新等（2007）在评价北京市郊农田对人类社会的影响时，将生态系统服务与生态系统及其过程产生的负效应分开评价，2002 年农田生态服务价值为 343 亿元，负效应价值为 1.57 亿元，并认为农田净服务价值应该由农田生态系统服务价值扣除农田负效应价值。Swinton 等（2007）认为农田生态系统在提供粮食、纤维和燃料等产品的过程中还提供其他系统服务，同时还依赖于其他生态系统供给的生态服务。Zhang 等（2007）将农田生态系统与其周边生态系统联系起来，提出了一个研究农田生态系统服务的完整框架，认为农田生态系统通常以将供给服务最大化为目标，通过农田生态系统及其周边生态系统提供的支持服务、供给服务、调节服务和文化服务为人类服务。通过总结得出，农田生态系统提供的生态服务包括供给服务，如粮食、纤维、燃料；非市场价值服务，如水供给、土壤保持、缓解气候变化、美学景观、野生动植物栖息地；同时农田生态系统还产生了一些不利于人类福利的负服务，如栖息地损失、养分流失、非目标物种的杀虫剂中毒等。

由此可见，农田生态系统服务的研究已经从最初的生态服务评价发展到对农田生态系统给予人类福利的全面评价。同时，农田生态系统在生态服务供给过程中可能对环境造成损害，同时对周边自然生态系统的依赖性非常强。因此，在农田生态系统评估过程中关注农田生态系统提供的正服务和负服务，开展农田生态系统与周边自然生态系统生态服务供给和享用的双向评价，有助于我们更加客观地认识农田生态系统对人类福利的贡献（李文华，2013）。

## 二、农田生态系统服务功能评价

对农田生态系统服务功能进行评价，是量化农田生态系统服务功能的重要环节，可以为农田生态系统管理和区域生态安全管理提供科学依据。但由于农田生态系统服务功能内涵丰富，各服务功能之间存在着多重联系，以及人类活动频繁干预等原因，目前还没有成熟的农田生态系统服务功能评价框架和完善的评价指标体系。根据前人研究，主要农田生态系统服务功能类型及评价可参考表 8-2 进行。

表 8-2　农田生态系统服务功能类型及评价

| 服务功能类型 | 评价指标 | 评价方法 |
| --- | --- | --- |
| 农产品生产 | 农副产品生产量 | 市场价值法 |
| 气体调节 | 调节气体量 | 影子价格法 |
| 水源涵养 | 农田调蓄洪水量、回灌地下水量 | 替代成本法、影子工程法 |

| 服务功能类型 | 评价指标 | 评价方法 |
| --- | --- | --- |
| 土壤保持 | 供应农田生物养分量（N、P、K） | 影子价格法、机会成本法 |
| 土壤有机质积累 | 有机质净输入量 | 机会成本法 |
| 环境净化 | | 替代成本法、防护费用法、影子工程法 |
| 生物多样性的保持 | 生物种类的多样性 | 条件价值法、生态价值法 |
| 社会保障 | | 替代成本法 |
| 景观娱乐 | | 旅行费用法、意愿调查法 |
| 水资源消耗 | | 替代成本法 |
| 环境污染 | 化肥、农药使用量 | 替代成本法 |

### 1. 农产品生产功能

农田生态系统为人类提供了丰富的农产品，如粮食、蔬菜、水果、纤维等，这些产品是人类繁衍生息的基础。另外，以作物秸秆为主的农副产品则支撑起了独具特色的中国农村家庭副业生产。对于农田生态系统生产的农产品价值，一般运用市场价值法进行评价，计算公式为：

$$VP = A \times P \times C$$

式中，VP 为农产品生产的币值；$A$ 为农田面积，$hm^2$；$P$ 为单位面积农产品年均产量，$t/hm^2$；$C$ 为农产品平均价格，元/t。

### 2. 气体调节功能

农田生态系统通过作物光合作用和呼吸作用与大气进行 $CO_2$ 和 $O_2$ 交换，固定大气中的 $CO_2$，同时释放 $O_2$。$O_2$ 调节及其经济价值通过以下方法计算（肖玉等，2011），即

$$Q_o = 1.19 \times m_{npp} - q_{so}$$

$$V_o = Q_o \times p_o$$

式中，$Q_o$ 为稻田 $O_2$ 调节量，$t/hm^2$；1.19 为净初级生产量换算为 $O_2$ 排放量的系数；$m_{npp}$ 为净初级生产量，$t/hm^2$；$q_{so}$ 为土壤生物呼吸消耗 $O_2$ 量，$t/hm^2$；$V_o$ 为 $O_2$ 调节价值，元/$hm^2$；$p_o$ 为 $O_2$ 替代价格，元/t。

除了通过植物光合作用和呼吸作用，以及土壤生物呼吸作用对大气 $CO_2$ 进行调节外，农田生态系统还对大气 $CH_4$ 和 $N_2O$ 进行调节。温室气体综合调节及其经济价值计算方法如下：

$$Q_g = (1.63 \times m_{npp} - q_{sc}) - (24.5 \times q_m + 320 \times q_{ne})/1000$$

$$V_g = Q_g \times p_g$$

式中，$Q_g$ 为稻田温室气体调节量（$t/hm^2$，in $CO_2$ equivalent）；1.63 为净生产量转化为 $CO_2$ 固定量的系数；$q_{sc}$ 为土壤排放 $CO_2$ 量，$t/hm^2$；24.5 为 $CH_4$ 的 GWP 值（Björklundetal，1999）；$q_m$ 为稻田 $CH_4$ 排放量，$kg/hm^2$；320 为 $N_2O$ 的 GWP 值（Björklundetal，1999）；$q_{ne}$ 为稻田 $N_2O$ 排放量，$kg/hm^2$；$V_g$ 为稻田气体调节价值，元/$hm^2$；$p_g$ 为瑞典碳税价格，3.76 元/kg（in $CO_2$）。

### 3. 水源涵养功能

农田生态系统水源涵养的功能主要体现在增强供水能力和调节洪水两个方面：一方面在农业生产过程中通过排水和渗漏对地表和地下水进行补充；另一方面，农田作物和田坎在洪水发生时具有持留降水和缓解洪峰的作用。农田地表和地下水调节及其经济价值计算方法如下：

$$Q_{wr}=Q_i-Q_d-Q_l$$
$$V_{wr}=Q_{wr}\times p_w$$

式中，$Q_{wr}$ 为农田地表和地下水调节量，$m^3/hm^2$；$Q_i$ 为农田灌溉水用量，$m^3/hm^2$；$Q_d$ 为农田径流排放水量，$m^3/hm^2$；$Q_l$ 为农田渗漏水量，$m^3/hm^2$；$V_{wr}$ 为农田地表和地下水调节价值元/$hm^2$；$p_w$ 为灌溉水价格，元/$m^3$。

调蓄洪水的经济价值计算方法如下：

$$V_{wc}=q_{wc}\times p_{wc}\times 10$$

式中，$V_{wc}$ 稻田调蓄洪水价值，元/$hm^2$；$q_{wc}$ 为稻田调蓄洪水量，mm，一般按田坎高度计算，为 15mm；$p_{wc}$ 为调蓄洪水的替代价格。

### 4. 土壤保持功能

农作物对地表的覆盖可明显减轻风水蚀的发生，而我国各地农民在长期的生产实践中摸索出的多种多样的水土保持措施以及小流域综合治理等生产模式，对于保持水土、防止侵蚀也具有较大的作用。计算公式为：

$$Q_s=A\times(E_p-E_r)$$

式中，$Q_s$ 为农田土壤保持量；$A$ 为农田面积；$E_p$ 为耕地潜在侵蚀模数；$E_r$ 为现实侵蚀模数。耕地潜在侵蚀模数主要受降雨、土壤、地形等因素影响，现实侵蚀模数则与农田水保措施和种植制度等有关。各地区耕地潜在和现实侵蚀模数一般主要来自一些学者的田间监测数据或采用通用水土流失方程估算的数据。

农田保持土壤的价值可以从减少土地废弃和减轻泥沙淤积两个方面来评价，可运用机会成本法和影子工程法来计算。

### 5. 土壤有机质积累功能

有机质的输入和输出改变土壤有机质含量。土壤有机质含量输入的途径包括农家肥施用、凋落叶片、无效分蘖、根系、根系分泌物以及残留秸秆。当土壤有机质输入仅考虑农家肥、根系、根系分泌物和残留秸秆，土壤有机质输出途径主要考虑 $CO_2$ 和 $CH_4$ 排放时，稻田土壤有机质累积及其经济价值计算方法如下：

$$Q_{sa}=q_{fc}+q_{as}+q_r+q_{re}-q_{sc}-q_m$$
$$V_{sa}=Q_{sa}\times p_{om}$$

式中，$Q_{sa}$ 为农田土壤有机质增加量，$kg/hm^2$，以 C 计；$q_{fc}$ 为施肥输入有机质，$kg/hm^2$，以 C 计；$q_{as}$ 为秸秆残留输入有机质（一般认为大约有 11% 的秸秆被丢弃在稻田），$kg/hm^2$，以 C 计；$q_r$ 为根系输入有机质，$kg/hm^2$，以 C 计；$q_{re}$ 为根系分泌物输入有机质（为根系生物量的 4 倍）（WatanabeandRoger，1985），$kg/hm^2$，以 C 计；$V_{sa}$ 为土壤有机质累积价值，元/$hm^2$；$p_{om}$ 为有机质替代价格，4.88 元/kg，以 C 计。

### 6. 环境净化功能

农田生态系统具有降解污染物和清洁环境的显著效应。适量的污水科学灌溉可减少化肥用量并降解有害物质，使污水得到净化；同时，许多农田植物能吸收空气中的有害气体并将其分解，如水稻能吸收大气中的 $SO_2$、$NO_2$，农田还具有很强的消解畜禽废弃物功能（杨志新，2005）。

农田净化大气环境的价值，可根据马新辉（2004）等研究的参数，取水浇地和秋杂粮旱作作物对污染物净化的平均值作为计算依据来进行评估。稻田吸收各种污染气体量分别为 $SO_2$ 45kg/($hm^2 \cdot a$)；HF 0.57kg/($hm^2 \cdot a$)；$NO_x$ 33kg/($hm^2 \cdot a$)；滞尘 0.92kg/($hm^2 \cdot a$)。

其他农田分别为 $SO_2$ 45kg/(hm² · a)；HF 0.38kg/(hm² · a)；$NO_x$ 33.5kg/(hm² · a)；滞尘 0.95kg/(hm² · a)。再根据农田生态系统各种主要作物的耕地面积，运用替代法和防护费用法计算出农田作物净化大气环境的价值。

农田净化废弃物的价值，可以采用替代成本法来进行评估。参考相关资料，根据不同垃圾处理方式的成本看，卫生填埋法成本约在 100 元/t；堆肥法的处理成本也在 100 元/t 左右，且堆制的有机肥可挽回一些成本；焚烧法的成本约在 260 元/t。根据目前各种处理方式的比例和各种方式的处理成本，可以大致估算出垃圾处理成本为 108 元/t。

农田净化污水的价值可采用影子工程法进行计算，计算公式为：

$$V = \text{VOL} \times P$$

式中，$V$ 为农田净化污水的价值；VOL 为郊区农田实际年污灌量；$P$ 为处理污水的费用。

### 7. 生物多样性维持

农田生物多样性是农田生态系统功能及其提供生态系统服务的基础。农田是从自然生态系统改造而来，其生物群落构成继承了原有自然生态系统的特征，同时周边的自然生态系统为农田中的昆虫、动物等提供重要的栖息地，直接影响农田生物多样性。农田生物多样性维持的价值可通过条件价值法进行计算。

### 8. 社会保障功能

农业不仅提供农产品，而且还对农民起着重要的社会保障作用。主要表现在：农村剩余劳动力数量庞大，由于表现形式为隐蔽性过剩，因此不会像城市失业那样直接给社会带来巨大的压力和震荡，在一定程度上缓解了社会矛盾。另外，土地对部分从农村流动到城市非农部门就业的劳动力也起到失业保险的作用。农田生态系统的社会保障价值可根据替代成本法进行计算。以国家给失去土地农民的最低生活保障费用为依据，计算公式为：

$$V = N \times M \times r$$

式中，$V$ 为农田担当的社会保障的价值；$N$ 为保障的人数；$M$ 为城市最低社会保障标准；$r$ 为农村居民生活消费开支与城市居民生活消费开支的比值。

### 9. 景观娱乐功能

农田生态系统具有景色美丽、农业历史悠久等特点，吸引大量游客前来旅游观光。农田生态系统的景观娱乐价值通常可以根据旅行费用法或意愿调查法进行计算。

### 10. 水资源消耗功能

农业用水在我国总用水量中占有相当大的比例。农业生产过程中，农田消耗了大量水资源，计算水资源消耗的价值可根据水库蓄水成本法进行计算，计算公式为：

$$V_w = W \times R \times C_w$$

式中，$V_w$ 为水资源消耗价值；$W$ 为农业用水量；$R$ 为农业耗水率；$C_w$ 为水库蓄水成本，取 1.17 元/m³。

### 11. 环境污染功能

随着农业现代化的发展，化肥、农药、除草剂逐渐替代传统农业中的有机肥、人工锄草等。这些现代投入品在增加作物产量的同时，也带来了一系列的环境问题，产生了负的服务功能。农田生态系统造成的环境污染费用可通过化肥、农药的利用率进行粗略计算（孙新章，2007），其计算公式为：

$$V_p = M \times (1 - r) \times p$$

式中，$V_p$ 是指施用化肥/农药的负面经济价值，元/hm²；$M$ 是化肥/农药的用量，kg/

$hm^2$；$r$ 为化肥/农药的利用率，%；$p$ 为化肥/农药当前价格，元/kg。

### 三、农田生态系统服务研究展望

#### 1. 农田生态系统服务功能的评价指标体系

针对区域类型进行系统研究，构建能体现农田生态系统特征的具有普遍意义的服务功能评价指标体系和框架，是今后研究的重点之一。目前的研究主要是对各种农田生态系统服务功能进行案例分析，虽然在其内涵及评价方面取得了一些进展，但由于案例研究的非系统性，很难形成具有普遍意义的农田生态系统服务功能价值评价指标体系和框架，无法对各案例的研究方法和评价结果进行比较，不利于解决评价方法等。评价指标的选取要么不够全面，要么具有重合性，且许多指标难以标准化，构建合适的评价指标体系是今后农田生态系统服务功能研究的重要课题。

#### 2. 农田生态系统服务功能的形成机制

目前，农田生态系统服务功能研究工作主要是以评价为主，这有助于唤起人们的重视，但随着研究的深入，应把对其形成机制的探索研究放在首要位置，为农田生态系统服务功能应用研究提供理论基础。农田生态系统功能及服务功能只有在特定的时空尺度上才能表现出显著的主导作用和效果，并且最容易被观测（MA，2001）。该尺度是和特定的农田生态系统功能和服务功能相联系的，其空间尺度不受限于农田生态系统的结构边界，其时间尺度不受限于农作物生长周期。科学地界定这一特征尺度、进行动态研究，一方面有助于进一步阐明农田生态系统服务功能的形成机制；另一方面可以为农田生态系统服务功能评价提供参数。

#### 3. 农田生态系统服务功能形成的主要驱动力

农田生态系统作为一种强烈的半人工生态系统，应着重深入研究人类活动对农田生态系统服务功能及其形成机制的影响。作为一种半人工的生态系统，农田生态系统不能脱离人类活动而存在。所以，人类活动对农田生态系统服务功能的影响更加深入，更加复杂，一方面，人类活动是农田生态系统服务功能形成的根本驱动力；另一方面，不科学的人类管理活动会对农田生态系统的服务功能造成巨大损害。综合、深入地研究人类活动对农田生态系统服务功能的影响，不仅是重大的理论突破，更是进行农田生态系统管理的重要依据。

## 第三节 主要的农业生态问题[1]

我国是一个农业大国，同时又是一个人口大国，长期以来，我国人地矛盾较为突出，粮食安全问题一直是我国面临的一个重要课题。农业是国民经济的基础，农业生态环境是农业生产可持续发展的重要条件，对我国粮食安全、经济发展和社会稳定等都具有重要的意义。当前，我国农业生态环境问题日趋恶化，主要体现在农业面源污染、农业生态环境退化和农村环境污染这三大方面，已经对我国的农业生产和粮食安全构成了威胁。

### 一、农业面源污染问题

农业面源污染是指在农业生产和生活活动中，溶解的或固体的污染物（如氮、磷、农药及其他有机或无机污染物质），从非特定的地域，通过地表径流、农田排水和地下渗漏进入

---

[1] 本节的作者为闵庆文、李静（中国科学院地理科学与资源研究所）。

水体引起水质污染的过程（杨林章等，2013）。第一次全国污染源普查资料显示，2007年我国农业面源污染已超过工业污染，在各主要污染物排放量中（不包括典型地区农村生活污染源），农业源COD和TN排放量分别为$1324.09×10^4t$和$270.46×10^4t$，约占全国排放量的43.7%和53.1%。此外，面源污染排放中还包括TP $28.47×10^4t$、铜2452.09t和锌4862.58t。农业面源污染已成为破坏我国农业生态环境的首要因素，而农业化学物质投入和畜禽水产养殖则是造成农业面源污染的最重要来源，已直接威胁到我国的农业生产的可持续发展。此外，农业面源污染还包括农用塑料薄膜污染、秸秆污染和农村生活垃圾污染等。

（一）农业面源污染的来源

1. 化肥

（1）我国农用化肥施用量快速增长　改革开放以后，随着农村劳动力不断向城市转移，化肥对劳动的替代作用越来越明显。1978年我国农用化肥总量为$884×10^4t$，2011年则已达到$5704×10^4t$，增长了约5.5倍，年均增长5.8%（图8-1）。当前，我国已成为世界第一大化肥生产与消费国，我国以约占世界8%的耕地面积消费了约35%的世界化肥消费量，过量和不合理的化肥施用造成了我国严重的农业面源污染。

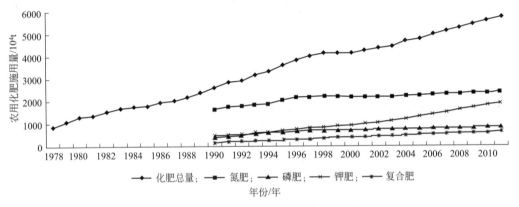

图8-1　1978～2011年我国农用化肥施用量

（2）化肥施用强度过高　我国农作物单位播种面积化肥施用量不断增加，在1995年即已超过发达国家所设定的化肥施用强度$225kg/hm^2$的安全警戒线，达到$239.6kg/hm^2$，此后一路攀升，于2011年达到$351.45kg/hm^2$（图8-2）。2005年之后，我国开始推广测土配方技术，同时不断加大有机肥替代应用的支持力度，即使如此，化肥施用强度增速也未见明显回落，2011年仍达到1.55%，其中复合肥更是达到了4.3%。

（3）农用化肥比例尚有失衡　我国农用化肥适宜的氮、磷、钾比例为1∶（0.4～0.45）∶（0.4～0.5）（李庆逵等，1998），经过多年的调整，我国氮肥和磷肥增幅不大，钾肥和复合肥增幅明显，这种调整也使我国的氮、磷、钾比例调整不断趋于合理，我国农用化肥中$N∶P_2O_5∶K_2O$的比例已由1980年的1∶0.31∶0.04变为2008年的1∶0.47∶0.39（张锋和胡浩，2011），当然，这种结构仍然存在比例失衡的状况。此外，从理论上讲，与化肥结构趋于合理相伴，化肥施用强度应有所下降，但现实是，我国的农用化肥施用强度仍然在不断上升，这反映我国农民施肥仍然是粗放式的，技术进步并未从中发挥真正的作用。

（4）地区间化肥使用差异大　我国绝大多数地区农用化肥施用强度已超过发达国家设定的上限（图8-3），最高值是最低值的3.77倍。

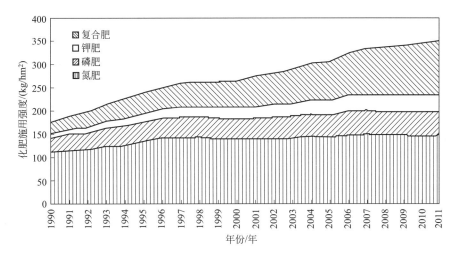

图 8-2 1990～2011 年我国单位农作物耕种面积农用化肥施用强度

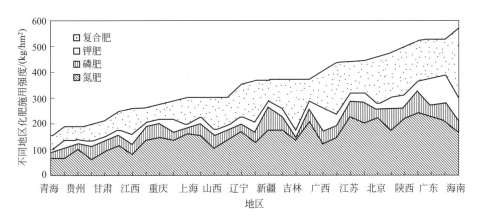

图 8-3 2011 年我国不同地区单位农作物耕种面积农用化肥施用强度

（5）不同作物间化肥使用差异大 蔬菜、棉花、三大主粮、两大油料和大豆的单位施肥强度（按化肥折纯量算）分别达到 614.1kg/hm²、460.7kg/hm²、345.5kg/hm²、251.0kg/hm² 和 128.3kg/hm²（2011 年数据），差异明显（图 8-4）。

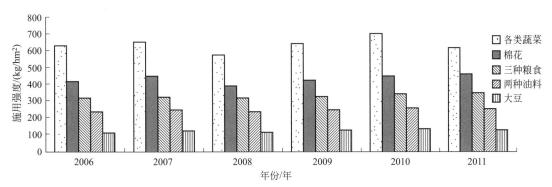

图 8-4 不同年度我国不同农作物单位耕种面积农用化肥施用量

过量施肥及施肥结构不合理导致我国化肥利用效率较低，目前我国小麦、玉米和水稻的化肥利用率分别为 37％、26％ 和 37％（李静和李晶瑜，2011），这远低于发达国家 60％～

80％的水平。化肥利用率低则意味着化肥流失率较高，因此每年都有巨量的化肥随着地表径流、泥沙、淋溶等损失掉了，造成严重的面源污染。

**2. 畜禽与水产养殖**

畜禽与水产养殖业对农业生态环境的破坏主要体现在化学需氧量（COD）排放、水产养殖饲料以及饲料中所含的抗生素和生长激素上。

（1）畜禽养殖　近年来，我国畜禽养殖发展迅速，已成为世界上最大的肉、蛋生产国。我国肉、蛋、奶的年产量由 1996 年的 $4584×10^4$t、$1965.2×10^4$t 和 $735.8×10^4$t 分别上升到 2012 年的 $8387.2×10^4$t、$2861.2×10^4$t 和 $3875.4×10^4$t（表 8-3），分别以年均 3.8％、2.4％和 10.9％的速度上升。对肉类需求的不断提高大大促进了畜禽养殖业的发展，以生猪为例，1996 年我国的生猪出栏量为 4.12 亿头，2012 年则已达 6.98 亿头。然而，与畜禽养殖业快速发展不相称的是，我国集约化养殖水平并不高，目前以小规模集约化畜禽养殖场占绝对主导地位，养殖场环境管理水平不高，配套设施不完善，加之种植业与养殖业脱节，导致大量畜禽粪便未经处理便直接排入环境中，畜禽粪便中含有的大量未被消化吸收的有机物质、动物生长激素及抗生素等便成为了环境的主要污染源。第一次全国污染源普查资料显示，我国畜禽养殖业粪便产生量 $2.43×10^8$t，尿液产生量 $1.63×10^8$t；排放 COD $1268.26×10^4$t，TN $102.48×10^4$t，TP $16.04×10^4$t，Cu 2397.23t，Zn 4756.94t。在农业污染源中，畜禽养殖业 COD 排放量约占农业源 COD 排放量的 96％，是农业污染最大的行业。一般认为，畜禽粪便对土地总体负荷警戒安全值为 0.4（高定等，2003），而我国畜禽粪便的总体土地负荷警戒值已经达到环境胁迫水平的 0.49，很多养殖场周边的土地已经无法消纳畜禽养殖产生的沼液、沼渣和粪肥（金书秦和沈贵银，2013）。有预测 2020 年中国畜禽粪便总量将达到 $42.44×10^8$t（张福琐，2006），这将是一个十分巨大的挑战。

表 8-3　1996～2012 年我国肉、蛋、奶产量　　　　　　单位：$10^4$t

| 年份 | 肉类 | 猪肉 | 牛肉 | 羊肉 | 奶类 | 禽蛋 |
|---|---|---|---|---|---|---|
| 1996 年 | 4584.0 | 3158.0 | 355.7 | 181.0 | 735.8 | 1965.2 |
| 1997 年 | 5268.8 | 3596.3 | 440.9 | 212.8 | 681.1 | 1897.1 |
| 1998 年 | 5723.8 | 3883.7 | 479.9 | 234.6 | 745.4 | 2021.3 |
| 1999 年 | 5949.0 | 4005.6 | 505.4 | 251.3 | 806.9 | 2134.7 |
| 2000 年 | 6013.9 | 3966.0 | 513.1 | 264.1 | 919.1 | 2182.0 |
| 2001 年 | 6105.8 | 4051.7 | 508.6 | 271.8 | 1122.9 | 2210.1 |
| 2002 年 | 6234.3 | 4123.1 | 521.9 | 283.5 | 1400.4 | 2265.7 |
| 2003 年 | 6443.3 | 4238.6 | 542.3 | 308.7 | 1848.6 | 2333.1 |
| 2004 年 | 6608.7 | 4341.0 | 560.4 | 332.9 | 2368.4 | 2370.6 |
| 2005 年 | 6938.9 | 4555.3 | 568.1 | 350.1 | 2864.8 | 2438.1 |
| 2006 年 | 7089.0 | 4650.5 | 576.7 | 363.8 | 3302.5 | 2424.0 |
| 2007 年 | 6865.7 | 4287.8 | 613.4 | 382.6 | 3633.4 | 2529.0 |
| 2008 年 | 7278.7 | 4620.5 | 613.2 | 380.3 | 3731.5 | 2702.2 |
| 2009 年 | 7649.7 | 4890.8 | 635.5 | 389.4 | 3677.7 | 2742.5 |
| 2010 年 | 7925.8 | 5071.2 | 653.1 | 398.9 | 3748.0 | 2762.7 |
| 2011 年 | 7965.1 | 5060.4 | 647.5 | 393.1 | 3810.7 | 2811.4 |
| 2012 年 | 8387.2 | 5342.7 | 662.3 | 401.0 | 3875.4 | 2861.2 |

注：资料来源：中华人民共和国国家统计局编．中国统计年鉴（2013）．北京：中国统计出版社，2013。

（2）水产养殖　我国水产品需求增长迅速，年产量由 1978 年的 $465.4×10^4$t 增长到 2012 年的 $5907.7×10^4$t，增长了 11.7 倍。与此同时，其水产品养殖比例也不断提高，1978

年时人工养殖水产品仅占 26.1%，如今，淡水产品的 80% 以上、海水产品的 50% 以上为人工养殖产品（图 8-5）。我国水产养殖多为粗放式的，随着其快速发展，水产养殖中大量饵料、渔药的投放造成养殖区域及周边水体环境富营养化，严重污染了农业水环境。

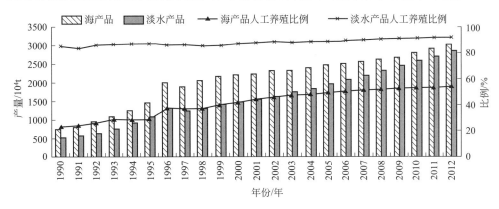

图 8-5　1990~2012 年度我国水产品产量及人工养殖比例

### 3. 农药

我国是农药生产和使用大国，使用量居世界首位（瞿晗屹等，2012），农药施用量从 20 世纪 50 年代初的几乎为零增加到 2011 年的 178.7×10⁴ t（图 8-6）。近 10 年来（2001~2011 年），我国农药中杀菌剂和除草剂增幅较大，分别达到 124% 和 751%，而杀虫剂相对增幅较小，为 72%。高毒农药带来的环境风险越来越大，也越来越引起国家和社会的重视，并采取一系列措施加以调整，但由于历史、经济和技术等方面因素的限制，目前我国高毒农药的比例虽然有所下降，但仍然占有相当大的比例，主要为杀虫剂和杀菌剂，占总量的 28%（2011 年）。由于有害生物的抗药性不断增加，加之农民施药的粗放性，导致农药使用量继续加大。另一方面，尽管我国于 1983 年 4 月 1 日起就已经停止了有机氯农药的生产和使用，但我国已累计施用滴滴涕约 40×10⁴ t 和六六六约 490×10⁴ t，分别占全球同期生产总量的 20% 和 33%（林建新，2010），这些农药残留物不易分解，因此对我们的生产和生活仍产生着持续的影响。

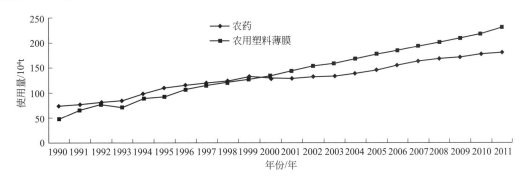

图 8-6　1990~2011 年我国农药与农用塑料薄膜使用量

农药多以喷雾剂的形式喷洒于农作物上，其中只有约 10% 附于作物上，相当一部分农药微粒会随风飘散，最终会有一半药剂下落于土壤中，污染了农业生态环境。

当前，越来越多的植物生长激素的滥用也应引起足够的重视，特别是在蔬菜瓜果类经济作物中的不合理使用。

#### 4. 农用塑料薄膜

我国农用塑料薄膜使用普遍且增长快速，由 1990 年的 $48.2 \times 10^4$ t 增长到 2011 年的 $229.5 \times 10^4$ t（图 8-6），其中地膜覆盖面积达 $1.979 \times 10^7$ hm$^2$（2011 年）。而塑料薄膜大多为不可降解的高分子有机聚合物，在自然条件下可残存达 20 年之久，同时，我国的农用塑料薄膜多为超薄膜，质量不过关，重复使用率较低。加之没有相关的法律法规制约，导致使用后废弃的薄膜常被农民直接扔在田间地头，从而形成大面积的白色污染。这些废弃的薄膜产生的大量有毒有害物质侵入土壤，加速了耕地的退化，同时通过水和空气的传播，对农作物生长产生了严重危害，导致农作物减产、死亡，甚至有毒物质还可能转移到农作物中，引发食品安全问题（丁一和赖珺，2011）。

#### 5. 农业秸秆

据《"十二五"农作物秸秆综合利用实施方案》，2010 年全国秸秆理论资源量为 $8.4 \times 10^8$ t，可收集资源量约为 $7 \times 10^8$ t。秸秆品种以水稻、小麦、玉米等为主，分别为约 $2.11 \times 10^8$ t、1.54 亿和 $2.73 \times 10^8$ t。2010 年秸秆综合利用率达到 70.6%，利用量约 $5 \times 10^8$ t。其中作为饲料、肥料（不含根茬还田）和燃料的使用量（含农户传统炊事取暖、秸秆新型能源化利用）分别约为 $2.18 \times 10^8$ t（占 31.9%）、$1.07 \times 10^8$ t（占 15.6%）和 $1.22 \times 10^8$ t（占 17.8%），秸秆综合利用取得明显成效，但仍有（2～3）$\times 10^8$ t 秸秆通过焚烧或随意抛弃成为农业环境污染的源头。

#### 6. 农村生活垃圾

农业面源污染的另一个重要污染源是农村生活垃圾，当前，农村生活垃圾的特点主要体现在以下几方面：

① 垃圾由易于降解向不易降解转变。随着农村生活水平的提高，其产生的垃圾城镇化特点越来越明显，其由过去易于自然腐烂降解的蔬菜残叶、果皮碎屑等有机质转化为塑料袋、废旧电池等难以降解的物质与易腐败物质的混合体，其中每天的垃圾中有 1/4 是不易降解的塑料垃圾。

② 垃圾产生量较之以往大大增加。以前农村生活垃圾多为一日三餐中摘菜产生的废弃蔬菜残叶、打扫卫生产生的碎土等，多弃于户外或用于堆肥，最终都被资源化利用了，而现今的农村生活垃圾多为工业品残余，难以自然降解，而且量大。据国家卫生部调查显示，目前农村每天每人产生垃圾量为 0.86kg，每年全国农村产生的生活垃圾量接近 $3 \times 10^8$ t。加之人畜粪便也不再如过去那样进行堆肥还田，最终成为新的污染源。

③ 垃圾回收率低。我国农村生活污水和生产生活固体废物数量巨大，综合利用率低，据有关部门统计，每年约有 $1.2 \times 10^8$ t 农村生活垃圾全部露天堆放，约有 51% 的垃圾被直接倒入沟渠，有 18% 的垃圾被直接倒入农田，只有很少的垃圾被掩埋或烧掉（丁一和赖珺，2011）。如此一来，随着日积月累，造成垃圾围村塞河堵门，使广大农村脏、乱、差现象越来越严重，垃圾渗漏液还通过降雨直接进入河道，不仅污染了地表水和地下水，还造成了更大范围的农村面源污染，导致农业生态环境的恶化。

### （二）农业面源污染的危害

农作物的生长依赖于适宜的农业生态环境，其中最为重要的就是水环境和土壤环境，农业水环境是指分布在广大农村的河流、湖沼、沟渠、池塘和水库等地表水体、土壤水体和地下水体的总称（陈英旭，2007），其与土壤环境相互交织，互相影响。农业面源污染对农业水环境和土壤环境造成了交叉污染，使农业水环境遭到破坏和土壤性质发生变化，这又必然会对农作物的安全产生直接和间接的危害，从而危及人体的健康。

### 1. 造成水体的富营养化及累积有害有毒物

大量的农业面源污染所产生的污染物质通过雨水淋融、泾流等进入水体，使水体富营养化并含有有害有毒物质。第一，过量施用的氮磷肥、未加处理的畜禽粪便、水产养殖饲料、腐败的秸秆和部分生活垃圾通常会造成部分地区明显的养分盈余，引起水体变黑、发臭，产生 $H_2S$、$NH_3$、硫醇等恶臭物质，并导致藻类等水生植物的爆发式生长等"富营养化"现象，严重威胁鱼类、贝类的生存；第二，化肥和农药中所含的重金属及其他有毒物质，水产养殖饲料和畜禽粪便中所含的重金属和各类抗生素、生长激素等有害物质进入水体，严重威胁水中生物的生存。同时，利用这些劣质水浇灌农田，一方面，虽然一定程度上能给作物带来养分，但超出作物的可吸收范围，会出现"烧苗"等现象，影响农作物的产量和质量；另一方面，这些有害有毒物质通过农作物进入食物链，影响到人体健康。

### 2. 破坏了农业土壤环境

对农业土壤环境的破坏，一方面是使用被污染的劣质水进行浇灌导致的，另一方面则直接来自于农药、化肥、地膜等使用后的残留。

① 过量施肥引起的重金属及其他有害物质污染。化肥中的重金属成分主要来自磷肥，其中最突出的是镉元素，还包括锶、氟、镭、钍等。施用磷肥过多会使土壤含镉量比一般土壤高数十倍甚至上百倍，长期积累将造成土壤镉污染。这些重金属对蔬菜的营养品质影响较大，粗纤维、粗蛋白、还原糖等营养指标都会受其影响（米艳华，2010）。化肥中还含有机污染物酚类等，以致生产出含酚量较高、带有异味的农产品，严重影响农产品的质量和产量。此外，过量施肥还会对农作物中有机化合物的代谢产生不利影响，从而使其积累过量的硝酸盐和亚硝酸盐，这些含氮化合物在一定的条件下可转化为亚硝胺等致癌物，对食品安全产生潜在的威胁。

② 农药使用导致的有毒有害物质残留。农药通常只有 $15\%\sim30\%$ 附着于农作物上（朱兆良等，2006），其余部分则对土壤、水体和空气造成立体式污染，其中有 $60\%\sim70\%$ 残留在土壤中（蒋高明，2011）。由于其半衰期长，难以降解，因此会通过多种途径进入食物链并进行富集与传递，对人体健康造成急性、慢性以及特殊毒性（致癌、致畸、致突变）危害（丁琼等，2010）。同时，会对农业生物多样性造成严重的破坏。

③ 残留农膜对土壤的破坏。这种破坏表现在两方面。一方面是导致土壤的透气性变差，致使农作物减产。据统计，减产幅度为玉米 $11\%\sim13\%$，小麦 $9\%\sim10\%$，水稻 $8\%\sim14\%$，大豆 $5.5\%\sim9\%$，蔬菜 $14.5\%\sim59.2\%$。另一方面是塑料农膜所产生的有毒物质污染了土壤，例如塑料农膜生产过程中添加的增塑剂能在土壤中挥发，对农作物特别是蔬菜作物产生毒性，破坏叶绿素及其合成，致使作物生长缓慢或黄化死亡。

总之，面源污染所造成的土壤环境的破坏会通过食物链的传导，引发食品安全事故，最终影响到人体健康。

### 3. 危害人体健康

农业面源污染通过多层次、立体式的方式对人体健康产生影响。

① 畜禽粪便中大量的有害微生物、致病菌、寄生虫及寄生虫卵等威胁着食品安全。这其中有些病原菌也是人类传染病的病原菌，它们通过土壤、水体、大气及农畜产品来传染疾病。随意堆放未处理的畜禽粪便会对养殖场内及周边环境造成影响，导致蚊蝇孳生，臭气熏天。同时，利用畜禽粪便浇灌的农作物，尤其是蔬菜类作物，容易直接受到这些有害微生物

污染，降低农产品品质，危及人体健康。早在 1993 年，美国就经历了近代史上规模最大的突然蔓延的腹泻症，受感染者超过了 40 万人，起因是威斯康星州密尔沃基市的城市供水受到了农场动物粪便原生寄生物的污染（瞿晗屹等，2012）。

②各类饲料添加剂污染对食物安全的影响。这些添加剂包括各种抗生素（用于预防动物疾病）、生长激素（用于催熟动物，以便早日出栏）、瘦肉精（用于增加瘦肉比例）和铜、锌、砷、锡等金属元素，这些物质或者通过畜禽水产品进入人体，直接对人体造成危害，或者通过粪便进入环境，对农业环境造成污染，进一步对农作物产生影响。

③农药残留对农产品安全的影响。其对农产品的污染主要有直接和间接两种途径，其中直接污染时，农药的受体为作物的食用部位（如蔬菜），因此农药会直接附着或渗入作物内部。2010 年发生的"海南毒豇豆"事件即为典型的农药直接污染引起。此类污染引起的食品安全事件具有集中突发性，并且通常后果比较严重。间接污染则是指由作物根系从土壤中吸收或渗入茎、叶的农药随体液在作物体内传导而在农产品内富集形成农药残留，往往这类污染持续时间长、影响范围广，难以治理。因此可以看出农药污染对农产品的影响不仅以农药残留的形式直接作用于农作物自身，而且还会参与到土壤、水体、大气等，构成错综复杂的立体污染，多次对农作物的生长产生不利影响，最终影响到人体健康。

## （三）农业面源污染产生的原因

造成农业面源污染的原因很多，也很复杂，归结起来有现实的压力、市场失灵和政府失灵这三方面原因。现实的压力主要体现在我国人多地少所面临的粮食增产的压力和因农村劳动力大量转移所形成的资本对劳动力替代的压力两方面；市场失灵体现在市场在解决环境污染外部性的能力不足上；政府失灵主要体现在政策缺位或越位上。

### 1. 现实的压力

现实的压力表现在粮食增产的压力和劳动力转移引起的资本替代上。

我国耕地占世界耕地的 8.81%，而人口却占世界人口的 19.3%（2012 年数据），这必然给我国的粮食安全带来巨大的压力，为了保证在现有技术背景下，在有限的耕地上生产出足够的粮食，保障我国的粮食供应，大量石油化工产品被用来保墒、增肥、除草、灭虫、催熟、增大。原始的可持续的生态农业耕作方式几乎被彻底地摒弃。我国从 2004 年来经历了粮食产量的"九连增"，但这种依赖于化学农业的方式也有可能形成了如下的循环模式：采用化肥、农药、地膜及各类激素→粮食及其他农作物增产→农业面源污染→土壤毒化且肥力下降→加大化肥、农药及各类激素的用量，这就埋下了潜在的不可持续的隐患。

改革开放以来，农村剩余劳动力大量向城市转移，农村出现空心化，在农村从事农业生产的主体是老人和妇女，有效劳动严重不足。为弥补劳动力转移引起的农业投入不足，资本投入开始大量地替代劳动力投入，以维持粮食的生产，其表现形式就是农业生产越来越依赖于化肥、农药和农用机械等。

### 2. 市场失灵

环境污染具有负的外部性，市场对此无能为力，出现市场失灵。外部性内部化的方式主要有庇古手段（征收"庇古税"）和科斯手段（明晰产权），由于造成农业面源污染的主要是千千万万个农民，这使得无论采用庇古手段还是科斯手段，都因或管理成本过高或交易成本过高而难以实施。另一方面，在趋利动机下，农民往往选择种植那些比较收益更高的经济作物，特别是蔬菜和水果，如蔬菜种植面积由 1978 年占总播种面积的 2.2% 增加到 2012 年的 12.5%，同时其生产有相当份额是为了满足出口的需要，2012 年我国出口蔬菜达到741×

$10^4$ t，这部分蔬菜的生产占用了大约 130630hm$^2$ 土地。而蔬菜的施肥强度是粮食作物的 1.8 倍，这造成了产品出口到国外，污染留给了自己的结果。

### 3. 政府失灵

政府失灵主要体现在政策缺位或越位上，具体表现如下。

① 不合理的补贴与优惠政策。这主要表现在两方面：一方面是对农户的农资综合补贴政策，即根据化肥、柴油等农资价格的变动，对种粮农民增加的农业生产资料成本进行弥补，2012 年我国此项补贴额达到 1078 亿元；另一方面是对化肥生产企业的税收优惠与补贴政策，我国多年来一直对化肥生产企业实施税收优惠和生产供电、供气和运输优惠政策，同时对其价格进行限制，这种"优惠＋补贴＋限价"政策从客观上抑制了化肥价格，降低了农民的生产成本，但也造成了化肥的过量施用（黄文芳，2011）。这种扭曲化肥市场价格的行为是不利于农业面源污染治理的，通过非市场的手段来抵制其价格只能起到相反的作用。

② 新技术推广力度不足。以测土配方施肥技术的推广为例，我国从 2005 年开始进行测土配方施肥技术的推广，目前推广面积达 13 亿亩，该政策在一定程度上提高了粮食产量，减少了化肥使用量，从而保护了环境。但该政策重推广、轻实施，统计数字显示，2010 年我国测土配方技术推广面积与实际施用配方肥耕地面积分别为 11 亿亩和 4 亿亩，差距达 2 倍以上。同时政策作用对象存在偏差问题，当前我国测土配方技术推广的政策补贴主体是土肥站，这样，土肥站工作人员的积极性被调动起来了，可农民的积极性并未被调动起来，这直接导致推广面积远大于实施面积的现象，新技术的减肥增效作用并未发挥。

③ 管理体制存在问题。目前，我国化肥投入面源污染的管理主体并不明确，化肥面源污染的产生主要来自于农业部门，相对于环境治理而言，农业部门更加关注粮食增产与农民增收这类问题，环境部门关注污染治理，但政策主要涉及如何控制由工业生产和城市生活所造成的环境污染，其对农业面源污染的产生与控制几乎毫无影响力与控制力。由于农业与环境保护部门政策目标的冲突导致农业政策和环境政策的分离，从而造成了化肥面源污染无人主管的尴尬局面。

## 二、农业生态环境退化问题

### （一）水土流失问题

#### 1. 水土流失的现状

水土流失是指在水力、风力、重力等外营力以及人类活动作用下，水土资源和土地生产力遭受的破坏和损失，包括土地表层土壤侵蚀及水的损失。我国是世界上水土流失最严重的国家之一，据 20 世纪 90 年代全国第二次水土流失遥感调查，全国水蚀和风蚀面积达 $355.6 \times 10^4$ km$^2$，占国土面积的 37%。其中水力侵蚀面积 $164.9 \times 10^4$ km$^2$，风力侵蚀面积 $190.7 \times 10^4$ km$^2$（表 8-4），全国每年流失的土壤约 $50 \times 10^8$ t（焦居仁等，2006）。

表 8-4　我国土壤侵蚀面积与侵蚀强度

| 水土流失强度 | 水力侵蚀面积 | | 风力侵蚀面积 | | 合计 | |
|---|---|---|---|---|---|---|
| | $\times 10^4$ km$^2$ | % | $\times 10^4$ km$^2$ | % | $\times 10^4$ km$^2$ | % |
| 轻度 | 83.06 | 50.4 | 78.83 | 41.3 | 161.89 | 45.5 |
| 中度 | 55.49 | 33.7 | 25.12 | 13.2 | 80.61 | 22.7 |
| 强度 | 17.83 | 10.8 | 24.80 | 13.0 | 42.63 | 12.0 |
| 极强度 | 5.99 | 3.6 | 27.01 | 14.2 | 33.00 | 9.3 |
| 剧烈 | 2.51 | 1.5 | 34.91 | 18.3 | 37.42 | 10.5 |
| 合计 | 164.88 | 100.0 | 190.67 | 100.0 | 355.55 | 100.0 |

水力侵蚀主要分布在西北黄土高原区、东北黑土区、北方土石山区、南方红壤丘陵区和西南土石山区，侵蚀面积和强度总体上呈自东向西增加的趋势。水蚀面积居前 10 位的省（自治区）依次是：四川、内蒙古、云南、甘肃、陕西、新疆、山西、黑龙江、贵州、西藏，其水蚀面积占全国水蚀总面积的 67.4%。

风力侵蚀主要分布在西部，尤其西北部干旱风沙区和草原区，在东、中部的局部沿河、环湖、滨海平原风沙区亦有分布。新疆、内蒙古、甘肃、青海、西藏 5 省（自治区）风蚀面积达 $183.62 \times 10^4 \text{km}^2$，占全国风蚀总面积的 96.3%。尤其是新疆和内蒙古，风蚀面积占全国风蚀总面积的 79.5%（李智广等，2006）。

此外，在内蒙古东部和南部、黄土高原北部的长城沿线一带，存在面积约 $26 \times 10^4 \text{km}^2$ 的水蚀风蚀交错地区，夏秋季以水蚀为主，冬春季以风蚀为主。

### 2. 水土流失的危害

严重的水土流失不仅导致流失区土地退化，泥沙下泄，淤塞江河湖库，加剧沙尘暴危害，恶化当地生产生活条件和生态环境，而且还对下游地区造成极大的危害，这种危害往往是流域性的、多方面的、长远的甚至是不可逆转的。

（1）造成土地严重退化和营养物质流失，制约农业生产　严重的水土流失造成耕地面积减少、土层变薄、肥力下降、土地退化，生产力降低。据观测，黄土高原多年来平均每年流失 $16 \times 10^8 \text{t}$ 泥沙，其中含有氮、磷、钾总量约 $4000 \times 10^4 \text{t}$ 以上，东北地区因水土流失损失的 N、P、K 总量约 $317 \times 10^4 \text{t}$。近年来我国因水土流失而遭破坏的土地面积平均每年超过 $3.33 \times 10^4 \text{hm}^2$，因水土流失导致粮食减产年均 $200 \times 10^4 \text{t}$ 以上。据初步估计，由于水土流失，全国每年损失土地约 $13.3 \times 10^4 \text{hm}^2$，按每公顷造价 $1.5 \times 10^4$ 元统计，每年就损失 $20 \times 10^8$ 元。更严重的是，水土流失造成的土地损失，已直接威胁到水土流失区群众的生存，其价值是不能仅用货币来计算的。

（2）加剧自然灾害的发生　水土流失不仅使坡耕地成为跑水、跑土、跑肥的“三跑田”，致使土地日益瘠薄，而且土壤侵蚀还造成土壤理化性状恶化，使土壤透水性、持水力下降，加剧干旱的危害，使农业生产低而不稳，甚至绝产。同时，全国因水土流失而导致江河湖库年均泥沙淤积 $16.2 \times 10^8 \text{t}$，各类灌渠淤积 $1.2 \times 10^8 \text{t}$，这进一步加剧了洪涝等自然灾害。水土流失诱发滑坡泥石流，导致人员伤亡，加剧当地及下游地区的地质灾害，造成巨大经济损失的事件亦频频发生。

（3）加重面源污染，威胁饮水安全　水土流失是面源污染的主要载体，水土流失在输送大量泥沙的同时，也输送了大量化肥、农药和生活垃圾。同时水土流失影响水资源的有效利用，加剧了水资源供需矛盾，对饮水安全构成威胁。

（4）影响航运，破坏交通安全　由于水土流失造成河道、港口的淤积，致使航运里程和泊船吨位急剧降低，而且每年汛期由于水土流失形成的山体塌方、泥石流等造成的交通中断在全国各地时有发生。

（5）破坏自然景观，恶化人居环境　水土流失破坏自然景观，导致人们生产生活甚至生存的基本条件受到严重破坏，人居环境恶化，严重影响社会环境，尤其是新农村的建设。

### 3. 水土流失的原因

（1）自然原因　水土流失受到多种自然因素的影响：一是气候因素，如降雨、降雪、温度、风力；二是地形因素，如坡度、坡长、坡型、坡向；三是地质因素，如岩性、新构造运动；四是土壤因素，如土壤的透水性、土壤的抗蚀性、土壤的抗冲性；五是森林植被防治土壤侵蚀效应，如森林植被对水蚀的控制作用、林木根系对土体的固持作用、森林植被对土壤的改良作用等。

（2）人类活动的原因　人类不合理的生产建设活动加剧了水土流失，如在坡地上耕作导致水土流失加剧，据测算，我国坡耕地土壤流失量为 $15×10^8$ t，约占全国水土流失总量的 30%，而全国坡耕地面积只有 $2133.3×10^4$ hm$^2$，占全国水土流失面积的 6%；另外，开发建设活动对水土流失的影响也应得到重视，据"十五"期间调查，我国共新上各类开发建设项目 $7.6×10^4$ 个，年均扰动地表面积 $2.74×10^4$ km$^2$，年均产生弃土弃渣 $18.6×10^8$ t，新增土壤流失量约 $1.9×10^8$ t。在开发建设活动中，农林开发、公路铁路建设、城镇建设、露天煤矿开采、水利水电建设等造成的水土流失最为严重。

## （二）荒漠化问题

### 1. 荒漠化现状

荒漠化是由于气候变化和人类活动等在内的种种因素造成的干旱、半干旱和亚湿润干旱地区的土地退化（UNCCD，1994）[❶]。对照《荒漠化公约》的定义，我国荒漠化按驱动力分主要有 4 种类型：风蚀荒漠化、水蚀荒漠化、盐渍荒漠化和冻融荒漠化。

（1）荒漠化土地面积与分布　2004 年进行的第三次全国荒漠化和沙化监测结果表明，全国荒漠化土地总面积 $263.62×10^4$ km$^2$，分布于北京、天津、河北、山西、内蒙古、辽宁、吉林、山东、河南、海南、四川、云南、西藏、陕西、甘肃、青海、宁夏、新疆 18 个省（自治区、直辖市）的 498 个县（旗、市），其中新疆、内蒙古、西藏、青海、甘肃、陕西、宁夏 7 省（自治区）是荒漠化主要分布区，占全国荒漠化总面积的 97.57%（国家林业局，2005）（表 8-5）。

表 8-5　西部 7 省（自治区）荒漠化和沙化土地面积占全国的比重

| 省、自治区 | 旱地面积占全国/% | 荒漠化面积占全国/% | 沙化面积占全国/% |
| --- | --- | --- | --- |
| 新疆 | 43.08 | 40.65 | 42.90 |
| 内蒙古 | 21.14 | 23.61 | 23.91 |
| 西藏 | 15.56 | 16.44 | 12.46 |
| 青海 | 7.19 | 7.27 | 7.22 |
| 甘肃 | 6.93 | 7.34 | 6.91 |
| 陕西 | 6.93 | 1.13 | 0.82 |
| 宁夏 | 6.93 | 1.13 | 0.68 |
| 总计 | 107.76 | 97.57 | 94.9 |

中国荒漠化有面积大和严重程度高两大特点。我国荒漠化面积有 $263.5×10^4$ km$^2$，占世界荒漠化面积的 25.5%；另外，我国重度荒漠化以上面积占我国总荒漠化面积的 38.6%，而世界重度荒漠化以上面积只占总荒漠化面积的 12.9%（表 8-6）。

表 8-6　中国与世界荒漠化状况比较

| 地区 | 极重度荒漠化 | 重度荒漠化 | 中度荒漠化 | 轻度荒漠化 | 合计 |
| --- | --- | --- | --- | --- | --- |
| 中国/$10^4$km$^2$ | 58.6 | 43.3 | 98.5 | 63.1 | 263.5 |
| 中国/% | 22.2 | 16.4 | 37.4 | 24.0 | 100 |
| 世界/$10^4$km$^2$ | 7.4 | 130.1 | 470.3 | 427.8 | 1035.6 |
| 世界/% | 0.2 | 12.7 | 45.8 | 41.3 | 100 |

注：中国数据来源于国家林业局（2005），世界数据来源于 UNEP（1992）。

---

❶　干旱、半干旱及亚湿润干旱区是指年降水量与可能蒸散量之比在 0.05～0.65 之间的地区，但不包括极区和副极区，这就限定了荒漠化产生的背景条件和分布区域。

（2）荒漠化土地营力分类　　荒漠化土地中风蚀荒漠化土地面积 $183.94 \times 10^4 km^2$，占荒漠化土地总面积的 69.77%；水蚀荒漠化土地面积 $25.93 \times 10^4 km^2$，占 9.84%；盐渍化土地面积 $17.38 \times 10^4 km^2$，占 6.59%；冻融荒漠化土地面积 $36.37 \times 10^4 km^2$，占 13.80%。作为中国荒漠化最严重的类型，由风蚀引起的沙质荒漠化面积最大，分布最广，危害最为严重。干燥多变的气候，大风，疏松的地表结构，贫瘠的土壤和稀疏的植被等自然条件是主因。按照土地利用类型，中国荒漠化地区有 $7.7 \times 10^4 km^2$，即全部耕地的 40.1% 发生退化，有 $105.2 \times 10^4 km^2$ 即草地面积的 56.6% 发生退化，另外还有 $10000 km^2$ 林地发生退化，其余的荒漠化土地（大部分是沙漠和戈壁）植被盖度低于 5%（表8-7）。

**表 8-7　中国荒漠化地区退化土地利用类型**

| 土地利用类型 | 耕地 | 草地 | 林地 | 其他类型 | 合计 |
| --- | --- | --- | --- | --- | --- |
| 面积/$10^4 km^2$ | 7.7 | 105.2 | 0.1 | 149.2 | 262.2 |
| 面积/% | 2.9 | 40.1 | 0.1 | 56.9 | 100.0 |

注：其他类型指植被盖度小于 5% 的所有其余荒漠化土地（CCICCD，1996）。

### 2. 荒漠化的危害

（1）土地退化影响农业生态环境　　我国土地荒漠化形势严峻，危害严重，给国民经济和社会发展造成了严重影响。1994~1999 年，全国沙化土地净增长 $1.72 \times 10^4 km^2$，导致土地生产力严重衰退。据中科院测算，沙区每年因风蚀损失的土壤有机质及氮、磷、钾等达 $5590 \times 10^4 t$，折合标准化肥 $2.7 \times 10^8 t$。农、林、牧业用土地的退化，阻碍了农业经济本身的发展，使生态环境出现灾难性变化。土地沙漠化、水土流失和土壤盐渍化三大荒漠化灾害每年造成的直接经济损失为 $540 \times 10^8$ 元。

（2）导致自然灾害加剧，沙尘暴频繁　　全国特大沙尘暴 20 世纪 60 年代发生 8 次，70 年代 13 次，80 年代 14 次，90 年代 23 次。特别是 2000 年以来的两三年间，我国北方地区每年都连续发生十余次扬沙、浮尘和沙尘暴天气，造成部分地区机场关闭、交通中断。沙尘暴频率高，来势猛，影响范围广，从另一侧面反映了我国土地荒漠化的严重情况。

（3）加深了沙区人民的贫困程度，扩大了地区间的差距　　恶劣的生态环境是沙区部分群众长期处于贫困的主要根源。沙区既是一个植被稀少、生态环境极为脆弱的地区，又是少数民族最为集中、贫困人口分布最多的经济欠发达地区。这些地区长期处于贫困的重要原因之一，就是生态环境脆弱，生产条件恶劣。

### 3. 荒漠化的原因

（1）气候变化对我国荒漠化产生重要影响　　如我国北方农牧交错带的鄂尔多斯高原及陕北榆林地区，1960~1984 年间荒漠化发生、扩展与程度的加重，主要是由于气候干旱、降水量减少引起的（方修琦，1987）。我国干旱区春季大风频发是荒漠化发展的重要动力因素，地表植被稀疏矮小，群落结构简单为起沙提供了条件（赵雪等，1997）。地表裸露面大，组成物质松散，沙源丰富；生态用水不足，植被抑制荒漠化的能力衰退。荒漠植被都是随河流湖泊分布，伴河流湖泊而生长发育，大规模盲目开荒和其他不合理用水，导致大量水源被截留，下游河道断流，湖泊萎缩干涸，绿色植被随之衰败减少。

（2）地貌地质因素　　除了青藏高原及一些大的山脉对大气环流的影响导致干旱之外，地形对荒漠化的影响一方面表现为地形起伏对水蚀的影响。例如在黄土高原北部、西辽河上游等地地形起伏，土壤疏松，降水集中且多为短历时、高强度，加之陡坡垦耕对植被的破坏，造成这些地区强烈的水土流失。大范围极度干燥与局部地段低洼、排水不畅，降水稀少与强烈的蒸发，使得一些地区因不合理灌溉而发生土地盐渍化。

（3）人类活动　根据全球环境地图集（Lean，Geoffrey，1990），由于人类不合理的经济活动造成荒漠化的主要原因有 5 个，即贫瘠土地的过度耕作、脆弱牧场的过度放牧、旱地薪柴的过度砍伐、森林砍伐以及不合理的灌溉方式导致农田盐渍化。类似地，在中国荒漠化地区，特别是近 100 年来，不合理利用自然资源是荒漠化发生的直接原因（吴正，1991）。

## （三）农业生物多样性丧失问题

### 1. 农业生物多样性丧失的影响

（1）现代农业造成生物多样性丧失，抗灾害能力下降　大面积地砍伐森林、垦殖草原和湿地，破坏了生态演替的正常进行，对生物多样性的保护和持续利用产生破坏性的严重后果。现代农业大量地使用化学物质，导致大量农田生物遭到灭顶之灾，如以前在田间地头大量存在的青蛙、蛇类、泥鳅、黄鳝以及各种飞鸟、昆虫等，如今在很多地方几乎绝迹。同时，世界各地在长期从事农业生产发展的过程中，选择和形成了许多地方品种，它们各有各的用途，并构成独特的耕作制度。但是值得注意的是，一些研究实验中心培育的许多高产品种几乎全取代了与野生亲缘种共存的地方品种，使它们陷入灭绝的状态。在缺乏综合发展的情况下，造成农业景观千篇一律，品种单调，虽然在短期内产量明显增加，但是它们的产量建立在水肥条件充分和现代化的管理水平上，一旦条件不能满足就走向退化，加上与本地品种及其野生亲缘种缺乏基因流动，它们的遗传特性趋于一致，很容易受到流行性病虫害的侵袭。

（2）农业的传统没有得到很好的继承，优良农业品种丧失殆尽　农业是人类在长期生存和发展过程中的创造，是人类文化多样性的一部分，但是，人们在发掘世界自然和文化遗产时，大多从自然和文化遗迹以及特殊的风俗习惯、艺术和宗教等方面去考虑，自己所创造的多种多样农业耕作制度及其组成成分、丰富多彩的基因资源很少被看作是文化遗产并加以保护、继承和发展。从 20 世纪开始，主要作物大约 75％的基因多样性已经消失，这大大增加了农业的脆弱性，减少了人们食物的多样化。

### 2. 农业生物多样性丧失的原因

造成农业生物多样性丧失的原因有自然因素与人为因素两方面，就目前而言，人类活动是造成农业生物多样性损失的最主要原因，这主要体现在对资源的过度开发与利用、环境污染和生物入侵三方面。

（1）对资源的过度开发与利用　随着人口的增加和全球化商业网络体系的形成，人们对各种有价值的生物资源的需求不断增加，进而导致对其的获取量不断提高。当需求超过其再生能力时，就形成了对该资源的掠夺式开发与利用，最终导致这类资源的枯竭。

（2）环境污染　现代农业的典型特征是化石农业，大量化肥、农药的使用导致农业面源污染程度不断加深，许多农田生物如各种鱼类、青蛙等越来越难以生存，农业生物多样性平衡受到破坏。

（3）生物入侵　生物入侵正成为威胁我国农业生物多样性的重要因素之一。生物入侵是指某种生物从原来的分布区域扩展到比较遥远的新的地区，在新的分布区其后代不仅可以生存、繁殖，而且能够扩展区域，比乡土物种更能适应环境。目前我国的 34 个省级无一没有外来种，除了极少数位于青藏高原的保护区外，几乎或多或少都能找到外来杂草。

# 第四节　农田生态保护与建设实践[1]

## 一、农田生态保护与建设的重要意义

农田是农业生态系统重要而基础的组成部分，是人类生存和发展的基地。农田生态系统是以农作物为中心的生物群落与其生态环境间在能量和物质交换及其相互作用下所构成的一种人工建立的生态系统。农田生态保护与建设对农业的可持续发展是至关重要且必不可少的。通过农田保护与建设，建立健康的农田生态系统，对系统高效运转、保障中国粮食安全、农业可持续发展和国家生态安全等均具有十分重要的作用（李文华，2008）。

农田生态系统敏感度和脆弱性较高，如利用不慎容易产生地力退化和农田生态失衡。由于历史上多次过度利用，中国农田生态状况本来就不容乐观，加上近年化肥、农药的不合理施用和不科学灌溉与农作等，农田生态系统的结构、功能、质量等均发生了很大变化，产生并潜含着许多新的危机。目前我国农田生态系统面临的生态问题有土地质量下降、土地沙漠化、土壤污染、农用水资源短缺及污染、生物入侵、农田生物多样性减少等。同时，农田污染物沉积和地力衰退等生态变化，具有潜伏性、隐蔽性、长期性和恢复缓慢、难度大等特点，在早期常常容易被忽视，任其发展必然给农业系统造成长期和大范围的危害。如农田污染可通过食物链传递，影响农产品安全，给人畜健康造成潜在危害。因此，农田生态保护与建设应当成为一项长期坚持的战略任务。

针对农田生态系统主要的生态环境问题，修建农田基础设施、基于资源有效利用的生物措施、依托于污染修复技术的工程措施及两两相结合的方式是当前现行的农田生态系统保护及建设的主要途径。

## 二、农田生态保护与建设的主要措施

### （一）农田基础设施建设工程

基础地力指受自然条件的制约和人类利用与培育行为的影响，在相应条件下特定土壤所具有的植物生产力。基础地力是农田生产能力的基本标志，是农田综合生产能力的基础。稳步提高基础地力是农田保育必须长期坚持开展的任务，也是农田生态保护与建设的核心内容之一。

根据目前中国农田生态现状，提高基础地力的基本内容包括土壤培肥和强化农田基础设施与条件建设两个方面。前者主要包括农田修整、合理施肥、作物合理轮作等；后者主要包括水利设施建设、农田集中经营、适型机械配套、农田林网与道路建设以及抗灾、避灾设施建设等，同时要做好这些条件的协调配套，通过高效组合，提高农田的抗干扰能力，提高农田综合生产力。

### （二）生物-物质多层利用型生态工程

生态工程是应用生态系统中的物种共生与物质循环再生原理，结构和功能协调原则，结合系统工程最优化方法设计的多层多级物质利用的生产工艺系统。生态农业技术是生态系统的基本原理在农业生产系统的应用，使物质在系统内多次循环，从而达到废物产生的最小

---

❶　本节的作者为焦雯珺（中国科学院地理科学与资源研究所）。

化。生态农业不仅是一种农业经济发展的新理念，在实践上更是一种发展模式与技术范式，是从源头上减少农村面源污染的最重要的途径。

物质良性循环技术是利用不同种类生物之间相互作用、相互促进关系的特性，建立起来的分级利用和各取所需的生态工程系统，如水网地带的桑基鱼塘生态工程。

### 1. 复合农业系统——互利共生型

生物立体布局技术是利用自然生态系统中不同物种的特点以及种间相互作用的原理，通过合理组合，建立各种形式的立体结构，以达到充分利用空间，提高生态系统光能利用率和土地生产力，增加物质生产的目的。如农作物的混种及间作套种、农林间作、林药间作、胶茶间作、农作物或果树与食用菌间作、稻田养鱼、稻田养鸭等。

### 2. 资源综合开发利用型

资源综合开发技术是充分利用生态系统中的各种能源，通过工程措施与生物措施，将生态系统中的能源转化为可以被人类直接利用的能量形式。根据我国农业生态建设实践，把种植业、家禽饲养业、沼气、太阳能利用、食用菌生产及淡水养殖连为一体，不仅能解决生活能源的供给，还使资源、生物、物质多级多层次转化利用，以解决农村生活能源为纽带，带动农、林、牧及种、养、加各业的全面协调发展。通过因地制宜、全面规划、综合开发，利用改造荒山、荒坡、荒滩、荒水，实行资源开发与环境治理相结合，治山与治穷相结合，可全面促进环境建设、生产建设和经济建设。

资源开发利用型要适用于农业发展潜力大、生态环境好、资源丰富但未得到充分开发或利用的山区及沿海滩涂地区。如目前尚未开发或开发不完全的偏远山区，其发展模式主要有生态和经济效益结合的林业经济系统，以及在平原和丘陵地区面向土地资源综合利用的复合生态农业。主要模式：高坡栽果、茶、竹，平坡引种牧草，发展以猪、牛、羊为主的牧业，耕地以种粮为主；稻田养鱼；对一些发展食用菌的地区，在原来的香菇、黑木耳等的基础上，开发银耳、灰树花、黄田菇等野生菌类并实现了人工栽培；此外还有中药材、野菜类的开发和利用；山顶松槐戴帽，山间板栗缠绕，山下苹果梨桃，山脚粮油丰的生态农业布局。各地自然环境、资源和能源不同，因此在开发过程中，要因地制宜，立足当地优势，实施资源、能源综合开发，循环多级利用，增加效益。

### 3. 环境整治型

采用生物措施和工程措施相结合的方法来综合治理水土流失、草原退化、沙漠化、盐碱化等生态环境恶化区域，通过植树造林、改良土壤、兴修水利、农田基本建设等，并配合模拟自然顶级群落的方式，实行乔木、灌木、草结合，建立多层次、多年生、多品种的复合群落生物措施，是生物措施与工程技术的综合运用。

（1）水土保持型　在水土流失较为严重的地区以植树造林为主要途径发展林果、养殖等产业，实行小流域的综合治理，改善生态环境，逐步创造良好的农业发展环境。目前，谷坊坝、梯田、截流沟、水平条等与植物篱、地埂植被技术结合在一起，层层设防、节节拦蓄，形成了完整的水土流失综合防护体系。

（2）盐碱地治理型　采用打浅井、开深沟、建造人工防护林、引进抗盐碱的豆科牧草发展畜牧业，种植压青绿肥增加土壤有机质等立体配置的植被结构的生态农业模式。

（3）荒漠草地生态农业模式　根据草场类型和产草量，确定不同的畜种群结构和载畜量，分地区分季节安排治理和牧业生产；退耕还牧还草，提高草地的产草量；缩短育肥周期，减少载畜量和放牧强度；引导牧民从事畜产品加工业等行业的生态农业模式。

（4）生态沟渠系统　现有农田沟渠以现代型混凝土沟渠和传统型土沟渠为主，随着经济和农业的发展，有向现代型混凝土沟渠发展的趋势。其中传统型土沟渠保土能力差，容易产生水土流失和沟壁崩塌等问题，对环境产生污染；现代型混凝土沟渠虽然解决了上述问题，但作用单一，仅起到农田排水的作用，其中水速较快，对流水所携带的泥土和营养成分无法去除，同样会带来环境污染问题。生态沟渠系统，由现有的农田排水沟渠改造而成，它主要由工程部分和植物部分组成，能减缓水速，促进流水携带颗粒物质的沉淀，有利于构建植物对沟壁、水体和沟底中逸出养分的立体式吸收和拦截，从而实现对农田排出养分的控制。生态拦截型沟渠不仅起到了沟渠应有的排灌功能，还能减少农田氮磷等养分的流失，景观效果良好。人工水塘技术、构建人工湿地和植被缓冲带等生态工程需要占用大量土地，但是生态沟渠系统不另外占用土地，在地势低平的平原地区，其沟渠众多，具有较大的推广潜力。

### 4. 观光旅游型

是近年来新兴的城郊农业发展模式。该模式是运用生态学、生态经济学原理，将生态农业建设和旅游观光结合在一起的良性模式。以市场需求为导向，以农业高新技术产业化开发为中心，以农产品加工为突破口，以旅游观光服务为手段，在提升传统产业的同时，培植名贵瓜、果、菜、花卉和特种畜、禽、鱼以及第三产业等新兴产业，进行农业观光园建设，让游客在旅游中认识农业，了解农业，热爱农业，增强热爱大自然和环境保护意识。

## （三）受污染土壤修复技术

农业区的面源污染是典型的农业生态环境问题。土地的污染退化已成为我国乃至全球土地退化的主要表现形式之一。近 30 年来，随着高速的社会经济发展和高强度的人类活动，我国因污染退化的土地数量日益增加，范围不断扩大，土地质量恶化加剧。

农业土壤污染主要来源于如下几个方面：农用物资的使用（化肥、农药和地膜等）、集约化养殖场、分散式的农村生活污水、生活垃圾和农业废弃物。在降雨、灌溉过程中污染物通过地表径流、农田排水或渗滤作用进入附近水体，引起水体的污染。农业面源污染控制工程的建设以实现农业环境保护、农业经济可持续发展以及农业人居环境和意识形态相和谐发展为目标。通常从污染物产生的源头开展污染物的减量化工程，在污染物迁移过程中开展污染物的拦截与阻断工程，并对面源污染物进行深度处理与再净化这几个方面来进行展开。

### 1. 农业化学品减量化技术

化肥减量技术主要有以下几种。

（1）平衡施肥技术　在施氮量相等的情况下，合理调整基准肥的比例，以及根据农田土壤的养分供应能力以及作物对养分吸收的特性，合理调整 N、P、K 肥的施用比例，可以有效减少肥料的施用总量以及淋失量，提高肥料的利用效率。

（2）种质模式优化技术　通过采取合理的轮作模式，如水稻-紫云英轮作，可获得与正常产量相当的产量，并且极大地减少了化肥的施用量以及盈余量。

（3）缓控释等新型肥料技术　缓控释肥料中养分的释放与作物养分需求比较吻合，可以大大降低向环境排放的风险。但是目前使用缓控释肥的费用相对于普通化肥较高，在一定程度上限制了其广泛使用。

（4）施加土壤改良剂控制 N、P 流失　如生物质炭，其良好的吸附性能和生物亲和性可以有效控制农田营养盐的释放。

### 2. 农药减量化与残留控制技术

在化学农药减量施用方面，当前主要的发展趋势是由化学农药防治逐渐转向非化学防治技术或低污染的化学防治技术，主要包括抗病种的选育、高效低毒药剂的开发。

在农药残留生物降解方面，国内外做了很多研究工作，细菌、真菌、放线菌等各种降解农药的微生物菌株相继被分离和鉴定，近年来伴随着基因工程和分子生物学的发展，构建高效工程菌成为当前研究的热点。但是目前的研究仍然存在不足，大多数研究以实验室研究为主，技术零散、配套性差和展示度低等仍然是目前我国集约化农田农药减量化与残留控制需求中的突出问题。

### 3. 地膜污染防治技术

按照地膜的规定厚度使用地膜，积极开发替代地膜覆盖的新技术，通过高新技术和农学技术结合多途径开发覆盖的新技术新产品，替代现有的非自行分解膜。

### 4. 生态修复技术

污染土地的生态修复是我国防治土地污染退化的主要思路和重要技术手段，其中植物修复技术是污染土地的生态修复中最重要的一个方面。

植物修复是植物、土壤和根际微生物相互作用的综合效果，既包括对污染物（重金属、有机污染物）的吸收和清除，也包括对污染物的原位固定或分解转化。主要内容包括两个方面。一方面是植物的筛选和开发。针对重金属、有机物污染，需要筛选出对污染物具有较强的耐受性、超富集能力，生物量大、生长快且易于人工种植的植物。另一方面是适于植物生长的基质改良（如使用污泥、磷矿粉、沸石等改良剂来改善土壤的理化性质），以提高植物的修复水平。植物修复技术通常还包括络合诱导强化修复技术、不同植物套作联合修复技术、修复植物收获后的处置与再利用技术（焚烧、堆肥、压缩填埋、高温分解、灰化、液相萃取、农业利用）等配套技术。根据修复的原理，分为以下几个类型。

（1）植物稳定或植物固化　利用特定植物的根或植物的分泌物固定重金属，降低土壤中有毒金属的移动性，从而降低重金属被淋浴到地下水或通过空气扩散进一步污染环境的可能性。

（2）植物挥发　利用植物的吸收、积累和挥发而减少土壤中的一些挥发性污染物，即植物将污染物吸收到体内后将其转化为气态物质，释放到空气中。

（3）植物提取　利用特定的植物，特别是重金属超积累植物从土壤中吸取一种或几种重金属，并将其转移、贮存到地上部，然后收获地上部并集中处理。

（4）植物促进　植物的根释放根系分泌物或酶，刺激微生物和真菌，使它们发挥作用，进而降解土壤中的重金属和有机污染物。

植物修复技术具有成本低、修复效率高、适用于大面积污染土壤且不破坏土壤基本理化性质的优点，同时也存在如下方面的问题：

① 耗时较长，效果缓慢。大多数富集或超富集植物生长缓慢、植株矮小、地上部分生物量小，因而对污染物的吸收和积累过程缓慢，在气温较低的地区更是受到时间的制约，由此可见，土壤污染的植物修复技术主要适用于受轻度污染土壤的长期修复。

② 修复的空间范围有限。植物修复主要针对耕作层土壤的修复，多年生而根系发达的植物可达到 30～40cm，当污染土壤的土层超过 40cm 时，处理效果将难以保证。

③ 植物修复的专一性，使得其在受多种污染物污染土壤修复中的应用受到限制。

### （四）污水及固体废物处理技术

由于农业废弃物成分复杂，二次开发成本高、难度大，同时缺乏政策的引导和资金的投入，导致农业废弃物污染事故与事件逐年增加。如果不加合理地利用和处理农业废弃物，对农业生产环境的污染将会更加严重。这些废弃物的无害化处理和循环利用是实现农村生态文明和农业可持续发展需要解决的实际问题。

### 1. 农村污水处理技术

随着乡镇经济的迅速发展、城镇化进程的不断推进、人口的迅速增长和广大农民生活水平的迅速提高及生活条件的明显改善，农村生活污水的排放量不断增加，环境污染问题日益严重。农村生活污水无害化排放不仅是新农村建设的要求，也是改善农村居民生活环境的需要。长期以来，进行农村生活污水处理技术的研究，探索适合农村生活污水的处理模式，对推动社会主义新农村建设具有迫切的现实意义（黄吉安，2010）。

污染拦截是指对于那些源头上无法减量的污染物质（如无法减少集约化农业化肥的施用量），在污染物的运移途径中通过滞留径流、增加流动时间来减少进入水体的污染物质的量。

（1）人工水塘技术　利用天然低洼地进行筑坝或人工开挖而成，能够有效滞留暴雨径流，降低径流流速，悬浮物得到沉降，污染物质达到净化。利用水塘拦截下来的雨水，还能灌溉农田，增加了水的循环利用率。

（2）植被缓冲带技术　植被缓冲带是指邻近受纳水体，有一定宽度，具有植被，在管理上与农田分割的地带。缓冲带能减少污染源和河流、湖泊之间的直接连接。缓冲带能够降低水流流动的速度，延长水流流动的时间，使径流下渗量增加，降低水流的挟沙能力，使悬浮物在缓冲带中得到沉降。

（3）人工湿地技术　人工湿地是 20 世纪 70 年代起发展的新型污水处理和水环境修复技术，常为由土壤或人工填料（如碎石等）和生长在其上的水生植物组成的独特的土壤-植物-微生物-动物生态系统。污水被人为投配到常处于浸水状态、生长水生植物（如芦苇、香蒲、茭草、浮萍和马蹄莲等）的土地上，沿一定方向流动的污水在耐水植物、土壤和微生物的协同作用下被净化。农业径流具有面广、量大、分散、间歇的峰值和高无机沉淀物负荷的特点，用传统污水处理技术处理难度大、维护管理复杂、投资和运行费高。而人工湿地技术的耐冲击负荷能力强、投资低、运行费用低、维护管理简便，但占地面积较大，因此人工湿地技术适合于有地可用的农村的径流处理（梁继东，2003）。

针对我国农村生活污水分散式的特点，国内开展了大量的工程实践，取得了较好的发展。常见的农村生活污水处理系统还有以下几种。①"FILTER"污水处理系统，它是一种"过滤、土地处理与暗管排水相结合的污水再利用系统"。其运行费用低，特别适用于土地资源丰富、可以轮作休耕的地区或是以种植牧草为主的地区。②毛细管渗滤沟污水处理，是一种基于土地的地下污水渗滤处理系统。③农村生活污水净化池技术，采用多级自流工艺，适合分散处理生活污水，是分散处理生活污水的新型构筑物。不同于传统的沼气池技术，它是一个集水压式沼气池、厌氧滤器及兼性厌氧塘于一体的多级折流式消化系统。④蚯蚓生态滤池处理系统，是基于蚯蚓具有吞食有机物、提高土壤通气透水性能和蚯蚓与微生物的协同作用等生态学功能而设计的一种污水生态处理系统。⑤村镇生活污水量小，污染物主要为生活污水，几乎不含工业污水。因此，集中污水处理技术宜采用如活性污泥法、SBR 法、氧化沟法等适合小型污水处理的工艺。同样，由于污水污泥工业污染少，污泥农用或土地利用成为比较可靠和稳定的处理方法。

### 2. 农业生产废弃物处理技术

随着农业生产逐步走向规模化、集约化和现代化，农业生产活动中丢弃的大量固体废物也急剧增加。农业生产固体废物污染已呈现总量增加、程度加剧和范围不断扩大的趋势，直接影响到农村人类居住地的生活和生产环境。如果忽视其处理和综合利用，集约化农业发展所带来的生态环境问题将会日益突出，直接阻碍农业的可持续发展。因此解决好农业现代化、集约化发展过程对农业生态环境的污染，是今后我国农业生态工程建设面临的重要任务。生活垃圾、农作物秸秆、畜禽养殖废弃物等是我国农村主要的固体废物，实现农村固体废物的资源化是当前农村生态环境建设的重要内容。目前比较成熟的生态技术有现代堆肥技术、秸秆粉碎还田、沼气技术、垃圾熟化技术。秸秆打捆收获后用作能源、建筑材料、花卉盆钵等新型资源化方式也已形成一定的规模。

## （五）生物入侵防护及治理

农业生态系统中的植物群落结构简单、稳定性较低，且受人类影响最频繁和最直接，极易受到外来物种的入侵。全球化不仅带来了世界政治和经济格局的变化，而且也改变了生物分布的空间格局，导致生物种群的重新分布，由此而产生的生物入侵已成为影响农业生态系统稳定性的重要方面。当前农业生态系统对外来入侵物种的控制主要以化学防治为主，鉴于农业生态系统的可持续发展，生物防治、农业和生态防治急需重视（俞红，2011）。

### 1. 人工或机械防治

可依靠人力或利用专门设计制造的机械设备来防治有害生物。鉴于我国人力资源丰富，人工或机械防除可在短时间内迅速清除有害生物，缺点是耗资巨大，且受自然条件限制。另外，对有害动植物残体、残株处理不当，有可能成为新的传播源，客观上加速了外来生物的扩散。

### 2. 化学防治

化学农药具有效果迅速、使用方便、易于大面积推广应用等特点。不足是防治费用较高，污染环境，在杀灭入侵生物的同时，也毒杀了生境中许多非目标物种。入侵生物一旦产生抗药性，就会造成再猖獗。所以把握化学防治的剂量与时间非常关键。

### 3. 生物防治

无论是从生态角度还是经济角度，生物防治被认为是继人工或机械防治和化学防治之后最有吸引力的方法。生物防治具有成本低、不污染环境、控制时效长等优点。缺憾是建立有效控制机制的时间较长，一般需要几年甚至更长的时间，因此对于那些要求在短时期内彻底清除的入侵物，生物防治难以奏效。另外，引进天敌防治外来有害生物也具有一定的生态风险，释放天敌前如不经过谨慎的、科学的风险分析，引进的天敌很可能成为新的入侵生物。所以，立足于开发本地天敌资源并规模化防治的研究就显得十分重要（强盛，2010）。

### 4. 生物替代

生物替代技术是根据植物群落演替的自身规律，利用有经济或生态价值的本地植物取代外来入侵植物的一种生态防治技术。不足是对环境的要求较高，很多生境并不适宜人工种植植物，同时人工种植本地植物恢复自然生态环境涉及的生态学因素很多，实际操作有一定难度。利用篁竹草生长优势排挤紫茎泽兰的生存空间，有效阻止了紫茎泽兰的"生态入侵"，从而达到以草治草、以草促林，实现科学生态治理的目标。

## （六）循环生态农业建设

可持续、环境友好的循环生态农业是指在既定的农业资源存量、环境容量以及生态阈值综合作用下，从节约农业资源、保护生态环境和提高经济效益的角度出发，运用循环经济学方法组织的农业生产活动和农业生产体系，通过末端物质能量的回流形成物质能量循环利用的闭环农业生态系统（白金明，2008；高旺盛，2007）。

传统农业模式主要包括农业资源、农业产品、农业废弃物三部分，"两高一低"特征显著，即资源消耗高、废物排放高、物质能量利用低；循环农业模式主要包括农业资源、农业产品、农业废物再利用三部分，资源消耗低、废物排放低、物质能量利用高，"两低一高"的生态友好型特征显著。

循环农业的基本特征是以生态农业为基础，形成一种融合种、养、加、产、供、销、商、贸为一体的产业化链条。循环农业不仅是一种农业经济发展的新理念，在实践上更是一种发展模式与技术范式。

## 三、农田生态保护与建设的对策建议

### 1. 强化土地保育理念，把农田保育纳入农业可持续发展战略

将农田保护纳入中国农业中长期发展规划，积极争取国家的投入和支持。同时做好全民教育工作，国家要像治理沙尘暴，治理长江、黄河与水土保持一样，大力开展宣传与科普工作，既要明确农产品的可持续生产与质量的不断提高必须以良好的土地质量为基础，时刻关注农田这个核心；又要树立"大土地"观念，保护和积极营建绿地，绿化和美化家园，从点滴做起，把农田保育与自己的生产、生活行为直接结合起来，逐步使中国农田保育建立在群众自觉性的基础之上。

### 2. 建立健全相关政策法规

主要体现在以下几个方面：

（1）尽早制定中国《农田质量法》或在《基本农田保护条例》中增补或充实农田质量保育方面的内容。

（2）加强工业、商业对农业的回哺，其理由是中国今日的城市繁华和工业基础，与农村经济的支撑和"剪刀差"代价有直接关系；近几十年农村人才流失严重，对农村地区的发展造成了一定的影响；中国经济的可持续发展有赖于市场的拉动，潜力最大的市场在农村地区。

（3）设立农田基本建设专项基金，重点针对区域性农田生态问题进行专项治理与保护。

### 3. 系统研究，科学规划，分区治理，稳步推进"藏粮于田"战略的实施

首先针对相关科技支撑中的基本科学问题开展研究，并在示范的基础上，科学规划，分步、分区、分期地推进中国农田生态保护，不断提高中国耕地的综合生产能力。建议首先从高集约化高污染农田的保育起步实施，同时重点强化中国生态脆弱区的农田保育力度，即采取"治强保弱"的策略，推进全国农田生态保护工作的全面进步。

## 参 考 文 献

[1] Barrios E. Soil biota, ecosystem services and land productivity. Ecological Economics，2007，64（2）：269-285.

[2] Bertness M D，Leonard G H. The role of positive interactions in communities：lessons from intertidal habitats. Ecology，1997，78：1976-1989.

[3] Evenson R E，Gollen D. Assessing the impact of the Green Revolution，1960～2000. Science，2003，300：758-762.

[4] Fowler C，Mooney P. Shattering：food，politics and the loss of genetic diversity. Tucson：University of Arizona Press，1990.

[5] Hill，A R. Ecosystem stability：some recent perspectives . Prog Physical Geography，1987，11（3）：315-333.

[6] Kleijn D，Berendse F，Smit R，et al. Agri-environment schemes do not effectively protect biodiversity in Dutch agricultural landscapes. Nature，2001，413：723-725.

［7］　Matian W S. Crop strength through diversity. Nature，2000，406：681-682.

［8］　Tilman D，Lehman C L，Bristow C E. Plant diversity and ecosystem productivity：theoretical considerations. Proceedings of the National Academy of Sciences，USA，1997，94：1857-1861.

［9］　Tilman D，Wedin D，Knops J. Productivity and sustainability influenced by biodiversity in grassland ecosystems. Nature，1996，379：718-720.

［10］　Tilman D，Downing J A. Biodiversity and stability in grassland. Nature，1994，367：363-365.

［11］　Zhang D，Min Q W，Liu M C，et al. Ecosystem service tradeoff between traditional and modern agriculture：a case study in Congjiang County，Guizhou Province，China. Frontiers of Environmental Science and Engineering，2012，6 （5）：743-752.

［12］　Zhang W，Ricketts T H，Kremen C，et al. Ecosystem services and dis-services to agriculture. Ecological Economics，2007，64 （2）：253-260.

［13］　陈进红，王兆骞. 农业生态系统分类研究的国内进展. 科技通报，1998，14 （4）：281-284.

［14］　冯耀宗. 人工生态系统稳定性概念及其指标. 生态学杂志，2002，21 （5）：58-60.

［15］　国家统计局. 中国统计年鉴 2012. 北京：中国统计出版社，2013.

［16］　李维炯，倪永珍. 生态学基础. 北京：中国农业大学出版社，1996.

［17］　刘其全. 水稻不同品种间作对稻田节肢动物群落的影响. 福州：福建农林大学，2007.

［18］　吕耀，章予舒. 农业外部性识别、评价及其内部化. 地理科学进展，2007，26 （1）：123-132.

［19］　彭涛，高旺盛，隋鹏. 农田生态系统健康评价指标体系的探讨. 中国农业大学学报，2004，9 （4）：21-25.

［20］　唐登银. 农田生态系统概论. // 孙鸿烈. 中国生态系统. 北京：科学出版社，2005.

［21］　王洪全，颜亨梅，杨海明. 中国稻田蜘蛛生态与利用研究. 中国农业科学，1996，（5）：68-75.

［22］　王华，黄璜，杨志辉等. 湿地稻-鸭复合生态系统综合效益研究. 农村生态环境，2003，19 （4）：23-26，44.

［23］　闻大中. 试论农业生态系统的多样性. 应用生态学报，1995，6 （1）：97-103.

［24］　肖玉，谢高地，卢春霞. 农田生态系统服务功能及其价值评估. // 李文华. 中国当代生态学研究·生态系统管理卷. 北京：科学出版社，2013.

［25］　杨志辉，黄璜，王华等. 稻-鸭复合生态系统稻田土壤质量研究. 土壤通报，2004，35 （2）：117-121.

［26］　尹飞，毛任钊，傅伯杰等. 农田生态系统服务功能及其形成机制. 应用生态学报，2006，17 （5）：929-934.

［27］　云正明. 农业生态系统结构研究（一）. 农业生态环境，1986，（1）：44-47，25.

［28］　张丹，成升魁，杨海龙等. 传统农业区稻田多个物种共存对病虫草害的生态控制效应. 资源科学，2011a，33 （6）：1032-1037.

［29］　张丹，闵庆文，成升魁等. 不同稻作方式对稻田杂草群落的影响. 应用生态学报，2010，21 （6）：1603-1608.

［30］　张丹. 农业文化遗产地农业生物多样性研究. 北京：中国环境科学出版社，2011.

［31］　中国生物多样性国情研究报告编写组. 中国生物多样性国情研究报告. 北京：中国环境科学出版社，1997.

［32］　周海波，陈巨莲，程登发等. 农田生物多样性对昆虫的生态调控作用. 植物保护，2012，38 （1）：6-10.

［33］　Bjorklund J，Limburg K E，Rydberg T. Impact of production intensity on the ability of the agricultural landscape to generate ecosystem services：An example from Sweden. Ecol Econ，1999，29 （2）：269-291.

［34］　Bousquet P，Ciais P，Miller J B，et al. Contribution of anthropogenic and natural sources toatmospheric methane variability. Nature，2006，443 （7110）：439-443.

［35］　Costanza R，d'Arge R，de Groot R，et al. The value of the world's ecosystem services and natural capital. Naturel 1997，387 （6630）：253-260.

［36］　Costanza R，Daily H E. Natural capital and sustainable development. Conservation Biology，1992，6 （1）：37-46.

［37］　Millennium Ecosystem Assessment Sub-Global Component：Purpose，Structure and Protocols.

［38］　Pretty J，Ball A. Agricultural Influences on Carbon Emissions and Sequestration：A Review of Evidence and the Emerging Trading Options，Occasional Paper2001-03，Centre for Environment and Society，University of Essex，2001.

［39］　Pretty J N，Brett C，Gee D，et al. An assessment of the total external costs of UK agriculture. Agricultural Systems，2000，65 （2）：113-136.

［40］　Rui W，Zhang W. Effect size and duration of recommended management practices on carbon sequestration in paddy

field inYangtze Delta Plain of China：A meta-analysis. Agriculture ，Ecosystems& Environment，2010，135（3）：199-205.

[41]　Sub-global Assessment Select ion Working Group of the Millennium Ecosystem Assessment（MA）. 2001.

[42]　Swinton S M，Lupi F，Robertson G P，Hamilton S K. Ecosystem services and agriculture：Cultivating agricultural e-cosystems for diverse benefits. Ecological Economics，2007，64（2）：245-252.

[43]　Tong C，Xiao H，Tang G，et al. Long-term fertilizer effects on organic carbon and total nitrogen and coupling Rela-tionships of C and N in paddy soils in subtropical China. Soil and Tillage Research，2009，106（1）：8-14.

[44]　Wood S，Sebastian K，Scherr S J. Pilot Analysis of Global Ecosystems：Agroecosystems，Washington D C：Interna-tional Food Policy Research Institute and World Resources Institute，2000.

[45]　Wall D H，Bardgett R D，Kelly E F. Biodiversity in the dark. Nature Geoscience ，2010，3（5）：297-298.

[46]　Zhang W，Ricketts T H，Kremen C. 2007. Ecosystem services and dis-services to agriculture. Ecological Economics，et al，64（2）：253-260.

[47]　黄璜. 湖南境内隐形水库与水库的集雨功能. 湖南农业大学学报，1997，23（6）：499-503.

[48]　李文华. 中国当代生态学研究. 北京：科学出版社，2013.

[49]　马新辉，任志远，孙根年. 城市植被净化大气价值计量与评价——以西安市为例. 中国生态农业学报，2004，（2）：180-182.

[50]　欧阳志云，王效科，苗鸿. 中国陆地生态系统服务功能及其生态经济价值的初步研究. 生态学报，1999，19（5）：607-613.

[51]　孙新章，周海林，谢高地. 中国农田生态系统的服务功能及其经济价值. 中国人口・资源与环境，2007，17（4）：55-60.

[52]　吴瑞贤，张嘉轩. 水田对径流系统之影响评估. 农业工程学报，1996，42（4）：55-66.

[53]　肖玉，谢高地，安凯等，华北平原小麦玉米农田生态系统服务评价. 中国生态农业学报，2011，19（2）：429-435.

[54]　肖玉，谢高地，鲁春霞等，施肥对稻田生态系统气体调节功能及其价值的影响. 植物生态学报，2005a，29（4）：577-583.

[55]　肖玉，谢高地，鲁春霞，稻田生态系统氮素吸收功能及其经济价值. 生态学杂志，2005b，24（9）：1068-1073.

[56]　肖玉，谢高地，鲁春霞，稻田生态系统氮素转化经济价值研究. 应用生态学报，2005c，16（9）：1745-1750.

[57]　肖玉，谢高地，鲁春霞等，稻田生态系统气体调节功能及其价值. 自然资源学报，2004，（5）：617-623.

[58]　谢高地，肖玉. 农田生态系统服务及其价值的研究进展. 中国生态农业学报，2013，21（6）：645-651.

[59]　谢高地，鲁春霞，冷允法等. 青藏高原生态资产的价值评估. 山地学报，2003，18（2）：189-196.

[60]　谢高地，肖玉，甄霖等. 我国粮食生产的生态服务价值研究. 中国生态农业学报，2005，13（3）.

[61]　尹飞，毛任钊，傅伯杰等. 农田生态系统服务功能及其形成机制. 应用生态学报，2006，17（5）：929-934.

[62]　杨志新，郑大玮，冯圣东. 北京市农田生产的负外部效应价值评价. 中国环境科学，2007，27（1）：29-33.

[63]　陈英旭. 农业环境保护. 北京：化学工业出版社，2007.

[64]　丁一，赖珺. 城乡统筹视角下的农村面源污染防治研究——以滇池流域农村水污染治理为例. 农村经济，2011（8）：49-53.

[65]　黄文芳. 农业化肥污染的政策成因及对策分析. 生态环境学报，2011，（1）：193-198.

[66]　焦居仁等. 我国水土保持"十一五"建设目标与任务. 中国水土保持科学，2006，（4）：1-5，13.

[67]　金书秦，沈贵银. 中国农业面源污染的困境摆脱与绿色转型. 改革，2013，（5）：79-87.

[68]　李静，李晶瑜. 中国粮食生产的化肥利用效率及决定因素研究. 农业现代化研究，2011，32（5）：565-568.

[69]　李庆逵，朱兆良，于天仁. 中国农业持续发展中的肥料问题. 南昌：江西科学技术出版社，1998：87-102.

[70]　李智广，刘秉正. 我国主要江河流域土壤侵蚀量测算. 中国水土保持科学，2006，（2）：1-6.

[71]　林建新. 我国土壤中残留有机氯农药的研究. 价值工程，2010，27：225.

[72]　米艳华. 青花菜对重金属铅、镉吸收与积累特性研究. 北京：中国农业科学院，2010.

[73]　瞿晗屹，张吟，彭亚拉. 农业源头污染对我国农产品质量安全的影响. 食品科学，2012，（17）：331-335.

[74]　杨林章等. 我国农业面源污染治理技术研究进展. 中国生态农业学报，2013，（1）：96-101.

[75]　张锋，胡浩. 中国化肥投入的污染效应及其区域差异分析. 湖南农业大学学报（社科版），2011，12（6）：33-38.

[76]　张福锁. 中国养分资源综合管理策略和技术// 2006 年中国农学会学术年会论文集. 北京：中国农学会，2006：

371-374.

[77]　朱兆良，诺斯，孙波. 中国农业面源污染控制对策. 北京：中国环境科学出版社，2006：25-37.

[78]　白金明. 我国循环农业理论与发展模式研究. 中国农业科学院，2008.

[79]　高旺盛. 陈源泉，梁龙. 论发展循环农业的基本原理与技术体系. 农业现代化研究，2007，（6）：731-734.

[80]　何安吉，黄勇. 农村生活污水处理技术研究进展及改进设想. 环境科技，2010，23（3）：68-75.

[81]　梁继东，周启星，孙铁珩. 人工湿地污水处理系统研究及性能改进分析. 生态学杂志，2003，22（2）：49 -55.

[82]　李文华，闵庆文，吴文良. 农业生态问题与综合治理. 北京：中国农业出版社，2008.

[83]　强胜，陈国奇，李保平等. 中国农业生态系统外来种入侵及其管理现状. 生物多样性，2010，18（6）：647-659.

[84]　俞红. 中国外来物种入侵的社会经济因素影响及区域比较分析. 华中农业大学，2011.

[85]　肖玉，谢高地. 上海市郊稻田生态系统服务综合评价. 资源科学，2009，31（1）：38-47.

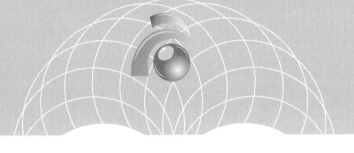

# 第九章

# 城市生态问题与生态城市建设

## 第一节　城市生态系统状况❶

### 一、城市生态系统的定义

根据英国生态学家 A. G. tansley（1935）的定义，生态系统是指一定范围内的生物有机体（包括动物、植物和微生物等）及其生活的周围无生命环境（包括空气、水、土壤等）所组成的统一体。如果说自然生态系统以动物、植物为中心，那么城市生态系统就是以人为中心。城市生态系统是人为改变了结构、改造了物质循环和部分改变了能量转化的、长期受人类活动影响的、以人为中心的陆生生态系统。因此，城市生态系统可以简单地表示为以人群（居民）为核心，包括其他生物（动物、植物、微生物等）和周围自然环境以及人工环境相互作用的系统（宋永昌等，2000）。

城市生态系统是以人群为核心，包括其他生物和周围自然环境以及人工环境。其中"人群"泛指人口结构、生活条件和身心状态等；"生物"即通常所称的生物群落，包括动物、植物、微生物等；"自然环境"是指原先已经存在的或在原来基础上由于人类活动而改变了

❶　本节作者为杨丽韫(北京科技大学)。

的物理、化学因素，如城市的地质、地貌、大气、水文、土壤等；"人工环境"则包括建筑、道路、管线和其它生产生活设施等（宋永昌等，2000）。由此可见，城市生态系统是一个以人为中心的自然、经济、社会复合起来的人工生态系统，因而组成上包括三个方面——自然系统、经济系统和社会系统（马世骏，王如松，1984）。

城市中的自然系统是居民赖以生存的基本环境，以生物与环境的协同共生及环境对城市活动的支持、容纳、缓冲及净化为特征。经济系统涉及生产、分配、流通、消费各环节，以物质从分散到集中的高密度运转，能量从低质到高质的高强度集聚，信息从低序到高序的连续积累为特征。社会系统涉及城市居民及物质和精神生活的各方面，以高密度人口和高强度的生活消费为特征。社会系统受人口、政策及社会结构的制约，文化、科学水平和传统习惯都是分析社会组织和人类活动的相互关系必须考虑的因素。稳定的经济发展需要持续的自然资源供给、良好的工作环境和不断的技术更新。自然系统提供生产与加工所需的物质与能源，同时生产和加工的剩余物质又还给自然界。总之，自然系统是基础，经济系统是命脉，社会系统是主导，它们相辅相成，各生态要素在系统一定的时空范围内相互联系、相互影响、相互作用，导致了城市这个复合体复杂的矛盾运动（马世骏，王如松；1984）。

## 二、城市生态系统的结构

组成城市生态环境系统的各部分、各要素在空间上的配置和联系，称为城市生态环境系统结构。自然生态系统的结构有形态上的空间结构，如垂直结构（乔、灌、草、地被、根层等）和水平结构（均匀分布、团块分布、随机分布等）。有功能上的营养结构，如生产者、消费者、还原者组成食物链、食物网、营养级的网络关系。营养级由食物链衔接，能量沿食物链流动，从一级转到另一级，保证生态系统功能的正常运转。自然生态系统的营养级结构是金字塔形，故稳定平衡。

城市生态环境系统结构比自然生态系统复杂，形成比自然生态系统复杂得多的网络结构。其空间结构有环境、资源、设施等的分布和组合（即环境结构、资源结构、人工设施结构）。社会结构有人口、劳力、智力等的空间配置和组合。经济结构有生产、消费、流通、积累等的空间配置和组合。营养结构也有生产者、消费者、分解者。各组成要素或组成部分，通过物质流、能量流、人口流、劳力流、智力流、信息流、价值流等，形成复杂的网络结构。城市生态系统的生产者是植物，数量很少；消费者主要是人，城市人口数据量很大；分解者是微生物，数量也很少。系统不能自给自足，营养级结构是倒金字塔形，不稳定。所以城市生态环境系统结构具有复杂性和脆弱性（杨士弘，城市生态环境学）。

城市生态系统的结构主要有以下几种方式（王祥荣，2010）。

### 1. 城市生态系统的空间结构

城市是存在于地球表面并占有一定地域空间的一种物质形态。人工要素（如城市中各种建筑群、街道及城市绿地）在自然要素（如地形地貌、河湖水系等）的作用下，组成了具有一定形态的空间结构，如同心圆状结构、扇形辐射状结构、多中心镶嵌状结构、带状结构、组团状结构等，它们可以在不同的城市出现，也可在不同城市内部的不同地点出现，但这些结构往往取决于所在城市的社会制度、经济状况、种族组成、地理条件（地形地貌、水文状况）等。城市地形地貌和河湖水系等自然要素又通过对城市规划、建设的制约，并因用地组合条件的差别，对城市空间结构、形态和城市环境产生了不同的影响。由于城市的发展历史、地质地貌等方面的不同，所以无论是城市的平面结构或空间轮廓，都具有区别于其他城市类型的特征。因势利导、合理利用城市的人工要素与自然要素，可组织合理的城市空间结构，体现城市的个性，提高城市的活力与魅力，给人以美的享受。

### 2. 城市生态系统的经济结构

城市生态系统与自然生态系统的本质区别是城市活跃的经济政治生活和高密度的物质信息生产过程，它们是城市的命脉和支柱，是联系以上两个子系统的经络和桥梁，一般由物资生产、信息生产、流通服务及行政管理等职能部门组成。各种产业比例的大小决定了城市的性质。一个城市的经济结构是否合理，直接关系到城市的经济实力的强弱，是评判一个城市发达程度的最重要的标准，也是城市人民生活水平提高的直接原因。世界发达国家的先进城市在经济上有三大特点：一是三大产业的构成，一般第一产业占 3％～5％，第二产业占 15％～40％，第三产业占 50％～80％；二是三大产业的就业构成，对先进城市来说，一般第一产业占 0.1％～0.5％，第二产业占 20％～30％，第三产业占 70％～80％；三是人均国民生产总值为 5000～20000 美元。

### 3. 城市生态系统的营养结构

与自然生态系统一样，在城市生态系统中，人类与其他生物之间的食物链关系是其营养结构的具体表现，是系统中物质与能量流动的重要途径，不过在城市生态系统中这种食物链又有许多明显的特征。

首先，城市人群位于食物链的顶端，是最主要、最高级的消费者，而作为初级生产者的绿色植物却很少，其他生物种类也远远少于自然生态系统，食物链的结构是所谓的倒金字塔形。

其次，从类型上看，城市生态系统有两种不同的食物链类型，其一为自然-人工食物链，该链中绿色植物为初级生产者，草食动物与肉食动物分别为初级、次级消费者，人类是杂食性的高级消费者，它们之间自然的、直接的食与被食的量很小，草食动物与肉食动物大部分依靠环境系统提供的人工饲料，人类直接食用的动、植物也需经过简单的人工加工。其二为完全人工食物链，由环境系统提供食物供人类直接食用。该链中尽管只有一级消费者，但将环境生物转化为食品仍需经过复杂的人工加工（王发曾，1997；沈清基，1998）。

### 4. 城市生态系统的资源利用链结构

人类除了食物的消费外，还具有大量的衣、住、行以及文化活动和社会活动等高级消费需求。正是这种不同于动、植物的社会需求，使城市生态系统产生了区别于其他任何自然生态系统的资源利用链结构。此结构由一条主链和一条副链构成（图9-1）。在主链中，广域环境系统提供的各类资源经初步加工后生产出一系列的中间产品，再经深度加工后生产出可供直接消费的最终产品。最终产品的一部分存留在市区环境，一部分输出到广域环境。从图9-1中可看出，城市生态系统的最终产品所需要的资源主要来自其他的生态支持系统，而市区环境所能提供的资源为数不多，如市区中的水体只提供少部分洁净水，太阳辐射只提供极少量二次能源，矿产资源基本上未被利用，土地50％以上被开发、改造为建设用地，但却与最终产品没有直接的物质、能量交换关系。

在副链中，能源转变为中间产品、中间产品转变为最终产品的过程中都会产生一定量的废弃物。经重复和综合利用后，部分有价值的废弃物返还主链，其余被排泄到市区环境和广域环境。

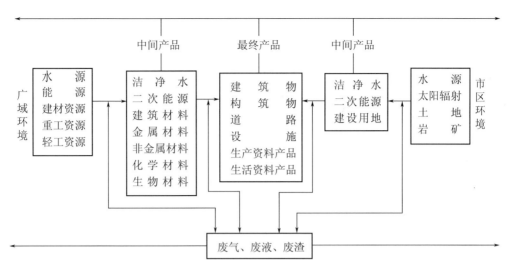

图 9-1　城市生态系统的资源利用链结构

## 三、城市生态系统的生态流

城市生态系统最基本的功能是生活和生产，具体表现为城市的物质生产、物质循环、能量流动以及信息传递等，正是这些循环流动把城市生态系统内的生活、生产、资源、环境、时间、空间等各个组分以及外部环境联系了起来，这一切可以统称为"生态流"（ecological flow），正是生态流实现了城市的新陈代谢（王如松，1988）。

### 1. 城市生态系统的物质流

城市生态系统的物质流可以分为自然物质流、人工产品流和废物流等。借助于这些物质流的输入、输出、迁移和转化，城市生态系统不断地进行着新陈代谢和与外界的物质交换，保持着系统的活力（宋永昌等，1998）。

自然物质流是由自然力推动的生态流，又称为自然资源流，主要指空气、水体的流动等。自然流具有数量巨大、状态不稳定的特征，其流动的速度和强度直接影响到城市的生产、生活和还原作用，从而对城市的生态环境质量形成巨大的影响（宋永昌等，1998）。

人工产品流指为保证城市功能正常发挥所涉及的各种物质资料在城市中的各种状态及作用的集合。人工产品流在物质流类型中最为复杂，因为它不仅是简单的物质输入与输出，其中还经过了复杂的生产、交换、分配、消费、累计及排放出废弃物的环节，形态和功能都有了较大的变化。不同规模、不同性质的城市，其物质的输入和输出的规模、性质和代谢水平也不同，因此，一个城市的物质输入和输出的数字也反映了这个城市的生态经济态势和发展状态（宋永昌等，1998）。

### 2. 城市生态系统的能量流

能量流（energy flow）即能量流动，是指能产生各种能量的自然资源和物质（如热能、光能、太阳能、机械能、化学能、生物能、核能等）在生态系统中的流动情况，是生态系统中生物与环境之间、生物与生物之间能量的传递与转化过程。城市生态系统的能量流动是指能源在满足城市生产、生活、游憩、交通功能的过程中，在城市生态系统内外的传递、流通和耗散的过程。

城市生态系统的能量输入包括两大部分：一部分是太阳辐射能和其他自然能，如风、水力、地热等；另一部是附加的辅助能，又称体外能，如化石燃料、食品等。这些能量在使用过程中将改变形态，如化石燃料的燃烧，食品在体内氧化把化学能转变为热能等。进入城市的能量，一部分以热能或化学能的形式积累起来，另一部分又以热、声、光、电以及化学能形式输出城外（宋永昌等，城市生态学）。城市生态系统中能量流动具有明显特征，即大部分能量是在非生物之间变换和流动，并且随着城市的发展，它的能量、物质供应地区越来越大，从城市邻近地区到整个国家，直到世界各地（姜乃力，2005）。

能量流动的效率与城市的能源结构、生产结构、消费结构、城市所在地区、城市经济结构等特征密切相关。城市能源的消费结构与城市的环境质量密切相关，这是因为燃料（能源）的有效利用系数只有 1/3，其余 2/3 作为废物排放到环境中。据统计，80% 的环境污染来自燃料的燃烧过程。

### 3. 城市生态系统的人口流

人口流也是一种特殊的物质流，包括时间上和空间上的变化，前者体现在城市人口的自然增长和机械增长上；后者体现在城市内部的人口流动和城市与相邻系统之间的人口流动上。人口流对城市生态系统各个方面具有深刻的影响，人口流的流动强度及空间密度反映了城市人类对其所居自然环境的影响力及作用力大小，与城市生态系统环境质量密切相关。

人口流的反映形式之一，即人口密度与环境污染和资源破坏损失具有一定的对应关系，可用人口密度约束系数表示。人口密度约束系数指不同区域范围内环境污染和资源破坏损失的变化率与相应的人口密度变化率之比（人口密度为单位面积上的人口数）。它可为调控人口发展和合理分布，制定与环境保护相适应的人口政策，以及适应不同人口密度区域的环境政策和标准提供依据。

### 4. 城市生态系统的信息流

城市是一个信息高度密集的场所。城市的重要功能之一是输入分散的、无序的信息，输出经过加工的、集中的、有序的信息。城市生态系统的信息流强度大、种类多、途径复杂多元。相比于自然生态系统，城市生态系统中的信息流不再是简单的、单向的流，而是错综复杂的信息网（杨芸和祝龙彪，1999）。城市的信息流包括新闻传播网络系统和邮电通信，如报纸、电台、电视台、出版社、杂志社、通讯社等（宋永昌等，1998），同时也包括新兴的多元化方式，如数字通信网、电子信息、电子数据交换、国际数据库检索、可视图文传真存储转发系统等（杨芸和祝龙彪，1999）。

人是城市信息流的载体，每个城市居民既是信息的源，也是信息的汇，还是信息的加工厂。而每一个家庭、社会团体、企事业单位和学校，则是按照一定信息规则组织起来的信息加工集团，各自通过汲取、加工和传播某些专门信息来维持自身的正常运转和为社会其他部门服务。几千年来，城市消耗了数不清的物质能量，留下的只有各行各业与环境斗争的丰富信息。人类社会的每一项重大变革，都是社会性技术或信息取得重大突破的结果。

## 四、城市生态系统的特征

城市生态系统是城市人群与其周围环境相互作用、相互影响而形成的网络系统，从时空观来看，城市是人类生产、生活、文化、社交等活动的载体；从功能和本质观来看，它是一个经济实体、社会实体、科学文化实体和自然实体的有机统一体；从城市的生物观来看，它又是一个具有出生、生长、发育、成熟、衰老过程的生命有机体。与自然生态系统相比，城市生态系统具有以下特点。

① 城市生态系统是人工生态系统，人是这个系统的核心和决定因素。这个生态系统本身就是人工创造的，它的规模、结构、性质都是人们自己决定的。至于这些决定是否合理，将通过整个生态系统的作用效力来衡量，最后再反作用于人们。在这个生态系统中，"人"既是调节者，又是被调节者。

② 城市生态系统在营养结构上是消费者占优势的生态系统。在城市生态系统中，消费者生物量大大超过第一性初级生产者生物量。生物量结构呈倒金字塔形，同时需要有大量的附加能量和物质的输入和输出，相应地需要大规模的运输，对外部资源有极大的依赖性。

③ 城市生态系统是分解功能不充分的生态系统。城市生态系统较其他的自然生态系统，资源利用效率较低，物质循环基本上是线状的而不是环状的。分解功能不完全，大量的物质能源常以废物形式输出，造成严重的环境污染。同时城市在生产活动中把许多自然界中深藏地下的甚至本来不存在的物质引进城市生态系统，加重了环境污染。

④ 城市生态系统具有开放性、依赖性和不稳定性，是自我调节和自我维持能力很薄弱的生态系统。城市生态系统内部生产者有机体与消费者有机体相比数量显著不足，大量的能量与物质，需要从其他生态系统（如农业生态系统、森林生态系统、湖泊生态系统、海洋生态系统等）人为地输入。由于系统的不完整性，城市生态系统内部经过生产和生活消费所排出的废弃物质，也必须依靠人为技术手段处理或向其他生态系统输出（排放），利用其他生态系统的自净能力进行"异地分解"，才能消除其不良影响。因此，城市生态系统具有开放性、依赖性和不稳定性，它与周围其他的生态系统存在着大量的物质与能量的输入与输出。城市生态系统受到干扰时，其生态平衡只有通过人们的正确参与才能维持。

⑤ 城市生态系统是受社会经济多种因素制约的生态系统。作为这个生态系统核心的人，既有作为"生物学上的人"的一个方面，又有作为"社会学上的人"以及"经济学上的人"的另一个方面。从前者出发，人的许多活动是服从生物学规律的。但就后者而言，人的活动和行为准则是由社会生产力和生产关系以及与之相联系的上层建筑所决定的。所以城市生态系统和城市经济、城市社会是紧密联系的。

# 第二节　城市生态系统服务功能[1]

## 一、城市生态系统服务功能的定义

生态系统的服务功能是指生态系统与生态过程所形成及所维持的人类赖以生存的自然环境条件与效用（Daily，1997）。生态系统服务功能的定义强调三点：生态系统服务对人类生存的支持，提供服务的主体是自然生态系统，自然生态系统通过状况和过程提供服务。

在城市生态系统中，由于人类的改造和建设活动，大部分为人工生态系统。城市中的自然生态系统一方面主要包括地质、地貌、大气、水文、土壤等自然环境，这些环境由于人类的活动已改变了其物理和化学因素；另一方面则主要包括动物、植物、微生物等生物，这些生物在人类的干扰下较自然状态已发生了很大的变化。因此，在城市生态系统中，提供生态服务的自然生态系统已受到人类的干扰和制约。相比较而言，在城市生态系统中能够为人类提供较多生态服务的自然生态系统主要为绿地系统。尽管城市中的绿地系统是人为管理和建

❶　本节作者为杨丽韫（北京科技大学）。

设的，但人类为了使绿地系统能够发挥较高的服务功能，满足生产和生活的需求，在建设过程中尽可能使绿地系统维持其自然特征。因此，本节中着重对城市绿地系统的生态服务功能进行归纳和总结。

## 二、绿地系统的生态服务功能

### 1. 城镇绿地及绿地系统的概念

城镇绿地是指以自然植被和人工植被为主要存在形态的城市用地。它包含两个层次的内容：一是城市建设用地范围内用于绿化的土地；二是城市建设用地之外，对城市生态、景观和居民休闲生活具有积极作用、绿化环境较好的区域（CJJ/T 85—2002）。

根据我国《城市绿地分类标准》，可将城市绿地分为 5 大类：①公园绿地（综合公园、全市性公园、区域性公园、社区公园、居住区公园、小区游园、专类公园、儿童公园、动物园、植物园、历史名园、风景名胜公园、游乐公园、带状公园、街旁绿地）；②生产绿地（苗圃、花圃、草圃）；③防护绿地（防风林、防沙林、卫生隔离林、水土保持林等）；④附属绿地（居住绿地、公共设施绿地、工业绿地、仓库绿地、对外交通绿地、道路绿地、市政设施绿地、特殊绿地）；⑤其他绿地（风景名胜区、森林公园、自然保护区、风景林地、城市绿化隔离带、野生动植物园等）（CJJ/T 85—2002）。

所谓城市绿地系统，是由一定质与量的各类绿地相互联系、相互作用而形成的绿色有机整体，即城市中不同类型、性质和规模的各种绿地共同构建而成的一个稳定的城市绿色环境体系（徐波，2000）。城市绿地系统的组成因国家不同，其内容各有差异，但总的来说，都具有相同的基本特性，即包括了城市中所有的园林植物种植地块和园林种植占大部分的用地。而作为一个系统，城市绿地的组成应该是全面和完整的，包括城市范围内对改善城市生态环境和城市生活具有直接影响的所有绿地（马锦义，2002）。

### 2. 绿地系统生态服务功能分类

绿地系统作为城镇中重要的自然生态系统，所提供的生态服务功能已经引起国内外研究者的广泛关注，并在以绿地生态系统的服务功能为依据的基础上，提出了具有生态理念的城镇规划和建设等。Tratalos 等（2007）在研究英国 5 个城市城市绿地生态功能与城市形态关系的基础上，为英国政府建设城市住宅密度提供了相关依据；Bolund 和 Hunhammar（1999）通过研究瑞典首都斯德哥尔摩城市绿地的生态服务功能，认为城市绿地生态服务功能对于人居环境有较大的影响，在规划城市土地利用时应充分考虑绿地的生态服务功能。我国学者也对绿地系统生态服务功能进行了较为系统的研究（李峰，王如松，2003；欧阳志云等，2004），表明绿地系统通过净化城镇空气、降低噪声等方面的功能改善了城镇的居民的生活环境。

根据生态系统服务功能的含义，城镇绿地系统的服务功能主要体现在哪些方面？在MA（Millennium Ecosystem Assessment）中，把生态系统服务功能划分为供给服务、调节服务、文化服务及支持服务（图 9-2）（张永民，2006）。其中供给服务是指人类从生态系统获取的各种产品；调节服务是指人类从生态系统过程的调节作用当中获取的各种收益；文化服务是指人们通过精神满足、认知发展、思考、消遣和美学体验而从生态系统获得的非物质收益；支持服务对于所有其他生态服务的生产是必不可少的服务（张永民，2006）。依据 MA 对生态系统服务功能的逐条解释，绿地系统提供的主要生态服务功能如下。

图 9-2　生态系统的服务功能（来源 MA）

（1）供给服务

① 遗传资源：主要用于植物繁育和生物工艺的基因和遗传信息。

② 生化药剂、天然药物和医药用品：许多生物原料（如花粉、精油等）来自绿地生态系统。

③ 装饰资源：用作装饰品的花卉。

（2）调节服务

① 维护空气质量：绿地生态系统既向大气中释放化学物质，同时也从大气中吸收化学物质，因而可以对空气质量产生多方面的影响。

② 调节气候：绿地生态系统既对局地的气候产生影响，同时也对全球的气候产生影响。例如，在局地尺度上，绿地的覆被变化可以对气温和降水产生影响。在全球尺度上，通过吸收和排放温室气体，绿地生态系统对气候具有重要作用。

③ 调节水分：径流的时节和规模、洪水和蓄水层的补给都会受到绿地系统变化的影响。

④ 控制侵蚀：绿地植被在保持土壤和防止滑坡方面具有重要作用。

⑤ 净化水质和处理废弃物：绿地生态系统不但是淡水杂质的释放源，而且它们还可以帮助滤除和分解进入到内陆水域和海滨及海洋生态系统的有机废弃物。

⑥ 授粉：绿地生态系统的变化可以影响授粉媒的分布、多度和效力。

（3）文化服务

① 知识系统（传统的和正式的）：绿地生态系统可以对由不同文化背景发展而来的知识类型产生影响。

② 教育价值：绿地生态系统及其组分和过程可以为许多社会提供开展正式教育和非正式教育的基础。

③ 灵感：绿地生态系统可以为艺术、民间传说、民族象征、建筑和广告提供丰富的灵感源泉。

④ 美学价值：许多人可以从绿地生态系统的多个方面发现美的东西或美学价值，这已经反映在人们对公园和"林荫大道"的喜爱，以及对住房位置的选择当中。

⑤ 文化遗产价值：社会对维护历史上的重要绿地景观或者具有显著文化价值的物种赋

予了很高的价值。

⑥ 消遣和生态旅游：人们对空闲时间去处的选择，在一定程度上通常是根据特定区域的自然景观或者栽培景观的特征做出的。

（4）支持服务

① 初级生产：绿地系统中的植被为初级生产者，为城镇中小型动物提供基本的食物。

② 大气中氧气的生产：植被吸收 $CO_2$，释放 $O_2$。

③ 土壤形成与保持：植被覆盖裸地，防治土壤的流失，同时植被的凋落物参与土壤腐殖质的形成。

④ 养分循环：植被对养分的吸收以及凋落物的分解均参与城镇生态系统的养分循环。

⑤ 水分循环：绿地植被可有效减少地表径流，参与水分循环。

⑥ 提供栖息地：绿地系统是大型动物在城镇中的"踏脚石"，是小型动物的栖息地。

## 三、太湖流域绿地生态系统服务功能

### 1. 流域概况

太湖流域行政区划分属江苏、浙江、上海、安徽三省一市，总面积 36895km²，其中上海市占 14.1%，江苏省占 51.8%，浙江省占 33.7%，安徽省占 0.4%（太湖网资料，与矢量图统计略有差异）。流域内分布有特大城市上海市，江苏省的苏州、无锡、常州、镇江 4 个地级市，浙江省的杭州、嘉兴、湖州 3 个地级市，共有 30 个县（市）（图 9-3）。有 500 万人口以上特大城市 1 座，100 万～500 万人口的大城市 1 座，50 万～100 万人口城市 3 座，20 万～50 万人口城市 9 座。本区社会经济发展水平较高，工商业发达，城镇建设不断加快，目前已经形成了由特大、大、中、小城市以及建制镇等组成的城镇体系，初步形成了以特大城市上海市为中心的城市群体，截至 2008 年，太湖流域城市化率已达 73.0%。太湖流域成为我国经济最发达、大中城市最密集的地区之一。

### 2. 流域城市绿地类型和结构

本研究所指的太湖流域包括上海（崇明县除外）、常州、苏州、无锡、嘉兴、湖州所辖全部区域，以及杭州市的临安、余杭、杭州市区，镇江市的丹阳、丹徒、句容、镇江市区，南京市的高淳县，以及安徽省小部分。按遥感解译图统计，总面积约 34856km²。按省地市统计，南京市和安徽省所属面积分别仅占 0.6% 和 0.5%，其城市绿地面积极小，在此暂不作研究。因此，本研究重点分析上海、常州、苏州、无锡、嘉兴、湖州、杭州、镇江 8 地市所属的太湖流域范围内（以下简称 8 地市）的城市绿地。

太湖流域城镇密集，城市化高度发达，其城市绿地生态系统对于维护城市生态平衡，促进城市可持续发展起着举足轻重的关键作用。就广义上的城市绿地系统而言，包括了城市周边的森林、农田、园地以及城区内的各种绿地和水体等。但就本研究而言，城市绿地主要是指城镇内部及其附近的各种绿化地（多为人工种植），主要提供城镇居民的休闲、娱乐与景观功能，城镇外围的森林、果园、农田以及城镇内部水体等分别划归到其他生态系统单独研究。根据《全国土地利用现状分类系统》，考虑到太湖流域城市生态系统和本研究的基本情况，本研究所指的城市绿地类型主要包括"草地"大类中的"人工草皮"、"公共建筑设施及工业生产用地"大类中的"瞻仰景观休闲用地"以及"高尔夫球场"（表 9-1）3 个类别。

图 9-3 研究区位置和行政区划

表 9-1 太湖流域城市绿地及草地类别

| 一级分类 | | 二级分类 | | 三级分类 | | 类别说明 |
|---|---|---|---|---|---|---|
| 名称 | 编码 | 名称 | 编码 | 名称 | 编码 | |
| 草地 | | 人工草皮 | 42 | | | 人工种植的用于绿化和球场等的草地 |
| 公共建筑设施及工业生产用地 | 6 | 瞻仰景观休闲用地 | 62 | | | 城市内公园,小区内大片绿地,休闲、景观绿地等 |
| | | 教育及文体用地 | 63 | 高尔夫球场 | 632 | 高尔夫球场 |

　　基于上述分类系统,本研究流域城市土地利用数据主要来源于中国科学院地理科学与资源研究所资源环境科学数据中心对研究区 2008 年的 LandsatTM/ETM＋遥感影像解译结果;并以 2009 年 ALOS 的 2.5m 全色波段和 4 个多光谱波段融合的遥感图像为辅助,通过对流域的实地考察进行验证,从纠正的流域土地利用矢量数据库中提取城镇绿地信息,得到太湖流域各地区城镇绿地数据见表 9-2。为叙述方便起见,将上述部分类别的名称进行了调整。其中,"城镇绿地＝城镇人工草皮＋城镇景观林地"。

表 9-2　　太湖流域城市绿地及草地组成　　　　　　　　　　　　单位：hm²

| 原名称 | 修改名称 | 编码 | 常州 | 湖州 | 杭州 | 嘉兴 | 无锡 | 苏州 | 上海 | 镇江 | 太湖流域 |
|---|---|---|---|---|---|---|---|---|---|---|---|
| 人工草皮 | 城镇人工草皮 | 42 | 3180 | 140 | 1962 | 98 | 399 | 2620 | 392 | 118 | 8488 |
| 瞻仰景观休闲用地 | 城镇景观林地 | 62 | 465 | 1135 | 1143 | 2781 | 1726 | 15837 | 22184 | 844 | 47198 |

注：1. 高尔夫球场由于数量极少，未能独立分类，合并到"瞻仰景观休闲用地"类别中。

2. "太湖流域"是指整个太湖流域所有区县范围。

3. "城镇绿地"包括"城镇人工草皮"和"城镇景观林地"两类（以下同）。

太湖流域城镇绿地总面积为 55686hm²，占太湖流域总面积的 1.6%。其中 8 地市城市绿地总面积 55024hm²，占城镇绿地总面积的 98.81%，相当于 2009 年末苏州市和常州市城市建成区面积之和。在城市绿地中，城镇人工草皮总面积为 8488hm²，占城市绿地总面积的 15.4%，相对较少，主要是面积较大的人工种植草皮（如高尔夫球场等）；城镇景观林地 47198hm²，占城市绿地总面积的 85.8%，是城市绿地的主要组成部分。上述城镇绿地包括了建设部《全国城市绿地分类标准》（CJJ/T 85—2002）中的公园绿地、生产绿地、防护绿地、附属绿地和其他绿地 5 大类别。

### 3. 流域绿地分布特征

从城镇绿地分布来看，太湖流域城镇绿地分布十分不均（图 9-4）。城市绿地所占比例最大的是上海市，占 40.54%，其次是苏州市，占 33.14%，常州市居第三，占 6.55%，而镇江所占面积最小，仅为 1.73%，其余地市所占比例均不足 5%。城镇绿地占太湖城镇绿地的比例大小依次为：上海＞苏州＞常州＞杭州＞嘉兴＞无锡＞湖州＞镇江。

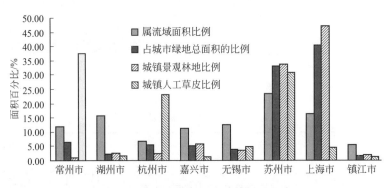

图 9-4　太湖流域各地区城镇绿地组成

若考虑到各地所属太湖流域总面积的比例，本区域城市绿地的分布差异更加明显（图 9-5）。上海市占太湖流域总面积 16.30%，但其绿地比例却占 40.54%，大大高出前者 24.24%；苏州两者的比例相差 9.63%，表明这两个地区的城镇绿地相对较多，绿地建设较好。其余地市绿地比例均小于其所属流域的面积比例，其中杭州市绿地比例与其所属流域面积比例基本持平，二者相差－1.09%；而湖州差距最大，达－13.47%，绿地比例严重低于其面积比例。

就城镇景观林地而言，上海和苏州的城镇景观林地比例较高，分别占全流域的 47%（22184hm²）和 33.56%（15837hm²），其余地市均不足 10%，其中常州最小，仅占约 1%。从流域分布来看（图 9-5），城镇景观林地主要分布在城市化高度发达的流域东部平原区，包括上海的各区县、苏州的各区县、杭州市区、嘉兴市区和无锡市区，其余地区均在城市集中区零星分布。

图 9-5 太湖流域城镇绿地分布状况

城市人工草皮的比例常州最高，达 37.46%（3180hm²），其次是苏州和杭州，分别为 30.86%（2620hm²）和 23.11%（1962hm²）。其余地市人工草皮所占比例均小于 5%。从流域分布来看（图 9-5），城市人工草皮集中在杭州市区东北部、苏州市区东北部和常州市区等几个主要区域，3 地共占 91.43%，其余均散布在各城镇附近。

**4. 太湖流域绿地系统的生态服务功能评估**

根据国内外的研究现状，本研究的评估中城市景观林地采用了城市绿地的相关研究指标，部分指标采用森林参数进行计算；而目前对城市人工草皮的生态服务功能价值参数的定量还未见报道，因此本研究中城市绿地生态系统的人工草皮的数值多参照自然草地，二者之间的主要差别在于服务功能指标的选择上。

（1）固碳释氧功能评价　生态系统固碳释氧功能是指生态系统通过植被、土壤动物和微生物固定碳素、释放氧气的功能。在评估生态系统对固定 $CO_2$ 的服务功能时，常以陆地生态系统每年的有机物质净初级生产量为基础。根据光合作用和呼吸作用的反应方程式可知，植物光合作用时利用 6772J 太阳能，吸收 264g $CO_2$ 和 108g $H_2O$，生产出 180g 葡萄糖和 193g $O_2$，然后 180g 葡萄糖再转变为 162g 多糖在植物体内贮存，即生态系统每生产 1.00g 植物干物质能固定 1.63g $CO_2$ 和 1.2g $O_2$。

太湖流域从北向南气温、雨量递增，植被的种类组成和类型逐渐复杂。宜兴、溧阳以北的北亚热带典型地带性植被类型为落叶、常绿阔叶混交林。此线以南的中亚热带典型地带性植被类型为常绿阔叶林。由于垂直分布和自然植被的高度次生性，常见落叶阔叶林和落叶、常绿阔叶混交林的跨带分布现象。因此，太湖流域城镇森林生态系统植被主要为常绿阔叶林和落叶阔叶林，平均净生产力以 13t/(hm$^2$·a) 计算（张华，2009），则单位面积景观林地平均固定 $CO_2$ 为 21.19t/(hm$^2$·a)，释放 $O_2$ 为 15.6t/(hm$^2$·a)。根据太湖流域城镇景观林地面积可以算出其固定 $CO_2$ 为 1000117t，释放 $O_2$ 为 736282t。

草地干物质量可根据植物干物质中碳元素的含量大约占 45% 以 NPP 进行换算。太湖流域草地按平原草地 NPP 为 210.3gC/(m$^2$·a) 计算（何浩，2005），总干物质量（包括了地下部分生物量）为 4.47t/(hm$^2$·a)，生态系统每生产 1.00g 植物干物质能固定 1.63g $CO_2$ 和 1.2g $O_2$。因此，太湖流域城镇草皮固定 $CO_2$ 总量为 64264t，释放 $O_2$ 为 47603t。

（2）降温增湿功能　植物通过自身的蒸腾作用，可以降低自身和周围环境温度，提高湿度，这对于热岛效应日益严重的现代都市环境问题具有极大的改善作用。Taha 等分析了美国中心城市大规模地种植树木对小气候的影响，通过实验表明：城市树木能够使城市平均降温 0.3～1℃。可见，城市绿地对降低城市夏季气温具有重要作用。根据国内外研究测定，1hm$^2$ 绿地平均每天在夏季可以从环境中吸收 81.8MJ 的热量（陈波，2009）。若按太湖地区城市绿地夏季产生调温效果为 60 天计算，其单位绿地吸收的热量为 4908kJ/(m$^2$·a)，因此，太湖流域城镇景观林地年吸收的总热量为 $2.32×10^8$ MJ。

由于目前尚无草地调节温度的类似研究，太湖流域草地生态系统的降温增湿功能借用城市绿地的数据，太湖流域人工草皮年吸收热量为 $4.2×10^8$ MJ。

（3）截流雨量功能评价　针阔混交林的乔、灌、草结构的绿地类型涵养水源、减少水土流失效益较单树种单层次结构的森林类型好。覆盖有植被的城市地区，仅有 5%～15% 的降水形成地表径流，其余的降水都被植被拦截，然后通过植物蒸腾和下渗消耗掉（Per Bolund 和 Sven Hunhammar，1999）。本研究根据太湖流域不同城市的降雨量、植被状况、地形等，运用 SCS 模型根据绿地系统单位面积截留的雨量和绿地面积可以得出绿地减少的径流量（图 9-6）。由图可得，太湖流域中上海绿地系统减少的径流量最多，其次为苏州。绿地减少的径流量的多少主要由绿地面积和绿地组成决定。在太湖流域的城市中，上海的绿地面积最大，其次为苏州，所以这两个城市的绿地系统减少的径流量较多；此外，上海和苏州的绿地系统中，景观瞻仰休闲用地是绿地系统的主要组成部分，也使这两个城市减少的径流量较高。

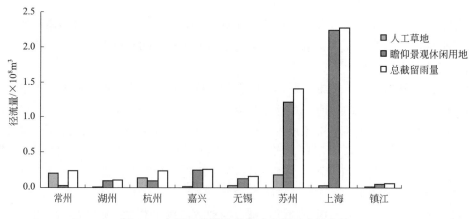

图 9-6　太湖流域绿地系统减少的地表径流量

经过最终的计算可以得出：太湖流域绿地系统 2008 年减少地表径流量为 $4.8×10^8$ m$^3$，其中人工草地减少 $0.6×10^8$ m$^3$，瞻仰景观休闲用地减少 $4.2×10^8$ m$^3$。由此可见太湖流域的绿地系统中瞻仰景观休闲用地在调节水分的功能中起主要作用。2008 年，太湖流域年降水总量为 $448.1 \times 10^8 \mathrm{m}^3$（表 9-3），其中江苏省、浙江省和上海市的降雨量总和为 $445.4 \times 10^8 \mathrm{m}^3$。2008 年太湖流域的绿地系统减少的地表径流量占降雨量的 1.1%，可见绿地系统有较为明显的调节水分功能。

**表 9-3　太湖流域 2008 年降雨量**（太湖流域水资源公报，2008）　　单位：$10^8 \mathrm{m}^3$

| 分区 | 江苏省 | 浙江省 | 上海市 | 安徽省 | 太湖流域 |
| --- | --- | --- | --- | --- | --- |
| 年降雨量 | 201.7 | 176.9 | 66.8 | 2.7 | 448.1 |

（4）环境净化功能

① 净化水体功能评价。根据太湖流域绿地系统截留的雨量、雨水中污染物含量以及绿地对雨水中污染物的去除率，可以得出太湖流域人工草地和瞻仰景观休闲用地去除污染物的量（图 9-7 和图 9-8）。由图 9-7 可知，太湖流域中常州、苏州和杭州人工草地去除污染物质的量较多，主要由于这三个城市的人工草地面积较大。由图 9-8 可知，上海和苏州的瞻仰景观休闲用地去除污染物的量较高，主要和这两个地区的景观绿地面积较大有关。

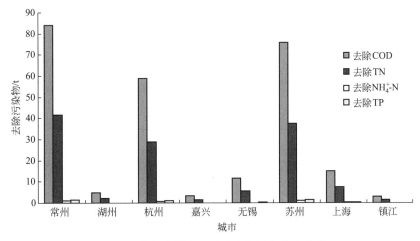

图 9-7　太湖流域人工草地去除污染物质的量

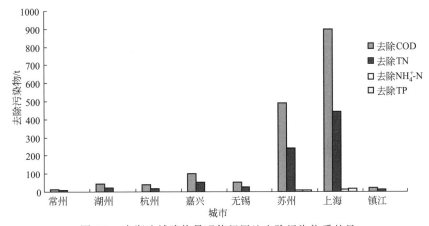

图 9-8　太湖流域瞻仰景观休闲用地去除污染物质的量

太湖流域绿地系统去除污染物质的量见表 9-4。由表 9-4 可知，城镇的绿地系统可以有效地去除雨水径流中的污染物，不同城市污染物去除量存在一定差异。其中，上海和苏州绿地系统的去除量较高。绿地去除污染物的数量主要由绿地面积、种类及其单位面积的去除率决定。在太湖流域，上海和苏州的绿地面积远远高于其他城市；上海和苏州的绿地系统中景观休闲用地所占比例较高，因此其绿地净化水质的功能也明显高于其他城市。而绿地单位面积的去除率由于相差不大，所以在此体现得不太明显。2008 年太湖流域的绿地系统去除降雨径流中的 COD 最多，其次为 TN、TP，$NH_4^+$-N 最少，总去除污染物约 2928t。

表 9-4　太湖流域绿地系统 2008 年去除污染物质量　　　　　　单位：t

| 城市 | 去除 COD | 去除 TN | 去除 $NH_4^+$-N | 去除 TP |
|---|---|---|---|---|
| 常州 | 97.65 | 48.22 | 1.32 | 1.76 |
| 湖州 | 46.58 | 23.00 | 0.63 | 0.84 |
| 杭州 | 97.59 | 48.18 | 1.32 | 1.76 |
| 嘉兴 | 105.72 | 52.20 | 1.43 | 1.90 |
| 无锡 | 65.02 | 32.10 | 0.88 | 1.17 |
| 苏州 | 566.53 | 279.71 | 7.65 | 10.20 |
| 上海 | 915.25 | 451.89 | 12.36 | 16.47 |
| 镇江 | 25.34 | 12.51 | 0.34 | 0.46 |
| 总计 | 1919.68 | 947.81 | 25.93 | 34.56 |

② 净化空气的功能。绿地净化空气的功能主要体现在吸收有毒气体和滞尘降尘两个方面。大气中有很多有害气体，如 $SO_2$、HF、$Cl_2$、HCl、$NO_2$、CO、$O_3$ 等，其中二氧化硫在有害气体中数量最多，分布最广，危害最大，被称为大气污染的"元凶"。许多树木对有毒气体都具有一定程度的抵抗能力，是通过两种途径实现的：一方面树木通过树叶吸收大气中的有毒物质，降低大气中毒物的浓度；另一方面树木能使某些毒物在体内分解，转化为无毒物质后代谢利用（Ellis，1987）。城市植被可以吸收大气中的二氧化硫等污染物，转换为含硫等的物质贮存于叶片中，大大降低了大气中二氧化硫的含量，改善了城市空气质量和人居环境。

粉尘也是大气污染的重要指标之一，绿地对烟灰、粉尘有明显的阻挡、过滤和吸附作用（高琼等，2008a）。空气中的粉尘可以长时间停留在空气之中，影响空气质量，阻挡必要的太阳辐射，为酸雨的形成和空气中的病菌繁殖提供基础，严重影响城市居民的生活和身体健康，是严重的城市污染之一。植物的叶片可以吸附空气中的粉尘，经过降雨的冲洗，使附着的粉尘落到地面，并防止其再次扬起，从而达到降低城市空气粉尘含量的作用。

绿地生态系统净化功能的定量评价是基于绿地与污染物之间的剂量效应关系研究所得到的数据进行的。由于绿地生态系统中，树种种类繁多，污染物的类型和形式又各不相同，目前有关绿地与周围污染物之间剂量效应关系的研究很少。本研究只对绿地吸收 $SO_2$、氟化物和氮氧化物以及滞尘防尘进行粗略的定量评价。

1）吸收 $SO_2$ 功能评价。森林树种叶片上的气孔和枝条上的皮孔吸收 $SO_2$，通过氧化还原过程将 $SO_2$ 转化为无毒物质。根据《中国生物多样性国情研究报告》（中国生物多样性国情研究报告编写组，1998），阔叶林对二氧化硫的吸收能力为 88.65kg/（$hm^2$·a）；而草地吸收 $SO_2$ 的能力为 279.03kg/（$hm^2$·a）（柳碧晗，2005）。经计算，太湖流域城镇景观林地吸收 $SO_2$ 总量为 4184t/a，人工草皮为 2369t/a。

2）吸收氟化物和氮氧化物的功能评价。据冯育青等（2009）计算，太湖流域苏州森林植被中柏木对氟化物的吸收能力最强，为 5.78kg/$hm^2$，针叶林为 4.65kg/$hm^2$，混交林对氟化物的吸收能力为 2.58kg/$hm^2$，竹林、疏灌林为 1.29kg/$hm^2$，阔叶林最低，为

0.5kg/hm²，城市林地平均吸收氟化物的能力为 1.621195kg/(hm²·a)。此外，城市林地平均吸收氮氧化物的能力为 4.8762633kg/(hm²·a)。本研究城市绿地采用这两个数据，计算得到太湖流域城市景观林地吸收氟化物和氮氧化物的总量分别为 77t 和 230t。草地吸收氟化物和氮氧化物尚未见定量数据，本研究也借用绿地参数，计算得到本区域人工草皮吸收氟化物和氮氧化物的总量分别为 14t 和 41t。

3）滞尘防尘功能评价。综合大量资料研究结果表明，每公顷城市林地每年的滞尘量平均为 10.9t/(hm²·a)（陈波，2009），草地系统滞尘的能力仅为 1.2kg/(hm²·a)（高琼，2008）。据此计算，太湖流域城镇景观林地滞尘防尘 477168t/a，人工草皮为 10t/a。

（5）降低噪声和杀菌灭菌功能

① 降低噪声功能评价。据调查，没有树木的高层建筑的街道上空，其噪声要比种上行道树的街道高 5 倍以上；一般公路两边各造 10m 林带，可降低噪声 25%～40%。绿地具有消减噪声的功能，可以设置绿化隔离带来减弱噪声的危害，特别是林带可有效地降低噪声。据测定（徐俏，2003），40m 宽的林带可以减低噪声 10～15dB，30m 宽的林带可以减低噪声 6～8dB，4.4m 宽的绿篱可减低噪声 6dB。目前对绿地生态系统降低噪声价值的估算方法以造林成本的 15% 计，我国平均造林成本为 240.03 元/m³（1990 年不变价），因此单位绿地降低噪声的价值为 0.668 万元/(hm²·a)。经计算得到，太湖流域城镇景观林地降低噪声功能总价值为 3.15 亿元/a。

② 杀菌灭菌功能评价。城市空气中散布着各种病原菌，直接影响居民身体健康。很多种植物具有杀菌作用，可以减少空气中细菌的含量。据调查，城市街道上空的细菌含量比绿化地高出几十倍甚至上千倍。我国目前是按照森林生态系统杀灭病菌的价值为造林成本的 20% 计算，成熟林单位面积蓄积量 80m³/hm²（高琼，2008b），我国平均造林成本为 240.03 元/m³（1990 年不变价），则森林杀灭病菌功能的单位面积价值为 0.891 万元/(hm²·a)。太湖流域城市景观林地的杀菌灭菌功能总价值为 $4.2 \times 10^8$ 元/a。

（6）废物处理功能评价　绿地生态系统废物处理功能主要是绿地植物和土壤等对环境中多余养分以及有害化合物的去除与分解。本研究中采用谢高地等（2008）基于专家知识的生态系统服务价值单价体系数据，按照我国森林生态系统废物处理功能平均价值为 772.45 元/(hm²·a) 作为城市景观林地参数，草地生态系统废物处理功能平均价值为 592.81 元/(hm²·a)，计算得到太湖流域城镇景观林地废物处理功能价值为 $3.65 \times 10^7$ 元/a，人工草皮为 $9.96 \times 10^4$ 元/a。

（7）养分蓄积功能评价　即生态系统中的营养物质的循环功能，本研究只对自然草地生态系统此功能进行评价。生态系统营养物质循环的最主要过程是生物与土壤之间的养分交换过程，也是植物进行初级生产的基础，对维持生态的功能和过程十分重要。参与生态系统维持养分循环的物质种类很多，其中的大量营养元素有氮、磷、钾等。根据段飞舟提供的草原植物种群营养元素生殖分配表，可推算草地生态系统每固定 1g C，可积累 0.0358384g N、0.002934g P 和 0.010135g K（姜立鹏等，2007），而本区域草地的净初级生产力为 2.103tC/hm²（何浩，2005），由此可以计算得到太湖流域草地生态系统蓄积 N、P、K 营养元素的总量分别为 1506t/a、12t/a、426t/a。

（8）固定土壤和改良土壤功能评价

① 固定土壤功能。生态系统土壤保持量由潜在土坡侵蚀量与现实土壤侵蚀量之差估计。潜在土壤侵蚀量是指在无任何植被覆盖的情况下，土壤的最大侵蚀量。不同类型土壤下的有

林地和无林地的土壤侵蚀量大不相同，应对不同土壤类型进行系统的侵蚀量对比研究，以估算潜在的土壤侵蚀量。城市景观林地和草地固定土壤的能力统一采用苏州城市的测算标准，为 $31.58 t/(hm^2 \cdot a)$（冯育青，2008），由此可计算得到太湖流域景观林地固定土壤量为 $1.49 \times 10^6 t/a$，人工草皮为 $2.68 \times 10^5 t/a$。

② 改良土壤功能。即是指土壤保肥能力，为土壤减少氮、磷、钾元素流失的功能价值之总和。此处同样只计算自然草地的这项功能，根据研究（王蕾等，2007），天然草地的土壤保肥功能价值为 1677 元/$(hm^2 \cdot a)$，据此计算，太湖流域自然草地改良土壤功能价值总量为 $3.35 \times 10^7$ 元/a。

（9）维持生物多样性功能评价　城市绿地系统通过其复杂的组织结构，成为城市生态系统物种生存、繁殖与进化的庇护所，城市森林也为动物、昆虫和鸟类提供栖息场所。通过估算绿地的机会成本、经费投入和全民支付意愿，作为城市绿地生态系统维持生物多样性功能的生态经济价值。根据谢高地等（2008）研究，以我国森林和草地生态系统维持生物多样性功能的平均价值作为计算依据，城市绿地景观和草地单位面积维持生物多样性服务功能的价值分别为 2025.44 元/$(hm^2 \cdot a)$ 和 937.37 元/$(hm^2 \cdot a)$。计算得到太湖流域城市景观林地维持生物多样性服务功能的价值为 $5.56 \times 10^7$ 元/a，人工草皮为 $7.96 \times 10^6$ 元/a。

（10）休闲娱乐功能评价　城市绿地生态系统为人类提供休闲和娱乐场所，使人消除疲劳、愉悦身心。绿地生态系统的景观游憩价值评价以人们对该功能的支出费用来表示，从消费者的角度来评价生态服务功能的价值。城市景观林地系统休闲娱乐的功能价值按 60 元/$(hm^2 \cdot a)$ 计算（高琼，2008），草地系统休闲娱乐的功能价值按 60 元/$(hm^2 \cdot a)$ 计算（王蕾，2007），可计算得到太湖流域城市景观林地休闲娱乐的功能价值为 $4.41 \times 10^7$ 元/a，人工草皮为 $3.32 \times 10^6$ 元/a，自然草地为 $7.81 \times 10^7$ 元/a。

（11）太湖流域绿地生态系统服务功能总体状况　根据以上分析和计算，可以得到太湖流域不同地区及整个区域的城市绿地生态系统服务功能（表 9-5）。从中可以看到，太湖流域城镇绿地在吸收 $SO_2$、固碳释氧、降温增湿、滞尘防尘、降噪灭菌、维持生物多样性和休闲娱乐等方面具有较大的功能价值，其服务功能的大小与各地区城市绿地面积成正比。太湖流域城镇绿地多分散在城镇工矿、商业区和居民区等人口稠密的区域，对改善城市人居环境、维持城市生态系统安全和健康有着十分重要的意义。

表 9-5　太湖流域城市绿地生态系统各项服务功能评估表

| 项目 | 常州 | 湖州 | 杭州 | 嘉兴 | 无锡 | 苏州 | 上海 | 镇江 |
|---|---|---|---|---|---|---|---|---|
| 绿地面积/$hm^2$ | 3645 | 1275 | 3106 | 2879 | 2125 | 18457 | 22576 | 961 |
| 截留雨量/$10^6 m^3$ | 24.40 | 11.56 | 24.40 | 26.28 | 16.26 | 141.74 | 228.10 | 6.32 |
| 降温增湿/$10^6 MJ$ | 17.89 | 6.26 | 15.24 | 14.13 | 10.43 | 90.59 | 110.80 | 4.72 |
| 固定 $CO_2$/$10^4 t$ | 3.39 | 2.51 | 3.91 | 5.97 | 3.96 | 35.54 | 47.30 | 1.88 |
| 释放 $O_2$/$10^4 t$ | 2.51 | 1.85 | 2.88 | 4.39 | 2.92 | 26.18 | 34.83 | 1.38 |
| 去除 COD/t | 97.60 | 46.25 | 97.59 | 105.12 | 65.05 | 566.95 | 912.41 | 25.30 |
| 去除 TN/t | 48.19 | 22.83 | 48.18 | 51.90 | 32.12 | 279.92 | 450.49 | 12.49 |
| 去除 $NH_4^+$-N/t | 1.32 | 0.62 | 1.32 | 1.42 | 0.88 | 7.65 | 12.32 | 0.34 |
| 去除 TP/t | 1.76 | 0.83 | 1.76 | 1.89 | 1.17 | 10.21 | 16.42 | 0.46 |
| 吸收 $SO_2$/t | 928.58 | 139.74 | 648.84 | 273.79 | 264.25 | 2134.95 | 2076.05 | 107.61 |
| 吸收氟化物/t | 5.91 | 2.07 | 5.03 | 4.67 | 3.44 | 29.92 | 36.60 | 1.56 |
| 吸收 $NO_x$/t | 17.78 | 6.22 | 15.14 | 14.04 | 10.36 | 90.00 | 110.09 | 4.69 |
| 滞尘防尘/t | 4709 | 11475 | 11563 | 28115 | 17449 | 160117 | 224279 | 8531 |

续表

| 项目 | 常州 | 湖州 | 杭州 | 嘉兴 | 无锡 | 苏州 | 上海 | 镇江 |
|---|---|---|---|---|---|---|---|---|
| 降低噪声/万元 | 310.88 | 758.18 | 763.83 | 1857.64 | 1152.89 | 10579.23 | 14818.79 | 563.68 |
| 杀菌/万元 | 414.67 | 1011.28 | 1018.81 | 2477.78 | 1537.76 | 14110.92 | 19765.78 | 751.86 |
| 废物分解/万元 | 73.25 | 89.32 | 111.34 | 215.96 | 137.99 | 1254.07 | 1718.19 | 66.56 |
| 固定土壤/$10^4$t | 11.51 | 4.03 | 9.81 | 9.09 | 6.71 | 58.29 | 71.30 | 3.04 |
| 生物多样性/万元 | 392.35 | 243.03 | 415.52 | 572.41 | 386.94 | 3453.29 | 4529.97 | 181.93 |
| 休闲娱乐/万元 | 167.72 | 111.50 | 183.48 | 263.59 | 176.80 | 1581.76 | 2087.58 | 83.42 |

# 第三节　主要的城市生态问题[1]

从历史上看，城市生态问题与城市中工业的发展几乎是同时产生的。作为我国经济社会集聚中心和人类活动最活跃的区域，大多数城市都是工业、人口高度集中区，在比较狭小的区域内消耗大量的物质和能量，排放出大量的废弃物，远远超过了城市环境的自净化能力，环境污染日益严重，并影响周边地区，也产生了严重的生态环境问题。近年来，随着中央与地方对城市生态环境问题治理力度的不断加大，部分城市及部分环境指标已有所好转，但城市生态环境整体趋势仍不容乐观，并影响到了全国和地方经济的可持续发展。充分认识城市生态环境问题现状、成因及其发展趋势，制定合理恰当的保护目标，采取全面有效的应对措施确保城市生态环境与经济发展相协调已成为当前的一项紧迫任务。

## 一、城市生态的主要问题

（1）城市人口爆炸式增长　城市具有强大的经济活力、丰富的物质文化条件和较多就业机会，对农村人口有巨大的吸引力，使大批农村人口迁入城市，导致城市人口急剧增长。现在世界人口的 50％都集中在城市，发达国家高达 75％。我国城市化虽然起步较晚，但城市人口增长的速度却十分惊人，不到 10 年城市人口就翻了一番。目前世界各国都面临着城市人口膨胀问题的冲击，发展中国家更是如此。城市人口膨胀将带来一系列的社会经济和生态环境问题，城市自然生态环境受到人类强烈的干扰、改变和破坏，导致城市生态平衡失调，人与生态环境的矛盾日益尖锐。

（2）交通拥挤，居住环境恶劣　城市工商业集中，人口密度大，人工设施密度高，活动强度大，导致交通拥挤。发达国家城市的立体交通，空中、地面、地下三层交通运输线密如蛛网，每平方公里地面有长达 19km 的道路，面积率达 25％，人多车多，造成车辆堵塞，交通事故频繁。随着城市的发展，地域向四周蔓延，造成城市功能混杂，建筑非常密集，城市缺乏空地、阳光、绿地、新鲜空气。据统计，我国城市建筑密度一般为 50％～60％，最大超过 80％。城内居住环境逐渐恶化，慢慢地变成了传染病的发源地，导致城市人口死亡率高，发展中国家城市更是如此。

（3）城市水资源短缺，供水紧张　由于城市人口数量、工业规模增长很快，经济高速发展，导致用水集中、量大、增长快，造成城市的供水紧张。目前我国缺水城市达 300 多座，严重缺水城市 40 多座，不少城市水资源开采量已远远地超过了可供水量，而过度开采地下水又会造成地面沉陷，诱发地震灾害，影响经济的发展和人们生活水平的提高。另外，城市

---

[1]　本节作者为张林波（中国环境科学研究院生态研究所）。

出现的"热岛效应"，用水效率低，水污染日趋严重等问题，也进一步加剧了水资源的短缺。

（4）城市环境污染严重　　城市是工业最主要的聚集地，工厂排放的"三废"使江河遭受严重污染，空气烟雾弥漫，垃圾堆积，加剧了城市环境的恶性循环。城市大气污染的颗粒物来源主要有燃烧、风沙和工业粉尘，含有大量有毒物质，特别是有机致癌物。城市大气污染的程度是北方重于南方，在降尘、飘尘污染方面，全国城市100%超标。汽车尾气、光化学烟雾、酸雨等也造成严重的大气污染。工业污水严重污染江河、湖泊和地下水。据统计，在流经我国城市55条河流的89个测点监测，氨、氮超标率为58.8%，挥发酚超标率为33.3%，悬浮物质超标率为41.9%。固体废物污染也相当严重，主要表现在排放量大、处理利用差、占地多等方面。另外，噪声污染、光污染和电磁波辐射污染等也日益加重，据统计，我国约70%的城市人口遭受到高噪声的影响。

① 空气污染依然严重。2007年，空气质量达到和超过国家二级标准的城市数量比重达到60.5%，劣于三级的比重下降至3.4%，城市空气质量相比2001年已有所好转，但我国城市空气污染问题依然严重。依据世界卫生组织（WHO）2005年发布的空气质量准则中的相关标准，中国城市空气中的主要污染物质二氧化硫（$SO_2$）、可吸入颗粒物（$PM_{10}$）等普遍超标，城市空气质量长期处于不健康状态；而联合国环境规划署（UNEP）2007的年度报告表明，中国城市最为密集的东南沿海地区是全球可吸入颗粒物浓度高于 $60\mu g/m^3$ 的两大城市密集区之一（另一地区为印度半岛）；在全球空气污染最为严重的十大城市中，中国占了其中的八个。

② 水体污染普遍，缺水问题严峻。全国目前有1/3的河流、75%的主要湖泊、25%的沿海水域遭受严重污染，而这些污染水体主要分布于城市周边或流经城市。主要城市内湖水质基本上为劣 V 类，超过1/2的城市市区地下水污染严重并在整体上呈恶化趋势。水体污染造成了城市地区严重的饮用水安全问题。在113个环保重点城市中，16个城市饮用水水质全部不达标，占重点城市的14%；74个饮用水源地水质不达标，占饮用水源地的20.1%；$5.27\times10^8$ t取水量水质不达标，占重点城市取水量的32.3%。水体污染也加剧了城市水资源的普遍短缺。据水利部统计，全国现有的600多座城市中，超过2/3的城市存在缺水问题，其中1/6左右的城市缺水严重，缺水总量为 $60\times10^8 m^3$。

③ "垃圾围城"问题突出。全国城市每年产生垃圾1.6多亿吨，占世界总量的1/4以上，且仍以每年8%～10%的速度增长，累计堆存量超过 $70\times10^8$ t，占地5万多公顷，200多个大中城市已被垃圾所包围。由于我国主要采取填埋或露天堆放的方式，城市垃圾所导致的水体污染、土壤污染、空气污染等二次污染问题非常严重。

④ 噪声污染明显，功能区达标率偏低。2007年，超过28%的城市区域环境噪声超过60dB（A），8%的城市道路交通噪声超过70dB（A）；而在达到较好标准的城市中，诸多城市的平均噪声值仅稍好于较好标准的临界值。在环保重点城市中，分别有10个与12个城市的区域噪声值和道路交通噪声值相比2006年有明显增加。在环保部门监测的175个城市中，各类功能区昼夜达标率普遍较低，其中 0 类功能区夜间达标率仅为32.8%。

（5）城市生态系统整体脆弱　　城市生态系统是城市居民与其周围环境相互作用形成的网络结构，是人类在改造和适应自然环境的基础上建立起来的特殊的人工生态系统，其组成要素不仅有生物要素和非生物要素，还包括人类和社会经济要素，形成由自然系统、经济系统和社会系统复合起来的人工生态系统，是一个结构复杂、功能多样、巨大而开放的自然、社会、经济复合人工生态系统，具有容量大、流量大、密度高、运转快等特征。人是城市生态系统的主体，并且以人为中心，通过能量流动、物质交换、信息传递等过程将城市的生产与生活、资源与空间、结构与功能等连为一体，形成由生物（人）-自然（环境）系统、工业-经济系统、文化-社会系统等子系统构成的多层次的复杂系统。主要消费者是人，其所消费的食物量大大超过系统内绿色植物所能提供的数量，因此，城市生态系统所需求的大部分食物能量和物质，要依靠从其他生态系统人为地输入。同时，城市生态系统中的生产、建设、交通、运输等都需要能量和物质供应，也必须从外界输入。其中能量在系统内通过人类生产和生活实现流通转化，维持系统的功能稳定；而人类生产和生活所产生的产品和大量废弃物，大多不是在城市内部消化、消耗、分解，而必须输送到其他生态系统中消化。正是由于城市生态系统的这种非独立性和对其他生态系统的依赖性，使城市生态系统特别脆弱，自我调节能力很小。

众多学者对国内不同城市生态足迹和生态承载力的计算结果表明，我国城市普遍存在较高的生态赤字，城市生态系统呈现出较高的脆弱性，生态失衡问题严重。通过 CNKI（中国知识基础设施工程）检索到的近 100 个城市中，仅有哈尔滨、丽水、衡阳、榆林四个城市的生态足迹与生态承载力比值低于世界 1.22 的平均值，其余城市的比值普遍在 3 以上，其中天津、武汉、北京、太原四个城市的比值均超过了 20。

城市绿地率的不足也表明了我国城市生态系统失衡问题的严重性。据国外学者的研究，50％以上的绿化覆盖率能保持城市良好的生态环境。而根据住房和城乡建设部统计，我国近年来城市绿化水平虽呈上升之势，但至 2007 年年末，城镇绿化覆盖率仅为 35.29％，建成区绿地率仅为 31.3％。

## 二、城市生态问题的成因分析

① 城市人口剧增。城市人口的剧增是众多城市生态安全问题产生的主要原因。大量的农村人口的涌入，不仅打破了城市人口的结构，降低了城市人口的平均居住面积、人均绿地面积、平均文化水平和平均经济收入，还消耗了更多的能量、资源。

② 城市规模扩张。由于经济的发展，人口的增加，城市不断地向周围扩张，侵占周围的农田、森林、草地等，使城市受到的自然保护越来越少。一些城市占地面积扩大，占据了流经河流的更多流域，扩大了对河流的污染，降低了河流的自净能力，给下游的城市带来额外的污染压力，严重的会直接影响到下游城市的用水。

③ 产业结构的不合理。我国的一些城市目前还是粗放型的工业城市，这些城市的工业不注重资源的利用效率，科技含量少，资源浪费和对环境污染严重，城市产业单一化。产业单一化的城市经济系统存在巨大的安全隐患，一旦其主要产业出现问题就会导致城市经济系统的瘫痪，甚至整个城市系统的混乱。

④ 法制不健全。目前我国城市处于快速发展阶段，许多城市法律都还处于试行阶段，还没有形成完整严密的体系。针对城市中的一些环境破坏、噪声污染、经济制度、市场机制等问题的立法还不完善，一些未表现出来和刚出现的问题还来不及写入法律，就形成了一些法律空白，给一些不法分子留下空子，造成社会秩序和经济秩序的混乱。

⑤ 传统的工业化道路。在长期压缩式经济发展的背景下，工业的外延增长方式所引发的大规模工业基础设施建设在短期内消耗了大量的自然资源，其所形成的大规模低效率产业在资源与能源消耗数倍于发达国家的同时排放了更多的废弃物。偏重重化工业的经济结构则使水、土地、能源等基本资源高度紧张，并在客观上限制了污染程度相对较低的服务业的发

展。同时，由于资源环境价格长期扭曲，污染治理为工业企业所普遍忽视。在环保重点城市中，至今仍有 13 个城市的工业企业废水排放稳定达标率不足 40%，15 个城市重点工业企业二氧化硫排放稳定达标率不足 20%，17 个城市重点工业企业粉尘排放稳定达标率不足 10%。

中国工业企业长久以来的主要布局致使传统工业化发展模式所产生的负面生态环境效应和外部不经济性多由城市及其临近周边区域承担，这在资源型城市尤为明显。1993 年，在城市市区完成的工业产值在全国工业总产值中所占的比重达到 66.4%，大量工业废弃物被直接排入市区。近年来，随着人们环保意识的提升，发展较快的大城市开始大量向外搬迁工业企业。但由于迁入地区多为城郊、周边工业园、临近农村（很可能是城市的未来扩展区域）及相对落后的其他城镇，加上搬迁后并未严格配套环保措施，事实上并未带来城市生态环境的显著改善。

⑥ 脱离客观实际的城市化模式。脱离客观实际的城市化模式主要表现为脱离国情和产业支撑能力的"冒进式"城市化，以及城镇蔓延式发展模式所导致的城市空间失控。而脱离客观实际的城市化对资源要素的占有和损耗具有不可再生性，对环境要素的损害具有累积性。

在"城市化已落后于工业化"等思想的主导下中国仅用 22 年就完成了从 20% 到 40% 的城市化进程，这种"冒进式"城市化给城市生态环境带来了多方面的压力。城市相较于农村具有更高的人均资源消耗量和人均废弃物产生量，城市人口数量和人口密度的快速提高（2006 年城市人口密度达 1997 年的 8 倍多）势必加剧城市单位空间的污染压力。大量新增城镇人口的就业需求提高了城市关停高污染产业的难度，并在客观上促生了低水平电子垃圾拆解等污染型产业在城市周边的集中。

1990 年后，盲目求大的规划思路和"经营城市"的冲动加速了中国城镇的蔓延式发展。1997～2007 年间，中国城市建成区总面积扩张了 71%，其中北京和银川两个城市扩张了 160% 以上。目前中国城镇的人均占地面积已达到 130m²，超过美国特大城市纽约 112.5m² 的标准。不切实际的城市规模消耗了大量耕地、绿地和湿地，破坏了城市周边的生态屏障，同时增加了城镇环保基础设施的建设难度。2007 年，仍有超过 1.7 万个城镇未建污水处理厂，已建污水处理设施的正常运行率也仅为 50%。

⑦ 政府直控型城市环境治理模式。我国城市环境治理职能几乎全由城市政府承担，这在便于综合管理的同时也导致了政府负担过重、行为短视和公众参与不足等问题，致使城市环境治理无序而低效。

2000 年以来，全部城市环境基础设施建设及相当一部分企业的污染治理投资均由政府承担，企业自筹工业污染治理投入占环保投资总额的比重不足 18%。这实际上表明，主要依靠财政的环保投入无法满足城市的环保需求。而相关部门之间尚未明确的职责分工及监督缺位则使本已不足的环保资金未能得到高效利用，具体表现为城市环境管理与保护中的多头管理；城市环境规划制定缺乏科学论证且执行不力；环保政策忽视区域关联性，城乡联动、城市群联动难以落实。

此外，过于依赖行政力量的城市环境治理在限制公众参与的同时，也容易造成公众的冷漠态度和对立情绪，增加了城市环境治理的难度。相关调查表明，仅有 18% 的公众会"主动了解环保知识"，26% 的公众"经常采取环保节能行为"，同时却有 47% 的公众明确表示不会举报环保违法行为。

⑧ 全球化带来的生态环境负面效应。全球化背景下，产业转移和国际贸易成为发达国家转嫁环境外部性的两种重要途径，而我国在一定程度上已成为发达国家的"污染天堂"。长期以来，我国吸引的外商直接投资主要集中于采矿业、制造业等污染较为密集的行业，主要进出口产品结构也表现出明显的污染密集特征。另外，根据海关统计年报，2006 年我国进口废弃物已达到 $3895 \times 10^4$ t，进口金额为 133.47 亿美元，比 1990 年增长了 50 倍。如前所述，城市及其临近周边地区将是这种产业的主要分布地，相应的生态环境负面效应也必将由其来承担。

⑨ 城市生态系统是人工生态系统。城市生态系统以消费者占优势，需要的生物量大，要有大量的辅加能量和物质输入和输出，对外部资源的依赖性极大，因而城市生态系统直接受外部环境的制约，具有开放性的特点。

⑩ 城市生态系统是分解功能不充分的生态系统。城市生态系统环境资源利用率较低，物质循环基本上是线状的，分解功能不充分甚至很差，导致大量的物质能源常以废物形式输出，造成严重的环境污染。同时也产生了一些人工化合物，更加重了环境污染。

⑪ 城市生态环境是自我调节和自我维持能力很薄弱的生态系统，城市生态环境的平衡只有通过人们的正确参与才能维持。由于城市生态系统是由复杂的社会网、经济网和自然网相互交织而成的复合系统，要受自然、社会、经济多种因素的制约。各种组分关系的不均衡耦合，比如人类活动与自然还原能力的矛盾、生产与生活的矛盾、经济开发与环境容量的矛盾等都会导致城市生态系统环境问题。因而，城市生态系统具有相当大的脆弱性。

综上所述，城市环境污染和区域资源耗竭的根源在于经济活动中较低的资源利用效率和不合理的资源开发，导致过多的物质和能量释放，改变了自然环境的物质流和能量流；城市建设打破了自然力的平衡；环境污染，或者投入少、产出多，自然生态系统得不到足够的补偿、缓冲和保养生息，从而形成严重的城市生态环境问题。在影响城市生态环境的众多因素中，以人的作用——经济因素最重要，人类的经济活动给城市自然环境带来一定程度的积极影响和消极影响，此外，国际、国内政治形势及国家宏观发展战略的趋向与调整也对城市生态环境产生种种直接或间接影响。由于影响城市生态环境的因素众多，使其整治与改善也成为了一项庞大而复杂的系统工程。

## 三、城市生态保护对策

① 严格控制人口增长，加强人口管理，提高人口素质。人类在城市生态的发展过程中一直处于主导地位，控制人口增长是解决城市生态安全问题的关键。首先，要坚持计划生育的基本国策，加大宣传力度，提高人们少生优生的意识。其次，要加强人口管理。在控制人口增长和加强人口管理的基础上还要提高人口的素质，普及教育并保证其质量。

② 加强环境治理，控制污染。要以预防为前提，主要是杜绝源头污染，从源头治理。解决城市生活污染关键是要控制源头，生活污水、生活垃圾的排放要经过预处理。由于科技的不断提高和循环经济的推广，应该提倡发展生态工业园区，推行清洁生产，实现污染的最小排放或者零排放。

③ 调整产业结构，做好城市规划。改变城市中粗放的生产经营方式，积极开发第二、第三产业，促使城市经济走向生态经济的道路。生态经济不仅能够减少污染排放，更重要的是充分利用资源，提高生产效率。生态经济就是将原料和废品相互利用的工业有机地结合起来，实行废品再利用或者处理（简单的、合理的技术处理）之后再利用，从而实现经济发展

与环境保护的双赢。

④ 完善立法，加强管理力度。管理部门要及时察觉新产生的城市生态安全问题，针对产生的问题及时立法，以便在处理问题时有法可依，与此同时还要对潜在的问题做出预防，完善《中华人民共和国大气污染防治法》、《中华人民共和国固体废物污染环境防治法》、《中华人民共和国水土保持法》、《中华人民共和国环境噪声污染防治法》、《中华人民共和国节约能源法》等一些环保法律，加入对存在生态安全隐患的行为或者企业的管理和处罚规定。

⑤ 合理确定城市环境保护目标。制定城市生态环境保护具体对策，应以合理的环境保护目标为前提。而合理的目标须遵循系统协调、宜居、分类引导等原则。系统协调重在协调城市资源、环境、生态与社会经济关系，统筹城乡、区域间的环境保护协同性；宜居重在体现人文关怀，关注环保投入实际效果，满足居民对环境的需求；分类引导重在因地制宜，客观看待城市整体发展的地域差异性。

就全国整体而言，要实现城市可持续发展的目标，必须在 2020 年之前实现城市污染的源头治理，有效控制主要污染物的超标超量排放，切实遏止城市生态环境恶化的趋势。至 2030 年，应基本完成城市环境保护的历史性转变任务，实现城市环境保护与经济发展的同步、并重、融合，进一步完善城市生态环境保护机制，能有效应对发展中的新环境问题。

⑥ 走新型工业化道路。在全国工业化整体处于中期、第三产业发展滞后的国情下，强调以提高效率实现经济增长的新型工业化道路对我国城市生态环境的改善具有重要的现实意义。而要顺利推进新型工业化，须重点解决体制层面的遗留问题，主要包括以下措施。

a. 完善市场经济体制，减少城市政府对土地、水、能源以及信贷等资源的过大配置权，依靠成熟的市场和适当的行政法规使资源流向资源利用效率高、环境效益好的工业企业。

b. 切实改变以 GDP 增长速度为主要指标的政绩考核标准。在绿色 GDP 尚不完善的情况下，将城市生态环境的保护与改善纳入政绩考核体系。

c. 进行税制改革。消除过去以生产型增值税为主体的财政税制对各级政府发展价高税丰的重型化工产业的"鼓动"效应。

d. 改善资源要素和环境价格长期扭曲的问题。在资源和环境尚难以准确以货币定量化的情况下，合理运用经济手段和行政手段，对资源和环境的使用价格进行矫正，推进"三高"企业的技术改造，减少发达国家环境外部性的转嫁。

e. 重视产业投资导向的引导作用，鼓励信息产业等城市生产型服务业及实行清洁生产的工业企业，有利于生态产业链形成，推动其延伸产业的壮大。

⑦ 积极建设生态城镇。生态城镇既是城市生态环境的发展目标，也是促进城市生态保护和环境改善的有效手段。生态城镇建设要求从人们的需求和生态系统健康这两个角度去考虑城市的建设和发展模式，并以科学的战略规划和生态学理论为指导进行城市建设，以实现发展与自然的平衡。这与哲学中所强调的实现"人的尺度与物的尺度之间的平衡"的可持续发展思想本质一致，有利于有序推进城市生态环境保护这一系统性的复杂工程。目前我国在生态城市理论及实践方面仍存在不少误区，需从以下几方面做出努力。

a. 以科学、权威的战略规划统筹生态城镇发展。应从生态系统承载力出发，重点确定合理的城镇化速度、城镇规模、产业结构、环保投资安排等内容，并依据当地资源要素配置实施差异化的建设模式，从宏观上理顺城镇社会经济发展与生态环境间的协调关系。

b. 提高生态价值认识，构建民主的决策与监督体系。应提高政府官员、企业管理者和公众对城市生态价值的认识，从根本上消除管理、生产和消费中的环境短视行为。

　　c. 充分发挥生态城镇评价标准的引导作用。修改《生态县、生态市、生态省建设指标（试行）》，以体现城市资源利用效率、环保法律法规的健全性、居民综合生存环境状况和绿色消费水平等内容，纠正目前存在的认识误区，如"生态城镇规模越大越好"等。

　　d. 大力发展循环经济，构建区域循环经济网络。应加强工业企业生态循环链和城市生活废弃物回收利用体系的有机耦合，形成保障城市生态系统稳定的区域循环经济网络。

　　⑧ 改革城市环境治理模式

　　a. 理顺环保管理机构的关系，明确城市环境规划的法定地位，在法律层面，应清晰界定中央与地方、城市各部门间在环境治理中的职责，解决多头管理、监督缺位等问题。明确城市环境规划的法定地位，确定科学、民主的环境规划编制、审核、批准、实施和监督制度，充分保障专家、社会组织、公众意见与意愿在规划中的反映，增强城市环境规划对城市经济发展与建设决策的约束作用。此外，应建立建成区与郊区、城市与乡村、城市与城市间的区域联动环境治理机制，提高城市环保投入的效率。

　　b. 积极引入市场手段，推进政府职能转变，改变城市环境治理中对行政力量过于依赖的局面，积极运用经济、市场等综合手段，提高管理效率。加快政府从环境治理主导投入向引导投入的转变，通过改革和规范市场准入规则，推进环保基础设施建设，如引入 BOT、TOT、合资经营、社区自助等模式，积极引导社会资金在城市环保中的投入。

　　c. "改堵为疏"，注重培育自愿型环境治理模式，通过构建多元主体参与共建的机制，解决城市环保中的"市场失灵"和"政府失灵"，缓解政府与企业、公众在城市环保领域的对立。可通过严格的环境规制、适当的政策倾斜、公开的环境信息制度、有效的公众参与平台、积极的环保宣传等，增加企业进行超前环境治理和个人主动环保行为的预期收益，推进自愿型环境治理模式的发展。

# 第四节　城市生态建设理论与方法[❶]

　　21 世纪将是人类的"第一个城市世纪"（Hall，2000）。在世界范围内，城市化已经成为人类社会发展不可逆转的必然趋势。2000 年世界城市人口为 28.62 亿，2005 年全球城市人口比重首次超过农村人口。根据联合国预测，2030 年世界城市人口将猛增至 49.81 亿，新增城市人口约 21.19 亿人，占同期世界全部新增人口的 95.80%，界时世界城市人口比重将达到 60.20%（Binde，1998；Cohen，2006；Cohen，1997；Borad On Sustainable Development，National Research Council，1999；National Research Council，2003；United Nations，2002）。

　　中国的城市化进程同样快速而剧烈，其速度与规模都是人类历史上前所未有的。特别是改革开放后，随着经济社会的快速发展，中国城市化速度是同时期世界平均水平的三倍，并呈现出逐渐加快的趋势。1985～1995 年 10 年间中国城镇人口增长超过 1 亿，而 1995～2005年每 5 年城镇人口增长超过 1 亿，城镇人口占全国总人口的比例也由 1949 年的 11% 逐渐增长至 2007 年的 45%，随着大量农村人口涌入城市，中国城市的规模和数量都在迅速增加。

　　中国的快速城市化进程同时伴随着工业化的加速发展，城市化与工业化紧密交织在一起。当前，大多数中国城市正处于工业化中期加速发展阶段，普遍表现出主导产业不突出、

---

　　[❶]　本节作者为张林波（中国环境科学研究院生态研究所）。

产业链条短、高能耗资源型重工业化趋势明显的特点，经济增长方式在很大程度上还依赖资源消耗和生态环境的破坏。

未来一段时间，中国城市化进程仍将十分剧烈。预计到 2030 年，我国城镇人口达 9.79 亿，城市化率接近 60%，城镇人口将在现有基础上增加 3.85 亿，2020 年人均国民生产总值比 2000 年翻两番。在城市经济社会快速发展过程中，中国城市不仅要解决过去环境污染和生态破坏遗留的历史欠账，应对发达国家城市分阶段出现的各种生态环境问题，面对发达国家不曾经历过的复合型、叠加型生态环境难题，而且还要面对经济社会快速发展所带来的环境压力，资源环境的瓶颈制约作用将日益凸显。

在此背景下，生态城市作为一种新兴的城市发展模式应运而生，进而取代传统的城市发展模式。生态城市这一概念最早是在 20 世纪 70 年代联合国教科文组织（UNESCO）发起的"人与生物圈（MAB）"计划研究过程中提出的，这一崭新的城市概念和发展模式一经提出，就得到全球的广泛关注。

中国在过去的二十年左右的生态城市建设理论研究与实践探索中，在充分吸取国际上生态城市建设所取得的经验教训的基础上，结合自身的实际情况，形成了具有中国特色的生态城市发展范式。

中国对生态城市的理论研究从 20 世纪 80 年代开始起步，但进展迅速（杨永春，2004）。1971 年，我国参加了联合国教科文组织拟订的"人与生物圈计划"。1978 年城市生态环境问题研究正式列入我国科技长远发展计划，许多学科开始从不同领域研究城市生态学，在理论方面进行了有益的探索。1981 年我国著名生态学家马世骏结合中国实际情况，提出了社会-经济-自然复合生态系统的思想，对城市生态学研究起到了极大的推动作用。王如松进一步提出城市生态系统的自然、社会、经济结构与生产、生活还原功能的结构体系，用生态系统优化原理、控制论方法和泛目标规划方法研究城市生态。从自然生态系统到城市复合生态系统的提出，标志着城市生态学理论的新突破，为城市生态环境问题研究奠定了理论和方法基础。

1987 年 10 月在北京召开了"城市及城郊生态研究及其在城市规划、发展中的应用"国际学术讨论会，标志着我国城市生态学研究已进入蓬勃发展时期。1988 年我国唯一的城市生态与环境的专业刊物《城市环境与城市生态》创刊。

20 世纪 90 年代后，生态城市作为人类理想的聚居形式和人类为之奋斗的目标，已成为我国当代城市研究新的热点。王如松等（1994）提出了建设"天城合一"的中国生态城市思想，认为生态城市的建设要满足以下标准：人类生态学的满意原则；经济生态学的高效原则；自然生态学的和谐原则。他们还提出了生态城市建设所应依据的生态控制论原理，如胜汰原理、循环原理、多样性、生态设计原理等。黄光宇等（1997）提出生态城市的创建目标应从社会生态、经济生态、自然生态三方面来确定。在此基础上，提出了生态城市的规划设计方法和三步走的生态城市演进模式。陈勇（2002）从生态城市的时空定位，并从哲学、文化、经济、技术 4 个方面对生态城市思想进行了剖析。梁鹤年（1999）在"城市理想与理想城市"一文中，提出生态主义的城市理想原则是生态完整性和人与自然的生态连接，而中心思想则是"可持续发展"。胡俊（1995）认为生态城市观强调通过扩大自然生态容量（如增加城市开敞空间和提高绿地率等）、调整经济生态结构（如发展洁净生产、第三产业，对污染工业进行技术改造等）、控制社会生态规模（如确定城市人口合理规模、进行人口的合理分布等）和提高系统自组织性（如建立有效的环保及环卫设施体系等）等一系列规划手法，来促进城市经济、社会、环境协调发展。并认为，建立生态城市是解决当今现代城市问题的根本途径之一。翟丽英、刘建军（2001）提出了生态城市规划要实现城市与自然环境的协调和配合；重构再生循环利用的产业结构；建立市区与郊区复合生态系统等。

在生态城市的指标体系研究方面，宋永昌等（1999）提出了评判生态城市的指标体系和评价方法，并选择上海、广州、深圳、天津、香港 5 个沿海城市进行了城市生态化程度的分析。随之盛学良、郭秀锐、张坤民、刘则渊等分别对生态城市评价指标体系的建立进行了分析研究。

"山水城市"作为具有中国民族文化特色、最能体现东方文化特色的生态城市类型，这一概念的提出具有十分重要的理论与实践价值。山水城市这个概念最早是由钱学森先生在1990 年 7 月给清华大学吴良镛教授的信中首先提出来的。吴良镛院士认为：山水城市作为一般意义是指城市要结合自然，强调城市的山水，有生态学、城市气候学、美学、环境科学的意义；山水城市还在于它特殊的文化意义，即中国山水文化、山水美学意义。周干峙院士认为：从历史、文化角度看，山水城市很好地概括了我国的城市特色问题，是城市的一种具有高度文明水准的形态模式。此外，杨柳（1998）、龙彬（2001）、唐晓莲（2006）等分别从不同层面阐述了山水城市的思想内涵。

城市生态建设的理论体系包括生态学、可持续发展、复合生态系统等系列理论，在我国城市生态的具体规划和实践中尤以生态承载力、生态功能区划和生态文明建设等理论最为关键。

# 一、城市生态生态承载力

## （一）基础理论

生态承载力是生态学第一戒律（Hardin，1986），是生命科学中最为重要的概念之一（Mayr，1997），同时也是衡量人类经济社会活动与自然环境之间相互关系的科学指标，是人类可持续发展的度量和管理决策的重要依据（Abernethy，2001；Young，1998）。当生态承载力这个概念扩展到人类生态系统研究时，建立于种群数量动态基础上的理论、方法和实证数据都遇到了极大的挑战。从承载的对象来看，生态承载力不仅仅是指人口数量，而是社会文化因素影响下的人类负荷。自然界中生物对自然环境所产生的影响和压力主要与其基本的生存需要有关，虽然同一种生物不同个体之间在食物、资源、空间等各种自然条件的需求方面存在一定的个体差异，但从总体上来讲同一种生物之间的个体差异较小。而人类不同，人类对自然环境所产生的影响不仅与生活消费有关，还与生产方式有关，并且受到科技、贸易、制度等各种人类社会文化因素的影响。不同地区、不同文化背景和不同时期人类的生活习惯和生产方式差异极大，因此即使是人口数量相同，由于生活方式和生产方式的不同，对自然环境所造成的压力和影响也不相同。

从承载的介质来看，生态承载力是系统承载力，是指各种自然因素综合制约下的人类承载力。自然界中影响生物承载力的制约因素多种多样，但某种生境中特定生物的种群数量往往只会受一种或少数几种关键因素制约，与生物承载力相比人类承载力的制约因素更为繁多。1798 年马尔萨斯所关心的人类承载力制约因素是粮食和耕地，而 19 世纪 50 年代，英国经济学家关心的则是能源和生活物质，到 20 世纪中期美国的生态学家开始担心资源匮乏和环境污染问题，1972 年罗马俱乐部在《增长的极限》中综合考虑了粮食、污染等因素，同年在斯德哥尔摩举行的联合国环境大会则将关注点扩大到全球的生命支撑系统。科技进步等社会文化因素使人类在各个历史时期暂时性地克服了制约人类经济社会发展的自然因素，但是这些制约因素并没有真正消失，而是随着人类进步在区域乃至全球尺度上表现出来。随着时间的推移，许多自然制约因素往往同时对人类承载力产生影响和制约（Kates，1997），在这些因素之间以及这些因素与人类社会文化因素之间存在着错综复杂的关系。总结起来，人类承载力主要受资源、环境、自然生态三个方面因素的制约（高吉喜，2001），制约人类承载力的资源主要包括水资源、土地资源、矿产资源以及燃料能源等，环境制约因素则主要包括大气环境容量、地表水环境容量、海洋环境容量等，而在自然生态方面，水土流失、土地退化、森林植被减少、生物多样性丧失等生态问题也会制约着人类承载力。

　　生态承载力在考虑自然生态系统影响的情况下，应充分考虑人类社会文化因素以及由此造成的动态性，并应与管理目标紧密结合起来，本文提出其定义为，某一特定区域在资源、环境和自然生态因素制约下，经济发展、资源利用、生态保护和社会文明各个领域均能符合可持续发展管理目标要求的最大人类经济社会发展负荷，包括人口总量、经济规模及发展速度。

（二）分析方法

　　生态承载力概念包含了两个方面的因素。第一个方面是自然界的供给方面，也就是地球自然生态系统可以提供的生态服务功能，包括资源、环境和生态服务功能。另一个方面是人类经济社会发展的需求。因此，即使是最复杂的承载力计算方法，归根结底都是计算供给和需求的比例，精确客观估算生态承载力必须将自然生态系统的供给能力和人类需求两个方面都精确地测算出来。

　　城市是典型的人类经济社会生态复合系统，城市生态承载力具有人类生态承载力的一切特征并表现得更为强烈。根据生态承载力的理论研究，城市生态承载力的精确客观估算必须满足以下条件：城市生态承载力必须放在区域和全球的尺度上加以考虑；城市生态承载力必须充分重视人类文化因素的影响；城市生态供给和生态压力量纲能够归一化。

　　在目前情况下，生态承载力必然不是一个客观的科学概念，但这不能成为阻碍生态承载力研究的借口，而是应该采用不同于自然生物承载力的研究思路和研究范式，通过主观与客观相结合的策略，对于人类社会文化因素发展采用主观方法设定刚性尺，对于自然环境约束则采用相对客观的数学估算方法，从而构建有效的和可操作的生态承载力估算方法。

　　城市生态承载力的估算具体应遵循以下原则：①确定清晰的城市生态承载力管理目标；②充分考虑人类社会文化因素的作用，特别是科技进步的作用；③根据经济社会发展实时调整城市承载力控制目标；④系统综合地考虑影响因素之间的关系；⑤充分关注研究目标与区域的关系。

　　城市生态承载力估算的步骤程序应为：通过细致详尽的资料收集、遥感调查、现场考察等方法，综合采用城市景观生态学、生态学、环境保护与污染防控、循环经济、遥感和GIS技术等理论方法，并与实证方法相结合，对城市生态系统进行综合分析；确定城市可持续发展面临的制约因素及突出的资源、环境等问题，确定承载力的约束边界条件；分析城市功能定位，对比分析与国内外类似城市在承载能力方面的优势与差距，充分吸取国外发达城市生态建设与环境保护过程中的经验教训，结合研究城市的实际情况，确定城市生态承载力目标；结合城市承载力约束条件和承载目标，构建承载力评价指标体系，同时，参考国内外发达城市的建设经验，确定指标判别的标准；最终，在评价指标体系和承载力约束条件的基础上，选用合理的估算方法，完成对城市生态承载力的评价。城市生态承载力估算技术路线见图 9-9。

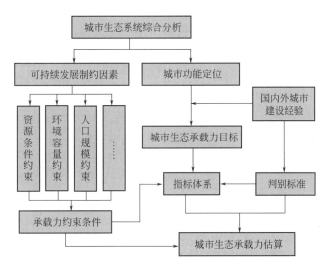

图 9-9　城市生态承载力估算技术路线

### 1. 城市生态承载力指标体系构建

如何衡量或评价城市的生态承载能力，是城市发展建设必须解决的一个前提性论题，而用一个或几个具体的指标是很难反映城市生态承载力的全部特征和规律，需要由若干或一系列相互联系、相互制约的指标，才能组成的科学的、完整的评价总体。为便于对城市生态承载力的具体衡量、评价，能定性定量地描述，就需要建立城市生态承载力的指标体系。

指标体系构建原则：主要指标的选择既要能反映城市生态承载力的各个方面，全面涵盖城市生态承载力的内涵，较客观地反映城市生态承载力的现状、限制目标，又要根据系统的结构分出层次，避免指标之间的重叠，使各指标结构清楚，便于使用；兼顾普适性和特色性原则；紧密结合城市发展目标；综合考虑已有的建设指标。此外，为尽可能实现指标的客观性和主观性、通用性、区域性和时效性等各方面的统一，在选择指标时还应当尽可能地选择那些效应性的指标，以避免过多地采用可能性指标而增加人为判断，从而尽可能增加后续评估的客观性。

（1）指标框架体系构建　根据前文对城市生态承载力内涵的阐述，以及城市生态承载力指标体系的构建原则，在充分分析、比较和借鉴其他可持续发展指标和承载力指标的基础上，本文最终确定以国家环保总局颁发的《生态县、生态省建设指标（试行）》体系为基础，根据"资源-环境-经济-社会"的城市生态承载力概念框架构建，由资源供给与消耗、环境质量与容量、经济效率和结构、人口规模和文明程度等参数形成的二级指标框架体系，如图 9-10 所示。

（2）评价指标的判别标准　城市生态承载力标准值的制定原则如下。

① 凡已有国家标准或国际标准的指标，尽量采用规定的标准值；如无相关标准时，则应参考国内外现代化城市的量化指标值或生态化程度较高的城市现状值作为标准。

② 对于城市生态承载力现状指标距国家标准还有一定差距的指标，则以国家标准作为

评价标准值；对于已达到国家标准或超过国家有关标准的指标，则应以与城市发展目标相匹配的承载力控制目标为标准，或以国际相关标准作为评价的依据。

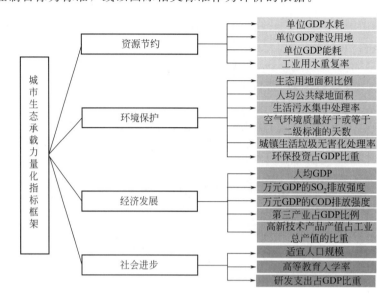

图 9-10　城市生态承载力量化指标框架

③ 尽量与国内现有相关政策研究的目标值一致，或优于其目标值，如生态城市建设指标、城市实现现代化标准等。

④ 对那些目前统计数据不十分完整，但在指标体系中又十分重要的指标，在缺乏有关指标统计数据前，暂用类似指标替代（或采用专家咨询确定）。

⑤ 对某些指标而言并没有一定的标准，如 GDP、市域总面积、人口规模等。对于此类型指标，应针对城市发展目标，根据资源禀赋和环境容量限制因子确定相关指标值。

（3）城市生态承载力评价指标体系　本文综合考虑了国内现有的城市生态承载力评价指标、城市生态系统健康指标与可持续发展度量指标体系，并结合发达国家大都市相关指标体系，最终确定以《生态县、生态市、生态省建设指标（试行）》（国家环保总局颁布）指标标准为基础，同时根据城市生态承载力的特点，进行了具体修正，评价指标见表 9-6。

表 9-6　城市生态系统承载力评价指标体系

| 指标类型 | 序号 | 指标名称 | 单位 | 推荐标准 | 标准确定依据 |
|---|---|---|---|---|---|
| 资源节约 | 1 | 单位 GDP 水耗 | m³/万元 | ≤150 | 国家生态市标准 |
| | 2 | 单位 GDP 建设用地 | m²/万元 | — | 承载力控制目标 |
| | 3 | 单位 GDP 能耗 | 吨标煤/万元 | ≤1.4 | 国家生态市标准 |
| | 4 | 工业用水重复率 | % | ≥50 | 国家生态市标准 |
| 环境保护 | 5 | 生态用地面积比例 | % | ≥50 | 国际大都市经验值 |
| | 6 | 人均公共绿地面积 | m²/人 | ≥11 | 国家生态市标准 |
| | 7 | 生活污水集中处理率 | % | ≥70 | 国家生态市标准 |
| | 8 | 空气环境质量好于或等于二级标准的天数 | 天/年 | ≥330 | 国家生态市标准 |
| | 9 | 城镇生活垃圾无害化处理率 | % | 100 | 国家生态市标准 |
| | 10 | 环保投资占 GDP 的比重 | % | 3 | 国际大都市经验值 |

续表

| 指标类型 | 序号 | 指标名称 | 单位 | 推荐标准 | 标准确定依据 |
|---|---|---|---|---|---|
| 经济发展 | 11 | 人均 GDP | 万元/人 | ≥3.3 | 国家生态市标准 |
|  | 12 | 万元 GDP 的 $SO_2$ 排放强度 | kg/万元 GDP | <5.0 | 国家生态市标准 |
|  | 13 | 万元 GDP 的 COD 排放强度 | kg/万元 GDP | <5.0 | 国家生态市标准 |
|  | 14 | 第三产业占 GDP 比例 | % | ≥45 | 国家生态市标准 |
|  | 15 | 高新技术产品产值占工业总产值的比重 | % | — | 承载力控制目标 |
| 社会进步 | 16 | 适宜人口规模 | 万人 | — | 承载力控制目标 |
|  | 17 | 高等教育入学率 | % | ≥30 | 国家生态市标准 |
|  | 18 | 研发支出占 GDP 比重 | % | — | 承载力控制目标 |

## 2. 城市生态承载力定量估算方法

系统动力学方法（system dynamics，SD）是在仙农的信息论和维纳的控制论的发展使社会、经济等各环节得以有机联系起来的背景下产生的，由美国麻省理工学院佛瑞斯特教授和他的研究小组创立。系统动力学通过引进信息反馈与系统力学的概念与原理，把系统问题流体化，将整个系统分为若干子系统，明确作用于子系统间或子系统内部的因果关系，从而建立系统的动态反馈模拟模型，是研究大系统运动规律的理想方法。

按系统动力学原理建立城市生态承载力计算模型与模拟的方法，主要包括以下步骤，如图 9-11 所示。

① 确立研究对象和系统边界。本部分内容是建立模型的基础，首先应在明确研究对象以及性质、研究目标和要求的前提下，搜集相关的信息和资料；然后，分析系统的基本问题与主要问题、内部各部之间存在的矛盾、相互制约与作用结果与影响、变量与主要变量；初步划定系统的界限，并确定内生变量、外生变量；确定系统行为的参考模式。

② 建立系统的层次和反馈结构。本阶段应分析系统总体与局部反馈机制，分析构成因素的相互关系，划分系统的层次、类别和结构；分析系统的变量、变量间的关系，定义变量，确定变量的种类及主要变量；按照变量之间的关系，判断因素之间的信息反馈和耦合关系，建立系统的主导回路和结构；建立状态变量、速率变量、辅助变量和常量方程。

③ 模型参数选择。系统结构只说明系统中各变量间的逻辑关系与系统构造，并不能显示其定量关系。模型的参数选择是人们普遍关心和存疑或误解最多的问题。模型参数的估计方法可有经调查获得第一手资料；从模型中部分变量间的关系确定参数值；分析已掌握的有关系统的知识估计参数值；根据模型的参考行为特性估计参数。确定模型参数后应给出初值、常量方程和表函数赋值。

④ 模拟运行和模型检验。进行模型运行和调试，在模拟运算的基础上，对结果进行深入分析，寻找解决问题的方法，进而修改模型的结构和参数，反复进行模拟，直到获得满意的仿真结果。对模型的检验由始至终一直在不断地进行，在模型运行后，应就输出的变量与历史数据进行校验，评估模拟效果。

⑤ 模型的情景分析。以系统动力学的理论指导进行模拟结果的分析，深入剖析系统，通过对生态环境与经济发展间关系的判断，得出优选的模拟结果，并提出解决存在问题的方法和措施（图 9-11）。

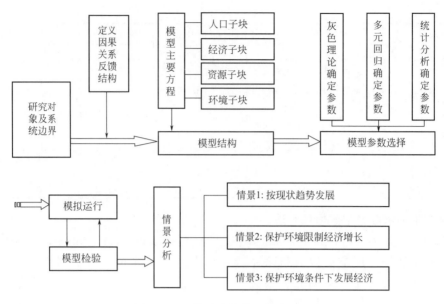

图 9-11　系统动力学模型构建流程

## 二、城市生态功能区划

（一）研究综述

生态区划是指对一定地理空间进行区域划分，它是以地域分异规律学说理论为基础，以地理空间为对象，按分区要素的空间分布特征，将研究目标划分为具有多级结构的区域单元。由于地理空间上各种要素不同的分布特点，不可能同时存在两个特征属性完全相同的区域，且两个不同的区域之间也不可能存在明显的分界线。因此，区划的任务就是要根据目的，一方面将地理空间划分为不同的区域，保持各区域单元特征的相对一致性和区域间的相异性；另一方面又要按区域内部的差异划分具有不同特征的次级区域，从而形成反映分区要素空间分异规律的区域等级系统。

1. 国外研究概况

生态区划是在自然区划的基础上发展而来的。早在 19 世纪初，德国地理学家 Humboldt 首创了世界等温线图，把气候与植被的分布有机地结合起来。俄国地理学家 Dokuchaev 也提出了土壤形成过程和按气候来划分自然土壤带的概念，并建立了土壤地带学说。与此同时，Hommeyer 发展了地表自然区划的观念以及在主要单元内部逐级分区的概念，并设想出 4 级地理单元，即小区（Ort）、地区（Gegend）、区域（Landschaft）和大区域（Land），开创了现代自然区划的研究（傅伯杰等，1999）。

但早期的分区主要还停留在对自然界表观的认识上，缺乏对自然界内在规律的认识和了解，同时，区域划分的指标也往往采用单一的因素（如气候、地貌等），分区的界线过于粗糙。随着人们对自然界各环境因素的深入研究，自然分区也在深入发展。1898 年，Merriam 对美国的生命带和农作物地带开展区划工作，这是首次以生物作为自然分区的依据，可以看作是最早的生态区划研究工作。此后 Dokuchaev（1899）从自然地带（或称景观地带）的概念发展了生态区（Ecoregion）的概念，指出"气候植物和动物在地球表面上的分布，皆按一定的严密的顺序，由北向南有规律地排列着，因而可将地球表层分成若干带"。1905 年，英国生态学家 Herbertson 指出进行全球生态区域划分的必要性，并首次对全球各主要自然区域单元进行了分区和介绍，他在确定其分区方案中的"主要自然区域"时不仅采用了复合特性的分布这一不常用的方法，而且也认识到人类发展分布的重要性。随之很多生态学家与地学家也日益关注到生态区划的重要性，并投入到生态区划的研究中。如在美国，1928 年 Fenneman 提出了美国地文区划，1930 年 Veatch 提出以"自然地理分区"和"自然土地类型"的概念来划分土地单元；在英国，1926 年 Roxby 提出自然区概念，1931 年 Boume 在对全英国农林业资源调查的基础上提出了"Site"和"Site Regions"的概念，1933 年 Unstead 提出区域地理单位系统。虽然各国地理学家的各种学说极大地丰富了当时自然区划的理论，但由于受当时客观条件（如观测数据等）的限制以及人们对生态系统和生态过程认识的局限性，所有方案并不是很完整，尤其是对于分区的原则和指标还没有比较统一的认识（傅伯杰等，1999）。

从 20 世纪 20～30 年代开始，随着各种野外实验与监测的开展，各类数据逐渐增多，对自然界各种规律的认识也不断地深入，以气候作为影响植被分布的主导因子，对气候与植被分布间的关系进行了大量的研究，并确立了一系列划分自然植被的气候指标体系。如 Koppen 的生物气候分类方法，Holdridge 生命地带，Thomthwaite 水分平衡，Penman 蒸散公式，Kira 温暖指数、寒冷指数和干湿度指数等。在这些分类系统中，Koppen 的生物气候分类方法和 Holdridge 生命地带图式应用最为广泛。此外，Thomthwaite 水分平衡、Penman 蒸散公式及 Kira 的热量指数和干湿度指数在对植被类型区域界线的确定中也发挥着一定的作用。虽然这些植被-气候分类系统各有其利弊，但是它们改变了以前那种纯感性的认识，而是用定量的气候指标来界定不同的区域，从而为区域的划分提供了理论依据。

1935 年，英国生态学家 Tansley 提出生态系统（Ecosystem）的概念，指出生态系统是各个环境因子综合作用的表现。之后大量研究的开展使人们对生态系统的形成、演化、结构和功能以及影响生态系统的各环境因子有了较为充分的认识。在此基础上，以植被生态系统为主体的自然区划方面的研究工作在全球、国家和区域尺度上得到全面开展，而且这些自然分区与前期的工作相比有了较大的进步，但是，其所采用的指标往往较为单一，缺乏整体或综合的观点。

真正意义上的生态区划方案由美国生态学家 Bailey（1976）首次提出。他从生态系统的观点出发，对各个组分进行整合，提出了美国生态区域的等级系统，并编制了 1∶750 万美国生态区域图，按地域（Domain）、区（Division）、市（Province）和地段（Section）四个等级进行划分。此后，各国生态学家对生态分区的原则和依据以及分区的指标、等级和方法等进行了大量的研究和讨论，并在国家和区域的尺度上进行各种生态分区，尤其是在北美地区的工作开展较多。如在国家尺度上，Bailey（1986，1989）随后又对分区的总体原则、方法和指标等进行了多次讨论，并对美国的生态区划进行多次修改。Omemik（1995）也对美国本土进行了生态区划，对生态地区（Ecoregion）和生态亚地区（Subecoregion）的划分进行了较为详细的论述，并进行了方法上的评价。在加拿大，从 20 世纪 80 年代开始也进行了一系列的全国生态区划工作，如 Wiken 于 1982 年对加拿大提出了第一个全国生态区划方案，按生态地带（Ecozone）、生态市（Ecoprovince）、生态地区（Ecoregion 或 Ecolandscaperegion）和生态区（Ecodistrict）四个等级进行划分；1996 年在 The Canada Council on Ecological Areas 的支持下，Wiken 等进一步完成了加拿大陆地和海洋的生态区划，该方案以生态地带（Ecozone）、生态地区（Ecoregion）、生态区（Ecodistrict）、生态地段（Ecosection)、生态地点（Ecosite）和生态元素（Ecoelement）六个等级进行划分。

　　总体来说，加拿大与美国的生态区划在一些概念、分区方法和目的上有其相似之处，但在分区单元的等级及命名上却有所区别。在区域尺度的生态区划上，北美地区也开展了较多的工作，如 Denton 等（1988）对美国密歇根的生态气候区划，Wickware 等（1989）对加拿大安大略市的生态地区的区划，Gallant 等（1995）对阿拉斯加的生态区划，Albert（1995）对密执安、明尼苏达和威斯康星三州区域景观生态系统（生态地区）的区划以及 Harding 等（1997）对新西兰南部岛屿的生态区划等。在洲际尺度上，北美环境合作委员会（Commission for Environmental Cooperation）于 1997 年将北美地区分为 15 个Ⅰ级、52 个Ⅱ级和 200 个Ⅲ级生态区。

　　而在全球尺度上，Bailey 在长期的分区工作基础上于 1996 年提出了生态系统地理学（Ecosystem Geography）的概念，进一步强调从整合的观点出发，采用生态系统地理学的方法来对生态区域进行划分的必要性和可能性，并利用该方法对全球的陆地和海洋生态区域进行了划分，分别编制了陆地和海洋的生态区域图，随后在 1998 年他又一次对全球尺度的生态区域划分进行了论述和分区。

　　但是，这些分区工作主要是从自然生态因素出发，几乎没有考虑到作为主体的人类在生态系统中起的作用。近年来，由于人口、资源、环境等全球性问题的日趋尖锐，各国生态学越来越重视生态环境的分区，并认识到以前各类自然分区的局限性，而开始关注人类活动在资源开发和环境保护中的作用和地位。同时，随着人们对全球及区域生态系统类型及其生态过程认识的深入，生态学家开始广泛应用生态分区与生态制图的方法与成果，阐明生态系统对全球变化的反应，分析区域生态环境问题形成的原因和机制，并进一步对生态系统进行综合评价，为区域资源的开发利用、生物多样性保护以及可持续发展战略的制订等提供科学的理论依据，生态分区及生态制图从而也成为当前宏观生态学的研究热点（Bailey，1996，1998）。

### 2. 国内研究情况

　　在我国，现代自然区划工作始于 20 世纪 30 年代，竺可桢 1931 年发表的"中国气候区域论"（竺可桢，1931）是我国现代自然区划的开端，也为后来所进行的其它自然区划提供了一些划分方法和依据；随后黄秉维于 20 世纪 40 年代初首次对我国的植被进行了区划（黄秉维，1940，1941），将全国植被划分为 26 个区。陶诗言（1949）引入 Thonrhtwaiet 的水分平衡方法对全国气候区域进行区划。

　　自 20 世纪 50 年代以来，我国在自然区划研究方面进行了大量的工作，并取得了丰硕的成果。在 20 世纪 50～60 年代，我国自然工作者在全国范围内对自然资源进行了全面的调查，在此基础上对我国各自然要素和综合自然地理进行了大量的区划工作，并提出了一系列符合中国自然地域的区划原则和指标体系（林超等，1954；黄秉维，1959；任美愕等，1961），其中最具影响力和最为完整的是中国科学院自然区划工作委员会于 1959 年编写出版的《中国综合自然区划（初稿）》，它不仅涵盖了地貌、气候、水文、土壤和植被等八个部门，并明确区划的目的是为农、林、牧、水等事业服务，拟订了适合中国特点又便于与国外相比较的区划原则和方法。

　　1961 年任美愕和杨纫章依据自然情况差异的主要矛盾以及利用改造自然的不同方向，将全国分为 8 个自然区（东北、华北、华中、华南、西南、内蒙古、西北和青藏）、23 个自然地区和 65 个自然市，该方案已在较高级单位中将地带性与非地带性两种规律同时并用，而不是单独使用某一种为起主要特点。

1979 年任美锷等对 1961 年的方案作了补充和修正，但仍然保持原有的 8 个自然区（一级区），而在二级区和三级区上做了一定的调整，将全国划分为 26 个自然亚区和 58 个自然小区，该区划方案的主要特点是，在各级分区单位中，将地带性和非地带性结合在一起考虑。

黄秉维也于 1989 年在区划方案的基础上提出了一个新的方案，并首先将青藏高原单独划出与其余地区平行并立为两部分（未设区），随后依据先按温度、然后按干湿情况、最后按地形的原则，将我国划分为 12 个自然地带、21 个自然地区、45 个自然区。

总体来说，我国自然区划的历史虽然较短，但取得了较为丰硕的成果。然而这些区划主要是依据自然环境的分异规律，按区内结构的相似性和区际间的差异性所进行的自然分区，虽然一些分区方案中也考虑了人类活动的因素，但主要是针对人类对自然的改造和利用方向，而忽略了人类活动对生态环境所带来的影响。

针对这一问题，国内研究人员从为制订区域经济发展政策、合理开发利用自然资源和生态环境保护提供科学的理论依据的角度出发进行了全国生态区划的相关研究（刘国华等，1998；傅伯杰等，1999）。傅伯杰等（2001）在充分认识区域生态系统特征的基础上，研究生态系统服务、生态资产的分布，生态胁迫过程和生态环境敏感性，考虑人类活动对生态系统的影响，进行生态地域区划、生态资产区划、生态胁迫过程区划、生态敏感性区划等生态要素区划，在此基础上建立我国生态环境综合区划的原则、方法和指标体系，制定全国生态环境综合区划方案。依据生态环境综合区划，研究各区域生态环境问题的形成机制和发展趋势，提出综合整治对策，为区域资源开发与环境保护提供决策依据，为全国和区域生态环境整治服务（傅伯杰等，1999）。

## （二）理论基础

### 1. 生态系统区域分异规律

生态系统是生物有机体及其周围环境组成的综合体，具有明显的区域分异性。自然地理环境是生态系统形成和分异的物质基础。在一定尺度的区域内，由于自然环境要素（气候、地貌、土壤等）及人类活动强度的地域分异，形成不同的生态系统组合，其空间分布呈现出区域分异特征。不同的生态系统，其结构和功能不同，产生不同的生态过程，向人类提供多种多样的生态服务功能，并具有不同的生态敏感性。即使是同一类型的生态系统，也会由于生态环境因子的空间异质性而出现生态系统内部服务功能和生态敏感性的空间差异。生态系统结构、功能和生态过程的区域分异，为划分不同的生态功能区提供了客观依据。

### 2. 生态系统等级理论

等级理论认为，任何生物系统，从细胞到生物圈，都具有等级结构，任何等级的生物系统都由低一等级水平上的组分组成。生态系统是一个复杂、有序的等级系统，其等级性包含生态系统的结构等级和生态过程等级两方面的内容。一般而言，生态系统的等级性体现的特点有：①高等级组分的格局特征能在低等级组分中得到反映；②低等级组分的存在依附于高等级组分；③物质和能量通常从高等级流向低等级；④一些独立组分的变化不可避免地影响到相关的组分。生态系统具有明显的尺度特征，每个等级水平的生态系统都具有其一定的时间和空间尺度，而且各等级水平生态系统的结构和功能也不同。生物圈可以说是最大、最复杂的生态系统，整个生物圈是一个多重等级层次系统构成的有序整体，每一高级层次系统都是由具有自己特征的低级层次系统组成的。细胞组成有机体，有机体组成种群，种群又组成生物群落，生物群落与周围环境一起组成生态系统，生态系统又与景观生态系统一起组成总人类生态系统（傅伯杰等，2001；邬建国，1991）。

### 3. 景观生态学理论

景观是具有空间异质性的区域，它是由许多大小形状不一、相互作用的生态系统（镶嵌体）按照一定的规律组成的。景观是整体性的生态学研究单位，在自然系统的等级中居于生态系统之上，是生态系统的载体。景观生态学是研究景观的结构、功能和动态的综合性交叉学科，它强调空间格局对生态系统功能和生态学过程的影响。

景观生态学的一般原理可归纳为以下几个方面（傅伯杰等，2001；R 福尔曼等，1990；肖笃宁等，1999）。

（1）景观整体性原理　景观是由不同生态系统或景观要素通过生态过程联系形成的功能整体。景观生态学要求应从景观的整体性出发研究其结构、功能及其变化过程。

（2）景观等级性原理　由于景观是由不同生态系统的空间集合与镶嵌构成的，生态系统的等级特征使景观生态系统也具有等级特征。

（3）景观异质性原理　指景观要素在空间分布上和时间过程中的变异与复杂程度，它主要反映在景观要素多样性、空间格局复杂性以及空间相关的动态性。

（4）景观尺度效应原理　尺度是指研究客体或过程的空间维和时间维，可用分辨率与范围来描述。景观生态学的研究基本上对应着中尺度范围，即从几平方公里到几百平方公里，从几年到几百年。

（5）景观空间格局与生态过程相互作用原理　在景观中，景观格局决定着资源和物理环境的分布形式和组合，并制约着各种景观生态过程，而景观生态过程又影响景观格局的形成与演化。

生态功能区划的对象是区域生态环境综合体，景观等级性和异质性原理、景观结构的镶嵌性和空间格局等核心概念都是生态功能区划的基础理论之一。通过景观生态结构分析可以为生态服务功能评价和生态功能区的划分提供基础依据，尤其是对地形复杂、人类活动干扰大、景观生态结构复杂的区域，在生态功能区划中应用景观生态学的理论和方法会得到更好的效果。

## （三）区划方法

自然区划的方法可分为基本方法和一般常用方法两类（陈传康，1964，1993；刘南威等，1997）。

### 1. 区划的基本方法

区划的基本方法是指各类区划都通用的区划方法，即顺序划分法和合并法。

（1）顺序划分法　又称"自上而下"的区划方法。主要是根据区域分异因素的大、中尺度差异，按照区域的相对一致性以及区域共轭性，从划分高级区域单元开始，逐级向下进行划分。通常进行大范围的区划和高、中级单元的划分多采用这一方法。

（2）合并法　又称"自下而上"的区划方法。这种方法是从划分最低等级区域单元开始，然后根据相对一致性原则和区域共轭性原则将它们依次合并为高级区域单元。在实际应用中，合并法是与类型制图法结合，以类型图为基础进行区划。这种方法在部门自然区划中普遍应用，地貌区划、土壤区划、植被区划等，都是以其类型图为基础的。例如，地貌区域是各种不同地貌类型的结合，土壤区域是一定的土类或土种的有规律结合。在综合自然区划中应用合并法，是在土地类型图或景观类型图的基础上，根据土地类型或景观类型组合分布的差别进行区划的。

### 2. 区划的一般常用方法

（1）叠置法　该方法是采用重叠各个部门区划（气候区划、地貌区划、植被区划、土壤区划等）图来划分区域单位，也就是把各部门区划图重叠之后，以相重合的网格界线或它们之间的平均位置作为区域单位的界线。运用叠置法进行区划，并非机械地搬用这些叠置网格，而是要在充分分析比较各部门区划轮廓的基础上来确定区域单位的界线。

（2）地理相关分析法　这是一种运用各种专业地图、文献资料和统计资料对区域各种自然要素之间的关系进行相关分析后再进行区划的方法。该方法的具体步骤是：首先将所选定的各种资料、数据和图件的有关内容等标注或转绘在带有坐标网格的工作底图上，然后对这些资料进行地理相关分析，按其相关关系的紧密程度编制综合性的自然要素组合图，在此基础上逐级进行自然区域划分。地理相关分析法在区划工作中运用比较广泛，如果与叠置法配合使用，会得到较好的效果。

（3）主导标志法　这是贯彻主导因素原则经常运用的方法。运用主导标志法进行区划，是通过综合分析选取反映地域分异主导因素的标志或指标，作为划定区界的主要依据，并且在进行某一级分区时按照统一的指标划分。应该指出，每一级区域单位都存在自己的分异主导因素，但反映这一主导因素的不仅仅是某一主要标志，而往往是一组相互联系的标志和指标。因此，当运用主要标志或指标（如某一气候指标等值线）划分区界时，还需要参考其他自然地理要素和指标（如其他气候指标、地貌、水文、土壤、植被等）对区界进行订正。

这些常用的区划方法都是以定性分析为主的专家集成方法，存在主观性强、不够精确的缺陷。近年来一些数学分析的方法，如聚类分析、主成分分析等被引入到区划工作中，区划工作也出现另一种倾向，即单纯模式定量化。单纯模式定量化的区划方法虽然在避免主观随意性、提高分区精确性方面有所进步，但分区界线与实际出入较大，选取指标的地理意义难以诠释等缺陷限制了其广泛应用（杨勤业等，1999）。因此，地理信息系统支持下的、定性与定量分析相结合的专家集成方法正在成为各类区划工作的主要方法。

## 三、城市生态文明建设

### （一）生态文明概述

#### 1. 概念

生态文明是人类社会继原始文明、农业文明、工业文明后的新型文明形态，在文化价值观、生产方式、生活方式、社会结构上都体现出人与自然协调发展的崭新视角，通过人们较高的生态意识水平和积极的生态行为建立健康有序的生态机制，形成节约能源资源和保护生态环境的产业结构、经济增长方式和生活消费模式，从而实现经济、社会和自然环境可持续发展。生态文明理念充分体现人与自然共存共荣的观念，从生态发展规律出发，确立人类社会发展的模式，是可持续的社会经济发展观念。

#### 2. 内涵

生态文明内涵包括生态文明意识、生态文明制度、生态文明行为以及生态文明效应四个方面内容。

生态文明意识，是人们在思维层面对待生态问题的观念形态，包括生态忧患意识、生态科学意识、生态价值意识、生态审美意识、生态责任意识和生态道德意识等。

生态文明制度，是以人们的生态文明意识为前提、为约束和引导人们的生态文明行为而

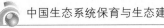

确立的制度形态，包括生态制度、法律和规范。

生态文明行为，是人们基于自己的生态文明意识，在生态文明制度的约束和引导下，在生产生活中所实践的与经济社会可持续发展相关的各种行为。生态文明的行为主体一般分为政府、企业和公众三大类。

## （二）生态文明建设内容

### 1. 生态文明制度建设

生态文明制度建设，是以各级政府和领导干部为主导和主体，以生态法制建设、生态行政建设以及生态民主建设为内容的区域生态文明建设的制度保障。

生态法制建设的目的在于明确生态环境保护相关机构、单位以及社会公众的职责、权利和义务，激发和强化社会各组成单元的生态文明建设责任意识，调动人民群众主动自觉地进行生态环境保护、参与生态环境保护监督管理、维护自身的生态环境权益、检举和控告污染与破坏生态环境的行为的积极性。

生态行政建设的目的在于正确引导各级领导干部深刻认识经济社会发展与资源环境之间的辩证关系，树立正确的发展观和生态观，增强保护和改善生态环境、建设生态文明的实践能力。并把生态文明建设的绩效纳入各级党委、政府及领导干部的政绩考核体系，建立健全监督制约机制，为推进生态文明建设提供制度基础、社会基础以及相应的设施和政治保障。

### 2. 生态文明意识建设

生态文明意识建设在全社会宣传生态哲学、生态伦理、生态科技、生态文艺知识，提高社会公众对生态文化的认同感，牢固树立生态文化意识，强化人们生态意识和生态行为的自觉性、自律性与责任感，增强人们对自然生态环境行为的自律能力，从而自觉地承担保护生态环境的责任和义务，参与多种形式的生态道德实践活动，最终形成防止污染、保护生态、美化家园、绿化祖国的生态文明风尚。

### 3. 生态经济文明建设

生态经济建设的目的在于促进经济活动符合人与自然和谐发展的要求，转变只强调物质生产而忽视生态环境保护的生产方式，在全社会倡导节约资源的观念，大力开发和推广节约、替代、循环利用资源和治理污染的先进适用技术，努力形成有利于节约资源、减少污染的生产模式、产业结构和消费方式，并实施清洁生产，在生产过程中要节约原材料、能源并减少排放物，同时也要求最大限度地减少整个生产周期对人的健康和自然生态的损害，同时进一步通过广泛开展生态环境宣传教育，增强环保产业的职业责任意识。

## （三）生态文明指标的应有特征

### 1. 体现我国的悠久历史文明和民族生态文化特色

我国是具有悠久历史的多民族国家，不同民族和地域的人们在长期的生产生活实践中创造了与自然和谐相处的丰富多彩的民族生态文化，尽管历经经济社会巨大变迁，文化的传承性使我国不同地域人们的生产生活至今仍具有浓重的当地民族生态文化特色。因此具有地域特色的民族生态文化更容易被当地民众理解和接受，覆盖全社会的生态文明建设不应是无源之水，民族生态文化理所当然是当代我国生态文明建设的源头。从历史层面而言，民族生态文化是生态文明发展的雏形，生态文明是民族生态文化在当代经济社会中继承、延续、发展的产物。在深刻理解并发掘我国本土民族生态文化的前提下，结合区域生态文明发展目标建设生态文明指标，有助于增进社会公众对家乡生态环境的感情、加深对本地经济社会发展与资源环境关系的认识，进而增强公众自觉参与资源节约型、环保友好型社会建设的积极性和主动性，同时，也有助于深刻体现我国生态文明建设的地域性、独特性和多样性。

### 2. 考量不同社会组成单元的生态意识水平、发展状况和生态文明实践表现

生态文明是在以区域各级政府机关和环保机构、企事业单位、社会公众为主体的制度、意识、行为共同作用下形成的可持续发展的社会机制，生态文明主体的生态意识水平、发展状况及其生态文明的实践能力和现实表现决定了生态文明建设水平和发展潜力。企业和社会公众参与生态文明建设的能力水平，以生态文明意识水平的提高为前提，以其在生产生活实践中节约资源、减少环境污染、保护生态环境的实践能力和现实表现作为生态文明行为的衡量依据，因此国家机关、企业、社会公众生态意识水平、发展状况和生态文明实践表现是考察"以人为本"的生态文明建设的核心内容。

### 3. 展示经济、社会、生态环境可持续发展现状及其潜力

区域经济、社会以及生态环境的可持续发展水平和潜力，是处于思想理念层次的区域生态文明制度、生态文明意识及生态文明行为发展水平的现实表现。因此生态文明指标应在突出区域资源环境、经济文化特色的基础上，反映可持续发展中存在的热点难点问题，并针对这些问题明确生态文明建设中的不足，为进一步确立生态文明建设发展的方向、保证人类与环境和谐发展做出不懈努力。目前我国环境保护模范城市、生态县、生态市、生态省评估指标已相对发展成熟，近年众多研究实践表明这些指标对于衡量经济、社会、生态环境可持续发展水平有较好的适用性，因此对生态文明指标建设具有较高的参考价值。

### 4. 与国际接轨，体现我国在世界可持续发展中负责任大国的形象

在当前日益严峻的全球性生态环境危机面前，中国作为世界上最大的发展中国家，在经济社会高速发展中引起的资源环境问题及其应对战略和措施尤其受到国际社会的广泛关注。长期以来，中国在生态环保相关领域一直注重与世界各国的协作，在国家和区域层面就生态保护、资源节约、环境污染控制制定了一系列的战略和措施，并跟踪国际动态，结合研究热点，注重将国际、国内的生态环保相关研究成果运用于工艺升级和产业改造，为经济社会可持续发展注入新的动力。因此，我国国家生态文明指标应展示我国为世界可持续发展所做出的不懈努力，这对于加深国际社会对我国生态环境保护战略措施的理解、展示我国负责任大国的形象、促进我国与国际社会在生态环保领域的进一步协作具有重要意义。

## （四）生态文明建设指标体系

我国研究构建了包括 4 项基本条件、30 个具体指标的生态文明建设指标体系，内容涉及生态意识、生态经济、生态制度、生态环境等几个方面。

### 1. 基本条件

（1）生态文明建设领导得力，机构健全，组织工作有效　镇（乡）以上政府创建了生态文明建设办公室（环保办公室），有兼职或专职人员落实相关工作；区域县级（含县级）以上政府有独立的环保机构生态文明建设领导小组，有专职人员负责；生态文明建设工作纳入镇（乡）、县级以上党委、政府重要议事日程；环境保护工作纳入区域党委、政府政绩考核内容，考核机制相对完善。

（2）制订了《生态文明建设规划》，并由人民政府或人大批准实施　制订了区域《生态文明建设规划》，并通过辖区人大审议、颁布实施。

（3）严格执行国家和地方生态环境保护法律法规　有效贯彻执行国家有关环境保护法律、法规、制度及地方颁布的各项环保规定，完成上级政府下达的节能减排任务，认真贯彻执行环境保护政策和法律法规，严格执行建设项目环境管理有关规定，按期完成国家和省下

达的 COD 和 $SO_2$ 等总量削减任务，达到环境保护部和所在省、自治区、直辖市总量办考核要求；辖区内无滥垦、滥伐、滥采、滥挖现象，无捕杀、销售和食用珍稀野生动植物现象，外来入侵物种对生态环境未造成明显影响；近三年内未发生重大污染事故或重大生态破坏事件，制定环境突发事件应急预案并进行演练。

（4）社会、经济与环境效益显著　严格执行生态文明建设规划要求，环境功能分区布局合理，区域内全社会基本形成节约资源、保护生态环境的良好风气，城乡生态环境质量评价指数及经济社会可持续发展水平在全国或全省名列前茅，城镇居民人均年收入水平≥15000元，农村居民人均年收入水平在 8000 元以上。

## 2. 生态文明指标体系

生态文明指标体系见表 9-7。

表 9-7　生态文明指标体系

| 项目 | 序号 | 指标名称 | 单位 | 标准 | | | 指标性质 | 指标来源 |
|---|---|---|---|---|---|---|---|---|
| | | | | 近期 | 中期 | 远期 | | |
| 生态文明意识 | 1 | 生态文明宣传、教育普及率 | % | 70 | 80 | 90 | 约束性指标 | 生态文明建设特色性指标 |
| | 2 | 中小学生态环境教育课时的比例 | % | 8 | 10 | 10 | 约束性指标 | 生态文明建设特色性指标 |
| | 3 | 公众参与、环保信息公告状况 | | 较为广泛 | 广泛 | 十分广泛 | 约束性指标 | 生态城市 |
| 生态文明经济 | 4 | 万元 GDP 能耗 | t 标煤/万元 | ≤0.8 | 0.75 | 0.7 | 约束性指标 | 模范城市、生态县、生态市 |
| | 5 | 万元 GDP 水耗 | t/万元 | ≤100 | ≤90 | ≤80 | 约束性指标 | 模范城市 |
| | 6 | 主要污染物排放强度 | kg/万元(GDP) | | | | 约束性指标 | 生态县、生态市生态省指标 |
| | | 化学需氧量(COD) | | <3.5 | <3.0 | <3.0 | | |
| | | 二氧化硫($SO_2$) | | <4.5且不超过国家总量控制指标 | <4.0且不超过国家总量控制指标 | <4.0且不超过国家总量控制指标 | | |
| | 7 | 开展清洁生产的企业占规模以上企业的比例 | % | ≥50 | ≥60 | ≥70 | 约束性指标 | 生态市(含地级行政区)建设指标 |
| | 8 | 主要农产品中绿色无公害产品种植面积的比例 | % | ≥60 | ≥65 | ≥70 | 参考性指标 | 生态县 |
| | 9 | 工业用水重复利用率 | % | ≥90 | ≥95 | ≥100 | 约束性指标 | 国际指标,生态县、生态省指标 |
| | 10 | 灌溉水利用系数 | % | | | | 约束性指标 | 节水型社会建设指标 |
| | 11 | 工业固体废物处置利用率 | % | ≥90 | ≥95 | ≥100 | 约束性指标 | 模范城市、生态县、生态市、生态省指标 |
| | 12 | 化肥施用强度 | kg/hm² | ≤275 | ≤250 | ≤200 | 约束性指标 | 生态县指标 |
| | 13 | 规模化畜禽养殖场粪便综合利用率 | % | ≥95 | ≥98 | 100 | 约束性指标 | 市级生态乡镇建设指标 |
| | 14 | 退化土地恢复率 | % | ≥90 | ≥91 | ≥92 | 约束性指标 | 生态省指标 |
| | 15 | 环保投资占 GDP 比重 | % | ≥3.5 | ≥4 | ≥4 | | 模范城市、生态县、生态市指标 |

| 项目 | 序号 | 指标名称 | 单位 | 标准 | | | 指标性质 | 指标来源 |
|---|---|---|---|---|---|---|---|---|
| | | | | 近期 | 中期 | 远期 | | |
| 生态文明生活 | 16 | 建成区绿化覆盖率 | % | ≥25 | ≥30 | ≥30 | 约束性指标 | 文明城市指标 |
| | 17 | 农村生活垃圾定点存放处置率 | % | ≥85 | ≥90 | ≥100 | 约束性指标 | 生态示范区指标 |
| | 18 | 城市公共交通分担率 | % | 70 | 80 | | 约束性指标 | 文明城市指标 |
| | 19 | 城市生活污水集中处理率 | % | ≥80 | | | 约束性指标 | 环保模范城市指标 |
| | 20 | 城市生活垃圾资源化率 | % | ≥40 | ≥45 | ≥60 | 约束性指标 | 循环经济指标 |
| 生态文明制度 | 21 | 生态文明建设管理体制与管理机构健全度 | — | 健全 | 健全 | 健全 | 参考性指标 | 生态文明建设特色性指标 |
| | 22 | 环境管理能力标准化建设达标率 | % | 100 | 100 | 100 | 约束性指标 | 生态文明建设特色性指标 |
| | 23 | 规划环境影响评价执行率 | % | 100 | 100 | 100 | 约束性指标 | "十一五"国家环境保护模范城市考核指标 |
| | 24 | 公众对政府致力于环境保护的满意度 | — | ≥90 | ≥95 | ≥96 | 约束性指标 | 生态文明建设特色性指标 |
| 生态环境质量 | 25 | 地下水超采率 | % | 0 | 0 | 0 | 约束性指标 | 生态省指标 |
| | 26 | 森林覆盖率 | % | | | | 约束性指标 | 生态县、生态市、生态省指标 |
| | | 山区 | | ≥65 | 75 | 75 | | |
| | | 丘陵区 | | ≥35 | 45 | 45 | | |
| | | 平原地区 | | ≥12 | 18 | 18 | | |
| | | 高寒区或草原区林草覆盖率 | | ≥80 | 90 | 90 | | |
| | 27 | 受保护地区占国土面积的比例 | % | ≥15 | 20 | 20 | 约束性指标 | 生态县、生态市、生态省指标 |
| | 28 | 物种保护指数 | — | ≥0.9 | | | 参考性指标 | 生态省指标 |
| | 29 | 空气质量全年优良天数占全年天数85%以上且主要污染物年均值满足国家二级标准（城区） | — | 达到功能区标准 | 达到功能区标准 | 达到功能区标准 | 约束性指标 | 模范城市 |
| | 30 | 区域环境噪声平均值 | — | 达到功能区标准 | 达到功能区标准 | 达到功能区标准 | 约束性指标 | 模范城市 |
| | 31 | 水环境质量（近岸海域水环境质量） | — | 达到功能区标准,且过境河流水质达到国家规定要求 | 达到功能区标准,且过境河流水质达到国家规定要求 | 达到功能区标准,且过境河流水质达到国家规定要求 | 约束性指标 | 生态县、生态市、生态省指标,文明城市指标 |

## 四、展望

中国在过去 20 年左右的生态城市建设中，形成了具有中国特色的生态城市发展范式，

对城市快速发展进程中保护环境发挥了重要作用。但是不容否认，中国开展城市生态建设实践过程中的相关理论还存在一些问题和不足。

承载力研究的历史虽然已超过 200 年，但事实上其理论和方法目前仍然只是处于研究的启蒙阶段，还存在太多尚未解决的问题和难点，这些疑问在现有科研基础和认知水平的条件下尚不能得到充分或客观的解答，其中的任何一个问题或难点的解答都有可能需要大量研究工作才能论述清楚，或许关于生态承载力的争论只能有待于另外一个重大科学突破或新的科学范式的出现才能得以解决和平息。未来很长一段时间内，关于生态承载力的争论仍将继续下去，人类可持续发展理论仍将使生态承载力成为生态学及相关领域研究的长期热点。

生态功能区划缺乏切实可行的标准方法，不同的研究人员对同一地方所做的功能区划往往会出现较大的偏差，同时由现行的区划方法得出的区划方案通常会将一个地区划分为十几个甚至几十个功能区，区划对相关管理者实际工作的指导性不强。今后的生态功能区划研究，应集中在相关标准的建立和区划结果的实用性改善等方面。

生态文明建设理论的研究更是刚刚开始，生态文明的概念、内涵、具体建设的指标及考核体系仍有诸多方面需要完善。

在今后的城市生态建设实践中，我国应通过加强关键理论和技术方法的研究，在实践过程中进一步完善城市生态建设的内涵，通过加强相关科技研发的支持力度，使中国城市生态的理论研究和实践工作逐步改进、完善。

## 参 考 文 献

[1] 宋永昌，由文辉，王祥荣. 城市生态学. 上海：华东师范大学出版社，1998.

[2] 马世骏，王如松. 社会-经济-自然符合生态系统. 生态学报，1984，4（1）.

[3] 杨士弘. 城市生态环境学. 北京：科学出版社，2005.

[4] 王祥荣. 城市生态学. 上海：复旦大学出版社，2010

[5] 沈清基. 城市生态与城市环境. 上海：同济大学出版社，1998.

[6] 王如松. 高效、和谐——城市生态调控原则和方法. 长沙：湖南教育出版社，1988.

[7] 姜乃力. 论城市生态系统特征及其平衡的调控. 水土保持学报，2005，19（2）：187-190.

[8] 杨芸，祝龙彪. 试论城市生态系统中生态流的提高. 城市研究，1999，（2）：14.

[9] Daily GC. Nature's Service：Societal Dependence on Natural Ecosystems. Washington DC：Island Press，1997.

[10] 《城市绿地分类标准》（CJJ/T 85—2002）［S］.

[11] 徐波. 关于城市绿地及其分类的若干思考. 中国园林，2000，16（5）：35-39.

[12] 马锦义. 论城市绿地系统的组成和分类. 中国园林，2002，18（1）：23-26.

[13] Tratalos J，Fuller R A，Warren P H，et al. Urban form，biodiversity potential and ecosystem services. Landscape and Urban Planning，2007，83：308-317.

[14] Per Bolund，Sven Hunhammar. Ecosystem services in urban area. Ecological Economics，1999，29：293-301.

[15] 李锋，王如松. 城市绿地系统的生态服务功能评价、规划与预测研究——以扬州市为例. 生态学报，2003，23（9）：1929-1936.

[16] 欧阳志云，李伟峰，Juergen P 等. 大城市绿化控制带的结构与生态功能. 城市规划，2004，28（4）：41-45.

[17] 张永民译. 生态系统与人类福祉. 北京：中国环境科学出版社，2006.

[18] 田卓林，张华. 大连市森林生态系统服务功能评估. 城市环境与城市生态，2009，22（5）：22-25.

[19] 何浩，潘耀忠，朱文泉，刘旭拢，张晴，朱秀芳. 中国陆地生态系统服务价值测量. 应用生态学报，2005，16（6）：1122-1127.

[20] 陈波，卢山. 杭州西湖风景区绿地生态服务功能价值评估. 浙江大学学报（农业与生命科学版），2009，35（6）：686-690.

[21] 高琼. 沈阳市生态系统服务功能价值评估与生态功能区划. 西南大学硕士学位论文，2008.

［22］ 中国生物多样性国情研究报告编写组. 中国生物多样性国情研究报告. 北京：中国环境科学出版社，1998.

［23］ 柳碧晗，郭继勋. 吉林省西部草地生态系统服务价值评估. 中国草地，2005，27（1）：12-16.

［24］ 冯育青，陈月琴，陶隽超. 苏州森林生态服务功能价值评估. 华东森林经理，2009，23（1）：37-43.

［25］ 徐俏. 广州市生态系统服务功能价值评估. 北京师范大学学报（自然科学版），2003（4）：268-272.

［26］ 谢高地，甄霖，鲁春霞，曹淑艳，肖玉. 生态系统服务的供给、消费和价值化. 资源科学，2008，30（1）：93-99.

［27］ 姜立鹏，覃志豪，谢雯，王瑞杰，徐斌. 卢琦. 中国草地生态系统服务功能价值遥感估算研究. 自然资源学报，2007，22（2）：161-170.

［28］ 王蕾，王宁，李克昌. 宁夏天然草地生态系统服务价值评估. 黑龙江畜牧兽医，2007（9）：97-98.

［29］ 陈传康，伍光和，李昌文. 综合自然地理学. 北京：高等教育出版社，1993.

［30］ 陈传康. 综合自然区划的原则和方法及其在中国的应用问题//中国地理学会自然地理专业委员会编. 一九六二年自然区划讨论会论文集. 北京：科学出版社，1964.

［31］ 陈勇. 生态城市理念解析. 城市发展研究，2002，8（1）：15-19.

［32］ 傅伯杰，陈利顶，刘国华. 中国生态区划的目的、任务及特点. 生态学报，1999，19（5）：591.

［33］ 傅伯杰，刘国华，陈利顶等. 中国生态区划方案. 生态学报，2001，21（1）：1-6.

［34］ 傅伯杰，陈利顶，马克明等. 景观生态学原理及应用. 北京：科学出版社，2001.

［35］ 高吉喜. 可持续发展理论探索——生态承载力理论、方法与应用. 北京：中国环境科学出版社，2001.

［36］ 韩旭. 青岛市生态系统评价与生态功能分区研究. 上海：东华大学博士学位论文，2008.

［37］ 侯学煜. 中国自然生态区划与大农业发展战略. 北京：科学出版社，1988.

［38］ 侯学煜，姜恕，陈昌笃等. 对于中国各自然区的农、林、牧、副、渔业发展方向的意见. 科学通报，1963，（9）：8-26.

［39］ 胡俊. 中国城市模式与演进. 北京：中国建筑工业出版社，1995.

［40］ 黄秉维. 中国综合自然区划草案. 科学通报，1959，1：8594-8602.

［41］ 黄秉维. 中国之植物区域（上）. 史地杂志，1940，1（3）：19-30.

［42］ 黄秉维. 中国之植物区域（下）. 史地杂志，1941，1（4）：38-52.

［43］ 黄秉维. 中国综合自然区划纲要. 地理集刊. 北京：科学出版社，1989.

［44］ 黄兴文，陈百明. 中国生态资产区划的理论与应用. 生态学报，1999，19（5）：602-606.

［45］ 梁鹤年. 城市理想与理想城市. 城市规划，1999，（7）：18-21.

［46］ 林超，冯绳武，郑伯仁. 中国自然地理区划大纲（摘要）. 北京大学地质地理系（油印稿），1954.

［47］ 刘国华，傅伯杰. 生态区域的原则及其特征. 环境科学进展，1998，6（6）：67-72.

［48］ 刘南威，郭有立. 综合自然地理. 北京：科学出版社，1997.

［49］ 任美锷，杨纫章，包浩生. 中国自然地理纲要. 北京：商务印书馆，1979.

［50］ 任美锷，杨纫章. 中国自然区划问题. 地理学报，1961，27：66-74.

［51］ 汤小华. 福建省生态功能区划研究. 福建：福建师范大学博士学位论文，2005.

［52］ 陶诗言. 中国各地水分需要量之分析与中国气候区域之新分类. 气象学报，1949，20（4）：43-50.

［53］ 王如松，欧阳志云. 天城合一：山水城建设的人类生态学原理//鲍世行，顾孟潮. 城市学与山水城市. 北京：中国建筑工业出版社，1994.

［54］ 邬建国. 耗散结构、等级系统理论与生态系统. 应用生态学报，1991，2（2）：181-186.

［55］ 杨勤业，李双成. 中国生态地域划分的若干问题. 生态学报，1999，19（5）：596-601.

［56］ 杨永春. 生态城市理论研究综述. 兰州大学学报，2004，32（5）：112-114.

［57］ 翟丽英，刘建军. 生态城市与规划的对策. 西北建筑工程学院学报（自然科学版），2001，18（4）：88-92.

［58］ 中国科学院自然区划工作委员会. 中国综合自然区划（初稿）. 北京：科学出版社，1959.

［59］ 竺可桢. 中国气候区域论. 气象研究所集刊（1），1931.

［60］ ［美］R 福尔曼，M 戈德罗恩著. 景观生态学. 肖笃宁，张启德，赵界等译. 北京：科学出版社，1990.

［61］ Abernethy V D. Carrying Capacity：The Tradition and Policy Implications of Limits. Ethics in Science and Environmental Politics，2001，9-18.

［62］ Albert D A. Regional landscape ecosystems of Michigan，Minnesota，and Wisconsin：a working map and classification. North Central Forest Experiment Station. Forest Service-U. S. Department of Agriculture，1995.

[63] Bailey R G, Hogg H C. A world ecoregions map fox resource partitioning. Environment Conserve, 1989, 13: 195-202.

[64] Bailey R G. Ecoregions of the United States. Ogden. UT: USDA Forest Service. Intermountain Region. 1: 7500000. Colored. 1976.

[65] Bailey R G. Explanatory supplement to ecoregions map of the continents. Environmental Conservation, 1986, 16 (4): 307-309.

[66] Bailey R G. Ecosystem Geography. New York: Springer-Verlag, 1996.

[67] Bailey R G. Ecoregions: The Ecosystem Geography of the Oceans and Continents. New York: Springer-Verlag, 1998.

[68] Binde J. Cities and environment in the twenty-first century -A future-oriented synthesis after Habitat Ⅱ. Futures, 1998, 30 (6): 499-518.

[69] Borad On Sustainable Development, National Research Council. Our Common Journey: A Transition toward Sustainability. Washington, D C: National Academy Press, 1999.

[70] Cohen B. Urbanization in developing countries: current trends, future projections and key challenges for sustainability. Technology in Society, 2006, 28 (1-2): 63-80.

[71] Cohen J E. Population, economics, environment and culture: An introduction to human carrying capacity. Journal of Applied Ecology, 1997, 34 (6): 1325-1333.

[72] Denton S R, Bames BV. An Ecological climate classification of Michigan: a quantitative approach. Forest Science, 1988, 34: 119-138.

[73] Dokuehaev V V. On the theory of natural zones. Sochineniya (Collected Works), 1899, 6: 126-130.

[74] Gallant A L, Binnian E F, Omemik J M, et al. Ecoregions of Alaska. U. S. Geologieal survey Professional Paper 1567. U. S. Gov. Printing Office, Washington, D. C. 1995.

[75] Hall P, Pfeiffer U. Urban Future 21: A Global Agenda for Twenty-First Century Cities. London: E&FN Spon Press, 2000.

[76] Hardin G. Cultural carrying capacity: a biological approach to human problems. BioScience, 1986, 36 (9): 599-606.

[77] Harding J S, Wintethoum M J. An ecoregion classification of the South Island, New Zealand. Journal of Environmental Managemeni, 1997, 51 (3): 275-287.

[78] Herbertson A J. The major natural regions: an essay in systematic geography. Geogr J, 1905, 25: 300-312.

[79] Kates R O. Population, Technology and the Human Environment: A Thread through Time//Ausubel J H, Langford H D, eds. Technological Trajectories and the Human Environment. Washington, DC: National Academy Press, 1997.

[80] Mayr E. This is Biology——The Science of the Living World. London: Harvard University Press, 1997.

[81] Merriam C H. Life zones and crop zones of the United States. Bull Div Biol Sury. 10. Washington, DC. U. 5. Department of Agrieulture. 1898.

[82] National Research Council. Cities Transformed: Demographic Change and Its Implications in the Developing World. Washington, D C: The National Academies Press, 2003.

[83] United Nations. World Urbanization Prospects: The 2001 Revision. Data Tables and Highlights. New York: United Nations, Department of Economic and Social Affairs, Population Division. 2002.

[84] Wickware G M, Rubee C D A. Ecoregions of Ontario, Ecological Land Classification Series, No. 26. Sustainable Development Branch, Environmen Canada. Otawa, Ontario. 1989.

[85] Wiken E B. Ecozones of Canada. Environment Canada. Lands Directorate. Ottawa. Ontario (mimeo). 1982.

[86] Young C C. Defining the range: the development of carrying capacity in management practice. Journal of the History of Biology, 1998, 31 (1): 61-83.

# 第十章

# 生态示范创建实践

## 第一节　概　　述[❶]

### 一、生态示范创建的背景与主要类型

#### （一）生态创建的背景

##### 1. 可持续发展战略受到国家高度重视

　　1992 年，联合国环境与发展大会在巴西里约热内卢国际会议中心隆重召开。180 多个国家派代表团出席了会议，103 位国家元首或政府首脑亲自与会并讲话。参加会议的还有联合国及其下属机构等 70 多个国际组织的代表。会议讨论并通过了《里约环境与发展宣言》（又称《地球宪章》，规定了国际环境与发展的 27 项基本原则）、《21 世纪议程》（确定了 21 世纪的 39 项战略计划）和《关于森林问题的原则声明》，并签署了联合国《气候变化框架公约》（防止地球变暖）和《生物多样化公约》（制止动植物濒危和灭绝）两个公约。

　　巴西联合国环发大会之后，各国为履行环保承诺做出了许多努力。我国把走可持续发展之路作为国家发展道路的唯一正确选择，曾先后批准了《中国环境与发展十大对策》、《中国

---

　　❶　本节作者为张林波（中国环境科学研究院生态研究所）。

环境保护行动计划》和《中国世纪议程》等。然而，基层如何落实？如何把国家层面上的大政方针和重大政策落实到基层政府的日常工作之中？生态示范区建设正是在这种重大的理论背景下出现的。

### 2. 环境保护工作进入了新的阶段

党的十四届五中全会、十五大和十五届三中全会，提出实施可持续发展战略，实行两个根本性转变，环境保护成为实施可持续发展战略、进行改革开放和现代化建设的重要组成部分。国家决定实施《污染物排放总量控制计划》和《跨世纪绿色工程规划》两大举措。此时，我国环境问题的结构也发生了变化，生态破坏问题越显突出，农村的面源污染比重上升，工作内容由过去以污染防治为主发展为污染防治与生态保护并重，点源污染防治与面源污染防治并举；管理工作对象也发生了变化，过去主要针对企业法人，现在增加了广泛分布的亿万农户；协调工作对象也发生了变化，过去主要是经济发展综合部门和行业主管部门，现在增加了资源管理部门。环境保护工作进入了新的阶段，面对这种新的形势，要求环境保护工作有新思维、新办法。模范城市和生态示范区等区域工作作为一种新的管理工作方式，以及为适应环境保护新阶段所需而建立和完善的"环境与发展综合决策、统一监管和分工负责、环保投入、公众参与"四项机制，正是在这种新形势下出现的。

### 3. 各国已经有一批可供效仿的典型

1992年后，各国为了实施可持续发展战略，进行了各自的探索。其中，瑞典在20世纪80年代就开始了类似我国生态示范区的区域性建设计划，到1992年已经完成了4个"生态循环城"试点建设，并在"环发大会"上提交了有关的文字材料，这为我国生态示范区试点建设提供了成功的范例和可借鉴的经验。

1986年江西省宜春市提出了建设生态城市的发展目标，并于1988年初进行试点工作，这是中国生态城市建设的第一次具体实践，迈出了我国生态城市建设实践的第一步。1995年国家环保总局下达了关于开展全国生态示范区建设试点工作的通知，并颁布了《全国生态示范区建设规划纲要》，全国生态示范区建设试点工作由此拉开序幕。

### （二）生态创建的主要类型

生态创建的内涵是以科学发展观为指导，以发展循环经济为核心，以转变发展方式为出发点，是从不同范围、不同层次实践可持续发展，建设环境友好型社会。目前"生态创建"已经在我国各地蓬勃开展起来，环境友好激励体系正在形成，向社会各个层面延伸，起到了巨大的典型示范和辐射带动作用。

根据环境保护部《国家生态建设示范区管理规程》（[2012] 48号），国家生态建设示范区包括生态省、生态市、生态县（市、区）、生态乡镇、生态村和生态工业园区。

### 1. 生态省建设指标

（1）基本条件

① 制订了《生态省建设规划纲要》，并通过省人大常委会审议、颁布实施。国家有关环境保护法律、法规、制度及地方颁布的各项环保规定、制度得到有效的贯彻执行。

② 全省县级（含县级）以上政府（包括各类经济开发区）有独立的环保机构。环境保护工作纳入市（含地级行政区）党委、政府领导班子实绩考核内容，并建立相应的考核机制。

③ 完成国家下达的节能减排任务，三年内无重大环境事件，群众反映的各类环境问题得到有效解决。外来入侵物种对生态环境未造成明显影响。

④ 生态环境质量评价指数位居国内前列或不断提高。

⑤ 全省 80％的地市达到生态市建设指标并获命名。

（2）建设指标 生态省建设指标见表 10-1。

表 10-1 生态省建设指标

| 类别 | 序号 | 名称 | 单位 | 指标 | 说明 |
|---|---|---|---|---|---|
| 经济发展 | 1 | 农民年人均纯收入<br>东部地区<br>中部地区<br>西部地区 | 元/人 | ≥8000<br>≥6000<br>≥4500 | 约束性指标 |
| | 2 | 城镇居民年人均可支配收入<br>东部地区<br>中部地区<br>西部地区 | 元/人 | ≥16000<br>≥14000<br>≥12000 | 约束性指标 |
| | 3 | 环保产业比重 | ％ | ≥10 | 参考性指标 |
| 生态环境保护 | 4 | 森林覆盖率<br>山区<br>丘陵区<br>平原地区<br>高寒区或草原区林草覆盖率 | ％ | ≥65<br>≥35<br>≥12<br>≥80 | 约束性指标 |
| | 5 | 受保护地区占国土面积的比例 | ％ | ≥15 | 约束性指标 |
| | 6 | 退化土地恢复率 | ％ | ≥90 | 参考性指标 |
| | 7 | 物种保护指数 | — | ≥0.9 | 参考性指标 |
| | 8 | 主要河流年水消耗量<br>省内河流<br><br>跨省河流 | — | ＜40％<br>不超过国家分配的水资源量 | 参考性指标 |
| | 9 | 地下水超采率 | ％ | 0 | 参考性指标 |
| | 10 | 主要污染物排放强度<br>化学需氧量（COD）<br>二氧化硫（SO$_2$） | kg/万元（GDP） | ＜5.0<br>＜6.0<br>且不超过国家总量控制指标 | 约束性指标 |
| | 11 | 降水 pH 值年均值<br>酸雨频率 | ％ | ≥5.0<br>＜30 | 约束性指标 |
| | 12 | 空气环境质量 | — | 达到功能区标准 | 约束性指标 |
| | 13 | 水环境质量<br>近岸海域水环境质量 | — | 达到功能区标准，且过境河流水质达到国家规定要求 | 约束性指标 |
| | 14 | 环境保护投资占 GDP 的比重 | ％ | ≥3.5 | 约束性指标 |
| 社会进步 | 15 | 城市化水平 | ％ | ≥50 | 参考性指标 |
| | 16 | 基尼系数 | — | 0.3～0.4 | 参考性指标 |

## 2. 生态市建设指标

（1）基本条件

① 制订了《生态市建设规划》，并通过市人大审议、颁布实施。国家有关环境保护法律、法规、制度及地方颁布的各项环保规定、制度得到有效的贯彻执行。

②　全市县级（含县级）以上政府（包括各类经济开发区）有独立的环保机构。环境保护工作纳入县（含县级市）党委、政府领导班子实绩考核内容，并建立相应的考核机制。

③　完成上级政府下达的节能减排任务。三年内无较大环境事件，群众反映的各类环境问题得到有效解决。外来入侵物种对生态环境未造成明显影响。

④　生态环境质量评价指数在全省名列前茅。

⑤　全市 80％的县（含县级市）达到国家生态县建设指标并获命名；中心城市通过国家环保模范城市考核并获命名。

（2）建设指标　生态市建设指标见表 10-2。

**表 10-2　生态市建设指标**

| 类别 | 序号 | 名称 | 单位 | 指标 | 说明 |
|------|------|------|------|------|------|
| 经济发展 | 1 | 农民年人均纯收入<br>经济发达地区<br>经济欠发达地区 | 元/人 | ≥8000<br>≥6000 | 约束性指标 |
| | 2 | 第三产业占 GDP 比例 | ％ | ≥40 | 参考性指标 |
| | 3 | 单位 GDP 能耗 | 吨标煤/万元 | ≤0.9 | 约束性指标 |
| | 4 | 单位工业增加值新鲜水耗<br>农业灌溉水有效利用系数 | $m^3$/万元 | ≤20<br>≥0.55 | 约束性指标 |
| | 5 | 应当实施强制性清洁生产企业通过验收的比例 | ％ | 100 | 约束性指标 |
| 生态环境保护 | 6 | 森林覆盖率<br>山区<br>丘陵区<br>平原地区<br>高寒区或草原区林草覆盖率 | ％ | ≥70<br>≥40<br>≥15<br>≥85 | 约束性指标 |
| | 7 | 受保护地区占国土面积的比例 | ％ | ≥17 | 约束性指标 |
| | 8 | 空气环境质量 | — | 达到功能区标准 | 约束性指标 |
| | 9 | 水环境质量<br>近岸海域水环境质量 | — | 达到功能区标准，且城市无劣Ⅴ类水体 | 约束性指标 |
| | 10 | 主要污染物排放强度<br>化学需氧量（COD）<br>二氧化硫（$SO_2$） | kg/万元（GDP） | <4.0<br><5.0<br>不超过国家总量控制指标 | 约束性指标 |
| | 11 | 集中式饮用水源水质达标率 | ％ | 100 | 约束性指标 |
| | 12 | 城市污水集中处理率<br>工业用水重复利用率 | ％ | ≥85<br>≥80 | 约束性指标 |
| | 13 | 噪声环境质量 | — | 达到功能区标准 | 约束性指标 |
| | 14 | 城镇生活垃圾无害化处理率<br>工业固体废物处置利用率 | ％ | ≥90<br>≥90<br>且无危险废物排放 | 约束性指标 |
| | 15 | 城镇人均公共绿地面积 | $m^2$/人 | ≥11 | 约束性指标 |
| | 16 | 环境保护投资占 GDP 的比重 | ％ | ≥3.5 | 约束性指标 |
| 社会进步 | 17 | 城市化水平 | ％ | ≥55 | 参考性指标 |
| | 18 | 采暖地区集中供热普及率 | ％ | ≥65 | 参考性指标 |
| | 19 | 公众对环境的满意率 | ％ | >90 | 参考性指标 |

### 3. 生态县建设指标

（1）基本条件

① 制订了《生态县建设规划》，并通过县人大审议、颁布实施。国家有关环境保护法律、法规、制度及地方颁布的各项环保规定、制度得到有效的贯彻执行。

② 有独立的环保机构。环境保护工作纳入乡镇党委、政府领导班子实绩考核内容，并建立相应的考核机制。

③ 完成上级政府下达的节能减排任务。三年内无较大环境事件，群众反映的各类环境问题得到有效解决。外来入侵物种对生态环境未造成明显影响。

④ 生态环境质量评价指数在全省名列前茅。

⑤ 全县 80% 的乡镇达到全国环境优美乡镇考核标准并获命名。

（2）建设指标 生态县建设指标见表 10-3。

**表 10-3 生态县建设指标**

| 类别 | 序号 | 名称 | 单位 | 指标 | 说明 |
|---|---|---|---|---|---|
| 经济发展 | 1 | 农民年人均纯收入<br>经济发达地区<br>　县级市（区）<br>　县<br>经济欠发达地区<br>　县级市（区）<br>　县 | 元/人 | <br><br>≥8000<br>≥6000<br><br>≥6000<br>≥4500 | 约束性指标 |
| | 2 | 单位 GDP 能耗 | t 标煤/万元 | ≤0.9 | 约束性指标<br>约束性指标 |
| | 3 | 单位工业增加值新鲜水耗 | m³/万元 | ≤20 | |
| | | 农业灌溉水有效利用系数 | | ≥0.55 | |
| | 4 | 主要农产品中有机、绿色及无公害产品种植面积的比重 | % | ≥60 | 参考性指标 |
| 生态环境保护 | 5 | 森林覆盖率<br>　山区<br>　丘陵区<br>　平原地区<br>　高寒区或草原区林草覆盖率 | % | <br>≥75<br>≥45<br>≥18<br>≥90 | 约束性指标 |
| | 6 | 受保护地区占国土面积的比例<br>　山区及丘陵区<br>　平原地区 | % | <br>≥20<br>≥15 | 约束性指标 |
| | 7 | 空气环境质量 | — | 达到功能区标准 | 约束性指标 |
| | 8 | 水环境质量<br>近岸海域水环境质量 | — | 达到功能区标准，且省控以上断面过境河流水质不降低 | 约束性指标 |
| | 9 | 噪声环境质量 | — | 达到功能区标准 | 约束性指标 |
| | 10 | 主要污染物排放强度<br>　化学需氧量（COD）<br>　二氧化硫（SO₂） | kg/万元（GDP） | <br><3.5<br><4.5<br>且不超过国家总量控制指标 | 约束性指标 |
| | 11 | 城镇污水集中处理率<br>工业用水重复利用率 | % | ≥80<br>≥80 | 约束性指标 |

续表

| 类别 | 序号 | 名称 | 单位 | 指标 | 说明 |
|------|------|------|------|------|------|
| 生态环境保护 | 12 | 城镇生活垃圾无害化处理率<br>工业固体废物处置利用率 | % | ≥90<br>≥90<br>且无危险废物排放 | 约束性指标 |
| | 13 | 城镇人均公共绿地面积 | m² | ≥12 | 约束性指标 |
| | 14 | 农村生活用能中清洁能源所占比例 | % | ≥50 | 参考性指标 |
| | 15 | 秸秆综合利用率 | % | ≥95 | 参考性指标 |
| | 16 | 规模化畜禽养殖场粪便综合利用率 | % | ≥95 | 约束性指标 |
| | 17 | 化肥施用强度(折纯) | kg/hm² | <250 | 参考性指标 |
| | 18 | 集中式饮用水源水质达标率<br>村镇饮用水卫生合格率 | % | 100 | 约束性指标 |
| | 19 | 农村卫生厕所普及率 | % | ≥95 | 参考性指标 |
| | 20 | 环境保护投资占 GDP 的比重 | % | ≥3.5 | 约束性指标 |
| 社会进步 | 21 | 人口自然增长率 | ‰ | 符合国家或当地政策 | 约束性指标 |
| | 22 | 公众对环境的满意率 | % | >95 | 参考性指标 |

#### 4. 生态乡镇建设指标

（1）基本条件

① 机制健全。建立了乡镇环境保护工作机制，成立了以乡镇政府领导为组长，相关部门负责人为成员的乡镇环境保护工作领导小组。乡镇设置了专门的环境保护机构或配备了专职环境保护工作人员，建立了相应的工作制度。

② 基础扎实。达到本省（区、市）生态乡镇（环境优美乡镇）建设指标一年以上，且80％以上行政村达到市（地）级以上生态村建设标准。编制或修订了乡镇环境保护规划，并经县级人大或政府批准后组织实施两年以上。

③ 政策落实。完成上级政府下达的主要污染物减排任务。认真贯彻执行环境保护政策和法律法规，乡镇辖区内无滥垦、滥伐、滥采、滥挖现象，无捕杀、销售和食用珍稀野生动物现象，近 3 年内未发生较大（Ⅲ级以上）级别环境污染事件，基本农田得到有效保护，草原地区无超载过牧现象。

④ 环境整洁。乡镇建成区布局合理，公共设施完善，环境状况良好。村庄环境无"脏、乱、差"现象，秸秆焚烧和"白色污染"基本得到控制。

⑤ 公众满意。乡镇环境保护社会氛围浓厚，群众反映的各类环境问题得到有效解决，公众对环境状况的满意率≥95％。

（2）建设指标　生态乡镇建设指标见表 10-4。

**表 10-4　生态乡镇建设指标**

| 类别 | 序号 | 指标名称 | 指标要求 | | |
|------|------|----------|------|------|------|
| | | | 东部 | 中部 | 西部 |
| 环境质量 | 1 | 集中式饮用水水源地水质达标率/% | 100 | | |
| | | 农村饮用水卫生合格率/% | 100 | | |
| | 2 | 地表水环境质量<br>空气环境质量<br>声环境质量 | 达到环境功能区<br>或环境规划要求 | | |

续表

| 类别 | 序号 | 指标名称 | | 指标要求 | | |
|------|------|---------|---|--------|--------|--------|
| | | | | 东部 | 中部 | 西部 |
| 环境污染防治 | 3 | 建成区生活污水处理率/% | | 80 | 75 | 70 |
| | | 开展生活污水处理的行政村比例/% | | 70 | 60 | 50 |
| | 4 | 建成区生活垃圾无害化处理率/% | | ≥95 | | |
| | | 开展生活垃圾资源化利用的行政村比例/% | | 90 | 80 | 70 |
| | 5 | 重点工业污染源达标排放率/% | | 100 | | |
| | 6 | 饮食业油烟达标排放率②/% | | ≥95 | | |
| | 7 | 规模化畜禽养殖场粪便综合利用率/% | | 95 | 90 | 85 |
| | 8 | 农作物秸秆综合利用率/% | | ≥95 | | |
| | 9 | 农村卫生厕所普及率/% | | ≥95 | | |
| | 10 | 农用化肥施用强度(折纯)/[kg/(hm²·a)] | | <250 | | |
| | | 农药施用强度(折纯)/[kg/(hm²·a)] | | <3.0 | | |
| 生态保护与建设 | 11 | 使用清洁能源的居民户数比例/% | | ≥50 | | |
| | 12 | 人均公共绿地面积/(m²/人) | | ≥12 | | |
| | 13 | 主要道路绿化普及率/% | | ≥95 | | |
| | 14 | 森林覆盖率(高寒区或草原区考核林草覆盖率)①/% | 山区、高寒区或草原区 | ≥75 | | |
| | | | 丘陵区 | ≥45 | | |
| | | | 平原区 | ≥18 | | |
| | 15 | 主要农产品中有机、绿色及无公害产品种植(养殖)面积的比重/% | | ≥60 | | |

① 指标仅考核乡镇、农场。

② 指标仅考核涉农街道。

## 5. 生态村建设指标

（1）基本条件

① 制定了符合区域环境规划总体要求的生态村建设规划，规划科学，布局合理，村容整洁，宅边路旁绿化，水清气洁。

② 村民能自觉遵守环保法律法规，具有自觉保护环境的意识，近三年内没有发生环境污染事故和生态破坏事件。

③ 经济发展符合国家的产业政策和环保政策。

④ 有村规民约和环保宣传设施，倡导生态文明。

（2）建设指标　生态村建设指标见表10-5。

表 10-5　生态村建设指标

| | 指标名称 | 东部 | 中部 | 西部 |
|---|---------|------|------|------|
| 经济水平 | 1. 村民人均年纯收入/[元/(人·年)] | ≥8000 | ≥6000 | ≥4000 |
| 环境卫生 | 2. 饮用水卫生合格率/% | ≥95 | ≥95 | ≥95 |
| | 3. 户用卫生厕所普及率/% | 100 | ≥90 | ≥80 |
| 污染控制 | 4. 生活垃圾定点存放清运率/% | 100 | 100 | 100 |
| | 无害化处理率/% | 100 | ≥90 | ≥80 |

续表

| 指标名称 | | 东部 | 中部 | 西部 |
|---|---|---|---|---|
| 污染控制 | 5. 生活污水处理率/% | ≥90 | ≥80 | ≥70 |
| | 6. 工业污染物排放达标率/% | 100 | 100 | 100 |
| 资源保护与利用 | 7. 清洁能源普及率/% | ≥90 | ≥80 | ≥70 |
| | 8. 农膜回收率/% | ≥90 | ≥85 | ≥80 |
| | 9. 农作物秸秆综合利用率/% | ≥90 | ≥80 | ≥70 |
| | 10. 规模化畜禽养殖废弃物综合利用率/% | 100 | ≥90 | ≥80 |
| 可持续发展 | 11. 绿化覆盖率/% | 高于全县平均水平 | | |
| | 12. 无公害、绿色、有机农产品基地比例/% | ≥50 | ≥50 | ≥50 |
| | 13. 农药化肥平均施用量 | 低于全县平均水平 | | |
| | 14. 农田土壤有机质含量 | 逐年上升 | | |
| 公众参与 | 15. 村民对环境状况满意率/% | ≥95 | ≥95 | ≥95 |

### 6. 生态工业园区建设

（1）基本条件

① 园区建设得到地方人民政府的支持。

② 国家级经济技术开发区的建设符合商务部相关管理要求，国家高新技术产业开发区的建设符合科学技术部相关管理要求。

③ 园区具有一定的建设基础，建设中采取了有利于物质减量、循环利用和改善环境质量的措施，具有一定的生态工业雏形。

④ 国家和地方有关环境保护法律、法规、制度及各项环境保护政策得到有效的贯彻执行，近三年内未发生重大污染事故；园区内所有企业排放的各类污染物稳定达到国家或地方规定的排放标准和污染物排放总量控制指标。

⑤ 园区所在区域已完成或正在计划进行区域环境影响评价，园区按照 ISO 14001 的要求已建立或正在计划建立环境管理体系。

（2）生态工业园区创建　首先，园区应组织编制《××生态工业园区建设规划》和相应的《××生态工业园区建设技术报告》，然后结合建设规划和生态工业园区标准《行业类生态工业园区标准（试行）》（HJ/T 273—2006）、《综合类生态工业园区标准（试行）》（HJ/T 274—2006）、《静脉产业类生态工业园区标准（试行）》（HJ/T 275—2006）等进行建设。

## 二、不同类型生态示范创建的异同

生态省建设主要突出宏观性、战略性和指导性。已开展生态省建设的省份，应在完善推进机制，在法规、政策体系建设、制度创新、目标责任制考核等方面不断探索，由点到面，形成规模和体系，为生态省建设夯实基础。准备开展生态省建设的省份，应建立领导机构、编制好规划纲要，加强对中西部省（自治区）的宣传和推动，鼓励中西部省（自治区）开展生态省（自治区）建设工作。未开展生态省建设的省份，可采取自下而上的创建原则，由市、县、乡镇级政府在自愿的基础上开展相应级别的生态示范创建活动。

生态市、生态县建设主要突出实践性，重在过程。生态市创建要有 80% 的县达到生态县的创建标准，生态县要有 80% 的乡镇达到环境优美乡镇的创建标准。

生态乡镇和生态村建设是生态示范系列创建的细胞工程和基础工程，重点解决农村的环境污染问题。主要开展的工作有：以开展土壤污染状况调查为基础，大力推广科学施用农药、化肥技术，积极发展生态农业和有机农业，加大规模化养殖业污染治理力度；维护农村饮用水安全，推进农村改厨、改水、改厕、改圈工作，加快推进农用废弃物等资源化利用，积极发展农村沼气，妥善处理生活垃圾和污水，下大力气解决农村环境"脏、乱、差"的问题。

## 三、我国生态示范创建现状

自 1995 年国家环保总局在全国开展生态示范创建工作以来，从生态示范区到生态村、生态乡镇、生态县、生态市、生态省的生态示范系列创建活动呈现出蓬勃发展态势。通过大力发展生态经济（循环经济），加强生态环境保护和建设，构建生态文明建设的环境安全体系等生态创建措施的实施，促进了资源节约型、环境友好型社会和社会主义新农村建设，极大地推动了地区社会经济可持续发展。

经过自 1995 年以来共 7 批次的命名，截至 2012 年 1 月 10 日，国家级生态示范区已达到 528 个，包括北京、天津、河北、山西、内蒙古、辽宁、吉林、黑龙江、上海、江苏、浙江、安徽、福建、江西、山东、河南、湖北、湖南、广东、广西、重庆、海南、四川、贵州、云南、陕西、宁夏、新疆 28 个省（自治区、直辖市）。

生态省、市、县的建设自 2000 年启动以来，目前全国已有海南、吉林、黑龙江、福建、浙江、山东、安徽、江苏、河北、广西、四川、辽宁、天津、山西、河南 15 个省份开展了生态省建设，超过 1000 个县（市、区）开展了生态县建设，并有 55 个市（县、区）建成了国家级市（县、区），1427 个乡镇被授予国家级生态乡镇称号，通过验收批准命名的国家生态工业示范园区有 20 个，批准建设的国家生态工业示范园区有 61 个。

在生态创建十多年的历程中，环境保护部门和有关部门一起在引导城市乡村合理利用自然资源和自然环境，开展生态环境保护和建设方面进行了大量有益的尝试，生态建设是大势所趋、发展所需、人心所向的观念已经深入人心。

## 四、生态示范创建活动存在的问题

尽管生态示范创建活动取得了显著的成就，在实践中还是存在下列问题。

### 1. 建设目标缺乏针对性

各生态示范创建的建设目标确立基本采用国家统一设置的方式。只有在个别建设指标的设置上考虑了南方和北方、东部和西部以及经济发达区和经济欠发达区的差异，如 2001 年全国生态示范区建设指标"城镇单位 GDP 能耗"针对南方和北方两个不同地区设置了不同的标准，南方地区建设标准普遍较北方严格。2008 年国家级生态县、生态市、生态省建设指标"农民人均纯收入"按经济发达地区和经济欠发达地区分别设置。

我国地域广阔，各地自然资源禀赋和环境、社会、经济发展状况差异巨大，采取"一刀切"的刚性建设指标会降低创建活动的有效性。总体来看，我国正处于快速工业化、城市化阶段，但具体到不同的区域，各地的发展阶段有所不同，建设重点、难点各不相同，各有特色，在建设目标的设置上需考虑地方特色。尤其是国家当前推动主体功能区规划，即根据不同区域的资源环境承载能力、现有开发密度和发展潜力，将国土空间划分为优化开发、重点开发、限制开发和禁止开发 4 类，确定主体功能定位，明确开发方向，控制开发强度，规范开发秩序，完善开发政策，逐步形成人口、经济、资源环境相协调的空间开发格局。因此，根据不同地区的实际情况，可在建设指标选取以及指标值设置上有所不同。

目标设置应与当地的发展状况相适应，使目标值能够通过努力得以实现，使原本基础较好的地区进一步发展，促进基础较弱的地区得到改善和提升。否则，目标值设置得过低不能起到持续推进的作用，设置得过高则会降低建设的积极性，对生态创建的实践不利。

### 2. 建设主体混乱

生态示范创建工作中存在主导部门、地方政府和其他相关部门等主体。由于生态示范创建在国家层面的主导部门是国家环境保护部，通常地方的生态示范创建是由地方环境保护部门直接负责或者地方政府委托环境保护部门具体负责。无论上述何种形式，生态示范创建在地方实际工作中经常被视为环境保护部门的事务，地方政府没有发挥建设主体的作用。同时，其他部门也推出一系列相关或类似的创建活动，如建设规划部门的园林城市、林业部门的森林城市等创建活动。各建设主体在生态示范创建中职责界定不清，造成职能交叉或相互推卸责任的现象。

同时，生态示范创建的建设重点通常是与主导部门的性质和职责直接相关。单一主导部门推动存在本位主义，利于本部门建设。国家环境保护部推动的生态示范区，生态省、市、县建设以环境保护为建设重点领域。生态示范区环境类指标达到73%，经济类指标占12%；生态市建设指标中区域环境保护相关指标占34%，社会进步指标占20%。生态示范创建往往是一项跨地区、跨部门、跨行业的系统工程，因此环境保护部门等单一部门无论是行政级别还是职能权限都无法有效地推进生态示范创建活动。所以应突破生态示范创建由单一主管部门推动的情形，围绕生态示范创建的目标，统筹规划，由多个部门、多个行政层级以及政府、企业与公众协同推进。

### 3. 建设过程有效性低

建设过程以"运动式推进"为主，通常是由基本符合或接近考核要求的地方政府在短期内集中式、高负荷、高速度完成创建达标。这种"运动式推进"的生态示范创建，可以在短期内大力推进地方环境保护工作，也会在一定程度上解决历史遗留的环境问题（如环保基础设施建设）和改善环境质量。但是，创建目标一旦实现或创建命名工作一旦完成，地方政府的兴趣又迅速转移到其他领域或其他创建活动中。"运动式推进"往往只追求一时一事建设的高效，不能收到长治久安的效果，甚至会助长投机行为，创建效果及有效性难以提高。

同时，在"自上而下"推进模式下，层层下达任务、落实目标，缺乏"自下而上"的灵活性，难以反映基层行政区（如县域）的特色与个性指标，不能有效调动基层持续推进生态示范创建的主动性和积极性。

### 4. 建设考核缺乏持续激励机制

各生态示范创建活动均采用了打分制，通过实际值与目标值的对比进行，考核重结果而轻过程，没有将由于投入和取得成效之间存在滞后现象而导致的隐性绩效纳入考核。有效的建设考核应综合考虑包括行为和结果在内的建设全过程的绩效。

根据对考核步骤的进一步分析，可以发现各生态示范创建基本上采用"提出申请，提交相关文件—自评—上级部门组织技术核查—验收并挂牌—复查"的考核程序。考核结果只有"通过"和"不通过"两种，平行城市之间不存在排名考核，不能持续地引导创建活动的深入、完善、提升和扩展。生态示范创建的考核过程中存在"民意调查"这一公众参与形式，属于政府倡导下的配合型参与，公众很难有自己独立的立场。同时"民意调查"仅仅将公众作为政府工作的评判者，没有充分发挥公众的能动作用，对生态示范创建的约束缺乏持续性和系统性。

# 第二节　生态农业县建设[1]

## 一、生态农业县建设的背景与意义

新中国成立以来，特别是改革开放以来，我国农业取得了显著的成绩，农村经济获得了很大的发展。显著标志是高产作物品种的大批育成、种植业的化肥施用量迅速增长，并保证了相对于人口增长较高的粮食增长速度。我国以占世界 7% 的耕地养活了占全世界 22% 的人口，保障了人民生活由温饱型向小康型的转变。但由于人口的增长，消费水平的不断增加，以及技术的非可持续性的导向，也使我国的生态环境在原本脆弱的基础上，经受了巨大的人为活动的压力。这些人为的活动，很多都与不合理的农业经营有着直接的联系，其后果反过来又为农业的发展造成很大的障碍和潜在的威胁，突出表现在耕地大量减少、水土流失严重、水资源短缺、生态系统破坏、生物多样性消失、环境污染严重、自然灾害增加以及全球变化对生态系统的潜在影响等方面（李文华，2001）。因此，从资源与环境的现状看，经济建设的老思路、老办法再不能继续下去了，必须代之以新的发展战略和措施（石山，1992）。生态农业县建设正是人们多种可持续发展探索的有效实践之一。

在中国，县是最基本的具有决策性的行政管理单元。一般情况下，一个县有 1000～4000 km² 的面积和 20 万～80 万的人口。从行政区划的角度，能够充分调动自身拥有的经济实力和运用政策等措施，发挥对生态经济系统的调控能力；从自然区划的角度，它是具有一定规模和特点的自然群体，是宏观与微观的结合部；从生态学观点出发，只有在一定的区域内才可以发挥出生态系统的功能效益，否则户、村的生态农业建设与良性循环是脆弱的，经受不住较大的经济循环与生态环境的冲击与影响，因此，以县为单位加速生态农业建设具有十分重要的意义。后来，随着可持续发展战略的实施，县也成为最重要的执行机构，生态县建设的运动逐渐在全国范围内推广，其目的就是通过建立生态环境友好型生产体系、管理机制，促进县域水平上可持续发展能力的提高（Li Wenhua 等，1999）。

生态农业县建设，即县级生态农业建设，就是利用生态经济学原理及系统工程学方法在县域范围内进行生态农业的规划、设计，通过管理和实施建设，实现县域生态、经济的良性循环与可持续发展。它要在一个总体规划协调下，依据当地生态经济条件，以实现物质、能量高效利用，产业结构优化，体制合理，管理先进，经济发达，社会文明，自然环境优美的现代化新农村。通过生态农业县建设，在解决温饱和脱贫致富的同时，避免经济建设与社会发展进程中出现不必要的波折，特别要在自然资源得到合理开发与利用的同时，自然资源能得到保护与培育；农业现代化进程中能减少或避免对生态环境的污染与破坏，寻求县域农村经济的持续、稳定、协调发展，取得社会效益、经济效益、生态环境效益的统一。

## 二、生态农业县建设过程与效益

在 20 世纪 80 年代初开始试验示范的生态农业发展的基础上，为进一步推动我国生态农

---

❶　本节作者为闵庆文（中国科学院地理科学与资源研究所）。

业的发展，1993 年 12 月农业部牵头，与国家计划委员会、科学技术委员会、财政部、水利部、林业部和环境保护局共同组织，决定选择具有不同社会经济发展水平，不同资源环境特征、区域代表性强的 51 个县作为全国生态农业试点县（表 10-6）。计划通过 5 年建设，进一步促进试点县农业生产的发展和生态环境的改善，建成一批可供辐射推广的示范县，探索总结出适应不同类型的生态农业工程技术和管理经验，以便在更大范围推广。

经 1994～1998 年 5 年的实践，圆满完成了第一阶段的任务，试点县全部通过国家级验收，各地实施生态农业建设中形成一系列典型模式和配套技术，取得了显著的综合效益。

这种将生态农业建设正式纳入政府行为的生态农业县建设，取得了显著的生态效益、经济效益，引起了有关国际组织的关注，有近 10 个生态农业试点被联合国环境规划署授予"环境保护 500 佳"称号。据对试点县的分析表明，国内生产总值、农业总产值和农民纯收入平均年增长分别达到 8.4％、7.2％和 6.8％，比前 3 年平均增长速度高 4.7％、4.5％和 3.3％，比全国同期平均水平高出 2.2％、0.6％和 1.5％。同时生态环境和农业资源利用状况明显改善，51 个县的土壤沙化和水土流失治理率达 73.4％，土壤沙化治理率达 60.5％；森林覆盖率提高 3.7 个百分点；秸秆返回率达 49％（高尚宾，2000）。据对首批生态农业试点县之一的黑龙江拜泉县的分析，表明拜泉县以生态经济学为指导、以县为单位，采取综合措施，在发展经济的同时，使环境也得到改善，并逐步走向良性循环的道路。这一经验为我国生态农业县的建设提供了一个成功的模式和可供参考的框架（李文华，1995）。

在此基础上，为巩固和提高已取得的阶段性成果，加快生态农业县建设的发展，2000 年国家 7 部、委（局）又启动了第 2 批 50 个国家级生态农业试点县建设（表 10-6），从而带动了当时各省 200 多个示范县，使全国生态县、乡、村达 4000 多个。

表 10-6　我国两批生态农业试点县

| 省份 | 第一批 | 第二批 | 总数 |
|---|---|---|---|
| 北京市 | 大兴县、密云县 | 平谷县、怀柔县 | 4 |
| 天津市 | 宝坻县 | 武清县 | 2 |
| 上海市 | 崇明县 | 宝山区 | 2 |
| 重庆市 | 大足县① | 渝北区 | 2 |
| 河北省 | 迁安县、沽源县 | 滦平县、邯郸县 | 4 |
| 山西省 | 河曲县、闻喜县、中阳县 | 交城县、昔阳县 | 5 |
| 内蒙古自治区 | 翁牛特旗、和林格尔县、喀喇沁旗 | 敖汉旗 | 4 |
| 辽宁省 | 大洼县、昌图县 | 凌海市、新宾县、大连市⑤ | 5 |
| 吉林省 | 扶余市、吉林市郊区、德惠县 | 大安市、九台市 | 5 |
| 黑龙江省 | 拜泉县、木兰县 | 望奎县、富锦市 | 4 |
| 山东省 | 临淄区、五莲县、临朐县 | 惠民县、菏泽市、青岛市城阳区③ | 6 |
| 安徽省 | 歙县、全椒县 | 颍上县 | 3 |
| 江苏省 | 大丰县、江都县 | 江阴县、太湖生态农业示范区 | 4 |
| 浙江省 | 德清县 | 安吉县、慈溪县② | 3 |
| 江西省 | 婺源县 | 赣州市、会昌县、永新县 | 4 |
| 福建省 | 东山县 | 芗城区、厦门市同安区④ | 3 |
| 广东省 | 东莞市、潮州市 | 廉江市 | 3 |

续表

| 省份 | 第一批 | 第二批 | 总数 |
|---|---|---|---|
| 广西壮族自治区 | 武鸣县、大化县 | 兴安县、恭城瑶族自治县 | 4 |
| 海南省 | 文昌县 | 儋州市 | 2 |
| 湖南省 | 慈利县、长沙县 | 浏阳市、南县 | 4 |
| 湖北省 | 京山县、洪湖市、宜城县 | 大冶市、松滋市 | 5 |
| 河南省 | 兰考县 | 孟州市、内乡县 | 3 |
| 陕西省 | 延安市 | 杨陵区、汉台区 | 3 |
| 甘肃省 | 泾川县 | 永靖县 | 2 |
| 宁夏回族自治区 | 固原县 | 陶乐县 | 2 |
| 四川省 | 眉山县、洪雅县 | 峨眉山市、苍溪县 | 4 |
| 云南省 | 思茅县、禄丰县 | 华宁县 | 3 |
| 贵州省 | 思南县 | 德江县 | 2 |
| 新疆维吾尔自治区 | 沙湾县 | 哈密市 | 2 |
| 青海省 | 湟源县 | 平安县 | 2 |
| 合计 | 51 | 50 | 101 |

① 当时属于四川省。

② 当时按宁波市慈溪县命名。

③ 当时按青岛市城阳区命名。

④ 当时按厦门市同安区命名。

⑤ 当时按大连市命名。

与此同时，为保证全国生态农业示范县建设的顺利实施，进一步加强对项目的组织管理，农业部还于 2000 年 10 月 16 日以《农生态办［2000］11 号》文的形式，发布了全国生态农业示范县建设领导小组办公室在原《全国生态农业试点县建设管理办法》的基础上修订的《全国生态农业示范县建设管理办法》，确定了管理全国生态农业示范县建设的管理机构（即全国生态农业示范县建设领导小组及办公室、专家组）及其任务，明确了项目申报、监督管理、资金使用与管理、项目验收等具体要求，从而使生态农业县建设有章可循。

实践证明，建设生态农业县的决策与实践是农业持续发展的正确选择，它把我国的生态农业建设推向了一个新的发展阶段（王树清等，1995）。建设生态农业县，既是现代农业实现可持续发展的一个重大战略，也是现代人类迈向生态文明建设的重要组成部分和发展社会主义市场经济的需要（姜达炳，1996）。

## 三、生态农业县建设的途径、模式与程序

### （一）生态农业县建设的途径

吴文良（2000）在总结全国首批 51 个生态农业试点县建设经验和实践的基础上，全面阐述了我国不同类型区生态农业县建设的基本途径。

#### 1. 生态脆弱、经济贫困区生态农业县建设的基本途径与技术策略

这类生态农业县的建设重点是构建生态治理和恢复型技术体系：一是对恶化的生态环境进行治理，重点恢复植被；二是加强农业基础设施建设，重点是基本农田建设；三是对农业生产结构进行优化调整，即以提高粮食单产为启动点，压缩粮田种植面积，适度扩大林果牧

业面积，农林牧综合发展。

### 2. 生态资源丰富、经济欠发达区生态农业县建设的基本途径与技术策略

这类县域交通不发达，经济比较落后，但生态资源优势明显，以南方条件较好的山地丘陵为主，重点是构建生态保护和生态产品开发型技术体系：一是切实保护生态环境和自然资源，保持生态优势；二是加强农业生态环境保护；三是大力开发生态型特色产品，发展生态产业。

### 3. 农业主产区生态农业县建设的基本途径与技术策略

这类生态农业县以平原农区为主，发展生态农业的基本途径是建立资源高效利用型产业化生态农业技术体系，以多熟种植和立体栽培为基础，加强农牧结合，大力发展农副产品加工业。

### 4. 沿海、城郊经济发达区生态农业县建设的基本途径与技术策略

这类生态农业县发展面临的主要问题是农业投入大，劳动力成本高，农业环境污染较为严重，但市场拉动大，要求高，技术力量强，适合发展中高档优质农产品。这类县域生态农业建设的基本途径为建立以开发精品名牌农产品为主攻目标的生态农业技术体系，"技术先导，精品开发"。

## （二）生态农业县建设的典型模式

### 1. 生态脆弱、经济贫困区生态农业建设典型模式

这类县域发展生态农业的难点在于把生态恢复、生产基础设施建设和农业生产三者融为一体，构建生态经济型发展模式与配套技术，重点是坡地治理与利用。其主要模式有：生态经济沟模式（小流域综合治理模式），"围山转"生态工程模式；"草库伦"生态工程模式，集雨节灌旱作农业模式；"五配套"生态果园模式；坡地生物篱与立体种植生态农业建设模式；"枣化磨盘岭"模式；山地种养一体化模式。

### 2. 生态资源丰富、经济欠发达区生态农业建设典型模式

主要模式有：生态型种养加一体化模式；绿色食品、有机食品开发生态工程模式；特色产品开发生态工程；生态旅游、观光农业模式；"猪-沼-果"生态工程模式。

### 3. 农业主产区生态农业建设典型模式

主要模式有：轮作套种立体复合生态工程模式；"种-养-沼-加"复合生态工程模式；"四位一体"复合生态工程模式；"农-牧-渔"复合生态工程模式；"林-鱼-鸭"复合生态工程模式；果粮间作复合生态工程模式；"生态猪场"模式；种养加一体化绿色食品规模化开发模式。

### 4. 沿海、城郊经济发达区生态农业建设典型模式

主要模式有：生态型设施农业工程模式；生态型观光农业模式；产业化开发绿色食品生态工程模式；高新技术应用生态工程模式。

## （三）建设程序

生态农业县建设是面对一个县域的生态经济系统，涉及多行业、多部门、多领域，是一个庞大的系统工程。为此，首先要制定一个可以操作的生态农业县建设规划，通过县级生态农业建设规划组织全县上上下下的力量来实现。它要求从区域内社会经济及自然资源现状出发，遵循生态经济学原理、生态系统"整体、协调、循环、再生"原理以及运用系统工程方法，对区域内农业生态经济系统的发展做出适应当地生态优势及区位比较优势的产业结构调整，制定区域农业可持续发展的宏观的战略部署。图10-1为生态农业县建设的一般程序。

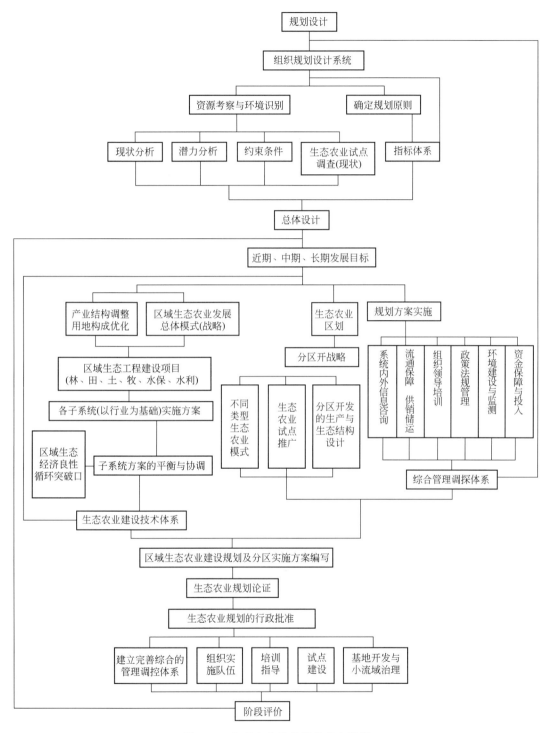

图 10-1　生态农业县建设的基本程序

　　生态农业县建设要求依据区域内资源条件和生态异质性特点，在横向上进行生态农业建设分区，依据各分区的生态经济特点、生态经济系统目前所存在的阻碍可持续发展的问题，设计符合当地条件的生态农业模式；针对当地农业可持续发展的障碍因子，在纵向上要依据各行业、各部门的职能、条件和需要进行生态农业工程项目设计。各分区生态农业模式设计需要配置好系统内部各子系统间的关系和比例，以及每个子系统内部的各级层次结构，并考虑创造良好的外部必要条件，使系统能适应本系统之外的大环境，所以分区生态农业模式设计是规范农民生产行为的生产模式，是一种微观结构调控技术，是总体规划的微观化和具体化。

生态农业工程项目设计则是由各行业或职能部门在整个区域范围内，根据当地优势条件，为解决障碍当地可持续发展问题所设计的以工程化、规模化、专业化为特征的项目。通过生态农业分区、生态农业模式和生态农业工程项目的设计，使县域生态农业建设成为一种网状系统工程。

## 四、生态农业县建设发展趋势

### （一）生态农业县建设的现状

尽管生态农业县建设曾经经历了辉煌的阶段，并在国内外农业与农村可持续发展中产生了良好的影响，但由于各种主客观原因的影响，生态农业县建设在促进农业与农村可持续发展、农村生态环境改善等方面远没有发挥应有的作用。

进入 21 世纪以来，中国的社会经济和资源环境都发生了重大变化，特别是社会主义新农村建设、生态文明建设、美丽中国建设等战略的先后提出，使生态农业县建设面临着新的发展机遇。一些地方已经开始了新的探索，可以理解为生态农业县建设的"升级版"。其中最有代表性的可能是浙江省和江苏省的"生态循环农业示范县"创建活动。

2011 年，浙江省农业厅、省发改委、省财政厅、省环保厅联合发出《关于开展生态循环农业示范县创建活动的通知》（浙农科发〔2011〕1 号）。后在各地申报、设区市农业局初审基础上，省农业厅组织审查，并商省发改委、省财政厅、省环保厅审核评定，以浙农科发〔2011〕7 号文的形式，公布了第一批 18 个省级生态循环农业示范县创建名单，2012 年公布了第二批 9 个省级生态循环农业示范县创建名单。2013 年 12 月，浙江省农业厅联合发改委、财政厅、环保厅以浙农科发〔2013〕23 号文的形式，公布了 2013 年省级生态循环农业示范县认定名单。认定桐庐、鄞州、宁海、安吉、桐乡、诸暨 6 个县（市、区）为第一批省级生态循环农业示范县。

为贯彻落实习近平总书记视察江苏时强调"要按照走生产技术先进、经营规模适度、市场竞争力强、生态环境可持续的要求，加快建设现代农业，力争在全国率先实现农业现代化"的重要指示，根据省委、省政府关于推进生态文明建设的部署，加强农业生态环境建设，促进农业转型升级，2015 年 2 月 2 日，江苏省农委下发《关于开展第一批生态循环农业示范县建设的通知》（苏农环〔2015〕1 号），在全省择优选择 11 个县（市、区）开展生态循环农业示范县建设，包括宜兴市、丰县、沛县、张家港市、海安县、如皋市、灌南县、东台市、镇江丹徒区、泰州姜堰区、泗阳县等。生态循环农业示范县建设要求以发展生态循环农业的理念推动机制创新，以因地制宜、地方特色为原则，以可复制、可推广为基本要求，紧密围绕当地农业现代化和农业生态文明建设要求，先行先试、大胆探索，力争树立先进典范，为全省生态循环农业建设积累经验、发挥示范。

### （二）未来发展

浙江和江苏的经验表明，以县域为尺度，融合生态文明、可持续发展、美丽乡村理念的新型生态农业县建设具有重要意义和很好的发展前景。进一步的发展中，除了坚持高效、循环、可持续发展的理念外，还可以注意与相关区域发展工程相结合，便于整合资源，产生更好的效益。

一是将生态农业县建设示范与生态文明建设示范相结合。2013年12月，根据《国务院关于加快发展节能环保产业的意见》（国发［2013］30号）中"在全国选择有代表性的100个地区开展生态文明先行示范区建设"的要求，国家发改委、财政部、国土资源部、水利部、农业部、国家林业局六部门联合下发了《关于印发国家生态文明先行示范区建设方案（试行）的通知》（发改环资［2013］2420号），启动了生态文明先行示范区建设。在所确定的第一批生态文明先行示范区建设名单（55个）中，就有13个县（区、市）：北京市密云县、延庆县，天津市武清区，山西省芮城县、娄烦县，黑龙江省五常市，上海市闵行区、崇明县，广西壮族自治区富川瑶族自治县，宁夏回族自治区永宁县、吴忠市利通区，新疆维吾尔自治区玛纳斯县、特克斯县。

二是将生态农业建设示范与美丽乡村建设示范相结合。2013年，财政部下发《关于发挥一事一议财政奖补作用推动美丽乡村建设试点的通知》，其中试点的主要内容包括：继续抓好村级公益事业建设，逐步实现道路硬化、卫生净化、村庄绿化、村庄亮化、环境美化等目标，改善村容村貌和农民人居环境，为乡村生态农业、生态旅游、农家乐等发展创造良好条件，促进农村产业形态优化升级等。而2013年农业部在全国开展的美丽乡村创建活动，更是已经涌现出一大批各具特色的典型模式，涵盖了美丽乡村建设"环境美"、"生活美"、"产业美"、"人文美"的基本内涵。农业部所发布的"美丽乡村建设十大模式"，对于生态农业示范县建设具有很强的借鉴意义。

这十大模式如下。①产业发展型模式，主要在东部沿海等经济相对发达地区，其特点是产业优势和特色明显，农民专业合作社、龙头企业发展基础好，产业化水平高，初步形成"一村一品"、"一乡一业"，实现了农业生产聚集、农业规模经营，农业产业链条不断延伸，产业带动效果明显。②生态保护型模式，主要是在生态优美、环境污染少的地区，其特点是自然条件优越，水资源和森林资源丰富，具有传统的田园风光和乡村特色，生态环境优势明显，把生态环境优势变为经济优势的潜力大，适宜发展生态旅游。③城郊集约型模式，主要是在大中城市郊区，其特点是经济条件较好，公共设施和基础设施较为完善，交通便捷，农业集约化、规模化经营水平高，土地产出率高，农民收入水平相对较高，是大中城市重要的"菜篮子"基地。④社会综治型模式，主要在人数较多、规模较大、居住较集中的村镇，其特点是区位条件好，经济基础强，带动作用大，基础设施相对完善。⑤文化传承型模式，是在具有特殊人文景观，包括古村落、古建筑、古民居以及传统文化的地区，其特点是乡村文化资源丰富，具有优秀民俗文化以及非物质文化，文化展示和传承的潜力大。⑥渔业开发型模式，主要在沿海和水网地区的传统渔区，其特点是产业以渔业为主，通过发展渔业促进就业，增加渔民收入，繁荣农村经济，渔业在农业产业中占主导地位。⑦草原牧场型模式，主要在我国牧区半牧区县（旗、市），占全国国土面积的40%以上，其特点是草原畜牧业是牧区经济发展的基础产业，是牧民收入的主要来源。⑧环境整治型模式，主要在农村脏乱差问题突出的地区，其特点是农村环境基础设施建设滞后，环境污染问题，当地农民群众对环境整治的呼声高、反应强烈。⑨休闲旅游型模式，主要是在适宜发展乡村旅游的地区，其特点是旅游资源丰富，住宿、餐饮、休闲娱乐设施完善齐备，交通便捷，距离城市较近，适合休闲度假，发展乡村旅游潜力大。⑩高效农业型模式，主要在我国的农业主产区，其特点是以发展农业作物生产为主，农田水利等农业基础设施相对完善，农产品商品化率和农业机械化水平高，人均耕地资源丰富，农作物秸秆产量大。

三是将生态农业县建设与休闲农业与乡村旅游示范县相结合。近年来，对于农业多功能性认识的不断深化，有力地促进了多功能农业的发展，发展休闲农业与乡村旅游已经成为发展现代农业、促进农业发展方式转型的重要方面。

　　根据《农业部国家旅游局关于开展全国休闲农业与乡村旅游示范县和全国休闲农业示范点创建活动的意见》（农企发〔2010〕2 号），为加快休闲农业和乡村旅游发展，推进农业功能拓展、农业结构调整、社会主义新农村建设和促进农民增收，从 2010 年起，培育一批全国休闲农业与乡村旅游示范县和休闲农业示范点。通过开展示范创建活动，进一步探索休闲农业与乡村旅游发展规律，理清发展思路，明确发展目标，创新体制机制，完善标准体系，优化发展环境，加快培育一批生态环境优、产业优势大、发展势头好、示范带动能力强的全国休闲农业与乡村旅游示范县和一批发展产业化、经营特色化、管理规范化、产品品牌化、服务标准化的休闲农业示范点，引领全国休闲农业与乡村旅游持续健康发展。截至目前，已经分四批认定了 154 个休闲农业与乡村旅游示范县（表 10-7）。

表 10-7　全国休闲农业与乡村旅游示范县（2011～2014 年）

| 省份 | 2011 年 | 2012 年 | 2013 年 | 2014 年 | 合计/个 |
|---|---|---|---|---|---|
| 北京市 | | 密云县 | 延庆县 | 平谷区 | 3 |
| 天津市 | | 西青区 | | | 1 |
| 河北省 | 涉县,围场县 | 迁西县 | 滦平县 | 元氏县,承德市双滦区 | 6 |
| 山西省 | 长治市郊区 | 运城市盐湖区 | 榆次区 | 阳城县 | 4 |
| 内蒙古自治区 | 额尔古纳市 | 喀喇沁旗 | 乌审旗 | 克什克腾旗 | 4 |
| 辽宁省 | 宽甸满族自治区县 | 桓仁满族自治县 | 辽中县 | 本溪满族自治县,庄河市 | 5 |
| 吉林省 | 集安市,珲春市 | 临江市,敦化市 | 抚松县,丰满区 | 长春市双阳区 | 7 |
| 黑龙江省 | 铁力市,宾县 | 友谊县 | 虎林县 | 木兰县 | 5 |
| 上海市 | | 金山区 | 奉贤区 | | 2 |
| 江苏省 | 南京市江宁区,如皋市 | 高淳县,徐州市铜山区 | 盱眙县,兴化市 | 泰州市姜堰区,宜兴市 | 8 |
| 浙江省 | 桐庐县,遂昌县 | 仙居县,长兴县,余姚市 | 上虞市,江山市 | 兰溪市,新昌县,宁海县 | 10 |
| 安徽省 | 绩溪县,宁国市 | 石台县,岳西县 | 颍上县 | 霍山县 | 6 |
| 福建省 | 闽侯县,漳平市 | 上杭县 | 长泰县,顺昌县 | 泰宁县,连城县 | 7 |
| 江西省 | 井冈山市 | 安义县 | 靖安县,石城县 | 武宁县 | 5 |
| 山东省 | 沂源县,烟台市牟平区,平度市 | 东平县,沂水县 | 沂南县,岱岳区 | 泗水县,临朐县 | 9 |
| 河南省 | 鄢陵县,新县 | 嵩县 | 确山县 | 登封市 | 5 |
| 湖北省 | 洪湖市 | 武汉市黄陂区,罗田县 | 谷城县 | 远安县 | 5 |
| 湖南省 | 张家界市永定区,岳阳市君山区 | 长沙市望城区,通道县,桃江县 | 桂阳县 | 新化县,麻阳苗族自治县 | 8 |
| 广东省 | | 和平县 | 新兴县 | 博罗县 | 3 |
| 广西壮族自治区 | 恭城县 | 灌阳县,巴马瑶族自治县 | 灵川县 | 龙胜各族自治县 | 5 |
| 海南省 | 保亭县 | | | 琼海市 | 2 |

续表

| 省份 | 2011 年 | 2012 年 | 2013 年 | 2014 年 | 合计/个 |
|---|---|---|---|---|---|
| 重庆市 | 大足县 | 南川区 | 黔江区 | 武隆县 | 4 |
| 四川省 | 成都市温江区, 汶川县 | 长宁县,绵竹市 | 苍溪县,平昌县 | 武胜县 | 7 |
| 贵州省 | | 丹寨县 | 雷山县,兴义市 | 凤冈县 | 4 |
| 云南省 | 罗平县 | 大理市 | 玉龙县,弥勒市 | 澄江县 | 5 |
| 西藏自治区 | | 拉萨市城关区 | | | 1 |
| 陕西省 | 西安市长安区, 凤县 | 宝鸡市休闲农业示范区 | 平利县 | 柞水县 | 5 |
| 甘肃省 | 敦煌市 | 金塔县 | 永靖县 | 两当县 | 4 |
| 青海省 | 贵德县 | 大通县 | 湟中县 | 门源回族自治县 | 4 |
| 宁夏回族自治区 | 贺兰县 | 永宁县 | 吴忠市利通区 | 银川市金凤区 | 4 |
| 新疆维吾尔自治区 | 乌鲁木齐县 | 伊宁县 | 博湖县 | 玛纳斯县 | 4 |
| 新疆生产建设兵团 | | | 五家渠市 | 第十师 185 团 | 2 |
| 合计/个 | 38 | 41 | 38 | 37 | 154 |

四是将生态农业县建设示范与重要农业文化遗产发掘与保护相结合。自 2005 年"浙江青田稻鱼共生系统"被联合国粮农组织（FAO）列为首批全球重要农业文化遗产（GIAHS）保护项目以来，中国已有 11 项传统农业系统成功入选 GIAHS 名录，占全球 32 项中的 1/3，位居世界各国之首；2012 年农业部开始中国重要农业文化遗产（China-NIAHS）发掘与保护工作，成为世界上第一个开展农业文化遗产发掘与保护的国家。截至目前，已有两批 39 项农业文化遗产得到认定（表 10-8）。2015 年 6 月，FAO 大会正式将 GIAHS 列为粮农组织业务化工作，7 月农业部常务会议原则通过了《重要农业文化遗产管理办法》，8 月国务院办公厅发布《关于加快转变农业发展方式的意见》（国办发［2015］59 号），强调"保持传统乡村风貌，传承农耕文化，加强重要农业文化遗产发掘和保护。"我国是农业大国，也是农业文明古国，有着悠久灿烂的农耕文化，这不仅是中华文化的重要组成部分，更是我国农业的宝贵财富。进一步加强重要农业文化遗产认定和保护，促进传统文化传承、农业功能拓展和农业可持续发展，推动休闲农业和乡村旅游发展，促进一、二、三产业融合，增加农民收入，提高农民文明素质，都具有重要意义。

表 10-8　中国重要农业文化遗产概况

| 所在地 | 第一批(2013 年授牌) | 第二批(2014 年授牌) | 合计/个 |
|---|---|---|---|
| 天津市 | | 滨海崔庄古冬枣园 | 1 |
| 河北省 | 宣化城市传统葡萄园 | 宽城传统板栗栽培系统<br>涉县旱作梯田系统 | 3 |
| 内蒙古自治区 | 敖汉旱作农业系统 | 阿鲁科尔沁草原游牧系统 | 2 |
| 辽宁省 | 鞍山南果梨栽培系统<br>宽甸柱参传统栽培体系 | | 2 |
| 江苏省 | 兴化垛田传统农业系统 | | 1 |
| 浙江省 | 青田稻鱼共生系统<br>绍兴会稽山古香榧群 | 杭州西湖龙井茶文化系统<br>湖州桑基鱼塘系统<br>庆元香菇文化系统 | 5 |

续表

| 所在地 | 第一批（2013 年授牌） | 第二批（2014 年授牌） | 合计/个 |
|---|---|---|---|
| 福建省 | 福州茉莉花种植与茶文化系统<br>尤溪联合梯田 | 安溪铁观音茶文化系统 | 3 |
| 江西省 | 万年稻作文化系统 | 崇义客家梯田系统 | 2 |
| 山东省 | | 夏津黄河故道古桑树群 | 1 |
| 湖北省 | | 赤壁羊楼洞砖茶文化系统 | 1 |
| 湖南省 | 新化紫鹊界梯田 | 新晃侗藏红米种植系统 | 2 |
| 广东省 | | 潮安凤凰单丛茶文化系统 | 1 |
| 广西壮族自治区 | | 龙胜龙脊梯田系统 | 1 |
| 四川省 | | 江油辛夷花传统栽培体系 | 1 |
| 贵州省 | 从江侗乡稻鱼鸭系统 | | 1 |
| 云南省 | 红河哈尼稻作梯田系统<br>普洱古茶园与茶文化系统<br>漾濞核桃-作物复合系统 | 广南八宝稻作生态系统<br>剑川稻麦复种系统 | 5 |
| 陕西省 | 佳县古枣园 | | 1 |
| 甘肃省 | 皋兰什川古梨园<br>迭部扎尕那农林牧复合系统 | 岷县当归种植系统 | 3 |
| 宁夏回族自治区 | | 灵武长枣种植系统 | 1 |
| 新疆维吾尔自治区 | 吐鲁番坎儿井农业系统 | 哈密市哈密瓜栽培与贡瓜文化系统 | 2 |
| 合计/个 | 19 | 20 | 39 |

# 第三节　生态省（市、县）建设[1]

## 一、生态市建设背景

21 世纪将是人类的"第一个城市世纪"。在世界范围内，城市化已经成为人类社会发展不可逆转的必然趋势。2000 年世界城市人口为 28.62 亿，2005 年全球城市人口比重首次超过农村人口。根据联合国预测，2030 年世界城市人口将猛增至 49.81 亿，新增城市人口约 21.19 亿，占同期世界全部新增人口的 95.80%，届时世界城市人口比重将达到 60.20%。

中国的城市化进程同样快速而剧烈，其速度与规模都是人类历史上前所未有的。特别是改革开放后，随着经济社会的快速发展，中国城市化速率是同时期世界平均水平的 3 倍，并呈现出逐渐加快的趋势。1985～1995 年 10 年间中国城镇人口增长超过 1 亿，而 1995～2005年每 5 年城镇人口增长超过 1 亿，城镇人口占全国总人口的比例也由 1949 年的 11% 逐渐增长至 2007 年的 45%，随着大量农村人口涌入城市，中国城市的规模和数量都迅速增加。一方面，城市规模不断扩大，人口高度集中，仅上海、北京、广州等少数几个特大城市的总人口就超过国土面积与我国相当的加拿大全国人口；另一方面，随着城市数量、规模的增大，在沿海、沿江等经济发达地区出现了城市区域化和区域城镇化的特点，城市数量密集逐渐形

❶　本节作者为张林波（中国环境科学研究院生态研究所）。

成城市群，如长江三角洲、珠江三角洲、京津唐、山东半岛和辽中南等城市群。

中国的快速城市化过程同时伴随着工业化的加速发展，城市化与工业化紧密交织在一起。当前，大多数中国城市正处于工业化中期加速发展阶段，普遍表现出主导产业不突出、产业链条短、高能耗资源型重工业化趋势明显的特点，经济增长方式在很大程度上还依赖资源、环境消耗和人口增加。中国城市将面临比发达国家更为巨大的资源环境挑战，环境问题在规模、程度、范围以及危害等各个方面均将超过发达国家城市，呈现出区域性和复合型的特点。突出表现如下。

中国城市大气污染仍十分严重，煤烟型污染特征没有发生根本改变，城市二氧化硫污染仍居高不下，颗粒物污染加剧，同时在经济快速发展的大中城市大气中氮氧化物和臭氧浓度显著提高，能见度明显下降，煤烟型污染、汽车尾气以及有机气体的光化学污染共存和相互耦合，大气灰霾天数增加，形成了发达国家未遇到过的复杂的复合型大气环境污染；流经城市的河段普遍受到污染，目前我国 669 个建制市中有 400 多个城市存在水量不足和水质恶化问题，全国 80％以上的城市河流受到污染，据全国 2222 个监测站统计，在 138 个城市河段中，符合Ⅱ、Ⅲ类水质标准的仅占 23％，劣Ⅴ类水质占到 38％。

未来一段时间，中国城市化进程仍将十分剧烈。预计到 2030 年，我国城镇人口达 9.79亿，城市化率接近 60％，城镇人口将在现有基础上增加 3.85 亿，2020 年人均国民生产总值比 2000 年翻两番。在城市经济社会快速发展过程中，中国城市不仅要解决过去环境污染和生态破坏遗留的历史欠账，应对发达国家城市分阶段出现的各种生态环境问题，面对发达国家不曾经历过的复合型、叠加型生态环境难题，而且还要面对经济社会快速发展所带来的环境压力，资源环境的瓶颈制约作用将日益凸显。因此，诺贝尔经济学奖获得者、美国经济学家斯蒂格利茨认为，中国的城市化和以美国为首的新技术革命是影响 21 世纪人类进程的两大关键性因素。

## 二、中国生态城市建设理念

生态城市建设是城市可持续发展的平台和载体，是应对城市环境资源挑战的重要举措。自 1971 年联合国教科文组织（UNESCO）"人与生物圈（MAB）"计划提出"生态城市"概念后，生态城市的发展理念和发展模式便立刻得到全球的广泛关注，世界上许多城市纷纷把这个理念作为其城市发展的目标，开始了生态城市建设的实践与探索，如印度的班加罗尔（Bangalore）、巴西的库里蒂巴和桑托斯（Santos）市、澳大利亚的怀阿拉（Whyarlla）市、新西兰的怀塔克尔（Waitakere）市、丹麦的哥本哈根、美国的克利夫兰和波特兰市区等。

以编制完成并实施生态城市建设规划为标志，1986 年江西省宜春市开始了中国生态城市建设的实践与探索，随后越来越多的中国城市投入到以生态城市建设为载体的区域可持续发展活动当中。2003 年原国家环保总局颁布了生态市建设标准，这一标准的制定和颁布对中国生态市建设工作的开展起到了重要的指导作用，并在二十一世纪初的中国掀起了生态城市建设的热潮。目前全国已经形成生态省-生态市-生态县-环境优美乡镇-生态村的生态示范建设系列，15 个省（自治区、直辖市）开展了生态省（自治区、直辖市）建设。全国有1000 多个县（市）开展了生态县（市）建设，其中无锡、苏州、威海、中山等 38 个地区已经建成国家生态市、县，528 个地区获"国家级生态建设示范区"称号。已有 67 个城市和 5个直辖市城区被授予国家环境保护模范城市（城区）的称号，128 个城市正在积极开展"创模"活动。

2008 年以来，环境保护部印发《关于推进生态文明建设的指导意见》、《关于进一步深化生态建设示范区工作的意见》，全国各地积极推进生态文明建设，广西、湖北、云南、浙江、江苏、福建等省（自治区）的党委、人大、政府相继出台了关于加强生态文明建设的相关文件。张家港等 52 个生态文明试点在环保部指导下积极探索生态文明建设模式和推进措施，全国已有二十多个市（县、区）编制完成了生态文明建设规划。

　　可以说，世界上还没有哪一个国家如同中国这样，有这么多的省、市、县以生态省、生态市和生态县为载体积极地投入到可持续发展的实践当中去，从区域的各个层次普遍实践着可持续发展的理念。中国所出现的生态城市建设热潮为中国生态城市建设的理论方法研究提供了大量的实践与研究素材，从而使中国生态城市的研究在一些方面处于国际先进水平。中国在过去的二十年左右的生态城市实践探索中，在充分吸取国际上生态城市建设所取得经验教训的基础上，结合自身的实际情况，形成了具有中国特色的生态城市发展范式。

　　由于中国城市与国外城市的社会经济处于不同发展阶段，因而对于生态城市关注的重点也就有所不同。国外生态城市建设的实践性很强，通常把重点放在城市存在的现实问题的一两个方面，更注重具体的设计特征和技术特征，理论与实践结合得十分紧密。如巴西的库里蒂巴将重点放在城市交通和垃圾资源化上，日本大多数城市把建设的重点放在对生态工业园的规划以及循环经济上，而北欧的生态城市规划的核心则是对自然生态资源的规划管理与利用，规划针对各种自然生态资源进行实体化的设计与管理，并制定生态法律及控制指标。相比之下，中国生态城市规划的理论框架所涉及的理论更加系统、层面更为广泛、内容更加全面。

　　中国将生态城市看作是以系统生态学理念为指导建立起来的一种理想城市发展模式，通过综合协调人类经济社会活动与资源环境间的相互关系，实现城市经济持续稳定发展、资源能源高效利用、生态环境良性循环和社会文明高度发达。生态城市中的"生态"一词不再仅仅局限于生物学范畴，而将人类社会、人与生物之间的关系以及人与人之间的关系纳入到其含义当中，蕴含了"有利于可持续发展的"、"系统性的、整体性的"含义，体现了以生态学的系统整体的思想开展城市可持续发展实践。生态城市建设不仅包括生态环境建设，也包含了经济社会因素，特别是产业、政策、体制、技术和社会关系，涉及城市的自然生态、社会生态和产业经济的各个方面。

　　中国生态城市建设的目标与任务涵盖"战略-规划-行动-保障"四个层次。在战略层面上，生态城市的主要任务是协调城市经济发展与生态环境保护的关系，通过调整产业结构，控制人口规模，降低单位 GDP 的资源、能源消耗量和污染物排放量，转变以资源能源消耗为驱动的经济发展模式，将城市经济社会发展约束在生态承载力允许的范围内；在规划层面上，生态城市建设的主要任务是优化完善城市的空间结构与布局，综合考虑自然生态因素和经济社会发展需求，开展城市生态功能分区，明确禁止开发、限制开发和优化开发的区域，指导城市生态保护与建设、产业与城市建设的空间战略布局；在行动层面上，生态城市通过开展实施具体的生态保护与污染治理项目措施，完善环境保护和资源保障基础设施，提高污染物治理率；在保障层面上，充分发挥政府调控与引导的角色与地位，构建生态城市运行组织体系，搭建生态城市运行的平台与载体，使政府、企业、社会团体、社区、家庭与个人能够积极投身于生态城市建设，推动生态城市建设的实施。

　　虽然中国不同城市开展生态城市的建设内容各不相同，但总结起来中国生态城市建设的内容主要包括四个体系建设，即生态环境体系建设、生态经济体系建设、资源可持续利用体系建设和生态文化体系建设。生态环境体系建设的主要任务是控制城市环境污染和自然生态保育，通过控制和减少污染物排放，提高城市大气、水、声环境质量，使城市的天蓝、水碧、整洁、安详宁静，为城市居民提供高质量的人居环境。在自然生态方面，维护结构合理、数量充足、功能完备的自然生态体系，打造城市人居环境的生态基础，不仅为城市居民的休憩提供优美充足的场所，还能够使城市中原本受到破坏的自然过程得以恢复，充分发挥城市自然体系的生态功能；生态经济体系建设的主要目标是实现协调的产业结构、合理的产业空间布局、高效的生产过程和发达的绿色产业四个方面，通过协调产业结构，限制城市中能源资源消耗大、排污大的产业，通过合理布局产业的空间结构，使产业所产生污染的影响降至最低，通过鼓励采用效率高的生产过程和生产方式，减少生产过程中的排污量，通过大力发展绿色产业，提高产业的竞争力；资源可持续利用体系建设的主要任务是通过基础设施建设为城市提供清洁的生产生活燃料，保障城市水资源供应，减少水资源的消耗量，集约化开发利用土地资源，发展城市绿色交通，减少城市机动车的数量，减少由于能源消耗所产生的污染物质的排放，实现水资源和土地资源的可持续利用；生态文化体系建设的主要任务是通过提高城市居民的生态意识，促使其自觉地转化为生态友好的生产、生活方式，并通过法制体制建设促进生态城市建设目标任务的实施，为生态城市建设提供强大的驱动力。

## 三、中国生态城市建设成效

生态示范建设在我国的蓬勃发展有其深刻的内在原因。发达国家的发展经验和我国环境保护实践启示我们必须用系统的、整体的观点考虑人类社会、经济与环境间的相互关系，必须采用综合的、系统的方式才能在资源环境的约束下求发展。生态示范建设的具体举措很好地体现了以上系统的生态理念，通过开展生态经济体系建设、资源可持续利用体系建设、生态环境体系建设和生态文化体系建设等，优化经济增长，调整产业结构，强化节能减排，加强城乡环境保护，提升公众环保意识。

实践证明，生态文明建设是地方政府落实科学发展观，促进区域经济、社会与环境协调发展的重大举措，是实现环境保护、经济社会建设同步、并重、协同的主干线、大舞台、主战场，对于建设资源节约型、环境友好型社会，推动经济结构调整，转变经济增长方式，实现环境保护历史性转变具有重要意义。通过开展生态示范创建，部分区域已初步走上了生产发展、生活富裕、生态良好的文明发展道路。

一是优化社会经济发展空间布局。开展生态示范创建的市（县）区域按照国家主体功能区划要求，划定经济社会发展和生态环境保护的"红线"、"黄线"和"绿线"，明确当地经济发展的方向和空间布局，调整城市规划和产业发展空间布局，鼓励引导适合当地主体功能区要求的产业，逐步限制淘汰不符合功能区要求的产业。

二是优化产业结构促进节能减排。开展生态示范创建的区域通过优化产业结构，提高区域产业集中度、科技含量和技术水平，使经济总量持续提升的同时，资源能源消耗明显降低。2010 年青岛、无锡和深圳三市 GDP 达到 5666 亿元、5758 亿元和 9511 亿元，分别是 2000 年的 4.9 倍、4.8 倍和 5.7 倍，而三市同期单位 GDP 水耗为 $16.63m^3/万元$、$50.00m^3/万元$ 和 $34.10m^3/万元$，比 2000 年分别降低了 $78.51\%$、$14.13\%$ 和 $38.33\%$；GDP 能耗为 0.29t 标准煤/万元、0.74t 标准煤/万元 和 0.51t 标准煤/万元，比 2000 年分别降低了 $70.41\%$、$18.22\%$ 和 $43.96\%$。

三是污染排放强度减少，环境质量明显改善。凡是实施生态示范创建的地区，污染防治能力明显增强，重点行业污染排放强度明显下降，区域环境质量明显改善。2010 年，青岛市、无锡市和深圳市的单位 GDP $SO_2$ 和 COD 排放分别为 1.99t/万元、1.81t/万元、3.45t/万元和 0.823kg/万元、0.85kg/万元、0.347kg/万元，比 2000 年分别降低了 83.35%、73.42%、85.27% 和 85.92%、46.54%、84.79%。

综上所述，生态示范创建明显提升了区域经济发展的水平，如按 2000 年资源利用和能源消耗水平来计算，青岛、无锡和深圳市要达到 2010 年的 GDP 发展程度，需要消耗的能源、水量分别应该是 $0.56 \times 10^8$ t 标准煤、$0.52 \times 10^8$ t 标准煤、$0.87 \times 10^8$ t 标准煤和 $43.85 \times 10^8$ $m^3$、$33.53 \times 10^8$ $m^3$、$52.60 \times 10^8$ $m^3$，而实际上青岛、无锡和深圳的能源消耗、水资源消耗分别是 $0.16 \times 10^8$ t 标准煤、$0.38 \times 10^8$ t 标准煤和 $0.49 \times 10^8$ t 标准煤和 $9.42 \times 10^8$ $m^3$、$28.79 \times 10^8$ $m^3$、$32.43 \times 10^8$ $m^3$，分别只有 2000 年经济发展水平的 29.6%、73.6%、56.0% 和 21.5%、85.9%、61.7%。可以看出，生态文明示范创建明显地促进了资源节约型、环境友好型社会的建设。

# 第四节　其他生态建设创建活动[1]

自 1989 年全国爱卫会推行国家卫生城市以来，截至目前，国家住房和城乡建设部、国家环境保护部、中央文明办、国家林业局等相关部委在全国推行了一系列创建活动，比较有影响的生态创建包括生态示范区、生态省（市、县）、生态文明建设试点示范区、国家园林城市、国家森林城市等。

## 一、国家园林城市

### 1. 创建的目的

1992 年，国家住房和城乡建设部开展了国家园林城市和国家生态园林城市的创建活动。旨在加强城市生态环境建设和城市基础设施建设，改善城市环境，促进城市可持续发展。通过节约型城市园林绿化建设，城市发展与耕地资源保护、水资源短缺等环境承载力的矛盾以及城区绿地建设滞后的矛盾不断缓解，对制止一些地方重复改造、高价建绿等现象具有重要的意义，是建设资源节约型、环境友好型社会的重要环节。

### 2. 国家园林城市创建要求及指标体系

国家园林城市须满足表 10-9 中全部基本项的要求。

表 10-9　国家园林城市创建指标体系

| 类型 | 序号 | 指标 | 备注 | 国家园林城市标准 | |
|---|---|---|---|---|---|
| | | | | 基本项 | 提升项 |
| 综合管理 | 1 | 城市园林绿化管理机构 | * | ①按照各级政府职能分工的要求,设立独立的专业管理机构;②依照法律法规有效行使行政管理职能 | — |
| | 2 | 城市园林绿化建设维护专项资金 | * | ①近三年城市园林绿化建设资金逐年增加;②政府财政预算中专门列项"城市园林绿化维护资金",切实保障园林绿化日常维修养护及相关人员经费,并逐年增加 | — |

---

❶ 本节作者为张林波(中国环境科学研究院生态研究所)。

续表

| 类型 | 序号 | 指标 | | 备注 | 国家园林城市标准 | |
|---|---|---|---|---|---|---|
| | | | | | 基本项 | 提升项 |
| 综合管理 | 3 | 城市园林绿化科研能力 | | * | ①具有以城市园林绿化研究、成果推广和科普宣传为主要工作内容的研究机构;②近三年(含申报年)有园林科研项目在实际应用中得到推广 | — |
| | 4 | 《城市绿地系统规划》编制 | | * | 《城市绿地系统规划》由具有相关规划资质的单位编制,经政府批准实施,纳入《城市总体规划》并与之相协调 | |
| | 5 | 城市绿线管理 | | * | 严格实施城市绿线管制制度,按照《城市绿线管理办法》(建设部令第112号)要求划定绿线,并在至少两种以上的公开媒体上向社会公布 | — |
| | 6 | 城市蓝线管理 | | * | 划定城市蓝线,蓝线的管理和实施符合《城市蓝线管理办法》(建设部令第145号)的规定 | — |
| | 7 | 城市园林绿化制度建设 | | * | 绿线管理、园林绿化工程管理、养护管理、公示制度及控制大树移栽、防止外来物种入侵、义务植树等各项管理制度健全 | — |
| | 8 | 城市园林绿化管理信息技术应用 | | * | ①已建立城市园林绿化数字化信息库、信息发布与社会服务信息共享平台;②城市园林绿化建设和管理实施动态监管;③保障公众参与和社会监督 | — |
| | 9 | 公众对城市园林绿化的满意率 | | * | ≥80% | ≥90% |
| 绿地建设 | 1 | 建成区绿化覆盖率 | | * | ≥36% | ≥40% |
| | 2 | 建成区绿地率 | | * | ≥31% | ≥35% |
| | 3 | 城市人均公园绿地面积 | 人均建设用地小于80m² 的城市 | * | ≥7.50m²/人 | ≥9.50m²/人 |
| | | | 人均建设用地80~100m² 的城市 | | ≥8.00m²/人 | ≥10.00m²/人 |
| | | | 人均建设用地大于100m² 的城市 | | ≥9.00m²/人 | ≥11.00m²/人 |
| | 4 | 建成区绿化覆盖面积中乔、灌木所占比例 | | * | ≥60% | ≥70% |
| | 5 | 城市各城区绿地率最低值 | | * | ≥25% | — |
| | 6 | 城市各城区人均公园绿地面积最低值 | | * | ≥5.00m²/人 | — |
| | 7 | 公园绿地服务半径覆盖率 | | * | ≥70% | ≥90% |
| | 8 | 万人拥有综合公园指数 | | * | ≥0.06 | ≥0.07 |
| | 9 | 城市道路绿化普及率 | | * | ≥95% | 100% |
| | 10 | 城市新建、改建居住区绿地达标率 | | * | ≥95% | 100% |
| | 11 | 城市公共设施绿地达标率 | | * | ≥95% | — |
| | 12 | 城市防护绿地实施率 | | * | ≥80% | ≥90% |
| | 13 | 生产绿地占建成区面积的比例 | | * | ≥2% | — |

续表

| 类型 | 序号 | 指标 | 备注 | 国家园林城市标准 | |
|---|---|---|---|---|---|
| | | | | 基本项 | 提升项 |
| 绿地建设 | 14 | 城市道路绿地达标率 | * | ≥80% | — |
| | 15 | 大于40hm²的植物园数量 | * | ≥1.00 | — |
| | 16 | 林荫停车场推广率 | * | ≥60% | — |
| | 17 | 河道绿化普及率 | * | ≥80% | — |
| | 18 | 受损弃置地生态与景观恢复率 | * | ≥80% | — |
| 建设管控 | 1 | 城市园林绿化综合评价值 | * | ≥8.00 | ≥9.00 |
| | 2 | 城市公园绿地功能性评价值 | * | ≥8.00 | ≥9.00 |
| | 3 | 城市公园绿地景观性评价值 | * | ≥8.00 | ≥9.00 |
| | 4 | 城市公园绿地文化性评价值 | * | ≥8.00 | ≥9.00 |
| | 5 | 城市道路绿化评价值 | * | ≥8.00 | ≥9.00 |
| | 6 | 公园管理规范化率 | * | ≥90% | ≥95% |
| | 7 | 古树名木保护率 | * | ≥95% | 100% |
| | 8 | 节约型绿地建设率/% | * | ≥60% | ≥80% |
| | 9 | 立体绿化推广 | * | 已制定立体绿化推广的鼓励政策、技术措施和实施方案，且实施效果明显 | — |
| | 10 | 城市"其他绿地"控制 | * | ①依据《城市绿地系统规划》要求，建立城乡一体的绿地系统；②城市郊野公园、风景林地、城市绿化隔离带等"其他绿地"得到有效保护和合理利用 | |
| | 11 | 生物防治推广率 | * | ≥50% | |
| | 12 | 公园绿地应急避险场所实施率 | * | ≥70% | — |
| | 13 | 水体岸线自然化率 | * | ≥80% | — |
| | 14 | 城市历史风貌保护 | * | ①已划定城市紫线，制定《历史文化名城保护规划》或城市历史风貌保护规划，经过审批，实施效果良好；②城市历史文化街区得到有效保护 | — |
| | 15 | 风景名胜区、文化与自然遗产保护与管理 | * | 国家级风景名胜区或列入世界遗产名录的文化或自然遗产严格依据《风景名胜区条例》和相关法律法规进行保护管理 | — |
| 生态环境 | 1 | 年空气污染指数小于或等于100的天数 | * | ≥240天 | ≥300天 |
| | 2 | 地表水Ⅳ类及以上水体比率 | * | ≥50% | 地表水达标率100%，且市区内无Ⅳ类以下水体 |
| | 3 | 区域环境噪声平均值 | * | ≤56.00dB(A) | ≤54.00dB(A) |
| | 4 | 城市热岛效应强度 | * | ≤3.0℃ | ≤2.5℃ |
| | 5 | 本地木本植物指数 | * | ≥0.80 | ≥0.90 |
| | 6 | 生物多样性保护 | * | ①已完成不小于城市市域范围的生物物种资源普查；②已制定《城市生物多样性保护规划》和实施措施 | |
| | 7 | 城市湿地资源保护 | * | ①已完成城市规划区内的湿地资源普查；②已制定城市湿地资源保护规划和实施措施 | — |

续表

| 类型 | 序号 | 指标 | 备注 | 国家园林城市标准 | |
|---|---|---|---|---|---|
| | | | | 基本项 | 提升项 |
| 节能减排 | 1 | 北方采暖地区住宅供热计量收费比例 | | ≥25% | ≥35% |
| | 2 | 节能建筑比例 | | 严寒及寒冷地区≥40%<br>夏热冬冷地区≥35%<br>夏热冬暖地区≥30% | 严寒及寒冷地区≥50%<br>夏热冬冷地区≥45%<br>夏热冬暖地区≥40% |
| | 3 | 可再生能源使用比例 | | — | ≥10% |
| | 4 | 单位 GDP 工业固体废物排放量 | | — | ≤25(千克/万元) |
| | 5 | 城市工业废水排放达标率 | | — | ≥80% |
| | 6 | 城市再生水利用率 | | — | ≥30% |
| 市政设施 | 1 | 城市容貌评价值 | * | ≥8.00 | ≥9.00 |
| | 2 | 城市管网水检验项目合格率 | * | ≥99% | 100% |
| | 3 | 城市污水处理率 | * | ≥80%,且不低于申报年全国设市城市平均值 | ≥90%,且不低于申报年全国设市城市平均值 |
| | 4 | 城市生活垃圾无害化处理率 | * | ≥80%,且不低于申报年全国设市城市平均值 | ≥90%,且不低于申报年全国设市城市平均值 |
| | 5 | 城市道路完好率 | * | ≥95% | ≥98% |
| | 6 | 城市主干道平峰期平均车速 | * | ≥35.00km/h | ≥40.00km/h |
| | 7 | 城市市政基础设施安全运行 | | 城市地下管网、道路桥梁等市政基础设施档案健全,运行管理制度完善,监管到位,城市安全运行得到保障 | — |
| | 8 | 城市排水 | | — | 城市建成区实施雨污分流,雨水收集、排放系统按《室外排水设计规范》(GB 50014—2006)规定的高限建设;有专门的排水设施管理机构和专项维护资金保障 |
| | 9 | 城市景观照明控制 | | — | 除体育场、建筑工地和道路照明等功能性照明外,所有室外公共活动空间或景物的夜间照明严格按照《城市夜景照明设计规范》(JGJ/T 163—2008)进行设计,被照对象照度、亮度、照明均匀度、照明功率密度(LPD)及限制光污染指标等均达到规范要求 |

| 类型 | 序号 | 指标 | 备注 | 国家园林城市标准 | |
| --- | --- | --- | --- | --- | --- |
| | | | | 基本项 | 提升项 |
| 人居环境 | 1 | 社区配套设施建设 | | 社区教育、医疗、体育、文化、便民服务、公厕等各类设施配套齐全 | — |
| | 2 | 棚户区、城中村改造 | | 建成区内基本消除棚户区，居民得到妥善安置，实施物业管理。制定城中村改造规划并按规划实施 | — |
| | 3 | 林荫路推广率 | | ≥70% | ≥85% |
| | 4 | 绿色交通出行分担率 | | — | ≥70% |
| | 5 | 步行、自行车交通系统规划建设 | | — | 制定专项规划，并经批准实施，建成较为完善的步行、自行车专用道和公用自行车租用系统 |
| 社会保障 | 1 | 住房保障率 | | ≥80% | ≥85% |
| | 2 | 保障性住房建设计划完成率 | | ≥100% | — |
| | 3 | 无障碍设施建设 | | 主要道路、公园、公共建筑等公共场所设有无障碍设施，其管理、使用情况良好 | — |
| | 4 | 社会保险基金征缴率 | | — | ≥90% |
| | 5 | 城市最低生活保障 | | — | 最低生活保障线高于本省（自治区）同类城市平均水平，实现应保尽保，正常发放 |

注：＊号表示该指标来自《城市园林绿化评价标准》（GB/T 50363—2010），其指标解释、计算方法和数据来源均与《城市园林绿化评价标准》一致。

### 3. 国家生态园林城市创建要求及指标体系

国家生态园林城市的评估每年进行一次，采取城市自愿申报，由建设部组织专家评议。申报城市必须是已获得"国家园林城市"称号的城市。国家生态园林城市是国家园林城市的更高层次，更加注重城市生态功能提升，更加注重生物物种多样性、自然资源、人文资源的保护，更加注重城市生态安全保障及城市可持续发展能力，更加注重城市生活品质及人与自然的和谐。

创建国家生态园林城市的一般要求是：

（1）应用生态学与系统学原理来规划建设城市，城市性质、功能、发展目标定位准确，编制了科学的城市绿地系统规划并纳入了城市总体规划，制定了完整的城市生态发展战略、措施和行动计划。城市功能协调，符合生态平衡要求；城市发展与布局结构合理，形成了与区域生态系统相协调的城市发展形态和城乡一体化的城镇发展体系。

（2）城市与区域协调发展，有良好的市域生态环境，形成了完整的城市绿地系统。自然地貌、植被、水系、湿地等生态敏感区域得到了有效保护，绿地分布合理，生物多样性趋于丰富，大气环境、水系环境良好，并具有良好的气流循环，热岛效应较低。

（3）城市人文景观和自然景观和谐融通，继承城市传统文化，保持城市原有的历史风貌，保护历史文化和自然遗产，保持地形地貌、河流水系的自然形态，具有独特的城市人文、自然景观。

（4）城市各项基础设施完善。城市供水、燃气、供热、供电、通讯、交通等设施完备、高效、稳定，市民生活工作环境清洁安全，生产、生活污染物得到有效处理。城市交通系统运行高效，开展创建绿色交通示范城市活动，落实优先发展公交政策。城市建筑（包括住宅建设）广泛采用了建筑节能、节水技术，普遍应用了低能耗环保建筑材料。

（5）具有良好的城市生活环境。城市公共卫生设施完善，达到了较高污染控制水平，建立了相应的危机处理机制。市民能够普遍享受健康服务。城市具有完备的公园、文化、体育等各种娱乐和休闲场所。住宅小区、社区的建设功能俱全，环境优良。居民对本市的生态环境有较高的满意度。

（6）社会各界和普通市民能够积极参与涉及公共利益政策和措施的制定和实施。对城市生态建设、环保措施具有较高的参与度。

（7）模范执行国家和地方有关城市规划、生态环境保护法律法规，持续改善生态环境和生活环境。三年内无重大环境污染和生态破坏事件，无重大破坏绿化成果行为，无重大基础设施事故。

国家生态园林城市须同时满足表 10-9 中所有基本项和提升项的要求。与国家园林城市评比中侧重城市的园林绿化指标不同，"生态园林城市"的评估更注重城市生态环境质量。较之"园林城市"的评比标准，"生态园林城市"的评估增加了衡量一个地区生态保护、生态建设与恢复水平的综合物种指数、本地植物指数、建成区道路广场用地中透水面积的比重、城市热岛效应程度、公众对城市生态环境的满意度等评估指标。

**4. 创建现状**

自 1992 年国家住房和城乡建设部开展国家园林城市和国家生态园林城市的创建活动以来，全国共 15 批次命名了 164 个城市、53 个县级市、5 个城区为国家园林城市（区），青岛、扬州、南京、杭州、威海、苏州、绍兴、桂林、常熟、昆山、晋城和张家港等城市被批准为首批国家生态园林城市试点城市。

## 二、国家森林城市

### 1. 创建的目的

为积极倡导中国城市森林建设，激励和肯定中国在城市森林建设中成就显著的城市，为中国城市树立生态建设典范，2004 年，全国绿化委员会、国家林业局启动了"国家森林城市"评定程序，并制定了《"国家森林城市"评价指标》和《"国家森林城市"申报办法》。同时，每年举办一届中国城市森林论坛。2004 年，中共中央政治局常委、全国政协主席贾庆林为首届中国城市森林论坛作出"让森林走进城市，让城市拥抱森林"的重要批示，成为中国城市森林论坛的宗旨，也成为保护城市生态环境、提升城市形象和竞争力、推动区域经济持续健康发展的新理念。

### 2. 创建要求及指标体系

创建国家森林城市的城市各项建设指标须达到以下指标。

（1）组织领导

① 严格执行国家和地方有关林业、绿化的方针、政策、法规。

② 政府高度重视、大力开展城市森林建设，创建工作指导思想明确，组织机构健全，政策措施有力。

③ 在城市森林建设中，创造出富有特色的建设模式和成功经验，对全国有示范、推动

作用。

④ 把城市森林作为城市基础设施建设的重要内容，其建设资金有保障并纳入政府公共财政预算。

（2）管理制度

① 认真编制城市森林建设总体规划，并纳入城市总体规划予以实施。城市森林建设按照规划严格实施，能按期完成年度建设任务，并有相应的检查考核制度。

② 相关法规和管理制度配套齐全，执法严格有效，无严重非法侵占林地、破坏森林和树木事件，近 3 年没有发生破坏绿化成果案件。

③ 城市森林建设有长期稳固的科技支撑。

④ 城市森林建设工作有明确的管理机构。

⑤ 城市森林资源管理档案完整、规范，图件齐备。

（3）森林建设

1）综合指标

① 编制实施的城市森林建设总体规划科学合理，有具体的阶段发展目标和配套的建设工程。

② 城市森林建设理念切合实际，自然与人文相结合，历史文化与城市现代化建设相交融，城市森林布局合理、功能健全、景观优美。

③ 以乡土树种为主，通过乔、灌、藤、草等植物合理配置，营造各种类型的森林和以树木为主体的绿地，形成以近自然森林为主的城市森林生态系统。

④ 按照城市卫生、安全、防灾、环保等要求建设防护绿地，城市周边、城市组团之间、城市功能分区和过渡区建有绿化隔离林带，树种选择、配置合理，缓解城市热岛、混浊效应等效果显著。

⑤ 江、河、湖等城市水系网络的连通度高，城市重要水源地森林植被保护完好，功能完善，水源涵养作用得到有效发挥，水质近 5 年来不断改善。

⑥ 提倡绿化建设节水、节能，注重节约建设与管护成本。

2）覆盖率

① 城市森林覆盖率南方城市达到 35% 以上，北方城市达到 25% 以上。

② 城市建成区（包括下辖区市县建成区）绿化覆盖率达到 35% 以上，绿地率达到 33% 以上，人均公共绿地面积 $9m^2$ 以上，城市中心区人均公共绿地达到 $5m^2$ 以上。

③ 城市郊区森林覆盖率因立地条件而异，山区应达到 60% 以上，丘陵区应达到 40% 以上，平原区应达到 20% 以上（南方平原应达到 15% 以上）。

④ 积极开展建筑物、屋顶、墙面、立交桥等立体绿化。

3）森林生态网络

① 连接重点生态区的骨干河流、道路的绿化带达到一定宽度，建有贯通性的城市森林生态廊道。

② 江、河、湖、海等水体沿岸注重自然生态保护，水岸绿化率达 80% 以上。在不影响行洪安全的前提下，采用近自然的水岸绿化模式，形成城市特有的风光带。

③ 公路、铁路等道路绿化注重与周边自然、人文景观的结合与协调，绿化率达 80% 以上，形成绿色通道网络。

④ 城市郊区农田林网建设按照国家要求达标。

　　4）森林健康

　　① 重视生物多样性保护。自然保护区及重要的森林、湿地生态系统得到合理保育。

　　② 城市森林建设树种丰富，森林植物以乡土树种为主，植物生长和群落发育正常，乡土树种数量占城市绿化树种使用数量的80%以上。

　　③ 城市森林的自然度应不低于0.5。

　　④ 注重绿地土壤环境改善与保护，城市绿地和各类露土地表覆盖措施到位，绿地地表不露土。

　　⑤ 科学栽植、管护树木。对大树移植严格管理，做到全株移植。

　　5）公共休闲

　　① 建成区内建有多处以各类公园、公共绿地为主的休闲绿地，多数市民出门平均500m有休闲绿地。

　　② 城市郊区建有森林公园等各类生态旅游休闲场所，基本满足本市居民日常休闲游憩需求。

　　6）生态文化

　　① 生态科普宣传设施完善，建有2处以上森林或湿地等生态科普知识教育基地或场所。

　　② 认真组织全民义务植树活动，建立义务植树登记卡制度，全民义务植树尽责率达80%以上。

　　③ 广泛开展城市绿地认建、认养、认管等多种形式的社会参与绿化活动，并建有各类纪念林基地。

　　④ 每年举办各类生态科普活动3次以上。

　　⑤ 国家森林城市创建市民知晓率达90%以上，市民对创建国家森林城市的支持率达80%以上。

　　⑥ 城市古树名木保护管理严格规范，措施到位。

　　7）乡村绿化

　　① 采取生态经济型、生态景观型、生态园林型等多种模式开展乡村绿化，近5年来乡村绿化面积逐年增加。

　　② 郊区观光、采摘、休闲等多种形式的乡村旅游和林木种苗、花卉等特色生态产业健康发展。

## 3. 创建现状

　　中国城市森林论坛是目前中国城市生态和城市森林建设方面最高级别的论坛，从2004年开始每年举办一次，宗旨是"让森林走进城市，让城市拥抱森林"，由全国绿化委员会、国家林业局组织评定的"国家森林城市"在这个论坛上揭晓。截至2012年7月9日，全国绿化委员会、国家林业局授予贵州贵阳、辽宁沈阳、湖南长沙、四川成都、内蒙古包头、河南许昌、浙江临安、河南新乡、广东广州、新疆阿克苏、浙江杭州、山东威海、陕西宝鸡、江苏无锡、湖北武汉、内蒙古呼和浩特、辽宁本溪、贵州遵义、四川西昌、江西新余、河南漯河、浙江宁波、江苏扬州、辽宁大连、吉林珲春、浙江龙泉、河南洛阳、广西南宁、广西梧州、四川泸州、新疆兵团石河子、内蒙古呼伦贝尔、辽宁鞍山、江苏徐州、浙江丽水、河南三门峡、浙江衢州、湖北宜昌、湖南益阳、广西柳州、重庆永川41个城市为"国家森林城市"。

# 参 考 文 献

［1］ Li Wenhua，Min Qingwen，Miao Zewei. Eco-county construction in China. Journal of Environmental Sciences，1999，11（3）：283-289.

［2］ 高尚宾. 我国首批生态农业试点县建设综合效益显著. 生态农业研究，2000，8（2）：103.

［3］ 姜达炳. 论建设生态农业县的战略地位. 农业环境保护，1996，15（4）：191-192.

［4］ 李文华. 持续发展与生态农业县建设. 农业环境与发展，1995，12（1）：12-16.

［5］ 李文华. 中国的生态农业与生态农业县（村）建设. 水土保持研究，2001，8（4）：17-20，45.

［6］ 石山. 生态农业县建设与农业现代化. 农业现代化研究，1992，13（1）：1-4.

［7］ 王树清，苏继昌. 拜泉县生态农业发展战略的提出、实施及其它. 农业环境与发展，1995，12（1）：5-8.

［8］ 吴文良. 我国不同类型区生态农业县建设的基本途径与典型模式. 生态农业研究，2000，8（2）：5-9.

# 第十一章

# 我国重点生态工程建设实践

## 第一节　重点生态工程概述[1]

生态工程是在全球生态危机爆发和人们寻求解决对策的宏观背景下应运而生的。19世纪后期，不少国家由于过度放牧和开垦等原因，经常风沙弥漫，各种自然灾害频繁发生。20世纪以来，很多国家都开始关注生态建设，先后实施了一批规模巨大的生态工程。

### 一、生态工程的基本概念

#### 1. 生态工程的内涵

生态工程是根据整体、协调、循环、再生生态控制论原理，系统设计、规划、调控生态系统的结构要素、工艺流程、信息反馈、控制机构，在系统范围内获取高的经济效益和生态效益，着眼于生态系统持续发展能力的整合工程和技术。

就生态工程的实际应用来说，我国已有数千年的历史。我国是世界上最大的农业国，有数千年精耕细作的农业传统和经验，其中"轮套种制度"、"垄稻沟鱼"、"桑基鱼塘"等，就

❶　本节作者为李世东(国家林业局信息办)。

是相当成熟的生态工程模式。然而，作为一个独特的研究领域，生态工程的研究仅有几十年的历史。我国著名科学家马世骏先生早在1954年研究防治蝗虫灾害时，即提出调整生态系统结构、控制水位及苇子等改变蝗虫孳生地，改善生态系统结构和功能的生态工程设想、规划与措施。

1962年美国生态学家奥德姆（H. T. Odum）首先使用了生态工程（ecological engineering）一词，并定义为"人类运用少量的辅助能而对那些以自然能为主的系统进行的环境控制"。1971年他又指出"人对自然的管理即生态工程"。1983年他又修改为"为了激励生态系统的自我设计而进行的干预即生态工程，这些干预的原则可以是为了人类社会适应环境的普遍机制"。

1987年由马世骏等主编的《中国的农业生态工程》认为："生态工程是应用生态系统中物种共生与物质循环再生的原理，结合系统工程的最优化方法设计的分层多级利用物质的生产工艺系统。生态工程的目标就是在促进自然界良性循环的前提下，充分发挥物质的生产潜力，防止环境污染，达到经济效益与生态效益同步发展。它可以是纵向的层次结构，也可以发展为由几个纵向工艺链索横连而成的网状工程系统"。

1989年，由美国生态学家William J Mitsch和丹麦生态学家Sven Erik Jorgensen主编，马世骏先生等多国学者参编的世界上第一部生态工程专著《Ecological Engineering》，成为生态工程学作为一门新兴学科诞生的起点，他们将生态工程定义为：为了人类社会及其自然环境二者的利益而对人类社会及其自然环境进行设计，它提供了保护自然环境，同时又解决难以处理的环境污染问题的途径，这种设计包括应用定量方法和基础学科成就的途径。2004年，William J Mitsch和Sven Erik Jorgensen又联合出版了《Ecological Engineering and Ecosystem Restoration》，对生态工程理论进行了更全面、深入的研究。

从各行各业的生态工程建设实践来看，其主要类型为农业生态工程、林业生态工程、渔业生态工程、牧业生态工程等。

### 2. 生态工程的外延

规范的生态工程应有全面的工程规划，有明确的工程建设规模、工程区域范围、投入资金和建设期限等内容，在施工过程中或竣工以后有相应的检查验收和监督体系来确保工程的数量和质量。其他的一些项目计划，如人与生物圈计划（MAB）、国际地圈-生物圈计划（IFBP）、热带林行动计划等，虽然也具有生态工程的某些特征，但严格来讲，它们不属于本章讨论的生态工程的范畴。

目前，我国正在实施的重点生态工程有天然林保护工程、退耕还林工程、三北防护林体系建设工程、长江流域防护林体系建设工程、珠江流域防护林体系建设工程、沿海防护林体系建设工程、平原绿化工程、太行山绿化工程、京津风沙源治理工程等。

按建设目的不同，重点生态工程主要分为以下几种类型。①山丘区生态工程：主要是保护、改善山丘区水土资源。②平原区生态工程：主要是减轻冷热风对农作物的伤害，改善平原景观。③风沙区生态工程：主要是防止风沙对农作物、人们生命财产的破坏。④沿海区生态工程：主要是减少台风、暴雨、海啸对人们生产生活的破坏。⑤城市生态工程：主要是改善城市环境质量，为人们提供良好的环境。⑥水源区生态工程：主要是涵养水源，减轻洪涝灾害。⑦复合农林业生态工程：主要是实现自然界水分、养分、阳光等物质、能量时间和空间的最佳利用。⑧自然保护生态工程：主要是保护物种资源，提高生物多样性等。

## 二、重点生态工程建设概况

### 1. 国外重点生态工程建设概况

国外大型生态工程的实践始于1934年美国的"罗斯福工程"，此后实施了一批规模和投入巨大的生态工程，其中影响较大的有前苏联的"斯大林改造大自然计划"、加拿大的"绿色计划"、日本的"治山计划"、北非五国的"绿色坝工程"、法国的"林业生态工程"、菲律宾的"全国植树造林计划"、印度的"社会林业计划"、韩国的"治山绿化计划"、尼泊尔的"喜马拉雅山南麓高原生态恢复工程"等。这些大型工程都为各国的生态建设起到了重要的作用。

(1) 美国"罗斯福工程"　美国成立初期，人口主要集中在东部的13个州，其后不断地向西进入大陆腹地，到19世纪中叶，中西部大草原6个州人口显著增长，由于过度放牧和开垦，19世纪后期就经常风沙弥漫，各种自然灾害日益频繁。特别是1934年5月发生的一场特大黑风暴，风沙弥漫，绵延2800km，席卷全国2/3的大陆，大面积农田和牧场毁于一旦，使大草原地区损失肥沃表土 $3 \times 10^8$t，$6 \times 10^7$hm² 耕地受到危害，小麦减产 $102 \times 10^8$kg，当时的美国总统罗斯福于7月发布命令，宣布实施"大草原各州林业工程"，因此这项工程又被称为"罗斯福工程"。该工程纵贯美国中部，跨6个州，南北长约1850km，东西宽160km，建设范围约 $1851.5 \times 10^4$hm²，规划用8年时间（1935～1942年）造林 $30 \times 10^4$hm²，平均每65hm² 土地上营造约1hm² 林带，实行网、片、点相结合：在适宜林木生长的地方，营造长1600m、宽54m的防护林带；在农田周围、房舍周围营造防护林网；在不适宜造林的地带，选出10%左右的小块土地，根据当地土壤情况，因地制宜营造林带、林网、片林，防止土地沙化，保护农田和牧场。经过8年建设，美国国会为此拨款7500万美元，到1942年，共植树2.17亿株，营造林带总长28962km，面积十几万公顷，保护着3万个农场的 $162 \times 10^4$hm² 农田。1942年以后，由于经费紧张等原因，大规模工程造林暂时中止，但仍保持着每年造林（1～1.3）$\times 10^4$hm² 的速度。林带栽培采用占地少的1～5行的窄林带特别是单行林越来越受到重视，1975年以后，双行密植的窄林带逐步受到重视。到20世纪80年代中期，人工营造的防护林带总长度 $16 \times 10^4$km，面积 $65 \times 10^4$hm²。

(2) 前苏联"斯大林改造大自然计划"　前苏联国土总面积 $2227 \times 10^4$km²。20世纪初，由于森林植被较少和特殊的高纬度地理条件，农业生产经常遭到恶劣的气候条件等因素的影响，产量低而不稳，为了保证农业稳产高产，大规模营造农田防护林提上了议事日程。1948年，苏共中央公布了"在苏联欧洲部分草原和森林草原地区营造农田防护林，实行草田轮作，修建池塘和水库，以确保农业稳产高产计划"，这就是通常所称的"斯大林改造大自然计划"。计划用17年时间（1949～1965年），营造各种防护林 $570 \times 10^4$hm²，营造8条总长5320km的大型国家防护林带（面积 $7 \times 10^4$hm²），在欧洲部分的东南部，营造 $40 \times 10^4$hm² 的橡树用材林。1949年，"斯大林改造大自然计划"开始实施，由于准备工作不足，技术和管理上都出现了一定问题，影响了造林质量。1953年林业部又被撤销，使该计划随之搁浅。据统计，1949～1953年共营造各种防护林 $287 \times 10^4$hm²，保存 $184 \times 10^4$hm²。1966年，苏联重新设立了国家林业委员会。1967年，苏共中央发布了"关于防止土壤侵蚀紧急措施"的决议，决议将营造各种防护林作为防止土壤侵蚀的主要措施，再次把防护林建设列入国家计划，使防护林建设进入新的发展阶段。到1985年，全前苏联已营造防护林 $550 \times 10^4$hm²，防护林所占比重已从1956年的3%提高到1985年的20%，其中农田防护林 $180 \times 10^4$hm²，

保护着 $4000\times10^4hm^2$ 农田和 360 个牧场。营造国家防护林带 $13.3\times10^4hm^2$，总长 11500km，这些林带分布在分水岭、平原、江河两岸、道路两旁，与其他防护林纵横交织，相互配合，对调节径流，改善小气候，提高农作物产量等起到明显作用。据统计，由于防护林的保护，牧场提高牲畜产量 12%～15%，农牧业年增产价值达 23 亿卢布。20 世纪 80 年代末期，东欧急剧动荡，紧接着前苏联解体，防护林大规模营造活动再次中止。

(3) 北非 5 国"绿色坝工程"　众所周知，世界上最大的沙漠——撒哈拉沙漠的飞沙移动现象十分严重，威胁着周围国家的生产、生活和生命安全，特别是摩洛哥南部、阿尔及利亚和突尼斯的主要干旱草原区、利比亚和埃及的地中海沿岸及尼罗河流域等尤为严重，为了防止沙漠北移，控制水土流失，发展农牧业和满足人们对木材的需要，1970 年，北非的摩洛哥、阿尔及利亚、突尼斯、利比亚和埃及 5 国政府决定在撒哈拉沙漠北部边缘联合建设一条跨国生态工程，用 20 年的时间（1970～1990 年），在东西长 1500km、南北宽 20～40km 的范围内营造各种防护林 $300\times10^4hm^2$。其基本内容是通过造林种草，建设一条横贯北非国家的绿色植物带，以阻止撒哈拉沙漠的进一步扩展或土地沙漠化，恢复这一地区的生态平衡，最终目的是建成农林牧相结合、比例协调发展的绿色综合体，使该地区绿化面积翻一番。后来，各国又分别作出了具体计划，如阿尔及利亚的《干旱草原和绿色坝综合发展计划》、突尼斯的《防治沙漠化计划》和摩洛哥的《1970～2000 年全国造林计划》等。北非 5 国"绿色坝工程"从 1970 年开始，经过 10 多年的建设，到 20 世纪 80 年代中期，已植树 70 多亿株，面积达 35 万多公顷，初步形成一条绿色防护林带，防止了撒哈拉沙漠进一步扩展。后来，北非 5 国加快造林速度，到 1990 年，已营造人工林 $60\times10^4hm^2$，使该地区森林总面积达到 $1034\times10^4hm^2$，森林覆盖率达到 1.72%。

(4) 加拿大"绿色计划"　20 世纪 70 年代初，加拿大对国家公园的建设进行了系统规划，将全国划分为 39 个自然区域，计划在每个自然区域内都建立国家公园。1990 年，加拿大联邦政府和省级部长会议提出了持续经营森林的主要目标、原则和规定，同时，联邦政府宣布一项耗资 30 亿加元的"为健康环境奋斗的加拿大绿色计划"，开展大规模的植树造林和国家公园建设。1992 年，加拿大国家林业战略确定在 2000 年前，建成一个具有代表性的保护区网络，把国土面积的 12% 留作永久保留地。经过约 10 年的努力，加拿大建成国家公园 39 个，正在建设的国家公园 12 个，总面积 $5.0\times10^7hm^2$；受法律保护禁伐的保护区面积已增加到 $8.3\times10^7hm^2$，以上各类保护区的面积合计已达 $1.33\times10^8hm^2$，占加拿大国土总面积的 13%，基本实现了规划目标。工程建设取得了巨大的综合效益，据加拿大测算，国家公园土地产生的经济价值高达 208.2 加元/$hm^2$，是小麦价值 73.5 加元/$hm^2$ 的近 3 倍。

(5) 日本"治山计划"　第二次世界大战后，日本针对本国多次发生的大水灾，提出治水必须治山、治山必须造林，特别是营造各种防护林，1954 年日本制定了《治山事业十年计划》，但这一时期由于强制推行战时体制，受经济计划调整的影响，《治山事业十年计划》只实施了 5 年，完成了计划的 17%。1960 年颁布《治山治水紧急措施法》，同时将 10 年计划改为 5 年计划，加上已有的《森林法》、《滑坡防止法》等，将治山事业纳入了法制轨道。防护林的比例由 1953 年占国土面积的 10% 提高到 20 世纪 90 年代中期的 32%，其中水源涵养林占 69.4%，并在 $3300\ hm^2$ 的沙岸宜林地上营造了 150～250m 宽的海岸防护林。从 1960 年制定第一期《治山事业五年计划》至今已连续实施了 10 期。

**2. 中国重点生态工程建设概况**

新中国成立以前，重点生态工程建设处在农民群众自发栽植的"启蒙阶段"。我国曾是一个森林茂密、山川秀美的国家，由于人口的增加，战争的破坏，导致森林植被锐减，一些地方甚至失去了人类生存的基本条件，成为世界上水土流失最严重、自然灾害最频繁的国家之一。中国具有悠久的植树造林历史。东北西部、河北西部和北部、陕西北部、新疆北部、河南东部等地沙区群众为了保护农田，历史上曾自发地在沙地上营造以杞柳、沙柳、旱柳、杨树、白榆、白蜡条等为主的小型防护林带，由于小农经济的限制，林带布局零乱、规模窄小、生长低矮、防护作用较差，仅处于栽植树木的"启蒙阶段"。

新中国成立后，重点生态工程进入了真正的发展阶段。这一时期，全国开展了大规模的植树造林，取得了举世瞩目的成绩。半个多世纪以来，我国重点生态工程建设又可以分为以下 3 个分阶段。

第一阶段——起步阶段（20 世纪 50～60 年代中期）。新中国成立后，在"普遍护林、重点造林"的方针指导下，我国由北而南相继开始营造各种防护林，包括防风固沙林、农田防护林、沿海防护林、水土保持林等。但是，这时营造的林分树种单一、目标单一，缺乏全国统一规划，范围较小，难以形成整体效果。

第二阶段——停滞阶段（20 世纪 60 年代中期～70 年代后期）。在此期间，生态建设与各行各业一样，建设速度放慢甚至完全停滞，有些先期已经营造的林分遭到破坏，一些地方已经固定的沙丘重新移动，已经治理的盐碱地重新盐碱化。

第三阶段——体系建设阶段（20 世纪 70 年代末以来）。改革开放以来，我国重点生态工程建设出现了新的形势，步入了"体系建设"的新阶段，采取生态、经济并重的战略方针，先后确立了以遏制水土流失、改善生态、扩大森林资源为主要目标的十大生态工程，即"三北"、长江中上游、沿海、平原、太行山、防沙治沙、淮河太湖、珠江、辽河、黄河中游防护林体系建设工程。21 世纪初，我国从经济社会发展的客观需求出发，围绕新时期的总目标，对重点生态工程进行了整合，相继实施了天然林保护工程、退耕还林工程、三北和长江中下游地区等防护林体系建设工程、京津风沙源治理工程、野生动植物保护和自然保护区建设工程、重点地区速生丰产用材林基地建设工程 6 大重点生态工程，后来又启动了湿地保护工程、石漠化治理工程等。这些工程覆盖了我国的主要水土流失区、风沙侵蚀区和台风盐碱危害区等生态环境最为脆弱的地区，构成了我国生态建设的基本框架，其实施对中国生态建设起到巨大的推动作用，也对改善世界生态状况做出了重要贡献。

## 三、生态工程的工程管理

### 1. 工程项目管理程序

（1）项目建议书阶段　项目建议书是要求建设某一项目的建议文件，一般由申报单位（建设单位）负责编制，或委托有资质的勘察设计（调查规划）和工程咨询单位协助共同编制。项目建议书的主要内容包括：总论，项目背景及建设的必要性，项目区基本情况，项目总体布局、建设内容及规模，投资估算与资金筹措，效益分析与评价，项目组织管理与保障措施，结论与建议。

（2）可行性研究阶段　项目建议书被上级主管部门批准后，进行可行性研究文件的编制，对建议项目投资建设的必要性、经济上的合理性、生态建设上的重要性、技术上的适用性及先进性进行全面分析、论证，供上级主管部门决策、审批。可行性研究文件由建设单位委托有相应资质等级的勘察设计（调查规划）或工程咨询单位编制。可行性研究报告的主要内容包括：总论，项目背景及建设的必要性，建设条件分析，建设方案，项目组织与经营管理，项目建设进度，投资估算与资金筹措，效益分析与评价，项目建设保障措施。

（3）总体设计阶段（相当于初步设计）　可行性研究报告批复后，按批文要求进行总体设计，通过对设计对象作出基本技术规定，编制项目的总概算。总体设计文件必须由建设单位委托具有相应资质的勘察设计（调查规划）单位编制。总体设计说明书的主要内容包括：基本情况，经营区划，项目布局与规模，营造林设计，森林保护设计，基础设施建设工程设计，项目经营管理，投资概算与资金筹措，效益分析与评价。

（4）作业设计阶段（相当于施工设计）　建设单位根据批复的总体设计文件，组织编制作业设计文件，以指导建设项目施工作业。作业设计的范围必须明确，符合总体设计确定的经营管理范围。小班区划转绘、面积核实测算符合精度要求，小班套入的立地类型、造林类型和森林经营类型准确。各项技术设计、施工作业顺序时间、劳动安排科学合理。重点突出小班营造林设计图，设计图图例规范，标注的内容清楚，比例尺适当，方便施工。

（5）施工阶段　依据施工图计算的工程量与投资额，通过招标或委托的方式选择有相应资质等级的施工单位，组织项目的施工活动。项目法人或者委托监理公司对投标单位进行相关的资质审查，对所提交的施工组织方案、质量保障措施体系、人员上岗资质、安全措施等进行审核并提出意见和建议，规划设计单位对施工单位进行技术交底。如果种苗等材料是施工方承包的话，还需要审查种苗来源、运输保护措施、质量规格是否合格。

（6）竣工验收阶段　工程验收的过程一般要在施工单位自检、监理公司检查和建设单位及设计单位对造林工程的实施状况进行检查后，由各方做出施工质量评估意见，才能最后向主管部门提交验收申请报告。工程竣工验收应当具备下列条件：完成工程设计和合同约定的各项内容；有完整的技术档案和施工管理资料；有工程使用的主要材料的进场验收报告；有规划、设计、施工、工程监理等单位分别签署的质量合格文件；有施工单位签署的工程保修书。

（7）后评价阶段　在工程项目运营若干年后，还要对实际产生的结果进行事后评价，以确定工程项目目标是否真正达到，并从项目实施中吸取经验教训，供将来实施类似项目时借鉴，这种"后评价"也可看作是项目阶段的延伸。项目后评价一般按3个层次组织实施，即项目法人的自我评价、项目行业的评价、计划部门（或主要投资方）的评价。后评价工作必须遵循客观、公正、科学原则，做到分析合理、评价公正。其评价的主要内容包括：影响评价，项目投产后对各方的影响进行评价，重点是生态环境影响评价；经济效益评价，对项目投资、国民经济效益、财务效益、技术进步和规模效益等进行评价；过程评价，对项目立项、设计、施工管理、竣工投产、生产运营等全过程进行评价。

### 2. 工程项目管理内容

（1）程序管理　工程项目是按国家基本建设程序进行管理，在程序管理的主要内容上不能完全照抄其他行业的办法，要依据行业的特点和规律做出合理的规定。同时，工程项目具体的程序、内容要求也必须与当前机构、人员技术素质和生产水平相适应，逐步提高。在制定程序的具体内容时，要考虑以下几方面：①工程项目要求人、财、物、技术力量相对集中，并有一定的规模限制；②实行工程化造林时，要把组成造林的各个工序，如育苗、预整地、栽植、幼林抚育管理等作为一个总的整体进行统一安排、统一规划、统一管理；③工程项目的规划、施工设计、检查验收结果、上级有关批复文件等要按隶属关系建设技术档案。

（2）质量管理　质量管理主要是指规划设计和施工两个环节。规划设计的审批是一般省级主管厅局对各县（市、区）的计划执行情况的宏观控制，要求作业面积落实到具体地块，一经批复，一般不准更改，如果工程变更超过了一定的范围，就要重新进行项目论证。施工的质量管理主要由项目法人实施，主管单位监督、检查。要预先确定质量控制方案，设置质量检查点。

（3）技术管理　确保工程质量的因素主要是严格的技术规范、规划设计水平、施工技术水平三个方面，这三个方面也是技术管理的核心内容。因此，技术管理内容主要包括：①实行责任合同制，由项目主持人、技术负责人和施工质量负责人分别承担合同中规定的经济和技术责任；②开展工程的各种培训，着重提高基层的规划设计水平和施工技术指导水平；③建立技术档案，要以小班为单位，每项生产作业结束后，必须及时、准确、客观地填写和记载，正确地反映生产经营活动及其成果。

（4）验收管理　一般在造林后第三年进行造林工程验收，核实造林面积、平均成活率、施工质量合格率。但是，每年要对当年的施工质量按照验收管理办法逐地块检查验收，如有质量问题要及时传达到施工单位进行整改，对需补栽的，在当年或第二年一次性完成。

（5）资金管理　资金管理实行报账制，即先拨付部分工程建设启动资金，然后依照工程建设进度和质量，依次支付必要的资金，工程结束后，经施工单位自查，监理单位审查，主管部门监督、组织验收通过后，最终结算项目资金，分段管好每一环节，确保资金使用效益。通过资金这条线，把工程实施、财务管理、质量监督等环节有机地结合起来，防止资金损失。

（5）档案管理　工程档案是对工程全过程的记载。它和一般档案不同的是，工程项目按工程程序施工，即从工程项目的确定开始，一直到总体规划设计，作业施工设计，施工，检查验收及工程的竣工，整个工程过程均应建立健全档案管理制度和管理办法，为工程移交后继续建设和管理奠定坚实的基础。

（6）引入监理制度　由于生态工程建设场所环境条件差、点多面广、建设周期长、参与人员复杂，完全依靠业主进行管理有很大难度，因此引入工程管理通行的监理制度是非常必要的，这在很多地方已经取得了良好的效果。工程监理主要是由监理工程师针对具体的工程项目，依据有关法规和技术标准，为业主负责，综合运用法律、经济和行政手段，对工程项目参与者的行为及其责权利进行必要的"监督管理"和组织协调，以控制工程的投资、质量和工期，取得工程建设的最大效益。

# 第二节　天然林保护工程[1]

## 一、天然林保护工程的启动背景

天然林资源是中国森林资源的主体，加强天然林资源的保护，对保护生物多样性、维护国土生态安全、促进经济社会可持续发展具有十分重要的作用。长期以来，东北内蒙古国有林区和长江上游、黄河中上游地区，在为国家建设和人民生活提供大量木材的同时，天然林资源锐减，生态环境不断恶化。仅长江上游、黄河中上游地区，每年因水土流失进入长江、黄河的泥沙量达 20 多亿吨，导致下游江河湖库日益淤积抬高，水患不断加重，严重影响广大人民群众的生产和生活。1998 年特大洪涝灾害后，针对我国天然林资源过度消耗而引起

---

[1]　本节作者为李世东（国家林业局信息办）。

的生态环境恶化的实际，党中央、国务院从我国社会经济可持续发展的战略高度，做出了实施天然林资源保护工程的重大决策。

## 二、天然林保护工程建设规划

### 1. 天然林保护工程一期工程规划

（1）工程范围　长江上游地区（以三峡库区为界）包括云南、四川、贵州、重庆、湖北、西藏6省（自治区、直辖市），黄河中上游地区（以小浪底库区为界）包括陕西、甘肃、青海、宁夏、内蒙古、河南、山西7省（自治区），东北、内蒙古等重点国有林区包括内蒙古（含内蒙古森工集团）、吉林、黑龙江（含黑龙江森工集团和大兴安岭林业集团）、海南、新疆（含新疆生产建设兵团），共17个省（自治区、直辖市），涉及724个县、160个重点企业、14个自然保护区等。

（2）目标和任务　工程建设的目标主要是解决天然林的休养生息和恢复发展问题，最终实现林区资源、经济、社会的协调发展。工程建设的任务如下。一是控制天然林资源消耗，加大森林管护力度。实行木材停伐减产，全面停止长江上游、黄河中上游地区天然林的商品性采伐，东北、内蒙古等重点国有林区的木材产量由1997年的 $1853.6 \times 10^4 \, \text{m}^3$ 调减到2003年的 $1102.1 \times 10^4 \, \text{m}^3$。停伐减产到位后，整个工程区年度商品材产量比工程实施前减少 $1990.5 \times 10^4 \, \text{m}^3$，减幅62.1％。二是加快长江上游、黄河中上游工程区宜林荒山荒地的造林绿化。到2010年规划新增森林面积 $867 \times 10^4 \, \text{hm}^2$，森林覆盖率由原来的17.5％提高到21.2％，增加3.7个百分点。三是妥善分流安置国有林业企业富余职工。工程区在职职工144.6万人，由于木材停伐减产，需要分流安置富余职工76.5万人，其中东北、内蒙古等重点国有林区50.9万人（其中2002年新增一次性安置人数2.5万人），长江上游、黄河中上游地区25.6万人。

### 2. 天然林保护工程二期工程规划

（1）基本思路　把培育森林资源、保护生态环境作为转变林区发展方式的着力点，以巩固一期建设成果为基础，以保护和培育天然林资源为核心，以保障和改善民生为宗旨，以调整完善政策为保障，加大投入力度，推进林区改革，提升发展能力，努力实现资源增长、质量提升、生态良好、民生改善、林区和谐。

（2）基本原则　坚持因地制宜，分区施策；坚持以人为本，保障民生；坚持政策引导，促进改革；坚持事权划分，分级负责。

（3）主要目标　到2020年，新增森林面积 $520 \times 10^4 \, \text{hm}^2$、森林蓄积 $11 \times 10^8 \, \text{m}^3$、碳汇 $4.16 \times 10^8 \, \text{t}$；工程区水土流失明显减少，生物多样性明显增加，同时为林区提供就业岗位64.85万个，基本解决了转岗就业问题，实现林区社会和谐稳定。

（4）实施范围　省（自治区、直辖市）数量不变，县（局）数量适当调整。二期实施范围在一期范围基础上，增加丹江口库区的11个县（区、市），其中湖北7个、河南4个。新增的11个县既是国家生态重点保护区域，也是国家级重点公益林建设区，还是国家南水北调中线工程的水源地。

（5）主要任务　长江上游、黄河中上游地区继续停止天然林商品性采伐，东北、内蒙古等重点国有林区从一期定产的 $1094.1 \times 10^4 \, \text{m}^3$，分3年调减到 $402.5 \times 10^4 \, \text{m}^3$；管护森林面积 $1.15 \times 10^8 \, \text{hm}^2$；建设公益林 $773.33 \times 10^8 \, \text{hm}^2$；国有中幼林抚育 $1753.33 \times 10^8 \, \text{hm}^2$；培育后备资源 $326 \times 10^4 \, \text{hm}^2$；继续对国有职工社会保险、政社性支出给予补助。

（6）资金投入　投入资金 2440.2 亿元，其中中央投入 2195.2 亿元，地方投入 245 亿元。

## 三、天然林保护工程主要政策措施

### 1. 生态修复方面

（1）公益林建设

① 人工造林标准：工程一期单位投入标准为，长江上游地区 200 元/亩（中央预算内 160 元/亩），黄河中上游地区 300 元/亩（中央预算内 240 元/亩）。经过工程一期建设，长江上游地区有相当数量的宜林地处在高海拔、高寒、干热干旱河谷地区，造林难度增大，单位成本增加，工程二期将上述两个地区人工造林中央预算内单位投资标准统一到 300 元/亩。

② 封山育林标准：工程一期单位投入标准是 70 元/亩（中央预算内 56 元/亩），工程二期中央预算内投资标准提高到 70 元/亩。

③ 飞播造林标准：工程一期单位投入标准是 50 元/亩（中央预算内 40 元/亩），工程二期中央预算内单位投入标准提高到 120 元/亩。

（2）森林经营

① 中幼林抚育标准：工程一期实施禁伐和限伐措施，有效地增加了森林植被，也使大量天然次生林林分生长过密，工程区有中幼林面积 7.29 亿亩（长江、黄河 4.61 亿亩，东北、内蒙古 2.68 亿亩），工程二期规划中幼林抚育任务 2.63 亿亩，占需要抚育面积的 36%。中央财政按照 120 元/亩的标准安排补助。

② 后备资源培育标准：工程二期安排后备资源培育任务 4890 万亩，中央预算内单位投入标准为人工造林 300 元/亩，森林改造培育 200 元/亩。

（3）森林管护　投入标准一是天保工程区森林管护与森林生态效益补偿政策并轨，二是与集体林权制度改革相衔接，实现不同用途林种、不同林权权属享有不同的合理资金补助政策。工程二期共安排森林管护任务 17.32 亿亩。在管护面积中，首次将天保工程区 2.8 亿亩集体所有的国家级公益林与全国森林生态效益补偿标准并轨；同时，考虑到 3.6 亿亩地方公益林生态区位的重要性以及中央财政投入的连续性，中央财政按 3 元/（亩·年）补助管护费。这样就有效地解决了工程一期实施中，没有对纳入天保工程区管护的集体林进行补偿的问题。

① 国有林标准：工程一期的森林管护补助标准为 1.75 元/（亩·年）[中央财政 1.4 元/（亩·年）]，工程二期中央财政按照 5 元/（亩·年）的标准安排森林管护补助费，与国有国家公益林生态补偿标准一致。管护面积的核定，东北、内蒙古等重点国有林区，海南、新疆和新疆兵团，统一按照林地面积给予补助；长江上游、黄河中上游地区，继续按照有林地、灌木林地和未成林造林地面积给予补助。

② 集体所有的国家公益林标准：中央财政安排森林生态效益补偿基金 10 元/（亩·年），标准与非天保工程区一致，面积以国家界定的区划面积为准。

③ 集体所有的地方公益林标准：按照事权划分的原则，地方公益林主要由地方财政安排补偿基金，但考虑到其生态作用重要、省区地方财政比较紧张以及国家投入政策的连续性等，中央财政按照 3 元/（亩·年）的标准补助森林管护费。

④ 集体林中的商品林标准：按照实行集体林权制度改革后明晰产权、放活经营权、落实处置权、保障收益权的要求，由林农依法自主经营，中央不再安排管护补助费。

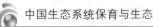

## 2. 改善民生方面

（1）职工社会保险

① 补助险种：继续延长工程一期的基本养老、基本医疗、失业、工伤和生育 5 项保险补助政策。

② 补助对象：以 2008 年底在册国有职工数量为准，不含离退休职工、混岗职工，以及 2000 年实施天保工程后新进的职工，之所以扣除了 2000 年实施天保工程后新进的职工，也是为了体现减员增效的原则。

③ 缴费基数：以 2008 年各省（自治区、直辖市）职工社会平均工资的 80% 为缴费基数。

④ 缴费比例标准：继续延续工程一期企业负担的缴费比例，即合计为 30%，其中基本养老保险、基本医疗保险、失业保险、工伤保险和生育保险分别为 20%、6%、2%、1% 和 1%。

（2）国有林区职工住房建设　分年实施国有 135 个重点森工局、33 个营林局以及国有林场的棚户区改造规划，按照政府补助以每户 50m² 为标准核定，改造投入为中央补助 1.5 万元（300 元/m²），省级人民政府补助 1 万元（200 元/m²），企业补助 2 万元（400 元/m²），职工个人承担 1 万元（200 元/m²）。改造工程从 2009 年开始实施，已经有部分住房困难的职工搬进了新居。

（3）扩大就业　随着东北、内蒙古国有林区继续调减木材产量，工程二期又将有一批国有职工需要转岗再就业。工程二期没有沿用一期采用的国有职工一次性安置做法，而是在稳定原有就业岗位的基础上，采用扩大就业渠道、增加就业岗位的办法，保证工程区国有职工充分就业。具体包括工程一期原有的公益林建设和森林管护等原有岗位，再通过增加中幼林抚育、后备资源培育等新任务增加岗位。按照标准测算，长江上游、黄河中上游可以提供 20.53 万个就业岗位，不仅可满足国有职工的就业，还可以为社会创造一定的就业机会。东北三省、内蒙古等重点国有林区可以提供 44.32 万个就业岗位，剩余的职工可以通过木材生产、木材加工和人造板生产、多种经营生产等渠道妥善安排就业。

## 3. 改革发展方面

（1）政社性支出　天保工程二期政社性支出补助政策，充分考虑了企业承担的各种社会职能、实际经济困难、林区职工低工资等因素，在政策框架的制定上，一是提高了补助标准，二是扩大了补助范围。教育、医疗卫生、政府 3 项经费补助政策如下。

① 补助人数：以 2008 年底教育、医疗卫生、政企合一机关事业等单位实有国有职工数量为依据，不包括离退休职工、混岗职工、临时工等。

② 补助标准：工程一期的教育补助 1.2 万元/（人·年）；长江上游和黄河中上游的卫生补助 6000 元/（人·年），东北、内蒙古等重点林区的卫生补助 2500 元/（人·年）。工程二期的教育补助提高到 3 万元/（人·年）；长江上游和黄河中上游、东北、内蒙古等重点林区的卫生补助，分别提高到 1.5 万元/（人·年）和 1 万元/（人·年）。工程二期，政企合一的政府机关事业单位 3 万元/（人·年）。

③ 公检法经费：国家已明确规定将林业公检法经费纳入各级财政预算，但为鼓励各地积极工作，继续按照一期补助标准 1.5 万元/（人·年）进行安排。

④ 消防、环卫、社区管理等社会公益事业单位补助标准：一期工程虽然没有安排这些项目的补助资金，但国有林区在"大企业、小政府"以及地方财政困难的情况下，这些本应

该属于政府承担的社会化职能，长期由企业负担。为推进这些公共服务化功能移交政府管理，中央财政按照 2008 年底人数和各省（区、市）年社会平均工资的 80% 测算了补助资金。

（2）灵活就业的就业困难人员（包括一次性安置人员）政策　考虑到这部分人员生活就业非常困难，养老、就医问题十分突出，工程二期方案要求，地方人民政府按国家有关规定统筹解决这部分人员的社会保险补贴，对国有林业单位跨行政区域的，由所在地、市或县人民政府统筹解决。

（3）林区基础设施建设　工程二期方案要求，将林区道路、供水供电等公益事业，纳入各级政府经济和社会发展规划、相关行业规划。经过各方面的努力，林区基础设施建设滞后的问题将逐步得到解决。

## 四、天然林保护工程建设进展

天然林保护工程 1998 年开始试点，2000 年在全国全面启动，到 2010 年底按计划完成了一期工程的各项任务。

### 1. 调减木材产量，努力增加森林资源

按照国务院的要求，把停伐减产作为天保工程的首要任务，采取有力措施，坚决停止长江上游、黄河中上游地区天然林商品性采伐，封存采伐器具，关闭木材加工厂，取缔木材市场，每年少生产木材 $1239 \times 10^4 \, \text{m}^3$，确保森林得到了休养生息。对东北、内蒙古等重点国有林区，加强采伐限额管理，加大检查核查力度，将木材产量由 $1853 \times 10^4 \, \text{m}^3$ 调减到 $1094 \times 10^4 \, \text{m}^3$。建立了县、场、站三级森林管护网络体系，层层落实管护责任制，建立各类管护站（点、所）4 万多个，参加管护的国有林业职工由 1998 年的 3.2 万人增加到 2009 年的 22.7 万人，16 亿多亩森林得到有效管护。积极开展公益林建设，累计完成营造林任务 2.45 亿亩，森林面积净增 1.5 亿亩，森林蓄积净增 $7.25 \times 10^8 \, \text{m}^3$，森林碳汇增加 $3.6 \times 10^8 \, \text{t}$，森林覆盖率增加 3.7 个百分点。

### 2. 分流富余职工，维护林区社会稳定

采取多种措施，妥善分流安置了 95.6 万森工职工。对国有林业职工实行转岗就业，通过森林管护和公益林建设，将 20 多万"砍树人"变成"护林人"和"种树人"。认真落实富余职工一次性安置政策，对自愿自谋职业的职工，依法解除劳动关系，累计一次性安置 68 万人。各地积极解决多年拖欠职工工资、抚恤补助、退休职工医疗费等突出问题。结合下岗职工需求，积极开展技能培训，提供市场信息服务和优惠政策，通过扶持自主创业、家庭经营和外出务工等途径，帮助下岗职工实现再就业。累计投入 179 亿元，加强林区社会保障体系建设，职工养老、医疗、工伤、失业、生育五项保险参保率分别达到 98%、89%、84%、93% 和 84%。

### 3. 推动各项改革，增强林区发展活力

按照循序渐进、分类指导的原则，通过典型引路，示范带动，引导各地进行体制机制创新改革。有的省将全面禁伐的森工企业改制为国有林管理局，行使森林资源管理职能。有的省按照分类经营的要求，将一批公益性国有林场改制为事业单位。有的省开展了政企分开、事企分开改革，将林业公检法经费全部纳入地方财政预算，将企业承担的教育、卫生等社会职能全部移交地方政府管理，将依附森工企业的木材加工等辅助产业推向市场，退出国有资本，置换国有职工身份。同时，各地积极调整产业结构，大力发展森林旅游、林下经济、非林经济等多种经济，产业活力进一步增强，职工收入明显提高。国有林业职工年平均工资由

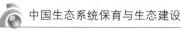

2000 年的 5178 元提高到 2010 年的 17000 多元。这些改革增强了林区发展活力，为全面深化国有林区改革作出了有益探索。

### 4. 开展调查研究，科学谋划工程二期

坚持不断完善工程政策，相继增加了医疗、失业、工伤、生育等保险补助政策，出台了混岗职工一次性安置政策，豁免了 118 亿元企业债务。中央决定延长天然林保护工程实施期限后，多部门进行了深入系统调研，编制完成了天保工程二期实施方案。与一期相比，总投资增长了一倍多，达到 2440.2 亿元；增加了中幼龄林抚育和森林资源培育任务；大幅度提高了投资标准，取消了地方配套 20% 的政策。

2011 年 5 月 20 日，国务院在京召开全国天然林资源保护工程工作会议，研究部署工程二期建设工作，目前各地正在按照二期工程规划稳步推进。

## 五、天然林保护工程建设成效

中国的森林资源在近 10 多年来得以较快的恢复增长，所积聚的碳汇量也大大增加了，天保工程功不可没。自天保工程实施以来，我国森林的面积、蓄积量以及覆盖率不断提高。第七次全国森林资源清查结果显示：天然林面积 $1.2 \times 10^8 hm^2$，天然林蓄积 $114.02 \times 10^8 m^3$。与第六次清查相比，天然林面积净增 $393.05 \times 10^4 hm^2$，天然林蓄积净增 $6.76 \times 10^8 m^3$。

### 1. 实现了森林面积和森林蓄积双增长

据全国森林资源清查，工程实施以来，森林面积净增 $813 \times 10^4 hm^2$，森林蓄积净增 $4.6 \times 10^8 m^3$，占全国同期森林蓄积增长量的 43%，实现了森林面积和森林蓄积同步增长。增加的森林蓄积折合木材 $2.76 \times 10^8 m^3$，仅此一项相当于国家已投入工程建设资金的 2 倍。大兴安岭木材产量已由 1997 年的 $350 \times 10^4 m^3$，调减到 2006 年的 $206 \times 10^4 m^3$，累计减产 $1024 \times 10^4 m^3$，减少森林资源经营性消耗 $1716 \times 10^4 m^3$，停止了加林局主伐生产和呼玛县的木材生产，森林面积由 1997 年的 $648 \times 10^4 hm^2$ 增加到目前的 $655 \times 10^4 hm^2$，森林蓄积由 $4.98 \times 10^8 m^3$ 增加到 $5.01 \times 10^8 m^3$。

### 2. 工程区生态状况明显改善

据监测调查，工程区年水土流失量呈现大幅下降趋势。珍稀野生动物主要栖息地环境大为改善，种群数量与生物多样性增加，一些几乎灭绝的物种得到了恢复，东北虎等珍稀野生动物种群增加。随着工程区生态状况的改善，一些地方过去干涸的水源和山泉开始出现水流。

### 3. 林区产业结构得到调整

林下资源开发、森林旅游业等新的产业正在兴起，非公有制经济快速发展，林区职工收入明显提高，林区经济总量逐年增加，发展活力进一步增强。大兴安岭通过对 341 户小企业的改制，盘活资产 7 亿元，实现了企业产权制度的根本性转变。通过大力发展生态旅游、特色养殖、绿色食品、精深加工、建设林区特色产业园区等，使林区产业结构得到优化，木材采运产值比重由 1997 年的 53% 下降到 2006 年的 28%，多种经营的产值由 18% 上升到 51%。

### 4. 林区富余职工得到妥善安置

天保工程实施后，74 万名森工企业富余职工中，已分流安置 66.5 万人。几年来，一大批从事木材生产的森工企业职工转向了森林管护、营造林建设以及林区资源开发。有 20 多

万职工转向了森林管护，形成了有效的森林管护体系，实现了由"砍树人"向"护林人"的转变；有 34 万职工自愿自谋出路，采取一次性安置办法，与企业解除了劳动关系，森工企业庞大的人员负担实现了有效"瘦身"。

### 5. 推动了森工企业深化改革

加格达奇林业局从森工采运局转为营林事业局，对物资公司等 14 家直属企业进行了股份制改制，撤并林场 19 个、林场分场 13 个、经营所 13 个、贮木场 14 个，剥离非辅业单位 359 个，精简管理人员 2807 人，年节约管理费 5000 多万元。吉林森工集团率先在国有林区进行了改制重组的全面改革，以产权制度改革为突破口，加工业国有资本全部退出，辅业全部转为民营，社会职能全部移交，职工全部转换劳动关系，完成了集团的股份制改造。

### 6. 林区社会保持基本稳定

随着天保工程的深入实施，大部分富余职工得到安置，职工养老、失业、医疗、工伤等保险体系基本建立，为职工解除了后顾之忧。同时，随着林区后续产业和非公有制经济的发展，有力促进了林区职工就业和生活水平的提高，也促进了林区小城镇建设。龙江森工集团清河林业局近年来随着林区经济的不断发展，刑事案件逐年下降和减少。增强了全社会保护天然林的意识，确保了林区社会稳定，工程建设带来的社会效益是空前的、巨大的。保护天然林资源得到了社会各界的支持和参与。人们的生态意识、保护森林、节约资源、保护环境的意识得到了空前的提高，广大干部群众认识到了实施天然林保护工程是关系到中华民族生存和发展的关键，是功在当代、利在子孙的一件大事。

随着天然林保护工程的深入实施，各地都在积极探索适合本地区经济发展特点的天然林保护与林区经济发展的路子，林区经营思想发生了巨大的变化：一是工程区内林业经营方向由以木材生产为主向以森林资源培育和保护为主转变，森林资源恢复和增长速度加快；二是林区经济的发展方向由"独木支撑"向调整结构、多种经营转变，部分地区呈现出良好的发展态势；三是林区职工就业渠道由单纯依靠"大木头"向多元化转变，就业门路进一步拓宽。

## 第三节　退耕还林工程[❶]

退耕还林就是从保护和改善生态状况出发，将水土流失严重的耕地，沙化、盐碱化、石漠化严重的耕地以及粮食产量低而不稳的耕地，有计划、有步骤地停止耕种，因地制宜地造林种草，恢复植被。退耕还林是减少水土流失、减轻风沙灾害、改善生态状况的有效措施，是增加农民收入、调整农村产业结构、促进地方经济发展的有效途径，是西部大开发的根本和切入点。

### 一、退耕还林工程启动背景

长期以来，人们在经济落后、农业生产力低下的情况下，盲目开荒种田、以林换粮，造成水土流失，沙进人退，生态恶化，灾害频发，成为中华民族的心腹之患（图 11-1）。严峻的生态形势，引起了党和政府的高度重视。1949 年有关文件中就提出了退耕还林的要求。特别是 1998 年长江和松花江、嫩江流域发生的特大水灾，使全国上下都强烈地意识到，加

---

❶　本节作者为李世东(国家林业局信息办)。

快林草植被建设、改善生态状况已成为全国人民面临的一项紧迫的战略任务，是中华民族生存与发展的根本大计。

图 11-1　黄土高原坡耕地过度开垦

1997 年 8 月，江泽民同志做出"再造一个山川秀美的西北地区"的重要批示，向全国发出了加强生态建设的号召，为开展退耕还林奠定了坚实的思想基础。

1998 年 8 月修订的《中华人民共和国土地管理法》第三十九条规定："禁止毁坏森林、草原开垦耕地，禁止围湖造田和侵占江河滩地。根据土地利用总体规划，对破坏生态环境开垦、围垦的土地，有计划有步骤地退耕还林、还牧、还湖"。同年 10 月，基于对长江、松花江特大洪水的反思和我国生态建设的需要，中共中央、国务院制定《关于灾后重建、整治江湖、兴修水利的若干意见》，把"封山植树、退耕还林"放在灾后重建"三十二字"综合措施的首位，并指出："积极推行封山育林，对过度开垦的土地，有步骤地退耕还林，加快林草植被的恢复建设，是改善生态环境、防治江河水患的重大措施"。

1999 年，我国粮食产量继 1996 年、1998 年之后第三次跨过 $5000 \times 10^8$ kg 大关，全国粮食库存 $2750 \times 10^8$ kg，加上农民手里的存粮 $2000 \times 10^8$ kg，全社会存粮近 $5000 \times 10^8$ kg，相当于全国一年的粮食产量，粮食出现了阶段性、结构性、区域性供大于求的状况。特别是随着改革开放的不断深入，我国综合国力显著增强，财政收入大幅增长，为大规模开展退耕还林奠定了坚实的经济基础和物质基础。四川、陕西、甘肃 3 省率先开展了退耕还林试点工作，从此拉开了退耕还林工程的序幕。

2000 年，中央 2 号文件和国务院西部地区开发会议将退耕还林列为西部大开发的重要内容，随后，退耕还林工程被正式列入《中华人民共和国国民经济和社会发展第十个五年计划纲要》，使其成为继天然林保护工程之后，中国生态建设在世纪之交的又一历史性举措，实现了由毁林开荒到退耕还林的历史性转变。

## 二、退耕还林工程建设规划

### 1. 退耕还林工程规划

根据《国务院关于进一步做好退耕还林还草试点工作的若干意见》（国发［2000］24号）、《国务院关于进一步完善退耕还林政策措施的若干意见》（国发［2002］10 号）和《退耕还林条例》的规定，国家林业局在深入调查研究和广泛征求各有关省（自治区、直辖市）、有关部门及专家意见的基础上，按照国务院西部地区开发领导小组第二次全体会议确定的2001～2010 年退耕还林的规模，国家林业局会同国家发展改革委、财政部、国务院西部开发办、国家粮食局编制了《退耕还林工程规划》（2001～2010 年）。

工程建设范围包括北京、天津、河北、山西、内蒙古、辽宁、吉林、黑龙江、安徽、江西、河南、湖北、湖南、广西、海南、重庆、四川、贵州、云南、西藏、陕西、甘肃、青海、宁夏、新疆 25 个省（自治区、直辖市）和新疆生产建设兵团，共 1897 个县（含市、区、旗）。根据因害设防的原则，按水土流失和风蚀沙化危害程度、水热条件和地形地貌特征，将工程区划分为若干个类型区。同时，根据突出重点、先急后缓、注重实效的原则，将长江上游地区、黄河中上游地区、京津风沙源区以及重要湖库集水区、红水河流域、黑河流域、塔里木河流域等地区的 856 个县作为工程建设重点县。

工程建设的目标任务是：到 2010 年，完成退耕地造林 $1467 \times 10^4 \, hm^2$，宜林荒山荒地造林 $1733 \times 10^4 \, hm^2$（两类造林均含 1999～2000 年退耕还林试点任务），陡坡耕地基本退耕还林，严重沙化耕地基本得到治理，工程区林草覆盖率增加 4.5 个百分点，工程治理地区的生态状况得到较大改善。

**2. 巩固退耕还林成果专项规划**

根据《国务院关于完善退耕还林政策的通知》（国发［2007］25 号）精神，2007～2008年国家六部委组织编制了巩固退耕还林成果专项规划。

（1）指导思想　以邓小平理论和"三个代表"重要思想为指导，坚持以人为本，贯彻科学发展观，全面落实国发 25 号文件精神，结合社会主义新农村建设和全面建设小康社会的要求，采取综合措施，进一步改善退耕农户的生产生活条件，不断提高其收入水平，切实巩固退耕还林成果，促进退耕还林地区经济社会可持续发展。

（2）基本原则　一是坚持突出重点，统筹兼顾。巩固退耕还林成果要将解决好退耕农户的长远生计问题作为重点，区别轻重缓急，优先解决巩固退耕还林成果和困难退耕农户生产生活中的突出问题，切实保证具备条件退耕农户的基本口粮田和农村能源建设。二是坚持从实际出发，因地制宜。各地根据本地实际情况，在分析需求和建设可能的基础上，合理确定规划建设内容、规模，科学规划，协调发展。三是坚持以人为本，体现退耕农户的意愿。切实维护退耕农户在规划编制和实施中的知情权、参与权和监督权。四是坚持国家支持与退耕农户自我发展相结合。在国家的帮助下，动员退耕农户自力更生、艰苦创业，增加其自我积累、自我发展的能力。五是坚持与区域经济发展规划相结合。各地在本地区经济社会发展规划的基础上，制定本规划，加快退耕还林地区经济社会的全面发展。

（3）规划期限　2008～2015 年，2006 年为规划基准年。

（4）规划目标　通过加大基本口粮田建设力度、加强农村能源建设、继续推进生态移民等措施，从根本上解决退耕农户吃饭、烧柴、增收等当前和长远生活问题，确保退耕农户长远生计得到有效解决。通过加强林木后期管护，搞好补植补造，提高造林成活率和保存率，确保退耕还林成果切实得到巩固。

（5）规划范围　规划范围为享受巩固退耕还林成果专项资金扶持政策的退耕还林地区。各项建设内容的安排以村为基本单元，确保覆盖到相当比例的退耕农户，非退耕还林村不纳入规划范围。

（6）规划内容

① 基本口粮田建设。保证具备条件的西南地区退耕农户人均不低于 0.5 亩、西北地区人均不低于 2 亩的高产稳产基本口粮田。基本口粮田建设要将促进退耕农户粮食基本自给和提高区域粮食生产能力结合起来，选择水土资源、地形等自然条件适合的地块。要把工程措施、经济措施、管理措施结合起来，采取坡改梯、改良土壤、农田水利、小型蓄水保土工程等综合措施。资金补助标准，西南地区为每亩 600 元，西北地区为每亩 400 元。

② 农村能源建设。以农村沼气建设为重点、多能互补，加强节柴灶、太阳能等建设，适当发展小水电。沼气建设只安排农村户用沼气，主要建设内容是新建沼气池，引导农民改圈、改厕、改厨。小水电建设要因地制宜，在水能资源丰富、条件具备的地区优先发展。资金补助标准参照现行的同类工程建设国家补助标准执行。

③ 生态移民。对居住地基本不具备生存条件的特困人口，实行易地搬迁。坚持政府引导、群众自愿的原则，掌握好生态移民的进度和节奏，确保实现巩固退耕还林成果、保护生态和改善农民生产生活条件的目标。认真做好移民意愿和基本情况调查，科学制定移民安置社区选址建设规划方案以及培训就业和后续产业发展方案，并切实抓好上述方案的落实工作。加强对移民生产生活情况的跟踪工作，建立健全移民档案，切实关心移民的思想、生产、生活各个方面，努力做到"迁得出，稳得住，能致富"。资金补助标准依据现行的易地扶贫搬迁（生态移民）国家补助标准执行。

④ 后续产业发展和退耕农民就业创业转移技能培训

a. 后续产业发展。根据区域经济发展、产业布局和市场需求，充分利用退耕还林地区的优势资源，在尊重群众意愿的基础上，对退耕农户直接受益的地方特色优势产业发展基地建设给予必要的扶持。资金补助标准根据项目实际情况确定，从严控制。

b. 退耕农民就业创业转移技能培训。根据退耕农户劳动力状况，结合劳动力市场需求和输出情况，规划对退耕农民进行实用技术和职业教育培训项目，明确培训内容、范围、费用、退耕农户受益及劳动力转移情况等。资金补助标准参照现行的同类项目国家补助标准执行。

⑤ 补植补造。对于适合植树种草，却因非人为因素造成的造林成活率较低的退耕还林工程造林地进行补植补造，各地要根据国家林业局统一组织的检查验收结果核定补植补造规模。资金仅用于补植补造种苗费支出，根据实际需要确定，最高不超过每亩 50 元。退耕还林政策补助兑现要与补植补造成效挂钩。

（7）资金来源　资金来源包括巩固退耕还林成果专项资金、国家现有投资渠道安排的资金、地方投资、项目受益群众自筹和投工投劳等。其中各省（区、市）巩固退耕还林成果专项资金规模，由中央财政根据退耕还林任务计划和国家林业局统一组织的核查验收结果核定。

## 三、退耕还林工程的主要政策

国家无偿向退耕农户提供粮食、生活费补助。粮食和生活补助费标准为：长江流域及南方地区退耕地每年补助粮食（原粮）2250kg/hm²；黄河流域及北方地区退耕地每年补助粮食（原粮）1500kg/hm²。从 2004 年起，原则上将向退耕户补助的粮食改为现金补助。中央按每千克粮食（原粮）1.40 元计算，包干给各省（区、市），具体补助标准和兑现办法由省政府根据当地实际情况确定，退耕地每年补助生活费 300 元/hm²。粮食和生活费补助年限，1999～2001 年还草补助按 5 年计算，2002 年以后还草补助按 2 年计算；还经济林补助按 5

年计算；还生态林补助按 8 年计算。尚未承包到户和休耕的坡耕地退耕还林的，只享受种苗造林费补助。退耕还林者在享受资金和粮食补助期间，应当按照作业设计和合同的要求在宜林荒山荒地造林。

国家向退耕农户提供种苗造林补助费。种苗造林补助费标准按退耕地和宜林荒山荒地造林 750 元/hm² 计算。

退耕还林必须坚持生态优先。退耕地还林营造的生态林面积以县为单位核算，不得低于退耕地面积的 80%。对超过规定比例多种的经济林只给种苗造林补助费，不补助粮食和生活费。

国家保护退耕还林者享有退耕地上的林木（草）所有权。退耕还林后，由县级以上人民政府依照森林法、草原法的有关规定发放林（草）权属证书，确认所有权和使用权，并依法办理土地用途变更手续。

退耕地还林后的承包经营权期限可以延长到 70 年。承包经营权到期后，土地承包经营权人可以依照有关法律、法规的规定继续承包。退耕还林地和荒山荒地造林后的承包经营权可以依法继承、转让。

资金和粮食补助期满后，在不破坏整体生态功能的前提下，经有关主管部门批准，退耕还林者可以依法对其所有的林木进行采伐。

退耕还林所需前期工作和科技支撑等费用，国家按照退耕还林基本建设投资的一定比例给予补助，由国务院发展计划部门根据工程情况在年度计划中安排。退耕还林地方所需检查验收、兑付等费用，由地方财政承担。中央有关部门所需核查等费用，由中央财政承担。

国家对退耕还林实行省、自治区、直辖市人民政府负责制。省、自治区、直辖市人民政府应当组织有关部门采取措施，保证按期完成国家下达的退耕还林任务，并逐级落实目标责任，签订责任书，实现退耕还林目标。

2007 年，国务院第 181 次常务会议研究决定，退耕还林补助政策再延长一个周期，继续对退耕农户给予适当补偿。

## 四、退耕还林工程进展

### 1. 试点示范阶段（1999～2001 年）

1999 年下半年，为贯彻落实江泽民同志"再造一个山川秀美的西北地区"的批示精神，朱镕基同志先后视察了西部 5 省区，提出"退耕还林（草），封山绿化，以粮代赈，个体承包"的生态建设综合措施。随后，四川、陕西、甘肃 3 省立即率先开展了退耕还林试点示范，标志着退耕还林试点示范阶段的开始。

为了摸索经验，完善政策，从 1999 年开始选择若干具有代表性的地方进行了退耕还林试点。到 2001 年年底，全国先后有 20 个省（自治区、直辖市）和新疆生产建设兵团进行了试点。

1999 年四川、陕西、甘肃 3 省开始进行退耕还林试点。需要指出的是，退耕还林从试点开始以来，虽然具体名称有所演变，但其具体内容始终包括两个方面，即退耕地还林还草和宜林荒山荒地造林种草。据国家林业局组织的检查验收，1999 年共完成退耕地还林还草 $38.1 \times 10^4$ hm²，宜林荒山荒地造林种草 $6.6 \times 10^4$ hm²。

2000 年中央制定颁发了退耕还林的明确政策。退耕还林试点工作 2000 年在 17 个省（自治区、直辖市）的 188 个县正式启动，当年共完成退耕地还林核实面积 $38.2 \times 10^4$ hm²，

宜林荒山荒地造林种草核实面积 $44.9\times10^4\,\mathrm{hm}^2$，分别为计划的 101.4% 和 96.0%。

2001 年《中华人民共和国国民经济和社会发展第十个五年计划纲要》正式将退耕还林列入中国国民经济和社会发展"十五"计划。至此，退耕还林试点在中西部地区 20 个省（自治区、直辖市）和新疆生产建设兵团的 224 个县展开。当年完成退耕地还林还草 $39.9\times10^4\,\mathrm{hm}^2$、宜林荒山荒地造林种草 $48.6\times10^4\,\mathrm{hm}^2$，分别占计划任务的 95.0% 和 86.3%。

退耕还林试点 3 年，累计完成退耕地还林 $116.2\times10^4\,\mathrm{hm}^2$、宜林荒山荒地造林 $100.1\times10^4\,\mathrm{hm}^2$（表 11-1），共涉及 20 个省（自治区、直辖市），400 个县旗市区，5700 个乡镇，27000 个村，410 万个农户，1600 万农民。

表 11-1　退耕还林试点完成情况　　　　　　　　　　单位：$10^4\,\mathrm{hm}^2$

| 年度 | 合　计 | | | 退耕地还林 | | | 宜林荒山荒地造林 | | |
|---|---|---|---|---|---|---|---|---|---|
| | 计划 | 完成 | 完成率/% | 计划 | 完成 | 完成率/% | 计划 | 完成 | 完成率/% |
| 合计 | 227.5 | 216.3 | 95.1 | 117.8 | 116.2 | 98.6 | 109.7 | 100.1 | 91.2 |
| 1999 | 44.7 | 44.7 | 100.0 | 38.1① | 38.1 | 100.0 | 6.6① | 6.6 | 100.0 |
| 2000 | 84.5 | 83.1 | 98.4 | 37.7 | 38.2 | 101.3 | 46.8 | 44.9 | 96.0 |
| 2001 | 98.3 | 88.5 | 90.0 | 42.0 | 39.9 | 95.0 | 56.3 | 48.6 | 86.3 |

① 以完成数计算。

在试点阶段，退耕还林实现了 3 个重大转变：实现了由地方自力更生转变为中央全额补助；实现了由局部零星分散治理转变为中西部地区规模集中治理；实现了思想认识上由顾虑重重转变为争先恐后。从某种意义上说，中国退耕还林由此实现了从理论探索到生产实践的历史性突破。总之，退耕还林试点政策行之有效，保障措施有力，效果明显，取得了成功。经过 3 年的广泛试点之后，退耕还林工程可以全面展开。

**2. 工程建设阶段**（2002～2007 年）

根据国务院西部地区开发领导小组第二次全体会议、中央经济工作会议和中央农村工作会议精神，为抓住粮食库存较多的有利时机，开仓济贫，拉动内需，促进经济社会可持续发展，全国退耕还林工作电视电话会议宣布，2002 年全面启动退耕还林工程。从而标志着退耕还林进入了工程建设的新阶段。

2002 年 1 月 10 日，全国退耕还林工作电视电话会议宣布在试点的基础上，退耕还林工程全面启动。4 月 11 日，国务院下发《关于进一步完善退耕还林政策措施的若干意见》（国发〔2002〕10 号）。2002 年，国家安排北京、天津、河北、山西、内蒙古、辽宁、吉林、黑龙江、安徽、江西、河南、湖北、湖南、广西、海南、重庆、四川、贵州、云南、西藏、陕西、甘肃、青海、宁夏、新疆 25 个省（自治区、直辖市）和新疆生产建设兵团退耕还林任务共 $572.87\times10^4\,\mathrm{hm}^2$，其中，退耕地造林 $264.67\times10^4\,\mathrm{hm}^2$，宜林荒山荒地造林 $308.20\times10^4\,\mathrm{hm}^2$。

2003 年，《退耕还林条例》正式施行。国家共安排 25 个省（自治区、直辖市）和新疆生产建设兵团退耕还林任务 $713.34\times10^4\,\mathrm{hm}^2$，其中：退耕地造林 $336.67\times10^4\,\mathrm{hm}^2$，宜林荒山荒地造林 $376.67\times10^4\,\mathrm{hm}^2$。各地克服非典等不利因素的影响，认真贯彻落实《退耕还林条例》，狠抓任务和责任的落实，强化工程管理，圆满完成了各项任务。

2004 年，国家根据国民经济发展的新形势对退耕还林工程年度任务进行了结构性、适应性调整，退耕还林工作的重心由大规模推进转移到成果巩固上来。全年安排 25 个省（自治区、直辖市）和新疆生产建设兵团退耕还林任务 $400\times10^4\,\mathrm{hm}^2$，其中：退耕地造林

$66.67 \times 10^4 \, hm^2$，宜林荒山荒地造林 $333.33 \times 10^4 \, hm^2$。4 月 13 日，国务院办公厅下发《关于完善退耕还林粮食补助办法的通知》（国办发［2004］34 号），原则上将向退耕农户补助的粮食实物改为补助现金。

2005 年，妥善解决了各地 2004 年超计划退耕还林的问题。到 2005 年底，中央共投资 1000 多亿元，累计完成退耕地造林 $900 \times 10^4 \, hm^2$，宜林荒山荒地造林 $1260 \times 10^4 \, hm^2$，封山育林 130 多万公顷。

2006 年，全国又安排了退耕地造林 400 万亩、荒山荒地造林 1600 万亩。到 2006 年年底中央投资已达 1304 亿元，完成退耕地造林 $927 \times 10^4 \, hm^2$，宜林荒山荒地造林 $1367 \times 10^4 \, hm^2$，封山育林 $133 \times 10^4 \, hm^2$，3200 万户、1.2 亿农民直接受益。

2007 年，国务院第 181 次常务会议研究决定，现行退耕还林补助政策再延长一个周期，继续对退耕农户给予适当补偿。8 月 9 日，国务院下发《关于完善退耕还林政策的通知》（国发［2007］25 号），明确了今后一个时期的工作方向和目标，提出了巩固和发展退耕还林成果的主要政策措施。

### 3. 成果巩固阶段（2008 年至今）

2008 年，有关部门联合审批了 25 个工程省（自治区、直辖市）及新疆生产建设兵团的《巩固退耕还林成果专项规划》，下达了年度建设任务及投资。

2008 年实施巩固退耕还林成果专项规划以来，各级各部门密切配合、通力协作，共同推动巩固成果工作不断向深度广度发展，取得了明显的阶段性成效。

到 2010 年，全国累计完成退耕还林工程建设任务 2200 多万公顷，其中退耕地造林 $800 \times 10^4 \, hm^2$。工程范围涉及 25 个省（自治区、直辖市）和新疆生产建设兵团的 3200 万农户、1.24 亿农民。到 2010 年底实际完成中央投资 1692 亿元。

退耕还林地绝大部分是集体土地，借集体林权制度改革的东风，退耕还林地确权发证工作进度也大大加快。退耕还林阶段的验收数据表明，到 2012 年，第一轮补助期满的退耕还林地中，有 91.2% 的面积完成确权发证工作。确权发证工作的落实，实现了"山有其主、主有其权、权有其责、责有其利"的目标要求，使退耕林农在退耕还林工作中的主体地位得到充分体现和确认，不仅为巩固成果提供了法律保障，而且为退耕林农开辟了发家致富的广阔空间，极大地调动了广大退耕林农巩固成果的积极性。

到 2012 年，巩固退耕还林成果后续产业项目累计建成包括林下经济在内的产业基地 4000 多万亩，为退耕农户增收致富和退耕还林成果巩固提供了重要保障。

从 2008 年起，国家林业局对退耕还林工程中的退耕地造林进行全面验收。2008～2011 年，省级和国家级共投入 7 万多名验收技术人员，全面检查了第一轮政策补助到期面积 1.08 亿亩，涉及 1988 个县、4 万多个乡（镇）、540 多万个小班。2008～2012 年，各地结合巩固退耕还林成果专项规划实施，累计开展补植补造 6000 多万亩，有力地促进了退耕还林成果巩固。国家级验收结果显示，1999～2003 年退耕地造林计划面积保存率为 99.27%，成林率为 74.5%，达到了较高水平。2007 年国家暂停退耕地造林任务后，着力推进退耕还林工程配套荒山荒地造林工作。2007～2011 年共组织各地完成荒山荒地造林 4951 万亩、封山育林 2050 万亩。为强化地方政府的责任，国家林业局每年都与各工程省区人民政府签订退耕还林工程责任书，并定期通报责任书的执行情况，把目标、任务、资金、责任"四到省"的要求落到实处。

## 五、退耕还林工程建设成效

退耕还林工程的实施，改变了农民祖祖辈辈垦荒种粮的传统耕作习惯，实现了由毁林开垦向退耕还林的历史性转变，有效地改善了生态状况，促进了中西部地区"三农"问题的解决。

### 1. 水土流失和土地沙化治理步伐加快，生态状况得到明显改善

退耕还林工程直接改善了生态环境，扭转了治理区生态恶化的趋势，为维护国家生态安全奠定了坚实的基础。一是大大加快了国土绿化进程。退耕还林工程造林占同期全国六大林业重点工程造林总面积的 52%，相当于再造了一个东北、内蒙古国有林区，占国土面积 82% 的工程区森林覆盖率平均提高 3 个多百分点，昔日荒山秃岭、满目黄沙、水土严重流失的面貌得到了改观。陕西省森林覆盖率由退耕还林前的 30.92% 增长到 37.26%，净增 6.34 个百分点，是历史上增幅最大、增长最快的时期。吴起县从 1999 年至今，完成退耕还林 237 万亩，林草覆盖率由 1997 年的 19.2% 提高到目前的 65%。在最近的遥感影像图上，一片浓绿的颜色清晰地凸显了吴起县的地貌轮廓。二是减少了水土流失。退耕还林增加了地表植被覆盖度，涵养了水源，减少了土壤侵蚀，提高了工程区的防灾减灾能力。据四川省定位监测，通过实施退耕还林工程，10 年累计减少土壤侵蚀 $3.2 \times 10^8$ t，涵养水源 $288 \times 10^8$ t，减少土壤有机质损失量 $0.36 \times 10^8$ t，氮磷钾损失量 $0.21 \times 10^8$ t，境内长江一级支流的年输沙量大幅度下降，年均提供的生态服务价值达 134.5 亿元。湘西州退耕还林 400 万亩，森林覆盖率提高了 7 个多百分点，土壤侵蚀模数由 10 年前的每千米 23150 t 下降到 1450 t，生态面貌发生了根本性变化。据长江水文局监测，年均进入洞庭湖的泥沙量由 2003 年以前的 $1.67 \times 10^8$ t 减少到现在的 $0.38 \times 10^8$ t，减少 77%。三是减轻了风沙危害。北方地区在退耕还林中，选择生态地位重要的风沙源头和沙漠边缘地带，采用根系发达，耐风蚀、干旱、沙压等防风固沙能力强的树种，林下配置一定的灌草植被，营造防风固沙林，取得了良好效果。我国沙化土地由 20 世纪末每年扩展 3436km² 转变为每年减少 1283km²，这是新中国成立以来首次实现沙化逆转，退耕还林发挥了重要作用。四是增加了野生动植物资源。退耕还林保护和改善了野生动植物的栖息环境，丰富了生物多样性。工程区野生动物种类和数量不断增加，特别是一些多年不见的飞禽走兽重新出现。

### 2. 调整了农村产业结构，促进了农民增产增收

退耕还林工程拓宽了农民的增收渠道，增加了农民收入，改善了农民生产生活条件，促进了农村产业结构调整。一是政策补助增加了农民收入。目前，退耕农户户均已经获得 5000 多元的补助，退耕还林成为迄今为止我国最大的惠农项目，一定程度上缓解了老少边穷地区的贫困程度。据调查统计，退耕还林补助占退耕农民人均纯收入的比重近 10%，西部省区的比重更高一些，有 401 个县高于 20%。二是后续产业成为农民增收的新途径。退耕还林培育的经济林、用材林、竹林以及林下种植、养殖业，已经陆续取得较好的经济效益，成为农民收入增加的重要来源。四川沐川县退耕农户去年出售竹木人均收入达 1080 元。新疆若羌县农牧民因退耕种枣，2008 年农民人均纯收入高达 7612 元，其中红枣收入占 75%。三是保障和提高了粮食综合生产能力。退耕还林调整了土地利用结构，改善了农业生产环境，促进了农业生产要素的转移和集中，提高了复种指数和粮食单产，很多地方实现了减地不减收。据统计，2006 年全国粮食总产量比 1998 年减产 $148.2 \times 10^8$ kg，6 个非退耕还林省市减产 $205.9 \times 10^8$ kg，而 25 个退耕还林省市粮食产量不仅没有减少，反而增产 $57.7 \times$

$10^8$kg。同时，通过退耕还林以及调整种植业结构，大大增加了木本粮油、干鲜果品和肉奶产量，有效改善了食物和营养结构。四是调整了农村产业结构。过去，山区、沙区农民广种薄收，农业产业结构单一，许多潜力发挥不出来。退耕还林后生产生活方式发生了变化，生产方式由小农经济向市场经济转变，生产结构由以粮为主向多种经营转变，粮食生产由广种薄收向精耕细作转变，畜牧业生产由自由放牧向舍饲圈养转变。许多地方积极探索高效的治理模式和先进的经营机制，培育了许多替代传统产业的新产业，促进了地方经济发展。

### 3. 拓宽了林业发展空间，促进了现代林业发展

退耕还林扩大了林业发展的外延空间，提高了林业管理水平，促进了林业的快速发展，彰显了林业的地位。一是扩大了林业用地面积。工程造林增加了1.39亿亩林业用地面积，使全国林业用地面积扩大了3.2%，而且都是比较优质的林地资源；增加了4.03亿亩有林地面积，使全国有林地面积增长15.4%。这是我国生态建设史上取得的一项重大成就。据测算，退耕还林工程造林将增加森林蓄积量约$15×10^8 m^3$，使全国森林总蓄积量增长10%以上。二是增强了全社会投资林业的积极性。许多民间资本也借退耕还林的机会纷纷投入林业，掀起了民间资本投入林业的热潮，为林业建设注入了新的生机和活力。河北省吸引各类社会资金11.2亿元投入退耕还林工程建设，全省100亩以上的造林大户11586个、1000亩以上的造林大户367个。三是提升了林业管理水平。退耕还林工程建立了一整套行之有效的工程管理体系。各地按照工程规范管理的要求，不断创新管理机制，实行全过程管理，促进了林业生产管理水平的提高。据2008年国家林业局组织的阶段验收结果，全国退耕还林总面积保存率达99.1%，造林质量明显好于以往的工程造林。四是提高了林业地位。退耕还林改变了以往部门抓林业的局面，变成了党委政府亲自抓林业，许多地方党委政府将退耕还林纳入当地社会经济发展规划，摆上重要议事日程，真抓实干，形成政府牵头、全社会办林业的良好局面，促进了林业的大发展。

### 4. 促进了社会转型，推动了生态文明建设

退耕还林改变了农民传统落后的生产生活方式，减少了耕作人口，促进了思想观念的转变和生态意识的提高，密切了干群关系，改善了乡村面貌，对我国经济社会发展和生态文明建设影响深远。一是加快了农村劳动力转移。退耕还林改变了农民故土难离、靠天吃饭的习惯，使大量农村劳动力从广种薄收的土地上解放出来，走出了大山，走进了城市，开阔了眼界，解放了思想，既增加了收入，又学到了技术，成为懂市场经济的新型农民，朝致富路上迈出了关键一步。据四川省对丘陵地区的调查，大约每退3亩坡地可转移1个劳动力。2006年，四川省退耕农户中有400万剩余劳动力外出务工，劳务收入217亿元，占退耕农民人均纯收入的43%。二是密切了干群关系。退耕还林政策公开透明，补助标准家喻户晓，群众积极参与。工程区各级领导及林业干部职工深入工程第一线开展指导、检查、监督等工作，及时兑现补助粮款，提高了党和政府在人民群众中的威信，密切了党群关系、干群关系、民族关系，群众拍手称赞。三是增强了全民生态意识。实施退耕还林工程，充分体现了党和政府改善生态面貌的决心和魄力，广大干部群众亲身感受到了生态改善给生产生活带来的好处，极大地提高了全民生态意识。四是促进了新农村建设。退耕还林工程建设及"五个结合"配套措施的落实，促进了工程区的"生产发展、生活宽裕、乡风文明、村容整洁、管理民主"，加快了新农村建设步伐。

### 5. 对全球生态环境贡献巨大，提升了中国政府的形象

退耕还林是我国乃至世界上最大的生态工程之一，为缓解全球气候变暖、解决全球生态

问题作出了巨大贡献，受到国际社会的一致好评。退耕还林工程已成为中国政府高度重视生态建设、认真履行国际公约的标志性工程，美国、欧盟、日本、澳大利亚等30多个国家和国际组织都对我国的退耕还林工程给予了高度评价。2007年7月底，美国财长鲍尔森在甘肃、青海看了退耕还林工程后，大加赞赏。美国《国家科学院学报》发表调查报告说，中国的退耕还林工程整体来看取得了成功，如果能继续推进，将成为世界其他国家可借鉴的典范。日本早稻田大学专门成立了中国退耕还林工程研究所，其研究报告指出，中国的退耕还林工程实现了三大效益共赢，值得亚洲各国效仿。

实践证明，国家实施退耕还林的决策是十分正确的，退耕还林是一项得人心、顺民意的德政工程、民心工程，对我国的生态建设以及国民经济和社会发展产生了深远的影响。

# 第四节　三北防护林工程

## 一、三北防护林工程启动背景

1978年5月，国家林业总局有关专家向党中央提出了"关于营造万里防护林改造自然的意见"，时任国务院副总理的邓小平、李先念等中央领导同志立即做出重要批示。国家林业总局根据中央领导同志的批示精神，在深入调研和反复论证的基础上，编制了《关于西北、华北、东北风沙危害和水土流失重点地区建设大型防护林的规划》。同年11月25日，党中央、国务院正式批准该规划，决定实施三北防护林体系建设工程。

三北防护林体系建设工程是针对我国西北、华北北部、东北西部风沙危害和水土流失严重的情况，由国务院批准启动的我国第一个大型防护林体系建设工程，其主体生态目标是：确保三北区域的国土安全，以生态治理带动该区域各业的可持续发展。

## 二、三北防护林工程建设规划

工程区地跨东北西部、华北北部和西北大部分地区，包括13个省（自治区、直辖市）的551个县（旗、市、区），建设范围东起黑龙江省的宾县，西至新疆维吾尔自治区的乌孜别里山口，东西长4480km，南北宽560～1460km，总面积406.9×10$^4$km$^2$（见图11-2），占国土面积的42.4%。

（1）工程建设期限　从1978年开始到2050年结束，历时73年，分三个阶段、八期工程进行建设。第一阶段分三期工程，1978～1985年为一期，1986～1995年为二期，1996～2000年为三期；第二阶段分两期工程，2001～2010年为四期，2011～2020年为五期；第三阶段分三期工程，2021～2030年为六期，2031～2040年为七期，2041～2050年为八期。

（3）建设内容与规模　规划造林3508.3×10$^4$hm$^2$（包括林带、林网折算面积），其中人工造林2637.1×10$^4$hm$^2$，占总任务的75.1%；飞播造林111.4×10$^4$hm$^2$，占3.2%；封山封沙育林759.8×10$^4$hm$^2$，占21.7%。四旁植树52.4亿株。规划总投资为576.8亿元，建设任务完成后，可使三北地区的森林覆盖率由5.05%提高到14.95%，风沙危害和水土流失得到有效控制，生态环境和人民群众的生产生活条件从根本上得到改善。

---

❶　本节作者为李世东（国家林业局信息办）。

图 11-2　三北防护林体系建设工程总体规划示意

2012 年，国家正式批准了三北防护林五期工程规划（2011～2020 年）。规划确定，工程建设仍以增加和恢复森林植被为主要任务，在 2011～2020 年的 10 年间，规划完成造林 $1647.3 \times 10^4 \mathrm{hm}^2$，完成退化林分修复 $193.6 \times 10^4 \mathrm{hm}^2$。力争到 2020 年，三北地区新增森林面积 $988.4 \times 10^4 \mathrm{hm}^2$，森林覆盖率提高 2.27 个百分点，50％以上的可治理沙化土地得到初步治理，60％以上的退化林分得到有效修复，70％以上的水土流失面积得到有效控制，80％以上的农田实现林网化。与四期工程相比，五期内容更加丰富，投资明显增加，任务更加繁重。

### 三、三北防护林工程建设进展

#### 1. 三北防护林工程第一阶段建设情况

根据中国国际投资工程咨询公司的评估，到 2000 年，三北防护林工程第一阶段累计完成投资（不含投工投劳折资）726690 万元，其中中央专项投资 163084 万元（表 11-2）。累计完成造林 $2203.72 \times 10^4 \mathrm{hm}^2$，其中人工造林 $1538.60 \times 10^4 \mathrm{hm}^2$（表 11-3）。区域内森林总蓄积净增加 $2.35 \times 10^8 \mathrm{m}^3$，占同期全国森林蓄积净增量的 50％。

通过第一阶段的建设，缓解了我国生态状况进一步恶化的趋势，拓宽了人们的生存和发展空间。营造防风固沙林 $476 \times 10^4 \mathrm{hm}^2$，使工程区内 20％的沙化土地得到初步治理。营造草场防护林 $37 \times 10^4 \mathrm{hm}^2$，使 1000 多万公顷沙化、盐渍化和严重退化的牧场得到保护和恢复。毛乌素、科尔沁两大沙地林木覆盖率分别达到 15％和 20％以上。营造水土保持林和水源涵养林 $663 \times 10^4 \mathrm{hm}^2$，使黄土高原 40％的水土流失面积得到了初步治理。营造农田防护林 $213 \times 10^4 \mathrm{hm}^2$，64％的农田实现了林网化，使 $2130 \times 10^4 \mathrm{hm}^2$ 农田得到了有效保护。

通过第一阶段的建设，促进了农村产业结构调整和区域经济发展，加快了农民脱贫致富步伐。工程区森林蓄积量由 1977 年的 $7.2 \times 10^8 \mathrm{m}^3$ 增加到近 $10 \times 10^8 \mathrm{m}^3$，木材供需矛盾得到了缓解。营造薪炭林 $91 \times 10^4 \mathrm{hm}^2$，解决了 600 多万户农民的烧柴问题。营建灌木饲料林

500多万公顷，为畜牧业提供了饲料资源。营造经济林 $369×10^4\,hm^2$，年产干鲜果品 $1255×10^4\,t$，占全国总产量的近 $1/5$，产值达 170 亿元。经济林及相关产业的发展，成为地方重要的经济支柱和农民脱贫致富的有效途径。

**表 11-2　三北防护林工程第一阶段完成投资情况表**　　　　　单位：万元

| 分　期 | | 总投资 | 国家投资 | 中央专项投资 | | | | |
|---|---|---|---|---|---|---|---|---|
| | | | | 小计 | 基建投资 | 发展资金 | 财政专项 | 债券专项 |
| 第一阶段 | 规划投资 | 825836 | 780372 | 284114 | 140061 | 43600 | | |
| | 实际完成 | 726690 | 376855 | 163084 | 94497 | 31562 | 15630 | 21395 |
| | 完成比例/% | 87.99 | 48.29 | 57.40 | 67.47 | 72.39 | | |
| 一期工程 | 规划投资 | 100453 | 100453 | 100453 | | | | |
| | 实际完成 | 36625 | 33970 | 28942 | 22972 | 5970 | | |
| | 完成比例/% | 36.46 | 33.82 | 28.81 | | | | |
| 二期工程 | 规划投资 | 243454 | 243454 | 70000 | 70000 | | | |
| | 实际完成 | 198940 | 119788 | 63185 | 42173 | 15592 | 5420 | 0 |
| | 完成比例/% | 81.72 | 49.20 | 90.26 | 60.25 | | | |
| 三期工程 | 规划投资 | 481929 | 436464 | 113661 | 70061 | 43600 | | |
| | 实际完成 | 491125 | 223098 | 70957 | 29352 | 10000 | 10210 | 21395 |
| | 完成比例/% | 101.91 | 51.11 | 62.43 | 41.89 | 22.94 | | |

**表 11-3　三北防护林工程第一阶段完成造林情况表**　　　　　单位：$10^4\,hm^2$

| 分　期 | | 合计 | 人工造林 | 飞播造林 | 封山封沙育林 |
|---|---|---|---|---|---|
| 第一阶段 | 规划任务 | 1801.68 | 1485.72 | 45.83 | 270.13 |
| | 保存面积 | 2203.72 | 1538.60 | 88.17 | 576.95 |
| | 比例/% | 122.31 | 103.56 | 192.38 | 213.58 |
| 一期工程 | 规划任务 | 593.33 | 593.33 | 0.00 | 0.00 |
| | 保存面积 | 534.72 | 459.12 | 3.77 | 71.83 |
| | 比例/% | 90.12 | 77.38 | | |
| 二期工程 | 规划任务 | 808.27 | 636.65 | 17.09 | 154.53 |
| | 保存面积 | 1077.62 | 726.69 | 45.49 | 305.44 |
| | 比例/% | 133.32 | 114.14 | 266.18 | 197.66 |
| 三期工程 | 规划任务 | 400.07 | 255.74 | 28.74 | 115.59 |
| | 保存面积 | 591.38 | 352.80 | 38.91 | 199.67 |
| | 比例/% | 147.82 | 137.95 | 135.39 | 172.74 |

### 2. 三北防护林工程第二阶段建设情况

2001 年 11 月 26 日，三北防护林四期工程正式启动。进行规划时，将北京、河北、山西、内蒙古的三北防护林工程县划出 86 个单列为京津风沙源治理工程，将东北三省没有天保工程任务的 98 个县纳入三北防护林四期工程。加上一些地方行政区划的调整，四期工程建设范围相应调整为三北地区 13 个省（自治区、直辖市）的 596 个县级行政区（后来又增加 4 个），总面积 $405.39×10^4\,km^2$，占国土总面积的 $42.2\%$。规划从 2001 年到 2010 年，在有效保护好工程区内现有 $2787×10^4\,hm^2$ 森林资源的基础上，完成造林 $950×10^4\,hm^2$，建成一批比较完备的区域性防护林体系，初步遏制三北地区生态恶化的趋势，为建设山川秀美的三北地区打下坚实的基础。

三北防护林四期工程建设实行科技兴林和依法治林两大战略，强化"严管林、慎用钱、质为先"三项工作，明确治沙源、涵水源、增资源、拓财源四项重点，全力推进工程建设的跨越式发展。四期工程建设坚持统一规划、分工协作，统筹兼顾、生态优先，预防为主、综合治理，以人为本、依法防治，坚持依靠大自然的自我修复力和人工恢复力相结合，发扬自力更生、艰苦奋斗精神和物质利益相结合。

三北防护林工程自 1978 年启动实施以来，伴随着改革开放已经走过 30 余年。30 多年来，累计造林保存面积 $2647 \times 10^4 \text{hm}^2$，工程区森林覆盖率由 1977 年的 5.05% 提高到 12.4%，森林蓄积量由 1977 年的 $7.2 \times 10^8 \text{m}^3$ 提高到 $13.9 \times 10^8 \text{m}^3$，在祖国北方筑起了一道绿色长城。其中，三北四期工程完成造林面积 $790.9 \times 10^4 \text{hm}^2$，工程区森林覆盖率提高近 4 个百分点，成为投资力度最大、建设速度最快、综合效益最好的建设时期。

2012 年 8 月 26～27 日，国务院在山西省朔州市召开三北四期工程总结表彰暨第五期工程启动大会。回良玉在会上强调，要深刻认识三北防护林体系建设的重要性和艰巨性，把防沙治沙和水土保持作为根本任务，把改善生态环境和满足民生需求作为基本要求，把人工治理和自然修复作为主要手段，坚持全面推进，加强基地建设，完善政策措施，加大投入力度，创新体制机制，凝聚各方力量，大力保护和扩大林草植被，努力走出一条生产发展、生活富裕、生态良好的文明发展道路。

## 四、三北防护林工程建设成效

三北防护林工程实施 30 年来取得了巨大成就。30 年累计完成造林保存面积 $2446.9 \times 10^4 \text{hm}^2$，森林覆盖率由 1977 年的 5.05% 提高到目前的 10.51%，工程区生态状况明显改善，为维护国家生态安全、促进经济社会发展发挥了重要作用，在国内外产生了广泛而深远的影响。

**1. 重点治理地区的风沙侵害得到有效遏制，沙化土地面积开始缩减**

在东起黑龙江、西至新疆的万里风沙线上，共营造防风固沙林 $561 \times 10^4 \text{hm}^2$，治理沙化土地 $27.8 \times 10^4 \text{km}^2$，保护和恢复沙化、盐碱化严重的草原、牧场 1000 多万公顷。第三次全国荒漠化监测表明，在 1999～2004 年的 5 年间，陕、甘、宁、内蒙古、晋、冀 6 省（自治区）实现了由"沙逼人退"向"人逼沙退"的历史性转变，沙化土地面积净减少 7921 平方千米，重点治理的毛乌素、科尔沁两大沙地实现了土地沙化的逆转。

**2. 局部地区的水土流失得到有效治理，水土流失危害程度明显减轻**

在以黄土高原为主的水土流失区，坚持山、水、田、林、路统一规划，生物措施与工程措施相结合的原则，按山系、流域进行综合治理，共营造水土保持林和水源涵养林 $723 \times 10^4 \text{km}^2$，治理水土流失面积 30 多万平方千米，土壤侵蚀模数明显下降。重点治理的黄土高原造林 $779 \times 10^4 \text{hm}^2$，新增水土流失治理面积 $15 \times 10^4 \text{km}^2$，使黄土高原近 50% 的水土流失面积得到不同程度的治理，每年减少流入黄河的泥沙 3 亿多吨。

**3. 平原农区防护林体系基本建成，粮食生产能力显著增强**

在东北平原、华北平原、黄河河套等重点农区，坚持以保障粮食生产为目标，营造农田防护林 $253 \times 10^4 \text{hm}^2$，有效保护农田 $2248.6 \times 10^4 \text{hm}^2$，农田林网化程度达到 68%，基本上消除了农业生产中每年刮三场风、播四次种的"三刮四种"现象，减轻了干热风、倒春寒、霜冻等灾害性气候对农业生产的危害，一些低产低质农田变成了稳产高产田。三北地区的粮食单产由 1977 年的 118kg/亩 提高到 2007 年的 311kg/亩，总产量由 $0.6 \times 10^8 \text{t}$ 提高到 $1.53 \times 10^8 \text{t}$。2005 年全国产粮"十强县"全部是农田防护林体系建设达标县。

**4. 特色产业基地初具规模，促进了区域经济发展和农民增收致富**

三北工程始终坚持走生态经济型防护林体系建设之路，找准了兴林与富民的结合点，在坚持生态优先的前提下，建设了一批用材林、经济林、薪炭林、饲料林基地，促进了农村产业结构调整，推动了农村经济发展，有效增加了农民收入，实现了生态建设与经济发展"双赢"。工程区森林蓄积量由 1977 年的 $7.2 \times 10^8 \, m^3$ 增加到 $13.9 \times 10^8 \, m^3$，直接增加经济价值 3000 多亿元。营造的农田防护林和用材林，活立木蓄积量高达 $4 \times 10^8 \, m^3$，已具备年产 $0.2 \times 10^8 \, m^3$ 木材的生产能力。营造薪炭林 $92.7 \times 10^4 \, hm^2$，年产薪材 800 多万吨，解决了 700 多万户农民的烧柴问题。营造灌木饲料林 500 多万公顷，为畜牧业发展提供了丰富的饲料来源。营造各类经济林 $400 \times 10^4 \, hm^2$，年产干鲜果品 3600 多万吨，占全国产量的 1/3，产值达到 537 亿元。同时，工程区以森林观光和绿色产品为主题的各类旅游、休闲产业正在蓬勃兴起，2007 年接待游客近 9000 万人次，产值达 192 亿元。

**5. 开启了我国大规模治理生态的先河，形成了防护林体系建设的基本理论**

三北工程是我国实施的第一个林业重点工程，开启了大规模治理生态的先河。30 多年来，工程建设在建设思路、组织形式、工程管理、治理模式等方面进行了有益探索，形成了我国防护林体系建设的基本理论。第一次提出了建立以木本植物为主体，多林种、多树种、多效益、带片网、乔灌草、造封管、人工治理与自然修复相结合的防护林体系建设的指导思想；从工程建设区经济基础薄弱、群众生活贫困的实际出发，把森林的生态功能和经济功能有机结合起来，第一次提出了建设生态经济型防护林体系的发展模式；突破了生态建设小规模、小范围的格局，第一次以国家重点工程的形式开展生态建设，把我国林业推向了"以大工程带动大发展"的新阶段。

**6. 增强了全社会的绿化意识，提升了我国在生态建设领域的国际地位**

三北工程的实施，充分体现了党和政府改善国土生态面貌的意志，符合三北地区广大干部群众的愿望，激发了建设区广大干部群众投身建设绿色家园的积极性，涌现了许多可歌可泣的英雄事迹，造就了一大批以石光银、牛玉琴、王有德、白春兰、殷玉珍等为代表的英雄模范人物，培育了陕西榆林、内蒙古通辽等先进典型，铸就了"艰苦奋斗、顽强拼搏、团结协作、锲而不舍、求真务实、开拓创新，以人为本、造福人类"的三北精神，在国内外产生了重大影响，被国际上誉为"世界生态工程之最"、"改造大自然的伟大壮举"。1987 年以来，三北防护林建设局等 10 多个单位被联合国环境规划署授予"全球 500 佳"称号。三北工程已成为中国政府高度重视生态建设、认真履行国际生态公约的标志性工程，充分展示了中国政府对全球生态安全高度负责的精神。三北工程已成为我国林业建设国际交流与合作的重要窗口，世界银行、联合国粮农组织等国际组织和友好国家将三北工程列为优先援助项目，以三北工程为依托的国际合作交流项目已达到 58 个，受援资金 16 亿多元人民币。

30 年来，工程建设从我国国情和三北地区实际出发，走出了一条具有中国特色的生态建设道路，为发展现代林业、建设生态文明积累了十分宝贵的经验。

# 第五节　京津风沙源治理工程[1]

## 一、京津风沙源治理工程建设背景

京津风沙源治理工程是根据首都及周边地区土地沙化加剧、风沙危害严重、生态环境脆

---

[1]　本节作者为李世东（国家林业局信息办）。

弱的状况，为改善和优化京津及周边地区的生态环境状况，减轻风沙危害，于 2000 年 6 月经国务院批准，紧急启动实施的一项具有重大战略意义的生态工程。

世纪之交，京津乃至华北地区多次遭受风沙危害，特别是 2000 年春季（见图 11-3），我国北方地区连续 12 次发生较大的浮尘、扬沙和沙尘暴天气，其中有多次影响首都。其频率之高、范围之广、强度之大，为 50 年来所罕见，引起党中央、国务院高度重视，备受社会关注。国务院领导在听取了国家林业局对京津及周边地区防沙治沙工作思路的汇报后，亲临河北、内蒙古视察治沙工作，发出指示"防沙止漠刻不容缓，生态屏障势在必建"，并决定实施京津风沙源治理工程。其目的就是通过植被保护、植树种草、退耕还林、小流域及草地治理、生态移民等措施，优化首都生态环境，提升北京的国际地位，实现绿色奥运，保障这个地区经济社会的协调发展。

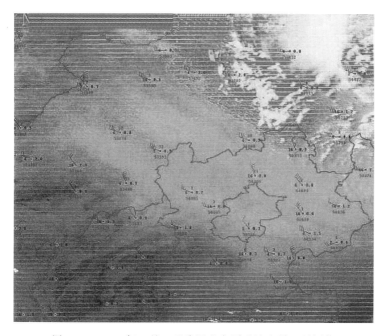

图 11-3　2000 年 4 月 6 日我国北方严重沙尘暴卫星图像

## 二、京津风沙源治理工程规划

### 1. 京津风沙源治理工程一期规划

（1）工程建设范围　工程建设区西起内蒙古的达茂旗，东至河北的平泉县，南起山西的代县，北至内蒙古的东乌珠穆沁旗，范围涉及北京、天津、河北、山西及内蒙古五省（自治区、直辖市）的 75 个县（旗、市、区），总面积为 $45.8 \times 10^4 \mathrm{km}^2$（图 11-4）。

（2）工程建设期限　工程建设期限为 10 年，即 2001～2010 年，分两个阶段进行，2001～2005 年为第一阶段，2006～2010 年为第二阶段。

在切实加强现有林草植被保护和管理的基础上，本着遵循自然的原则和生物、工程措施相结合的方式进行建设，以实现区域生态环境的良性循环。建设内容分为造林营林、草地治理、水利配套设施建设和小流域综合治理 3 个方面。

（3）工程建设任务　到 2010 年，完成退耕还林 $262.9 \times 10^4 \mathrm{hm}^2$，其中退耕 $134.2 \times 10^4 \mathrm{hm}^2$，荒山荒地荒沙造林 $128.7 \times 10^4 \mathrm{hm}^2$；营造林 $494.4 \times 10^4 \mathrm{hm}^2$；草地治理 $1062.8 \times$

$10^4\,hm^2$，其中禁牧 $568.5\times10^4\,hm^2$，建暖棚 $286\times10^4\,m^2$，购买饲料机械 23100 套；建水源工程 66059 处，节水灌溉 47830 处，完成小流域综合治理 $23445km^2$；生态移民 18 万人。

"十五"期间完成退耕还林 $210.7\times10^4\,hm^2$，其中退耕 $106.7\times10^4\,hm^2$，荒山荒地荒沙造林 $104\times10^4\,hm^2$；营造林 $323.3\times10^4\,hm^2$；草地治理 $600.8\times10^4\,hm^2$，其中禁牧 $354.1\times10^4\,hm^2$，建水源工程 30548 处，节水灌溉 19912 处，完成小流域综合治理 $10485km^2$；生态移民 8 万人。

**2. 京津风沙源治理工程二期规划**

温家宝同志 2012 年 9 月 19 日主持召开国务院常务会议，讨论通过《京津风沙源治理二期工程规划（2013～2022 年）》。

（1）工程建设范围　工程区范围由北京、天津、河北、山西、内蒙古 5 个省（自治区、直辖市）的 75 个县（旗、市、区）扩大至包括陕西在内 6 个省（自治区、直辖市）的 138 个县（旗、市、区）。京津风沙源治理二期工程，坚持遵循自然规律，坚持生物措施、农艺措施和工程措施相结合，努力促进农牧业结构调整和生产方式转变，注重体制机制创新，提高综合效益。

（2）工程规划任务　包括加强林草植被保护和建设，提高现有植被质量和覆盖率，加强重点区域沙化土地治理，遏制局部区域流沙侵蚀，稳步推进易地搬迁，降低区域生态压力等。

① 加强林草植被保护，提高现有植被质量，对公益林采取有效措施进行管护，对退化、沙化草原实施禁牧或围栏封育，规划公益林管护 $730.36\times10^4\,hm^2$、禁牧 $2016.87\times10^4\,hm^2$、围栏封育 $356.05\times10^4\,hm^2$。

② 加强林草植被建设，增加植被覆盖率，在适宜地区，人工造林 $289.73\times10^4\,hm^2$、飞播造林 $67.79\times10^4\,hm^2$、飞播牧草 $79.15\times10^4\,hm^2$、封山（沙）育林育草 $229.16\times10^4\,hm^2$。

③ 对工程区 25°以上的陡坡耕地，实施退耕还林；对严重沙化耕地，实施退耕还草。

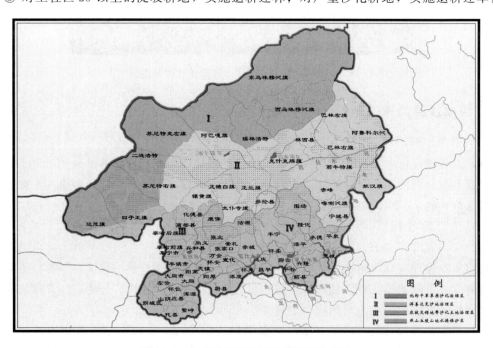

图 11-4　京津风沙源治理工程规划示意图

④ 加强重点区域沙化土地治理，遏制局部区域流沙侵蚀，开展工程固沙 $37.15 \times 10^4 \mathrm{hm}^2$。

⑤ 合理利用水土资源，提高水土保持能力和水资源利用率，开展小流域综合治理 $2.11 \times 10^4 \mathrm{hm}^2$，建设水源工程 10.36 万处、节水灌溉工程 6.01 万处。

⑥ 合理开发利用草地资源，促进畜牧业健康发展，建设人工饲草基地 $68.13 \times 10^4 \mathrm{hm}^2$、草种基地 $6.25 \times 10^4 \mathrm{hm}^2$，配套建设暖棚 $2135 \times 10^4 \mathrm{m}^2$、青储窖 $1223 \times 10^4 \mathrm{m}^3$、储草棚 $236 \times 10^4 \mathrm{m}^2$、购置饲料机械 60.72 万台（套）。

⑦ 降低区域生态压力，整个工程区易地搬迁 37.04 万人。

（3）规划投资 877.92 亿元。

## 三、京津风沙源治理工程的主要政策

（1）退耕还林　粮食及现金补助年限按生态林计算为 8 年，按经济林计算为 5 年。粮食补助标准：按退耕地面积每年补助粮食（原粮）$1500 \mathrm{kg/hm}^2$，粮食按 1.40 元/kg 计算。现金补助标准：按退耕地面积每年补助现金 300 元/$\mathrm{hm}^2$；退耕地造林和宜林荒山荒地荒沙造林种苗补助费 750 元/$\mathrm{hm}^2$。

（2）造林营林　人工造林投资 4500 元/$\mathrm{hm}^2$，中央补助暂按 1500 元/$\mathrm{hm}^2$ 计算；飞播造林 1800 元/$\mathrm{hm}^2$（含飞播后管护），封山育林 1050 元/$\mathrm{hm}^2$，全部由中央投入。

（3）草地治理　人工种草投资 1800 元/$\mathrm{hm}^2$，其中中央补助暂按 900 元/$\mathrm{hm}^2$ 计算；飞播牧草投资 1500 元/$\mathrm{hm}^2$，中央补助暂按 750 元/$\mathrm{hm}^2$ 计算；围栏封育投资 1050 元/$\mathrm{hm}^2$，中央补助暂按 600 元/$\mathrm{hm}^2$ 计算；基本草场建设投资 7500 元/$\mathrm{hm}^2$，中央补助暂按 1200 元/$\mathrm{hm}^2$ 计算；草种基地建设投资 18000 元/$\mathrm{hm}^2$，中央补助暂按 7500 元/$\mathrm{hm}^2$ 计算。禁牧后饲料粮补贴标准为 $0.225 \mathrm{kg/(d \cdot hm}^2)$。其中北部干旱草原沙化治理区和浑善达克沙地治理区按全年禁牧 365 天计，农牧交错带沙化土地治理区和燕山丘陵山地水源保护区按全年禁牧 180 天计，饲料粮补助期限为 5 年。根据国家财力状况，饲料粮的补助暂由工程区各省根据实际情况，在退耕还林的粮补中统筹安排。禁牧舍饲后所需的棚圈按 200 元/$\mathrm{m}^2$ 计算，其中中央补助暂按 150 元/$\mathrm{m}^2$ 计算，饲料加工机械设备按每台（套）2500 元计算，中央每台（套）补助暂按 2000 元计算。

（4）水利措施　水源及节水配套工程每处中央补助 1 万元；小流域综合治理工程每平方千米中央补助 20 万元。

（5）生态移民　暂按 5000 元/人计算，全部由中央基建资金解决。

退耕还林匹配的荒山荒地造林任务，在签订合同的基础上，可以单独切块安排给造林大户、企事业单位、社会团体、部队等各种社会组织和个人，享受国家 750 元/$\mathrm{hm}^2$ 的种苗和造林补助。并依据有关法律和规定进行登记，确认权属，核发林权证。

工程区内国有农、林、牧场已承包到户，符合政策规定的耕地，在承包人自愿的前提下可以承担退耕还林任务，并享受国家退耕还林政策。

工程区内退耕还林配套的荒山荒地造林，可以因地制宜，科学确定植被恢复方式。在不具备人工造林条件的地区，可以因地制宜地采取封山（沙）育林、飞机播种造林等方式完成，并加强补植补造。

## 四、京津风沙源治理工程建设进展

京津风沙源治理工程自 2000 年 6 月经国务院批准，在北京、天津、河北、山西、内蒙

古5省（自治区、直辖市）的65个县（旗）试点。2001年，试点范围由65个县（旗）增加到75个，试点工作全面展开。2002年3月，国务院正式批复工程规划，工程全面启动。

2000年突出抓试点，这项工程是当年决策、当年实施的一项紧急启动工程，按照国务院决定，为全面推进做准备，在当年按照试点探索、示范带动、以点促面、稳步推进的原则，在4个类型区确定了8个重点治理区，并根据各重点治理区的不同情况，有针对性地确立了包括7种类型的66个试验示范项目。国家林业局精心组织，总结出了一套行之有效的治理模式和实用技术，为工程全面启动奠定了坚实基础。

2001年突出抓"三禁"。滥牧、滥樵、滥垦是京津工程区土地沙化的主要成因，也是影响建设成果的关键。故此，国家林业局在广泛征求意见的基础上，提出并组织在工程项目区实行禁牧、禁樵、禁垦"三禁"措施，使工程区植被人为破坏现象得到有效遏制，保障了建设成果。此项措施在其他沙区也都普遍实行起来，效果十分明显。

2002年突出抓机制。为激活社会力量，吸引社会各界参与工程建设，国家林业局出台了工程建设的优惠政策，调动了社会力量参与工程建设的积极性。现在有100多个企业投资参与这项工程建设。

2003年突出抓档案。国家林业局领导提出"无档则乱"的告诫，为确保各参与主体投资及建设成果的明晰，落到实处，强化了档案管理，为各省、市、县配备了微机和档案管理软件，培训了人员，规范了档案管理标准，严格达标验收，基本实现了户有卡、村有薄、乡有档、县有库的档案管理工作目标。

2004年突出抓后续产业。为健康、有序、快速地推进产业发展，国家林业局下发了《国家林业局关于加快京津风沙源治理工程区沙产业发展的指导意见》，同时以局长令的形式颁发了《营利性治沙登记管理办法》，为搞好工程后续产业发展奠定了良好基础。

2005年突出抓植被抚育管护。随着这几年工程建设任务的不断加大，工程区内林草植被面积大幅度增加，幼林抚育、森林病虫害、防火等抚育管护任务越来越大，为保证工程建设质量和巩固建设成果，2005年初国家林业局下发了《国家林业局关于切实做好京津风沙源治理工程区林分抚育和管护工作的通知》，对植被管护工作提出了明确要求。

截至2010年，工程建设累计完成退耕还林及营造林$600 \times 10^4 \text{hm}^2$，草地治理$867 \times 10^4 \text{hm}^2$，暖棚$973 \times 10^4 \text{m}^2$，饲料机械11.4万套，小流域综合治理$11823 \text{km}^2$，节水灌溉和水源工程共16.5万处，生态移民76660人。

截至2011年年底，京津风沙源治理工程已累计完成林业建设任务$669 \times 10^4 \text{hm}^2$。其中：退耕还林$228 \times 10^4 \text{hm}^2$，人工造林和飞播造林$216 \times 10^4 \text{hm}^2$，封山育林$225 \times 10^4 \text{hm}^2$。京津风沙源治理工程实施10年多来，各方累计投资已经超过400多亿元。

## 五、京津风沙源治理工程建设成效

### 1. 有力地改善了首都及周边地区生态状况

通过大规模的林草植被建设和严格的植被保护，工程区林草植被得到快速恢复和增加，植被盖度明显增加，森林覆盖率达到15%，比第六次森林资源清查时增加了4个百分点。土壤侵蚀强度明显下降，风沙天气明显减少。工程区地表释尘总量从2001年的$3124 \times 10^4 \text{t}$减少到2009年的$1772 \times 10^4 \text{t}$，减幅为43.3%。北京地区的沙尘天气总体上呈下降趋势，2010年共遭受3次浮尘天气影响，少于近10年同期均值4.9次。与治理前相比，空气质量有所好转，北京市区可吸入颗粒物减少了7.8%；泥沙侵蚀状况得到改善，密云水库近4年的泥沙输入量减少了 10 多万吨。

### 2. 促进了区域经济发展，增加了农民收入

通过实施工程，改善了种养业结构，改变了长期以来农民广种薄收和牧民传统放养的习惯，初步实现了生产方式的变革，一批附加值高的经济林产业、高效畜禽养殖业初具规模。工程区经济社会保持高速增长。据监测显示，工程区人均地区生产总值的年均增长率为 15.4%，高于全国平均水平，取得了生态和经济的双赢，农民收入持续、高速增长。10 年来，工程区农民人均纯收入由 2178 元增加到 5788 元，年均增长 11.5%，高于全国平均水平。

### 3. 促进了全民生态意识的提高，丰富了生态文明的内涵

生态建设与保护，已成为地方各级政府、干部群众的共识和自觉行动，变"要我干"为"我要干"，一种爱绿、护绿、增绿的生态文明氛围已初步形成。通过长期的防沙治沙和工程建设，涌现出了唐臣、白俊杰等全国治沙标兵，以及赤峰敖汉全球环境 500 佳、张家口市护卫京津党员增绿添彩行动、承德的生态产业、乌盟的"进一退二还三"战略、锡盟的"围封转移"战略等。

# 第六节　长江防护林工程[1]

## 一、长江防护林工程启动背景

长江是中华民族的母亲河。长江流域横跨中国东部、中部和西部三大经济区，共计 19 个省、市、自治区；流域总面积 $180 \times 10^4 km^2$，占中国国土面积的 18.8%。长江干流全长 6300 余千米，支流众多，其中支流长度 500km 以上的有 18 条，流域面积超过 $1000 km^2$ 的支流达 437 条；长江流域湖泊众多，湖泊总面积 $15200 km^2$，约为全国湖泊总面积的 1/5。

长江流域具有独特的生态系统，拥有众多稀有动植物，生物多样性居中国七大流域首位。长江流域年均水资源总量 $9960 \times 10^8 m^3$，全流域水能理论蕴藏量约 $2.8 \times 10^8 kW$，可开发量约 $2.6 \times 10^8 kW$。森林资源蕴藏量大，矿产资源丰富。经济总量占全国的 45% 以上，人口占全国的 38.5%，在国家经济社会发展全局中具有重要的战略地位和带动作用。

但是，由于长期以来对长江流域的过度索取和破坏，给母亲河带来了十分严重的生态灾难。一是森林资源破坏严重。长江流域由于人口密度大，土地负载过重，人地、人粮等资源利用与环境保护的矛盾十分突出。尤其是中上游地区，过去森林资源十分丰富，由于长期的不合理开发和乱砍滥伐，导致森林资源遭到严重破坏。据历史记载，长江上游地区森林覆盖率曾达到 50% 以上，20 世纪 60 年代初期下降到 10% 左右，1989 年森林覆盖率提高到 19.9%。但森林资源总量不足，质量不高，生态功能不能满足区域经济社会发展的需求，生态环境质量低下成为制约长江流域经济社会可持续发展最主要的因素。二是水土流失严重。20 世纪 50 年代，长江流域的水土流失面积为 $36 \times 10^4 km^2$，80 年代达到 $62 \times 10^4 km^2$，年土壤侵蚀量达到 $24 \times 10^8 t$，其中长江上游地区为重灾区，水土流失面积达 $45.24 \times 10^4 km^2$，年土壤侵蚀量 $19.48 \times 10^8 t$，且水土流失的强度大。严重的水土流失造成了水利工程和江河

---

[1]　本节作者为闫平（国家林业局调查规划设计院）。

湖泊的严重淤积，全流域每年损失的水库库容达 $12 \times 10^8 \, m^3$，相当于报废 12 座大型水库。20 世纪 50～80 年代，流域内的湖泊面积由 $2.2 \times 10^4 \, km^2$ 锐减为 $1.2 \times 10^4 \, km^2$，损失调蓄能力 $100 \times 10^8 \, m^3$。三是旱涝和泥石流等频繁发生。生态环境的恶化，使洪涝、旱灾、泥石流成为长江流域的 3 大灾害，并且发生频率不断增加、灾害强度持续加重、成灾范围不断扩大。洪涝灾害是长江流域危害最大的自然灾害，灾害次数和强度居我国 7 大流域之首。1981 年 7 月四川特大洪水，造成全省 119 个县市的 1500 万人受灾，数座县城被淹，仅工业直接经济损失就达 75 亿元。长江上游地区是我国滑坡、泥石流等地质灾害最为集中、危害最为严重的地区之一，严峻的生态形势已危及到长江流域的国土安全，制约着流域经济的平稳发展。

没有森林，就没有长江的安全，恢复森林是根治长江水患和维护三峡大坝安全的根本之策。因此，为改善长江流域日益恶化的生态环境，1986 年 4 月全国人大六届四次会议通过的《国民经济和社会发展第七个五年计划》中，明确提出要"积极营造长江中上游水源涵养林和水土保持林"，原林业部组织编制了《长江中上游防护林体系建设一期工程总体规划》。

## 二、长江防护林工程建设规划

长江流域防护林体系建设一期工程的建设重点是恢复植被，工程在长江中上游地区的安徽、江西等 12 个省（自治区、直辖市）271 个县（市、区）全面实施，工程区总土地面积 $160 \times 10^4 \, km^2$，占流域面积的 85%。1989～2000 年为一期工程，其中有 22 个县造林面积在 $6.6 \times 10^4 \, hm^2$ 以上。

长江流域防护林体系建设二期工程（2001～2010 年）建设区域包括长江、淮河流域，涉及上海、江苏、浙江、安徽、江西、山东、河南、湖北、湖南、重庆、四川、贵州、云南、西藏、陕西、甘肃、青海 17 个省（自治区、直辖市）的 1035 个县（市、区），土地总面积 $216.15 \times 10^4 \, km^2$，占国土面积的 22.5%。规划造林任务 $687.72 \times 10^4 \, hm^2$，其中人工造林 $313.24 \times 10^4 \, hm^2$，封山育林 $348.03 \times 10^4 \, hm^2$，飞播造林 $26.45 \times 10^4 \, hm^2$。规划低效防护林改造 $388.1 \times 10^4 \, hm^2$。

长江流域防护林体系建设三期工程延续二期工程的建设范围，涉及上海等 17 个省（自治区、直辖市）的 1035 个县（市、区），土地总面积 $216.15 \times 10^4 \, km^2$。长江流域防护林体系建设三期工程主要建设内容为造林、低效林改造、能力建设，未涉及的建设内容将纳入其他林业重点建设工程。三期工程造林总规模为 $1278.00 \times 10^4 \, hm^2$，其中人工造林 $361.60 \times 10^4 \, hm^2$，封山育林 $907.25 \times 10^4 \, hm^2$，飞播造林 $9.15 \times 10^4 \, hm^2$。三期工程规划低效林改造规模 $906.24 \times 10^4 \, hm^2$（其中低效用材林改造 $220.49 \times 10^4 \, hm^2$），能力建设包括监测体系建设、科技推广和科技培训。

## 三、长江防护林工程主要政策措施

根据国家林业局《防护林造林工程投资估算指标》（试行），结合长防护林造林实际成本，经综合平衡，三期工程造林单位成本如下：人工造林 9750 元/$hm^2$，费用包括苗木费、整地费、栽植费、补植费和造林后 3 年抚育与管护费用；封山育林 1050 元/$hm^2$，费用包括设置围栏、宣传牌、苗木补植补播、人工促进育林和 5～8 年管护等费用；飞播造林 1800 元/$hm^2$，费用包括种子处理、地面处理、飞行费和播后管护费用。低效林改造补助 7500 元/$hm^2$，费用主要包括苗木费、整地费、栽植费、割灌、间伐、抚育管理等费用。能力建设按照相似工程计算方法计取，按造林、低效林改造投资总和的 3% 计算。

## 四、长江防护林工程建设进展

长江流域的生态状况，不仅关系到我国数亿人的生存与发展，还是我国实现经济、社会可持续发展的重要前提和保障。在党中央、国务院的领导下，1989～2000 年在 271 个县（市、区）实施了长江中上游防护林体系建设一期工程。长江流域防护林体系建设一期工程累计完成营造林面积 685.5×$10^4$ hm²，其中，人工造林 422.5×$10^4$ hm²，飞播造林 7.5×$10^4$ hm²，封山育林 221.0×$10^4$ hm²，幼林抚育 34.5×$10^4$ hm²。工程实施 11 年，森林覆盖率由 1989 年的 19.9% 提高到 29.5%，净增 9.6 个百分点。治理水土流失面积 6.5×$10^4$ 平方千米，治理区土壤侵蚀量由治理前的 9.3×$10^8$ t 降低到 5.4×$10^8$ t，减少了 42.0%。改善了农业生产环境，增强了抵御旱、洪、风沙等自然灾害的能力，维护了水利工程效益的发挥。营建的防护林有效庇护农田 666.7×$10^4$ hm² 以上，仅此一项按减灾增益 10% 计算，产生的间接效益就达数十亿元。

2001～2010 年，国家林业局在总结一期工程建设成效和经验的基础上，实施了长江流域防护林体系建设二期工程，二期建设范围扩大到整个长江流域、淮河流域及钱塘江流域，涉及 17 个省（自治区、直辖市）的 1033 个县。二期工程累计完成造林面积 687.72×$10^4$ hm²，其中，人工造林 313.24×$10^4$ hm²，封山育林 348.03 hm²，飞播造林 26.45×$10^4$ hm²。低效林改造 629.13×$10^4$ hm²。

目前正在实施长江中上游防护林体系建设三期工程（2011～2020 年）工程规划。

## 五、长江防护林工程建设成效

长江流域防护林体系建设工程不仅构筑了工程地区防护林体系的基本骨架，而且有力地推动了全流域造林绿化事业的发展，促进了流域经济的发展和社会稳定，在生态、经济、社会等方面取得了明显的成效。

（1）森林资源持续增长，防护功能不断增强　通过长江流域防护林体系工程建设，工程地区的森林植被得到了迅速恢复，森林植被涵养水源、保持水土、调节径流、削减洪峰的防护功能有了较大的提高。通过一期工程建设，项目区减少土壤侵蚀量 4.07×$10^8$ t/a，通过二期工程建设，项目区减少土壤侵蚀量 2.29×$10^8$ t/a。

（2）林业结构合理调整，林业产业快速发展　长江流域防护林体系建设工程在坚持生态优先的前提下，各地创新建设理念，丰富建设内涵，挖掘工程内在经济潜能，优化林种、树种结构，选择一些既有较高生态防护功能，又具备较好经济效益的树种，建设了一批用材林、经济林、薪炭林基地，成为农民增收的新增长点，一大批农户通过直接参加工程建设和发展经济林果走上了致富路。依托森林资源，不仅带动了种养殖业发展，而且促进了木材加工、森林食品、森林旅游等相关产业发展，促进了农村产业结构调整，缓解了山区经济发展滞后的局面。

（3）山区经济快速发展，农民致富能力增强　长江流域防护林体系建设工程在始终贯彻以生态防护林建设为主的建设宗旨的同时，各地根据实际情况，适当发展生态经济林，实现生态效益与经济效益的有机结合，增强林业发展活力，促进了山区经济的发展。国家财政资金和地方财政资金的直接投入，拉动了项目工程区经济发展，项目区群众通过参与工程建设直接获得劳务补贴收入。同时，通过长江流域防护林体系工程建设中的育苗、整地、栽植、抚育、管护等，给当地农民和国有林场提供了大量的就业和发展机会，解决了农村的大量剩余劳动力，使农民能够不出村门有活干，靠着荒山把钱赚，绿了家乡的山头，鼓了自家的腰包，工程建设已经成为山区人民致富的新亮点。

（4）林业科技进步显著，服务体系不断完善　长江流域防护林体系建设工程特别注重科技攻关和技术组装配套，采用了一些新技术、新方法，大面积营造了针阔混交林，使林分结构更加趋于稳定和合理。采用良种育苗、选择合格苗造林、坚持按设计施工、实行专业队栽植、开展工程封山育林、兴办管护林场等一系列旨在提高工程建设质量和效益的技术措施和工程管理办法，收到了良好的效果。各地在工程实施中还创新造林模式，实行"林水结合"、"林路结合"、"林禽结合"、"林药结合"、"林农结合"的新模式，不仅极大地拓宽了林业发展的空间，而且充分发挥了工程的防护功能，综合效益显著。同时，经过多年不断地探索、总结、完善，各地在工程项目安排、工程设计、工程检查验收、工程质量管理、工程档案管理等方面逐步积累了一整套行之有效的管理经验，对类似工程项目具有重要的指导作用。

# 第七节　沿海防护林工程❶

## 一、沿海防护林工程启动背景

我国海岸线北起辽宁鸭绿江口，南至广西北仑河口，大陆海岸线长 18340km，岛屿海岸线长 11559km。沿海地区经济社会发达、城市化水平高、人口密度大、企业密集，分布有 100 多个中心城市和 600 多个港口，13％的国土面积上集中了我国 70％以上的大城市，是带动我国经济社会快速发展的"火车头"，地位和作用十分重要。据统计，2010 年，沿海地区国内生产总值达 10.7 万亿元，地方财政收入 1.3 万亿元，城镇居民年均收入 2.3 万元，农村人口年均收入 1.6 万元。同时，由于受地理位置和自然条件等因素影响，我国沿海又是自然灾害多发区域，台风、风暴潮、暴雨、洪涝、干旱、风沙等自然灾害频发，严重威胁着沿海地区的经济发展和人民群众的生命财产安全。沿海防护林体系建设工程，作为沿海地区生态建设的主体工程，肩负着防灾减灾、抵御自然灾害的重任。沿海工程涉及河北、辽宁等11 个省（自治区、直辖市）和 5 个计划单列市。

党和国家领导人历来十分关心沿海地区的防灾减灾和人民生命财产安全。早在 20 世纪80 年代，邓小平、万里等同志先后就沿海地区防护林建设做出过重要指示。1983 年，邓小平同志在视察大连时就多次指示要加快沿海的绿化速度；1987 年，万里副总理在约见原林业部领导时指出："沿海防护林很重要，要用建设三北防护林的办法，营造起沿海绿色万里长城，这要当作一件大事去抓。"

## 二、沿海防护林工程建设规划

沿海防护林体系建设一期工程规划到 2010 年新造林 $356 \times 10^4 \mathrm{hm}^2$，森林覆盖率由24.9％增加到 39.1％，使 $771 \times 10^4 \mathrm{hm}^2$ 农田得到林网保护，水土流失量减少 50％。

沿海防护林体系建设二期工程涉及天津、河北、辽宁、上海、江苏、浙江、福建、山东、广东、广西、海南 11 个省（自治区、直辖市）的 221 个县（市、区），土地总面积

---

❶ 本书作者为闫平（国家林业局调查规划设计院）。

$25.98 \times 10^4 \mathrm{km}^2$，占国土面积的 2.7%。二期工程规划造林 $136.03 \times 10^4 \mathrm{hm}^2$，其中人工造林 $68.3 \times 10^4 \mathrm{hm}^2$，封山育林 $61.4 \times 10^4 \mathrm{hm}^2$，飞播造林 $6.33 \times 10^4 \mathrm{hm}^2$；低效防护林改造 $97.93 \times 10^4 \mathrm{hm}^2$。

沿海防护林体系建设三期工程规划范围包括辽宁等沿海的 11 个省（自治区、直辖市）和大连、青岛、宁波、深圳、厦门 5 个计划单列市中直接受海洋性灾害危害严重的 259 个县（市、市辖区），以及在上述区域的人民解放军造林绿化用地，土地总面积为 $44.71 \times 10^4 \mathrm{km}^2$。大陆海岸线长度 18340km，其中，沙质海岸线长度 11410km，泥质海岸线长度 3844km，岩质海岸线长度 3086km。

三期工程规划营造基干林带 $53.14 \times 10^4 \mathrm{hm}^2$，其中人工造林 $35.06 \times 10^4 \mathrm{hm}^2$，封山育林 $18.08 \times 10^4 \mathrm{hm}^2$；林带修复 $33.64 \times 10^4 \mathrm{hm}^2$。规划保护红树林 $2.47 \times 10^4 \mathrm{hm}^2$，发展红树林 $6.59 \times 10^4 \mathrm{hm}^2$，开展 33 个红树林自然保护区保护管理设施建设；营造柽柳林 $22.87 \times 10^4 \mathrm{hm}^2$。规划营造纵深防护林 $99.99 \times 10^4 \mathrm{hm}^2$，其中人工造林 $68.47 \times 10^4 \mathrm{hm}^2$，封山育林 $31.52 \times 10^4 \mathrm{hm}^2$；村镇绿化 15066.52 万株。规划湿地资源保护和恢复总面积 $160.43 \times 10^4 \mathrm{hm}^2$，其中，湿地保护面积 $86.57 \times 10^4 \mathrm{hm}^2$，湿地恢复面积 $73.86 \times 10^4 \mathrm{hm}^2$。同时开展 103 个湿地类型自然保护区保护管理设施和基础设施建设。

### 三、沿海防护林工程主要政策措施

依据《生态公益林建设标准》、《自然保护区工程项目建设标准（试行）》等相关标准，综合规划调研过程中所收集到的工程区有关营造林、工程建设方面的指标，以及在此基础上编制的湿地恢复工程、红树林保护与恢复工程的建设标准确定投资指标。以海岸基干林带为主的防护林，基干林带人工造林为 8025 元/$\mathrm{hm}^2$，封山育林为 1800 元/$\mathrm{hm}^2$，基干林带修复为 1725 元/$\mathrm{hm}^2$；纵深防护林人工造林为 6300 元/$\mathrm{hm}^2$，封山育林为 1500 元/$\mathrm{hm}^2$；乡村绿化，农田防护林为 5550 元/km，护路林为 4575 元/km，乡村绿化为 1.4 元/株。

以红树林为主的消浪林带、湿地保护与恢复、自然保护区管护设施的单位费用依据所调研的相关费用方面的资料、以往工程建设费用确定。红树林保护为 1605 元/$\mathrm{hm}^2$，红树林发展为 12360 元/$\mathrm{hm}^2$；柽柳林营造为 8025 元/$\mathrm{hm}^2$，柽柳林封育为 1800 元/$\mathrm{hm}^2$；湿地保护为 405 元/$\mathrm{hm}^2$，湿地恢复为 1605 元/$\mathrm{hm}^2$。自然保护区保护管理设施和基础设施单位费用分为国家级、地方级两个级别，国家级自然保护区为 450 万元/处，地方级保护区为 350 万元/处。

基干林带、消浪林带示范区建设费用为 150 万元/个，其他示范区 100 万元/个。

### 四、沿海防护林工程建设进展

1988 年，原国家计委批复了《全国沿海防护林体系建设工程总体规划》（计经〔1988〕174 号），全国沿海防护林体系建设一期工程正式启动，经过 10 多年的建设，一期工程建设取得了巨大成就。累计完成造林 $323.68 \times 10^4 \mathrm{hm}^2$，其中人工造林 $246.44 \times 10^4 \mathrm{hm}^2$，封山育林 $71.98 \times 10^4 \mathrm{hm}^2$，飞播造林 $5.26 \mathrm{hm}^2$，通过一期工程建设，全国 18340km 的大陆海岸线，已有 17000km 的海岸基干林带已基本合拢。

2000 年，国家林业局又统一部署沿海防护林体系二期工程建设规划编制工作，启动了二期工程建设。2005 年国家林业局及时组织对原规划进行了修编，工程建设按照修订后的《全国沿海防护林体系建设工程规划》（2006～2015 年）进行实施。二期工程累计完成造林

面积 $136.00\times10^4\,hm^2$，其中，人工造林 $68.27\times10^4\,hm^2$，封山育林 $61.40\times10^4\,hm^2$，飞播造林 $6.33\times10^4\,hm^2$。低效林改造 $97.93\times10^4\,hm^2$。

## 五、沿海防护林工程建设成效

在党中央、国务院正确领导和国家有关部门的大力支持下，经过沿海地区各级党委、政府和广大人民群众长期不懈的共同努力，沿海防护林体系建设取得了显著成效，发挥了明显的生态效益、经济效益和社会效益，为沿海地区经济社会可持续发展发和绿色增长做出了重要贡献。

（1）体系框架基本形成　近 10 年来，沿海地区累计造林 $245\times10^4\,hm^2$，森林覆盖率达 36.9%，林木覆盖率达 39%，新造、更新海岸基干林带 17478km，初步实现了基干林带合拢，并形成了以村屯和城镇绿化为"点"，以海岸基干林带建设为"线"，以荒山荒滩绿化和农田林网建设为"面"的点、线、面相结合的沿海防护林体系框架。

（2）生物多样性不断丰富　工程区现有红树林成林面积 $3\times10^4\,hm^2$，建立了 29 处红树林自然保护区，其中海南东寨港等 5 处红树林类型湿地被列入国际重要湿地名录。同时，大力推广红树林新品种、新技术，建设了一批定位监测站点，配合生态恢复建立了一批红树林良种繁育基地，一大批濒危物种得到有效保护，野生动植物种群数量明显回升，生物多样性更加丰富。

（3）农业综合生产能力增强　近 10 年来，沿海地区不断加强生态治理力度，水土流失面积减少 $94\times10^4\,hm^2$，林分年固土量达 $3.76\times10^8\,t$，年保肥量 $4.76\times10^8\,t$，年调节水量 $276\times10^8\,t$。沙化土地得到有效治理，一些地区的流动、半流动沙丘得到基本控制。完成村镇绿化面积 $12\times10^4\,hm^2$，营造农田防护林 $10\times10^4\,hm^2$，农田林网控制面积 $415\times10^4\,hm^2$，控制率达到 83%，有效地增强了农业综合生产能力，为粮食稳产增产做出了积极贡献。

（4）人居环境不断改善　沿海防护林体系建设结合区域绿化美化，加快了城乡绿化一体化进程，极大地改善了沿海地区的人居环境。不少地区基本实现了农田林网化、城市园林化、通道林荫化、庭院花果化，基本建成了人与自然和谐相处的人居生活环境。特别是很多滨海城市已经成为林带纵横、绿树成荫、人居适宜、经济繁荣的现代化城市，提升了我国城市的建设水平。随着沿海生态环境的改善，当地森林旅游产业蓬勃发展，2010 年工程区森林旅游达 1.3 亿人次，比 2000 年增加 1 亿人次。

（5）三大效益充分发挥　沿海防护林体系建设工程启动至今，已有 20 多年。特别是进入 21 世纪以来，通过实施二期工程规划，建设力度不断加大，建设范围不断延伸，三期工程已扩大至 261 个县，土地总面积达 6.57 亿亩。经测算，2010 年沿海防护林体系工程建设年综合效益总价值达 12697 亿元，其中生态效益价值 8185 亿元，经济效益价值 4492 亿元，社会效益价值 20 亿元。

# 第八节　珠江防护林工程[1]

## 一、珠江防护林工程启动背景

珠江是我国七大河流之一，与长江干线并列为我国高等级航道体系的"两横"，是大西

[1]　本书作者为闫平（国家林业局调查规划设计院）。

南出海最便捷的水路通道。珠江流域地处亚热带，北回归线横贯流域的中部，气候温和多雨，是我国粮食和亚热带经济作物的主要产区，也是我国南方连接西部与东部的一条主要江河。

长期以来，由于不合理的开发利用，珠江流域森林植被遭到破坏，生态状况日益恶化，中上游地区石漠化和水土流失面积逐年增加，洪灾、旱灾、泥石流等自然灾害频繁发生，且强度不断加大，不仅严重威胁着当地工农业生产和人民生命财产的安全，对下游发达地区，特别是对与香港、澳门紧邻的珠江三角洲地区经济社会的可持续发展造成很大威胁。

## 二、珠江防护林工程建设规划

珠江防护林体系建设一期工程从 1996 年开始，首批启动实施了 13 个县，1998 年国家实施积极的财政政策，加大了珠江防护林建设的资金投入和支持力度，又先后试点启动了 34 个县。

珠江防护林体系建设二期工程包括珠江流域江西、湖南、广东、广西、云南、贵州 6 省（自治区）的 187 个县（市、区），二期工程规划建设内容包括三个部分：营造林、低效防护林改造和配套设施规划。其中营造林 $227.8 \times 10^4 hm^2$，包括人工造林 $87.5 \times 10^4 hm^2$，封山育林 $137.2 \times 10^4 hm^2$，飞播造林 $3.1 \times 10^4 hm^2$，低效防护林改造 $99.76 hm^2$，配套设施建设包括种苗培育、工程管理、效益监测等。

当前的《珠江流域防护林体系建设工程三期规划（2011～2020 年）》中，工程建设范围扩大到 6 个省（自治区）的 37 个市（州）216 个县（市、区、直属林场），工程区域土地总面积 6.25 亿亩，占我国国土总面积的 4.35%。建设内容主要包括人工造林、封山育林和低效改造三部分。规划总任务 $392.4 \times 10^4 hm^2$，其中人工造林 $94.8 \times 10^4 hm^2$，占 24.16%；无林地和疏林地封育 $58.5 \times 10^4 hm^2$，占 14.90%；有林地和灌木林地封育 108.1 万亩，占 27.55%；低效林改造 $131 \times 10^4 hm^2$，占 33.40%。

## 三、珠江防护林工程主要政策措施

根据国家林业局《防护林造林工程投资估算指标》（试行），结合工程区林业建设的实际，综合分析评估后，本工程投资估算指标如下：人工造林 12000 元/$hm^2$（800 元/亩），费用包括苗木费、整地费、栽植费、补植费等；封山育林（无林地、疏林地）3000 元/$hm^2$（200 元/亩），封山育林（有林地、灌木林地）1500 元/$hm^2$（100 元/亩），封山育林费用包括设置围栏、宣传牌、苗木补植补播、人工促进育林等；低效林改造 4500 元/$hm^2$（300 元/亩），费用包括苗木费、整地费、栽植费、割灌间伐等；科技成果及适用技术推广 30 元/$hm^2$（2 元/亩）；监测体系建设 15 元/$hm^2$（1 元/亩）。

## 四、珠江防护林工程建设进展

建设珠江防护林工程，改善珠江流域地区的生态面貌，改变各族人民群众的生产生活条件，是我国几代领导人的共同心愿。在党中央、国务院高度重视下，为了加快珠江流域的生态建设，原林业部先后编制并组织实施了《珠江流域综合治理防护林体系建设工程总体规划（1993～2000 年）》、《珠江流域防护林体系建设工程二期规划（2001～2010 年）》，2003 年，中共中央、国务院在《关于加快林业发展的决定》中提出："继续推进珠江、长江等重点地区的防护林体系工程建设，因地制宜、因害设防，营造各种防护林体系，集中治理好这些地区不同类型的生态灾害"。规划的实施和中央决定的出台，对加快珠江流域森林资源恢复，改善流域内生态状况，促进当地经济发展和农民增收发挥了积极作用。珠江流域防护林体系一期工程启动实施了 47 个县，到 2000 年，一期工程建设共完成营造林 $67.28 \times 10^4 \mathrm{hm}^2$，其中人工造林 $23.45 \times 10^4 \mathrm{hm}^2$，飞播造林 $2.76 \times 10^4 \mathrm{hm}^2$，封山育林 $28.19 \times 10^4 \mathrm{hm}^2$，完成低效林改造 $12.88 \mathrm{hm}^2$，四旁植树 1.7 亿株。

二期工程实施期间，由于中央实际投资远不能完全满足规划任务量的需求，建设区仅完成珠江防护林建设任务 $95.50 \times 10^4 \mathrm{hm}^2$，为规划造林任务的 $22.18\%$。其中，人工造林 $47.43 \times 10^4 \mathrm{hm}^2$，封山育林 $38.97 \times 10^4 \mathrm{hm}^2$，飞播造林 $0.05 \times 10^4 \mathrm{hm}^2$，低效林改造 $9.05 \times 10^4 \mathrm{hm}^2$。

由于社会经济的持续发展，珠江流域防护林体系工程建设还远不能满足当前生态建设和社会经济发展的需要。根据《中华人民共和国国民经济和社会发展第十二个五年规划纲要》和《林业发展"十二五"规划》关于生态建设的总体部署，国家林业局在前两期建设的基础上，又组织编制了《珠江流域防护林体系建设工程三期规划（2011～2020 年）》。

## 五、珠江防护林工程建设成效

（1）森林资源明显增加，生态环境得到改善　项目实施以来，各省区始终将珠江流域防护林工程作为本省生态建设的重要内容，在水土流失严重、石漠化问题突出、造林绿化困难的区域，以人工造林、封山育林为主要措施，实施防护林建设工程，工程区有林地面积显著增加，森林覆盖率明显提高。截至 2010 年，项目区有林地面积增加到 $1912.90 \times 10^4 \mathrm{hm}^2$，森林蓄积为 $8.3 \times 10^8 \mathrm{m}^3$，森林覆盖率为 $56.80\%$，分别比 2000 年增加 $108.2 \times 10^4 \mathrm{hm}^2$、$2.7 \times 10^8 \mathrm{m}^3$ 和 $12\%$。

森林面积不断增加，增强了其保持水土、涵养水源和减少洪灾、泥石流、滑坡等自然灾害的能力，使工程区生态恶化、水土流失和石漠化严重的状况得到了明显改善。珠江流域水土流失面积 $7.24 \times 10^4 \mathrm{km}^2$，占全流域国土面积的 $17.4\%$，经过治理虽然水土流失面积降幅不大，但土壤侵蚀总量明显下降，轻度、强度侵蚀面积逐步减少。珠防工程区西江流域（包括南盘江、北盘江）、北江流域土壤侵蚀量下降尤为明显。广东省东江、西江、北江中上游水质一直保持在二类以上，新丰水库等大型水库水质一直保持在一类水质标准。

（2）促进了农、林产业发展与农民增收　各地在珠江防护林工程建设中，从实际出发，坚持以防护林建设为主体，生态建设与经济发展统筹兼顾，防护林、用材林、经济林有机结合，贯彻实施"生态建设产业化，产业发展生态化"这一建设思想。在生态区位重要和生态脆弱地块优先选用生态树种，大力营造防护林；在立地条件较好的地块积极发展经济林、用材林，做到防护林体系建设与林业产业发展相结合，培植了一批林业产业基地，产生了较好的经济效益，促进了农民的脱贫致富步伐。

（3）社会效益明显，人民群众生态建设与保护的意识不断增强　珠防工程建设不仅吸纳了农村富余劳动力，提供了门前打工的就业机会，建立了林业产业基地，为农民带来了经济收益，而且绿化了荒山，改善了生产生活环境，使山变绿、水变清、家乡更美丽。这些显著变化让广大干部群众看到了珠防工程给地方发展带来的新希望，进一步增强了保护生态和建设美好家园的信心，得到了广大农民的拥护和支持，造林、护林的积极性不断提高，初步形成社会积极参与造林、普遍护林的良好局面，林业生态建设在社会、经济发展中的地位不断提高。

# 第九节 平原绿化工程[1]

## 一、平原绿化工程启动背景

平原地区防护林体系通过发挥改善小气候、防风固沙、保持水土、改良土壤等防护效能，可有效防止或减轻自然灾害，特别是气象灾害对农作物的危害，庇护作物健康生长，促进粮食稳定增产。国内外研究表明，完善的平原农区防护林网体系可增加农田的粮食产量10%～20%，同时，还能起到城乡、工矿、庭院等的绿化美化作用，改善区域的生产生活环境。我国历来重视平原绿化工作，并将平原农区的防护林网体系建设作为重中之重予以推进。20 世纪 70～80 年代，我国就广泛开展了农林间作、农林复合经营和防护林网建设。经过三四十年来的努力，特别是组织实施"全国平原绿化工程"以来，平原地区森林覆盖率有了大幅度提升，区域环境有了很大的改善，绿化美化已成为建设生态设施、提供生态产品的主要措施。我国平原地区也是耕地集中的区域，土壤肥沃，灌溉条件好，是我国最重要的粮、棉、油生产基地，在国民经济建设和社会发展中处于极其重要的地位。特别是粮食，始终是关系国计民生的重要战略商品，是经济发展、社会稳定、国家自立的基础，保障国家粮食安全供给是治国安邦的头等大事。随着经济社会的发展和人们生活质量的提高，我国粮食的消费量一直呈刚性增长。

## 二、平原绿化工程建设规划

平原绿化工程涉及北京、天津、河北、山西、山东、河南、江苏、安徽、陕西、上海、福建、江西、浙江、湖北、湖南、广东、广西、海南、四川、辽宁、吉林、黑龙江、甘肃、内蒙古、宁夏、新疆 26 个省（自治区、直辖市）的 920 个平原、半平原和部分平原县（市、区、旗）。一期工程建设时间为 1988～2000 年，规划造林 $933 \times 10^4 \, \text{hm}^2$，以保护全国 40% 以上耕地的生态环境。规划目标为 920 个县（市、区、旗）在 2000 年前全部达到林业部颁的平原绿化县建设标准。共分三期进行，"七五"期末有 500 个县达到标准，"八五"期末有 700 个县达到标准，2000 年末 920 工程区县全部达标。

平原绿化二期工程（2001～2010 年）涉及原 26 个省（自治区、直辖市）的 944 个县（市、旗、区）。规划建设总任务 $552.1 \times 10^4 \, \text{hm}^2$，其中新建农田防护林带折合面积 $41.6 \times 10^4 \, \text{hm}^2$，荒滩荒沙荒地绿化 $294.5 \times 10^4 \, \text{hm}^2$，村屯绿化 $112.7 \times 10^4 \, \text{hm}^2$，园林化乡镇建设 $30.4 \times 10^4 \, \text{hm}^2$，改造提高农田林网面积 $72.9 \times 10^4 \, \text{hm}^2$。

平原绿化三期工程建设范围涉及北京等 24 个省（自治区、直辖市）的 926 个县（市、区、旗），规划建设任务为 $706.20 \times 10^4 \, \text{hm}^2$，其中，规划人工造林 $492.24 \times 10^4 \, \text{hm}^2$（包括宜林地造林 $214.12 \times 10^4 \, \text{hm}^2$，新建农田防护林带 $190.18 \times 10^4 \, \text{hm}^2$，规划村镇绿化 22.3 万个，折合面积 $87.94 \times 10^4 \, \text{hm}^2$），修复防护林带 $128.08 \times 10^4 \, \text{hm}^2$（包括更新改造 $70.19 \times 10^4 \, \text{hm}^2$，疏伐改造 $11.11 \times 10^4 \, \text{hm}^2$，补植改造 $23.60 \times 10^4 \, \text{hm}^2$，综合改造 $23.18 \times 10^4 \, \text{hm}^2$），农林间作 $85.88 \times 10^4 \, \text{hm}^2$。

---

[1] 本节作者为闫平（国家林业局调查规划设计院）。

## 三、平原绿化工程主要政策措施

根据平原地区营造林的实际情况，结合各省（区、市）总体规划中的投资指标，综合确定本规划新建林带、宜林地造林、村镇绿化投资标准为 7500 元/hm²，修复林带 3000 元/hm²，农林间作 1500 元/hm²。

## 四、平原绿化工程建设进展

我国平原绿化工作经历了 20 世纪 50～60 年代的沙荒造林和四旁植树、70～80 年代的农林间作和农田林网化建设、80 年代末期到 90 年代的平原绿化达标、高标准平原绿化试点和新时期的平原绿化工程等。平原绿化工程一期建设截至 2000 年年底，全国 920 个平原、半平原、部分平原县（市、区、旗）中有 869 个达到了部颁"平原县绿化标准"，占规划数的 94.5%。平原绿化取得了显著成效，全国平原绿化累计完成造林 698×10⁴ hm²，平原地区森林覆盖率由 1987 年的 7.3% 提高到 15.7%，新造农田防护林 376.8×10⁴ hm²，保护农田 3256×10⁴ hm²，农田林网控制率由 1987 年的 59.6% 增加到 70.7%，道路、沟渠、河流两岸绿化率达到了 85% 以上。

二期工程完成造林面积 674.36×10⁴ hm²，森林覆盖率提高 2.6 个百分点。二期工程完成的造林、低效林改造任务中，荒滩荒沙荒地等宜林地造林 303.46×10⁴ hm²，新建林带 155.10×10⁴ km，折合 140.77×10⁴ hm²，改良低效林带 53.95×10⁴ km，折合 49.99×10⁴ hm²，农林间作 74.18×10⁴ hm²，园林化乡镇 13.49 万个，面积 16.63×10⁴ hm²，村屯绿化 12.85 万个，面积 74.18×10⁴ hm²。目前正在实施三期工程规划。

## 五、平原绿化工程建设成效

经过多年的平原绿化建设，特别是全国平原绿化工程的实施，平原地区有林地面积不断增加，森林覆盖率大幅度提高，农民生产生活条件得到显著改善，生态效益、经济效益和社会效益显著。

（1）改善区域生态，保障粮食稳产高产　平原地区是我国的粮仓，平原地区粮食的高产稳产是国家粮食供给安全的保障。国内外的实践证明，发展平原林业，构筑良好的平原农田防护林体系，对于改良土壤、提高土壤肥力、改善农田小气候，减轻干热风、倒春寒、霜冻、沙尘暴等灾害性天气的危害，提高粮食产量具有特殊作用。据观测，有防护林网的农田与无防护林网的农田相比，土壤有效含水量可增加 20%，温度降低 1.6～1.9℃，在干旱区可达到 3～5℃，相对湿度提高 10%～20%，蒸发量减少 8%～12%。农田林网可以使所控制的耕地的粮食产量增加 10%～20%。山东省齐河县 2003 年以后的 3 年间，全县造林 5.67×10⁴ hm²，使有林地面积达到 6.67×10⁴ hm²，粮食产量从 4.81×10⁸ kg 增加到 8.62×10⁸ kg，充分体现了林网改善农田小气候、改良土壤等促进粮食增产稳产的作用。目前，河南省粮食和棉花产量分别达到了 1949 年的 5.9 倍和 12.2 倍，2006 年、2007 年更是连续两年粮食产量突破 500×10⁸ kg 大关，成为全国第一产粮大省，这与平原地区标准化防护林网控制的农田面积达到 452.3×10⁴ hm² 不无关系。

（2）增加木材供给，保障国家木材安全　经过多年的建设，原来无林少林的平原地区，现在已经成为我国重要的木材生产基地，据统计，到 2010 年年底，我国平原地区活立木蓄积量已达到 8.58×10⁸ m³，占全国的 6.4%；木材产量占全国的 43.7%；竹材产量近 3 亿根，占全国的 26.1%。平原地区林业的发展，对于解决当地群众的生产生活用材、缓解我国木材供给紧张的局面、保障国家木材供给安全等具有重要作用。

（3）增加经济收入，促进农民就业增收　平原地区自然条件优越、经济相对发达，能够最大限度地把林业资源优势转化为产业优势和经济优势，有效地促进农村经济发展和农民增收。据统计，2007 年全国平原地区林业总产值已达到 5000 多亿元，占全国林业总产值的40%，为农村经济发展做出了重要贡献，有的还成为地方的经济支柱。平原林业已提供就业岗位 1066 万个，平原地区农民人均年纯收入达到 4700 元，超过全国平均水平。在北方平原地区农民种植杨树，1m$^3$ 木材少则收入 500～600 元，多则 1000 元，单位面积收入是农作物的 3～6 倍。到 2010 年年底，平原地区经济林面积已达 350×10$^4$hm$^2$，约占全国经济林总面积的 17.1%，建成了苹果、红枣、香梨、板栗等一大批特色鲜明、布局合理的产业基地，广大人民群众从特色经济林等产业中获得了实实在在的利益，地方经济也得到了较大发展。新疆林果业年创产值 114 亿元，农民人均林果业收入达到 450 元，其中库尔勒市和若羌县农民每年人均林果收入在 4500 元以上。

（4）美化村容村貌，推动生态文明建设　平原地区不仅是农区，也是重要的工业生产基地。大力发展平原林业，一方面可以绿化环境，美化村容村貌；另一方面，可以提高森林的固碳能力，增加林木生物质能源，充分发挥林业间接减排的作用。经过多年的努力，到2010 年底，全国平原地区绿色通道绿化率为 75%；村镇绿化总面积为 335.5×10$^4$hm$^2$，绿化率达 28.4%；城区绿化覆盖率则达到 35.1%，人均公共绿地面积 8.3m$^2$。平原地区的村容村貌得到了极大改善，一些地方基本实现了"四化"（城市园林化、道路林荫化、农田林网化、庭院花果化），为全面建设农村生态文明奠定了良好的基础。如湖北省林业部门在推进新农村建设中，以"创绿色家园"为切入点，以"建富裕新村"为结合点，全面加强"四化、一片林"建设，有效促进了农村绿化美化。同时，大力发展平原林业，还可以激发农民学科技、用科技的热情，有利于形成崇尚科学、保护生态、爱护环境的良好风尚。

# 第十节　太行山绿化工程[1]

## 一、太行山绿化工程启动背景

太行山地处我国地形第二阶梯的东缘，东部与中西部的交汇处，位于晋、冀、豫、京交界地区，为华北大平原西侧的天然屏障，是海河及黄河重要支流的发源地和水源区。加快太行山林业生态建设，对保障华北平原及京津地区生态安全，促进区域社会经济可持续发展具有重要意义。

## 二、太行山绿化工程建设规划

太行山绿化一期工程（1986～2000 年），涉及北京、河北、山西、河南 4 省（直辖市），规划造林 136×10$^4$hm$^2$。

太行山绿化二期工程（2001～2010 年），涉及北京、河北、山西、河南 4 省（直辖市）的 77 个县（市、区），土地总面积 8.40×10$^4$km$^2$，占国土面积的 0.87%。规划造林146.2×10$^4$hm$^2$，其中人工造林 67×10$^4$hm$^2$，封山育林 50.7×10$^4$hm$^2$，飞播造林 28.5×

$10^4 hm^2$。规划低效防护林改造 $45.1 \times 10^4 hm^2$。计划到 2010 年，新增森林面积 $110 \times 10^4 hm^2$，森林覆盖率达到 32.4%，建成较为完善的防护林体系。

太行山绿化三期工程建设内容为造林、低效林改造和能力建设，根据建设区四省（直辖市）生态建设的实际情况，太行山绿化三期工程造林规模确定为 $135.2 \times 10^4 hm^2$，其中，人工造林 $81.6 \times 10^4 hm^2$，占造林总任务的 60.4%；封山育林 $49.6 \times 10^4 hm^2$（无林地和疏林地封育 $26.1 \times 10^4 hm^2$，有林地和灌木林地封育 $23.5 hm^2$），占造林总任务的 36.7%；飞播造林 $4 \times 10^4 hm^2$，占造林总任务的 2.9%。

规划低效林改造规模 $32.47 \times 10^4 hm^2$，占工程区低效林总面积的 70.4%。

## 三、太行山绿化工程主要政策措施

根据国家林业局《防护林造林工程投资估算指标》（试行），结合太行山 2009 年造林实际成本，经综合平衡，三期工程造林单位面积投资指标如下：人工造林 15000 元/$hm^2$，费用包括苗木费、整地费、栽植费、补植费和造林后 3 年抚育与管护费用；封山育林 3150 元/$hm^2$，费用包括设置围栏、宣传牌、苗木补植补播、人工促进育林和 $5 \sim 8$ 年管护等费用；飞播造林 1800 元/$hm^2$，费用包括种子处理、地面处理、飞行费和播后管护费用。低效林改造 7500 元/$hm^2$，低效林改造方式不同，其投资构成不同，费用主要包括苗木费、整地费、栽植费、割灌、间伐、抚育管理等费用。能力建设投资按照相似工程计算方法计取，其总额按照造林、低效林改造投资总和的 3.0% 计算。

## 四、太行山绿化工程建设进展

为加强太行山区生态建设，加快森林资源恢复，改善日益恶化的生态状况，促进区域经济社会发展，党中央、国务院 $1987 \sim 1993$ 年先后在北京、河北、山西、河南 4 省（直辖市）开展了太行山区绿化试点工作。$1994 \sim 2000$ 年，在四省（直辖市）110 个县（市、区）启动实施了太行山绿化一期工程，至此，太行山区造林绿化进入了规模化、工程化建设阶段。太行山绿化一期工程累计完成造林 $295.2 \times 10^4 hm^2$，其中人工造林 $164.57 \times 10^4 hm^2$，飞播造林 $30.63 \times 10^4 hm^2$，封山育林 $100 \times 10^4 hm^2$。还完成四旁植树 1.7 亿株。工程区森林覆盖率从 15.30% 提高到了 21.58%，活立木蓄积量增加了 3000 万立方米。水土流失面积由治理前的 $61149 km^2$ 减少到 $49214 km^2$，降低了 10%。一期工程建设探索了高标准的径流技术整地、爆破整地、鱼鳞坑、水平沟、反坡梯田、石坝梯田整地，以及就地培育大容器苗，生物制剂浸根，石片或地膜、草皮、秸秆覆盖等一套适用的技术办法，产生了良好的效果。

$2001 \sim 2010$ 年，国家林业局在总结一期工程建设成效和经验的基础上，在 4 省（直辖市）77 县（市、区）实施了太行山绿化二期工程，二期工程累计完成造林 $146.2 \times 10^4 hm^2$，其中人工造林 $67 \times 10^4 hm^2$，封山育林 $50.7 \times 10^4 hm^2$，飞播造林 $28.5 \times 10^4 hm^2$，还完成低效林改造 $45.1 \times 10^4 hm^2$。目前正在实施第三期（$2011 \sim 2020$ 年）工程规划。

## 五、太行山绿化工程建设成效

（1）森林资源实现了量的增长　工程实施以来，森林资源总量逐年增长，森林植被大幅度增加。根据第七次森林资源连续清查和最新森林资源规划设计调查资料，三期工程范围内四省（直辖市）78 个（县、市、区、国有林管理局）有林地面积 $170.47 \times 10^4 hm^2$，灌木林地 $80.48 \times 10^4 hm^2$，其中特别规定灌木林地 $1.56 \times 10^4 hm^2$；森林覆盖率达 21.0%，比二期工程实施前增加 7.7 个百分点；林木绿化率达到 30.6％。森林资源不断增长，为当地经济建设、社会发展提供了良好的生态环境，为地方经济可持续发展奠定了坚实的基础。

（2）林分结构明显优化　二期工程注重科技攻关和技术组装配套的使用，大力营造以五角枫、山皂角、黄楝木、山桃、山杏、火炬树等为优势树种的混交林，同时，通过林间空地块状造林，抽针补阔等方式改造纯林，使林分结构更加趋于稳定、合理。项目区 78 个县（市、区、国有林业管理局）的混交林面积占有林地面积的 19.3％，北京、河北、山西、河南混交林所占比例分别为 24.8％、28.0％、14.2％、10.1％，与二期工程实施前混交林所占比例相比已经有较大幅度的提高；中幼龄林面积已经由二期建设前的 92.0％下降到 73.7％，北京、河北、山西、河南中幼龄林所占比例分别为 67.7％、76.3％、69.8％、86.9％；有林地中防护林占 68.9％，林种比例趋于合理。

（3）生态状况明显改善　一是近几年来，各地大力加强道路两边荒山绿化、通道绿化、城乡结合部环城绿化和一城一森林公园建设，还结合旅游开发，积极建设标准高、规模大的精品示范工程，突出"高、大、美"的特色，处处是工程，处处是公园，使沟谷、川区绿色景观和人居环境明显改善；二是随着太行山绿化工程建设的不断推进，山区初步形成了乔、灌、草多层次的植物生态群落，水土保持、水源涵养能力明显加强，部分水土流失严重区域的土壤侵蚀模数明显下降，土易失、水易流的状况有所好转；三是随着局部地区小气候的有效改善，野生动物种类和数量明显增加，绝迹多年的狼和金钱豹也再现踪迹，形成了人与自然和谐相处、经济与社会和谐发展的良好局面。

（4）兴林富民成效显著　二期工程建设过程中，一是通过市场调节和政府引导，使农户积极发展核桃、大枣、花椒等干果经济林产业，为农民增加了收入，同时促进了以林副产品为主要原料的加工、储运、包装、服务等第三产业的形成和壮大；二是通过太行山绿化工程建设中的育苗、整地、栽植、抚育、管护等，给当地农民和国有林场提供了大量的就业和发展机会，解决了农村的大量剩余劳动力，使农民能够不出村门有活干，靠着绿化荒山致富；三是通过森林公园、保护区和森林生态休闲景区、景点等建设，促进了旅游业发展，区域内农民人均年收入已由二期工程实施前的 2100 元提高到 2009 年的 5100 多元，其中北京、河北、山西、河南农民收入分别提高到 12463 元、4220 元、4472 元和 6514 元，人民生活水平有了大幅度提高。

（5）生态文明意识得到进一步提升　实施太行山绿化工程，符合太行山地区群众改善生产生活环境的愿望，激发了工程区人民投身建设绿色家园的积极性，尤其是开展集体林权制度改革后，社会参与造林绿化的积极性空前高涨，涌现出一大批积极参与造林绿化的企业、公司和大户。太行山区人民从建设太行中享受到了更多实惠，生态意识进一步提高，更多的人能够自觉地参加到绿化美化建设中来，一个"爱绿、植绿、护绿"、崇尚生态、崇尚自然的社会氛围正在形成。

# 第十一节　退牧还草工程[1]

## 一、引言

中国是一个草原大国，拥有各类天然草原近 $4 \times 10^8 \mathrm{hm}^2$，为森林面积的 2.5 倍、耕地面

---

[1]　本节作者为石培礼（中国科学院地理科学与资源研究所）。

积的 3.2 倍，兼具生态、生产、生活等多重功能，是我国北方重要的绿色生态屏障。然而，由于长期的开垦和超载过牧，草原生态环境持续恶化。21 世纪初，全国 90% 的可利用天然草原不同程度退化，其中覆盖度明显降低，沙化、盐渍化达到中度以上的退化草原面积已占半数。为遏制西部地区天然草原快速退化的趋势，促进草原生态修复，从 2003 年开始，国家在内蒙古、新疆、青海、甘肃、四川、西藏、宁夏、云南 8 省（自治区）和新疆生产建设兵团启动了退牧还草工程，旨在通过草地围栏建设、补播改良、禁牧、休牧、划区轮牧等多种措施来恢复草原植被，提高草地生产力，最终改善草原生态，促进生态环境与草原畜牧业持续、健康与协调发展。

退牧还草工程规划期限为 2002～2015 年，分两期实施：第一期工程 2002～2010 年、第二期工程 2011～2015 年。截至 2010 年，中央累计投入基本建设资金 136 亿元，约占同期国家草原保护建设总投入的 75%，安排草原围栏建设任务 $5187 \times 10^4 hm^2$，先期治理西部地区 $6667 \times 10^4 hm^2$ 草原，约占西部地区严重退化草原的 40%，工程惠及 174 个县（旗、团场）、90 多万农牧户、450 多万名农牧民，取得了显著的生态、经济和社会成效。“十二五”时期，国家安排退牧还草围栏建设任务 $3333 \times 10^4 hm^2$，配套实施退化草原补播改良任务 $1000 \times 10^4 hm^2$，加大了对棚圈、围栏等基础设施建设及人工草地建设、舍饲技术等的投入。

退牧还草工程主要安排在内蒙古东部、蒙甘宁西部、青藏高原、新疆四大片草原退化严重地区，工程实施以来，通过禁牧封育、补播草种等方式，草原植被得到恢复，生态环境得到明显改善。根据 2010 年农业部监测结果，退牧还草工程区平均植被盖度为 71%，比非工程区高出 12 个百分点，种群高度、鲜草产量和可食性鲜草产量分别比非工程区高出 37.9%、43.9% 和 49.1%，生物多样性、群落均匀性、土壤饱和持水量、土壤有机质含量均有明显提高，草原涵养水源、防止水土流失、防风固沙等生态功能增强。

退牧还草工程是我国草原利用与管理史上的一次重大举措，是关系着生态和民生的重要行动。针对工程实施中存在的问题，专家学者从草地退化原因、草畜平衡技术、围栏与禁牧封育、划区轮牧、工程效益评价、工程政策等方面进行了研究和论述，本文简述如下。

## 二、超载过牧对草地退化的影响

### 1. 草地退化的概念

我国大面积、明显的草地退化现象出现于近几十年。不同学者从不同角度对草地退化做出了不同的定义，主要有草地经营学、生态学两种视角。经营学视角的研究认为，草地退化是草地在生物、土壤和社会等多种因素影响下发生了不利于生产的变化，致使载畜能力、畜产品生产力下降。而基于生态学视角的观点认为草地退化是在放牧、开垦等人为活动影响下草地生态系统远离顶级的状态。但草地退化与草地群落逆行演替并不等同，顶级状态未必利用价值最高，适当利用虽发生逆行演替，但价值提高，并不称之为退化。随着研究深入，人们认识到土壤退化与草地退化的关系十分密切（李绍良等，2002），逐渐将土壤因素纳入草地退化的概念中，从关注地上植被到对地上、地下整个系统的关注，体现了对草地退化认识的深入。基于对草业的系统学考察，任继周（2004）认为系统相悖是草地退化的根本原因，植被与土壤 2 个子系统的耦合关系丧失，使得系统结构改变，功能退化。总结几十年的研究历程，我国学者对草地退化概念的认识日趋深入，从对地上植物群落逆行演替、植被生产力下降的关注，逐渐过渡到对“地境-草丛-家畜”整个系统的考察，对剖析草地退化原因、揭示退化过程机理具有重要的意义。

### 2. 草地退化的原因

目前被广泛接受的论断是，草地退化是人类活动与气候变化共同作用的结果。但主要驱动机制仍存争议，基本观点有气候主导说、人类干扰说、二元论、综合论等（樊江文等，2007）。研究发现，不同地区草地退化的主要因素不尽相同，如青藏高原以过度放牧和植食性小哺乳动物种群爆发为主因（崔庆虎等，2007）；而王云霞和曹建民（2010）通过计量经济模型量化了气候与人类活动对草地退化的影响，认为从1980～2000年间内蒙古牧区和半农半牧区54个旗县草地退化的主要因素为人为因素（占52%）；郝璐等（2006）运用多因素灰色关联度分析的方法研究了内蒙古典型草原、草甸草原、农牧交错带草地退化成因，认为草原退化是人类活动与气候变化共同胁迫所致，人类的草地管理方式对草地生态系统具有较大影响；基于对水平衡考察的研究认为天然草地超载过牧、人工品种选择失当均可造成土壤水分失衡，并通过对草地群落结构、牧草生长、草地生产力等的影响造成草地退化（魏永胜等，2004）；边多等（2008）对藏西北草地退化状况与机理的研究认为，过度放牧引起草地退化越来越严重，是局部草地退化的根本原因。虽然不同地区草地退化的具体因素不尽相同，但都把过度放牧列为最主要的原因，认为过度放牧伴生高强度的植被采食、土壤践踏，改变植被群落状况、土壤结构，使得地境-草丛-家畜原有的协调、耦合关系丧失，最终体现为草地系统的退化。

### 3. 超载过牧对草地退化的作用机理

对草地退化机理的揭示是解决草地退化问题的前提，也是国家退牧还草工程政策实施的理论基础。超载过牧究竟如何造成草地退化，使得系统耦合关系丧失，学者们从地境、草丛、家畜等方面予以了阐释。李绍良等（2002）研究认为，植被退化是草原土壤退化的直接原因，土壤退化必然引起植被退化，二者互为因果，超载过牧时，牲畜过度啃食和践踏，使草本植物的正常生长受到抑制，稳定的物质平衡被打破，土壤退化，植被逆向演替。张蕴薇等（2002）研究认为随放牧强度增加，土壤水分渗透率下降，重牧破坏了土壤结构，增加了土壤紧实度，不利于牧草的生长。尚占环等（2009）认为过度放牧导致某些种群土壤种子库数量减少甚至消失。从地上植被过度啃食、高强度践踏，到地下种子库、植被根系、营养元素、有机质以及土壤结构的改变，再到地上植被生长不良，是一个循环反馈的过程，体现了草地退化的机理。

简言之，过度放牧引起了草丛-地境系统结构改变，通过草丛子系统受到干扰，即地上植被被采食，牲畜践踏草地，营养元素循环的原有状态被打破，地境子系统受到影响，土壤结构、理化性质、地下种子库等产生变化，引发了整个草丛-地境系统结构改变，功能丧失。

## 三、草畜平衡研究

超载过牧是导致草原破坏的主要因素，而退牧还草工程的本意是缓解草原过牧问题，使草原生态系统得到修复，达到草畜系统的平衡，实现草地生态健康和草地畜牧业可持续发展。在工程实施过程中，草畜平衡既是工程的目标，也是工程实施的理念、依据、标准和制度保障。退牧还草工程中的草畜平衡管理，是指为保持草原生态系统良性循环，在一定时间内，通过家畜管理和饲料管理，使通过草原和其他途径获取的可利用饲草饲料总量与饲养牲畜所需的饲草饲料量保持动态平衡。草畜平衡与草原保护、禁牧休牧和划区轮牧并称为草原"三项基本制度"。通过草畜平衡制度的实施，使整个草地畜牧业系统步入良性发展状态。

实现草畜平衡管理的前提是草原监测。在草畜平衡决策中，首先要了解研究区草地的生产力状况和草畜平衡现状。调查草地生产力和载畜量的主要方式包括草地野外调查、卫星遥感监测、航空遥感等。草地实测调查数据精度和可信度较高，但因草场随时间的变化而出现各种误差。目前大范围的草地生物量动态监测往往依靠卫星遥感技术提供广大空间尺度下的信息，基于这些信息进行模型模拟或反演计算草地生物量和载畜量。如利用 MODIS 相关产品、NOAA 气象卫星数据等，对不同草地类型不同季节的草地生产力动态进行监测，并建立相应的估算模型等，这些估算模型的建立与使用对于准确监测草地 NPP 以及草地生态系统碳循环的研究具有重要意义，为草畜平衡政策的制定和实施提供了依据。

　　实现草畜平衡的关键是管理。通过管理将草原畜牧业生态系统的各个环节有机、有效地联系起来。大量的草畜平衡管理系统的研究显示，草畜平衡的最优结果或者目的是经济效益和生态效益的双赢，而实现这一双赢，要从"供给"和"需求"两个角度来着手。增加草原饲草料供给能力的途径，一方面通过天然草地恢复和利用技术，保护天然草地生态系统，提高天然草地的生产力。通过禁牧、休牧以及轮牧等措施，使草原生态系统得到有效恢复，同时使其第一生产力、利用率得到提高；另一方面通过人工草地建设，在有条件的地区如农牧交错带地区开展农牧互补，开发农业副产品补饲牲畜，增加草原地区载畜能力。家畜需求方面，通过改良家畜品种、优化畜群结构，提高牧草利用率和消化率；通过对家畜管理提高家畜生产的经济效率，减轻对草原的践踏等。通过对草畜平衡中草与畜两个方面信息的充分掌握与分析，制定合理的载畜量以及草畜平衡措施。研究者们对甘南地区草畜平衡进行了研究，以 MODIS 卫星遥感资料为基础，估算草地产草量和天然草地载畜力；以牧区补饲调查资料为基础，估算研究区补饲饲料的载畜力；以统计年鉴资料为基础，评估当地草地畜牧业经营现状；通过资料的汇总与分析，利用多目标规划（MOP）的方法制定草畜平衡优化方案，并利用 WebGIS 等技术，设计开发了"甘南牧区草畜数字化管理系统"（夏文韬等，2010；梁天刚等 2011；冯琦胜等 2009）。研究结果表明，甘南牧区天然草地超载较为严重，必需建设人工草地、减少畜群数量、调整畜群结构、加快牲畜周转以改善这一状况；发展农业补充畜牧业，增加补饲饲料利用率，可以有效缓解超载过牧现象。在以上研究结果的基础上制定了三个草畜平衡方案，通过三个方案的比较，认为解决草畜平衡的问题，要从草、畜、人三个方面着手，首先利用发展人工草地、天然草地补播、农牧互补政策、草原休牧养护等措施，提高草原生产力；其次，通过引入高产良种家畜，提高牲畜生产效率，加快畜群循环；再者，通过发展旅游业、畜产品加工业等方法增加牧民的收入来源，减轻草场承担的压力。

　　然而，整体的供求平衡只能从战略意义上改变草畜供求关系，无法具体指导草畜平衡政策的实施。由于草原生产力以及牲畜生产存在很大的季节波动性，因此必须针对不同草地类型、不同时期、不同畜种等制定不同的草畜动态平衡策略，即草畜平衡优化模式。文乐元（2001）在云贵高原人工草地进行了绵羊放牧系统草畜动态平衡优化模式的研究。通过对气象资料、土壤肥力、草地生长速率、草地现存量、家畜体重、家畜采食量、家畜繁殖率、畜群周转、家畜疫病及其防治等相关指标的监测及分析，进行草畜动态平衡的总体优化和过程优化调控。总体优化以年为时间单元，基于草畜供求的平均量和近似模式，确定基础载畜量和产羔时间等；过程优化以月或季节为时间单元，根据饲料供求曲线，确定补饲、储草或短期育肥等具体调控技术，并预先处理可能出现的饲草过剩或短缺问题，使草畜平衡供求关系趋于合理。过程优化阶段实行划区轮牧，为维持绵羊饲草摄入量预期表现接近最大值，在夏季进行刈割储草，用于冬季补饲；同时留取部分小区作为冬季放牧地，控制草地现存量。根据草地生长速率，实行夏季快速轮牧（10～15 天），冬季长周期轮牧（20 天左右）。过程优化阶段，在夏季购买肉牛短期育肥，提高夏秋季节载畜量。马志愤（2008）利用文献、试验测定和典型农户调查等数据，根据家畜的数量、性别、年龄以及不同生理阶段的能量需要，建立家畜能量需求子模型，根据当地草地供应和补饲供应建立能力供应子模型，对这两个子模型进行耦合，分析不同月份家畜代谢能量需求的盈亏，从而分析当地草畜平衡状况。模型分析结果表明，甘肃高山细毛羊在全年放牧情况下，能量摄入季节性不均，导致"夏肥、秋壮、冬瘦、春乏死亡"的恶性循环局面；冬春季节仅补饲少量干草仍不能满足羊的能量需求，尤其是在妊娠后期和泌乳期；产羔时间对甘肃细毛羊能量供需平衡影响显著，最佳产羔时间为 6 月份，不适宜冬季产羔。实验还发现，在冷季进行暖棚舍饲可以降低能量需求，降低放牧率可减少饲料成本，提高家畜生产效率。

草畜平衡政策的实施对草原生态系统的修复起到了积极的作用，但在执行中也存在一些问题，具体表现为草畜平衡政策执行困难、草畜不平衡问题未能得到有效解决。造成这些问题的原因有很多，杨理等通过对草畜平衡实施过程中存在经济、社会问题的总结分析，认为北方草原空间异质性突出，目前的草畜平衡管理方式，只能在一个区域内大致采取同样的指导指标，与每个牧户的实情存在较大误差，很难针对每个牧户制定准确、科学的载畜量标准；政府以行政命令的方式强行参与牲畜数量的控制不是有效的管理模式，目前的草畜平衡管理模式难以解决草原超载过牧的问题。

针对草畜平衡实施过程中出现的问题，应该建立以草原生态系统为基础的新的草畜平衡模式，改变目前以草畜平衡为基础的命令控制型草畜平衡管理模式，建立放牧权制度和放牧权监督机制和草原生态补偿长效机制，走草原生态畜牧业的可持续发展道路。

## 四、围栏和禁牧封育生态研究

退牧还草是一项内容复杂、技术和政策性强、涉及面广的重大生态工程。目前，虽然各方对退牧还草的内涵仍然存在一定的争议，但在将禁牧、休牧和划区轮牧作为其核心内容上取得了共识。上述工作都是在围栏建设的基础上开展的，所以围栏建设在退牧还草工程中起着十分重要的基础作用，国家在退牧还草工程中专门就围栏建设做了一系列的规定，包括围栏补贴专项资金和《草原网围栏和刺丝围栏建设技术规程》等。网围栏主要用于牧区草原建设，可围建草原和实行定点放牧、分栏放牧，便于草场资源的有计划使用，有效提高草原利用率和放牧效率，防止草场退化，保护自然环境，是实行草原科学管理必备的基础设施。

研究表明，造成草原植被退化演变的主要原因不是区域内的土地利用方式，而是土地利用强度（特别是放牧强度）。单稳态模式认为，禁牧封育可以使退化草原群落得到恢复，甚至演替到顶级状态，围栏禁牧是实现退化草原植被向顶级状态恢复演替的有效措施。不同放牧制度对植物种群地上生物量影响的比较研究结果表明，禁牧能够提高种群的地上生物数量，与自由放牧相比，轮牧有利于种群地上生物量的恢复与提高，也有利于群落主要植物种群实生苗的存活和成丛，但不及禁牧效果好。对大面积的天然草地，在尚无力或不可能大范围采取如补播、施肥、灌溉等农业改良措施的情况下，采用保护性的禁牧封育措施，是一种简便、投资少、见效快、可以大面积使用的草地改良措施。

### （一）围栏禁牧对退化草原的作用

#### 1. 对地上部分的影响

围栏禁牧对退化草原地上部分的影响包括生物多样性、草地生物量、植被盖度、优良牧草比例及抑制杂草等方面。张东杰和都耀庭（2006）研究发现禁牧封育的高寒沼泽化草甸草地牧草产量与原来相比增加明显。刘德梅（2009）研究表明禁牧封育可提高退化草地生物多样性指数、丰富度和物种均匀度，而且在一定程度上也可起到恢复土壤的作用。孙涛等（2007）对山地灌丛草地植物多样性与植物数量的研究得出围栏封育后退化草地的植被盖度明显变化，盖度总体变化趋势为轻度退化围栏封育区＞轻度退化放牧利用区＞重度退化围栏封育区＞重度退化放牧利用区。周国英等（2010）在对青海湖地区芨芨草草原的研究中指出围栏封育后群落地上生物量发生变化，地上总生物量和禾草类生物量均为围栏内＞围栏外，而杂类草和豆类毒杂草则是围栏内＜围栏外。桑永燕等（2006）通过三年的禁牧封育试验，发现退化草地生物量、植被盖度、优良牧草比例均较禁牧前增加，草地植物群落不断改善，草地生态处于自然恢复和进展演替中，表明禁牧封育对改善高寒草地生态环境起到了重要的作用。金健敏（2008）经过几年的试验研究发现，禁牧封育促进了天然灌草的生长，促进了自然植被的恢复，提高了人工和飞播林草的成活率和保存率，有效地的遏制了生态环境的恶化，促进了畜群畜种的调整，提高了群众的养畜积极性。康博文等（2006）比较发现，禁牧比自由放牧能减轻家畜对植株的采食而增加叶面积，提高光合生产力。韩建国和李枫（1995）的研究表明，围封休闲提高了草地牧草的营养物质含量及产量，围封第二年草地牧草粗蛋白的产量比当年围封草地高得多；与当年围封草地相比头年围封草地各种营养物质产量都有明显的增加。孙宗玖等（2008）测定了多年封育地伊犁绢蒿根中的可溶性碳水化合物、淀粉含量，发现禁牧地显著高于放牧地和连续放牧地，说明封育可促进伊犁绢蒿营养物质的积累，促进其个体的生长发育潜能，分析其原因认为围栏封育后提高了荒漠区土壤全氮、全磷、全钾含量，有助于保持土壤肥力，从而引起荒漠草地植被盖度、高度和产量出现大幅度提高。王岩春（2007）的试验研究表明，通过围栏禁牧和休牧，使草地得到休养生息，草地开始改善和恢复，物种多样性提高，地上现存量增加，草群高度和草地植被覆盖度也均有一定程度的提高，同时，草地的质量也明显改善，优质牧草植物开始增多，而毒杂草不断减少，草地的牧用价值提高。孙小平和杨伟（2005）的研究发现，禁牧封育后群落结构发生了变化，封育后的群落环境从透光、干燥变得阴蔽湿润，不利于喜光的有毒有害植物和杂草的生长发育，直接影响了有毒有害植物和杂草的生长，促进了优良牧草的不断繁殖更新。

### 2. 对地下部分的影响

草与土是两个相互联系的系统，草地植被的变化会影响其着生土壤的理化性质发生改变，而改变的土壤又会反过来影响草地植被组成、结构及数量特征（盖度、密度、频度、高度及生物量）的变化。围栏封育降低了牲畜对土壤的践踏破坏，改良了土壤结构、水分状况和水分利用率，从而提高地上生物量，促进退化草原正向演替发展。伴随着围栏内草地植被的明显恢复，表层土壤养分状况也得到一定程度的改善，土壤肥力提高，土壤有机质明显增加，土壤的全量养分、速效养分含量也均有不同程度的增加。

孙宗玖等（2009）认为围封多年的草地土壤容重降低，土壤结构改善，土壤养分含量明显增加，酶活性也显著增强。此外，他还研究了封育对地下生物量的影响，从地下总生物量看，封育可以促进地下生物量的增加，且主要集中在 $0\sim10cm$ 土层内。桑永燕等（2006）的研究表明，封育 3 年后，蒿类荒漠草地土壤有机质含量，土壤全磷、全钾、全氮及速效氮、速效氮磷、速效氮钾含量呈增加趋势，且在 $0\sim10cm$ 土层间差异显著（$P<0.01$）。苏永中等（2002）的研究结果也表明，对沙质退化草地采取围封措施，植被得以恢复，其覆盖作用使土壤免遭风蚀；伴随着大量落物的归还以及植被对风蚀细粒物质和降尘的截获效应，

围封后表层土壤细粒和有机质增加，与枯落物结合会形成稳定的结皮层，抗风蚀能力增强。

周尧治等（2006）研究了呼伦贝尔典型草原区自由放牧和围栏禁牧对 0～110cm 土壤水分的影响情况，结果表明围栏禁牧对草原土壤水分的影响表现为提高 20～70cm 土层的水分含量，而放牧提高了 0～10cm 表土水分含量，主要是由于放牧践踏草地，使草原土壤紧实，通气透水性变差，降水多集中在土壤表层不能够向下渗透。从总体上看，围栏禁牧改善了土壤的水分状况，为植被的恢复提供了基础。

赵凌平（2008）在对黄土高原草地的研究中发现，在封育条件下土壤种子库中的物种数量高于放牧条件，实施封育措施后的退化草地植被比放牧地的植被具有更大的密度和高度，能够积聚更多的包含种子的枯枝落叶层，明显提高了土壤种子库的密度，特别是显著增加了地上和土壤种子库群落中优良牧草的种数和密度，使草地质量得到改善。

多个研究表明，围栏禁牧封育不仅对退化草地植被起到恢复作用，也对土壤质量的改善有一定的影响，科学合理地应用围栏禁牧是使中、轻度退化草地得以休养生息的重要手段，也是退牧还草工程实施的一个重要环节。

## （二）围栏禁牧对草原的负面影响

封育后由于残留枯草、凋落物量增大，抑制了群落生物生产潜力的发挥，对草地的生物多样性和群落稳定性造成影响，因此，学者认为完全禁牧封育是不可取的，适度放牧有利于提高草原生产力。从禁牧封育措施的短期效果来看，人工草地群落稳定性降低，草地生产力下降。封禁 26 年草地的种子库均匀性指数低于放牧地，在草地生态系统中，动物既是牧草的捕食者，也是传播种子的重要媒介，丰富了放牧地的物种多样性（苏德毕力格等，2000）。

# 五、划区轮牧

划区轮牧是退牧还草工程中禁牧、休牧之外的另一项重要举措。所谓划区轮牧，就是按照一定的放牧计划，将草地划分为若干轮牧小区，按照一定次序逐区采食、轮回利用的一种放牧利用方式。作为退牧还草工程的主要措施之一，草原划区轮牧的目的是减轻天然草地的放牧压力，增强其自我更新、自我修复能力，保护和改善草原生态环境，同时通过合理配置、高效利用资源，发展牧区经济，稳定增加牧民收入。2005 年农业部关于进一步加强退牧还草工程实施管理的意见中明确提出，退牧还草工程应坚持统筹规划，分类指导。在植被较好的草原实施划区轮牧，依靠科技进步提高禁牧休牧、划区轮牧、舍饲圈养的科技含量，加强草畜平衡和划区轮牧的技术指导与管理，帮助牧民提高草原利用水平。

## （一）划区轮牧的理论基础

对草地适当的放牧利用，可以消减草地群落的冗余程度，使草地植物补偿或超补偿生长，从而提高草地的初级生产力；同时，在草地生态系统中，家畜采食使一些优势种的生物量或盖度下降，其他物种有了生存的空间，从而提高了草原生态系统的生物多样性。卫智军等（2004；2010）在内蒙古典型草原、草甸草原、荒漠草原等不同草原类型进行天然草原合理利用方式的研究，以家庭牧场为单位，对划区轮牧、连续放牧不同利用方式对草原生态系统的影响进行了分析。结果表明，划区轮牧有利于主要植物种群实生苗的存活，提高群落种群的地上生物量，提高建群种、优势种及优良牧草的密度、高度、盖度、重要值，增加群落的种群多样性，有利于退化植被的恢复，提高草地生产力。不同放牧制度实施 7 年后，对荒漠草原生态系统土壤养分含量的影响显著，放牧导致土壤碳氮比减少，禁牧和划区轮牧较自由放牧可以提高荒漠草原土壤养分的含量，有利于遏制土壤的退化。与连续放牧相比，划区轮牧区域草地基况明显好转。陈卫民（2007）在宁夏长芒草干草原研究了暖季轮牧、围栏封育、连续放牧三种方式对草原生态恢复的影响，轮牧周期设为 36 天，轮牧与连续放牧载畜量均为 1.07 个绵羊单位/hm²，采用实地测量方法测定了不同方式利用前后草原植被的群落特征及草原生产力。结果表明，轮牧区与连续放牧区之间总盖度、建群种高度、牧草现存量差异不显著，但轮牧区盖度和高度有略高于连续放牧区的趋势，连续放牧区牧草现存量反而略高于轮牧区；植被物种饱和度、多度在 3 个试验区之间差异不显著，但表现出轮牧区最高、连续放牧区最低的趋势；轮牧区禾本科草质量分数极显著高于围栏封育区和连续放牧区（$P < 0.01$），围栏封育区显著高于连续放牧区（$P < 0.05$），菊科牧草质量分数正好相反。轮牧区牧草生产力高于围栏封育区，说明合理放牧能刺激牧草再生，提高草地生产力。

## （二）划区轮牧的技术支持

通过大量的试验与理论的结合，普遍认为合理地划区轮牧可以提高家畜生产，有效防止草地退化，改善草地状况，兼顾经济发展与生态环境保护，是草原持续利用的有效方式。与自由放牧相比，划区轮牧优势明显，但好的制度关键在于实施。目前，大部分天然草场已经承包到户，草地经营机制已经从集体经营转轨于个体经营，实施以家庭牧场为经营单元的划区轮牧制度是一条切实可行的经营之路。划区轮牧是对草地的集约化利用方式，它需要严格的设计与管理。首先必须在详细调查牧户草地类型、面积、土地利用情况，饲料生产水平，家畜结构及经营情况等的基础上，确定合理的载畜率、放牧季节、小区数目和面积以及放牧周期等。划区轮牧中放牧强度和频度、放牧时期对草原生态系统及放牧系统影响显著。内蒙古草原勘察设计院与内蒙古农业大学长期的放牧理论与实践研究表明，内蒙古草原一般放牧时间为 150～160 天，开始轮牧的时间要根据牧草生长情况和当地休牧时间综合确定，通常在牧草生长量达到产草量的 15%～20% 时开始轮牧。小区放牧天数可以通过当时实际测产确定，也可根据以往不同类型草地月产量动态系数确定。草甸草原小区一般最多放牧天数为 5～7 天，典型草原为 5～8 天，荒漠草原为 6～10 天，但一般开始放牧的前 3 个小区，由于牧草刚刚返青，放牧天数要少一些。不同草地类型可以通过适当缩放放牧周期、增减放牧频率和调整小区放牧天数等措施来调整小区数目，一般 6～9 个小区可以满足划区轮牧的要求，也与牧民财力基本适应。不同草地类型放牧频率设计参数为草甸草原 4 次，典型草原 3 次，荒漠草原 2～3 次。轮牧周期指依次轮流放牧全部小区的放牧天数之和，不同草地类型的轮牧周期一般为草甸草原 40 天，典型草原 50 天，荒漠草原 50～75 天（邢旗等，2003）。

## （三）划区轮牧的局限与出路

划区轮牧代表着草地畜牧业向有计划、合理利用草场发展的趋势，但在实施中也存在一些问题。因为划区轮牧的基本含义是根据草地植物的生长规律，有计划地进行放牧，利用草场。因此，划区轮牧在植物一年四季均能够生长且季节性生长差异不是很大的地区，最能发挥其优越性。而在我国北方草原地区，牧草的生长季节性很强，大部分草原地区生长季仅仅4～5 个月，在非生长季，轮牧与否对草地和牲畜的影响不大，因而，轮牧的优势体现得不是非常明显；而且由于牧草生长受气候条件影响大，很难根据草地生产力对牲畜和草地进行有效的规划和利用，划区轮牧的优越性很难实现；加上建设划区轮牧围栏和水源等配套设施的成本较高等原因，目前靠牧民自己的力量来划区轮牧还比较困难，只能在有条件的地方试运行。

鉴于牧草生长的季节性差异，在我国北方地区，实施划区轮牧应与割草、季节性休牧、舍饲、半舍饲等相结合。在牧草生长量大的夏季，对不放牧的小区进行刈割储草，在有条件的地方建设人工草地，在不适宜放牧的冬春季节对家畜进行补饲，减轻草地的放牧压力。研究及实践证明，季节性休牧是兼顾畜牧业发展和草原生态环境修复重建的有效措施，其对草地的保护效果不次于全年禁牧，由于休牧所带来的微小成本增加可以由提高了的草地产量得到补偿。和平等（2003）在锡林郭勒典型草原以家庭牧场为单位进行的春季禁牧实验表明，春季禁牧对植被群落有明显影响，与半禁牧及自由放牧相比，禁牧有利于提高群落特征的主要指标，但提高程度并不与禁牧时间成正比，过长的禁牧期不仅不能提高这些指标，还会增加牧民负担，适宜的春季禁牧期为 50～60 天。

目前，划区轮牧推广时，遇到的最大困难是轮牧区基础建设所需的围栏等材料的一次性投资较大，牧民承担能力有限。随着草地畜牧业的发展和牧民经济收入的提高，以及保护草地观念的转变，牧民投资转向轮牧建设是可以期待的。但在目前牧民经济实力不足的情况下，应加大轮牧补贴，帮助牧民加强畜牧业基础设施的建设。王向阳等（2003）采用应急估价法（CVM）对内蒙古、宁夏两地牧户进行调查，并通过相关分析研究对退牧还草政策实施过程中划区轮牧所需的政策支持标准等进行细化，认为在轮牧区，政府应一次性补贴草原围栏网建设费每亩 50 元，此外，还应加大对牧区基础设施如水源等的投资。地方也可以通过引进项目投资、家庭牧户单户投资、联户顺序投资等进行轮牧建设，此外，还可以利用原有的冬春草库伦进行划大区季节放牧，然后从大区放牧逐步向小区轮牧转变。

## 六、退牧还草工程典型案例

### （一）蒙甘宁西部荒漠草原——以内蒙古阿拉善草原为例

#### 1. 工程实施概况及效益分析

阿拉善盟退牧还草工程 2003～2008 年 6 期项目总规模为 $164 \times 10^4 hm^2$，国家累计下达工程投资 31972 万元，预测累计饲料粮补贴折现 55638.06 万元，时间跨度为 2003～2013年。截至 2006 年 6 月底，完成退牧还草 $112.8 \times 10^4 hm^2$，搬迁牧民 4812 户，16479 人，搬迁和处理各类牲畜近 80 万头（只）。截至 2008 年，实际完成工程中中央投资 27884 万元，围栏 $173.51 \times 10^4 hm^2$（禁牧 $160.3 \times 10^4 hm^2$、划区轮牧 $3.3 \times 10^4 hm^2$、休牧 $9.91 \times 10^4 hm^2$），建设棚圈 2420 座、青储窖 1651 座、暖棚 688 座、饲草料基地 $0.25 \times 10^4 hm^2$，购置加工机械 1376 台。工程实施以来，搬迁安置牧户 2812 户、7319 人，其中：一产安置2383 户 6300 人，二产、三产安置 429 户 1019 人（梁金荣，2009）。

实施退牧还草工程以来，草原退化、沙化现象得到了初步的遏制，退牧区风蚀、水蚀现象也明显好转，荒漠、半荒漠草原植被趋于恢复，为灌木的生长创造了良好的条件，不仅有效地保护了濒危灌木，而且起到了防风固沙的作用；动植物多样性得以保护，建立了骆驼、白绒山羊、盘羊等自然保护区（塔拉腾等，2008）。全盟国民经济总产值快速增长，农牧民纯收入稳步提高。2000～2008 年退牧还草期间，全盟 GDP 以每年 20% 的速度快速增长，农牧业生产总值增长了 151.41%，农牧民人均纯收入增长了 149.34%。畜牧业、畜产品生产和产量等都有了较大的发展和提高。集约化养殖业迅速发展，使农区牲畜头数增长 150%，家畜优良品种比重提高了 13.4%，特别是阿拉善白绒山羊产品质量大大提高。退牧还草工程的实施，社会效益十分明显。一方面牧民的集中培训以及新思想、新知识、新技术的推广，使广大农牧民文化素质得到了整体提高，有力地促进了牧民思想观念的转变；另一方面，发挥出了社会发展的聚集效益。移民搬迁紧密结合科技、教育、卫生、文化、城镇建设等社会事业基础设施建设，各项社会事业取得了新的进展，基础设施显著改善，功能不断增

强。部分牧民生态移民入住城市，大大改善了生活条件和生活质量，牧区 50 岁以上的老龄人享有了社会养老保险基金待遇，使部分牧民老有所养。此外，退牧还草工程的实施促进了农牧业经济结构调整，增强了畜牧业抵御自然灾害的能力。

### 2. 退牧还草工程实施过程中遇到的问题以及建议

前期移民的安置多在种养业，政府需要投入住房、棚圈、农田、大棚等建设，集中安置的还需要投入水、电、路等大量基础设施建设，投入成本大而持续性较差。由于缺乏产业支撑，牧民转产后的生活往往难以为继。受传统习惯和教育水平的影响，农牧民转产、外出打工的主动性不强，承受强度劳动和严格管束的能力较差，常出现往返现象。

针对这些问题，建议应首先妥善安置退牧户，合理地引导农牧民剩余劳动力的转移。加强对农牧民的劳动技能和职业技能培训，做好搬迁牧民的就业介绍、教育、培训和退牧牧民的搬迁、定居、就业扶持、服务工作。其次，落实产业转型过程中所需的启动和发展资金，尽快实现退牧地区的产业转型。第三，加强科技支撑。退牧还草工程实施过程中，派遣专业技术人员对农牧民进行人工草地建设技术、舍饲和半舍饲养殖技术的培训。此外，退牧还草工程实施过程中，要因地制宜，制定合理的禁牧休牧措施。在严重沙化、盐碱化和生态脆弱地区，实行禁牧、牲畜舍饲圈养；对尚有生产能力的草牧场，实行限时、限区、限牧；对部分比较好的草牧场实行有计划的轮牧，推行合理的放牧制度。在恢复草原生态的同时，保持一定的草原利用率，以增加农牧民收入，减少成本。

## （二）青藏高原东部江河源草原——以青海省果洛州为例

### 1. 工程的实施状况及效益分析

果洛州自 2003 年开始启动退牧还草工程。2004～2006 年三年中，国家累计投入资金 26040 万元，建成移民社区 6 处，搬迁入住 756 户 2883 人，进行了跨县、跨州移民搬迁的尝试，实现了社区水、电、路、教育、防洪排水以及卫生设施等多项配套，开拓了纺纱织毯、药材采集、运输商贸、蔬菜种植等后续产业。3 年中，结合工程建设，组织减畜 32.32 万个羊单位，兑现和发放饲料粮补助资金 2620.80 万元（韩伟仓等，2007）。果洛州退牧还草工程补助的标准为：永久性禁牧区每年每户补助 8000 元，定期禁牧区每年每户补助 6000 元（无证户为 3000 元），补助期限为 10 年。同时国家给每户 4 万元的住房补贴。继续留在草原上放牧的牧户，要求在现有基础上减畜 15%～20%，达到国家草畜平衡的要求，对此，政府除每户一次性给 2 万元补贴外，还连续每户每年给 3000 元的补助，补助期限为 10 年（聂学敏，2008）。

退牧还草工程实施区草地生态环境发生了重大改变。植被高度、盖度和生物量等均有显著增加。禾草、莎草在群落中所占的比重增加，杂草所占比重下降。围栏封育使优良牧草的比例明显增加。退牧还草使牧民的收入状况发生了较大变化，畜牧业收入所占比例下降了 13.08%，副业收入增加了 3.40%，其他收入增加了 24.97%，而增加的大部分收入来源于政府对退牧还草的补贴。

### 2. 退牧还草工程存在的问题及建议

退牧还草方法单一，技术不配套。工程项目实施过程中，只采取了单一的围栏措施，草地退牧后，牧民的牲畜并未减少，而是出现了"此禁彼牧"的现象，退牧区放牧压力减小而非退牧区放牧压力增大。草原监理部门不健全，监管不严，禁牧休牧制度难以落实。州、县草原监理部门与各地草原站合署办公，职责分工不明确，尤其是没有一级草原监理部门；加上草原监理人员缺乏，专业人员比例偏低，发挥不了应有的职能作用。禁牧、减畜、管护、监测等工作执行起来工作量大，仅靠现有的人员难以保证减畜禁牧任务落到实处。

针对项目实施中存在的问题，建议在项目区应该重视推广"还草"配套技术。对退化草地进行围栏封育，使其免遭重牧和其他人为破坏。对于严重退化、沙化的草地和"黑土滩"，在围栏封育的同时，进行补播、施肥等综合治理，达到快速恢复植被的目的。其次，应根据不同地区的具体情况，因地制宜地制定管理办法，落实管护责任制，并积极探索切实可行的管护措施，随时发现和纠正管护中存在的问题，对管护者实行责、权、利相结合，当地政府重视和群众监督相结合的长效管理监督机制。

## 七、退牧还草工程效益评价研究

退牧还草工程效益评价是在特定尺度下对草地生态系统为人类提供的服务进行定量或定性研究。通过退牧还草工程效益评价，可科学掌握退牧还草工程对草原生态环境和牧区经济持续发展所产生的影响，对于准确理解退牧还草工程的意义和可持续性，退牧还草政策的完善和顺利实施具有重要意义。

退牧还草工程实施以后，国内对退牧还草效益评价的研究相随而生，涉及工程执行情况和效益评价内容的论文及报道近百篇。研究多集中于蒙甘宁荒漠草原区、青藏高原江河源草原区、新疆退化草原区，内容包括对工程前后一些生态、经济、社会具体指标的比较、分析和评价，以及围绕评价标准的选取和指标体系建立进行的探讨。

### （一）退牧还草工程生态效益研究

生态效益可反映退牧还草对于生态平衡的有益或有害程度，目前对退牧还草工程生态效益的评价多采用实地传统地面监测和遥感手段，通过植被种类丰富度、覆盖度、生物量、草产量、种子结实率、物种多样性、地表植被蓄水量、近地面风速、沙尘暴强度等一系列指标来定性反映（塔拉腾等，2008；赵友等，2004），也有借鉴和采用生态经济学的相关理论和方法将生态功能的效益价值化，从草地生态系统服务价值变化等角度探讨退牧还草工程的生态效益（刘振恒等，2009；王静等，2008）。

总体来讲，退牧还草工程的实施使草原生态恶化的趋势得到了有效遏制，局部地区明显好转，促进了草原生态系统向良性循环方向发展。尹俊等（2010）对云南省迪庆州退牧还草工程生态效益进行了评价，得出项目区内地表草群平均覆盖度为 82.28%，高度 12.88cm，鲜草产量 4684.28kg/hm²，可食鲜草产量 4163.19kg/hm²；赵毅等（2011）对新疆阿勒泰地区草场进行动态监测，结果表明植被覆盖度由 10%～15%提高到 15%～20%，草层高度平均提高 15cm，产草量平均增加 30kg 干草/亩；刘宇（2009）对内蒙古呼伦贝尔市生态效益的评述得出，植被高度平均提高 10～15cm，产草量每 667m² 平均提高 20～90kg，草群中优良牧草的比例也明显增加。每年完成季节休牧 266.67×10⁴hm²，退牧还草 136.00×10⁴hm²，牧区牲畜由 600 万头（只）减少到 400 万头（只），农区牲畜由 400 万头（只）增加到 1000 万头（只）。

一些学者还就退牧还草工程生态效益发挥的差异性进行了研究，王静等（2009）利用残差趋势法对不同区域、不同阶段草地退牧还草效果进行了对比研究，发现退牧还草工程对于牧草生长初期和末期的生长促进效果最为显著；聂学敏（2008）对不同退牧模式对生态恢复产生的效果进行了分析，得出禁牧措施较休牧措施对于草地恢复的效果更显著。

### （二）退牧还草工程经济效益研究

在对退牧还草工程的经济效益评价中，通常以资料查阅、实地调研、问卷访谈等形式为

主，采用实证分析、理论分析、比较分析、层次分析等方法（赵春花，2009a、b），主要从宏观的地方经济、微观的牧户收益、产业结构调整及牧业发展规模四个方面进行评价。

各地研究结果表明，禁牧、轮牧、休牧等项目的实施，尽管短期内使可供放牧的草场面积减少了，畜群数量降低了，会对牧民的生产生活产生一定的影响，但从长远发展看，随着退牧还草工程的深入开展，通过改变牧民靠天养畜的传统生产方式，调整畜群品种及结构，促进集约化经营发展等方式，草产量、草原载畜能力、单位面积草地净收益、畜产品产量显著提高（白忠平，2010），有力促进了当地生产总值快速增长与牧民收入的稳步提高（张宇、王全珍，2010；陈辉光、徐正辉，2006），并在一定程度上推进了当地劳动力的转移与产业结构的调整，对于实现区域生态、经济协调发展具有重要作用。李文卿等（2007）对甘南青藏高原项目区的经济效益进行了评价，实施退牧还草工程后增加直接经济效益 26600 万元，促进了畜牧业生产结构调整和牧区生产、生活方式的转变，牧民纯收入稳步提高。黄国安等（2006）对内蒙古兴安盟科右中旗、通辽市扎鲁特旗、巴彦淖尔市乌拉特后旗、阿拉善盟阿拉善左旗 4 个各具代表性的项目旗县进行了抽查和调研，得出退牧还草工程实施后，基础设施建设得到进一步完善，每年可增加牧草产量 $3600 \times 10^4$ kg，增加了 2 万个羊单位的饲养量，农牧民获得了可观的经济效益。

在分析退牧还草工程经济效益的基础上，一些学者围绕工程对牧民家庭经济的影响程度、影响机理等方面进行了重点分析。针对退牧还草工程实施前后牧户经济收入的变化，大多数学者认为牧户畜牧业收入降低，种植业和劳务收入增加，生活支出略有增长，总收入短期内略有下降。随着项目区牧草品种的改善、产草量增加、牲畜生产性能得到提高，牧民在进行畜牧业生产过程中的投入/产出显著降低，牧民畜牧业收入与生产效益不同程度地有所提高（韩颖，2006），带来了一定的间接经济效益（丁广泉，2006）。也有学者认为退牧还草工程没有给牧户的收入带来消极影响，小部分牧户家庭收益在退牧后出现下降，不同牧户家庭收入对政策的反应不尽相同（赵春花，2009）。退牧还草工程不仅对牧民的收入造成影响，而且对牧民家庭收入的结构、经济活动等产生较大的影响。有学者指出补贴收入是导致牧户总收入增加的直接原因，是"退牧还草"工程能否顺利实现的关键性因素，劳务收入随着部分或全部劳动力有机会从畜牧业生产中转移出来，主动寻找其他产业就业机会而有所增加，但由于牧民市场竞争意识薄弱，劳动技能欠缺，导致牧民家庭收入对政府补贴的依赖性很大（聂学敏，2008），如何在退牧还草过程中为牧民劳动力的转移提供新的市场是一个值得探讨的问题。

### （三）退牧还草工程社会效益研究

在对退牧还草工程的社会效益评价中，主要采用问卷法、访谈法、小组访谈、关键人物访谈等方式，从牧区生态环境、生产生活条件、生产方式、生活方式、观念改变、农牧民增收、农牧民医疗保障等角度进行定性评价（额尔克木等，2008）。

综合已有研究成果可以得出，退牧还草工程的实施，一是在改善当地生态环境的同时，改善了草原畜牧业基本的生产条件；二是转变了牧民靠天养畜的传统观念，有利于牧民的集中培训以及新思想、新知识、新技术的推广，使广大农牧民的文化素质得到了整体提高（张鹤、宝音陶格涛，2010）；三是促进了草原畜牧业生产经营方式由粗放式放牧向集约型舍饲的转变；四是推动了草原承包经营制和草原保护制度的落实；五是调动了农牧民的积极性和创造性，大部分农牧户对退牧还草工程现行的补助标准表示认同，牧民的生态保护意识也在逐年提高；六是提高了牧区防灾抗灾能力；七是社会发展的聚集效益凸显，通过"生态难民"的搬迁，牧民群众剩余劳动力向第二、第三产业快速转移，促进了牧区基础设施建设，从根上解决了牧民水、电、路、通信、教育、文化、卫生等诸多方面的"瓶颈"制约问题（塔拉腾等，2008）；八是增加市场意识，加快民族地区小康建设的步伐，促进了区域经济发展；九是促进各民族社会、经济、文化的全面进步，维护了民族团结和社会稳定（多杰龙智等，2008）。

许多学者在进行社会效益评价时，还重点就牧民对退牧还草工程的响应及态度进行了分析，包括牧户参加退牧还草工程的意愿、对政策的响应以及对补偿政策的评价等，研究发现，牧民对工程的接受程度较好，但由于各调查点的草场质量存在差异，牧户的损失不同而补偿标准相同，使得牧户对工程的接受程度和对补偿政策的评价不同（刘书朋，2010）。绝大多数牧户在进行生产决策时会考虑草畜是否平衡，有少数牧户在经济利益面前可能会采取不利于可持续发展的短期行为（邢纪平，2008）。

## 八、退牧还草工程政策

退牧还草工程政策旨在给予农牧民一定经济补偿的前提下，通过围栏建设、补播改良以及禁牧、休牧、划区轮牧等措施，恢复草原植被，改善草原生态，提高草原生产力，促进草原生态与畜牧业协调发展。实施退牧还草政策是促进草地资源自我更新、实现受损草地自我修复的最经济有效的方法，不仅可以通过建立优质高产的人工饲料地增加草地的饲养能力，补偿因减牧、休牧和退牧减少的饲养能力，达到生态转换的目的；而且还可以通过调整农牧产业结构和生产模式，把单一的资源与（草）产业联合起来，组建新的、更高层次的复合系统，突出农牧结合，提高草畜转化水平和产业化水平，增加农牧民收入，实现生态、社会和经济效益的协调统一，促进牧业经济的可持续发展（侯向阳，2005）。

### （一）我国退牧还草工程相关政策回顾

2002 年 12 月 16 日，我国退牧还草工程经国务院正式批准在西部 11 个省区实施，标志着将草原生态保护建设提到了重要的议事日程；2003 年，西部 11 个省区"退牧还草"工程正式启动，采取草场围栏封育，禁牧、休牧、划区轮牧，适当建设人工草地和饲草料基地，大力推行舍饲圈养；为确保退牧还草工程顺利进行，加快我国草原生态环境的保护和建设，同年国家下发了《退牧还草和禁牧舍饲陈化粮供应监管暂行办法》，对退牧还草和禁牧舍饲补助标准进行了明确规定，下发了《关于进一步做好退牧还草工程实施工作的通知》以及《关于 2003 年、2004 年退耕还草、退牧还草及禁牧舍饲补助资金实行挂账及财政财务处理的通知》；从 2004 年起，国家继续加大对退牧还草工程的支持力度，原则上将向退牧还草户补助的饲料粮改为现金补助；2005 年国务院对 2003 年下达的退牧还草工程主要政策进行调整和完善，力争 5 年内使工程区内退化的草原得到基本恢复，天然草场得到休养生息，达到草畜平衡，实现草原资源的永续利用，建立起与畜牧业可持续发展相适应的草原生态系统（王岩春，2007）；同年，为进一步加强草原生态保护，促进牧区可持续发展，发出《关于进一步完善退牧还草政策措施若干意见的通知》；2010 年，中央一号文件把"构筑牢固的生态安全屏障"作为一个部分进行了重点阐述，并就草原生态工程建设提出了新的策略，要求进一步加大退牧还草工程力度，延长实施年限，适当提高补贴标准；2011 年，我国正式实施草原生态保护补助奖励机制政策，中央财政安排补助奖励专项资金 136 亿元，用于实行禁牧补助、草畜平衡奖励和牧民生产性补贴等，这是新中国成立以来我国在草原生态保护方面安排资金规模最多、覆盖面最广、补贴内容最多的一项政策，涵盖 37.1 亿亩草原，惠及千万牧民。

## （二）退牧还草政策研究进展

退牧还草政策的本质在于利用国家的宏观调控机制，以一定的经济利益激励来获得生态效益的回报，从长远发展来看，通过对退牧还草政策的不断完善，将能够实现生态、经济协调发展的目标。现阶段，我国专家学者已在政策研究方面开展了不少工作，研究多集中于政策对牧区生态、经济和社会发展影响的长效机制方面，如在生态补偿政策方面进行的探讨，以及一些与生态补偿问题密切相关的政策建议，为建立、丰富和完善我国退牧还草政策提供了重要的参考价值。

我国退牧还草工程现行的补偿体系不够完善，尚处在基本补偿阶段，无法实现草地资源公平合理的补偿（王欧，2006），工程在补偿资金有限的情况下，对农牧民的补偿主要是以生产性补偿为主，对生态服务的价值补偿尚处在探索阶段。草地生态建设补偿的理论依据和补偿标准的确定是草地生态补偿研究的核心问题，也是实施草地生态建设补偿可行性和有效性的关键。

王欧（2006）提出建立和完善我国退牧还草生态补偿机制，一是取决于农业生态补偿法律法规的制定，使生态补偿有法可依；二是取决于生态补偿资金的筹集，使其不仅能补偿生态建设者的经济成本，而且可补偿其生态效益的价值；三是确立生态补偿的方式，科学计量效益价值和补偿标准，建立可行的价值实现机制。在研究与制定退牧还草工程的配套政策时，还应考虑到各地区具体的社会经济情况，合理的生态补偿应依据草地承载力理论和草畜动态平衡原理，按照草地生产能力确定退牧区不同草地类型禁（休）牧饲料粮、围栏、补播的补偿标准，才能实现天然草地减畜和牧民生计转移的目标（白洁和王学恭，2008）。也有学者在构建完整的生态补偿机制分析框架的基础上，通过问卷调查及跟踪访谈等方法，对调查项目区进行实证分析，制定了不同类型草场的补偿标准，提出建立与完善退牧还草地区生态补偿机制的途径与措施（王欧，2006）。

不少学者围绕退牧还草政策执行过程中存在的矛盾和问题进行了分析，如牧民观念引导不足、经济补偿不及时、技术支持不到位、禁牧机制不健全等，并就此提出了相关的对策，如加强宣传教育、加大退牧还草工程的财政转移支付力度、增强技术支持、进一步完善禁牧监察机制等（李晓宇和林震，2011）。

# 第十二节　小流域综合治理工程[1]

小流域是江河的最小单元，是产沙的源头，水土流失的发生发展过程在小流域里充分体现出来，把小流域作为综合治理单元，既符合水土流失规律，也符合经济发展规律。小流域综合治理就是以小流域为单元，在全面规划的基础上，预防、治理和开发相结合，合理安排农、林、牧等各业用地，因地制宜，因害设防，优化配置工程、生物和农业耕地等各项措施，形成有效的水土流失综合防护体系，达到保护、改良和合理利用水土资源，实现生态效益、经济效益和社会效益协调统一的水土流失防治活动（蒋得江，2011）。

小流域综合治理理论的核心内容是：以小流域为单元，山、水、田、林、路全面规划，工程、生物、保土耕作措施和其他相关措施优化配置，综合治理；生态效益、经济效益和社

---

❶ 本节作者为李静（中国科学院地理科学与资源研究所）。

会效益同步；从生态经济高度出发，合理利用水土资源，通过土地利用结构、经济结构、产业结构和种植业结构调整，提高农业综合生产力，增加农民收入，使治理区的水土流失程度减轻，经济得到发展，人居环境得到改善，实现人口、资源、环境和社会协调发展。

近30年来，小流域综合治理在理论、实践、技术、体制、机制等方面不断创新和发展，现已成为我国水土保持生态建设的一条重要技术路线，为改善我国水土流失地区生态与环境、发展农村经济、促进经济社会可持续发展做出了显著的贡献。

## 一、小流域综合治理的发展历程

小流域综合治理的发展历程大致可分为以下4个阶段（刘震，2005）。

### 1. 探索阶段（1950～1979年）

20世纪50年代，为探索有效的治理方法和途径，出现了以山西、陕西等省为代表的小流域综合治理的雏形。不同于以往，山西、陕西等省在支毛沟流域进行了生物措施与工程措施相结合的综合治理试验。

20世纪60年代，水土保持工作以基本农田建设为主要内容，把水、坝、滩地和梯田确立为主攻目标，大大改善了农业生产条件，提高了单位面积产量。但因没有以小流域为单元进行综合治理，治理的效果并不理想。

20世纪70年代中期，总结以往的经验教训，水土保持工作者逐步认识到以流域为单元进行综合治理的重要性。

### 2. 确认与试点阶段（1980～1991年）

十一届三中全会后，从中央到地方的水土保持工作都得到了加强。在中南五省和华北五省的两次座谈会上，把"小流域综合治理"作为一条重要的经验推出来，要求各地积极借鉴和推广。1980年4月，水利部颁发《水土保持办法》，首次定义了小流域的概念，明确了我国的水土保持要以小流域为单元进行综合治理。

为探索水土保持快速治理的途径和不同类型区综合治理的模式，水利部、财政部在黄河、长江等六大流域开展了小流域综合治理试点工作。通过试点，积累了经验，为后来开展大规模的生态建设奠定了坚实的基础。在此时期，因受农村家庭联产承包责任制的影响，全国掀起"千家万户治理千山万壑"的小流域治理高潮。但因投入能力的限制，这一阶段小流域治理依然停留在较低的层次上，治理成效相对有限。

### 3. 以经济效益为中心发展阶段（1992～1997年）

到20世纪90年代初，不仅有了广泛的群众基础和相当的治理规模，而且有了一批效益显著的建设典型。但随着社会主义市场经济体制的逐步建立和完善，小流域治理又出现了新的矛盾和问题，治理效益偏低、措施配置不尽合理、工程质量不高、管理跟不上等，使小流域治理开发的经济效益不明显，群众参与治理开发的积极性受到很大影响。

针对这种情况，提出了发展水保特色产业的思路，即以经济效益为中心，将治理与开发相结合，小流域治理同区域经济发展相结合，把小流域治理纳入市场经济发展的轨道，积极运用价值规律、供求关系指导治理开发，调整土地利用和产业结构，走出独具特色的治理开发路子，提高了治理开发的效益。

### 4. 规模化防治阶段（1998年至今）

这一阶段，国家加大生态建设的投入力度，小流域治理进入快速发展时期。为保护水土资源，加快水土流失防治步伐，充分发挥示范的辐射带动作用，推动全国水土保持生态环境建设的健康发展，水利部和财政部于 1999 年在全国选择了 10 个城市、100 个县、1000 条小流域作为全国水土保持生态环境建设的示范工程（简称"十百千"工程），并强化了建设和管理，专门制定了管理办法，明确了达标验收的标准。把水土保持生态建设引入以大流域为规划单元、小流域为治理设计单元的规模化防治阶段。

　　进入 21 世纪，为进一步满足经济社会发展多样化的需求，大力推进规模化治理，创新治理开发机制，把人工治理与发挥大自然的自我生态修复能力结合起来，实现水土保持工作在更高层次上的推进和加强。小流域治理已由过去单一的坡面工程、沟道工程、蓄水引水工程、植树种草等措施，发展到以小流域为单元，山水林田路统一规划，以村户治理和管护为基础，工程措施、生物措施以及耕作措施综合运用，生态效益、经济效益、社会效益同时发挥的新格局（党小虎，2004）。

## 二、综合治理措施

　　水土保持措施主要包括工程措施、生物措施和耕作措施。工程措施是指通过坡面治理工程、沟道治理工程的实施，改变地形状态；生物措施是指在治理区内广种林草，改善大地植被，增加植被覆盖率，从而减轻雨滴对地面的打击，增加土壤入渗，减少地表径流量，滞缓流速和削弱冲刷力。耕作措施是指结合农耕技术，在坡耕地上建成具有一定蓄水能力的临时性地块，同时还包括深耕、密植、间作套种和增施肥料等技术（于宝良和张春萍，2011）。

### （一）工程措施

　　水土保持的工程措施是小流域水土保持综合治理措施体系的主要组成部分，它与水土保持生物措施及其它措施同等重要，不能互相代替，与生物措施之间是相辅相成、互相促进的。水土保持工程研究的对象是斜坡及沟道中的水土流失治理，即在水力、风力、重力等外营力作用下，水土资源损失和破坏过程及工程防治措施。它的主要作用是通过修建各类工程改变小地形，拦蓄地表径流，增加土壤入渗，从而达到减轻或制止水土流失，开发利用水土资源的目的。主要的工程措施有：山坡防治工程；山沟治理工程；山洪气压层工程；小型蓄水用水工程等（尹红等，2007）。

#### 1. 山坡防治工程

　　（1）山坡防护工程　山坡防护工程的作用在于用改变小地形的方法防止水土流失，将雨水和融雪水就地拦蓄，使其渗入农田、草地或林地，减少或防止坡面径流，增加农作物、牧草及林木可利用的土壤水分。同时，将未能拦蓄的坡面径流引入小型蓄水工程。在有发生重力侵蚀危险的坡地上，可以修筑排水工程或支撑建筑物防止滑坡作用。属于山坡防护工程的措施有梯田、拦水沟埂、水平沟、水平阶、水簸箕、鱼鳞坑、山坡截流沟、水窖（旱井）以及稳定斜坡下部的挡土墙等。其中，水平沟、水平阶、鱼鳞坑是在立地条件不适于修建水平梯田情况下采取的措施，一般布设在 15°以上的坡地上，主要用于经果林、水保林的整地。

　　（2）坡面治理工程　坡面治理工程在山区农业生产中占有重要地位，水土保持要沟坡兼治，而坡面治理是基础。坡面治理工程包括斜坡固定工程、山坡截流沟等。

　　斜坡固定工程是指为防止斜坡岩土体的运动，保证斜坡稳定而布设的工程措施，包括拦墙、抗滑桩、削坡、反压填土、排水工程、护坡工程、滑动带加固工程和植物固坡措施等。

　　山坡截流沟是山坡上每隔一段距离修筑的具有一定坡度的沟道。截流沟的作用主要是截短坡长，延缓径流，减轻径流冲刷，将分散的坡面径流集中起来，输送到蓄水工程或直接输送到农田、草地或林地。山坡截流沟与等高耕作、梯田、涝池、沟头防护等措施相结合，对保护其下部的农田，防止沟头前进，防止滑坡，维护公路、铁路和村庄的安全有突出作用。截水沟一般建在梯田、水平阶、鱼鳞坑等整地措施的上游坡面，平行于等高线布置，排水沟一般垂直于等高线沿耕作道路布设。

### 2. 山沟治理工程

山沟治理工程的作用在于防止沟头前进、沟床下切、沟岸扩张，减缓沟床纵坡、调节山洪洪峰流量，减少山洪和泥石流的固体物质含量，使山洪安全排泄，对沟口冲击锥不造成伤害。属于山沟治理工程的有：沟头防护工程，谷坊工程，以拦截各种泥沙为目的的拦沙坝，以拦泥淤地、建设基本农田为目的的淤地坝及沟道防道防岸工程等（宫伟和吕志刚，2009）。

（1）沟头防护工程　沟头防护工程是为固定沟床，拦蓄泥沙，防止或减少泥石流危害而在山区沟道中修筑的各种工程措施，如谷坊、拦沙坝、淤地坝、小型水库、护岸工程等，称为沟头防护工程。沟床的固定对于沟坡及山坡的稳定有重要作用。沟床固定工程包括谷坊、防冲槛、沟床铺砌、种草皮、沟底防冲林等措施（尹红等，2007）。

（2）谷坊　谷坊是山区沟道内为防止沟床冲刷及泥沙灾害而修筑的横向拦挡建筑物，又名冲坝、沙土坝、闸山沟等。谷坊高度一般为3m左右，是水土流失地区沟道治理的一种主要工程措施。谷坊的作用有以下几个方面：①固定与抬高侵蚀基准面，防止沟床下切；②高沟床，稳定山坡脚，防止沟岸扩张及滑坡；③缓沟道纵坡，减小山洪流速，减轻山洪或泥石流灾害；④沟道逐渐淤平，形成阶地，为发展农林业生产创造条件。

谷坊的主要作用是防止沟床下切冲刷。因此，在考虑沟道是否应该修建谷坊时首先要研究沟道是否会发生下切冲刷作用。

（3）拦沙坝　拦沙坝是以拦挡山洪及泥石流中固体物质为主要目的，防治泥沙灾害的拦挡建筑物。它是荒沟治理的主要工程措施，坝高一般为3～15m，在黄土地区亦称泥坝。

在水土流失地区沟道内修筑拦沙坝，具有以下几方面的功能：①消除泥沙对下游的危害，便于对下游河道的整治；②提高坝址处的侵蚀基准，减缓了坝上游淤积段河床比降，加宽了河床，并使流速和径流深减小，从而大大减小了水流的侵蚀能力；③淤积物淤埋上游两岸坡脚，由于坡面比降降低，坡长减小，使坡面冲刷作用和岸坡崩塌减弱，最终趋于稳定。因沟道流水侵蚀作用而引起的沟岸滑坡，其剪出口往往位于坡脚附近。拦沙坝的淤积物掩埋了滑坡体剪出口，对滑坡运动产生阻力，促使滑坡稳定；④拦沙坝在减少泥沙水源和拦蓄泥沙方面能起重大作用。拦沙坝将泥石流中的固体物质堆积在库内，可以使下游免遭泥石流危害（于宝良和张春萍，2011）。

（4）淤地坝工程　淤地坝是指在沟道内为了拦泥、淤地而建的坝，坝内所淤成的地称为坝地。淤地坝的主要作用在于拦泥淤地，一般不长期蓄水，其下游也无灌溉需求。随着坝内淤积面的不断提高，坝体与坝地能较快地连成一个整体，实际上可看作一个重力式挡泥（土）墙。一般淤地坝由坝体、溢洪道、放水建筑物3部分组成，当淤地坝洪水位超过设计高度时，就由溢洪道排出，以保证坝体的安全和坝地的正常生产。放水建筑物多采用竖管式和卧管式，沟道常流水，沟道清水通过排水设施排泄到下游。

### 3. 山洪气压层工程

山洪排导工程的作用在于防止泥石流或山洪危害沟口冲积堆上的工矿企业、房屋、道路及农田等具有重大经济意义的防护对象。属于该工程的有排洪沟、导流堤等（罗明举，2009）。

### 4. 小型蓄水用水工程

小型蓄水用水工程的作用在于将坡地径流及地下潜流拦蓄起来，减少水土流失危害，灌溉农田，提高作物产量。其工程包括水池、水窖、蓄水塘（堰、坝）、小型水库、淤滩造田、引水上山等。

水池、水窖是山丘区重要的小型水源工程，可为农作物应急抗旱提供水源，一般布置在流域内经果林及新修水平梯田内，其集水方式包括提山溪库塘水充灌和坡面集雨两种方式。塘坝、拦水堰坝布设在沟、河道水流较大，集水面积较大的区域。（王玉太等，2011）。

### （二）生物措施

与工程措施和耕作措施相比，生物措施具有治根治本、成效显著等优点，目前已被广泛应用于小流域综合治理、退化生态系统恢复重建等领域。近年来，随着生态环境建设与退耕还林还草政策的深入实施，生物措施在小流域综合治理中所起到的关键作用日益明显，所以在水土流失中对生物措施的研究意义非常大（杨艳丽，2007）。

生物措施为防治水土流失，保护与合理利用水土资源，采取造林种草及管护的办法，增加植被覆盖率，维护和提高土地生产力的一种水土保持措施，又称植物措施。主要包括造林、种草和封山育林、育草，保土蓄水，改良土壤，增强土壤有机质抗蚀力等措施。小流域治理是一项长期、艰巨的任务，应该以生物措施为主，其他措施为辅，统筹全局、综合整治。随着退耕还林还草、封山育林等工程的深入开展，生物措施在小流域综合治理、改善生态环境等领域中将发挥更为重要的作用（陈文，2011）。

灌木田埂                              沟头造林

图 11-5  小流域综合治理生物措施

注：图片来源http://www.kepu.net.cn/gb/practicecenter/201001_01_htgy/zhili/shengwucuoshi.html

以黄土高原治理为例，常用的水土保持生物措施有：①对山丘坡面进行绿化；②沟头造林（见图 11-5），结合防护工程，选择固土抗冲的乔灌木进行乔、灌混交，营造水土保持林；③沟坡造林，先封坡育草，待草类繁茂后，再全面造林；④沟底造林，在水保工程的基础上，选择速生树种栽植以抗冲缓流、拦淤泥沙，阻止沟底冲刷下切；⑤根据适地适树的原则，治理荒山。

### （三）耕作措施

农业技术措施是小流域治理的基本措施，也是治理和改造坡耕地低产田的重要手段。农业技术措施主要包括：水土保持整地措施，其中包括等高耕作与垄作区田；增加植物被覆的耕作措施，其中包括草田轮作、间作、套种与混种等（高洋等，2007）。通过因地制宜地采取各种水土保持农业措施，在改变小地形，增加地表覆盖，拦蓄雨水，减缓地表径流，减少土壤冲刷，改良土壤结构，增加土壤抗蚀、渗透、蓄水性能，培肥地力，提高农作物产量中均发挥了显著作用。

以乔家小流域治理为例，耕作措施主要有：①改坡耕地为水平梯田；②改变过去顺坡耕作方式，进行等高横向耕作，对坡耕地实行起垄种植；③调整作物种植比例，适当增大阔叶作物（根系发达）的面积比例；④提高复种指数，扩大果粮间作和采粮间作面积，发展高矮结合的立体农业，提高土地产出率（李鹏程和姜胜强，1989）。

小流域综合治理除上述的工程措施、生物措施和耕作措施外，其他措施也不能偏废，必须做好以下工作：①业务部门积极工作、主动争取各级领导对小流域治理工作的重视，争取营造各部门齐抓共管的良好局面；②建立一支敢于执法、善于执法的执法队伍；③加大宣传力度，把小流域治理的理念灌输给每一位群众，避免走"先破坏、后治理、先发展、后保护"弯路，最终实现生态保护与经济发展的"双赢"目标（程静，2002）。

## 三、治理效益

小流域综合治理的目标是发挥最大的生态效益、社会效益和经济效益，实现流域内经济社会的可持续发展。

### 1. 生态效益

通过综合治理，极大地控制了小流域内的水土流失面积，提高了林草覆盖率，能有效涵养水源，减少地表径流和冲刷，减轻土壤侵蚀程度，减少水土流失，增加土壤肥力，提高土地生产力，促进生态环境向良性循环发展。此外，还提高了土地利用率。通过大面积的植树造林和封禁治理，治理区生态环境得到显著改善，如涪陵区堡子清水塘库区出现了大量白鹭就是最好的例证（周璟和何丙辉，2006）。

各项水土保持措施实施后，极大地改善流域地表径流状况，保证水不下山，大大地减少了洪水流量，提高区域抗灾能力，减轻下游洪涝灾害。治理后的小流域，增加了常年流量，实现小雨不下山，大雨缓出川，减少河道泥沙淤积，同时林草面积增加，减少了空气污染，改善了流域生态与环境，维护国家生态安全（李恩慧，2005）。

### 2. 经济效益

小流域综合治理过程中，以提高治理效益、改善生态环境为中心，不断探索和优化治理模式，提高治理质量，使治理后的农业生产条件和农民生活质量得到很大程度的改善和提高，水土流失初步得以控制，其效益十分显著。通过调整小流域土地利用结构，改善了农业生产条件，促进农业高产稳产，并取得了显著的经济效益。例如，开梯建园栽植的经果林既把农民从单一的粮食种植观念中解放出来向多种经营方向发展，又调整了农业产业结构，带来的经济效益十分可观，也进一步促进了当地农民脱贫致富。除产生直接经济效益外，各项措施也带来良好的间接经济效益，如实施退耕还林后，将有大量的劳动力从土地中解放出来，用于发展家庭养殖业或外出打工从事第三产业，不仅能增加经济收入，改善生活或生产条件，还极大地改善了生态环境（周璟和何丙辉，2006）。

通过验收的"十百千"工程的100条小流域，每年增产粮食 $6.892 \times 10^8 t$，生产果品 $1.0353 \times 10^7 t$，生产牧草 $1.66 \times 10^8 t$，生产枝条等薪柴 $2.146 \times 10^8 t$，增加产值2184亿元。治理后的人均基本农田比治理前增加了 $0.08 hm^2$，治理前的年人均粮食产量比治理后增加了159kg，年人均产值治理后达到2460元，治理后的年人均纯收入比治理前增加了681元（赵院等，2002）。

### 3. 社会效益

小流域综合治理的一个重要目标是实现流域内的社会进步，即提高农户生计水平、受教育程度、科技水平和福利待遇等。通过山、水、田、林、路的综合治理，一是改善了农业生产条件。大部分流域基本上实现了电通、水通、路通，大大改善了基础设施。二是调整了土地利用结构。农业用地面积明显减少，林牧业用地面积显著增加，土地利用结构趋于合理，促进了农业耕作方式和种植结构的变化，增强了农业生产的稳定性。三是加快了脱贫致富的步伐。农民的商品意识、经济意识和文化意识也有了明显增强（赵院等，2002）。四是进一步提高了广大干部群众的水土保持国策意识，治理水土流失的积极性日益高涨，社会效益显著。

各项水土保持措施的实施，使流域的山、水、林、田、路得到综合治理，有效地减轻了水土流失对土地的破坏，改变了原有的小地形结构，使土地资源得到了合理的开发利用，提高了土地资源的利用率和商品产出率，为发展优质、高效、绿色产业奠定了基础，有效地防治洪水、泥石流的危害，增强了抗御自然灾害的能力。

通过开展小流域综合治理，不断完善农业基础设施，提高土地生产率，为流域实现优质、高产、高效的大农业奠定基础，促进农业产业结构的调整。流域将发展成为一个环境优美，自然景观、生态景观俱佳，农牧业协调发展，果树众多的水果之乡，由一个沟道不整，水土流失严重的流域变成土地利用合理、沟路整齐、工程完备的秀丽山村，通过经济林和果品采摘园的建设，将极大提高流域内居民的经济收入和生活水平，加快脱贫致富奔小康的步伐，使流域人口、资源、环境与生态型经济走上可持续发展的道路。

## 参 考 文 献

[1] 曹康泰，李育材. 退耕还林条例释义. 北京：中国林业出版社，2003.

[2] 曹志平. 生态环境可持续管理——指标体系与研究发展. 北京：中国环境科学出版社，1999.

[3] 陈建卓. 河北省太行山区小流域综合治理模式研究. 水土保持通报，1999，19（4）：41-44.

[4] 董建文. 福建中、南亚热带风景游憩林构建基础研究. 北京林业大学，2006.

[5] 樊士伟，刘世远. 浅谈工程建设项目管理. 林业科技情报，2003，35（1）：36-37.

[6] 范志平. 中国水源保护林生态系统功能评价与营建技术体系. 世界林业研究，2000（1）.

[7] 傅伯杰. 中国生态环境的新特点及其对策. 环境科学，2000，21（5）：104-106.

[8] 傅伯杰. 中国生态区划的目的、任务及特点. 生态学报，1999，19（5）：591-595.

[9] 傅伯杰. 中国生态区划方案. 生态学报，2001，21（1）：1-6.

[10] 国家林业局. 2010年中国林业发展报告. 北京：中国林业出版社，2010.

[11] 国家林业局. 全国林业生态建设与治理模式. 北京：中国林业出版社，2003.

[12] 国家林业局. 西部地区林业生态建设与治理模式. 北京：中国林业出版社，2000.

[13] 国家林业局. 林业发展"十二五"规划. 国家林业局，2011.

[14] 国家林业局. 六大林业重点工程统计公报，2003～2005. 2004-2006.

[15] 国家林业局. 全国林业生态建设与治理模式. 北京：中国林业出版社，2003.

[16] 国家林业局. 长江流域防护林体系建设三期工程规划. 2012.

[17] 国家林业局. 全国沿海防护林体系建设工程规划. 2007.

[18] 国家林业局. 珠江流域防护林体系建设三期工程规划. 2012.

[19] 国家林业局. 全国平原绿化三期工程规划. 2013.

[20] 国家林业局. 太行山绿化三期工程规划. 2013.

[21] 国家林业局.《防护林造林工程投资估算指标》(试行). 2009.

[22] 国家林业局. 中国林业发展报告（2000～2005）. 北京：中国林业出版社，2001-2006.

[23] 国家林业局. 中国林业工作手册. 北京：中国林业出版社，2006.

[24] 国家林业局. 中国森林资源. 北京：中国林业出版社，2005.

[25] 国家林业局. 中国森林资源报告. 北京：中国林业出版社，2005.

[26] 国家林业局科学技术司. 长江上游主要树种造林技术. 北京：中国农业出版社，2000.

[27] 国家林业局科学技术司. 黄河上中游主要树种造林技术. 北京：中国农业出版社，2000.

[28] 国家林业局植树造林司. 全国生态公益林建设标准（一）. 北京：中国标准出版社，2001.

[29] 国家林业局退耕办. 退耕还林指导与实践. 北京：农业科学技术出版社，2003.

[30] 国家林业局退耕办. 退耕还林工程政策文件. 北京：知识产权出版社，2006.

[31] 国家林业局气候办. 中国绿色碳基金造林项目碳汇计量与监测指南. 北京：中国林业出版社，2008.

[32] 李怒云. 中国林业碳汇. 北京：中国林业出版社，2007.

[33] 李世东. 中国退耕还林研究. 北京：科学出版社，2004.

[34] 李世东. 世界重点生态工程研究. 北京：科学出版社，2007.

[35] 李世东. 中国退耕还林优化模式研究. 北京：中国环境科学出版社，2006.

[36] 李世东，李文华. 中国森林生态治理方略研究. 北京：科学出版社，2008.

[37] 李世东，陈幸良，马凡强等. 新中国生态演变60年. 北京：科学出版社，2010.

[38] 李世东，樊宝敏，林震等. 现代林业与生态文明. 北京：科学出版社，2011..

[39] 李世东，胡淑萍，唐小明. 森林植被碳储量动态变化研究. 北京：科学出版社，2013.

[40] 李世东，陈幸良，李金华. 世界重点生态工程与林业机构设置的关系研究. 世界林业研究，2003，16（3）：7-11.

[41] 李世东，翟洪波. 世界林业生态工程对比研究. 生态学报，2002，22（11）：1976-1982.

[42] 李世东. 世界重点林业生态工程建设进展及其启示. 林业经济，2001，12：46-50.

[43] 李世东. 中国林业生态工程建设的世纪回顾与展望. 世界环境，1999（4）：40-43.

[44] 李文华. 生态系统服务功能研究. 北京：气象出版社，2002.

[45] 李育材. 中国的退耕还林工程. 北京：中国林业出版社，2005.

[46] 李育材. 退耕还林工程：中国生态建设的伟大实践. 北京：蓝天出版社，2009.

[47] 刘江. 全国生态环境建设规划. 北京：中华工商联合出版社，1999.

[48] 江泽慧. 中国现代林业. 北京：中国林业出版社，2000.

[49] 蒋有绪. 森林可持续经营与林业的可持续发展. 世界林业研究，2001，14（2）：1-8.

[50] 雷加富. 中国森林资源. 北京：中国林业出版社，2005.

[51] 钦佩等. 生态工程学. 南京：南京大学出版社，1998.

[52] 沈国舫. 森林培育学. 北京：中国林业出版社，2001.

[53] 沈国舫. 天然林保护工程与森林可持续经营. 林业经济，2009，(11)：15-16.

[54] 沈国舫，王礼先. 中国生态环境建设与水资源保护利用. 北京：中国水利水电出版社，2001.

[55] 石元春. 中国可再生能源发展战略研究丛书（生物质能卷）. 北京：中国电力出版社，2008.

[56] 王百田. 林业生态工程学. 北京：辽宁大学出版社，2004.

[57] 王成，詹明勋. 城市森林与居民健康. 北京：当代中国出版社，2008.

[58] 王礼先. 林业生态工程技术. 郑州：河南科学技术出版社，2000.

[59] 王礼先. 林业生态工程学. 第二版. 北京：中国林业出版社，2000.

[60] 王治国. 林业生态工程学——林草植被建设的理论与实践. 北京：中国林业出版社，2000.

[61] 向劲松. 林业生态工程学. 北京：高等教育出版社，2001.

[62] 张建国，李吉跃，彭祚登. 人工造林技术概论. 北京：科学出版社，2007.

[63] 张小全，武曙红. 中国 CDM 造林再造林项目指南. 北京：中国林业出版社，2006.

[64] 中国林业工作手册编纂委员会. 中国林业工作手册. 北京：中国林业出版社，2006.

[65] 中国科学院可持续发展研究组. 中国可持续发展战略报告（1999～2012）. 北京：科学出版社.

[66] 中国可持续发展林业战略研究项目组. 中国可持续发展林业战略研究总论. 北京：中国林业出版社，2002.

[67] 中国林学会. 西北生态环境论坛——西北地区生态环境建设研讨会专辑. 北京：中国林业出版社，2001.

[68] 周晓峰. 森林生态功能与经营途径. 北京：中国林业出版社，1999.

[69] 朱俊凤，朱震达. 中国沙漠化防治. 北京：中国林业出版社，1999.

[70] 白洁，王学恭. 西北牧区退牧还草工程生态补偿依据与标准. 西南林业大学学报，2008，28（4）：129-132.

[71] 白忠平. 乌拉特后旗退牧还草工程研究. 新疆农业科学，2010，47（S2）：198-203.

[72] 边多，李春，杨秀海等. 藏西北高寒牧区草地退化现状与机理分析. 自然资源学报，2008，23（2）：254-262.

[73] 陈辉光，徐正辉. 卓尼县退牧还草工程的显著效益与后续建设建议. 甘肃农业，2006，（10）：92.

[74] 陈卫民. 不同放牧季节与放牧方式对长芒草型干草原植被恢复的影响. 宁夏大学学报，2007，27（3）：260-263.

[75] 崔庆虎，蒋志刚，刘季科等. 青藏高原草地退化原因述评. 草业科学，2007，24（5）：20-26.

[76] 丁广泉. 新疆天然草原退牧还草工程效益分析与影响研究. 甘肃农业，2006，（5）：94-95.

[77] 多杰龙智，黎与，胡振军等. 青海省实施退牧还草工程效益分析、存在问题及对策. 草业与畜牧，2008，（10）：29-31.

[78] 额尔克木，满都呼，花拉等. 内蒙古鄂托克旗实施退牧还草效益显著. 畜牧与饲料科学，2008，（2）：113-116.

[79] 樊江文，钟华平，陈立波等. 我国北方干旱和半干旱区草地退化的若干科学问题. 中国草地学报，2007，29（5）：95-101.

[80] 冯琦胜，王玮，梁天刚. 甘南牧区草畜数字化管理系统的设计与开发. 中国农业科技导报，2009，11（6）：93-101.

[81] 韩建国，李枫. 围封休闲对退化草地牧草影响的初探. 四川草原，1995，（1）：17-18.

[82] 韩伟仓，削艰省，张建财. 从果洛州高寒草地生态环境现状谈实施退牧还草工程的必要性. 草业与畜牧，2007，（11）：59-62.

[83] 韩颖. 内蒙古地区退牧还草工程的效益评价和补偿机制研究. 中国农业科学院草原研究所硕士论文，2006.

[84] 郝璐，高景民，杨春燕. 内蒙古天然草地退化成因的多因素灰色关联分析. 草业学报，2006，15（6）：26-31.

[85] 和平，褚文彬，运向军等. 短花针茅荒漠草原群落现存量和营养动态对禁牧休牧的影响. 当代畜禽养殖业，2008，（6）：41-44.

[86] 侯向阳. 中国草地生态环境建设战略研究. 北京：中国农业出版社，2005.

[87] 黄国安，郭伊乐，敖艳红等. 退牧还草工程取得的成效与经验. 内蒙古草业，2006，18（4）：29-31.

[88] 金健敏. 禁牧封育是恢复植被改善生态的根本措施. 内蒙古林业，2008，（1）：17.

[89] 康博文，刘建军，侯琳. 蒙古克氏针茅草原生物量围栏封育效应研究. 西北植物学报，2006，26（12）：2540-2546.

[90] 李青丰，赵钢，郑蒙安等. 春季休牧对草原和家畜生产力的影响. 草地学报，2005，13（S1）：53-57.

[91] 李绍良，陈有君，关世英等. 土壤退化与草地退化关系的研究. 干旱区资源与环境，2002，16（1）：93-95.

[92] 李文卿，胡自治，龙瑞军等. 甘肃省退牧还草工程实施绩效、存在问题和对策. 草业科学，2007，24（1）：1-6.

[93] 李晓宇，林震. 退牧还草政策执行过程中的问题及建议. 内蒙古农业科技，2011，（1）：1-2.

[94] 梁金荣. 增加投入完善措施切实加大荒漠半荒漠草原区退牧还草工程的实施力度. 中国草业发展论坛论文集，2009，335-339.

[95] 梁天刚，冯琦胜，夏文韬等. 甘南牧区草畜平衡优化方案与管理决策. 生态学报，2011，31（4）：1111-1123.

[96] 刘兵，吴宁，罗鹏等. 草场管理措施及退化程度对土壤养分含量变化的影响. 中国生态农业学报，2007，15（4）：45-48.

[97] 刘德梅. 禁牧封育对三江源区"黑土滩"人工草地的影响. 兰州：甘肃农业大学，2009.

[98]　刘书朋. 天祝县退牧还草工程对牧户家庭畜牧业的影响及牧民的响应研究. 兰州：兰州大学，2010.

[99]　刘宇. 内蒙古地区退牧还草工程的效益评价及问题探析. 内蒙古农业科技，2009，(5)：6-7.

[100]　刘振恒，武高林，杨林平等. 黄河上游首曲湿地保护区退牧还草效益分析. 草原与草坪，2009，(3)：69-72.

[101]　马志愤. 草畜平衡和家畜生产体系优化模型建立与实例分析. 甘肃农业大学硕士论文. 2008.

[102]　聂学敏，赵成章，张国辉等. 黄河源区退牧还草工程实施现状及绩效的调查研究. 草原与草坪，2008，(2)：59-63.

[103]　聂学敏. 黄河源区退牧还草工程绩效评价与对策研究. 甘肃农业大学硕士论文，2008.

[104]　任继周. 草地农业生态系统通论. 合肥：安徽教育出版社，2004.

[105]　桑永燕，宁洪才，屈海林. 禁牧封育 3 年后退化草地生物量测定. 青海草业，2006，15 (3)：7-9.

[106]　尚占环，任国华，龙瑞军. 土壤种子库研究综述—规模、格局及影响因素. 草业学报，2009，18 (1)：144-154.

[107]　苏德毕力格，李永宏，雍世鹏等. 冷蒿草原土壤可萌发种子库特征及其对放牧的响应. 生态学报，2000，20 (1)：43-48.

[108]　苏永中，赵哈林，文海燕. 退化沙质草地开垦和封育对土壤理化性状的影响. 水土保持学报，2002，16 (4)：5-8.

[109]　孙涛，毕玉芬，赵小社等. 围栏封育下山地灌草丛草地植被植物多样性与生物量的研究. 云南农业大学学报，2007，22 (2)：246-250.

[110]　孙小平，杨伟. 围栏休牧对放牧草地恢复效果研究初报. 新疆畜牧，2005，(6)：61-66.

[111]　孙宗玖，安沙舟，段娇娇. 围栏封育对新疆蒿类荒漠草地植被及土壤养分的影响. 干旱区研究，2009，26 (6)：877-881.

[112]　孙宗玖，安沙舟，李培英. 封育方式下伊犁绢蒿可塑性贮藏营养物质的动态变化. 草业科学，2008，25 (10)：70-74.

[113]　塔拉腾，陈菊兰，李跻等. 阿拉善荒漠草地退牧还草效果分析. 草业科学，2008，25 (2)：124-127.

[114]　王静，郭铌，蔡迪花等. 玛曲县草地退牧还草工程效果评价. 生态学报，2009，29 (3)：1276-1284.

[115]　王静，郭铌，韩天虎等. 退牧还草工程生态效益评价. 草业科学，2008，25 (12)：35-40.

[116]　王欧. 退牧还草地区生态补偿机制研究. 中国人口. 资源与环境，2006，16 (4)：33-38.

[117]　王向阳，王济民，张蕙杰等. 中国西部牧区退牧还草的政策支持. 农业经济问题，2003，24 (7)：45-50.

[118]　王岩春. 阿坝县国家退牧还草工程项目区围栏草地恢复效果的研究. 四川：四川农业大学，2007.

[119]　王云霞，曹建民. 内蒙古半农半牧区草原退化与合理利用研究. 内蒙古农业大学学报（社会科学版），2010，12 (3)：57-59.

[120]　卫智军，邢旗，双全等. 不同类型天然草地划区轮牧研究//中国草原学会. 中国草业可持续发展战略论坛论文集. 北京：中国学术期刊（光盘版）电子杂志社，2004：533-539.

[121]　魏永胜，梁宗锁，山仑. 草地退化的水分因素. 草业科学，2004，21 (10)：13-18.

[122]　卫智军，王明玖，邢旗等. 家庭牧场尺度不同高程土壤养分空间分异特征研究. 中国草地学报，2010，32 (1)：112-115.

[123]　文海燕，赵哈林，傅华. 开垦和封育年限对退化沙质草地土壤性状的影响. 草业学报，2005，14 (1)：31-37.

[124]　文乐元. 云贵高原人工草地绵羊放牧系统草畜动态平衡过程优化研究. 兰州：甘肃农业大学硕士论文，2001.

[125]　夏文韬，王莺，冯琦胜等. 甘南地区 MODIS 土地覆盖产品精度评价. 草业科学，2010，27 (9)：11-18.

[126]　邢纪平. 牧户对退牧还草政策的响应及其影响因素分析. 乌鲁木齐：新疆农业大学硕士论文，2008.

[127]　邢旗，双全，那日苏等. 草原划区轮牧技术应用研究. 内蒙古草业，2003，15 (1)：1-3.

[128]　旭日干. 李博文集. 北京：科学出版社，1999.

[129]　闫瑞瑞，卫智军，辛晓平等. 放牧制度对荒漠草原生态系统土壤养分状况的影响. 生态学报，2010，30 (1)：43-51.

[130]　闫玉春，唐海萍，辛晓平等. 围封对草地的影响研究进展. 生态学报，2009，29 (9)：5039-5046.

[131]　闫玉春，唐海萍. 草地退化相关概念辨析. 草业学报，2008，17 (1)：93-99.

[132]　杨理，侯向阳. 对草畜平衡管理模式的反思. 中国农村经济，2005，(9)：62-66.

[133]　尹俊，蒋龙，徐祖林. 云南迪庆州天然草原退牧还草工程实施对草原生态及牧区社会经济的影响. 草地生态，2010，(11)：26-29.

[134]　张东杰, 都耀庭. 禁牧封育对退化草地的改良效果. 草原与草坪, 2006, (4): 52-54.

[135]　张鹤, 宝音陶格涛. 内蒙古阿拉善盟退牧还草工程效益评价. 中国草地学报, 2010, 32 (4): 103-108.

[136]　张宇, 王佺珍. 宁夏退牧还草工程绩效及可持续性分析. 当代畜牧, 2010, (1): 53-55.

[137]　张蕴薇, 韩建国, 李志强. 放牧强度对土壤物理性质的影响. 草地学报, 2002, 10 (1): 74-78.

[138]　赵成章, 贾亮红. 西北地区退牧还草工程综合效益评价指标体系研究. 干旱地区农业研究, 2009, 27 (1): 227-232.

[139]　赵春花, 曹致中, 荣之君. 退牧还草工程对内蒙古阿拉善左旗经济社会效益的影响. 草地学报, 2009a, 17 (1): 17-21.

[140]　赵春花, 曹致中. 退牧还草工程对内蒙古鄂温克旗经济社会效益的影响. 草业科学, 2009b, 26 (12): 19-23.

[141]　赵凌平, 程积民, 万惠娥等. 黄土高原草地封育与放牧条件下土壤种子库特征. 草业科学, 2008, 25 (10): 78-83.

[142]　赵毅, 于立新. 对新疆国债资金 (天然草原退牧还草) 建设项目实施效果的评析. 新疆畜牧业, 2011, (6): 43-45.

[143]　赵友. 对开鲁县实施退牧还草工程后草原生态社会效益的研究. 当代畜牧, 2004, (12): 31-32.

[144]　周国英, 陈桂琛, 徐文华等. 围栏封育对青海湖地区芨芨草草原生物量的影响. 干旱区地理, 2010, 33 (3): 434-441.

[145]　周尧治, 郭玉海, 刘历程等. 围栏禁牧对退化草原土壤水分的影响研究. 水土保持研究, 2006, 13 (3): 5-7.

[146]　陈文祥. 国家水土保持重点建设工程水土流失综合治理——以长汀县郑坊河小流域为例. 亚热带水土保持, 2011, 23 (2): 33-35.

[147]　程静. 浅议小流域综合治理的生物措施. 林业调查规划, 2002, 27 (增刊): 55-58.

[148]　党小虎. 小流域综合治理效果研究——以隆德县李太平小流域为例. 陕西: 西北农林科技大学, 2004.

[149]　高洋, 唐凯, 马顺利. 水土保持综合治理措施在双青小流域治理中的应用. 黑龙江水利科技, 2007, 35 (3): 195-197.

[150]　宫伟, 吕志刚. 浅析水土保持的工程措施. 水利科技与经济, 2009, 15 (8): 701-702.

[151]　蒋得江. 试述黄土高原生态修复与小流域治理. 坡耕地水土流失综合治理学术研讨会论文汇编, 2011.

[152]　李恩慧. 玉田县团城小流域治理措施及效益分析. 水科学与工程技术, 2005, 增刊: 57-59.

[153]　李鹏程, 姜胜强. 乔家小流域治理措施及效益. 中国水土保持, 1989, (2): 49-50.

[154]　刘震. 我国水土保持小流域综合治理的回顾与展望. 水土保持, 2005, 22: 17-20.

[155]　罗明举. 浅谈水土保持工程防治措施. 能源与环境, 2009, (10): 147.

[156]　王玉太, 孙木远, 姜娜. 沂蒙山区水土保持工程措施配置研究. 山东水利, 2011, (4): 9-11.

[157]　杨艳丽. 生物措施在小流域综合治理中的作用. 中国林业, 2007, (16): 32.

[158]　尹红, 安建英, 杨丽萍. 刍议水土保持的工程措施. 黑龙江水利科技, 2007, 35 (3): 202.

[159]　于宝良, 张春萍. 浅谈治理水土流失的水土保持工程措施. 民营科技, 2011, (3): 222.

[160]　赵院, 程燕妮, 黄建胜. 黄河流域重点小流域治理成效. 中国水土保持, 2002, (6): 37-38.

[161]　周璟, 何丙辉. 涪陵区小流域综合治理状况及治理措施效益分析. 水土保持研究, 2006, 13 (5): 316-318, 321.

# 第十二章

# 典型地区生态建设

## 第一节　横断山区干旱河谷生态建设[1]

### 一、引言

横断山区干旱河谷主要分布于大江大河（包括怒江、澜沧江、金沙江、大渡河、雅砻江、岷江、白龙江等）及其主要支流的河谷，垂直海拔分布相对幅度 200～1000m 不等，是山地垂直系统的下段与基带。《横断山区干旱河谷》一书中报道其分布面积有 11230km² （张荣祖，1992），但最近的初步估计干旱河谷面积至少 26500km²，占横断山区总面积的 5%～6%（包维楷等，2012）。干旱河谷是横断山区独特的自然地理景观。其独特性可体现在三个方面。一是该地区是我国热带、亚热带和暖温带地带性气候下的干旱气候区，是区域气候背景下的特殊气候区。根据对干旱河谷 23 个气象站资料统计，年降水量是 300～700mm，而年蒸发量 1500～2200mm，达降水量的 2～6 倍；在季节上呈现出冬春降水少而夏秋季降水多。根据热量条件判断，干旱河谷并不是世界干旱带那样的"死冬"，一些干热干暖河谷冬季只要有水，植物就能生长。二是干旱河谷气候与高山峡谷地貌紧密联系，没有

❶　本节作者为包维楷、李芳兰和丁建林（中国科学院成都生物研究所）。

高山峡谷地貌就没有河谷的干旱气候。三是河谷植被深受干旱气候控制，呈现低矮灌丛植被景观，不同于区域热带、亚热带和温带地带性植被性质，而类同于世界干旱气候区植被。干旱河谷因此明显不同于我国北方干旱生态系统。依据热量、温度与干旱程度划分，横断山区干旱河谷可分为干热、干暖和干温等亚类性（张荣祖，1992），一般北纬25°以南的横断山区分布的是干热河谷类型，而以北分布的是干暖与干温河谷。因此，一些河流整体上是干温河谷，如岷江河谷、白龙江河谷，而一些河流如金沙江河谷，下段为干热河谷（渡口）、中段为干暖河谷（奔子栏、荣县段）、上段（理塘）为干温干凉河谷。

干旱河谷分布于峡谷下部。地形封闭，地质条件不稳定、气候多变、土层浅薄、峡谷陡坡，使干旱河谷系统具有独特的高度脆弱性、低的抗扰动性以及一旦破坏失衡后系统恢复的困难性，一直是地质灾害频繁发生的核心地段（包维楷等，2007；2012）。在过去几十年中，随着快速的人口增加与社会经济发展，干旱河谷也深受人类活动的扰动，水电施工、交通建设、村落扩展、城镇发展、陡坡垦殖、牛羊放牧、开山取石、整地造林等。这些扰动使干旱河谷成为横断山区突出的"麻烦"地带，导致局部植被严重退化，生态急剧恶化，水土流失加剧，山地灾害频繁，这不仅吞噬着区域社会经济发展成果，削弱区域可持续发展的基础，并直接威胁着下游区的发展与生态安全。在社会经济发展方面，干旱河谷在横断山区的地位是突出的，并具不可替代性。沿江顺河的狭长干旱地段及邻近中山过渡带，集中分布着横断山区区域75%～80%的村落、55%～58%的城镇（乡镇、区、县、州）、80%的人口、55%～60%的区域农业耕地、90%以上的企业，成为区域社会、经济和文化的重心（包维楷等，2012）。干旱河谷是区域交通、信息、物资、能源和对外交流的通道和咽喉，也是高山峡谷背景下横断山区社会经济发展的走廊带，因此，干旱河谷山地生态系统的保育、恢复、合理利用与持续管理是区域发展的核心和与保障。

对横断山区干旱河谷认识已有100多年的历史，但相关科学研究主要是20世纪70年代展开始逐步展开的，而横断山区干旱河谷生态恢复研究则是从1980年代初期始于岷江干旱河谷治理试验。当前，横断山区干旱河谷生态恢复研究与实践主要聚焦于金沙江下游干热河谷及干温类型代表区——岷江干旱河谷。过去30年来在干旱河谷生态恢复的理论认识、恢复模式与技术、特色植物资源利用与治理工程实践等方面做过大量工作，归纳起来，主要集中在3个方面：①干旱河谷生态恢复的理论认识与基础；②干旱河谷生态恢复技术与模式及其效果评估；③干旱河谷资源开发利用效果与区域生态恢复和持续管理策略。因此，本节主要从这3个方面归纳所取的基本认识和进展，提出干旱河谷今后生态恢复研究与实践发展方向，为区域治理提供理论指导。

## 二、生态恢复相关基础研究

过去30年来，横断山区干旱河谷生态恢复的理论认识得到了进一步深化和发展，一些错误的认识得到纠正。主要进展可归纳为如下几个方面。

### （一）干旱河谷生态退化认识与评价

人为干扰是生态系统退化的驱动力，是退化发生的必要前提。但干扰并不必然驱动退化，只有干扰压力超过系统抵抗力阈值后生态系统才退化。退化与否及退化程度取决于人为干扰体的历史强度、频率与空间格局。横断山区干旱河谷是否存在退化？哪些地段是退化的？哪些地段没有退化？这需要在生态恢复规划与设计之前进行科学评价。退化的程度、阶段及状态以及制约因素也需要科学诊断。查清退化过程、原因、机制以及退化程度是生态恢复重建的基础和前提，合理判定当前退化状态在该系统演替中的地位和阶段，才可能顺应自然演替规律进行有效的生态恢复重建（包维楷等，1999a；孙书存和包维楷，2005）。

在干旱河谷退化范围与程度上，过去存在明显的认识误区。干旱河谷是地带性气候受地形地貌作用下的特殊气候发育下的山地生态系统，一些学者往往把河谷的干旱与退化混为一谈（唐亚等，2003；孙辉等，2005），没有真正认清退化的形式和事实。大多数错误的认识来自于在分析干旱河谷发展趋势时没有充分考虑或植根于干旱河谷自身的形成、演化与演替规律，并错误地选择非干旱河谷植被（如亚高山相对湿润的植被）作为判断依据和参照。建立在干旱河谷退化的错误认识基础上所设计和实施的大规模工程实践并没有达到预期效果，反而引起新的退化（唐亚等，2003）。近年来的调查和研究发现，干旱河谷生态退化并不是全局性的，主要发生在局部人为干扰严重地段，有至少 5 个基本事实是清楚的。

（1）广泛存在着道路沿线生态严重退化带　道路修建大多数是通过河谷坡面而切割形成的，而路面路基开挖土石残物常常就地向坡下或河流推送，覆盖原有的自然植被或坡耕地，形成裸露地表，暴露在强烈的自然侵蚀作用下。路上坡面的切断，只对少量陡坡面进行过初步处理，大部分仍然没有取得理想效果。因此，道路交通线宽 40～200m 常常成为最为严重退化带，在局部盘山公路常形成 500～600m 宽的退化地带。根据对岷江干旱河谷道路的详细调查，干旱河谷中严重退化的道路沿线面积已有 86km² ，约占岷江干旱河谷面积的 12%（包维楷等，2012）。

（2）村落生态退化岛　村落是人口聚居地，"岛状"分散在干旱河谷山地中。但是干旱河谷村落附近人为活动类型多样（如砍材、取石、积肥、垦荒、房屋建造、放牧、耕种）、影响时间长，往往也是生态退化地段，因此形成了以村落为核心的生态退化岛（包维楷和刘照光，1999；包维楷等，2000）。主要表现在植被结构与生产力的退化，植物有性繁殖能力下降，喜荫湿的植物衰退；土壤板结、生物地球化学循环能力退化，水土流失严重。村落退化岛的退化程度与村落大小、社会经济状况、周围植被资源状况、地形地貌条件、生活传统方式有直接关系。各村落退化岛呈不规则状分布，退化程度不一，面积 0.5～2km² 不等（包维楷等，2012）。在一些地段的村落生态退化岛也与荒山造林、公路建设地段等重叠，多重干扰破坏后退化程度往往更加严重。

（3）荒山造林地退化片　横断山区干旱河谷从 20 世纪 80 年代初期开始一直是国家生态工程实施的重点地区，开展了系列的造林实践。造林整地切断坡面，强烈扰动地表，翻动土壤，破坏原有植被覆盖以及土壤生物结皮，由于河谷风大风频，特别是午后整地造林会立即通过扰动产生严重的土壤流失和大气粉尘污染，整地后长期暴露的土壤进一步受到大雨、暴雨（尽管次数少）、气候风蚀等的影响，水土流失进一步加剧。许多地段整地造林带的植被覆盖率在造林多年（6～16 年）后仍然无法恢复到整地造林前的水平，而新造林树种因恶劣的环境制约而生长缓慢，多成为小老头树（朱林海等，2009），或造林后虽短期成林，但林地环境退化、生态系统服务功能不强。此外，一些造林地段采用灌溉也引起了局地的滑坡与崩塌，进一步加剧水土流失。一般坡度越大，整地造林裸露地表面积比例越大，植被覆盖破坏越严重，整地后的土壤退化越严重，水土流失更强烈。虽然国家投入大量人力和物力，地方主管部门付出了巨大的努力和艰辛，但干旱河谷荒山荒坡造林实践不仅成效甚微，还形成了新的退化状态。除了造林技术措施与适宜物种应用存在问题外，造林带来的严重干扰与干旱河谷特殊的脆弱环境是干旱河谷造林地退化的根本原因。

（4）水电工程建设严重退化段　横断山区干旱河谷也一直是我国流域水电开发最早的区

域之一。电站建设工程直接占用和破坏了土地资源，引起局部地段生态退化。电站建设也通过新修道路、切割山地剖面，引发滑坡崩塌以及泥石流灾害，进一步破坏土地与植被。并且形成不同程度的弃渣场，大量土石被直接倾倒于河岸或河道内，显著抬高河床，拥塞河道，河流被无情切割成不同的退化段。其次水电工程建设已显著破坏了河流的形态、结构与功能，使生物群落遭受毁灭性破坏。水电规划和各电站工程设计过程中没有考虑河流的生态需水量与河流的连通性，建成后也根本没有考虑河流生态系统结构与功能的优化调控和持续管理。在梯级电站的围堵与流水改道作用下，河流生态显著恶化。引水使河道岩石裸露，河岸部分植被因缺水导致枯萎、死亡等现象（范继辉等，2006）。闸址以上一定长度江段水体库化，水体流速、水深、水质、河床底质等均将发生一定变化；闸坝到厂房这一段河道将不同程度地脱水，致使水体水环境发生较大变化。原来流动的水静止以后经过化学、热力和物理性变化，严重降低水体自净能力，引起水质退化与富营养化，局部生活废水污染就引起严重的污染物累积与水质恶化，严重污染水库和下游的河流。电站改变河流环境也直接引起水生生物区系组成、群落结构与生产力遭到显著破坏。电站坝上天然江段水库化，随着激流变缓流、以及泥沙和有机物淤积的增加，属蓝藻门和绿藻门的水生藻类增加，而好氧喜流水的硅藻门相应消失，喜富营养水体的环节动物与摇蚊幼虫渐增，而好氧喜流水的蜉蝣、石蚕、石蝇等稚虫相应消失，脱水江段出现水生藻类，特别是着生藻类与无脊椎动物生物量、种类显著减少（参见范继辉等，2006）。

（5）地质灾害极度退化点　干旱河谷坡陡，地形地貌复杂，坡体不稳，岩石松软破碎，坡面物质松散，地表堆积物多，稳定性弱，多裂隙，水分易于下渗浸润引起滑动，坡体极易失衡成灾。因此干旱河谷滑坡、泥石流、崩塌灾害地段很多，规模不一。这些地段植被稀疏，地表裸露，水土流失严重，植被自然恢复十分困难，成为横断山区干旱河谷极度退化地段。

（6）旱作坡耕地退化点　横断山区干旱河谷是区域耕地集中的地段，存在比例较大的旱坡地。旱坡地包括半山坡上的坡改梯的台地与坡度不一（15°～35°）的坡耕地，一般以花椒、豆类、玉米、马铃薯套作为主要经营模式，一直是当地农民经济收入增加的一个重要途径，户均旱作坡耕地面积在2～6亩之间。长期以来，旱作坡耕地大多采用传统耕作方式，秋至冬春季地表裸露，夏季管理粗放。不仅水土流失（水蚀与风蚀同时存在）严重，耕地地力不断衰退，成为当前重要的生态退化问题之一。2000年后，虽然旱作坡耕地中的陡坡部分是退耕还林的重点对象，但因操作与执行中存在诸多问题，目前大多数陡坡旱作坡耕地退耕并不彻底，仍然有比较明显的耕种活动与严重的水土流失问题。

过去干旱河谷生态恢复聚焦荒山荒坡，注重造林。而关键的严重退化地段、区仍没有受到特别关注，如陡坡耕地、灾害滑坡地段、泥石流滩地、道路交通沿线带、水电工程影响区等。因此，干旱河谷生态恢复迫切需要针对退化地段进行。合理评估选择地段的生态退化现象、事实、程度与关键制约因素是生态恢复的前提和成功恢复的基础，需要强化。

**（二）干旱河谷植被原生性与生态恢复目标选择**

乡土植物种组成是区域植物多样性认识的核心，是植被及其多样性保护和恢复实践的前提和基础。以矮灌木与半灌木占优势的灌丛是干旱河谷现存自然植被的基本特征（张荣祖，1992；金振洲和欧晓昆，2000；杨钦周，2007）。尽管这类灌丛群落结构较单一，生产力较低，但是蕴藏着丰富的乡土中生和旱生性灌木、亚灌木（或半灌木）以及草本植物种类，只在局部地段为耐旱性森林所覆盖（张荣祖，1992；包维楷等，2007，2012）。干旱河谷从区系组成及性质来看，与其海拔上段的亚高山植被具有显著不同的区系组成和性质（金振洲和欧晓昆，2000；包维楷等，2012），表明从区系发生角度证明亚高山区系植被与干旱河谷并不是直接的演替关系，支持了干旱河谷灌草植被原生性就地起源性；而进一步从区系特有型来看，干旱河谷分布的许多局地特有植物，不见于海拔更高的亚高山地区（包维楷等，2012），也说明干旱河谷植被的特殊性。过去100～150年干旱河谷植被变化的比较研究也表明，在一些没有人为干扰的地段仍然维持着灌草为主的自然植被特点，整体上并没有表现出显著的植被退化趋势。最近利用年轮气候学方法获得的理县杂谷脑河段的过去近200年来的气候变化的分析（Moseley和唐亚，2006）也表明，干旱河谷一直是干旱气候本质，是局部地貌作用下的局地特殊气候。综合表明，旱生灌丛与草丛是干旱河谷地带性的植被类型，是干旱环境条件下的顶级植被类型（金振洲和欧晓昆，2000；杨钦周，2007；包维楷等，2012），只在局部地段才能形成特有的块状旱生性森林，如岷江河谷的岷江柏林、金沙江干热河谷的铁橡栎林、云南松林等。

从干旱河谷过去30年来大规模以造林为手段，以森林恢复为目标的工程实践来看，大多数是失败的（杨振寅等，2007）。造林实践（尤其是整地）反而破坏了原有自然植被及其更新能力，不仅直接破坏土壤结构与功能，而且恶化了林地水分平衡，风蚀严重（王克勤等，2004；杨振寅等，2007；朱林海等，2009），这表明过去的干旱河谷恢复目标的针对性不够。干旱河谷植被稀疏、水土流失严重、土壤瘠薄，生态恢复应聚焦这些物理性环境改善与生源要素保护和恢复，以提高植被覆盖率（包括土壤生物结皮盖度）、控制水土流失为目标进行，而不应过分强调森林结构重建。

### （三）干旱河谷生态要素的空间格局与生态恢复布局和策略

干旱河谷发育于高山峡谷山地系统中，因此横断山区基本上每一近南北轴向的河谷都存在一个相对完整的干旱河谷系统。由于干旱河谷空间分布范围广，不同干旱河谷也呈现出自然（气候、土壤、植被）的复杂多样性，以及人文（社会结构、经济基础与文化传统）的复杂性。干旱河谷从南到北可划分为干热、干暖、干温、干凉气候类型及其多样的亚型，具有比较明显的区域差异特点。因此，横断山区干旱河谷退化后的生态恢复与持续管理理论上应当植根于区域特点，形成与自然社会经济相适应的策略才能真正有效（包维楷等，2012）。

对岷江干旱河谷的典型案例研究已经发现，干旱程度（降水）决定着干旱河谷土壤、植被结构、多样性、种群与群落的自然更新能力。与河谷上下游过渡地段以及高海拔地段相比干旱河谷核心地段以及低海拔地段的气候更干旱、土壤水分含量与土壤肥力更贫乏、植被更低矮、植被盖度与土壤种子库更小，植被自然更新能力较弱（王春明等，2002；Li等，2011）。因此，在生态恢复布局与策略上，选择干旱河谷的上下游过渡地区或较高海拔区段的退化地段更易于实现生态恢复目标，可取得更好的恢复效果。

在具体的恢复布局上，也需要根据岩土性质以及土壤水分进行合理区划与布局才能取得理想的植被恢复效果（张信宝等，2003）。张信宝及其合作者在元谋干热河谷的研究发现，岩土性质是决定干热河谷土壤水分条件及植被类型的重要因素，应当作为一个重要的立地因子在干热河谷植被恢复实践中予以考虑。此外，坡地入渗能力低是造成干热河谷土壤干旱的主要原因之一。他们进行了基于岩土类型和气候类型的干热河谷植被恢复区划探索，提出了配套植被恢复模式与合理的分区植被恢复目标，在实践中取得较好恢复效果，据此提出的不同岩土类型区植被恢复模式和微水造林技术在实践中获得了成功，为干热河谷的植被恢复研究做出了有益探索（熊东红等，2005）。

（四）生态恢复途径和方法

干旱河谷的植物生长与植被发育受干旱与贫瘠的土壤条件共同制约（包维楷等，1999b；王春明等，2003；Wu 等 2008，2009；Li 等，2008），促进植被生长与植被发育是干旱河谷生态恢复的核心，只有聚焦植物生长，提高植被盖度，才能有效消减风蚀等水土流失，实现生态恢复目标（包维楷等，2012）。

调查研究已经发现，干旱河谷优势植物具有很强的有性与无性繁殖能力（周志琼等，2008，2009），具有发育比较好的种子库，因此具有较好自然更新潜力（周志琼等，2008，2009；李艳娇等，2010）。因此，保护现状植被及其更新潜力是干旱河谷植被恢复的重要途径。然而过去大规模实践并没有充分考虑植被的自然更新能力，往往过度采取人工干预措施开展生态恢复，导致拟恢复地段新的生态退化，从而难以实现生态恢复目标（朱林海等，2009）。因此，充分利用干旱河谷植被自然更新能力，结合有限的人工辅助措施去实现生态恢复目标才是真正可行的途径和方法（包维楷等，2012）。而促进乡土植物自然更新与适当的苗木补植相结合的方法至少在局部试验中已取得成效（沈有信等，2003；李芳兰等，2009）。

干旱河谷的退化是强烈的人为破坏引发的，荒山荒坡的造林、放牧、取材等活动不仅直接破坏了植被与土壤结构，也严重制约植被的自然更新能力，工程造林采取大面积整地本身也引起土壤退化与植被破坏。因此，合理减控人为干扰压力是退化干旱河谷区生态恢复的前提和保障。研究已经发现，封育措施的合理应用，不仅能抑制干旱河谷退化，还能够显著促进生物多样性的恢复、生产力的提高以及水土流失的有效控制（沈有信等，2003；罗辉和王克勤，2006；李艳娇等，2010）。因此，在干旱河谷生态恢复中，充分应用一切措施消减人类干扰压力是生态恢复不可缺少的有效方法之一。

## 三、干旱河谷生态恢复技术措施研究

过去几十年的干旱河谷生态恢复实践与试验研究，理清了一些技术措施。

（一）干旱河谷生态恢复适宜植物选择

过去几十年干旱河谷应用 50 余种乔木树种于生态恢复实践中。北段的干旱河谷（大渡河、岷江、白龙江）的调查发现，这些树均没有达到理想的生长效果（包维楷等，2007）。表明中到高的高位芽（＞3m）植物尤其是大乔木树种难以广泛地适应于干旱河谷环境。采用乡土乔木树种岷江柏在其自然分布的大渡河、岷江干旱河谷造林，短期取得一定效果（吴宗兴等，2006；郑绍伟等，2007），但长期来看也并不成功（朱林海等，2009）。在金沙江干热河谷区，短期的造林树种筛选试验发现，大多数速生喜光热资源的外来树种能较很好地适应干热河谷环境，迅速覆盖地表，但是其长期生态效果一直缺乏系统研究。然而，一些研究已经发现，外来种的造林应用不仅恶化了林地土壤水分（王克勤等，2004），也显著降低了乡土生物多样性（李巧等，2007）。相反，一些干热河谷的乡土灌木或小乔木如坡柳、白刺花（*S. davidii*）、黄荆（*V. negundo*）、杭子梢（*C. macyocarpa*）、山合欢（*A. kalkora*）、余甘子（*P. emblica*）和牛肋巴（*D. obtusifolia*）的应用取得了较好的效果（杨振寅等，2007）。

事实表明，个体越大、蒸腾量越大的物种，单位时间内耗水越多，更不适应干旱河谷环境。因此，选择乡土旱生灌木、草本植物恢复植被比树种更具有优势，才能可靠、持续地恢复干旱河谷退化生境。生活型、生长型、叶性质等是植物综合适应环境所体现出来的性状特征，一定程度上反映了植物对环境的功能适应策略。而干旱河谷乡土维管植物表现出明显的单叶、小叶、草质、落叶的功能性状特点，自然植被并主要以具有旱生性的小叶或微叶的落叶矮（小）高位芽植物下或地面芽植物（半灌木或多年生草本）为主（金振洲等，2006；刘方炎等，2007；包维楷等，2012），具有种子小、无性繁殖能力强的特点，能更好地适应干旱河谷环境。因此，干旱河谷生态恢复的物种应主要以灌木或半灌木、草本植物为选择对象（包维楷等，2012）。

## （二）失效的干旱河谷整地造林措施和方法

过去 30 年来在横断山区干旱河谷一直进行着以造林为主要途径的植被恢复和生态退化遏制工作（杨振寅等，2007；包维楷等，2007），无论从金沙江流域的实践，还是岷江干旱河谷的实践均表明，这些整地造林实践虽然短期形成了森林，目标树种生长良好，但带来了明显的生态恶果（王克勤等，2004，朱林海等，2009）。从生态恢复目标来看，干旱河谷整地造林是失败的，还引起新的退化。

王克勤等（2004）对金沙江干热河谷，人工植被水环境的监测发现，现有乔木林地表现出"土壤干化"特点。乡土的坡柳灌丛土壤含水率比乔木林高 42.68%，而自然草坡的土壤水分明显优于乔木和灌木林，分别高 34.36% 和 22.22%。造林引起干热河谷区坡地水文恶化，对区域生态环境带来了深远后果，制约土壤物质循环。在岷江干旱河谷，选择乡土树种岷江柏等高线水平沟整地造林后多年（7～16 年），岷江柏未能适应造林地段环境，不仅保存率低且随造林年限呈下降趋势，无论高生长还是直径生长都表现出衰退趋势，也出现提前结实现象，成为"小老头树"。同时，等高线水平沟整地的造林恢复措施也没有促进植被盖度提高与土壤水源涵养能力改善，相反降低了造林带植被覆盖率，恶化了土壤质量。因此，岷江干旱河谷整地造林不仅没达到植被恢复预期的效果，甚至有加剧系统退化的趋势，并非有效的生态恢复与保护措施。

在横断山区干旱河谷中存在明显的土壤结皮，包括土壤物理结皮和生物结皮两种。物理结皮通常是指在雨滴冲溅和土壤粘粒理化分散的作用下，土表孔隙被堵塞后形成的，或挟沙水流流经土表时细小颗粒沉积而形成的一层很薄的土表硬壳，这对于土壤风化是一种重要的保护机制。而生物结皮主要由不同种类的苔藓、地衣、藻类、真菌以及细菌等生物组成成分与其下层很薄的土壤颗粒胶结共同形成一个复合体，与维管束植物覆盖一样，它是干旱区地表的重要覆盖类型，其盖度达 40%。土壤结皮在不同生物气候区的荒漠景观过程、土壤生态过程、土壤水文过程、土壤生物过程和地球化学循环过程以及干旱半干旱地区生态修复过程中发挥着重要作用（李新荣等，2009）。造林实践（尤其是整地）反而破坏了原有自然植被及其更新能力，不仅直接破坏土壤结构与功能，大量干旱条件下形成的土壤结皮受到破坏，引起严重的风蚀。

干旱河谷整地技术也缺乏依据。整地是为了改善土壤结构、拦截降雨，增加入渗，提高土壤水分含量，同时破坏地表、暴露土壤，引起水蚀或风蚀。整地在降雨量大、植被恢复能力强的山区可以发挥重要的作用，显著降低水土流失，提高森林植被恢复效率。但是，在干旱河谷降水事件少、单次降雨量较小，中到大雨和强暴雨事件少，可被拦截的雨水很少，带状水平整地改善土壤水分的作用无法充分发挥出来。相反在干旱河谷植物生长缓慢、覆盖度低、风蚀严重的自然背景条件下，带状水平整地的副作用得到放大，产生了显著的生态退化后果——土壤退化与植被破坏。因此，干旱河谷植被恢复需要充分了解其自然条件，新技术引入时需要科学有效地评价其可行性。此外，大多数造林规划中也没有设计相应管理策略，包括监测、分析、评价及调整方案等。造林实施后只在短期进行调查和评价，其目的不是为了生态恢复效果评估，而是造林成活率、保存率等相关目的树种生长状况评价，使得不成功的实践失去了有可能纠正的机会。

从技术途径来看，当前生态恢复实践中过分强调了人为促进植被恢复的作用，而严重缺乏对自然恢复能力的利用和重视。过去 50 年来的恢复实践中主要以恢复森林（包括经济林）为目标，采用了两个途径：广泛使用的苗木栽培造林与种子直播造林，忽视了植被自然恢复的能力（包维楷等，2007）。因此，干旱河谷以乔木为主的造林模式由于本质上违背了自然演替规律，不符合当地特殊的生态立地条件，因而从技术选择的角度是不可行的。同时，干旱河谷地区经济基础薄弱，自积累能力很差，无力在大范围内承担高成本的工程造林模式，因此也是完全不现实的。

干旱河谷造林实践没有针对退化地段进行，存在"泛化"特征，并且在种植密度上也缺乏合理性。目前干旱河谷造林密度大多超过 180 株/亩，过高的密度意味着消耗更多的土壤水，因为干旱河谷降雨分配严重不均衡，雨日天数少、土壤水分无法及时补充，而土壤结构差，水亏缺严重，过度造林整体加剧土壤水通过蒸腾而消失。

今后，河谷内的植被恢复应在明确其影响因子和机理的基础上，尽量减少高强度的人为干扰，通过促进自然植被恢复更新和发育，提高植被盖度，改善土壤质量，最终实现植被和土壤的良性发展（杨振寅等，2007；朱林海等，2009）。

（三）乡土植物的种子直播与育苗移栽措施的有效性

种子直播是植被恢复的重要手段。选择干旱河谷乡土灌草种子在岷江干旱河谷不同地段和不同微生境类型直播试验表明，在干旱气候条件下，乡土植物播种后的出苗率都很低而死亡率很高（李芳兰等，2009）。与河谷核心区相比，过渡区降水较大、空气及土壤较湿润，种子出苗数和幼苗存活数量都较多，存活时间相对较长。在相同的生境条件下，不同物种出苗数存在着较大的差异，相比而言，小马鞍羊蹄甲、岷谷木蓝与落芒草种子出苗与幼苗存活对干旱河谷地区环境胁迫的忍受能力较强，它们更适宜采用播种的方式应用于干旱河谷地植被恢复实践。而白刺花与川芒在自然气候条件下出苗十分困难，在植被恢复过程中，可考虑采用其他方式种植。播种后出苗高峰都在播种后 1 个月内。但是 1 个月后幼苗保存数量开始下降；7、8 月份，幼苗存活数均为 0。表明选择适宜的播种时间很关键，4 月份播种，使幼苗在 7、8 月份干热天气来临时形成木质化结构，长势也较稳定，抵御环境胁迫的能力较强。在播种措施方面，实施容器措施能够在短期内明显地提高种子出苗数，但是未能有效地提高幼苗最终的存活能力及生长速率。

通过对蔷薇种子直播和幼苗移栽两种措施效果的对比，幼苗移栽具有更好的植被恢复效果（包维楷等，2012）。两种蔷薇种子的发芽率较高，但出苗率都很低，即使出苗的幼苗也在一个月内几乎全部死亡。各微生境条件下，种子出苗和幼苗成活没有显著差异，干旱河谷特殊气候条件限制了种子出苗和幼苗成活过程，通过播种进行植被恢复效果较差。移栽幼苗的总体死亡率都比较低，小于 15%。特别是两年生幼苗的死亡率更低，小于 5%。此外，移栽后的幼苗生长状况良好，在整个生长季中，各生长指标不断增加。可见，与种子直播相比，幼苗移栽是可行的植被恢复措施。生境对幼苗的存活率没有显著影响，但对于幼苗生长和生物量的积累具有一定影响，裸地更有利于幼苗生长和生物量的积累。在植被恢复过程中，将幼苗栽种在裸地中，更有利于增加植被的盖度。与当年生幼苗相比，2 年生幼苗具有更高的成活率。

## （四）适量施 N 肥可促进移栽苗木生长

通过施肥补充土壤养分是保证贫瘠地区植物养分需求和促进植物生长的常见方法，增加土壤有效养分也会改变植物各方面的适应对策，而生长与形态学的适应特性常常是植物适应各自环境最为基本的机制。由于 N 是酶的重要组成成分，将 N 分配给光合器官还是养分吸收器官是植物需要平衡的一个问题。由于限制因子的互补性，在干旱条件下，施 N 肥能否促进苗木栽培效果呢？通过控制实验设置不同的水分梯度、施氮梯度，目的在于探讨施氮能否增强植物抵御干旱胁迫的能力。两年观测结果表明，施 N 不能完全改变干旱胁迫对白刺花幼苗的抑制作用，但适度施 N（92mgN/kg 土壤）能在一定程度上缓解干旱胁迫对植物生长的限制。适度施 N 表现为：增加土壤 N 的有效性，从而影响幼苗生长及生理特征；改善植物结构与资源分配格局，提高叶片光合能力与效率，增加其他受限资源（如水分和 P）的效率。但是，过度施 N（184mgN/kg 土壤）不仅不能改善干旱胁迫下植物的生长环境、促进植物生长，反而在植物生长过程中加重干旱胁迫对植物的伤害，说明水分与养分的效应存在明显的权衡关系。因此，在白刺花用作先锋种进行干旱河谷植被恢复时，适当施加 N 以改善土壤环境，可调节植物利用与分配资源的效率，能促进植物生长，达到促进种群更新的目的（Wu 等，2008，2009）。

## （五）多功能固氮植物篱建设有效防治坡地水土流失

坡耕地是干旱河谷退化的重要地段，如何控制突然侵蚀，消减水土流失程度，恢复地力，提高坡耕地生产效率一直是横断山区干旱河谷的重要问题。横断山区干旱河谷气候具有明显的季节差异，干湿季节分明，降水主要集中在夏季（4～9 月），因此，在坡地条件下如没有适当的植被覆盖，水土流失相当严重，对江河泥沙贡献很大。在坡地上通过土地种植结构和微尺度布局，横坡沿等高线人工构建豆科植物篱，不仅能显著消减水土流失，遏制土壤肥力恶化，还能通过固氮改土提高土壤肥力，为作物生长创造良好的水肥条件。唐亚及其团队选择金沙江流域，在 20 世纪 90 年代中期发展了固氮植物篱模式，系统研究发现植物篱具有滞缓分散地表径流、降低流速、增加入渗和拦截泥沙等作用，生态效益显著。经济作物植物篱还具有一定的经济效益，改善植物篱行间小气候，为行间农作物生长提供良好的环境（孙辉等，2001；唐亚等，2002）。和传统的梯田相比，植物篱最大的优点是成本低廉、简便易行。在岷江干旱河谷，选择沙打旺开展的等高线带状绿篱发展的试验也表明，在退化严重的干旱灌丛坡地以及滑坡退化地段上，选择灌草豆科植物开展等高线配置也能取得较好效果。

## （六）特色植物种植与农林复合经营支撑干旱河谷生态恢复

横断山区干旱河谷是人口密集区，农业以种植业为主，其收入普遍占农户收入的40%～60%以上。由于耕地少，人地矛盾突出，导致严重的不合理利用，引起比较突出的环境问题。结合河谷独特的自然条件，开展经济作物资源发展与利用是推动干旱河谷区域社会经济发展与群众致富增收的根本途径，是干旱河谷生态恢复与保护的前提和支撑，也是推动干旱河谷生态恢复与有效保护的社会经济解决途径（刘照光等，2000；刘照光和包维楷，2001）。事实上，发展果农间作/农林复合、果园、特色植物资源基地建设及其产业化发展等一直是横断山区干旱河谷社会经济发展的主要途径和手段，在减少干旱河谷水土流失、提高光温资源利用效率，解决区域贫困等方面发挥着重要作用（包维楷等，1999c），支撑着区域生态建设。

发展农村经济是干旱河谷地区生态工程建设和农业产业结构调整所面临的主要问题（包

维楷等，1999）。几十年来，干旱河谷逐步调整种植业结构，从 20 世纪 80 年代初的粮食生产，逐步通过增加经济作物与经济林木资源，改变单一的以粮食生产为主的种植结构，发展立体多层次的农林复合经营模式，取得了比较显著的生态经济效应。据调查总结，干旱河谷的农业模式类型大体上可归纳为果蔬、林果药、果草畜、果粮等 6 个主要农业模式经营类型（向双等，2007），农林复合经营不仅充分利用了干旱河谷区的特殊气候资源，显著提高了光能利用效率，提高了土地生产力（包维楷等，1999c，d）。

　　蔬菜种植模式与基地发展迅速，并取得显著的生态经济效应。干旱河谷由于光热资源独特，蔬菜种植历史悠久，长久以来形成了一年三熟的蔬菜种植的高效稳定的模式类型。如金沙江干热河谷区宁南、元谋等番茄、马铃薯、秋豌豆蔬菜基地，干温河谷的白菜、辣椒、洋葱等蔬菜基地。长期以来，干旱河谷一直都是县、州、市的"秋淡季"蔬菜生产基地和三线蔬菜基地，由于其清洁的环境，生产的无公害和绿色食品质量十分优越。同时，河谷的蔬菜种植业在区域农业生产和农民增收致富中都占有重要的地位。净作蔬菜生态农业模式主要以蔬菜种类番茄、辣椒、莲花白、白菜为主，以干旱河谷的典型模式莴笋＋芹菜＋白菜为例的效益情况分析：春莴笋于 11～12 月在保护地或小拱棚中播种育苗，于 1～2 月春节前后假植后移栽于田间，至 4～6 月收获完毕；同时芹菜于 3 月前后在小拱棚中播种，经过假植后于 5～6 月定植，于 7～8 月收获结束，9 月初～10 月采用直播或移栽方式播种白菜，于 1～3 月采收。在不计土地成本的情况下，全年种植蔬菜每公顷均总成本为 8.6 万～8.7 万元。从生产成本的构成看：物质费用（包含种子、农药、肥料等支出）占生产成本的30%～31%；生产服务支出（包含机耕、灌溉、技术培训和指导费等）涉及由政府部门或科研机构支付的培训等费用，占生产成本的 2.2%；人工成本为占生产成本的 65%～67%，比例较高。从效益上看，露地蔬菜种植的每公顷均总产值为 13 万～14 万元，如果扣除总成本，纯收益为 4.5 万～5.4 万元；如果不扣除劳动成本，每公顷均生产收益在 10 万元左右。

　　果园与基地模式不断创新和发展。横断山区果树的分布具有明显的垂直变化，如荔枝、龙眼、柠檬、番木瓜、柑橘等热带果树都生长在干热河谷；而核桃、板栗、苹果、梨、杏、柿、桃等温带果树，最高可以分布到 2500m 左右的干温河谷。干旱河谷成为金冠、元帅系苹果的主栽生态最适栽培区（张光伦，1987），早期主要以苹果为主，发展从 20 世纪 50 年代后期起至 80 年代末，成为重要的优质苹果生产基地之一。随着新品种和新技术的引进，在种植模式的品种配置方面，果蔬模式突破传统的苹果一统天下的局面，转向以甜樱桃、葡萄、枇杷为主，包括李、桃、枣、杏等多种果树种类的多元化品种搭配发展方向。形成了区域分明的不同水果种植生产商品基地。如攀西至凉山一带的枇杷、芒果基地，元谋的青枣生产基地，雷波的柑橘基地，茂汶的甜樱桃生产基地，小金的酿酒葡萄生产基地等。

　　横断山区的地形因素决定了立体种植的生产方式，在果树行间及树下发展蔬菜生产是一种具有较高的经济效益、生态效益的土地合理高效开发利用模式，这种立体种植模式在干旱河谷具有广泛的适应性。蔬菜新品种的引进和栽培也做到种类增加、面积扩大，发展目标和措施更趋理性。经调查统计，干旱河谷的青脆李、甜樱桃和金冠苹果园均能取得显著的经济效益。虽然各类品种的产量差异较大，但每公顷的纯收益能够达到 3 万～12 万元/a。而果菜立体经营模式效益更好，实行连作连收，对土地进行了充分利用，土地上四季皆有农作物覆盖，植被覆盖度达 99% 以上，经济效益随着果蔬优良新品种的种植成功而成倍增加；同时增强和保持了农田生态系统的生物多样性及多样性的立体无公害农业模式，防止或减少了物种单一的种植模式。

特色资源植物开发模式发展迅速，具有显著的生态经济效应。干旱河谷，地质活跃，生态脆弱，很多县坡耕地比例高达 80% 以上，绝大部分为雨育农业，该地区的特色资源植物十分丰富，如花椒、甘蔗、悬钩子、玫瑰、余甘子、酸角和桑蚕等得到大面积发展。花椒是栽培和发展规模最大的特色经济植物资源，在干旱河谷主要分布在大渡河（汉源、西昌、冕宁等）和岷江流域（茂汶、九寨等），我国花椒种植规模每年以 20%～30% 的速度递增，目前种植面积已经超过 $167 \times 10^4 hm^2$，年产干花椒（20～40）$\times 10^4 t$，形成了一个年产值达 30 亿元左右的巨大特色农产品产业（崔俊等，2008）。花椒产业已经成为具有地方区域特色的农林支柱产业。在干旱河谷区，通过大力发展花椒种植业，实现了生态效益和经济效益的双赢双收。以茂县维城乡的调查为例，20 世纪 80 年代初年户均收入只有 600 元左右，现如今通过花椒种植收入增加近3000 元，增加了整整 5 倍。大力种植花椒，使当地村民的人居环境有了一个很大的改观，居住环境变得山清水秀，空气进一步得到净化，森林覆盖率得到有效提高，进而更有利于治理水土流失和沙漠化。

近年来，玫瑰在干旱河谷区也得到重视和发展。在攀西地区，自然条件得天独厚，是野生玫瑰分布区之一。这里优越的气候条件，丰富的劳动力资源、土地资源，低廉的生产成本，都为玫瑰油的产业化开发奠定了坚实的基础。已经引进了国际最新流行香型品种大马士革玫瑰在攀西凉山州进行驯化栽培。经过多年多点试验，成功研发了大马士革Ⅲ玫瑰引种驯化、高效繁苗、栽培及玫瑰油产业化开发技术。应用国际最优品种、高效快繁技术、绿色高效栽培技术和一流的玫瑰油提取技术，生产达到出口标准的玫瑰油，以加工业来带动种植业，从而带动农民增收和企业增效。通过种植玫瑰来增加农民收入，目前油用玫瑰平均亩产600kg 花蕾，亩产出至少可达 1700 元，每亩平均纯收入最低可达 1900 元。与当地中山地区传统种植业（主要以粮食作物为主）亩均纯收入 200 元相比，亩均增收 1400 元。玫瑰产业的发展，对当地经济具有重要的带动作用，也起到了很好的绿化、防止水土流失等生态效果。

特色植物种植与农林复合经营是适应横断山区干旱河谷特殊环境条件的经济发展方式，在干旱河谷资源开发与区域发展中充当关键的作用，不仅适应区域发展条件，也能满足日益增强的区域社会经济发展愿望。通过推动区域经济发展和脱贫致富，解决了剩余劳动力问题，提供了部分薪材，消减了对荒山荒坡的利用压力（包维楷等，1999c，2007，2012），支撑了区域生态建设，成为解决区域环境问题十分有效的社会经济手段，为我国人口高度聚居区的退化环境治理与区域生态建设提供了有益的探索。

## 四、干旱河谷生态恢复与持续管理策略

经过 30 年来对横断山区干旱河谷的研究、试验、试验以及生态工程实践，已初步形成了干旱河谷生态恢复与持续管理的科学策略。

（1）干旱河谷生态空间格局是生态恢复与持续管理的科学基础　横断山区干旱河谷主要包括白龙江、岷江、大渡河、雅砻江及其支流、金沙江及其支流、澜沧江及其支流、红河等热量条件不一的河谷地段，空间范围分布广，自然条件在各流域间差异很大，生态退化问题形成原因、程度不一。因自然条件和社会经济条件的差异，分类治理是关键（包维楷等，2012）。以流域为单元，以干旱河谷类型划分为基础，开展生态恢复与持续管理是基本出发点。科学识别各流域干旱河谷自然与社会要素的空间格局

规律是制定生态恢复与持续管理策略的科学基础。

（2）干旱河谷区域土地利用规划和分类是生态恢复与持续管理的重要手段　干旱河谷人口聚集，土地资源有限。社会经济发展需求是驱动生态退化的主要原因，然而土地利用类型差异明显、程度不一。干旱河谷土地利用主要包括两个类型：农业耕地和荒山荒坡林地，占各流域干旱河谷面积的90%以上，其中林地面积比例一般占90%以上。其他土地利用类型（如建设用地、交通用地）基本上是这两类转变而来的。农业耕地包括粮食种植地、农林复合经营地、果园、蔬菜地等经营形式，而林地主要包括灌丛草坡及退耕林地（块状森林）等，畜牧牧业发展主要依靠的是林地，就土地权属而言并没有真正的牧业用地类型。因此，生态恢复与持续管理必须充分认识干旱河谷土地类型并进行必要的分类管理，制定以流域为单元的总体规划，支撑分类治理，明确各类土地具体的恢复目标、途径方法和具体技术策略。

（3）明确各类土地利用类型的生态恢复与持续管理目标与手段　过去30年来的实践和相关研究表明，干旱河谷荒山荒坡退化后的生态恢复目标应该明确为以恢复灌丛、草丛或稀树灌丛为主，绝不应是森林（柴宗新和范建容，2001；金振洲与欧晓昆，2000；包维楷等，2012），只在局部地段以块状森林恢复为目标才能实现（包维楷等，2012）。因此，具体应以提高植被覆盖率、控制水土流失为目标。在手段和途径上，大面积应以生态保育为主要手段，局部关键地段选择乡土灌、草及小乔木为材料进行必要的人工恢复。对于农业用地，应以集约化经营管理为途径，以有效控制水土流失与土壤质量退化为基础目标，提高耕地生产力与生产效应、经济收入，促进干旱河谷区社会经济持续发展。并且应以大力发展特色资源动植物种养、规模化基地建设与集约化经营管理为手段，开展产品深度价值链延展，提高效率。

## 五、展望

近30年来横断山区干旱河谷生态退化事实是明确的，生态恢复理论认识和实践已取得明显进展和初步成绩，初步建立了干旱河谷生态恢复范式，明确了生态恢复与持续管理策略。但横断山山区干旱河谷生态退化仍在发生发展，恢复实践仍然还没有根本改观。需要在以下几个方面进一步开展工作。

（1）加强横断山区干旱河谷区域生态系统结构与功能以及时空格局规律性认识　干旱河谷自然条件空间差异显著，结构与功能时空变化规律认识还不充分，植被演替规律与自然恢复能力认识还不够深入，限制着区域退化地段植被恢复技术策略的形成和完善；干旱河谷自然植被稀疏，但往往忽视了大面积覆盖的土壤生物结皮发育的事实。土壤生物结皮是干旱河谷植被原生演替的起点，能显著控制水土流失、固定和存储有机碳，有重要的生态保护价值和作用，但对横断山区干旱河谷土壤生物结皮的结构、功能、空间分布、生态效应、恢复重建途径和方法一直缺乏必要研究；干旱河谷当前仍然受到人为活动（如放牧）的广泛影响，对封山育林等保育措施应用的效果、不同干扰强度作用下植被的响应、效应、规律性认识、自然恢复途径的空间效应等需要加强科学研究，才能为大面积自然植被保护与持续管理措施直接提供科技支撑。

（2）干旱河谷乡土植物的生态适应与特有植物保育　干旱河谷植物明显不同于亚高山地段的区系性质，分布着许多适应干旱环境条件的乡土植物资源。虽然对少数资源植物如余甘子有过比较深入的研究和认识，但大多数这些资源植物的价值、繁殖利用一直缺乏足够关注，没有深入研究。加强干旱河谷乡土特色资源植物，包括工业原料植物（剑麻、仙人掌）、花卉资源（如岷江百合、泸定百合）、果蔬资源（如羌桃、茂汶韭）的生长、繁殖、规模化生产、资源深加工利用等系列环节的研究和技术开发，不仅能保护乡土植物资源，也能通过生态恢复，建立特色资源基地，发展区域地方特色资源经济，带动区域社会经济发展。此外，干旱河谷分布有很多特有植物，估计整个横断山区干旱河谷特有种类超过 500 种，具有很高的科学研究价值。然而除对少数物种（攀枝花苏铁、岷江柏、裂叶沙参）有过保护生物学研究，针对性地建立了保护区，采取了必要的保护措施、得到一定程度的保护外，大多数特有植物仍然处于人为干扰下，未能得到保护，也缺乏生态适应性研究和认识。干旱河谷特有植物保护与资源恢复仍然是区域亟待强化的工作。近期需要尽快展开干旱河谷特有植物调查、乡土植物对干旱环境的生态适应能力与策略等研究，为乡土植物保护及其在生态恢复中的应用提供科学依据。

（3）关键受损地段生态恢复实践　由于干旱河谷生态治理成本高，投入有限，需要突出重点，选择一些敏感地段或地带优先恢复重建。在干旱河谷区有很多地段的环境问题突出，严重制约着社会经济发展、群众生产生活，不治理将显著增加社会成本，增加经济发展的难度，需要优先治理，切实加强干旱河谷关键敏感地段及生态脆弱区受损生态系统恢复重建。由于生态环境受损后，负面影响一般不会立即凸现，其效应也不如直观的人员伤亡和建筑物破坏明显。研究表明，特大地震导致的受损干旱生态系统恢复难度比任何一类受损生态系统更为复杂和艰巨。生态系统尤其是脆弱生态系统在遭到破坏后，存在着叠加放大与连锁扩张效应，如不及时加以恢复治理，受损范围会扩大、退化程度会加剧。并且一旦错过最佳恢复时期，后期治理和恢复的投入会更大，而且效果还不佳，我国在这方面已有许多惨痛的教训。干旱河谷区的交通道路沿线、重要水源保护地、堰塞湖、农村居民点附近、风景名胜区等关键核心地段是急需优先恢复和治理的对象。应根据可恢复性与重要性，优先开展这些地段的生态恢复重建与环境治理工作。这些地段存在的严重水土流失、植被退化、灾害频繁发生的后果更严重，威胁更大，经济损失更严重。

（4）特色动植物资源持续利用与深度开发关键技术　建立特色资源生产基地，提升资源产品附加值与利用度深化尤为迫切，应该成为未来资源有效利用的重点突破方向，只有这样才能更有效地实现农户增收增效，缓解经济增长压力，支撑起干旱河谷生态环境建设。当前横断山区干旱河谷资源开发利用主要表现在两方面。一是多数以植物为原料的产品为初级产品，甚至仅以原料上市，效益低下。应逐步由出售原料转变为出售精加工产品，发展精深加工产品系列，实现资源的深度利用，大幅度提高利用效益。二是多数缺乏综合利用，未能物尽其用。例如，野生山核桃除加工核桃油、核桃奶外，其副产物的利用还包括榨油残渣、低脂保健食品、功能饮料、方便旅游食品、糕点、食品添加剂和动物饲料的应用途径。而核桃生物资源的综合利用还包括：核桃青皮、核桃叶、核桃壳等副产物在色素提取（褐色素、棕色素）、木质素及纤维素、活性炭等方面的应用途径；核桃青皮、核桃叶的化学成分研究及生物农药、医药或其它健康产品的开发；核桃花穗的营养评价及食品开发；核桃壳高级工艺品、收藏品的开发、加工、生产，如家用器皿、装饰用工艺品、欣赏用核桃壳收藏品等。无公害蔬菜生产、加工等尚有大量关键技术急需攻关，以促进蔬菜基地建设与产品多样化，提供区域蔬菜持续发展能力和效益。

# 第二节　青藏高原草地生态保护与建设[1]

青藏高原位于亚洲大陆中部，面积大约 $250 \times 10^4 \, km^2$，占中国国土面积的 1/4。平均海拔超过 4000m，素有"世界屋脊"和"地球第三极"之称，是我国和亚洲的"江河源"，也是我国生态安全的重要屏障。青藏高原的隆升改变了地球系统的大气环流，使横扫欧亚大陆的西风环流分为南北两支，北支环流与来自极地的寒冷气流加强了我国北方西部地区的干旱化程度，南支环流则在印度洋暖湿气流的作用下逐渐减弱，使中国东部在太平洋暖湿气流的影响下，避免了出现类似于相同纬度的北非、中亚等地区的荒漠景观。青藏高原地势高耸、地域辽阔，外围大断裂带和切割强烈的地貌与周边地区形成巨大高差，构成一个独特的地理单元。由于高、寒、旱的特点，青藏高原生态系统极为脆弱，随着全球变暖和人类活动的加剧，青藏高原植物物种、群落和生态系统都发生了前所未有的变化，具体表现为草原退化，生物资源减少，生物多样性受到威胁，自然灾害增加，高原人口、资源、环境之间的矛盾日趋尖锐，并通过影响气候变化、能量交换、物质迁移、水量改变等生态环境因子对全球生态环境产生影响，维护青藏高原生态平衡和资源的可持续利用已成为世界共同关心的问题。

## 一、青藏高原面临的主要生态问题

高寒草地广泛分布于青藏高原，同时也是世界上最大的放牧生态系统之一，大约有 $1.3 \times 10^8 \, hm^2$ 的牧场和 $7000 \times 10^4$ 头（只）家畜（贺有龙等，2008）。但长期以来，由于气候变化和人类活动的影响，青藏高原地区草地生态系统的退化趋势日益严重。青藏高原的草地大都位于海拔高、气温低、干旱少雨、生态环境最为严酷的高寒区域，该地区草地宜牧质量与耐牧性能本来就差，植被生产力低下，生态系统十分脆弱。近几十年来受放牧强度加大等人类活动影响，加之气候趋暖的影响，对这些本来就很脆弱的高寒草场造成了严重的破坏，导致大面积的草场退化，部分地带甚至出现了沙漠化，并且有加速退化的趋势，草地生态系统退化已经成为青藏高原面临的最主要生态环境问题（崔庆虎等，2007；邵伟和蔡晓布，2008）。

### 1. 青藏高原草地退化现状及发展趋势

资料显示，在 20 世纪 90 年代青藏高原退化草地的总面积就已经达到 $4251 \times 10^4 \, hm^2$，占可利用草地的 32.7%（贺有龙等，2008）。而最近的卫星遥感监测表明，青藏高原地区的草地退化趋势仍未得到有效控制，且有进一步加速的趋势。从 20 世纪 80 年代初至今，位于青藏高原核心区的藏北地区有 1/2 以上的草地发生不同程度的退化，尤其是 90 年代藏北高原整体发生退化，轻度、中度和重度退化面积均呈快速增加趋势，2000 年以来则是重度退化面积增加趋势明显，其中极严重退化草地扩展速度最快，由 0.5% 增长到 2.2%，增长幅度达到 324.3%（高清竹等，2005）；而作为高原草地退化一个显著特征的黑土滩草地，也从 20 世纪 80 年代的 $396.6 \times 10^4 \, hm^2$ 增加到 90 年代的 $703.2 \times 10^4 \, hm^2$（贺有龙等，2008）。西藏全区草地退化面积目前已达 $0.43 \times 10^8 \, hm^2$，其中严重退化的草地面积约占 30%，尤其是以藏北地区退化趋势最为严重，退化草地面积已达 $0.14 \times 10^8 \, hm^2$，约占当地草地总面积的 49%（赵好信，2007）。

---

❶　本节作者为张宪洲、王景升、何永涛（中国科学院地理科学与资源研究所）。

由于研究的时间和空间的不同，研究结果也有一定的差异性。也有研究表明，20世纪80年代以来，在气候变暖的背景下，青藏高原植被总体表现为植物返青期提前，生长期延长，植被覆盖度、植被生产力和生态系统碳汇增加（宋春桥等，2011；Zhang等；Piao等；Pei等）。从总体上看，气候变暖对青藏高原生态系统的影响是正面的，但这种影响仍存在时间和空间上的不平衡性，尤其是降水在时间和空间上的变化对干旱和半干旱地区植被产生较大影响，在干旱的年份叠加人类放牧活动等会导致这些区域尤其是青藏高原西部地区植被产生严重的退化。随着经济社会的快速发展，人类活动对高原生态系统的影响愈加强烈，主要表现在人类超载放牧引起局部草地的严重退化，人类对高原特有珍稀植物资源如虫草、雪莲和胡黄莲的过度采收，以及对野牦牛、藏羚羊和藏野驴的盗猎等，但随着国家级自然保护区的建设，特别是国家和地方政府对高原野生动物的保护力度加大，近期高原野牦牛、藏羚羊和藏野驴的种群数量得到恢复。

### 2. 青藏高原草地退化的后果

草地退化会对高原畜牧业发展带来最显著的负面影响就是植被盖度降低、产草量减少。根据调查，与20世纪50年代相比，西藏中部广为分布的温性草原和高寒草原的平均盖度已分别由30％～50％、40％～60％降至30％以下和30％～40％，产草量则下降了30％～50％（蔡晓布，2003）；而青海全省草场的单位面积产草量比50年代降低了1/3～1/2，其中青海共和县塔拉滩草场每亩鲜草产量由20世纪80年代末的111kg下降到64kg（霍修顺，2001）。产草量的减少不仅削弱了草地的载畜能力，同时还会造成牧草营养成分弱化，草地的生产功能显著降低。

随着草地退化的加剧，青藏高原草地植被群落组成也趋向于以毒杂草为主（赵新全等，2002；杨力军等，2005）。青藏高原天然植被类型是以优良牧草禾本科和莎草科植物为优势种的高寒草原和高寒草甸，但随着草地退化程度的加重，群落组成发生显著变化，植被覆盖度、优良牧草产量及比例明显下降（魏兴琥等，2005），原来以嵩草属（Kobresia）植物为建群种或优势种的植被已经被棘豆属（Oxytropis）、橐吾（Ligularia）、铁棒槌（Aconitum pendulum）、冷蒿（Artemisia frigida）、密穗香薷（Elsholtzia densa）等毒杂草不同程度地取代，高山嵩草（K.pygmaea）和矮嵩草（K.humilis）种群由群落中的优势种变为伴生种，甚至从群落中消失（杨力军等，2005）。根据在西藏的研究，以冰川棘豆（Oxytropis glacialis）等为主的毒、杂草已经在退化草地植被构成中占据了优势地位，比例达到了60％～80％（蔡晓布，2003）；另据在青海省的调查也表明，30年间退化草地中的有毒植物增加了5.6倍（周华坤等，2003），部分地区的草地植被盖度平均只有46％，优良牧草比例仅为25％，而毒杂草比例高达75％，产草量也只有未退化草地的14.2％（兰玉蓉，2004）。以嵩草为主的优质牧草的丧失，不仅导致高原草地的生态功能发生变化，更重要的是草地作为牧场的生产功能丧失，从而制约了高原畜牧业的发展。

高寒草地的植被覆盖度和土壤物理属性会随着草地的退化而一同下降，一些重度退化草地出现明显的裸露，加之青藏高原风蚀严重，草地土质松散，降雨后土壤蓄水能力很差，风和水的侵蚀现象同时出现，由此导致草地逐渐沙漠化，并引起严重的水土流失（周华坤等，2003），因此草地沙漠化是草地退化的一个严重阶段。根据调查，目前西藏共有沙漠化草地1990×10⁴hm²，占退化草地总面积的61.1％。尤其严重的是藏北地区，草地沙漠化面积达到了1000×10⁴hm²，其中轻度、中度、严重沙漠化草地面积分别达342×10⁴hm²、651×10⁴hm²和10×10⁴hm²；而青海省沙漠化面积也已达1252×10⁴hm²（杨汝荣，2003），潜在沙漠化面积为 9800hm²，主要集中在柴达木盆地、共和盆地及黄河源头地区，目前，沙漠化面积仍以每年 1000 多公顷的速度扩大（张耀生，赵新全，2001）。

综上所述，随着青藏高原草地退化的加剧，尤其是沙漠化的发展，会导致高寒草地丧失其水源涵养和水土保持的生态功能，使青藏高原逐步成为潜在的沙尘暴源地之一，对我国乃至东亚地区的生态环境构成巨大威胁。而退化草地在丧失其生态功能的同时，也逐渐丧失了牧业生产和利用价值，从而使青藏高原牧民失去赖以生存的基础，这将导致该地区社会经济发展陷入巨大的困境。因此，对青藏高原高寒草地进行综合治理，逐渐恢复其原有的生态和社会经济功能，这不仅是国家生态安全屏障建设的需要，同时也是实现青藏高原地区生态文明建设和社会经济可持续发展的迫切需求。

## 二、青藏高原生态建设的主要措施

高寒草地的保护和治理是青藏高原生态建设中面临的主要问题，而草地的保护和治理是一项复杂的系统工程，不仅需要当地政府、广大牧民等广泛的社会支持，同时也需要有生态学、草地学、土壤学等各学科的理论支撑。首先需要通过社会努力给已经过牧超载的草地减压，其次针对草地退化的原因、状况采取相应的治理措施。目前在青藏高原地区通常采取的草地保护和退化草地恢复措施包括以下几个方面。

### 1. 自然保护区建设，保育尚未退化的草地

自然保护区是保育青藏高原高寒生态系统的重要途径之一。由于自然条件的恶劣，青藏高原的草地生态系统大多数都极为脆弱，一旦破坏，就很难恢复。因此通过自然保护区的建立，把一些重要的生态功能区域保护起来，避免人为因素的过度干扰，使青藏高原高寒生态系统能够保持一种长期稳定的状态。目前我国已经在青藏高原地区建立多个国家级以及地方保护区，其中规模比较大的国家级自然保护区有 4 个，包括羌塘、三江源、可可西里和阿尔金山自然保护区，总面积达 $54.3 \times 10^4 \, km^2$，占青藏高原总面积的 1/5 多。这些自然保护区同时也是我国独有的高原珍稀野生动物的栖息地，如藏羚羊、野牦牛、藏野驴等。

### 2. 围栏封育，恢复轻度、中度退化的草地

过牧超载是导致目前大多数高寒草地退化的主要原因之一（龙瑞军等，2005；武高林和杜国祯，2007），因此首先应给负荷过重的草地减压。通过测定草地的生产力，核定载畜数量，使草地能够在可承载范围之内得到合理的利用。其次通过围栏封育、禁牧、轮牧等方式使草地能够有机会通过自然的方式恢复其原有的生态系统稳定性，发挥生态安全屏障功能。在藏北地区，针对轻度和中度退化草地，封育 1~2 年草地盖度可以增加 5%，产草量增加 30%，随后可有选择地进行轮牧。围栏封育已经成为治理退化草地最为常用的一种方法，也是非常经济有效的一种恢复轻度、中度退化草地的措施，该方法目前已经在青藏高原地区得到了广泛的推广应用。

### 3. 草地改良，治理重度退化的草地

针对一些已经退化严重的草地，如黑土滩等，除了围栏封育之外，还需要通过一些必要人工良措施来治理，如补播、施肥、松土等。重度退化的草地已经失去自然恢复的能力，因此辅助以必要的人工措施，如围栏封育＋施肥，从而达到生态重建的目的。根据在藏北地区的试验结果，采取该方法的草地恢复效果非常显著，在围栏封育的草地上施用磷酸二铵 14kg/亩和尿素 0.7kg/亩的混合肥之后，产草量增加了 120%~130%。此外，还可以采取

围栏封育＋施肥＋补播模式，即在围栏封育的基础之上，加以施肥和补播适宜的草种，如补播垂穗披碱草、星星草和冷地早熟禾等，快速促进退化草地的恢复。依据中国科学院拉萨生态试验站在藏北地区的试验结果表明，采取围栏封育＋施肥＋补播模式植被恢复效果较好，地上生物量是空白对照的 2～4.5 倍。但这一方法由于需要大量的人力、物力投入，同时大量使用化肥也存在着对土壤、地下水造成污染的风险，因此不适宜于在天然草地上大规模开展，目前仅在青藏高原部分退化严重的草地区域进行。

#### 4. 人工草地建设，解决草地生产力不足

由于气候严寒，青藏高原草地普遍存在着生产力低下的问题，不能满足畜牧业发展的需求，造成了严重草畜失衡的问题。因此在水热条件较好的高原河谷农区，建设人工草地，获取高产的优质饲草，并通过补饲的方式进行人工育肥，以缓解草地饲草不足的问题，从而也达到为草地生态系统减压的效果。根据中国科学院拉萨生态试验站近几年西藏河谷农区的试验结果，在日喀则地区建设燕麦＋箭舌豌豆、紫花苜蓿＋苇状羊茅和青饲玉米等类型的人工草地，平均亩产鲜草达 2786kg 以上；山南地区建设燕麦＋箭舌豌豆、紫花苜蓿＋黑麦草、黑麦草和青饲玉米单播等不同类型人工草地平均亩产鲜草达 3356kg 以上，拉萨市建设的紫花苜蓿＋黑麦草混播、紫花苜蓿、箭舌豌豆和青饲玉米单播等人工草地平均亩产鲜草达 3141kg 以上。这种农牧耦合的生产模式已经在西藏一江两河传统农区得到了逐步的示范和推广，为草地畜牧业发展、农民增收渠道扩大和青藏高原生态环境保护探索了一条积极有益的道路。

### 三、青藏高原的生态建设工程

近年来，国家高度重视青藏高原生态环境保护和建设工作。自 20 世纪 90 年代末以来，中央和地方不断加大高原生态环境保护和建设的投入力度，实施了多项生态保护和建设工程，生态环境保护和建设工作不断取得积极进展。

2002 年，我国正式启动了退牧还草工程，青藏高原东部江河源草原区是重点治理区域之一。该工程的目标是通过采取禁牧、围栏和补播三项措施，治理退化草原，遏制草原生态系统持续恶化的趋势，逐渐形成良性循环的草原生态经济系统。截至 2010 年年底，青海省完成禁牧任务 $733.3 \times 10^4 hm^2$，区域补播工程集中连片治理退化草地 $16.6 \times 10^4 hm^2$；通过围栏封育、补播改良、减畜禁牧等一系列措施，项目区草地植被和生产力有了明显提高。通过对 66 个不同草地类型测定数据显示：工程区内草地植被平均盖度在 80％～90％之间，较区外盖度提高了 15％～20％；区内牧草生长高度在 8.5～13.5cm 之间，较区外高度提高了 3.5～5.5cm；牧草平均产量由 2005 年的 $1591.8 kg/hm^2$ 提高到 2009 年的 $2012.9 kg/hm^2$，增加了 26.45％。西藏自治区自 2004 年启动退牧还草工程以来，共完成草地围栏 $374.1 \times 10^4 hm^2$，草地补播 $10954.2 \times 10^4 hm^2$。监测结果显示，与项目区外相比，项目区内植被覆盖率平均提高了 18.21％，植被高度由 5.72cm 提高到 7.64cm，产草量提高 35.45％，生态效益显著。

2011 年 6 月，国务院正式颁布实施了《青藏高原区域生态建设与环境保护规划（2011—2030 年）》，该规划分为三个阶段：近期（2011—2015 年）的主要目标是着力解决重点地区生态退化和环境污染问题，使生态环境进一步改善，部分地区环境质量明显好转；中期（2016—2020 年）的主要目标是已有治理成果得到巩固，生态治理范围稳步扩大，环境污染防治力度进一步加大，使生态安全屏障建设取得明显成效，经济社会和生态环境协调

发展格局基本形成，区域生态环境总体改善，达到全面建成小康社会的环境要求；远期（2021—2030 年）目标是自然生态系统趋于良性循环，城乡环境清洁优美，人与自然和谐相处。

　　除此之外，青藏高原各个省区也相继实施了一批符合该区域发展的生态建设项目。西藏自治区自 2008 年起开始实施《西藏生态安全屏障保护与建设规划（2008—2030 年）》，该规划包括保护、建设和支撑保障 3 大类 10 项工程，其中包括天然草地保护工程、野生动植物保护及保护区建设工程、人工种草与天然草地改良工程等。青海省自 2005 年开始实施《三江源生态保护和建设工程》以及到 2050 年的长期生态建设规划，遏制该地区生态环境进一步恶化的趋势。这一系列国家以及地方生态建设规划的实施，必将促进青藏高原地区生态系统的保护和恢复，有利于稳定青藏高原的生态屏障功能。

## 四、问题与展望

　　青藏高原的隆起及其独特的自然条件，不仅对本区而且对其毗邻地区的生态系统都产生着深刻的影响，特别在当前的全球变化研究中，青藏高原作为全球变化的"敏感器与放大器"，其生态系统对全球变化的影响与响应研究具有特殊重要的地位，今后青藏高原生态系统研究应更加聚焦于如何量化辨识气候变暖和人类活动对生态系统的影响，这一问题的解决对我国在青藏高原实施的生态安全屏障保护与建设规划的实施、重大生态工程的布局及其治理技术与模式的选择都有重要的参考意义。今后青藏高原生态建设建议国家要加大大型生态保护工程建设的支持力度，强化落实国家生态补偿政策，保证对生态安全屏障功能作用确实发挥有利影响。作为重要的生态保护工程建设措施，退牧还草、围封减畜、人工补育等在增加高原植被生产力、稳定和降低地表升温幅度、增加水源涵养能力方面起到了重要作用。然而，这些措施大多影响到当地的农牧业生产力，只有保证当地农牧民的生产生活水平与其他地区同步得到提高，才能使上述措施得以真正落实完成。随着气候变暖和人类活动的加剧，全球变化通过影响高原生态系统进而影响青藏高原经济社会的方方面面，青藏高原经济社会的发展要更多地考虑全球变化的因素，全球变化对高原生态系统影响的研究也要更多地与经济社会发展相结合，整体提高高原地区应对全球变化的能力。

# 第三节　三江源生态建设[1]

## 一、三江源区的地理位置

　　三江源区地处青藏高原腹地，北纬 $31°39'\sim36°12'$，东经 $89°45'\sim102°23'$。西部与新疆维吾尔自治区接壤，南部与西藏自治区接壤，东部、东南部与甘肃省和四川省毗邻，北临青海省海西自治州、海南自治州的共和县、贵南县、贵德县及黄南州的同仁县。该区包括青海省玉树藏族自治州、果洛藏族自治州、海南藏族自治州及黄南藏族自治州行政区域的 16 个县和格尔木市的唐古拉山乡（图 12-1），总面积 $36.37×10^4 km^2$，约占青海省总面积的 50.4%。

---

　　[1]　本节作者为张林波（中国环境科学研究院生态研究所）。

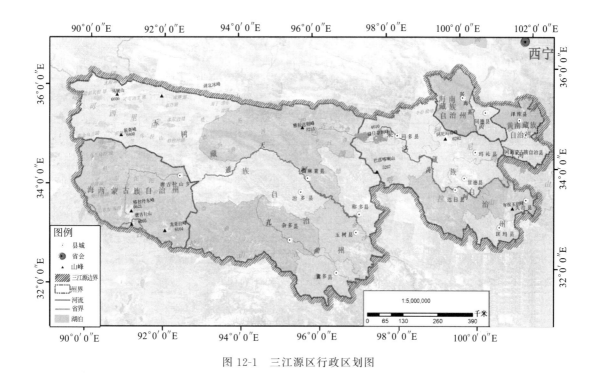

图 12-1　三江源区行政区划图

## 二、三江源区重要的生态战略地位

三江源区是长江、黄河、澜沧江发源地，位于青藏高原腹地，是世界上海拔最高、面积最大、湿地类型最丰富、生物多样性集中的地区，是我国最重要的生物多样性资源宝库和最重要的遗传基因库之一，有"高寒生物自然种质资源库"之称。同时，也是重要的水源涵养生态功能区，素有"江河源"、"中华水塔"之称。该区生态系统群落结构简单，系统内物质、能量流动缓慢，抗干扰和自我恢复能力低下，也是生态系统最敏感和最脆弱的地区之一。三江源区生态环境的变化直接关系到国家的生态安全。随着气候变化及人类活动的干扰，三江源区的生态环境不断恶化，对三江源区的保护与恢复越来越被社会各界所重视。

## 三、三江源区主要生态保护政策与工程

### （一）主要生态保护政策与工程

20 世纪 70 年代开始（李穗英等，2009），受气候变化及人口增长等因素影响，三江源区生态环境持续恶化，80 年代起，黄河源头数次断流。为保护和治理三江源区生态环境，1998 年青海省政府发布了停止采伐天然林❶、禁止开采砂金等政策法规；2000 年启动了天然林保护工程❷，成立了省级自然保护区，2003 年升级为国家级自然保护区；2005 年启动实施了《三江源自然保护区生态保护和建设总体规划》；2006 年取消了对三江源区州、县两级政府 GDP、财政收入、工业化等经济指标的考核❸。2008 年，国务院出台了《关于支持

❶　青海省人民政府关于停止天然林采伐通告（青政［1998］75 号）。

❷　《关于请尽快考虑建立青海三江源自然保护区的函》（林护自字［2000］31 号）。

❸　2006 年开始，青海省政府取消对"三江源"三州及十六县的 GDP 考核。

青海等省藏区经济社会发展的若干意见》❶，其中明确提出加快建立生态补偿机制。青海省于 2010 年出台《关于探索建立三江源生态补偿机制的若干意见》❷，并于 2011 年颁布《青海省草原生态保护补助奖励机制实施意见（试行）》❸、《关于印发完善退牧还草政策的意见的通知》❹、《三江源生态补偿机制试行办法》❺。先后出台过近十项相关政策建议（表 12-1）。

**表 12-1　三江源生态补偿政策概况**

| 政策公告 | 发布年度 | 发布部门 |
|---|---|---|
| 《关于请尽快考虑建立青海三江源自然保护区的函》 | 2000 | 国家林业局 |
| 正式批准三江源自然保护区晋升为国家级 | 2003 | 国务院 |
| 《青海三江源自然保护区生态保护和建设总体规划》 | 2005 | 国务院 |
| 《关于支持青海等省藏区经济社会发展的若干意见》 | 2008 | 国务院 |
| 《关于探索建立三江源生态补偿机制的若干意见》 | 2010 | 青海省政府 |
| 《关于印发完善退牧还草政策的意见的通知》 | 2011 | 农业部、财政部 |
| 审议通过《青海三江源国家生态保护综合试验区总体方案》 | 2011 | 国务院 |

生态工程保护与建设主要是保护和恢复三江源区受损的生态系统，包括对草地、林地、湿地等三江源区主要生态系统的恢复补偿。从 2000 年开始启动的天然林保护工程到 2012 年仍在实施的《三江源自然保护区生态保护和建设总体规划》中的生态工程，基本采取了项目管理的模式（马洪波等，2009），即先由地方有关部门编制项目规划并报请中央对口部门或国务院审核批准，中央财政综合平衡后下达资金计划到地方政府，项目实施过程中中央对口部门进行监督管理。5 项主要生态建设工程详见表 12-2。

**表 12-2　三江源生态保护工程概况**

| 工程名称 | 相关部门 | 总金额投入 | 实施年份 | 保护建设方向 |
|---|---|---|---|---|
| 青海省三江源头天然林保护工程 | 林业部 | 12.12 亿元 | 2000 年至今 | 森林保护 |
| 退牧还草工程 | 国务院西部开发办、国家计委、农业部、财政部、国家粮食局 | — | 2003～2007 年 | 草原保护 |
| 青海省三江源自然保护区生态保护和建设总体规划 | 发改委 | 42 亿元 | 2005～2011 年 | 生态保护 生产生活 公共服务 |
| 草原生态保护补助奖励机制 | 农业部、财政部 | — | 2011 年至今 | 草原保护 |
| 青海三江源国家生态保护综合试验区 | — | 规划中 | 2011 年 | 生态保护 生产生活 公共服务 |

## （二）生态补偿概况

### 1. 补偿现状

---

❶　《国务院关于支持青海等省藏区经济社会发展的若干意见》（国发［2008］34 号）。

❷　《关于探索建立三江源生态补偿机制的若干意见》（青政［2010］90 号）。

❸　《青海省草原生态保护补助奖励机制实施意见（试行）》青政办［2011］229 号。

❹　《关于印发完善退牧还草政策的意见的通知》（发改西部［2011］1856 号）。

❺　青海省人民政府办公厅关于印发《三江源生态补偿机制试行办法》的通知（青政办［2010］238 号）。

目前三江源生态补偿主体以国家为主，也有一部分社会力量参与。补偿资金来源主要有中央财政下达的国家重点生态功能区转移支付、支持藏区发展专项资金及其他专项资金；省级预算安排；州、县预算适当安排；中国三江源生态保护发展基金；社会捐赠资金；以及国际、国内碳汇交易收入等其他资金。

现有的三江源区生态补偿主要基于《三江源自然保护区生态保护和建设总体规划》实施的生态保护资金补偿以及基于财政转移支付的间接生态补偿。根据《财政部关于下达 2008年三江源等生态保护区转移支付资金的通知》财预〔2008〕495 号、《国务院关于印发全国主体功能区规划的通知》国发〔2010〕46 号，青海省人民政府办公厅关于印发《三江源生态补偿机制试行办法》（青政办〔2010〕238 号）的通知，三江源区生态补偿范围包括：推进生态保护与建设、改善和提高农牧民基本生产生活条件与生活水平、提升基层政府基本公共服务能力三个方面。现阶段根据三江源地区实际及目前财力情况，重点突出减人减畜、农牧民培训创业和教育发展等方面的补偿。

最近国家出台的与三江源区相关的生态补偿政策有《国家重点生态功能区转移支付办法》（财预〔2011〕428 号）以及《2012 年中央对地方国家重点生态功能区转移支付办法》（财预〔2012〕296 号）。

## 2. 问题分析

（1）生态补偿缺乏系统、稳定、持续、有序的法律保障、组织领导与资金渠道　20 世纪 80 年代以来，国家先后制定了多部有关生态环境保护建设的法律、法规，青海省也先后制定生态环境及相关的地方性法规、单行条例多达 20 多件。但在三江源生态保护和建设问题上未制定统一、专门的法律法规，现行立法没有考虑到该地区特殊的生态环境问题，目前所开展的三江源区生态环境保护及补偿的重大政策、关键举措和紧迫问题，没有对应的明确规定的现行法律，也没有哪一级政府或哪一个行政主管部门有权有责解决或能够解决这些问题。目前三江源区实施的生态补偿主要以《三江源自然保护区生态保护和建设总体规划》（2005—2010）的工程项目形式及地方财政转移支付实施，没有明确的法律依据和支撑，存在极大不确定性和长效性。

三江源区作为全国重要的生态功能区，目前没有建立持续稳定的利益补偿机制。三江源自然保护区建立以来，相继实施了退耕还林、休牧育草、停止砂金开采和限制中草药采挖等一系列生态保护工程和措施，地方财政大幅减收。国家给予当地农牧民各项补偿经费，但随着各项工程逐步到期，解决农户长远生计的长效机制尚未根本建立，从而难以巩固各项生态工程的成果。国家预算投入缺乏连续性和稳定性。从目前来看，国家还没有建立专项财政转移支付用于三江源区生态环境建设，现有的国家投资是一个阶段性投入，之后能否继续投入、投入的规模有多大等都存在不确定性。地方政府也缺乏足够的资金配套能力。

（2）缺乏完善的监督监管能力　目前我国有关法律法规针对生态环境保护方面的违法行为规定了处罚机关和处罚权限，比如，《草原法》要求草原承包经营者不得超过草原行政主管部门核定的载畜量，《水土保持法实施条例》规定在水土流失严重、草场少的地区，地方人民政府及其有关主管部门应当采取措施，推行舍饲，改变野外放牧习惯。但由于三江源区地域辽阔，经济落后，基层政府主管机关的执法工具和设备不完备，行政执法人员只能在力所能及的范围内对少数违法事项进行查处；另外，语言不通使得一些牧民不知道法律法规的规定是什么。

> 　　目前三江源区的行政管理费用主要用于发工资和干部生活补贴，基本缺乏对三江源区生态环境保护进行全面管理和充分执法的资金、技术和设备（手段、设备和工具），有些管理和执法机构连汽车等交通工具、摄影录像等执法工具、监测仪器和信息库等设备都没有。
>
> 　　据泽库县入户调研了解到，60%的受访牧户享有生态补偿资金，但是这些牧民的草场超载现象却较为普遍。对牧民的生态补偿是基于牧民直接退牧减畜或参与草场治理维护而给予的资金补偿，就实施现状来看，补偿资金发放后政府对于减畜监管存在漏洞。

　　（3）后续产业发展落后，生态移民生计难、增收难，社会稳定存在隐患　　三江源区经济社会发展相对较为落后、欠发达，产业主要以草地畜牧业为主。由于社会发育程度低，经济总量小，产业结构单一，三江源区就业渠道极为狭窄。另外，生态移民文化素质相对较低，劳动技能较差，基本未掌握其他生产劳动技能，且由于语言障碍，导致其就业工作渠道非常窄，造成三江源区多数移民成为社会闲散无业人员。因此，三江源区需科学发展产业，提高牧民自我发展能力，实现保护与发展同步。

　　要使生态移民"搬得出、稳得住、能致富、不反弹"，后续产业的发展是重要保证，也是基层政府面临的最大难题。应急性的、短期性的工作开展了不少，也增加了部分移民的收入，但建立起长效性的后继产业十分艰难。三江源区移民的自身条件是生产方式转变困难的根本因素，移民通过务工经商增加家庭收入并不明显。移民的劳动力中文盲率高达69%，具有小学文化程度的占21%，具有中学及以上文化程度的仅为10%，又由于一直从事放牧，移民的劳动技能单一。除了会放牧，别无他长，尽管政府投入大量资金来让他们掌握一技之长，但仅靠800元的培训费和十来天的培训时间就指望建立起他们的谋生手段，很不现实。

> 　　后继产业的问题已经成为影响到三江源区社会稳定的隐患，一些移民，本身因好吃懒做成为少畜户，搬迁到城镇后，不务正业，给城镇的社会治安带来了很多隐患，个别移民社区已被当地民众喻为"黑三角"。玉树县结古镇两个移民村因偷抢案件发生率高，被当地人称为"伊拉克村"和"阿富汗村"。建立起长效性的后继产业是三江源区生态移民成败的关键。

　　（4）生态补偿资金投入不足，补偿标准偏低，生活成本增加，生态成效难巩固　　目前中央财政是三江源区生态保护和建设投入的主要来源，国务院规划从2005～2011年年均投入15亿元左右用于三江源自然保护区的生态保护和建设，相当于每平方千米每年生态建设与保护投资额1万元左右。然而三江源区面临着相当艰巨的生态保护和建设任务：草场超载严重，草场退化和水土流失面积巨大，治理难度很大。由于三江源区面积大，生态环境脆弱，生态建设与管护成本高，这样的投资规模和期限难以满足生态环境建设与保护的需要。

　　三江源区已经相继实施了退耕还林、休牧育草、停止砂金开采和限制中草药采挖等一系列生态保护工程和措施，地方财政大幅减收。国家给予当地牧民、地方政府的各项补偿经费相对偏低，牧民长远生计尚未根本解决，又随着各项工程逐步到期，生态补偿资金投入难以保障，从而难以巩固各项生态环境治理的成效。因此，需加大三江源区生态补偿资金投入力度。

> 　　据调研，泽库县和日乡总面积151万亩，黑土滩面积达60万亩，沙化草场3000亩，但是生态工程建设仅支持了该乡黑土滩治理30～40亩，沙化草场未得到生态工程资金支持。

（5）缺乏完善的社会保障体系　三江源区实施生态移民工程后，生态移民搬迁到新定居点后，享受到了国家给予的基本的社会保障和公共服务，2010 年起，三江源区各农牧区基本实现了养老保险全覆盖❶，并通过"新型农村合作医疗"、"城乡特困人口医疗救助制度"实现了医疗保险全覆盖，社会效益明显，生态效益开始显现。但牧民迁移之后，原有的草场实行退牧还草，失去了放牧、养殖、农副产品采摘等基本生活来源，生活支出急剧增加，想在短时间内通过集中培训掌握一项新的谋生技能非常困难。目前主要依靠国家给予的退牧还草补助维持生计，等到退牧还草政策有效期结束后，移民的长远生计缺乏保障。只有建立起完善的教育、医疗、养老及就业等社会保障体系，才能使三江源区生态移民真正做到"移得出、稳得住、能致富、不反弹"。

（6）缺乏宗教补偿和文化补偿　三江源区是基本上属于信仰藏传佛教的藏民族居住地，民族文化与宗教文化是交互影响的，同时牧民还传承着传统的草原游牧文化，而现有生态补偿机制中，关于文化保护的补偿内容严重缺失。为了实施生态保护和建设，国家采取了生态移民政策，但是移民的民族文化和生产生活方式将受到一定影响。合理的政策与补偿措施应该将生态保护与宗教文化补偿相互兼顾，寺院是藏区文化表现的一种承载体，对于其因为保护自然环境而给予补偿具有十分重要的意义。

## （三）保护成效

### 1. 生态环境治理初见成效

近年来，三江源区生态工程取得了较大成效，植被覆盖和草地承载能力开始恢复和提高，2010 年较 2000 年的水源涵养等生态系统服务功能略有提高，2003～2009 年载畜量降低了 300 万～500 万个羊单位，禁牧面积 3910 万亩，草原鼠害得到有效控制，2000 年以来草地退化趋势得到初步遏制，植被覆盖总体呈显著增加趋势。重点生态治理工程完成情况见表 12-3。总体来看，三江源区生态治理工程取得了一定的成效，有些工程超额完成。但部分治理工程，比如黑土滩及水土保持的治理急需加大力度和投入。

表 12-3　三江源区主要生态工程治理成效

| 治理工程完成情况 | 工程名称 | 年限 | 工程总量 | 已完成工程量 | 完成比例/% |
|---|---|---|---|---|---|
| 已完成及超额完成 | 退耕还林 | 2005～2011 | 0.65hm² | 0.65hm² | 100.0 |
| | 沙漠化土地防治 | 2005～2011 | 4.41hm² | 4.41hm² | 100.0 |
| | 鼠害防治 | 2005～2011 | 209.21hm² | 785.41hm² | 375.4 |
| 未完成 | 退牧还草 | 2005～2011 | 643.89hm² | 370.27hm² | 57.5 |
| | 封山育林 | 2005～2011 | 30.14hm² | 19.33hm² | 64.1 |
| | 重点湿地保护 | 2005～2011 | 10.67hm² | 3.87hm² | 36.2 |
| | 黑土滩综合治理 | 2005～2011 | 34.84hm² | 9.23hm² | 26.4 |
| | 水土保持 | 2005～2011 | 500km | 150km | 30.0 |

注：数据来源于三江源办。

### 2. 农牧民生活总体有一定改善

三江源区通过实施生态移民、科技培训、小城镇建设等各类生态保护和建设工程，使得

---

❶　青海省人民政府关于开展新型农村牧区社会养老保险试点工作的实施意见［青政（2009）63 号］。

农牧民的生产生活方式发生重大变化。特别是通过开展生态移民，草原牧民生产方式发生重大变革，促进草原牧民从粗放型游牧生产转向规模化、集约型的产业化经营，提高了农牧业生产的效率和效益，也为农牧民从事各种非农产业创造了有利条件，加快从原始散居的游牧生活跨入现代城镇的定居生活。总体上，三江源区从 2005 年实施较为全面的生态补偿开始，农牧民生活总体上有一定程度的改善，农牧民人均纯收入总体上有较大幅度的提高，但是相比全国和青海省同期增幅程度还有一定差距。

根据青海省统计年鉴，2004 年三江源区农牧民人均纯收入 1807.13 元，2010 年提高到 3132.17 元，三江源区 16 县农牧民人均纯收入提高了 1325.04 元，提高了 73%（各县情况详见表 12-4）。

表 12-4　三江源区移民前后农牧民收入变化

| 16 县 1 乡 | 2004 年<br>农牧民人均纯收入/元 | 2010 年<br>农牧民人均纯收入/元 | 增加情况 |
|---|---|---|---|
| 玛多 | 1792 | 2560.88 | 42.9% |
| 玛沁 | 3077 | 4200.84 | 36.5% |
| 甘德 | 1394 | 2027.5 | 45.4% |
| 久治 | 1599 | 2363.3 | 47.8% |
| 班玛 | 1660 | 2424.71 | 46.1% |
| 达日 | 1269 | 1860.51 | 46.6% |
| 称多 | 1439 | 3892.74 | 170.5% |
| 杂多 | 1783 | 2921.42 | 63.8% |
| 治多 | 1884 | 3590.58 | 90.6% |
| 曲麻莱 | 2106 | 3138.63 | 49.0% |
| 囊谦 | 1298 | 2171.72 | 67.3% |
| 玉树 | 1854 | 5652.42 | 204.9% |
| 兴海 | 2427 | 4796.44 | 97.6% |
| 同德 | 2307 | 4744.47 | 105.7% |
| 泽库 | 1260 | 2317.41 | 83.9% |
| 河南 | 2210 | 4012.03 | 81.5% |
| 唐古拉山乡 | — | — | — |

注：数据来源于 2005 年和 2011 年青海省统计年鉴；"—"代表尚无具体数据。

### 3. 公共服务能力有效增加

三江源区生态补偿工程开展以来，虽然许多产业的发展受到限制，但根据青海省统计年鉴分析，三江源区 16 县总财政收入 2010 年较 2004 年有较大幅度提高，总体水平高于青海省提高水平（表 12-5）。国家财政转移支付有效保障了区内基层各级政权正常运转，维持了区内机关、学校、医院等单位职工工资正常发放和机构稳定运转。通过实施生态保护建设工程，截至 2010 年生态移民 7 万余人，饮用水建设惠及 6 万余人，能源建设惠及 4 万余户，技能培训 3 万余人次，三江源区城乡基础设施进一步完善。

表 12-5　三江源区实施全面生态补偿前后财政总收入变化

| 区域 | 2004 年<br>财政总收入/万元 | 2010 年<br>财政总收入/万元 | 增加比例/% |
|---|---|---|---|
| 三江源区 16 县总计 | 76987 | 469089 | 509 |
| 青海省 | 1425380 | 5974197 | 319 |

注：数据来源：青海省统计年鉴。

# 第四节　太湖流域生态保护与建设[1]

太湖流域地理位置优越，气候宜人，自然资源丰富，历史上即是著名的富庶之地，目前更是我国经济最发达、人口最密集、城市化程度最高的地区之一。2008 年，流域总人口 5007 万人，占全国总人口的 3.8%，GDP33109 亿元，占全国 GDP 的 11.0%，人均 GDP6.6 万元，是全国人均 GDP 的 2.9 倍。但同时也必须看到，太湖流域在取得快速经济发展的同时，也付出了沉重的生态环境代价，特别是一度成为学习楷模的"苏南模式"，在创造了一个个经济奇迹的同时也使流域生态环境问题愈加积难重返，成为国内外广泛瞩目的生态环境退化最为严重的地区之一。

## 一、太湖流域的地理位置

太湖是我国长江中下游地区著名的五大淡水湖之一，位于长江三角洲的南翼太湖平原上，介于北纬 $30°55'40'' \sim 31°32'58''$、东经 $119°52'32'' \sim 120°36'10''$ 之间。流域总面积 36895km²，西部山丘区面积 7338km²，中部平原区面积 19350km²。太湖流域行政区划隶属江苏、浙江、上海、安徽三省一市，分别占流域总面积的 52.6%、32.8%、14% 和 0.6%。流域内分布有特大城市上海市，江苏省的苏州、无锡、常州、镇江 4 个地级市，浙江省的杭州、嘉兴、湖州 3 个地级市，共计 30 县（市）。

## 二、太湖流域的生态环境问题

太湖流域的生态环境问题综合表现在水资源、水环境和水生态方面。

① 2008 年，太湖流域水资源总量 $199.4 \times 10^8 m^3$，总供水量 $354.6 \times 10^8 m^3$，其中流域本地水源供水 $201.9 \times 10^8 m^3$，长江水源供水 $148.9 \times 10^8 m^3$，钱塘江供水 $3.8 \times 10^8 m^3$。太湖流域自身的水资源量已经难以满足流域内用水需求，流域外引水量已经接近流域总供水量的一半，长江干流的过境水量已然成为太湖流域的主要补充水源。

② 太湖自 20 世纪 60 年代以来平均每 10 年左右下降一个水质级别，到 2008 年Ⅳ类水体仅占 7.4%，Ⅴ类水体占 27.2%，其余 65.4% 均劣于Ⅴ类。太湖流域河网的污染河道长度也以每年 1.8% 的速度持续增加，到 2008 年仅 14.8% 的评价河长水质达到或优于Ⅲ类。太湖流域河流和湖泊水质呈不断恶化的态势，流域水环境质量并没有从根本上得到改善。

③ 随着太湖水体由中营养-中富营养转为以富营养为主，太湖蓝藻水华有爆发月份提前、爆发频率升高、持续时间加长的趋势。太湖浮游动物的种类和数量也开始急剧下降，到 1987 年已经较 1980 年下降了 50% 左右。太湖鱼类品种目前不足 60 种，原常见的洄游性和

---

[1]　本节作者为闵庆文、焦雯珺（中国科学院地理科学与资源研究所）。

半洄游性近 50 多种鱼类已经难以采到。太湖富营养化已经严重影响到水生物的种群数量和结构，流域水生态系统健康状况令人堪忧。

### 三、生态环境问题的原因分析

太湖流域水生态环境问题的产生，虽然有湖泊自身演变规律和全球变化的原因，但根本还在于人口快速增长、经济快速发展、产业结构不合理以及环境管理等社会经济原因。

① 太湖流域人口基数庞大，且每年涌入大量的外地打工者。随着人口的不断膨胀，生活污水排放量与日俱增。2008 年，流域城镇居民生活污水排放量 $16.6 \times 10^8$ t，生活污水中 COD 排放量约为 $49.8 \times 10^4$ t，分别占全国城镇生活污水及其 COD 排放总量的 5.0% 和 5.8%。庞大的人口规模产生了大量生活污染物，对太湖流域水环境质量产生了巨大的影响。

② 太湖流域是我国工业化进程最快的地区之一，工业总量增长导致了污染排放量的增加。2008 年太湖流域工业废水排放量达 $34.9 \times 10^8$ t，COD 排放量约为 $80.27 \times 10^4$ t。尽管产业结构调整、治污手段提高等能够减少工业污水排放量，但目前工业废污水的收集和处理往往关注大型企业，原乡镇企业发展起来的中小型企业由于布局分散偷漏排现象往往难以控制，无疑对流域水环境构成了更大的威胁。

③ 随着城市化进程的加速，太湖地区的传统农业生产方式正逐渐向大规模、集约化农业生产方式转变。城市郊区的集约化养猪场、养鸡场每年产生大量畜禽粪便，通过人工排放或随着降雨径流进入水体。农民大量施用化肥和农药，每公顷高达 577.5kg 和 34.5kg，远高于全国平均的 411.0kg 和 11.25kg，造成大量氮素和磷素进入水体。农业生产方式的转变加速了流域水体的污染和富营养化。

④ 近年来，太湖流域城市建设用地面积迅速扩张，导致城市生活污水排放量激增，而具有水源涵养、水土保持等生态功能的林地和具有水文调节、水质净化等生态功能的湿地面积则迅速减少，导致被吸附降解的污染物量减少。流域土地利用的剧烈变化造成重要生态服务功能的丧失，在一定程度上也加剧了流域水环境质量的恶化。

⑤ 太湖流域是我国生态环境建设的示范地区，2008 年第一批 6 个国家级生态县名单中就有 4 个位于太湖流域；到 2010 年太湖流域 30 个区县中达到省级以上生态（市）县标准的就有 15 个；浙江、江苏、安徽均为国家生态省建设试点。然而，流域严重的水生态环境问题在整体的生态环境可持续发展评价中未能显现。这加大了对流域整体生态环境把握的难度，从而影响到进一步的发展规划。

⑥ 太湖流域目前的水环境管理是为水体污染防治和水资源保护提供服务，忽视了对水生态系统结构与功能的保护这一重要方面。流域目前开展的水（环境）功能分区由于没有扩展到陆地分区，使得流域的陆地管理与水体管理无法紧密结合；使用的污染物目标总量控制技术，由于没有考虑水质标准的要求，使得污染物的排放量与环境质量没有直接的联系，这都会影响到水环境管理的效果。

### 四、措施调控与污染物治理工程——以江苏省常州市为例

#### （一）生活污染源

"十一五"期间，常州市主要通过污水处理工程建设、农村生活污水处理方式、船舶污染治理三项举措来实现生活污染源的控制与治理。其中，新增污水处理设施 29 座，处理能力由 $60 \times 10^4$ t/d（2005 年）扩充至 99.5×$10^4$ t/d（2009 年），建成乡镇污水收集管网

2776km；22 家污水厂完成提标改造；建成投运 3 个污泥综合利用工程，实现污泥无害化处置；对不具备接管村庄开展分散式生活污水处理试点，建成 188 个农村生活污水处理工程；在运河东西两段各建成船舶垃圾收集站、油废水回收站 2 座，提升了船舶污染防治能力。在"十二五"期间，常州市将进一步加强全市城镇生活污水厂的建设和运行管理，大力加强农村污水处理设施建设，生活污染源主要控制工程详见表 12-6。

### 1. 基础设施建设

（1）新（扩）建污水处理厂　实施江边污水处理厂三期、江边污水处理厂四期、戚墅堰污水处理厂三期、武南污水处理厂二期、武进戴溪、武进邹区、武进漕桥、武进横山桥、武进牛塘、武进奔牛、金坛市第一污水处理厂二期、金坛市第二污水处理厂三期、金坛直溪污水处理厂、金坛朱林镇污水处理厂、金坛指前污水处理厂、金坛儒林污水处理厂、金坛薛埠污水处理厂、溧阳市第一污水处理厂二期、溧阳花园污水处理厂、溧阳前马污水处理厂、溧阳周城污水处理厂、溧阳南渡污水处理厂、溧阳强埠污水处理厂 23 项工程。新增污水处理能力 $61.55 \times 10^4 \, t/d$。

（2）管网建设及改造　完善现有污水处理厂管网尤其是乡镇污水处理厂收集管网；新建污水处理设施必须"厂网并举，管网先行"，污水处理厂建成后一年内运行负荷率达到 60%，三年以上的运行负荷率不低于 75%；重点区域原雨污合流制改造为雨污分流体系。

（3）中水回用　实施江边污水处理厂、戚墅堰污水处理厂二期、清潭污水处理厂、牛塘污水处理厂、武南污水处理厂、金坛第一污水处理厂等 7 项污水处理厂中水回用工程，新增中水回用能力 $11.8 \times 10^4 \, t/d$。

（4）污水处理厂运营管理　建立污水处理厂监管、考核体系，建设城镇污水处理厂进出水在线监控系统，建立污水处理厂的环境功效和运营绩效的考核指标体系及监管考核制度。

### 2. 城镇生活污水防治

常州市计划于 2015 年实现城镇生活污水集中处理率大于 95%。

（1）开展生活节水示范　全面削减城市居民生活用水量，源头削减生活污水排放量。2015 年城市居民生活用水量不高于 150L/(d·人)。

（2）餐饮废水接管　"十二五"期末实现 80% 的餐饮企业废水接管。

（3）垃圾填埋场渗滤液处理扩容提标及垃圾中转站渗滤液处理　2011 年完成全市垃圾填埋场渗滤液处理设施扩容提标改造工程；全市所有垃圾中转站渗滤液禁止排入雨水管道，有条件的地区接管纳入城市管网，无条件接管的地区暂时用车辆运送至城市污水处理厂。

（4）局部区域分散处理　部分污水管网建设难度大，或者城市待拆迁区域，本着经济科学的原则采取生活污水分散处理措施。

### 3. 农村生活污水治理

2015 年前太湖一级保护区农村生活污水处理率达到 70%，其他地区农村生活污水处理率达到 40%。

（1）布局调整　结合"农村环境连片整治"，推进农村集中居民点污水集中处理。在重要生态功能区、饮用水源保护区等生态敏感区域禁止新建集中居住点。

（2）处理设施及装置建设　太湖一级保护区规划保留自然村，生活污水防治以资源化措施优先，构建粪尿分离的生态旱厕，回用于农业生产；其他地区规划保留自然村，因地制宜建设分散污水处理装置。新建的农村集中居住点采用相对集中的处理方式，配套建成污水处理装置。2015 年前新建 1000 处农村污水处理装置。

**表 12-6　常州市生活污染源主要控制工程**

| 序　号 | | 项 目 名 称 | 建 设 内 容 |
|---|---|---|---|
| 现有污水处理厂扩建 | 1 | 常州江边污水处理厂三期工程 | 建设规模 $10 \times 10^4$ t/d,配套管网 127km |
| | 2 | 常州戚墅堰污水处理厂三期工程 | 建设规模 $5 \times 10^4$ t/d,配套管网 21km |
| | 3 | 常州邹区污水处理厂二期工程 | 建设规模 $1 \times 10^4$ t/d,配套管网 20km |
| | 4 | 常州奔牛污水处理厂二期工程 | 建设规模 $0.5 \times 10^4$ t/d,配套管网 10km |
| | 5 | 常州武南污水处理厂二期工程 | 建设规模 $4 \times 10^4$ t/d,配套管网 30km |
| | 6 | 武进区漕桥污水处理厂续建工程 | 建设规模 $0.5 \times 10^4$ t/d,配套管网 20km |
| 新建污水处理厂 | 1 | 金坛市朱林污水处理厂一期工程 | 新建 $0.5 \times 10^4$ t/d,配套管网 18km |
| | 2 | 溧阳市污水处理厂一期工程 | 花园污水处理厂新建 $3 \times 10^4$ t/d 及配套工程;南渡污水处理厂新建 $1.5 \times 10^4$ t/d 及配套工程;第二污水处理厂二期工程 |
| 管网建设 | 1 | 新北区污水管网工程 | 完善污水收集系统,新建污水管道 136km |
| | 2 | 武进区管网工程 | 新建污水管网 300km |
| | 3 | 金坛市城镇污水管网工程 | 新建管网 164km |
| 尾水再生利用 | 1 | 常州市戚墅堰污水处理厂中水回用工程 | 扩建规模 $2 \times 10^4$ t/d,配套管网 6km |
| | 2 | 常州市江边污水处理厂中水回用工程 | 新建规模 $4 \times 10^4$ t/d,配套管网 10km |
| | 3 | 常州市城北污水处理厂中水回用工程 | 新建规模 $2 \times 10^4$ t/d,配套管网 6km |
| | 4 | 常州市牛塘污水厂尾水回用工程 | 新建规模 $0.3 \times 10^4$ t/d |
| | 5 | 金坛市第一污水处理厂尾水再生利用工程 | 扩建规模 $2 \times 10^4$ t/d,配套管网 10km |

### （二）工业污染源治理

"十一五"期间,常州市对工业污染源的控制与治理主要表现在以下几个方面。一是严格环境准入。全面禁止新上不符合产业政策、布局定位和《江苏省太湖水污染防治条例》中禁批的项目。二是结构布局调整。2007~2009 年关闭 1028 家化工、印染、电镀企业;完成 23 家污染企业搬迁入园、升级改造工作;淘汰高耗能高污染设备 250 台（套）。三是"提标"改造及规范化整治。2008~2009 年完成 174 家企业"提标"改造和 105 家重点污染源雨污分流、排放口规范化整治。四是开展"打造环境管理放心行业"专项行动。完成电镀行业整治,制定印染、化工行业"一厂一策"整治方案并全面实施。

进入"十二五"阶段,常州市将通过加大结构调整力度、大力发展循环经济、全面推行清洁生产、培育发展环保产业、强化工业中水回用和严格环境执法监管六大举措进一步控制与治理工业污染源,主要治理工程详见表 12-7。

#### 1. 加大结构调整力度

在严格产业环境准入门槛,淘汰"高污染、高能耗、资源性"的"两高一资"企业。"十二五"期间深入推进第二轮化工行业专项整治,组织实施纺织、印染、火电、建材等行业专项整治,不断推进传统产业改造升级、淘汰落后产能。借助现有产业结构基础和优势,提升规模较大、具备一定优势的传统产业,鼓励支持产品转型升级嵌入新兴产业链。实施新兴产业倍增计划,支持新能源、新材料、高端装备制造、生物技术和新医药、节能环保、软件和服务外包、物联网七大新兴产业发展,加快培育壮大成主导产业,初步构建具有常州特色的节约能源资源、保护生态环境的现代经济结构体系。

#### 2. 大力发展循环经济

以印染、电力、化工、建材、光伏等行业为重点推进循环经济试点工作;充分发挥行业协会、环保科技咨询机构的技术咨询作用，搭建循环经济信息平台，开发应用源头减量、循环利用、再制造、零排放和产业链接技术，推广循环经济典型模式。以生态工业园创建为载体，推动不同行业合理延长产业链，加强固体废物和工业用水的循环使用，提高资源利用效率。"十二五"期间每年重点推进 10 个循环经济示范园区和企业建设。到"十二五"末，形成光伏产业中间废料再生使用产业化能力，建成 4 个国家级生态工业园。

### 3. 全面推行清洁生产

对超标、超总量排污和使用、排放有毒有害物质的企业实施重点企业清洁生产审核。"十二五"期间将有色金属冶炼业、含铅蓄电池业、皮革及其制品业、化学原料及化学制品制造业等重金属污染防治重点防控行业，以及钢铁、水泥、多晶硅等产能过剩主要行业，作为实施清洁生产审核的重点。重金属污染防治重点防控行业的重点企业，每两年完成一轮清洁生产审核，2011 年年底前全部完成第一轮清洁生产审核和评估验收工作；产能过剩行业的重点企业，每三年完成一轮清洁生产审核，2012 年年底前全部完成第一轮清洁生产审核和评估验收工作；其他重污染行业的重点企业，每五年开展一轮清洁生产审核，2014 年年底前全部完成第一轮清洁生产审核及评估验收。"十二五"期间平均每年至少完成 100 家左右重点企业清洁生产审核，每个行业至少建成 1 家清洁生产示范企业。

### 4. 培育发展环保产业

要将高浓度难降解工业废水处理、污染场地与生态修复、环境监测与预警等作为"十二五"期间环保产业发展的重点领域。着重发展环境服务总包、专业化、社会化运营服务、咨询服务、工程技术服务等环境服务业。逐步建立环境工程建设项目监理制度，强化治理工程措施落实情况的监理，保证环境保护设施的建设内容达到设计文件和审批要求。

强化环境信息公开，引导环保产业健康发展。要及时将重点流域、区域环境管理重点和环境保护要求和投资等需求向社会发布，引导环保产业提供有效支撑。推进建立以企业为主体、产学研结合的环保技术创新体系，鼓励、支持环保企业与科研院所联合开展技术研发并建立长效合作机制，大力推进各项科研成果产业化。

### 5. 强化工业中水回用

做好工业企业节水工作，推广节水新工艺、新技术和节水器具，重点开展电力、化工、印染等高耗水行业节水工程建设，提高工业用水重复利用率，降低单位工业增加值新鲜水耗和废水排放量。2015 年规模以上工业企业用水重复利用率达到 85%。

结合节水型城市创建，大力推进污水资源化利用工程建设，重点推进城市污水处理厂尾水深度处理和回用，加快中水管网建设。到 2015 年，城市中水回用率达到 20%。

### 6. 严格环境执法监管

全面实行环境监察标准化建设。"十二五"末所辖市区监察大队达到《环境执法能力（东部地区）》三级标准。建成环境应急系统平台，构建市、区、乡镇三级环境监察体系，乡镇街道设立环境执法专业队伍，完善执法装备，实现各级执法队伍的联动与整合。以乡镇街道为网格监管单元，发动和鼓励单元内的环保志愿者和义务监督员积极发现并反馈周边的环境问题，帮助当地政府和环保部门将环境问题解决在基层，消灭在萌芽状态。加强污染源监控体系建设，新建项目按要求安装在线监控装置，升级改造重点行业在线监控装置；对重点企业危险废物处置实施全过程监控，完善污染源自动监控信息系统，推行污染源监控的第三方运行。增强机动车污染监管能力建设，成立专门的监管机构。

表 12-7　常州市工业污染源主要控制工程

| 序　号 | | 项目名称 | 建设内容 |
|---|---|---|---|
| 尾水再生利用 | 1 | 常州天合光伏产业园中水回用工程 | 新建中水回用厂,分三期建设,每期各 $1\times10^4$ t/d |
| | 2 | 武进城区污水处理厂尾水回用工程 | 建设规模 $4\times10^4$ t/d |
| | 3 | 武进高新区中水回用工程 | 一期建设规模 $1\times10^4$ t/d |
| | 4 | 常州东方伊思达染织有限公司中水回用工程 | 建设规模 3500t/d |
| 工业节水示范项目 | 1 | 常州市荣立行热能有限公司节水及中水回用工程 | 中水回用,处理能力为 3000t/d |
| | 2 | 常州市中天钢铁集团有限公司节水及中水回用工程 | 工业废水深度处理后部分回用,近期回用量为 $2\times10^4$ t/d,远期回用量 $4\times10^4$ t/d |
| | 3 | 江苏金凯钢铁有限公司节水及中水回用工程 | 中水回用能力为 2500t/d |
| | 4 | 常州市友邦净水材料有限公司资源再利用项目 | 建设 5 条水处理药剂的中试生产线,对废酸、废碱液进行资源化回收 |
| | 5 | 常州马氏纺织染整有限公司节水及中水回用工程 | 回用水量 $31.5\times10^4$ t/a |
| | 6 | 常州佳尔科药业集团有限公司节水雨水及中水回用工程 | 中水回用量 $200\times10^4$ t/a,雨水收集量 $4\times10^4$ t/a |
| | 7 | 常州高力紧固件有限公司节水雨水及中水回用工程 | 中水回用量 $32\times10^4$ t/a,雨水收集量 $1.6\times10^4$ t/a |
| | 8 | 常州市武进恒通金属钢丝有限公司雨水及中水回用工程 | 中水回用量 $31\times10^4$ t/a,雨水收集量 $2\times10^4$ t/a |
| | 9 | 金坛加怡热电有限公司反渗透饮用水项目 | 采用反渗透除盐工艺将制盐冷凝水处理成符合生活饮用水卫生标准的水,纯水产生量 $360\times10^4$ t/a |

## （三）农业污染源

“十一五”期间,常州市主要通过高效生态农业建设、畜禽养殖场整治、水产养殖污染控制三项举措来实现农业污染源的控制与治理。在高效生态农业建设中,常州市全面推广绿肥、商品有机肥、生物农药和杀虫灯,全市测土配方施肥覆盖率达 68%;2009 年化学氮肥使用量比 2007 年减少了 9.8%,化学农药的使用量比 2007 年减少了 14.3%。在畜禽养殖场整治中,2008 年完成 134 家规模畜禽养殖场整治,2009 年完成了禁养区、控养区、适养区划定工作,建设畜禽养殖场综合整治工程 155 处、沼气工程 91 处,向 20 家养殖场配送了沼气发电机组,建成 7 家有机肥厂,形成 $11\times10^4$ t/a 有机肥生产能力。在水产养殖污染控制中,拆除滆湖网围 $2560hm^2$,拆除长荡湖网围 $2200hm^2$,完成池塘水循环利用示范工程 $400hm^2$。在“十二五”期间,常州市将进一步推动农村生活污水处理、加强畜禽养殖污染防治、强化种植污染防治,农业污染源主要控制工程可参见表 12-8。

### 1. 推进生活污水处理

落实“以奖促治”、“以奖代补”政策,实施农村环境连片整治,武进区实现“五化三有”全覆盖,金坛市和溧阳市“五化三有”覆盖率分别达到 60%。提高“五化三有”村庄生活污水处理率,具备截污输送条件的地接入城镇污水管网,不具备接管条件的地区因地制宜建设半集中式生活污水处理设施。到 2015 年,规划保留自然村新建污水处理装置 479 处,太湖一级保护区农村地区生活污水集中处理率达到 70%,其他地区达到 40%。

### 2. 加强畜禽养殖污染防治

逐步关闭、淘汰、关停农户散养,提高畜禽养殖废弃物资源化利用水平,2015 年全市生猪、奶牛的市级规模化养殖比例分别提高至 80％和 50％，建设规模化养殖场沼气工程、畜禽粪便处理中心、发酵床圈舍改造和畜禽养殖废（尾）水净化处理循环利用工程，畜禽粪便综合利用率达到 85％以上。

### 3. 强化种植污染防治

全面推广测土配方施肥，提高化肥利用率，减少流失量。加强土壤环境监测与污染防治，合理施用农用化学品，保障农产品安全。重点推进农田氮磷拦截工程建设，在滆湖、长荡湖及三条清水通道沿线汇水区域开展农田氮磷拦截工程示范，加强生态农业和循环型农业建设。到 2015 年，全市无公害农产品、绿色食品和有机食品种植面积比例达到 95％，建设种植业氮磷流失生态拦截工程 $55 \times 10^4 \, m^2$。

**表 12-8 常州市农业污染源主要控制工程**

| 序 号 | | 项 目 名 称 | 建 设 内 容 |
|---|---|---|---|
| 农业节水重点工程 | 1 | 孟河镇银河片区节水专项工程 | 改造泵站 6 座，修建节水灌溉渠道 3.5km |
| | 2 | 万顷良田节水灌溉项目 | 1666hm² 粮田改造，节水沟渠小型水利工程 |
| | 3 | 新北区蔬菜基地节水渠道建设工程 | 666hm² 蔬菜基地防渗渠灌排沟建设 |
| | 4 | 草坪、花卉喷滴灌设施建设工程 | 366hm² 草坪喷灌、$10 \times 10^4 \, m^2$ 智能温室喷微灌改造工程 |
| | 5 | 武进区蔬菜基地节水渠道建设工程 | 666hm² 蔬菜基地防渗渠灌排沟建设 |
| | 6 | 武进区花卉喷滴灌设施建设工程 | 农博花卉园 8hm² 智能温室喷微灌改造工程 |
| | 7 | 武进区万顷良田一、二期节水灌溉项目 | 规划面积 5000hm²，新增粮田 600hm²，建设节水沟渠小型水利工程 |
| 种植业清洁养殖工程 | 1 | 化肥、农药减施工程 | 减少化肥、农药使用总量。推广有机肥 21768t，其中金坛 6256t、溧阳 6256t、武进 6256t、新北 3000t。种植绿肥 2200hm²。其中金坛 533hm²、溧阳 666hm²、武进 666hm²、新北 333hm² |
| | 2 | 环湖有机农业圈工程 | 建设 333hm² 环湖有机农业圈工程，其中金坛 166hm²、武进 166hm² |
| | 3 | 面源氮磷生态拦截沟渠塘工程 | 全市建设 55hm²，其中金坛 9.4hm²、溧阳 29.2hm²、武进 16.4hm² |
| 畜禽养殖废弃物处理利用工程 | 1 | 新北区畜禽养殖废弃物处理利用工程 | 完善干湿分离、雨污分流等环保设施，新建生物净化池，提高畜禽粪便综合利用率；推广生态发酵床养殖技术，包括圈舍改造、发酵床制作、菌种技术研究、生产与推广 |
| | 2 | 武进区畜禽养殖粪便收集系统建设 | 畜禽粪便干湿分离、雨污分流，重点解决干粪处理问题。对畜禽养殖户实行畜禽粪便收集定额补贴 |
| 循环水养殖 | 1 | 新北区循环水池养殖 | 对百亩连片养殖场进行池塘改造及进、排水系统等基础设施建设，并按 20％～30％的比例配置净化塘，通过净化塘中种植水生植物、放养贝类，净化水质，并进行循环使用，最终大幅度减少养殖用水的排放量 |
| | 2 | 太湖银鱼养殖国家级示范基地循环水池扩建工程 | 养殖池塘整修 73hm²；驳岸、护坡建设 4000m，道路建设 1200m；进排水管道建设 3000m；扩建养殖面积 66hm²，建设三级净化系统，泵站 5 座，增氧设备 30 套 |
| 围网拆除 | | 武进区滆湖网围综合整治后续工程 | 对滆湖 733hm² 网围迁移、住家船迁移及废弃船舶进行整治，包括网围标准化整治、养殖品种调整和水域清洁安全工程 |

| 序　号 | | 项 目 名 称 | 建 设 内 容 |
|---|---|---|---|
| 农作物秸秆资源化利用工程 | 1 | 新北区农作物秸秆综合利用项目 | 8533hm² 农作物秸秆打捆、造粒、气化 |
| | 2 | 武进区农作物秸秆资源化试点工程 | 4000hm² 农作物秸秆打捆收集、粉碎后,加入动物粪便、菌类,年产有机肥 $5×10^4$ t |
| 农村环境整治 | 1 | 新北区村庄环境综合整治工程 | 对罗溪温寺村、罗溪四霍庄村、罗溪鹅鹊村、罗溪王下村、春江青城村、孟河南荫村等 30 个村庄进行污水收集系统建设,有条件的村庄将污水就近接入市政污水管网;新建 26 套分散式农村生活污水处理设施工程并同步配套建设污水收集管网 |
| | 2 | 戚墅堰区农村生活污水处理工程 | 到 2015 年新建农村污水处理设施 30 处 |
| | 3 | 武进区农村环境连片整治工程 | 将漕桥镇区附近 20 个村民小组、潘家镇区附近 13 个村民小组、太滆村 7 个村民小组的生活污水接入污水处理厂管网,建设南宅、周桥 2 个农村生活污水集中处理工程和 26 套分散式农村生活污水处理设施工程并同步配套建设污水收集管网 |
| | 4 | 农村生活污水处理工程长效管护体系建设 | 全区已建成农村生活污水处理工程 200 个,五年新增 250 个农村生活污水处理工程,每个运行管护费用 $2×10^4$ 元/a |
| | 5 | 金坛市农村环境连片整治工程 | 在长荡湖与钱资荡之间,对金城镇、尧塘镇 16 个行政村实施农村环境连片整治,包括新建污水处理设施 13 个、管网 59km |
| | 6 | 溧阳市农村环境连片整治 | 全市新增农村生活污水处理设施 160 处 |

## 五、建议

太湖流域社会经济优势的建立是以牺牲生态环境尤其是水生态环境为代价的。尽管各级政府十分重视生态建设和环境保护工作,在产业结构调整、生态市县建设、污染监控治理等方面做了大量工作,取得了很大成绩,但流域生态环境并没有得到根本的改善,太湖水体也没有明显好转。因此,改善水生态环境是流域整体改善生态环境的基础,应当受到各级部门的高度重视。对于流域生态建设与环境保护的思路和途径则有以下几点具体建议。

第一,转换观念,从生态系统的角度看待太湖流域的经济发展与资源环境问题,充分考虑太湖自身特点及其生态承载力与环境容量,逐步实现水环境质量改善向水生态系统健康恢复的转变。

传统水环境质量评价指标只包括水化学要素,已经难以反映太湖流域生态环境变化的趋势;而传统的水环境保护只考虑了水质标准,没有涉及生态环境对水量需求的标准和水生态系统对水环境质量的要求。因此,必须转换观念,深入研究与了解水生态特征,准确判断流域水生态承载力与环境容量,从生态系统的角度来看待太湖流域的社会经济发展与资源环境保护。在水环境管理目标上,应当重视对水生态系统健康的保护,重视对水生态系统功能完整性的保护,逐步实现水环境质量改善向水生态系统健康的转变。

第二,开展水生态功能分区,生态建设应以不同水生态功能区的生态保护与建设目标为依据,逐步实现由景观生态建设向生态系统功能恢复的转变。

太湖流域目前的水(环境)功能分区割裂了"水-陆"生态系统的整体关系,未能考虑水生态系统维持自身功能的用水需求和水体自身的生态服务功能和生态系统健康。因此,应当充分认识流域水生态环境要素的空间异质性规律,开展太湖流域的水生态功能分区,为实现水陆一体化的流域综合管理模式奠定基础。在评价太湖流域生态省、市、县建设时，应当将水生态环境作为制约性因子加以重视，进行单独考量；在进行生态省、市、县建设时，应以不同功能区的生态保护与建设目标为依据，重视关键生态系统服务功能的恢复，逐步实现由景观生态建设向生态功能恢复的转变。

第三，改变水环境管理思路，建立污染物排放与环境质量之间的联系，逐步实现由目标总量控制向容量总量控制的转变。

在流域水生态功能分区的基础上，实施流域容量总量控制技术。根据水生态功能区划定具体的控制单元，突破以行政区为基础的水环境管理模式，实现水陆一体化的流域综合管理模式。根据功能区水质目标计算水环境容量，突破以往以年为基本单位的核算方法，将月或日水环境容量进一步分解到控制单元的各污染源，并制定具有针对性的污染物削减方案。此外，还应当根据控制单元位置增加或调整水质监测断面，加强重点工业源、畜禽养殖场的在线监控，重视非点源污染的控制与治理，构建基于控制单元的水环境管理信息系统。

第四，进一步优化地区产业结构，强化农业的生态功能，最大程度地减少农业面源污染，逐步实现农业生产以经济型为主向生态型为主的转变。

随着产业结构的不断调整，农业生产总值占流域生产总值的比例不断下降，2008 年流域内农业 GDP 仅占流域 GDP 的 2.0% 左右。农业已经不再是太湖流域国内生产总值的主要贡献者，但却成为流域主要的水体污染源，其在环境污染方面的高产出和经济效益方面的低回报已经形成了鲜明的对比。因此，应当考虑通过改善流域的种植和养殖模式、利用精耕细作减少农药化肥投入、实行种养结合等方式来强化农业的生态功能，最大程度地减少农业面源污染。发挥农业的生态服务功能，改变以往农业生产以产量和经济收入作为主要生产目的的产业目标，引导农业由产污型产业向纳污型产业转变、农业生产由经济型为主向生态型为主转变。

# 第五节　传统农业地区的生态保护与发展[1]

长期以来，为了满足人口增长对食物的需求，农业生产不得不以追求高产为目标，各地区先后实行了高产品种大面积种植和与其配套的化肥、农药高投入等高产措施。然而，高投入、高产出的现代生产模式，在保障粮食数量安全的同时，也带来了土壤退化、环境污染、病虫害天敌大量减少、农业生物多样性减少和农田生态稳定性降低等一系列生态环境安全问题和粮食质量安全问题，农业可持续发展能力显著下降。为了解决这一系列的问题，人们开始对传统农业生产模式进行反思和重新审视。

传统农业是指在历史上形成的且又系统流传下来、影响至今的一种农业文化（王星光，1989）。在传统农业地区，千百年来，农民有意识地保留了品种多样性，不仅可以保持对病虫害的抗性，同时也能满足不同生态气候条件下的种植要求；此外，多品种混栽混收的习俗，可以抵御各种各样的气象灾害和生物灾害，获得稳定的收成。这些丰富的遗传种质资源，以及持续了上千年的轮作复种、间作套种、梯田耕作、桑基鱼塘、农林复合、稻田养鱼等传统农业技术，为研究农业生物多样性的利用和保护积累了厚实的科学底蕴，也为探索利用农业生物多样性控制病虫草害、促进农业可持续发展提供了极为重要的启示。

---

[1] 　本节作者为闵庆文（中国科学院地理科学与资源研究所）、何露（住房和城乡建设部城乡规划管理中心）。

传统农业地区多具有生态环境脆弱、民族文化丰富、经济发展落后等特点，长期以来由于自然条件限制、交通闭塞和经济文化条件落后等原因，农业基本还处于传统"犁耕文明"阶段。而这些地区往往也是资源富集区或生态优质区。自然条件和人类活动都促使农业不仅肩负生产发展的任务，还须在生产中保持与自然环境和谐相处，维护生态平衡。因此，传统农业地区的生态保护不仅仅是关于自然的保护，更重要的是为农业的可持续发展保留一种机遇，而其农业现代化应当避免按照农业史即传统农业到现代常规农业再到现代高效生态农业的发展过程中带来的环境代价，而是因地制宜，寻求一种适合当地自然和经济条件的新型可持续农业途径，实现经济与生态"双赢"的跨越式发展。

## 一、传统农业价值与科学内涵

　　尽管与现代农业的集约化生产相比，传统农业的精耕细作并不能显著提高粮食产量，但是传统的农业耕种方式经过长期的积累和发展，具有明显的生态合理性，在维持生态平衡、改善农田环境、保护生物多样性、保障粮食安全等方面都起到了重要的作用，这对于现代农业的发展具有十分宝贵的借鉴意义（骆世明，2007）。因此，我们必须正确看待传统农业的意义和价值。不仅要求继承和发扬传统农业技术的精华，注意吸收现代科学技术，而且要求对整个农业技术体系进行生态优化，并通过一系列典型生态工程模式将技术集成，发挥技术综合优势，从而为我国传统农业向现代化农业的健康过渡提供基本的生态框架和技术雏形。

　　作为一个农业大国和农业古国，我国在长期农业实践中流传下来丰富的农作物种质资源和农业实践经验。农作物种质资源是生物资源中与人类生存关系最密切的部分，是人类食品、衣着的最重要来源，是人类地球上最宝贵的财富（方嘉禾，2000）。传统地方品种是优质的农作物种质资源，随着农作物品种遗传改良的巨大成功和少数高产品种的大面积集约化生产面临着消失的危险。而传统农业地区还保留着相对丰富的传统地方品种资源。流传至今的传统生态农业模式也很多（李文华等，2005），有些在少数民族生态文化中占有重要地位（廖国强等，2006），既有具有悠久历史并在国际上产生很大影响的桑基鱼塘、梯田种植、坎儿井、淤地坝、农林复合等系统，也有稻-鱼-鸭、猪-沼-果、"四位一体"等在传统模式基础上，在结构上有新发展的系统类型。这些系统中蕴含的生态原理、分子生物学机制也在不断被揭示。张福锁、李隆等研究表明豆科作物和禾本科作物的间作可以使豆科作物的固氮效率提高近10倍，禾本科根系分泌的麦根酸等植物铁载体可以增加豆科作物对缺铁土壤的适应性，豆科作物的酸性分泌物还可以改善禾本科作物对缺磷土壤的适应性（Li等，2004；Li等，2003）；朱有勇等研究表明对水稻不同间种的传统经验加以改进就可以使稻瘟病感病的水稻品种发病率下降达90%左右，这与营养、小气候、生物多样性都有关系。通过他们的工作，实现了水稻间种的大面积推广（Zhu等，2000；Zhu等，2003）。在云南还发现高原农民在麦地里也有不同品系混种以减少病虫害的经验。黄璜、章家恩等的研究表明，鸭稻系统可以有效控制稻田害虫、减少病害、增加水稻抗倒性，还影响到温室气体排放（全国明等，2005）。研究表明，相对于水稻单作系统，鸭稻共作系统对稻田土壤微生物群落数量、代谢活性和功能多样性的提高均具有积极作用（章家恩等，2009）。稻鱼鸭共作系统总体抑制杂草效果显著优于其他稻作方式，杂草的物种丰富度及 Shannon 多样性指数显著降低，Pielou 均匀度指数提高，表明群落物种组成发生了很大的改变，降低了原来优势杂草的发生，是一种较好的可达到抑制杂草效果的稻作方式（张丹等，2010）。和水稻单作系统相比，稻鱼、稻鱼鸭农业系统具有更多的营养级，食物网更加复杂，从而提高了农业生态系统的稳定性（张丹等，2010）。

农业具有多方面重要作用，包括食物生产、环境保护、景观保留、农村就业和食品安全等（吕耀等，2009；何露等，2010）。从生态系统服务的角度来看，除了作物产品之外，农业主要提供三种类型的生态系统服务，即支持、调节和文化功能（Spurgeo，1998）。同时，农业的发展还带来一系列负面影响（Zhang等，2007；Zhang等，2012）。这些生态系统服务功能和负面影响的大小很大程度上取决于农业生态系统的管理方式。人们越来越认识到传统农业确实比现代农业提供更多的环境效益。研究表明，在一些自然条件复杂、生态系统脆弱的地区，传统农业的多重价值和生态系统服务更有利于当地农民的生计维持和生态环境的改善（李文华等，2009；张丹等，2009；秦钟等，2010）。从生态足迹的角度开展的可持续发展能力评价（焦雯珺等，2009；焦雯珺等，2009；杨海龙等，2009）和生态系统服务需求的研究（焦雯珺等，2010）都得出了相同的结论。

## 二、传统农业地区生态保护的主要内容

传统农业地区生态保护的核心内容一般包括农业生物多样性保护、农业生态系统保护与农村生态环境保护三部分。也就是说，农业生态保护需重视生物（种质资源和生物多样性）、生态过程（生物之间的相互关系）和无机环境（水、土壤的数量及质量）的系统保护。

农业生物多样性是指与食物及农业生产相关的所有生物多样性的总称，包括遗传多样性（或基因多样性）、物种多样性及生态系统多样性。由于自然与社会经济条件及传统文化等原因，农业文化遗产地的农民有意识地保留了数量繁多的农业物种，它们多数具有较强的病虫害抗性和对于不同生态条件下的种植适应性。这些丰富的遗传资源以及以此为中心的多样性的农耕技术，也形成了农业生态系统的多样性。农业生物多样性的核心是农业物种多样性的保护，应特别重视那些传统地方性品种的保护，而这些品种也正是地方名独特优农产品生产的资源基础。

传统的生态农业系统具有明显的生态合理性，在维持生态平衡、保护生物多样性、保障粮食安全、改善农业生态环境、适应极端灾害、传承地方文化等方面具有重要的作用。这种多功能特性是由其合理的结构所决定的。因此，对于这些农业生态系统的保护，主要是保护农业生态系统的结构，包括不同品种及其之间不同数量的组分结构、在空间配置上镶嵌性的水平结构和成层性的垂直结构，以及在时间序列上物质循环和能量流动的营养结构，在此基础上促进农业生态系统功能的发挥。

农业生态环境指农业生产活动赖以存在的水、土壤、大气、生物等自然环境和以此为基础构建的生态系统环境。由于自然与人为的原因造成的农业生态环境问题，包括水资源的短缺和水环境的恶化、耕地资源的紧缺和耕地质量的下降、气候异常波动和大气污染，以及水土流失、土地退化、荒漠化与石漠化等的各类生态系统的退化等，已经成为制约农业可持续发展的重要因素。农业文化遗产所体现的传统农业的生态学思想及生态农业实践，有助于通过物种与系统之间的互利共生作用、合理的资源保护与利用方式，减少农业自身所造成的环境污染及过多的资源消耗，并消纳工业和生活所产生的废弃物，从而维持良好的农业生态环境。

### 三、传统农业地区生态保护途径

一部分传统农业地区位于河流的上游或生态相对脆弱的区域，它们在涵养水源、保持水土、保护生态环境等方面都起到重要作用。此外，传统农业地区的一些民族文化和耕作机理尚不清楚，还有待于进一步的研究，因而具有宝贵的科研价值。鉴于这些原因，我们认为应当通过生态补偿对传统农业进行合理的保护，对传统农业地区的发展进行政策上的引导和经济上的扶持。

生态补偿是指用经济的手段达到激励人们对生态系统服务功能进行维护和保育，解决由于市场机制失灵造成的生态效益的外部性并保持社会发展的公平性，达到保护生态与环境效益的目标（李文华等，2006）。生态补偿的方法和途径很多，按照不同的准则有不同的分类体系。按照实施主体和运作机制的差异，大致可以分为政府补偿和市场补偿两大类型（中国生态补偿机制与政策研究课题组编著，2007）。具体来说，为了对传统农业实施有效的保护，可以采取财政转移支付、区域之间补偿、生态标记、生态旅游等措施。

（1）财政转移支付　传统农业在涵养水源、保持水土、保护生物多样性等方面有着重要的作用，但是大多数传统农业地区经济相对贫困，当地居民对摆脱贫困的需求十分强烈，以致区域经济发展与传统文化继承、生态环境保护的矛盾十分突出。因此，中央或地方政府应当对传统农业地区进行经常性的财政转移，以补偿传统农业地区因保护生态环境而牺牲的经济发展的机会。

（2）区域之间补偿　一些传统农业地区位于河流的上游，在保持流域生态安全、保证流域水资源的可持续利用方面有着重要的地位。但是，传统农业地区的经济发展相对落后，人民生活相对贫困，很难独自承担建设和保护流域生态环境的重任。因此，下游受益地区应当对位于流域上游的传统农业地区进行生态补偿，共同承担流域生态建设的重任。这不但可以加快上游地区的经济发展，并有效保护流域上游的生态环境，而且对全流域的社会经济可持续发展也有着促进作用。

（3）生态标记　生态标记主要是指对生态环境友好型的产品进行标记，例如对生态食品、有机食品、绿色食品的认证与销售。生态标记体现了该产品保护生态的附加值，从而体现了生态环境保护的效益（中国生态补偿机制与政策研究课题组编著，2007）。传统农业不仅有效地保障了食品安全，而且具有良好的环境效应，为开展生态标记创造了有利的条件。此外，国际市场对无污染农产品的需求日益增加，这为发展生态食品、有机食品和绿色食品带来了前所未有的机遇。因此，应当积极开展生态标记工作，将当地的生态优势转化为产业优势，让广大消费者来支付生态补偿的费用。生态标记不但能够为生态系统服务功能提供生态补偿，还能够有效地促进传统农业地区的经济发展、提高当地人民的收入，因而具有宝贵的现实意义。

（4）生态旅游　生态旅游是一种具有保护自然环境和维系当代人们生活双重责任的旅游活动。在传统农业地区开展生态旅游，不但可以有效地保护传统农业，而且可以帮助当地人民摆脱贫困。在"稻鱼共生系统"全球重要农业文化遗产试点地青田县，旅游资源的开发对当地的 GDP 增长、相关产业发展、人民生活水平提高等都有着积极的促进作用。可见，生态旅游开发是一项有效的生态补偿措施，对改善传统农业地区人民的生活质量有着积极的意义。但是，旅游开发也有可能对生态环境产生重大威胁，因此在开发过程中一定要慎之又慎。

## 四、传统农业地区发展关键

传统农业地区的发展客观上需要农民维持传统的农业生产方式，必须将农产品开发置于动态保护的中心位置，充分利用传统农业的品种资源优势、生态环境优势与传统文化优势，通过农业功能的拓展，在生态环境与传统文化保护基础上实现经济的可持续发展。

传统农业地区的农产品具有发展成为优质、安全农产品的先天优势。传统农业地区多数处于地理偏僻、经济落后的地区，同时多数还是重要的生态功能区或生态脆弱地区。长期以来，当地的农民只能获得有限的外部资本、技术投入和政府的帮助，他们继承了当地传统复杂的农作系统，充分适应当地条件，在很少或不依赖机械、农药、化肥和其他现代农业科学技术投入的情况下发展成为具有较强持续性的农业生产方式。显然，较少受到化学品危害的农业文化遗产地保持了良好的生态环境条件，土壤、水、大气中的有害化学物质成分也相对较少。很多地区都具备无公害农产品、绿色食品、有机农产品和地理标志产品的认证条件。随着居民消费水平和食品安全意识的提高，市场对这类安全优质农产品的需求越来越大，这将有利于提高农民收入、促进农业文化遗产地的可持续发展。

传统农业地区的农产品具有发展成为品牌、文化农产品的独特优势。农产品的开发还应当利用丰富的特色生物资源和文化价值，打造特色品牌产品。然而由于这类的地方特色农产品一般产量相对较低，未受到人们的重视，一些传统优良品种近乎消亡。如果将这些特色产品与农业文化遗产地的地域文化、地理和历史有效嫁接，通过"科学商标"、"历史商标"、"人文商标"、"地域商标"和"文化商标"等赋予农产品丰富的文化内涵，将能够产生巨大的经济效益和社会效益，也会使遗产地的农业和农产品形成独具特色且有影响力的整体优势，增强市场竞争力。同时还要加强农产品品牌的策划包装与宣传，利用现代市场营销手段，不断扩大农产品的品牌效应。浙江青田的田鱼、贵州从江的香禾与香猪、江西万年的贡米、云南哈尼梯田的红米、内蒙古敖汉的小米、云南普洱的普洱茶、河北宣化的葡萄、浙江绍兴的香榧等都是这方面成功的典型。

传统农业地区农产品的开发还需要通过第一、二、三产业的相互融合，提升农产品附加值。一方面积极引导农产品的精深加工，通过有效的利益联结机制，如股份合作、契约合同等，引导农户自发组成合作社组织进行标准化、规模化的种养殖等，形成完整的生产、加工、销售的产业链，进行一体化经营。这既为龙头企业提供了稳定优质农产品原材料的保证，又能促进传统农业地区生态农业产业化建设。另一方面充分利用传统农业地区的旅游发展，扩大和增加观光农业项目，通过相互带动作用，促进农业与旅游业的深度融合。这将在满足旅游市场需求的同时，通过延长产业链提高农产品附加值，促进农民就业和收入的提高。

传统农业地区可持续发展的关键并不是长期的财政补贴，而是应当在外部资金投入的激励下，逐渐实现农业的可持续发展和农民收入的稳步提高。只要抓住优质、安全、特色、文化的特点，并通过一、二、三产业的联动，就有望实现农业文化遗产的保护与可持续发展。

## 五、实践范本——农业文化遗产

传统农业生产系统和景观保持了当地的生物多样性，适应了当地的自然条件，产生了具有独创性的管理实践与技术的结合，深刻反映了人与自然的和谐进化，是具有全球意义的农业文化遗产。然而，由于技术的快速发展和由此引发的文化与经济生产方式的变化，在很多地方已经严重威胁着这些农业文化遗产以及作为其存在基础的生物多样性和社会文化（闵庆文，2006）。2002 年，联合国粮食与农业组织（简称联合国粮农组织，Food and Agriculture Organization of the United Nations，FAO）发起了一个旨在建立全球重要农业文化遗产及其有关的景观、生物多样性、知识和文化保护体系，并在世界范围内得到认可与保护，为可持续管理提供基础的"全球重要农业文化遗产（Globally Important Agricultural Heritage System，GIAHS）的动态保护与适应性管理"项目。中国是最早响应并积极参加全球重要农业文化遗产项目的国家之一，并在项目执行中发挥了重要作用。2012 年 3 月，中国国家级重要农业文化遗产评选工作正式启动，标志着农业文化遗产作为一种新的遗产类型在我国正式的得到认可。

农业文化遗产系统是一类典型的社会-经济-自然复合生态系统，是在与当地自然条件相适应的农业技术和文化指导下，利用丰富的生物资源和生物多样性进行农业生产，表现出独特的自然景观和文化景观，其所包含的农业生物多样性、传统农业技术和农业生态景观相互依存，一旦某个环节出现问题，其独特的、具有重要意义的生产、生态和文化功能也将随之消失。显然，农业文化遗产的生态保护强调农业生态系统适应自然条件的可持续性，多功能服务维持当地居民生计安全的可持续性，以及维持区域生态安全的可持续性。要实现对农业生物多样性的保护，必须加强对关键物种的保护，这有效保护了农业遗传资源，为农业可持续发展做出了巨大贡献，同时，也要加强对各物种生存环境的保护，这就关系到整个农村环境保护的问题。

农业文化遗产是传统农业的精华所在，将其与现代农业技术相结合，则是现代生态农业发展的方向，保护是为了更好地发展，发展是积极地保护，既反对缺乏规划与控制的"破坏性开发"，也反对僵化不变的"冷冻式保存"，关键是寻找保护与发展的"平衡点"以及探索后发条件下的可持续发展道路。农业文化遗产要采用一种动态保护的方式，也就是说要"在发展中进行保护"（FAO，2009）。农业文化遗产地的保护要保证遗产地的农民能够不断从农业文化遗产保护中获得经济、生态和社会效益，这样他们才能愿意参与到农业文化遗产的保护工作中。也就是说，多方参与，尤其是社区参与机制的建立在农业文化遗产的保护中占有重要地位。中国浙江青田稻鱼共生农业文化遗产的多方参与机制试点建设已经取得了很好的效果（闵庆文和钟秋毫，2006）。目前，在中国农业文化遗产动态保护中重点探索三种途径：有机农业、生态旅游和生态补偿，试图通过这些措施来增加农业文化遗产地的保护资金来源，形成农业文化遗产长期自我维持的机制（Min 等，2009）。

# 第六节　东北森林生态建设[1]

东北地区范围上包括黑龙江省、吉林省、辽宁省的全部和内蒙古自治区的赤峰市、通辽市、兴安盟和呼伦贝尔市，土地总面积约 $125 \times 10^4 km^2$。在热量、水分以及地形的综合作用下，生物和土壤均产生相应的变化而形成规律性的分布，从而使东北地区可划分为三个地带，即东部和北部的湿润森林地带、中部半湿润森林草原地带和西部半干旱草原地带。东北地区按植被类型可分为 4 个植被区，即大兴安岭寒温带针叶林区、东部山地温带针阔叶混交林区、平原森林草原与草原区及辽南湿润、半湿润暖温带落叶阔叶林区。东北地区是我国森林面积最大、资源分布最集中的重点林区和最重要的木材生产基地，本区林地生产力高，原

❶ 本节作者为李飞（中国科学院地理科学与资源研究所）、王斌（中国林业科学研究院亚热带林业研究所）。

生的林分质量好，有较高的生态服务功能和较大的生产潜力。东北地区也是中国生态建设的重点地区，六大重点生态工程基本覆盖了整个东北地区，伴随着天然林资源保护等工程的实施，东北林区森林资源过度消耗的势头得到了有效遏制，森林资源总量开始止跌回升。"十五"期间，东北三省林区活立木蓄积总量净增超过 $5200 \times 10^4 \mathrm{m}^3$。

## 一、东北森林的特点

### 1. 丰富的植被类型和生物多样性

东北的森林具有独特的物种组成、丰富的植被类型、辽阔的面积、巨大的木材蓄积和重要的生态服务功能，在全国森林资源和林业建设的全局中占有举足轻重的地位。东北森林类型复杂，包括以落叶松为主的寒温带针叶林、以红松为主的温带针阔混交林和经过人为破坏之后形成的以杨桦林及多种阔叶树种组成的次生林，以及南部的暖温带落叶阔叶林。据统计，东北地区共有草本、木本植物 164 科 928 属 3103 种。这些植物既包括西伯利亚区系、长白区系，又包括蒙古区系和华北植物区系的代表种，其中许多植物为本地区所特有的珍稀植物和分布中心。东北地区共发现兽类 8 目 28 科 118 种，占全国兽类种数的 20.31%；鸟类 18 目 63 科 431 种和 46 亚种，约占全国鸟类种数的 34.8%，其中候鸟占《中日保护候鸟及其栖息环境协定》中鸟类种数的 84%；有珍稀濒危动物 31 目 89 科 379 种，主要包括国家 I 级和 II 级重点保护野生动物 114 种（亚种）；各地规定的省（自治区）级重点保护野生动物 190 种（亚种）。东北地区是我国湿地集中分布区，总面积达 $1017.68 \times 10^4 \mathrm{hm}^2$，占全国湿地总面积的 26.5%，也是我国乃至世界芦苇分布面积最大的地区，总面积 $34.94 \times 10^4 \mathrm{hm}^2$。

### 2. 东北地区重要的生态屏障

随着科学的发展，森林的生态服务功能越来越被人们所了解。森林资源不仅向人们提供木材、纤维、燃料、维生素和药物等多种产品，更重要的是维持了地球生命支持系统，即涵养水源、保持水土、固碳释氧、减轻自然灾害、调节气候、孕育和保存生物多样性，以及具有医疗保健、陶冶情操、旅游休憩等社会功能。森林的生态服务功能远超过木材部分的价值已成为普遍的共识。东北林区广泛分布的大面积森林和沼泽，使得东北林区具有其特殊的生态区位优势。广袤的林区是东北众多中心城市的水源地，松花江、嫩江等众多江河发源于东北林区，森林和湿地所涵养的水源是东北众多城市生产生活的生命线。东北中部平原商品粮基地农业生态系统能否持续稳定，东北老工业基地的用水及生态状况能否保持良好状态，很大程度上依赖于周边地区森林和湿地生态系统生态效益的发挥。因此，东北林区在维持东北平原良好的农业生产环境，保证社会、经济可持续发展和生态安全方面起着举足轻重的作用，是整个东北大平原不可替代的生态屏障。

### 3. 主要的木材生产基地

东北林区是我国林业生态体系和林产工业体系建设的主要组成部分。据全国第六次森林资源清查（1999～2003 年），全区林业用地面积 $5854.16 \times 10^4 \mathrm{hm}^2$，占全国 20.54%；森林面积（有林地）$4528.02 \times 10^4 \mathrm{hm}^2$，占全国 25.89%；森林蓄积 $340943.39 \times 10^4 \mathrm{m}^3$，占全国 27.37%（表 12-9）。森林工业位居全国前列，是东北老工业基地的重要组成部分。新中国成立以来，东北林区一直是我国主要的木材生产基地，商品材产量占全国的 1/4～1/2。直到天然林保护工程实施之前的 1996 年，东北国有林区生产木材仍达 $1899.8 \times 10^4 \mathrm{m}^3$，占我国国有林区木材总生产量 $3626 \times 10^4 \mathrm{m}^3$ 的 52.39%，占全国木材总生产量 $6710 \times 10^4 \mathrm{m}^3$ 的

28.31%。新中国成立以后，已形成包括林场（或采育场）、林业局、木材加工企业、销售、规划设计部门、林业教学与科研在内的较完整的产业体系和科研教学体系，具备建设现代化林业体系的良好条件。

**表 12-9　东北地区森林资源分布状况**

| 省（区） | 森林覆盖率/% | 林业用地面积/$10^4 hm^2$ | 有林地面积/$10^4 hm^2$ | 森林蓄积/$10^4 m^3$ | 活立木总蓄积量/$10^4 m^3$ | 天然林 | |
|---|---|---|---|---|---|---|---|
| | | | | | | 面积/$10^4 hm^2$ | 占有林地面积百分比/% |
| 辽宁 | 32.97 | 634.39 | 480.53 | 17476.57 | 18546.33 | 196.50 | 40.89 |
| 吉林 | 38.13 | 805.57 | 720.12 | 81645.51 | 85359.17 | 571.26 | 79.33 |
| 黑龙江 | 39.54 | 2026.50 | 1797.50 | 137520.31 | 150153.09 | 1624.87 | 90.40 |
| 内蒙古东四盟 | 33.27 | 2387.70 | 1529.87 | 104301.00 | 111237.00 | 1359.00 | 88.83 |
| 东北地区合计 | — | 5854.16 | 4528.02 | 340943.39 | 365295.59 | 3751.63 | 82.85 |
| 全国 | 18.21 | 28492.56 | 17490.92 | 1245584.58 | 1361810.00 | 11747.18 | 67.16 |
| 占全国比重/% | — | 20.54 | 25.89 | 27.37 | 26.82 | 31.94 | |

注：资料来源：辽宁、吉林和黑龙江三省数据来源于 2005 年中国森林资源报告；内蒙古东四盟数据来自内蒙古林业勘测设计院（2005）。

#### 4. 巨大的发展潜力

当前我国林业正处在历史的转折时期，以六大林业工程为代表的林业建设正在谱写着林业的新篇章。在这种背景下，东北的林业既面临着新的挑战，也具有难得的机遇。天然林保护工程实施后，东北林区的木材产量有了一定程度的缩减，但依然承担着较大比例的木材生产任务。与此同时，工程的实施减轻了企业的负担，促进了林区经济发展和产业结构调整，加速了企业转型。森工企业由采伐木材开始转向林木培育和生态建设，并依托林区资源优势，大力发展非木质产业，特种养殖业、绿色食品业、生态旅游业开始发展起来。目前这些方面的发展正处在方兴未艾的阶段，有着巨大的潜力和广阔的前景。

### 二、森林资源现状与存在问题

#### （一）重要的木材生产基地，急迫的休养生息任务

从森林蓄积量和发展趋势看，本区在全国林业和木材生产中的地位以及作为木材生产后备基地的重要性是不容置疑的。目前东北林区天然林资源主要有 3 大类：所剩无几的原始天然林、原始林强度择伐后形成的天然次生林（过伐林）、原始林皆伐破坏后所形成的次生林。天然次生林是目前东北林区森林的主体，其面积占东北林区有林地面积的近 70%，主要由杨桦类、栎类和其他阔叶混交林组成，分别占林分总面积的 22.4%、17% 和 11.2%。新中国成立以来，东北、内蒙古等国有林区共向国家提供木材约 $10 \times 10^8 m^3$，在为国家建设做出重大贡献的同时，自身也付出了沉重的代价。林源锐减，特别是当地采伐的天然成过熟林又主要集中在高山陡坡、江河两侧及源头，极易造成风沙、水旱灾害。再加上东北、内蒙古林区仍有 109 万森工企业职工，近 300 多万林区人口以及周边社会全靠采伐天然林来维持生存，不少地区已开始采伐天然中龄林，更加剧了资源的过度消耗，导致生态环境进一步恶化。这种状况如果继续下去，整个东北、内蒙古地区的生态屏障将不复存在，东北大粮仓及周边重要牧业基地将失去生态保护，必然会对国民经济及社会可持续发展带来极大影响。

#### （二）天然林所占比重大，但林分质量较差

本区是我国天然林重要分布区。历经几十年不合理开发利用，由于天然林更新和人工造

林、抚育等营林工作没有及时跟上，使林分质量下降，林木径级降低；林相极不整齐，疏残林面积大，林地利用率低；森林火灾时常发生，毁林开荒不断，留下大量的林窗和林中空地，致使林地生产力退化。与纬度相近似的或纬度比本区更高的国家比较，本区的森林生产力都较低，或低得多，甚至比北欧三国（挪威、瑞典、芬兰，均位于北纬 $55°\sim70°$）还要低（图 12-2）。这充分说明本区的森林经营管理水平比这些国家还有相当大的差距。从林地的利用程度看，也还存在利用效率不高的问题。据第六次全国森林资源清查，在林业用地中，辽宁、吉林、黑龙江三省疏林地为 $54.20\times10^4\,\mathrm{hm}^2$，占全国 9.03%；未成林造林地和无林地为 $39.19\times10^4\,\mathrm{hm}^2$ 和 $323.90\times10^4\,\mathrm{hm}^2$，分别占全国的 8.01% 和 5.65%。提高森林的集约经营水平，采取可持续发展的经营理念，是改造疏残林，提高林地利用率和生产力的关键所在。

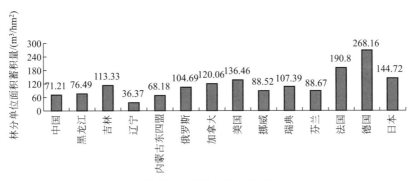

图 12-2　森林生产力比较

## （三）林龄结构不合理，幼、中龄林比重偏大

本区林龄结构不甚合理，幼、中龄林面积偏大，近、成、过熟林面积少，造成可采资源濒临枯竭。据第六次全国森林资源清查，辽宁、吉林、黑龙江三省林分面积为 $2826\times10^4\,\mathrm{hm}^2$，蓄积 $236624\times10^4\,\mathrm{m}^3$，其中：幼龄林面积和蓄积分别为 $808\times10^4\,\mathrm{hm}^2$ 和 $25089\times10^4\,\mathrm{m}^3$，占总林分的 28.59% 和 10.60%；中龄林面积和蓄积分别为 $1161\times10^4\,\mathrm{hm}^2$ 和 $96344\times10^4\,\mathrm{m}^3$，占总林分的 41.08% 和 40.72%；近、成、过熟林面积和蓄积分别为 $858\times10^4\,\mathrm{hm}^2$ 和 $115192\times10^4\,\mathrm{m}^3$，占总林分的 30.35% 和 48.68%。幼、中龄林面积与近、成、过熟林面积之比值为 69.65：30.35；幼、中龄林蓄积与近、成、过熟林蓄积之比为 51.32：48.68。无论从面积还是蓄积比例看，本区森林资源的龄组结构均与可持续经营的合理龄组结构相距甚远。当前的采伐限额正在迫使商品材的 70% 以上出自幼中龄林，使龄组结构进一步恶化。严格按资源承载力调整采伐限额、加强林地保护和幼中龄林的抚育经营已是极为紧迫的任务。

## （四）非木质资源丰富，开发利用水平低

本区地域辽阔，气候雨热同季，土壤肥沃，生物多样性丰富，非木质资源类型众多，开发利用潜力大，但目前开发利用水平还很低。仅黑龙江林区就有野生经济植物 570 种以上，入药典种类 100 余种；可食用植物 116 种，目前已开发的山野菜有 30 多种；可供利用的菌类近 400 种，其中已开发的食用菌有 10 余种。吉林省长白山地区有野生经济动物 200 余种，野生经济植物和药用植物 2000 余种，不少是国内外知名的中药材和山野菜。此外，本区森林旅游资源极为丰富，充满林野情趣的森林景观和新鲜空气，结合东北地区独特的自然地理环境与民风民俗，开展森林旅游和生态旅游前景广阔。历经 50 余年的开发，尤其是近 20 年

来，东北林区在非木质资源开发利用方面取得一定成绩，进行了山野菜、中草药及野生浆果的人工栽培以及药用动物和珍禽的人工养殖，但大多数品种尚处于初级的野生采集与驯化阶段，还没有进入工业化规模栽培与养殖阶段。利用现代化生产技术对非木质资源进行深加工和精加工，提高产品的附加值，实现非木质资源的产业化，建立新型产业群，是保护与合理开发本区森林资源和维持良好生态环境的重要战略措施。

（五）丰富的生物多样性，退化的生态服务功能

辽阔的东北大地既有森林、草地，又有荒漠、湿地和农田，多样的生态系统和景观孕育了丰富多样的物种资源。区域内大的植被类型有针叶林、针阔混交林、阔叶林、灌丛和草地，其中寒温带针叶林和温带针叶阔叶混交林为国内特有。据统计，东北地区有种子植物127科736属2555种，约占全国种子植物的10.4%；有蕨类植物25科50属131种，约占全国蕨类植物种数的5%；有苔藓植物77科208属596种，约占全国苔藓植物种数的28.4%，总计229科994属3282种。其中，国家重点保护的植物70余种，特有植物20余种。20世纪50年代以来，随着我国经济的发展，社会对木材的需求不断增加，东北地区大面积原始森林被采伐，林业在"木材利用"思想指导下疏忽了对森林生态环境的保护和建设，生态环境遭受严重破坏。长期以来，东北林区更新造林树种主要考虑以速生针叶树为主，绝大部分是落叶松、红松、樟子松纯林，这些森林现已显出明显的生态问题，如落叶松连栽的地力下降以及纯林的"绿色荒漠化"问题。已有研究证明，落叶松林地土壤速效养分含量低于次生林，土壤酶活性也显著下降，落叶松人工林土壤中物质转化及生物循环过程慢于天然次生林的土壤。森林退化的后果是水土流失与生物多样性丧失。

## 三、林业在东北老工业基地振兴中的地位

东北地区的林业按性质可分为三大块，即国有林区的林业、农区林业和牧（沙）区林业。国有林区主要分布在大、小兴安岭、完达山、张广才岭和长白山，历来是国家商品用材的主要生产基地，1949年以来累计生产木材10亿多立方米，占全国商品材产量的近1/2，为国家经济发展和原始积累做出了不可磨灭的贡献。地方林区主要分布在国有林区的外围，多为农林交错，人工林比重大，与国有林区共同构成东北地区森林的主体。东北地区的森林主体围绕在东北大平原的周围，它们既是东北所有大小河流的水源涵养地，在消洪补枯、稳定径流量、增加空气湿度、调节流域水循环与局域气候等方面具有不可替代的作用，同时又是保护东北商品粮基地及西部牧区的天然屏障，生态区位十分显要。

东北农区是我国最大的商品粮生产基地，无论是平原（或原为湿地）还是丘陵漫岗上的大面积农耕地，都营造了防护林网以保护农田，防止大风以及水土流失的危害，保障农业高产稳产。同时，如果培育经营得当，农田防护林完全可以成为木材生产和农民增收的另一项重要来源，农区林业的潜力较大。东北西部为半湿润和半干旱的草原和沙地，为了防风固沙，护草护牧，并充分利用沙地的生产潜力，牧（沙）区林业也大有可为。此外，自然保护区的经营管理和城市森林的培育建设也是东北地区林业的重要任务。

中央和国务院关于加快林业发展的决定中指出"必须把林业建设放在更加突出的位置"，"在贯彻可持续发展战略中，要赋予林业以重要地位；在生态建设中，要赋予林业以首要地位"。党的十六大又提出了科学发展观、三个转变和五个统筹的方针。前国家总理温家宝指出："林业在东北经济发展和生态环境建设中占有重要地位"。这对于我们重新认识东北地区林业的地位和作用，并探索东北地区林业可持续发展的道路有着重要的指导意义和现实意

义。在新的形势下，东北地区的林业建设任重而道远，不仅要为东北老工业基地的振兴与东北地区全面、协调和可持续发展提供生态保障，而且还要通过深化改革振兴林产工业和林区经济。全面加强东北林业建设，既是振兴东北老工业基地的重要组成部分，更是重新组建我国最主要的森林资源基地和最主要的林业基地的一项具有深远意义的基础性工作。

## 四、林业生态建设成效

新中国成立以来，东北地区林业建设不断发展，特别是改革开放以来，东北地区的林业建设进入了一个新的发展阶段。随着六大林业重点工程的实施，尤其是随着天然林保护工程、退耕还林工程、野生动植物保护工程等的实施，东北地区的森林经营方式正在发生改变，产业结构在一定程度上得以调整，林区经济得到了发展，带动林业建设进一步加速，取得了显著成就。具体表现在以下几方面。

### （一）森林资源得到了有效的保护

东北林区实行天然林保护工程之后，各林区都加大了对森林资源的管理力度，全面推行了森林资源管护承包责任制，取得了显著的阶段性成效。经过限额采伐、调减木材产量、加强森林营造力度、人工促进天然更新等措施，天然林资源得到了有效保护。东北、内蒙古等重点国有林区木材产量由 1996 年的 $1899.8 \times 10^4 \, \text{m}^3$ 调减到 2013 年的 $373 \times 10^4 \, \text{m}^3$，木材产量按工程指标调减到位，制止了严重的超量采伐。木材产量的调减，使森林资源过量消耗在整体上得到了有效控制；同时，通过公益林建设，人工造林 $2.97 \times 10^4 \, \text{hm}^2$，封山育林 $18.37 \times 10^4 \, \text{hm}^2$，人工促进天然更新 $11.85 \times 10^4 \, \text{hm}^2$。林区呈现出森林资源消耗减少、森林面积和蓄积增加的良好势头，扭转了林区天然林资源年净生长量长期负增长的趋势，缓解了森林资源破坏导致的生态环境恶化趋势，给林区提供了一个转向科学经营的难得时机。

东北地区自 2000 年开始实施退耕还林工程（其中辽宁省和内蒙古东四盟自 2001 年开始实施）。2000～2004 年，5 年计划退耕地造林 $96.57 \times 10^4 \, \text{hm}^2$，宜林荒山荒地造林 $167.37 \times 10^4 \, \text{hm}^2$，合计计划任务 $263.94 \times 10^4 \, \text{hm}^2$，分别占全国计划任务的 12％、15％、14％。5 年合计完成退耕地造林 $88.57 \times 10^4 \, \text{hm}^2$，完成宜林荒山荒地造林 $153.66 \times 10^4 \, \text{hm}^2$，合计完成工程建设任务 $224.23 \times 10^4 \, \text{hm}^2$，分别占全国完成工程建设任务的 12％、15％、14％，完成率分别为 91.7％、91.8％、91.8％。通过 4 年的实施，退耕还林工程建设成效比较显著，初步产生了良好的生态、经济和社会效益。已经安排的退耕还林任务完成后，增加的林草面积相当于工程区林草覆盖率平均增加 2％。目前，先期开展退耕还林的地区，水土流失和风沙危害状况已明显减轻，输入江河的泥沙量明显减少。内蒙古工程区的水土流失和风蚀沙化状况得到有效遏制，林草盖度由过去的 15％提高到 70％以上，制止了沙质耕地的进一步沙化，局部地区生态环境明显改善。黑龙江省通过 4 年的工程建设，使全省 26.67 多万公顷坡耕地、沙化耕地、低产田和宜林荒山荒地恢复为有林地，使全省森林覆盖率提高 0.63％。吉林省实施退耕还林工程以来，完成建设任务并增加林草面积达 33.33 多万公顷，提高林草覆盖率 2.05％。

### （二）林区产业结构发生了变化

以天然林保护工程为契机，东北林区在产业结构调整上取得了显著的成就，正在逐步由单一的"木头经济"为主向木材生产、林产品加工、森林旅游等社会服务综合发展方向转变，多数林区第二和第三产业发展迅猛，有的林区第一、二、三产业产值比例已经达到了三分天下的局面。特别是以林地产业和林区多种经营为代表的非木质产业得到蓬勃发展。林果

（红松籽、山葡萄、笃斯等）、林药（如人参、五味子、细辛、紫杉醇等）和绿色森林食品种植业（如黑木耳、蘑菇、猴头、山野菜、刺嫩牙等）及养殖业（如畜禽、林蛙、蜂业等）等林地资源开发和非木质资源开发取得了进展，绿色食品产业也初见端倪。同时，退耕还林工程的实施，促进了大量资金和先进技术流向山区，一些公司或个人利用农村广阔的土地和充足的劳动力，采取租赁土地造林种草，提供种苗、种畜、技术以及部分资金并回收产品等形式，实行公司＋基地＋农户，提高了农业产业化经营水平和土地产出。据对 2000 年试点县的调查，2002 年与 1998 年相比，种植业结构得到较大调整，特别是通过退耕和林下种草并实行封山禁牧，牧草产量和产值 3 年增长 118％，带动了畜牧业的较快发展。

据对天然林保护工程实施后 35 个重点国有森工企业监测，第一、二、三产业的产值比例由 1997 年的 19：69：12 调整为 2008 年的 55：27：18。第三产业的比重不断提高，森林生态旅游成为一大亮点。大兴安岭林业集团积极开展对俄森林资源采伐，境外采伐人数达 9769 人次，累计生产木材 $239.4 \times 10^4 \, m^3$。龙江森工集团森林旅游从 1997 年的收入不足 200 万元，提高到 2008 年的 8.3 亿元，内蒙古大兴安岭林区生产总值的增速由 2000 年的 7％提高到 2008 年的 13.78％。林下经济得到长足发展，东北国有林区的中药材、食用菌、山野菜产量分别达到了 $1.17 \times 10^4 \, t$、$4.67 \times 10^4 \, t$ 和 $1.99 \times 10^4 \, t$。天然林保护工程的实施也推动了林区经济结构变化，由传统的二元经济结构向多元经济结构转变，合资企业、外资企业、私营企业得以发展。

（三）林区社会保障体系逐步健全，农民收入增加

东北林区人口压力和就业形势原本就严峻，实施天然林保护工程进一步调减木材产量之后，这个问题更加突出。近几年，通过林区多资源开发和林区服务业等二、三产业的发展，给职工提供了越来越多的工作岗位，消除了富余人员流动的盲目性，使冗余人员安置转产取得了重要进展。截至 2003 年，东北林区共安置富余职工 34.97 万人，其中一次性安置 22.36 万人。尤其在林区经济相对较好的地区，富余职工分流、安置率达到了 100％。如黑龙江大兴安岭森工集团有 77263 名富余职工得到安置，其中采用国家政策一次性安置 30162 名，向森林资源管护岗位分流 24957 名，通过开展转产项目和多种经营转移安置 15735 名，通过资金政策扶持 6409 名富余人员自谋出路实现了就业。内蒙古大兴安岭森工集团共安置富余职工 61458 名，其中一次性安置 31597 名，分流森林管护 22249 名，从事个体经济 7197 名。吉林省天然林保护工程区共安置富余职工 112237 名，其中一次性安置 57813 名，森林管护分流 20458 名，第三产业和其他分流 8966 名，进入再就业中心 25000 名。

通过退耕还林等工程的实施，增加了农民收入，加快了农民脱贫致富的步伐。退耕地每年补助粮食（原粮）$1500 kg/hm^2$，现金补助 300 元。粮食和现金补助年限，还草补助按 2 年计算，还经济林补助按 5 年计算，还生态林补助暂按 8 年计算。这样直接增加了农民收入，特别是退耕还林将农民从耕种坡耕地和沙化耕地上解放出来，腾出劳动力从事多种经营、副业生产和外出务工，拓宽了增收渠道。据对 1999～2000 年试点县的调查，2002 年与 1998 年相比，农民人均纯收入平均增长 9.4％，其中退耕还林对退耕农户人均纯收入的贡献率为 14.1％，对低收入退耕农户人均纯收入的贡献率为 31％；退耕还林地区农村耕作劳动力平均减少 4.8％，外出务工人数平均增长 15.3％。

（四）生态保护意识明显增强

天然林保护工程的实施，引起了全社会对生态问题的广泛关注，各级领导重视程度提高，广大群众生态保护意识明显增强，林区居民改变以前的生产、生活方式，由"大木头挂

帅"向"保护环境、保护生态、保护森林"转变,从"砍树人"向"种树人、管林人"转变。生态保护意识逐步深入人心,森林资源的保护与开发逐步由封闭走向开放、由无偿使用走向有偿使用、由无序开发走向有序开发,天然林保护工程已成为真正意义上的社会化工程。一些地区的干部群众从连年遭受自然灾害中觉悟到,生态环境恶劣是其贫困的根源,提出"与其年年救灾、以粮保命,不如扩大退耕还林、以粮换生态"。干部群众参与生态建设工程的积极性大大提高,加强生态建设和环境保护已成为全社会的共识。

自然保护区对维持生态平衡具有重要意义,据统计,东北地区共有各级各类自然保护区380个,占全国保护区总数的19.01%(表12-10),总面积1663.18×$10^4$hm$^2$,占东北地区土地总面积的13.3%,占全国保护区总面积的11.55%。隶属于林业、环保、农业、海洋、国土、城建、水利等多个部门,分为九大类。这些保护区保护了东北70%的生态系统类型,60%的野生动植物物种。2001年,黑龙江省提出了从源头保护抓起,按照流域抢救性建立湿地自然保护区,发挥流域整体保护效能的理念。按照这一理念,在生态区位十分重要、生态功能极为显著、分布最为集中的乌苏里江、松花江、黑龙江等,共建立国家和省级湿地自然保护区78处,总面积达423×$10^4$hm$^2$,形成了较为完善的流域和区域湿地保护网络,为保障国家生态安全及商品粮稳产高产发挥了不可替代的作用。

表 12-10 东北地区各类自然保护区基本状况

| 保护区类型 | 保护区数量/个 | 保护区数量的比例/% | 保护区面积/hm² | 保护区面积比例/% |
|---|---|---|---|---|
| 森林生态 | 163 | 42.89 | 5045124 | 30.33 |
| 草原草甸 | 26 | 6.84 | 1184744 | 7.12 |
| 荒漠生态 | 1 | 0.26 | 7020 | 0.04 |
| 内陆湿地 | 81 | 21.32 | 3901282 | 23.46 |
| 海洋海岸 | 4 | 1.05 | 383700 | 2.31 |
| 野生动物 | 61 | 16.05 | 5274789 | 31.71 |
| 野生植物 | 21 | 5.53 | 479750 | 2.89 |
| 地质遗迹 | 19 | 5 | 209595 | 1.26 |
| 古生物遗迹 | 4 | 1.05 | 145874 | 0.88 |
| 合计 | 380 | 100 | 16631878 | 100 |

## 五、东北森林保护与可持续利用策略

### 1. 建立良性循环的生态防护体系

东北是我国主要天然林区,切实保护好天然林资源,对于建立生态屏障,保护东北重工业基础和农业基础具有重要意义。天然林结构复杂,具有丰富的生物多样性和遗传种质资源,林中栖息、繁衍着大量珍贵的野生动植物,自然景观优美,具有高度的观赏、文化、旅游、生产和科研价值,应严加保护。东北地区目前虽建立了不同植被类型的保护区,但还存在很大空缺,加强这些类型自然保护区的建设,对维护东北地区的生态安全和保护该区的生物多样性将起到至关重要的作用。针对东北地区自然保护区的区域分布不均、重复建设和盲目建设现象,建议进行东北地区自然保护区体系规划,加强对珍稀植被类型和野生动植物的保护。同时提高管理水平,尤其是增强保护区的经济实力,推进带动社区经济发展,加强自然保护区的投入和完善保护机构,建议由单一部门实行垂直领导,逐步消灭多头管理现象。

林区湿地对保护生物多样性,尤其是对保护珍稀动物意义重大。东北林区广泛分布的沼泽和大面积森林均是保护东北平原农牧业生产基地和生态环境的天然屏障。为进一步发挥天然湿地生态系统在东北区域生态安全体系中的生态功能，近期的湿地战略应以天然湿地保护为重点，实施湿地保护工程，确保区域自然生态保护体系中有广泛完整的湿地存在，对退化湿地进行生态恢复，在湿地保育的前提下，合理利用湿地资源，促进生态效益与社会经济效益的统一。建立保护区，尤其是国家级和省级湿地自然保护区是当前防止天然湿地丧失和发挥湿地功能的有效途径。在东北林区，应选择特有的中富营养或贫营养森林沼泽、河源区湿地和具有重要生物多样性价值的集中连片湿地增设国家级或省（部）级自然保护区。

### 2. 建立多功能的森林保育体系

多年来，东北地区在林业生产中，采取掠夺性经营，往往是"只采不造"或"重砍轻造"，致使林相衰败，采伐迹地多，森林资源质量下降，近、成、过熟林等可采资源急剧下降，林地生产力低下。提高森林的集约经营水平，采取可持续发展的经营理念，加强疏残林改造，是提高林地生产力的关键所在。此外，东北三省大多数地方都宜于林木生长，可以发展人工林，尤其是辽东和吉林部分地区发展条件良好。通过大力建立人工林商品基地，可以减少天然林的采伐量，是保护东北天然林资源的重要措施。随着环境保护意识的提高，依靠采伐天然林提供木材的传统方式将会逐渐减少，人工林的发展有可能对我国和全球的木材供应产生巨大影响。东北人工林生产力低下，究其原因主要是经营管理不善，自然条件并不是主要的制约因素，类似气候条件的欧洲挪威、瑞典等国人工林生产力则高得多。

为了使林区的经营可持续、林木产出达到最大效益，建议在调减产量的同时还应该延长工程期限。10 年期限禁伐期的政策并不适宜于东北，东北林木生长周期较全国其他地方长，尤其是黑龙江省，大兴安岭生长速度较快的兴安落叶松林，工艺成熟期 60～80 年以上。在短暂 10 年限伐期内，幼中龄林不可能达到主伐年龄，也就是说在这么短的时间内林木不可能恢复到合理的龄林结构，不能获得最大的经济效益和生态效益，达不到可持续经营的目的，因此，延长天保工程的期限是必要的，这对保护东北地区的天然林资源具有重要意义。

### 3. 建立发达的林产工业体系

建立资源节约型的发达的林产工业体系对搞活林区经济、增强东北老工业基础和强化东北林业生产基地具有重要意义。应深化森工企业改革，推进体制和机制创新，从根本上解决制约森工企业发展的深层次问题。一是全面落实天然林保护工程，进一步调减木材产量，加大森林保育，实行森林经营战略调整；二是加大非木质资源产业发展比重，进一步分流安置富余职工，推动林区产业结构调整；三是通过资产优化重组，实行所有制结构调整，按照现代企业制度的要求做大、做强林产工业。立足两个市场、两种资源、实施"走出去"的开放战略，尽可能多地利用国外森林资源。同时贯彻"资源开发与节约并重"原则，进一步加大对木材节约利用的研究开发力度，推广木材的干燥、防腐、防蛀等先进技术的应用，延长木材的使用寿命，降低资源消耗。

东北国有林区作为中国最大的国有林区和森林工业基地，要率先科学合理地完成林产工业产业产品结构调整和优化，要以市场为导向，合理地配置资源，适销对路产品，以销定产，扭转国营森工企业产品品种少、产品多年不变、缺乏市场应变能力的状况，走高效优质规模化的经营道路。通过建立以人造板、家具、造纸、装饰建材等为主的产业集群，按照科技含量高、经济效益好、资源消耗低、环境污染少、人力资源优势得到充分发挥的要求，积极吸引国内外资金，新建和改造一批拥有先进生产工艺和先进技术装备、规模大、体制新、关联度强的企业集团，提高产品质量、增加品种、降低消耗、替代进口、改善环境，形成科学合理的产业链，并加快产品品牌的整合，集中力量打造名牌产品。加速把东北国有林区的资源优势转化为经济优势，尽快走出一条木材精深加工的新型工业化发展道路。

### 4. 建立高效的非木质资源产业体系

近些年来，我国东北地区中草药种植，山野菜加工，山野果、食用菌、经济动物开发等方面的产业化已取得初步成效，显示出良好的发展态势；野生驯化和人工栽培、养殖新品种方面不断获得成功，非木质资源的粗加工、精加工产品相继问世，使非木质资源产品的开发成为东北林区经济发展的特色所在。随着开发利用深入，以采集野生资源为主的粗放经营方式已显示了明显的缺陷，有限的资源与开发需求之间的矛盾日益紧张。目前林区的人们向大自然要菜、要粮、要产品、要效益已成为一种潮流；同时"返璞归真"，追求健康，向往"绿色"的思潮已成为人们追求的时尚。随着加工业的兴起，原本认为"地大物博、资源丰富"的非木质资源日趋紧缺，资源有限性日益显现，再加上利益驱动，企业的无序竞争，滥砍乱挖、滥捕乱猎的现象时有发生，致使有些珍贵的林副特产物种资源趋于濒危边缘。

保护与开发相结合，建立人工生产基地，逐步由野外采集转向人工种植为主，并进行产品的深加工和精加工，形成高效的产业链，是东北林区非木质资源开发利用的方向，也是环境保护和建设东北生态屏障的需要。应根据区域非木质资源产品的自然分布状态及蕴藏量，配置相应规模的产品加工，在资源培育和开发利用过程中，以科技为先导，适地适种，有计划地扩大种（养）殖规模，合理开发利用野生资源，努力提高资源的有效利用率，加强资源监控与管理，严格保护濒危物种资源，建立一个科学性、计划性、市场性相结合的"利用-保护-培育-再利用"的非木质资源产品可持续利用发展模式，实行种植"产、供、销"，加工"贸、工、农"形式的一体化经营。同时，改进工艺，采用先进的生产工艺和设备，提高产品加工水平，以特种经济林、中草药、食用药用真菌的规模化和深加工、精加工为重点，逐步实现产品的区域化、专业化、规模化经营；加强保健品、药品、饲料等产品的系列开发研究，以及新型的保鲜技术、干制加工技术、有效成分提取技术的研究等。加强资源本底调查，在普查的基础上，以市场为导向，确定主导品种和新品种的开发；加强林下资源的遗传育种、航天育种研究，建立种质基因库，培育出优质、丰产、抗病、抗逆的新品种。

### 5. 建立现代化的服务保障体系

推进森工企业改革，转变企业经营机制，建立现代企业制度，解决政企合一等是建立现代企业和发展可持续林业的根本所在。目前东北林区政企合一的现象在全国是最严重的，政社性人员负担过重，企业办社会问题仍然未能解决。体制问题是国有林区进行改革面临的最大问题，也是国有林区改革能否取得成功、走出困境的最大瓶颈。要进一步加快国有森工企业的改革和体制创新。一是按照政企分开原则，把森林资源管理职能从森工企业中剥离出来，把目前由企业承担的社会管理职能逐步分离出来，使企业真正成为独立的经营主体；二是转变职能，精简机构，建立高效的企业运行机制。要对现有森林企业进行调整和重组，将地处偏远、人员稀少、森林资源枯竭企业的职工适当集中，重新配置和优化林区资源，撤场并局；三是要加大工程实施的科技含量。增加科技投入，充实科技队伍，加大科技研究和技术推广力度，建立森林生态监测系统，使天然林保护工作科学化、制度化。

要积极在林区进行林地所有权与森林经营权分离经营，在商品林建设中，按照"谁造、谁有、谁受益"的原则，发展多种形式的非公有林；同时，盘活林地资本，多种形式增加造林、育林资金投入，提倡兴办家庭生态林场。为了加速非木质资源的发展，应充分利用东北林区的资源优势，大力开展生态旅游，合理开发利用绿色食品资源、特色养殖资源、草药资源以及矿产资源等。对非林产业的发展要进行科学规划，以市场为导向，优化资源配置。国家应在信贷、财政贴息以及技术培训等方面给予支持，并且在产品销售，特别是运输方面给予高度关照。通过大量的科学研究，对森林与湿地的效益进行科学的核算，在条件成熟的地方，尝试进行生态补偿的改革，补偿资金来源应当是国家与地方政府（承担社会公益和区域生态安全部分的补偿）、企业（作为受益单位，应从其经济收益中对因生态保护而使经济发展受到制约的单位进行补偿）。企业应当逐渐成为基金的主要来源，特别是旅游业、房地产业等直接受益企业、水利水电受益者、森林下游受益地区。

## 第七节　深圳生态城市建设[1]

深圳市位于中国东南部经济快速发展的珠江三角洲地区，北与东莞市、惠州市接壤，南与香港相邻，东临大亚湾和大鹏湾，西濒珠江口伶仃洋。深圳市由深圳经济特区和宝安、龙岗两区组成，其中经济特区又分为罗湖、福田、南山、盐田4个区，位于深圳市的南部。深圳市地貌类型以低山丘陵为主，其次为平缓的台地和滨海平原，全市陆地面积1952.84km$^2$。深圳市地处南亚热带海洋性季风区，全年温和湿润、雨量充沛。深圳境内水系众多，但均属雨源型河流，受地形影响，多源短流急。本地植被属于南亚热带季雨林，辖区内广大丘陵山地植被以散生马尾松、灌丛和灌草丛为主。

深圳仅用20多年的时间便从一个边陲小镇发展成为中国最为年轻的特大城市，创造了世界城市化和现代化发展史上的奇迹。建立特区至今，深圳GDP平均每年以27.8％的速度增长，人口发展到近千万，完成了其他城市几百年甚至上千年走过的历程。但"速度深圳"的发展模式在给深圳带来辉煌成就的同时，也使其他城市分阶段缓慢显现出来的资源、环境、人口与经济发展间的问题，在深圳集中地出现。深圳的发展历程可以说是城市发展历程的浓缩，而深圳市也就成为研究城市化问题的理想试点。

### 一、深圳资源环境约束分析

在城市生态承载力的诸多影响因素中，以资源和环境因素的影响为最大，资源和环境往往是城市全面持续发展的主要限制因素。深圳的高速发展是建立在资源环境代价之上的。外延式的简单数量扩张是"速度深圳"模式的基本特点，即经济社会发展速度依赖于土地资源的开发量、水资源的利用量和人口数量的增长。现阶段，深圳的发展明显受到"四个难以为继"的制约：一是土地空间有限，剩余可开发用地按照传统的速度模式难以为继；二是水资源难以为继，无法满足速度模式下的增长需要；三是人口膨胀带来的生态压力沉重，按照速度模式，实现万元GDP需要更多的劳动力投入，而深圳市已经不堪人口重负；四是环境容量已经严重透支，环境承载力难以为继。

#### 1. 最小生态用地约束

（1）土地资源约束分析　旺盛的城市开发用地需求与生态用地保护之间的矛盾愈演愈烈，已成为深圳发展绕不开的瓶颈与约束。一方面，深圳建设用地增长飞速，生态用地被大量侵占，对比分析深圳市1989～2003年土地利用结构（表12-11）可以看出，从1989～2003年这15年期间，城镇建设用地从占总面积的6.71％增加到35.63％，而生态用地则从88.46％锐减到61.37％；如按照2003～2005年每年开发51km$^2$的建设用地消耗速率，深圳

---

❶　本节作者为张林波（中国环境科学研究院生态研究所）。

市会在"十一五"期间消耗掉所剩的可建设用地。另一方面，从国内外国际性大都市的实践经验来看，深圳为实现"现代化的国际性城市"的城市发展目标，又必须要维持优良的城市生态质量，提供宜居的生态环境。因此，依据"以较小代价换取较大收益"的原则，及时保护对维持城市和区域生态系统的健康起重要作用的最小生态用地，控制建设用地的开发速度，已经成为深圳当前急需解决的问题。

表 12-11　1989 年、1995 年、2000 年、2003 年深圳市土地利用结构统计表

| 土地覆被类型 | 1989 年 | | 1995 年 | | 2000 年 | | 2003 年 | |
|---|---|---|---|---|---|---|---|---|
| | 面积/km² | 百分比/% | 面积/km² | 百分比/% | 面积/km² | 百分比/% | 面积/km² | 百分比/% |
| 生态用地 | 1676 | 88.46 | 1302.32 | 68.12 | 1273.96 | 65.96 | 1201.21 | 61.37 |
| 建设用地 | 127.22 | 6.71 | 358.64 | 18.76 | 560.18 | 29.00 | 697.34 | 35.63 |
| 未利用地 | 91.51 | 4.83 | 250.78 | 13.12 | 97.31 | 5.04 | 58.74 | 3.00 |
| 总面积 | 1894.73 | 100.00 | 1911.74 | 100.00 | 1931.45 | 100.00 | 1957.29 | 100.00 |

（2）城市最小生态用地约束合理性分析　深圳城市最小生态用地景观生态分析评价技术路线如图 12-3 所示。

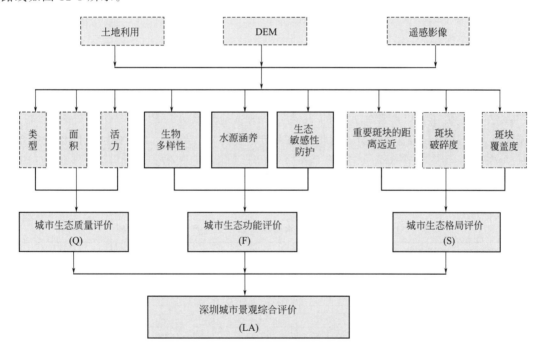

图 12-3　深圳城市景观生态分析评价技术路线

进行各项评价和生态功能、生态格局合理性分析及生态经济学分析，确定深圳市生态用地面积比例。

生态功能合理性分析：重点保护区以深圳 50％的土地面积保护了 85％以上的有林地、70％以上的生态用地和 82.1％的面积超过 1km² 的大型有林地斑块；深圳珍稀濒危物种的分布区域和已知的生物多样性丰富区域均已包含在重点保护区中，坡度大于 25°的山地有 93.9％位于重点保护区内，土壤侵蚀高敏感区的 80％以上包含于重点保护区内，饮用水源涵养保护区内的生态用地有 90％以上位于重点保护区内。

生态格局合理性分析：重点保护区使深圳具有重要生态功能的景观斑块单位面积增大，斑块破碎度降低，平均斑块面积增至 115km²，最大达到 332km²；重要保护区从总体上将深圳市具有重要生态功能的大型斑块联系在一起，各斑块在空间上均匀分布，各斑块间的距离降低；重点保护区有效地隔离了深圳各组团，阻止深圳市各组团建成区在空间上蔓延聚集。

生态经济学分析：计算分析深圳生态系统服务功能价值发现，重点保护区以 50％左右的用地保护了深圳 92.3％的生态系统服务功能价值；生态足迹结果表明，重点保护区内生态供给面积为 4.83×10⁴hm²，占全市生态供给 7.48×10⁴hm² 的 64.6％。深圳建设用地比例过高，经济增长不能再依靠单纯开发土地资源。如果按照现有发展模式，深圳如达到 2000 年新加坡的 GDP 总量，则需要将深圳全部土地均开发为建成区；如达到 2000 年我国香港的 GDP 总量，则需要建成区面积 6612km²，即除将深圳全部土地开发外，还需要再开发 2.4 个深圳全部国土面积的建成区。

国际都市生态建设类比分析：结合理论分析及大量与深圳发展定位、城市规模等类似的国际都市的生态建设经验，如中国香港、中国澳门、新加坡、巴西库里蒂巴以及欧美、日本等。通过分析类比发现，适宜人居的著名国际都市大多维持在 40％以上的森林覆盖率或 50％以上的生态用地面积，即城市建成区面积与非建设用地的面积大多维持在 1∶1 或 1∶2 的比例。

### 2. 适度人口规模约束

（1）深圳城市人口增长特征及趋势　20 年来深圳市人口呈现持续高速增长的态势。特区成立初期人口自然增长率超过 15.00‰，到 20 世纪 90 年代以后，平均增长率仍然维持在 11.66‰左右。暂住人口占常住人口的 78.1％，为本地户籍人口的 3.54 倍，外来人口已成为深圳市人口结构中的主要部分。深圳市的人口密度为 4235 人/km²，分别是同年全国水平（136 人/km²）和广东省水平（511 人/km²）的 31.1 倍和 8.3 倍。

（2）水资源承载预测　根据 2010～2020 年深圳的可供水量、用水结构和用水指标，测算深圳的人口承载量、工业产值规模和 GDP 规模，见表 12-12。

**表 12-12　深圳不同水平年水资源人口、工业产值和 GDP 规模**

| 水平年 | | 2004 年 | 2010 年 | 2020 年 |
|---|---|---|---|---|
| 总可供水量/×10⁸m³ | | (14.8984) | 19.52 | 25.33 |
| 人口承载量 | 城市生活用水/10⁸m³ | 9.37 | 11.9072 | 13.552 |
| | 人均综合用水指标/[L/(人·d)] | 461 | 410 | 400 |
| | 人口数量/万人 | (557.41) | 795 | 928 |
| 工业产值承载规模 | 工业用水量/10⁸m³ | 4.6289 | 6.0512 | 9.8787 |
| | 万元工业产值/(m³/万元) | 8.3 | 6.23 | 5.09 |
| | 工业产值/亿元 | (5073.77) | 9713 | 19408 |
| GDP承载规模 | 万元 GDP 耗水量/(m³/万元) | 51.5 | 37 | 25.6 |
| | GDP 产值/亿元 | (2860.51) | 5276 | 9895 |

可知，2010 年和 2020 年深圳市预测的水资源总量约 19.52×10⁸m³ 和 25.33×10⁸m³，按照节水水平达到缺水的中等发达国家水平［2010 年和 2020 年分别为 410m³/(年·人) 和 400m³/(年·人)］，以此预测相应的人口规模为 795 万人和 928 万人，通过节水和开源措

施，可适当增加水资源，因此，水资源人口承载力可适当增加。

（3）土地资源承载规模 深圳市市域总面积为 $1952.84km^2$，扣除地形地貌、地质灾害影响以及国家保护基本农田的约束，深圳可建设用地规模为 $952km^2$。

按中国香港、新加坡全市域人口密度计算：假设全市域人口密度与中国香港、新加坡全市域人口密度（0.6万人/ $km^2$）大体一致，则深圳市土地资源可承载的人口为 1170 万人。按照国家城市规划标准，特区城市人均建设用地标准应取 $105\sim120m^2$/人，用地紧张的情况下可在 $90\sim105m^2$/人之间选择，我国城市用地人均 $73m^2$。按照标准规定，在现状人均建设用地水平允许采用的规划指标等级中，只能采用最低一级，而深圳是土地资源紧缺的城市，以最小标准为指标，深圳市可建设用地所能承载的人口数量应为 982 万～1100 万人。按照联合国规定，生态城市的绿地覆盖率标准是达到 50%、居民人均绿地面积 $90m^2$ 的指标，深圳市可承载的人口约 1082 万人。

（4）基于碳氧平衡计算人口承载规模 不同的森林覆盖率条件下，森林固碳释氧量及人口承载能力见表 12-13。根据碳氧平衡原理，可推算深圳市绿地承载的人口为 853 万～990 万人。

**表 12-13 深圳市碳氧平衡条件下人口承载能力**

| 项目 | 2003 年 | 2010 年 | 2015 年 | 2020 年 |
|---|---|---|---|---|
| 森林覆盖率/% | 47.2 | 48.0 | 50.0 | 52.0 |
| 森林释氧/$10^4$t | 2165.09 | 2195.01 | 2269.80 | 2744.80 |
| 红树林释氧/$10^4$t | 0.67 | 1.68 | 2.71 | 3.74 |
| 草地释氧/$10^4$t | 0.58 | 30.58 | 33.58 | 39.58 |
| 海洋释氧/$10^4$t | 1187.56 | 1187.56 | 1187.56 | 1206.56 |
| 人均耗氧量/kg | 4001.79 | | | |
| 人口/万人 | 795.68 | 853.12 | 883.15 | 990.57 |

注：人均耗氧量指人平均每天耗氧量（0.75kg/d）与人均能耗所需氧量（人均能耗量为 1.112t 标准当量）。

（5）人口规模约束结论 根据"最小制约因素"理论，综合水资源、土地资源和碳氧平衡等因素，确定深圳市人口最大承载力为 982 万～1100 万。这一人口规模是在水资源短缺制约和保留最小生态用地下深圳市资源环境所能承受的极限人口规模，从风险规避与可持续发展的角度，适度人口规模应小于最大极限值，又考虑到流动人口以及其他不确定性，因此深圳城市的适度人口规模应按 1000 万人预留。

### 3. 环境容量约束

（1）大气环境容量 根据国家环保总局《关于核定城市大气环境容量的函》，深圳市二氧化硫背景浓度取广东省平均背景浓度为 $0.01mg/m^3$，A 值取广东省下限值，按国家环境保护总局环境规划院《城市大气环境容量核定技术报告编制大纲》的补充说明计算 A 值：

$$A=A_{min}+0.1\times(A_{max}-A_{min})=3.5+0.1\times(4.9-3.5)=3.64$$

深圳市 $SO_2$ 允许排放总量为 $7.78\times10^4$ t/a，高于 2000 年国家计划下达的排放量 $4.12\times10^4$ t/a。

在深圳市的空气环境容量中，$SO_2$ 为 $7.78\times10^4$ t、$NO_2$ 为 $11.89\times10^4$ t、$PM_{10}$ 为 $3.03\times10^4$ t。全市空气环境容量计算结果见表 12-14。

**表 12-14　深圳市空气环境容量**

| 指标 | | $SO_2$ | $NO_2$ | $PM_{10}$ |
|---|---|---|---|---|
| 空气环境容量/万吨 | 总量 | 7.78 | 11.89 | 3.03 |
| | 其中低矮源 | 1.94 | 2.97 | 0.76 |

注：深圳市 $PM_{10}$ 的总环境容量计算为 $10.82 \times 10^4 t$。对 $PM_{10}$ 的受体成分谱表明，$PM_{10}$ 中很大部分为有机碳、硫酸盐等二次污染物，约占 $72\%$，因此，可吸入颗粒物环境容量取理论值的 $28\%$，为 $3.03 \times 10^4 t$。同理，将低矮源的 $2.70 \times 10^4 t$ 的计算容量调整为 $0.76 \times 10^4 t$。

到 2020 年，$SO_2$ 占用环境容量的份额仍会提高；$NO_2$ 超过容量的比例虽然有所下降，但仍然是容量的 1.24 倍。届时，由 $NO_2$ 引起的各种生存健康和安全的问题将难以避免。

（2）水环境容量　全市 4 种主要水污染物 COD、BOD、$NH_4^+$-N 和 TP 2010 年的环境容量分别为 $8.47 \times 10^4 t$、$1.8 \times 10^4 t$、$0.53 \times 10^4 t$ 和 $0.083 \times 10^4 t$，届时的污染物削减率要求控制在 $84\% \sim 92\%$ 的范围内，根据现有污水处理厂所采用的工艺，达到这样的削减率还有一定的难度。由于用水量增加，2020 年的水环境容量略有增加，但需要的削减率也必须有一定幅度的提高。在水环境容量的约束中，$NH_4^+$-N 和 TP 的有效去除，从深圳市现有的工程技术水平看，尚有较大的难度。

### 4. 水资源约束

深圳市 2004 年水资源总量 $13.84 \times 10^8 m^3$，比多年平均水资源总量 $18.72 \times 10^8 m^3$ 少 $26.07\%$。以 2005 年常住人口 827 万人计算，人均水资源拥有量为 $299.5 m^3$（每人每天拥有的水资源量不足 $1 m^3$），不到全国平均水平 $2200 m^3$ 的 1/7；按实际用水人口 1071 万人计算，人均水资源量仅为 $175 m^3$，不到全国平均的 1/12，远低于国际公认的水资源拥有量用水紧张线（$1750 m^3$）、贫水警戒线（$1000 m^3$）和严重缺水线（$500 m^3$），并低于国际规定的人类生存最低标准线（$300 m^3$），属于水资源严重匮乏的城市。目前已确定的水资源总供给能力为 $19 \times 10^8 m^3$，在供给能力不变的前提下，现有供水能力难以承载经济社会持续发展的需求，预计到 2020 年、2030 年的供水缺口分别为 $10.2 \times 10^8 m^3$、$14.1 \times 10^8 m^3$。

资源紧缺的现象已经严重地制约了深圳市未来的可持续发展。其中，造成水资源紧缺局面的主要问题分为三类：资源型缺水、配置型缺水和污染型缺水。

## 二、深圳城市生态承载力估算

### 1. 基于城市发展目标的生态承载力估算指标体系

根据深圳市实际情况和建设生态城市的发展目标，可构建深圳城市生态承载力评价指标体系见表 12-15，共计 10 项指标。

### 2. 深圳城市生态承载力 SD 模型构建

深圳城市系统是一个涉及社会、经济、环境、资源等多种因素的复杂大系统，各子系统之间相互联系、相互制约构成统一的城市行为。经过对深圳城市资源环境约束的分析，发现深圳城市发展矛盾主要体现在人口、经济与资源，经济与环境，人口与经济之间，把城市模型粗略分为人口、经济、环境和资源四个子系统，它们相互之间存在联系与制约的关系，通过能流、物流和信息流传递共同体现系统的整体功能。在各模块的因果关系分析，确定变量类型和参数的基础上建立结构图。

模型中主要系统参数选择通过以下方法来确定。①采用算术平均值法确定户籍人口出生率和死亡率等参数。②采用累加生成的 GM（1，1）模型确定第一产业、第二产业、第三产业和工业的灰色产值方程等参数。③采用表函数法确定农业耗水量，水污染物自然净化时间，土地占用对建设用地开发影响等参数。④采用统计分析和多元回归预测确定大气污染综合污染指数、工业废气排放、工业二氧化硫排放等参数。⑤采用趋势外推确定第二、第三产业和工业的发展速度（应用在产值计算 SD 法当中）。⑥采用专家经验值法确定用水调整时间、生活污水排放系数，参考水环境净化时间等辅助变量。其中以灰色理论确定产业发展、以多元回归分析确定大气污染综合指数。

**表 12-15 深圳城市生态系统承载力评价涉及的指标体系**

| 指标类型 | 指标名称 | 单位 | 标准值 | 标准确定依据 |
|---|---|---|---|---|
| 资源 | 单位 GDP 水耗 | $m^3$/万元 | ≤13 | 承载力控制目标 |
| | 万元 GDP 建设用地 | $m^2$/万元 | <3.89 | 承载力控制目标 |
| 环境 | 生活污水集中处理率 | % | ≥70 | 国家生态市标准 |
| | 生态用地面积 | % | ≥50 | 承载力控制目标 |
| | 人均公共绿地面积 | $m^2$/人 | ≥11 | 国家生态市标准 |
| 经济 | 人均 GDP | 元/人 | ≥33000 | 国家生态市标准 |
| | 第三产业占 GDP 比例 | % | ≥45 | 国家生态市标准 |
| | 万元 GDP 的 $SO_2$ 排放强度 | kg/万元 GDP | ≤0.19 | 承载力控制目标 |
| | 万元 GDP 的 COD 排放强度 | kg/万元 GDP | ≤0.50 | 承载力控制目标 |
| 人口 | 适宜人口规模 | 万人 | 1000 | 承载力控制目标 |

选取城市总人口、GDP、工业产值、生活用水、工业用水、废气排放总量、废水排放总量、建设用地、耕地一共 9 个变量对模型进行检验，检验结果表明，模拟值和历史数据的变化趋势趋于一致，整体误差控制良好。人口模拟值初始误差较大，很快二者的发展基本一致，误差在 9% 以内。GDP 模拟值与历史值误差偏大，最高达 20%～30%，误差变化也是前期大后期小，总体发展趋势正确，在模型接受的范围之内。造成 GDP 误差大的原因与它的计算方法有关，它由三次产业的模拟值叠加，每个产业产值模拟都会产生误差，所有误差加总令总体误差偏大。工业产值、工业用水、生活用水、建设用地、工业废水和废气吻合程度也不错，情况与人口模拟值类似。只有耕地模拟值差别较大，分析原因为耕地数量本身已经很少，早期深圳对耕地的占用突然变化快，较小耕地变化就能引起大波动误差，后期耕地加强了保护和开发限制，变化较小，耕地模拟误差随之下降。

检验得出模型总体效果具有较高的可信度，几乎各个变量的中远期发展吻合程度较高，而中间阶段的吻合程度较差，总体趋势与历史数据发展是一致的。由此得出模型具有一定的可信性和实用性，适合用于趋势行为分析和多方案情景分析。

**3. 深圳城市生态承载力 SD 模型情景分析**

通过对深圳城市社会经济系统的详细考察和分析，设定了三种发展方案，对未来城市人口、经济、资源和环境的变化情况作不同情景预测。根据原始数据趋势运行的方案，称为方案一；将人们保护环境限制经济增长的愿望反映到模型中，称为方案二；介于两者之间的方案，即在保护环境条件下发展经济，称为方案三。这三种方案运行的结果可以反映深圳城市发展的不同趋势，从中可以选取较优的趋向于城市社会、经济和自然和谐发展的方案，达到构建模型的目的。

将模型模拟指标与 2004 年深圳市统计数据和承载力控制目标进行比较，见表 12-16。可以发现，其中"人均公共绿地面积"、"人均 GDP"和"第三产业占 GDP 比例"三项指标在三种方案中均能满足；其余 7 项指标中，方案一均不能满足，方案二满足三项，方案三满足五项，其余两项也与承载力控制指标非常接近。可见方案三是三种方案中最佳方案。

表 12-16　不同方案模拟运行结果

| 指标类型 | 指标名称 | 单位 | 深圳 2004 现状值 | 承载力控制目标 | 方案一 2020 | 方案二 2020 | 方案三 2020 |
|---|---|---|---|---|---|---|---|
| 资源 | 单位 GDP 水耗 | m³/万元 | 47 | ≤13 | 20.14 | 23.25 | 12.50 |
| | 万元 GDP 建设用地 | m²/万元 | 14.47 | <3.89 | 4.13 | 3.35 | 4.01 |
| 环境 | 生活污水集中处理率 | % | 62.85 | ≥70 | 60 | 85 | 80 |
| | 生态用地面积 | % | 55.5 | ≥50 | 47.83 | 54.92 | 53.93 |
| | 人均公共绿地面积 | m²/人 | 16.01 | ≥11 | 12.71 | 21.36 | 19.20 |
| | 万元 GDP 的 SO₂ 排放强度 | kg/万元 GDP | 1.53 | ≤0.19 | 0.29 | 0.33 | 0.20 |
| | 万元 GDP 的 COD 排放强度 | kg/万元 GDP | 2.64 | ≤0.50 | 0.64 | 0.71 | 0.49 |
| 经济 | 人均 GDP | 元/人 | 59271 | ≥33000 | 236100 | 191400 | 264100 |
| | 第三产业占 GDP 比例 | % | 47.4 | ≥45 | 46.17 | 50.23 | 60.07 |
| 人口 | 适宜人口规模 | 万人 | 557.41 | 1000 | 1372.9 | 910.4 | 1035.1 |

通过上面三种方案运行结果比选来看，体现了不同的发展侧重点和发展趋势。

### 4. 深圳城市生态承载力调控机制

通过对深圳城市生态承载力 SD 情景模拟看到，通过调控经济发展速度、优化经济产业结构、合理配置资源、提高资源利用率、控制污染物排放、加大环境保护力度和控制人口规模等措施，可将经济发展约束在土地资源、水资源和环境容量可以接受的范围内，由以资源消耗为驱动的发展向资源能源节约型社会转变，以环境优化经济，兼顾社会、经济、资源和环境各要素的协同发展，达到整体功能最佳。

## 三、基于生态承载力调控的生态城市建设对策

基于深圳城市生态承载力 SD 模型的模拟和城市生态承载力调控的机理，深圳生态城市建设体系应包括构建自然宜居的生态安全体系、循环高效的经济增长体系、集约利用的资源保障体系、持续承载的环境支撑体系和环境友好的社会发展体系五大方面内容（图 12-4），分别从舒缓资源环境紧约束、培育城市生态承载力的弹性力和提高城市生态承载能力等角度，保障城市生态系统健康，并向着更加健康、有序的方向发展，最终实现生态城市的建设目标。

### 1. 建设自然宜居的生态安全体系

保护占国土面积 50% 的生态用地，构建区域生态安全格局。以"东西贯通、陆海相连、疏通廊道、保护生物踏脚石"为生态空间保护战略，依托山体、水库、海岸带等自然区域，构建"四带"、"六廊"区域生态安全网络格局，连通大型生态用地，隔离城市功能组团，保障区域生态安全，如图 12-5 所示。生态网络最小宽度应在 1km 以上。严格控制影响生态网络格局连通性的开发建设活动，逐步清退 14 个关键位点的 1799hm² 建设用地，改造成植被覆盖度较高的用地类型。保护和恢复湿地生态系统，严格保护现存红树林湿地，维护和营造

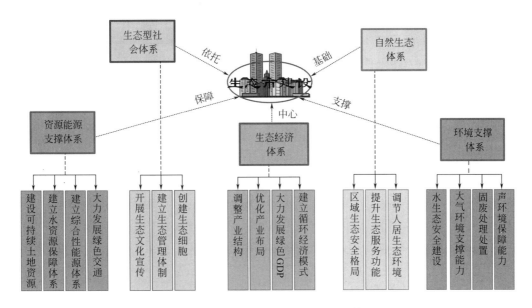

图 12-4 生态城市建设规划五大支撑体系

适宜生境,并启动红树林适宜区域的营林建设,开展流域综合整治,保证河流旱季生态用水和滨岸植被缓冲带用地,修复水生态系统自然特征。

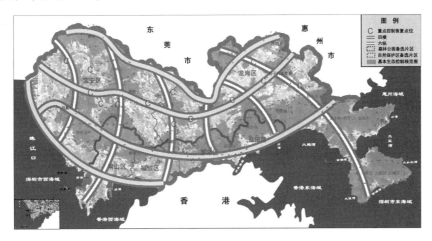

图 12-5 区域生态安全格局构建

优化重要生态功能区内的生态用地结构,25°以上陡坡和一级水源保护区内园地退果还林,山体缺口治理率达到100%,森林覆盖率达48%以上,乡土树种种苗繁育与地带性森林模式示范取得显著成效,实现生态用地保护从数量控制向质量提升的转变。在大型绿地服务盲区,特别是在热岛效应强烈的宝安、福田和龙岗中心区,采用腾退置换方式降低区域建筑密度,增建单块面积大于30000m²的大型公共绿地或多块面积大于10000m²的中型公共绿地,采用地带性物种,配置乔灌草结构,培育动植物多样性。多渠道拓展城市绿化空间,开展屋顶、房屋垂直面和桥梁的绿化,依据植物物种的生态、环境和景观功能设计绿化方案。

### 2. 循环高效的经济增长体系

优化升级产业结构,走新型工业化的道路,坚持以信息化带动工业化,推动产业发展由加工基地向研发创新基地转变，由"深圳加工"向"深圳制造"和"深圳创造"转变。规划近期，第三产业比重高于 51％，自主知识产权高新技术产值占高新技术产值的比重大于65％，万元 GDP 二氧化硫和化学耗氧量排放量分别小于 0.43kg 和 1.10kg，工业全员劳动生产率每人大于 20 万元；远期，第三产业比重高于 60％，自主知识产权高新技术产值占高新技术产值的比重大于 70％，万元 GDP 二氧化硫和化学耗氧量排放量分别小于 0.19kg 和0.50kg，工业全员劳动生产率每人大于 30 万元。

按照"工业入园、集中治污"的原则，加大老工业区和传统工业聚集区的改造力度，建设优势传统产业集聚基地，促进产业的集群化和生态化。建设循环经济型企业，依法推行清洁生产和资源综合利用，按照"减量化、再利用、再循环"的原则，整合提升现有的各类园区，指导新建园区的规划建设。通过科学筛选入园项目和引进关键链接技术及项目，建立信息交流平台，构建资源循环利用产业链，实现产业链的横向耦合、纵向闭合和区域整合，以及物流、能流、信息的集成以及基础设施共享，促进园区的生态转型。加强各类园区的生态化改造与建设，建立一批生态产业示范园区。

### 3. 集约利用的资源保障体系

深圳资源保障体系的总体构想为：坚持保障经济发展和保护土地资源相统一，充分利用有限的土地资源，优化土地利用结构和布局，集约高效利用土地资源，促进土地资产的增值，提升土地利用效率，实现土地资源的可持续利用；通过工程水利-资源供水-效益用水理念的转换更新，全面整合水资源供-用-管模式；以"能源与自然生态相和谐、能源与社会发展相和谐、能源与环境保护相和谐"为目标，完善高效灵活的能源供给体系，优化能源结构，调整产业布局，增大节能建设力度，提升能源的使用效率和环境效益，建立集"优质化、多元化、清洁化、本地化"为一体的综合能源系统。

### 4. 持续承载的环境支撑体系

深圳市可持续承载的环境支撑体系包括水污染控制、大气污染控制、环境噪声污染控制、固体废物污染控制建设的内容。

分期分区实施"控、还、建"基本战略，从保障水资源安全入手，不断改善深圳市水生态系统质量，构建山清水秀的水生态体系。保障饮用水源地安全，严格控制二级和准保护区的水污染。规划近期集中式饮用水源水质达标率不低于 99％，远期达 100％。控制水环境污染，大力控制非点源污染。严格控制滨海生态敏感区海岸线开发，建设红树林宜林海岸淡水补充通道，营造红树林生长的适宜盐度条件。

### 5. 环境友好的社会发展体系

深圳生态型社会培育的对策要点主要包括以下四个方面：完善环境与发展综合决策机制；建立资源节约型、环境友好型的法规体系；培育生态文化和生态行为规范；实施自主创新战略，提升城市科技支撑能力。

## 四、小结

在深圳城市社会经济及环境概况分析的基础上，对其城市生态系统内部结构的关系进行了重点分析，发现深圳城市的发展与资源、环境、人口等因子关系密切，资源环境高速消耗和人口规模快速增加是"速度深圳"发展模式的主要驱动力之一。

通过对城市生态系统的分析，发现制约深圳可持续发展的承载力制约因子主要有最小生态用地的约束、适度人口规模的约束、水环境和大气环境容量的约束、水资源的约束等；根据景观生态学和城市生态系统服务功能等理论计算与分析，研究发现基于生态城市发展目标的深圳最小生态用地面积应为其国土面积的50%，并从生态功能、生态格局、生态经济学和国际都市生态建设类比分析等角度对最小生态用地的合理性进行了验证；基于土地资源和水资源限制的适宜人口规模应控制在990万～1100万人；大气中二氧化氮含量已超过环境容量，必须得到有效遏制和缓解，水环境容量严重超标，目前的水环境质量达标情况与全市水污染控制的差距甚远；深圳市本地水资源短缺，在供给能力不变的前提下，现有供水能力难以承载经济社会持续发展的需求。预计到2020年、2030年的供水缺口分别为 $10.2 \times 10^8 m^3$、$14.1 \times 10^8 m^3$。

针对以上深圳城市生态系统可持续发展面临着诸多限制因子，建立了基于生态城市发展目标的深圳城市生态承载力指标体系和系统动力学模型，并进行模拟分析应用。综合应用了灰色理论、多元回归、统计分析、系统动力学等理论确定城市系统的数学关系，对城市经济结构、人口构成、资源利用、环境污染等方面系统构成进行动态的模拟；在完善运行模型的基础上，通过改变政策调控参数，设计不同的情景方案，多次运行模拟方案，并与建立的指标体系比较，最终获得城市发展的最佳方案。在对深圳进行高、中、低三种不同情景比较后，确定深圳应采用在发展经济和缓解城市资源、环境压力中寻求平衡点的思路，具体的做法就是适当调整高能耗水耗的工业，提升高新技术产业和第三产业水平，节约资源提高利用率，扩大对环保的投资，适度控制人口增速等措施。

基于深圳城市生态承载力SD模型的模拟和城市生态承载力调控机理的分析，深圳生态城市建设应从整体上对深圳城市生态系统承载力进行加强，缓解城市发展的压力。为实现社会、经济、自然系统各要素的协调发展，促进城市生态系统整体功能最佳，本文提出应从构建自然宜居的生态安全体系、循环高效的经济增长体系、集约利用的资源保障体系、持续承载的环境支撑体系和环境友好的社会发展体系五大方面入手，通过从根本上缓解社会经济发展给资源环境带来的压力，提高资源环境的利用效率和质量，增强城市生态系统的自然承载能力，促进社会文明对城市生态承载力的科技和文化支撑作用，保障城市生态系统健康，并向着更加健康、有序的方向发展，最终实现生态城市的建设目标。

## 第八节　生物多样性保护案例[1]

中国是世界上生物多样性最丰富的国家之一，但是由于社会经济的快速发展，资源过度利用、气候变化、外来物种入侵等对生物多样性造成严重威胁，致使中国又成为生物多样性受威胁最严重的国家之一。生物多样性丧失问题受到国际社会的广泛关注，各国政府与相关组织采取了一系列措施，遏制生物多样性的丧失。中国政府也特别重视生物多样性的保护，特别是在近20多年，生物多样性保护工作引起党中央、国务院的高度重视。针对生态系统、物种、遗传多样性三个层次采取了有针对性的保护措施，如天然林保护工程、针对珍稀濒危物种的专类保护区建设、农作物野生近缘物种的原生境保护点建设等，其中一些工作做得很成功，已经起到了很好的示范作用。本文摘取相关案例予以说明。

---

[1] 本节作者为薛达元(中央民族大学生命与环境学院)。

## 一、专类保护区建设

### (一) 案例1：大熊猫保护

大熊猫（*Ailuropoda melanoleuca*）是一种孑遗动物，也是被广泛关注的濒危物种，有"国宝"和"活化石"之称。大熊猫是独栖动物，无固定巢穴，主要以竹子为食。大熊猫在我国北方绝迹，南方的大熊猫分布区也骤然缩小。秦岭是大熊猫分布的最北区域，也是大熊猫重要分布区，野生大熊猫在秦岭主要分布在秦岭的佛坪、洋县、周至、宁陕、太白、城固地区，人类活动干扰较小的中高山针阔叶混交林中及森林与农业镶嵌分布的中低山地带。

如何拯救大熊猫种群、增加大熊猫野外种群数量，如何使佛坪大熊猫种群数量稳中有升的势头带动周边保护区大熊猫种群数量提高，同时使秦岭大熊猫种群复壮，始终是学术界和管理者共同关注的问题。

1963年中国建立了第一批5个自然保护区保护大熊猫。迄今，川、甘、陕3省已建立保护大熊猫为主的自然保护区共30多个，面积约10550km$^2$，占大熊猫实际分布区面积的80％以上。秦岭的大熊猫作为一个独立的种群，数量较少，由于人类活动和道路的建设，秦岭的大熊猫被分隔成几个小种群。

从1965年秦岭建立第一个自然保护区——太白山自然保护区以来，秦岭地区相继建立了佛坪、周至、牛背梁、长青等国家级自然保护区。形成了秦岭自然保护区群，面积达4148km$^2$。

佛坪自然保护区位于秦岭保护区群的中心地带。全国第三次大熊猫综合调查结果有关数据表明野生大熊猫数量为1596只，其中佛坪自然保护区内大熊猫种群数量约87只，野生大熊猫种群密度居全国之首。

佛坪自然保护区是全国最早实行野外监测和保护站定量化考核的保护区，由于野外巡护工作扎实，加之社区共管工作到位，野外的伤、病、饿的大熊猫个体基本能及时被发现。

1983～2010年，佛坪保护区共抢救大熊猫30只，抢救成活14只。这14只大熊猫中，主动放归1只，自行逃走1只，其余的12只抢救成活离开佛坪保护区后，均没有回到野生生境乃至佛坪保护区。

在30只大熊猫中，维持野外状态的有6只，放归野外2只，抢救过程中死亡13只，抢救成活后进入人工状态9只。真正对秦岭大熊猫物种起保护作用的是野外种群和野外栖息场所。经过30年多的野外种群保护，秦岭大熊猫保护虽然取得一定的成绩，比如全国第三次大熊猫综合调查结果相比全国第二次大熊猫综合调查，大熊猫种群数量有所增加，栖息地有所扩大，但种群数量增长依然缓慢，数量依然稀少。

在实际工作中，发现正在产仔育幼期的大熊猫母仔比较常见。野外发现单独活动的仔兽，往往不是雄性大熊猫的弃仔行为。判断是否真正发生弃仔，应作到不要触摸仔兽、远离仔兽，间隔适当时间后再去观察。人为介入大熊猫繁殖过程，会造成繁殖过程中断，繁殖失败。

佛坪自然保护区内大熊猫种群数量稳中有升，从近2年的直观大熊猫和野外抢救工作也得以证明，充分证实了科学保护理念的重要性。

### (二) 案例2：朱鹮保护

朱鹮（*Nipponia nippon*）是中等体型的涉禽，隶属于鹳形目（Ciconiiformes）鹮科（Threskiornithidae），是世界上最濒危的鸟类之一，被列为国家Ⅰ级重点保护动物，世界濒危（EN）物种。朱鹮曾广泛分布于东亚地区的中国、俄罗斯、日本和朝鲜半岛等地，数量众多。20世纪中叶以来，由于环境污染导致的繁殖力下降、食物资源短缺、非法捕猎、营巢林木丧失以及湿地面积缩减等原因，导致朱鹮种群数量急剧下降，相继在俄罗斯、朝鲜半岛和日本野外灭绝。1981年5月，中国科研人员经过历时3年、行程5万多公里的考察，在陕西省洋县姚家沟重新发现了世界上仅存的7只野生朱鹮。

为了朱鹮就地保护的实施，1981年5月朱鹮被重新发现后，陕西省洋县林业局成立了"秦岭Ⅰ号朱鹮群体4人保护小组"，开展生态观察与保护；1983年洋县人民政府批准成立"洋县朱鹮保护观察站"；1986年陕西省人民政府批准成立"陕西省朱鹮保护观察站"，2001年更名为"陕西朱鹮自然保护区"；2005年，经国务院批准晋升为"陕西汉中朱鹮国家级自然保护区"，管理面积达到37549hm²。

除成立保护机构外，还进行了朱鹮栖息地保护和野生种群监护工作。栖息地保护包括林木保护、觅食地改造和控制环境污染，为了保证朱鹮正常的繁殖和夜宿，朱鹮保护区首先对朱鹮巢树和夜宿林木进行编号挂牌，并与林木所有人签订保护协议，每年给予发放一定数额的林木保护补偿费。严禁砍伐巢区和夜宿地林木及其周边的人类活动干扰。还通过修筑道路、扶持教育、资助搬迁等方式换取当地村组对巢区和夜宿地林木的保留和保护。

朱鹮保护站（保护区）通过增加冬水田面积和人工投食的方法来改善朱鹮觅食地的面积和质量，如在朱鹮活动区以发放补偿金的形式，鼓励农民在收割水稻后保留冬水田，并及时进行翻耕蓄水，保证每年11月至次年5月，田中水深达到10～15cm，为朱鹮提供理想的觅食地。

为了减少朱鹮觅食地的农药污染，洋县政府颁布了"禁止在朱鹮活动区使用农药、化肥的规定"。从2002年开始，保护区与当地群众开展了"绿色大米"种植项目，推广无公害、无污染的"朱鹮牌绿色稻米"的生产、认证、加工和销售，通过提高农产品附加值来弥补因不使用农药化肥造成减产带来的损失。这一项目的开展，使朱鹮活动区（觅食地）的环境污染得到有效控制，改善了觅食地的质量。

野生种群监护包括野外监护、环志和宣传教育。朱鹮全年的活动可分为繁殖期、游荡期和越冬期，保护区管理部门针对朱鹮的不同活动时期采取不同的监护措施。朱鹮繁殖期监护的具体措施是对每个巢进行昼夜看护，禁止当地农民和家畜靠近巢区；在巢树上安装刀片、绑塑料布等阻止蛇等天敌上树破坏朱鹮巢；在巢树下架设救护网防止雏鸟坠落伤亡等。2000年后，随着朱鹮繁殖巢数的增加，朱鹮站（保护区）人员有限，已难以对每个巢实施昼夜看护，保护区采取培训巡护员，将朱鹮繁殖期监护任务承包给当地农户的方式，形成了"保护站＋巡护员＋农户"的朱鹮监护模式，提高了工作效率。此外，为提高朱鹮繁殖成功率，工作人员于繁殖期向巢区附近水田投放泥鳅，为朱鹮补充食物，取得了较好的效果。

在朱鹮游荡期和越冬期，除保护区工作人员进行定期巡护外，还在朱鹮活动区、觅食地和夜宿地附近聘用素质较高的基层群众作为信息员，及时收集汇报朱鹮信息。事实证明，这样的监测模式非常有效，不仅能够定期记录朱鹮种群动态信息，还能及时发现伤病个体并进行救治。

为了准确识别野生朱鹮个体，及时了解其年龄组成和种群结构，保护区从1987年开始对朱鹮幼鸟进行环志。

国家林业局将朱鹮列为"全国野生动植物物种保护及自然保护区建设工程"优先保护物种，采取多种措施加以拯救。到2007年年底，我国朱鹮总数已达1000多只，其中野外种群个

体 550 多只，人工繁育种群个体 462 只，基本摆脱灭绝的威胁。经过数十年的探索和总结，已制定出一系列有效的保护对策，提高了保护效率，形成了独具特色的朱鹮保护管理模式。

## （三）案例 3：雅长林区兰花植物保护

兰科（Orchidaceae）植物种类繁多，全世界约有 700 属 20000 多种，是具有重要经济价值和开发前景的多用途植物，许多种类为著名观赏和名贵药用植物。近年来，全世界兰花市场日益繁荣，观赏及药用兰科植物的年贸易额达千亿美元，市场上销售的兰花不少为野生兰，全球野生兰科植物资源受到严重破坏，在中国，经济价值较高的兰属 *Cymbidium*、兜兰属 *Paphiopedilum*、石斛属 *Dendrobium* 等遭破坏最为严重。

雅长林区地处云南、贵州、广西三省（区）交界处，地形地貌复杂多样，在典型的喀斯特石山区，兰科植物丰富多样，且特有性高。分布的野生兰科植物有 52 属 156 种，其地理成分复杂多样，热带性质明显，其中中国特有种 30 多种，雅长特有种 3 种。同时，雅长林区野生兰科植物生态类型丰富多样，生活型分为地生 74 种、附生 70 种、半附生 6 种及腐生 6 种。雅长林区野生兰科植物局部密集分布区多，居群数量大，基株个体数量巨大，资源量丰富。大居群不仅是兰科植物重要的基因库，而且填补了中国野生兰科植物大居群缺乏的遗憾，具有极高的科研价值。

2005 年 4 月 22 日，我国首个以兰科植物命名并以其为重点保护对象的广西雅长兰科植物自然保护区，在广西国营雅长林场的一部分生态公益林的基础上正式建立。这是中国第一个以兰科植物为保护对象的自然保护区，也是中国兰科植物的重要分布区及基因库。2009年 9 月，经国务院批准，广西雅长兰科植物国家级自然保护区晋升为我国第一个以兰科植物为保护对象的国家级自然保护区。

## （四）案例 4：扬子鳄保护

扬子鳄（*Alligator sinensis*）属爬行纲（Reptilia）鳄目（Crododilia）短吻鳄科（Alligatoridae）短吻鳄属。其祖先曾与灭绝的恐龙生活在同一年代。由于气候变迁，特别是近现代人类活动的影响，扬子鳄的栖息环境受到了严重破坏，野生鳄的分布不断缩小，到 20 世纪 80 年代末 90 年代初已形成点状分布，野生种群数量急剧下降，成为世界 23 种鳄类中极为濒危的物种之一。

2001 年我国将其列为"全国野生动植物保护及自然保护区建设工程"15 个优先拯救的物种之一。扬子鳄素有"活化石"之称，不仅具有很高的科学研究价值，而且还有巨大的潜在经济价值。

史料研究表明，扬子鳄曾在我国广泛分布，东起上海和浙江余姚，南至海南岛，西北延伸至新疆准格尔盆地都有其足迹。20 世纪 50 年代以来，由于人口的急剧膨胀和人类活动的影响，特别是现代工农业生产造成环境污染和对自然资源掠夺性的开采，使得扬子鳄的自然生境受到严重干扰和破坏，扬子鳄的分布范围急剧缩小，种群数量严重下降。1981 年中美专家联合调查发现，野生扬子鳄的数量只有 300～500 条。

至 2005 年，安徽南部野生扬子鳄已经不足 120 条，分布在至少 19 个相互隔离的生境中。2006～2011 年，安徽扬子鳄国家级保护区通过改善野生鳄的栖息生境，恢复扬子鳄栖息地建设，实施"再引入"工程，同时积极开展野外孵化和幼鳄辅助保护活动，野生种群面临的严峻形势得到一定程度的缓解。2010 年保护区再次对安徽南部的野生鳄展开调查，野生鳄的数量为 120～150 条，而且幼鳄的比例有所增加。

1979 年国家林业部门和安徽省政府联合在安徽宣城建立扬子鳄繁殖研究中心，于 1984

年扬子鳄的规模孵化获得成功，1988 年人工孵化的扬子鳄开始产卵并孵出子二代雏鳄。此后，扬子鳄的饲养种群数量迅速增加，2006～2008 年保护区在所辖的郎溪县高井庙林场新辟了 20hm² 的扬子鳄繁殖区，投放种鳄 450 余条，现已开始产卵繁殖。

自 2002 年保护区在郎溪县高井庙林场进行扬子鳄栖息地的恢复建设，新建小型水库、塘坝 14 座，现已恢复栖息湿地约 25hm²，其中有效水面约 10hm²。通过在新建的水体中放养各种鱼虾及底栖动物，培养扬子鳄繁衍生存的生态环境。2003 年以来共 7 次向新建栖息地放归人工繁殖的扬子鳄共计 42 条，并通过无线电遥测技术对放归的扬子鳄进行跟踪监测，收集它们的活动信息，包括活动区域、生境选择、越冬情况等数据。2008 年野放鳄首次产卵 1 窝 19 枚，其中受精卵 14 枚，人工辅助孵化出 10 条幼鳄。2009 年野方区再次发现 4 窝鳄卵。

扬子鳄的栖息地基本上都处在乡、村之中，与社区的农业生产息息相关，仅靠保护区自己的力量是很难保护好野生资源，必须与社区相结合。2005 年在保护区五县（区）有鳄分布的 15 个乡镇、3 个国有林场、2 个水利管委会签订了社区共管协议，并对社区群众作进一步宣传教育，提高了公众的保护意识，共同做好保护工作。让农民从保护区受益，提高了他们的积极性。2004 年以来，保护区通过帮助村、组修建道路、维修坝埂等，使当地的农民积极主动地参与到扬子鳄的保护之中，这也是当地野生扬子鳄数量得到恢复、增长的原因之一。因此，保护区仍然要积极地筹备资金，以在更多的地点推广社区共管，走共同保护和发展的道路，社区共管促进了野外保护。

保护好栖息地是保护取得实效的关键。野生扬子鳄生存的首要条件是栖息地质量的好坏，栖息地质量包括陆地生态环境、水体生态、食物的丰富度等。保护区近年来从保护好栖息地入手，不断改善栖息地质量，将农业生产对栖息地的影响降到最低，减少人为干扰等，从而保证了野生鳄的正常栖息，直接获得了数量稳定并有所增长的保护效果。

保护区在 2004 年后加大了保护措施和保护投入，从保护和改善栖息地质量入手，收到了很好的成效。2007 年 7 月下旬（扬子鳄的主要活动期）对保护区内的 18 个有鳄分布的地点进行了调查监测。实见到野生鳄 43 条，其中成鳄 22 条，幼鳄 21 条；高井庙林场野放区再引入成鳄 9 条，共计 52 条。与 1999 年和 2005 年的调查实见数相比增长了很多，因为这次调查监测的局限性，没有在保护区内进行全面的普查，不能推断出整个保护区的野生鳄数量，另外，芜湖县万寿村是 2007 年新发现的有野生鳄活动的地点，也说明了野生鳄数量增多后活动范围的扩大。

（五）案例 5：麋鹿的保护

麋鹿（*Elaphurus davidianus*）是中国特有的大型鹿科动物，属脊椎动物门、哺乳纲、偶蹄目、鹿科、麋鹿属、麋鹿亚属，因"角似鹿而非鹿，面似马而非马，蹄似牛而非牛，尾似驴而非驴"，故俗称"四不像"，为国家Ⅰ级重点保护动物。

麋鹿是中国特有的神奇物种，从周朝时起，麋鹿就被看作皇权的象征，成语中的"逐鹿中原"、"鹿死谁手"中的"鹿"都指的是麋鹿。19 世纪中叶，法国传教士大卫，在北京南郊南海子惊喜地发现了麋鹿，并认定它是一个新物种，从此，麋鹿走出国门，走向了世界。

麋鹿曾在中国广泛分布，特别是在黄河、长江流域一带，同时也大量饲养于历代的皇家猎苑中。然而由于自然灾害及战争等诸多因素的共同作用，导致在 1900 年左右麋鹿种群在中国基本灭绝。1900 年中国最后的麋鹿群从北京南海子消失后，就只有流落海外的保护种群生存。1973 年北京动物园从英国引回 2 对麋鹿，目前仍保留一个十几头的小种群。在世界动物学家及自然保护组织的关注下，为了对麋鹿进行风土再驯化、种群复壮，20 世纪 80 年代，我国启动了麋鹿重引进项目。

1985 年和 1987 年北京麋鹿生态实验中心（南海子麋鹿苑）从英国乌邦寺公园分 2 批共引进 40 头麋鹿（5 雄 35 雌），采用半散放的管理方式进行饲养，其存活率都在 90% 以上，显示出良好的繁殖能力。麋鹿苑从 1992 年开始向全国各地输出麋鹿，使麋鹿保持在 120 头左右。从 1993 年开始，湖北石首麋鹿国家级自然保护区从北京麋鹿苑陆续引入 3 批麋鹿进行散放试验，共 94 头（28 雄 66 雌），麋鹿开始由圈养逐渐发展到在自然保护区内完全依靠自然生长的野生植物为食。目前石首自然保护区已经形成了 3 个相对独立的种群，通过每年定期监测，麋鹿繁殖正常，种群稳步增长。

1986 年 8 月 14 日，世界自然基金会（WWF）从英国伦敦动物学会 7 家动物园挑选了 39 头麋鹿赠送给中国政府，国家林业局则决定放养这批麋鹿于中国南黄海湿地——江苏大丰黄海之滨，同时建立了大丰麋鹿自然保护区。经过 20 多年的生长繁殖，2010 年 7 月调查发现该保护区麋鹿种群已经达到 1618 头，中间只有少量输出。为恢复麋鹿的野生种群，江苏大丰保护区自 1998 年开始，先后 4 次共将 53 头麋鹿放归黄海之滨 $7.8 \times 10^4 \mathrm{hm}^2$ 的滩涂湿地上，形成了目前的野生麋鹿种群。

1985 年中英两国政府签订了麋鹿重引进中国的协议，该协议主要分为两个阶段，第一阶段在麋鹿最后灭绝的北京南海子恢复麋鹿园林种群，第二阶段在石首麋鹿保护区实施野生放养建立野生种群。石首麋鹿保护区于 1991 年 10 月经湖北省人民政府批准建为省级自然保护区，1998 年 8 月经国务院批准晋升为国家级自然保护区。建立自然保护区是为了将回归故里的麋鹿在原生地实施迁地保护，恢复野生种群。1993 年第一批引进 34 头，1994 年引进 30 头，三次共引进 94 头。1995 年投放自然开始野生放养，十多年来麋鹿经历各种自然条件的考验，特别是 1998 年长江流域特大洪水和 2008 年的冰霜灾害，麋鹿种群不断扩大，已达到 2010 年春的 1010 头（保护区内 700 头、杨波坦 100 头、江南三合垸 210 头）。

自此麋鹿种群在中国得到了重新繁衍壮大，分别建立了北京南海子麋鹿苑、湖北石首和江苏大丰三大麋鹿保护种群及全国 50 多处麋鹿饲养场所。目前中国已经实现了把圈养的麋鹿放归野外，并成功恢复了可自我维持的自然种群，为麋鹿的本土驯化、优良基因的保存及扩大种群规模奠定了重要的基础。

目前，中国有麋鹿 3000 多头，已经建立的比较大的麋鹿保育基地有：江苏大丰麋鹿国家级自然保护区、北京南海子麋鹿苑、湖北石首天鹅洲麋鹿自然保护区、河南原阳林场、河北木兰围场。江苏大丰麋鹿国家自然保护区有麋鹿 1789 头，其中野生麋鹿 182 头，是世界上最大的麋鹿野生种群。2009 年 1 月，在湖南洞庭湖还发现了 28 只野生麋鹿群。麋鹿的保护是我国重引进大型珍稀物种的成功范例。

## 二、农业野生植物原生境保护

2001 年起，农业部开始进行作物野生近缘植物原生境保存区（点）建设，截至 2011 年年底，我国利用物理隔离和主流化两种保护方法在全国 27 个省（自治区、直辖市）共建成 226 个农业野生植物原生境保存区（点），保护物种 52 个，其中物理隔离保护点 154 个，保护物种 39 个，分布于 27 个省（自治区、直辖市），主流化保护点 72 个，保护物种 31 个，分布于 15 个省（自治区、直辖市）。这些原生境保存涉及野生稻、野生大豆、小麦野生近缘植物、野生莲、珊瑚菜、金荞麦、冬虫夏草、野生苹果、野生海棠、野生甘蔗、野生柑橘、苦丁茶、野生狝猴桃、中华水韭、野生茶、野生荔枝、野生枸杞、野生兰花等几十类野生近缘植物。

（六）案例6：野生稻保护案例

　　水稻是全球一半人赖以生存的粮食作物，在120多个国家和地区广泛种植。可见，水稻生产对世界粮食安全和社会稳定起着不可替代的作用。然而，过去由于育种者片面地追求高产及品种推广的单一化，导致水稻优良基因丢失和遗传多样性降低，致使近年来水稻产量潜力停滞不前及各种逆境抗性降低。而水稻野生资源处于自然生长状态，蕴藏着能抵御自然界各种生物逆境和非生物逆境等抗逆特性、优良农艺性状和丰富的遗传多样性，是水稻遗传改良的重要资源。发掘野生稻有利基因并导入到栽培稻以拓宽其遗传基础是现代栽培稻遗传改良的有效方法。为此，有关野生稻遗传多样性及遗传进化保护研究日益深入广泛。遗传多样性也称基因多样性，是同种个体间在不同生活环境下经历长期的自然选择、突变所产生的结果。而遗传多样性研究是生物多样性研究的重要内容之一，可为其有效保护和合理利用提供科学依据，具有重要的实际意义。

　　中国有3种野生稻，即普通野生稻（*Oryza rufipogon* Griff.）、药用野生稻（*Oryza officinalis* Wall.）和疣粒野生稻（*Oryza meyeriana* Baill.），主要分布于江西、广东、广西、海南、湖南、云南、福建7省（自治区）。普通野生稻被公认为是栽培稻的祖先，蕴藏着栽培稻没有或少有的优异基因。近年来，普通野生稻栖息地日益遭受破坏，普通野生稻正面临着野外灭绝的威胁。鉴于中国普通野生稻资源的濒危状况，农业部于2011年启动了普通野生稻原生境保护工作，截至2007年年底，已建立普通野生稻原生境保护点15个，通过保护普通野生稻原有的生态环境而保存其完整的遗传多样性和其固有的遗传进化途径，可在未来的研究中源源不断地发掘其潜在的有利基因。为了明确已建立的普通野生稻原生境保护居群的遗传多样性状况及其代表性，王家祥等对15个原生境保护的居群和15个未保护的居群普通野生稻材料进行了遗传多样性分析。结果表明，保护居群可以代表我国普通野生稻的遗传多样性状况；保护居群保护了更多的特殊基因，具有较高的保护价值；保护居群涵盖了我国普通野生稻分布区内所有已知的典型地理类型，我国普通野生稻原生境保护居群具有典型性。可见，我国已建立的15个普通野生稻原生境保护点的选择是科学合理的。

## 三、民间生物多样性保护案例

（一）案例7：黔东南少数民族对杉木的传统管理

　　杉木［*Cunninghamia lanceolata*（Lamb.）Hook.］是杉科杉木属乔木。野生杉木仅分布于中南至西南一带，而长江以南地区却广泛栽培。其栽培区和苗族、侗族、瑶族等少数民族的分布区基本重叠。杉木材质较软、细致、纹理直，有香气、耐腐蚀强、不受虫蚁蛀蚀。黔东南苗族和侗族群众的传统民居、生产生活用具、人畜饮水设施等无不依赖杉木，蜚声中外的鼓楼和风雨桥就是采用杉木建成。

　　杉木不仅是当地少数民族的重要生产生活资料，也是民族文化的物质基础。黔东南地区的少数民族有种植"十八杉"或"女儿林"的习俗，即生育女孩的家庭在当年或次年春季，在村寨附近选择一片山地，抚育和种植杉木林。杉木林抚育得当，生长快速，一般十八年即可成林。而此时正值女孩长大成人，杉木皆伐后可作为女孩的嫁妆，抑或部分出售。

　　当地少数民族通常有四种抚育和栽培杉木的方式，即：第一，炼山造林；第二，林窗造林；第三，网格状砍伐迹地造林；第四，林粮轮作。所谓"炼山造林"，是指砍倒山上的所有植被，晒干后再引火烧山，在火烧迹地上种植杉树。"林窗造林"是指把杉木苗种植在天然林地的林窗中，杉木成活后 2～3 年，再在杉树附近清理出一片 5m² 的空地，利于杉木生长。"网格状砍伐迹地造林"是在天然林地中纵横交错地砍伐出网状空地，在空地上每隔 3～4m 种植一株杉树苗。"林粮轮作"常见于 20 世纪 80 年代粮食匮乏时期，在火烧迹地上先种植小米等农作物，两到三年后再种植杉木。杉木种植最初需要投入较多人力，连年砍伐树苗周围生长起来的杂草，而 3～5 年以后的管理则主要是防止山火。

无论是火烧炼山还是人工砍伐，都没有破坏林地植物的地下部分，绝大部分野生植物仍然能够通过无性繁殖重新恢复生长，并保持一定的种群密度。黔东南少数民族聚居在坡陡林密的山区，耕地资源有限，传统的杉木种植方式很好地缓解了紧张的人地矛盾，同时也没有给当地的生物多样性造成毁灭性的破坏。因而，黔东南地区至今完整地保存了常绿阔叶林、常绿落叶阔叶混交林、针阔混交林等多种森林群落类型，覆盖率达到 62.8%，被誉为"森林之州"。

（二）案例 8：黔东南糯稻种质资源的传统管理和利用

黔东南少数民族群众选育、种植、食用糯稻的历史相当悠久。糯稻在黔东南种植的最早时间现在已经无从考证，据文史资料记载，至少明清时期就已经相当盛行。近代以来，黔东南推行过三次"糯禾改籼稻"的运动，虽然直接导致糯稻的种植面积减少了，但糯稻的种质资源并未因此而大幅度减少，仍然保存着类型繁多的品种。20 世纪 80 年代初在黎平、榕江、从江三个县分别收集到了 31 份、91 份、260 份糯稻；2009～2012 年，研究人员在黎平、榕江、从江、雷山、丹寨、台江、剑河、黄平 8 个主产区采集到约 100 个品种（雷启义等，2013）。虽然糯稻种质资源正急剧丧失，但相对于品种单一的杂交稻，仍然具有较高的遗传多样性。

当地少数民族传统的糯稻栽培和管理知识促成了糯稻遗传资源的多样化。黔东南有"九山半水半分田"之称，正是黔东南梯田稻作农业的真实写照。同一村寨或农户的耕田海拔高差较大，需要根据糯稻的成熟期、温度和土质适应性、抗病虫害能力等特性进行选育。少则 3～5 个品种，多则 10 余个品种。精选出的品种并非同一年播种，而是逐年轮作，或与其他农户换种、轮作。村民们常常把早熟的糯稻秧苗和籼稻混种，俗称"插糯禾"。这种现象在凯里、黄平、施秉等县很常见。在田间管理的过程中，"稻-鸭-鱼"或"稻-鸭-鱼-豆"（在田埂上种植绿豆、红豆等，现在已经不常见）的共生系统是非常重要而且很成功的管理模式。在鱼、鸭的不断游动下，不仅能够搅动浅层泥土，同时也将排泄物排入水中，促进糯稻根系的生长与发育。不定期换种、多品种混种和"稻-鸭-鱼"共生的传统生态农业系统有利于糯稻的遗传分化，以及病虫害的防治，增加糯稻产量。

黔东南地区的糯稻品种之所以能够保存下来，与民族文化、习俗密切相关。婴儿一出生就要给产妇吃甜酒（糯禾米酿造），据说可以增加乳汁，与此同时也用甜酒招待前来道喜的宾客；父母为了祈求子女健康平安，祭拜树木、水井、岩石等宗教仪式也需要糯米；亲友患病时，也需要携带糯米去探望；修房筑路需要糯米；男女青年相亲恋爱时需要糯米；男孩结婚女孩出嫁也需要糯米；祭奠亡灵更是需要糯米。另外，糯稻在日常生活、民族医药、作物多样性的病虫害综合防治、生态景观文化等方面也被广泛利用，其作用与功效是其他水稻品种无法替代的。

（三）案例 9：西双版纳少数民族对省藤资源的利用和管理

棕榈藤是热带和亚热带森林中的多用途植物，是仅次于木材和竹材的林产品，被誉为"绿色金子"，具有很高的经济价值。棕榈藤的利用历史较为悠久。至 20 世纪 70 年代初由于掠夺式地采伐利用棕榈藤，野生棕榈藤资源急剧减少，导致国际原藤供应紧张，才逐渐引起各主产国的重视。我国处在亚太地区棕榈藤分布中心北缘，分布有 3 属 74 种棕榈藤，形成了以海南岛和云南西双版纳为中心的东南和西南棕榈藤分布区。

省藤属（*Calamus* spp.）植物是西双版纳哈尼族、傣族等制作容器、家具、传统民居、农具等的原材料，其幼茎和果实还是一种难得的美味食材。早在 100 多年前，为了满足对省藤资源的需求，土司将一片省藤集中分布的山林专门划为"藤类保护区"，即"Sangpabawa"，意为"头人保留在这里的藤林"。Sangpabawa 由土司授权村社头人代管，任何人不准进入 Sangpabawa 砍藤或树木，每年春耕或村民建房时，经允许可以砍伐少量的藤。1981 年以后，实行"林业三定"政策，Sangpabawa 被划归国有，严禁砍伐林中的树木；同时遵照当地传统，订立乡规民约，Sangpabawa 的藤仍归村社集体经营，不准私自砍伐；村民可以采摘藤的果实用于抚育和栽培。Sangpabawa 这种传统的森林资源管理制度不仅保护和促进了棕榈藤资源的可持续利用，也保护了一片热带雨林及栖居其中的珍稀濒危植物如滇南红厚壳（*Calophyllum polyanthum* Wall. exChoisy）等（陈三阳等，1993）。

传统的资源管理还能为生物多样性保护工作提供可贵的经验和知识。受 Sangpabawa 管理制度的启示，纳板河流域国家级自然保护区正在试点省藤育种栽培项目，向区内的村民提供 5000 株苗木和必要的技术指导，利用零散分布在缓冲区和实验区的天然林开展省藤的林下种植，并制定管理办法加强保护区天然林的管理。该项目正在实施当中，有望促进社区经济的发展，探索出保护区周边社区发展的可能途径。

# 第九节　中国农业文化遗产研究与保护实践的主要进展[1]

## 一、引言

中国是世界农业的重要起源地之一，有着超过一万年之久的农业发展史。长期以来，我国劳动人民在农业生产活动中，为了适应不同的自然条件，创造了至今仍有重要价值的农业技术与知识体系。这些灿烂的农业文化遗产不仅体现了中国的传统哲学思想，同时也对全球可持续农业产生积极影响，并成为现代生态农业发展的基础（Li，2001）。在以高投入、高消耗为典型特征的石油农业带来显著的负效应的时候（Pimentel 等，1992），人们开始从农业发展的政策、模式及技术方面进行反思，重视传统农业价值的挖掘。2002 年，联合国粮农组织（FAO）发起了全球重要农业文化遗产（GIAHS）保护项目，旨在对全球重要的、受到威胁的传统农业文化与技术遗产进行保护。中国的稻鱼共生系统与智利、秘鲁、菲律宾、阿尔及利亚、突尼斯和摩洛哥的传统农业系统成为首批全球重要农业文化遗产保护试点（FAO，2010）。中国农业文化遗产研究及保护实践越来越受到关注。发端于 20 世纪初，以农业考古、农业历史、传统农业哲学及农业民俗学等为主要内容的农业遗产研究，为农业文化遗产研究奠定了基础（王思明和卢勇，2010）。2005 年以"青田稻鱼共生系统"被 FAO 列为首批 GIAHS 保护试点为标志的新时期农业文化遗产研究与保护实践探索，正体现出多学科合作、理论研究与实践探索并重、保护与发展协调的特征。

---

[1]　本节作者为闵庆文（中国科学院地理科学与资源研究所）；何露（住房和城乡建设部城乡规划管理中心）。

## 二、基础性研究

### (一) 古籍整理与考古研究

农学遗产长期以来并未受到应有的重视，历来都缺少系统的搜集、整理与研究。清代末年开始有意识地整理和研究中国传统农业遗产，研究尚处于萌芽状态。民国组织辑成《中国农史资料》456 册，万国鼎先生成为国内公认的中国农业遗产研究奠基人。1949 年新中国成立，党和政府十分重视发掘和继承祖国的农业遗产。在有关部门的领导支持下，成立中国农业遗产研究室，还创办了我国农史学科最早的学术刊物《农业遗产研究集刊》和《农史研究集刊》。农业遗产专门机构的建立，标志着我国农业遗产研究事业进入一个新的阶段，同时也为我国的农业遗产研究事业创造了前所未有的有利条件，对交流学术研究成果，推动农业遗产研究起到了积极的作用。

中国古农书在 1000 种以上，除具体生产技术外，农书中还记述了许许多多关于植物学、土壤学、气候学的原理，这些原理、原则以天、地、人"三才"理论贯通起来。这些古农书是我们先人留下的宝贵财富。它们的收集、检验和评注是我国农业文化遗产研究的基础，这也是早期农业文化遗产研究的主要内容所在。国内农业文化遗产相关机构已经从之前的文献研究扩展到系统深入的研究，这一研究包括土壤耕作、作物培养、农业历史、区域农业历史、农业系统、农业生产工具、灌溉、桑蚕养殖、畜牧业、兽医、园艺学、茶学等众多方面。

随着研究的进行，农业文化遗产研究学者运用考古学及人类学方法从历史文献研究转向考古资料研究。随着裴李岗、磁山、河姆渡等年代较早的新石器时代遗址的陆续发掘，随之出土了大量农具、作物、牲畜骨骸等农业遗存，农业遗产学者开始有意识地把考古发现运用到农业起源的研究中。这一变化也带来了传统农业文化遗产研究的全新视角。

### (二) 概念与内涵研究

关于农业遗产的概念本没有什么争议。只是近期因为 FAO 启动了全球性保护项目并给出其定义之后，才引起了国人关于此概念的一些争议。争议的焦点主要在于如何对其英文名称进行翻译以及内涵的确定（王思明和卢勇，2010；闵庆文，2007；韩燕平和刘建平，2007；张维亚和汤澍，2008）。事实上，目前关于概念争论的主要焦点在于对"Agricultural Heritage Systems"和"Globally Important Agricultural Heritage System"的译法，集中在是否要将"文化"一词加入概念中和是否要将"系统"一词去掉的问题上。为了项目实施的需要，FAO 将 GIAHS 定义为"农村与其所处环境长期协同进化和动态适应下所形成的独特的土地利用系统和农业景观，这种系统与景观具有丰富的生物多样性，而且可以满足当地社会经济与文化发展的需要，有利于促进区域可持续发展。"随着研究的深入，农业文化遗产的概念将会越来越清晰。但需要指出的是，FAO 强调的是历史上创造的、延续至今的、活态的农业生产系统。它不同于一般的农业遗产，更强调对生物多样性保护具有重要意义的综合农业系统，包括农业技术、农业物种、农业景观、农业民俗等多种农业文化形式。也就是说，除一般意义上的农业文化和技术知识以外，还包括历史悠久、结构合理的传统农业景观和农业生产系统。另外，农业文化遗产也不同于世界遗产的其他类型，从概念上来看接近于文化景观遗产（菲律宾伊富高稻作梯田既属于文化景观遗产，也被列为 GIAHS 保护试点；我国云南哈尼稻作梯田已被列为 GIAHS 保护试点，也被列入我国世界文化景观遗产的后备名单）。在联合国粮农组织的中文网站上称之为"农业遗产系统"，但在其所散发的中文版宣传材料中，又称其为"全球重要的农业遗产系统"。按照英文的严格翻译，应该为"农业遗产系统"，但在进行项目材料翻译时，经过学者们的认真思考，采用了"全球重要农业文化遗产"这一译法，主要是为了和目前的世界遗产类型（自然遗产、文化遗产等）在语言表述上接近。译法省略了系统二字，而加上"文化"主要想表达原来在项目名称（Globally Important Indigenous Agricultural Heritage System）中的"Indigenous"的含义（后来粮农组织删掉了这个词）。

有些学者认为全球重要农业文化遗产（GIAHS）并不等于农业遗产，而是农业遗产的一部分（徐旺生和闵庆文，2009）。他们认为农业遗产是人类文化遗产不可分割的重要组成部分，是历史时期与人类农事活动密切相关的重要物质（tangible）与非物质（intangible）遗存的综合体系。它大致包括农业遗址、农业物种、农业工程、农业景观、农业聚落、农业技术、农业工具、农业文献、农业特产、农业民俗 10 个方面。徐旺生和闵庆文（2008）认为从产生形式来说，农业文化遗产可以分为记忆中的农业文化遗产、文本上的农业文化遗产和现实中的农业文化遗产。从内容上讲，有狭义的和广义的区别，也可以将其分为物质的与非物质的、有形的和无形的农业文化遗产。广义的农业文化遗产等同于一般的农业遗产，而狭义的农业文化遗产则更加强调农业生物多样性和农业景观，强调遗产的系统性。闵庆文将农业文化遗产的特点概括为活态性、动态性、适应性、复合性、战略性、多功能性、可持续性（闵庆文，2011）。"活态性"主要体现在农业系统是有人参与的生产过程。农民是农业文化遗产的重要组成部分，他们不仅是农业文化遗产的拥有者、传承者，同时也是农业文化遗产保护的主体之一。"动态性"表现在农业生产知识和技术、农业生态景观和土地利用方式以及农业文化遗产地的农民生活方式等都是在不断发生变化的。"适应性"主要体现在农业生产技术、方式以及物种结构组成在不同的自然条件下存在着差异，这种差异是长期适应的结果。"复合性"指不仅包括一般意义上的农业文化和知识技术，还包括那些历史悠久、结构合理的传统农业景观和系统，是一类典型的社会-经济-自然复合生态系统，体现了自然遗产、文化遗产、文化景观遗产、非物质文化遗产的综合特点。"战略性"是指因为农业文化遗产"不是关于过去的遗产，而是关乎人类未来的遗产"。农业文化遗产所包含的农业生物多样性、传统农业知识、技术和农业景观一旦消失，其独特的、具有重要意义的环境和文化效益也将随之永远消失。因此，保护农业文化遗产不仅仅是保护一种传统，更重要的是在保护未来人类生存和发展的一种机会。"多功能性"主要是指其可以为当地居民提供多种多样的产品和生态服务，按照目前流行的生态系统服务功能评估，至少包括遗传资源、固碳释氧、水土保持、文化传承、景观美化、科学研究等多种直接和间接价值。"可持续性"主要体现在三个方面，即农业生态系统适应极端条件的可持续性、多功能服务维持社区居民生计安全的可持续性、传统文化维持社区和谐发展的可持续性。

## （三）系统结构与作用机制研究

中国劳动人民在长期的生产实践中，积累了丰富的生态智慧，创造了具有鲜明特色的"天人合一"的传统农业系统，间作套种、稻田养鱼、桑基鱼塘、梯田耕作、旱地农业、农林复合、砂石田、坎儿井、游牧、庭院经济等传统生态农业模式，均具有很高的理论价值及实践意义。这些复合农业系统是中国农业的明显特征，反映了中国传统文化中人与自然之间的协调关系。它强调复杂的生物-社会-经济系统内多个组成部分间的整体性及相互作用，将农、林、园艺、畜牧、水产等置入一个相互关联的系统之中。研究这些系统的生态学思想是农业文化遗产研究的重要部分。

传统农业系统一般具有丰富的生物多样性，保护农业生物多样性也是 GIAHS 项目的核心内容之一。农业生物多样性指与食物及农业生产相关的所有生物以及相关知识的总称（QualsetCO 等，1995），一般还包括农田以及农业系统之外的利于农业发展和提高系统功能的生境和物种（Vandermeer 和 Perfecto，1995）。农业生物多样性不仅为人类的衣、食、住等方面提供原料，为人类的健康提供营养品和药物，而且为人类幸福生活提供了良好的环境，尤为重要的是为人类开展生物技术研究、选育所需求的新品种，提供了重要的基因资源（郭辉军，2000）。农业生物多样性正不断遭到破坏或丧失，对其保护已成为全球可持续农业研究中的热点，需要深入研究的领域主要包括定量分析（张丹等，2010）和生态效应的机制研究，如物种共生系统的病虫草害控制等（张丹等，2010；章家恩等，2009）。大量研究表明，通过在农田系统中构建遗传多样性和物种多样性，可以提高资源利用效率（Li 等，2003）、提高农作物的抗性和品质（章家恩等，2007）、控制农业有害生物（Zhu 等，2000）、提高土壤肥力（Drinkwater 等，1998），并减少温室气体排放（Yuan 等，2008）。而作物间作、套种等混合种植，在农田中引入鱼、鸭、蟹等其他物种，都是增加农业生物多样性的有效途径（王寒等，2007）。

研究表明，相对于水稻单作系统，鸭稻共作系统对稻田土壤微生物群落数量、代谢活性和功能多样性的提高均具有积极作用。在稻鱼及稻鱼鸭系统中，虽然为了养鱼、养鸭需要保持一定的水分条件，会影响到稻田有害生物的组成，但鱼和鸭的取食、掘根、践踏及中耕混水等活动对于系统内有害生物的控制起着更重要的作用。鲤鱼是杂食性的，除了摄食小虾、昆虫幼虫等以外，还摄食各种藻类、水草根叶、植物果实等。鸭也为杂食性，除捕食昆虫及其他小动物外，对稻田杂草也有取食。但由于水稻叶片富含硅质，鸭不喜取食，因而很少受到伤害（Manda，1992）。鱼、鸭的活动减少了禾苗的无效分蘖，改善禾苗个体发育，使其抗病虫能力增强（刘小燕等，2006），同时，鱼、鸭的活动还改善了稻田通风透光条件，恶化了病虫滋生环境，从而有效抑制了稻田病虫的危害。关于稻鱼鸭共作系统的生态效应及其机理的定性研究较多，定量研究相对较少，近几年取得较大进展。研究表明稻鱼鸭共作系统总体抑制杂草效果显著优于其他稻作方式，杂草的特种丰富度及 Shannon 多样性指数显著降低，Pielou 均匀度指数提高，表明群落物种组成发生了很大的改变，降低了原来优势杂草的发生，是一种较好的具有抑制杂草效果的稻作方式。而对于不同的水稻品种，糯稻田杂草发生类型及密度均小于杂交稻田；从稻田多个物种共存来看，与水稻单作比较，稻鱼系统杂草密度明显减低，稻鱼鸭系统杂草密度最低。章家恩等（2011）通过田间小区对比实验，对水稻的某些生长性状和产量性状指标进行了观测研究，以证实鸭稻共作对水稻群体结构性状和产量形成的影响效果，进而为鸭稻共作生态技术的生产实践及其示范推广提供理论依据。研究结果表明，鸭稻共作在一定程度上降低了水稻植株的高度和水稻地上部的生物量，但增大了水稻地下部的生物量和根冠比，有利于水稻地下部根系的发育，并在一定程度上增强了水稻的抗倒伏能力；同时，鸭稻共作能提高水稻中后期叶片的叶绿素 a 和叶绿素 b 的含量以及叶绿素 a/b 值，可防止水稻在后期的过早枯黄与衰败，从而增强水稻叶片光合作用的性能及其持续时间；鸭稻共作还能够促进水稻的有效分蘖，增加水稻的有效穗数和成穗率，减少空（秕）粒数，提高水稻的实粒数和结实率，从而有利于水稻产量的形成。谢坚等（2011）自 2005～2010 年在我国第一个全球重要农业文化遗产保护试点浙江省青田县稻鱼共生系统开展了连续 5 年的田间控制实验，结果发现稻鱼共作和水稻单作在类似的水稻产量和水稻产量稳定性的情况下，稻鱼共作可以减少 68% 的杀虫剂投入和 24% 的化肥投入。这是由于水稻和鱼之间形成了互惠互利的关系，鱼能减少水稻害虫而水稻能调节水环境。同时该研究还发现稻鱼共生能提高氮肥的利用率，从而能减少氮肥投入和氮肥流失带来的污染。

另外，在农业等级多样性测度、农业生物多样性信息增益的测度等方面，也开展了一些研究。农业生物多样性的评价是有效保护农业生物多样性，合理利用其资源，促进区域可持续发展的关键。张丹等以 Shannon-Wiener 多样性指数、等级多样性测度为基础，对农业等级多样性测度指标进行了研究；引入信息增益的概念，对农业生物多样性信息增益的测度指标进行了研究，并用农业等级多样性、信息增益及其他多样性指标分析评价了贵州省从江县的农业生物多样性。其中农业等级多样性的计算公式为：

$$H_1(S) = -\sum_{i=1}^{N} P'_i \log_2 P'_i \tag{12-1}$$

式(12-1)中，$H_1(S)$ 为等级农业物种多样性；$P'_i$ 为第 $i$ 个可利用物种占可利用物种总数的比。

信息增益的计算公式为：

$$IG(T) = H(C) - H(C|T)$$
$$= -\sum_{i=1}^{n} P(C_i) \log_2 P(C_i) \tag{12-2}$$
$$+ P(t) \sum_{i=1}^{n} P(C_i|t) \log_2 P(C_i|t)$$
$$+ P(\bar{t}) \sum_{i=1}^{n} P(C_i|\bar{t}) \log_2 P(C_i|\bar{t})$$

式(12-2)中 $P(C_i)$ 表示种 $C_i$ 出现的概率，即第 $i$ 个物种个数占物种总数的比；$P(t)$ 表示可利用物种数出现的概率，即可利用物种总数除以总的物种数；$P(C_i|t)$ 表示可利用物种出现时 $C_i$ 出现的概率，即第 $i$ 个可利用物种个数占可利用物种总数的比；$P(C_i)$ 表示没有可利用物种时，类别 $C_i$ 出现的概率，这里为 0。

该研究还应用以上描述的农业生物多样性等级模型和信息增益的测度对从江县研究区的农业生物多样性进行了全面评价，结果见表 12-17。

**表 12-17 从江县研究区物种多样性指数**

| 多样性指数 | 稻田 | 旱地 | 森林 | 多样性指数 | 稻田 | 旱地 | 森林 |
|---|---|---|---|---|---|---|---|
| 物种丰富度 $S$ | 10.5 | 29.5 | 119 | Pielou 均匀度指数 $J$ | 0.73 | 0.71 | 0.86 |
| Shannon-Wiener 多样性指数 $H'$ | 1.72 | 2.27 | 3.28 | 农业物种丰富度指数 $d$ | 0.14 | 0.13 | 0.08 |
| Simpson 优势度指数 $D$ | 0.26 | 0.20 | 0.07 | 农业物种多样性 $H_1(S)$ | 2.06 | 3.23 | 3.77 |
| Margalef 丰富度指数 $d_{Ma}$ | 2.51 | 4.35 | 9.21 | $IG(T)$ | 0.87 | 1.71 | 2.63 |

研究稻田多个物种共存的食物网和营养级可以为农业生物多样性的合理构建提供理论依据。图 12-6 显示了水稻单作、稻鱼系统和稻鱼鸭系统的食物网示意图。研究表明与水稻单作系统相比，稻鱼、稻鱼鸭系统具有更多的营养级，食物网更加复杂，从而提高了农业生态系统的稳定性（张丹等，2010）。

传统文化和本土知识对于生物多样性保护和自然资源管理的意义已被世界各地广泛认可。文化多样性被认为是生物多样性的重要组成部分（Dasmann，1995）。农业文化遗产在传统耕作方式的基础上形成了独特的文化，对生物多样性的保护起着重要的作用（闵庆文和

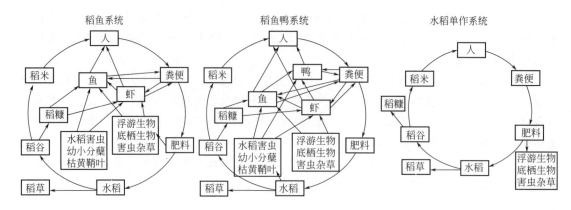

图 12-6　食物网示意

张丹，2008)。从一定意义上讲，农业生物多样性决定了传统文化多样性，而传统文化多样性又会对农业生物多样性产生反作用。二者相互影响，在不断的文化调试中协同发展。传统文化主要通过宗教文化（信仰的力量）、文化习俗、习惯法（村规民约）3 个途径对生物多样性产生影响。刘珊等（2011）选择了全球重要农业文化遗产保护试点之一的贵州省从江县侗族村落小黄村为案例点，在实践调查的基础上，运用社会学研究方法，通过参与式农村评估（Participatory Rural Appraisal，PRA），利用林业部门森林资源调查数据，并结合实地观察数据，绘制了该村 60 年来不同时期的村落森林分布图，从林地面积、林种构成、林龄结构三方面追溯了过去 60 年来该村森林资源的变化。同时，通过查阅文献、实地问卷调查、关键人物访谈、现场调查和加权平均指数分析法对林地变化的驱动因素进行了筛选和排序。研究表明，侗族习惯法、宗教和传统护林习俗等传统知识仅次于政府政策因素，占据第二重要的地位。小黄村对森林资源的有节制利用，曾在历史上有效保证了农林生态系统的稳定性和持久性，而且与森林资源的消长有着密切的相关性。一般情况下，森林资源得到良好的保护与发展时，传统知识的作用往往得到了充分发挥；但森林资源受到严重破坏时，传统知识的作用则往往受到了限制。因此，有必要对侗族传统生态知识的价值进一步开展相关研究和评估，为解决当前我国贵州生态脆弱地区的发展与环境保护之间的矛盾提供借鉴。

### （四）多功能性与生态系统服务研究

　　农业具有多方面重要作用，包括食物生产、生态保护、景观保留、生计维持和食品安全等（吕耀，2009；何露等，2010）。由于自然条件和人类活动的影响，农业文化遗产地多具有生态环境脆弱、民族文化丰富、经济发展落后等特点，农业的多功能特征表现得更为明显，同时肩负着生产发展、生态保护、文化传承等多种功能。研究农业文化遗产地的农业多功能性有利于当地农业的可持续发展，但目前主要集中在定性研究上，定量研究还有待进一步深入。角媛梅等（2008）以哀牢山区梯田景观为例，从景观的生产价值、生态价值、文化价值与美学价值 4 个方面提出其多功能价值综合评价的体系和标准，并分析和评价了梯田景观的多功能价值。结果表明：①梯田景观美学价值的 6 个指标均处于比较高的水平，美学价值高；②梯田景观生产价值的 7 个指标说明其生产功能低下；③梯田景观生态功能的 7 个指标说明其生态功能良好；④梯田景观文化价值的 6 个指标说明其文化社会功能很高；⑤梯田景观四种价值的顺序是文化价值＞美学价值＞生态价值＞生产价值，而从景观价值的总体水平看，其价值仅为良好状态，可见高层的综合评价结果是其下一级水平的平均状态。何露等（2010）在界定农业文化遗产地农业多功能性内涵的基础上，建立了农业文化遗产地农业多功能性评价模型，并选择 GIAHS 保护试点浙江省青田稻鱼共生系统和云南省哈尼稻作梯田系统、江西省万年稻作文化系统和贵州省从江稻鱼鸭共生系统作为研究对象进行评价，最后根据评价结果提出了相应的农业发展对策。这是对快速而有效的农业多功能性综合评价方法的一种尝试，评价结果见图 12-7。

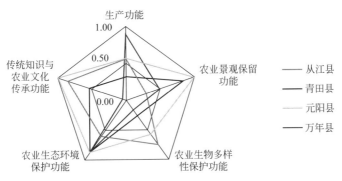

图 12-7　四个 GIAHS 保护试点农业功能性评价结果比较

从生态系统服务的角度来看，除了作物产品之外，农业也有其他三种类型的生态系统服务，即支持、调节和文化功能（Spurgeo，1998）。同时，农业的发展还带来一系列负面影响（Min 等，2011）。这些生态系统服务功能和负面影响的大小很大程度上取决于农业生态系统的管理方式。如果田间进行害虫生物防治，农业的生态系统服务功能将增大，不施用化学杀虫剂或除草剂，将显著降低农业的负面影响（Sandhu 等，2008；Zhang 等，2010）。人们越来越认识到传统农业确实比现代农业具有更多的环境效益。研究者逐渐认识到农业文化遗产的多重价值，分别展开了定性研究（孙业红等，2008；李文华等，2009；高志和陈菁，2010）和定量研究（秦钟等，2010；张丹等，2009；刘某承等，2010）。研究表明，在一些自然条件复杂、生态系统脆弱的地区，传统农业的多重价值和生态系统服务更有利于当地农民的生计维持和生态环境的改善。

张丹等（2009）采用市场价值法、造林成本法、替代价格法、大气污染治理成本法和水库工程费用等方法对从江县生态系统服务功能进行价值评估。该研究主要考虑了在从江县占主要比例的森林、草地和稻鱼共生 3 种生态系统。研究表明从江县生态系统服务现有经济价值为 $48.96 \times 10^8$ 元，在调节大气、净化空气、土壤保持、涵养水源等方面具有重要的作用（表 12-18）。土壤保持功能是从江县生态系统的主要部分，占总体服务价值的 44.80%，初级产品生产直接经济价值仅占总价值的 11.23%。从江县生态系统服务价值主要体现在土壤保持和大气调节等间接经济价值上。从这一结果中可以看出，虽然初级产品是主要的直接经济来源，但其价值却远远低于其大气调节和土壤保持等生态价值。可见，从江县对维持地区生态平衡起着重要的作用，应加强对从江县间接生态服务功能价值的理解和保护。从江县生态系统服务功能单位面积价值顺序为稻田养鱼（农田）＞森林＞草原。这表明传统农业区在间接价值、生态和环境服务方面都比现代的农业生产方式有着较高的价值。从江县稻田养鱼生态系统服务功能的间接价值是直接价值的近 3 倍。也就是说，如果稻田养鱼生态服务总价值为 4 元的话，那么也只有 1 元的价值目前能通过市场体现出来，而其余 3 元的价值至今仍无法通过市场体现在农田所有者和生产经营者身上，这不利于传统生产方式的保护。研究表明，从江县农民所创造出来的价值远远大于其直接经济收入。为了更好地保护当地的传统生产方式，可以通过生态补偿等手段对农民给予一定的补贴。

表 12-18　从江县生态系统服务功能总价值

| 项目 | | 经济价值/($10^4$ 元/年) | 所占比例/% |
|---|---|---|---|
| 直接经济价值 | 初级产品生产功能 | 5 4991.93 | 11.23 |
| 间接经济价值 | 土壤保持功能 | 21 9340.13 | 44.80 |
| | 水调节 | 1 2828.48 | 2.62 |
| | 大气调节 | 11 4528.40 | 23.39 |
| | 净化空气 | 8 5646.65 | 17.49 |
| | 土壤 C 积累 | 403.79 | 0.08 |
| | 废弃物降解 | 14.02 | 0.00 |
| | 营养物质循环 | 1768.78 | 0.36 |
| | 维持生物多样性 | 62.26 | 0.01 |
| | 小计 | 43 4592.51 | 88.77 |
| 总计 | | 48 9584.44 | |

　　从生态足迹的角度开展的可持续发展能力评价（焦雯珺等，2009；2009）和生态系统服务需求的研究（焦雯珺等，2010）都得出了相同的结论。对传统农业地区贵州省从江县的生态足迹及其构成的分析表明，从江县居民将大部分资源用来满足基本的生活需求，对食物和住房的需求占总需求的 45.9% 和 33.3%，因而导致从江县耕地和林地生态足迹构成生态足迹的主体部分；相比之下，从江的化石能源生态足迹仅占 3.0%，而当地的主要燃料柴薪主要来自林地，构成了能源生态足迹的主体部分，这与资源消耗较高的工业化地区显著不同。资源的低消耗使得从江县可以维持在生态平衡状态，没有像现代农业地区那样面临一系列的生态问题，而这种资源消耗特点是由传统的耕种方式和生活方式所决定的。可见，传统农业通过影响人们的农业生产方式和生活消费模式，有效地起到了维持区域生态平衡的作用，对区域的社会经济可持续发展有着重要意义。同时，利用生态承载力的计算公式，对人均拥有的生物生产性土地面积进行均衡因子和产量因子的调整，并扣除 12% 的生物多样性保护面积，得到从江县 2007 年的人均生态承载力。在此基础上，对从江县 2007 年人均生态足迹和生态承载力进行比较，得到生态盈亏状况（表 12-19）。由表 12-19 可知，2007 年从江县人均生态足迹为 0.8167hm²，可利用人均生态承载力为 0.8748 hm²，人均生态盈余为 0.0581hm²。由于地理位置偏僻、地貌条件恶劣等原因，从江县的大量资源一直未得到有效开发和利用，因此生态承载能力较低；从江县的城镇化水平很低，当地居民过着传统、简朴的生活，主要消费为基本生存资料的消费。因此，从江县居民长期以来一直过着自给自足的生活。从资源消耗的角度来说，从江县居民对自然资源的消耗没有给生态环境造成压力，而是在生态环境的承受范围之内。这种生态平衡状态深刻反映出传统农业地区的农业生产和资源消耗的特点。

　　焦雯珺等（2010）利用物质量方法、价值量方法、能值分析方法和生态足迹方法，对传统农业地区贵州省从江县 2007 年生态系统服务的消费量进行了估算，并引入负荷能力系数，对从江县 2007 年生态系统服务的供给-消费平衡状况进行了分析。结果表明：①价值量方法、能值分析方法和生态足迹方法的计量结果都说明，从江县居民对供给服务的消费构成了生态系统服务消费的主体部分；②运用能值分析方法和生态足迹方法得到的负荷能力系数表明，从江县 2007 年基本上处于生态系统服务供需平衡状态。

　　从表 12-20 中可以看出，从江县 2007 年生态系统服务消费的总价值为 $7.66 \times 10^8$ 元，其中供给服务消费量所占比例高达 83.90%，构成了从江县生态系统服务消费的主体部分；而当地居民对调节服务的消费则相对较少，所占比例仅为 16.10%。从江县 2007 年生态系

表 12-19 从江县 2007 年人均生态足迹和生态承载力

| 生态足迹 | | | | 生态承载力 | | | | |
|---|---|---|---|---|---|---|---|---|
| 土地类型 | 人均面积 /(hm²/人) | 均衡因子 | 均衡面积 /(hm²/人) | 土地类型 | 人均面积 /(hm²/人) | 均衡因子 | 产量因子 | 均衡面积 /(hm²/人) |
| 耕地 | 0.1205 | 2.21 | 0.2694 | 耕地 | 0.0518 | 2.21 | 2.35 | 0.2688 |
| 林地 | 0.2792 | 1.34 | 0.3741 | 林地 | 0.6410 | 1.34 | 0.66 | 0.5669 |
| 草地 | 0.2319 | 0.49 | 0.1136 | 草地 | 0.1464 | 0.49 | 1.58 | 0.1133 |
| 水域 | 0.0478 | 0.36 | 0.0172 | 水域 | 0.0085 | 0.36 | 1 | 0.0031 |
| 化石能源地 | 0.0183 | 1.34 | 0.0245 | 化石能源地 | 0 | 0 | 0 | 0 |
| 建设用地 | 0.0081 | 2.21 | 0.0179 | 建设用地 | 0.0081 | 2.21 | 2.35 | 0.0419 |
| 人均生态足迹 | | | 0.8167 | 人均生态承载力 | | | | 0.9941 |
| | | | | 扣除 12%生物多样性保护面积 | | | | 0.1193 |
| | | | | 可利用人均生态承载力 | | | | 0.8748 |
| | | | | 人均生态盈亏 | | | | 0.0581 |

表 12-20 从江县 2007 年各类生态系统服务消费计量结果

| 生态系统服务类型 | | 价值量方法 | | 能值分析方法 | | 生态足迹方法 | |
|---|---|---|---|---|---|---|---|
| | | 消费量 /元 | 百分比 /% | 消费量 /sej | 百分比 /% | 消费量 /hm² | 百分比 /% |
| 供给服务 | 食物生产 | $5.24 \times 10^8$ | 68.37 | $5.40 \times 10^{20}$ | 51.67 | 0.3420 | 44.06 |
| | 原材料生产 | $0.85 \times 10^8$ | 11.14 | $2.66 \times 10^{20}$ | 25.45 | 0.4091 | 52.71 |
| | 淡水供给 | $0.34 \times 10^8$ | 4.39 | $0.18 \times 10^{20}$ | 1.72 | — | — |
| 调节服务 | $CO_2$ 固定 | $0.53 \times 10^8$ | 6.94 | $1.85 \times 10^{20}$ | 17.70 | 0.0251 | 3.23 |
| | 多余氮素的去除和分解 | $0.70 \times 10^8$ | 9.16 | $0.36 \times 10^{20}$ | 3.44 | — | — |
| | 合计 | $7.66 \times 10^8$ | 100.00 | $10.45 \times 10^{20}$ | 100.00 | 0.7762 | 100.00 |

统服务消费的总能值为 $10.45 \times 10^{20}$ sej，供给服务和调节服务的消费量分别占到消费总量的 78.84%和 21.16%，供给服务消费依然是从江县居民生态系统服务消费的主体部分。调节服务消费中有 4/5 来自当地居民对 $CO_2$ 固定服务的消费，占到生态系统服务消费总量的 17.62%，高于价值量方法和生态足迹方法的计量结果。从江县 2007 年生态系统服务消费的总生态足迹为 0.7761hm²，其中供给服务消费量所占比例为 96.77%，调节服务消费量仅占 3.23%，这同样表明从江县居民对供给服务的消费是生态系统服务消费的主要组成部分。所不同的是，原材料消费量所占比例是 3 种计量方法中最高的，超过了生态系统服务消费总量的 1/2。这是因为价值量方法从经济学的角度来衡量生态系统服务消费，认为生态系统服务的真实价值为市场价格和消费者剩余之和，而能值分析方法和生态足迹方法则从生态系统内部出发来衡量生态系统服务的消费。

在利用不同方法计量得到从江县 2007 年生态系统服务消费量的基础上，结合以往研究得到从江县 2007 年生态系统服务供给量，利用负荷能力系数计算得到从江县 2007 年生态系统服务供给-消费平衡关系（表 12-21）。从表 12-21 中可以看出，3 种计量方法得到的从江县 2007 年生态系统服务负荷能力系数差异十分显著。从江县 2007 年生态系统服务的消费价值远远低于供给价值，以致价值量方法得到的负荷能力系数高达 6.38，这表明生态系统不仅能够完全满足当地居民对产品和服务的消费，还有 5 倍之多的大量盈余。能值分析方法得到的负荷能力系数略小于 1，说明生态系统提供产品和服务的能力能够满足当地居民绝大部分的需求，另有 10%的需求很有可能通过一些破坏性的生产活动得到满足。而生态足迹方法得到的负荷能力系数则略大于 1，这说明生态系统的供给能力能够满足当地居民对产品和服务的需求且略有剩余。总的来说，运用能值分析方法和生态足迹方法得到的结果与从江县的实际情况比较一致，即从江县 2007 年基本上处于生态系统服务供需平衡状态。

**表 12-21　从江县 2007 年生态系统服务供给-消费平衡关系**

| 计量方法 | 生态系统服务供给 | 生态系统服务消费 | 负荷能力系数 |
|---|---|---|---|
| 价值量计量方法 | $48.96 \times 10^8$ 元 | $7.66 \times 10^8$ 元 | 6.38 |
| 能值分析方法 | $9.49 \times 10^{20}$ sej | $10.45 \times 10^{20}$ sej | 0.90 |
| 生态足迹方法 | 0.874 8hm$^2$ | 0.776 1 hm$^2$ | 1.13 |

## 三、保护研究与实践探索

### (一) 动态保护途径研究

　　农业文化遗产动态保护与适应性管理正日益引起人们的重视，但作为一种新的遗产类型，相关研究还较少（孙业红，2009）。生态博物馆模式是农业文化遗产保护的一种途径（王红谊，2008；王际欧和宿小妹，2007），建立多方参与机制是农业文化遗产保护与可持续发展能力建设的重要组成部分（耿艳辉等，2008）。农业首先是一个产业部门，通过农业文化遗产保护促进农业文化遗产地的经济社会发展是必然要求，也是能够真正实现农业文化遗产保护的动力所在。大部分研究者更加关注农业文化遗产保护与社会经济发展之间的关系，认为替代产业发展是农业文化遗产动态保护的有效途径（刘朋飞等，2008；张丹等，2008；崔峰，2008），特别是发展生态旅游（闵庆文等，2007；袁俊等，2008；常旭等，2008）和特色的有机农业（梁诸英和陈恩虎，2010；何露等，2009）。为了更好地认识和利用农业文化遗产资源，挖掘农业文化遗产的文化价值，探索其保护和发展途径，研究者对农业文化旅游资源进行了研究（潘鸿雷和张维亚，2008）。作为一种新型的旅游资源，农业文化遗产具有活态性、复合性、动态性、脆弱性、原真性、独特性等特点，这些特点是农业文化遗产地的旅游资源评价需要考虑的重要因素（孙业红等，2010）。可进入性是旅游资源潜力的重要指标。农业文化遗产地旅游资源潜力可以基于"主体-辅助，有形-无形"分类体系和"资源特征-旅游发展适宜性"的评价体系进行分析，突出强调可进入性方面的特征，在对农业文化遗产资源旅游开发的时空适应性进行定量评价的基础上，可以构建"时间-空间"双维度指标体系。农业文化遗产资源旅游开发的时空适宜性评价指标体系明晰、结构简单、易于操作，可为其他地区进行类似研究提供思路借鉴，评价结果可为研究区遗产旅游发展提供参考（孙业红等，2009）。农业文化遗产资源旅游发展潜力指标及计算方法见表 12-22。

　　农业文化遗产作为新的遗产类型和旅游资源受到广泛关注，而农业文化遗产地除了农业文化遗产系统之外，还有其他诸如山水景观、民俗、歌舞、手工艺等资源，既有物质形态，也有非物质形态，共同组合成丰富的旅游资源，受到了很多旅游者的青睐。2008 年 7 月 23 日成立的联合国教科文组织亚太地区世界遗产培训与研究中心揭牌仪式上通过的"关于建立亚太世界遗产论坛的倡议"草案将亚太世界遗产地可持续旅游列为讨论的主要成果。草案认为，虽然旅游给遗产地管理造成了巨大压力，但也要保障和增加未来的发展机会。可见遗产地旅游在遗产保护中的作用已经得到了广泛的国际认可。因此，在何种程度上发展遗产地旅游成为目前讨论的热点，遗产地旅游发展的适宜性和发展潜力问题自然就成为了人们关注的重点，对这一问题进行科学研究不仅对遗产地旅游发展，而且对遗产的保护和可持续利用都具有重要意义。

表 12-22　农业文化遗产资源旅游发展潜力指标及计算方法

| 指标名称 | 含义 | 计算方法 |
|---|---|---|
| 农业文化遗产资源特性指标 | | |
| 优越度($L_p$) | 农业文化遗产资源中优良资源在同一区域中的地位指标,它表明区域遗产资源组成中的支配程度,与区域优良资源单位面积/数量成正比,与区域总体面积或者遗产资源单体总数成反比关系 | $L_p = S_P/S_T$,$S_P$ 是区域内优良资源面积($hm^2$),$S_T$ 是区域总面积($hm^2$);$L_p = N/N_T$,$N$ 是区域内优良资源个数(个),$N_T$ 是所在较大区域优良资源总个数(个) |
| 规模度($L_g$) | 一般是对点状遗产资源而言,指单位面积内遗产资源单体数量,其值越大表明区域内遗产资源规模越大,与区域内单体数量成正比关系,与区域面积成反比关系 | $L_g = N_P/S_T$,$S_T$ 是区域总面积($hm^2$),$N_P$ 是遗产资源个数(个) |
| 奇特度($L_t$) | 区域内农业文化遗产资源的稀有性 | 通常是与其他更大区域内的同尺度区域比较得到,常用 0,1 表达 |
| 原真性($L_y$) | 遗产资源的重要特性,也是遗产资源生命力的根本保证;指区域内农业文化遗产资源的地道性 | 通常是与其他更大区域内的同尺度区域比较得到,常用 0,1 表达 |
| 多样性($L_d$) | 区域内不同农业文化遗产资源的多样性,也是遗产资源保持旅游吸引力的重要因素 | $L_d = -\sum_{i=1}^{n} P_i \ln(P_i)$,$P_i$ 是遗产类型单体 $i$ 所占的比例(个数比例或者面积比例),$n$ 为遗产类型个数 |
| 适游期($L_s$) | 区域内各种类型和形式的农业文化遗产资源可供旅游的时间限制,限制越少,适游期越长 | 不同遗产资源其适游期确定的标准不一致,但鉴于农业生产的季节性规律,通常用适游季节的数量多少表达,如全年适游,可用 1 表达,若仅春夏季适游,则可用 0.5 表达 |
| 区域发展旅游的适应性指标 | | |
| 气象温湿指数($M_c$) | 温湿指数多被用于计算较高气温环境下的人体舒适度 | $M_c = t - 0.55 \times (1-f) \times (t-14.4)$，$t$ 是气温(℃),$f$ 是空气相对湿度(%) |
| 气象风寒指数($M_F$) | 风寒指数用于评价温度较低时的气温与气流对人体舒适的综合影响 | $M_F = -(10V^{(1/2)} + 10.45 - V) \times (33-T) + 8.55 \times S$，$T$ 是气温(℃),$V$ 是风速(m/s),$S$ 是日照时数(h/d) |
| 交通通达度($T_c$) | 从较高等级行政点出发到遗产地的时间 | 在 ARCGIS 支持下,从各县级驻地按照时间递增建立缓冲区 |
| 交通辐射度($T_b$) | 以现状道路出发到遗产分布区的方便程度 | 以现状道路为中心,在 ARCGIS 支持下按照距离递增建立缓冲区 |
| 海拔高度($H_i$) | 海拔决定遗产景观分布的高度上限 | 基于 DEM 数据,按照海拔等级得到 |
| 地表坡度($S_l$) | 坡度决定遗产景观分布的位置 | 基于 DEM 数据,应用 ARCGIS 空间分析中的 Slope 工具得到 |

文化遗产地的旅游开发是一把双刃剑。遗产地文化传承中存在工具理性、传统与现代的背离、文化传承的代际失衡等问题。因此,要推进遗产地旅游开发中文化传承的"工具理性"与"价值理性"的融合,使遗产地文化得以正常传承和发展(唐晓云和闵庆文,2010)。农业文化遗产的旅游开发是近年来的新生事物,开发过程中有不少地方因利益分配等原因出现社区居民抵制旅游开发的现象。广西龙脊平安寨梯田从 20 世纪 90 年代初开始开发旅游,开发过程中暴露了很多该类型旅游地发展的典型问题。居民对社区发展旅游的感知态度是伴

随旅游发展阶段而变化的。唐晓云等（2010）以广西龙脊平安寨梯田作个案研究，从居民感知视角，探讨社区型农业文化遗产地居民态度与社区旅游发展的相互影响。通过探索性因子分析发现，环境感知、关系感知、利益感知、权利感知是社区居民旅游开发后较显著的感知因子。

## （二）法律与政策保障研究

目前尚缺乏关于 GIAHS 保护的专门法律，支持 GIAHS 保护的法律是零散的。在国际法层面上，主要是《联合国生物多样性公约》（CBD）、《联合国防止沙漠化公约》（CCD）、《联合国气候变化框架协议》（FCCC）以及《粮食和农业植物遗传资源国际条约》（ITPGR）、《土著和部落人民公约》（ILO No.169）、《国际湿地公约》（Ramsar Convention）、《世界遗产公约》（WHC）和《华盛顿公约》（CITES）。支持 GIAHS 保护的国际宣言和决议主要是《21 世纪议程》、《关于森林问题的原则声明》、《约翰内斯堡可持续发展宣言》、《联合国土著人民权利宣言》、《联合国千年宣言》等。研究认为，中国在保护 GIAHS 方面除了遵守上述的国际公约外，主要表现在通过对当地社区的自治权力的确认、对环境资源的保护、对非物质文化遗产的保护，建立一个大的保护框架，同时通过地方立法的形式保护农业文化遗产（周章等，2009；吴莉和焦洪涛，2010）。然而中国目前保护 GIAHS 的法律机制尚不完善（李刚，2007；薛达元和郭泺，2009），包括对国际公约的履行中忽视了对本国利益特别是传统社区的保护；缺乏专门针对农业文化遗产维持、保护和利用的法律；缺乏对农业文化的保护；缺少对 GIAHS 所涉及法律的整理、归档，需要在立法体系中加以关注。

## （三）保护与发展实践探索

尽管在一般意义上的农业遗产保护方面已经开展了不少工作，如农业遗址保护、农业古籍整理等，但真正从概念走向行动开展农业文化遗产保护是在 2005 年之后。2005 年 6 月，在农业部、中国科学院、联合国大学等的支持下，浙江省青田县"稻鱼共生系统"被 FAO 正式列为首批 GIAHS 保护试点之一，农业文化遗产保护及全球重要农业文化遗产的概念正式走入人们的视野。在中国科学院和农业部等的支持下，青田县几年来的工作主要集中在：①制定保护规划，做好项目区的保护工作；②制定保护办法，明确保护的责任主体、经费保障与激励机制；③修订完善青田稻鱼共生的地方标准，使传统的稻鱼共生系统逐步具备产业化生产能力；④建立保护的组织机构，县政府专门成立了青田稻鱼共生系统的保护小组，统筹协调保护工作；⑤举办相关的主题活动，通过培训、论坛、研讨会等活动，提高干部和群众的保护意识；⑥支持相关科研单位开展研究工作；⑦突出农民的保护主体作用，通过经济补贴、技术支持、市场开拓等途径，提高农民的收入，从而调动他们保护的积极性；⑧将农业文化遗产保护与社会主义新农村建设等结合起来，加大对于农业文化遗产保护地基础设施建设的投入。

在传统农耕方式、农业文化和生态环境得到保护的同时，推进了产业化开发。目前，"九山半水半分田"的青田县有稻田养鱼面积 5300hm$^2$，实现了亩产水稻 500kg、鱼 50kg，每公顷收入 45000 元。建立了田鱼合作社相关企业 8 家，形成了从鱼苗繁育、活鱼销售、鱼干加工到渔家乐观光的产业链，吸引了众多游客，田鱼干出口到欧洲。

青田县的保护实践及其效益引起了社会上的广泛关注，也对其他地区产生了很好的示范效应。由 BBC 和中国中央电视台联合摄制的《Wild China》、中国香港有线电视台摄制的《稻鱼话丰年》等进行了专题介绍；《明报周刊》、中国香港《文汇报》、《澳门日报》等以封面或头版形式进行了报导。2010 年，云南哈尼稻作梯田系统和江西万年稻作文化系统被列为 GIAHS 保护试点。2011 年贵州从江县侗乡稻鱼鸭共生系统被列为 GIAHS 保护试点，北京蟹岛生态农庄被确定为"全球重要农业文化遗产区域培训中心"，这也是联合国粮农组织确定的第一个"全球重要农业文化遗产区域培训中心"。至此，世界农业遗产名录中已有 15 个保护试点，其中中国有 4 个。云南普洱市、内蒙古敖汉旗、河北宣化区、浙江绍兴市、陕西佳县等地纷纷表达申报 GIAHS 保护试点的愿望。

开展农业文化遗产保护宣传、提高全社会对于农业文化遗产重要性的认识，是推进农业文化遗产保护的重要方面。几年来，中国科学院地理科学与资源研究所自然与文化遗产研究中心联合有关部门、地方政府和有关组织，开展了大量工作。2009 年 2 月 12～13 日，FAO/GEF-全球重要农业文化遗产（GIAHS）动态保护和适应性管理——中国青田稻鱼共生系统试点项目启动暨学术研讨会在北京召开，就全球重要农业文化遗产动态保护和适应性管理——中国青田稻鱼共生系统试点项目相关议题展开讨论，广泛听取专家意见，并就生态农业及农业文化遗产相关政策制定，机制的建立健全建言献策。会议正式启动了为期 5 年的"FAO/GEF-全球重要农业文化遗产（GIAHS）动态保护与适应性管理——中国青田稻鱼共生系统试点项目"；审查并研讨了项目准备阶段所确定的工作计划，形成了 GIAHS-中国国家实施框架的修改方案。会议上有关专家的报告将整理集结成册形成我国关于全球重要农业文化遗产项目研究的又一理论成果。2010 年 6 月 14 日在北京人民大会堂举办了"联合国粮农组织全球重要农业文化遗产保护试点授牌暨专家聘任仪式"，成立了 GIAHS 中国专家委员会，由 FAO 代表和中科院领导为受聘的顾问和专家颁发了聘书。2011 年 6 月 9～12 日在北京蟹岛生态农庄举行"全球重要农业文化遗产（GIAHS）国际论坛"。此次论坛由全球环境基金等资助、联合国粮农组织主办、中国科学院地理科学与资源研究所承办，共有来自 17 个国家 52 个机构的 129 人出席了论坛开幕式，并于 14 日在京发布了"农业文化遗产宪章"。与会者认为，"农业文化遗产宪章"对全球重要农业文化遗产项目对各个国家履行国际承诺提供了支持，国家政府需要与国际机构合作，共同支持全球重要农业文化遗产项目的实施。在论坛期间的全球重要农业文化遗产项目指导委员会会议上，中国工程院院士、中科院地理资源所研究员李文华当选为主席。我国开展的农业文化遗产及其保护的理论研究与实践探索得到了联合国粮农组织的高度赞赏。本次论坛的成功举行，对于促进我国农业文化遗产及其保护研究与实践具有重要意义，也必将进一步确立我国农业文化遗产保护在国际上的领先地位。

2006 年 6 月 10 日，为推动农业文化遗产的保护及研究，中科院地理资源所还特别成立了自然与文化遗产研究中心，并筹办"自然与文化遗产保护论坛"。按照计划，论坛将不定期地举办，除了邀请国内外知名专家作学术报告、召开学术讨论会外，还将与一些地方政府合作在农业文化遗产保护试点地区举办。自 2008 年正式开始以来，已成功举办了十四次，先后在北京、浙江、云南、贵州等地组织了以农业文化遗产保护为主题的论坛与培训活动。论坛的主题包括"遗产保护与旅游发展"、"传统农业的循环思想与循环农业的发展"、"文化与生态"、"广西发展生态农业的实践与效益"、"农业文化遗产保护与乡村博物馆建设"、"民族文化保护与传统农业发展"、"哈尼梯田农业文化遗产保护与发展"、"文化旅游资源保护与可持续发展"、"梯田文化"、"遗产保护与旅游发展之间的矛盾与协调"、"农业文化遗产地农产品开发与管理"、"农业文化遗产保护的机遇与挑战"、"文化遗产地旅游与发展"、"农业文化遗产保护与旅游发展"。

在 2010 年"中国首届农民艺术节"期间，成功地组织了"农业文化遗产保护与发展"专题展览，回良玉亲临参观。与中央电视台农业频道《科技苑》栏目合作拍摄了《农业遗产的启示》专题片，解读了"青田稻鱼共生"、"侗乡稻鱼鸭"、"哈尼稻作梯田"、"万年稻作文化"的科技秘密。《中华遗产》、《人与生物圈》、《生命世界》、《世界环境》等期刊组织封面或专栏文章，《人民日报》、《光明日报》、《科技日报》、《科学时报》、《中国文物报》等刊发专题文章，阐述农业文化遗产保护的意义，介绍中国农业文化遗产保护的经验。

## （四）农业文化遗产保护理念的运用

农业文化遗产动态保护和适应性管理的理念得到了广泛的关注和认可。许多研究针对不同保护对象，认为其具有相应的农业文化遗产特征，并结合农业文化遗产的保护理念提出相应的保护措施。郭盛晖等（2010）对照联合国粮农组织对全球重要农业文化遗产项目价值标准的解释，详细分析评估珠三角桑基鱼塘的农业文化遗产价值，剖析其现状与问题，认为珠三角桑基鱼塘具有非常突出的农业文化遗产价值，具体表现在：具有丰富的生产多样性、生物多样性和文化多样性；体现了人与自然的和谐共处、人与社会的协同进化；蕴含着朴素的循环经济与生态文明思想；促进了当地社会经济的可持续发展。但目前珠三角桑基鱼塘已大面积萎缩和濒危，亟需采取一系列措施实行科学保护与合理利用：及时申报世界农业文化遗产；积极向现代生态农业升级换代；开发为旅游休闲与科普教育基地；发挥湿地功能，优化生态安全格局；加速向珠三角以外地区转移和推广等。何露等（2011）通过实地考察和现有研究资料分析澜沧江中下游古茶树资源的现状，认为其具有生态、经济和文化价值等多重价值。在价值分析的基础上进一步认为古茶树资源具有农业文化遗产特征，包括活态性、动态性、适应性、复合性、战略性、多功能性、可持续性，符合全球重要农业文化遗产的申报标准，并可以作为农业文化遗产进行动态保护。赵文娟等（2011）对云南澜沧江流域野生稻资源的分布现状进行了概述，探讨了造成濒危的原因，提出了相应的保护建议，并在此基础上阐明了野生稻资源在农业文化遗产保护和农业可持续发展中的重要作用，以期为该区域野生稻资源的保护决策提供参考。

传统村落也被认为是农业文化遗产的重要部分，动态保护的理念同样适用。目前，我国已经进入了快速城市化时期，一方面，城市化过程中批量化、工业化的改造方式势必会破坏这些村落原有的物质形态，地方文化的存在空间受到威胁；另一方面，社会的发展是大势所趋，这些村落落后的面貌一定要得到改善，村落的原住居民需要得到更好的生活条件。分布于湘、黔、桂三省交界地区的传统侗族村落，蕴含着独特的生存理念、文化传统、科学技术，是全人类的宝贵财富，其中黔东南侗族村寨（六洞、九洞侗族村寨——贵州省黎平县、从江县、榕江县）已经在 2006 年被列为我国世界文化遗产后备名单。在长期的农业生活中，这些侗族村落受到农业文化的影响，蕴含着丰富的农业文化内涵，表现出明显的农业文化特征。侗族村落的选址与侗族先民的生产习惯有着某种联系；侗族村落以鼓楼为核心的结构形式是传统侗族社会组织形式的反映；村落的布局、营造受到农业活动的影响；民族建筑的造型、装饰以及建造过程都与农业生产有密切的关系。随着城市化进程的加快，传统侗族村落也面临保护与发展的问题。要将村落看成是农业文化系统的一个组成部分，注重整体的保护；把握好"全球重要农业文化遗产"项目带来的机遇，发展旅游业；加快现代化改造，改善村落的生活环境（张凯等，2011）。

## 四、发展展望

　　尽管我国已经开展了一系列关于全球重要农业文化遗产的研究与保护实践工作，并得到政府相关部门的大力支持，但相对世界文化与自然遗产而言，公众对农业文化遗产仍然很陌生。研究方面需要进一步丰富研究内容，应重视典型传统农业生态模型的机理性、定量化研究，从多学科与跨学科的角度研究农业文化遗产。应扩展研究方法，特别注意借鉴其他学科的研究方法。应当加快开展农业文化遗产的普查与价值挖掘工作。重视传统农业文化遗产的进一步创新、发展及利用，符合现代社会经济的发展，尤其在循环农业、低碳农业等方面，从而实现"历史服务于当代"的目的。保护与实践方面则应当重视农业生物多样性与农业文化多样性保护两个方面。生物多样性对于农业发展具有重要意义，农业生物多样性是生物多样性的一个重要方面。文化多样性对于生物多样性保护具有重要意义，传统农业地区是生物-文化多样性保护的天然基地。农业文化遗产保护是连接农业生物多样性与农业文化多样性的桥梁。农业文化遗产保护的目的，是在做好"两个保护"的前提下，促进地区的发展和农民生活水平的提高，并为现代农业发展提供支持。农业文化遗产地应当成为开展科学研究的平台，展示传统农业文明的窗口，生态-文化型农产品的生产基地，农业文化旅游的目的地。在保护与发展的过程中，应当特别注意避免两个倾向："原汁原味"的"冷冻式"保护；"大拆大建"的"破坏性"开发。逐步建立农业文化遗产保护的多方参与机制，包括政府的主导作用，社区的积极参与，科技的有力支撑，企业的有效介入，媒体的跟踪宣传。

## 参 考 文 献

[1] 包维楷，陈庆恒. 生态系统退化的过程及其特点. 生态学杂志，1999a，18（2）：36-42.

[2] 包维楷，陈庆恒，陈克明. 岷江上游山地困难地段植被恢复优化调控技术研究. 应用生态学报. 1999b，10（5）：95-98.

[3] 包维楷，陈庆恒，刘照光. 几种苹果与作物间作人工植物群落模式的动态变化及其优化调控. 环境与应用生物学报，1999c，5（2）：136-141

[4] 包维楷，陈建中，乔永康. 岷江上游干旱河谷生态农业建设浅析. 生态农业研究，1999d，7（2）：66-68.

[5] 包维楷，陈庆恒，刘照光. 退化榛栎灌丛群落结构与物种组成在干扰梯度上的响应. 云南植物研究，2000，22（3）：307-316.

[6] 包维楷，刘照光. 岷江上游大沟流域驱动植被退化的人为干扰体研究. 应用与环境生物学报，1999，5（3）：233-239.

[7] 包维楷，庞学勇，李芳兰等. 干旱河谷生态恢复与持续管理的科学基础. 北京：科学出版社，2012.

[8] 包维楷，庞学勇，王春明等. 干旱河谷及其生态恢复//吴宁主编. 山地退化生态系统恢复与重建——理论与岷江上游的实践. 成都：四川科学技术出版社，2007.

[9] 柴宗新，范建容. 金沙江干热河谷植被恢复的思考. 山地学报，2001，19（4）：381-384.

[10] 崔俊，李孟楼. 花椒开发利用研究进展. 林业科技开发，2008，22（2）：9-14.

[11] 范继辉，刘巧，麻泽龙等. 岷江上游水电开发对环境的影响. 四川环境，2006，25（1）：23-27.

[12] 金振洲，欧晓昆. 元江、怒江、金沙江、澜沧江干热河谷植被. 昆明：云南大学出版社，2000.

[13] 李芳兰，包维楷，庞学勇等. 岷江干旱河谷 5 种乡土植物的出苗、存活和生长. 生态学报，2009，29（5）：2219-2230.

[14] 李巧，陈又清，郭萧等. 云南元谋干热河谷不同生境地表蚂蚁多样性. 福建林学院学报，2007，27（3）：272-277.

[15] 李新荣，张元明，赵允格. 生物土壤结皮研究：进展、前沿与展望. 地球科学进展，2009，24（1）：11-24.

[16] 李彦娇，包维楷，吴福忠. 岷江干旱河谷种子库及其自然更新潜力评估. 生态学报，2010，30（2）：399-407.

[17] 刘方炎，朱华，施济普等. 元江干热河谷植物群落特征及土壤肥力研究. 应用与环境生物学报，2007，13（6）：782-787.

[18] 刘照光，包维楷. 生态恢复的基本观点. 世界科技研究与发展，2001，23（6）：31-35.

[19] 刘照光，包维楷，吴宁等. 长江上游的生态环境问题、根源及其治理方略. 世界科技研究与发展，2000，增刊：32-35.

[20] 罗辉，王克勤. 金沙江干热河谷山地植被恢复区土壤种子库和地上植被研究. 生态学报，2006，26（8）：2 432-242.

[21] 沈有信，刘文耀，张彦东. 东川干热退化山地不同植被恢复方式对物种组成与土壤种子库的影响. 生态学报，2003，23（7）：1454-1460.

[22] 孙辉，唐亚，黄雪菊等. 横断山区干旱河谷研究现状和发展方向. 世界科技研究与发展，2005，27（3）：54-61.

[23] 孙辉，唐亚，王春明等. 等高固氮植物篱技术——山区坡耕地保护性开发利用的有效途径. 山地学报，2001，19（2）：125-159.

[24] 孙书存，包维楷. 恢复生态学. 北京：化学工业出版社，2005.

[25] 唐亚，孙辉，谢嘉穗等. 中国西部山地可持续发展的一些思考. 山地学报，2003，21（1）：1-8.

[26] 唐亚，谢嘉穗，陈克明等. 木本饲料的发展及其在水土保持中的作用. 水土保持研究，2002，9（4）：150-154.

[27] 王春明，包维楷，陈建中等. 岷江上游干旱河谷区3种亚类褐土的剖面及其养分特征. 应用与环境生物学报，2003，9（3）：230-234.

[28] 王克勤，沈有信，陈奇伯等. 金沙江干热河谷人工植被土壤水环境. 应用生态学报，2004，15（5）：809-813.

[29] 向双，丁建林，陈庆恒等. 干旱河谷生态农业模式与技术//吴宁主编. 山地退化生态系统的恢复与重建——理论与岷江上游的实践. 成都：四川科学技术出版社，2007.

[30] 吴宗兴，刘千里，黄泉等. 干旱地带辐射松整地造林研究. 四川林业科技，2006，27（2）：11-16.

[31] 熊东红，周红艺，杨忠等. 金沙江干热河谷植被恢复研究. 西南农业学报，2005，18（3）：337-342.

[32] 杨钦周. 岷江干旱河谷灌丛研究. 山地学报，2007，25（1）：1-9.

[33] 杨振寅，苏建荣，罗栋等. 干热河谷植被恢复研究进展与展望. 林业科学研究，2007，20（4）：563-568.

[34] 张荣祖. 横断山区干旱河谷. 北京：科学出版社，1992.

[35] 张信宝，杨忠，张建平. 元谋干热河谷坡地岩土类型与植被恢复分区. 林业科学，2003，39（4）：16-22.

[36] 郑绍伟，黎燕琼，岳永杰等. 岷江上游干旱河谷造林技术试验研究. 四川林业科技，2007，28（1）：57-61.

[37] 周志琼，包维楷，吴福忠等. 岷江干旱河谷黄蔷薇（Rosa hugonis）生长与繁殖特征及其空间差异. 生态学报，2008，28（4）：1820-1828.

[38] 周志琼，包维楷，吴福忠等. 岷江干旱河谷黄蔷薇和川滇蔷薇更新能力及其限制因素. 生态学报，2009，29（3）：132-140.

[39] 朱林海，包维楷，何丙辉. 岷江干旱河谷典型地段造林效果评估. 应用与环境生物学报，2009，15（6）：774-780.

[40] Moseley R K，唐亚. 云南干旱河谷150年来的植被变化研究及其对生态恢复的意义. 植物生态学报，2006，30（5）：713-722.

[41] Li F L, Bao W K, Wu N, et al. Growth, biomass partitioning, and water-use efficiency of a leguminous shrub (Bauhinia faberi var. microphylla) in response to various water availabilities. New Forests, 2008, 36: 53-65.

[42] Li Y J, Bao W K, Wu N. Spatial patterns of the soil seed bank and extant vegetation across the dry Minjiang River valley in southwest China. Journal of Arid Environments, 2011, 75: 1083-1089.

[43] Wu F Z, Bao W K, Li F L, et al. Effects of drought stress and N supply on the growth, biomass partitioning and water-use efficiency of Sophora davidii seedlings. Environmental and Experimental Botany, 2008, 63: 248-255.

[44] 国家重大专项"太湖流域水生态功能分区与质量目标管理技术示范（2008ZX07526-007）"科研成果：咨询报告（关于太湖流域生态建设与环境保护的建议）.

[45] 焦雯珺，闵庆文等. 太湖流域水环境变化人文驱动力研究. 北京：中国环境科学出版社，2011：2-3.

[46] FAO Globally Important Agricultural Heritage Systems (GIAHS) [EB/OL]. http://www.fao.org/sd/giahs/, 2009-04-08.

[47] Li L, Tang C, Rengel Z, Zhang F S. Chickpea facilitates phosphorus uptake by intercropped wheat from an organic phosphorus source. Plant and Soil, 2003, 248: 297-303.

[48] Li S M, Li L, Zhang F S, Tang C X. Acid phosphatase role in chickpea/maize intercropping. Annals of Botany, 2004, 94: 297-303.

[49] Min Q，Sun Y，Frankvan S，et al. The GIAHS-rice- fish culture：China project framework. Resource Sciences，2009，31（1）：10-20.

[50] Spurgeo J. The socio-economic costs and benefits of coastal habitat rehabilitation and creation. Marine Pollution Bulletin，1998，37（8-12）：373-382

[51] Zhang D，Min Q，Liu M，et al. Ecosystem service tradeoff between traditional and modern agriculture：a case study in Congjiang County，Guizhou Province，China. Frontiers of Environmental Science & Engineering，2012，6（5）：743-752.

[52] Zhang W，T H Ricketts，C Kremen，et al. Ecosystem services and dis-services to agriculture. Ecological Economics，2007，64：253-260.

[53] Zhu Youyong，Chen Hairu，Fan Jinghua，Wang Yunyue，et al. Genetic diversity and eisease control in rice. Nature，2000，406：718-722

[54] Zhu Youyong，He Leung，Hairu Chen，Fan Jinxiang，et al. Using genetic diversity to achieve sustainable rice diseases management. Plant Disease，2003，87（10）：1155-1169

[55] 方嘉禾. 农作物种质资源保护现状及行动建议.《生物多样性保护与区域可持续发展——第四届全国生物多样性保护与持续利用研讨会论文集》，2000.

[56] 何露，闵庆文，张丹. 农业多功能性多维评价模型及其应用研究——以浙江省青田县为例. 资源科学，2010，32（6）：1057-1064.

[57] 焦雯珺，闵庆文，成升魁等. 生态系统服务消费计量——以传统农业区贵州省从江县为例. 生态学报，2010，30（11）：2846-2855.

[58] 焦雯珺，闵庆文，成升魁等. 基于生态足迹的传统农业地区可持续发展评价——以贵州省从江县为例. 中国生态农业学报，2009，17（2）：354-358.

[59] 焦雯珺，闵庆文，成升魁等. 基于生态足迹的传统农业地区生态承载力分析——以浙江省青田县为例. 资源科学，2009，31（1）：63-68.

[60] 李文华，李芬，李世东等. 森林生态效益补偿的研究现状与展望. 自然资源学报，2006，21（5）：677-687.

[61] 李文华，刘某承，张丹. 用生态价值权衡传统农业与常规农业的效益——以稻鱼共作模式为例. 资源科学，2009，31（6）：899-904.

[62] 李文华，闵庆文，张壬午. 生态农业的技术与模式. 北京：化学工业出版社，2005.

[63] 廖国强，何明，袁国友. 中国少数民族生态文化研究. 昆明：云南人民出版社，2006.

[64] 骆世明. 传统农业精华与现代生态农业. 地理研究，2007，26（3）：609-615.

[65] 吕耀. 中国农业社会功能的演变及其解析. 资源科学，2009，31（6）：950-955.

[66] 闵庆文，钟秋毫主编. 农业文化遗产保护的多方参与机制——"稻鱼共生系统"全球重要农业文化遗产保护多方参与机制研讨会文集. 北京：中国环境科学出版社，2006

[67] 闵庆文. 全球重要农业文化遗产——一种新的世界遗产类型. 资源科学，2006，28（4）：206-208.

[68] 秦钟，章家恩，骆世明等. 稻鸭共作生态系统服务功能价值的评估研究. 资源科学，2010，32（5）：864-872.

[69] 全国明，章家恩，黄兆祥，许荣宝. 稻鸭共作系统的生态学效应研究进展. 中国农学通报，2005，21（5）：360-364.

[70] 王星光. 传统农业的概念、对象和作用. 中国农史，1989，（1）：27-30，104.

[71] 杨海龙，吕耀，闵庆文等. 稻鱼共生系统与水稻单作系统的能值对比——以贵州省从江县小黄村为例. 资源科学，2009，31（1）：48-55.

[72] 张丹，刘某承，闵庆文等. 稻鱼共生系统生态服务功能价值比较——以浙江省青田县和贵州省从江县为例. 中国人口·资源与环境，2009，19（6）：30-36.

[73] 张丹，闵庆文，成升魁等. 不同稻作方式对稻田杂草群落的影响. 应用生态学报，2010，21（6）：1603-1608.

[74] 张丹，闵庆文，成升魁等. 应用碳、氮稳定同位素研究稻田多个物种共存的食物网结构和营养级关系. 生态学报，2010，30（24）：6734-6742.

[75] 章家恩，许荣宝，全国明等. 稻鸭共作对土壤微生物数量及其功能多样性的影响. 资源科学，2009，31（1）：56-62.

[76] 中国生态补偿机制与政策研究课题组编著. 中国生态补偿机制与政策研究. 北京：科学出版社，2007

[77] 常旭，吴殿延，乔妮. 农业文化遗产地生态旅游开发研究. 北京林业大学学报（社会科学版），2008，7（4）：33-38.

[78] 崔峰. 农业文化遗产保护性旅游开发刍议. 南京农业大学学报（社会科学版），2008，8（4）：103-109.

[79] 高志，陈菁. 稻鱼共生系统在农业面源污染防治中的作用. 安徽农业通报，2010，16（9）：162-164.

[80] 耿艳辉，闵庆文，成升魁等. 多方参与机制在GIAHS保护中的应用——以青田县稻鱼共生系统保护为例. 古今农业，2008，（1）：109-117.

[81] 郭辉军，Christine Padoch，付永能等. 农业生物多样性评价与就地保护. 云南植物研究，2000，（S1）：27-41.

[82] 郭盛晖，司徒尚纪. 农业文化遗产视角下珠三角桑基鱼塘的价值及保护利用. 热带地理，2010，30（4）：452-458.

[83] 韩燕平，刘建平. 关于农业遗产几个密切相关概念的辨析——兼论农业遗产的概念. 古今农业，2007，（3）：111-115.

[84] 何露，闵庆文，袁正. 澜沧江中下游古茶树资源、价值及农业文化遗产特征. 资源科学，2011，33（6）：1060-1065.

[85] 何露，闵庆文，张丹. 农业多功能性多维评价模型及其应用研究. 资源科学，2010，32（6）：1057-1064..

[86] 何露，闵庆文，张丹等. 传统农业地区农业发展模式探讨. 资源科学，2009，31（6）：956-961.

[87] 焦雯珺，闵庆文，成升魁等. 基于生态足迹的传统农业地区可持续发展评价. 中国生态农业学报，2009，17（2）：354-358.

[88] 焦雯珺，闵庆文，成升魁等. 基于生态足迹的传统农业地区生态承载力分析. 资源科学，2009，31（1）：63-68.

[89] 焦雯珺，闵庆文，成升魁等. 生态系统服务消费计量——以传统农业区贵州省从江县为例. 生态学报，2010，30（11）：2846-2855.

[90] 角媛梅. 哀牢山区梯田景观多功能的综合评价. 云南地理环境研究，2008，20（6）：7-10.

[91] 李刚. 浅议农业文化遗产的法律保护. 北京农学院学报，2007，22（4）：46-49.

[92] 李文华，刘某承，张丹. 用生态价值权衡传统农业与常规农业的效益. 资源科学，2009，31（6）：899-904.

[93] 梁诸英，陈恩虎. 传统农业耕作技术保护与生态农业. 资源科学，2010，32（6）：1077-1081.

[94] 刘某承，张丹，李文华. 稻田养鱼与常规稻作耕作模式的综合效益比较研究. 中国生态农业学报，2010，18（1）：164-169.

[95] 刘朋飞，高启杰，徐旺生. 农业文化遗产保护与社会经济发展之关系研究. 古今农业，2008，（4）：89-98.

[96] 刘珊，闵庆文，徐远涛等. 传统知识在民族地区森林资源保护中的作用——以贵州省从江县小黄村为例. 资源科学，2011，33（6）：1046-1052.

[97] 刘小燕，黄璜，杨治平等. 稻鸭鱼共栖生态系统$CH_4$排放规律研究. 生态环境，2006，15（2）：265-269.

[98] 吕耀. 中国农业社会功能的演变及其解析. 资源科学，2009，31（6）：950-955.

[99] 闵庆文. 关于"全球重要农业文化遗产"的中文名称及其他. 古今农业，2007，（3）：116-120.

[100] 闵庆文. 农业文化遗产的特点及其保护. 世界环境，2011，（1）：18-19.

[101] 闵庆文，孙业红，成升魁等. 全球重要农业文化遗产的旅游资源特征与开发. 经济地理，2007，27（5）：856-859.

[102] 闵庆文，张丹. 侗族禁忌文化的生态学解读. 地理研究，2008，27（6）：1437-1443.

[103] 潘鸿雷，张维亚. 南京农业文化遗产旅游产品开发思考. 商业经济，2008，（12）：112-113.

[104] 秦钟，章家恩，骆世明等. 稻鸭共作生态系统服务功能价值的评估研究. 资源科学，2010，32（5）：864-872.

[105] 孙业红，成升魁，钟林生等. 农业文化遗产地旅游资源潜力评价. 资源科学，2010，32（6）：1026-1034.

[106] 孙业红，闵庆文，成升魁. 稻鱼共生系统"全球重要农业文化遗产"价值研究. 中国农业生态学报，2008，16（4）：991-994.

[107] 孙业红，闵庆文，成升魁等. 农业文化遗产资源旅游开发的时空适宜性评价——以贵州从江"稻田养鱼"为例. 资源科学，2009，31（6）：942-949.

[108] 孙业红，闵庆文，成升魁等. 农业文化遗产的旅游资源特征研究. 旅游学刊，2010，25（10）：57-62.

[109] 孙业红，闵庆文，钟林生等. 少数民族地区农业文化遗产旅游开发探析. 中国人口·资源与环境，2009，19（1）：120-125.

[110] 唐晓云，闵庆文. 农业遗产旅游地的文化保护与传承——以广西龙胜龙脊平安寨梯田为例. 广西师范大学学报（哲学社会科学版），2010，46（6）：121-124.

[111] 唐晓云，闵庆文，吴忠军. 社区型农业文化遗产旅游地居民感知及其影响——以广西桂林龙脊平安寨为例. 资源科学，2010，32（6）：1035-1041.

[112] 王红谊. 新农村建设要重视农业文化遗产保护利用. 古今农业，2008，（2）：95-103.

[113] 王寒，唐建军，谢坚等. 稻田生态系统多个物种共存对病虫草害的控制. 应用生态学报，2007，18（5）：1132-1136.

[114] 王际欧，宿小妹. 生态博物馆与农业文化遗产的保护和可持续发展. 中国博物馆，2007，（1）：91-96.

[115] 王思明，卢勇. 中国的农业遗产研究：进展与变化. 中国农史，2010，（1）：3-11.

[116] 吴莉，焦洪涛. 法律视野中的全球重要农业文化遗产. 易继明. 中国科技法学年刊（2008年卷）. 武汉：华中科技大学出版社，2010.

[117] 徐旺生，闵庆文. 农业文化遗产与"三农". 北京：中国环境科学出版社，2009.

[118] 薛达元，郭泺. 中国民族地区遗产资源及传统知识的保护与惠益分享. 资源科学，2009，31（6）：919-925.

[119] 杨海龙，吕耀，闵庆文. 稻鱼共生系统与水稻单作系统的能值对比. 资源科学，2009，31（1）：48-55.

[120] 袁俊，吴殿延，肖敏. 生态旅游：农业文化遗产地保护与开发的制衡——以浙江青田"稻鱼共生"全球重要农业文化遗产为例. 乡镇经济，2008，（2）：74-77.

[121] 张丹，成升魁，何露等. 农业生物多样性测度指标的建立与应用. 资源科学，2010，32（6）：1042-1049.

[122] 张丹，刘某承，闵庆文等. 稻鱼共生系统生态服务功能价值比较. 中国人口·资源与环境，2009，19（6）：30-36.

[123] 张丹，闵庆文，成升魁等. 传统农业地区生态系统服务功能价值评估——以贵州省从江县为例. 资源科学，2009，31（1）：31-37.

[124] 张丹，闵庆文，成升魁等. 不同稻作方式对稻田杂草群落的影响. 应用生态学报，2010，21（6）：1603-1608.

[125] 张丹，闵庆文，成升魁等. 应用碳、氮稳定同位素研究稻田多个物种共存的食物网结构和营养级关系. 生态学报，2010，30（24）：6734-6742.

[126] 张丹，闵庆文，孙业红等. 侗族稻田养鱼的历史、现状、机遇与对策. 中国农业生态学报，2008，16（4）：987-990.

[127] 章家恩，许荣宝，全国明等. 鸭稻共作对水稻生理特性的影响. 应用生态学报，2007，18（9）：1959-1964.

[128] 章家恩，许荣宝，全国明等. 稻鸭共作对土壤微生物数量及其功能多样性的影响. 资源科学，2009，31（1）：56-62.

[129] 章家恩，许荣宝，全国明等. 鸭稻共作对水稻植株生长性状与产量性状的影响. 资源科学，2011，33（6）：1053-1059.

[130] 张凯，闵庆文，许新亚. 传统侗族村落的农业文化涵义与保护策略——以贵州省从江小黄村为例. 资源科学，2011，33（6）：1038-1045.

[131] 张维亚，汤澍. 农业文化遗产的概念及价值判断. 安徽农业科学，2008，36（25）：11041-11042.

[132] 赵文娟，闵庆文，崔明昆. 澜沧江流域野生稻资源及其在农业文化遗产中的意义. 资源科学，2011，33（6）：1066-1071.

[133] 周章，张维亚，汤澍等. 国际法律和公约背景下的农业文化遗产保护研究. 金陵科技学院学报（社会科学版），2009，23（2）：66-69.

[134] Dasmann RF. The importance of cultural and biological diversity. In：Oldfield M，Alcorn J eds. Biodiversity：Culture，Conservation and Ecodevelopment. Boulder. San Francisco，Oxford：Westview Press，1995.

[135] Drinkwater LE，Wagoner P，Sarrantonio M. Legume-based cropping systems have reduced carbon and nitrogen losses. Nature，1998，396：262-265.

[136] FAO. GIAHS pilot systems and sites. http：//www. fao. org/nr/giahs/pilot-systems/en/. 2009-5-27/2010-04-12.

[137] Xie J，Hu LL，Tang JJ，et al. Ecological mechanisms underlying the sustainability of the agricultural heritage rice - fish coculture system. Proceedings of the National Academy of Sciences，2011，108（50）：1381-1387.

[138] Li L，Zhang FS，Li XL，et al. Interspecific facilitation of nutrient up takes by intercropped maize and faba bean. Nutrient Cycling in Agroecosystems，2003，65：61-67.

[139] Li W H. Agro-Ecological Farming Systems in China. Paris，UNESCO and USA & UK：Parthenon Publishing Group，2001.

[140] Manda M. Paddy rice cultivation using crossbred duck. Farming Japan，1992，26：35-42.

[141] Min QW，Zhang D，Liu MC，et al. The economic tradeoff between traditional and modern agriculture：A case study in Congjiang County，Guizhou Province. China Frontiers of Environmental Science & Engineering in China，3（in

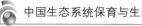

press），2011.

[142]　Pimentel D，Acquay H，Biltonen M，et al. Environmental and economic costs of pesticide use. BioScience，1992，42：750-760.

[143]　Qualset CO，McGuire PE，Wargurton ML. In California：'Agrobiodiversity' key to agricultural productivity. California Agriculture，1995，49（6）：45-49.

[144]　Sandhu HS，Wratten SD，Cullen R，et al. The future of farming：The value of ecosystem services in conventional andorganic arable land. An experimental approach. Ecological Economics，2008，64（1）：835-848.

[145]　Spurgeo J. The socio-economic costs and benefits of coastal habitat rehabilitation and creation. Marine Pollution Bulletin，1998，37（8-12）：373-382.

[146]　Vandermeer J，Perfecto I. Breakfast of Biodiversity：The Truth about Rainforest Destruction. Oakland，USA：Food First Books，1995.

[147]　Yuan WL，Cao CG，Wang JP. Economic valuation of gas regulation as a service by rice-duck-fish complex ecosystem. Ecological Economy，2008，4：266-272.

[148]　Zhang D，Min QW，He L，et al. The value of ecosystem services in conventional and organic rice paddies：A case study in Wannian，Jiangxi，China. Chinese Journal of Population Resources and Environment，2010，8（2）：47-54.

[149]　Zhu YY，Chen H，Fan J，et al. Genetic diversity and disease control in rice. Nature，2000，406：718-722.

[150]　Piao S L，et al. Changes in satellite-derived vegetation growth trend in temperate and boreal Eurasia from 1982 to 2006. Global Change Biology，2011. 17（10）：3228-3239.

[151]　Pei ZY，et al. Carbon balance in an Alpine Steppe in the Qinghai-Tibet Plateau. Journal of Integrative Plant Biology，2009，51（5）：521-526.

[152]　Zhang G，Zhang Y，Dong J，Xiao X. Green-up dates in the Tibet Plateau have continuously advanced from 1982 to 2011，Proceedings of the National Academy of Sciences，11：4309-4314.

[153]　蔡晓布. 西藏中部草地及农田生态系统的退化及机制. 生态环境，2003，12（2）：203-307.

[154]　崔庆虎，蒋志刚，刘季科，苏建平. 青藏高原草地退化原因述评. 草业科学，2007，24（5）：20-25.

[155]　高清竹，李玉娥，林而达，江村旺扎，万运帆，熊伟，王宝山，李文福. 藏北地区草地退化的时空分布特征. 地理学报，2005，60（6）：965-973.

[156]　贺有龙，周华坤，赵新全，来德珍，赵建中. 青藏高原高寒草地的退化及其恢复. 草业与畜牧，2008，11：1-9.

[157]　霍修顺. 青海高原生态环境与农业可持续发展. 国土与自然资源研究，2001，2：13-15.

[158]　兰玉蓉. 青藏高原高寒草甸草地退化现状及治理对策. 青海草业，2004，13（1）：27-30.

[159]　龙瑞军，董世魁，胡自治. 西部草地退化的原因分析与生态恢复措施探讨. 草原与草坪，2005，6：3-7.

[160]　魏兴琥，杨萍，李森，陈怀顺. 超载放牧与那曲地区高山嵩草草甸植被退化及其退化指标的探讨. 草业学报，2005，14（3）：41-49.

[161]　武高林，杜国祯. 青藏高原退化高寒草地生态系统恢复和可持续发展探讨. 自然杂志，2007，29（3）：159-164.

[162]　邵伟，蔡晓布. 西藏高原草地退化及其成因分析. 中国水土保持科学，2008，6（1）：112-116.

[163]　宋春桥等. 藏北高原植被物候时空动态变化的遥感监测研究. 植物生态学报，2011.（08）：853-863.

[164]　杨力军，李希来，石德军，孙海群，杨元武. 青藏高原"黑土滩"退化草地植被演替规律的研究. 青海草业，2005，14（1）：2-5.

[165]　杨汝荣. 西藏自治区草地生态环境安全与可持续发展研究. 草业学报，2003，12（6）：24-29.

[166]　赵好信. 西藏草地退化现状成因及改良对策. 西藏科技，2007，2：48-51.

[167]　赵新全，张耀生，周兴民. 高寒草甸畜牧业可持续发展理论与实践. 资源科学，2002，22（4）：50-61.

[168]　张耀生，赵新全. 青海省生态环境治理面临的问题与草业科学的发展. 中国草地，2001，23（5）：68-74.

[169]　周华坤，周立，赵新全，刘伟，严作良，师燕. 江河源区"黑土滩"型退化草场的形成过程与综合治理. 生态学杂志，2003，22（5）：51-55.

# 第十三章

# 生态产业建设

## 第一节　生态农业[1]

中国生态农业的实践有着非常悠久的历史。从某种意义上说，中国数千年的农业生产实践就是生态农业的实践（李文华，2003）。因为，中华民族能够在这片土地上世代相传、繁衍生息的根本原因是中国的传统农业，其精华是天人合一，其实质是生态农业。因此，也可以认为中国生态农业是超前于理论的实践和创造（路明，2002）。但是，中国的传统农业从20世纪中叶开始也受到了具有工业文明特征的石油农业的冲击，开始了向石油农业过渡的历程，并开始出现了一些生态环境问题。正是在这样的背景下，中国的科学家开始寻找一条适合中国国情的、具有当代特征的中国生态农业之路，并经过多年的探索，取得了举世瞩目的成绩。

### 一、生态农业的概念与发展历史

#### （一）生态农业的概念与特点

关于生态农业的概念，国内外有许多专家进行了阐释。马世骏等（1987）认为，将生态工程原理应用于农业建设，即形成农业生态工程，也就是实现农业生态化的生态农业。它是有效地运用生态系统中各生物种充分利用空间和资源的生物群落共生原理、多种成分相互协调和促进的功能原理，以及物质和能量多层次多途径利用和转化的原理，从而建立能合理利

---

❶　本节作者为闵庆文（中国科学院地理科学与资源研究所）。

用自然资源、保持生态稳定和持续高效功能的农业生态系统。

中国生态农业的倡导人之一叶谦吉先生（1988）给出了这样的定义，生态农业是从系统思想出发，按照生态学原理、经济学原理和生态经济原理，运用现代科学技术成果和现代管理手段以及传统农业的有效经验建立起来，以期获得较高的经济效益、生态效益和社会效益的现代化的农业发展模式。简单地说，就是遵循生态经济学规律进行经营和管理的集约化农业体系。

李文华院士等（2003）系统总结了中国生态农业的显著特点，认为它是一个把农业生产、农村经济发展和保护环境、高效利用资源融为一体的新型综合农业体系，其主要特点表现在以下几个方面。

① 从科学理论和方法看，它要求运用生态系统理论、生态经济规律和系统科学方法，遵循"整体、协调、循环、再生"的基本原理，要求跨学科、多专业的综合研究与合作，建立结构优化、环境友好的农业体系。

② 从发展目标看，它以协调人与自然的关系为基础，以促进农业和农村经济、社会可持续发展为主攻目标，要求多目标综合决策，代替习惯于单一目标的常规生产决策，从而实现生态经济良性循环，达到生态效益、经济效益、社会效益三大效益的统一。

③ 从技术特点看，它不仅要求继承和发扬传统农业技术的精华，注意吸收现代科学技术，而且要求对整个农业技术体系进行生态优化，并通过一系列典型生态工程模式将技术集成，从而发挥技术综合优势，为我国传统农业向现代化农业的健康过渡并进而建立高产优质高效、环境友好的未来永续型农业，提供了基本的生态框架和技术雏形。

④ 从生产结构体系看，它是一种具有多种生产功能的复合系统，强调系统组分之间的相互作用，并将它们以一种较为和谐的方式联系起来，也可以说是以生物组分为核心的生物-社会-经济复合系统，而且特别强调农林牧副渔大系统的结构优化和"接口"强化，形成生态经济优化的具有相互促进作用的综合农业系统。

⑤ 从生产管理特点看，它要求把农业可持续发展的战略目标与农户微观经营、农民脱贫致富结合起来，既注重各个专业和行业部门专项职能的充分发挥，更强调不同层次、不同专业和不同产业部门之间的全面协作，从而建立一个协调的综合管理体系。

⑥ 从生产效益看，它突破了单一狭隘的产业的限制，在可能的情况下，它努力将农业、林业、园艺、畜牧业、水产业以及其他生物生产整合为一个相互作用的复合系统，并通过多种物质产品的提供来满足管理者的经济需求，比一般的农业生产类型具有更高的稳定性，它通过系统中有机物质的循环，可以产生较高的经济效益和环境效益。

⑦ 从国内外发展战略转变来看，它紧紧结合可持续发展战略的实施，更为关注包括农村生态文化建设、农村生态环境保护、农村经济发展和农村社会稳定等在内的农村可持续发展的各个方面，因此有别于国外有机农业和生态农业的内涵，并早于国际上流行的"可持续农业"的概念，与国际上"持续农业与农村发展"（SARD）的概念与行动纲领有许多相近之处，但它是更具有中国特色的、适合中国国情的农业可持续发展的成功模式。

⑧ 从推广前景看，它既可以在各种不同的水平上实现，如目前既有农户、农田水平，或流域、区域水平，又适应了目前和今后我国面临的生态环境形势，是具有中国特色、适合中国国情的农业可持续发展的道路，同时也代表了世界农业发展的潮流和方向，因此具有良好的发展前景和推广价值。

**（二）生态农业的发展历程**

中国现代生态农业的发展始自 20 世纪 70 年代末、80 年代初，虽期间有所反复，但大致可以分为三个阶段（李文华，2003；Li Wenhua 等，2011）。

**1. 起步阶段**（20 世纪 70 年代末～80 年代初）

20 世纪 70 年代末和 80 年代初，学术界对我国农业发展道路进行了广泛的讨论。很多专家对只重视粮食生产、乱垦滥开的现象提出了批评，并且提出了发展大农业的概念。1980 年，中国农业经济学会在银川召开了"农业生态经济问题学术讨论会"，西南农业大学的叶谦吉教授首次提出了"生态农业"的概念。同时，云南大学曲仲湘教授提出发展生态农场，并把菲律宾玛雅生态农业的经验介绍到中国。1981 年，马世骏在"农业生态工程学术讨论会"上提出了"整体、协调、循环、再生"的生态工程建设原理，后与李松华研究员主编的《中国的农业生态工程》一书为我国的生态农业建设提供了理论基础。

1981 年，中国农业生态环境保护协会在江苏常熟市召开研讨会，提出"发展生态农业，开创农业环境保护工作新局面"的倡议书。一些高等院校和科研单位以及一些县开始了生态农业的探索起步。北京市环境保护研究所在北京大兴县留民营村建立了生态农业试点，成为中国第一个生态农业村。为了使生态农业的探索工作能正常有序地进行下去，农业部拨出经费，立项开展科学研究，选择 6 个不同类型的村庄进行试点。通过这些试点村的探索，为生态农业的大规模发展积累了丰富的经验。

**2. 探索阶段**（20 世纪 80 年代中～90 年代初）

在小规模的探索取得了一定成效之后，1984 年开始进入了生态农业的较大规模的探索发展阶段。

1984 年 5 月国务院做出关于环境保护工作的决定，指出"要认真保护农业生态环境，积极推广生态农业，防止农业环境的污染和破坏。"同年 11 月，为贯彻国务院决定，由当时农牧渔业部和城乡建设环境保护部在江苏省吴县召开了以推进生态农业建设为主要内容的全国农业生态环境保护交流会。会议提出，在"七五"期间，农业部门会同有关部门和有关省市区，结合商品粮基地建设按农业区划和自然条件特点，建立有特色的试验基地加以推广。1987 年 5 月，农业部联合中国生态经济学会、中国农业环境保护协会、中国农业经济学会等学术团体，在安徽阜阳召开了生态农业理论问题研讨，著名的生态经济学家和领导人边疆、杨纪柯、石山、叶谦吉、王耕今等出席会议，讨论了生态农业的理论与实践问题，会后出版了《中国生态农业》一书。

生态农业县试点工作进入快速发展阶段。1991 年 5 月，农业部、林业部、国家环保局和中国生态学会、中国生态经济学会，在河北省迁安县召开了"全国生态农业（林业）县建设经验交流会"。会议提出，在 5～10 年内，要在现有生态农业试点的基础上，在三江平原、内蒙古牧区、松辽平原、黄淮海地区、黄土高原、河套地区、四川盆地、江汉平原、华南丘陵、云贵高原、京津沪城郊、沿海经济技术开发区等，选择几十个县级规模的区域，建成技术成熟、适于大面积推广的生态农业试验区。

1993 年是中国生态农业发展史上具有里程碑意义的一年。为了推动全国生态农业县建设，由农业部等 7 部（委、局）组成了"全国生态农业县建设领导小组"，并于同年 12 月召开了"全国生态农业建设工作会议"。会议决定，在广泛试点的基础上，重点部署 51 个县开展县域生态农业建设作为生态农业建设的典型，各项建设任务实行合同管理。国务委员陈俊生在会上代表国务院讲话，充分肯定了生态农业试点建设的成绩，并高度赞扬了生态农业工作者的创新精神。他指出："生态农业，已不是一句理想的口号，更不是一条空洞的道路，是摆在人类面前的现实问题，是农业发展的根本，真正的后劲所在"。会上所部署的 51 个县的国土面积达 $14 \times 10^6 \text{hm}^2$，占全国的 1.5%；共有人口 2210 万，占全国总人口的 2.2%。

这一时期，中国生态农业理论的探索也取得了很大成绩，初步形成了具有中国特色的生态农业理论体系。我国的学者从广泛的生态农业实践中，总结出带有普遍性的经验，并把它上升到理性认识，初步形成了中国的生态农业理论体系。

**3. 稳定发展阶段**（20 世纪 90 年代初之后）

到 1993 年，全国已有 250 个县、10 多个地区（市）开展了生态农业建设，加上村、乡、镇、场，全国试点示范的典型有 2000 多个。这标志这中国的生态农业已进入了稳定发展阶段。

先期部署的 51 个生态农业试点县，经过几年的建设，完成了确定的各项目标，创造出了各具特色的可持续发展模式，取得了显著的经济效益、生态效益和社会效益，对全国生态农业的发展起到了有力的示范推动作用。在实施生态农业建设前的 1990～1993 年，扣除物价因素，51 个县的国内生产总值、农业总产值和农民纯收入平均年增长分别为 3.7%、2.7% 和 3.5%，分别比全国同期平均值低 3.2%、1.1%、1.4%；而实施生态农业的 1994～1997 年，平均年增长分别达到 8.4%、7.2% 和 6.8%，比前三年平均增长速度高 4.7%、4.5% 和 3.3%，比全国同期平均水平高出 2.2%、0.6% 和 1.5%。另外，几年的生态农业建设使 51 个县的生态环境得到了极大的改善。51 个县的土壤沙化和水土流失得到了有效的控制。水土流失治理率达到 73.4%，土壤沙化治理率达到 60.5%；森林覆被率提高了 3.7%；秸秆还田率达到 49%，增加了土壤中的有机质含量；省柴节煤灶推广率达到 72%，节省了能源，保护了植被；废气净化率达到 73.4%；废水净化率达到 57.4%；固体废弃物利用率达到 31.9% 等。

2000 年 3 月，国家 7 部委局在北京召开了"第二次全国生态农业县建设工作会议"，对第一批 51 个县试点工作进行了总结，并对第二批 50 个示范县工作进行了部署。同时提出了在全国大力推广和发展生态农业的任务。时任国务院副总理的温家宝同志对会议报告作了指示："全国生态农业试点县建设开展五年来取得了显著成效，形成了一套较为完善的支持体系。要认真总结经验，加强组织领导，依靠科技创新，把生态农业建设与农业结构调整结合起来，与发展无公害农业结合起来，把我国生态农业建设提高到一个新的水平"。

进入 21 世纪，生态农业实践与理论研究不断推进。其主要标志为：为进一步促进生态农业的发展，2002 年，农业部向全国征集到了 370 种生态农业模式或技术体系，通过专家反复研讨，遴选出经过一定实践运行检验，具有代表性的十大类型生态模式，并正式将这十大类型生态模式作为今后一个时期农业部的重点任务加以推广；在 2004～2015 年中共中央连续 12 年发布的以"三农"（农业、农村、农民）为主题的中央一号文件中，多次强调发展生态农业与循环农业；2015 年 1 月，农业部和浙江省共同开展"现代生态循环农业试点"工作；一些主管领导和著名科学家对生态农业的理论与方法体系及实践进行了系统总结，如2001 年李文华院士主编的《Agro-Ecological Farming Systems in China》、2002 年出版的农业部原副部长路明主编的《现代生态农业》、2003 年出版的李文华院士主编的《生态农业——中国可持续农业的理论与实践》、2009 年出版的骆世明教授主编的《生态农业的技术与模式》等。

## 二、生态农业的主要模式

关于生态农业模式，不同的学者和不同的部门提出了许多不同的分类方法，也使生态农业模式类型呈现多样化现象。其中最有代表性的当属农业部于 2002 年遴选并重点推荐的 10 大生态农业模式。

### （一）北方"四位一体"生态农业模式

"四位一体"生态农业模式是在自然调控与人工调控相结合条件下，利用可再生能源（沼气、太阳能）、保护地栽培（大棚蔬菜）、日光温室养猪及厕所 4 个因子，通过合理配置形成以太阳能、沼气为能源，以沼渣、沼液为肥源，实现种植业（蔬菜）、养殖业（猪、鸡）相结合的能流、物流良性循环系统，这是一种资源高效利用、综合效益明显的生态农业模式（图 13-1）。运用本模式冬季北方地区室内外温差可达 30℃以上，温室内的喜温果蔬正常生长、畜禽饲养、沼气发酵安全可靠。

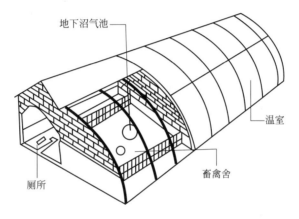

图 13-1　北方"四位一体"生态农业模式

这种生态农业模式是依据生态学、生物学、经济学、系统工程学原理，以土地资源为基础，以太阳能为动力，以沼气为纽带进行综合开发利用的种养生态模式。通过生物转换技术，在同地块土地上将节能日光温室、沼气池、畜禽舍、蔬菜生产等有机地结合在一起，形成一个产气、积肥同步，种养并举，能源、物流良性循环的能源生态系统工程。

这种模式能充分利用秸秆资源，化害为利，变废为宝，是解决环境污染的最佳方式，并兼有提供能源与肥料，改善生态环境等综合效益，具有广阔的发展前景，为促进高产高效的优质农业和无公害绿色食品生产开创了一条有效的途径。"四位一体"模式在辽宁等北方地区已经推广到 21 万户。

### （二）南方"猪-沼-果"生态农业模式

这是以沼气为纽带，带动畜牧业、林果业等相关农业产业共同发展的生态农业模式。该模式是利用山地、农田、水面、庭院等资源，采用"沼气池、猪舍、厕所"三结合工程，围绕主导产业，因地制宜开展"三沼（沼气、沼渣、沼液）"综合利用，从而达到对农业资源的高效利用和生态环境建设、提高农产品质量、增加农民收入等效果（图 13-2）。工程的果园（或蔬菜、鱼池等）面积、生猪养殖规模、沼气池容积必须合理组合。此模式在我国南方得到大规模推广，仅江西赣南地区就有 25 万户。

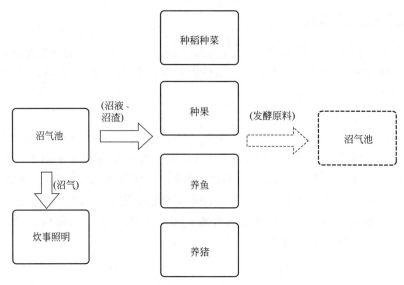

图 13-2　南方"猪-沼-果"生态农业模式

## （三）草地生态恢复与持续利用模式

　　草地生态恢复与持续利用模式是遵循植被分布的自然规律，按照草地生态系统物质循环和能量流动的基本原理，运用现代草地管理、保护和利用技术，在牧区实施减牧还草，在农牧交错带实施退耕还草，在南方草山草坡区实施种草养畜，在潜在沙漠化地区实施以草为主的综合治理，以恢复草地植被，提高草地生产力，遏制沙漠东进，改善生存、生活、生态和生产环境，增加农牧民收入，使草地畜牧业得到可持续发展。

　　这种模式能充分利用秸秆资源，化害为利，变废为宝，是解决环境污染的最佳方式，并兼有提供能源与肥料，改善生态环境等综合效益，具有广阔的发展前景，为促进高产高效的优质农业和无公害绿色食品生产开创了一条有效的途径。具体包括：牧区减牧还草模式，农牧交错带退耕还草模式，南方山区种草养畜模式，沙漠化土地综合防治模式，牧草产业化开发模式等。

## （四）农林牧加复合生态农业模式

　　该模式是指借助接口技术或资源利用在时空上的互补性所形成的两个或两个以上产业或组分的复合生产模式（所谓接口技术是指联结不同产业或不同组分之间物质循环与能量转换的技术，如种植业为养殖业提供饲料饲草，养殖业为种植业提供有机肥，其中利用秸秆转化饲料技术、利用粪便发酵和有机肥生产技术均属接口技术，是平原农牧业持续发展的关键技术）。平原农区是我国粮、棉、油等大宗农产品和畜产品乃至蔬菜、林果产品的主要产区，进一步挖掘农林、农牧、林牧不同产业之间的相互促进、协调发展的能力，对于我国的食物安全和农业自身的生态环境保护具有重要意义。具体包括："粮饲-猪-沼-肥"生态农业模式（粮-猪-沼-肥，草地养鸡，种草养鹅等），"林-果-粮-经"立体生态农业模式，"林果-畜禽"复合生态农业模式等。

## （五）生态种植模式

　　该模式是在单位面积土地上，根据不同作物的生长发育规律，采用传统农业的间、套等种植方式与现代农业科学技术相结合，从而合理充分地利用光、热、水、肥、气等自然资源、生物资源和人类生产技能，以获得较高的产量和经济效益。主要包括：间套轮作模式，保护耕作模式，旱作节水农业模式，无公害农产品生产模式等。

（六）生态畜牧业生产模式

生态畜牧业生产模式是利用生态学、生态经济学、系统工程和清洁生产思想、理论和方法进行畜牧业生产的过程，其目的在于达到保护环境、资源永续利用的同时生产优质的畜产品。

生态畜牧业生产模式的特点是在畜牧业全程生产过程中既要体现生态学和生态经济学的理论，同时也要充分利用清洁生产工艺，从而达到生产优质、无污染和健康的农畜产品的目的；其模式的成功关键在于饲料基地、饲料及饲料生产、养殖及生物环境控制、废弃物综合利用及畜牧业粪便循环利用等环节能够实现清洁生产，实现无废弃物或少废弃物生产过程。现代生态畜牧业根据规模和与环境的依赖关系分为复合型生态养殖场和规模化生态养殖场两种生产模式。主要包括：综合生态养殖场生产模式，规模化养殖场生产模式，生态养殖场产业开发模式等。

（七）生态渔业模式

该模式是遵循生态学原理，采用现代生物技术和工程技术，按生态规律进行生产，保持和改善生产区域的生态平衡，保证水体不受污染，保持各种水生生物种群的动态平衡和食物链网结构合理的一种模式。包括以下几种模式及配套技术。

池塘混养是将同类不同种或异类异种生物在人工池塘中进行多品种综合养殖的方式。其原理是利用生物之间具有互相依存、竞争的规则，根据养殖生物食性垂直分布不同，合理搭配养殖品种与数量，合理利用水域、饲料资源，使养殖生物在同一水域中协调生存，确保生物的多样性。主要包括：鱼池塘混养模式，鱼与渔池塘混养模式等。

（八）丘陵山区小流域综合治理利用型生态农业模式

我国丘陵山区约占国土面积的70%，这类区域的共同特点是地貌变化大、生态系统类型复杂、自然物产种类丰富，其生态资源优势使得这类区域特别适于发展农林、农牧或林牧综合性特色生态农业。主要包括："围山转"生态农业模式，生态经济沟模式，西北地区"牧-沼-粮-草-果"五配套模式，生态果园模式等。

（九）设施生态农业模式

设施生态农业模式是在设施工程的基础上，通过以有机肥料全部或部分替代化学肥料（无机营养液）、以生物防治和物理防治措施为主要手段，进行病虫害防治，以动、植物的共生互补良性循环等技术构成的新型高效生态农业模式。

（十）观光生态农业模式

该模式是指以生态农业为基础，强化农业的观光、休闲、教育和自然等多功能特征，形成具有第三产业特征的一种农业生产经营形式。主要包括：高科技生态农业园，精品型生态农业公园，生态观光村，生态农庄等。

## 三、现代生态农业发展的趋势

随着新时期经济社会的发展与资源环境瓶颈的出现，为实现农业可持续发展的目标，当前中国生态农业应继续创新，适应社会经济发展的新形势，努力实现以下几个方向的突破（李文华等，2010）。

## （一）从农产品的多级利用和内部循环转向多产业开放性的生态农业

中国的生态农业强调通过不同工艺流程间的横向耦合及资源共享，建立产业生态系统的"食物链"和"食物网"，以实现物质的再生循环和分层利用，去除一些内源和外源的污染物，达到变污染负效益为资源正效益的目的（李文华等，2005）。当前，中国生态农业主要利用农业产业内部模块之间的有机链接关系来实现物质的循环利用，并取得了巨大的成绩（骆世明，2008）。但随着我国市场经济体系的完善和科学发展观的提出，局限于农业部门之内的狭义的生态农业已经很难适应社会的发展，部门的局限性和不完整的产业链无法解决我国农业面临的资源短缺、环境污染以及农村劳力短缺和实现小康目标的要求。

现代生态农业应逐步改变自给性生产理念，而转向与工业有机地结合，以农产品加工为纽带，一头连接市场，一头连接生产和流通领域，实行产加销一体化的一、二、三产业网络型链条。集生产、流通、消费、回收，构建产业化的种养加及废弃物还田的食物链网结构，有效利用资源、信息、设施和劳力，形成良性"循环经济"结构框架。

农业资源的节约化、农产品加工的深度化和废弃物的资源化是实现农业生产系统良性循环的关键。农业资源的节约化包括土地资源、水资源、能源以及化肥与农药的合理施用；深加工应配合品牌产品和基地商品化生产推进加工水平升级（张壬午等，2004），同时应积极创造条件，开展深加工试验研究和示范，有条件的地区要积极推进深加工，但要避免一哄而起；废弃物的资源化，特别是秸秆加工生物饲料、粪便加工生物肥料等产业，将作物秸秆、牲畜粪便、农畜产品加工剩余物等农业有机废弃物综合利用，使废弃物资源化、能源化，多层次利用，既有效控制了环境污染，又能带来经济效益，并且优化了社会投资结构。

## （二）从以追求产量为主转向多功能农业

中国的生态农业注重采取不同农业生产工艺流程间的横向耦合，达到提高产品产量的目标。例如通过物种多样性来减轻农作物病虫害的危害，提高作物产量。研究表明水稻品种多样性混合间作与单作优质稻相比，对稻瘟病的防效达 $81.1\%\sim98.6\%$，减少农药使用量 $60\%$ 以上，每公顷增产 $630\sim1040kg$（Zhu Youyong 等，2000）；另在针对一些小规模生产的调查或实验证明，由于多样化产品产出，稻鱼共作的净收入比常规单作高 $2144$ 元/hm$^2$（李文华等，2009）。

但在自然植被一再缩减和环境问题日益严峻的今天，农田生态系统已经超越了其作为食物生产地和原材料提供地的功能，还具有许多其他的服务功能，比如调节大气化学成分、调蓄洪水、净化环境等。据研究，采用生态耕作模式稻田的生态系统服务价值往往比常规单作要高，例如稻鱼共生系统在固碳释氧、营养物质保持、病虫害防治、水量调节乃至于旅游发展等方面都有其独特的优势，其外部经济效益提高了 $2754$ 元/hm$^2$，同时稻鱼共生系统减少 $CH_4$ 排放、控制化肥农药使用，使其外部负效益损失降低了 $4693$ 元/hm$^2$，因此，稻鱼共生系统比常规稻作系统的外部经济价值增加了 $7447$ 元/hm$^2$（刘某承等，2010）。对于这些目前尚无法在市场中得到体现的外部效益，需要建立生态系统服务购买或生态补偿机制，从而达到农户和政府的双赢以及生态效益和经济效益的双赢。

中国农业具有较强的自然和社会经济地域性特征，从南到北形成了丰富多样、形形色色的农业区域，既表现了自然界的多样性，同时又为文化的多样性奠定了自然基础，使当前生态农业从以生产功能为主向生产、生态和文化等复合功能的转变成为可能。

## （三）从以传统知识的继承为主走向传统精华与现代技术的融合

中国的生态农业重视对传统知识的传承，不仅要求继续和发扬传统农业技术的精华，注意吸收现代科学技术，而且要求对整个农业技术体系进行生态优化，并通过一系列典型生态工程模式将技术集成，发挥技术综合优势，从而为我国传统农业向现代化农业的健康过渡提供了基本的生态框架和技术雏形。

当前生态农业的发展需要转向探索协调经济与生态环境保护的切入点，开发生态资源适宜且有市场比较优势的主导产业，实现健康安全农产品生产的阶段。生态农业需要高新技术的龙头带动作用，也需要典型性强、效益好、易推广的专项生态农业技术的普及和传统技术的挖掘和提高。应重视技术引进和应用，特别是要注意无公害技术的引进和推广；重视高新技术在生态农业发展中的应用，如利用地理信息系统等现代技术，逐步实现生态农业的合理布局；重视总结和推广已取得成效的多种多样的生态农业技术，如沼气和废弃物资源综合利用技术、病虫害生物防治技术、立体种养技术等；重视其他农业发展模式技术的应用，例如与精准农业技术的结合等。

生态农业技术开发的重点是加大高科技含量。为完善与健全"植物生产、动物转化与微生物还原"的良性循环的农业生态系统，开发、研究以微生物技术为主要内容的接口技术；运用系统工程方法科学合理地优化组装各种现代生产技术；通过规范农业生产行为，保证农业生产过程中不破坏农业生态环境，不断改善农产品质量，实现不同区域农业可持续发展目标。其中，在寻求生态经济协调发展且有市场竞争力主导产业的同时，建立新型生产及生态保育技术体系和技术规范，环境与产品质量保证控制监测体系，建立与完善区域及宏观调控管理体系，形成农业可持续发展的网络型生态农业产业。

（四）从关注数量走向数量与质量并重，重视品牌发展

中国在长期生产实践中创造和积累的传统技术、知识和经验，以及民间艺术、传统宗教文化，对于提高食品质量和保证食品安全有一定的价值（孙业红等，2008）。生态农业的理念重视在源头尽量缓解化肥、农药、畜禽粪便等污染土壤和水的可能性，其在生态关系调整、系统结构功能整合等方面的微妙设计，利用各个组分的互利共生关系，使其在发展高品质农产品时具有天生的优势。如稻鱼共生系统中，鱼类的活动搅动了土壤，同时杂草和浮游生物的呼吸作用减弱，从而平均可减少单位面积甲烷排放 31.42%（张丹等，2009）；鱼的排泄物中含有 N、P 等营养元素，是水稻分蘖、孕穗和防倒伏等不可缺少的肥料，平均每公顷稻田增加 N 元素 7.32kg 以及 P 元素 2.19kg，从而减少了氮肥和磷肥的使用（Berg，2001）。

高品质农业包括有机农业、绿色农业、无公害农业等。这些农产品的质量要求高，且在生产过程中不采用基因工程获得的生物及其产物，往往要求少用甚至不用化学合成的农药、化肥、生长调节剂、饲料添加剂等物质，而这些和生态农业发展的理念不谋而合。近年来中国的高品质农产品有了较大发展，但总体上还处于初级发展阶段，发展高品质农业要建立企业、农户、市场以及政府利益共同体，明确各自的义务与权利，应对农业生产的各种风险，共同享受生态农业成果。

（五）从着眼生产环节为主转向规模化与产业化

随着市场经济的发展，由于生产规模小、分散程度高，生产方式和技术不能适应市场多样化的要求等，小农经济与大市场之间的矛盾越来越突出，产业化成为生态农业发展的重要内容和发展趋势（王如松等，2001）。生态农业产业化应以人与自然和谐发展为目标，以市场需求为导向，依托本地生态资源，实行区域化布局、专业化生产、规模化建设、系列化加工、一体化经营、社会化服务、企业化管理，寻求农业生产、经济发展与环境保护相协调

的道路。总的看来，中国生态农业产业化有所发展，但仍处于一个低水平和初级阶段（张壬午，2000）。

农业产业的发展环境相当薄弱，农业企业、农村经济、农民素质、基础设施以及产业意识还有待于提高和完善。对中国生态农业发展中正反两方面的经验进行总结分析，寻求发展与突破的基本思路是放眼国际市场、明晰产品标准、立足区域特色、发挥品牌效应、规范基地生产、拓展增值加工、提升竞争能力。

产业链是产业化要实现的目标。产业链循环化是中国生态农业产业化发展的重要特色，主要通过产业合理链接达到物循环和能量逐级利用的目的，使整体生态农业体系废弃物最小化，使农业资源利用达到最大化，产生资源高效、环境友好和经济效益良好的"共赢"效果。产业链延伸化主要包括信息共享、技术服务、工艺设计、营销体系、物流网络、观光服务等，针对不同的消费群体制定相应的产品、生产与市场销售计划，例如大众产品、生态产品、绿色产品、有机产品、区域产品、特色产品等多级产品体系。

基地规模化生产是生态农业产业化体系的重要内容。中国生态农业产业化应遵循"统一规划，合理布局，相对集中，连片开发"的原则，根据不同自然条件和社会发展基础，围绕农业产业化总体规划，组建一批富有特色的农产品无公害生产基地建设工程，严格控制产地环境质量，基地生产实施绿色标签制度，发挥品牌效应，拓展增值加工并提升竞争能力。

标准化是实现产业化发展的关键问题之一，主要体现在农业产地环境标准、农业生产资料标准、农业生产技术标准和农业产品质量标准四个方面。

（六）从简单的农业生产转向文化传承与农村可持续发展

中国的农业文明在近万年的历史发展过程中得到了延续。当前任何区域的农产品都有一定的文化、历史、地理和人文背景与内涵，它们均富有区域特色和民族文化，合理利用这些资源能有效地发展地方经济，继承与传播文化遗产，对弘扬历史、增强民族自信心等具有非常重要作用（骆世明，2009）。但由于现代文明的全面渗透，千百年形成的传统知识正在迅速消失。而中国的生态农业建立在对传统农业精华的传承和提高的基础之上，推广生态农业，有利于引导民族地区地方政府和社区重视和弘扬民族文化，减缓传统知识的丧失速度，在传承文化的同时也为未来的经济开发保留知识和资源储备。

2002年联合国粮农组织启动了"全球重要农业文化遗产（GIAHS）"项目，我国浙江青田的稻鱼共生系统成为全球首批5个保护试点之一（闵庆文，2006），为当地农业经济发展提供了新的增长点。

文化传承的重点在于发掘并保护农业文化遗产。首先，应在全国范围内开展农业遗产和非物质文化遗产的抢救性发掘工作，以村落作为农业遗产的主体，全面展示传统工艺、传统技术、传统生活；其次，强化保护，积极利用。保护需要一个动力机制，这个动力机制的根本是一个新型的利益机制，才能把农民的积极性调动起来，保护才能落实到底。文化遗产的保护和利用必然是紧密相关的（闵庆文等，2007），保护要和市场的发展结合在一起，适度集中，进行体系分工，挖掘扩大市场，生成可获得经济效益的价值，从而又促进遗产的保护，形成良性循环。总之，传承传统文化是为了创造新的农业文明，重点是通过市场需求，通过差异性的规划，通过创造性的策划，将文化农业作为持续性、永续性的事业发展起来。

中国的生态农业以协调人与自然的关系为基础，以促进农业和农村经济、社会可持续发展为主攻目标，要求多目标综合决策，代替习惯于单一目标的常规生产决策，从而实现生态经济良性循环，达到生态效益、经济效益、社会效益三大效益的统一。我国的生态农业既是农业发展的一种战略决策，也是一种农村地区可持续发展模式。它既包含构建不同类型、适应当地生态经济条件的生态经济系统、生产组分及动植物种群结构，也包括集成的生态技术和相应的管理模式。它的应用范畴可以是在微观尺度（如庭院生态农业系统、多组分相互联合的温室大棚等）、中观尺度（如复合经营的农田生态系统），也可以是宏观尺度（如以小流域为单元的景观尺度）和区域水平（如以县为单元）的可持续发展等。一些微观尺度上取得的成功经验如何在更大的尺度上推广，存在着尺度转换的问题，需要进行科学的研究；在强调生态县建设的同时，也不能忽略其他水平和层次发展生态农业的作用，只有这样才能动员广大群众和社会不同阶层的广泛参与。

中国的生态农业植根于中国的文化传统和长期的实践经验，结合了中国的自然、社会、经济条件，符合生态学和生态经济学的基本理论，为解决中国农业发展面临的问题提供了一条符合可持续发展的道路。中国的生态农业，从无到有，起步于农户，试点示范于村、乡、镇、县，重点发展县域生态农业建设，走出了一条快速、健康发展的道路。这是广大科技工作者、基层干部和农民在改革开放过程中大胆探索、努力创新的伟大成果。

# 第二节　生态工业[1]

## 一、生态工业的来源及其定义

20 世纪 60 年代以来，随着生态学研究的迅速发展，人们萌发了模仿自然系统的想法。自 1989 年 9 月 Robert Frosch 和 Nicolas Gallopoulos 发表《可持续发展工业发展战略》一文第一次正式提出生态工业概念以来，作为生态工业的指导学科——工业生态学开始蓬勃发展。1990 年美国国家科学院与贝尔实验室共同组织了首次"工业生态学"论坛，对工业生态学的概念、内容和方法及应用前景进行了全面系统的总结，基本形成了工业生态学的概念框架，为生态工业的发展奠定了相应的理论基础。

根据以往的理论研究，生态工业的定义有狭义和广义之分，狭义的生态工业是指在原有的工业生产过程的基础上，通过设备与技术的改造和改进、原材料的替换、产品的重新设计以及强化生产各个环节的内部管理等措施寻求清洁生产机会，生产清洁产品，不仅实现生产过程无污染，而且产品在使用和最终报废处理的过程中也不会危害环境。广义的生态工业是指为了实现可持续发展所要求的经济与环境双赢，依赖于 Reduce、Reuse、Recycle 的 3R 的行为原则，运用生态学规律，使进入工业系统的物质和能量以互联的方式进行交流，从而形成以低开采、高利用、低排放为特征的资源-产品-再生资源的物质能量闭路循环的生态工业园区生产模式（王倩等，2001）。

生态工业的主要特征就是综合运用生态和经济规律，从宏观上协调工业生态经济系统的结构和功能，协调工业的生态、经济、技术关系，促进工业生态经济系统的物质流、能量流、信息流、人流和价值流的合理运转和系统的稳定、有序、协调发展，建立宏观的工业生态经济系统的动态平衡；并在微观上做到工业生态资源的多层次物质循环和综合利用，提高工业生态经济系统的各个子系统的能量和物质循环效率，建立微观的工业生态经济平衡，从而实现工业经济效益、社会效益和生态效益的同步提高（王倩等，2001）。

---

[1]　本节作者为杨丽锟（北京科技大学）。

## 二、我国对生态工业的要求

自生态工业概念提出以来，我们国家为了实现经济发展和生态环境建设的双赢，实现可持续发展的目标，从企业、工业园区、城市建设三个层面提出了生态工业建设的要求。

### 1. 企业层面的生态工业构建

为了贯彻"节能减排"的基本国策，国家对工业企业的建设提出了更高的要求。要想实现"节能减排"的相关指标，企业需要用生态的理念来指导企业的规划和发展，将企业建设成为生态企业。生态企业是在一个企业的范围内按照区域的生态工业规划要求进行设计、建设并经营管理的低开采、高利用、低排放又多经济产出的现代化工业生态经济有机体。其所采用的生产方式是"清洁生产"，所采用的企业管理方式是可以预防污染、实施全过程控制的ISO 14000环境管理体系。由于生态企业采用"清洁生产"和ISO 14000环境管理体系，所以能够使企业各环节产生的废料和余热进行多层次回收利用。这样，不仅大大减轻了企业向周围环境排污的数量，还可以实现废弃物在厂内的闭路循环和废料的再资源化，从而更能集约地利用资源和能源，不断提高生态、经济综合效益。生态企业是整个生态工业系统的基础单元。

### 2. 工业园区层面的生态工业构建

自2006年9月1日起，国家环保总局首次发布生态工业园区建设标准，明确生态工业园区是依据循环经济理念、工业生态学原理和清洁生产要求而设计建立的一种新型工业园区。它通过物流或能流传递等方式把不同工厂或企业连接起来，形成共享资源和互换副产品的产业共生组合，建立"生产者-消费者-分解者"的物质循环方式，使一家工厂的废物或副产品成为另一家工厂的原料或能源，寻求物质闭路循环、能量多级利用和废物产生最小化，并发布了《综合类生态工业园区标准（试行）》、《行业类生态工业园区标准（试行）》和《静脉产业类生态工业园区标准（试行）》三项标准。在这些标准的基础上，经过多年的建设和实践，国家环保部于2009年发布了指标更为详尽的《综合类生态工业园区标准》（HJ 274—2009），为我国生态工业园区的建设和评估提供了操作性较强的评判依据。

生态工业园区同普通的工业园区相比较，具有明显的集约利用资源和能源的特征。生态工业园区有产品和服务的流动，还有成员间的废物流动，它以最优的空间和时间形式组织在生产和消费过程中产生的副产品的交换，从而使企业和社区付出最小的废物处理成本，并且通过对废物的减量化促进资源利用效率的提高，改善环境品质。生态工业园区可以由众多大型企业组成的公司或总厂来形成，也可以是一定地域上相对集中的有一定内在联系的众多工矿企业组成的松散工业群体及相应配套的基础设施的有机结合体（王倩等，生态示范区内生态工业建设模式探讨）。生态工业园区的建设是整个生态工业系统的具体体现。

### 3. 城市建设层面的生态工业要求

为了贯彻实施《中国21世纪议程》，探索在我国当前条件下，如何实现区域的可持续发展，国家环保总局于1995年起在全国范围内开展了创建生态示范区活动。在生态示范区建设的基础上，为了推动全面建设小康社会战略任务和奋斗目标的实现，国家环保总局于2003年发布《生态县、生态市、生态省建设指标（试行）》（环发［2003］91号）❶。生态省、生态市、生态县作为我国可持续发展的重要载体，其创建活动使我国区域的可持续发展

---

❶　该文件中的部分指标在2007年有所修改，详见环发［2007］195号。

进入一个更高、更新的阶段。自 2012 年国家领导人在十八大报告中提出我国要大力推进生态文明建设之后，我国城市的生态建设在生态市的基础上更上一个台阶。国家环保部于 2013 年 5 月发布《国家生态文明建设试点示范区指标（试行）》（环发［2013］58 号），该建设指标对城市的生态建设提出了更高的要求。

无论生态市还是生态文明建设，均对城市经济发展中的相应环保指标提出了具体的要求（表 13-1），生态文明的指标大部分比生态市的指标更为严格。通过比较生态工业园区、生态市和生态文明的相关指标可以发现：在单位 GDP 能耗方面，生态文明的要求最高，其次是生态工业园区，最后是生态市。而在单位工业增加值新鲜水耗方面，生态工业园区的要求最高，其次分别为生态文明和生态市。在主要污染物 COD 和二氧化硫的排放强度方面，生态工业园区的要求最高，其次是生态文明和生态市。工业固体废物处置率和工业用水重复率生态市的要求明显高于生态工业园区。可以看出，尽管生态文明部分指标未达到生态工业园区的要求，但增加了污染物排放种类的管理要求，而有些指标与生态工业园区相当，或要求更为严格。因此，在城市生态建设过程中，需要用生态的理念指导其工业的相应规划和发展，才能使城市的工业满足可持续发展的要求。

表 13-1 生态工业园区、生态市和生态文明建设相应指标比较

| 指标 | | 单位 | 生态工业园区 | 生态市 | 生态文明 |
|---|---|---|---|---|---|
| 应当实施清洁生产企业通过验收的比例 | | ％ | — | 100 | — |
| 单位 GDP 能耗 | | t 标煤/万元 | ≤0.5 | ≤0.9 | 0.35～0.55 |
| 单位工业增加值新鲜水耗 | | m³/万元 | ≤9 | ≤20 | ≤12 |
| 主要污染物排放强度 | 化学需氧量(COD) | kg/万元（工业增加值） | ≤1 | <4.0 | ≤4.5 |
| | 二氧化硫(SO_2) | | ≤1 | <5.0 | ≤3.5 |
| | 氨氮(NH_3-N) | | — | — | ≤0.5 |
| | 氮氧化物(NO_x) | | — | — | ≤4.0 |
| 工业固体废物处置利用率 | | ％ | ≥85 | ≥90 | — |
| 工业用水重复率 | | ％ | ≥75 | ≥80 | — |

## 三、沈北新区生态工业体系构建规划

为全面落实科学发展观，加快构建社会主义和谐社会步伐，切实推进新区社会、经济和环境的协调持续发展，实现全面建设小康社会和资源节约型、环境友好型社会的奋斗目标，根据国务院《关于落实科学发展观加强环境保护的决定》和环境保护部相关要求，沈北新区政府提出建设生态文明的要求。在生态文明建设规划中，为了达到生态文明建设的最终目标和要求，对新区的工业系统按照生态工业的理论和体系进行了详细规划。

### 1. 工业发展现状和存在问题分析

（1）工业发展现状

① 工业结构分析。2010 年全区规模以上工业总产值 1245.8 亿，比上年增长 24.4％。作为新区支柱行业的农产品加工业和装备制造业，全年实现产值分别为 520.8 亿和 353.8 亿，占规模以上工业总产值的比重分别为 42.6％和 28.4％，同比增长分别为 21.2％和 29.5％。

在农产品加工业中，农副产品加工业和食品制造业产值所占比重较高，分别为 50％和

25%，同比增长分别为22.9%和17.4%。

在装备制造行业中，各产业所占比重分布较为均匀。其中，通用设备制造业所占比重最大，为25%；其次为电气机械及器材制造业和专用设备制造业，分别占19%和18%；交通运输设备制造业、金属制品业和通信设备、计算机及其他电子设备制造业分别占14%、12%和11%。

② 工业行业资源消耗及排污状况

a. 工业行业资源消耗状况。2010年，沈北新区的万元GDP综合能耗是0.81t标准煤，新区工业行业中，造纸、化工、化纤、冶金等高能耗、高资源消耗行业在工业经济中占有较高的比重，而一些高新产业比重明显偏低。

b. 工业行业排污状况。"十一五"期间，沈北新区工业行业的发展排放了大量的污染物，对当地的大气、水、地面等环境造成了严重的影响，大气环境污染问题主要是煤烟型污染，部分乡镇和城市出入口、交通干线两侧小型锅炉存在严重冒黑烟现象。沈阳新元化工厂堆积和散落地表的$32 \times 10^4$t铬渣，遇自然降水冲刷，流至厂外污染周围地表水环境，成为区域性环境污染难点和热点问题，是新区地表水的一大污染隐患。沈北新区产生工业固废为$110.9032 \times 10^4$t，其中炉渣$110.2699 \times 10^4$t，占全区工业固废产生量的99.0%，炉渣主要用于建筑防水材料、铺路，其利用率为100%。沈北新区辽河支流长河和左小河都是以有机污染为主，其主要污染因子为氨氮、化学需氧量、生化需氧量。长河在新城子街西北部接纳了新城子铁西工业园区、沈阳市自来水公司七水厂的生产废水；左小河在流经五五村时，接纳了新城子街南部生活污水和沈阳同联药业有限公司、沈阳肉联加工五分厂的生产废水。

③ 工业布局状况。从沈北新区2010年各个地区的资产上来看，工业发展主要集中在蒲河新城，其中又以虎石台开发区、道义开发区和辉山开发区为主；在北区，工业的发展主要是以清泉街道、兴隆台街道、尹家街道和沈北街道为主。沈北新区的工业发展迅猛，形成了以机械、建材、制药、机绣、化工、造纸、服装、酿酒八大行业为主体、门类齐全的工业体系。

（2）工业发展存在问题分析

① 统筹全域发展的体制机制尚未形成，区域价值最大化还未实现，改革创新工作有待进一步深化。

新区在过去的五年中不断发展，已经初具规模了，但是统筹全域发展的体制机制尚未形成，各区域虽已实现功能分区，但是分区内的工业企业建设尚未完成，区域价值最大化还未实现，招商引资活动仍在进行当中，在重点发展新兴产业的同时，改革创新工作有待进一步深化。

② 工业环保基础设施建设薄弱，生态环境破坏较大，工业发展与环境保护的矛盾突出。

沈北新区缺乏污水处理设施，部分地区生活垃圾随意堆弃，使得生态环境破坏严重，特别是河流水系的污染相当严重。此外沈北新区中心城区以南和东部清水台地区为沈北煤田分布地，属煤矿开采区，地质灾害容易发生。沈北新区目前局部地区工业污染严重，而工业对沈北新区经济发展起着重要作用。因此，要发展经济，工业必须要发展，而且要快速发展，同时还要使生态环境质量不断提高，因此存在着工农业发展与环境保护之间的矛盾。

③ 资源的有限性与经济发展的矛盾越来越突出。随着沈北新区的经济不断发展，人们

的生产和生活对资源的需求量越来越大，土地资源、水资源、矿产资源、生物资源等在短时期内有较大幅度的增长，但是各种资源的开发利用目前都没有太大的潜力，而经济的发展将步入一个快速发展的时期，因此各种资源与经济发展的矛盾会越来越突出。

④ 城市化负面效应显现。经济的快速发展必然会带来城镇化的加速发展，但是城市化的负面效应会显现。沈阳市的"郊区城区化"的战略会越来越快。比如城市化会占用一部分耕地，随着城市化的快速发展，工业用地、住房用地、基础建设用地的需求会大量增加，不可避免地要占用一部分耕地。

（3）工业发展方向（主导产业）的确定 依据现有行业的一些经济指标，确定沈北新区工业发展的主导产业，在此基础上结合沈北经济发展的相关规划，确定沈北在生态文明建设中需要发展的主要产业和相关的产业链，使沈北的工业发展能充分体现和发挥地方特色，避免恶性竞争。

作为主导产业，应具有以下特点：具有广阔的成长空间、较强的产业带动、较高的科技含量、明显的地方优势、有一定的就业容量、资源能源消耗低、污染物少。结合主导产业的内涵和目前沈北新区产业发展的现状、特征以及主导产业各方面的相互关联，以提供的数据为基础，对沈北主导产业的指标体系选择见表 13-2。

**表 13-2 沈北主导产业的指标体系**

| 指 标 体 系 | | 所 需 数 据 |
| --- | --- | --- |
| 动态比较优势 | 产值区位商 | 沈北各产业产值及总产值 |
| 规模经济效益 | 产值规模比重 | 各产业产值 |
| | 总资产比重 | 各产业总资产 |
| | 所得税贡献率 | 各产业税收值 |
| | 劳动生产率 | 各产业利润总额 |
| | 产值利润率 | 主营业务收入 |
| 可持续发展 | 就业吸纳能力 | 各产业就业人数 各产业总产值 |

根据因子分析、区位商分析和 WT 模型定量分析可知（见表 13-3），农副食品加工业、食品制造业、装备制造业和医药制造业是沈北新区目前的主导产业，其中食品制造业、农副食品加工业和医药制造业在全国具有较高的竞争实力。装备制造业中的专用设备制造业和通用设备制造业的区位商均在 1.5 以上，在国内也有较高的竞争实力。

**表 13-3 沈北新区 28 个产业发展的综合分析**

| | 因子分析法 | 区位商分析法 | WT 模型 |
| --- | --- | --- | --- |
| 1 | 煤炭开采和洗选业 | 食品制造业 | 通用设备制造业 |
| 2 | 农副食品加工业 | 农副食品加工业 | 交通运输设备制造业 |
| 3 | 食品制造业 | 印刷业和记录媒介的复制 | 电气机械及器材制造业 |
| 4 | 通用设备制造业 | 水的生产和供应业 | 煤炭开采和洗选业 |
| 5 | 医药制造业 | 医药制造业 | 医药制造业 |
| 6 | 专用设备制造业 | 造纸及纸制品业 | 化学原料及化学制品制造业 |
| 7 | 电气机械及器材制造业 | 饮料制造业 | 专用设备制造业 |
| 8 | 交通运输设备制造业 | 木材加工及竹、藤、棕、草制品业 | 农副食品加工业 |
| 9 | 化学原料及化学制品制造业 | 专用设备制造业 | 食品制造业 |
| 10 | 金属制造业 | 家具制造业 | 水的生产和供应业 |

### 2. 生态工业文明发展目标与原则

（1）规划目标

① 近期目标（2015 年）。产业实现跨越式发展，以技术创新为支撑，综合考虑区域资源、环境和生态承载力，培育高新技术产业为主导工业；同时大力发展循环经济和低碳经济，初步构建具有区域特色和比较优势的集约节约文明工业体系。需要达到的目标见表 13-4。

② 中远期目标（2020 年）。进一步完善主导产业链网结构，工业布局进一步优化，工业结构全面升级；主导工业行业的资源利用率、能耗水平和主要污染物排放指标达到国际先进水平，形成低消耗、低排放、高效益的文明工业体系（表 13-4）。

**表 13-4　沈北新区生态文明建设工业产业调整目标**

| 指标 | 单位 | 现状值 | 目标值 | |
| --- | --- | --- | --- | --- |
| | | 2010 年 | 2015 年 | 2020 年 |
| 主要污染物排放强度 | | | | |
| 化学需氧量（COD） | kg/万元 | 1.75 | 1.75 | 1.5 |
| 二氧化硫（$SO_2$） | kg/万元 | 3 | ＜3 | ＜3 |
| 氨氮（$NH_3-N$） | | 0.7 | 0.7 | 0.7 |
| 氮氧化物（$NO_x$） | | 0.88 | 0.8 | 0.8 |
| 单位 GDP 能耗 | 吨标准煤/万元 | 0.81 | 0.5 | 0.4 |
| 单位工业增加值新鲜水耗 | $m^3$/万元 | 18.3 | 15 | 10 |
| 碳排放强度 | kg/万元 | ＞400 | ＜350 | ＜300 |
| 科技进步贡献率 | % | 50 | ≥55 | ≥60 |
| 应实施清洁生产审核企业的审核比例 | % | 90 | 100 | 100 |

（2）规划原则

① 整体性原则。生态文明工业体系的建设是一个系统工程，要从整体出发把工业文化和生态文化有机结合起来，最大限度地降低科技的负面效应，最充分地发挥科技的正面效应，使工业整体功能最优化。

② 生产布局生态适宜性原则。不同区域具有不同的生态承载力和服务功能，因此，在对现有产业的空间布局进行调整及未来发展中，必须遵循生态适宜性原则，充分考虑区域生态和环境承载力，符合区域生态环境功能区要求。

③ 产业环境准入原则。严格环境准入条件，提高工业企业入园、入境门槛。积极推进绿色招商和链式招商，凡达到行业清洁生产标准的企业，或通过 ISO 14001 认证、获得产品环境标志认证的企业方可入驻。

④ 产业链补链和综合效益最大化原则。按照工业生态学和循环经济原理，通过分析产业之间的关联度，在工业园区内以及产业发展过程中，构架生态产业链，对产业链网结构进行优化和提升。引入的项目应当满足补链条件，产业链构建和延伸满足综合效益最大化原则。

⑤ 高技术与生态效率原则。采用先进的节能技术、节水技术、再循环技术和信息技术，引进国内外先进的生产过程管理理念和环境管理标准，在工业企业中全面推行清洁生产，降低单位产品的物耗、水耗、能耗和污染物排放量，降低碳排放量，提高生态效率。

### 3. 规划内容

在充分考虑沈北新区的区位优势、生态和环境的承载能力以及生态功能分区的基础上，合理工业布局，优化工业结构，实现沈北新区建设生态文明的目标。

（1）合理工业布局，提高产业集聚度　以街道为基本控制单元，对现有工业园区及乡镇工业进行调整和整合，依据当地地理特征、经济发展现状、环境容量和资源承载力，通过优化结构、合理集聚，促进乡镇工业向园区集中发展。到2012年，乡镇工业完全集中到工业园区中。工业园区的建设要与合理利用土地资源、保护生态环境结合起来，到2015年，沈北新区的所有工业园区要全部实现集中供热和集中治污。到2020年，新区的工业园区要通过优化资源配置，实现资源共享，在园区内和园区间实现在循环经济指导下的物质循环构链。

依据"十二五沈阳市沈北新区国民经济和社会发展第十二个五年规划纲要"，在未来5年内，沈北新区的工业布局将建设成为"两大基地"和"六大园区"。在此基础上，结合各街道的环境容量和生态承载能力，本规划提出在生态文明建设中，沈北新区工业布局的构思为"构建'两区'，实现生态和经济双赢"。

"两区"分别为"新兴产业集聚区"和"绿色生态产业区"。"新兴产业集聚区"主要包括蒲河新城的辉山街道、虎石台街道、道义街道和部分村落街道，主要发展以农产品精深加工和高新技术为主的新兴产业；"绿色生态产业区"主要包括新城子中心镇和清水台中心镇，主要发展低污染、零排放的生态产业。

沈北新区工业园区布局如图13-3所示。

（2）优化工业结构，向节约低碳工业转型

① 提高产业集聚性，促进结构优化　立足现有的产业基础，以技术创新为支撑，不断提高企业装备水平和产品科技含量，引导企业逐步向研发、销售等高端产业环节转移，切实增强规模企业竞争能力，扶持中小企业做精做优，促进农副食品加工业、饮料食品制造业、医药制造业以及装备制造业等支柱产业整体素质的提高，形成新的规模优势和竞争优势。

依靠科技进步对支柱工业进行改造，形成一批高新技术产品和外贸主导产品，打造一批国际知名品牌。通过集团联合与资本运作，规划期内造就一批国内影响大的上市企业集团。利用区域资本和技术优势，在市场规律支配下发展现有产业关联的附加值高的高新技术产业，形成新的经济增长点，以延伸农产品加工产业链、医药产业链、装备制造产业链，以及发展手机产业和光伏等产业等来提高高新技术产业比重。

新区原有的化工行业位于新城子的生物化工园区，但由于新城子街道作为蒲河新城的"生态后花园"，具有生态建设和保护的重任，本规划建议限制和淘汰原有的化工产业，对于园区内的大型化工企业建议搬迁。

② 优化工业结构，减少污染物和温室气体排放　2010年，沈北新区共有455家规模以上企业。其中作为沈阳市重点污染源的企业共有10家：沈阳煤业集团清水煤矿有限责任公司、沈阳矿业有限责任公司建材总厂、沈阳鸿本机械有限公司、沈阳华瑞钒业有限公司、嘉禾宜事达（沈翔）化学有限公司、沈阳新纪化学有限公司、沈阳同联药业有限公司、沈阳博美达化学有限公司、沈阳依生生物制药有限公司、沈阳福宁药业有限公司。这10家企业分别分布在煤炭开采和洗选业、非金属矿物制造业、化工行业、医药行业和装备制造行业。本项研究主要针对这些污染行业的污染排放特点，提出基于污染减排的工业结构调整和优化策略。

a. 基于大气污染物减排的工业结构优化　针对沈北新区工业行业大气污染物的排放特征，提出以下基于大气污染物减排的工业结构优化策略和对策：

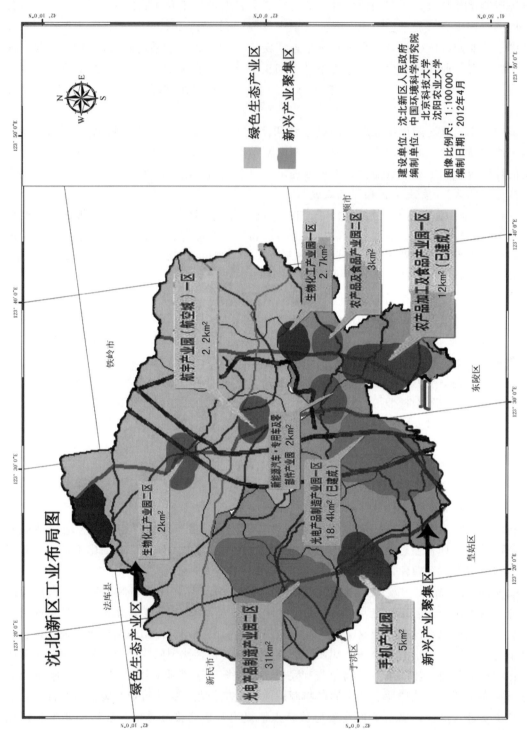

图 13-3　沈北新区工业园区布局

（a）加强化工、非金属矿物制造、建材和煤炭开采等传统行业优化重组和技术改造。以技术创新为支撑，采用先进的信息化技术不断提高企业装备水平和产品科技含量，加快传统产业技术改造，引导企业采用国际先进的环境管理模式和清洁生产工艺，形成低投入、低消耗、低排放和高效率的节约型增长方式。通过行业优化重组和技术改造，使得化工、钒业、建材等行业成为低污染物排放、高产品附加的新型绿色行业。

（b）规划和设计有利于大气污染物减排的产业链。根据工业生态链关系及其资源循环水平，规划和设计有利于大气污染物减排的产业链。一方面要对现有产业链进行改造升级，另一方面在项目引进过程中要遵循废物最小化原则，严格限制或禁止引入大气污染物排放量大的项目。

（c）加强重点行业污染综合防治。实施污染物排放总量控制，消减各项工业污染物排放量，改用清洁能源；主要大气污染企业实施结构调整、技术改造、关停或搬迁。对于重点排放源实施清洁生产企业申报、环保部门审核的排污申报制度。在实施在线监测前，要加大监测频率，进行监督性监测。按照国家标准，优先考虑使用电、气体燃料、优质煤等，积极发展清洁煤燃烧技术。

ⅰ.化工行业大气污染治理。主要针对新城子的生物化工产业园内的化工行业进行治理。针对化工园区内的沈阳市重点污染源企业——嘉禾宜事达（沈翔）化学有限公司、沈阳新纪化学有限公司和沈阳博美达化学有限公司，在2015年之前，区环保局应在在线监测的基础上，督促企业取得ISO 14000环境管理认证和通过清洁生产考核；对其排放的大气污染物，除要求达到国家标准外，还要督促企业建立废气充分利用的循环产业链接。到2020年之前，督促这些化工企业逐渐搬迁。

ⅱ.非金属矿物制造治理。主要针对市级重点污染源沈阳华瑞钒业有限公司生产过程中有组织和无组织排放的工业废气进行限期治理。督促企业在2015年之前取得ISO 14000环境管理认证和通过清洁生产考核。

ⅲ.水泥行业治理。主要针对全区水泥厂和市级重点污染源沈阳矿业有限责任公司建材总厂的粉尘污染实施限期治理，消减工业粉尘的排放量。督促重点污染企业在2015年之前取得ISO 14000环境管理认证和通过清洁生产考核。

b.基于水污染物减排的工业结构优化。针对沈北新区工业行业废水排放特征，提出以下基于废水污染物减排的工业结构优化策略和对策。

（a）严格控制污染物排放。对污染治理设备的选择、设计、施工和运行要优先于生产设施；对污染物产生量、消减处理量和排放量实行系统控制；污染控制的工艺路线遵循生态工艺优于生化工艺，生化工艺优于物化工艺的原则；污染控制工程必须实施全过程在线自动控制；禁止在水环境功能区水质超标的流域和河道新建水污染型项目。

（b）大力推行清洁生产 在加强企业外排污染物达标同时，企业水污染源控制应侧重引导企业实行污染预防，综合利用。优先推行清洁生产，积极推广循环经济理念，扶持相关配套行业发展，建立完善的区域性生态产业链，实现废水梯级利用和循环利用，减少工业废水排放。

（c）工业废水集中处理，提高废水处理标准 工业废水在厂内治理未达到缓解标准或缓解容量不容许排入的，应集中引入工业园区内废水处理厂进一步处理。而对工业园区的废水处理厂，其废水处理级别应在2015年之前全部达到一级A排放标准。

（d）加强重点行业结构调整和综合防治

ⅰ. 化工行业。加强对新城子的生物化工产业园内的嘉禾宜事达（沈翔）化学有限公司、沈阳新纪化学有限公司和沈阳博美达化学有限公司污水排放的监管。督促这些行业进行技术改造，在常规的厌氧-好氧生物处理的基础上，进一步采用高级氧化处理，使污水中污染物的排放达到国家一级 A 排放标准。

ⅱ. 医药行业。医药行业是重要的废水排放污染源，其中沈阳依生生物制药有限公司和沈阳福宁药业有限公司是沈阳市的重点污染源。由于医药废水属于难降解有机废水，传统废水处理方法，如电解法、活性炭吸附法、混凝沉淀法和生物处理法等，很难使处理后的水质达到排放标准。因此，要督促企业采用高新技术，如超临界水氧化（SCWO）或多种技术联合，如预处理-UASB-SBR 联合处理工艺等，使废水中污染物的排放达到国家一级 A 标准。

③ 立足于节水和节能，优化工业结构

（a）基于节水的工业结构优化。积极开展中水循环利用，实现工业废水"零"排放。建立工序内部、厂内、厂际、多级用水循环，提高水循环的次数，实现水资源消耗减量化，减少循环系统的工业废水排放量。例如：在化工行业中，可对企业总体用水和排水系统进行全面优化，避免局部用水水质量过高、排水量大的情况。此外，要加强企业对废水进行更深度的处理，如生化处理和膜分离等技术处理后，回用到厂区生活、生产的各个环节，可节约大量新水。

（b）基于节能减碳的工业结构优化。根据沈北新区提供的资料，沈北年综合能耗 3000t 以上标准煤的主要分布行业在饮料（5 家）、食品（2 家）、农副食品加工（4 家）、装备制造（2 家）、非金属制造（2 家）、医药（2 家）和煤炭开采和洗选业（1 家），共 18 家企业。对于这些行业，要严格按照国家节能减排的政策，通过技术改造提升其节能和减排的能力。具体优化措施如下。

ⅰ. 利用高新技术改造和提升传统产业。重点对农副食品、食品、饮料、装备制造和医药等行业开展节能先进技术的推广应用、技术攻关和示范。以信息化技术、先进制造业技术、资源节约技术、清洁生产技术为重点，提高传统行业的能源利用效率。在"十二五"期间，要与 18 户重点耗能企业签定《节能责任书》，督促企业严格按照责任书的要求实施节能降耗，使重点耗能企业全部完成节能降耗目标。

ⅱ. 调整能源结构，积极发展可再生能源和替代能源，减少碳排放。大力调整以原生能源为主的能源结构，开发经济、清洁、可再生新能源，并大力推广应用，在降低传统能源消耗的同时减少碳的排放。

ⅲ. 限制高耗能行业增长，加快淘汰落后产能。深入贯彻《国务院关于加强节能工作的决定》，全面落实国家、省、市节能工作总体部署，根据沈阳市节能减排工作领导小组的要求，严格市场准入，从源头抑制高耗能、高污染、产能过剩项目，引导产业健康发展，并加快淘汰"六大"高耗能行业中的落后产能企业。

④ 避免生态风险在新区的经济发展中，不仅要引进新的行业，而且原有的传统行业也要继续发展，这些已存在或将要引进的行业，将会对当地的生态环境带来一定的风险。为了避免这些风险的出现，本研究的具体建议如下。

a. 高新技术企业。在新区的"十二五"规划中，明确提出要建设光电产品制造产业园和手机产业园。光电产品和手机芯片制作过程要使用上百种化学药剂，其中不乏对人体健康有害物；随着集成芯片的开发与生产，越来越多的有机溶剂、加工原材料以及在加工过程中产生的废水、废气和废渣排入周围的环境，对人类及其赖以生存的生态系统构成了严重威胁。因此新区在加速发展光电和手机产业的同时，要尽量避免带来的环境危害和风险。本规划要求：在 2015 年，新区引进的光电制造和手机制造产业全部通过清洁生产的审核，工业用水重复利用率达到 100％。同时依据国外的研究经验，加快研究监控这些产业污染的监控技术，制定监控方案与实施措施。

b. 煤炭开采和洗选业。清水煤矿是新区的采矿企业，企业在生产过程中已造成地面的塌陷，破坏了当地的生态环境和景观地貌。因此，在生态文明建设中，要应用国际先进的"师法自然生态修复法"对塌陷进行复垦治理。该技术是首先采用"3S"技术，在对扰动区或周边地形、地貌、水文、气象、气候等条件进行详细了解和调查的基础上，利用计算机模拟技术，设计出一种近似自然地理形态的人工修复模型，并按照设计模型施工的一种生态恢复方法。修复后的景观与周边相协调，坡面保持长期稳定，最大限度地保蓄水土，为乡土微生物、植被和动物提供一个原生态环境。本规划要求，到 2015 年对塌陷的地区完成全方位的修复。

依据以上分析，对重点污染行业进行环境治理的要求汇总于表 13-5。

（3）发展循环经济，构架生态产业链，实现综合效益最大化　沈北新区资源消耗和污染物排放将随着经济的增长持续增加，拐点远未到来。新区的资源承载力和环境压力随着经济增长将会进一步加大，因此，必须通过大力发展循环经济，大力降低主要污染物排放水平，使资源更加充分有效地利用，才能实现经济和环境的可持续发展。

① 推行清洁生产，构建企业小循环。通过推行清洁生产，构建企业内部循环经济产业体系。清洁生产是关于工业生产过程的一种创新性的思维方式，是工业实施可持续发展战略的途径与标志，包括清洁能源、清洁生产过程和清洁产品。按照原国家环保总局《关于印发重点企业清洁生产审核程序的规定的通知》（环发［2005］151 号）的规定要求，督促新区内应实施清洁生产审核的企业在 2015 年之前 100％通过审核。需要清洁生产审核的行业主要有水泥行业、煤炭采选业、造纸业、玻璃制造业、乳制品制造业、汽车制造业、啤酒制造业、食用植物油制造业以及化工行业。

② 创建生态工业园区，发展园区中循环。生态工业园是依据循环经济理论和生态学原理而设计的一种新型工业组织形态，它通过园区工业系统内物质封闭循环、物质减量化和资源共享等方法实现了生态重组，在更大的范围内实施循环经济的原则，把不同的工厂连接起来形成共享资源和互换副产品的产业共生组合，并通过废物交换、循环利用、清洁生产等手段，将园区的污染降到最低。

2010 年，沈北新区在蒲河新城和新城子街道已建的工业园区均未开始创建生态工业园区，因此，在生态文明建设过程中，到 2015 年，新区已建和将建的工业园区应通过产业生态链的构建和完善，形成工业布局集中，循环经济体系形成一定规模，建立成较完整的生态工业产品体系，要求农产品加工及食品加工产业园建设成国家级生态工业园区。到 2020 年，新区的工业园区内要形成多条完善的生态工业链、工业园区循环经济体系成熟且达到国际水平，生态型产品占绝大多数，城市环境得到极大改善，形成较完善的生态工业系统，要求生物化工产业园、新能源汽车产业园、光电产品制造产业园、手机产业园和航宇产业园均要建成为国家级生态工业园区。

针对沈北新区主导产业的发展状况和趋势，通过构建和完善生态产业链，不但可以增加产品的附加值，增强企业的市场竞争力，而且可以减少废物产生，提高资源利用效率。

表 13-5　对各行业的生态建设和环境保护要求

| 行业 | 大气污染物治理要求 | 水污染物治理要求 | 节能降碳要求 | 生态保护要求 | 清洁生产要求 | 环境管理认证要求 |
|------|------------------|----------------|------------|------------|------------|--------------|
| 化工行业 | 达到国家排放标准,建立废气利用的循环产业链 | 达到国家一级 A 排放标准 | | | 通过清洁生产审核 | 取得 ISO 14000 环境管理认证 |
| 非金属制造业 | 达到国家排放标准,建立废气利用的循环产业链 | | 完成《节能责任书》要求 | | 通过清洁生产审核 | 取得 ISO 14000 环境管理认证 |
| 水泥行业 | 达到国家排放标准,建立废气利用的循环产业链 | 达到国家一级 A 排放标准 | 完成《节能责任书》要求 | | 通过清洁生产审核 | 取得 ISO 14000 环境管理认证 |
| 医药行业 | | 达到国家一级 A 排放标准 | 完成《节能责任书》要求 | | 通过清洁生产审核 | 取得 ISO 14000 环境管理认证 |
| 农副食品业 | | 达到国家一级 A 排放标准 | 完成《节能责任书》要求 | | 通过清洁生产审核 | 取得 ISO 14000 环境管理认证 |
| 食品行业 | | 达到国家一级 A 排放标准 | 完成《节能责任书》要求 | | 通过清洁生产审核 | 取得 ISO 14000 环境管理认证 |
| 饮料行业 | | 达到国家一级 A 排放标准 | 完成《节能责任书》要求 | | 通过清洁生产审核 | 取得 ISO 14000 环境管理认证 |
| 装备制造业 | | | 完成《节能责任书》要求 | | 通过清洁生产审核 | 取得 ISO 14000 环境管理认证 |
| 煤炭开采 | | | 完成《节能责任书》要求 | 按照国际先进水平"师法自然生态修复法"对塌陷地区进行全方位修复 | 通过清洁生产审核 | 取得 ISO 14000 环境管理认证 |
| 新兴行业(光伏和手机行业) | 加快研究污染监控技术,制定监控方案 | | | | | |

——农产品加工及食品产业链

以沈北新区辉山组团的农产品加工及食品产业园为核心，积极开展农产品及食品加工副产物的产业链接。许多粮油加工副产物，如米糠、花生壳、豆渣、玉米芯，含有丰富的膳食纤维、低聚糖、生物活性肽、多元糖醇、大豆异黄酮等功能性成分。通过引进或开发相关的高新技术，该工业园区重点构建以下产业链。

① 制备膳食纤维

米糠：

脱脂米糠→碱提→离心→酶解→碱提→离心→碱溶性半纤维素
　　　　　　　　　　水溶性半纤维素

花生壳：

花生壳→预处理→纤维素酶、蛋白酶水解→高温灭酶→过滤→脱色→漂洗、过滤→干燥→粉碎过筛（100目）→成品

麦麸：

燕麦麸→筛选、清洗→热水煮沸→淀粉酶水解→碱水解→水洗→漂白→水洗→干燥→粉碎→膳食纤维

玉米芯：

玉米芯→碱液处理、氨水浸泡→粗纤维素→深加工

豆粕及豆渣：

原料→均质→碱液浸泡→酶处理→离心分离→滤渣→热水浸泡→真空抽滤→滤渣→
清液浓缩—乙醇溶液→沉淀→静止分离→沉淀物干燥→不可溶性膳食纤维
　　干燥→不可溶性膳食纤维

② 制备低聚糖。目前主要以大豆低聚糖开发为主，同时谷物麸皮也是制备低聚糖的良好资源。

乳清→加热絮凝（乳清蛋白变形70℃）→沉降、离心分离、过滤→澄清→
　　　　　　　　　　　　　　　　　乳清液
电渗析、离子交换（脱盐、脱味、降色）→反渗析（pH 7.0，压强1.3MPa，温度45℃）
　　　　　　　　　　　　　　　　透过液（排放水）
→截留液→负压蒸发浓缩→喷雾干燥→大豆低聚糖粉

③ 制备生物活性肽。主要包括谷胱甘肽和降压肽。

谷胱甘肽生产方法主要有溶剂萃取法、发酵法、酶法和化学合成法4种。从小麦胚芽中分离富集谷胱甘肽主要采用萃取法，通过添加适当的溶剂或结合淀粉、蛋白酶等处理，再分离精制而成。

④ 制备糖醇。木糖醇是一种最常见的多元糖醇，粮食植物纤维废料如玉米芯、稻壳以及其他禾秆、种子皮壳，均可用来作为木糖醇的原料。

生产木糖醇的方法主要是水解富含木聚糖的半纤维素后分离、纯化制得木糖，然后催化加氢还原制得木糖醇。目前也出现了木糖醇的发酵法生产技术，生产成本相对较低，原料也多采用谷物半纤维素的水解产物。

⑤ 大豆异黄酮。包括黄豆苷、黄豆糖苷和染料木黄酮。

脱脂大豆→水醇提取→过滤→树脂吸附→水洗→水醇提取→冷却结晶→离心分离→
　　　　　　　　　残渣

异黄酮晶体

　　　　　　　　→胚芽油　　　　　　　→残渣
大豆胚芽→己烷脱脂→脱脂胚芽→醇提取→总配糖体→溶剂分离与柱层分离结合→
　　　　　　　　　　　　　　　　　　　　　　　　　　　大豆皂苷

大豆异黄酮

——医药产业链

新区的医药产业主要位于辉山组团的生物化工园区，医药产业的废弃物主要有废渣和废水。

① 医药产业集群废渣。建立一个化肥厂来回收利用，即用医药产业的废渣作为制造化肥的原材料。

② 医药产业的废水。经过污水处理厂处理后，可供给能源型企业来使用，如洗煤、发电等，而能源型企业生产的能源动力将支持医药企业生产使用。同时经过污水处理厂处理过的污水达到一定标准后，也可以提供给周边药材种植户灌溉药材，而药材种植户种植的药材又可以提供给医药生产企业作为医药生产的原材料（图13-4）。

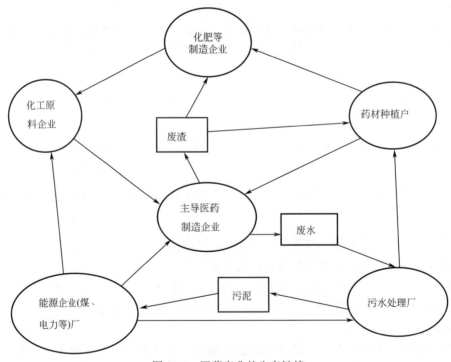

图 13-4　医药产业的生态链接
（箭头所指方向代表提供资源或能源）

——光电产业链

光电产业是沈北新区将要发展的新兴产业，主要分布在道义组团的光电产品制造产业园，重点发展以 LCD、LED 和太阳能为核心的 LED 与太阳能光伏产业。主要污染产物为四氯化硅、氯化氢、氯气。在引进企业时，要引进采用先进工艺（如采用 SiHCl₃ 法闭环生产多晶硅的工艺和 SiH₄ 流床法）制造的企业，减少对环境的污染。对于其副产物四氯化硅，可通过延伸产业链来生产气相法白炭黑、生产有机硅产品（如硅酸乙酯）、生产光纤、转化为三氯氢硅、溶于水生成硅酸和氯化氢。四氯化硅回收处理流程见图 13-5。

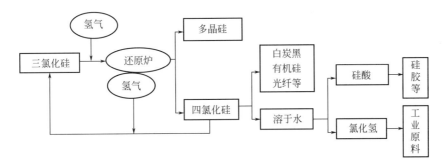

图 13-5　四氯化硅回收处理流程

——汽车及装备制造产业链

汽车产业是一个产业链长、关联产业多、附加值高、辐射面广、牵动力强、经济社会效益显著的产业，它因此成为一个国家或地区的"龙头"产业，号称"工业中的工业"。整体而言，汽车产业包括了汽车制造业和汽车服务业，汽车制造业又包括整车制造业和零部件制造业，其中整车制造又包括轿车生产、商用车生产、客车生产、货车生产、专用车和动力总成即发动机的生产等。而汽车的零配件制造更是种类繁多，涉及金属加工、电子产品、塑料成形等众多相关行业。所以说汽车产业是一个产业关联度很高、对相关行业的依赖性和带动作用都非常强的产业。汽车制造产业的发展会极大地促进机械、冶金、轻工、电子、纺织等上游产业和产业链上的汽车维修服务、汽车文化、汽车贸易等生产性服务业的发展（图 13-6）。

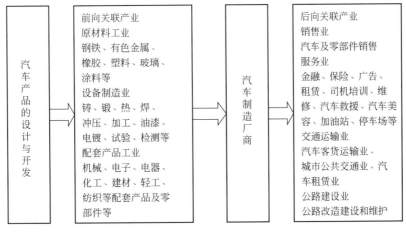

图 13-6　汽车产业链

新区在虎石台组团将建立新能源汽车、专用汽车零部件产业园，通过这个产业园区的建设，可通过汽车产业链的上游部分整合新区的设备制造等行业和下游的服务业、交通运输和公路建设等行业（图 13-6）。

——家电制造产业链

家电制造业是新区光电产品制造园区中的主要产业，新区将建设美的家电产业园、海尔（沈阳）工业园、苏泊尔卫浴产业园和中国台湾联电等龙头项目，发展以数字和智能技术为核心的家电制造产业。家电制造的主要污染是涂装和电镀环节的脱脂、磷化废水（磷、六价铬、镍、镉、银、铅、汞），建议企业采用无极转化膜替代涂装、电镀来提高工件的抗腐蚀能力；建立污水处理设施，利用电解法对废水中的重金属进行回收利用。而对于新区生活或工作中所产生的电子垃圾，建议新区在园区中建立完整的电子垃圾回收体系，对废旧零部件进行再制造，循环利用。电子产业的绿色供应链见图13-7。

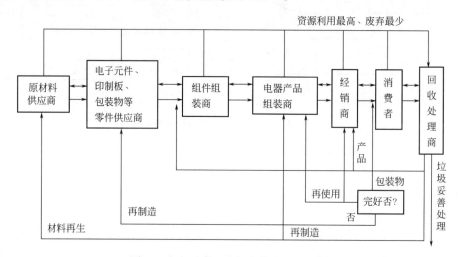

图 13-7　电子产业的绿色供应链

# 第三节　生态旅游[1]

## 一、生态旅游的源起与发展

作为旅游形式的一种，生态旅游（ecotourism）的产生主要源自人们对自然、环境和生态问题的不断关注，是人们对不断产生的环境问题、发展问题、社会消费方式、旅游业的社会、环境影响等一系列问题忧虑的一种体现。最早也被称为绿色旅游或自然旅游。生态旅游的概念最早源自西方，也是实际先于理论出现的。生态旅游的实践最早从欠发达国家开始，最初人们只是希望可以为世界自然资源的保护做出贡献，并在一些国家开始进行相关的旅游实践活动，如20世纪60～70年代在厄瓜多尔的加拉帕戈斯群岛、哥斯达黎加、贝里斯、肯尼亚等国家的环境友好型旅游活动等（宋瑞，薛怡珍2004），后来发达国家也开始进行生态旅游实践，如美国的黄石公园等。到20世纪80年代，随着生态旅游的不断发展，旅游者以及旅游经营者都开始日益关注生态型的目的地，生态旅游也开始逐渐引起学者和地方政府的重视。

目前，大多数人认为生态旅游的概念最早由国际自然保护联盟（IUCN）特别顾问、墨西哥专家贝洛斯·拉斯喀瑞（H. Ceballos Lascurain）于1983年提出。其实早在20世纪60

---

❶　本节作者为孙业红(北京联合大学旅游学院)、陈鹰(浙江省旅游集团)。

年代中期，Hetzer（1965）就曾经提出过生态旅游（ecological tourism）的概念；1981 年 Ceballos Lascurain 首次使用西班牙语（turisimo ecologico）说明了生态旅游的形式；1983 年缩减成 ecoturisimo，并在其演讲中使用该词，也就是我们今天所认为的生态旅游的源起；而目前经常使用的定义"出于研修、欣赏和享受风景及当地的野生动植物和文化特征（历史遗存和现有的特征）目的到相对未开发过或未被污染过的自然区域去旅行"（Ceballos，1987）是他在 1987 年《生态旅游的未来》the future of ecotourism）中提出的。

后来，生态旅游受到了很多学者的关注，出现了几十种概念，如 Fennell（2001）曾专门对 85 种不同的生态旅游概念进行了总结研究，发现价值导向（如保护-conservation、伦理-ethics、可持续性-sustainability、教育-education 和社区收益-community benefit 等是主要的组成部分）。典型的定义如生态旅游协会（Ecotourism Society）（1992）把生态旅游定义为"为了解当地环境的文化与自然历史知识，有目的地到自然区域所做的旅游，这种旅游活动的开展在尽量不改变生态系统完整的同时，创造经济发展机会，让自然资源的保护在财政上使当地居民受益的旅游活动"；美国世界自然基金会（WWF）的 Elizabeth Boo（1990）将生态旅游定义为"以欣赏和研究自然景观、野生生物及相关文化特征为目标，为保护区筹集资金，为当地居民创造就业机会，为社会公众提供环境教育，有助于自然保护和可持续发展的自然旅游"等。到目前为止，关于生态旅游的定义依然处于讨论中，没有形成统一的观点。由于各个概念的侧重点不同，很难说哪一个更加合适，但是几乎所有的概念都不外乎以自然环境为基础，以生态资源（包括动植物资源）永续利用为出发点，以资源和生态环境保护为主，并考虑当地社区居民文化的旅游方式（宋瑞，薛怡珍，2004；Boo，1990；Sproule，1996）。

近年来生态旅游的发展非常迅速，联合国将 2002 年定为国际生态旅游年，充分表明国际社会对生态旅游的重视。同年，专门针对生态旅游研究的国际期刊 Journal of Ecotourism 创刊，表现出学术界对生态旅游的关注。1997 年世界旅游组织提供的信息说明生态旅游占全球旅游的 10%～15%，Alan Lew（1998）另一项针对亚太旅行商的调查表明，生态旅游以年均 10%～25%的速度增长。根据世界野生动物基金会估计，1988 年，发展中国家旅游收入为 5500 亿美元，其中生态旅游为 120 亿。在哥斯达黎加，每年接待的国际游客中，几乎半数以上是去欣赏热带雨林的生态旅游者。同时，关于生态旅游的研究成果也与日俱增，研究主要集中在生态旅游的市场细分、生态旅游对野生动植物的影响、基于社区的生态旅游发展等方面（Fennell，2003；Page 和 Dowling，2002；Wearing 和 Neil，1999）。Divid Weaver 和 Laura J. Lawton（2007）认为虽然目前关于生态旅游的研究已经有很多，但由于对生态旅游的质量控制、外部环境或机制甚至生态旅游的成熟评价指标等还没有得到系统研究，生态旅游的研究事实上还处于起步阶段。

## 二、生态旅游的特征

生态旅游从其本质上说是针对大众旅游而提出来的，是一种"小众旅游"。在旅游吸引物的资源基础、旅游者的需求和旅游方式等方面，生态旅游与大众旅游都有巨大的差别。大众旅游的主要特点是旅游者人数众多，旅游线路为大家所熟悉，产品标准化程度高，旅游经营者往往采取薄利多销的方针。而生态旅游则完全相反，其突出的特点是特殊设计的产品以满足对生态环境有特殊兴趣的旅游者的需求，几乎是全新的产品，经营者以"质量"而不是以人数的扩大来增加旅游收入（张广瑞，1999）。

根据 2000 年国际生态旅游与可持续旅游认证的原则性指导性文件《莫霍克协定》（Mohonk Agreement），生态旅游至少必须包括如下 7 个方面：致力于让游客通过亲身体验大自然而更好地了解和赞美大自然；通过解说让人们认知自然环境、当地社会和文化；对自然区域的保护和生物多样性做出有益和积极贡献；对当地社区的经济、社会和文化发展提供利益；鼓励社区以适合的方式参与；食宿、程序及设计景点方面都应该尺度适中；最小化对当地文化的影响。2002 世界生态旅游峰会公布了《生态旅游魁北克城市宣言》，对生态旅游形成了一系列的共识。宣言指出，判断一种旅游形式是否是生态旅游可以运用 5 个标准：①以自然为依托的产品；②影响最小化管理；③环境教育；④为保护事业做贡献；⑤为当地社会做贡献。生态旅游峰会提出，要利用国际上认可的原则来制定认证方案，以鼓励企业参与生态旅游可持续发展的自愿活动，促进消费者的认知，同时，认证制度要反映区域和亚区域的标准，并建立相应的立法框架来实现这一目标（Fennel，2003，2005）。

　　综合来看，生态旅游应该满足 3 个标准：①旅游吸引物一定是主要基于自然的；②旅游者与吸引物之间的互动一定是要以学习或教育为目的；③体验和产品管理应该遵循生态、社会文化与经济可持续发展的原则（Blamey，1997，2001）。《生态旅游大百科全书》也提出生态旅游要满足以自然为基础、环境教育（包括解说）和可持续管理三个方面（Weaver，2001）。

## 三、生态旅游概念的泛化

　　目前，由于对生态旅游理解的差别，出现了"生态旅游泛化"的倾向。有些研究对与生态旅游理念类似的"可持续旅游"、"自然旅游"、"绿色旅游"、"替代性旅游"、"小规模旅游"以及最近刚提出的"低碳旅游"等概念不加严格区分，而将生态旅游作为一种旅游发展模式或者旅游理念来理解，或者进而更说是自然旅游等一切与生态相关的旅游形式和旅游产品的总称，亦即所谓"在生态环境中的旅游活动和与生态相关的旅游"（刘德谦，2003）。比较有代表性的概念如生态旅游是以自然及相关文化特征为基础，以生态、文化、经济可持续发展为原则，使旅游者受教育、使旅游目的地受益的一种旅游形式（唐建军，2006）。有学者甚至提出"可持续的生态旅游"概念，因为很多研究者发现有些生态旅游并不一定是可持续的，相反有的对环境的影响反而更大。其实这种提法本身就有问题，因为真正的生态旅游必然是可持续的，因为可持续性是生态旅游的核心原则。如果将生态旅游划分为"可持续的"和"不可持续的"，就是默认了打着生态旅游旗号从事不可持续生态旅游活动的现象，是不可取的（宋瑞，2003）。

　　一般生态旅游是发生在保护区范围或自然山野区域，但随着概念的泛化，生态旅游的地域范围也有了扩大，有些学者提出了都市（城市）生态旅游的概念（Corporation，1996），指都市区域内的可持续旅游，主要包括自然景观、生物多样性、原著文化等，最大限度地考虑当地社区的福利，并且与当地的投资者、导游、居住者交流，教育游客和当地居民关心环境问题、遗产资源和可持续性，同时减少旅游的生态足迹等。国内有学者提出城市生态旅游是在城市范围内进行的生态旅游，它是以城市生态资源（以人工化的生态资源为主）和服务设施为依托，以保持相对脆弱的城市生态资源的生态过程和文化延续为目标，而培养生态伦理道德的旅游方式（常捷和杨洪全，2001）。这些概念从内容上看更接近于可持续旅游和低碳旅游。这里生态旅游更像是一种旅游理念。

　　很多学者表示对这种概念泛化的担忧，因为广泛性的特征描述虽然有利于从更加宏观的角度理解生态旅游现象，但疏忽了对生态旅游本质特征的限定性归纳，不利于区别生态旅游同其他形式旅游活动的差异，既偏离了进行特征归纳的本意，又不利于深入认识所研究的对象（郭舒，2002）。泛化的确为某些旅游经营者严重危及生态的旅游经营送去了一块"金字招牌"，也的确为经营者带来了经济效益，但是却造成了难以挽回的生态破坏，造成了社会对生态旅游的严重误解，以致影响了旅游业的声誉，影响了生态旅游的健康发展（刘德谦，2003）。另外，20世纪90年代以来，生态旅游旗号被滥用的情况也开始逐渐呈现出来，这在某种层面上也是由于生态旅游概念的泛化。AlanLew在1995～1996年针对亚太地区的部分旅游经营者做的问卷调查表明：仅仅将生态旅游作为一种营销幌子的做法已经成为生态旅游发展的障碍（Lew，1998）。事实上，随着生态旅游的发展，概念的内涵不断扩大是必然趋势，但其本质核心不会发生变化，任何一种试图将生态作为一种标签却没有真正遵循生态旅游原则的旅游活动必然是"伪生态旅游"。

## 四、中国的生态旅游发展

我国的生态旅游目前还处于发展的初级阶段，和西方相比有近20年的差距。1993年9月，在北京召开的"第一届东亚地区国家公园和自然保护区会议"通过了《东亚保护区行动计划概要》的文件，标志着生态旅游的概念在中国第一次以文件形式得到确认。1999年，国家旅游局的旅游主题为"生态环境旅游年"，2009年确定为"中国生态旅游年"，足见国家对生态旅游的重视。1982年我国成立了第一个国家森林公园——张家界国家森林公园，该公园的成立为生态旅游的发展奠定了良好的基础。1999年，张家界森林公园举办了"国家森林保护节"，推出了武陵源等生态旅游景区。1999年成都等地区也陆续开始推出九寨沟、黄龙、峨眉山等生态旅游产品，生态旅游开始在我国蓬勃发展起来。我国具有发展生态旅游的良好条件：一是拥有巨大的客源市场，且随着人们生态意识的觉醒，对生态旅游的需求将不断增长；二是拥有丰富的生态旅游资源。到2011年年底，我国已经建立2640处自然保护区（不含港澳台地区），总面积为$149 \times 10^4 km^2$，陆地自然保护区面积约占国土面积的15.52%。这些保护区集中了我国自然生态系统和自然景观中最精华的区域，是生态旅游的理想处所。中国人与生物圈国家委员会对全国100个省级以上自然保护区调查结果表明：其中已有82个保护区正式开办旅游，年旅游人次在10万人以上的保护区已达到12个。目前国内自然保护区的生态旅游方兴未艾，年总旅游人次近2500万，年旅游总收入近5.2亿元。一些自然保护区已经成为带动当地旅游业发展的"龙头"。

目前，我国的生态旅游已经从原生的自然景观发展到半人工生态景观，游览对象包括原野、冰川、自然保护区、农村田园景观等，生态旅游形式包括游览、观赏、科考、探险、狩猎、垂钓、田园采摘及生态农业主题活动等（杨桂华等，2010）。

我国最早的生态旅游模式是从西方引进的，最早开始于生态学研究者而非旅游研究者，主要原因是生态学者们认识到旅游活动可能会对自然保护区等产生负面影响。事实上，从发展特征来看，我国很多地区目前的生态旅游并不是真正的生态旅游，而是泛化意义上的生态旅游，有学者甚至称中国没有生态旅游。真正的生态旅游者会有较强的环境责任，其活动不会对所旅游地区造成负面影响。而目前中国的生态旅游则更多强调旅游的地点处于自然区域，游客对自身的旅游行为没有过于严格的责任意识，因此旅游活动从不同层面造成了旅游区的各种影响。调查显示，在已经开展旅游的保护区中，仅有16%定期进行环境监测工作，有的保护区连一台必需的测量仪器也没有。根据科学监测对游客数量进行控制的保护区仅占

20％，一些保护区已出现人满为患的现象。甚至有 23％的保护区违反《中华人民共和国自然保护区条例》规定，在自然保护区的核心区内从事旅游活动，使原动植物赖以生存的地域减少，它们的生活空间和养料系统也发生变化，从而导致这里的动植物死亡和生态环境的破坏。据中国人与生物圈国家委员会对保护区旅游现状调查显示：已有 22％的自然保护区由于开展旅游而造成保护对象的破坏，11％出现旅游资源退化。中国人与生物圈国家委员会对保护区旅游现状作了深入调查后发现，目前 44％的自然保护区存在垃圾公害，12％出现水污染，11％有噪声污染，3％有空气污染。2005 年 6 月，国家旅游局、国家环保部联合发出《关于进一步加强旅游生态环境保护工作的通知》，2006 年 8 月，又联合建设部在四川九寨沟召开了全国生态旅游现场会议，以此推动生态旅游的健康发展。中国生态学会旅游生态专业委员会也提出了《中国生态旅游推进行动计划》，加强了对生态旅游的管理、规范和指导（魏晓霞，2009）。生态旅游行动计划为不少贫困山区依靠旅游业摆脱贫困做出了很大贡献。事实上，生态旅游在我国旅游扶贫中的战略地位不可忽视。

我国的生态旅游研究也是伴随着生态旅游产生的各种环境问题不断受到关注的。如1993 年中国科学院植物研究所王献溥在《植物资源与环境保护》上发表了题为"保护区发展生态旅游的意义与途径"的论文。1994 年，中国生态旅游协会（CETA）成立，随后（1995 年 1 月）在西双版纳召开第一次学术研讨会，并发表《发展我国生态旅游的倡议》，标志着中国的生态旅游研究开始进入组织化阶段。之后很多学者都开始关注生态旅游的研究，很多学者开始介绍西方的研究成果，并对中国的生态旅游发展进行反思（倪强，1999；张广瑞，1999），国内生态旅游的研究开始涉及对生态旅游概念与内涵的探索、生态旅游与可持续发展的关系、生态旅游与社区发展的关系、生态旅游的环境影响、生态旅游的管理与规划、生态旅游的居民感知、生态旅游的市场分析、生态旅游的目标主体以及生态旅游的标准认证等（杨桂华等，2010；杨彦锋，徐红罡，2007；李燕琴，2006；张广瑞，1999；宋瑞，2003；郭来喜，1996；牛亚菲，1999）。

这些研究在理论和实践方面进行了有益的尝试，表明我国生态旅游理论研究正在逐步走向深入，但与国际研究相比，不管是与国外理论研究还是与现实发展需求相比，都存在一定的差距，主要体现在对实地的调查和生态旅游本质特征的案例研究较少，难以为理论模型的构建提供丰富的案例支撑；研究方法不够科学系统，研究成果难以进行比较；研究角度较为单一，没有使用综合各学科的方法使研究更具有现实意义等。目前，我国生态旅游的研究者们代表性的研究成果主要包括以下几个方面。

① 对生态类的旅游资源进行了广泛研究，研究内容不断扩展。目前，中国的生态旅游已经涉及森林、草原、乡村农业、冰雪、沙漠地带、海洋、观鸟、农业文化遗产旅游等多种资源类型。近年来海洋生态旅游、农业生态旅游等受到了很多学者的关注（赵金凌，2006；孙业红等，2009，2011；闵庆文等，2008；钟林生等，2010）。同时，也有研究在综合考虑旅游资源条件、生态环境条件、旅游条件与发展潜力的基础上，尝试建立了新的生态旅游资源评价的指标体系（黄震方等，2008）。

② 对旅游生态系统进行了科学的界定。旅游生态系统的研究应以可持续发展理念为基础，引入生态学、景观生态学、景观环境的基本理论和方法，对旅游生态系统的整体性、变化性、独特性、结构性进行研究。生态旅游开发要建立在对旅游生态环境系统研究的基础上，通过对旅游环境要素和生态系统特征进行分析评价，研究各种旅游活动对生态系统的影响，生态敏感区域对旅游活动的抗干扰能力，以及旅游生态系统的优化途径等，为生态旅游

开发规划提供科学依据（牛亚菲，陈田，2004）。

③ 生态旅游对自然保护区的影响研究比较深入。我国自然保护区数量众多，对动植物资源起到了很好的保护作用，同时也为旅游发展提供了丰富的资源。我国很多生态旅游都是在保护区内开展的，因此关于保护区的旅游影响研究是学者们关注的重点，主要集中在旅游对保护区内的动物、植物等的相关影响等，如鸟类的惊飞、捕食，对植物的踩踏等。有些研究通过实验进行了科学分析，为生态旅游管理与规划提供了科学依据（马建章，程鲲，2008）。

④ 生态旅游标准和认证取得了一定进展。随着人们对国际上生态旅游标准和认证的认识不断深入，加之国内生态旅游市场的混乱情况亟需规范，旅游消费者需要一个权威的标准对众多的生态旅游产品进行比较与选择，生态旅游标准制定和认证的研究也受到了很多学者的关注（钟林生等，2005；杨彦锋，徐红罡，2007；周玲强，2003）。

⑤ 形成了一门新的学科——旅游生态学。随着人类资源环境观和生态意识的不断深化，以及人们对旅游地生态环境质量追求的日益提高，旅游业开始生态化发展，于是产生了一门为解决旅游业发展过程中生态问题以及旅游业可持续发展问题的新兴学科——旅游生态学（Tourism Ecology）。旅游生态学是运用生态学的基本原理与方法，研究人类旅游活动过程与其环境相互作用、相互影响的内在规律的一门生态学分支学科，具体来讲，旅游生态学主要研究人类旅游活动对旅游区及其周边地区的生态环境和生物多样性影响以及旅游环境对游客身心和行为的影响。同时旅游生态学也研究旅游资源的保护与开发、生态规划、生态建设、生态管理及其可持续利用等方面的内容。旅游生态学的研究对象是旅游主体、旅游客体之间相互作用过程以及由他们组成的旅游生态系统。其中，旅游主体主要包括旅游开发者、旅游经营者、旅游管理者和旅游者；旅游客体主要包括自然无机环境、人工设施环境、生物环境、人文环境和社会经济环境等；旅游活动过程主要包括旅游地的开发建设过程、旅游者的旅游过程和旅游经营管理过程（章家恩，2005）。

## 五、生态旅游典型案例

### 1. 肯尼亚的生态旅游

肯尼亚的生态旅游发展是欠发达国家模式的典型代表，表现出被动发展的特点。这些国家一般拥有丰富而独具特色的旅游资源，发展生态旅游主要是由于经济压力。自 20 世纪初期，由于殖民主义发动的大型野蛮的狩猎活动为肯尼亚的野生动物带来了巨大灾难。1977年，在人们的强烈要求下，肯尼亚政府宣布完全禁猎。政府通过将原居民迁离等办法建立起26 座国家公园、28 处自然保护区和 1 处自然保留区，这些保护地共占肯尼亚陆地面积的12%。1978 年政府宣布野生动物的猎获物和产品交易非法，于是一些因此失业的人开始走上发展旅游的道路，提出了"请用相机来拍摄肯尼亚"的口号，以其丰富的自然资源开始招揽旅游者，生态旅游随之发展起来。目前，生态旅游业已经成为肯尼亚国民经济主要创汇行业。其旅游收入为 10 亿美元，直接和间接在旅游部门就业的人数超过 200 万人，占肯尼亚总人口的 5% 以上。肯尼亚政府认为，发展生态旅游的最重要内涵就是要顾及当地居民的利益，保证当地居民从旅游业中受益，改善居民的生活质量，以此推动生态旅游区的环境保护和可持续发展。

为了保护肯尼亚的野生动物和自然环境，肯尼亚政府实行了一些特别措施：①在每个国家公园或保护区成立了居民服务协会（CWS），通过该组织给予居住于国家公园或保护区周围的民众以实质的帮助，如提供经费赞助地方发展计划，兴建学校，为学生提供奖学金等；

②积极鼓励居住在国家公园或保护区周围的居民参与到与旅游相关的行业，提供餐饮或制作纪念品及表演等，使当地居民从旅游业中获取利润，进而加入环境保护活动，为野生动植物提供较大的生存空间和安全的庇护所，肯尼亚政府还鼓励旅游部门官员与当地居民交朋友，成为他们的好老师和好帮手；③制定"生物多样区保护计划"，协助当地居民找到合适的工作，增加每个家庭的经济收入，改善居民的基本生活条件，缓解居民与国家公园管理间的矛盾与冲突。

### 2. 美国黄石公园生态旅游

美国是主动发展生态旅游的代表。美国黄石国家公园（Yellow Stone Park）成立于1972年，是世界上第一个公认的真正意义上的国家公园，举世闻名的自然遗产地，也是美国最早开始生态旅游的地方。黄石公园位于怀俄明、蒙大拿和爱达荷三州交界处的落基山脉，面积 $89.91 \times 10^4 \, \mathrm{km}^2$，以喷泉、温泉、瀑布、大峡谷和丰富的动植物资源闻名于世。公园内有 3000 多个间歇泉和温泉，最有名的是"老忠实泉"，每隔 65min 即喷发一次，每次喷射持续 2～5min，喷出水柱高达 32～56m，非常壮观，是公园内最具有吸引力的景观。另外，黄石公园内有面积 $3.6 \times 10^4 \, \mathrm{km}^2$ 的黄石湖，海拔 2357m，是北美洲地势最高的湖；黄石河边的大峡谷长 39km，深 244～366m，两条相互连接的大瀑布长 127m，从大峡谷中间倾泻而下，响声轰鸣，蔚为壮观。另外，公园内有各种各样的野生珍稀动植物，吸引着来自世界各地的游人，据统计，黄石公园每年接待的游客量超过 2.5 亿人次。

作为美国最早也是极具旅游吸引力的国家公园，面对大量的生态旅游者，黄石公园为园内的资源和景观保护制定了很多管理措施，如 1872 年制定了《黄石法案》，后又先后出台了《古物法》、《国家公园管理条例》、《历史遗址法》、《合作协议法》、《历史保护法》等，形成了一整套健全的法律法规体系；国家公园所有的雇员都是通过公务员考试选拔出来，具备资源管理和旅游管理的专业知识和学历，另外，公园还招募很多志愿者帮助宣传风光，教育游客树立环保意识等，目前全美已有 8 万多名国家公园志愿者；为防止国家公园旅游服务企业无序竞争，各公园管理机构按照自身特点和联邦规划，在国家公园内开办旅馆、饭店、商店等盈利性企业，必须向国家公园管理局申请注册并核发特别许可证，以减少旅游服务设施对公园的影响；同时，公园测算出合理的游客容量，当游客人数接近容量时就限制游人进入，并开始进行分流，减少游客的环境压力；另外，公园的景区并非全部开放，不同景区确定一定的环境改变限度值，当接近这一限度值时就将其关闭，并打开另外一个景区供游人游玩，避免了脆弱景区受到严重破坏的可能。

### 3. 农业文化遗产地的生态旅游

农业文化遗产（Agricultural Heritage Systems）是一种新的遗产类型。其概念源自联合国粮农组织 2002 年启动的"全球重要农业文化遗产（Globally Important Agricultural Heritage Systems）"项目。按照粮农组织的定义，全球重要农业文化遗产是"农村与其所处环境长期协同进化和动态适应下所形成的独特的土地利用系统和农业景观，这种系统与景观具有丰富的生物多样性，而且可以满足当地社会经济与文化发展的需要，有利于促进区域可持续发展"。目前，联合国粮农组织已经先后在全球评选出 19 个"全球重要农业文化遗产"的试点进行保护，其中包括中国浙江青田的稻鱼共生农业系统、江西万年的传统稻作文化系统、云南的哈尼稻作梯田农业系统、贵州从江的稻鱼鸭复合系统、云南的普洱茶农业系统以及内蒙古敖汉旗旱作农业系统。

农业文化遗产旅游这个概念与乡村旅游、农业旅游等联系比较密切，其实与生态旅游的概念联系也很密切。有学者曾直接提出农业生态旅游的概念，认为农业生态旅游是把农业、生态和旅游业结合起来，利用田园景观、农业生产活动、农村生态环境和农业生态经营模式，吸引游客前来观赏、品尝、习作、体验、健身、科学考察、环保教育、度假、购物的一种新型的旅游开发类型，认为该种类型的旅游是农业旅游向生态旅游的发展（徐颂军，保继刚，2001）。事实上，由于农村地区本身的特点（地域狭小、生态脆弱、生物多样性丰富等），基于农业和农村的旅游很难发展成为传统的大众旅游，因此需要从大众旅游的替代形式——可持续旅游的角度进行考虑。毋庸置疑，农业文化遗产旅游不能完全等同于生态旅游，但对于那些有生态资源，同时又适合发展生态旅游的农业文化遗产地，生态旅游就成了重要的旅游形式，如浙江青田龙现村针对田鱼观赏和农田、登山体验的旅游，浙江会稽山区的香榧林旅游等都是很好的生态旅游活动（孙业红等，2010，2011），尽管目前这些旅游中体现出明显的"泛化生态旅游"特征，但如果对社区、管理者、游客等进行正确的引导和宣传，是完全可以实现生态旅游的环境教育、社区发展和可持续引导作用的。浙江省青田县龙现村自 2005 年被列为中国第一个全球重要农业文化遗产试点以来，村民参与旅游接待的过程中提高了对农业文化遗产保护重要性的认识，提高了自身的家庭收入，同时妇女的主动性作用也得到了提升，旅游接待和效益体现出典型的生态旅游特征。

### 4. 浙江安吉的生态旅游

安吉地处浙江省西北部，面积 1886 平方公里，人口 45 万，是著名的"中国竹乡"。1998 年以前安吉还是全省 20 个贫困县之一。1989 年后，竹制品、转椅、造纸、化工、印染等行业的兴起，出现了安吉经济发展的第一次高潮，一举摘掉了贫困县的帽子。但代价是沉重的，单纯追求资源的经济效益，加上落后的生产工艺和淡薄的环保观念，致使环境逐渐恶化，生态优势逐渐弱化，企业普遍缺乏可持续发展能力。1996 年安吉开始发展旅游业，但由于赖以生存和发展的环境和资源受到了不同程度的破坏，致使刚刚起步的旅游业面临困境，不能产生应有的效益。1997 年游客仅 28 万人次，旅游收入 0.3 亿元。

2001 年安吉确立了"生态立县-生态经济强县"的可持续发展战略，使安吉经济发展驶上了快车道，也为生态旅游业的发展创造了机遇。2000 年，安吉县委、县政府出台《关于进一步加快旅游产业发展的若干意见》，从组织保障上建立了县旅游工作领导小组，调整管理机制，确保风景与旅游的统一管理；从政策扶持上，落实旅游各项优惠政策，逐年加大财政投入力度；从制度规范上，出台了《安吉县旅游管理办法》等相关措施，加快了生态旅游大县建设步伐，生态旅游业发展有了新的突破。2002～2004 年连续 3 年游客突破 200 万人次。特别是 2003 年上半年在遭受"非典"的严重影响下，由于安吉生态旅游对"非典"有一种"抗阻源"，游客依然有所增长。

总结安吉县生态旅游发展，主要有三点值得学习与肯定：一是高起点完善规划，先后编制了《安吉县"生态立县"实施意见》、《安吉县环境保护规划》、《安吉县生态示范区建设规划》等一批具有生态内涵、切实可行的规划，并通过开展争创全国生态示范县等活动加以实施。二是高质量建设生态旅游城市，几年来累计投入 30 多亿元，大规模开展旧城改造和新区开发，加快城市绿色精品工程建设；高标准城市绿色工程，使城市绿化覆盖率达到 35.5%，人均公共绿地面积 $11.5m^2$。建成了旅游集散服务中心，旅游综合设施接待中心基本形成，生态旅游城市形象初露端倪。三是高标准建设旅游景区。目前全县已形成了一批包括国家 4A 级景区安吉竹博园、全国工业旅游示范点天荒坪电站在内的生态型、规模型景点，在生态旅游中发挥了重要作用。

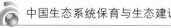

# 参 考 文 献

［1］ Berg H. Pesticide use in rice and rice-fish farms in the Mekong Delta，Vietnam. Crop Protection，2001，20（10）：897-905.

［2］ Li Wenhua，Liu Moucheng，Min Qingwen. China's ecological agriculture：progress and perspectives. Journal of Resources and Ecology，2011，2（1）：1-7.

［3］ Li Wenhua. Agro-Ecological Farming Systems in China. Paris：Parthenon Publishing Group，2001.

［4］ Zhu Y Y，Chen H R，Fan J H，et al. Genetic diversity and disease control in rice. Nature，2000，406：718-722.

［5］ 李文华，刘某承，张丹. 用生态价值观权衡传统农业与常规农业的效益. 资源科学，2009，31（6）：899-904.

［6］ 李文华，张壬午. 生态农业与循环经济. 循环·整合·和谐——第二届全国复合生态与循环经济学术讨论会论文集. 北京：中国科学技术出版社，2005.

［7］ 李文华，刘某承，闵庆文. 中国生态农业的发展与展望. 资源科学，2010，32（6）：1015-1021.

［8］ 李文华. 生态农业——中国可持续农业的理论与实践. 北京：化学工业出版社，2003.

［9］ 刘某承，张丹，李文华. 稻田养鱼与常规稻田耕作模式的综合效益比较研究. 中国生态农业学报，2010，18（1）1：164-169.

［10］ 路明. 现代生态农业. 北京：中国农业出版社，2002.

［11］ 骆世明. 生态农业的技术与模式. 北京：化学工业出版社，2009.

［12］ 骆世明. 生态农业的景观规划、循环设计及生物关系重建. 中国生态农业学报，2008，16（4）：805-809.

［13］ 马世骏，李松华. 中国的农业生态工程. 北京：科学出版社，1987.

［14］ 闵庆文，孙业红，成升魁等. 全球重要农业文化遗产的旅游资源特征与开发. 经济地理，2007，27（5）：856-859.

［15］ 闵庆文. 全球重要农业文化遗产——一种新的世界遗产类型. 资源科学，2006，28（4）：206-208.

［16］ 孙业红，闵庆文，成升魁. "稻鱼共生系统"全球重要农业文化遗产价值研究. 中国生态农业学报，2008，16（4）：991-994.

［17］ 王如松，蒋菊生. 从生态农业到生态产业. 中国农业科技导报，2001，3（5）：7-12.

［18］ 叶谦吉. 生态农业. 重庆：重庆出版社，1988.

［19］ 张丹，闵庆文，成升魁等. 传统农业地区生态系统服务功能价值评估. 资源科学，2009，31（1）：31-37.

［20］ 张壬午，高怀友. 现阶段中国生态农业展望. 中国生态农业学报，2004，12（2）：23-25.

［21］ 张壬午. 生态农业产业化初探. 中国生态农业实践与发展. 北京：中国农业出版社，2000.

［22］ AlanA Lew. Ecotourism trends. Annals of Tourism Research，1998，25（3）：742-746.

［23］ Blamey R. Ecotourism：the search for an operational definition. Journal of Sustainable Tourism，1997，5：109-130.

［24］ Blamey R. Principles of ecotourism//D Weaver Ed. Encyclopedia of ecotourism（pp. 5-22）. Wallingford：CAB International，2001.

［25］ Boo E. Ecotourism：the Potentials and Pitfalls. Washington，D. C.：World Wild Fund，1990，1 &.2.

［26］ Corporation B. Developing an Urban Ecotourism Strategy for Metropolitan Toronto：A feasibility Assessment for the Green Tourism Partnership. Toronto：Toronto Green Tourism Association，1996.

［27］ Fennell D. A content analysis of ecotourism definitions. Current Issues in Tourism，2001，（4）：403-421.

［28］ Fennell D. Ecotourism：An introduction. 2nd ed. London：Routledge，2003.

［29］ Fennell D，Weaver，D. The ecotourium concept and tourismconservation symbiosis. Journal of Sustainable Tourism，2005，13：373-390.

［30］ Hetzer W. Environment，tourism，culture. Links，1965，7，1-3.

［31］ Ceballos-Lascurain，H. The future of ecotourism. Mexico 1，1987，1：13-14.

［32］ Lew A. The Asia-pacific ecotourism industry：putting sustainable tourism into practice//Hall C M，Lew A. Sustainable Tourism：AGeographical Perspective. London：Routledge，1998：92-106.

［33］ Page S，Dowling R. Ecotourism. London：Pearson Education，2002.

［34］ Sproule K W. Community-based ecotourism development：Indentifying partners in the process//E Malek-Zakeh. The Ecotourism Equation：Measuring the impacts. Bulletin Series Yale School of Forestry and Environment Studies，Number 99. New Heaven，CT：Yale University Press，1996.

[35]　Sun Y H，Jansen-verbeke M，Min Q W，Cheng S K．Tourism potential of agricultural heritage systems．Tourism Geographies，2011，13（1）：112-128．

[36]　Wearing S，Neil J．Ecotourism：Impacts，Potentials and Possibilities．Oxford：Butterworth-Heinemann，1999．

[37]　Weaver D．Ecotourism as mass tourism：contradiction or reality？Cornell Hotel and Restaurant Administration Quarterly，2001，42：104-112．

[38]　Weaver D，Lawton L．Overnight ecotourist market segmentation in the Gold Coast hinterland of Australia．Journal of Travel Research，40：270-280．

[39]　Zhong L S，Bukley R Xie，T．Chinese perspectives on tourism eco-certification．Annals of Tourism Research，2007，34（3）：808-811．

[40]　郭来喜．中国生态旅游——可持续旅游的基石．地理科学进展，1996（4）：1-10．

[41]　郭舒．生态旅游概念泛化思考．旅游学刊，17（1）：69-72．

[42]　黄震方，袁林旺，黄燕玲等．生态旅游资源定量评价指标体系与评价方法——以江苏海滨为例．生态学报，2008，28（4）：1655-1662．

[43]　李燕琴．国内外生态旅游者行为与态度特征的比较研究——以北京市百花山自然保护区为例．旅游学刊，2006，21（11）：75-80．

[44]　刘德谦．中国生态旅游的面临选择．旅游学刊，2003，18（2）：63-68．

[45]　马建章，程鲲．自然保护区生态旅游对野生动物的影响．生态学报，2008，28（6）：2818-2826．

[46]　闵庆文，焦雯君，孙业红等．传统农业的生态价值和保护及其生态补偿措施．农业文化遗产及其动态保护初探．北京：中国环境科学出版社，2008．

[47]　倪强．近年来国内关于生态旅游研究综述．旅游学刊，1999（3）：40-45．

[48]　牛亚菲．可持续旅游、生态旅游及实施方案．地理研究，1999（2）：179-184．

[49]　宋瑞，薛怡珍．生态旅游的理论与实务．台北：新文京开发出版股份有限公司，2004．

[50]　宋瑞．生态旅游：多目标多主体的共生．2003．

[51]　孙业红，闵庆文，钟林生等．少数民族地区农业文化遗产旅游开发探析——以贵州省从江县为例．中国人口资源与环境，2009，19（1）：120-125．

[52]　孙业红，成升魁，闵庆文等．农业文化遗产地旅游资源潜力研究——以浙江青田为例．资源科学，2010，32（6）：1026-1034．

[53]　唐建军．大众生态旅游：生态旅游可持续发展的有效途径．学术交流，2006（8）：119-122．

[54]　王献溥．保护区发展生态旅游的意义与途径．植物资源与环境保护，1993（2）：49-54．

[55]　魏晓霞．绿色之旅方兴未艾．中国旅游报，2009-01-23（6）．

[56]　徐颂军，保继刚．广东发展农业生态旅游的条件和区域特征．经济地理，2001，21（3）：371-375．

[57]　杨桂华，钟林生，明庆忠．生态旅游．第二版．北京：高等教育出版社，2010．

[58]　杨彦锋，徐红罡．对我国生态旅游标准的理论探讨．旅游学刊，2007，22（4）：73-78．

[59]　张广瑞．生态旅游的理论与实践．旅游学刊，1999，（1）：51-55．

[60]　章家恩．旅游生态学．北京：化学工业出版社，2005．

[61]　赵金凌，成升魁，闵庆文．基于休闲分类法的生态旅游者行为研究——以观鸟旅游者为例．热带地理，2007，27（3）：284-288．

[62]　Carl Cater and Erlet Cater 著．海洋生态旅游．钟林生，林岚，王蕾主译．天津：南开大学出版社，2010．

[63]　周玲强．生态旅游区认证标准及推广过程中政府行为研究——以浙江省为例．2003：20-52．

[64]　王倩，邹欣庆，葛晨东等．生态示范区内生态工业建设模式探讨．长江流域资源与环境，2001，10（6）：517-522．

# 第十四章

# 生态建设保障机制建设

## 第一节　生态补偿机制[❶]

### 一、引言

　　长期以来，由于人为不合理的开发利用活动，不但造成了资源的极大浪费，而且导致了严重的环境污染和生态破坏，给社会经济造成了巨大的损失，直接危及国民经济的发展。随着国内外对生态环境保护的重视程度不断增强，经济手段作为解决生态环境保护与经济发展矛盾的重要政策越来越受到人们的重视，在环境政策中占据重要地位。与传统的命令控制性手段相比，经济激励手段具有明显的成本-效益优势和更强的激励-抑制作用，因而越来越受到人们的关注，生态补偿正是在此背景下产生和发展起来的一种经济手段（毛显强等，2002）。

　　国际上与中国生态补偿涵义接近的有生态/环境服务付费（Payment for Ecological/Environmental Services）、生态/环境服务市场（Market for Ecological/Environmental

　　❶　本文作者为李文华、刘某承(中国科学院地理科学与资源研究所)，杨光梅(上海虹桥商务区新能源投资发展有限公司)。

Services) 和生态/环境服务补偿（Compensation for Ecological/Environmental Services），其实质是由于土地使用者往往不能因为提供各种生态环境服务（包括水流调节、生物多样性保护和碳蓄积等）而得到补偿，因此对提供这些服务缺乏积极性，通过对提供生态/环境服务的土地使用者支付费用，可以激励保护生态环境的行为，该措施还可以为贫困的土地所有者提供额外的收入来源，以改善他们的生计。上述概念中使用最广泛的是生态/环境服务付费（Payment for Ecological/Environmental Services，PES）。PES 在世界各国受到了广泛关注，尤其是中美和南美地区已经有相关的 PES 实践。例如：哥斯达黎加 1997 年开始实施了较完备的 PES 项目——Pago por Servicios Ambientales（PSA），该项目由国家森林商业基金支持（Fondo National de Financiamiento Forestal，FONAFIFO）（Pagiola，2002），对土地使用者进行的林木重新栽植、可持续采伐、天然林保护行为进行土地利用特别补助；Heredia 市实施"环境调整水税"（Environmentally Adjusted Water Tariffs）以支持流域保护（Castro，2001）；另外，私营水电生产商 La Manguera SA 与非政府组织 Monteverde 保护联盟之间签订了关于取水付费的双边协议（Rojas，2002）。2003 年，墨西哥实施了水文环境服务付费项目［Payment for Hydrological Environmental Services（Pago por Servicios Ambientales Hidrolo′gicos，PSAH）］，通过收取水源使用税，为具有重要水文价值的森林生态系统保护付费。在哥伦比亚，考卡河流域的水源使用者要为流域的保护行为付费。在厄瓜多尔，Quito 市将水源使用者和电力公司支付的费用建立水基金（FONAG），用来为水源地保护区的保护行为付费（Echevarria，2002）。

在中国，生态补偿的理论和实践经历了自发摸索阶段、理论研究阶段、理论与实践相结合的阶段，建立生态补偿机制基本成为社会各界的共识，学术界开展了一系列相关的研究工作，中央政府和许多地方积极开展生态补偿的试点工作，为生态补偿制度的建立和政策设计提供了一定的理论依据和实践经验。

## 二、中国生态补偿理论与实践的阶段性特征

纵观中国生态补偿的理论与实践，具有较为明显的阶段性特点，可以划分为 3 个阶段。

### （一）自发摸索阶段（1992 年以前）

中国生态补偿的实践始于 20 世纪 70 年代的四川青城山管理（冯艳芬等，2009），当时由于护林人员工资不到位，放松了管理，乱砍滥伐森林现象十分严重，成都市决定将青城山门票收入的 30% 用于护林，之后青城山的森林状况很快好转。1978 年，我国最大的生态工程——三北防护林工程启动。从 20 世纪 80 年代开始，我国学者开始自发地对生态补偿进行探讨，主要从自然科学的角度进行生态补偿研究，核心观点是从利用资源所得到的经济收益中提取一部分资金，以物质和能量的方式归还生态系统，以维持生态系统的物质、能量输入、输出的动态平衡（张诚谦，1987）。也有学者提出对生态效益赋予价值并给予补偿，提倡从相关受益部门的利润中提取一定比例作为补偿基金，具有了经济学意义上生态补偿的主要特点。例如提出森林不但要对提供的木材和林副产品计算商品价值，而且对其调节气候、涵养水源、保持水土、净化空气、美化环境等效益赋予生态价值而进行计价，并给予补偿（郑征，1988）；另有学者呼吁对划为生态效益防护林的林地试行生态补偿（李慕唐，1987），资金由下游受益的单位（电站、工厂、交通、航运、矿场等）按受益多寡承担投资义务，用以补偿防护林建设所需经费（钱震元，1988），具有流域生态补偿的思路。但是相关的研究成果并未形成大的影响。

（二）理论研究阶段（1992～1998 年）

中国关于生态补偿的主动的、大规模的研究和实践开始于 1992 年。1992 年举行的联合国环境与发展大会，标志着在环境与发展领域人类自觉行动的开始，是转变传统发展模式和开拓现代文明的一个重要里程碑。会议要求各国政府"在环境政策制定上要发挥价格、市场和政府财政及经济政策的补充性作用，使环境费用体现在生产者和消费者的决策上。价格应反映出资源的稀缺性和全部价值，并有助于防止环境恶化"。我国政府在《关于出席联合国环境与发展大会的情况及有关对策的报告》中指出："各级政府应更好地运用经济手段来达到保护环境的目的。按照资源有偿使用的原则，要逐步开征资源利用补偿费，并开展征收环境税的研究。研究并试行把自然资源和环境纳入国民经济活动核算体系，使市场价格准确反映经济活动造成的环境代价"（国家环境保护局自然保护司，1995）。

在这一背景下，为实现生态、环境、资源的永续利用，开征生态补偿费被广泛接受。有些地方制定和出台了有关法规，并开展了生态环境补偿费的征收工作。我国生态补偿研究出现了第一个高潮，很多学者针对生态补偿的必要性、迫切性进行了呼吁，针对生态补偿的概念、内涵、研究目的、意义以及生态（环境）补偿费的征收依据和标准、征收范围和对象、征收办法及征收后对物价等造成的影响进行了研究和讨论，研究的重点主要为针对生态环境破坏引起的经济损失进行补偿，通常是生态环境加害者付出赔偿的代名词，且研究领域主要针对矿区的生态补偿和公益林的生态补偿，尤其是公益林生态补偿的研究占有绝对比例。

本阶段的主要特点是生态补偿内涵和范围界定、理论基础探讨以及在森林和矿区等有限领域的实践探讨。由于中国在 1992 年前后，经济发展水平不高，全国的经济发展呼声远远高于生态环境保护的呼声，使这一阶段的生态补偿研究主要集中于理论探讨，现实实践中生态补偿费与资源税费和环境税费（排污费）的界限模糊。如 1983 年云南省以昆阳磷矿为试点，对每吨矿石征收 0.3 元，用于开采区植被及其他生态环境破坏的恢复费用，该项收费被称为生态环境补偿费；20 世纪 90 年代中期，广西、福建、江苏等 14 个省 145 个县、市纷纷试点，取得了一定效果。1993 年，国务院批准在内蒙古包头和晋陕蒙接壤地区的能源基地征收煤碳资源税，从而开始了较大范围的生态补偿试点工作。1996 年 8 月，《国务院关于环境保护若干问题的决定》指出，要建立并完善有偿使用自然资源和恢复生态环境的经济补偿机制，这一时期，我国森林和矿产领域生态补偿得到初步发展。

（三）理论与实践结合阶段（1998 年至今）

从 1998 年长江、松花江、嫩江特大水灾，到 2001 年北京的数次扬沙与沙尘暴，让全国上下开始正视生态环境破坏的严重性和生态环境保护的重要性。随着时间的推移，粗放型的经济快速发展，对我国生态环境的破坏越来越明显，人们越来越认识到转变传统发展观的必要性和重要性，可持续发展成为全社会的共识。

中国政府开始高度重视生态环境保护和建设工作，全面启动了以林业为主的六大生态工程，包括天然林保护工程、"三北"和长江中下游地区等重点防护林体系建设工程、退耕还林（草）工程、环北京地区防沙治沙工程、野生动植物保护及自然保护区建设工程、重点地区速生丰产用材林基地建设工程。为了遏止草原退化和沙化，我国于 2003 年在西部 11 个省区正式启动了退牧还草工程。这些工程大都以生态系统的保护和恢复为中心任务，以减轻人类活动对这些特定地区的干扰强度为主要手段，不仅严格限制生态环境保护区域内的商业性开发利用活动，而且对特定地区居民的基本生产活动也进行约束。在工程实施过程中，如何协调好生态环境建设区的经济发展和生态环境保护的关系，是生态建设实施过程的问题和矛盾所在（李爱年，2001），大部分学者认为生态补偿正是解决这一问题和矛盾的最重要的途径。现实的需求使人们要求建立生态补偿机制的呼声越来越高，也越来越受到学术界的关注。1998 年我国新《森林法》确定了森林生态效益补偿基金的法律制度，指出森林生态效益补偿基金用于提供生态效益的防护林和特种用途林的森林资源、林木的营造、抚育、保护管理，这是我国生态补偿研究和实践的一个重大突破，具有划时代的意义。从 1998 年以后，我国生态补偿研究进入了理论和实践相结合的阶段，研究领域也从完善森林和矿区的生态补偿，扩展到区域生态补偿、流域生态补偿、自然保护区生态补偿、生态工程［退耕还林（草）、退田还湖、退牧还草］生态补偿等各个领域。我国政府对生态补偿机制的高度重视和生态工程的实践，把生态补偿研究推向了一个新的高潮。

## 三、中国生态补偿的基础理论研究

尽管我国进行生态补偿研究的时间不短，对生态补偿也存在迫切的政策需求和实践需要，但是由于生态补偿研究本身的复杂性和我国发展阶段的局限性，我国在实践上还没有真正意义上的生态补偿，目前生态补偿的研究尚处于初级阶段（孙钰，2006），许多科学问题仍然存在模糊和不确定性，尚待统一。综合分析我国生态补偿研究发现，目前亟待解决的主要有 3 个核心科学问题，即生态补偿的涵义（什么是生态补偿）、生态补偿的理论基础和方法（为什么进行生态补偿）和生态补偿的标准（补多少）。

### （一）生态补偿的涵义界定

我国学术界对于生态补偿的涵义仍然没有统一的认识，存在概念的模糊和定位的不确定性，对于生态补偿机制的实施极为不利，目前亟待解决。

#### 1. 生态补偿的概念问题

国际上所说的"生态（环境）补偿（Ecological/Environmental Compensation）"主要是指：通过改善被破坏地区的生态系统状况或建立新的具有相当的生态系统功能或质量的栖息地，来补偿由于经济开发或经济建设而导致的现有的生态系统功能或质量下降或破坏，保持生态系统的稳定性，与我国生态学意义的生态补偿比较接近。与目前阶段的"生态补偿"比较接近的概念是"生态/环境服务付费（PES）"，就是因为享有和使用生态服务这一产品，所以要支付费用。国内除了"生态补偿"，还存在"生态环境补偿"、"生态效益补偿"、"生态效益价值补偿"、"生态经济补偿"等不同表达方式。李文华等 2006 年对生态系统服务功能付费和生态效益补偿两个相关概念在内涵上存在的交叉和细微差别进行了比较，指出针对我国的情况，采用生态效益补偿概念更为贴切（李文华等，2006）。

我国生态补偿涵义的发展经历了由生态学意义的生态补偿，到经济学意义的生态补偿的发展过程，而前者是后者的必要基础。正是由于生态系统的稳定和平衡需要进行必要的物质和能量补偿，这一必要性决定了在开发利用资源的同时，要对资源进行必要的管理（即物质、能量的投入），使人为措施与自然力作用相结合，社会生产力与自然生产力相结合，促进生态系统向稳定的方向发展。最早的生态补偿的概念由张诚谦于 1987 年（张诚谦，1987）提出，他指出：所谓生态补偿就是从利用资源所得到的经济收益中提取一部分资金并以物质或能量的方式归还生态系统，以维持生态系统的物质、能量在输入、输出时的动态平衡。另外具有代表性的生态学意义上的生态补偿概念还有 1991 年《环境科学大辞典》提出的概念。两种概念侧重点不同，其中《环境科学大辞典》的概念侧重于对自然能力（缓和干扰、自我调节能力）的描述，而张诚谦提出的概念，主要从人类对自然能力的补偿和维持的角度进行定义，而且具有了经济学意义生态补偿的萌芽，起到了很好的过渡作用。

早期经济学意义上的生态补偿主要从征收生态环境补偿费的角度进行定义。这一时期生态补偿的主要目的在于提供一种减少生态环境损害的经济刺激手段，从而遏制资源消耗型经济增长，提高资源利用效率，同时合理保护生态环境，兼为生态环境治理筹集资金。从理论上认为征收生态环境补偿费或类似的税种，其目标是试图使经济活动的外部不经济性内在化，也就是生态环境破坏者要为其行动付出成本（王学军等，1996）。代表性概念有陆新元等1994年提出的概念以及章铮1995年提出的概念，两个概念从征收生态补偿费的目的、对象、内容、手段和保障等环境管理制度方面进行定义，与当时在各地开展的生态环境补偿费征收试点工作相适应。

随着生态建设实践的需求和经济发展的需要，经济学意义的生态补偿的内涵发生了拓展，由单纯针对生态环境破坏者的收费，拓展到对生态环境的保护者进行补偿，同时更加重视地区间发展机会的公平性，以及由于生态建设而导致个体和单位失去发展机会的公平性。生态补偿内涵的变化，也引起了其概念的相应改变，不少学者对生态补偿的概念进行了重新定义。代表性概念有毛显强等（2002）提出的概念，万军等（2005）提出的概念。前者在理论上将资源环境的保护行为与资源环境的破坏行为一并列入生态补偿之中，将对行为主体的外部经济性行为的激励作为生态补偿的重要内容，满足了现实中生态保护与发展的需求，而后者则对已有的生态补偿概念和含义进行了总结分类。李文华等（2006）从经济学、环境经济学、生态学等不同学科的角度对生态（效益）补偿概念进行了梳理，并综合大多数学者的意见，提出生态（效益）补偿是用经济的手段达到激励人们对生态系统服务功能进行维护和保育，解决由于市场机制失灵造成的生态效益的外部性并保持社会发展的公平性，达到保护生态与环境效益的目标。这是首次在概念中提出了生态系统服务（功能）维护和保育的目标，将生态补偿与生态系统服务（功能）联系在一起，与国际上的生态系统服务付费（PES）概念较好地衔接，为生态补偿研究与生态系统服务研究的结合提供了广阔的空间。

生态补偿概念理解上的差异对于实践中政策的导向和选择是不同的，明确生态补偿的概念有利于在实践中准确把握政策方向以及更好地设计和选择具体制度，具有重要的现实意义，成为当前迫切需要解决的问题。

### 2. 生态补偿的定位问题

生态补偿概念的不确定性与生态补偿的定位模糊有关，生态补偿的定位问题最主要的就是解决生态补偿费与"排污费"、"资源费"之间的关系问题。

关于生态补偿费与排污费和资源费的区别不同的学者都有不同的观点，但是其理论依据基本一致，主要是由于环境经济学认为"商品价格不仅应当反映企业的商品生产成本，还应当反映由生产该商品所引起的有关环境成本"。具体地讲，商品的边际机会成本等于边际生产成本、边际外部成本与边际使用者成本之和。边际生产成本是生产商品所发生的直接成本，即通常意义上的商品生产成本；边际外部成本是在商品生产过程中使用环境、资源所引起的环境质量退化，其主要表现为环境污染和生态破坏；而边际使用者成本则是由现在使用环境、资源而放弃的其未来效益的价值，一般说来，可更新资源不存在边际使用者成本，而不可更新资源具有边际使用者成本（张世泉，1995）。

不同学者对生态补偿费与排污费之间的区别和联系有不同的看法，概括起来主要可以分为两种观点：生态补偿费包含排污费或者生态补偿费是排污费的补充。我国对污染者征收的排污费，一般主要用于治理污染源，其实质是用于削减污染源的污染物排放量，减轻或消除对生态环境的影响和破坏。从这一点看，排污费是生态补偿费的一个组成部分（彭再德，1995）。而如果将生态补偿费归入边际外部成本中的生态破坏损失之列，排污费主要为向排放污染物的企业和个人征收的费用，归入边际外部成本中的环境污染损失之列，那么由环境保护部门统一征收生态补偿费是征收排污费的补充（国家环境保护局自然保护司，1995）。

环境经济学认为生态补偿费与资源部门的收费本质一致，都体现环境价值论和环境财富论思想。生态补偿费与资源部门收费之间的主要区别是，前者是人们经济活动中对环境条件无意识破坏的经济支付，而后者则是一种有意识破坏的经济支付（彭再德，1995）。

我国已经实施的资源税实质上是把自然资源固有的利用价值（直接价值）以税收形式加以体现，或者说是对资源的耗竭以税收形式从经济上给资源所有者（国家）予以补偿。但是许多地方的资源开发是以牺牲生态环境价值来赢得其现实的经济效益的，致使整个生态环境破坏问题仍然无法解决。一些部门征收的资源费，只是考虑对本部门所管资源的保护或更新，而不考虑对其他资源或生态环境要素的破坏及其危害进行补偿。资源税和资源补偿费不考虑对资源开发所造成的地面塌陷、水土流失、泥石流、森林、草地及耕地破坏等的补偿。因此，需要通过征收生态补偿费或税对自然资源的生态环境价值进行补偿，把生态破坏的外部不经济性转化为企业内部的不经济性，促进其加强对生态环境的保护（万军等，2005）。而生态补偿费与资源费之间的关系，主要是取决于是将资源费拓展包括外部成本（生态补偿费），还是专门针对外部成本进行生态补偿收费。

针对我国生态补偿的基本定位和外延，任勇等中国环境与发展国际合作委员会生态补偿项目组成员2006年提出，中国的环境保护工作领域基本上划分为环境污染防治和自然生态保护（与建设）两大领域。无论从数量和结构看，中国的环境污染防治政策体系都是比较丰富和完善的，相比较，生态保护政策体系比较薄弱，呈现出严重的结构短缺问题，基于市场机制的经济激励政策基本上处于空白，因此提出较恰当的生态补偿外延是，主要针对生态保护领域，与排污费、资源费类制度并存。

## （二）生态补偿的理论基础和方法

生态补偿的理论依据问题是生态补偿可行性和有效性的关键，我国理论界对生态补偿的理论基础和方法进行了很多探讨，最主要的是生态系统服务和环境经济学的理论基础和方法。

目前生态系统服务价值的量化是研究的热点和难点（杨光梅等，2006），如果能够对生态系统服务进行准确评估和量化，应该是生态补偿最好的依据。但是由于生态系统服务不存在市场价格，私人部门投资决策过程中往往不考虑这些服务。例如，森林经营者没有因提供涵养水源、碳储存、美化景观和保护生物多样性等生态系统服务而得到相应的补偿。在这种情况下，森林经营者很少有管理森林的积极性以提供这些服务。现有的国民经济核算体系没有使这些生态系统服务的价值得到反映，它们被视为外部性而排斥在经济系统以外。事实上，这些外部性给其他的利益相关者带来了效益，或降低了其生产成本，或增加了其效用与福利，出现"免费搭车"现象，其他具有公共物品属性的资源同样面临上述困境。

对于生态补偿是应该按照生态系统服务的价值补偿还是效益补偿仍然存在争论，反对效益补偿的人认为，一种产品的价值和它的效益是两个截然不同的概念，其价值是生产过程中技术进步、资源配置水平的函数，其效益则是消费过程中利用水平的函数，生产过程只能获得价值补偿。一种产品具有多种效能并不意味着其价值就大，产品的价值是以生产过程中消耗的活劳动和物化劳动量为依据的。如果一种产品具有多种功能，应按一定的办法将产品的价值分摊到各种功能上，分摊到各种功能上的价值之和应等于该产品的价值，因此按价值补偿比较有说服力，但是价值补偿又存在难以精确的局限性（陈钦等，2000）。

生态补偿的环境经济学基本理论来源是比较统一的，即环境外部成本内部化原理，其目的就是为了解决资源与环境保护领域的外部性问题，使资源和环境被适度、持续地开发、利用和建设，从而达到经济发展与保护生态平衡协调，促进可持续发展的最终目标（蔡邦成等，2005）。

生态补偿机制是涵盖生态学、环境学、经济学、法律、社会学、管理学、投融资（包括各交叉学科）等诸多领域的交叉领域，因此其理论依据需要众多学科、领域的学者的关注和重视，从各学科领域的角度，以现实需求为基础进行探讨，尤其需要结合不同实地案例进行理论探讨，增强生态补偿的现实有效性。

### （三）生态补偿的标准确定

生态补偿标准的确定决定了补偿的大小，关系到补偿的效果，在我国对于究竟应如何确定补偿标准仍然存在不同观点。根据"庇古税"理论，补偿金额为私人成本与社会成本的差额，即边际外部成本；从环境经济的角度来说，当边际外部成本等于边际外部收益时实现环境效益的最大化，因此理论上最佳补偿额应该以提供的生态服务的价值为补偿标准（吴水荣等，2001）。但是如前所述，生态系统服务的价值化研究处于初级阶段，现有的评价理论、方法由于其目的不直接为建立生态补偿制度服务，因此难以满足实际需要，用作生态补偿的标准令人难以信服。也有学者为了解决上述问题，引入生态系统服务价值与补偿价值之间的转换系数。另有学者指出可以首先确定补偿的年总金额（总价值量），然后根据不同生态系统服务类型的价值比例确定补偿主体，分摊补偿责任（周晓峰等，1999）。但是目前，理论界的一般观点是生态系统服务价值可以作为生态补偿标准的理论上限，而不是作为现实的生态补偿标准。

另一种观点是以成本为基础，以保持生态系统健康、持续发挥服务功能为基础，分析生态系统所需的各项经营成本，从而确定生态系统经营过程中需要提供多少经济补偿（谢利玉，2000）。在这种计算中，关于基础设施投入方面的争议较少，它们是通过市场来确定的，有的学者认为成本中需要包括部分或者全部机会成本，补偿经营过程中所损失的直接利益，主要是补偿放弃其他发展机会的损失，从而获得足够的动力参与生态保护和建设。另外也有学者认为支付产权主体环境经济行为的机会成本容易实现，可以通过市场定价进行评估，根据该行为方式的机会成本确定补偿额度（毛显强等，2002）。目前国际上普遍接受的补偿水平实际上以机会成本的补偿为主。

也有学者提出合理的补偿标准应介于上述两个标准之间，根据受益地区和部门可能的经济承受能力，采取综合评价方法，最终提出生态补偿标准（温作民，2001）。

有的学者提出补偿额应该不仅取决于生态产品的效应大小，而且取决于生产者花费的机会成本和需求者的边际效用（张耀启，1997）。通过经营者和受益者测算补偿额，最后由权威机构根据经营者和受益者提出的补偿额，采用双向竞卖和最终开价仲裁法确定补偿额大小（张秋根等，2001；粟晏等，2005）。

发达国家由于经济发展水平较高，财政收入较多，因此，大部分公益性生态建设都是由政府扶持，有些国家由政府财政全额拨款，有些国家也向受益者收取生态补偿费，如日本的保安林建设费用由政府与受益者共同承担。由于我国正处于社会主义初级阶段，经济较不发达，财政资金供需矛盾较为突出，无力承担公益性生态建设的补偿支出，补偿标准一般较低，无法满足众多的需要。因此，在实践中对于生态补偿标准的确定除了理论标准外，需要根据实际需要，确定切实可行、现实有效的标准。由于我国复杂的环境条件，存在不同类型的生态补偿，需要根据不同的补偿类型区别对待。同时需要指出的是，在补偿标准确定中，利益相关方尤其是弱势群体的意愿应该得到反映，注重社区参与与生态补偿标准制定的结合（粟晏等，2005），考虑利益相关方的支付意愿（李喜霞等，2006）和受偿意愿（杨光梅等，2006）。

## 四、中国生态补偿的实践进展

从生态补偿的实践来看，补偿的途径和方法很多（毛显强等，2002；王金南等，2006）。按照补偿方式可以分为资金补偿、实物补偿、政策补偿和智力补偿等；按照补偿条块可以分为纵向补偿和横向补偿；按空间尺度大小可以分为生态环境要素补偿、流域补偿、区域补偿和国际补偿等。而补偿实施主体和运作机制是决定生态补偿方式本质特征的核心内容，按照实施主体和运作机制的差异，大致可以分为政府补偿和市场补偿两大类型。

（1）政府补偿方式　根据中国的实际情况，政府补偿机制是开展生态补偿最重要的形式，也是比较容易启动的补偿方式。政府补偿机制是以国家或上级政府为补偿主体，以区域、下级政府或农牧民为补偿对象，以国家生态安全、社会稳定、区域协调发展等为目标，以财政补贴、政策倾斜、项目实施、税费改革和人才技术投入等为手段的补偿方式。政府补偿方式中包括财政转移支付、差异性的区域政策、生态保护项目实施、环境税费制度等。

（2）市场补偿机制　交易的对象可以是生态环境要素的权属，也可以是生态环境服务功能，或者是环境污染治理的绩效或配额。通过市场交易或支付，兑现生态（环境）服务功能的价值。典型的市场补偿机制包括公共支付、一对一交易、市场贸易、生态（环境）标记等。

### （一）中国生态补偿的总体框架及重点领域

生态补偿涉及许多部门和地区，具有不同的补偿类型、补偿主体、补偿内容和补偿方式。为此国家应建立一个具有战略性、全局性和前瞻性的总体框架（任勇等，2006）。从宏观尺度来看，生态补偿问题可分为国际范围的生态补偿问题和国内生态补偿问题。国际生态补偿问题包括诸如全球森林和生物多样性保护、污染转移（产业、产品和污染物）和跨国界水资源等引发的生态补偿问题；国内补偿则包括区域之间的补偿、生态系统服务功能的补偿、资源开发补偿等几个方面（表14-1）。

表 14-1　中国生态补偿机制的总体框架

| 补偿类型 | | 补偿内容 | 补偿方式 |
|---|---|---|---|
| 国际补偿 | 全球、区域和国家之间的生态和环境问题 | 全球森林和生物多样性保护、污染转移、温室气体排放、跨界河流等 | 多边协议下的全球购买 |
| 国内补偿 | 生态系统补偿 | 森林、草地、湿地、海洋、农田等生态系统提供的服务 | 国家（公共）补偿财政转移支付；生态补偿基金；市场交易；企业与个人参与 |
| | 流域补偿 | 跨省界流域的补偿；地方行政辖区的流域补偿等 | 财政转移支付；地方政府协调；市场交易 |
| | 区域补偿 | 东部地区对西部的补偿 | 财政转移支付；地方政府协调；市场交易 |
| | 资源开发补偿 | 矿业开发、土地复垦；植被修复等 | 受益者付费；破坏者负担；开发者负担 |

注：资料来源：李文华，刘某成. 关于中国生态补偿机制建设的几点思考. 资源科学，2010, 32 (5)：791-796。

### 1. 国际间的生态补偿

国际间的生态补偿包括跨国界河流的水量、水质的补偿；上游水利工程建设造成下游的自然灾害和生态移民的损失；跨国资源开发利用造成的生态灾难和损失；国际间的碳贸易、生态认证以及为保护生物多样性而进行的多边和双边国际协议和条约规定的生态补偿。

### 2. 区域间的生态补偿

区域间的生态补偿在国家生态安全方面具有特殊意义，历史上受到过人为严重干扰和破坏且经济相对落后的地区，我国西部地区就是一个典型的案例。西部地区是我国生态较为脆弱的地区，也是我国中东部地区重要的生态环境屏障和水源涵养地，对我国生态具有极其重要的作用，是确保我国生态安全的关键地区。但长期以来，由于受人为不合理的经济活动和气候变化的影响，西部地区生态恶化的趋势较为明显。因此，建立对西部地区的生态补偿机制有利于西部地区生态环境的保护和人民生活水平的提高，也有利于我国生态、经济的协调发展。

多年来，中央政府通过一系列工程计划和财政转移支付对西部地区的生态保护和经济发展进行了补贴，如退耕还林、天然林保护、风沙源治理等，这些项目在一定意义上都具有生态补偿的内涵。由于生态系统提供的众多服务很难进入市场得以体现其价值，同时就我国生态保护和市场发育程度的实际情况而言，政府的作用是主要的，重点是要根据西部地区生态赤字与生态建设投入之间的差距，通过对比西部地区生态系统提供各项服务的价值与西部地区获得的财政收入，同时参考国家的财政状况，分期、分批有计划地适当加大财政转移支付的力度，适当提高补偿标准，以弥补收支缺口，逐步弥补偿还生态旧债，缩小差距。另外，需要整合这些项目和资金，避免重复建设并提高资金使用效率。

### 3. 流域生态补偿

多年来，为保障流域生态安全以及水资源的可持续利用，大多数河流上游地区都投入了大量的人力、物力和财力进行生态建设和环境保护。而我国大多数河流的上游地区又往往是经济相对贫困、生态相对脆弱的区域，摆脱贫困的需求十分强烈，导致流域上游区发展经济与保护流域生态环境的矛盾十分突出。因此，建立流域生态补偿机制，实施中央及下游受益区对流域上游地区的补偿机制，可以加快上游地区经济社会发展并有效保护流域上游的生态环境，从而促进全流域的社会经济可持续发展。

西部地区是长江、黄河等大型水系的发源地，在中央政府的协调与引导下，正积极探索跨省流域生态补偿机制，建立下游对上游水资源、水环境保护的补偿和上游对下游超标排放赔偿的双向责任机制，以激励上游的生态保护，并促进上下游的和谐发展。以水资源补偿为切入点，我国正在积极探索多渠道的补偿方式，流域生态补偿应注意确定流域生态补偿的各利益相关方即责任主体，在上一级环保部门的协调下，按照各流域功能区划的要求，建立流域环境协议，明确流域在各行政交界断面的水质要求，按水质情况确定补偿或赔偿的额度（张惠远等，2006）。

### 4. 生态系统补偿

生态系统不仅能提供食品、原材料、能源等多种产品，而且为人类提供重要的生态系统服务。然而后者的价值很大一部分都未能进入市场而得到实现，只有通过适当的措施将生态系统效益的外部经济性内部化，部分或全部地实现生态效益的价值，才能更好地加强生态系统的可持续经营能力。生态系统包括森林、草地、湿地、海洋、农田等多种类型，生态系统的稳定及持续的生态服务供给对于维持国家生态安全和促进区域可持续发展发挥了重要作用。

森林是陆地生态系统的主体。在我国对生态系统补偿的研究和实践中，森林生态补偿开始的最早，所取得的经验对于其他生态系统的生态补偿工作也有着一定的借鉴意义（李文华等，2006）。我国对森林生态系统曾颁布过多项政策，例如对生态公益林的补偿主要是根据国家林业局和财政部联合发布的《森林生态效益补偿基金管理办法》，在天然林保护工程和退耕还林工程的实践中起到了重要指导作用，但由于缺乏长效机制而无法长期保障林农保护森林、进行生态建设的积极性。需要在整合现有的多项补偿体系的基础上，按照不同的森林类型，考虑营造林的直接投入以及为了保护森林生态功能而放弃经济发展的机会成本和森林生态系统服务功能的效益，同时考虑地域因素、林种、树种、造林方式、造林方式、地方经济发展水平等，因地制宜，逐步实现森林生态补偿标准的科学化（李文华等，2007）。

### 5. 资源生态补偿

矿产资源是社会经济发展必不可少的物质基础。矿产资源的开发和利用，既对经济的发展起了巨大的推动作用，也对生态环境产生了重大的负面影响。如何调整生态损害与保护的关系和加速矿区生态环境的修复已成为我国的一项十分重要的任务。

矿山资源开发的生态补偿，在明确矿区生态环境恢复治理的主体、责任和界限的前提下，将矿区生态环境恢复治理的责任区分为旧账（历史已造成的破坏或称之为废弃矿山生态环境破坏）和新账（新造成的破坏）两种情况区别对待。废弃矿区和老矿区的生态环境补偿由政府通过建立"废弃矿山生态环境恢复治理基金"来实现。该基金的主要来源是政府财政支出、向正在生产的矿山企业征收废弃矿山生态环境补偿费、捐赠、捐款等，由地方环境或国土部门征收后上交国家，建立专门账户，专款专用。新矿区造成的破坏由企业负担全部治理责任，通过征收生态环境修复保证金实现，强调开矿许可与生态补偿相结合（胡振琪等，2006）。

## （二）进入 21 世纪中国生态补偿实践的新特点

随着时间的推移，我国生态补偿的实践呈现出以下新的特点。

### 1. 与国际间的交流合作加强

2004 年 10 月由国家环保总局和世界银行在北京联合举办"生态保护与建设补偿机制及政策"国际研讨会，发表了"推动中国生态补偿实践与国际合作的倡议书"；2005 年 3 月中国环境与发展国际合作委员会组建生态补偿机制与政策研究课题组，旨在为生态补偿的实践应用提供理论支持，并对建立生态补偿的国家战略和重要领域的补偿政策提出具体建议，期间召开了多次与生态补偿相关的国际会议；2010 年 10 月，国家发展和改革委员会、亚洲开发银行、四川省人民政府召开生态补偿立法与流域生态补偿国际研讨会，加强对国际经验的总结和借鉴。在与国际间的交流合作中，各级政府发改委和环保系统对国内外研究成果的交流起了核心作用，对我国生态补偿研究和实践起到了重要的推动作用。

### 2. 中央政府推动生态补偿实践的力度加大

一是在纲领性文件中明确提出生态补偿的要求，十七大报告中提出了"加强能源资源节约和生态环境保护，增强可持续发展能力"、"实行有利于科学发展的财税制度，建立健全资源有偿使用制度和生态环境补偿机制"等重要内容；十八大报告专门将生态文明建设独立成篇，特别提出深化资源性产品价格和税费改革，建立反映市场供求和资源稀缺程度、体现生态价值和代际补偿的资源有偿使用制度和生态补偿制度。本次报告首次将生态补偿提升到制

度层面，成为建设美丽中国和永续发展的重要组成。

二是将生态补偿作为环境保护的重要内容，提出加快生态补偿试点的工作要求。2005 年《国务院关于落实科学发展观加强环境保护的决定》（国发［2005］39 号）要求"要完善生态补偿政策，尽快建立生态补偿机制，中央和地方财政转移支付应考虑生态补偿因素，国家和地方可分别开展生态补偿试点"；2007 年国家环保总局发布《关于开展生态补偿试点工作的指导意见》，提出在自然保护区、重要生态功能区、矿产资源开发以及流域水环境保护四个领域开展生态补偿试点；国家《节能减排综合性工作方案》（国发［2007］15 号）也明确要求改进和完善资源开发生态补偿机制，开展跨流域生态补偿试点工作。

三是加强生态补偿的法律和政策支持。2010 年，国务院将《生态补偿条例》列入立法计划，由国家发展与改革委员会牵头，会同财政、国土资源、环境保护等 10 个部门，成立了起草领导小组，组建了由有关部门业务骨干组成的工作小组。

中央政府在建立和推动中国生态补偿的研究和实践方面发挥了主导性的作用，直接推动了生态补偿机制和制度的建立。

### 3. 地方政府加快生态补偿试点

在中央政府的积极推动下，地方政府以辖区内的流域和区域生态补偿为核心加快生态补偿的试点。2003 年开始，福建省政府主导在九龙江流域、闽江流域和晋江流域开展了下游受益地方对上游保护地方的经济补偿试点工作；2003 年江西省开展了东江源自然保护区生态补偿；2005 年浙江省政府颁布了《关于进一步完善生态补偿机制的若干意见》，确立了建立生态补偿机制的基本原则、具体政策和措施等。2007 年以来，山东、浙江、福建、河南、河北等 10 多个省相继发布和实施了流域生态补偿的政策。这些政策大多以省人民政府规章或规范性文件的形式发布，内容主要涉及流域生态补偿的原则、目标、标准、措施和管理等内容，具体见表 14-2。

表 14-2　各省发布和实施流域生态补偿政策基本信息

| 省份 | 政策名称 | 实施时间 | 发布部门 | 主要内容 |
|------|----------|----------|----------|----------|
| 山东省 | 在南水北调黄河以南段及省辖淮河流域和小清河流域开展生态补偿试点工作的意见 | 2007 年 | 山东省人民政府 | 针对污染减排进行生态补偿的目标、原则和方法等 |
| 福建省 | 实施江河下游地区对上游地区森林生态效益补偿 | 2007 年 | 福建省人民政府 | 江河下游地区对上游地区森林生态效益补偿资金额度 |
| | 福建省闽江、九龙江流域水环境保护专项资金管理办法 | 2007 年 | 福建省财政厅、福建省环境保护局 | 规范闽江、九龙江流域水环境保护专项资金使用和管理 |
| 浙江省 | 浙江省生态环保财力转移支付试行办法 | 2008 年 | 浙江省人民政府 | 主要水系源头所在市、县(市)的生态环保财力转移支付 |
| 海南省 | 海南省人民政府关于建立完善中部山区生态补偿机制的试行办法 | 2008 年 | 海南省人民政府 | 建立中部山区生态补偿机制的原则、范围、目标及主要措施等 |
| 江苏省 | 江苏省环境资源区域补偿办法（试行） | 2008 年 | 江苏省人民政府 | 明确水环境生态补偿的实施办法 |
| | 江苏省太湖流域环境资源区域补偿试点方案 | 2008 年 | 江苏省人民政府 | 太湖流域水环境生态补偿具体执行办法 |
| 辽宁省 | 辽宁省跨行政区域河流出市断面水质目标考核暂行办法 | 2008 年 | 辽宁省人民政府 | 跨行政区域河流出市断面水质目标考核要求和方法等 |
| 河北省 | 关于实行跨界断面水质目标责任考核的通知 | 2009 年 | 河北省人民政府 | 对造成水体污染物超标的区域试行生态补偿金扣缴 |

续表

| 省份 | 政策名称 | 实施时间 | 发布部门 | 主要内容 |
|---|---|---|---|---|
| 陕西省 | 陕西省渭河流域生态环境保护办法 | 2009 年 | 陕西省人民政府 | 提出了流域生态补偿的基本原则 |
| 山西省 | 实行地表水跨界断面水质考核生态补偿机制 | 2009 年 | 山西省人民政府 | 跨界断面水质考核生态补偿要求和方法等 |
| 河南省 | 河南省水环境生态补偿暂行办法 | 2010 年 | 河南省人民政府 | 明确地表水水环境生态补偿的实施办法 |

注：资料来源：禹雪中，冯时．中国流域生态补偿标准核算方法分析．中国人口．资源与环境，2011，21（9）：14-19。

### 4.生态补偿市场交易（即碳交易）日趋成熟

在政府的积极推动下生态补偿的市场交易也获得重要进展，通过积极完善市场交易的管理机构，搭建碳交易平台，推动碳交易项目试点等手段，我国的碳交易市场正日趋成熟。具体来讲，一是积极成立碳交易的管理机构及交易平台，完善市场交易的相关政策和法规，2003 年，国家林业局成立了碳汇办、能源办、气候办等机构，制定了有关林业碳管理的相关政策和规定；2010 年 7 月中国绿色碳汇基金会注册成立，成为中国第一家以增汇减排、应对气候变化为目的的全国性公募基金会，是一个帮助企业"购买碳汇"自愿减排的平台，企业可以通过捐资造林的方式购买碳汇。

二是林业碳汇交易不断规范化，2008 年全国首批实施 6 个碳汇造林项目，分别为北京市房山区、甘肃省定西市安定区、甘肃省庆阳市国营合水林业总场、广东省龙川县、广东省汕头市潮阳区和浙江省临安市毛竹碳汇造林项目。项目计入期均为 20 年，经审定的净碳汇量共为 148572t。林业部门还组建了中南和西北两个林业碳汇计量监测中心，我国林业碳汇交易模式雏形初显。2011 年 11 月，由中国绿色碳汇基金会与华东林业产权交易所合作进行全国林业碳汇交易试点。试点启动仪式上，有 10 家企业签约认购了首批 $14.8 \times 10^4$ t 林业碳汇，每吨价格为 18 元。中国绿色碳汇基金会与华东林业产权交易所举行"林业碳汇交易认购"签约，是我国林业碳汇交易规范化运作的首创，为企业自愿减排提供渠道，实现了增加森林碳汇与农村扶贫解困、保护生物多样性、改善生态环境以及企业承担社会责任的多赢，为企业和公众搭建了一个通过林业措施增汇减排、实践低碳生产和低碳生活的平台。

三是摸索节能减排碳交易市场机制。碳排放空间正日益成为紧缺资源，中国实施碳交易试点，是探索运用市场化机制推动节能减排的重大制度创新。2012 年 1 月，北京市、天津市、上海市、重庆市、广东省、湖北省、深圳市获准开展碳排放权交易试点工作，以逐步建立国内碳排放交易市场，以较低成本实现 2020 年中国控制温室气体排放行动目标。各试点地区正着手研究制定碳排放权交易试点管理办法，明确试点的基本规则，测算并确定本地区温室气体排放总量控制目标，研究制定温室气体排放指标分配方案，建立本地区碳排放权交易监管体系和登记注册系统，培育和建设交易平台，做好碳排放权交易试点支撑体系建设，保障试点工作的顺利进行。

以上海市为例，试点企业包括行政区域内钢铁、石化、化工、有色、电力、建材、纺织、造纸、橡胶、化纤等工业行业 2010～2011 年中任何一年二氧化碳排放量 20000t 及以上（包括直接排放和间接排放）的重点排放企业，以及航空、港口、机场、铁路、商业、宾馆、金融等非工业行业中年二氧化碳排放量 10000t 及以上的重点排放企业。试点企业应按规定实行碳排放报告制度，获得碳排放配额并进行管理，接受碳排放核查并按规定履行碳排放控制责任。对于上述范围之外的以及试点期间新增的二氧化碳年排放量 10000t 及以上的其他企业，在试点期间实行碳排放报告制度，为下一阶段扩大试点范围做好准备。试点期间，可根据实际情况，在上海重点用能和排放企业内适当扩大试点范围。交易参与方以试点企业为主，符合条件的其他主体也可参与交易。同时，研究并适时引入投资机构参与交易。

## 五、完善中国生态补偿理论与实践的建议

中国的生态补偿理论研究以生态环境保护的需求为导向，以解决实践中生态环境保护和经济利益关系的扭曲为目标，大量学者进行了长期的学术探讨，对国内生态补偿的政策制定和法律法规完善起到了重要的引导作用。但是，理论研究与实践仍然存在脱节，理论研究落后于实践探索，实践中生态保护方面仍然存在着的结构性政策缺位，特别是缺乏生态补偿方面的具体政策与实施指南，不仅使生态保护与建设向更高层次的推进面临很大困难，而且也影响了地区之间以及利益相关者之间的和谐。

为此，建议从以下几个方面对我国生态补偿理论研究和实践进行完善，以尽快建立科学的生态补偿机制，对不同类型的生态补偿试点进行指导，以便调整相关利益各方生态及其经济利益的分配关系，促进生态和环境保护，促进城乡之间、地区之间和群体之间的公平性和社会的协调发展。

### （一）统一生态补偿内涵，逐步完善我国生态补偿总体框架

目前在生态补偿内涵的理解上不尽一致，造成了具体实施的困难。建议明确并统一生态补偿的内涵，对于一些已经开展的具有生态补偿意义的生态工程项目，进一步整合，并逐步纳入生态补偿的框架范围。在统一指导思想和方针的指导下，鼓励各级政府、有关各部门结合实际情况广泛进行生态补偿的试点。只有通过广泛的实践，才能真正建立适合我国复杂情况的生态补偿框架和系统。

### （二）分区指导，分类实施

主体功能区的划分为建立区域生态补偿提供了基础。在重点开发区和优先开发区内，在财政与环保部门的监管下，企业设立环境污染治理与生态恢复的保证金，企业所有，专户管理，专项使用。对限制开发区域、禁止开发区，则应通过政策倾斜和增加财政转移支付等手段，进一步增加用于公共服务和生态环境补偿的支持，逐步使当地居民在教育、医疗、社会保障、公共管理、生态保护与建设等方面享有均等化的基本公共服务，实施生态优先的政绩考核体系（闵庆文等，2006）。以生态功能保护区为平台，统筹整合各项生态建设项目，以保护生态功能区主导生态功能为目标，各部门相互协调、互相配合，共同促进生态功能区建设。

### （三）完善生态补偿的财政政策体系，积极探索多渠道的融资机制

一是加大中央政府财政转移支付力度。财政转移支付是生态补偿最直接的手段，也是最容易实施的手段。建议在财政转移支付中增加生态环境影响因子权重，增加对生态脆弱和生态保护重点地区的支持力度，按照平等的公共服务原则，增加对中西部地区的财政转移支付，对重要的生态区域［如自然保护区（甄霖等，2006）］或生态要素（如国家生态公益林）实施国家购买等，建立长效投入机制。

二是加强地方政府对生态补偿的支持与合作。地方政府除了负责辖区内生态补偿机制的建立之外，在一些主要依靠财政支持的生态补偿中，应根据自身财力情况给予支持和合作，以发挥中央和地方财政的双重作用。

三是积极探索多渠道的融资机制。生态补偿不能单靠政府补贴，要建立补偿制度，健全补偿途径。应加大拉动人们对生态服务的需求，抓住公众的支付意愿；加大对私人企业的激励，采取积极鼓励的政策；加强同财政金融部门的联系，寻求相关专家的帮助和技术支持；建立生态补偿基金，积极寻求国外非政府组织的捐赠支持等，促使补偿主体多元化，补偿方式多样化。

（四）处理好生态补偿政策实施中的几个重要关系

一是中央与地方的关系，中央政府主要是为建立生态补偿机制提供政策导向、法规基础和一定的财力支持，同时负责建立全国性和一些区域性的生态补偿机制。地方政府是生态补偿机制实施的主体，一方面，生态受益地区应该对生态环境服务功能提供者支付相应的费用；另一方面，具有重点生态功能的区域由于其保护生态系统和环境质量而丧失了一定的发展机会，应获得补偿以激励其开展生态环境保护的行为。

二是政府与市场的关系，就目前我国生态保护和市场发育的实际情况而言，政府在建立生态补偿中的作用是主要的，政府不仅要制定生态补偿的政策、法规，引导市场的形成和发育，同时还需支付大尺度的生态补偿。今后应在一些主客体十分明确的情况下，充分发挥市场的调节作用。

三是"造血"补偿与"输血"补偿的关系，应当努力创造"造血"补偿的条件，将补偿转化为地方生态保护或提升地方发展能力的项目。

四是新账与旧账的关系，制定生态补偿政策的优先序应该是先解决新账问题，只有控制住了新账的增长，才能解决旧账的问题。新账的责任主要在地方和企业，而旧账则需要国家给予更多的支持。

（五）营造生态补偿的法制环境，完善管理机制

要尽快出台《生态补偿条例》，将生态补偿的范围、对象、方式、标准、实施、监督等以法律形式确立下来。应加强部门内部和行政地域内的生态补偿工作，整合有关生态补偿的内容；对于跨部门和跨行政地区的生态补偿工作，上级部门应给予协调和指导。从长远看，建议国务院设立生态补偿领导小组，负责国家生态补偿的协调管理，行使生态补偿工作的协调、监督、仲裁、奖惩等相关职责。同时建立一个由专家组成的技术咨询委员会，负责相关政策和技术咨询。

（六）加强生态补偿科学研究和试点工作

生态补偿是一个新的研究领域，生态补偿实践是一项复杂而长期的系统工程，涉及生态保护和建设、资金筹措和使用等各个方面。建议将生态补偿问题列入国家重点科研计划，进一步加强生态补偿关键问题的科学研究，如生态系统服务功能的价值核算，生态补偿的对象、标准、途径与方法，以及资源开发和重大工程活动的生态影响评价等。

在开展理论研究的同时，尽快开展生态补偿的试点工作。在实践中发现问题，通过研究解决问题并不断总结经验，反过来再促进实践工作。各部门在以前工作的基础上，根据其工作的重点，选择具有一定基础的地区和类型进行试点示范，积极推进生态补偿机制的建立和相关政策措施的完善。

# 第二节　生态文化[1]

## 一、生态文化的理论体系

### （一）生态文化源起

人类的生产方式和生活方式很大程度上依赖于他们所在地区的性质、地理、气候和资源状况。纵观人类历史上形态各异的文明类型，都与特定的自然环境有关。人类最早的文化是自然文化，那时的人类生活是与自然融为一体的，服从生态规律，几乎完全受自然条件的制约；古代社会的文化是人文文化，其重要特点是重视人伦和人事，人文科学已经达到非常高的成就，但自然科学仍以经验的形式存在和发展；现代社会的文化是科学文化。工业文明以科学技术进步为核心，从经济、政治和文化等方面，推动社会全方位进步。人类文化在经历了自然文化-人文文化-科学文化这三个阶段后，现在将向生态文化的方向发展。传统文化的价值取向在于当代人，生态文化的价值取向则在于当代人和后代人、人与自然。

生态文化自古有之，但由于历史的原因，由于在很长一段时间内人与生态的矛盾尚未突出出来，生态文化一直融合于其它文化之中，而未能成为一种独立的文化形态。直到工业文明带来生态危机，随着生态学和环境科学研究的深入，环境意识的普及，可持续发展成为指导世界各国经济、社会发展的战略，生态文化才得到很大发展。随着人类社会的日益生态化，生态文化将不可抗拒地成为可持续发展社会的主流文化。

作为人类文化发展的新阶段和总趋势，生态文化的形成是必然的。"作为文化模式，从人类的长远发展来说，它被各个国家、地区和民族所选择也是必然的。只有选择生态文化模式，文化发展才能真正实现主体选择与历史客观规律的统一，人类才能真正摆脱生态危机，走出困境，走向光明。否则，人类将自我毁灭。这样看来，生态文化确实是现代文化的最佳模式。"需要注意的是，在不同文化的发展阶段中，后一阶段总是继承和包含前面阶段的发展内容。生态文化发展中包含前面三种文化，生态产业将成为社会的中心产业，但它并不否定农业、工业和第三产业，而只是抛弃它们的不完善方面，采用新技术（生态技术）改造传统产业。

### （二）生态文化的概念

生态文化是"以人与自然的和谐为核心和信念的文化取代那种以人类为中心、以自然界、自然环境为征服对象的文化，是一种基于生态意识和生态思维为主体构成的文化体系。"它不仅包括生态意识和生态思维，还包括生态伦理和生态道德、生态价值等，它是解决人类与自然关系问题的思想观点和心理的总和。它的出现引发了一系列的变革：首先，是人的价值观的革命，即用人与自然的和谐发展的价值观代替人统治自然的价值观；其次，是世界观的革命，即用尊重自然、敬畏生命的哲学，代替人类中心主义哲学，用关于事物相互作用、相互联系的生态世界观代替机械论、元素论；另外，它还会引发人类思维方式的革命，整体的生态学思维如莱昂波尔德等提倡的"像一座山那样的思考"将代替机械论的分析思维。这一转变已经在各个领域中表现出来，它是全方位的、深刻的思维革命和创新。

---

❶　本节作者为闵庆文、田密（中国科学院地理科学与资源研究所）。

（三）生态文化的构成要素

生态文化本身是一个系统，有其内在的结构，其组成部分主要包括如下几个方面。

① 生态知识  是人们对生态奥秘、本质规律认识的成果，包括生态学、环境科学、生态哲学、生态伦理学、生态教育学、生态艺术学、环境美学等。

② 生态精神  是人们在认识和适应生态过程中培育起来的热爱大自然、爱护生态、以生态为价值取向等精神性成果，包括生态意识、生态理念、生态道德、生态情感、生态美感等。

③ 生态产品  是人们运用生态知识对环境进行加工改造而创造的具有生态性质、适宜于人的生存和发展的技术和产品。如污染预防控制处理技术、绿色食品、绿化林、绿化草地等。

④ 生态产业  是人们为创造生态产品而形成的产业和工程，包括生态农业、生态林业、生态工业和生态旅游业等。

⑤ 生态制度  是人们在适应生态过程中调整人与人以及人与生态之间关系而形成的规范体系和各种制度。如绿色产权制度、绿色经营制度、绿色管理制度、环境保护制度等。

上述各个方面相互作用、相互影响，构成生态文化的有机整体，偏废任何一个方面，都不利于生态文化整体的发展。

## 二、生态文化的特征

（一）系统观

人类赖以生存的环境是由自然、社会、经济等多因素组成的复合系统，它们之间既相互联系，又相互制约。一个可持续发展的社会，有赖于资源持续供给的能力，有赖于其生产、生活和生态功能的协调，有赖于有效的社会调控、部门间的协调行为，以及民众的监督与参与，任何一方面功能的削弱或增强都会影响其他组分甚至生态省建设与可持续发展的进程。环境与发展矛盾的实质，是由于人类活动和这一复杂系统各个成分之间关系的失调。

（二）发展观

把发展视为单纯的经济增长，以国民生产总值作为衡量文明的唯一标准，带来的"有增长而无发展"的严重社会与生态环境问题已被全社会所关注。生态省建设中要树立可持续的发展观，它是以实现人的发展和社会全面进步作为发展方针和发展目的，通过建立生态伦理与道德观、发展生态经济、改善人居环境、保育生态系统服务功能来促进社会文明的进步。其发展模式是倡导人与自然之间和谐相处，互利共生；倡导人与人之间的代内平等和代际平等；倡导整个社会发展系统持续和协调的发展。

（三）资源观

传统的以 GDP 为中心的发展日益受到有限资源的限制，不惜以高消耗刺激增长的发展需要大量资源支持，也是当今生态环境危机的直接原因。生态文化认为地球资源是有限的，无论地球的自然价值量多么丰富，它总是以一定的自然物为载体，作为自然的属性和功能而存在，在物质循环和能量流动中形成；同时，自然价值的生成能力是有限的。资源并不是采之不尽、用之不竭的，尤其是石油、煤炭等不可再生资源，用尽就枯竭了，而人类利用自然资源维持自身生存、繁衍、发展的需要则是无限的。为了实现可持续发展，则需要人类树立正确的资源观，其核心是建立一种低耗资源的节约型意识，以促进资源的节约，杜绝资源的浪费，降低资源的消耗、提高资源的利用率和单位资源的人口承载力，增强资源对国民经济发展的保证程度，以缓和资源的供需矛盾。

### （四）消费观

生态文化建设要求人们对传统消费观念、消费方式来一次新的革命。生态文化要求人们的消费心理由追求物质享受向崇尚自然、追求健康理性状态转变，即倡导符合生态要求，有利于环境保护，有利于消费者健康，有利于资源可持续利用，有利于经济可持续发展的消费方式。其基本思想是消费者从关心和维护生命安全、身体健康、生态环境、人类社会的永续发展出发，以强烈的环境意识对市场形成环保压力，从而引导企业生产和制造符合环境标准的产品，促进环境保护，以实现人类和环境和谐演进的目标。

### （五）效益观

生态文化将生态的发展与生态环境保护统一起来，为社会可持续发展提供了思想文化基础，从而从理论上结束了把发展经济和保护资源相对立起来的错误观点，明确了发展经济和提高生活质量是人类追求的目标，并需要自然资源和良好的生态环境为依托。忽视对资源的保护，经济发展就会受到限制；没有经济的发展和人民生活质量的改善，特别是最基本的生活需要的满足，也就无从谈到资源和环境的保护，一个可持续发展的社会不可能建立在贫困、饥饿和生产停滞的基础上。因此，一个资源管理系统所追求的，应该包括生态效益、经济效益和社会效益的综合，并把系统的整体效益放在首位。

### （六）平等观

生态文化主张人是自然的成员，人与人之间、区域与区域之间应互相尊重，相互平等。一个社会或一个团体的发展不仅不应以牺牲另一个社团的利益为代价，也不能以牺牲生态环境为代价。这种平等关系不仅表现在当代人与人、国家与国家、社团与社团间的关系，同时也表现在人与自然的关系上。

### （七）体制观

生态文化建设要求打破传统条块分割、信息闭塞和决策失误的管理体制，建立一个能综合调控社会生产、生活和生态功能，信息反馈灵敏、决策水平高的管理体制，这是实现社会高效、和谐发展的关键。

### （八）法制观

生态文化建设就是要求把可持续发展的指导思想体现在政策、立法之中，通过宣传、教育和培训，加强可持续发展的意识，建立与可持续发展相适应的政策、法规和道德规范。

### （九）公众参与观

生态文化要求建立新的社会价值观与新的生态道德体系，就要求依靠广大群众和群众组织来完成。要充分了解群众的要求，动员广大群众参与到生态建设的全过程中来。

### （十）全球适用观

生态文化作为一种社会文化现象，具有广泛的适用空间，是一种世界性或全人类性的文化。这是因为：生态文化建立在科学的基础之上，它为所有的人提供正确认识的理论基础；生态本身的物质性作为一种客观存在，它对所有的人都同样起作用；人类的生存发展需要适宜的生态环境，而生态文化既是这种状态的产物，又对维护这种状态起着巨大的能动作用。保护生态符合全人类的共同利益。生态文化作为处理人与生态关系的手段、工具、准则，在社会伦理价值上是中立的，可以为不同地区、种族、国家、阶级共同拥有，为不同层次的价值主体共同接受，它是人类共同的文化财富，是全球文化。

## 三、生态文化建设的框架及内容

### （一）生态文化建设的框架

生态文化建设的框架的构建是三个主要层次（制度层次、精神层次和物质层次）的重大变革，面临社会制度、社会意识和人类精神的一系列根本性的选择。

#### 1. 生态文化的制度层次

通过社会关系和社会体制变革，改革和完善社会制度和规范，按照公正和平等的原则，建立新的人类社会共同体，以及人与自然界的伙伴共同体。这种选择，要求改变传统社会不具有公平调节社会利益、不具有自觉的环境保护机制的缺点，而具有自发的两极分化机制、自发地保护环境机制的社会性质，从而使公正和平等的原则制度化，环境保护和生态保护制度化，使社会具有自觉保护所有公民利益的机制，有自觉保护环境和生态的机制，实现社会的全面进步。

#### 2. 生态文化的精神层次

确立生命和自然界有价值的观点，摈弃传统文化"反自然"的性质，抛弃人统治自然的思想，走出人类中心主义；建设"尊重自然"的文化，按照"人与自然和谐"的价值观，实践精神领域的一系列转变。

（1）科学转变　现代科学技术的发展，以科学与道德、事实与价值相分离的事实，脱离了正确价值观的指导，它的成果及其应用，可能成为极少数人的工具，损害大多数人的利益，损害地球生物多样性和生物圈的整体性。为了减少或避免科学技术的负面影响，需要把价值概念引入科学研究和实践，发明和制造既有利于大多数人的利益，又有利于保护自然的科学技术。对科学技术成果的评价，既要有社会和经济目标，又要有环境和生态目标，使科学技术向着有利于"人-社会-自然"复合生态系统健全的方向发展，为人类可持续发展提供指导思想、适用技术和具体途径，实现科学技术发展的"生态化"。

（2）经济学转变　经典经济学只有经济增长一个目标。它否认自然价值，以损害环境和资源为代价发展经济。这种经济发展，损害环境质量和消耗了多少自然资源都不计入成本，环境污染和生态破坏带来严重的经济损失，为治理环境污染和生态破坏又需巨大的经济投入。这些透支既不在 GDP 账上出现，又不对这种透支进行足够的补偿，因而是一种严重负债的经济，是一种虚假增长的经济，这种经济是不可能持久的。它已经不适合时代的要求，需要新的经济学。新的经济学，需要确立"自然价值"概念，并把它作为关键词，不仅进行自然价值计算，而且把它作为像"劳动价值"一样的核心概念，重新建构经济学理论、概念和框架，重新建构国民经济体系的理论和实践。这样，才能建设一个可持续发展的经济。

（3）伦理学转变　经典伦理学是人与人、人与社会关系的道德研究和实践，它不涉及人与生命和自然界的关系。因为自然界被认为是没有价值的，它只是人类利用的对象，人无需对自然界承担责任。但是，现实世界有两种最重要的关系：人与人之间的社会关系；人与自然之间的生态关系，这两种关系是密切相关、不可分割的，都需要有伦理调节，才是健全的。但是，传统伦理学只适用于调节前者，而不能调节后者。因而在 20 世纪中叶，在人与自然关系严重失调而引发的大规模的环境保护运动中，产生了生态伦理学。生态伦理学是关于人们对待地球上的动物、植物、微生物、生态系统和自然界的一切事物所应采取行为的道德研究。它的主要特点是，把道德对象的范围从人与人的关系领域，扩展到人与自然的关系领域，从而改变两个决定性的规范：一是伦理学正当行为的概念应当扩大到包括对自然界本身的关心，尊重所有生命和自然界；二是道德权利概念应当扩大到自然界的实体和过程，确认它们在一种自然状态中持续存在的权利。这不仅是人的道德对象的扩大，从而人的道德活动范围扩大，而且是人的道德规范、道德标准、道德境界和道德目标的变化。生态伦理学的理论基础是关于自然价值的理论。它认为，生命和自然界是有价值的，包括它的外在价值和内在价值。外在价值是它对人具有商品性和非商品性价值，即作为人的工具和资源为人利用的价值。内在价值是生命和自然界在地球上追求自己的生存，这是它的目的，这种生存是合理的、有意义的。自然价值是它的内在价值和外在价值的统一。正是由于生命和自然界是有价值的，因而它是有生存权利的，人类对它的生存是负有责任的，从对生命和自然界价值的确认，到人类新的责任的确认，一种新的伦理学因此而产生，这是人类道德境界的提升，是人类道德进步和道德成熟的表现。

（4）哲学转变　300多年来，笛卡尔-牛顿哲学作为人类认识的伟大成就，成为世界占主导地位的哲学思想，指导人类实现工业化和现代化。但是，它是以机械论和二元论为特征，过分强调分析方法和主-客二分的哲学。在主-客二分，人与自然、事实与价值、科学与道德分离中，使人成为自然的主宰者，自然界只是人利用的对象。它在强调人的主宰地位，发扬人的主体性的同时，发展了人类中心主义（主要是工业社会的个人主义）价值观，表现出严重的局限性。在这种价值观的指导下，人在向自然进攻、改造自然的同时，发展了经济主义-消费主义-享乐主义，实行一种实际上"反自然"的社会-经济-消费生活；同时，在这种价值观指导下，发展了科学主义的思想，并从而发展了损害自然环境的科学技术和生产工艺。它以生命和自然不可持续发展为代价实现人的持续发展，造成环境污染和生态破坏，损害生命和自然的多样性；同时，以多数人不可持续发展为代价实现少数人的持续发展，导致社会两极分化和不公正，并损害后代发展的可能性。现在需要一种哲学转变，生态哲学能够适应这种转变的需要。生态哲学是一种新的实在观。它不是以物质或自然界为本体，也不是以人为本体，而是以"人-社会-自然"复合生态系统为本体，这是一个有机的自然整体。生态哲学的存在论，是关系实在论和过程实在论。它认为世界上各种事物不是孤立的，而是相互联系、相互作用和相互依赖的。它重视研究一切事物和其他事物的关系，因为离开对事物关系的分析，我们不能全面认识事物。它作为过程实在论，认为一切事物和现象是运动和变化的。在这里，结构不再是最基本的东西，结构是基本过程的一种表现形式，过程是更基本的。过程和结构又是相互联系的。生态哲学是有机整体论，它认为整体比部分更重要。因此，生态哲学提出了区别于传统哲学的生态本体论、生态认识论、生态学方法论和生态价值论。它作为一种新的世界观和价值观，是一种哲学转向。它为可持续发展提供了一种哲学解释，为实施可持续发展战略提供了理论支持和哲学基础。

### 3. 生态文化的物质层次

摈弃掠夺自然的生产方式和生活方式，学习自然界的智慧，创造新的技术形式和能源形式，采用生态技术和生态工艺，进行无废料生产，既实现文化价值，为社会提供足够多的产品，又保护自然价值，实现人与自然的双赢。传统生产方式忽略自然价值参与世界经济的过程，及其对经济增长作出的重大贡献。但是，世界经济增长是以巨大的自然价值的损失为代价的，而自然价值作为生产成本，它的消耗并没有在国民经济统计表上出现。这样，现实的世界经济，长期以自然价值严重透支的形式运行，结果造成一种长期负债的经济，而且这种负债又不出现在经济统计中，因而这种经济是不可能持久的。

生态经济，需要在确认自然价值的基础上，创造、应用和发展新的技术和工艺——生态技术和生态工艺，建设一种新型的工业——生态工业。所谓生态工业，是对生物圈物质运动过程的功能模拟，应用生态学中物种共生和物质循环再生的原理，系统工程的优化方法，以及现代科学技术成就，设计生产过程中物质和能量多层次分级利用的产业技术系统。

**（二）生态文化建设的内容**

（1）对生态文化进行系统建设　从发展生态生产力、转变生产方式和生活方式两方面系统建设生态文化。生态文化按自然价值论的观点，以人与自然和谐发展为目标，以可持续发展的形式追求自己的生存，它将导致人类实践的一次根本性的转变。提出"生态实践"概念，主要是在生产方式和生活方式转变的基础上发展"生态化"的生产力，即生态生产力。一方面要发展生态生产力。新的生产方式采用新的生产技术（生态技术）和新的工艺（生态工艺），即模拟生物圈的物质生产过程设计的新的工艺形式。生物圈的物质生产是无废料的生产，或废物还原、废物利用的生产，最后不可避免的剩余物以对生物无害的形式排放。这种生产模式是"原料-产品-剩余物-产品"。它的技术过程是线性的和循环的，以资源和能源的充分和合理利用为特征，现在它被称为"循环经济"。另一方面要实行可持续发展的生活方式。现代社会的生活方式是高消费的生活方式，这是一种享乐主义的生活方式。而可持续发展的生活方式是一种适度消费，一种简朴的生活。它以提高生活质量为中心，不是追求过度的物质享受，而是以获得基本生活需要的满足为标准，重视绿色消费和文化消费。只有全面系统建设生态文化，使人们从生态文化发展中感受到巨大的益处，才能更好地发挥生态文化的功能。

（2）将生态建设法制化　各级政府要将生态建设作为长期发展战略，制定和实施生态保护领域的法律和法令，保护生命和自然界，提出"环境权"概念：国家环境权是对自然、资源、环境的国家所有权和行政管理权，以及国家领土主权；公民环境权是公民在健康舒适的环境中生活的权利，参与环境事务的权利；生命和自然界的环境权是人以外的生命以生态规律生存的权利。制定有关资源有偿使用、生态环境补偿法规规章；抓紧在生态环境保护和生态产业发展方面滞后领域的立法，对现有法规进行清理复核；对不利于生态环境保护、生态产业发展的有关内容和不完善的法规进行修改，制定相应的实施细则，配套完善。逐步建立基于新的发展观的法律保障体系。

（3）推进企业生态文化建设，大力发展企业生态文化　企业既是经济行为的主体，也是维护生态的主体，企业行为对生态的变化有着直接、十分重大的影响。只有企业的经济效益与生态文化建设的矛盾得到解决，企业生态文化建设成为企业的自觉行动，企业实施清洁生产，环境污染从源头消失，可持续发展才有实践的舞台和产业的支持。因此，在生态文化建设中，应把企业生态文化建设作为重点，通过绿色认证、环境法及各种有法律效应和约束力的公约推动企业建设生态文化，使企业真正做到用生态文化的基本精神指导其经济行为。

（4）广泛宣传生态文化，对全民实施生态教育　多渠道、多形式、多层次地在全社会进行生态环境知识与生态环境意识教育。教育机构要通过校园生态文化建设强化生态文化意识，培养和造就一代又一代的具有环境观念、环境意识的"生态人"；建立环保问题公众听证会制度等公众参与活动，培育公众的生态意识和保护生态的行为规范，激励公众保护生态的积极性和自觉性；各种媒体要把宣传和普及生态文化作为神圣职责，反复宣传，大力弘扬绿色生产、绿色消费和绿色文化。总之，通过各种手段和途径，使全社会形成生态文明的社会风尚。

（5）生态文化资源保护与开发研究　生态文化具有鲜明的地方个性。在现代文化的强烈冲击下，地方生态文化面临衰退、消亡的危机，引起国际社会和各国政府的严重关注。被国际组织确认的世界文化遗产的数量在不断扩大，各国对本国的传统文化的保护也在不断加强。景观是重要的资源，生态文化景观的整体保护同文物保护、基因保护同样重要。生态文化资源是现代文化发展的环境和汲取营养的源泉，也是重要的旅游资源，是当前日益强劲发展的生态旅游、文化旅游的基础条件和资源支持。对生态文化资源的发现、抢救、整理和开发是文化建设和环境建设的重要课题。

（6）建立以生态文化创新为目标的全球合作机制　生态文化是全球文化，生态文化创新是环境时代全人类的共同使命，各个区域文化要在生态文化创新中本着共同繁荣和发展的宗旨，求同存异，消除狭隘民族主义，把创新生态文化作为人类生存和发展的当务之急以及终极关怀而努力奋斗。各个国家都要在生态文化建设中有所创造、有所作为、有所成就。为达此目标，需要建立以生态文化创新为目标的全球合作机制，以便有效地通过国际组织和国际合作，在推进全球可持续发展战略和全球经济一体化过程中，把生态文化推进到一个新的水平和高度。

## 四、生态文化建设对可持续发展的重要意义

保护生态文化平衡对人类社会有重要的意义，尤其是对人类可持续发展更有非同一般的意义。首先，可持续发展需要生态文化建设。可持续发展是人类对环境的社会生态适应的成果，本身就属于生态文化，或说是生态文化发展的结晶。因此，搞好可持续发展与发展建设生态文化本质上是一致的。具体来说，从生态文化包含的内容看，生态文化对可持续发展的效用主要有以下几个方面。

（1）生态文化为可持续发展提供理论根据　人们只有掌握了生态规律，运用科学的理论作指导，才能更好地适应生态，实现人类与环境协调发展，最终实现可持续发展。生态文化的不断创新，生态学、环境科学的发展，将加深人们对生态规律的认识，从而为可持续发展提供坚实的理论基础和依据。可以说，人们对生态规律的认识程度即生态文化的发展程度决定和体现着可持续发展的水平。要搞好可持续发展必须大力宣传普及生态知识，不断发展创新生态文化。

（2）生态文化为可持续发展提供动力　生态文化的形成和发展将凝聚起巨大的精神力量，对可持续发展发挥巨大的推动作用。生态文化中的生态产品、生态产业，能克服现代工业在创造物质文明的同时带来生态危机的弊端，使经济效益、生态效益和社会效益相得益彰，使经济整体和长远增效；生态文化中的生态制度，对人们的活动有约束力，约束人们的行为遵循生态规律，并最终化为自觉的行动，这些都可化为可持续发展的动力源泉。尤其是生态文化中的生态精神，更是有巨大的激励和教化作用，能够把人心凝聚到关注生态、保护生态上来，使人讲求生态道德，激发人们热爱大自然、拥抱大自然、与自然和谐进化的情感和美感，激发人们自觉为生态保护和建设、为可持续发展贡献自己的聪明才智和热血汗水。

（3）生态文化为可持续发展提供手段　可持续发展不是凭空想当然、仅靠人的愿望就能实现的，需要具体的手段、途径、工具和方法。生态文化中生态产品和生态技术的创新，将为可持续发展提供有效的手段、途径、工具和方法。如污染预防控制处理技术的发展，将使人们能从技术上有效地预防污染的发生，及时处理控制污染，使大自然还蓝天、绿色于人们，从而保障可持续发展。

（4）生态文化可持续发展提供新的生长域　从生态角度看，人类社会发展每个方面（无

论是吃和穿、还是住和行），每个领域（无论是生产、流通、还是消费领域），每个产业（无论是第一产业、第二产业、还是第三产业、第四产业），都存在生态创新的新领域。生态文化中的生态产品、生态技术、生态产业的不断创新和发展，将为可持续发展持续提供越来越多的新的生长域，既不破坏生态，又能满足人们的发展需求，并为人们提供新的就业机会。

（5）生态文化为可持续发展提供规范 可持续发展需要有一套有利于其发展、保障其发展的规章制度。生态文化中生态制度的创新，将为人们提供行为规范，约束人们的行为保护生态，实现可持续发展。

## 第三节 流域水质目标管理技术与应用[①]

### 一、引言

我国长期以来面临着水体污染、水资源短缺、水生态退化和洪涝灾害等多个方面水问题的压力，而水体污染在一定程度上加剧了其他三种水问题的恶化程度。虽然从中央到地方大规模开展了流域水体污染防治，取得了一些成效，但从总体上来看，我国水体污染仍将是今后相当长时期内制约经济社会可持续发展的关键因素。

上述问题产生的原因是多方面的。其中，我国水污染防治主要推行的污染物排放总量控制制度的应用存在着污染控制与水生态保护相脱节、排放达标控制与环境质量达标相脱节、以行政区为基础的环境功能区划分与流域水污染调控相脱节等问题，无疑是很重要的方面。

可以说，传统的水环境管理思路已经无法满足目前我国水环境管理的现实需求，我国的水环境管理工作迫切需要改革与创新，需要尽快实现水环境保护目标由水环境质量改善向水生态系统健康的转变，水环境管理模式由行政区管理向流域综合管理的转变，以及水污染控制技术由目标总量控制向容量总量控制的转变。

水环境管理是一项复杂的系统工程，即使在发达国家，水环境管理随着认识水平的不断提高与需求的不断变化而处于不断完善的过程，其中最具代表的当属美国的 TMDL（日最大污染负荷）技术、欧盟的水框架协议和日本的总量控制计划等。美国的 TMDL 计划经过数年的发展和完善，逐步形成了一套系统完整的总量控制策略和技术方法体系，为改善美国水环境质量发挥了重要作用，代表了世界水环境管理的发展方向。美国 TMDL 技术为我国流域水环境管理三个转变的实现提供了重要的借鉴意义，TMDL 案例的成功为流域水环境管理的改革与创新提供了可参考的宝贵范例。

在借鉴国际水环境管理的先进经验并结合我国实际情况的前提下，基于控制单元的流域水质目标管理技术体系应运而生。该技术体系通过系统分析流域水生态系统健康、水环境质量变化及其影响因素，进行水环境质量控制单元划分与面向水生态系统健康的水质管理目标确定，科学评估控制单元污染负荷、水环境容量，确定污染负荷分配思路与方法，开发水质目标管理信息系统，从而有助于逐步实现流域水质目标管理的信息化与业务化，为全面提升水生态系统管理与水环境质量管理奠定了基础。

流域水质目标管理技术体系在太湖流域的应用表明，尽管目前尚难以实现美国以"日"为单位的水环境管理水平，但是可以以"月"为单位来充分考虑污染物入河量以及水环境容

---

[①] 本节作者为焦雯珺、闵庆文（中国科学院地理科学与资源研究所）。

量的年内变化。流域水质目标管理技术在太湖流域的应用实例充分说明，该技术体系有助于实现太湖流域水环境保护目标由水环境质量改善向水生态系统健康的转变，水环境管理模式由行政区管理向控制单元管理的转变，水污染控制技术由目标总量控制向容量总量控制的转变，同时对于类似地区的流域水环境管理亦可以提供理论支持和方法指导。

## 二、流域水环境管理的现状与问题

流域水环境管理是目前中国环境管理面临的难题之一，也是制约社会经济与环境协调发展的重要因素之一。近年来，随着水环境问题的日益突出，中国环境管理部门及其他相关部门对水环境管理的力度不断加大，管理的科学性不断提高，为保障水环境安全、有效遏制水生态系统退化发挥了重要作用。然而，对于不断恶化的水环境问题，虽然政府的投入力度逐渐加强，但效果却并不尽如人意。一些地方出现了某项指标达标但总体环境质量无法达标的情况；一些省市虽然掀起了建设生态省、生态市的热潮，乡村与城市景观竞相媲美，但环境质量仍不见好转，甚至时常暴发生态环境安全事故的反常现象。总的来说，我国流域水环境管理现状及存在问题主要表现在水环境保护目标、水环境管理模式和水污染控制技术三个方面，即我国目前的流域水环境保护目标尚未考虑生态系统对水质水量的需求；水环境管理模式尚未实现水陆一体化的流域综合管理；水污染控制技术尚未建立污染物排放与环境质量之间的联系。

### (一) 水环境保护目标的现状

#### 1. 水环境质量标准的发展历程

水环境保护目标的实现与水环境质量标准的建立是密切相关的。水环境质量标准是水环境保护目标实现的重要基础和有力保障，而水环境保护目标则是水环境质量标准建立的主要依据和服务对象。

水环境质量标准体系包括基准和标准两部分。水环境质量基准是指一定自然特征的水生态环境中污染物对特定对象（水生生物或人）不产生有害影响的最大可接受剂量（或无损害效应剂量）、浓度水平或限度，它是基于科学实验和科学推论而获得的客观结果，不具有法律效力（孟伟等，2006）。水环境质量基准按照保护对象可分为保护人群健康的环境卫生基准和保护鱼类等水生生物及水生态系统安全的水生态基准。水环境质量标准是以水环境质量基准为理论依据，在考虑自然条件和国家或地区的人文社会、经济水平、技术条件等因素的基础上，经过一定的综合分析所制定的，由国家有关管理部门颁布的具有法律效力的管理限制或限度，一般具有法律强制性（孟伟等，2006）。

我国的水环境质量标准建设始于20世纪80年代，经过多年的发展和完善，已逐渐形成了一个相对完整的标准体系。作为综合性标准的地表水环境质量标准，从1983年开始颁布实施以来，迄今已经修订了3次。新的地表水环境质量标准（GB 3838—2002）已于2002年4月28日发布，并于2002年6月1日实施，已成为我国水环境监督管理的核心与尺度，在水环境保护执法和管理工作中占有不可替代的地位。我国水环境质量基准研究则相对滞后，目前尚未建立适宜于我国水生态系统保护的水质基准体系，对基准在标准体系中的作用也缺乏足够重视。由于水生生物区系具有地域性，代表性物种不同，其他国家的水质基准不能够完全反映中国水生生物保护的要求，所以如果参考其他国家的水质基准制定我国的水质标准，将会降低我国水质标准的科学性，导致保护不够或过分保护的可能性。总的来说，虽然我国的水环境质量标准体系发展很快，但与国外相比，在基准、标准体系等方面都存在一定差距，难以满足我国面向水生态安全保护的水污染总量控制战略实施的要求。

### 2. 水环境保护目标的现状与趋势

我国水环境质量标准体系在过去 20 多年的时间里有了长足的进步，建立了一系列相关的法规和水质标准，然而相对于严峻的水体污染现状，在实际应用方面还存在很大的差距，现有水环境质量标准不适应当前水体污染的趋势和经济发展，已成为水体污染控制的瓶颈之一。水质标准的制定需要考虑其对供水、鱼类和野生动物繁殖的影响以及娱乐、农业和工业等其他用途。例如，美国《清洁水法》明确提出，达到鱼类、贝类和水生生物的保护和繁殖的水质要求，并能为人们提供水中和水上休闲活动需要的水质，其标准制定的核心思想是所有的水体都能用于养鱼和游泳，除非无法实施目标，才可以按照降级的程序将水体养鱼和游泳的用途去掉。

然而，我国的水质标准以水化学和物理标准为主，体系尚不完整，不能对水环境质量进行全面评价。现行的水质标准是根据不同水域及其使用功能分别制定的。我国水体的核心功能也不是追求人体健康、水生态系统安全，而是更偏重于对水资源使用功能的保护，例如在一些水功能分区与规划中，流域大部分河段往往都被划定为工业或农业用水功能，所对应的水质标准难以满足水生态系统保护的需求。采取高功能水质标准严于低功能水质的原则，虽然有利于操作和管理，但是却存在着科学性问题，在实际情况下不同功能的水质标准并不能完全相互涵盖，如渔业用水功能虽然低于饮用水源功能，但从生物毒理学角度看，它的一些污染物标准还应严于饮用水源的水质标准，这种现象就与我国现行的水质标准体系相互矛盾（孟伟等，2006）。

由于我国目前水体的核心功能并不是以保障人体健康和水生态系统安全为特征，如流域大部分河段往往被规定为工业或农业用水功能，因此我国水环境保护目标在"十一五"期间逐步从单纯的化学污染控制向水生态系统保护的方向转变。水环境保护目标的转变必然对水环境质量标准的制定提出更高的要求，而我国目前的水环境质量标准尚难以满足面向水生态安全保护的水污染总量控制战略实施的需求，因此必须进一步加强我国的水质标准体系的研究和构建，且通过水质标准的创新进一步推动我国水环境管理机制和制度的创新。

## （二）水环境管理模式的现状

### 1. 水环境管理的发展历程

中国现实意义的环境保护工作起步于 1972 年"联合国人类环境大会"之后，当时我国的水环境管理是以说服教育为主，以此来使全社会认识到水污染的现状及其对社会的危害。20 世纪 80 年代，在"预防为主、污染者付费、强化环境管理"三大环境政策基础上，建立和完善了八项环境管理制度和措施。政府将重点放在工业污染控制上，同时通过调整不合理的工业布局、产品、产业结构等政策和措施，对水污染进行综合防治。1984 年施行的《中华人民共和国水污染防治法》及期间针对水污染制定的大量专门性法律和行政法规构成了我国水环境管理的环境法体系。先后确定了环境影响评价、"三同时"、排污收费、限期治理、城市环境综合定量考核、环保目标责任制、排污核定制、污染集中控制、落后工艺和设备限期淘汰、污染物总量控制等一系列有效的环境管理制度，初步形成了我国水环境政策、法律、标准和管理体系。

20 世纪 90 年代，政府提出"三河三湖"污染控制为主的水污染防治政策，开始将水污染防治工作与水环境质量的改善紧密联系在一起，使水污染防治工作迈上了一个新的台阶。1996 年 5 月修订并施行了《中华人民共和国水污染防治法》，相继制定了《环境与发展十大

对策》和《中国 21 世纪议程》，将可持续发展确定为基本发展战略。进入 21 世纪，我国政府不断加强水环境可持续发展战略，注重经济社会与环境的协调发展，水环境保护工作实现历史性转变：一是从重经济增长轻环境保护转变为保护环境与经济增长并重；二是从环境保护滞后于经济发展转变为环境保护和经济发展同步；三是从主要用行政办法保护环境转变为综合运用法律、经济、技术和必要的行政办法解决环境问题。2008 年 2 月召开的十一届全国人民代表大会确定，将国家环保总局升格为国家环保部，还确定将新修订的《中华人民共和国水污染防治法》于 2008 年 6 月 1 日起实施，这充分显示了国家对环境保护工作的重视。

### 2. 水环境管理模式的现状与趋势

我国目前水环境的管理模式主要有行政区管理和流域管理。行政区管理又称区域管理，是指以行政区域为单元对有关水事活动实施的管理，是对水的社会属性的管理；而流域管理是指以流域为单位对水资源的开发、利用、保护和调配进行的综合管理活动，是对水的自然属性的管理。

行政区管理的优点在于行政区域对经济社会具有较大的影响，且区域水行政主管部门具有双重职责，因此具有较大的行政管理优势；缺点在于割裂了"水-陆"生态系统的整体关系，无法充分考虑陆地生态系统或陆源污染物与水生态环境之间的响应关系，容易引发跨界水污染纠纷等。

流域管理则是可持续发展理念下水资源管理的发展趋势，其优点在于能够充分考虑"水-陆"生态系统的整体关系，能够建立起陆地生态系统或陆源污染物与水生态环境之间的响应关系，通过全面规划和合理安排能够充分发挥水资源的生态效益、经济效益和社会效益；我国目前流域管理的缺点在于职能相对单一，往往无力承担跨部门、跨区域的流域性问题的综合协调与管理任务。

我国目前的水环境管理模式主要以行政区管理为主。如前所述，行政区管理在治水治污问题上往往因为地方政府只考虑本地区利益而忽视流域的整体利益，而且割裂了"水-陆"生态系统的整体关系，导致无法根据流域和生态系统的整体性对整个流域进行综合管理，易引发跨界水污染纠纷。因此，我国的水环境管理模式迫切需要突破以行政区为基础的水环境管理模式，逐步实现水陆一体化的流域综合管理模式。在流域综合管理模式实施的过程中，应当注重与行政区管理模式的有机结合，充分考虑行政区域间的相互协调问题，逐步实现从区域管理到流域管理、从分散管理到统一管理的转变。

### (三) 水污染控制技术的现状

#### 1. 水污染控制技术的发展历程

我国流域水污染控制技术研究可以追溯到 20 世纪 70 年代，当时我国开始对污染物排放实行浓度控制。随着环境管理工作的不断深入，越来越认识到仅对污染源实行排放浓度控制无法达到确保环境质量改善的目的，必须同时对污染物排放的绝对量（总量）进行控制，才能有效地控制和消除污染。因此，推行从单一排放口污染物浓度控制逐步过渡到污染物总量控制成为了解决我国水环境问题的新方法。

污染物排放总量控制（简称总量控制）正式成为中国环境保护的一项重大举措，出现在 1996 年全国人大通过的《国民经济和社会发展"九五"计划和 2010 年远景目标纲要》中。原国家环保局为落实"九五"环保目标，编制了《"九五"期间全国主要污染物排放总量控制计划》，这标志着我国污染控制由浓度控制进入总量控制阶段。在"九五"和"十五"期间污染物排放总量控制的理论及应用技术不断得到深化与拓展，与此同时我国相继开展了有关水环境容量、水功能区划、水质数学模型、流域水污染防治综合规划以及排污许可管理制度等的研究，将总量控制技术与水污染防治规划相结合，逐步形成了以污染物目标总量控制技术为主，容量总量控制和行业总量控制为辅的水质管理技术体系，为我国水环境管理基本制度的建立奠定了基础。

### 2. 水污染控制技术的现状与趋势

在建立与完善社会主义市场经济体制的过程中，浓度控制不利于市场机制政策的引入，其主要原因是浓度控制没有将污染治理责任和治理行动分开。总量控制则可以在一定程度上将治理责任和治理行动区分开来，并且总量指标是可分割的，总量控制从而为引入市场机制的环境政策提供了机会。实施总量控制，以综合性、科学性、区域性、分解性和可操作性为指导原则，把污染源与环境目标联系起来，围绕总量控制目标分配进行，最终体现在排污许可证上。

目前我国对水环境污染物实行总量控制的主要是 8 个废水污染指标，即 COD、石油类、氰化物、砷、汞、铅、镉、六价铬。各地根据本地区的地理特点、规划布局、经济发展、环境状况的各种因素，分别采用相应的控制方式，有区域总量控制、水系总量控制、行业总量控制，也有特定污染物的总量控制。但是我国目前的水环境总量控制计划主要采用目标总量控制，而容量总量控制较少；实施的总量控制只包括点源，而没有把非点源考虑在内；在总量控制中只是对 8 种污染物实行总量控制，而没有对总氮、总磷、叶绿素 a、沉积物、病原菌等实施总量控制计划。

此外，我国提出的容量总量技术方法与美国 TMDL 计划相比存在诸多缺陷（孟伟等，2007）。一是管理理念落后，我国总量控制是以满足水资源的使用功能为主要目标，更多地关注水污染物的消减，缺乏体现水生态系统保护目标，水生态系统保护目标与水体保护功能的关系并不明确；二是技术手段仍然不够完善，尚未建立基于水生态系统分区体系以及体现水生态系统健康保障的水质基准与标准体系，不能对面向水生态安全的总量控制技术提供支持。

鉴于我国目前水污染控制技术存在的诸多缺陷，必须积极借鉴国外先进经验，开展符合国情的水质管理技术研究，实现从目标总量控制向容量总量控制的转变。在这一转变过程中要立足于彻底改变流域水污染现状，创新水环境管理理念，探索新的理论方法，构建符合我国国情的流域水质目标管理技术体系。

### （四）主要问题分析

流域水环境管理是目前中国环境管理面临的难题之一，也是制约社会经济与环境协调发展的重要因素之一。总体而言，我国流域水环境管理存在的主要问题表现在水环境保护目标、水环境管理模式和水污染控制技术三个方面。

首先，我国目前的流域水环境保护目标尚未考虑生态系统对水质水量的需求。传统水环境质量评价指标只包括水物理化学要素，已经难以反映流域生态环境变化的趋势；传统的水环境保护只考虑了水质标准，没有涉及生态环境对水量需求的标准和水生态系统对水环境质量的要求。因此，水环境保护目标，应当重视对水生生态系统健康的保护，重视对水生态系统功能完整性的保护，逐步实现水环境质量改善向水生态系统健康的转变。

其次，我国目前的水环境管理模式尚未实现水陆一体化的流域综合管理。传统水环境管理模式主要以行政区管理为主，该种模式割裂了"水-陆"生态系统的整体关系，无法充分考虑陆地生态系统或陆源污染物对水生态系统或水生态环境的影响，也无法充分考虑水生态系统对陆地生态系统或陆源污染物的响应，缺乏水环境管理的科学性且易引发跨界水污染纠纷。因此，在水环境管理模式上，应当突破以行政区为基础的水环境管理模式，实现水陆一体化的流域综合管理模式。

最后，我国目前的水污染控制技术尚未建立污染物排放与环境质量之间的联系。我国目前大范围采用的是目标总量控制技术，即通过限制污染物排放的总量来实现污染物的控制，但是该控制技术没有建立污染物排放与环境质量之间的联系，即无法确定污染物减排多少才能改善环境质量，因此往往造成排放达标控制与环境质量达标相脱节，即排放总量达标了但是环境质量未改善。因此，在水污染控制技术上，应当建立污染物排放与环境质量之间的联系，逐步实现由目标总量控制向容量总量控制的转变。

## 三、流域水质目标管理技术框架设计

我国流域水环境管理所面临的问题表明，传统的水环境管理思路已经无法满足目前我国水环境管理的现实需求，无论是在水环境保护目标上，还是在水环境管理模式上，或是在水污染控制技术上，我国的水环境管理工作都需要进一步的开拓与创新。在发达国家，水环境管理随着认识水平的提高与需求的不断变化，也处于逐步完善的过程中。其中，美国的TMDL（日最大污染负荷）技术、欧盟的水框架协议和日本的总量控制计划都是十分典型且成功的管理技术。美国的TMDL计划经过数年的发展和完善，逐步形成了一套系统完整的总量控制策略和技术方法体系，成为了国际上最具代表性的水污染体系，代表了世界水质管理的发展方向。美国TMDL技术为我国水环境管理三个转变的实现提供了重要的借鉴意义，TMDL案例的成功为流域水环境管理的改革与创新提供了可参考的宝贵范例。

### （一）设计目的与原则

借鉴国际水环境管理的先进经验，并结合我国实际情况，通过系统分析流域水生态系统健康、水环境质量变化及其影响因素，进行水环境质量控制单元划分与面向水生态系统健康的水质管理目标确定，科学评估控制单元污染负荷、水环境容量，确定污染负荷分配思路与方法，开发水质目标管理信息系统，为逐步实现流域水质目标管理的信息化与业务化、全面提升水生态系统管理与水环境质量管理奠定基础。

流域水质目标管理技术体系框架应当遵循以下3条设计原则。

（1）先进性原则 基于控制单元的水环境质量管理是一种全新的管理理念，它以水生态系统健康为目标，以控制单元水环境容量为基础，既考虑流域的完整性，又强调不同控制单元的差异性，同时兼顾污染源排放的时空特征，使污染控制具有针对性与动态性特征。

（2）连续性原则 流域水环境管理是一项复杂的系统工程，关系到技术、经济、社会等各个方面，因此，新的水环境质量管理技术体系的应用必须充分考虑与流域现行水环境管理政策与制度的对接，充分体现政策的连续性。既尊重经济社会发展的现实需求，又考虑水生态系统健康的核心目标。

（3）可操作性原则 国际先进的水环境管理理念提供了经验，但由于基础资料的可获得性、管理理念的可接受性、实践推广的可操作性等多方面的限制，难以在我国简单照搬。在构建新的水环境管理技术体系的时候，应当充分考虑流域的实际情况、发展需求、环境容量、资料保障等因素，充分体现管理的实用性和可操作性。

### （二）关键技术问题

流域水质目标管理技术体系框架的设计必须首先明确以下3个方面的问题（闵庆文和焦

雯珺，2011)。

① 水生态系统健康是水环境管理的目标。无论是美国还是欧盟的案例，他们都涉及长期、中期和近期和环境保护计划及深层次的生态系统服务功能。科学界普遍认为，一个健康的生态系统应当是稳定、可持续的，且具有活力，能维持其组织结构并保持自我运作能力，对外界压力具有一定恢复能力。任海等（2000）进一步明确了健康的生态系统应当具有 8 个基本特征、活力、恢复力、组织、生态系统服务功能的维持、管理选择、外部输入减少、对邻近系统的影响及对人类健康影响。鉴于生态系统的复杂性，可以考虑使用指示种群或指标体系法进行生态系统健康的评价。

② 控制单元是水环境管理的基础。控制单元本属于机械控制中的概念，是指实现一种或多种控制规律的控制仪表或控制部件。作为水污染控制的基本单位，要比目前以行政区域进行管理更具有科学性，因为它更有利于识别不同控制单元的污染来源和生态系统管理目标。孟伟等（2007）认为在实际案例研究中，需要以流域水环境生态区及其水质标准为依据，综合考虑流域下垫面状况、污染发生情况、监测数据完整状况以及计划制定成本等因素，对控制单元进行划分。一般而言，划分控制单元时应当综合考虑流域水系完整性、水体污染程度以及控制方案可实施性等因素。

③ 环境容量计算是水环境管理的关键。环境容量是在环境管理中实行污染物浓度控制时提出的概念。水环境容量就是在人类生存和自然生态系统不致受害的前提下，水体环境所能容纳的污染物的最大负荷量。水环境容量是反映水生态环境与社会经济活动密切关系的度量尺度，是一个比较复杂和含糊的概念，学术界至今未达成共识，但本质都是一致的，即强调环境目标、一定水体和纳污能力。需要注意的是，环境容量是一个动态的概念，具有季节性变化的特征。

## （三）核心内容与技术流程

考虑到流域水环境管理的现实情况，包括政策连续性、措施可操作性和资料可获得性等，我国的流域水质目标管理技术尚难以实现美国以"日"为单位的水环境管理水平，但是可以以"月"为单位来充分考虑污染物入河量以及水环境容量的年内变化，因此也将流域水质目标管理技术称为 TMML 技术。

总体而言，基于控制单元的流域水质目标管理技术体系框架主要包含以下六个部分的内容（闵庆文和焦雯珺，2011）。

① 定位保护功能。强调水生态系统保护目标，开展控制单元水生态系统结构与功能评价，结合单元内水环境功能特征以及陆地生态系统的水生态功能分析，完成控制单元的保护功能定位。

② 确定水质目标。在综合考虑水生态功能、水环境功能与陆地生态功能的基础上，建立控制单元保护功能与水质目标的相互关系，通过对比水质资料、参考现有分类系统以及专业人员判断等方法，完成控制单元的水质目标确定。

③ 计算环境容量。建立水环境容量的计算模型，开展水环境容量计算参数的率定，完成控制单元逐月水环境容量计算。

④ 核算污染负荷。通过现有数据、报告以及实地调查确定控制单元污染源类型、数量和空间位置，利用监测数据、统计数据、数学模型等多种方式，核算控制单元各污染源的污染负荷量，并根据降雨径流关系将年污染负荷量分配到各个月份，完成控制单元逐月污染负荷核算。

⑤ 分配污染负荷。在科学、公平、效率、经济的原则下，充分考虑经济、资源、环境、管理方面存在的区域差异性，采用多种分配方法，将控制单元月最大污染负荷分配到各个污染源上，实现控制单元点面源以及点源之间的污染负荷分配。

⑥ 制定削减方案。在确定控制单元污染物限定排放量的基础上，制定控制单元各污染源污染物排放的削减措施，引导控制单元实施有效可行的污染物削减方案，并对控制单元污染物削减方案的实施效果进行评估。

结合孟伟等（2007）提出的控制单元总量控制技术体系框架，可以确定基于控制单元的流域水质目标管理技术的实施流程（图 14-1）。

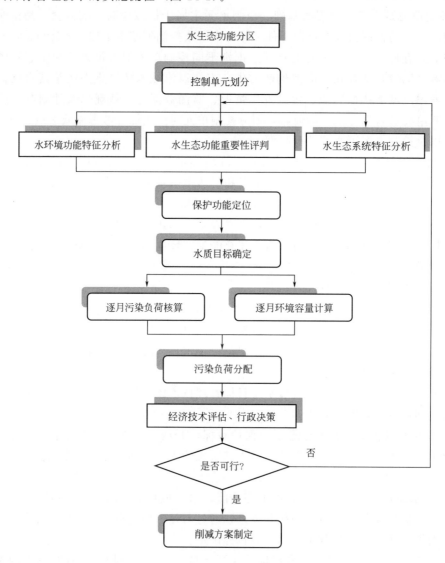

图 14-1　流域水质目标管理技术实施流程

## 四、水质目标管理技术在太湖流域的应用

太湖流域是我国经济最发达、人口最密集、城市化程度最高的地区之一。然而，在高强度的经济开发和滞后的环境管理双重压力下，太湖流域水环境污染与生态恶化问题日益严

重，严重制约了当地社会经济的可持续发展。虽然国家对太湖流域的水污染问题十分重视，将太湖治理列为国家"三江三湖"重点治理计划，先后实施了太湖水污染防治"九五"计划和"十五"计划，但是我国现行的总量控制制度在太湖流域的使用实践表明，依然存在着污染控制与水生态保护相脱节、排放达标控制与环境质量达标相脱节、以行政区为基础的环境功能区划分与流域水污染调控相脱节等多种问题。作为我国水环境污染、水生态退化最严重的地区之一，太湖流域的水环境管理工作更急迫地需要改革与创新。流域水质目标管理技术在太湖流域的应用（闵庆文等，2012），有助于太湖流域实现水环境保护目标由水环境质量改善向水生态系统健康的转变，水环境管理模式由行政区管理向控制单元管理的转变，水污染控制技术由目标总量控制向容量总量控制的转变，同时对于类似地区的流域水环境管理提供了理论支持和方法指导。

## （一）太湖流域控制单元划分

### 1. 划分原则与指标

（1）划分目的与原则　控制单元划分的目的是界定受损水体的陆域污染源空间范围，为水质目标管理技术的实施和水质目标管理提供基本的空间管理单元，进而实现水生态系统健康（高永年等，2012）。

控制单元划分原则主要包括以下5个方面。

① 以流域水生态功能区为基础。结合水生态功能分区成果，面向水生态健康，控制单元要以流域水生态功能分区结果为基础，体现水生态功能的差异，特别是要突出水源地保护、特殊物种保护等功能需求，有利于水生态功能保护目标的实现。

② 水系完整性原则。要体现水系的整体性特征及其流向，以汇水区为基本划分单元，将汇入同一水体的陆地区域应囊括在一个控制单元内。

③ 管理可行性和可操作性原则。控制单元面向管理，划分的控制单元要便于污染源控制和水质目标实现，在平原水网区要考虑现行的县乡级行政管理单元，方便政府操作。

④ 囊括影响受损水体的主要污染源原则。从以水定源的角度，考虑将影响受损水体的主要污染物纳入控制区（囊括80%以上的水体污染源）。

⑤ 充分考虑现有控制断面原则。同一控制单元的水系"入口"和"出口"应有控制断面，以保障控制单元水系污染传输的"封闭性"；控制断面应充分利用现有的国控、省控、市控、县控断面，饮用水源地监测点，主要入湖河流控制断面、行政交界断面等，以方便TMML实施和减少后期经费投入。

（2）划分指标　太湖流域地貌类型复杂，有丘陵山区，也有平原水网区，在这两种地貌类型情况下，控制单元划分指标略有差异，具体划分指标见表14-3。

**表 14-3　太湖流域控制单元划分指标**

| 地貌类型 | 丘陵山区 | 平原区 | 地貌类型 | 丘陵山区 | 平原区 |
|---|---|---|---|---|---|
| 划分指标 | 水生态功能区<br>主导水系分布<br>主导水系流向 | 水生态功能区<br>主导水系分布<br>主导水系流向 | 划分指标 | 集水区/子流域<br>污染源类型及分布<br>控制断面分布 | 县乡级行政界线<br>污染源类型及分布<br>控制断面分布 |

### 2. 划分方法与流程

（1）划分方法　在控制单元划分原则的指导下，综合考虑汇水区、功能区边界、水系分布及其流向、污染源、控制断面、县级与乡镇级行政边界等多个指标，在GIS空间分析的支持下进行控制单元划分。具体实施过程中主要采用定量自动（GIS 空间分析）和人工辅助相结合的方式进行，定量自动主要包括集水区/子流域生成、各指标空间分布图的制作、各指标空间分布图的叠加分析等，人工辅助主要包括部分边界的确定以及边界的修整等。在此基础上，经过市、县两级环保、水利水文、农林等地方管理部门及相关专家以及共性技术组、地方科研部门及相关专家的多轮咨询反馈，以及实地踏查和管理试运行，最终形成控制单元划分方案（高永年等，2012）。

（2）划分流程　太湖流域控制单元划分流程如图 14-2 所示。

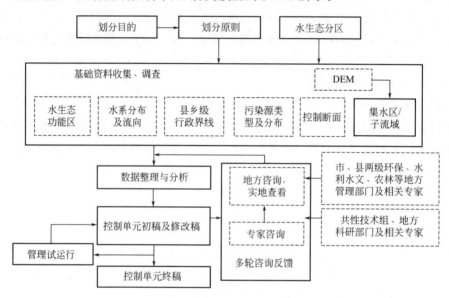

图 14-2　太湖流域控制单元划分流程

### 3. 划分结果

太湖流域全流域共划分为 119 个控制单元，其中江苏省 62 个，浙江省 35 个，上海市 21 个，安徽省 1 个。其空间分布具体如图 14-3 所示。控制单元编码根据"控制单元涉及的主导水生态功能三级区代码-三位序列号（第一位表示省，其中 1 表示江苏省、2 表示浙江省、3 表示上海市、4 表示安徽省）-所涉及的主要城市名称"规则进行。太湖流域水生态功能分区研究成果参见高俊峰和高永年等的研究成果（2012）。控制单元编码示例见表 14-4。

表 14-4　太湖流域控制单元编码示例

| 编码 | 图示代码 | 行政区范围 | 水系 | 面积/km² |
|---|---|---|---|---|
| Ⅲ112-101-常州市 | 1001 | 薛埠镇 | 丹金溧漕河金坛段西部山区河流、新浮山水库等 | 230 |
| Ⅲ211-107-常州市 | 1007 | 西夏墅镇、春江镇、罗溪镇、薛家镇、新桥镇、新北城区、天宁区、郑陆镇、钟楼区、奔牛镇 | 通江水系：德胜河、澡港等；京杭大运河 | 440 |
| Ⅲ212-113-常州市 | 1013 | 滆湖 | 滆湖湖体，重点污染源：围网养殖 | 163 |

## （二）典型控制单元应用实例

### 1. 控制单元概况

控制单元Ⅲ211-107-常州市位于常州市西北角，共涉及常州市罗溪镇、孟河镇及西夏墅镇三个镇，流经该流域的主要河流有新孟河、浦河等。控制单元内有 1 家污水处理厂，尾水排入长江中下游干流，不汇入本控制单元河流，共有重点污染排放企业 78 家，主要行业属

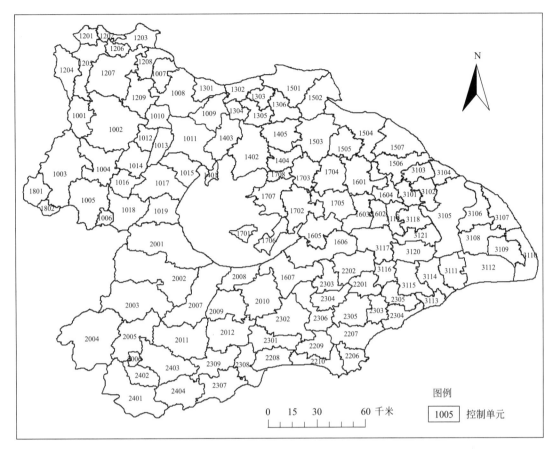

图 14-3　太湖流域控制单元分布

于机械制造、零配件制造等。该单元无例行监测断面，临近该单元的例行监测断面水环境状况显示水质主要为Ⅲ类，水环境状况较好。

**2. 保护功能定位与水质目标确定**

（1）生态系统组成状况　控制单元Ⅲ211-107-常州市中农田生态系统面积最大，占控制单元总面积的 64.57%，其次是城镇生态系统，占总面积的 28.51%，湿地生态系统占2.6%，这三类生态系统占到控制单元总面积的 95.68%，其他生态系统比例很小，面积比例均在 2% 以下。

（2）生态服务功能特征　该控制单元中陆地生态系统各项服务功能分别为：水量调节 $5.29 \times 10^6$ t，削减总氮 $2.4 \times 10^3$ t，削减总磷 $3.97 \times 10^2$ t，控制总氮 $9.92 \times 10^2$ t，控制总磷 $1.26 \times 10^2$ t，控制泥沙 $1.28 \times 10^5$ t，生境维持指数 1.05。该控制单元水域生态系统的各项服务功能分别为：水源供给 $5.15 \times 10^8$ t，水源储存 $3.14 \times 10^8$ t，削减总氮 $5.03 \times 10^3$ t，削减总磷 $1.01 \times 10^3$ t，航运通道 $4.36 \times 10^7$ t，生物多样性指数 0.65。

从水陆生态服务功能重要性排序来看，陆地生态系统削减总氮总磷功能最高，控制泥沙、总氮功能次之，水量调节功能最弱，生境维持功能平均值为 1.05。水域生态系统削减总磷和水源储存功能最高，削减总氮、水源供给功能次之，生物多样性功能用景观综合指数来表示，为 0.65。

（3）生态功能定位分析　从生态系统类型比例来看，该区农田、城镇生态系统面积最

大，应充分发挥农田削减总氮、削减总磷、削减泥沙等功能。水域生态系统中湿地生态系统面积比例最大，应充分发挥其水量调节、储存、削减总氮和总磷等功能。

从功能排序来看，该控制单元水域生态系统水源贮存、生物多样性维持功能最高，其他功能排序靠后。陆地生态系统应以发挥削减、控制总氮、总磷、泥沙等功能为主，进一步控制水体污染物的输入。

从区位上来看，该区位于示范区北端，属连江河道类型，以水量调节、水质净化为主要发展方向。

综上分析，该分区生态功能定位为水质净化与水源供给。

（4）水质目标确定　该控制单元没有布设常规国控和省控监测断面，从江苏省水环境功能区划中可以得知，新孟河的水环境功能主要是工业用水和农业用水区，其 2010 年功能区水质要求为Ⅲ类水质；其主要支流浦河的水环境功能主要是工业和农业用水区，其 2010 年水环境功能区为Ⅳ类功能区要求。

### 3. 环境容量计算与污染负荷核算

控制单元内水体水环境容量分别为：COD1175.8t/a，$NH_4^+$-N 85.4t/a，总氮 125.9t/a，总磷 8.54t/a。污染物排放年排放量分别为：COD1472.29t，$NH_4^+$-N 131.90t，总氮 303.73t，总磷 23.48t。在区内 COD、总氮和总磷排放中，占据主导的是城镇生活污染物入河量，其次是污水处理厂。城镇生活源在 $NH_4^+$-N 入河量来源中占到 80% 以上，在其他污染物入河量中也占到 50% 以上。城市郊区的城镇生活污水处理应当受到足够的重视，加强地区范围内的污水处理厂建设可以有效地削减生活源污染物入河。

Ⅲ211-107-常州市控制单元各指标容量均在 6 月、7 月达到最大值，在 11 月和 12 月达到最小值，在 6～10 月间水体容量较其余各月水体容量较大。各污染物年内各月均略有超标，但 7 月污染物入河量高于年中其他各月。其中氨氮主要来自于生活源，而其他污染物入河量工业源、生活源、农业源的比例约为 1：20：10，农业源也有较大贡献。

### 4. 污染负荷分配与削减方案确定

（1）容量初次分配　控制单元Ⅲ211-107-常州市年水环境容量初次分配结果见表 14-5，其中面源分配容量值最大，占总容量的 60%～90%。

表 14-5　控制单元Ⅲ211-107-常州市年水环境容量初次分配结果　　　　单位：t/a

| 名称 | 总容量 | 安全余量 | 污水处理厂 | 工业点源 | 面源 |
| --- | --- | --- | --- | --- | --- |
| COD | 1175.78 | 54.34 | 0 | 88.93 | 1032.51 |
| $NH_4^+$-N | 85.41 | 4.07 | 0 | 4.11 | 77.24 |
| TP | 8.54 | 0.43 | 0 | 2.72 | 5.4 |

控制单元月水环境容量分配结果见表 14-6。可以看出，COD 在 7 月、6 月、9 月及 8 月分配的容量较大，其中，7 月份分配到的容量值最大，约为 209.11t；6 月份次之，约为 182.20t。$NH_4^+$-N 在 7 月、6 月、9 月及 8 月分配的容量较大，其中，7 月份分配到的容量值最大，约为 15.19t；6 月份次之，约为 13.24t。总磷也在 7 月、6 月、9 月及 8 月分配的容量较大，其中，7 月份分配到的容量值最大，约为 1.52t；6 月份次之，约为 1.32t。

（2）工业点源分配与削减　工业源容量分配结果分为理论分配容量和实际分配容量，理论分配容量为仅针对环境容量的分配结果，实际分配容量为兼顾考虑浓度达标控制的分配结果，总磷由于无现状排放量统计且排放量较少，未进行企业层次的分配。

表 14-6　控制单元Ⅲ 211-107-常州市月水环境容量初次分配结果　　　单位：t/月

| 月份 | COD | | | | NH$_4^+$-N | | | | TP | | | |
|---|---|---|---|---|---|---|---|---|---|---|---|---|
| | 工业 | 面源 | 安全余量 | 总容量 | 工业 | 面源 | 安全余量 | 总容量 | 工业 | 面源 | 安全余量 | 总容量 |
| 1 | 7.06 | 32.77 | 1.72 | 41.56 | 0.31 | 2.57 | 0.14 | 3.02 | 0.10 | 0.19 | 0.02 | 0.30 |
| 2 | 6.42 | 42.66 | 2.25 | 51.33 | 0.28 | 3.28 | 0.17 | 3.73 | 0.12 | 0.23 | 0.02 | 0.37 |
| 3 | 6.71 | 61.13 | 3.22 | 71.06 | 0.29 | 4.63 | 0.24 | 5.16 | 0.16 | 0.33 | 0.03 | 0.52 |
| 4 | 7.10 | 86.86 | 4.57 | 98.53 | 0.34 | 6.48 | 0.34 | 7.16 | 0.23 | 0.45 | 0.04 | 0.72 |
| 5 | 7.37 | 60.88 | 3.20 | 71.46 | 0.39 | 4.56 | 0.24 | 5.19 | 0.17 | 0.32 | 0.03 | 0.52 |
| 6 | 7.52 | 165.95 | 8.73 | 182.20 | 0.39 | 12.20 | 0.64 | 13.24 | 0.42 | 0.84 | 0.07 | 1.32 |
| 7 | 8.27 | 190.79 | 10.04 | 209.11 | 0.40 | 14.05 | 0.74 | 15.19 | 0.47 | 0.97 | 0.08 | 1.52 |
| 8 | 7.77 | 122.03 | 6.42 | 136.22 | 0.37 | 9.05 | 0.48 | 9.90 | 0.32 | 0.62 | 0.05 | 0.99 |
| 9 | 7.23 | 142.07 | 7.48 | 156.78 | 0.30 | 10.53 | 0.55 | 11.39 | 0.36 | 0.72 | 0.06 | 1.14 |
| 10 | 7.65 | 96.63 | 5.09 | 109.37 | 0.32 | 7.24 | 0.38 | 7.95 | 0.26 | 0.50 | 0.04 | 0.79 |
| 11 | 7.74 | 5.10 | 0.27 | 13.11 | 0.35 | 0.57 | 0.03 | 0.95 | 0.03 | 0.06 | 0.00 | 0.10 |
| 12 | 8.09 | 25.64 | 1.35 | 35.07 | 0.37 | 2.07 | 0.11 | 2.55 | 0.08 | 0.16 | 0.01 | 0.25 |
| 全年 | 88.93 | 1032.51 | 54.34 | 1175.8 | 4.11 | 77.23 | 4.06 | 85.43 | 2.72 | 5.39 | 0.45 | 8.54 |

控制单元Ⅲ 211-107-常州市内共有 78 家重点直排企业，与 2007 年现状排放量对比发现，78 家企业中有 55 家尚未做到达标排放。工业源 COD 各月之间的分配容量差异不大，理论分配容量与实际分配容量之间有一定的差距。工业源氨氮各月之间的分配容量差异不大，理论分配容量与实际分配容量一致。

根据污染物超标程度，提出整治建议：①对于离标准排放值差距小的企业，主要要求加强监督和管理，减少不必要的污染物排放，确保达标；②对于离标准排放值很大的企业，建议停产改造；③对于排水量大且废水水质经处理后可回用的企业，建议加强中水回用；④其余企业主要考虑提标改造和深度处理，以确保达标以及分配容量控制要求。

（3）生活源分配与削减　控制单元Ⅲ 211-107-常州市内主要为城市生活源排污，无农村生活源。生活源容量 COD 分配的每月分配值存在较为明显的差距，7 月份容量分配值较大，6 月次之，9 月第三，罗溪镇、孟河镇、西夏墅镇月分配最大值为 13.85t、33.19t、25.19t。容量氨氮分配的每月分配值存在较为明显的差距，7 月份容量分配值较大，6 月次之，9 月第三，罗溪镇、孟河镇、西夏墅镇月分配最大值为 1.18t、2.82t、2.14t。容量总磷分配的每月分配值存在较为明显的差距，7 月份容量分配值较大，6 月次之，9 月第三，罗溪镇、孟河镇、西夏墅镇月分配最大值为 0.08t、0.20t、0.15t。

生活源主要需要加强总磷和 NH$_4^+$-N 的削减，加强污水处理厂的建设是减排的有效途径。

（4）养殖源分配与削减　养殖源容量 COD 分配的每月分配值存在较为明显的差距，7 月份容量分配值较大，6 月次之，9 月第三，罗溪镇、孟河镇、西夏墅镇月分配最大值为 10.84t、49.12t、2.23t。容量氨氮分配的每月分配值存在较为明显的差距，7 月份容量分配值较大，6 月次之，9 月第三，罗溪镇、孟河镇、西夏墅镇月分配最大值为 0.45t、3.07t、0.30t。容量总磷分配的每月分配值存在较为明显的差距，7 月份容量分配值较大，6 月次之，9 月第三，罗溪镇、孟河镇、西夏墅镇月分配最大值为 0.05t、0.23t、0.01t。

总磷超过环境容量的值较大，削减率较高，采取措施重点针对总磷控制。例如，实施生态养殖改造及池塘养殖水净化与循环利用工程、分散养殖粪便集中处理、采用干清粪作业、修建畜禽粪便等固体废物发酵池。

（5）种植源分配与削减 种植源容量 COD 分配的每月分配值存在较为明显的差距，7月份容量分配值较大，6月次之，9月第三，罗溪镇、孟河镇、西夏墅镇月分配最大值为8.53t、28.78t、19.08t。容量氨氮分配的每月分配值存在较为明显的差距，7月份容量分配值较大，6月次之，9月第三，罗溪镇、孟河镇、西夏墅镇月分配最大值为0.60t、2.11t、1.39t。容量总磷分配的每月分配值存在较为明显的差距，7月份容量分配值较大，6月次之，9月第三，罗溪镇、孟河镇、西夏墅镇月分配最大值为0.05t、0.13t、0.09t。

总磷超过环境容量的值较大，削减率较高，采取措施重点针对总磷的控制。例如，建设生态沟渠、种植氮磷高效富集植物等污染生态拦截工程。

### （三）管理系统设计与开发

#### 1. 设计思路

以基础地理信息数据库、环境背景信息数据库、模型参数数据库、遥感影像数据库、社会经济统计数据库为基础，按照国家和行业标准，进行太湖流域生态环境本底现状调查，建立太湖流域综合数据库，实现太湖流域多元数据综合管理、动态更新、数据分析、数据产品与专题图制作。依托 ArcGIS 地理信息软件平台，整合流域基础地理信息数据、分区数据、遥感数据、控制单元数据，建立集数据处理、水生态功能服务评估、水质目标确定、水环境容量计算、污染负荷核算、污染负荷分配、削减方案制定、数据网络传输、数据检索统计为一体的示范区水质目标管理系统。

#### 2. 系统功能

依据 TMML 计划实施的技术流程和太湖流域基础数据，太湖流域水质目标管理系统按月最大污染负荷来集成实现，主要模块包括：水生态服务功能评估模块、水环境容量模块、污染负荷核算模块、污染负荷分配模块、数据管理模块、查询浏览模块以及专题制图模块（图 14-4）。

#### 3. 系统结构

太湖流域水质目标管理信息系统的目标，是发展基于控制单元的太湖流域水质目标管理技术体系的业务化运行系统。该业务化系统整合了基础地理信息、流域控制单元边界、模型参数、遥感影像等数据库；并集成了水生态服务评估模型、水环境容量模型、水污染负荷模型、水污染单元控制与负荷分配模型；依据 TMML 实施的五个步骤，结合太湖流域自身条件，确定以 TP、TN、COD、$NH_4^+$-N 为主要污染指标，并在太湖流域进行了水生态服务功能评估、水质目标确定、水环境容量计算、污染负荷核算、污染负荷分配和削减方案制定，针对分配的结果对太湖流域点源和面源污染提出了不同的削减方案和改善措施（图 14-5）。

#### 4. 模型集成设计

依据 TMML 的技术流程，系统集成了水生态服务功能评估模型、水环境容量模型、污染负荷核算模型和污染负荷分配模型（图 14-6）。生态服务功能评估模型主要是用来进行水质目标的确定，结合太湖流域的实际情况，系统主要是在水资源存储、洪水控制、净化氮、净化磷和土壤保持五个功能上进行水生态服务功能评估。水环境容量模型主要是用来计算水体在规定的水质目标下所能容纳的污染物的最大负荷量，涉及的参数主要包括河流的流量、河段的水质标准、现状水质、河流体积以及水质降解系数。污染负荷核算模型可以计算污染源的产生量、排污量和入河量。污染负荷分配模型设计了三层的分配方式，一层分配主要是对点源（直排工业源）和面源（养殖业源、种植业源、直排生活源）的分配；二层分配，对

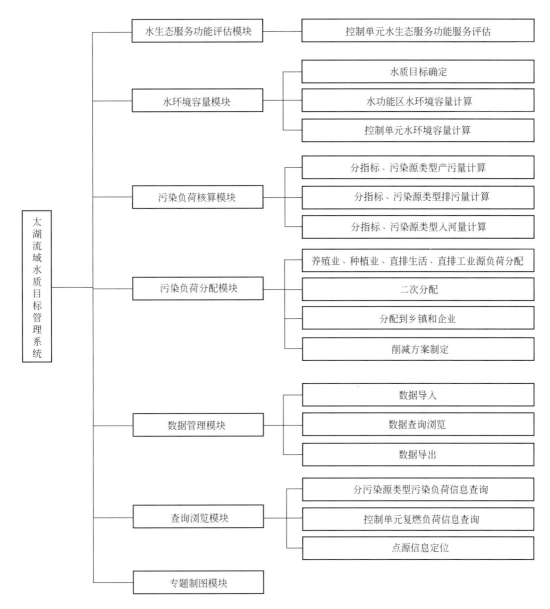

图 14-4　水质目标管理系统功能

于点源主要是分配到有排污口和没有排污口的企业，对于面源二层分配是对一层分配进行再分配，养殖业源分配到畜禽养殖和水产养殖，种植业源分配到乡镇，直排生活源分配到城镇生活源和农村生活源；三层分配是对二层分配结果的再分配，点源是分配到各个企业，面源分配到乡镇。

### 5. 系统开发环境

太湖流域水质目标管理系统建设的主要软件环境包括操作系统环境、数据库系统环境、空间数据库引擎、空间信息组件、软件开发语言、软件开发平台等。操作系统环境选用 Windows XP，服务器环境选用 Windows 2003 Server；数据库系统选用 Oracle10g；空间数据库引擎选用 Arc SDE 9.2；空间信息组件选用 Arc Engine 9.2；开发语言选用 C#、C++混合开发；软件开发平台选择 Visual Studio 2005。

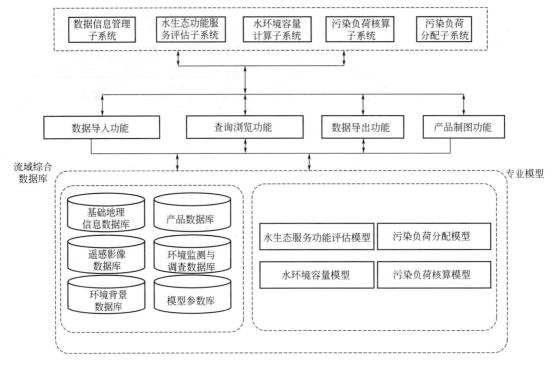

图 14-5　水质目标管理系统结构

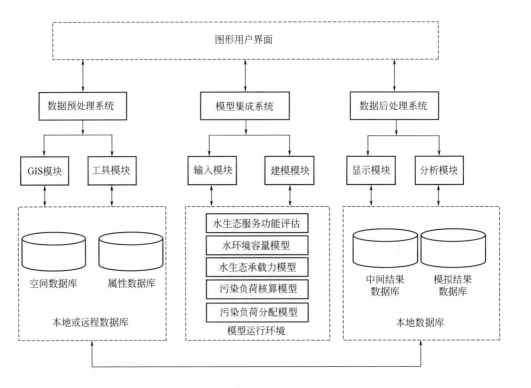

图 14-6　模型集成结构示意

（1）硬件环境

物理内存 RAM：最小 2GB。

虚拟内存：2×RAM。

临时空间：1GB。

硬盘空间：200GB。

处理器：最小 2GHz。

（2）软件环境

操作系统环境：Windows XP。

服务器环境：Windows 2003 Server。

软件开发平台选择 Visual Studio 2005。

（3）采用平台

① 数据库。数据库采用 oracle 10g，目前 oracle 已被业界公认为解决管理中大型数据量的最佳的数据库管理系统（DBMS），大量应用于银行、电信、网站等。其显著的特点是对大容量、分布式的数据库进行查询、编辑等操作的速度在同行业中是最快的，它支持海量数据的存储和管理。为了适应现在数据库常常需要涉及地理数据（空间数据）的要求，oracle 公司开发了 Spatial 模块，用于对空间数据的管理，这样达到了在一个数据库内统一管理空间数据和属性数据的水平。因此，采用 oracle 数据库为太湖流域综合数据库与水质目标管理信息系统提供了良好的基础。

② net 框架。Microsoft 公司提供了 Microsoft Visual Studio.net 作为 Internet 产品的开发平台。其优点是功能强大，可以方便地进行网页式的开发。C＋＋语言集成了原 VC6 和 VB6 的优点，使其性能显得更加卓越。符合当今软件开发的最新技术，同时可达到研发快速、系统功能强大、系统界面美观的目标，并且可以实现系统的跨平台需求。采用 C＃.net 进行 Arc Engine GIS 部分的二次开发，可以发挥空间的各项功能。

③ GIS 平台。ESRI 的 Arc GIS 软件采用的是全面的、可伸缩集成的体系结构，可提供多层次的产品解决方案，Arc GIS 提供大量专业 GIS 分析功能，例如动态分段技术、缓冲区分析、叠加分析、三维分析等。本系统采用 ESRI 的产品作为 GIS 平台，用 C/S 的架构方式，将系统建成资源共享又可灵活延展的 GIS 系统。

④ open GIS。Open GIS 是国际标准组织 OGC 建立的一套 GIS 操作及空间数据传输存储标准，Open GIS 定义了一组基于数据的服务，而数据的基础是要素（Feature）。所谓要素简单地说就是一个独立的对象，在地图中可能表现为一个多边形建筑物，在数据库中即一个独立的条目。要素具有两个必要组成部分，几何信息和属性信息。Open GIS 将几何信息分为点、边缘、面和几何集合四种，其中我们熟悉的线（Line string）属于边缘的一个子类，而多边形（Polygon）是面的一个子类，也就是说 Open GIS 定义的几何类型并不仅仅是我们常见的点、线、多边形三种，它提供了更复杂更详细的定义，增强了未来的可扩展性。另外，几何类型的设计中采用了组合模式（Composite），将几何集合（Geometry Collection）也定义为一种几何类型，类似地，要素集合（Feature Collection）也是一种要素。属性信息没有做太大的限制，可以在实际应用中结合具体的情况进行设置。

⑤ Arc SDE 空间数据引擎。Arc SDE 是美国著名的地理信息研究机构 ESRI 推出的空间数据库解决方案，它在现有的关系或对象关系型数据库管理系统的基础上进行空间扩展，可以将空间数据和非空间数据集成在目前绝大多数的商用 DBMS 中。

其访问模式如下：Arc SDE 服务器内存放有空间对象模型，用户的应用程序通过 Arc SDE 应用编程接口向 Arc SDE 服务器提出空间数据请求，Arc SDE 服务器依据空间对象的特点在本地完成空间数据的搜索，并将搜索结果通过网络向用户的应用程序返回。

Arc SDE 的开放式数据访问模型，支持最新的标准（Open GIS、SQL3、SQL Multi-media），提供快速的、多用户的数据存取，提供开放的应用开发环境，是目前非常成功的空间数据库引擎系统。

在 DBMS 中融入空间数据后，Arc SDE 可以提供对空间、非空间数据进行高效率操作的数据库服务。Arc SDE 不但灵活地支持每个 DBMS 提供的独特功能，而且能为底层 DBMS 提供它们所不具备的功能的支持。

Arc SDE 是 Arc GIS 与关系数据库之间的 GIS 通道。它允许用户在多种数据管理系统中管理地理信息，并使所有的 Arc GIS 应用程序都能够使用这些数据。

Arc SDE 是多用户 Arc GIS 系统的一个关键部件。它为 DBMS 提供了一个开放的接口，允许 Arc GIS 在多种数据库平台上管理地理信息。这些平台包括 Oracle，Oracle with Spatial/Locator，Microsoft SQL Server，IBM DBZ 和 Informix。

### （四）政策保障体系构建

#### 1. 确立控制单元的法律法规地位

控制单元依据水生态功能水质要求，在综合水文单元完整性、行政单元完整性以及流域污染控制可操作性等因素基础上，构建基于水生态功能分区的"流域-区域-污染控制单元-污染源"的多层次管理体系。由于流域通常被行政区划分割为不同的管辖范围，由不同的主体分别行使管理权，容易造成责任不清、治污不力的局面，因此将流域划分为尺度较小的污染控制单元作为实施管理的基本单元，不但有利于识别小区域的关键问题并实施特征措施，而且有利于行政管理，从而在控制单元内实施水质管理计划。

水质目标管理方法，是一个对流域水环境问题的全面分析过程，其中充分考虑了不同类型污染源的贡献，建立了流域点源和非点源排放负荷模拟体系，并且在确定安全余量的基础上进行点源与非点源负荷的分配，建立污染源控制的最佳管理技术方案。控制单元水质目标管理从问题水体的识别、水质指标的确定，到污染负荷核定与分配、污染控制措施的制定、实施与评估，对每一个技术环节都有详细而具体的措施，只有确立控制单元的法律法规地位，将其纳入法律框架之内，使其在执行过程中有法可依，才能代替原先的行政管理单元。因此，要尽快形成《流域污染控制单元划分技术规范》，从而在全国范围推进实施控制单元的水污染防治管理制度创新。

流域污染控制单元划分报告编制程序应满足规范要求。水环境污染控制单元划分成果应包括水环境污染控制单元划分报告、水环境污染控制单元登记表和水环境污染控制单元图。水环境污染控制单元划分报告应包括区域自然环境、社会经济和水资源及其开发利用状况，污染源调查结果，水质监测及评价，说明划分的原则、依据和方法以及划分结果，并向社会公众或有关单位征求意见。水环境污染控制单元图应提高图件的实用性和区域间的可比性，扩大图件的信息量，控制单元图的比例尺应根据水体范围、用途及制图要求确定，图件应包括水污染控制区的分区范围、水生态功能要求、水质目标等有关内容。水环境污染控制单元登记表应包括编号、面积、流域、水系、河流河段、水环境现状、水质目标、主要污染源、排放量、水质目标管理措施等内容。

流域污染控制单元由省人民政府授权市人民政府主持或委托验收，验收组由环境保护部门牵头，一般包括环境、水利、城镇建设、国土资源、农业等行政主管部门和技术管理人员，并由省人民政府授权市人民政府批准实施。

### 2. 确定控制单元的容量总量控制政策

尽管目前实施的目标总量控制对于流域水污染物排放控制和缓解水质急剧恶化的趋势发挥了积极有效的作用，但在真正意义上并未将水质目标与污染物控制，尤其是流域自然与社会环境特征紧密联系起来，因此难以满足未来水环境管理的需求。在我国推进目标总量控制向容量总量控制转变的过程中，要立足于彻底改变流域水污染现状，创新水环境管理理念，探索新的理论方法，构建基于水生态系统健康并符合我国国情的流域水质目标管理技术体系。

流域控制单元是一个完整的水文循环单元之一，自然作用和人类活动产生的点源、非点源污染物经由支流廊道汇入干流，从而对水环境和水生态系统产生重要影响。控制单元作为一个相对完整的资源管理单元和人类活动的集中区域，不仅是人类需求和水生态系统生存的载体，也是资源供求、人与自然、发展与水环境保护的矛盾冲突集中体，流域水环境问题是一个涉及土地利用、上下游相互关系、多种水体类型、多种污染类型的综合性问题（孟伟等，2008），所以基于控制单元尺度进行容量总量控制管理势在必行。因此，确定控制单元的容量总量控制政策，既体现了控制单元的生态系统的完整性，易于和大尺度范围的水生态功能分区相衔接，判断其是否满足水生态功能的目标，也体现了水文过程的完整性，易与我国水环境管理工作目标相衔接，即实现从目标总量控制向基于流域控制单元水质目标的总量控制技术的转变。

控制单元的容量总量控制要遵循"分类、分区、分级、分期"的水污染防治原则。分类是指明确流域的优先控制目标污染物，针对不同类型污染物分别制定污染控制方案；分区是指基于流域水环境生态系统的特征差异，有针对性地制定水环境保护方案；分级是指基于水体功能差异性以及与其相适应的水环境质量标准体系，实施水环境质量的不同目标管理；分期是指通过分析水污染防治与社会经济技术发展水平的相适应性，实施与社会经济发展同步的污染防治阶段控制策略（孟伟等，2006），控制单元容量总量控制指标制定技术路线见图14-7。

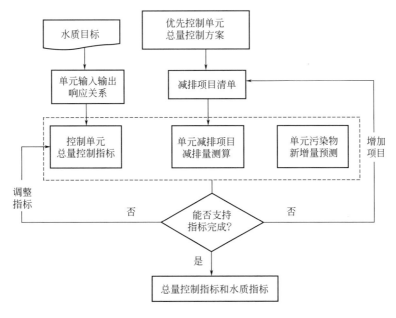

图 14-7　控制单元容量总量控制指标制定技术路线

### 3. 建立相应的配套管理体系

（1）尽快建立控制单元水污染防治规划体系　水污染防治规划是防治水污染的基本依据，防治水污染应当根据流域或者区域的特点进行统一规划。为了实现太湖流域水质目标达标，恢复水生态系统健康，必须建立太湖流域控制单元水污染防治规划体系，通过分析控制单元的水污染防治与流域社会经济技术发展水平的适应性，实施与社会经济发展同步的水污染防治阶段控制策略。

（2）尽快建立控制单元污染物排污许可证管理制度　控制单元排污许可证管理制度应当遵循"分类发放、分级管理、分区执行"的原则。分类发放要区分现有项目与新建项目、主要污染物 COD 与 N、P 之间及特征污染物的差异性；分级管理要区分重点污染源与非重点污染源、行政上下级分级监督与流域同行政级别协同管理；分区执行要区分重点控制单元与非重点控制单元、达标控制单元与超标控制单元的差异性。虽然"十一五"期间，在技术上初步解决了部分关键问题，但远未达到业务运行的要求，应密切结合太湖流域"十二五"污染减排要求，将排污许可证发放到占工业污染负荷 85％以上的工业污染源，并将许可浓度和排污总量落到控制单元的重点企业排污许可证上。

（3）进一步完善控制单元水环境质量监测体系　基于控制单元的水质目标管理技术，最终体现在控制单元水环境质量的提高和改善，各水生态功能区的生态健康和生物多样性维护，以及生态服务功能的提高，这一切都要通过水环境质量的监测和评价技术体系来支撑。作为流域水质目标管理技术体系的重要组成部分，水环境监控技术体系必须体现水环境的流域性管理要求，按照"分区、分类、分级、分期"的水质目标管理模式，对不同的水质功能区提出不同的水环境监控要求。因此，要尽快健全太湖流域控制单元水环境监测制度，提高水环境监测技术能力，完善水环境监测质量控制体系，从而确保控制单元内水环境管理工作的顺利进行。

（4）尽快建立控制单元水质目标管理考核责任体系　为了保障控制单元内水质目标管理的实施和水环境质量的改善，应当结合交接断面水质目标考核制、环保问责制、河长制等一系列已经较为成熟可行的制度，建立一整套适用于太湖流域的控制单元水环境管理的考核责任体系。明确各个控制单元的责任主体，落实目标责任，加强对责任主体的考核评估。制定控制单元水质控制目标及考核办法，明确考核责任体系的组织架构、目标责任、措施手段、责任追究等。

（5）尽快建立控制单元建设项目审批管理体系　在现行建设项目审批制度的基础上，探索适用于太湖流域的基于控制单元水平的建设项目审批管理技术，并建立一整套涵盖控制单元建设项目审批、控制单元项目准入、控制单元建设项目竣工环境保护验收、控制单元限批等制度的建设项目审批管理体系。结合太湖流域水生态功能区规划，实行差别化的控制单元开发和环境管理政策，根据规划确定的优化准入区、重点准入区、限制准入区和禁止准入区对各个控制单元分别提出具体的准入要求，严把空间环境准入关。

# 第四节　区域合作[1]

区域生态合作是对已经发生的、对区域间有共同影响的生态问题和对区域间生态有潜在

❶　本节作者为张林波（中国环境科学研究院生态研究所）。

危害的活动，各个区域为谋求共同利益采取必要的共同行动和措施加以解决，目的是通过各行政区整合区域的资源、采取合作的方式共同致力于生态环境的治理（陈光，2007）。

生态系统的跨区域性决定了生态环境问题具有整体性、全局性和长期性特点（方世南，2009）。生态环境具有的公共性、整体性的特点与传统的基于行政单元的管理方式是矛盾的。生态问题没有明确的地域界限，生态污染的外部性会影响到单个政府管辖之外的其他相邻区域，因此各自为战的单独生态保护行动都会大打折扣。这种不统一性要求各地区的生态建设必须打破行政单元，坚持区域生态共同体理念，在大区域上采取相互合作、共同治理的路子。

按照科学发展观的要求，强化区域生态合作治理意识；通过深入的体制和机制创新，建立多元联动的跨区域生态合作治理机制，是推动我国生态保护与建设不断取得可持续实效的必要选择。

## 一、区域生态合作模式

近年来，区域政府间生态合作的模式呈现出多样化的趋势，不同学者和专家结合实际，提出了多样的合作方式，大体可归为三类：从解决区域现存或潜在生态环境问题着手的区域生态工程；以经济手段调节区域间利益关系的区域生态补偿；以区域生态和产业发展相结合的区域生态产业。通过上述三种模式，区域间生态环境建设逐渐取得了富有成效的进展。

### （一）区域生态工程

长期以来，区域生态工程建设始终是保护和治理生态环境问题的重要手段，主要是针对某一区域的生态环境问题而建立的。在《全国生态环境建设规划》的指导下，我国开展了一系列的区域重大生态工程，如天然林资源保护工程、退耕还林工程、京津风沙源治理工程、"三北"及长江中下游地区重点防护林工程、黄河水土保持工程、长江流域水土保持工程等，取得了明显的效果。

区域生态工程建设规划时间长、投资规模大、涉及范围广，对于我国生态环境的保护以及社会经济的可持续发展起到了重要作用。然而也要看到，目前的生态工程建设也存在一些问题。

① 缺乏与其他建设活动的协调与有机结合。现有的生态工程目标较为单一，通常是为解决区域的特定生态问题而开展的。因而，往往没有从根本上解决问题，出现了"生态破坏-工程治理-生态再破坏"的恶性循环。

② 不同区域间生态工程缺乏有机结合。生态工程作为改善生态环境的载体应充分考虑到生态系统的整体性和系统性，而不应该将各生态工程剥离开来分别实施，否则难以从整体上把握区域生态建设，违背了生态系统的内在属性。

③ 生态工程建设中轻管理、缺乏持续性。在进行区域生态工程建设的过程中，往往只重视实施的过程，而对于生态工程的管理不足，缺乏制度和体系的保障。同时，生态工程的实施缺乏可持续性，往往实施完成后，后期的监测、巩固缺乏足够重视。

今后，区域生态工程建设可以从纵向和横向方面进行改进。纵向方面主要是建立区域合作的统一领导和部门分工相结合的管理体制。横向方面主要是加强区域生态工程的可操作性，以及工程实施过程的监督、工程绩效的评估和工程效果的巩固（张力小，2011）。

### （二）区域生态补偿

区域生态补偿作为将生态保护外部效应内部化的有效手段，有力地促进了我国区域间的

协调发展，受到了各界的广泛重视。我国自 20 世纪 70 年代就开始进行了区域生态补偿的实践。目前，我国进行的生态补偿有多种类型，如流域水资源生态补偿、大气环境保护生态补偿、农业生产区生态补偿等。

区域生态补偿是区域生态环境保护的重要措施，在国内外取得广泛认同。然而，目前区域生态补偿仍存在一些问题：一是补偿模式单一，只以中央政府或地方政府为主体，无法做到有效的补偿；二是补偿范围狭窄，我国目前已实施的生态补偿主要局限于退耕还林、天然林保护、矿区植被恢复等内容，而且只在部分区域进行；三是补偿资金来源单一，补偿数量不足，仅仅只靠政府的转移支付根本无法满足国内生态补偿的资金需要，反而使得补偿资金的融资手段单一，基本不吸纳社会闲散资金，加之管理缺失，资金不能集中用于重要生态功能区的保护与建设，而是被分散使用；四是在生态补偿机制的建立过程中，利益相关者的参与度不够，机制本身没有调动起各利益相关者的积极性，缺乏明确的环境产权界定，使补偿机制最终流于形式，难以真正发挥作用；五是补偿缺乏统一的管理单位，造成管理混乱，不同地区分别由不同地方政府负责监管且没有固定、独立的行政机构，使得补偿的管理环节频频出现断层和扭曲；六是补偿的相关政策和法规还不够健全，目前我国还没有一部统一的有关生态环境补偿的法律法规，有关生态环境补偿的规定只是散见于有关自然资源及环境保护的法律、规章和规范性文件之中；七是补偿多以项目工程为单位，缺乏持续性和稳定性，项目工程基本都具有明确的时限，在其时限内生态补偿得以进行，环境资源得以保护，但当其结束后，绝大多数生态环境与资源又会因缺乏补偿而再次遭到破坏，生态补偿问题得不到根治；八是补偿机制缺少跨地区的补偿构想，地区间横向补偿得不到有力的财政体制保障，忽略了生态服务的提供者与受益者在地理范围上的不对应（车环平，2009）。

今后在进行区域生态补偿过程中，一是应当积极开展生态补偿的立法工作，及时出台生态补偿机制的相关法律法规；二是调动市场资源参与生态补偿机制建设，拓宽融资渠道；三是全面开展生态补偿评估工作，扩大补偿范围；四是强化政策的稳定性，建立生态补偿长效机制；五是建立横向财政转移支付制度，协调区域利益分配（许芬，2010）。

## （三）区域生态产业

区域生态产业是与资源禀赋、生态、社会发展相协调的可持续的经济发展模式，它是将区域间的生态和产业相结合，从而实现区域生态经济协调可持续发展。区域生态产业的发展是今后区域生态合作的重要方式。当前，区域生态产业的模式主要有循环经济、低碳经济和产业生态园。

区域生态产业的研究仍有待进一步深化。循环经济、低碳经济等经济理论仍未能形成明确的循环或低碳经济系统构建、评估、调控的完善理论体系，对循环经济的循环机理、驱动力、制约因素、科学的效率评估方法等问题还没有令人满意的回答。特别是循环经济系统的物质流、能量流、资金流的规划、设计、布局和优化都存在众多盲点。

同时，虽然低碳经济的目的相对明确，但具体的实施方法却并无科学的总结。如何在低碳化进程和经济增长速度之间寻求共赢更是十分困难，这也是学术界研究的热点。而且，低碳经济的发展离不开相关政策的扶持，如何制定科学、高效、针对性强又持续有效的政策保障体系，也是低碳经济从理论走向现实的重要难点。

此外，生态产业园虽然为发展低碳经济、循环经济提供了一种切实可行的方式，国内外也有一些相对成功的案例，但作为一个近似闭合的经济系统，生态产业园在运行效率、可持续发展能力、物质能量流计算与设计、经济生态综合效益最大化等方面都存在理论和实践研究瓶颈。如果不能科学地解决这些问题，或者找到科学的分析、评价方法，都很难建立起真正意义上的高效生态产业园，而生态产业园也只能作为一种独立的生态经济单元存在，难以广泛地推广和普及（李文华，2013）。

在今后的区域生态产业发展中，一是应该加强跨产业、跨区域的统一规划和布局，由政府相关部门统一部署循环经济体系的布局和规划；大盘打破产业、区域界限，以产业链为循环经济系统布局的依据，完善物质流、能量流、价值流网络，形成企业循环、产业循环、区域循环的多层次循环经济体系，构建区域生态与产业合作的发展环境。二是加强合作机制建设和相关政策引导。建立区域间合作的激励机制和约束机制，结合区域差异，出台相关政策，因地制宜调整产业结构，增加区域产业结构互补性，促进区域生态合作基础上的产业合作。三是制定规范，加强宣传，全面推广区域生态产业合作。今后依然需要采取多种形式的宣传手段，提高区域政府间生态产业合作的意识。

## 二、区域生态合作案例

首都城市圈、长江三角洲和珠江三角洲地区是我国三个重要的城市群，同时也是我国区域性生态环境问题建设的重点区域。针对三个典型区域的生态环境问题，各区政府部门也通过区域合作、联防联控机制建设，实现了跨区域生态环境问题的有效治理。

2008年12月15日，为贯彻国务院《进一步推进长江三角洲地区改革开放和经济社会发展的指导意见》，沪苏浙环保厅（局）长在苏州共同签署了"长江三角洲地区环境保护工作合作协议（2009—2010年）"。2005年1月，泛珠三角区域的福建、江西、湖南、广东、广西、海南、四川、贵州、云南9省（自治区）和香港、澳门两个特别行政区（简称"9＋2"）在北京共同签署了"泛珠三角区域环境保护协议"，建立了区域环境综合治理框架。以北京为核心的京津冀区域生态合作主要依托于签署跨区域生态合作协议及生态工程两种方式开展。

### （一）泛珠三角区域生态合作

以共同治理维护珠江流域水质为核心生态问题，泛珠三角区域内福建、江西、湖南、广东、广西、海南、四川、贵州、云南9个省（自治区）和香港、澳门两个特别行政区（简称"9＋2"）出台颁布了《泛珠三角区域环境保护合作协议》，协议针对生态环境保护、污染防治、环境管理、环境科技与环保产业等开展实施了区域生态环境保护合作，建立了较为完善的环境保护区域合作机制。工作内容如下。

① 生态环境保护合作。加强区域内各省区生态功能区划、环境保护规划的协调、衔接与合作，共同促进清洁生产，推动区域发展循环经济，引导区域整体产业结构的合理布局；共同推进重要生态功能区、重点资源开发区、生态环境良好地区特别是自然保护区的保护管理；促进生物物种资源保护、管理和互惠利用；推动建立流域生态环境利益共享机制和生物多样性保护协调机制。

② 水环境保护合作。加强区域内各省区水环境功能区划协调，建立流域上下游和海域环境联防联治的水环境管理机制，包括建立跨行政区交界断面水质达标管理、水环境安全保障和预警机制，以及跨行政区污染事故应急协调处理机制；协调解决跨地区、跨流域重大环境问题；共同编制流域水环境保护规划。

③ 大气污染防治合作。共同探讨酸雨和二氧化硫污染区域防治途径，采取措施削减二氧化硫等大气污染物排放量，逐步降低区域内酸雨频率和降水酸度。

④ 环境监测合作。建立泛珠三角区域环境监测网络，加强区域内各省区环境监测工作的合作，及时、准确、完整地掌握区域环境质量及其动态变化趋势，为泛珠三角区域环境污染防治提供科学的决策依据。

⑤ 环境信息和宣教合作。建立泛珠三角区域环境信息交互平台和环境宣教网络，实现区域环境信息共享、交换和联网，强化环境宣教工作的区域联动。

⑥ 环境保护科技和产业合作。开展环境保护重大科研开发项目合作，实现环境科技资源共享；在环境保护产业领域内的投融资、市场拓展、技术配合、环境保护技术应用等多个层面开展广泛合作。

为保证有效开展环境保护合作，推动合作事项的落实，各方同意建立合作协调机制。如：

① 不定期举行泛珠三角区域环境保护合作联席会议，研究决定区域环境保护合作重大事项。联席会议由福建、江西、湖南、广东、广西、海南、四川、贵州、云南 9 省（自治区）和香港、澳门特别行政区环境保护部门负责人共同主持。

② 联席会议常设秘书处，负责休会期间的日常工作。秘书处成员为联席会议成员单位具体负责处室的负责人，常务秘书长由广东省环境保护局负责人担任，秘书处办公室设在广东省环境保护局。常务秘书长负责向联席会议提交区域环境保护合作进展情况报告和建议。

③ 建立专题工作小组。各方根据合作需要确定成立若干专题工作小组，开展具体的专项合作工作。专题工作小组由各方参与该合作项目的相关业务单位的负责人组成。专题工作小组定期向联席会议报告专题工作情况。

④ 建立环境保护工作交流和情况通报制度，定期通报和交流各省区环境保护工作情况；定期组织各种形式的环境保护区域论坛、研讨会，开展环境管理、污染防治、生态环境保护、环境科技等方面的交流。

## （二）长江三角洲区域生态合作

为提升长三角区域生态水平，苏、浙、沪两省一市环保部门在苏州签署了《长江三角洲地区环境保护工作合作协议》，该协议在提高准入门槛、创新政策、推进太湖治污、治理大气污染、健全监管应急联动机制、实现信息共享等方面"结成联盟"。有效解决了长三角区域的生态环境问题，并建立了符合区域特征的区域生态保护联动机制。工作内容如下。

① 提高区域环境准入和污染物排放标准。从 2009 年起，除城镇生活污水处理项目外，在太湖流域禁止新建、改建、扩建化学制浆造纸、制革、酿造、染料、印染、电镀以及其他排放含磷、氮等污染物的企业和项目。严格执行太湖流域国家水污染物特别排放限值，全面推进企业提标改造工作。

② 创新区域环境经济政策。在太湖流域先行开展 COD 排放指标有偿分配和交易试点，完善区域"绿色信贷"政策。

③ 重点推进太湖流域水环境综合治理。切实加强太浦河、吴淞江、淀山湖、江南运河、笤溪等跨界河流的综合整治，建立蓝藻预警和打捞机制，促进太湖水质的根本好转。

④ 加强区域大气污染控制。在区域各大城市逐步推行机动车环保分类标志管理制度，从 2009 年 7 月 1 日起，实行标志互认。共同研究制订上海世博会空气质量保障措施，为成功举办世博会提供环境保障。

⑤ 健全区域环境监管与应急联动机制。2009 年合作建成区域危险废物管理信息系统，

进一步提高区域危险废物转移审批和监管效率。建立完善跨界水、大气、核与辐射等环境预警和应急机制，联合开展跨界环境突发事件的应急演练。

⑥ 完善区域环境信息共享与发布制度。编制实施《长三角区域环境监测网络规划》，建设完善长三角地区水和大气环境自动监测网络；并已于 2009 年建设完成长江三角洲城市空气质量发布系统。

区域合作保障机制主要包括建立两省一市环境保护合作联席会议制度，每半年召开一次会议，定期研究区域环保合作的重大事项，审议、决定合作的重要计划和文件。设立联席会议办公室，负责执行联席会议做出的决定，制定年度工作计划，推进合作协议的具体落实。联席会议邀请环保部华东督查中心参加。

## （三）京津冀区域生态合作

环首都地区的生态建设一直为中央所重视，在河北、山西、内蒙古等北京上游水源地进行水土保持、节水、防止污染、建设生态农业经济区等项目。

（1）生态工程建设　从 20 世纪 80 年代起，国家计划委先后在环首都地区实施了《河北京津周围绿化重点工程》；1999 年起，相继开展了京津风沙源治理工程、三北防护林建设、坝上生态农业、首都生态绿化和太行山绿化、21 世纪首都水资源可持续利用、京承农业合作等重点生态工程，重点保护京津上游生态与水环境。

（2）保障体制建设　针对区域合作问题，北京市也联合周边省份出台了跨区域的政策法规。2006 年 10 月北京市与河北省在北京市发展和改革委员会签署了《加强经济与社会发展合作备忘录》，加强包括生态环境治理以及交通基础设施、水资源、能源开发、产业调整、农业、旅游、劳务、卫生事业九个方面的合作。2008 年 12 月北京市与河北省在京签订《深化经济发展合作签署会谈纪要》，北京市和河北省的党政领导人出席会谈并签约，提出了包括生态环境保护在内的十个方面的合作内容，此次会谈就 16 个重点项目签署了合作协议，投资总额 183.8 亿元。2010 年 7 月北京市与河北省签署《合作框架协议》，明确了从 2010 年 7 月开始到 2012 年底未来两年半时间内京冀包括生态在内的主要合作的方向。2013 年 5 月，北京市与河北省的党政领导人又签署了《北京市-河北省 2013～2015 年合作框架协议》。针对雾霾天气，2013 年京津冀签署了《京津冀及周边地区落实大气污染防治行动计划实施细则》，确立联防联控机制，通过区域合作有效解决大气污染问题。

## 三、区域生态合作对策

### （一）树立系统观念促进合作

传统的条块分割和行政区领导的行政区本位观念是制约行政区走向合作的重要因素。在区域生态合作的过程中，行政区领导要摒弃行政区本位的思维模式，从生态的整体性集中各行政区的资源、基础设施，强化行政区域间关于生态合作的意识。通过合作减少各行政区生态保护的成本，增加各合作方的收益，实现多赢。贯彻多赢的思路，要求合作各方学会让利于人，通过合作收益的合理分割，建立和巩固合作关系。

### （二）建立有效的协调机构推动合作

实现行政区域生态合作，政府协调机制问题在合作中至关重要。行政区域生态合作要以企业推动与政府推动相结合，民间意识与官方意识相协调，从自发、松散、低层次性走向自觉、紧密、高层次性，政府协调机构的作用至关重要。在现有的体制框架下行政区域生态合作的协调机构要想真正发挥应有的作用，必须具备一定的权威和既务虚又务实的功能。

推动行政区域生态合作的协调机构包含三个层次。一是成立由中央有关领导主持的协调小组,加强宏观指导,在舆论宣传、区域规划布局、生态保护工作的中长期发展规划中,真正把行政区域生态合作摆到区域发展协调、实现全国经济协调发展的重要地位。在整个合作区域范围内真正打破行政壁垒和区划限制,按照经济发展的客观规律办事,使经济资源在更大、更广的范围内获得更有效、更合理的配置。二是合作各方的各级省、市建立经常性高层领导对话、联系与沟通机制。三是设立专门的工作机构,承担行政区生态合作的具体事务。

### (三) 建立收益分享机制

行政区域生态合作的收益分享机制有利于巩固合作。无论是在经济合作过程中,还是在生态合作过程中,各合作方以追求地方利益最大化为合作的目的,决定了区域合作必须建立在保护各合作方的共同利益基础之上。因此,建立区域生态合作的收益分享机制是实现区域生态合作的前提。也就是说各合作方在平等协作的基础上,通过协调机制实现行政区域生态合作收益的合理分割与分配,从而解决行政区域合作中的利益冲突问题,为行政区域生态合作协调可持续发展提供保证。

### (四) 建立信息资源的共享平台

生态合作是一个特殊的领域,特殊点在于生态收益有很多是不能量化的,但是随着国家制订的生态环境污染指标走向成熟,这种不可能量化的指标也是可以通过具体的数据表现出来的。在行政区域生态合作的过程中,数据共享平台的建立,使合作的可操作性加强了,衡量各合作方的收益也变得有据可循。同时,平台也可以把各行政区的资源进行优化配置,使资源得到合理利用,减少了资源的浪费。因此,建立信息资源的共享平台为区域生态合作提供了统一的界面,减少了在合作中由于差异化产生的冲突和矛盾。

## 参 考 文 献

[1] 蔡邦成,温林泉,陆根法.生态补偿机制建立的理论思考.生态经济,2005,(1):47-50.

[2] 陈钦,徐益良.森林生态效益补偿研究现状及趋势.林业财务与会计,2000,(2):5-7.

[3] 冯艳芬,刘毅华,王芳等.国内生态补偿实践进展.生态经济,2009,(8):85-109.

[4] 国家环境保护局自然保护司编.中国生态环境补偿费的理论与实践.北京:中国环境科学出版社,1995.

[5] 胡振琪,程琳琳,宋蕾.我国矿产资源开发生态补偿机制的构想.环境保护,2006,(10):55-59.

[6] 李爱年.关于征收生态效益补偿费存在的立法问题及完善建议.中国软科学,2001,(1):10-15.

[7] 李慕唐.建议国家对划为生态效益的防护林应予补偿.辽宁林业科技,1987,(6):26,29.

[8] 李文华,李芬,李世东等.森林生态效益补偿的研究现状与展望.自然资源学报,2006,21(5):677-687.

[9] 李文华,刘某成.关于中国生态补偿机制建设的几点思考.资源科学,2010,32(5):791-796.

[10] 李文华.探索建立中国式生态补偿机制.环境保护,2006,(10):4-8.

[11] 李喜霞,吕杰.辽东地区公益林保护的公众支付意愿调查及影响因素分析.沈阳农业大学学报(社会科学版),2006,8(2):190-192.

[12] 毛显强,钟瑜,张胜.生态补偿的理论探讨.中国人口·资源与环境,2002,12(4):38-41.

[13] 闵庆文,甄霖,杨光梅等.自然保护区生态补偿机制与政策研究.环境保护,2006,(10):55-58.

[14] 彭再德.关于征收生态环境补偿费的认识.环境导报,1995,(4):4-6.

[15] 钱震元.长江上游防护林建设贵州部分的主要对策.水土保持学报,1988,2(1):21-28.

[16] 任勇,俞海,冯东方等.建立生态补偿机制的战略与政策框架.环境保护,2006,(10):18-23.

[17] 粟晏,赖庆奎.国外社区参与生态补偿的实践及经验.林业与社会,2005,13(4):40-44.

[18] 孙钰.探索建立中国式生态补偿机制——访中国工程院院士李文华.环境保护,2006,(19):4-8.

[19] 万军,张惠远,王金南等.中国生态补偿政策评估与框架初探.环境科学研究,2005,18(2):1-7.

[20] 王金南,万军,张惠远.关于我国生态补偿机制与政策的几点认识.环境保护,2006,(10):24-28.

[21]　温作民. 略论森林生态效益补偿资金的有效使用. 林业经济, 2001, (11): 16-18.

[22]　吴水荣, 马天乐, 赵伟. 森林生态效益补偿政策进展与经济分析. 林业经济, 2001, (4): 20-24.

[23]　谢利玉. 浅论公益林生态效益补偿问题. 世界林业研究, 2000, 13 (3): 70-76.

[24]　杨光梅, 李文华, 闵庆文等. 对我国生态系统服务研究局限性的思考及建议. 中国人口·资源与环境, 2007, 17 (1): 85-91.

[25]　杨光梅, 李文华, 闵庆文. 基于生态系统服务价值评估进行生态补偿研究的探讨. 生态经济学报, 2006, 4 (1): 20-24.

[26]　杨光梅, 李文华, 闵庆文. 生态系统服务价值评估研究进展——国外学者观点. 生态学报, 2006, 26 (1): 205-212.

[27]　杨光梅, 闵庆文, 李文华等. 基于CVM方法分析牧民对禁牧政策的受偿意愿——以锡林郭勒草原为例. 生态环境, 2006, 15 (4): 747-751.

[28]　杨光梅, 闵庆文, 李文华等. 我国生态补偿研究中的科学问题. 生态学报, 2007, 27 (10): 4289-4300.

[29]　张诚谦. 论可更新资源的有偿利用. 农业现代化研究, 1987, (5): 22-24.

[30]　张惠远, 刘桂环. 我国流域生态补偿机制设计. 环境保护, 2006, (10): 49-54.

[31]　张秋根, 晏雨鸿, 万承永. 浅析公益林生态效益补偿理论. 中南林业调查规划, 2001, 20 (2): 20-25.

[32]　张世泉. 征收生态环境补偿费的理论探讨. 环境保护, 1995, (10): 22-23.

[33]　张耀启. 森林生态效益经济补偿问题初探. 林业经济, 1997, 2: 70-76.

[34]　章铮. 生态环境补偿费的若干基本问题//国家环境保护局自然保护司编. 中国生态环境补偿费的理论与实践. 北京: 中国环境科学出版社, 1995.

[35]　甄霖, 闵庆文, 金羽等. 海南省自然保护区社会经济效益和生态补偿机制研究. 资源科学, 2006, 28 (6): 10-19.

[36]　郑征. 提高淠史杭灌区及上游生态效益的探索. 农业生态环境, 1988, (3): 43-46.

[37]　中国环境科学大词典编委会. 环境科学大词典. 北京: 中国环境科学出版社, 2001.

[38]　中国生态补偿机制与政策研究课题组. 中国生态补偿机制与政策研究. 北京: 科学出版社, 2007.

[39]　周晓峰, 蒋敏元. 黑龙江省森林效益的计量、评价及补偿. 林业科学, 1999, 35 (3): 97-102.

[40]　Bulas J M. Implementing Cost Recovery for Environmental Services in Mexico. Washington, DC: Paper Presented and World Bank Water Week, 2004.

[41]　Castro E. Costarrican Experience in the Charge for Hydro-environmental Services of the Biodiversity to Finance Conservation and Recuperation of Hillside Ecosystems. Paper presented at the international workshop on market creation for biodiversity products and services, OECD, Paris. 2001.

[42]　Echevarria M. Water User Associations in the Cauca Valley: a Voluntary Mechanism to Promote Upstream-downstream Cooperation in the Protection of Rural Watersheds. Land-water Linkages in Rural Watersheds Case Study Series. Rome: Food and Agriculture Organization (FAO), 2002.

[43]　Pagiola S. Paying for Water Services in Central America: learning from Costa Rica. In Pagiola S, Bishop J, Landell-Mills N, et al. Selling Forest Environmental Services: Market-based Mechanisms for Conservation and Development. London: Earthscan, 2002.

[44]　Rojas M, Aylward B. The Case of La Esperanza: A Small, Private, Hydropower Producer and a Conservation NGO in Costa Rica. Land-water Linkages in Rural Watersheds Case Study Series. Rome: Food and Agriculture Organization (FAO), 2002.

[45]　于谋昌. 生态文化: 21世纪的新文化. 新视野, 2003, (4).

[46]　任永堂. 生态文化: 现代文化的最佳模式. 求是学刊, 1995, (2).

[47]　姬振海. 生态文明论. 北京: 人民出版社, 2007: 83.

[48]　高建明. 论生态文化与文化生态. 系统辩证学学报, 2005, (3).

[49]　欧阳志云, 王如松, 郑华, 林顺坤. 海南生态文化建设探讨. 中国人口资源与环境, 2002, (4).

[50]　白光润. 论生态文化与生态文明. 人文地理, 2003, (3).

[51]　高俊峰, 高永年等编著. 太湖流域水生态功能分区. 北京: 中国环境科学出版社, 2012.

[52]　高永年, 高俊峰, 陈垌烽等. 太湖流域典型区污染控制单元划分及其水环境载荷评估. 长江流域资源与环境, 2012, 21 (3): 335-340.

［53］ 孟伟，秦延文，郑丙辉等. 流域水质目标管理技术研究（Ⅲ）：水环境流域监控技术研究. 环境科学研究，2008，21（1）：9-16.

［54］ 孟伟，张楠，张远等. 流域水质目标管理技术研究——控制单元的总量控制技术. 环境科学研究，2007，20（4）：1-8.

［55］ 孟伟，张远，郑丙辉. 水环境质量基准、标准与流域水污染物总量控制策略. 环境科学研究，2006，19（3）：1-6.

［56］ 闵庆文等编著. 太湖流域水质目标管理技术体系研究. 北京：中国环境科学出版社，2012.

［57］ 闵庆文，焦雯珺. 构建新型水环境管理技术体系. 世界环境，2011，（2）：28-29.

［58］ 任海，邬建国，彭少麟. 生态系统健康的评估. 热带地理，2000，20（4）：310-316.

［59］ 陈光. 行政区际生态合作问题研究. 黑龙江对外经贸，2007，（10）：96-97.

［60］ 车环平. 我国生态补偿机制存在的问题及对策. 重庆科技学院学报（社会科学版），2009，（7）：53-54.

［61］ 长江三角洲地区环境保护工作合作协议（2008—2010年）. 2008.

［62］ 方世南. 区域生态合作治理是生态文明建设的重要途径. 学习论坛，2009，（4）：40-44.

［63］ 泛珠三角区域环境保护合作协议. 2005.

［64］ 李文华. 中国当代生态学研究. 北京：科学出版社，2013.

［65］ 许芬，时保国. 生态补偿——观点综述与理性选择. 改革发展，2010（5）：105-110.

［66］ 易志斌. 中国区域环境保护合作问题研究——基于主体、领域和机制的分析. 理论学刊，2013（2）：65-69.

# 第十五章

# 全球变化与
# 生态建设

## 第一节　全球变化原因与趋势[1]

　　全球变化一般是指以增温为主要特征的全球气候变化，是数十年或更长时间尺度的气候要素平均状况或变率的显著变化。引起气候变化的影响因子包括自然因素（太阳辐射的变化、地球轨道的变化、火山活动、大气与海洋环流的变化等）以及由于人类活动引起的大气温室气体组成变化和/或土地利用/土地覆被变化，后者与大气温室气体效应（大气保温效应的俗称）密切相关。大气能使太阳短波辐射到达地面，但地表向外放出的长波热辐射却被大气中的水汽和 $CO_2$ 等吸收，这样就使地表与低层大气温度增高，因其作用类似于栽培农作物的温室，故名温室效应。如果大气不存在这种效应，那么地表温度将会下降约33℃或更多；反之，若温室效应不断加强，全球温度也必将逐年持续升高。自工业革命以来，由于大量开采利用化石燃料以及广泛的农业化肥使用等，人类活动向大气排放的二氧化碳、甲烷、氧化亚氮等吸热性强的温室气体逐年增加，大气的温室效应也随之增强，已导致全球气候变暖等一系列严重问题，引

---

❶　本节作者为罗天祥、张林（中国科学院青藏高原研究所）。

起了全世界各国的关注。针对全球气候变化问题，世界气象组织（WMO）和联合国环境规划署（UNEP）于 1988 年建立了政府间气候变化专门委员会（Intergovernmental Panel on Climate Change，IPCC）。IPCC 组织全球科学家评估与理解人为引起的气候变化及其潜在影响，并提出相关对策，每四年定期发布一次评估报告（IPCC 网站：http：//www.ipcc.ch/）。

根据 IPCC（2007）第四次报告，各种观测资料表明全球气候变暖是无可争辩的客观事实：①在过去 100 年里（1906～2005 年），全球平均大气温度和海水温度持续升高（陆地地表平均温度上升了 0.74℃±0.18℃），尤其最近 50 年（1956～2005 年）的升温速率（+0.13℃/10a）几乎是过去 100 年平均升温速率的 2 倍；②高纬度/高海拔地区的升温幅度几乎是全球平均增温的 2 倍，引起高纬度/高海拔的冰盖/冰川融化、雪盖降低、冻土面积减少，以及全球海平面普遍上升（1961～2003 年，每年上升 1.3～2.3mm）。另外，由于全球气温普遍升高而降水量的年际/年代际变化趋势存在很大的时空差异，这种水热组合变化导致高温热害、低温冻害等极端天气/气候事件增加，以及中低纬度内陆地区干旱化事件增加。

大气温室气体（二氧化碳、甲烷、氧化亚氮等）和气溶胶浓度的变化以及土地覆盖和太阳辐射的变化会显著改变地球系统的能量平衡，因而是全球气候变化的驱动因子。与全球变暖趋势相对应，自工业革命以来人类活动导致的全球大气温室气体浓度逐年增加，其中大气二氧化碳浓度从工业革命前的约 $280 \times 10^{-6}$ 增加到 2005 年的 $379 \times 10^{-6}$，甲烷浓度从 $715 \times 10^{-9}$ 增加到 $1774 \times 10^{-9}$，氧化亚氮浓度从 $270 \times 10^{-9}$ 增加到 $319 \times 10^{-9}$（主要是来自化石燃料燃烧和土地利用变化，而生物圈释放等的贡献相对较小）；最近 50 年全球大气温室气体浓度的变化幅度最大，尤其 1970～2004 年，全球大气温室气体排放量增加了约 80%，平均每年排放 0.43～0.92Gt 二氧化碳当量，导致大气二氧化碳浓度每年增加 $(1～2) \times 10^{-6}$（IPCC，2007）。到 2013 年，全球大气监测网多个监测站数据显示，地球大气二氧化碳浓度已突破 IPCC 报告提出的 $400 \times 10^{-6}$ 阈值。

基于全球大气环流模型的归因分析，IPCC（2007）报告以很高的确信度认为，自 1750 年以来全球人类活动影响的净效应为增温效应，即自工业革命以来人类活动导致的全球大气温室气体浓度增加是全球气候变暖的根本原因，表征影响全球能量平衡变化的辐射强迫指数综合平均为 +1.6，主要受到长效温室气体组分（二氧化碳、甲烷、氧化亚氮等）变化的控制。IPCC 报告据此预测，在未来全球大气二氧化碳浓度倍增情景下，全球增温速率为 0.2℃/10a，预计到 2100 年全球地表平均温度将上升 1.5～4.5℃，平均升温 3℃、增温将增加海平面上升的速率及极端温度出现的频率和范围，改变季风的强度和变化模式等；而且增温将减少陆地和海洋对大气二氧化碳的吸收能力，增加二氧化碳在大气中的滞留，从而进一步加剧全球增温。

应该指出，全球变暖是客观事实，但升温机制仍存在争议（因全球器测资料太短），主要争论焦点包括：气候变暖的主要驱动因素是什么，也就是说人类活动和自然过程对气候变暖的相对贡献究竟有多大；基于现有气候模式预测未来气候变化趋势的准确性如何；气候变化的影响到底有多严重。

# 第二节　生态系统对全球气候变化的响应特征及机理[①]

## 一、生态系统变化特征概述

根据 IPCC（2007）第四次报告，在过去 100 年里（1906～2005 年），全球地表平均温度上升了 $0.74\pm0.18$℃，预计到 2100 年将上升 $1.5\sim4.5$℃（IPCC，2007）。由于植被地理及其生产力分布格局主要受到温度和降水的控制，这种急剧而大规模的气候变化可能会导致植物群落结构和功能的变化，尤其对高纬度、高海拔及干旱半干旱地区生态系统的影响更显著。

在全球尺度上，气候变化对陆地生态系统影响的证据主要体现在：中高纬度植物早春展叶期和开花期等提前 $2\sim5d/10a$，生长季延长；物种分布向高纬度及高海拔扩展；升温和降水变化加剧生境退化、破碎化和荒漠化以及湿地面积减少等，综合导致物种多样性变化（物种数量减少或增加，加速物种灭绝或入侵，群落物种组成的变化）；增温加剧了森林火灾和病虫害的发生；由于生长季延长、$CO_2$ 施肥、氮沉降及管理措施等变化综合导致温带森林净初级生产力（Net Primary Productivity，NPP）的普遍增加，但在欧洲及南美地区的干旱年份，森林 NPP 下降（IPCC，2007）。因此，陆地生态系统对气候变化的响应具有如下主要特征：中、高纬度植物物候变化的一致性和显著性，但在热带地区很少观测到；物种迁移主要出现在高纬度及高海拔的树线和苔原地带；全球增温导致的物候提前、生长季延长及物种迁移等显著变化与生态系统功能（NPP 和碳源-汇）不确定性变化的不一致性；物种多样性变化在很大程度上受非气候因子的驱动（如土地利用变化、生物入侵、环境污染等），无法分辨气候变化的直接影响。

在国家尺度上，1982～2000 年间我国植被 NPP 呈增加趋势（由 20 世纪 80 年代初的 1.33Pg C/a 增加到 90 年代末的 1.58Pg C/a），平均增加速率为 0.015PgC/a；除东部沿海发达地区或工业、城市密集区的快速城市化导致 NPP 减少以及东北地区频繁的森林砍伐和火灾导致 NPP 增加不明显外，我国大部地区 NPP 均呈增加趋势，但增加的速率在空间上存在明显的差异。此外，我国仅 8% 的陆地区域植被 NPP 显著减少，而 47% 的陆地区域植被 NPP 显著增加，45% 的陆地区域植被 NPP 变化不明显；就不同的植被类型而言，高寒植被、常绿阔叶林和常绿针叶林的增加速度最快，草地增长幅度最小（Piao 等，2005；侯英雨等，2007）。进一步的分析还表明，春季生长季的提前和夏季植物生长量的提高共同主导着我国近二十年来植被 NPP 的变化（Piao 等，2005）。通过 NPP 对气候因子（降水、温度）变化的响应分析表明，降水对我国植被 NPP 季节性变化的驱动作用高于温度，气候因子（降水、温度）对北方植被 NPP 季节性变化的驱动作用高于南方；气候因子（降水、温度）对我国 NPP 年际变化的驱动作用（强度、方向）随季节及纬度的不同而不同（侯英雨等，2007）。在地区尺度上，植被 NPP 增加的幅度及其影响因子存在分异，并且在部分地区植被 NPP 更多地受到人为干扰、土地利用方式以及过度放牧的影响（高志强等，2004）。

## 二、高山林线变化机制

高山林线（alpine timberline）是指郁闭森林上限和高山灌丛草甸带之间包括树岛和矮

---

[①]　本节作者为罗天祥、张林(中国科学院青藏高原研究所)。

曲林的过渡带，普遍认为低温是限制乔木（＞3m）生长和分布的主要驱动因子（Körner 1999；Jobbagy 和 Jackson，2000；Körner 和 Paulsen，2004）。因此，高山林线对气候变化的响应更为敏感，容易捕捉到全球气候变化的早期信号（Becker 和 Bugmann，2001），相关变化过程及其测定指标可用来解释陆地生态系统对全球变化的适应和响应（如生物多样性变化和自然植被带位移），是当今全球变化研究的重要内容之一（Cullen 等，2001；IPCC，2007）。但是，最新 IPCC 第四次报告仍无法评估和预测过去和现代气候变暖下林线位置是否上升及林分碳汇能力是否增加，因为相关认识仍存在很大的不确定性（IPCC，2007）。

　　调查资料显示，全球 130 个地区高山/北方林线对气候变暖的响应表现为升高（占 52%）、不变（占 47%）或降低（占 1%）等截然不同的趋势（Harsch 等，2009），如何解释其内在变化机理是当前全球变化研究的难点（Grace 等，2002；Holtmeier 和 Broll，2005；Kullman 2007；Danby 和 Hik，2007）。青藏高原东南部具有北半球最高海拔的高山林线，受人为干扰少，是探讨树线形成和变化机制的天然实验室。最近研究发现，藏东南急尖长苞冷杉和川西云杉树线位置过去 200 年来并没有出现显著的变化，而种群密度呈持续增加的趋势（Liang 等，2011；吕利新，2011），表明除气候因素之外，其他非气候或环境因素在控制树线位置变化方面也发挥着更重要的作用。国外最近研究表明，在气候变暖下，冬季积雪减少引起地表极端低温和土壤干旱，幼苗密度反而明显减少，导致林线位置出现不变甚至下降趋势（Grace 等，2002；Kullman，2007；Danby 和 Hik，2007）。相对于成年树木，幼苗对环境因子的变化更为敏感，尤其是基于种子繁殖的幼苗具有更大的脆弱性（刘庆，2004；尹华军和刘庆，2005；尹华军等，2011；Zhang 等，2010；Liu 和 Luo，2011）。因此，林线在未来气候变化下到底会上升还是下降，关键取决于林下乔木树种幼苗的存活和生长；如果林下幼苗缺乏，在林线树种老龄化并逐步死亡之后，可能导致林线的倒退；反之，如果幼苗能够成功更新并生长良好，林线则能够保持稳定并有可能向上延伸（Smith 等，2003；Harsch and Bader，2011）。然而，目前国内外有关林线更新变化的研究并不多见，尤其缺乏长期定位观测实验数据以理解林线树种的更新变化机制（种子产量和寿命、幼苗存活和生长）及其气候环境限制因子（Smith 等，2003；尹华军和刘庆，2005；Kullman，2007；Liu 和 Luo，2011；尹华军等，2011）。

　　调查资料进一步显示，自 1950 年以来，高纬度北方林线的树轮生长普遍对夏季温度变化的敏感性降低，其响应方式表现为正相关、负相关或无相关等截然不同的趋势（Vaganov 等 1999；Wilmking 等 2004），如何解释其内在变化机理仍是当前全球变化研究的难点，因为国际上有关高纬度/高海拔的植物光合生产是否普遍存在低温导致的水分/养分胁迫问题一直存在争论（即高海拔植物是否普遍存在"碳饱和"或"碳饥饿"之争；Körner，1999；Sveinbjörnsson，2000；Li 等，2004；Wieser 和 Tausz，2007；Li 等，2008；Shi 等，2008；李明财等，2008）。这种认识上的不确定性已经直接影响到有关气候变暖下高纬度/高海拔生态系统净初级生产力是否增加的预测和评估（Valentini 等，2000；Luyssaert 等，2007；IPCC，2007）。森林植被对气候变化的适应和响应是一种长期的变化过程，其中树轮宽度/碳同位素可记录过去百年尺度以上的生产力变化（Graumlich 等，1989；Hasenauer 等，1999；D'Arrigo 等，2000）和植物水分利用效率变化（Lipp 等，1991；Saurer 等，2004；Liu 等，2008）。已有研究发现，我国北方半干旱区的油松树轮宽度系列与区域尺度的卫星遥感植被指数 NDVI 系列存在密切正相关，间接指示了该地区草地 NPP 的长期变化趋势（Liang 等，2005）。在藏东南湿润高山林线地区，Kong 等（2012）最新研究发现，高山林线不同海拔和坡向的薄毛海绵杜鹃年轮宽度与过去 50 年器测六月平均气温普遍存在显著正相关，但与降水量和其他月份温度没有显著关系，表明高山植物生长主要受生长季早期低温的控制；基于叶氮和碳同位素模拟的薄毛海绵杜鹃 NPP 与实测的年轮宽度、相对生长速率、最大光合速率等存在显著正相关，所有测定指标均随海拔增加而降低，表明树轮生长与冠层碳收获和相关叶功能性状紧密耦合，年轮宽度变化可指示高山林线生产力的长期变化；过去 50 年里，生长季早期增温导致林线过渡带杜鹃灌丛生产力呈增加趋势。但是，以往的林线形成和变化机理研究过多注重个体水平的短期生理变化测定（Körner，1999；Li 等，2008；Shi 等，2008），很难解释森林生产力的长期变化机制。目前仍缺乏一种基于树轮记录的综合测定指标和方法以理解净初级生产力的长期变化及其与气候变化的关系，同时也缺乏高山林线生态系统的长期定位观测实验研究以理解影响林线地区植物生长和分布的水分和养分利用过程（罗天祥等，2011；Kong 等，2012）。

## 三、生态系统生产力变化机制

净初级生产力（NPP）是单位土地面积单位时间内绿色植物通过光合作用净固定的干物质产量（总光合产量扣除植物自身呼吸消耗量后的净碳收获量），是决定生态系统碳源/碳汇功能（生态系统水平的净碳交换量，等于 NPP 减去土壤呼吸量）的重要功能指标，在全球变化以及碳循环研究中扮演着重要的角色。气候变化、$CO_2$ 浓度升高等全球变化问题导致生态系统 NPP 在时间和空间上发生变化。因此，了解 NPP 的时空变化格局是评价全球变化对生态系统影响的重要方面。

在区域尺度上，生态系统生产力变化主要受到生长季长度和叶面积指数动态变化的制约；叶面积指数和生物生产力的季节变化受温度和降水的共同影响，并与土壤水分和养分供给密切相关（Luo 等，2002a）。青藏高原植被样带数据（Luo 等，2004）及全球 512 个森林站点碳通量观测数据（Luyssaert 等，2007）一致表明，NPP 与温度和降水的关系普遍存在阈值特征，即在年平均气温＜10℃及年降水量＜1500mm 时，NPP 与温度和降水呈显著正相关，但在年平均气温＞10℃及年降水量＞1500mm 时，NPP 没有明显变化。在过去 100 年里，全球气温普遍升高，但降水的年际/年代际变化趋势存在很大的时空差异，这种水热组合的变化很可能对干旱半干旱地区生态系统生产力产生重要影响，国际上相关研究仍存在很大不确定性（例如，降水量的年际变化无法解释草地植被地上生产力的动态变化）。在较小的地理空间上，随着海拔升高、温度降低而降水增加，这种水热组合的垂直变化模式有助于理解草地植被生产力的水分限制阈值及其对气候变化的响应机制。依托西藏当雄高寒草甸的海拔梯度定位观测实验平台获得的多年观测数据显示，围栏内外的地上、地下生物量随海拔变化呈现单峰分布格局（先增加后降低），优势植物类群（莎草类）的地上生物量、叶水势和 $\delta^{13}C$ 值也存在类似的关系格局；水热组合因子（生长季降水量与≥5℃积温的比值，GSP/AccT）可解释生物量和叶 $\delta^{13}C$ 值变化的 71%～88%（Wang 等，2013）。据此提出的草地植被生产力水分限制阈值（GSP/AccT＜0.80～0.84）与新建立的光合生产力机理模型结果相一致（Luo 等，2011）。一般地，在实际与潜在蒸散量比值＜0.85 时，NPP 主要受土壤水分供给的制约，而在实际与潜在蒸散量比值＞0.85 时，NPP 主要受叶氮含量的制约（Luo 等，2009，2011）。这种阈值特征关系为理解干旱半干旱地区植被生产力对降水量年际变化的复杂响应机制（降水量的年际变化常无法解释草地植被地上生产力的动态变化；Knapp and Smith，2001）提供了一种新解释。

物种丰富度变化是否能够影响植被生产力变化一直存在不同的学术观点（Kaiser，2000；Loreau 等，2001）。在环境条件相对一致的控制实验中普遍发现物种丰富度与 NPP 的正相关关系（Tilman 等，1997；Hector 等，1999），但这种关系在野外调查数据中却很少出现（Waide 等，1999；Mittelbach 等，2001）。控制实验中人工构建的植物群落在物种组成和种间关系等方面与自然群落之间可能存在很大差别（Jiang 等，2009）。另外，自然环境条件的高度异质性会同时影响物种丰富度与 NPP（Grace 等，2007；Ma 等，2010），即环境条件变化导致的 NPP 变化比物种组成对 NPP 的影响要大得多（Loreau 等，2001；Baer 等，2003；Grace 等，2007；Hector 等，2007；Wang 等，2013），因此造成了控制实验与野外调查结果的不一致。考虑到物种丰富度与 NPP 同时受到自然环境条件的控制，环境条件的改变才应该是群落生产力变化的最根本的驱动因素（Hooper 等，2005）。有研究表明，当去除环境因子对物种丰富度和 NPP 的共同影响之后，物种丰富度与 NPP 之间并不存在显著的正相关关系（Ma 等，2010；Wang 等，2013）。上述观点与 Weber 法则是一致的，Weber 法则认为，自然成熟群落在相同环境条件下应具有相似的干物质生产能力，而与群落的物种组成无关（Duvigneaud，1987；Luo 等，2002b，2004）。自然生态系统生产力往往受到少数几个优势物种的控制，而大多数物种对生态系统生产力的影响很小（Grime，1998；Smith and Knapp，2003；Wang 等，2013）。优势物种或优势功能群具有特定的功能（如可以更充分地利用有限的资源等）从而可以控制生态系统过程（Chapin 等，2000），因此可以与环境条件相结合来控制生态系统功能（Hooper 和 Vitousek，1997；Grime，1998）。随着环境条件的改变，优势物种或优势功能群受到不同的环境压力，从而产生不同的生产力。

　　生态系统碳源与碳汇功能变化取决于生态系统水平的 NPP 与土壤呼吸量的动态平衡。在自然界中，不同陆地生态系统类型的土壤呼吸量与 NPP 存在密切正相关（Raich & Schlesinger，1992）。全球森林站点碳通量观测数据表明，生态系统净碳交换量（net ecosystem exchange of $CO_2$，NEE）与温度和降水没有显著的相关关系，即森林生态系统一直维持一种动态平衡（Luyssaert 等，2007）。生态系统呼吸速率受酶活性和底物供给的制约，一般与温度呈指数函数关系，即生态系统呼吸的温度敏感性（$Q_{10}$）是指温度每升高 10℃，呼吸速率增加的倍数。全球数据表明，在同一测定温度范围内，不管是热带还是极地，生态系统呼吸的 $Q_{10}$ 普遍随测定温度的增加而减小，随底物供给的增加而增加（Tjoelker 等，2001）。由于高纬度/高海拔生态系统地处低温环境并具有较高的土壤碳储量，暗示着其呼吸作用对温度变化的响应更加敏感，即气候变暖对高纬度/高海拔生态系统呼吸的促进更大（Valentini 等，2000），但目前仍缺乏长期增温实验数据的证实。在理论上，呼吸速率对温度变化的适应性存在 2 种变化模式：①在同一测定温度范围内，呼吸速率在温度小于 5℃时稳定不变，而在高温时呈指数增长；在温度大于 5℃时，增温使 $Q_{10}$ 降低，降温使 $Q_{10}$ 增加；②低温与高温期呼吸速率均发生变化，导致 $Q_{10}$ 相对稳定，能维持一种动态平衡，对温度变化不敏感（Atkin 和 Tjoelker，2003）。这是陆地生态系统呼吸对温度变化的一种趋同适应特征，即通过调节 $Q_{10}$ 以维持生态系统的碳平衡。模式①主要受酶活性的控制，模式②主要受底物供给的制约。现有实验数据显示，模式①普遍存在于不同生态系统类型，即 $Q_{10}$ 在冬季低温时受最大酶活性的限制，而在夏季高温时受底物供应的限制。由于光合作用和呼吸作用同属于酶促反应过程，增温对两者均有促进作用，早期提出的增温对生态系统呼吸作用的促进更大的论点仍缺乏长期观测数据的验证。

## 四、气候变化对生态系统影响的预测及其不确定性

气候变化背景下，生态系统生产力将会发生怎样的变化？我国诸多学者自 20 世纪 90 年代以来，通过模型、控制实验和样带研究等手段对未来气候变化如何影响生态系统生产力进行了预测。很多学者采用各类模型，例如气候统计模型、过程模型和光能利用率模型，对东亚地区、我国全国范围和青藏高原、新疆、江西、山东、福建、塔里木盆地、西双版纳等部分地区以及温带草原、亚热带常绿阔叶林、长白山阔叶红松林等不同植被净第一性生产力的分布格局和动态变化进行了研究（周广胜和张新时，1996；倪健，1996；刘世荣等，1998；刘文杰，2000；潘愉德等，2001；闫淑君等，2001；喻梅等，2001；黄玫等，2008；张景华和李英年，2008；杜军等，2008；赵俊芳等，2008；曾慧卿等，2008；唐凤德等，2009；范敏锐等，2010；张山清等，2010）。多数研究认为在未来气候变化背景下，全国及多数地区自然植被 NPP 将呈现增加趋势，例如潘愉德等（2001）的研究表明中国陆地生态系统年净初级生产力在大气 $CO_2$ 加倍和气候变化条件下将增加 30％左右，但 $CO_2$ 升高和气候条件改变的直接影响的贡献率仅为 12％～21％；赵俊芳等（2008）利用基于个体生长过程的中国森林生态系统碳收支模型 FORCCHN，模拟了气候变化对东北森林生态系统 NPP 的影响，结果表明 NPP 对温度升高比对降雨变化的反应更为敏感，综合降雨增加 20％和气温增加 3℃的情况，该区各地点森林的 NPP 增幅最大；黄玫等（2008）利用大气-植被相互作用模型 AVIM2 模拟研究了青藏高原 1981～2000 年植被 NPP 对气候变化的响应，发现在暖湿化格局下 NPP 总量呈现增加趋势。张景华和李英年（2008）以及杜军等（2008）的研究也表明，在未来气候暖湿化的情景下，青海以及西藏地区植被地上 NPP 都将呈增加趋势。

对于较干旱的北方草原以及黄土高原地区，模型研究表明 NPP 在未来气候变化背景下将呈现降低趋势。例如，肖向明等（1996）应用 Century 模型对气候变化和大气 $CO_2$ 浓度倍增对于典型草原初级生产力的影响进行了预测，结果表明气温和 $CO_2$ 浓度升高将导致内蒙古锡林河流域羊草草原和大针茅草原初级生产力显著下降。牛建明（2001）认为在未来气温增加 2℃或 4℃、降水增加 20％情景下，内蒙古草原 NPP 都将呈下降趋势；邓慧平和祝廷成（1998）通过模拟土壤水量平衡认为全球气候变化将导致松嫩草原生产力下降。同样，许红梅等（2006）对黄土丘陵沟壑区植被 NPP 的模拟研究认为，在未来降雨和气温都增加的情况下流域 NPP 将呈下降趋势。

除了模型预测，采用开顶式生长室（OTC）法、红外增温法和控制环境生长箱法等模拟增温效应的控制实验为预测气候变化对生产力的影响提供了新的手段。相关研究主要以草甸、草地或者亚高山森林乔木幼苗为研究对象，结果表明在短期（5 年）模拟增温条件下植物总生物量通常呈增加趋势（周华坤等，2000；尹华军等，2008；Wan 等，2009；徐振锋等，2009；刘伟等，2010；赵玉红等，2010），但群落结构或地上地下生物量分配发生一定变化（李英年等，2004；杨兵等，2010；李娜等，2011）。例如，周华坤等（2000）的模拟增温实验表明，在温度增加 1℃以上的情况下，矮嵩草（Kobresia humilis）草甸的地上生物量增加 3.53％，其中禾草类增加 12.30％，莎草类增加 1.18％，但在经过 5 年的模拟增温后却发现生物量反而下降，植被种群结构发生变化，甚至群落出现演替过程（李英年等，2004）。基于内蒙古多伦生态站的草地红外增温实验，万师强等发现夜间增温促进了植物的光合和呼吸作用，但光合增强所带来的碳收益更大，表明增温条件下该地区草地生态系统将

由弱的碳源向碳汇转变（Wan 等，2009）。杨兵等（2010）采用控制环境生长室模拟增温方法模拟了长期增温对岷江冷杉幼苗生长的影响，结果表明增温 5 年后，幼苗的茎、叶和总生物量均显著增加，但根生物量变化不明显，长期增温改变了幼苗生物量分配格局。李娜等（2011）采用 OTC 法研究了青藏高原腹地高寒草甸植物生长对温度升高的响应，结果表明模拟增温 2 个生长季后，群落结构发生一定变化，群落总生物量增加，但地下生物量分配格局趋向于向深层转移。然而，国内相关研究以单因子的增温处理为主，仍缺乏综合多因子的控制实验，目前仅见马立祥等（2010）通过人工气候箱控制实验探讨了不同的供氮水平下，$CO_2$ 浓度和温度升高综合作用对蒙古栎幼苗生物量及其分配的影响，其结果表明在较低的氮素供应水平下，综合作用对蒙古栎幼苗的生物量积累无促进作用，在未来气候变化情况下，氮素供给的增加将明显促进生物量的积累。

利用样带研究来预测气候变化对生产力的影响也是一个重要方面，因为样带体现了自然植被随水热梯度的变化，相关研究工作主要集中在"中国东北温带森林-草原样带"（NECT，张新时等，1995）以及"中国草地样带"（于贵瑞，2003）。其中，唐海萍等（1998）的研究认为东北样带森林区 NPP 对水分变化更敏感，Zhou 等（2002）的研究表明，中国东北样带净初级生产力随着降水量的减少而降低，说明降水不足是限制该区域森林植被的主要因素。韩彬等（2006）采用样带法从东北至西南对内蒙古草地植物群落生物量进行了调查，发现地上地下生物量与水分因子（降水、湿度）成正相关，与热量因子（年均温、积温、日照时数）成负相关，说明尽管降水是限制我国北方半干旱草地生产力的重要因子，但水热的配比关系要比单一的水分或温度与植物生长的关系更紧密。

IPCC 第四次报告有关气候变化对陆地生态系统影响的预测主要包括：寒区和旱区生态系统最容易受到气候变化的影响，包括物种消失和植被带界限变迁等；到 2100 年，陆地生态系统适应能力将达到极限，即增温对呼吸作用的促进大于对光合作用的促进，系统将发生不可逆转的演变，将从现在的碳汇变成碳源，并扩大气候变化；当全球升温超过 2～3℃时，20%～30% 的物种将面临灭绝，并对生态系统结构和功能产生负面影响；在中高纬度，1～3℃增温有利于谷物和草场产量的增加，但在热带季节性干旱地区则减产；在短期和中期尺度上，森林 NPP 对气候变化的响应不敏感；$CO_2$ 施肥效应对农作物明显，但对森林不显著（IPCC 2007）。

但是，相关预测仍存在很大不确定性，主要包括：无法分辨非气候因子驱动的变化；未来全球增温下，陆地生态系统是否将从现在的碳汇变成碳源仍存在很大的学术争议，有关观测结果相互矛盾；地带性植被类型是长期的气候适应结果，短期实验结果（如增温、$CO_2$ 加倍、土壤施肥等）仍很难解释区域植被系统对气候变化的适应与响应机制；仍不清楚已观测到的物候变化及物种多样性变化是否反映了生态系统水平的功能变化（如 NPP 及 C 和 N 的循环等）。上述不确定性导致生态系统变化阈值的确认很困难，《哥本哈根协议》的 2℃阈值和 $450 \times 10^{-6} CO_2$-e 目标浓度情景仍缺乏科学依据。

国际相关研究中一直争论的关键科学问题是：物种多样性变化是否能解释生产力变化？增温是否对呼吸的促进更大？气候变化是否直接影响光合生产？为此，IPCC 第四次报告提出了未来研究的主要领域和方向：①加强生态系统水平以上的长期野外实验观测，包括多因子（增温＋降水＋施肥＋$CO_2$＋管理措施）控制实验、沿环境梯度的定位观测平台等；②辨析量化人类活动与气候变化的相对影响，以评估气候变化导致的不可恢复性生态系统变化；③深入认识气候变化敏感区和驱动区的生物多样性及生态系统功能变化机理；④获得高分辨率的过去环境变化信息以延伸定位观测数据年限，包括区域性树轮、冰芯、湖芯、石笋、孢粉等高分辨率记录，尤其是全新世以来的环境变化。

# 第三节　全球变化对生态系统空间分布的影响[1]

## 一、全球变化背景下中国水热因子的变化

20 世纪后期在全球气候普遍变暖（Houghton，2001）的大背景下，中国气候也发生了显著的变化。近百年来，全球年平均气温约上升了 0.55℃，年平均降水量增加了约 21mm。中国从 1951 年至 20 世纪末的 50 年间，年平均气温增加了约 1.1℃，与全球同期相比平均增温速率明显偏高，气候变暖主要发生在 20 世纪 80 年代以后（任国玉等，2005），且呈现区域和季节性不平衡特征。在区域变化上有"北暖南冷"的趋势，在季节变化上有"冬暖夏凉"的特点（沙万英，2002）。

近 50 年来，我国西部气温增幅大于东部，以青藏高原西南部和新疆西北部增温趋势最为显著（王绍武等，2002）。在西部以外地区，以 35°N 为界，表现为北增南减，而长江流域及东南地区气温变化趋势极为不明显（陈文海等，2002）。通常，大于或等于某一界限温度的积温及其相应的持续天数是衡量农业热量资源的重要指标（张厚瑄等，1994）。在 1951～2005 年的 50 多年间，我国各年代的≥10℃、≥0℃积温及其持续天数总体上呈增加趋势，从 20 世纪 80 年代起增加更为明显；在空间上，东部的增幅较大，西部的增幅小（缪启龙等，2009）。

20 世纪后半叶的 50 年间，我国降水量变化的总趋势为逐渐减少（甘师俊，2000），从 60 年代至 90 年代全国年平均降水量呈明显下降趋势，但在 90 年代后期又出现回升态势。同时，表现出显著而稳定的空间分异性，华北、华中、东北南部和青藏高原东南部地区持续下降，长江流域以南以及西部大部分地区呈增加趋势（陈文海等，2002；任国玉等，2005）。近 30 年来全国降水量尤其是西北地区呈现出明显的年际变化特征。其中，新疆西部地区在 21 世纪以来降水量增加强烈（杨绚和李栋梁，2008）。近 50 年我国降雨量时间格局与全球变化趋势基本一致，但区域变化格局与全球中高纬度地区降水增加、热带及亚热带地区减少的趋势正好相反（王英等，2006）。1960 年以来，中国水热因子的变化以增温为主，其次是多雨趋势，但陆地表层湿润程度总体上呈下降趋势。北方和东部地区呈变干趋势，东部相对湿度最大下降达−0.22%/a，西部地区则在逐渐增湿，相对湿度最大上升达 0.20%/a，华北和东北南部地区仍处于持续的相对干旱期。可见，中国气候变化格局处于调整状态，湿润地区干旱化，干旱地区逐渐湿润（张翀等，2011；赵志平等，2010；左洪超等，2005）。

在全球变暖背景下，我国的气温和降水变化存在较大的季节性差异。冬、春季升温较为明显，其中冬季气温上升趋势最为明显，增温速率达到 0.36℃/10a，西北地区增幅甚至高达 0.6℃/10a 以上；夏季大部分地区以降温为主；秋季降温的强度和范围均小于夏季，温度变幅也较小（任国玉等，2005；陈文海等，2002；刘桂芳等，2009）。近 50 年来，夏季的最高日平均温度以上升为主，但新疆南部和黄淮的部分地区为下降趋势；最低日平均温度在北方大部分地区均呈上升趋势，新疆南部及长江流域则有下降趋势；在冬季，最高日平均温度

---

❶　本节作者为石培礼、熊定鹏（中国科学院地理科学与资源研究所）。

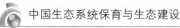

和最低日平均温度均以上升为主，北方尤为明显（于淑秋，2005）。

　　在全球气候变化驱动下，我国对不同区域的水热因子变化有广泛的研究。中国西部地区由于地域辽阔，地形复杂，因此，气候变化存在较大的空间差异性。不少学者研究认为，高海拔地区比低海拔地区对全球气候变化反应更敏感（刘晓东，1998；姚檀栋等，2000），且气候变暖的幅度一般随海拔的升高而增大（刘晓东，1998）。位于我国西南部的青藏高原的气候变化通常比中国其他地区早，成为我国以至世界气候变化的启动区（朱文琴等，2001）。姚檀栋等研究发现，过去30年内青藏高原海拔3500m以上地区年平均气温的线性增温率达每10年0.25℃，而500m以下低海拔地区的温度几乎无变化（姚檀栋等，2000）。近50年是中国西部年降水量最为丰沛的时期，西北干旱区年均气温的变化呈上升趋势，增温明显的近20年间年均气温的增幅达0.40℃/10a，说明中国西北地区气候变化正经历着由暖干向暖湿转变（李栋梁，2003；刘桂芳等，2009；王绍武，2002）。我国东北地区由于纬度较高，对于水热变化的响应较为敏感，许多研究都显示其气候增暖现象十分明显（毛恒青，2000；毛飞等，2000；屠其璞，2000），20世纪的后20年，该地区气候变暖主要体现于冬季，在空间上表现为南部大于北部；水热状况在10年时间尺度上没有表现出明显的变化，但20世纪90年代中后期西部以及南部出现暖干化趋势（王石立，2003；谢安，2003）。自然条件严酷、气候波动大以及社会和经济条件复杂使这一地区成为全球变化响应的敏感带。我国内蒙古典型草原区20世纪后30年的温度变化与全球变暖的趋势相一致，但全球暖化对草原区的降雨影响并不明显（王永利等，2009），内蒙古草原区冬季的显著增温使得该地区春季干旱情况加剧（李镇清，2003）。20世纪后50年我国北方沙区的气温总体也在升高（约0.3℃/10a），且上升幅度比全国、全球更明显，而降水变化却相对较小（尚可政和董光荣，2001）。在当代全球气候变暖条件下，中国内陆热带地区西双版纳近40年的年平均气温、年平均最低气温、年平均最高气温总体上均呈逐年上升的趋势，上升率分别为0.17～0.33℃/10a、0.09～0.39℃/10a、−0.01～0.19℃/10a。降水长期变化特征则较复杂，但总体上呈减少态势，表明气候正向干热型转变（何云玲等，2007）。东部季风区春季近46a增温率约为0.25℃/10a，气候变暖十分明显；增温从1989年开始，以38°N为界，增温率从南向北增大，但长江以南增温不明显（陈少勇等，2010）。黑龙江、新疆、西藏三省是我国气候变化的敏感区域，自20世纪60年代以来，在年降水量上，黑龙江略有减少，而新疆、西藏均表现为增加趋势（郝成元和赵同谦，2011）。

　　在不同气候情景下，通过各种模拟方法对未来的气候变化趋势进行预估，可以了解复杂、动态的气候系统未来的可能发展。在IPCCA2情景下，未来中国平均地面气温有明显的升高，东北、西北和西南地区增幅将超过1℃。冬季，地面平均气温的增幅由南向北逐渐增加；在夏季，内蒙古和西南地区也有明显的增温。年平均降水量在我国的东北地区、江淮流域及以南大部分地区都有明显的增强，而华北部分地区及西南、西北大部分地区降水则呈减少趋势（汤剑平等，2008）。21世纪SRES A1B情景下中国全年及夏季降水主要模态以全国一致型为主，2045年前后由少雨型转为多雨型，冬季降水少雨型与多雨型交替出现（许崇海等，2010）。在未来2×$CO_2$情景下，我国各地的≥10℃积温都有不同程度的增加（张厚瑄和张翼，1994），西北地区的气温到2070年可能上升1.9～2.3℃（丁一汇，2002）。在自然变化条件下，西北地区未来50年气温可能上升0.6～1.0℃（李栋梁等，2003）。吴金栋等的模拟结果表明，未来的增温有利于改善东北地区当前的热量条件，降水增加有利于改善干旱地区作物的供水，但是降水的增加不足以补偿增温引起蒸发、蒸腾的增强（吴金栋，

2000)；谢安等研究认为在全球平均温度上升 1℃ 的情况下，东北地区的干旱化程度将增加 5%～20%（谢安，2003）；赵宗慈等采用多模式集成预估结果表明，在 21 世纪后期我国东北地区的气温可能增暖 3.0℃ 或以上，降水亦可能增加（赵宗慈和罗勇，2007）。张英娟等运用全球环流耦合模式进行模拟预测，当 $CO_2$ 等温室气体含量以每年 1% 的速度递增时，中国西部地区温度、降水及湿度均呈显著的增加趋势，且比全球增加大得多；到 2050 年，全球气温将比现在增加 1.5℃，而中国西部地区则升温 1.2～2.2℃，最大增温区出现在青藏高原附近；同时西南地区降水将增加 200mm 以上，新疆西部和西北部地区降水减少 50mm 左右，平均降水增加 15%，整个西部地区气候变暖变湿（张英娟，2004）。

## 二、水热分布对生态系统生产力和土壤碳储量的影响

在众多生态因子中，水热因子具有极为重要的意义，水热梯度变化对生态系统中的能量流动、生物地球化学循环的过程及强度均会产生影响。碳循环是全球变化生态学研究中的核心领域，自然植被是生态系统中的第一性生产者，自然植被的净初级生产力（NPP）是影响碳循环的重要因素，而其主要受到气候环境中水热因子（温度、降水）的影响。温度升高对 NPP 的影响主要体现在可以延长生长季长度，从而提高 NPP，但在半干旱或干旱地区增温使得蒸散加强会对 NPP 产生负面影响。水分则通过影响植物光合作用的水分需求、水分平衡以及水分利用效率来影响植被的 NPP（季劲钧，2005）。水热条件对生态系统生产力的影响存在一定的空间差异性，这主要取决于该区域的气候背景，同时不同类型生态系统对于水热因子变化的响应也不同。目前，水热条件对于生产力水平和分布格局及未来气候变化的影响，是生产力响应全球变化格局关注的重点问题。

我国陆地植被的 NPP 对气候变化的响应存在区域差异，近 20 年来，中国的水热条件变化有使 NPP 总量呈增加趋势（朱文泉等，2007）。我国陆地植被的 NPP 与降水量呈正相关关系，与可能蒸散率呈负相关关系（胥晓，2004），在草地生态系统更是如此。在降水相对变化不大的条件下，温度的增加可能会对我国植被生产力产生一定的负面影响（赵东升等，2011）；同时 NPP 对气候暖化背景下水热因子变化的响应存在着区域差异（朱文泉等，2007）。降水对植被 NPP 季节性变化的驱动作用要高于温度，水热因子对北方植被 NPP 季节性变化的驱动作用高于南方。在 NPP 年际变异上，水热因子的驱动作用则因季节及纬度而异（侯英雨等，2007）。周涛等模拟了气温平均升高 1.5℃，降水平均增加 5% 的情景下中国净生态系统生产力的变化趋势，发现 NPP 平均增加了 6.2%（周涛，2004）。

孙睿等的模拟表明，在假定气温平均升高 1.5℃，降水平均增加 5%，地表植被分布未发生变化的情况下，中国大部分地区 NPP 将有所增加，平均增加 6.2%。从相对增加量来讲，青藏高原 NPP 的增幅最大；而在绝对增加量上，森林植被增加量最大，荒漠地区 NPP 的增加量最小（孙睿，2001）。

在我国西部以及北方半干旱、干旱地区，如新疆、西藏，气候的"暖湿化"对于自然植被的 NPP 有较为积极的影响，降水是制约 NPP 提高的主要因素，总体呈较明显的增大趋势（丹利等，2007；高永刚等，2007；普宗朝等，2009；普宗朝等，2010）。张山清等研究表明，未来气候变湿将对新疆地区 NPP 产生积极影响，但气候变暖则恰好相反。年均降水量每增多 10%，NPP 将增加 20%，而年均气温每升高 1℃，NPP 将减少 4%～6%（张山清等，2010）。杜军等研究认为，随着水分梯度递减，西藏 NPP 的空间分布自东南向西北递减。在未来以"暖湿型"气候为主的情景下，到 2050 年 NPP 将增加 11%～26%（杜军等，

2008)。

　　在 20 世纪后 20 年，我国西南地区以及东北样带（NECT）植被 NPP 的空间变化趋势同降水量的空间变化基本一致（谷晓平等，2007；朱文泉等，2006）。在长江、黄河源区，由于气温、蒸散量升高趋势明显且年降水量变化不大，导致土壤湿度下降明显，因而植被地上净初级生产力（ANPP）在近十几年下降明显（李英年等，2008）。在中国南部区域 18.00°～27.50°N，108.50°～112.50°E 样带内，年最低温度和年均降雨量是影响 NPP 水平的主要因素（陈旭等，2008）。长江上游地区植被年 NPP 分布与年降水量和年均温的分布相似，但总体上与降水和均温的年际相关性不强（吴楠等，2010）。刘文杰研究表明，在气温升高条件下，西双版纳地区植被 NPP 变化趋势与降水一致（刘文杰，2000）。白永飞等对锡林河流域草原群落净初级生产力沿水热梯度变化的样带研究表明，群落 NPP 与年降水量呈正相关，而与年平均气温和干燥度呈负相关（白永飞，2000）。对于湿地自然植被而言，其 NPP 与年平均气温、年生长季平均气温和生长季植被干燥指数呈正相关关系，与年降水量、生长季降水量呈负相关（王芳等，2011）。许红梅等发现黄土丘陵沟壑区典型小流域 NPP 对温度升高的响应较降水量的变化更为敏感（许红梅等，2006）。

　　中国森林生态系统的生产力分布格局也主要受水热条件的控制，而水分条件是决定中国森林生产力水平以及地理分布格局的主导因素（刘世荣，1998；刘世荣等，1994）。在未来全球变化背景下，不少研究模拟了水热因子变化对森林生产力的影响。油松分布区广，温度和降水同时增加有利于油松林生长，而降水量是影响油松林 NPP 的主要因子（王辉民等，1995）。范敏锐等模拟了在温度升高 3.5℃、降水增加 14％时，北京山区油松 NPP 的变化，发现 NPP 对水热变化呈正面响应（范敏锐等，2010）。彭舜磊等研究了天童地区常绿阔叶林 NPP 近 60 年的变化趋势，发现上升趋势十分明显，年降雨量、年平均气温是影响 NPP 变化的主要因子。模拟预测结果表明，当未来温度升高 2℃时，若降水量不变或增加 20％，NPP 将分别增加 5.5％、15.9％，若降水量减少 20％，NPP 则将降低 4.9％（彭舜磊等，2011）。在未来升温和增湿条件下，北带马尾松林的生产力可能会升高（程瑞梅等，2011）。研究发现，东北地区森林 NPP 和 NEP 对温度升高的响应较降雨变化更为敏感。模拟在降雨增加（20％）和气温增加（3℃）的情况下，东北地区森林的 NPP 和 NEP 的增加幅度最大，而温度不变、降水增加或不变的情况下最小（赵俊芳等，2008）。

　　草地生态系统在我国是重要的生态系统类型，水分在草地 NPP 空间分布格局中起决定性作用，降水量则是主要的影响因素（袁飞等，2008）。如地处半干旱区的内蒙古草原，降水是影响其 NPP 的主要限制因子（云文丽等，2008）。青藏高原腹地由于气温的年变化不大，其热量资源对草地 NPP 地理分布的影响很小，因此 NPP 的变化也主要受降水量的影响（史瑞琴，2006）。中国北方草地生物量的年际波动主要受 1～7 月降水的影响，而与温度的关系较弱。不同的草地类型与水热因子的关系存在差异性，因此在未来气候变化条件下，不同草地生态系统的响应可能存在差异（马文红等，2010）。藏北草地生产力的研究表明，在温度和降水量增高、太阳总辐射降低的区域，各类型草地地上生物量基本呈增加的趋势；在降水量减少的区域，嵩草型草地地上生物量呈减少的趋势（杨凯等，2010）。盛文萍等对内蒙古草地生态系统与水热因子的关系的模拟表明，草甸草原 NPP 与年均温度呈显著的正相关性，而典型草原和荒漠草原 NPP 与年均温度的相关关系不太明显（盛文萍，2007）。

　　土壤的有机碳储量同样对于生态系统碳循环有着重要的意义。周涛等研究了中国土壤碳储量与水热因子间的关系，结果表明，在年平均温度 $T \leqslant 10℃$ 的地区，土壤有机碳储量与温度的负相关性最强；而在 $10℃<T≤20℃$ 的地区，与降水、年均温均呈正相关关系，但主要受降水影响；而在 $T>20℃$ 的地区，与温度和降水间不存在明显的相关性（周涛，2003）。王淑平等对中国东北样带土壤有机碳与气候因子的关系研究表明，土壤活性与有机碳、有机碳与降水量之间具有正相关关系（王淑平，2003）。

## 三、全球变化背景下中国主要生态系统的空间变化

全球变化不仅通过 $CO_2$ 的浓度变化直接影响植物的光合作用，进而影响生态系统的生态过程，而且其带来的全球气候暖化对生态系统格局也产生了深刻的影响。全球变化对陆地生态系统的强烈影响正在改变着陆地生态系统的固有自然过程，将严重地威胁人类的生存环境及社会经济的可持续发展。在全球变化背景下研究我国主要生态系统的空间格局对气候变化的响应，对我国应对未来全球变化具有重要的指示意义。

### （一）全球变化对植被地带分布的影响

植被类型的空间分布对气候变化的响应是研究陆地生态系统与全球变化关系的一个重要方面。由于地理位置的不同，气候环境中水分和热量状况会产生梯度性变化，气候因子的地带性变化导致了植被的空间分布的地带性规律。在全球变化速率逐步加快的背景下，全球变化对植被的影响以及植被的反馈作用成为科学界关注的热点问题。植被对于全球变化的反应主要包括两个方面，即 $CO_2$ 浓度倍增的直接效应以及由此引起的气候变化的间接效应（周广胜，1999）。不同的气候条件对应不同的植被类型，气候变化后，植物群落也会向与原来生境相似的地区迁移。在水平分布上，北半球植被地带在全球变暖进程中将向北方移动，但因不同物种对气候变化的适应性而存在很大的差别。在垂直分布上，植被的分布上限可能会向高海拔迁移，亚高山林线对气候变化的响应显得十分重要。

周广胜和张新时根据中国的实测数据对 Holdridge 生命带模型进行了修正，并以此为基础探讨了气候-植被分类以及全球气候变化对中国植被的可能影响（周广胜，1996）。该方法在我国已被广泛接受，许多学者在此基础上对我国气候变化与植被关系进行了相关研究。目前的大部分研究均是以各种增温和降水变化的组合为假定情景，利用不同方法模拟植被对气候变化的响应。在气温和降水都增加条件下，我国的森林和草原的面积将会有所减少，沙漠化趋势增强。而青藏高原地区植被对全球气候变化更加敏感，林线生态交错带植被将受到显著的影响。

在植被水平地带分布上，目前的研究主要集中于植被分布区域、植被覆盖状况等对气候变化的响应方面。在全球气候变暖情景下，我国东北地区暖温带和温带范围将明显扩大，而寒温带范围缩小，植被分布界限显著北移。湿润区面积减少，半湿润区和半干旱区扩大，导致森林面积缩小，草原面积扩大（吴正方，2003）。赵茂盛等依据我国的植被-气候变化关系，利用 MAPSS 模型预测了我国植被分布的变化，发现未来气候变化可能导致我国东部森林植被带的北移，尤其是北方的落叶针叶林可能会移出国境，华北地区和东北辽河流域未来可能草原化，西部的沙漠和草原可能略有退缩，而相应地被草原和灌丛取代，高寒草甸的分布可能有所缩小，将被常绿针叶林取代（赵茂盛和 Neilson，2002）。在温度增加 1℃ 的情况下，中国东部样带植被的变化：南部的北热带季节雨林和南亚热带季风常绿阔叶林的生产力增加了约 1%，而温带针阔叶混交林和寒温带针叶林增加了 5%～6%，表明生产力的增加强度与纬度升高具有一定的相关关系；在平均温度增加的条件下，不同生活型谱结构的森林生态系统分布呈向北扩展的趋势（彭少麟，2002）。在考虑土地利用约束情况下，对我国东部

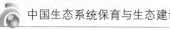

南北样带未来 $CO_2$ 倍增的气候情景进行模拟预测表明，落叶阔叶林将显著增加，但针叶林、灌木和草原的分布面积将下降（高琼，2003）。

归一化植被指数（NDVI）能够较为准确地反映植被的生长状况、生物量、覆盖程度等，因此 NDVI 常被直接或间接地用于研究植被活动。朴世龙和方精云对 20 世纪后 20 年气候变化背景的中国植被活动对全球变化的响应研究表明，中国植被四季的平均 NDVI 均呈上升趋势，春季是中国植被平均 NDVI 上升速率最快的季节，秋季是 NDVI 上升趋势最不显著的季节。生长季的提前是中国植被对全球变化响应的最主要方式，但这种季节响应方式存在明显的区域性差异。夏季平均 NDVI 增加速率最大的地区主要分布在西北干旱区域和青藏高寒区域，而东部季风区域的植被主要表现为春季 NDVI 增加速率最大（朴世龙和方精云，2003）。

亚高山林线作为郁闭森林和高山植被之间的生态过渡带，是极端的环境条件下树木生存的界限（李明财等，2008），林线植被生长在树木生态适应的极限环境，由于其特殊的结构、功能及对气候变化的高度敏感性，林线已经成为全球变化研究的热点区域之一（Kullman，2001）。亚高山林线树木的生长对气候变化十分敏感，但其敏感性随着海拔的降低而减弱（常锦峰等，2009）。亚高山林线格局的变化是长期气候变化的结果，林线格局对气候变化的响应在时间上存在一定的滞后性。气候变化首先从亚高山林线物种组成的树木个体水平影响高山林线的内部结构，然后才影响到作为整体的高山林线的推移（刘鸿雁，2002），因此植被生态学途径是揭示林线的生态过程和格局及其与气候变化关系的基础。我国学者对于林线内部的植被格局变化与气候变化的响应方面做了大量的研究，沈泽昊等（2001）、刘鸿雁等（2003）、于澎涛等（2002）从个体、种群结构方面研究了林线树木与气候条件的关系，石培礼和李文华（1999）对我国川西亚高山林线交错带的生态学特征和分布格局做了系统的研究，王襄平等（2004）研究了高山林线高度与气候因子的关系，认为影响林线高度的主导气候因子是生长季温度，而降水对高山林线高度也有显著的影响。在高海拔，林线树木的径向生长与上年生长季后期降水呈负相关，而与上年初秋温度呈正相关，但这些限制作用随着海拔的降低而逐渐消失（常锦峰等，2009）。

## （二）全球变化对农业生态系统格局的影响

全球变化中的大气 $CO_2$ 浓度升高、水热因子变化同样是影响农业生态系统格局的主要因素（肖国举等，2007）。农业生态系统是最脆弱的生态系统之一，受到气候变化的影响也最为直接。全球气候变化会导致农业气候资源、土壤质量等各方面因素发生变化，进而直接影响到农业种植结构、种植区域、种植制度、生产能力、作物品种布局等（刘彦随等，2010；袁彬等，2011）。在过去的几十年，全球气候变化对我国大部分地区的农业产生了重大影响，也将给未来农业生产带来新的挑战。因此，在全球变化不断加剧的背景下，气候变化对我国的农业生产、农业生态系统格局的影响成为研究的热点问题。在 20 世纪 80 年代初，张家诚（1982）就初步研究了气候变化对我国农业生产的影响，21 世纪以来关于气候暖化对我国农业生态系统方面的研究十分广泛，主要集中于农业生产分布格局、农作物产量以及种植制度对气候变化的响应以及在未来增温情境下农业生态系统的可能变化方面。

近年来，在全球气候变化对中国农业种植制度的影响方面有着较为系统的研究，研究的焦点则集中于气候变化对我国种植制度北界的影响。气候变暖背景下中国各地的热量资源有不同程度的增加，≥0℃积温有所增加，因此生长季的延长对多熟种植较为有利，可能导致多熟种植的北界向北推移。大量研究都以 1981 年为时间节点，把 20 世纪 50 年代至今分为两个时间段对比研究中国种植制度北界对气候变化的响应。研究表明，在全球变暖背景下，全国种植制度界限不同程度北移（杨晓光等，2010），南方地区的多熟种植界限向北、向西推进（赵锦等，2010），热带作物安全种植北界也发生了明显北移，且北移速率呈加快趋势（李勇等，2010）。中国农业生产的一大特点是多熟种植，多熟种植区域扩大，总体上有利于单位面积周年作物产量的增加，中国冬小麦和双季稻种植北界北移可能使种植制度界限变化，区域的粮食单产增加（杨晓光等，2010；赵锦等，2010）。但是种植区界限北移后，种植区的敏感区域则会具有较高的冻害风险（李勇等，2010）。杨晓光等预测表明，未来50年的气候变化将会造成全国种植制度界限不同程度北移、冬小麦种植北界北移西扩、热带作物种植北界北移，而未来降水量的增加将使得大部分地区雨养冬小麦-夏玉米稳产种植北界向西北方向移动（杨晓光等，2011）。刘志娟等（2010）结合SRES的两种排放情景A2和B1，预估了未来气候情景下东北三省春玉米种植北界的变化趋势，认为在不考虑 $CO_2$ 浓度升高影响的前提下，春玉米不同熟型品种种植北界将不同程度向北移动，在界限敏感区域内中晚熟品种替代早熟品种，会对产量的提高带来积极的影响。然而到21世纪中期，由于缺水率增加会给种植界限北移带来一定的风险。

　　在未来的气候变化趋势下，中国的种植制度格局也会发生改变，一熟制种植区面积会减少而三熟制种植区会增加，主要粮食作物和经济作物会不同程度减产，牧业和渔业也将受到负面影响（邓可洪等，2006）。彭少麟等研究气候变化对中国东部南北样带的农业生态系统格局的影响表明，在平均温度增加的情况下，南亚热带水稻三熟有可能进行大面积三造生产，中亚热带双季稻连作一年三熟将有所减少，暖温带许多地方能有二造收成，而温带和寒温带的生产面积将有较大幅度的增加（彭少麟，2002）。西北地区20世纪80年代后期气候明显变暖导致了喜温作物面积扩大，越冬作物种植区北界向北扩展，多熟制向北和高海拔地区推移，但气候变暖对农业的负面影响大于正面影响（邓振镛等，2008；刘德祥，2005a；刘德祥，2005b）。

　　我国人口、资源压力较大，气候变化对农作物产量的影响对于我国农业生产应对未来全球变化有重大意义，因此也成为研究的热点内容之一。气候变化对我国粮食产量的影响存在品种和地区差异性，作物生长期内的增温对一季稻和玉米的产量产生了正面的影响，而降水量增加对小麦产量的影响为负效应，平均日照时数的增加对玉米产量产生了负面影响；热量资源增加对东北地区粮食总产量增加有明显的促进作用，但对华北、西北和西南地区的粮食总产量增加产生了抑制，对华东和中南地区的粮食产量的影响不明显（崔静等，2011；刘颖杰和林而达，2007）。姚凤梅等（2007）研究表明在A2和B2气候变化情境下，温度增加导致中国主要地区灌溉水稻产量呈下降趋势，下降幅度随温度的增高而增大。在同一增温水平下，南方热带地区的下降幅度较大。20世纪80年代至今，我国耕地重心逐渐北移且海拔升高，并且随着年份的增加，耕地增加区和显著增加区与耕地减少区和显著减少区在水分条件上的差别越来越大（石瑞香和杨小唤，2010）。

## 四、全球变化对生态敏感区的影响

### （一）北方农牧交错带的变化

　　农牧交错带是陆地生态系统中的重要组成部分，交错带是相邻生态系统的过渡带，我国的农牧交错带是指自呼伦贝尔向西南延伸，经内蒙古东南、冀北、晋北直至鄂尔多斯、陕北的从半干旱向干旱区过渡的广阔地带（刘清泗，1994），是全球变化反应敏感的生态脆弱带之一（李栋梁，2002），也是我国水土流失、草场退化、沙漠化等环境问题最为突出的地区之一（裴国旺，2001）。我国北方农牧交错带处于东部集约平原农区与北部典型草原区的农业生态经济过渡带，由于其生态环境敏感且脆弱，农牧业生产力水平低下，经济落后，人口与资源的矛盾突出等特点，其脆弱的农业、生态、土地利用对气候变化的响应较为强烈（赵昕奕，2003）。众多研究都表明，我国北方农牧交错带的气候正呈暖干化变化趋势（范锦龙等，2007；李广和黄高宝，2006），而交错带的空间位置在不断变化之中，降水是决定农牧交错带位置的主要因素（裴国旺，2001）。根据近几十年的气象资料及土地利用数据综合分析，北方农牧交错带整体上已向西北移动，西北界已向北深入到纯牧区，东南界附近也由农牧交错区转成纯农区（刘军会和高吉喜，2008b）。未来的气候变化将使北方农牧交错带向东南移动且范围扩大，未来的干热气候趋势可能会增加，交错带的环境状况变得更为严峻（裴国旺，2001；赵艳霞，2001）。近20年来，交错带减少的耕地主要转为草地，增加的耕地也主要源于开垦草地。耕地转为草地的空间分布较为均匀，但草地转为耕地的区域差异明显，增加的沙地主要源于草地退化（刘军会等，2007）。影响土地利用变化的主要因素有中国北方气候暖干化趋向，在持续的退耕还林还草的土地利用政策下，未来北方农牧交错带土地利用格局将向合理化方向发展，并最终趋于稳定（高廷等，2011）。

　　全球变化背景下，我国北方农牧交错带的植被覆盖状况也同样发生了较为明显的变化。在气候变暖最为明显的20世纪后20年，北方农牧交错带高盖度植被的面积缩减，低盖度植被的面积增加。植被覆盖升高区主要位于该区东北段的东部、北段的西部和西北段的西部，其他地段的植被覆盖明显退化，而不同土地利用类型的植被覆盖度变化方向和程度各异（刘军会和高吉喜，2008a）。农牧交错带的NDVI年平均值呈现逐渐增高趋势，在空间变化上表现为牧业区＜农牧区＜农业区，即农业区NDVI受气候的影响程度较牧业区和农牧区弱。而降水与植被指数呈正相关关系，表明降雨量是决定植被生长状况的主要因子（范锦龙等，2007）。近40多年来，农牧交错区的气候风险呈现增加趋势，空间上由东南向西北方向气候风险逐渐增大，生态风险级别较高的地区对草原覆盖度变化、气候变化的响应都更加敏感（孙小明和赵昕奕，2009）。闫丽娟等根据气候资源变化格局的分析及农牧过渡带的移动，预测随着温度的升高和降水减少，农牧交错带的北界向东南移动将造成原属农区的种植业面积减少。而交错带存在潜在的沙漠化趋势，草地资源将减少，水分供需矛盾将导致牧草的产量和质量下降（闫丽娟，2005）。马琪等（2011）研究发现华北农牧交错带气候生产力呈现缓慢增加趋势，南部高于北部，东西方向上呈现由中心向四周递增，暖湿气候最适合作物生长而冷干气候最不适合作物生长。

## （二）青藏高原高海拔植被的变化

　　青藏高原地域广袤，占我国陆地总面积的26.18%（张镱锂，2002）。青藏高原的植被复杂多样，同时具有明显的地带性分布规律。从东南往西北，高原水平带谱依次出现森林、草甸、草原、荒漠等植被，垂直自然带也由东南部的海洋性湿润型递变为高原腹地的大陆性干旱型（于海英和许建初，2009）。孙鸿烈和郑度研究认为，青藏高原属于气候变化的敏感区和生态脆弱地带（孙鸿烈和郑度，1998）。青藏高原的气候变化较我国其他地区更早，对全球变化的响应也更为敏感。研究全球变化背景下青藏高原高海拔植被的变化及其对区域气候的反馈，对于我国乃至全球其他地区的气候变化与植被相关的研究有重要意义。目前，我国关于全区变化对青藏高原植被的影响研究主要集中于植被的空间覆盖变化、地带性响应以及生产力变化等方面。

20 世纪 80 年代以来，青藏高原地区植被覆盖率总体上呈增加趋势且趋于改善，高原东北部、东中部以及西南部地区植被趋于改善，而植被覆盖较差的北部和西部的半干旱和干旱地区呈现退化趋势（张戈丽等，2010）。这主要是由于气候变暖导致活动积温增加，对高原南部湿润地区植被的生长产生有利影响，却使高原北部地区干旱加剧，植被覆盖状况受到负面影响（徐兴奎等，2008）。于伯华等研究发现近 20 年来的青藏高原植被覆盖变化具有较强的空间分异特征，并用反映区域植被盖度-时间变化趋势的斜率值将整个高原划分为 4 个一级区：帕米尔高原植被指数上升区、藏北高原-阿里高原-柴达木盆地植被指数稳定区、高原中部-雅鲁藏布江中上游河谷植被指数上升区和三江源-横断山区植被指数下降区（于伯华等，2009）。20 世纪 80 年代初至 90 年代初，高原的植被覆盖度增加幅度从东南向西部逐渐减弱。20 世纪 90 年代至 21 世纪初，中部和西北地区呈现植被大面积退化现象（梁四海等，2007）。青藏高原植被 NDVI 对气候变化的响应存在滞后效应，且滞后水平存在空间差异。高原南、北部植被对温度和降水的响应较为迟缓，而高原中、东部地区植被则比较敏感。不同植被类型对水热条件的响应程度也存在差异，由高到低依次是草甸、草原、灌丛、高寒垫状植被、荒漠、森林（丁明军等，2010）。近 25 年来，在高原植被年际变化上，温度的影响比降水更大，植被的年际变化对气温和降水的响应具有明显的时空差异，植被覆盖中等区域全年月 NDVI 的响应最强，并由草甸向草原、针叶林逐步减弱，荒漠区相关性最弱。生长季植被覆盖变化受到气温变化的显著影响，但与降水的关系不大（张戈丽等，2010）。杨元合和朴世龙（2006）研究认为，生长季提前和生长季生长加速是青藏高原草地植被生长季 NDVI 增加的主要原因，春季为 NDVI 增加率和增加量最大的季节，而夏季的增加量最小。

由于青藏高原特殊的地理条件，在全球气候变化背景下植被分布在空间上同时呈水平和垂直地带变化。张新时认为，气候变暖将使牧草的生长上限向高纬度、高海拔偏移，而寒性草原带将向温性草原带转化（张新时，1993）。周睿等研究发现，降水波动是引起植被活动变化的主要因素，年降水量越高的地区植被的稳定性越大（周睿等，2007）。许娟等（2009）研究表明，青藏高原的山地垂直带谱分布由边缘向中心呈现规律性变化，在高原的东北部、西北边缘，以荒漠、荒漠草原、山地森林、山地草原、灌丛、草甸为组合的半干旱、干旱结构向高原腹地以高寒草原、高山草甸、荒漠带组合的高寒干旱带谱结构变化。东南、南部边缘，以温暖湿润为特征的森林带优势带谱组合结构逐渐向寒冷的高原中心变化。吴建国等（2009）模拟了在基准情景下气候变化对青藏高原高寒草甸的适宜气候分布范围的影响，结果表明高寒草甸基准情景下适宜气候分布范围将减少，新适宜气候分布范围将增加，但总的变化不大。综合来看，青藏高原植被垂直带的变化主要随气候变暖而向高海拔推移，水平带的变化则趋向于由半干旱型的高寒草原向半湿润型的高寒草甸扩张（于海英等，2009）。

近 20 年来，受到气温和降水量增加的影响，青藏高原自然植被（森林、灌木、草地）的 NPP 总量呈上升趋势，灌木和森林 NPP 总量分别以每年 1.14% 和 0.88% 的速度显著增加，草地 NPP 的上升趋势没有灌木和森林明显（黄玫等，2008）。叶建圣（2010）根据近 30 年的气候变化情况，模拟了未来气候变化情景下青藏高原植被净初级生产力，分析表明 NPP 年际变率随降水、气温年际变率的增加而增加，但降水的影响更为明显。刘军会等（2009）评估了青藏高原近 20 年植被固碳释氧的经济价值，认为灌丛的服务价值贡献率最大，而亚热带常绿针叶林的单位面积价值最高。植被固碳释氧价值受降水和植被分布影响，自东南向西北逐渐降低。

植被的存在也会影响区域气候变化，对气候变化产生反馈作用，并可通过改变高原热源，进而影响高原及其周边地区气候变化（范广洲，2002）。华维等研究表明，青藏高原植被与地表热源之间存在明显的正相关关系。在植被改善后，各季节地表热源以增加为主，尤其以夏季的增量最大。植被变化引起的高原地表加热异常可能是影响中国夏季降水的重要因子之一（华维等，2008）。

# 第四节　全球变化对生态系统生产力的影响[1]

在过去 100 年里（1906～2005 年），全球地表平均温度上升了（$0.74 \pm 0.18$）℃，预计到 2100 年将上升 1.5～5.4℃（IPCC 2007）。由于我国植被地理及其生产力分布格局主要受到温度和降水的控制，这种急剧而大规模的气候变化可能会导致植物群落结构和功能的变化，尤其对高纬度、高海拔及干旱半干旱地区生态系统生产力的影响更显著。国内学者在这方面已经开展了大量的观测实验与模拟研究，本节试图总结国内关于气候变化对生态系统生产力影响的主要研究进展。

## 一、气候变化对我国自然生态系统生产力影响的证据

净初级生产力（Net Primary Productivity，NPP）是单位土地面积单位时间内绿色植物通过光合作用净固定的干物质产量（总光合产量扣除植物自身呼吸消耗量后的净碳收获量），是决定生态系统碳源/碳汇功能（生态系统水平的净碳交换量，等于 NPP 减去土壤呼吸量）的重要功能指标，在全球变化以及碳循环研究中扮演着重要的角色。气候变化、$CO_2$ 浓度升高等全球变化问题导致生态系统 NPP 在时间和空间上发生变化。因此，了解 NPP 的时空变化格局是评价全球变化对生态系统影响的重要方面。目前，NPP 变化的估算主要有以下 3种方法：①长期定位观测资料的动态分析；②基于树轮宽度反演 NPP 的历史动态；③利用遥感模型估测 NPP 的变化。

NPP 的长期定位观测大多集中在我国北方温带草原的内蒙古地区，不同研究观测的时间长度在 7～14 年之间不等。对内蒙古克氏针茅草原 NPP 连续 14 年（1982～1995 年）的定位观测研究发现，NPP 在年际间的波动范围为 $53～231 g/m^2$，降水量的年际变化及其季节分配直接导致了克氏针茅草原群落净初级生产力的年际波动，1 月上旬至 4 月上旬及 6 月下旬至 8 月下旬的旬降水量对群落净初级生产力均具有正效应，是植物对水分需求的两个关键时期（白永飞，1999）。同样，袁文平和周广胜（2005）对 1984～1995 年间贝加尔针茅、大针茅和克氏针茅草原 NPP 的研究也表明，NPP 在年际间的变异系数分别为 22%、21% 和29%；制约三类针茅 NPP 年际变化的是水分，即前一年 11 月到当年 8 月的月降水量的年际变异是直接导致 NPP 年际变化的主要原因，而且降水的季节分配对于三类针茅 NPP 的形成有着不同的作用。进一步的分析还表明，在气候波动下 NPP 及其稳定性与群落多样性特征的变化是一致的，即在不同的针茅群落中，随着植物多样性的显著下降，群落中起重要作用的植物功能群的数量逐渐减少，NPP 及其稳定性也逐渐降低（白永飞等，2001）。对内蒙古羊草草原 NPP 的监测表明，1983～1993 年间锡林郭勒盟正蓝旗境内羊草草原 NPP 在120～

---

❶ 本节作者为罗天祥、刘新圣、张林（中国科学院青藏高原研究所）。

$2367t/(hm^2 \cdot a)$ 之间波动（白永飞和许志信，1995）；同样，锡林河流域羊草草原 NPP 也存在明显的年际波动，变异系数达 26.5%（王玉辉和周广胜，2004）。但是，两个地区羊草草原 NPP 年际波动与降水的关系却存在不同；其中，制约锡林郭勒盟羊草草原 NPP 年际变化的主要因子是年降水量、$1 \sim 3$ 月降水量、第一次 $\geqslant 10mm$ 降水日期的早晚以及 7 月份降水量及其分配等（白永飞和许志信，1995）；然而，影响锡林河流域羊草草原 NPP 年际变化最显著的因子是植物生长周期内前一年 10 月至当年 8 月的累积降水，而与年降水和月降水无显著相关（王玉辉和周广胜，2004）。在空间上，利用内蒙古草原自东向西的天然降水梯度，采用样带研究结合多年实测资料研究发现，沿着该样带的空间降水梯度，随着干旱的加剧，草原地上 NPP 的年际变异性逐渐增强，但这种变异性与年降水量的变异性并不具有显著的相关性，其具体原因和机理有待深入研究（胡中民等，2006）。

树木年轮宽度记录着长期的树木径向生长状况，被认为在一定程度上可以反映植被 NPP 的长期动态变化。已有研究发现，我国北方半干旱区的油松树轮宽度系列与区域尺度的卫星遥感植被指数 NDVI 系列存在密切正相关，间接指示了该地区草地 NPP 的长期变化趋势（Liang 等，2005）。在藏东南湿润高山林线地区，Kong 等（2012）最新研究发现，高山林线不同海拔和坡向的薄毛海绵杜鹃年轮宽度与过去 50 年器测 6 月平均气温普遍存在显著正相关，但与降水量和其他月份温度没有显著关系，表明高山植物生长主要受生长季早期低温的控制；基于叶氮和碳同位素模拟的薄毛海绵杜鹃 NPP 与实测的年轮宽度、相对生长速率、最大光合速率等存在显著正相关，所有测定指标均随海拔增加而降低，表明树轮生长与冠层碳收获和相关叶功能性状紧密耦合，年轮宽度变化可指示高山林线生产力的长期变化；过去 50 年里，生长季早期增温导致林线过渡带杜鹃灌丛生产力呈增加趋势。在我国东部亚热带地区，滕菱等（2001）和程瑞梅等（2011）基于树轮宽度数据分别重建了分布最广的特有针叶树种马尾松林在南亚热带（鼎湖山）和北亚热带（鸡公山）地区过去几十年里的 NPP 变化，发现鼎湖山地区马尾松林 NPP 在 $1953 \sim 1991$ 年间增加了 $3.31t/(hm^2 \cdot a)$，同期该地区气温升高了 0.6℃；在马尾松地理分布北界的鸡公山，其 NPP 在 $1980 \sim 2009$ 年间也呈现波动上升的趋势，主要受当年生长季的长短和生长季土壤水分可利用性限制。但是，树轮生长仅是地上 NPP 的一部分，对树轮宽度变化与 NPP 长期变化的关系机制仍缺乏了解，因为寒温带树轮最大生长速率普遍出现在夏至日附近（6 月 $20 \sim 22$ 日）（Rossi 等，2006），而机理模型模拟的北方森林最大 NPP 一般出现在最温暖和湿润的月份（7 月份）（Kicklighter 等，1999）。现有知识仍无法解释自 1950 年以来环北极林线树轮生长普遍对夏季温度变化的敏感性下降，即在同一地区增温背景下，树轮宽度变化呈现增加、下降或无变化等截然不同的趋势（Briffa 等，1998；Vaganov 等，1999；Wilmking 等，2004）。

近年来，随着计算机和"3S"技术的不断发展，NPP 的估算也由小范围的传统地面测量发展到大范围多时空的遥感模型估算阶段，使得区域尺度 NPP 估算成为可能。以遥感为基础的 NPP 模型可以分为 3 类：①统计模型，主要是对植被指数如 NDVI 等与生物量、叶面积指数或 NPP 进行回归分析，从而得到估算的经验公式，如郑元润和周广胜（2000）建立了基于 NDVI 的中国森林植被的 NPP 模型；②遥感过程模型，通过遥感技术获取和反演地表植被信息和相关生物物理参数，进而驱动生态系统机理模型，目前比较成熟的生态过程模型有 Biome-BGC、TEM 和 CENTURY 等；③光能利用率模型，利用 NDVI 和 fPAR 即植被冠层对入射光合有效辐射 PAR 的吸收系数之间的关系式得到 APAR（APAR=fPAR×PAR），间接估算 NPP（NPP=$\varepsilon \times \int APAR$，其中 $\varepsilon$ 为光能利用率），光能利用率模型是目

前研究和应用最多的一种 NPP 遥感模型，主要有 CASA、GLO-PEM 和 C-Fix 等。通过以上 3 种以遥感为基础的 NPP 模型，国内众多学者对我国国家和地区尺度的植被 NPP 近 20 年来的变化进行了详细的研究。

在国家尺度上，1982～2000 年间我国植被 NPP 呈增加趋势（由 20 世纪 80 年代初的 1.33PgC/a 增加到 90 年代末的 1.58PgC/a），平均增加速率为 0.015PgC/a；除东部沿海发达地区或工业、城市密集区的快速城市化导致 NPP 减少以及东北地区频繁的森林砍伐和火灾导致 NPP 增加不明显外，我国大部地区 NPP 均呈增加趋势，但增加的速率在空间上存在明显的差异。此外，我国仅 8% 的陆地区域植被 NPP 显著减少，而 47% 的陆地区域植被 NPP 显著增加，45% 的陆地区域植被 NPP 变化不明显；就不同的植被类型而言，高寒植被、常绿阔叶林和常绿针叶林的增加速度最快，草地增长幅度最小（Piao 等，2005；侯英雨等，2008）。进一步的分析还表明，春季生长季的提前和夏季植物生长量的提高共同主导着我国近 20 年来植被 NPP 的变化（Piao 等，2005）。通过 NPP 对气候因子（降水、温度）变化的响应分析表明，降水对我国植被 NPP 季节性变化的驱动作用高于温度，气候因子（降水、温度）对北方植被 NPP 季节性变化的驱动作用高于南方；气候因子（降水、温度）对我国 NPP 年际变化的驱动作用（强度、方向）随季节及纬度的不同而不同（侯英雨等，2007）。

在地区尺度上，植被 NPP 增加的幅度及其影响因子存在分异，并且在部分地区植被 NPP 更多地受到人为干扰、土地利用方式以及过度放牧的影响。东北样带（NECT）在 1982～2000 年间植被 NPP 年均增加 1.17%，温度升高是 NPP 增加的主要原因（Zhu 等，2006）。对内蒙古草原的研究表明，1982～2006 年内蒙古草原 NPP 年均增加值为 0.861MtC/a（李刚等，2008）；但是，1982～1999 年间内蒙古典型草原（锡林河流域）NPP 虽然呈增加趋势，但没有达到显著性水平，其中 1982～1999 年的 18 年间 NPP 呈现非常显著的增加趋势（张峰等，2008）；然而，内蒙古中部地区 1990～2000 年植被 NPP 却明显减少，减少率达 10.32gC/(m² · a)（王钧和蒙吉军，2008）。另外，内蒙古草原 NPP 的年际变化主要受年降水量控制，而与年均温无显著相关关系（张峰等，2008；王钧和蒙吉军，2008；李刚等，2008）；而且，该地区不同时间段 NPP 与气候因子的关系也不尽相同（龙慧灵等，2010）。在我国北方农牧交错带，近 20 年来植被 NPP 普遍存在降低的趋势（高志强等，2004）。对青藏高原的研究表明，1982～1999 年青藏高原植被 NPP 总体上呈现波动上升的趋势；其中，1982～1990 年间植被 NPP 未出现明显增加，而 1991～1999 年间植被 NPP 却呈 0.007PgC/a 的显著增加趋势（由 1991 年 0.183PgC 增加到 1999 年 0.244PgC）；在空间上，青海省的东南部、西宁地区和西南部的部分地区，以及西藏东部的横断山区和雅鲁藏布江南部的部分地区 NPP 增加显著（Piao 等，2006）。但是，对藏北高原的研究却表明，草地 NPP 近 24 年来（1981～2004 年）在绝大部分区域（约占草地总面积的 88.61%）变化趋势不明显，显著降低约占 11.30%，显著增高仅占 0.09%（高清竹等，2007）；同样，三江源地区西部植被 NPP 在 1988～2004 年间表现为增加趋势，每 10 年增加 7.8～28.8gC/m²，而中、东部则表现为降低趋势，每 10 年降低 13.1～42.8gC/m²（王军邦等，2009）；另外，青海省草地 NPP 近 20 年来（1981～1999 年）总体上也无大的变化（王江山等，2005）。总体上，青藏高原地区植被 NPP 的增加与本地区气候暖湿化趋势以及太阳辐射的增加有关（Piao 等，2006），但是过度放牧和人为活动的增加则加剧了本地区草地的退化过程（王江山等，2005；高清竹等，2007；王军邦等，2009）。对我国西部部分地区的研究表明，新疆植被 NPP 近 20 年来基本呈现增加的趋势，增加幅度在 4～

45gC/（m$^2$·a）之间（丹利等，2007；刘卫国等，2009）。在南方地区，1981～2000 年间长江上游各植被类型 NPP 均呈增加趋势，其中针叶林增幅最大（吴楠等，2010），甚至在生长条件极其恶劣的喀斯特地区植被 NPP 近年来也出现波动上升的趋势（董丹和倪健，2011）。

虽然遥感能够实时地估算大尺度上的植被 NPP，然而基于遥感数据的 NPP 估算模型也存在不确定性。首先，遥感数据的空间分辨率影响着 NPP 的估算精度，因此基于遥感数据估算 NPP 时必须考虑尺度转换的问题（卫亚星和王莉雯，2010）。光能利用率的取值对 NPP 的估算结果影响也很大，然而对该参数的取值大小却一直存在争议，不同学者在不同模型中取值不一样，一般在 0.09～2.16gC/MJ（彭少麟等，2000；朱文泉等，2006；赵育明等，2007）。其次，基于遥感数据的 NPP 模型所需要的主要数据类型有植被类型、气候数据和土壤质地数据，数据来源主要为卫星遥感和地面实测，通常都是通过对点上的数据进行插值推广到面上。现在国内存在的情况是数据严重不足，早期数据缺乏，地面观测站点分布不均匀而且比较分散，数据共享制度不完善（王莺等，2010）。另外，遥感模型的不确定性在一定程度上依赖于人们对生态系统过程的认识，但是人们对遥感模型所涉及的一些过程的理解往往存在简单的假设。再者，基于遥感数据估算 NPP 的模型大多是针对北美地区建立的，这些模型参数是否对中国有效，如何根据具体条件选取合适的模型和参数需要严格的实验与论证。而且，利用遥感数据估测 NPP 的模型都是基于大尺度范围的，模型的精度检验和验证是一个很困难的问题（王莺等，2010；张美玲等，2011）。最后，由于用遥感资料无法模拟植被指数的未来变化，所以无法模拟气候或植被变化后的 NPP。在卫星数据不适合的情况下，如气候变化、$CO_2$ 浓度升高时，将会改变植物的生长和分配，它们很有可能改变植被指数，因而限制了对现有数据的利用（孙睿和朱启疆，1999）。

## 二、自然生态系统生产力对气候变化的响应特征及机理

在全球尺度上，气候变化对陆地生态系统影响的证据主要体现在：中高纬度植物早春展叶期和开花期等提前 2～5 天和 10 年，生长季延长；物种分布向高纬度及高海拔扩展；升温和降水变化加剧生境退化、破碎化和荒漠化以及湿地面积减少等，综合导致物种多样性变化（物种数量减少或增加，加速物种灭绝或入侵，群落物种组成的变化）；增温加剧了森林火灾和病虫害的发生；由于生长季延长、$CO_2$ 施肥、氮沉降及管理措施等变化综合导致温带森林 NPP 的普遍增加，但在欧洲及南美地区的干旱年份，森林 NPP 下降（IPCC 2007）。

因此，陆地生态系统对气候变化的响应具有如下主要特征：中高纬度植物物候变化的一致性和显著性，但在热带地区很少观测到；物种迁移主要出现在高纬度及高海拔的树线和苔原地带；全球增温导致的物候提前、生长季延长及物种迁移等显著变化与生态系统功能（NPP 和碳源-汇）不确定性变化的不一致性；物种多样性变化在很大程度上受非气候因子的驱动（如土地利用变化、生物入侵、环境污染等），无法分辨气候变化的直接影响。

在区域尺度上，生态系统生产力变化主要受到生长季长度和叶面积指数动态变化的制约；叶面积指数和生物生产力的季节变化受温度和降水的共同影响，并与土壤水分和养分供给密切相关（Luo 等，2002a）。青藏高原植被样带数据（Luo 等，2004）及全球 512 个森林站点碳通量观测数据（Luyssaert 等，2007）一致表明，NPP 与温度和降水的关系普遍存在阈值特征，即在年平均气温＜10℃及年降水量＜1500mm 时，NPP 与温度和降水呈显著正相关，但在年平均气温＞10℃及年降水量＞1500mm 时，NPP 没有明显变化。在过去 100 年里，全球气温普遍升高、但降水的年际/年代际变化趋势存在很大的时空差异，这种水热

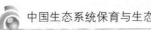

组合的变化很可能对干旱半干旱地区生态系统生产力产生重要影响，国际上相关研究仍存在很大不确定性（例如，降水量的年际变化无法解释草地植被地上生产力的动态变化）。在较小的地理空间上，随着海拔升高，温度降低而降水增加，这种水热组合的垂直变化模式有助于理解草地植被生产力的水分限制阈值及其对气候变化的响应机制。依托西藏当雄高寒草甸的海拔梯度定位观测实验平台获得的多年观测数据显示，围栏内外的地上、地下生物量随海拔变化呈现单峰分布格局（先增加后降低），优势植物类群（莎草类）的地上生物量、叶水势和 $\delta^{13}C$ 值也存在类似的关系格局；水热组合因子（生长季降水量与 $\geq 5\text{℃}$ 积温的比值，GSP/AccT）可解释生物量和叶 $\delta^{13}C$ 值变化的 $71\% \sim 88\%$（Wang 等，2012）。据此提出的草地植被生产力水分限制阈值（GSP/AccT$<0.80 \sim 0.84$）与新建立的光合生产力机理模型结果相一致（Luo 等，2011）。一般地，在实际与潜在蒸散量比值$<0.85$ 时，NPP 主要受土壤水分供给的制约，而在实际与潜在蒸散量比值$>0.85$ 时，NPP 主要受叶氮含量的制约（Luo 等，2009，2011）。这种阈值特征关系为理解干旱半干旱地区植被生产力对降水量年际变化的复杂响应机制（降水量的年际变化常无法解释草地植被地上生产力的动态变化，Knapp 和 Smith，2001）提供了一种新解释。

　　物种丰富度变化是否能够影响植被生产力变化一直存在不同的学术观点（Kaiser，2000；Loreau 等，2001）。在环境条件相对一致的控制实验中普遍发现物种丰富度与 NPP 的正相关关系（Tilman 等，1997；Hector 等，1999），但这种关系在野外调查数据中却很少出现（Waide 等，1999；Mittelbach 等，2001）。控制实验中人工构建的植物群落在物种组成和种间关系等方面与自然群落之间可能存在很大差别（Jiang 等，2009）。另外，自然环境条件的高度异质性会同时影响物种丰富度与 NPP（Grace 等，2007；Ma 等，2010），即环境条件变化导致的 NPP 变化比物种组成对 NPP 的影响要大得多（Loreau 等，2001；Baer 等，2003；Grace 等，2007；Hector 等，2007；Wang 等，2012），因此造成了控制实验与野外调查结果的不一致。考虑到物种丰富度与 NPP 同时受到自然环境条件的控制，环境条件的改变才应该是群落生产力变化的最根本的驱动因素（Hooper 等，2005）。有研究表明，当去除环境因子对物种丰富度和 NPP 的共同影响之后，物种丰富度与 NPP 之间并不存在显著的正相关关系（Ma 等，2010；Wang 等，2012）。上述观点与 Weber 法则是一致的。Weber 法则认为，自然成熟群落在相同环境条件下应具有相似的干物质生产能力，而与群落的物种组成无关（Duvigneaud，1987；Luo 等，2002b，2004）。自然生态系统生产力往往受到少数几个优势物种的控制，而大多数物种对生态系统生产力的影响很小（Grime，1998；Smith 和 Knapp，2003；Wang 等，2012）。优势物种或优势功能群具有特定的功能（如可以更充分地利用有限的资源等）从而可以控制生态系统过程（Chapin 等，2000），因此可以与环境条件相结合来控制生态系统功能（Hooper 和 Vitousek，1997；Grime，1998）。随着环境条件的改变，优势物种或优势功能群受到不同的环境压力，从而产生不同的生产力。

　　生态系统碳源与碳汇功能变化取决于生态系统水平的 NPP 与土壤呼吸量的动态平衡。在自然界中，不同陆地生态系统类型的土壤呼吸量与 NPP 存在密切正相关（Raich 和 Schlesinger，1992）。全球森林站点碳通量观测数据表明，生态系统净碳交换量（net ecosystem exchange of $CO_2$，NEE）与温度和降水没有显著的相关关系，即森林生态系统一直维持一种动态平衡（Luyssaert 等，2007）。呼吸速率受酶活性和底物供给的制约，一般与温度呈指数函数关系，即温度每升高 $10\text{℃}$，呼吸速率增加 $2 \sim 3$ 倍（$Q_{10}$）。$Q_{10}$ 对温度变化很敏感，一般随温度升高而降低，暗示着高纬度/高海拔生态系统呼吸对温度变化更加敏感，气候变暖对其呼吸的促进更大（Valentini 等，2000）。但是，呼吸速率对温度变化的适应性存在两种变化模式：①由于冬季低温期呼吸速率稳定不变，导致 $Q_{10}$ 随生长季温度变化而变化，这时增温使 $Q_{10}$ 降低；②低温与高温期呼吸速率均发生变化，导致 $Q_{10}$ 相对稳定，能维持一种动态平衡，对温度变化不敏感（AtkinandTjoelker，2003）。模式①主要受酶活性的控制，模式②主要受底物供给的制约。由于光合作用和呼吸作用同属于酶促反应过程，增温对两者均有促进作用，早期提出的增温对生态系统呼吸作用的促进更大的论点仍缺乏长期观测数据的验证。

### 三、气候变化对生态系统生产力影响的预测及其不确定性

IPCC 第四次报告有关气候变化对陆地生态系统影响的预测主要包括：寒区和旱区生态系统最容易受到气候变化的影响，包括物种消失和植被带界限变迁等；到 2100 年，陆地生态系统适应能力将达到极限，即增温对呼吸作用的促进大于对光合作用的促进，系统将发生不可逆转的演变，将从现在的碳汇变成碳源，并扩大气候变化；当全球升温超过 2～3℃ 时，20％～30％ 的物种将面临灭绝，并对生态系统结构和功能产生负面影响；在中高纬度，1～3℃ 增温有利于谷物和草场产量的增加，但在热带季节性干旱地区则减产；在短期和中期尺度上，森林 NPP 对气候变化的响应不敏感；$CO_2$ 施肥效应对农作物明显，但对森林不显著（IPCC 2007）。

但是，相关预测仍存在很大不确定性，主要包括：无法分辨非气候因子驱动的变化；未来全球增温下，陆地生态系统是否将从现在的碳汇变成碳源仍存在很大的学术争议，有关观测结果相互矛盾；地带性植被类型是长期的气候适应结果，短期实验结果（如增温、$CO_2$ 加倍、土壤施肥等）仍很难解释区域植被系统对气候变化的适应与响应机制；仍不清楚已观测到的物候变化及物种多样性变化是否反映了生态系统水平的功能变化（如 NPP 及 C 和 N 的循环等）。上述不确定性导致生态系统变化阈值的确认很困难，《哥本哈根协议》的 2℃ 阈值和 $450 \times 10^{-6} CO_2\text{-e}$ 目标浓度情景仍缺乏科学依据。

国际相关研究中一直争论的关键科学问题是：物种多样性变化是否能解释生产力变化？增温是否对呼吸的促进更大？气候变化是否直接影响光合生产？为此，IPCC 第四次报告提出了未来研究的主要领域和方向：①加强生态系统水平以上的长期野外实验观测，包括多因子（增温＋降水＋施肥＋$CO_2$＋管理措施）控制实验、沿环境梯度的定位观测平台等；②辨析量化人类活动与气候变化的相对影响，以评估气候变化导致的不可恢复性生态系统变化；③深入认识气候变化敏感区和驱动区的生物多样性及生态系统功能变化机理；④获得高分辨率的过去环境变化信息以延伸定位观测数据年限，包括区域性树轮、冰芯、湖芯、石笋、孢粉等高分辨率记录，尤其是全新世以来的环境变化。

# 第五节　全球变化、碳循环与生态工程[❶]

## 一、气候变化内涵、产生原因及其影响

气候变化，是指由于自然因素或人类活动引起的全球性或区域性气候系统的改变，其指

---

❶　本节作者为李文华、伦飞中国农业大学资源与环境学院。

气候平均状态统计学意义上的巨大改变或持续长时间的变动，包括平均值和变率的变化（于贵瑞和方华军，2013）。全球气候变化，主要表现为全球升温和海温升高、大范围积雪和冰川融化、全球海平面上升、降水格局发生改变、极端气候频率增加……气候变化会引起一系列的生态和环境问题，进而对人们的生产、生活产生影响，甚至影响社会稳定和人类发展。因此，全球性的气候变化已经成为社会各界关注的热点。

在我国《第二次气候变化国家评估报告》中指出，"气候变化，是引起内部各圈层的相互作用以及受到来自外部因子的影响随时间发生的变化"（《第二次气候变化国家评估报告》编写委员会，2011）。政府间气候变化专门委员会（IPCC）将引起气候变化的因素归纳为"自然气候变率"和"人为活动"，而联合国气候变化框架公约（UNFCCC）则主要强调人类活动的因素。我国的《第二次气候变化国家评估报告》将引起全球气候变化的驱动因子分成两类，即自然因素和人为因素两个方面，其中：①自然因素，主要包括地球板块运动和构造变化、地球绕太阳运行轨道参数的变化、太阳活动、火山爆发、各圈层的变化等；②人为因素，主要包括化石燃料大量燃烧、生物质燃烧、土地利用/覆被的变化（如毁林、草地退化等）等（《第二次气候变化国家评估报告》编写委员会，2011）。当前普遍认为，全球气候变化主要是由于人类活动所导致的大量温室气体排放所引起的，而这其中 $CO_2$ 的大量排放则起主要作用。IPCC 第四次评估报告中指出，温室气体排放所引起的增温效应中，$CO_2$ 的贡献率达到了 63%，因此大气中 $CO_2$ 浓度的升高是引起全球气候变化的主要原因之一（IPCC，2007a，2007b，2007c）。随着人类活动的增强，大气中 $CO_2$ 浓度持续增加，由 18 世纪中期的 $280 \times 10^{-6}$ 增加到 2008 年时的 $383.1 \times 10^{-6}$，且在 1997~2007 年间，其年均增长速率达到了 $2.0 \times 10^{-6}/a$（Dixon 等，1994；Schimel 等，2001；Augustin 等，2004；《第二次气候变化国家评估报告》编写委员会，2011）。在此期间，全球气候呈现明显的变暖趋势，诸如地表温度和海洋温度上升、冰雪大范围消融、海平面上升等。根据观测资料，在 1906~2005 年 100 年间，全球地表平均温度升高了 0.74℃（0.56~0.92℃），而在 1995~2006 年 12 年间，有 11 年位列 1850 年以来最暖的 12 个年份之中（《第二次气候变化国家评估报告》编写委员会，2011）。

全球气候变化对我国的农牧业、水资源、海岸带、陆地生态系统、社会经济系统都造成严重的影响，而这些影响都以负面为主（林而达等，2007；《第二次气候变化国家评估报告》编写委员会，2011），会对我国的可持续发展和生态安全产生严重的干扰和破坏。这些影响主要体现在以下几个方面。

（1）对农牧业的影响　气候变化会改变我国现有的种植制度，增加植物水分蒸散量，造成粮食作物产量下降（《第二次气候变化国家评估报告》编写委员会，2011）；影响牲畜的饲料作物产量，进而影响畜牧业的生产能力（居辉等，2007）；病虫害爆发频度加剧、化肥利用率降低、耕地面积减少、农业生产的脆弱性和不稳定性大大增加等（肖风劲等，2006；居辉等，2007；《第二次气候变化国家评估报告》编写委员会，2011）。

（2）对水文水资源的影响　气候变化会改变我国水文和水资源的时空分布格局，进一步加剧了水资源分配不均的现状，使得北方地区径流减少、干旱频发，而南方地区洪涝灾害加剧（任国玉和郭军，2006；张建云等，2007）。

（3）对海岸带的影响　气候变化会使海平面上升，海洋灾害强度和频度增加，海水入侵造成海岸带侵蚀，海岸带生态系统遭受破坏等（《第二次气候变化国家评估报告》编写委员会，2011）。

（4）对陆地生态系统的影响　气候变化能改变陆地生态系统的结构、功能和类型，如物种组成和分布，群落结构和功能，植被生产力，森林和草原退化，湿地萎缩，生物多样性丧失，等等（潘愉德等，2001；王馥堂等，2003；张明军和周立华，2004；吴建国和吴佳佳，2009）。

（5）对人类社会经济系统的影响　气候变化会对人类赖以生存的生态和环境、食品及营养供给、饮用水安全、疾病预防等方面产生影响（雷金蓉，2004；马丽和方修琦，2006）。

## 二、碳循环及碳储量情况

### 1. 全球碳循环及碳库情况

人类活动（如化石燃料大量燃烧、土地利用/覆被的变化）造成了大量温室气体的排放，尤其是 $CO_2$ 排放，使得大气中 $CO_2$ 浓度迅速增加。大气中 $CO_2$ 浓度升高，所引起并加剧的全球气候变化，对自然生态系统和人类社会产生了严重的影响。全球碳循环的改变造成了全球气候变化，而气候变化又会对全球生态系统各个碳库储量和碳循环过程产生影响，因此，碳循环及碳储量情况与全球变化的关系受到人们的广泛关注，并成为科学研究、政治谈判的焦点问题之一。

全球碳循环是指 $CO_2$ 在大气圈、生物圈、岩石圈、水圈等主要碳库间的迁移、转化和储存等过程（于贵瑞和方华军，2013）。据估计，全球碳储量大约为 $1.0 \times 10^8$ PgC（1PgC＝$10^{15}$ gC），主要储存于岩石圈、大气圈、水圈和生物圈之中（于贵瑞和方华军，2013）。其中，岩石圈是地球上最大的碳库，其碳储量达到了 $9.0 \times 10^7$ PgC，主要以有机碳和碳酸盐两种形式存在；海洋的碳储量仅次于岩石圈的第二大碳库，且主要以可溶性无机碳形式存在，据估计，海洋碳储量达到了 37400PgC（Solomon，2007）；陆地生态系统碳储量为 $1700 \sim 4000$ PgC，其中陆地植被碳储量为 $550 \sim 924$ PgC，而土壤碳库则达到了 $1200 \sim 3000$ PgC（Solomon，2007）；尽管大气碳库碳储量仅为海洋碳库碳储量的 1/50，但其碳储量也达到了 750GtC 左右，且随着 $CO_2$ 排放的不断增加，大气碳储量逐步增加（于贵瑞和方华军，2013）。

在 18 世纪之前，全球碳循环以及各碳库都处于稳定状态。然而，随着工业革命开始，大量化石燃料燃烧、土地覆被/利用改变等人类活动显著地改变了地球各碳库的碳储量、吸收和排放的过程。IPCC 评估报告结果表明，每年由于化石燃料燃烧所排放到大气层的 $CO_2$ 量达到了 5.5GtC，土地覆被/利用变化所引起的年碳排放量为 1.1GtC，因此，人类活动所产生的年碳排放量为 6.6GtC；相反地，陆地生态系统和海洋生态系统每年吸收碳量分别为 1.4GtC 和 2.0GtC，因此，每年地球吸收大气中 $CO_2$ 的碳量为 3.4GtC。因此，由此可知，地球每年向大气排放的 $CO_2$ 量达到了 3.1GtC（Solomon，2007；于贵瑞和方华军，2013）。

人类活动所引起的全球碳循环改变，会引起气候变化。气候变化又会通过影响生态系统总生力和土壤呼吸对全球碳循环和各碳库碳储量产生直接影响，同时还将通过改变植物的物候节律、改变凋落物的产量及分解速率以及改变土壤水分条件等因素间接影响和改变生态系统的全球碳循环过程，进而对各个碳库的碳储量产生影响（于贵瑞和方华军，2013）。

### 2. 我国陆地生态系统碳储量情况

由于估算方法和基础数据来源不同，估算结果存在较大差异。因此，《第二次气候变化国家评估报告》综合各种研究结果（李克让等，2003；季劲钧等，2008；黄枚等，2006），得到中国陆地生态系统的植被碳储量大约为 $(13.7 \pm 0.4)$ PgC；利用第二次土壤普查的资

料，得到了我国陆地生态系统 1m 以内的土壤碳储量为（84.2±5.6）PgC。因此，我国陆地生态系统总碳储量达到了 97.9PgC。

（1）森林生态系统　我国森林面积约为 1.3 亿公顷，是我国最大的有机碳库。我国森林平均总生物量在 3.6～6.5PgC，生物量碳密度为 35.9～57.1MgC/hm² （方精云等，2013；Fang 等，2007；郭兆迪，2011；周玉荣等，2000），森林土壤有机碳储量为 15.8～34.2PgC（Xie 等，2007；郭兆迪，2011；方精云等，2013）。由于人类活动的影响，我国森林生态系统的碳储量发生了变化，研究结果表明：20 世纪 70 年代以前，由于森林大量砍伐，使得森林面积锐减，造成了森林碳储量的减少，在这段时期内，森林植被碳储量减少了 0.62PgC（方精云等，2001）。20 世纪 80 年代以来，我国开展了多项森林生态工程，森林面积增加，森林植被碳储量呈现增加趋势，由 1977～1981 年间的 3.602～4.38PgC 增加到 1999～2003 年间的 5.506～5.582PgC，累计增加了 1.202～1.904PgC （于贵瑞和方华军，2013）。森林生态系统碳储量的增加主要是由于人工造林，尽管成熟林碳密度略有降低（降低了 0.758MgC/hm²），但幼龄林和中龄林碳密度增加明显，分别增加了 5.287MgC/hm² 和 0.602MgC/hm² （徐新良等，2007）。

（2）草地生态系统　由于草原估算面积存在差异，不同学者对草原碳储量估算结果存在较大差异。方精云等（2010）分析了近 20 年中国草地生态系统的研究结果，并对其进行了修正，基于目前广泛采用的 331 万平方千米的草原面积，估算得到我国草地生态系统的碳储量为 29.1PgC，其中草地植被碳储量和草地土壤碳储量分别为 1.0PgC 和 28.1PgC，且中国草地生物量和土壤有机碳库在过去 20 年里没有发生明显的变化（董云社等，2013）。我国草地植被生态系统的碳储量，占世界草地生态系统碳储量的 8% 左右（Ni，2001），其平均碳密度为 3.46MgC/hm² （方精云等，2007）。此外，我国灌丛生态系统的植被碳储量为 （1.68±0.12）PgC，平均碳密度为 （10.88±0.77）MgC/hm² （胡会峰等，2006）。

### 3. 生态工程在气候变化中的作用

随着我国社会经济的迅速发展，化石能源大量使用、土地利用发生改变、草原退化等，都造成了大量的 $CO_2$ 排放。中国陆地生态系统在 1850～2000 年间，仅由于土地利用和木材收获，就造成了 23PgC 的碳排放（Houghton 和 Hackler，2003）。到 2011 年，我国已经超过美国和欧盟，成为世界上最大的 $CO_2$ 排放国，约占世界总排放量的 28% （Le Quere 等，2013）。为了减缓气候变化的趋势，我国政府积极地应对气候变化所带来的影响，并明确地提出了节能减排的目标。在 2009 年，哥本哈根气候变化会议召开前，我国政府宣布了 $CO_2$ 减排的目标：到 2020 年时单位 GDP 的温室气体排放量，与 2005 年相比下降 40%～45%，并其将作为约束性指标纳入到我国国民经济和社会发展的长期规划中（谢振华，2012）。在我国"十二五"规划中，也提出了应对气候变化的约束性目标：到 2015 年时，单位 GDP 的 $CO_2$ 排放量，与 2010 年相比下降 17%，非化石能源占一次能源消耗的比重达到 11.4%，新增森林面积 1250 万公顷，森林覆盖率提高到 21.66%，森林蓄积量增加 6 亿立方米（谢振华，2012），这些都说明了我国政府积极应对气候变化、降低碳排放、增加碳汇的决心和目标。针对各个领域的不同特点，我国政府制定了各项措施来增加碳汇、减少碳排放。本节主要针对生态工程领域（主要是林业、草地和湿地生态系统），阐述了其在增汇减排和应对气候变化中所发挥的重要作用，具体情况如下。

（1）林业　正如上面所述，森林生态系统是最大的陆地生态系统，其在缓解气候变化方面发挥着重要的作用。因此，林业工程是应对气候变化的重要措施，其在增加碳汇、减少碳排放方面具有巨大的潜力。因此，何水发等（2010）归纳了我国应对气候变化的主要林业行动框架（图15-1），主要包括林业碳增汇、林业碳贮存、林业碳替代等。

林业碳增汇行动，是以充分发挥森林的碳汇功能，降低大气中 $CO_2$ 浓度，减缓气候变暖为主要目的的林业活动，主要包括造林绿化（重点工程造林、碳汇项目造林、城市绿化造林和其他造林）、低产材改造、农林复合经营、森林可持续管理等（何水发等，2010）。

林业碳贮存行动，是保护和维持现有的森林生态系统中贮存的碳，减少其向大气中排放，其主要措施包括减少毁林和砍伐、生态系统保护（森林生态系统保护、湿地生态系统保护、其他保护活动）、改进采伐措施、提高木材利用率、森林病虫害控制等方面（何水发等，2010）。

林业碳替代行动，是通过发展新兴低碳产业替代传统高碳林业产业，发展耐用林产品替代能源密集型材料，利用可更新的木质燃料（如能源人工林）和采伐剩余物回收利用作燃料，主要包括产业替代、原材料替代、能源替代等替代（何水发等，2010）。

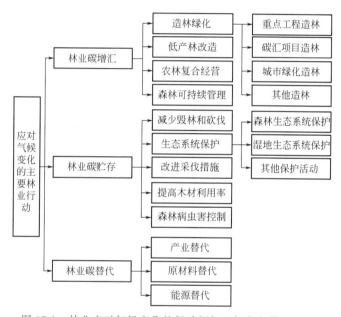

图 15-1　林业应对气候变化的行动框架（何水发等，2010）

为了保护我国的生态和环境，国家林业局于 2001 年实施了六大林业重点工程：天然林保护工程、"三北"和长江中下游地区等重点防护林建设工程、退耕还林还草工程、环北京地区防沙治沙工程、野生动物保护及自然保护区建设工程、重点地区以速生丰产用材林为主的林业产业基地建设工程。据统计，2001～2007 年全国六大林业重点过程，共完成人工造林面积达 3116 亿公顷。大面积的人工造林，不仅能够有效地改善生态和环境，同时，还能为应对全球气候变化做出积极贡献（《第二次气候变化国家评估报告》编写委员会，2011）。根据森林资源普查资料和六大林业工地工程的规划，在 2010 年我国六大林业重点工程每年新增的固碳量为 115.46TgC/a，其中天然林资源保护工程为 16.25TgC/a，退耕还林工程为 48.55TgC/a，"三北"和长江中下游等重点防护林建设工程为 32.59TgC/a，环北京地区防沙治沙工程为 3.75TgC/a，重点地区速生丰产用材林基地建设工程为 14.33Tg C/a，其中内蒙古、四川、陕西、贵州、云南、甘肃、湖北、湖南、广西等省的新增固碳潜力较大，总和占整个新增固碳潜力的 55%（吴庆标等，2008）。在 2008～2012 年的第一个承诺期内，我国造林和在造林过程，可净吸收碳量为 $6.67×10^8 tC$（张小全等，2005）。根据我国人工造林的计划，2020 年前我国造林年碳储量变化呈迅速增加趋势，而在 2020 年以后稳定在约 3.70 亿吨 $CO_2/a$ 以下；以 2000 年为基准，2010 年、2020 年和 2030 年造林碳吸收量分别约为 2.39 亿吨 $CO_2/a$、3.64 亿吨 $CO_2/a$、3.63 亿吨 $CO_2/a$，其中生物量增加占 70% 左右，土壤碳储量增加占 30% 左右（《第二次气候变化国家评估报告》编写委员会，2011）。林业活动减排增汇现状与潜力见表 15-1。

**表 15-1　林业活动减排增汇现状与潜力**（《第二次气候变化国家评估报告》编写委员会，2011）

单位：亿吨 $CO_2/a$

| 项　目 | 2010 年 | 2020 年 | 2030 年 |
| --- | --- | --- | --- |
| 植树造林碳汇 | −2.39 | −3.64 | −3.63 |
| 毁林排放 | +1.19 | +0.84 | +0.66 |
| 森林管理碳汇 | −2.69 | −2.64 | −2.67 |
| 封山育林碳汇 | −0.28 | −0.41 | −0.46 |
| 总计（碳汇） | −4.17 | −5.85 | −6.10 |

为了积极地应对气候变化，我国政府除积极大力开展六大林业工程之外，还提出了发展碳汇造林，即"在确定了基线的土地上，以增加碳汇为主要目的，并对造林及其林分（木）生长过程都实施碳汇计量和监测而开展的有特殊要求的营造林活动"，其目的是充分发挥森林碳汇功能，降低大气中 $CO_2$ 的浓度，减缓气候变化（李怒云等，2010；李怒云，2013）。根据清洁发展机制项目要求和国际林业碳汇项目的规定，笔者认为，碳汇林业至少应该包括以下 5 个方面：①符合国家经济社会可持续发展要求和应对气候变化的国家战略；②除了积累碳汇外，要提高森林生态系统的稳定性、适应性和整体服务功能，推进生物多样性和生态保护，促进社区发展等森林多重效益；③促进公众应对气候变化和保护气候意识的提高；④建立符合国际规则与中国实际的技术支撑体系；⑤借助市场机制和法律手段，通过碳汇贸易获取收益，推动森林生态系统服务市场的发育（李怒云等，2010；李怒云，2013）。

此外，为应对气候变化，实现增汇减排的目标，我国林业还采取了其他方面的措施，例如：建立全国统一的森林碳汇计量监测体系、开展碳汇造林注册登记、建立碳管理机构、建立碳汇基金会、大力发展能源林业、促进林业低碳经济试点等（李怒云等，2010；李怒云，2013；何水发等，2010）。

（2）草地　草地生态系统是重要的碳库，人类活动对草地生态系统碳库的影响得到了人们的广泛关注（《第二次气候变化国家评估报告》编写委员会，2011）。草地开垦成农田和过度放牧，严重地影响了草地生态系统土壤有机碳含量，往往会造成土壤碳储量降低（文海燕等，2005；王玉辉，2002；王艳芬等，1998）。因此，草地生态系统通过草场封育、调整草场放牧方式和时间，增加草原灌溉和人工草场，合理利用草场资源、加快退化草地恢复、实行退耕还草等措施，能够大大提高我国草地碳固持能力（于贵瑞和方华军，2013；《第二次气候变化国家评估报告》编写委员会，2011）。研究表明，采用草地补播、围栏和禁牧等措施，草地土壤有机碳增加明显，其年增加量分别为 $0.90tC/(hm^2 \cdot a)$、$0.48tC/(hm^2 \cdot a)$ 和 $0.19tC/(hm^2 \cdot a)$（石峰等，2009）。我国草地通过人工种草和退耕还草等生态工程，能够迅速地增加草地面积，进而有效地增加生态系统碳储量，其增加量分别达到了 25.59TgC/a 和 1.46TgC/a，通过围栏措施，我国草地生态系统的固碳量则达到了 12.01TgC/a（郭然等，2008）。因此，据估计，未来 50 年内，我国草地生态系统可以固定

1.3PgC，能够抵消 $CO_2$ 总排放量的 0.1% 左右（于贵瑞和方华军，2013）。

（3）湿地　《国际湿地公约》将湿地定义为，"天然的或人工的，永久的或暂时的沼泽地、泥炭地、水域地带，带有静止的或流动的淡水、半咸水及咸水水体，包括低潮时水深不超过 6m 的海域"。按照广义定义湿地覆盖地球表面仅有 6%，却为地球上 20% 的已知物种提供了生存环境，是人类最重要的生存环境之一。同时，湿地生态系统具有重要的生态服务价值，如维护陆地生态系统和生物多样性、涵养水源、蓄洪防旱、降解污染调节气候、补充地下水、控制土壤侵蚀等（陈宜瑜，1995），被誉为"地球之肾"。湿地也是重要的碳库，中国天然湿地的土壤总碳储量达到了（80～100）亿吨 C，约占我国土壤碳库的 10%（张旭辉等，2008；《第二次气候变化国家评估报告》编写委员会，2011）。

然而，由于气候变化和强烈的人为干扰，湿地资源呈现萎缩状态。由于土地利用变化，导致湿地土壤的碳排放量占全球总碳排放量的 1/10 左右（《第二次气候变化国家评估报告》编写委员会，2011）。我国湿地资源同样也面临着严重的退化和萎缩问题，这不仅严重地威胁着我国的生态安全，同时也造成了大量的 $CO_2$ 排放。据估计，在过去的 50 年间，我国湿地由于萎缩而造成的 $CO_2$ 排放总量达到了 55 亿吨 C，相当于现有湿地总碳储量的 1/7～1/6（张旭辉等，2008；《第二次气候变化国家评估报告》编写委员会，2011）。因此，我国政府已经将湿地保护列为生态安全的重要国策，并于 2003 年批准了《全国湿地保护工程规划》（《第二次气候变化国家评估报告》编写委员会，2011）。研究表明，我国各湖泊湿地的年固碳量为 0.03～1.2tC/(hm² · a)，沼泽湿地的年固碳量为 0.25～4.4tC/(hm² · a)（段晓男等，2008），因此，我国湿地生态系统具有很好的固碳能力，仅湖泊湿地和沼泽湿地的年固碳量就达到了（600～7000）×10⁴tC/a（《第二次气候变化国家评估报告》编写委员会，2011）。因此，未来我国通过合理的湿地保护工程和管理措施，不仅能够有效地控制湿地退化和萎缩所造成的大量 $CO_2$ 排放，同时，还能够有效地固定大量的 $CO_2$，为我国减排增汇和应对气候变化发挥积极的作用。

由此可见，我国所开展的各项生态工程和保护措施，不仅在维持我国生态安全和生态稳定方面发挥着重要作用，而且还在维持全球碳平衡和减缓气候变化方面发挥了积极作用。

# 第六节　全球变化的适应对策与生态建设[1]

近百年来，以全球变暖为主要特征，我国的气候变化趋势与全球气候变化的总趋势基本一致（秦大河，2004）。由于气候变化加剧而引起的水资源短缺、生态系统退化、土壤侵蚀加剧、生物多样性锐减、臭氧层耗损、大气成分改变等，对人类的生存和社会经济的发展构成了严重威胁。生态系统是地球生命支持系统，为人类社会提供多种生态系统产品和服务。当前的人类活动和气候变化正在导致生态系统退化，严重威胁着人类的生存和经济社会的长远发展，更是我国社会可持续发展所面临的重大挑战（陈宜瑜等，2010）。

中国是世界上最大的发展中国家，也是受全球气候变化影响比较显著的国家。一方面我国存在生态环境脆弱、海岸线漫长、人均资源占有量低等基本国情，从而决定我国极易受到气候变化的不利影响；另一方面，我国人口多、经济发展水平低、能源以煤为主等基本国情，又决定了我国必须发展经济，保障人民的基本生活，在一定时期内温室气体排放量增长

---

[1]　本节作者为白艳莹（中国科学院地理科学与资源研究所）。

是不可避免的（高广生，2004）。面对气候变化的挑战，研究并制定中国应对气候变化的策略，具有十分重要的战略意义。

一般来说，气候变化的响应对策包括两个方面的内容，一方面是减缓对策（mitigation），主要是通过控制温室气体的排放，从而减缓气候变化的速度；另一方面是适应对策（adaptation），即让人类社会通过一系列的措施去适应全球气候的变化（IPCC，2001）。限制温室气体排放的政策必须通过国际协调才能够获得成功，而这种国际协调因为各个国家首先考虑本国利益的原因很难取得成功。相反，适应策略则比较现实，能够在各个国家、区域或者地方范围内实施完成，具有较高的灵活性（Burton，1995；殷永元，2002）。在以减缓全球变暖为目的的温室气体减排谈判久谈不决的情况下，如何根据现有的科学知识，积极主动地调整人类的行为，以适应包括全球变暖在内的全球变化可能是我们的明智选择。通过有计划、有步骤的早期预防行为，可以降低社会、经济对全球变化的适应成本，甚至可以帮助采取行动的利益集团获得社会、政治和经济利益。因此，从系统的观点看，全球变化的适应性问题并不是一个遥远的科学问题，而是一个亟待解决的社会政治经济问题。目前，世界上许多国家，包括发达国家和发展中国家，独立地（如美国、加拿大、澳大利亚、印度）或是联合地（如欧盟、加勒比海地区国家、非洲联盟）都开展了本国或本地区的全球变化适应研究（葛全胜等，2004）。此外，由于我国目前尚属于发展中国家，短期内不可能大量减排温室气体，因此，现阶段必须坚持适应气候变化，尽量减少气候变化的种种不利影响。

多年来，我国采取了一系列积极的生态建设行动，用以加强重点领域适应气候变化和应对极端天气和气候事件的能力，从而减轻了气候变化对经济社会发展和生产生活的不利影响，在我国适应全球气候变化方面做出了重大贡献。

## 一、生态建设在农业生态系统适应全球气候变化方面的作用

气候是农业生产不可缺少的主要物质资源之一，光、热、水等气候要素的不同组合对农业会产生不同影响。因此，农业对气候变化的反应非常敏感。到目前为止，农业还没有改变靠天吃饭的局面。农业是国民经济的基础，气候变化对农业所带来的不利影响，特别是极端天气气候事件诱发的自然灾害将会造成农业生产的波动，危及粮食安全、社会的稳定和经济的可持续发展。如安徽省气候变化对农业生产的影响表明，气候变化可提高安徽省复种指数，但生育期的缩短、温度日较差和日照时数的缩短将会影响作物的优质高产；作物冷冻害将会减少，但高温热害的增多对夏作不利；雨涝的增多加剧将使产量波动持续增大，农业生产的不稳定性可能继续增加；气候变暖还将增加农药、除草剂及化肥的施用量，既加大农业成本和投资，又加重农业环境的污染。尽管气候变化对农业的影响具有不确定性，气候变化对农业及农民生计的影响仍然以负面为主。因此在农业方面采取气候变化的适应性对策具有极其重要的战略意义（林而达和王京华，1995）。

总的来说，农业适应全球气候变化包括两个层面（蔡运龙，1996）。首先，农民和农村社区在面临气候条件的变化时会自觉地调整他们的生产实践，这是一种"自发"的适应策略，关于气候变化对农业影响的任何评价都应当考虑到采用此类策略的可能性。其次，在面临气候变化可能带来的减产或者新机会时，政府有关决策机构应促进农业结构的调整，以尽量减少损失和尽量实现潜在的效益。这种"有计划"的适应策略与减少温室气体排放的政策一样，都是关注气候变化对人类社会影响的决策响应（Parry and Swaminathan，1992）。

从生态建设的层面，农业适应全球气候变化的对策包括如下几个方面。

### 1. 改变土地利用和种植方式

应充分利用气候变化带来的有利因素，科学调整种植制度，改进作物布局，做到既能合理利用农业气候资源，又能防御农业气象灾害。研究表明，大气 $CO_2$ 浓度的升高和相应的气候变暖会显著降低长江流域玉米和部分地区小麦的产量，但对水稻的产量影响较小（徐明和马超德，2009）。因此，可调整农业生态系统布局和种植制度，以适应未来变化的气候环境。随着气候变暖带来的热量资源的逐步增加，改进作物栽培熟制和提高复种指数在许多地区成为可能，如在现有生产管理水平和播种期不变的情况下，改变水稻的熟作制度，即单季稻改为双季稻，其复种指数提高后亩产可提高 $33\% \sim 89\%$。提高复种指数是提高未来农田生态系统生产效率的显著措施，是适应未来全球变化的客观要求。在不改变现有栽培品种的前提下，调整播种期可以有效降低气候变化带来的不利影响，如在长江流域水稻的播种期提前 $5 \sim 15$ 天或推后 20 天可使水稻产量增产 $0.7\% \sim 17.3\%$，可见播期调整是适应气候变化的重要措施，但要因地制宜，不能盲目照搬。

### 2. 改善农业基础设施，调整管理措施，加强农村生态环境建设

未来气候变化使大部分地区发生洪涝和干旱灾害的频率增加，因而改善灌溉和排水等农田基础设施是适应未来气候变化的关键。这种对农田生态系统的综合适应性措施，在应对过去几十年气候变化过程中已经取得了显著成效，世界各地都不乏成功的案例。研究表明，如对作物进行灌溉，在未来不同气候条件下我国水稻将增产 $1.2\% \sim 11.8\%$，冬小麦增产 $4.5\% \sim 13.7\%$，玉米增产 $5\% \sim 23.1\%$。此外，应改进农业管理措施，有效利用水资源、控制水土流失、合理灌溉和施肥施药、合理处理及利用农业生物质。

### 3. 重视生态建设相关技术研究与应用

随着未来气温的升高，应以引进和培育生长季长且耐高温、抗病虫害的品种为主要适应措施，以充分利用气候变化所带来的正面效应。例如，在未来可能的气候变化情景下，若维持目前的品种和生产技术措施，双季稻产量将有不同程度的下降，但改种长生育期的品种却能显著提高双季稻产量。因而，应加强培育和选用抗旱涝、抗冻热和抗病虫等抗逆性强、高产优质的作物品种，加强光合作用、生物固氮、设施农业和精确农业等方面的技术开发和研究。在生态建设方面可充分利用地形以减少径流和促进水分吸收、减少土壤侵蚀以及土壤保墒技术等。

### 4. 充分利用传统农作物品种的气候适应性

我国的农业历史悠久，保留了很多在漫长的历史过程中传承至今依然生机勃勃的传统农业生态系统（闵庆文，2006）。在这些传统农业文化遗产地，农民历经千百年有意识地保留了品种多样性和筛选适合当地种植的传统农作物品种，不仅可以保持对病虫害的抗性，同时也能满足不同生态气候条件下的种植要求；多品种混栽混收的习俗，可以抵御各种各样的气象灾害和生物灾害，获得稳定的收成。例如：云南哈尼梯田稻作系统种植的水稻品种有 195 种，地方品种占 48 种，这些传统的水稻品种都是经过长期耕种、筛选和品质鉴定的优良品种，其中哈尼族世代连续种植的水稻品种"Acuce"，至少自公元 1891 年至今未发生变异。这些传统品种都具有产量稳定、抗病虫害能力强和数千年来对气候变化的良好适应能力。贵州从江侗乡稻鱼鸭复合系统的香禾糯品种也多达 40 多种，香禾糯具有感光性强、耐冷、烂、阴、湿和抗旱性等抗逆性基因，长芒等生物秉性也使其能够防御病虫草害和鼠雀害。另外，香禾糯具有可贵的兼容性，既能够在高温高湿和强日照的空旷平原生长，也可以在丛林中生

长，海拔跨度近 700m（海拔 240～900m），这些优良特性都使得香禾糯非常适应当地的生态环境。万年稻作文化系统的万年贡谷抗寒力较强，抗旱性差，对高温敏感，不耐肥，要求水土含有多种矿物质、山高坳深日照奇特、泉流地温变异等特殊的自然环境，而万年县裴梅镇荷桥村山区则恰好符合这些条件，移植到其他地方其品质则明显下降。内蒙古敖汉旱作农业系统中代表性的农作物粟和黍具有抗旱、耐热、耐盐碱、耐瘠、早熟的优良农艺性状，是干旱、半干旱地区发展持续农业的支柱作物（张一中等，2011）。就陕西佳县古枣园而言，佳县地处黄土高原，立地条件差，干旱少雨，土壤贫瘠，特别是长期的水土流失造成了当地土壤环境的退化，给人民群众的农业生产和生活带来极大的不便。而枣树耐瘠薄、生命力极强，既能忍耐 40℃高温，也能抗御－30℃的低温，同时，在年降水量 200～800mm 的地方都能生长，堪称"铁杆庄稼"、"木本粮食"。可以说，至今保留的古枣群落和枣文化是适应当地生态环境的必然选择。

### 5. 充分利用传统农业生态系统的技术适应性

为了适应当地的气候条件和农作物特征，各个农业文化遗产地都形成了其独特的技术体系，保护和推广这些传统技术也是适应气候变化的一个必不可少的环节。比如内蒙古敖汉旱作农业系统的旱作农业耕种方式在节水上有丰富的经验积累，采用隔沟交替灌溉、以松代耕、以旋代耕、高留茬免耕套播、塑料薄膜或秸秆覆盖等方式来蓄水保墒和提高水的利用率，同时达到促进作物增产的良好效果。陕西佳县古枣园采用枣粮间作的种植模式，利用枣树和农作物之间生长时间及生理学特征上的差异，把农作物与枣树按照一定的排列方式种植于同一土地单元，从而形成长期共生互助的枣粮复合生态系统。枣树和农作物间作改变了单一农作物的平面布局而成为乔木与农作物相结合的立体农业，除了促进增产增收外，还可产生调节小气候、水土保持、防风固沙等一系列的生态效益。

### 6. 充分发挥传统农业生态系统应对极端干旱事件能力

农业文化遗产是人类与其所处环境长期协同发展所创造并传承至今的独特农业生产系统，具备在气候调节与适应方面的能力，同时能够通过自身调节机制，具备对气候变化和自然灾害影响的恢复能力。例如我国西南地区在 2009 年秋至 2010 年春遭受了有气象资料以来最严重的干旱，旱灾共造成直接经济损失 190 亿元（冯相昭等，2010），而红河南岸的哈尼梯田却有充足的水源保证生产和生活的需要，显示了该地区适应极端干旱事件的能力。哈尼梯田地区的哈尼人长期以来创造了林-寨-田-河垂直分布的独特的生态景观结构，并形成了系统内独特的水循环：天然降水落到地面后，形成地表径流（部分下渗），地表径流沿坡面流经森林、村寨和梯田，由于梯田修成水平面，并有一高出水平面的田埂，从而使地表径流及生活污水等截留在梯田中，最终只有多余且不带有任何泥沙的少污染的水流入沟谷中的江河。此外，梯田和山谷的水分可通过蒸发在山腰形成云进而在森林叶面形成雾珠汇集成小溪流的方式再循环，为梯田提供额外的水源。这种空间结构具有保持水土、控制水土流失等功能，是哈尼梯田生态系统适应极端干旱气候的主要机制之一。此外，哈尼族尊崇的森林是梯田的"天然水库"，是哀牢山梯田地区和周围农业稳定高产的重要保障，对该区生态系统的稳定性和持续性起到了至关重要的作用，是哈尼梯田系统适应极端干旱气候的重要保障。再有哈尼梯田分水木刻、分水石刻和沟口分配等独特的水量分配方式使每村每户都能合理分配到水资源，为哈尼梯田稻作农业文化系统正常运行提供了保障，也是哈尼梯田系统适应极端干旱气候的重要机制之一。

全球气候变化及其农业影响问题是对中国科学界和决策界的严峻挑战。虽然尚存某些重要的不确定性，但对全球气候变化的前景已有了广泛的认同。评价气候变化对农业持续性的意义并制定相应对策，既是对科学研究的要求，也为科学研究提供了机会。生态建设在农业适应全球气候变化方面的起着重要作用，应加强农村农业生态建设，保障农业的可持续发展与我国的粮食安全。

## 二、生态建设在林业生态系统适应全球气候变化方面的作用

气候变化对森林植被或森林生态系统也造成很大程度的破坏，为适应全球气候变化，实现林业持续发展，我国从生态建设的层面采取了一系列应对全球气候变化的策略，如在植树造林过程中，选育温暖性耐旱抗病虫害树种，提高物种在气候适应和迁移过程中的竞争和对变化环境的适应能力，再如扩大自然保护区的数量和面积，保护天然次生林和原始林及森林生物多样性等（郭泉水等，1996）。一些主要对策总结如下。

### 1. 良种选育对策

积极进行良种选育，培育优良的林木种群，是适应气候变化的林业对策中一个很重要的方面。遗传多样性理论表明，遗传上缓冲性较好的林木种群，能够较好地适应大气 $CO_2$ 浓度升高的环境。同一树种在不同地区适应不同气候的能力不同，据此可以根据各个地区未来气候变化的趋势，确定不同地区造林中应选用的种源，也可采用基因工程技术，定向培育能适应不同气候条件并具有较高 $CO_2$ 吸收率和速生短轮伐期的新品种，以提高森林的生产力和适应气候变化的能力（王凤友等，1994）。

### 2. 人工造林对策

我国人口众多，相对而言森林资源较少。据 2004～2008 年森林资源清查资料统计，我国的森林面积仅为 $19545.22 \times 10^4 hm^2$，森林覆盖率 20.36%，只有全球平均水平的 2/3，人均森林面积 $0.145 hm^2$，不足世界人均占有量的 1/4；人均森林蓄积 $10.151 m^3$，只有世界人均占有量的 1/7。这种状况远远不能满足国民经济发展的需要。因此，大力开展人工造林，弥补森林资源的不足，将是我国林业建设中一项长期艰巨的任务。自 20 世纪中期我国开展大规模人工造林以来，人工林保存面积 $6168.84 \times 10^4 hm^2$，人工林蓄积 $19.61 \times 10^8 m^3$，远远超过世界上任何国家。基于温室气体在大气中迅速增长，气候已经变化并有可能发生剧烈变化的推论，在今后的人工造林活动中，应根据我国未来气候的变化趋势，对造林技术、规划和科学研究做出相应调整。

### 3. 天然次生林和原始林的经营对策

我国森林资源发展总的趋势是好的，森林面积和森林覆盖率逐年增加，天然林采伐量下降，人工林采伐量上升，林木蓄积生长量继续大于消耗量，长消盈余进一步扩大。但是我国天然次生林的消耗速度是相当惊人的。天然次生林和原始林的结构及遗传特征，还有物种的丰富度、多样性以及通过物质循环易于再生的特性，使其除了能适应正常的气候变化外，对于异常的甚至少有的气候大幅度变化也有较强的适应性。因此，对天然次生林或原始林，特别是对未来气候变化影响较大的地区的天然林，应加强科学经营管理，提高森林的稳定性。

### 4. 森林采伐的经营对策

全球大气变化包括二氧化碳浓度的升高和温度增高会使林木的生长加快，使林分提前郁闭，这将对树木的生长发育以及木材产量产生影响，同时还会使林木达到成熟的年龄改变。因而，可适当调整间伐强度、规模、频率和轮伐期，及时间伐，保持合理密度，适当发展超短轮伐期杨、柳、桉、合欢等树种的经营，使林分能够适应气候变化而避免造成严重的不良

后果。

### 5. 森林生物多样性保护的适应对策

在全球气候变化的胁迫下，物种消失速度有所加剧，保护现有森林资源以及各种动植物种的栖息地和生境条件，是生物多样性保护的重要方面，这也为森林物种适应气候变化提供了的机会。为适应气候变化，保护森林生物多样性，应大力加强现有天然林资源的保护，因为天然林消减的同时还伴随着土地利用形式的改变、生境丧失和大量物种的灭绝以及遗传基因资源的消失（世界资源研究所等，1993）。同时，在管理好我国现有的自然保护区的同时，扩大保护区的数量和面积，积极进行森林的恢复与重建工作，通过封山育林、人工造林等各种措施扩大植被，提高森林覆盖率。

### 6. 森林病虫害防治的适应对策

全球气候变化将改变森林病虫害的发生强度与范围等，如气候变暖将使森林病虫害的发育速度加快，繁殖代数增加，越冬界北移，害虫迁飞范围扩大，同时也有利于害虫越冬繁殖，造成越冬菌源、虫源基数增加；水热条件的变化所引起的森林植被分布格局的改变，会使一些处于气候带边缘的树种生长力和竞争力减弱，对病原菌和寄生物的抵抗力降低而容易发病。因而，为积极适应全球气候变化，应加强树木检疫工作、大力推行林业生态防治和生物防治、积极进行化学防治、培育抗病抗虫新品种和加强病虫害预测预报等，以增强森林适应全球气候变化的能力。

## 三、生态建设在草原生态系统适应全球气候变化方面的作用

草原在应对气候变化中有着特别重要的作用。我国草原面积约占世界草原面积的1/10，居世界第二位，是我国耕地面积的 3.2 倍、森林面积的 2.5 倍，是面积最大的绿色资源，其固碳能力决不能小视，且草原固碳成本相对低廉，固碳形式比较稳定。全球气候变化包括温度的升高、极端气候事件频率增高等都将对草原生态系统的稳定造成重要影响，生态建设在草原生态系统适应全球气候变化方面有着重要作用。主要对策如下。

### 1. 加强草原生态系统生态保护，保护其生物多样性

气候变化和人类活动是草原生态系统退化的两个主要原因，在偏远地区如青藏高原，气候变化则是草地退化的主导因素，这些区域也是气候变化最脆弱的地区之一。为增加草原生态系统适应气候变化的能力，应以生态保护为主，减少人类活动的干扰，保护其生物多样性，以提高草原生态系统的稳定性和适应能力。此外，需要加强对极端气候事件的监测和预警、预报能力，提高预报的准确性和时效性，增强草原生态系统防御极端天气事件和气象灾害的能力（姚檀栋和朱立平，2006）。

### 2. 调整畜牧业结构，加强草场管理

在人类活动占主导因素的草原地区，为防止草地退化，增强其适应气候变化的能力，应首先加强畜牧业结构调整，提高综合经济效益，推进产业的升级转化，延长产业链条，发展适合草原地区特点的新兴产业、优势产业和区域特色产业，调整牧业内部结构，促使农牧业协调发展。其次，强化草场管理，引进和培育适合气候变化的新草种，严格控制载畜量，防止草场超载。再次，应该建立牧草储备体系，加强不同区域和不同季节草场的互补性，提高整个系统牧草供应的稳定性，而牧草储备体系还可有效减缓极端灾害天气给牧民生产生活所带来的损失。

### 3. 发展新型畜牧业，降低对草原生态系统的影响

为适应圈养所带来的饲草需求数量的不断增加，对草原资源过度利用的问题，应大力发展新型畜牧业。如可大力推广粮草间作，将牧草引入农田耕作系统，发展粮食-饲料-经济作物的三元结构种植模式（蒋燕兵和李学术，2012），发展大豆、玉米饲料生产，种植大豆、玉米等多种新型饲料作物，玉米具有高产、优质、高效的生产性能，是优质的饲料作物，这样可有效降低畜牧业对草原的依赖和胁迫，增强草原生态系统的稳定性和适应气候变化的能力。

## 四、保障措施

气候变化是不可避免的，采取适应对策和通过适当调整以限制损失和充分利用正在改变的气候条件是很重要的，同时也需要外部的保障措施提供有力的支撑（高广生，2004）。保障措施主要有以下几个方面。

① 从政府领导层面来说，应对气候变化是我国经济社会发展战略的重要组成部分，需要在国民经济和社会发展规划中统筹考虑，协调各项政策措施，并体现应对气候变化的要求，保证气候变化战略目标的实现。同时要处理好气候变化管理机制与现有管理机制的衔接和协调问题，最大限度地利用和调动现有的决策、资金、信息等机制，以充实和加强气候变化管理机制体系。

② 从法律法规的建设方面来说，要充分考虑应对气候变化的要求，完善和有效实施与减缓和适应气候变化相关的法律、法规和标准，同时要建立应对气候变化的决策机制，加强决策者在政策制定、科学决策、信息收集与分析、国际交流等方面的能力建设，提高决策的科学性。对于一些有效地适应气候变化的政策，如发放作物津贴、土地使用、水价和水资源分配等，都应重新考虑。

③ 就科学研究和国际合作方面来说，要加强气候变化领域的科学研究与技术开发，根据依靠科技进步和科技创新应对气候变化的原则，结合国家科技创新体系的发展和科技体制改革进程，大力扶持和鼓励开发减缓和适应气候变化的先进适用技术，同时也为有关国家减缓和适应气候变化的决策提供支持。此外，还要积极参与全球气候变化国际合作与交流，积极推动双边和多边国际合作，增强中国应对气候变化的能力，及时了解国内外的科学技术信息，掌握国际的最新成果。

④ 就社会宣传方面来说，要利用各种宣传媒体，加强对不同文化层次人群的教育和培训工作，提高公众对气候变化问题的科学认识和自觉保护气候的意识；引导公众可持续的消费方式，为保护全球气候做出贡献。

⑤ 就资金保障方面来说，要拓展多种资金筹集渠道，调动社会各方投资者的积极性，利用多种融资手段应对气候变化，尽快形成政府、企业、社会相结合的多元化投资格局。吸引来自外国政府、国际组织、国际金融机构等各种国外资金，寻求有效的国际合作机制，同时也鼓励国内外私人投资者积极参与。

气候变化影响人类的生存和发展，深度触及农业和粮食安全、水资源安全、能源安全生态安全、公共卫生安全，应对气候变化和防灾减灾已成为各国经济社会发展战略的重要组成部分（符淙斌等，2003）。我国目前抵御极端气候灾害的能力还较弱，不同区域因经济社会发展的不同，对气候变化情景下的气候灾害的敏感性和防灾救灾的能力也各不相同，特别是经济不发达地区抵御极端气候灾害的能力更薄弱。应对气候变化，防御极端气候灾害，是一

项关系国家长治久安、人民安居乐业、人与自然和谐发展的紧迫而重大的战略任务。在国际上，提高气候的预测水平、适应气候变化、防御极端气候灾害已成为衡量一个国家科技水平和综合国力的重要标志，增强应对气候变化的能力也从根本上反映出一个国家的经济实力、科技实力、政治实力和外交实力。因此，在国家生态建设中应当体现应对气候变化的要求，不断增强应对气候变化和防御极端气候灾害的能力。

## 参 考 文 献

[1] 白永飞，李凌浩，王其兵等．锡林河流域草原群落植物多样性和初级生产力沿水热梯度变化的样带研究．植物生态学报，2000，24（6）：667-673．

[2] 常锦峰，王襄平，张新平等．大兴安岭北部大白山高山林线动态与气候变化的关系．山地学报，2009，（6）：703-711．

[3] 陈少勇，郭忠祥，白登元等．中国东部季风区春季气候的变暖特征．热带气象学报，2010，26（5）：606-613．

[4] 陈文海，柳艳，马柱国．中国1951～1997年气候变化趋势的季节特征．高原气象，2002，21（3）：251-257．

[5] 陈旭，林宏，强振平．中国南部样带植被NPP与气候的关系．生态环境，2008，17（6）：2281-2288．

[6] 程瑞梅，封晓辉，肖文发等．北亚热带马尾松净生产力对气候变化的响应．生态学报，2011，31（8）：2086-2095．

[7] 崔静，王秀清，辛贤．气候变化对中国粮食生产的影响研究．经济社会体制比较，2011，（2）：54-60．

[8] 丹利，季劲钧，马柱国．新疆植被生产力与叶面积指数的变化及其对气候的响应．生态学报，2007，27（9）：3582-3592．

[9] 邓可洪，居辉，熊伟等．气候变化对中国农业的影响研究进展．中国农学通报，2006，22（5），439-441．

[10] 邓振镛，张强，蒲金涌等．气候变暖对中国西北地区农作物种植的影响（英文）．生态学报，2006，22（5）：439-441．

[11] 杜军，胡军，张勇等．西藏植被净初级生产力对气候变化的响应．南京气象学院学报，2008，31（5）：738-743．

[12] 丁一汇．中国西部环境变化的预测．北京：科学出版社，2002．

[13] 丁明军，张镱锂，刘林山等．青藏高原植被覆盖对水热条件年内变化的响应及其空间特征．地理科学进展，2010，29（4）：507-512．

[14] 范广洲，程国栋．影响青藏高原植被生理过程与大气$CO_2$浓度及气候变化的相互作用．大气科学，2002，26（4）：509-517．

[15] 范锦龙，李贵才，张艳．阴山北麓农牧交错带植被变化及其对气候变化的响应．生态学杂志，2007，26（10）：1528-1532．

[16] 范锦龙，张艳，李贵才．北方农牧交错带中部区域气候变化特征．气候变化研究进展，2007，3（2）：91-94．

[17] 范敏锐，余新晓，张振明等．北京山区油松林净初级生产力对气候变化情景的响应．东北林业大学学报，2010，38（11）：46-48．

[18] 甘师俊．中国气候变化国别研究．北京：清华大学出版社．2000．

[19] 高琼，李晓兵，杨秀生．土地利用约束下中国东部南北样带生产力和植被分布对全球变化的响应（英文）．植物学报，2003，45（11）：1274-1284．

[20] 高廷，王静爱，李睿等．中国北方农牧交错带土地利用变化及预测分析．干旱区资源与环境，2011，25（10）：52-57．

[21] 高永刚，温秀卿，顾红等．黑龙江省气候变化趋势对自然植被第一性净生产力的影响．西北农林科技大学学报（自然科学版），2007，35（6）：171-178．

[22] 谷晓平，黄玫，季劲钧等．近20年气候变化对西南地区植被净初级生产力的影响．自然资源学报，2007，22（2）：251-259．

[23] 郝成元，赵同谦．中国气候变化敏感区降水量区域对比——以黑龙江、新疆和西藏三省区为例．地理科学进展，2011，30（1）：73-79．

[24] 何云玲，张一平，杨小波．中国内陆热带地区近40年气候变化特征．地理科学，2007，27（4）：499-505．

[25] 侯英雨，柳钦火，延昊等．我国陆地植被净初级生产力变化规律及其对气候的响应．应用生态学报，2007，18（7）：1546-1553．

[26] 华维，范广洲，周定文等. 青藏高原植被变化与地表热源及中国降水关系的初步分析. 中国科学（D 辑：地球科学），2008，38（6）：732-740.

[27] 黄玫，季劲钧，彭莉莉. 青藏高原 1981～2000 年植被净初级生产力对气候变化的响应. 气候与环境研究，2008，13（5）：608-616.

[28] 李栋梁，郭慧，王文. 青藏铁路沿线平均年气温变化趋势预测. 高原气象，2003，431-439.

[29] 季劲钧，黄玫，刘青. 气候变化对中国中纬度半干旱草原生产力影响机理的模拟研究. 气象学报，2005，63（3）：257-266.

[30] 李栋梁，吕兰芝. 中国农牧交错带的气候特征与演变. 中国沙漠，2002，22（5）：483-488.

[31] 李栋梁，魏丽，蔡英. 中国西北现代气候变化事实与未来趋势展望. 冰川冻土，2003，25（2）：135-142.

[32] 李广，黄高宝. 北方农牧交错带气候变化对农作物生产力影响的诊断分析——以定西县为例. 干旱区资源与环境，2006，20（1）：104-107.

[33] 李明财，罗天祥，朱教君等. 高山林线形成机理及植物相关生理生态学特性研究进展. 生态学报，2008，28（11）：5583-5591.

[34] 李英年，赵新全，周华坤等. 长江黄河源区气候变化及植被生产力特征. 山地学报，2008，26（6）：678-683.

[35] 李勇，杨晓光，王文峰等. 全球气候变暖对中国种植制度的可能影响 V. 气候变暖对中国热带作物种植北界和寒害风险的影响分析. 中国农业科学，2010，43（12）：2477-2484.

[36] 李勇，杨晓光，张海林等. 全球气候变暖对中国种植制度的可能影响 Ⅶ. 气候变暖对中国柑橘种植界限及冻害风险影响. 中国农业科学，2011，44（14）：2876-2885.

[37] 李镇清，刘振国，陈佐忠. 中国典型草原区气候变化及其对生产力的影响. 草业学报，2003，12（1）：4-10.

[38] 梁四海，陈江，金晓媚等. 近 21 年青藏高原植被覆盖变化规律. 地球科学进展，2007，22（1）：33-40.

[39] 刘德祥，董安祥，邓振镛. 中国西北地区气候变暖对农业的影响. 自然资源学报，2005a，20（1）：119-125.

[40] 刘德祥，董安祥，陆登荣. 中国西北地区近 43 年气候变化及其对农业生产的影响. 干旱地区农业研究，2005b，23（2）：195-201.

[41] 刘桂芳，卢鹤立. 全球变暖背景下的中国西部地区气候变化研究进展. 气象与环境科学，2009，3（4）：69-73.

[42] 刘鸿雁，谷洪涛，唐志尧等. 中国东部暖温带高山林线乔木的光合作用及其与环境因子的关系. 山地学报，2002，20（1）：32-36.

[43] 刘鸿雁，王红亚，崔海亭. 太白山高山带 2000 多年以来气候变化与林线的响应. 第四纪研究，2003，23（3）：299-308.

[44] 刘军会，高吉喜. 气候和土地利用变化对中国北方农牧交错带植被覆盖变化的影响. 应用生态学报，2008a，19（9）：2016-2022.

[45] 刘军会，高吉喜. 基于土地利用和气候变化的北方农牧交错带界线变迁. 中国环境科学，2008b，28（3）：203-209.

[46] 刘军会，高吉喜，耿斌等. 北方农牧交错带土地利用及景观格局变化特征. 环境科学研究，2007，20（5）：148-154.

[47] 刘军会，刘劲松，冯晓森等. 青藏高原植被固定 $CO_2$ 释放 $O_2$ 的经济价值评估. 环境科学研究，2009，22（8）：977-983.

[48] 刘清泗. 中国北方农牧交错带全新世环境演变与全球变化. 北京师范大学学报（自然科学版），1994，30（4）：504-510.

[49] 刘世荣，郭泉水，王兵. 中国森林生产力对气候变化响应的预测研究. 生态学报，1998，18（5）：478-483.

[50] 刘世荣，徐德应，王兵. 气候变化对中国森林生产力的影响 Ⅱ. 中国森林第一性生产力的模拟. 林业科学研究，1994，7（4）：425-430.

[51] 刘文杰. 西双版纳近 40 年气候变化对自然植被净第一性生产力的影响. 山地学报，2000，18（4）：296-300.

[52] 刘晓东，侯萍. 青藏高原及其邻近地区近 30 年气候变暖与海拔高度的关系. 高原气象，1998，17（3）：245-249.

[53] 刘彦随，刘玉，郭丽英. 气候变化对中国农业生产的影响及应对策略. 中国生态农业学报，2010，18（4）：905-910.

[54] 刘颖杰，林而达. 气候变暖对中国不同地区农业的影响. 气候变化研究进展，2007，3（4）：51-55.

[55] 刘志娟，杨晓光，王文峰等. 全球气候变暖对中国种植制度的可能影响 Ⅳ. 未来气候变暖对东北三省春玉米种植北

界的可能影响 . 中国农业科学，2010，43（11）：2280-2291.

[56] 马琪，延军平，杜继稳 . 华北农牧交错带气候生产力时空变化特征——以大同市为例 . 资源开发与市场，2011，（7）：641-645.

[57] 马文红，方精云，杨元合等 . 中国北方草地生物量动态及其与气候因子的关系 . 中国科学：生命科学，2008，40（7）：632-641.

[58] 毛飞，高素华，王春乙 . 东北地区热量资源和低温冷害分布规律的研究 . 气象学报，2000，50：871-880.

[59] 毛恒青，万晖 . 华北、东北地区积温的变化 . 中国农业气象，2000，21（3）：1-5.

[60] 缪启龙，丁园圆，王勇等 . 气候变暖对中国热量资源分布的影响分析 . 自然资源学报，2009，24（5）：934-944.

[61] 彭少麟，赵平，任海等 . 全球变化压力下中国东部样带植被与农业生态系统格局的可能性变化 . 地学前缘，2002，9（1）：217-226.

[62] 彭舜磊，由文辉，郑泽梅等 . 近60年气候变化对天童地区常绿阔叶林净初级生产力的影响 . 生态学杂志，2011，30（3）：502-507.

[63] 朴世龙，方精云 .1982～1999年我国陆地植被活动对气候变化响应的季节差异 . 地理学报，2003，58：119-125.

[64] 普宗朝，张山清，王胜兰 . 近47年天山山区自然植被净初级生产力对气候变化的响应 . 中国农业气象，2009，30（3）283-288.

[65] 普宗朝，张山清，王胜兰等 . 气候变化对阿勒泰地区自然植被净第一性生产力的影响 . 新疆农业科学，2010，47（7）：1427-1432.

[66] 裴国旺，赵艳霞，王石立 . 气候变化对我国北方农牧交错带及其气候生产力的影响 . 干旱区研究，2001，18（1）：23-28.

[67] 任国玉，郭军，徐铭志等 . 近50年中国地面气候变化基本特征 . 气象学报，2005，63（6）：942-956.

[68] 沙万英，邵雪梅，黄玫 .20世纪80年代以来中国的气候变暖及其对自然区域界线的影响 . 中国科学D辑，2002，32（4）：317-326.

[69] 尚可政，董光荣 . 我国北方沙区气候变化对全球变暖的响应 . 中国沙漠，2001，21（4），387-392.

[70] 沈泽昊，方精云，刘增力等 . 贡嘎山海螺沟林线附近峨眉冷杉种群的结构与动态 . 植物学报，2001，43（12）：1288-1293.

[71] 盛文萍 . 气候变化对内蒙古草地生态系统影响的模拟研究 . 北京：中国农业科学院硕士论文，2007.

[72] 石培礼 . 亚高山林线生态交错带的植被生态学研究 . 北京：中国科学院自然资源综合考察委员会博士论文，1999.

[73] 史瑞琴 . 气候变化对中国北方草地生产力的影响研究 . 南京信息工程大学硕士论文，2006.

[74] 石瑞香，杨小唤 . 中国耕地变化区的气候背景对比分析 . 地球信息科学学报，2010，12（3）：309-314.

[75] 孙鸿烈，郑度 . 青藏高原形成演化与发展 . 广州：广东科技出版社，1998.

[76] 孙睿，朱启疆 . 气候变化对中国陆地植被净第一性生产力影响的初步研究 . 遥感学报，2001，5（1）：58-61.

[77] 孙小明，赵昕奕 . 气候变化背景下我国北方农牧交错带生态风险评价 . 北京大学学报（自然科学版）网络版（预印本），2009，45（4）：713-720.

[78] 汤剑平，陈星，赵鸣等 .IPCC A2情景下中国区域气候变化的数值模拟 . 气象学报，2008，66（1）：13-25.

[79] 屠其璞，邓自旺，周晓兰 . 中国气温异常的区域特征研究 . 气象学报，2000，58（3）：288-296.

[80] 王芳，高永刚，白鸣祺 . 近50年气候变化对七星河湿地生态系统自然植被第一性净生产力的影响 . 中国农学通报，2011，27（1）：257-262.

[81] 王辉民，周广胜，卫林等 . 中国油松林净第一性生产力及其对气候变化的响应 . 植物学报，1995，12：102-108.

[82] 王绍武，蔡静宁，朱锦红等 . 中国气候变化的研究 . 气候与环境研究，2002，7（2）：137-145.

[83] 王绍武，蔡静宁，慕巧珍等 . 中国西部年降水量的气候变化 . 自然资源学报，2002，17（4）：415-422.

[84] 王石立，庄立伟，王馥棠 . 近20年气候变暖对东北农业生产水热条件影响的研究 . 应用气象学报，2003，14（2）：152-164.

[85] 王淑平，周广胜，高素华等 . 中国东北样带土壤活性有机碳的分布及其对气候变化的响应 . 植物生态学报，2003，27（6）：780-785.

[86] 王襄平，张玲，方精云 . 中国高山林线的分布高度与气候的关系 . 地理学报，2004，59（6）：871-879.

[87] 王英，曹明奎，陶波等 . 全球气候变化背景下中国降水量空间格局的变化特征 . 地理研究，2006，25（6）：1031-1040.

[88] 王永利，云文丽，王炜等 . 气候变暖对典型草原区降水时空分布格局的影响 . 干旱区资源与环境，2009，23（1）：82-85.

[89] 吴建国，吕佳佳 . 气候变化对青藏高原高寒草甸适宜气候分布范围的潜在影响 . 草地学报，2009，17（6）：699-705.

[90] 吴金栋，王石立，张建敏 . 未来气候变化对中国东北地区水热条件影响的数值模拟研究 . 资源科学，2000，22（6）：36-42.

[91] 吴楠，高吉喜，苏德毕力格等 . 长江上游植被净初级生产力年际变化规律及其对气候的响应 . 长江流域资源与环境，2010，19（4）：389-396.

[92] 吴正方，靳英华，刘吉平等 . 东北地区植被分布全球气候变化区域响应 . 地理科学，2003，23（5）：564-570.

[93] 肖国举，张强，王静 . 全球气候变化对农业生态系统的影响研究进展 . 应用生态学报，2007，18（8）：1877-1885.

[94] 谢安，孙永罡，白人海 . 中国东北近50年干旱发展及对全球气候变暖的响应 . 地理学报，2003，58：75-82.

[95] 许崇海，罗勇，徐影 . 全球气候模式对中国降水分布时空特征的评估和预估 . 气候变化研究进展，2010，6（6）：398-404.

[96] 许红梅，高清竹，黄永梅等 . 气候变化对黄土丘陵沟壑区植被净第一性生产力的影响模拟 . 生态学报，2006，26（9）：2939-2947.

[97] 许娟，张百平，谭靖等 . 青藏高原植被垂直带与气候因子的空间关系 . 山地学报，2009，27（6）：663-670.

[98] 胥晓 . 四川植被净第一性生产力（NPP）对全球气候变化的响应 . 生态学杂志，2004，23（6）：19-24.

[99] 徐兴奎，陈红，LEVY Jason K. 气候变暖背景下青藏高原植被覆盖特征的时空变化及其成因分析 . 科学通报，2008，53（4）：456-462.

[100] 闫丽娟，张恩和 . 北方农牧交错带理论载畜量对气候变化的响应——以定西县为例 . 草业科学，2005，22（3）：8-10.

[101] 杨凯，林而达，高清竹等 . 气候变化对藏北地区草地生产力的影响模拟 . 生态学杂志，2010，29（7）：1469-1476.

[102] 杨晓光，刘志娟，陈阜 . 全球气候变暖对中国种植制度的可能影响 I . 气候变暖对中国种植制度北界和粮食产量可能影响的分析 . 中国农业科学，2010，43（2）：329-336.

[103] 杨晓光，刘志娟，陈阜 . 全球气候变暖对中国种植制度的可能影响 VI . 未来气候变化对中国种植制度北界的可能影响 . 中国农业科学，2011，44（8）：1562-1570.

[104] 杨元合，朴世龙 . 青藏高原草地植被覆盖变化及其与气候因子的关系 . 植物生态学报，2006，30（1）：1-8.

[105] 杨绚，李栋梁 . 中国干旱气候分区及其降水量变化特征 . 干旱气象，2008，26（2）：17-24.

[106] 姚凤梅，张佳华，孙白妮等 . 气候变化对中国南方稻区水稻产量影响的模拟和分析 . 气候与环境研究，2007，12（5）：659-666.

[107] 姚檀栋，刘晓东，王宁练 . 青藏高原地区的气候变化幅度问题 . 科学通报，2000，45（1）：98-105.

[108] 叶建圣 . 青藏高原植被净初级生产力对气候变化的响应 . 兰州：兰州大学博士论文，2010.

[109] 于伯华，吕昌河，吕婷婷等 . 青藏高原植被覆盖变化的地域分异特征 . 地理科学进展，2009，28（3）：391-397.

[110] 于海英，许建初 . 气候变化对青藏高原植被影响研究综述 . 生态学杂志，2009，28（4）：747-754.

[111] 于澎涛，刘鸿雁，崔海亭 . 小五台山北台林线附近的植被及其与气候条件的关系分析 . 应用生态学报，2002，13（5）：523-528.

[112] 于淑秋 . 近50年我国日平均气温的气候变化 . 应用气象学报，2005，16（6）：787-793.

[113] 袁彬，郭建平，赵俊芳等 . 气候变化对中国农业生产的可能影响及适应对策（英文）. Agricultural Science & Technology，2011，12（3）：420-425.

[114] 袁飞，韩兴国，葛剑平等 . 内蒙古锡林河流域羊草草原净初级生产力及其对全球气候变化的响应 . 应用生态学报，2008，19（10）：2168-2176.

[115] 云文丽，侯琼，乌兰巴特尔 . 近50年气候变化对内蒙古典型草原净第一性生产力的影响 . 中国农业气象，2008，29（3）：294-297.

[116] 张翀，李晶，任志远 . 基于 Hopfield 神经网络的中国近40年气候要素时空变化分析 . 地理科学，2011，31（2）：211-217.

[117] 张戈丽，欧阳华，张宪洲等 . 基于生态地理分区的青藏高原植被覆盖变化及其对气候变化的响应 . 地理研究，

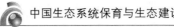

2010, 29 (11): 2004-2016.

[118] 张厚瑄, 张翼. 中国活动积温对气候变暖的响应. 地理学报, 1994, 49 (1): 27-35.

[119] 张家诚. 气候变化对中国农业生产的影响初探. 地理研究, 1982, 1 (2): 8-15.

[120] 张山清, 普宗朝, 伏晓慧等. 气候变化对新疆自然植被净第一性生产力的影响. 干旱区研究, 2010, 27 (6): 905-914.

[121] 张新时. 研究全球变化的植被-气候分类系统. 第四纪研究, 1993, (2): 157-169.

[122] 张镱锂, 李炳元, 郑度. 论青藏高原范围与面积. 地理研究, 2002, 21 (1): 1-8.

[123] 张英娟, 董文杰, 俞永强等. 中国西部地区未来气候变化趋势预测. 气候与环境研究, 2004, 9 (2): 342-349.

[124] 赵东升, 吴绍洪, 尹云鹤. 气候变化情景下中国自然植被净初级生产力分布. 应用生态学报, 2011, 22 (4): 897-904.

[125] 赵俊芳, 延晓冬, 贾根锁. 东北森林净第一性生产力与碳收支对气候变化的响应. 生态学报, 2008, 28 (1): 92-102.

[126] 赵茂盛, Neilson P. 气候变化对中国植被可能影响的模拟. 地理学报, 2002, 57 (1), 28-38.

[127] 赵昕奕, 蔡运龙. 区域土地生产潜力对全球气候变化的响应评价——以中国北方农牧交错带中段为例. 地理学报, 2003, 58 (4): 584-590.

[128] 赵艳霞, 裘国旺. 气候变化对北方农牧交错带的可能影响. 气象, 2001, 27 (5): 3-7.

[129] 赵志平, 刘纪远, 邵全琴. 近30年来中国气候湿润程度变化的空间差异及其对生态系统脆弱性的影响. 自然资源学报, 2010, 25 (12): 2091-2100.

[130] 赵宗慈, 罗勇. 21世纪中国东北地区气候变化预估. 气象与环境学报, 2007, 23 (3): 1-4.

[131] 赵锦, 杨晓光, 刘志娟等. 全球气候变暖对中国种植制度的可能影响Ⅱ. 南方地区气候要素变化特征及对种植制度界限的可能影响. 中国农业科学, 2010, 43 (9): 1860-1867.

[132] 周广胜, 王玉辉, 张新时. 中国植被及生态系统对全球变化反应的研究与展望. 中国科学院院刊, 1999, (1): 28-32.

[133] 周广胜, 张新时. 全球变化的中国气候-植被分类研究. 植物学报, 1996, 38 (1): 8-17.

[134] 周睿, 杨元合, 方精云. 青藏高原植被活动对降水变化的响应. 北京大学学报 (自然科学版), 2007, 43 (6): 771-775.

[135] 周涛, 史培军, 王绍强. 气候变化及人类活动对中国土壤有机碳储量的影响. 地理学报, 2003, 58 (5): 727-734.

[136] 周涛, 史培军, 孙睿等. 气候变化对净生态系统生产力的影响. 地理学报, 2004, 59 (3): 357-365.

[137] 朱文琴, 陈隆勋, 周自江. 现代青藏高原气候变化的几个特征. 中国科学 D 辑, 2001, 31: 327-334.

[138] 朱文泉, 潘耀忠, 刘鑫等. 中国东北样带植被净初级生产力时空动态及其对气候变化的响应 (英文). Journal of Forestry Research, 2006, 17 (2): 93-98.

[139] 朱文泉, 潘耀忠, 阳小琼等. 气候变化对中国陆地植被净初级生产力的影响分析. 科学通报, 2007, 52 (21): 2535-2541.

[140] 左洪超, 李栋梁, 胡隐樵等. 近40年中国气候变化趋势及其同蒸发皿观测的蒸发量变化的关系. 科学通报, 2005, 50 (11): 1125-1130.

[141] Houghton J T. Climate Change 2001: the Scientific Basis. Cambridge: Cambridge University Press, 2001.

[142] Kullman, L. 20th century climate warming and tree-limit rise in the southern Scandes of Sweden. Ambio, 2001, 30 (2): 72-80.

[143] 白永飞. 降水量季节分配对克氏针茅草原群落初级生产力的影响. 植物生态学报, 1999, 23: 155-160.

[144] 白永飞, 许志信. 羊草草原群落初级生产力动态研究. 草地学报, 1995, 3: 57-64.

[145] 白永飞, 李凌浩, 黄建辉, 陈佐忠. 内蒙古高原针茅草原植物多样性与植物功能群组成对群落初级生产力稳定性的影响. 植物学报, 2001, 43: 280-287.

[146] 程瑞梅, 封晓辉, 肖文发, 王瑞丽, 王晓荣, 杜化堂. 北亚热带马尾松净生产里对气候变化的响应. 生态学报, 2011, 31: 2086-2095.

[147] 董丹, 倪健. 利用 CASA 模型模拟西南喀斯特植被净第一性生产力. 生态学报, 2011, 31: 1855-1866.

[148] 丹利, 季劲钧, 马柱国. 新疆植被生产力与叶面积指数的变化及其对气候的响应. 生态学报, 2007, 27:

3582-3592.

[149]　胡中民，樊江文，钟华平，于贵瑞. 中国温带草地地上生产力沿降水梯度的时空变异性. 中国科学 D 辑，2006，36：1154-1162.

[150]　侯英雨，柳钦火，延昊，田国良. 我国陆地植被净初级生产力变化规律及其对气候的响应. 应用生态学报，2007，18：1546-1553.

[151]　侯英雨，毛留喜，李朝生，钱拴. 中国植被净初级生产力变化的时空格局. 生态学杂志，2008，27：1455-1460.

[152]　高志强，刘纪远，曹明奎，李克让，陶波. 土地利用和气候变化对农牧过渡区生态系统生产力和碳循环的影响. 中国科学 D 辑，2004，34：946-957.

[153]　高清竹，万运帆，李玉娥，盛文萍，江村旺扎，王宝山，李文福. 藏北高寒草地 NPP 变化趋势及其对人类活动的响应. 生态学报，2007，27：4612-4619.

[154]　李刚，周磊，王道龙，辛晓平，杨桂霞，张宏斌，陈宝瑞. 内蒙古草地 NPP 变化及其对气候的响应. 生态环境，2008，17：1948-1955.

[155]　龙慧灵，李晓兵，黄玲梅，王宏，魏丹丹. 内蒙古草原生态系统净初级生产力及其与气候的关系. 植物生态学报，2010，34：781-791.

[156]　彭少麟，郭志华，王伯荪. 利用 GIS 和 RS 估算广东植被光利用率. 生态学报，2000，20：903-909.

[157]　孙睿，朱启疆. 陆地植被净第一性生产力的研究. 应用生态学报，1999，10：757-760.

[158]　滕菱，彭少麟，侯爱敏，谢中誉. 长期气温波动对鼎湖山马尾松种群生产力的影响. 热带亚热带植物学报，2011，9：284-288.

[159]　王玉辉，周广胜. 内蒙古羊草草原植物群落地上初级生产力时间动态对降水变化的响应. 生态学报，2004，24：1140-1145.

[160]　王钧，蒙吉军. 1981～2000 年内蒙古中部地区植被净初级生产量变化研究. 北京大学学报，2008，2：84-90.

[161]　王军邦，刘纪远，邵全琴，刘荣高，樊江文，陈卓奇. 基于遥感-过程耦合模型的 1988～2004 年青海三江源区净初级生产力模拟. 植物生态学报，2009，33：254-269.

[162]　王江山，殷青军，杨英莲. 利用 NOAA/AVHRR 监测青海省草地生产力变化的研究. 高原气象，2005，24：117-122.

[163]　王莺，夏文韬，梁天刚. 陆地生态系统净初级生产力的时空动态模拟研究进展. 草业科学，2010，27：77-88.

[164]　卫亚星，王莉雯. 应用遥感技术模拟净初级生产力的尺度效应研究进展. 地理科学进展，2010，29：471-477.

[165]　吴楠，高吉喜，苏德毕力格，罗遵兰，李岱青. 长江上游植被净初级生产力年际变化规律及其对气候的响应. 长江流域资源与环境，2010，19：389-396.

[166]　袁文平，周广胜. 中国东北样带三种针茅草原群落初级生产力对降水季节分配的响应. 应用生态学报，2005，16：605-609.

[167]　赵育明，牛树奎，王军邦，李海涛，李贵才. 植被光能利用率研究进展. 生态学杂志，2007，26：1471-1477.

[168]　郑元润，周广胜. 基于 NDVI 的中国天然森林植被净第一性生产力模型. 植物生态学报，2000，24：9-12.

[169]　朱文泉，潘耀忠，何浩，于德永，扈海波. 中国典型植被最大光利用率模拟. 科学通报，2006，51：700-706.

[170]　张峰，周广胜，王玉辉. 基于 CASA 模型的内蒙古典型草原植被净初级生产力动态模拟. 植物生态学报，2008，32（4）：786-797.

[171]　张美玲，蒋文兰，陈全功，赵有益，柳小妮. 草地净第一性生产力估算模型研究进展. 草地学报，2011，19：356-366.

[172]　Atkin OK，Tjoelker MG. Thermal acclimation and the dynamic response of plant respiration to temperature. Trends in Plant Science，2003，8：343-351.

[173]　Baer SG，Blair JM，Collins SL，et al. Soil resources regulate productivity and diversity in newly established tallgrass prairie. Ecology，2003，84：724-735.

[174]　Briffa KR，Schweingruber FH，Jones PD，et al. Reduced sensitivity of recent tree-growth to temperature at high northern latitudes. Nature，1998，391：678-682.

[175]　Chapin III FS，Zavaleta ES，Eviner VT，et al. Consequences of changing biodiversity. Nature，2000，405：234-242.

[176]　Duvigneaud P. La synthèse ècologique［Chinese edition，Li Y. translator］. Beijing：Chinese Science Press，1987.

[177]　Grace JB，Anderson TM，Smith MD，et al. Does species diversity limit productivity in natural grassland communi-

ties? Ecology Letters, 2007, 10: 680-689.

[178] Grime JP. Benefits of plant diversity to ecosystems: immediate, filter and founder effects. Journal of Ecology, 1998, 86: 902-910.

[179] Hector A, Joshi J, Scherer-Lorenzen M, et al. Biodiversity and ecosystem functioning: reconciling the results of experimental and observational studies. Functional Ecology, 2007, 21: 998-1002.

[180] Hector A, Schmid B, Beierkuhnlein C, et al. Plant diversity and productivity experiments in European grasslands. Science, 1999, 286: 1123-1127.

[181] Hooper DU, Chapin III FS, Ewel JJ, et al. Effects of biodiversity on ecosystem functioning: A consensus of current knowledge. Ecological Monographs, 2005, 75: 3-35.

[182] Hooper DU, Vitousek PM. The effects of plant composition and diversity on ecosystem processes. Science, 1997, 277: 1302-1305.

[183] IPCC. IPCC fourth assessment report: synthesis report, available online at website: http://www.ipcc.ch/ipccreports/ar4-syr.htm, 2007.

[184] Jiang L, Wan SQ, Li LH. Species diversity and productivity: why do results of diversity manipulation experiments differ from natural patterns? Journal of Ecology, 2009, 97: 603-608.

[185] Kaiser J. Rift over biodiversity divides ecologists. Science, 2000, 289: 1282-1283.

[186] Kicklighter DW, Bondeau A, Schloss AL, et al. Comparing global models of terrestrial net primary productivity (NPP): Global pattern and difference by major biomes. Global Change Biology, 1999, 5: 16-24.

[187] Knapp AK, Smith MD. Variation among biomes in temporal dynamics of above ground primary production. Science, 2001, 291: 481-484.

[188] Kong GQ, Luo TX, Liu XS, et al. Annual ring widths are good predictors of changes in net primary productivity of alpine Rhododendron shrubs in the Sergyemla Mountains, southeast Tibet. Plant Ecology, 2012, 213: 1843-1855.

[189] Liang EY, Shao XM, He JC. Relationships between tree growth and NDVI of grassland in the semi-arid grassland of north China. International Journal of Remote Sensing, 2005, 26: 2901-2908.

[190] Loreau M, Naeem S, Inchausti P, et al. Biodiversity and ecosystem functioning: Current knowledge and future challenges. Science, 2001, 294: 804-808.

[191] Luo TX, Neilson RP, Tian HQ, et al. A model for seasonality and distribution of leaf area index of forests and its application to China. Journal of Vegetation Science, 2002a, 13: 817-830.

[192] Luo TX, Li WH, Zhu HZ. Estimated biomass and productivity of natural vegetation on the Tibetan Plateau. Ecological Applications, 2002b, 12: 980-997.

[193] Luo TX, Pan YD, Ouyang H, et al. Leaf area index and net primary productivity along subtropical to alpine gradients in the Tibetan Plateau. Global Ecology and Biogeography, 2004, 13: 345-358.

[194] Luo TX, Zhang L, Zhu HZ, et al. Correlations between net primary productivity and foliar carbon isotope ratio across a Tibetan ecosystem transect. Ecography, 2009, 32: 526-538.

[195] Luo TX, Li MC, Luo J. Seasonal variations in leaf $\delta^{13}$C and nitrogen associated with foliage turnover and carbon gain for a wet subalpine fir forest in the Gongga Mountains, eastern Tibetan Plateau. Ecological Research, 2011, 26: 253-263.

[196] Luyssaert S, Inglima I, Jung M, et al. $CO_2$ balance of boreal, temperate, and tropical forests derived from a global database. Global Change Biology, 2007, 13: 2509-2537.

[197] Ma WH, He JS, Yang YH, et al. Environmental factors covary with plant diversity-productivity relationships among Chinese grassland sites. Global Ecology and Biogeography, 2010, 19: 233-243.

[198] Mittelbach GG, Steiner CF, Scheiner SM, et al. What is the observed relationship between species richness and productivity? Ecology, 2001, 82: 2381-2396.

[199] Raich JW, Schlesinger WH. The global carbon dioxide flux in soil respiration and its relationship to vegetation and climate. Tellus, 1992, 44B: 81-99.

[200] Piao SL, Fang JY, Zhou B. et al. Changes in vegetation net primary productivity from 1982 to 1999 in China. Global Biogeochemical Cycles, 2005, doi: 10.1029/2004GB002274.

[201] Piao SL，Fang JY，He JS. Variations in vegetation net primary production in the Qinghai-Xizang Plateau，China，from 1982-1999. Climate Change，2006，74：253-267.

[202] Smith MD，Knapp AK. Dominant species maintain ecosystem function with non-random species loss. Ecology Letters，2003，6：509-517.

[203] Tilman D，Knops J，Wedin D，et al. The influence of functional diversity and composition on ecosystem processes. Science，1997，277：1300-1302.

[204] Valentini R，Matteucci G，Dolman AJ，et al. Respiration as the main determinant of carbon balance in European forests. Nature，2000，404：861-865.

[205] Vaganov EA，Hughes MK，Kirdyanov AV，et al. Influence of snowfall and melt timing on tree growth in subarctic Eurasia. Nature，1999，400：149-151.

[206] Waide RB，Willig MR，Steiner CF，et al. The relationship between productivity and species richness. Annual Review of Ecology and Systematics，1999，30：257-300.

[207] Wang Z，Luo TX，Tang YH，et al. Causes for the unimodal pattern of biomass and productivity in alpine grasslands along a large altitudinal gradient in semi-arid regions. Journal of Vegetation Science，2012，doi：10.1111/j.1654-1103.2012.01442.x.

[208] Wilmking M，Juday GP，Barber VA，et al. Recent climate warming forces contrasting growth responses of white spruce at tree line in Alaska through temperature thresholds. Global Change Biology，2004，10：1724-1736.

[209] Zhu WQ，Pan YZ，Lin X，et al. Spatio-temporal distribution of net primary productivity along the northeast China transect and its response to climatic change. Journal of Forestry Research，2006，17：93-98.

[210] Augustin L，Barbante C，Barnes P R F，et al. Eight glacial cycles from an Antarctic ice core. Nature，2004，429：623-628.

[211] Dixon P K，Brown S.，Houghton RA，et al. Carbon pools and flux of global forest ecosystems. Scince，1994，263（5144）：185-189.

[212] Houghton R，Hackler J. Sources and sinks of carbon from land-use change in China. Global Biogeochemical Cycles，2003，17：1034.

[213] IPCC，Climate change 2001：the scientific basis. Contribution of working group Ⅰ to the second assessment report of the intergovernmental panel on climate change（IPCC）. In. Houghton J T，Ding Y，Griggs D J，Noguer M，van der Linden P J，Dai X，Maskell K，Johnson C A eds. Cambridge，United Kingdom and New York，NY，USA：Cambridge University Press，2001a.

[214] IPCC，Climate change 2001：the scientific basis. Contribution of working group Ⅰ to the third assessment report of the intergovernmental panel on climate change（IPCC）. In. Houghton J T，Ding Y，Griggs D J，Noguer M，van der Linden P J，Dai X，Maskell K，Johnson C A eds. Cambridge，United Kingdom and New York，NY，USA：Cambridge University Press，2001b.

[215] IPCC，Climate change 2001：mitigation. Contribution of working group Ⅲ to the third assessment Report of the intergovernmental panel on climate change（IPCC）. Cambridge：Cambridge University Press，2001c.

[216] Le Quere C，Andres R J，Boden T，et al. The global carbon budget 1959～2011. Earth System Science Data，2013，5：165-185.

[217] Schimel D S，House J I，Hibbard K A，et al. Recent patterns and mechanisms of carbon exchange by terrestrial ecosystems. Nature，2001，414（6860）：169-172.

[218] Solomon S. Climate Change 2007：the physical science basis：contribution of Working Group I to the Fourth Assessment Report of the Intergovernmental Panel on Climate Change. Cambridge：Cambridge University Press.

[219] Xie X L，Sun B，Zhou H Z，et al. Soil organic carbon storage in China. Pedosphere，2004，14：491-500.

[220] 陈宜瑜. 中国湿地研究. 长春：吉林科学技术出版社，1995.

[221] 董云社，齐玉春，彭琴. 草地生态系统碳循环及其对全球变化的响应//李文华主编. 中国当代生态学研究？全球变化生态学卷. 北京：科学出版社，2013，179-197.

[222] 段晓男，王效科，逯非等. 中国湿地生态系统固碳现状和潜力. 生态学报，2008，28（2）：463-469.

[223] 《第二次气候变化国家评估报告》编写委员会. 第二次气候变化国家评估报告. 北京：科学出版社，2011.

[224]　方精云，陈安平．中国森林植被碳库的动态变化及其意义．植物学报，2001，43（9）：967-973.

[225]　方精云，古会峰，郭兆迪，沈海花．中国森林生态系统碳储量及其变化//．李文华主编．中国当代生态学研究·全球变化生态学卷．北京：科学出版社，2013，137-160.

[226]　方精云，郭兆迪，朴世龙等．1981～2000年中国陆地植被碳汇的估算．中国科学D辑：地球科学，2008，37（6）：804-812.

[227]　方精云，杨元合，马文红等．中国草地生态系统碳库及其变化．中国科学C辑：生命科学，2010，40（7）：566-576.

[228]　郭然，王效科，逯非等．中国草地土壤生态系统固碳现状和潜力．生态学报，2008，28（2）：862-867.

[229]　郭兆迪．中国森林生物量碳库及生态系统碳收支的研究．北京：北京大学，2011（博士学位论文）.

[230]　何水发，潘晨光，温亚利，潘家华，郑艳．应对气候变化的林业行动及其对就业的影响．中国人口·资源与环境，2010，20（6）：6-12.

[231]　胡会峰，王志恒，刘国华等．中国主要灌丛植被碳储量．植物生态学报，2008，30（4）：539-544.

[232]　居辉，许吟隆，熊伟．气候变化对我国农业的影响．环境保护，2007（6）：71-73.

[233]　雷金蓉．气候变暖对人居环境的影响．中国西部科技，2004，10：103-104.

[234]　李怒云，杨炎朝，陈叙图．发展碳汇林业，应对气候变化——中国碳汇林业的实践与管理．中国水土保持科学，2010，8（1）：13-16.

[235]　李怒云．中国林业碳管理的探索与实践//李文华主编．中国当代生态学研究？全球变化生态学卷．北京：科学出版社，2013，117-136.

[236]　林而达，许吟隆，蒋金荷等．气候变化的影响和适应//《气候变化国家评估报告》编写委员会编著．气候变化国家评估报告．北京：科学出版社，2007.

[237]　马丽，方修琦．近20年气候变暖对北京时令旅游的影响——以北京市植物园桃花节为例．地球科学进展，2006，21（3）：313-319.

[238]　潘愉德，Melillo J M，Kicklighter D W，et al. 大气CO$_2$升高及气候变化对中国陆地生态系统结构与功能的制约和影响．植物生态学报，2001，25（2）：175-189.

[239]　任国玉，郭军．中国水面蒸发量的变化．自然资源学报，2006，21（1）：31-44.

[240]　石峰，李玉娥，高清竹等．管理措施对我国草地土壤有机碳的影响．草业科学，2009，26（3）：9-15.

[241]　王馥堂，赵宗慈，王石立等．气候变化对农业生态的影响．北京：气象出版社，2003.

[242]　王艳芬，陈佐忠，Tieszen L T．人类活动对锡林郭勒地区主要草原土壤有机碳分布的影响．植物生态学报，1998，22（6）：545-551.

[243]　王玉辉，何兴元，周广胜．放牧强度对羊草草原的影响．草地学报，2002，10（1）：45-49.

[244]　文海燕，赵哈林，傅华．开垦和封育年限对退化沙质草地土壤性状的影响．草业科学，2005，14（1）：31-37.

[245]　吴建国，吕佳佳．气候变化对中国干旱区范围的潜在影响．环境科学研究，2009，22（2）：199-206.

[246]　吴庆标，王效科，段晓男，邓立斌，逯非，欧阳志云，冯宗炜．中国森林生态系统植被固碳现状和潜力．生态学报，2008，28（2）：517-524.

[247]　谢振华．中国应对气候变化的政策与行动．北京：社会科学文献出版社，2012.

[248]　徐新良，曹明奎，李克让．中国森林生态系统植被碳储量时空动态变化研究．地理科学进展，2007，26（6）：1-10.

[249]　于贵瑞，方华军．陆地生态系统碳循环过程及其影响因素//李文华主编．中国当代生态学研究？全球变化生态学卷．北京：科学出版社，2013：117-136.

[250]　张建云，王国庆等．气候变化对水文水资源影响研究．北京：科学出版社，2007.

[251]　张明军，周立华．气候变化对中国森林生态系统服务价值的影响．干旱区资源与环境，2004，18（2）：40-43.

[252]　张小全，武曙红，何英等．森林、林业活动与温室气体的减排增汇．2005，41（6）：1501-1556.

[253]　张旭辉，李典友，潘根兴．中国湿地土壤碳库保护欲气候变化问题．气候变化研究进展，2008，4（4）：202-208.

[254]　周玉荣，于振良，赵士洞．我国主要森林生态系统碳贮量和碳平衡．植物生态学报，2000，24（5）：518-522.

[255]　邓慧平，祝廷成．全球气候变化对松嫩草原土壤水分和生产力影响的研究．草地学报，1998，6（2）：147-152.

[256]　杜军，胡军，张勇，左慧林，拉巴．西藏植被净初级生产力对气候变化的响应．南京气象学院学报，2008，31（5）：738-743.

[257] 范敏锐，余新晓，张振明，于洋，赵阳．北京山区油松林净初级生产力对气候变化情景的响应．东北林业大学学报，2010，38（11）：46-48.

[258] 高志强，刘纪远，曹明奎，李克让，陶波．土地利用和气候变化对农牧过渡区生态系统生产力和碳循环的影响．中国科学D辑，2004，34：946-957.

[259] 韩彬，樊江文，钟华平．内蒙古草地样带植物群落生物量的梯度研究．植物生态学报，2006，30（4）：553-562.

[260] 侯英雨，柳钦火，延昊，田国良．我国陆地植被净初级生产力变化规律及其对气候的响应．应用生态学报，2007，18：1546-1553.

[261] 黄玫，季劲钧，彭莉莉．青藏高原1981～2000年植被净初级生产力对气候变化的响应．气候与环境研究，2008，13（5）：608-616.

[262] 李明财，罗天祥，朱教君，孔高强．高山林线形成机理及植物相关生理生态学特性研究进展．生态学报 2008，28：5583-5591.

[263] 李娜，王根绪，杨燕，高永恒，柳林安，刘光生．短期增温对青藏高原高寒草甸植物群落结构和生物量的影响．生态学报，2011，31（4）：895-905.

[264] 李英年，赵亮，赵新全，周华坤．5年模拟增温后矮嵩草草甸群落结构及生产量的变化．草地学报，2004，12（3）：236-239.

[265] 刘庆．林窗对长苞冷杉自然更新幼苗存活和生长的影响．植物生态学报，2004，28：204-209.

[266] 刘世荣，郭泉水，王兵．中国森林生产力对气候变化响应的预测研究．生态学报，1998，18：478-483.

[267] 刘伟，王长庭，赵建中，许庆民，周立．矮嵩草草甸植物群落数量特征对模拟增温的响应．西北植物学报，2010，30（5）：995-1003.

[268] 刘文杰．西双版纳近40年气候变化对自然植被净第一性生产力影响．山地学报，2000，18（4）：296-300.

[269] 吕利新．青藏高原高山林线动态及其与气候变化的关系．博士学位论文，中国科学院研究生院，2011.

[270] 罗天祥，康慕谊，张林．高山林线的形成机理．《10000个科学难题》地球科学卷．北京：科学出版社，2010，37-40.

[271] 马立祥，赵蓉，毛子军，刘林馨，赵溪竹．不同氮素水平下增温及［$CO_2$］升高综合作用对蒙古栎幼苗生物量及其分配的影响．植物生态学报，2010，34（3）：279-288.

[272] 倪建．中国亚热带常绿阔叶林净第一生产力的估算．生态学杂志，1996，15（6）：1-8.

[273] 牛建明．气候变化对内蒙古草原分布和生产力影响的预测研究．草地学报，2001，9（4）：277-282.

[274] 潘愉德，Melillo JM，Kicklighter DW，肖向明，Mcguire AD．大气$CO_2$升高及气候变化对中国陆地生态系统结构与功能的制约和影响．植物生态学报，2001，25（2）：175-189.

[275] 唐凤德，韩士杰，张军辉．长白山阔叶红松林生态系统碳动态及其对气候变化的响应．应用生态学报，2009，20（6）：1285-1292.

[276] 唐海萍，陈旭东，张新时．中国东北样带生物群区及其对全球气候变化响应的初步探讨．植物生态学报，1998，22（5）：428-433.

[277] 肖向明，王义凤，陈佐忠．内蒙古锡林河流域典型草原初级生产力和土壤有机质的动态及其气候变化的反应．植物学报，1996，38（1）：45-52.

[278] 徐振锋，胡庭兴，李小艳，张远彬，鲜骏仁，王开运．川西亚高山采伐迹地草坡群落对模拟增温的短期响应．生态学报，2009，29（6）：2899-2905.

[279] 许红梅，高清竹，黄永梅，贾海坤．气候变化对黄土丘陵沟壑区植被净第一性生产力的影响模拟．生态学报，2006，26（9）：2939-2947.

[280] 杨兵，王进闯，张远彬．长期模拟增温对岷江冷杉幼苗生长与生物量分配的影响．生态学报，2010，30（21）：5994-6000.

[281] 尹华军，程新颖，赖挺，林波，刘庆．川西亚高山65年人工云杉林种子雨、种子库和幼苗定居研究．植物生态学报，2011，35：35-44

[282] 尹华军，赖挺，程新颖，蒋先敏，刘庆．增温对川西亚高山针叶林内不同光环境下红桦和岷江冷杉幼苗生长和生理的影响．植物生态学报，2008，32（5）：1072-1083.

[283] 尹华军，刘庆．川西米亚罗亚高山云杉林种子雨和土壤种子库研究．植物生态学报，2005，29：108-115.

[284] 闫淑君，洪伟，吴承祯等．福建近41年气候变化对自然植被净第一性生产力的影响．山地学报，2001，19（6）：

　　　　522-536.

[285]　于贵瑞. 全球变化与陆地生态系统碳循环和碳蓄积. 北京：中国气象出版社，2003.

[286]　喻梅，高琼，许红梅，刘颖慧. 中国陆地生态系统植被结构和净第一性生产力对未来气候变化响应. 第四纪研究，
　　　　2001，21（4）：281-293.

[287]　曾慧卿，刘琪璟，殷剑敏，冯宗炜. 近40年气候变化对江西自然植被净第一性生产力的影响. 长江流域资源与环
　　　　境，2008，17（2）：227-231.

[288]　赵俊芳，延晓冬，贾根锁. 东北森林净第一性生产力与碳收支对气候变化的响应. 生态学报，2008，28（1）：
　　　　92-102.

[289]　张景华，李英年. 青海气候变化趋势及对植被生产力影响的研究. 干旱区资源与环境，2008，22（2）：97-102.

[290]　张山清，普宗朝，伏晓慧，丁林. 气候变化对新疆自然植被净第一性生产力的影响. 干旱区研究，2010，27（6）：
　　　　905-914.

[291]　张新时，杨奠安. 全球变化样带研究和分配. 第四纪研究，1995，1：43-52.

[292]　赵玉红，魏学红，沈振西，孙磊，牛歆雨. 模拟增温效应对西藏苔草繁殖生态的影响. 生态环境学报，2010，19
　　　　（8）：1783-1788.

[293]　周广胜，张新时. 全球气候变化的中国自然植被的净第一性生产力研究. 植物生态学报，1996，20（1）：11-19.

[294]　周华坤，周兴民，赵新全. 模拟增温效应对矮嵩草草甸影响的初步研究. 植物生态学报，2000，24（5）：547-553.

[295]　Atkin OK，Tjoelker MG. Thermal acclimation and the dynamic response of plant respiration to temperature. Trends
　　　　in Plant Science，2003，8：343-351.

[296]　Baer SG，Blair JM，Collins SL，Knapp AK. Soil resources regulate productivity and diversity in newly established
　　　　tallgrass prairie. Ecology，2003，84：724-735.

[297]　Becker A，Bugmann H. Global change and mountain regions：the mountain research initiative. IGBP Report 49，
　　　　GTOS Report 28，IHDP Report 13，2001.

[298]　Briffa KR，Schweingruber FH，Jones PD，Osborn TJ，Shiyatov SG，Vaganov EA. Reduced sensitivity of recent tree
　　　　growth to temperature at high northern latitudes. Nature，1998，391：678-682.

[299]　Chapin III FS，Zavaleta ES，Eviner VT，Naylor RL，Vitousek PM，Reynolds HL，Hooper DU，Lavorel S，Sala
　　　　OE，Hobbie SE，Mack MC，Diaz S. Consequences of changing biodiversity. Nature，2000，405：234-242.

[300]　Cullen L，Stewart GH，Duncan RP，Palmer G. Disturbance and climate warming influence on New Zealand Nothofa-
　　　　gus tree-line population dynamics. Journal of Ecology，2001，89：1061-1071.

[301]　D'Arrigo RD，Malmstrom CM，Jacoby GC，Los SO，Bunker DE. Correlation between maximum latewood density
　　　　of annual tree rings and NDVI based estimates of forest productivity. International Journal of Remote Sensing，2000，
　　　　21：2329-2336.

[302]　Danby RK，Hik DS. Variability，contingency and rapid change in recent subarctic alpine tree line dynamics. Journal
　　　　of Ecology，2007，95：352-363.

[303]　Duvigneaud P. La synthèse ècologique［Chinese edition，Li Y. translator］. Beijing：Chinese Science Press，
　　　　Beijing，1987.

[304]　Grace J，Berninger F，Nagy L. Impacts of climate change on the tree line. Annals of Botany，2002，90：537-544.

[305]　Grace JB，Anderson TM，Smith MD，Seabloom E，Andelman SJ，Meche G，Weiher E，Allain LK，Jutila H，San-
　　　　karan M，Knops J，Ritchie M，Willig MR. Does species diversity limit productivity in natural grassland communi-
　　　　ties? Ecology Letters，2007，10：680-689.

[306]　Graumlich LJ，Brubaker LB，Grier CC. Long-term trends in forest net primary productivity：Cascade Mountains，
　　　　Washington. Ecology，1989，70：405-410.

[307]　Grime JP. Benefits of plant diversity to ecosystems：immediate，filter and founder effects. Journal of Ecology，1998，
　　　　86：902-910.

[308]　Harsch M A，Hulme P E，McGlone M S，et al. Are treelines advancing? A global meta-analysis of treeline response
　　　　to climate warming. Ecology Letters，2009，12：1040-1049.

[309]　Harsch MA，Bader MY. Treeline form-a potential key to understanding treeline dynamics. Global Ecology and Bioge-
　　　　ography，2011，20：582-596.

[310] Hasenauer H, Nemani RR, Schadauer K, Running SW. Forest growth response to changing climate between 1961 and 1990 in Austria. Forest Ecology and Managemen, 1999, 122: 209-219.

[311] Hector A, Joshi J, Scherer-Lorenzen M, Schmid B, Spehn EM, Wacker L, Weilenmann M, Bazeley-White E, Beierkuhnlein C, Caldeira MC, Dimitrakopoulos PG, Finn JA, Huss-Danell K, Jumpponen A, Leadley PW, Loreau M, Mulder CPH, Nesshoover C, Palmborg C, Read DJ, Siamantziouras ASD, Terry AC. Troumbis AY. Biodiversity and ecosystem functioning: reconciling the results of experimental and observational studies. Functional Ecology, 2007, 21: 998-1002.

[312] Hector A, Schmid B, Beierkuhnlein C, Caldeira MC, Diemer M, Dimitrakopoulos PG, Finn JA, Freitas H, Giller PS, Good J, Harris R, Hogberg P, Huss-Danell K, Joshi J, Jumpponen A, Korner C, Leadley PW, Loreau M, Minns A, Mulder CPH, O'Donovan G, Otway SJ, Pereira JS, Prinz A, Read DJ, Scherer-Lorenzen M, Schulze ED, Siamantziouras ASD, Spehn EM, Terry AC, Troumbis AY, Woodward FI, Yachi S, Lawton JH. Plant diversity and productivity experiments in European grasslands. Science, 1999, 286: 1123-1127.

[313] Holtmeier F K, Broll G. Sensitivity and response of northern hemisphere altitudinal and polar treelines to environmental change at landscape and local scales. Global Ecology and Biogeography, 2005, 14: 395-410.

[314] Hooper DU, Chapin III FS, Ewel JJ, Hector A, Inchausti P, Lavorel S, Lawton JH, Lodge DM, Loreau M, Naeem S, Schmid B, Setala H, Symstad AJ, Vandermeer J, Wardle DA. Effects of biodiversity on ecosystem functioning: A consensus of current knowledge. Ecological Monographs, 2005, 75: 3-35.

[315] Hooper DU, Vitousek PM. The effects of plant composition and diversity on ecosystem processes. Science, 1997, 277: 1302-1305.

[316] IPCC. IPCC fourth assessment report: synthesis report, available online at website: http: //www. ipcc. ch/ipccreports/ar4-syr. htm. 2007.

[317] Jiang L, Wan SQ, Li LH. Species diversity and productivity: why do results of diversity manipulation experiments differ from natural patterns? Journal of Ecology, 2009, 97: 603-608.

[318] Jobbagy EG, Jackson RB. Global controls of forest line elevation in the northern and southern hemispheres. Global Ecology and Biogeography, 2000, 9: 253-268.

[319] Kaiser J. Rift over biodiversity divides ecologists. Science, 2000, 289: 1282-1283.

[320] Knapp AK, Smith MD. Variation among biomes in temporal dynamics of aboveground primary production. Science, 2001, 291: 481-484.

[321] Kong GQ, Luo TX, Liu XS, Zhang L, Liang EY. Annual ring widths are good predictors of changes in net primary productivity of alpine Rhododendron shrubs in the Sergyemla Mountains, southeast Tibet. Plant Ecology, 2012, 213: 1843-1855.

[322] Körner C, Paulsen J. A world-wide study of high altitude treeline temperatures. Journal of Biogeography, 2004, 31: 713-732.

[323] Körner C. Alpine plant life: functional plant ecology of high mountain ecosystems. Germany: Springer-Verlag Berlin Heidelberg, 1999.

[324] Kullman L. Tree line population monitoring of Pinus sylvestris in the Swedish Scandes, 1973-2005: implications for tree line theory and climate change ecology. Journal of Ecology, 2007, 95: 41-52.

[325] Li C, Liu S, Berninger F. Picea seedlings show apparent acclimation to drought with increasing altitude in the eastern Himalaya. Trees, 2004, 18: 277-283.

[326] Li M, Xiao W, Shi P, et al. Nitrogen and carbon source-sink relationships in trees at the Himalayan treelines compared with lower elevations. Plant, Cell and Environment, 2008, 31: 1377-1387.

[327] Liang EY, Shao XM, He JC. Relationships between tree growth and NDVI of grassland in the semi-arid grassland of north China. International Journal of Remote Sensing, 2005, 26: 2901-2908.

[328] Liang EY, Wang YF, Eckstein D, Luo TX. Little change in the fir tree-line position on the southeastern Tibetan Plateau after 200 years of warming. New Phytologist, 2011, 190: 760-769.

[329] Lipp J, Trimborn P, Fritz P, Moser H, Becker B, Frenzel B. Stable isotopes in tree ring cellulose and climate change, Tellus 1991, 43B: 322-330.

[330]　Liu XH，Shao XM，Wang LL，Liang EY，Qin DH，Ren JW. Response and dendroclimatic implications of $\delta^{13}$C in tree rings to increasing drought on the northeastern Tibetan Plateau. Journal of Geophysical Research 113，G03015，doi：10.1029/2007JG000610. 2008.

[331]　Liu XS，Luo TX. Spatio-temporal variability of soil temperature and moisture across two contrasting timberline ecotones in the Sergyemla Mountains，southeast Tibet. Arctic，Antarctic，and Alpine Research，2011，43：229-238.

[332]　Loreau M，Naeem S，Inchausti P，Bengtsson J，Grime JP，Hector A，Hooper DU，Huston MA，Raffaelli D，Schmid B，Tilman D，Wardle DA. Biodiversity and ecosystem functioning：Current knowledge and future challenges. Science，2001，294：804-808.

[333]　Luo TX，Neilson RP，Tian HQ，Vörösmarty C，Zhu HZ，Liu SR. A model for seasonality and distribution of leaf area index of forests and its application to China. Journal of Vegetation Science，2002a，13：817-830.

[334]　Luo TX，Li WH，Zhu HZ. Estimated biomass and productivity of natural vegetation on the Tibetan Plateau. Ecological Applications，2002b，12：980-997.

[335]　Luo TX，Pan YD，Ouyang H，Shi PL，Luo J，Yu ZL，Lu Q. Leaf area index and net primary productivity along subtropical to alpine gradients in the Tibetan Plateau. Global Ecology and Biogeography，2004，13：345-358.

[336]　Luo TX，Zhang L，Zhu HZ，Daly C，Li MC，Luo J. Correlations between net primary productivity and foliar carbon isotope ratio across a Tibetan ecosystem transect. Ecography，2009，32：526-538.

[337]　Luo TX，Li MC，Luo J. Seasonal variations in leaf $\delta^{13}$C and nitrogen associated with foliage turnover and carbon gain for a wet subalpine fir forest in the Gongga Mountains，eastern Tibetan Plateau. Ecological Research，2011，26：253-263.

[338]　Luyssaert S，Inglima I，Jung M，Richardson AD，Reichsteins M，Papale D，Piao SL，Schulzes ED，Wingate L，Matteucci G，Aragao L，Aubinet M，Beers C，Bernhoffer C，Black KG，Bonal D，Bonnefond JM，Chambers J，Ciais P，Cook B，Davis KJ，Dolman AJ，Gielen B，Goulden M，Grace J，Granier A，Grelle A，Griffis T，Grunwald T，Guidolotti G，Hanson PJ，Harding R，Hollinger DY，Hutyra LR，Kolar P，Kruijt B，Kutsch W，Lagergren F，Laurila T，Law BE，Le Maire G，Lindroth A，Loustau D，Malhi Y，Mateus J，Migliavacca M，Misson L，Montagnani L，Moncrieff J，Moors E，Munger JW，Nikinmaa E，Ollinger SV，Pita G，Rebmann C，Roupsard O，Saigusa N，Sanz MJ，Seufert G，Sierra C，Smith ML，Tang J，Valentini R，Vesala T，Janssens IA. $CO_2$ balance of boreal，temperate，and tropical forests derived from a global database. Global Change Biology，2007，13：2509-2537.

[339]　Ma WH，He JS，Yang YH，Wang XP，Liang CZ，Anwar M，Zeng H，Fang JY，Schmid B. Environmental factors covary with plant diversity-productivity relationships among Chinese grassland sites. Global Ecology and Biogeography，2010，19：233-243.

[340]　Mittelbach GG，Steiner CF，Scheiner SM，Gross KL，Reynolds HL，Waide RB，Willig MR，Dodson SI，Gough L. What is the observed relationship between species richness and productivity? Ecology，2001，82：2381-2396.

[341]　Piao SL，Fang JY，Zhou B. Tan K，Tao S. Changes in vegetation net primary productivity from 1982 to 1999 in China. Global Biogeochemical Cycles，2005，doi：10.1029/2004GB002274.

[342]　Raich JW，Schlesinger WH. The global carbon dioxide flux in soil respiration and its relationship to vegetation and climate. Tellus，1992，44B：81-99.

[343]　Saurer M，Siegwolf RTW，Schweingruber FH. Carbon isotope discrimination indicates improving water-use efficiency of trees in northern Eurasia over the last 100 years. Global Change Biology，2004，10：2109-2120.

[344]　Shi PL，Körner C，Hoch G. A test of the growth-limitation theory for alpine tree line formation in evergreen and deciduous taxa of the eastern Himalayas. Functional Ecology，2008，22：213-220.

[345]　Smith MD，Knapp AK. Dominant species maintain ecosystem function with non-random species loss. Ecology Letters，2003，6：509-517.

[346]　Smith WK，Germino MJ，Hancock TE，et al. Another perspective on altitudinal limits of alpine timberlines. Tree Physiology，2003，23：1101-1112.

[347]　Sveinbjörnsson B. North American and European treelines：external forces and internal processes controlling position. Ambio，2000，29：388-395.

[348]　Tilman D，Knops J，Wedin D，Reich P，Ritchie M，Siemann E. The influence of functional diversity and composition

on ecosystem processes. Science，1997，277：1300-1302.

[349] Tjoelker MG，Oleksyn J，Reich PB. Modelling respiration of vegetation：evidence for a general temperature-dependent $Q_{10}$. Global Change Biology，2001，7：223-230.

[350] Vaganov EA，Hughes MK，Kirdyanov AV，Schweingruber FH，Silkin PP. Influence of snowfall and melt timing on tree growth in subarctic Eurasia. Nature，1999，400：149-151.

[351] Valentini R，Matteucci G，Dolman AJ，Schulze E-D，Rebmann C，Moors EJ，Granier A，Gross P，Jensen NO，Pilegaard K，Lindroth A，Grelle A，Bernhofer C，Grünwald T，Aubinet M，Ceulemans R，Kowalski AS，Vesala T，Rannik Ü，Berbigier P，Loustau D，Guömundsson J，Thorgeirsson H，Ibrom A，Morgenstern K，Clement R，Moncrieff J，Montagnani L，Minerbi S，Jarvis PG. Respiration as the main determinant of carbon balance in European forests. Nature，2000，404：861-865.

[352] Waide RB，Willig MR，Steiner CF，Mittelbach G，Gough L，Dodson SI，Juday GP，Parmenter R. The relationship between productivity and species richness. Annual Review of Ecology and Systematics，1999，30：257-300.

[353] Wan SQ，Xia JY，Liu WX，Niu SL. Photosynthetic overcompensation under nocturnal warming enhances grassland carbon sequestration. Ecology，2009，90（10）：2700-2710.

[354] Wang Z，Luo TX，Tang YH，Du MY. Causes for the unimodal pattern of biomass and productivity in alpine grasslands along a large altitudinal gradient in semi-arid regions. Journal of Vegetation Science，2013，24：189-201.

[355] Wieser G，Tausz M. Trees at their upper limit：treelife limitation at the alpine timberline. Netherlands：Springer，Dordrecht，2007.

[356] Wilmking M，Juday GP，Barber VA，Zald HSJ. Recent climate warming forces contrasting growth responses of white spruce at tree line in Alaska through temperature thresholds. Global Change Biology，2004，10：1724-1736.

[357] Zhang L，Luo TX，Liu XS，Kong GQ. Altitudinal variations in seedling and sapling density and age structure of timberline tree species in the Sergyemla Mountains，southeast Tibet. Acta Ecologica Sinica，2010，30：76-80.

[358] Zhou GS，Wang YH，Jiang YL，et al. Carbon balance along the Northeast China Transect，NECT IGBP. Science in China Series C. 2002，45 Supp：18-29.

[359] Burton. Adaptation to climate change and variability：an approach through empirical research. Yin Y Y. Sanderson M，Guangsheng Tian. Climate Change Impact Assessment and Adaptation Option Evaluation：Chinese and Canadian Perspectives. Beijing，1995.23- 41.

[360] IPCC. Climate Change 2001：Impacts，Adaptation and Vulnerability，Contribution of Work ing Group II to the Third Assessment Report of the Int ergovernmental Panel on Climate Change. Mc Carthy J J，Canziani O F，Leary N A，et al，eds. Cambrige，Unit ed Kingdom：Cambridge University Press，2001.

[361] Parry M L，Swaminathan MS. Effects of climate change on food production. Cambridge：Cambridge University Press，1992.

[362] 蔡运龙. 全球气候变化下中国农业的脆弱性与适应对策. 地理学报，1996，51（3）：202-212.

[363] 陈宜瑜，Beate Jessel，傅伯杰等（著）. 中国生态系统服务与管理战略. 北京：中国环境科学出版社，2010.

[364] 冯相昭等，极端气候事件使水资源管理面临严峻挑战——西南地区大旱的启示. 环境保护，2010，14：30-32.

[365] 符淙斌，董文杰，温刚，叶笃正. 全球变化的区域响应和适应. 气象学报. 2003，61（2）：245-250.

[366] 高广生. 中国应对气候变化的主要策略. 科学中国人，2004，9：32-34.

[367] 葛全胜，陈泮勤，方修琦，林海，叶谦. 全球变化的区域适应研究：挑战与研究对策. 地球科学进展，2004，19（4）：516-524.

[368] 郭泉水，刘世荣，陈力，史作民. 适应全球气候变化的中国林业适应对策探讨. 生态学杂志，1996，15（5）：47-54.

[369] 蒋燕兵，李学术. 气候变化对云南省农户生产的影响及他们的适应对策研究. 云南财经大学学报，2012，27（2）：91-93.

[370] 林而达，王京华. 全球变化对农业的影响及适应对策. 地球科学进展，1995，10（6）：597-604.

[371] 闵庆文. 全球重要农业文化遗产——一种新的世界遗产类型. 资源科学，2006，28（4）：206-208.

[372] 秦大河. 进入21世纪的气候变化科学——气候变化的事实、影响和对策. 科技导报，2004，（07）：4-6.

[373] 世界资源研究所（WRI）等. 全球生物多样性策略. 北京：中国标准出版社，1993.

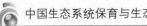

[374] 王风友等. 大气 $CO_2$ 浓度增加与林业发展对策. 世界林业研究, 1994, 3: 9-12.

[375] 徐明, 马超德. 长江流域气候变化脆弱性与适应性研究. 北京: 中国水利水电出版社, 2009.

[376] 姚檀栋, 朱立平. 青藏高原环境变化对全球变化的响应及其适应对策. 地球科学进展, 2006, 21 (5): 459-464.

[377] 殷永元. 气候变化适应对策的评价方法和工具. 冰川冻土, 2002, 24 (4): 426-432.

[378] 张一中, 张一弓, 柳青山. 谷子在山西省旱作农业中的地位和作用. 中国种业, 2011, 8: 21-22.